Schaefer: Brohmer · Fauna von Deutschland

Matthias Schaefer

Brohmer · Fauna von Deutschland

Ein Bestimmungsbuch unserer heimischen Tierwelt

19., überarbeitete Auflage

Unter Mitarbeit von H. Bohlken, H. Reichstein, K. Sattler, E. Schmidt, F. Sick und W. Tischler

Quelle & Meyer Verlag Heidelberg · Wiesbaden

Prof. Dr. Matthias Schaefer
II. Zoologisches Institut
Abteilung Ökologie
Berliner Straße 28
37073 Göttingen

Die Deutsche Bibliothek – CIP-Einheitsaufnahme

Brohmer, Fauna von Deutschland : ein Bestimmungsbuch unserer heimischen Tierwelt / Matthias Schaefer. Unter Mitarb. von H. Bohlken ... – 19., überarb. Aufl. – Heidelberg ; Wiesbaden : Quelle und Meyer, 1994
(Quelle-&-Meyer-Bestimmungsbücher)
ISBN 3-494-01225-3
NE: Schaefer, Matthias; Brohmer, Paul [Begr.]; Fauna von Deutschland

19., überarbeitete Auflage 1994

Einbandgestaltung: Klaus Neumann, Wiesbaden
Gesamtherstellung: Allgäuer Zeitungsverlag GmbH, Kempten
Printed in Germany / Imprimé en Allemagne
ISBN 3-494-01225-3

Vorwort zur 19. Auflage

In diesem Jahr 1994 erscheint die 19. Auflage der „Fauna von Deutschland“; vor 90 Jahren, 1914, hat Paul BROHMER als Herausgeber das Werk begründet. Eine zündende Idee – die Darstellung der heimischen Fauna in einem handlichen Bestimmungsbuch – hat fast ein Jahrhundert überdauert. Dabei hat sich das Konzept des Werkes im Laufe der Zeit stärker gewandelt. Die wissenschaftlichen Inhalte wurden vor allem unter der Herausgeberschaft von Wolfgang TISCHLER in höherem Maße didaktisch aufbereitet.

Nachdem die 18. Auflage gründlich umgestaltet worden war, ergab sich für die 19. Auflage nur die Notwendigkeit von Korrekturen, Aktualisierungen und Verbesserungen im Detail; dafür wurde der gesamte Text kritisch durchgearbeitet. Nomenklatorische Änderungen und Modernisierungen wurden – mit der gebotenen Zurückhaltung – übernommen. Die Literaturhinweise wurden erweitert.

Zu der 18. Auflage habe ich viele Kommentare und Anregungen erhalten; alle diese Hinweise der Nutzer habe ich geprüft und in vielen Fällen berücksichtigt. Es gab auch eine Fülle von – zum Teil kritischen – Gedanken zum Konzept des Werkes, die die unterschiedliche Erwartungshaltung der Leser widerspiegelten. Ich habe zur Klarstellung und zur weiteren Diskussion in der vorliegenden Ausgabe die Leitlinien für das Konzept der Fauna in einem eigenen Abschnitt niedergelegt.

Besonders ausführliche und hilfreiche Verbesserungsvorschläge (für die ich weiterhin sehr dankbar sein werde) gaben: Dipl.-Biol. J. ALPHEI, Prof. Dr. F. BAIRLEIN (Wilhelmshaven), Prof. Dr. A. BUSCHINGER (Darmstadt), Prof. Dr. G. KOLB (München), Prof. Dr. O. KRAUS (Hamburg), Dr. A. KUREK (Köln), U. MANSKE (Göttingen), Dr. A. MELBER (Köln), Dipl.-Biol. H. NICKEL (Göttingen), Prof. Dr. H. M. PETERS (Tübingen), Prof. Dr. R. RUPPRECHT (Mainz), Prof. Dr. G. SCHMIDT (Hannover), Prof. Dr. R. SCHUSTER (Graz), Dr. G. STIPPICH (Göttingen), PD Dr. K. THALER (Innsbruck), M. ZIMMER (Köln).

Frau C. FISCHER (Göttingen) hat mich in vielfältiger Weise bei der Vorbereitung des vorliegenden Manuskriptes unterstützt; Frau R. GRÜNEBERG (Göttingen) hat viele der Zeichnungen angefertigt. Frau C. HUBER vom Quelle & Meyer Verlag hat auch diese Auflage wieder mit Engagement und hilfreichen Hinweisen betreut.

Göttingen, im Frühjahr 1994 Matthias SCHAEFER

Aus dem Vorwort zur 13. Auflage

Professor Dr. Paul BROHMER starb in seinem 80. Lebensjahr am 30. 1. 1965. Es war ihm 1964 noch vergönnt gewesen, die 9. Auflage der von ihm begründeten „Fauna von Deutschland“ zu erleben. Er hatte mich gebeten, spätere Auflagen herauszugeben, von denen die gegenwärtige nun die 4. unter meiner Regie ist. Seinem Wunsch entsprechend ließ ich von Mal zu Mal, wo immer es möglich war, didaktische Gesichtspunkte stärker in den Vordergrund treten, darüber hinaus wurden mehr und mehr die Meerestiere mit einbezogen. Wichtiger als Wissenschaft zu vermitteln schien mir auf jeden Fall eine „Fauna“ zu sein, die zur Wissenschaft hinführt. Diesem Prinzip folgt auch die 13. Auflage.

Kiel, im Januar 1977 Wolfgang TISCHLER

Aus dem Vorwort zur 9. Auflage

Die vorliegende neunte Auflage der „Fauna von Deutschland“ kann man cum grano salis als Jubiläumsausgabe bezeichnen: Das Buch lebt bei seinem jetzigen Erscheinen fast genau ein halbes Jahrhundert! Die erste Auflage erschien kurz vor Ausbruch des Ersten Weltkrieges Mitte Juli 1914. Damals war es ein Wagnis, ein solches Bestimmungswerk der heimischen Tierwelt zu schaffen, zumal es kein Vorbild gab, denn erst im Laufe dieser fünf Jahrzehnte ist unserem Beispiel mehrfach gefolgt worden. In jener Zeit konnte diese Aufgabe nur von einem jungen Manne gelöst werden, dem noch gar nicht alle Schwierigkeiten sowie die Hindernisse und die vorhandenen Unzulänglichkeiten bewußt geworden waren und der sich über alle Einwände und sonstige Steine des Anstoßes lächelnd hinwegsetzte. Eine Mitarbeiterschaft fand sich bald zusammen, z. T. junge Fachzoologen, z. T. zoologisch geschulte Lehrer, denn die Arbeit, die zu bewältigen war, ist nicht nur eine fachwissenschaftliche, sondern auch eine pädagogische, galt es doch, aus der oft schwer übersehbaren Fülle von Tierarten das auszuwählen, was in der Forschung, im Unterricht und im Wirtschaftsleben eine Rolle spielt, galt es, leicht zu bewältigende Bestimmungswege zu finden, und daneben stand die Aufgabe, den angehenden Zoologen in die Grundzüge der Systematik unseres Faches einzuführen. Aus der Verschiedenheit des Mitarbeiterstabes ergab sich, daß manchmal mehr der eine, manchmal mehr der andere Gesichtspunkt bei Auswahl und Bestimmungsverfahren betont wurde, und die Aufgabe des Herausgebers war es, auszugleichen und zu glätten, und ich gestehe, daß es mir nicht immer so gelungen ist, wie es mir als Ideal vorschwebte. Trotzdem wurde das Buch damals allgemein begrüßt.

Kiel, im Dezember 1963 Prof. Dr. Paul BROHMER

Zum Konzept der „Fauna von Deutschland“

Die „Fauna“ soll den Benutzer in die Lage versetzen, die vielfältigen Formen der heimischen Fauna so einfach und soweit wie möglich korrekt bestimmen zu können. Dabei gibt es keine Vorauswahl von Taxa, die in die Bestimmungstabellen aufgenommen werden: das als Resultat der Bestimmung gefundene Taxon kann nur dieses und kein anderes sein (wenn richtig determiniert worden ist). Allerdings ist ohne großen Aufwand nur bei wenigen Gruppen (vor allem bei Wirbeltieren und bei manchen Arthropoden) eine eindeutige Bestimmung bis zur Art möglich. In den meisten Fällen können die Schlüssel primär nur der Orientierung dienen und gestatten eine Bestimmung nur bis zur Familie oder zur Ordnung oder zu einer höheren Kategorie; für eine wissenschaftlich verläßliche Identifizierung benötigt man häufig spezielle Literatur.

Das Werk soll einen Zugang zur gesamten Fauna ermöglichen; deshalb sind auch mikroskopische Gruppen wie Nematoden oder Protozoen und auf der anderen Seite „Bildführer“-Gruppen wie Vögel, Amphibien, Reptilien abgehandelt.

Es wird angestrebt, in der taxonomischen Bearbeitung der Tiergruppen auf dem neuesten Stand zu sein. Allerdings werden Veränderungen in der zoologischen Nomenklatur mit einem vorsichtigen „Konservativismus“ übernommen. Die Fauna ist kein Kompendium der Systematik.

Eine Funktion des Buches ist weiterhin die eines Nachschlagewerkes. Dem Benutzer soll es ermöglicht werden – auch über das umfangreiche Register –, taxonomische Bezeichnungen richtig einordnen zu können. Allerdings kann hier Vollständigkeit kein Ziel sein. Diesem Nachschlagecharakter entsprechend sind bei vielen Gattungen oder Familien häufige/wichtige/auffällige Arten als Beispiele genannt.

Die Fauna ist ein einbändiges Werk, um als Taschenbuch bei Exkursionen ohne Probleme mitgeführt werden zu können. Auf diesem Hintergrund sind viele platzsparende Formen der Gestaltung zu sehen, vor allem die Benutzung von Kleindruck (was nebenbei auch die Übersichtlichkeit steigert).

Ausführlichere biologische Informationen über die Gruppen, detaillierte Verbreitungsangaben und präzise Angaben von Häufigkeiten für die Arten würden den Rahmen des Werkes sprengen. Die umrahmende Information muß sparsam gehalten werden.

Der Abschnitt „Literatur“ kann nicht erschöpfend sein; hier werden nur wenige Standardwerke, die beim Bestimmen weiterhelfen können, genannt.

Die „Fauna“ ist keine Konkurrenz zu Bildführern, die als Ergänzung und Veranschaulichung benutzt werden sollten. Auf der anderen Seite ist die „Fauna“ mit präzisen Bestimmungsschlüsseln wichtig als Begleitung zu derartigen Bildführern, da diese für die Gruppen der Wirbellosen (z. B. Insekten) stark auswählen.

Das Buch möchte im didaktischen Aufbau seiner Tabellen einen weiten Leserkreis ansprechen. Es soll für Bestimmungsübungen an Universitäten geeignet sein, aber auch von Schullehrern, interessierten Biologen und Laien benutzt werden können.

Frühere Auflagen:

1. Auflage (1914) – 9. Auflage (1964)
Herausgeber: Paul Brohmer
10. Auflage (1969) – 15. Auflage (1982)
Herausgeber: Wolfgang Tischler
16. Auflage (1984) – 18. Auflage (1992)
Herausgeber: Matthias Schaefer

Verzeichnis der Bearbeiter

Prof. Dr. H. Bohlken – Institut für Haustierkunde, Biologiezentrum, Am Botanischen Garten 1–9, 24118 Kiel
Dr. H. Reichstein – Institut für Haustierkunde, Biologiezentrum, Am Botanischen Garten 1–9, 24118 Kiel
Dr. K. Sattler – British Museum (Natural History), Dept. of Entomology, Cromwell Road, GB-London SW 7 5BD
Prof. Dr. M. Schaefer – II. Zoologisches Institut, Abt. Ökologie, Berliner Str. 28, 37073 Göttingen
Prof. Dr. E. Schmidt – Lehrstuhl Biologie und ihre Didaktik, Universitätsstr. 15, 45141 Essen
Dr. F. Sick – Zoologisches Institut, Biologiezentrum, Am Botanischen Garten 1–9, 24118 Kiel
Prof. Dr. W. Tischler, Flensburger Str. 99, 24106 Kiel

Inhaltsverzeichnis

Vorwort zur 19. Auflage V
Aus dem Vorwort zur 13. Auflage V
Aus dem Vorwort zur 9. Auflage VI
Zum Konzept der „Fauna von Deutschland" VII
Kurze Einführung in die Systematik (Taxonomie) XI
Hinweise zum Gebrauch des Buches XIII

Tierstämme (M. SCHAEFER) 1
Stämme der **Protozoa,** Urtiere (M. SCHAEFER) 6
Stamm: **Porifera,** Schwämme (W. TISCHLER) 32
Stamm: **Cnidaria,** Nesseltiere, und Stamm: **Ctenophora** (W. TISCHLER) 34
Stamm: **Plathelminthes,** Plattwürmer (M. SCHAEFER) 40
Stamm: **Nemertini,** Schnurwürmer (M. SCHAEFER) 49
Stamm: **Nemathelminthes,** Schlauchwürmer (M. SCHAEFER) . . 51
Stamm: **Mollusca,** Weichtiere (W. TISCHLER) 63
Stamm: **Annelida,** Ringelwürmer (M. SCHAEFER) 94
Stamm: **Tardigrada,** Bärtierchen (W. TISCHLER) 107
Stamm: **Arthropoda,** Gliederfüßer (Übersicht: M. SCHAEFER) . . 109
Arachnida, Spinnentiere (M. SCHAEFER) 111
Crustacea, Krebse (M. SCHAEFER) 155
„Myriapoda", Tausendfüßer (W. TISCHLER) 179
Insecta, Insekten (Ordnungen: M. SCHAEFER) 188
„Apterygota", Urinsekten (M. SCHAEFER) 202
Ephemeroptera, Eintagsfliegen (W. TISCHLER) 212
Odonata, Libellen (E. SCHMIDT) 218
Plecoptera, Steinfliegen (W. TISCHLER) 227
Dermaptera, Ohrwürmer (M. SCHAEFER) 232
Blattodea, Schaben (M. SCHAEFER) 233
Ensifera, Laubheuschrecken (M. SCHAEFER) 235
Caelifera, Feldheuschrecken (M. SCHAEFER) 241
Psocoptera, Rindenläuse (W. TISCHLER) 250
Phthiraptera, Tierläuse (W. TISCHLER) 255
Thysanoptera, Fransenflügler (W. TISCHLER) 259
Rhynchota, Schnabelkerfe (W. TISCHLER: **Heteroptera;** M. SCHAEFER: **„Homoptera"**) 263
Planipennia, Plattflügler (W. TISCHLER) 312
Coleoptera, Käfer (W. TISCHLER) 316
Hymenoptera, Hautflügler (M. SCHAEFER) 373
Siphonaptera, Flöhe (M. SCHAEFER) 401
Trichoptera, Köcherfliegen (F. SICK) 404
Lepidoptera, Schmetterlinge (K. SATTLER) 414
Mecoptera, Schnabelfliegen (W. TISCHLER) 448
Diptera, Zweiflügler (F. SICK) 449
Stamm: **Tentaculata,** Kranzfühler (M. SCHAEFER) 499
Stamm: **Echinodermata,** Stachelhäuter (W. TISCHLER) 504
Stamm: **Chordata: Tunicata,** Manteltiere (W. TISCHLER) 507

Stamm: **Chordata: Vertebrata,** Wirbeltiere 509
„Pisces“, Fische (M. SCHAEFER) 509
Amphibia, Lurche (M. SCHAEFER) 549
Reptilia, Kriechtiere (M. SCHAEFER) 557
Aves, Vögel (M. SCHAEFER) 561
Mammalia, Säugetiere (H. BOHLKEN und H. REICHSTEIN) . 624

Register 658

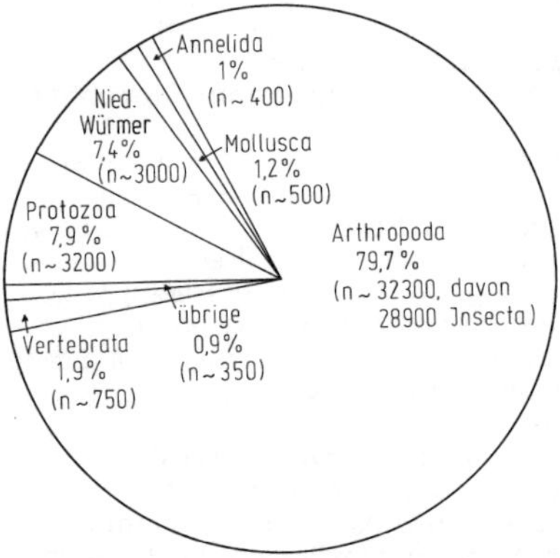

Gruppenanteile in % und absolute Artenzahlen (= n) der in Deutschland vorkommenden Tiere

Kurze Einführung in die Systematik (Taxonomie)

Die Grundeinheit der lebenden Natur ist das **Individuum** als einzelner Organismus. Überindividuelle Einheiten sind (1) die **Art** – eine Gruppe von Individuen, die als Fortpflanzungsgemeinschaft gegen andere derartige Gruppen reproduktiv isoliert sind; (2) die **Abstammungsgemeinschaft** – eine Gruppe von Arten in der Zusammensetzung aus einer Stammart und ihren Folgearten.

Abstammungsgemeinschaften sind im Prozeß der Phylogenese durch Spaltungen von Arten entstanden. Eine Abstammungsgemeinschaft besteht im Minimum aus einem Ahnen oder Vorfahren (Stammart) und zwei aus seiner Spaltung hervorgegangenen Deszendenten, Nachkommen (Folgearten). Eine Abstammungsgemeinschaft kann auf der anderen Seite Millionen von Arten umfassen – etwa die Abstammungsgemeinschaft der vielzelligen Tiere (Metazoa).

Systematik (Taxonomie) ist die Theorie und Praxis der Systematisierung („Klassifikation") realer überindividueller Einheiten der lebenden Natur. Die Grundlage des Systems, das sie erstellen will, sind die phylogenetischen Verwandtschaftsbeziehungen, welche die Natur im Prozeß der Phylogenese geschaffen hat.

Die Einheit des Systems ist das **Taxon.** (1) Art-Taxa sind die Äquivalente von Arten in der lebenden Natur. (2) Supraspezifische Taxa sind die Äquivalente von Abstammungsgemeinschaften; mit einer Stammart und allen von ihnen abstammenden Arten repräsentieren sie monophyletische Einheiten (Monophyla).

Für die Benennung von Tierarten gilt seit Carl von Linné („Systema naturae", 10. Auflage, 1758) die **binominale Nomenklatur.** Abstammungsgemeinschaften erhalten dagegen einfache Namen (Uninomina).

Beispiel: Art Haussperling Passer domesticus Linnaeus, 1758; Abstammungsgemeinschaft der Vögel: Aves.

Mit ihren Namen gehen Arten und Abstammungsgemeinschaften als Taxa in das **phylogenetische System** ein. Die hierarchische Gliederung der Taxa im System erfolgt nach dem Grad ihrer phylogenetischen Verwandtschaft. Zur Kennzeichnung des relativen Ranges in der Hierarchie (Subordiation) werden traditionell bestimmte Kategorien den Namen der Taxa zugefügt.

Die Beziehungen zwischen überindividuellen Einheiten der lebenden Natur, Taxa des phylogenetischen Systems und Kategorien der Klassifikation

Einheiten der Natur		Taxa des Systems		Kategorien der Klassifikation
Art	→	Taxon Art	→	Kategorie Art
Abstammungsgemeinschaft	→	Supraspezifisches Taxon	→	Kategorien Gattung – – Stamm

Wichtige **Kategorien** sind (hierbei wird die taxonomische Einordnung der Teichmuschel als Beispiel gegeben):

Stamm (Phylum)	Mollusca
Klasse	Bivalvia
Ordnung	Eulamellibranchiata
Überfamilie	Unionoidea
Familie	Unionidae
Unterfamilie	Anodontinae
Tribus	Anodontini
Gattung (Genus)	Anodonta
Art (Species)	Anodonta cygnea (LINNEAUS, 1758) Teichmuschel

Kategorien sind Etiketten zur Bezeichnung der Ranghöhe eines Taxons, sie geben also im System nur seine relative Stellung an. In dem vorliegenden Bestimmungsbuch sollte dies bei der Bewertung der Kategorien im Auge behalten werden. Auch gibt es Namen für Taxa, die keine monophyletische Einheit darstellen („paraphyletische" und „polyphyletische" Gruppen). Derartige traditionelle Kategorisierungen sind aus praktischen Gründen beibehalten worden.

Für die zoologische Nomenklatur gibt es Regeln, die von einer internationalen Kommission festgelegt sind (zuletzt im „International Code of Zoological Nomenclature", London, 1985). Hier nur wenige Hinweise:

Der erste Name eines Binomens für die Benennung einer Art bezeichnet die Gattung (Genus), der zweite die Art (Species); dahinter wird der Autor angeführt, der die Art zuerst beschrieben hat, mit – durch ein Komma abgetrennt – dem Erscheinungsjahr der Publikation mit der Originalbeschreibung. Autor und Jahr werden in Klammern gesetzt, wenn die Art später in eine andere Gattung gestellt worden ist.

Der Name für Familie (und Überfamilie, Unterfamilie, Tribus) wird aus dem Namen der sogenannten „Typusgattung" hergeleitet. Die Endung unterliegt einem Standard; dabei wird an den Wortstamm der Typusgattung die **Endung -oidea (Überfamilie), -idae (Familie), -inae (Unterfamilie), -ini (Tribus)** angehängt. Beispiele für die Bildung des Familiennamens: Veneridae (Typusgattung Venus, Gen. sing. Veneris), Sphaeromatidae (Sphaeroma, Sphaeromatos), Felidae (Felis, Felis), Bovidae (Bos, Bovis), Hominidae (Homo, Hominis).

Nach dem **Prioritätsgesetz** (das allerdings gewissen Einschränkungen unterliegt) ist der gültige Name einer Art der älteste verfügbare Name, der ihr gegeben wurde; das Auffinden früherer Artbeschreibungen in der Literatur oder Doppelbeschreibungen (häufig wegen unzureichender taxonomischer Kenntnisse) führen zu **Synonymen** (nicht gültige Artnamen). Generell sind Synonyme verschiedene Namen für dasselbe Taxon.

Literatur: Die vorstehenden allgemeinen Ausführungen über Systematik basieren auf einem von P. Ax verfaßten Konzept als einem Extrakt aus den Büchern Ax, P.: Das phylogenetische System. Stuttgart, 1984 (umfassende Behandlung der phylogenetischen Systematik); Ax, P.: Systematik in der Biologie. UTB 1502. Stuttgart, 1988. – Eine elementare Einführung ist der Beitrag von GRUNER, H.-E.: Einführung. In: KAESTNER, A. Lehrbuch der speziellen Zoologie. Wirbellose Tiere. 1. Teil. Stuttgart, 1980.

Hinweise zum Gebrauch des Buches

(1) **Aufbau der Bestimmungsschlüssel:** Für die einzelnen Gruppen wird in einem Vorspann eine kurze Einführung gegeben mit Bezeichnung wichtiger Fachausdrücke, Angabe von Abkürzungen, einem Überblick über das System und – wo notwendig – einer Auflistung besonders geschützter Arten. Die Bestimmungstabellen folgen dem dichotomen Prinzip der Beantwortung von Alternativfragen über Merkmale. Bisweilen gibt es drei oder vier Alternativen. Unter „Literatur" wird nur eine Auswahl wichtiger Werke gegeben.

(2) **Abbildungen** dienen der Veranschaulichung und sollten zu Rate gezogen werden.

(3) Der **Gebrauch von Abkürzungen** wird für die einzelnen Tiergruppen zum Teil unterschiedlich gehandhabt. Der Lesbarkeit der Tabellen wegen werden Abkürzungen möglichst sparsam eingesetzt.

(4) Die Tabellen sind so konstruiert, daß ein zu bestimmendes Tier **eindeutig** bis zu einer festgelegten Kategorie (bei artenreichen Gruppen häufig ein supraspezifisches Taxon) **determiniert** werden kann. Bei der biologischen Variation und der Schwierigkeit im Erkennen mancher Merkmale ist **Flexibilität** im Beurteilen der Merkmale notwendig. Manchmal muß man im Schlüssel zwei Wege ausprobieren. Dieses Werk kann kein „Kochbuch" sein.

(5) Es können nur **ausgewachsene Tiere** bestimmt werden. Für manche Gruppen (vor allem unter den Insekten) stehen – als Ausnahme hiervon – Schlüssel für die Determination der Larven zur Verfügung.

(6) Die behandelten Tiergruppen beziehen sich grundsätzlich auf das Gebiet der Bundesrepublik Deutschland (mit der ehemaligen DDR) unter Einschluß der Meeresküsten als **geographischem Gebiet.** Ostsee und Nordsee sind nur im Randbereich, nicht mit der eigentlichen Hochsee berücksichtigt. Bisweilen sind auch Österreich und die Schweiz mit den Alpen einbezogen.

(7) Die **Artenzahl** bezieht sich auf das Gebiet von Deutschland, selten auf das weitere Mitteleuropa. Sie wird häufig folgendermaßen angegeben: Zahl durch Semikolon getrennt vor Gattungsnamen; z.B. 22; **Carabus** heißt, daß die Laufkäfergattung **Carabus** im Gebiet mit 22 Arten vertreten ist.

(8) Ein **Überblick über das gesamte System der Tiere** wird durch die Darstellung des Systems bei den einzelnen Gruppen in einer gleichsam hierarchischen Abfolge – vom Stamm zur Klasse und Ordnung – vermittelt. Bei der Nennung von Gattungs- und Artnamen wird der Autor (Erstbeschreiber) mit abgekürztem Namen angeführt.

(9) Die Übersicht über **besonders geschützte Arten** folgt der Bundesartenschutzverordnung vom 18. September 1989.

Tierstämme

Vorbemerkung: Die Abbildungen sind meist nur Beispiele für die betreffenden, z.T. formenreichen Gruppen.

System (dabei (1), (2), ... = Stämme):
Protozoa: Sarcomastigophora (1), **Labyrinthomorpha** (2), **Apicomplexa** (3), **Myxozoa** (4), **Microspora** (5), **Ascetospora** (6), **Ciliophora** (7);
Metazoa: Porifera (8), **Cnidaria** (9), **Ctenophora** (10) (9 + 10 = **Coelenterata**), **Plathelminthes** (11), **Nemertini** (12), **Kamptozoa** (= **Entoprocta**) (13), **Nemathelminthes** (14), **Mollusca** (15), **Sipunculida** (16), **Echiurida** (17), **Annelida** (18), **Tardigrada** (19), **Pentastomida** (20), **Arthropoda** (21) (18–21 = **Articulata**), **Tentaculata** (22), **Chaetognatha** (23), **Echinodermata** (24), **Chordata** (25) (mit den Unterstämmen **Acrania, Tunicata** und **Vertebrata**).

1. Einzellig (selten Kolonien aus mehreren Zellen bildend, z.B. [*16*] (S. 9), nackt od. von Hüllen bzw. Schalen umgeben. Fast immer unter 1 mm. Freilebend im Wasser od. in feuchten Medien, od. parasitisch in Tieren u. Pflanzen [*1–5*] . . . . Urtiere, **Protozoa** S. 6
Mit Einzellern zu verwechseln sind einige wasserlebende Vielzeller: **Rotatoria** (Wimperapparat am Kopf; Kauapparat mit Zähnen [*31*]; **Gastrotricha** (flaschenförmig, mit paarigen ventralen Wimpernbändern, auffällig bestachelt od. beschuppt [*33*], evtl. weitere „niedere Würmer", s. Nr. **8.**

— Körper vielzellig, meist größer als 1 mm **2**

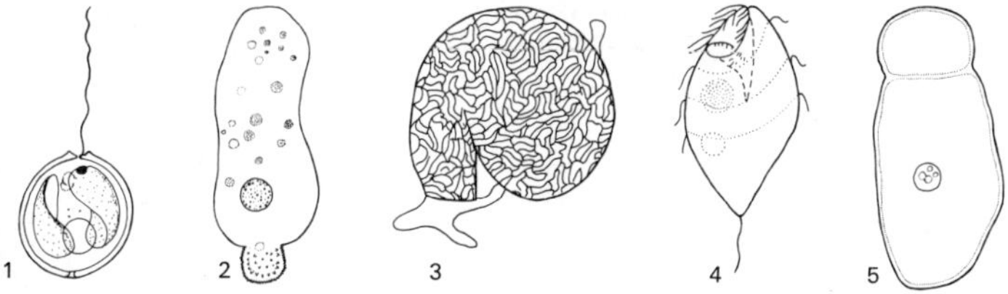

2. Körper lateralsymmetrisch (mit 2 gleichen Seiten), drehrund, sackförmig od. walzenförmig **3**

— Körper ± radiärsymmetrisch **11**

— Gestalt unsymmetrisch, oft flächig od. krustenförmig. Einzeltiere od. Tierstöcke. Im Wasser **12**

3. Körper mit Innenskelett, dessen Hauptbestandteil die Wirbelsäule ist; meist mit 2 Extremitätenpaaren. Körper meist groß. Gestalt: Fische [*6*], Schwanzlurche [*7*], Froschlurche [*8*], Kaulquappen [*9*], Echsen, Schlangen, Vögel [*10*], Säuger [*11*] . Wirbeltiere, **Vertebrata** S. 509

— Körper weidenblattförmig, mit unpaarem Flossensaum, ohne paarige Flossen. Bis 5 cm . . . Schädellose, **Acrania (Cephalochordata)**
Unterstamm der **Chordata.** Nur **Branchiostoma lanceolatum** PALL., Lanzettfischchen (weißlich), auf Sandgrund. Nordsee bei Helgoland.

— Körper ohne od. mit andersartigem Innenskelett, oft mit Außenskelett. Gestalt anders **4**

4. Körper mit echter Ringelung (Segmentierung); diese kann sekundär fehlen. Mindestens an einigen Segmenten mit gegliederten Extremitäten [*12–15*] . . . . Gliederfüßer, **Arthropoda** S. 109
Hierzu auch Bärtierchen, **Tardigrada** (Körper bis 1,2 mm, mit 4 Paar bekrallten Stummelbeinen; letztes Paar nach hinten gerichtet [*17*]), S. 107.

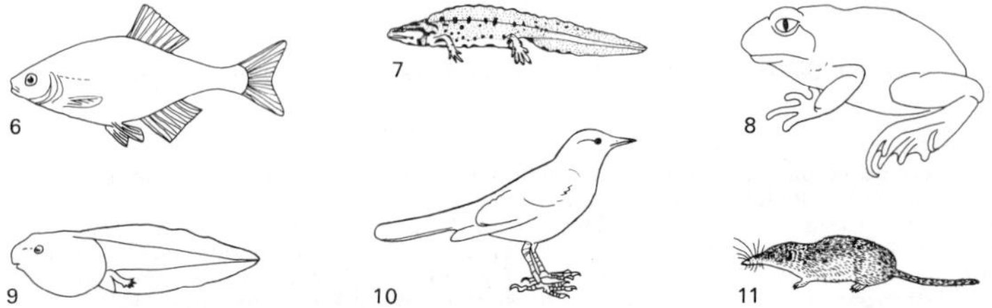

— Körper mit Ringelung, ohne deutliche Extremitäten [*16, 18*] . **5**
Bei vielen Borstenwürmern **(Polychaeta)** mit Seitenlappen (Parapodien [*3*], S. 97).
— Körper ungegliedert, bisweilen Tierketten bildend **6**

5. Gliederung des Körpers ± gleichmäßig über die gesamte Länge, häufig mit Seitenlappen (Parapodien) und/oder Borsten. Habitus nicht wie [*19*] oder [*20*] . . . . Ringelwürmer, **Annelida** S. 94
Wenn nur wenige (bis 14) Segmente, meist Insektenlarven [*16*], S. 188. Wenn 8 dachziegelförmig übergreifende Kalkschalen, Käferschnecken, **Placophora** S. 64.
Hierzu außerdem einige „Niedere Würmer" **8**
Sondermerkmale: Körper vorn mit Scolex [*29*], od. mit hakenbewehrtem od. dörnchentragendem Rüssel [*32*], od. mit Rüssel u. Stacheln an der Basis (Larve der **Nematomorpha** S. 52), od. mit Stachelkränzchen [*34*], od. Kutikula bewimpert ([*18*] S. 42), od. Vorderende ähnlich [*43–51*], S. 58–60.

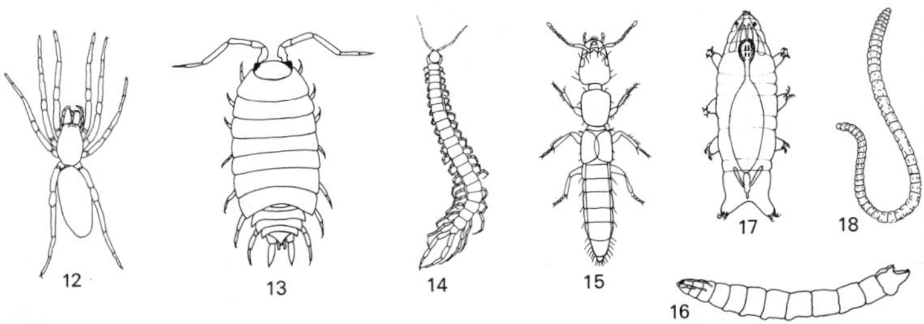

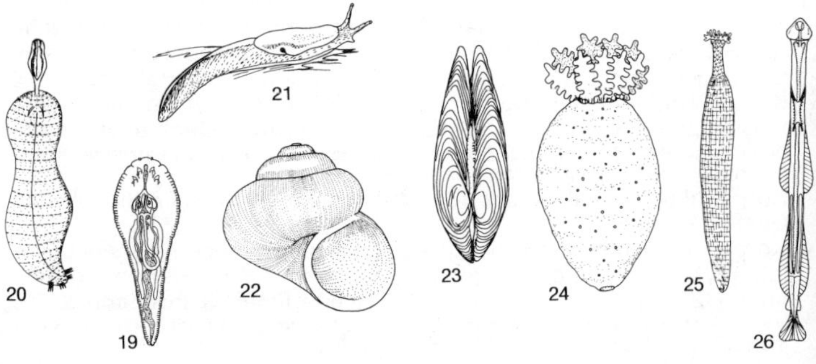

— Körper zungenförmig geringelt, mit 2 Paar Klammerhaken in der Umgebung des Mundes [*19*] . . . . . Zungenwürmer, **Pentastomida**

Endoparasitisch mit Wirtswechsel. **Linguatula serrata** FRÖHL. (♂ 2–3 cm, ♀ 8–13 cm) [*19*], in Nasen- u. Stirnhöhle von Raubtieren (Hund, Wolf, Fuchs). **Reighardia sternae** (DIES.) (♂ 1 cm, ♀ 3–5 cm), in Luftsäcken von Möwen u. Seeschwalben.

— Körper vorn mit unten offenem Rüssel, Rumpf mit ringförmig angeordneten Papillen, hinten mit 2 Borstenkränzen [*20*]
Igelwürmer, **Echiurida**

Nur **Echiurus echiurus (**PALL.), Quappe [*20*] (8–14 cm), in Röhren im Sand, Nordsee.

6. Körper mit 1 od. 2 Kalkschalen [*22, 23*], diese manchmal fehlend. Wenn ohne Schale, Kopf mit Fühlern [*21*]. Körperhaut meist schleimig. Ohne Gliedmaßen . . . . Weichtiere, **Mollusca** S. 63

— Körper mit 8 saugnapfbesetzten Fangarmen am Kopf. Im Meer
Tintenfische, **Cephalopoda** (zu **Mollusca**) S. 64

— Körper schlauchförmig, mit isolierten winzigen Kalkkörperchen in der Haut. Tentakelkranz um den Mund [*24*]. Im Meer
Seegurken, **Holothurioidea** (zu **Echinodermata**) S. 504

— Körper anders, ohne Kalkschalen od. -körperchen, ohne derartige Fühler **7**

7. Körper walzenförmig, in dickeren hinteren Rumpf u. schlanken vorderen Rüssel gegliedert. Mund von Tentakelkranz od. -membran umgeben [*25*]. Im Meer . . . . Spritzwürmer, **Sipunculida**

Detritusfresser, in Röhren. 1–25 cm. 5 Arten, z. B. **Sipunculus nudus** L. [*25*].

— Körper schlank, am Vorderende mit Greifkiefer aus starken Borsten, mit Seiten- u. Schwanzflossen [*26*]. Im Meer
Pfeilwürmer, **Chaetognatha**

Räuber, im Plankton. Nur 2; **Sagitta** QUOY ET GAIM., z. B. **S. elegans** VERR. [*26*] (bis 30 mm).

— Körper anders [*27–36*] . . . . „Niedere Würmer" **8**

Wenn Körper vorn mit bewimperten Tentakeln [*42*] od. mit papillenartigen Ein- und Ausstromöffnungen [*44*] s. Nr. **13.**

8. Körper ± auf gesamter Oberfläche mit Wimpern, mit deren Hilfe das Tier schwimmt od. gleitet **9**

27

28

29

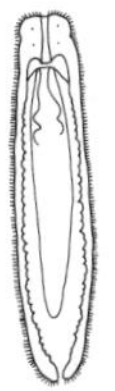
30

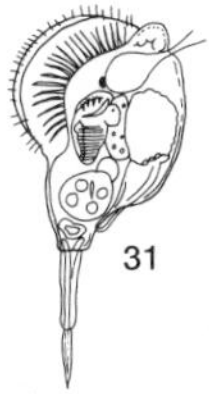
31

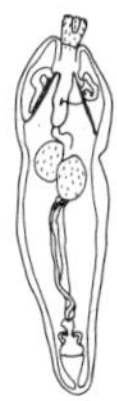
32

33

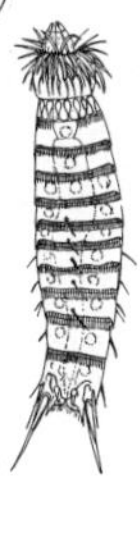
34

35

36

— Körper am Vorderende, bisweilen auch auf der Unterseite mit Wimpern, übriger Körper ohne Wimpern [*31, 33*]
Schlauchwürmer, **Nemathelminthes** S. 51
— Körperoberfläche ohne Wimpern **10**
9. Mit fast körperlangem, ausstülpbarem Rüssel am Vorderende. Körper meist über 10 mm lang, meist drehrund, langgestreckt wurmförmig. Meist im Meer [*30*] . . . . Schnurwürmer, **Nemertini** S. 49
— Mit kürzerem, meist ausstreckbarem Schlund, häufig auf der Bauchseite [*27*]. Körper 0,5–40 mm lang; wenn über 10 mm, ± abgeplattet od. vierkantig, bei landlebenden Formen auch drehrund
Strudelwürmer, **Turbellaria** (zu **Plathelminthes**) S. 40
Ähnlich die in ihrer systematischen Stellung unsicheren **Gnathostomulida** (0,3–1 mm; im Pharynx 1 Paar zangenartige, kutikularisierte Haken), im Sandlückensystem des Meeres.
10. Körper abgeplattet. Vorderende fast immer mit Saugnäpfen od. -gruben [*28, 29*]. Endoparasiten, selten Ektoparasiten
Plattwürmer, **Plathelminthes** S. 40
— Körper ± drehrund. Vorderende ohne Saugnäpfe od. -gruben, höchstens mit Rüssel [*31–36*]. Parasitisch od. freilebend
Schlauchwürmer, **Nemathelminthes** S. 51
11. Körper zart, weich, häufig ± durchscheinend. Gestalt schlauch-, kugel-, glocken- od. schirmartig, oft mit – unbewimperten – Tentakeln [*37, 38*] . . . . Hohltiere, **Coelenterata** S. 34
Ähnlich manche **Kamptozoa** od. **Tentaculata** (s. Nr. **14**), aber Tentakeln bewimpert.
— Körper hart, nie durchscheinend, kugel-, halbkugel- od. eiförmig od. mit mindestens 5 Armen [*39, 40*]
Stachelhäuter, **Echinodermata** S. 504
12. Freilebend **13**
— In od. auf Tieren. Parasitisch . . . . . manche **Crustacea** S. 155
13. Krustenförmig, höckerig od. geweihähnlich. Oberfläche dicht mit Poren. Im weichen Körper Skelettnadeln und/oder Spongiolinfasern [*41*] . . . . Schwämme, **Porifera** S. 32

37

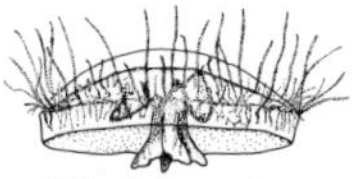
38

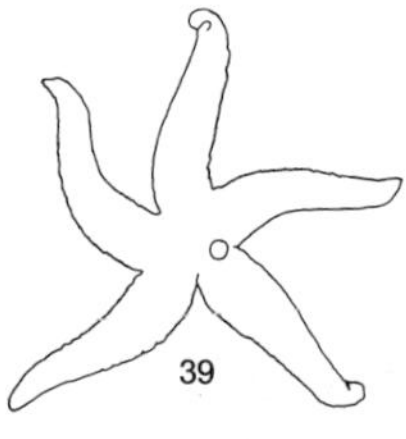
39

40

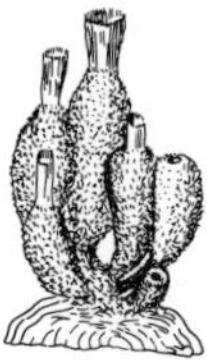
41

42

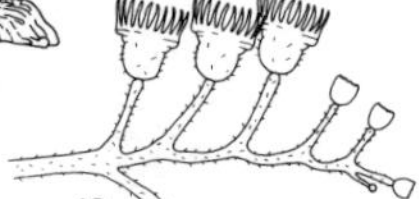
43

44

— Meist ± flächige Tierstöcke (oder selten Kolonien), deren Einzeltiere mit bewimperten Fangarmen (Tentakeln) auf kreis- od. hufeisenförmigen Trägern [*42, 43*] **14**

— Einzeltiere od. Tierstöcke mit unbewimperten Fangarmen. Körper ± schlauchförmig, ohne Ein- und Ausstromöffnungen [*37*] Hohltiere, **Coelenterata** S. 34

— Einzeltiere od. Tierstöcke mit gallertartigem, zähem Mantel. Jedes Tier mit papillenartiger Ein- und Ausstromöffnung [*44*] Manteltiere, **Tunicata** S. 507

14. Tentakel einziehbar [*42*] . . . . Kranzfühler, **Tentaculata** S. 499

— Tentakel nicht einziehbar [*43*] Kelchtiere, **Kamptozoa (Entoprocta)**
Im Meer, selten im Süßwasser, etwa 10 Arten, z.B. **Pedicellina cernua** (Pall.) [*43*] (Kelch bis 0,5 mm).

Literatur

zu in der Tabelle behandelten speziellen Gruppen

Kamptozoa: Knight-Jones, E. W., Ryland, J. S.: Entoprocta. In: P. J. Hayward, J. S. Ryland, The marine fauna of the British Isles and North-West Europe. Vol. 1. Oxford, 1990. – Nielsen, C.: Entoprocts. Synopses of the British Fauna 41. London, 1989.

Pentastomida: Kaestner, A.: Lehrbuch der Speziellen Zoologie, Bd. 1, Teil 3. Jena 1982.

Sipunculida: Knight-Jones, E. W., Ryland, J. S.: Sipuncula. In: P. J. Hayward, J. S. Ryland, The marine fauna of the British Isles and North-West Europe. Vol. 1, Oxford, 1990.

Echiurida: Knight-Jones, E. W., Ryland, J. S.: Echiura. In: P. J. Hayward, J. S. Ryland, The marine fauna of the British Isles and North-West Europe. Vol. 1. Oxford, 1990.

Chaetognatha: Gruner, H.-E.: Chaetognatha. In: Stresemann, Exkursionsfauna. Bd. 1. Berlin, 1992.

Acrania: Ryland, J. S.: Cephalochordata. In: P. J. Hayward, J. S. Ryland, The marine fauna of the British Isles and North-West Europe. Vol. 2. Oxford, 1990.

Protozoa, Urtiere

Einzellig od. Zellkolonien; nackt, häufig mit Zellhülle (Pellicula), auch mit Gehäuse od. Schale. Fortbewegung durch fadenförmige, schwingende Fortsätze – als Geißeln (Flagellen) lang, meist länger als Zellkörper, als Wimpern (Cilien) meist viel kürzer als Körper –, durch Scheinfüßchen (Pseudopodien; finger-, faden- od. netzförmige Fortsätze) od. gleitend ohne Formveränderung. Tiere sind meist nur lebend bestimmbar. Im Gebiet etwa 3500 Arten.

System: Die **Protozoa** sind eine paraphyletische Gruppe. Sie umfassen die Stämme **Sarcomastigophora, Labyrinthomorpha, Apicomplexa, Myxozoa, Microspora, Ascetospora** und **Ciliophora.**

1. Körper mit 1–8 (selten bei manchen Parasiten mehr) Geißeln (z. B. [*4, 8, 12, 18, 20, 39*]) (Stamm **Sarcomastigophora**) Unterstamm Geißeltierchen, **Mastigophora** s. 7

— Körper mit zahlreichen Wimpern (z. B. [*1*]), diese häufig ungleich (z. B. [*144*]) **2**

— Körper ohne Geißeln od. Wimpern **3**

2. Auf gesamter Oberfläche gleichmäßig bewimpert [*1*]. Kommensalen im Enddarm von Amphibien, selten Fischen od. Reptilien (Stamm **Sarcomastigophora**) Unterstamm **Opalinata**

Nur **Opalinidae,** z. B. **Opalina** Purkinje et Valentin (Körper abgeflacht), im Grasfrosch **O. ranarum** (Ehrenberg) [*1*] (bis 600 µm); **Cepedea** Metcalf (zylindrisch), **C. dimidiata** (Stein) (bis 300 µm) in Wasserfröschen und Kröten.

— Ungleich bewimpert; wenn gleichmäßig bewimpert, nicht im Darm niederer Wirbeltiere . . Stamm Wimpertierchen, **Ciliophora** S. 21

3. Mit schlanken, am Ende knopfartig verdickten [*160*], seltener zugespitzten [*154*], röhrenartigen Fortsätzen. Fast immer festsitzend (Stamm **Ciliophora**), Klasse **Suctoria** S. 29

— Ohne od. mit andersartigen Fortsätzen (Pseudopodien, Skelett) **4**

4. Körper nackt, ohne od. mit Hüllen (z. B. [*52, 66*]), auch mit radiärsymmetrischem Innenskelett (z. B. [*78*]). Mit Pseudopodien [*52–54, 78*] (Stamm **Sarcomastigophora**) Unterstamm Wurzelfüßer, **Sarcodina** S. 12

Ähnlich manche **Mastigophora,** aber mit Plastiden, z. B. **Rhizochrysis** Pascher (zu **Chrysomonadida**), in Aquarien **R. major** Naum. (bis 15 µm).

— Anders; ohne Pseudopodien, unbeweglich od. mit gleitender, sehr selten amöboider Bewegung. Endoparasiten **5**

Wenn freilebend: Stamm **Labyrinthomorpha,** Kolonien spindelförmiger gleitend-beweglicher Zellen, an verrottenden Algen im Meer, artenarm.

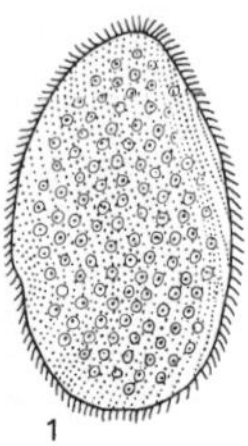

1

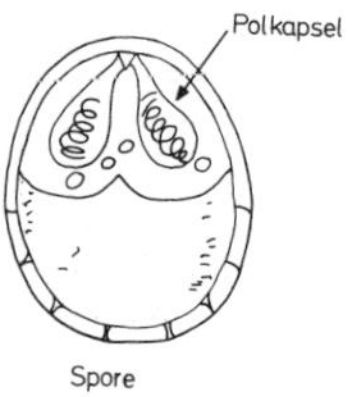

2

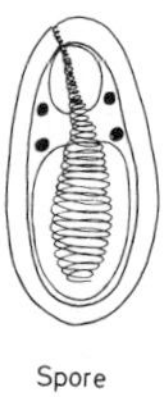

3

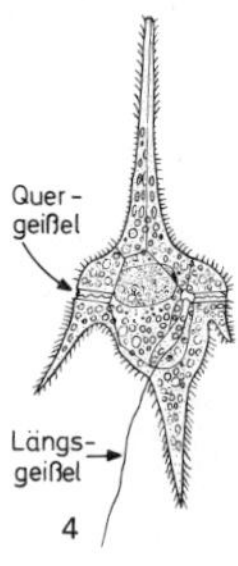

4

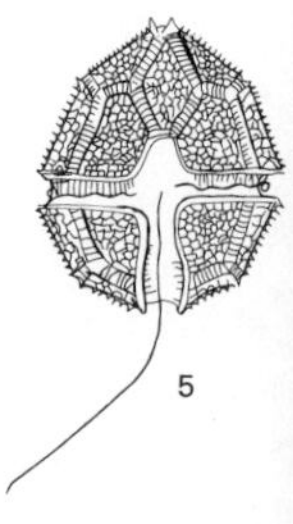

5

5. Sporen ohne Polfaden . . Stamm Sporentiere, **Apicomplexa** S. 30
Ähnlich ist der Stamm **Ascetospora** mit wenigen Arten, z. B. in Austern.
— Sporen mit 1–4 Polkapseln, in diesen ein ausstülpbarer Polfaden spiralig aufgerollt [*2*]. In Fischen, Oligochaeten u. Sipunculiden
Stamm Scheinsporentiere, **Myxozoa**

Beispiele: **Myxobolus** Bütschli (Sporen mit 1–2 Polkapseln, ohne Fortsätze, ± ellipsoid [*2*]), häufig **M. pfeifferi** Thélohan (Spore [*2*]), in Muskeln u. Organen der Barbe (Beulenkrankheit). **Henneguya** Thélohan (Spore ähnlich, aber mit langem Fortsatz), Gewebeparasiten, häufig auf Kiemen, z. B. **H. psorospermica** Thélohan auf Hecht u. Flußbarsch. **Myxosoma cerebralis** Hofer bewirkt die Drehkrankheit von Forelle u. Bachsaibling.

— Sporen ohne Polkapseln, mit Vakuole, darin ein Polfaden [*3*] (nur ausgestülpt erkennbar). Winzige intrazelluläre Parasiten bei Arthropoden u. Fischen . . . . Stamm Kleinsporentiere, **Microspora**

In Fischen z. B. **Glugea** Thélohan, verursacht Cysten, z. B. **G. anomala** (Moniez) am Stichling. Bei Arthropoden wichtig **Nosema** Naegeli, **N. bombycis** Naegeli Erreger der Fleckenkrankheit bei Seidenspinnerraupen, **N. apis** Zander der „Bienenruhr“ bei der Honigbiene.

Stamm: **Sarcomastigophora**

Körper mit Geißeln (Flagellen) oder Scheinfüßchen (Pseudopodien). Die **Sarcomastigophora** gliedern sich in die Unterstämme **Mastigophora** (S. 7), **Opalinata** (S. 6), **Sarcodina** (S. 12).

Unterstamm: **Mastigophora** (= **Flagellata**), Geißeltierchen

Körper mit 1 od. mehreren Geißeln (Flagellen), diese dienen als Fortbewegungsorgane, auch als Schleppgeißel [*41*] od. undulierende Membran [*37*] ausgebildet. Ernährungsweise autotroph bei „Phytoflagellata“ mit grünen, gelben od. braunen Plastiden od. heterotroph bei den farblosen „Zooflagellata“; auch gemischte Ernährungsweise (Mixotrophie) möglich. Bei manchen Arten auch amöboide od. unbewegliche Stadien, bisweilen völliger Geißelverlust (z. B. parasitische Dinoflagellata), hier nicht berücksichtigt. Im Gebiet etwa 600 Arten, vor allem im Süßwasser, weniger im Meer. Zum Erkennen der Geißeln oft Zusatz von Iod-Iodkalium-Lösung nötig.

System: als **„Phytomastigophora“** (mit Plastiden, die auch reduziert werden können) Ordnungen **Cryptomonadida** (in der botanischen Nomenklatur = **Cryptophyceae**), **Dinoflagellida** (= **Dinophyceae**), **Euglenida** = **Euglenoidina** (= **Euglenophyceae**), **Chrysomonadida** (= Teil der **Chrysophyceae**), **Heterochlorida** (= Teil der **Xanthophyceae**), **Chloromonadida** (= **Chloromonadophycae, Raphidophyceae**), **Prymnesiida** = **Haptomonadida** (= **Haptophyceae**), **Volvocida** = **Phytomonadida** (= Teil der **Chlorophyceae**), **Prasinomonadida** (= **Prasinophyceae**), **Silicoflagellida** (= Teil der **Chrysophyceae**); als **„Zoomastigophora“** (ohne Plastiden) Ordnungen **Choanoflagellida, Kinetoplastida, Proteromonadida, Retortamonadida, Diplomonadida, Oxymonadida, Trichomonadida, Hypermastigida.**

1. Parasitisch, symbiontisch od. als Kommensalen in Tieren . . **18**
— Freilebend **2**
2. Körper mit 1 Längs- u. 1 Querfurche, darin je 1 Geißel [*4, 5*]. Selten Querfurche reduziert (z. B. wie [*6*]) . . . Ordnung **Dinoflagellida 3**
— Körper anders, ohne Querfurche **4**
3. Körper mit starken Panzerplatten, die als starres Skelett ausgebildet sind, seltener mit einheitlicher Zellulosemembran

Mehrere Familien, darunter **Peridiniidae,** artenreich im Meer u. Süßwasser, wichtig **Ceratium** Schr. (mit hornartigen Fortsätzen [*4*]), z. B. **C. hirundinella** (Müll.) [*4*] (bis 400 µm), limnisch u. **C. tripos** (Müll.) (bis 300 µm), marin. **Peridinium** Ehr. (Gestalt wie [*5*]), im Süßwasser z. B. **P. bipes** Stein [*5*] (bis 60 µm).

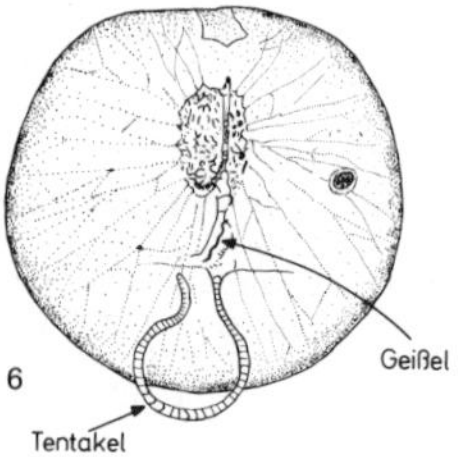

6

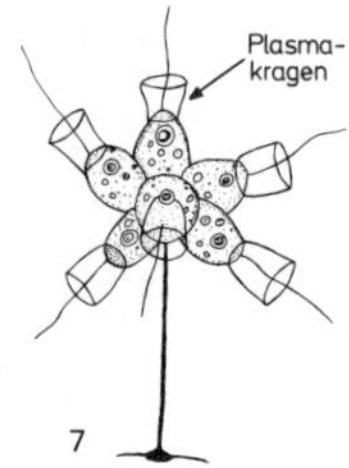

7

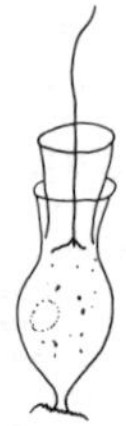
8

9

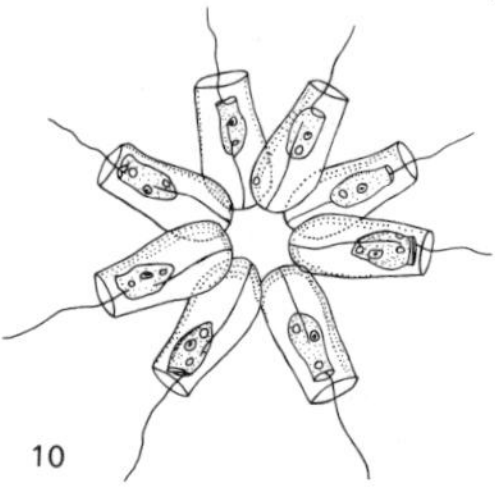
10

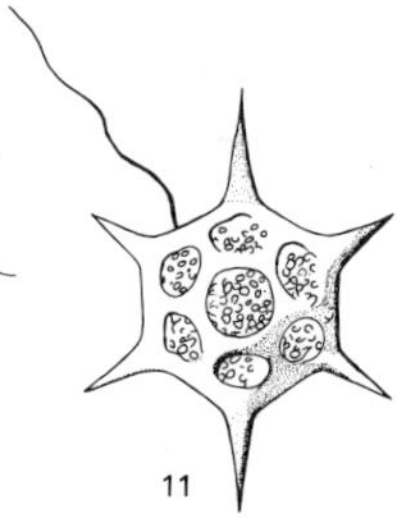
11

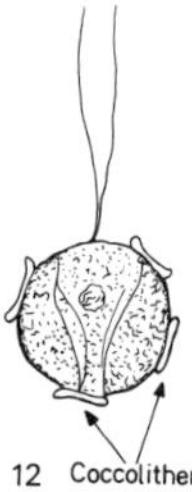

12

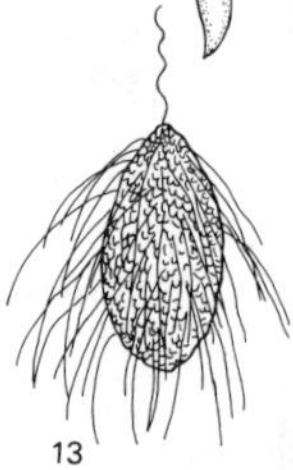
13

— Körper nackt, ohne Zellulosemembran
Mehrere Familien, darunter **Gymnodiniidae,** z. B. **Gymnodinium** STEIN, im Süßwasser häufig **G. fuscum** STEIN (bis 100 µm); im Meeresplankton oft massenhaft **Noctiluca scintillans** MAC. (= **miliaris** SUR.) [*6*] (etwa kugelig, ohne Querfurche, mit Tentakel, bis 1200 µm), mit Leuchtvermögen.

4. Körper vorn mit 1 od. 2 Plasmakragen [*7*], mit 1 Geißel **Choanoflagellida**
Ohne Plastiden. Im Süßwasser. **Phalansteriidae** (gesamter Körper, auch Kragen, in Gallertmasse, koloniebildend), nur **Phalansterium** CIENK., z. B. **P. digitatum** (STEIN) (Einzelzelle bis 20 µm). Gesamter Körper nicht in Gallertmasse: **Codonosigidae** (ohne) Gehäuse), z. B. **Codosiga** JAMES-CLARK, häufig **C. botrys** (EHR.) [*7*] (1–mehrere Zellen auf einfachem Stiel; Zelle bis 30 µm); **Sphaeroeca** LAUT. (Zellkolonie in Gallertmasse, Plasmakragen frei), häufig **S. volvox** LAUT. (Einzelzelle bis 10 µm). Einige **Bicoecidae** (mit Gehäuse), z. B. **Salpingoeca** JAMES-CLARK, artenreich, häufig **S. frequentissima** (ZACH.) [*8*] (bis 10 µm).

— Körper ohne derartigen Kragen **5**

5. Mit starrem Gehäuse, das vom Zellkörper absteht **6**

— Körper ohne derartiges Gehäuse **7**

6. Mit 2 ungleichlangen Geißeln. Mit Plastiden einige **Chrysomonadida**
Verbreitet manche **Ochromonadidae,** darunter **Dinobryon** EHR. (Habitus [*9*]), festsitzend od. frei, häufig koloniebildend, viele Arten, v. a. im Süßwasser, häufig im Plankton **D. sertularia** EHR. [*9*] (Einzelzelle bis 45 µm).
Hierher auch einige **Volvocida** (mit 2 gleichlangen Geißeln).

— Mit 1 Geißel. Mit Plastiden . . . . einige **Euglenidae (Euglenida)**
Z. B. **Trachelomonas** s. Nr. **7.**

— Mit 1 Geißel. Ohne Plastiden . . . . v. a. einige **Choanoflagellida**
Meiste **Bicoecidae,** z. B. **Biocoeca** JAMES-CLARK, im Süßwasserplankton **B. socialis** (LAUT.) [*10*] (Einzelzelle bis 10 µm), koloniebildend.

7. Körper mit 1 zusammenhängenden Innenskelett aus Kieselsäure. Im Meeresplankton . . . . Ordnung **Silicoflagellida**

Wenige Arten, z. B. **Dictyocha** (= **Distephanus**) **fibula** (Ehr.) [*11*] (gelbbraun; bis 30 µm). **Ebria tripartita** (Schum.) (farblos; bis 30 µm).

— Körper außen mit Kalkplättchen (Coccolithen [*12*]) bedeckt. Meist im Meeresplankton . . . . **Prymnesiida**

Wenige Arten, z. B. **Gephyrocapsa** (= **Pontosphaera**) **huxleyi** (Loh.) [*12*] (bis 10 µm). Im Süßwasser z. B. **Hymenomonas roseola** Stein (bis 50 µm).

— Körper mit Panzer od. starrer Hülle, diese häufig skulpturiert

Mit 1 Geißel. Vor allem im Süßwasser. Einige **Chromulinidae (Chrysomonadida)** (mit gelben bis braunen Plastiden), wichtig **Chrysococcus** Klebs (Schale ± rund, ohne Kieselplättchen), z. B. **C. rufescens** Klebs (bis 10 µm); **Mallomonas** Perty (mit Hülle von Kieselplättchen, diese z. T. mit langen Nadeln [*13*]), z. B. **M. acaroides** Perty [*13*] (bis 45 µm). – Einige **Euglenidae (Euglenida), Trachelomonas** Ehr. (mit grünen Plastiden; Gehäuse oft braun, mit Skulptur), artenreich, z. B. **T. hispida** (Perty) [*14*] (20–40 µm). – Hierher auch einige **Volvocida** (mit 2 Geißeln).

— Körper mit zarter (selten dickerer, gelatinöser) farbloser Hülle, ohne Skulptur **8**

8. In Kolonien, festsitzend od. freilebend **9**

— Nicht in Kolonien, einzeln **10**

9. Ohne Plastiden, Einzeltiere mit 2 Geißeln

a) Geißeln gleichlang: viele **Amphimonadidae (Prymnesiida),** im Süßwasser z. B. **Rhipidodendron** Stein (Zellen in Gallertröhren, diese seitlich miteinander verwachsen), verbreitet **R. splendidum** Stein (Zelle um 10 µm). b) Geißeln ungleich lang: einige **Ochromonadidae (Chrysomonadida),** z. B. **Anthophysa vegetans** (Müll.) [*15*] (Zellen bis 10 µm), im Süßwasser.

— Mit gelben od. braunen Plastiden . . . . einige **Chrysomonadida**

Meist im Süßwasser. a) Mit 2 ungleich langen Geißeln: manche **Ochromonadidae,** z. B. **Uroglena** Ehr. (Zellen in Gallertmasse, auf Gallertsträngen), häufig **U. volvox** Ehr. (Zellen bis 20 µm). b) Mit 2 gleich langen Geißeln: viele **Syncryptidae,** z. B. **Synura** Ehr. (Zellen nicht in Gallerte), häufig **S. uvella** Ehr. [*16*] (Zellen bis 40 µm).

— Mit grünen Plastiden . . . . **Volvocidae (Volvocida)**

Meist Süßwasser. **Gonium** Müll. (Kolonie flach, tafelförmig), z. B. **G. pectorale** Ehr. (Zellen bis 15 µm). Bei übrigen Gattungen Kolonie kugelig bis elliptisch, darunter **Volvox** L. (aus mindestens 500 Zellen, Kolonie bis 800 µm), in stehenden, pflanzenreichen Gewässern, häufig **V. aureus** Ehr. (Zellen eiförmig, mit Plasmaverbindungen, bis

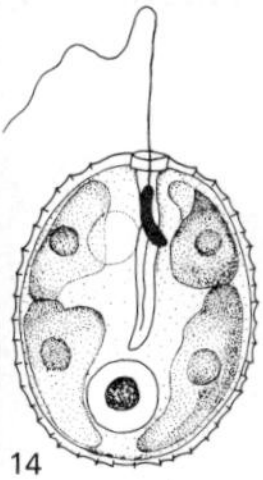
14

15

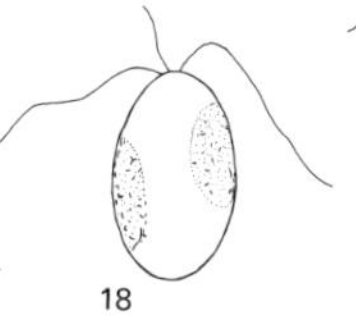
18

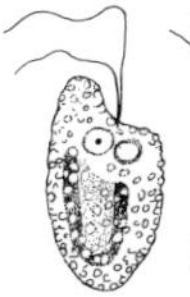
19

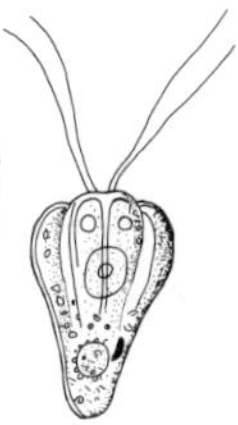
20

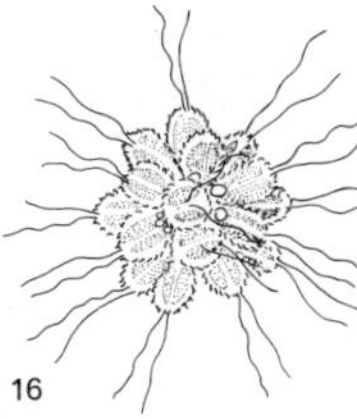
16

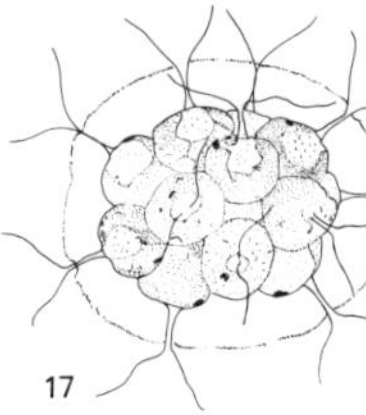
17

21

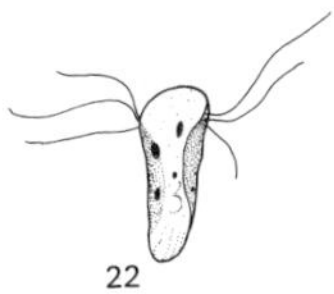
22

8 µm), **V. globator** L. (Zellen sternförmig, bis 5 µm); **Pandorina morum** (MÜLL.) [*17*] (aus 4–32 Zellen, diese gleich groß, ± rund, nahe beieinander liegend, bis 17 µm); **Eudorina** EHR. (ähnlich, aber aus 16–64 Zellen, diese voneinander getrennt), häufig **E. elegans** EHR. (Kolonie bis 200 µm).

10. Mit 4 od. mehr Geißeln (bisweilen z. T. als Schleppgeißeln) . **11**

— Mit 3 Geißeln (z. T. auch als Schleppgeißeln) . . . . **Prymnesiida**
Mit gelben od. braunen Plastiden, mit 2 gleichlangen Geißeln u. 1 geißelähnlichen Faden (Haptonema) [*18*], z. B. **Prymnesium parvum** CART. [*18*] (bis 8 µm), Brackwasser, mit für Fische tödlichem Toxin. – Auch 1 seltene Art der **Carteriidae** s. Nr. **11.**

— Mit 2 gleichlangen, nach vorn gerichteten Geißeln **13**

— Mit 1 langen u. 1 viel kürzeren, nach vorn gerichteten Geißel
Manche **Ochromonadidae** (kurze Geißel oft schwer zu sehen), meist Süßwasser, wichtige Gattungen **Ochromonas** WYSS. (Gestalt [*19*]; gefärbt), z. B. **O. fragilis** DOFL. [*19*] (bis 20 µm). **Spumella** CIENK. (= **Monas** MÜLL.) (ähnlich, aber ungefärbt), z. B. **S. vivipara** (EHR.). – Hierher auch die **Heterochlorida** u. einige **Euglenida.**

— Mit 1 nach vorn u. 1 nach hinten gerichteten Geißel (meist als Schleppgeißel) **14**

— Mit 1 nach vorn gerichteten Geißel **16**

11. Mit grünen Plastiden (selten reduziert)
einige **Volvocida** u. **Prasinomonadida**
Wichtig **Carteriidae,** artenreich im Süßwasser u. Meer **Pyramimonas** SCHM. (Körper pyramiden- od. herzförmig), im Süßwasser z. B. **P. tetrarhynchus** SCHM. [*20*] (bis 30 µm); **Carteria** DIES. (Gestalt ähnlich **Chlamydomonas** [*24*]), häufig im Süßwasser **C. cordiformis** (CART.) (bis 25 µm).

— Ohne Plastiden **12**

12. Mit 4–6 Geißeln, nahe beieinander inserierend . . . **Tetramitidae**
Zu **Gymnamoebia,** häufig in verschmutztem Wasser, darunter **Tetramitus** PERTY, z. B. **T. rostratus** PERTY, [*21*] (Bis 30 µm).

— Mit 4–8 in mindestens 2 getrennten Gruppen entspringenden Geißeln. Körper als Doppelindividuum [*22*] . Ordnung **Diplomonadida**
In fauligem Wasser, viele Arten, z. B. **Trigonomonas compressa** KL. [*22*] (Bis 35 µm).

13. Vorderende durch Furche schief abgestutzt, häufig zu Schlund eingesenkt [*23*]. Mit od. ohne Plastiden
Cryptomonadidae (Cryptomonadida)

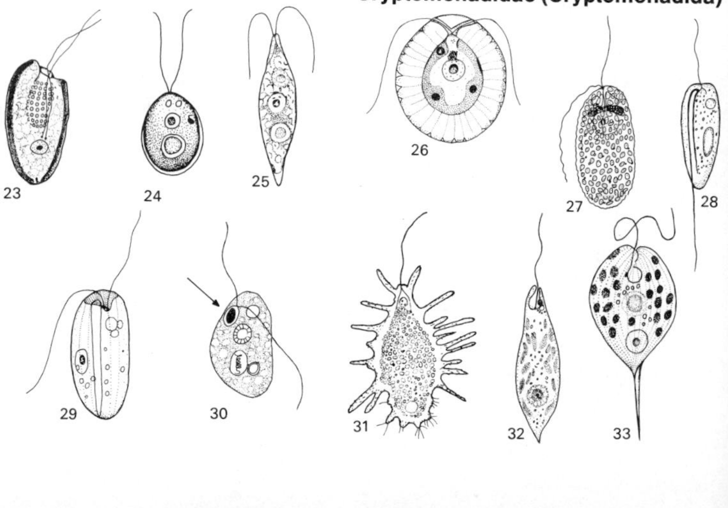

Im Süßwasser u. Meer, artenreich **Cryptomonas** EHR. (gefärbt; mit Schlund, dieser häufig mit Stäbchenreihen), z. B. **C. ovata** EHR. [*23*] (bis 80 µm), im Süßwasser; ähnlich **Chilomonas** EHR., aber ungefärbt, z. B. **C. paramecium** (EHR.) (bis 40 µm), limnisch.

— Körper regelmäßig, ohne Schlund **Chlamydomonadidae (Volvocida)**

Im Süßwasser u. Meer. Viele Gattungen, sehr artenreich **Chlamydomonas** EHR. (Gestalt wie [*24*], grün, auch rot. Mit zarter Hülle), gemein **C. reinhardi** DANG. [*24*] (bis 22 µm), verursacht Grünfärbung kleiner Wasseransammlungen; **C. nivalis** WILLE bedingt – neben anderen Arten – roten Schnee; **Polytoma** EHR. (ähnlich, aber farblos), z. B. **P. uvella** EHR. (bis 25 µm), Süßwasser; **Chlorogonium** EHR. (grün; Körper spindelförmig), z. B. **C. elongatum** (DANG.) [*25*] (bis 45 µm); **Haematococcus** AG. (mit dicker, gallertiger Hülle, diese von Plasmafäden durchzogen, grün, auch rot), z. B. **H. pluvialis** FLOT. [*26*] (bis 30 µm), Tümpel u. Pfützen grünlich od. rot färbend. – Hierher auch manche **Euglenida** u. **Chrysomonadida.**

14. Ungefärbt **15**

— Mit Plastiden . . . . Ordnung **Chloromonadida**

Maigrün. Z. B. **Vacuolaria** CIENK., im Schlamm von Süßgewässern **V. virescens** CIENK. [*27*] (150 µm). – Hierher auch einige **Cryptomonadida** (nicht maigrün).

15. Vorn mit Mundöffnung . . . . . viele **Anisonemidae (Euglenida)**

Beispiele: **Anisonema** DUJ. (mit langer Schleppgeißel, diese in Furche [*28*]), z. B. **A. truncatum** STEIN [*28*] (bis 60 µm), im Süßwasser. **Entosiphon** STEIN (Mund mit vorstülpbarer Röhre), z. B. **E. sulcatum** (DUJ.) [*29*] (bis 25 µm), im Süßwasser.

— Vorn fast immer ohne Mundöffnung viele **Proteromonadida** u. **Kinetoplastida**

Meist in verschmutztem Wasser. **Cercomonadidae** (meist amöboid beweglich), z. B. **Cercomonas** DUJ., häufig **C. longicauda** DUJ. (10–20 µm). **Bodonidae** (nicht amöboid beweglich, ± rundlich, mit Kinetoplast an Geißelbasis), z. B. **Bodo** EHR., auch in Kot, z. B. **B. caudatus** DUJ. [*30*] (bis 22 µm) im Menschenkot.

16. Mit Pseudopodien ähnlich Amöben . . . . . . **Mastigamoebidae**

Systematische Stellung unsicher. Farblos. Darunter **Mastigamoeba** SCHULZE (mit relativ wenigen Lobopodien [*31*]), artenreich im Schlamm stehender Gewässer, z. B. **M. aspera** SCHULZE [*31*] (100 µm).

— Ohne Pseudopodien **17**

17. Geißel aus Kanal od. Furche entspringend . . . viele **Euglenida**

Meist Süßwasser.

a) Mit Plastiden, grün od. rot gefärbt: **Euglenidae**, viele Gattungen, darunter **Euglena** EHR. (langgestreckt, biegsam, meist kontraktil), artenreich, bei Massenvermehrung Wasser grün färbend, häufig **E. viridis** EHR. [*32*] (bis 60 µm), manche Arten rot, z. B. **E. sanguinea** EHR. (bis 120 µm); **Phacus** DUJ. (starr, flach) artenreich, häufig **P. longicauda** (EHR.) [*33*] (bis 115 µm).

b) Ohne Plastiden: **Astasiidae,** mehrere Gattungen, darunter **Urceolus** MER. (flaschenförmig; Geißelkanal vorn trichterförmig), z. B. **U. cyclostomus** (STEIN) [*34*] (bis 50 µm); **Astasia** DUJ. (wie **Euglena,** gesamte Geißel schwingend), z. B. **A. ocellata** KHAWK. (bis 65 µm); **Peranema** DUJ. (Gestalt wie [*35*], Geißel nur an Spitze schwingend), häufig **P. trichophorum** (EHR.) [*35*] (bis 70 µm).

— Geißel nicht aus Kanal entspringend **Chromulinidae (Chrysomonadida)**

Beispiele: **Chromulina** CIENK. (Körper sphärisch od. oval, gelb bis braun), artenreich, bei massenhaftem Auftreten Wasser braun färbend, häufig **C. rosanoffi** BÜTSCHLI [*36*] (bis 10 µm); **Oicomonas** KENT (ähnlich, aber farblos), in fauligem Wasser, auch in Kot, z. B. **O. termo** (EHR.) (bis 10 µm).

18. Mit 1–2 (selten mehr) Geißeln, auch als Schleppgeißeln . . **19**

— Mit 3 od. mehr Geißeln **21**

19. Mit einer aus einem Kanal entspringenden Geißel (wie [*32*]) **17**

— Anders . . . . **Kinetoplastida** u. **Proteromonadida** **20**

20. Mit 1 Geißel, auch als undulierende Membran [*37*] **Trypanosomatidae**

Parasiten. Viele Gattungen, z. B. **Trypanosoma** Gruby (mit 1 Geißel u. am Körper entlanglaufender undulierender Membran [*37*]), artenreich, in Wirbeltieren, mit Wirtswechsel, im Blut von Wirbeltieren undulierende Membran bis Hinterende, im Darm von blutsaugenden Wirbellosen bis etwa Körpermitte reichend, z. B. **T. theileri** Lav. (bis 120 µm) in Rindern (Überträger: Tabaniden), **T. melophagium** (Flu) (bis 60 µm) in Schafen (Überträger: Schaflausfliege); **Leptomonas** Kent. (mit 1 nach vorn gerichteten Geißel, ohne undulierende Membran), meist im Darm von Insekten, z. B. **L. ctenocephali** (Fanth.) (um 20 µm), im Enddarm des Hundeflohs.

— Mit 2 Geißeln . . . . weitere Familien

Beispiele: **Ichthyobodo necator** (Henn.) (= **Costia necatrix**) (**Monadidae**) (freilebende Form wie [*38a*], bis 15 µm), auch ektoparasitisch an Fischen (festsitzende Form [*38b*]).Wichtige **Bodonidae Proteromonas lacertae** (Grassi) (ähnliche **Bodo** [*30*]; um 20 µm), im Enddarm von Eidechsen (Lacerta); **Trypanoplasma** Lav. et Mesn. (mit 1 Geißel u. 1 undulierenden Membran), **T. borreli** Lav. et Mesn. (um 20 µm), im Blut zahlreicher Süßwasserfische.

21. Tiere als Doppelindividuen ausgebildet. Mit 4 od. 3 Paar Geißeln. Meist Parasiten . . . . **Diplomonadida**

Nur **Distomatidae.** Beispiele: **Lamblia** Blanch. (mit Saugscheibe; Habitus [*39*]), im Darm – meist Dünndarm – von Wirbeltieren, z. B. **L. intestinalis** (Lambl.) (bis 20 µm), beim Menschen. **Hexamita** Duj. (= **Octomitus** v. Prow.) (mit 6 Geißeln vorn, 2 hinten [*40*]), artenreich, z. B. **H. muris** (Grassi) [*40*], im Darm von Ratten und Mäusen.

— Nicht als Doppelindividuen gebaut. Parasiten
Retortamonadida, Oxymonadida, Trichomonadida, Hypermastigida

Mehrere Familien, darunter **Trichomonadidae** (4–6 Geißeln, eine davon nach hinten gerichtet, mit undulierender Membran), wichtig **Tritrichomonas** Kof. (3 nach vorn gerichtete Geißeln, hinten Achsenstab herausragend), z. B. **T. muris** (Grassi) (bis 20 µm), im Darm von Ratten und Mäusen; **Trichomonas** Don. (ähnlich, aber mit 4 nach vorn gerichteten Geißeln), beim Menschen **T. hominis** Dav. im Darm, **T. elongata** Stein im Mund, **T. vaginalis** Don. [*41*] in der Scheide (alle um 50 µm). **Chilomastigidae** (3 nach vorn gerichtete Geißeln, 1 Schleppgeißel in Mundbucht [*42*]), nur **Chilomastix** Al., **C. mesnili** (Wen.) [*42*] (um 20 µm) im Darm des Menschen. **Hypermastigidae** (mit zahlreichen Geißeln), **Lophomonas** Stein im Enddarm von Schaben, z. B. **L. blattarum** Stein [*43*] (bis 30 µm).

Unterstamm: **Sarcodina,** Wurzelfüßer

Körperplasma nackt, nicht von einer festen Membran umgeben. Fortbewegung u. Nahrungsaufnahme durch plasmatische Fortsätze (Scheinfüßchen, Pseudopodien) von unterschiedlicher Gestalt: breite Lobopodien [*52*]; fadenförmige, zugespitzte u. hyaline Filopodien [*53*]; Axopodien [*78*] mit stärker lichtbrechendem Achsenstab; meist netzartig ausgebildete Retikulopodien (Rhizopodien, reticulose Pseudopodien) [*54*], für die „Körnchenströmung“ (Bewegung lichtbrechender Körnchen) charakteristisch ist. Im Gebiet etwa 900 Arten.

System: Überklasse **Rhizopoda** mit den Klassen **Lobosea** (unterteilt in die Unterklassen **Gymnamoebia** und **Testacealobosia**), **Filosea, Granuloreticulosa, Eumycetozoea, Acrasea, Acarpomyxea, Plasmodiophorea;** Überklasse **Actinopoda** mit den Klassen **Acantharea, Polycystinea, Phaeodarea, Heliozoea.** (Die „Schleimpilze“ **Eumycetozoa** und **Acrasea** und die parasitischen „Pilze“ **Plasmodiophorea** im folgenden nicht berücksichtigt.) Die erwähnten Familien sind zum Teil nur Beispiele.

1. Körper von einer starren Schale umgeben. Ohne Axopodien [*52, 66*] **2**

— Zellkörper ± kugelig, in 2 konzentrische Schichten gegliedert, mit radiär angeordneten Axopodien [*78*], oft mit Skelett **3**

— Zellkörper nackt, ohne Schale od. Skelett. Meist mit Lobopodien, seltener mit Filopodien . . . . (Klasse **Lobosea**)
Unterklasse Nackte Amöben, **Gymnamoebia** S. 13

(Hierher auch die sehr artenarme Klasse **Acarpomyxea**).
Wenn mit Retikulopodien, s. **Filosea** S. 14.

2. Schale einfach, seltener durch eine innere Falte unterteilt [*52, 59*]. Mit Lobopodien od. Filopodien. Im Süßwasser, selten im Brackwasser
Beschalte Amöben, Unterklasse **Testacealobosia** (der Klasse **Lobosea**) und Klasse **Filosea** S. 14

— Schale gekammert (z.B. [*68, 73*]), seltener einfach. Mit Retikulopodien. Marin . . . . Klasse Porentierchen, **Granuloreticulosa** S. 17
Auch einige **Filosea** (S. 14) mit Retikulopodien, aber limnisch.

3. Körper zwischen den 2 konzentrischen Schichten ohne trennende Kapsel. Im Süßwasser, selten Brackwasser, Meerwasser
Klasse Sonnentierchen, **Heliozoea** S. 18

— Körper meist mit Zentralkapsel zwischen innerer u. äußerer Schicht [*85*], oft mit vielgestaltigem Skelett. Marin . . . Strahlentierchen, Klassen **Polycystinea, Phaeodarea, Acantharea** S. 20

Unterklasse: **Gymnamoebia,** Nackte Amöben

Körper nackt, in ein äußeres homogenes Ektoplasma u. ein inneres, körniges Endoplasma gegliedert [*45*]. Gestalt sehr veränderlich; Bestimmungsschlüssel gilt für sich bewegende Individuen.

1. Freilebend, im Süßwasser, Boden, seltener im Meer **2**

— Parasiten od. Kommensalen im Innern von Tieren
Wichtig **Entamoebidae,** artenreich **Entamoeba** Cas. et Barb. (meist um 10–30 μm), mit kugeligen Cysten im Kot, beim Menschen **E. histolytica** Schaud. [*44*] Erreger der Amöbenruhr, **E. coli** (Lösch) Kommensal u. Parasit im Darm, **E. gingivalis** (Grassi) in Zahnbelägen; beim Kaninchen **E. cuniculi** Brug, bei Ratten u. Mäusen **E. muris** (Gros); bei Wirbellosen **Endamoeba** Leidy, z.B. **E. blattae** (Bütschli) (bis 150 μm), im Darm von Küchenschaben. Fakultativ parasitisch auch manche **Vahlkampfiidae** u. **Hartmannellidae,** s. Nr. **3,** als Erreger von Encephalitis.

2. Körper bei Bewegung mit zylindrischem Querschnitt, verzweigt od. unverzweigt, nicht abgeflacht **3**

— Körper ± abgeflacht **4**

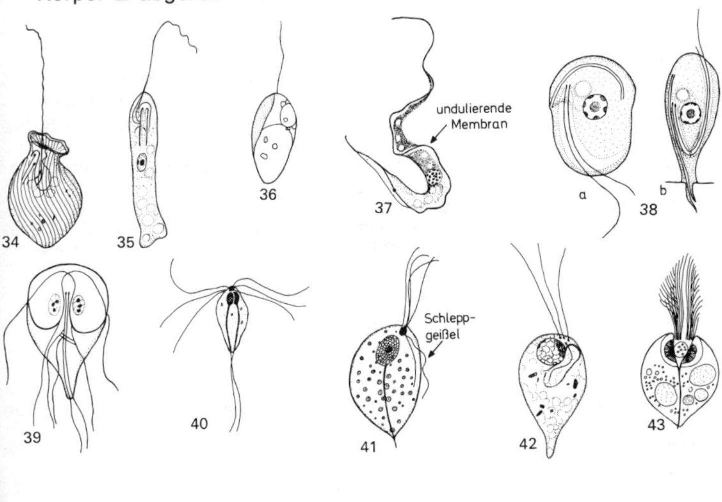

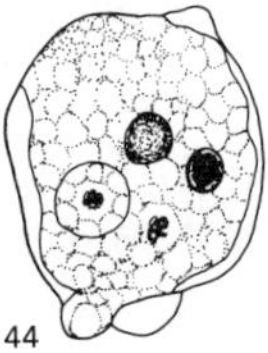

44

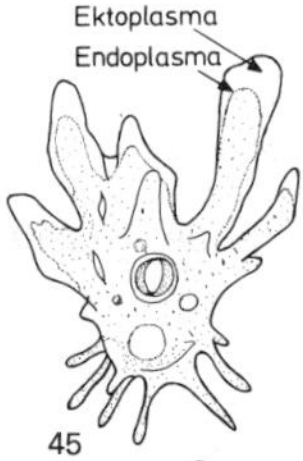

45

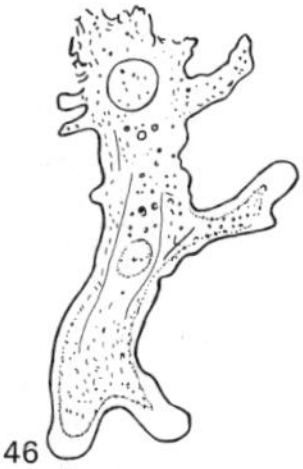

46

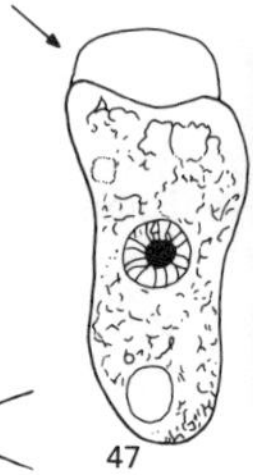

47

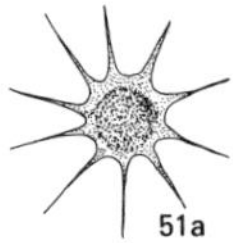

51a

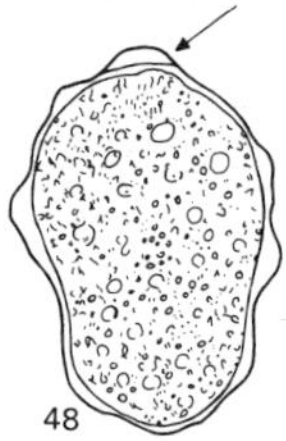

48

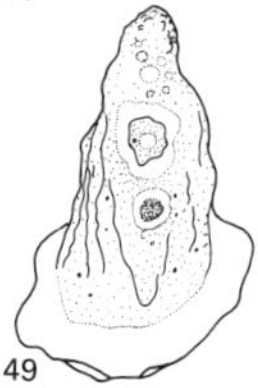

49

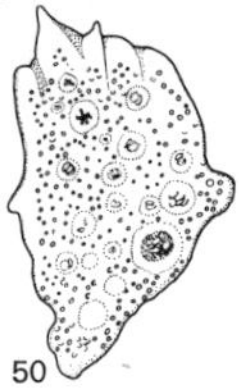

50

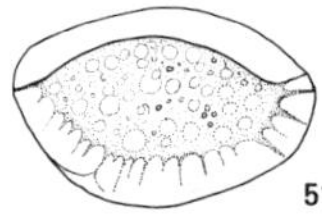

51b

3. Mit mehreren langen, der Bewegung dienenden Pseudopodien **Amoebidae**

a) Am Vorderende mit langen, hinten mit quastenförmigen Pseudopodien [*45*] (Körper gleicht „ausgerissenen Pflanzen"): **Polychaos** Schaeff., z. B. **P. fasciculatum** (Penard) [*45*] (um 140 µm).

b) Anders: **Amoeba** Bory St. Vinc. (mit 1 Kern), **Chaos** L. (mit vielen Kernen), häufig **A. proteus** Leidy [*46*] (ca. 500 µm).

— Mit einem Pseudopodium am Vorderende („Limax-Typ") [*47, 48*]

a) Pseudopodium keilförmig: viele Arten der **Vahlkampfiidae** (z. B. **Vahlkampfia** Chat. et Lal., **Naegleria** Alex.) u. **Hartmannellidae,** sehr häufig **N. gruberi** (Schard.) [*47*] (um 15 µm), manche **N.**-Arten pathogen.

b) Pseudopodien kurze Plasmaausbrüche [*48*]: **Pelomyxidae** (Körper ± oval), nur **Pelomyxa palustris** Greeff [*48*] (bis 2000 µm). **Trichamoeba** From. **(Amoebidae)** (Körper länglich bis keulenförmig), z. B. **T. villosa** (Wall.) (bis 500 µm).

4. Mit flexibler, formbeständiger Hülle [*52*] einige **Testacealobosia** S. 14

— Ektoplasma sehr zäh, pellikulaartig, bei Bewegung nur geringe Formänderung des Plasmaleibs [*49*] . . . . **Thecamoebidae**

Wichtige Gattung **Thecamoeba** Schaeff., z. B. **T. terricola** (Greeff) [*49*] (bis 200 µm).

— Ektoplasma außen nicht pellikulaartig derb, bei Bewegung Pseudopodien, Plasmaausbrüche od. starke Formveränderung

Mehrere Familien, darunter **Paramoebidae** und **Mayorellidae,** artenreich im Süßwasser **Mayorella** Schaeff., z. B. **M. penardi** Page [*50*] (um 100 µm); artenreich im Salzwasser **Paramoeba** Schaud. **Hyalodiscidae** (Gestalt wie [*51a, b*]), nur **Hyalodiscus rubicundus** Hertw. et Less. (20–70 µm; braunrötlich).

Unterklasse: **Testacealobosia** (Klasse **Lobosea**) und Klasse: **Filosea,** Beschalte Amöben, Thekamöben

Körper mit Schale aus organischer Substanz; dieser können (endogen) vom Körper gebildete, meist aus Kieselsäure bestehende Plättchen (Idiosomen) eingelagert oder (exogen) Fremdkörper (Xenosomen) aufgelagert sein. Schale mit Öffnung (Pseudostom), aus der Pseudopodien austreten, diese als Lobopodien [*52*], Filopodien [*53*], selten Retikulopo-

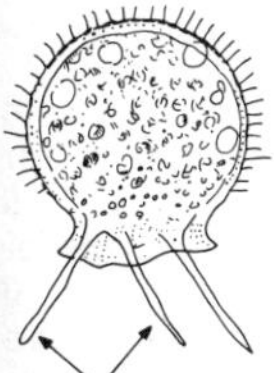

52

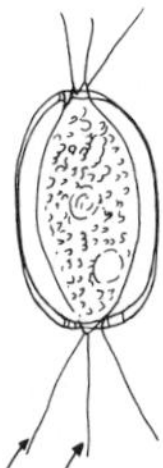

53

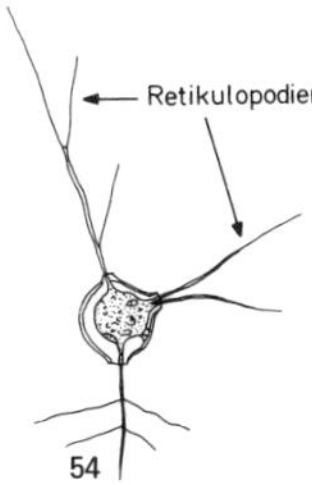

54

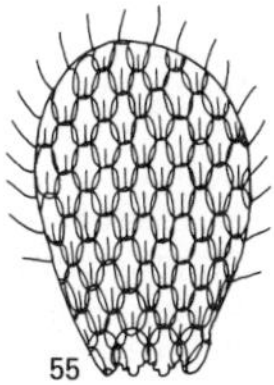
55

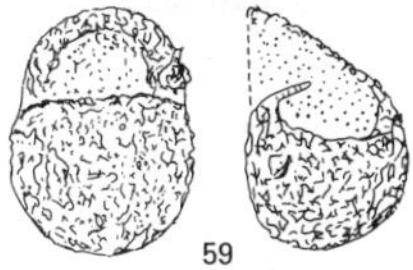
59

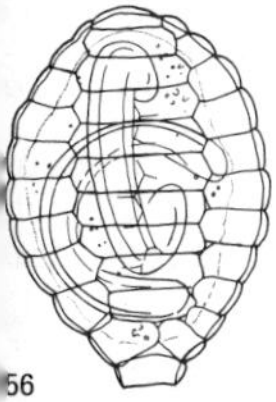
56

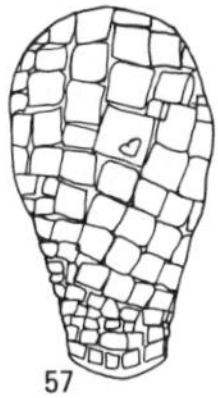
57

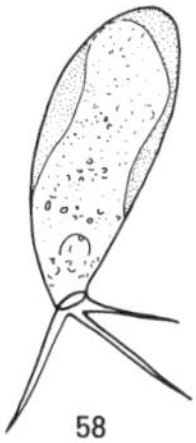
58

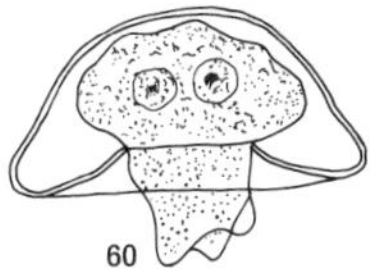
60

dien [*54*]. Meist limnisch, auch terrestrisch, häufig in feuchten Sphagnen, selten marin. Die **Testacealobosia** und **Filosea** (frühere **Testacea**) werden aus praktischen Gründen in der Tabelle gemeinsam abgehandelt.

1. Schale kappenförmig, mit großer Öffnung, ohne deutliches Pseudostom [*52*]. Mit Lobopodien . . . . **Cochliopodiidae**
Cochliopodium HERTW. ET LESS. (Schale ohne Fremdkörper), z. B. **C. vestitum** (ARCH.) [*52*] (60 µm). **Gocevia** VALK. (mit Fremdkörper), z. B. **G. binucleata** VALK. (40 µm).

— Schale mit 1 Pseudostom (z. B. [*55*]) **3**

— Schale mit 2 sich gegenüber liegenden od. mehreren Öffnungen **2**

2. Schale oval, oft abgeflacht, mit 2 Öffnungen . . . **Amphitrematidae**
Zu **Granuloreticulosa.** Mit Filopodien. Nur **Amphitrema** ARCH., Hochmoore, z. B. **A. flavum** ARCH. [*53*] (50–75 µm).

— Schale ± rund bis eckig, mit 2–5 Öffnungen . **Microcometesidae**
Zu **Granuloreticulosa.** Mit Retikulopodien. 3 Gattungen, darunter **Microcometes** CIENK. (3–5 Öffnungen), z. B. **M. paludosa** CIENK. [*54*] (bis 20 µm). **Diplophrys** BARK. (Schale gleichmäßig rund, hyalin), z. B. **D. archeri** BARK. (12–20 µm).

3. Schale mit größeren Schuppen (als Idiosomen), die sich teilweise überdecken [*55*]. Mit Filopodien . . . . **Euglyphidae**
Meist in Moosen.
a) Pseudostom seitlich verschoben, Schale dadurch bilateralsymmetrisch: **Trinema** DUJ., häufig **T. enchelys** (EHR.) (40–100 µm).
b) Pseudostom genau endständig [*55*]: viele Gattungen, darunter **Assulina** EHR. (Pseudostom ohne Kragen, gezähnelt, Schale stark komprimiert), häufig **A. seminulum** (EHR.) (60–90 µm); **Euglypha** DUJ. (Pseudostom ohne Kragen, mit gezähnelten Schuppen besetzt, Schale rund od. wenig komprimiert [*55*]), artenreich, sehr häufig **E. ciliata** (EHR.) [*55*] (50–100 µm).

— Schale mit rechteckigen, an den Ecken abgerundeten (u. dadurch hexagonalen) Platten [*56*]. Mit Filopodien . . . . . **Paulinellidae**
Nur **Paulinella chromatophora** LAUT. [*56*] (20–50 µm), mit 2 wurstförmigen, symbiontischen Blaualgen (Synechococcus).

— Schale mit quadratischen Platten. Mit Lobopodien
einige **Nebelidae**

Paraquadrula irregularis (ARCH.) (mit Kalkplatten; 35–45 µm); **Quadrulella** COCK. (= **Quadrula**) (mit Kieselplättchen), z. B. **Q. symmetrica** (WALLICH) [*57*] (70–120 µm).

— Schale nicht mit derartigen Plättchen 4

4. Schale bilateralsymmetrisch. Pseudostom exzentrisch, nicht in der Körperachse liegend (z. B. [*58, 59*]) 5

— Schale mit mindestens 2 Symmetrieebenen, häufig radiärsymmetrisch. Pseudostom rund, länglich od. dreieckig 6

5. Schalenform retortenartig, wie [*58*]. Mit Filopodien **Cyphoderiidae**

Campascus LEIDY (mit Xenosomen), z. B. **C. triqueter** PENARD (90–120 µm); **Cyphoderia** SCHLUMB. (ohne Xenosomen), z. B. **C. ampulla** (EHR.) [*58*] (100–180 µm).

— Schale nicht retortenartig . . . . Arten mehrerer Familien

Beispiele: **Lesquereusia** SCHLUMB. **(Nebelidae)** (Schale spiralig eingerollt, mit tubusartigem Hals), z. B. **L. spiralis** (EHR.) (100–150 µm). Viele Arten der **Centropyxidae** (mit Lobopodien), häufig **Plagiopyxis** PENARD (Pseudostom sichelförmig), z. B. **P. callida** PENARD (55–135 µm), Teil von **Centropyxis** STEIN (Pseudostom nicht sichelförmig), viele Arten terrestrisch, z. B. **C. aerophila** DEFL. [*59*] (bis 100 µm).

6. Schale chitinoid, ohne Xenosomen od. Idiosomen, häufig mit wabenartiger Felderung. Rand axialwärts umgeklappt, Pseudostom in Mundhöhle [*60*] . . . . **Arcellidae**

Artenreich **Arcella** EHR., häufig **A. vulgaris** EHR. (100–150 µm) [*60*].

— Schale anders 7

7. Pseudopodien breit od. fingerförmig, an Spitze rund (Lobopodien) 8

— Pseudopodien fingerförmig, aber zugespitzt („Retikulolobopodien")

Beispiel: **Phryganella** PENARD (Schale mit Xenosomen), z. B. **P. paradoxa** (bis 50 µm).

— Pseudopodien fadenförmig (Filopodien od. Retikulopodien) . 10

8. Schale als biegsame od. halbstarre Membran . . **Microcoryciidae**

Mehrere Gattungen, z. B. **Pseudochlamys arcelloides** PENARD [*61*] (60 µm); **Diplochlamys** PENARD (Schale doppelt, äußere Schicht mit Xenosomen), z. B. **D. timida** PENARD (50–100 µm).

— Schale chitinoid, meist mit Idiosomen u./od. Xenosomen . . 9

9. Schalenbedeckung nur exogen, Pseudostom rund, 3- od. 4lappig. Wenn Schale ohne Xenosomen, dann im Querschnitt polygonal **Difflugiidae**

Sexangularia DEFL. (Schale im Querschnitt polygonal), z. B. **S. polyedra** DEFL. (70 µm); **Pontigulasia** RHUMBL. (Schale 2kammerig), z. B. **P. compressa** RHUMBL. (110–140 µm); **Cucurbitella mespiliformis** PEN. (Schale 1kammerig, an Mündung mit durch Ringfurche abgesetztem Kragen; 140 µm); **Difflugia** LECL. (Schale 1kammerig, ohne derartigen Kragen), artenreich, sehr groß **D. pyriformis** PERTY (bis 500 µm), häufig z. B. **D. acuminata** EHR. (150–400 µm) [*62*]. Außerdem einige **Centropyxidae: Trigonopyxis arcula** (LEIDY) (Pseudostom dreieckig; 100–150 µm); Arten von **Centropyxis** (s. Nr. 5) (Pseudostom rund; Schale ± scheibenförmig), z. B. **C. arcelloides** PEN. (80–110 µm).

— Schalenbedeckung fehlend od. nur Idiosomen; wenn mit Xenosomen

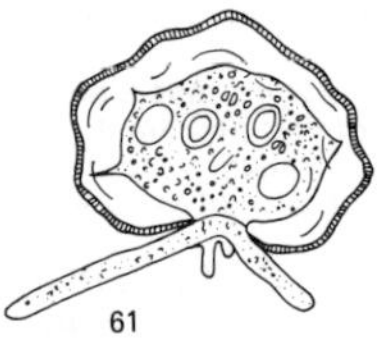
61

62

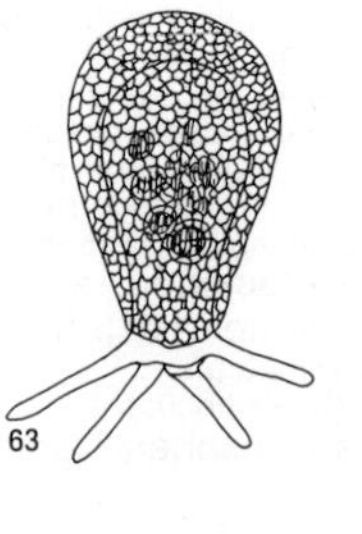
63

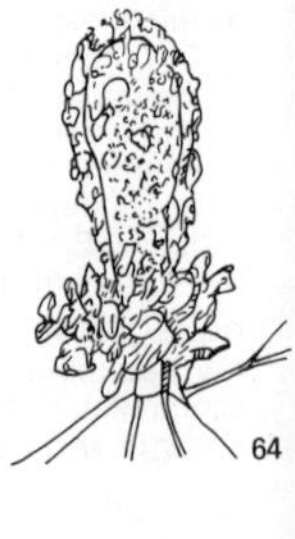
64

Pseudostom spaltenförmig od. elliptisch. Schale oft seitlich zusammengedrückt . . . . **Nebelidae**
Beispiele: **Hyalosphenia** STEIN (Schale ohne Idiosomen od. Xenosomen, ± stark komprimiert), z. B. **H. papilio** (LEIDY) (90–130 µm); **Nebela** LEIDY (Schale ± flaschenförmig, mit Idiosomen), artenreich, häufig **N. collaris** (EHR.) (100–180 µm) [*63*].

10. Mit Filopodien (ohne innere Körnchenströmung) . . . **Gromiidae**
Viele Gattungen, Beispiele: **Gromia fluvialis** DUJ. (Schale 2schichtig; 100 µm); **Clypeolina marginata** PEN. (Schale zusammengedrückt, mit Kiel; 80–140 µm); **Pseudodifflugia** SCHLUMB. (Schalenform wie **Difflugia** [*63*]), z. B. **P. fascicularis** PEN. (30–40 µm) [*64*]; **Chlamydophrys** CIENK. (in Körpermitte Schicht stark lichtbrechender Körnchen), z. B. **C. stercorea** CIENK. (30–40 µm).

— Mit Retikulopodien (im Innern mit Körnchenströmung)
Allogromiidae u. **Microgromiidae** (zu **Granuloreticulosa** S. 17)

Klasse: **Granuloreticulosa,** Porentierchen

Mit meist vielkammeriger Schale aus Tektin, Opal, Kalk od. aus Fremdkörpern (meist Sand). Kammern durch Öffnungen verbunden. Mit Retikulopodien. Fast ausschließlich marin, auf Meeresgrund od. auf Algen, selten im Plankton; vor allem in der Nordsee. Hier nur Beispiele häufiger u./od. typischer Formen. Die weitaus artenreichste Ordnung der **Granuloreticulosa** sind die **Foraminiferida** (Foraminiferen).

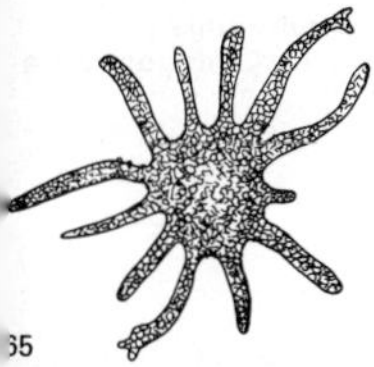
65
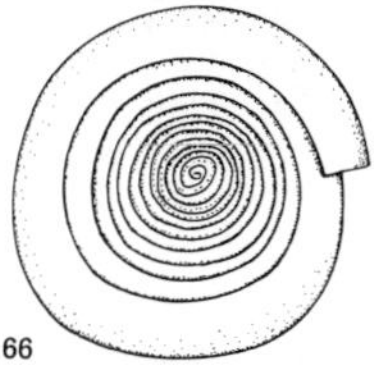
66

67

68
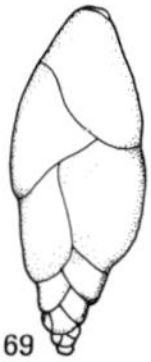
69
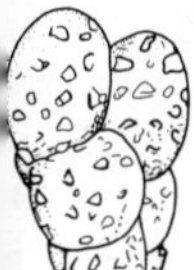
70

71
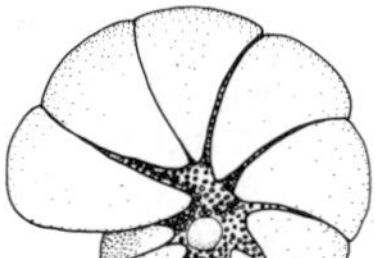
72

73
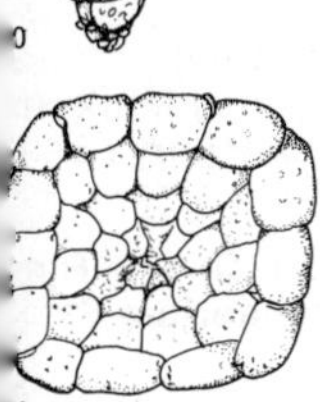
74
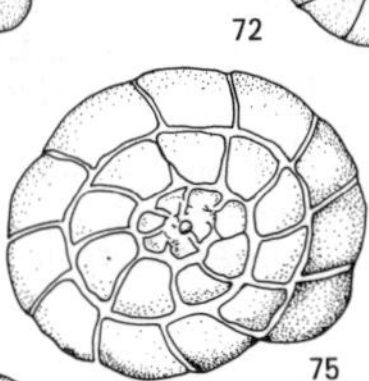
75
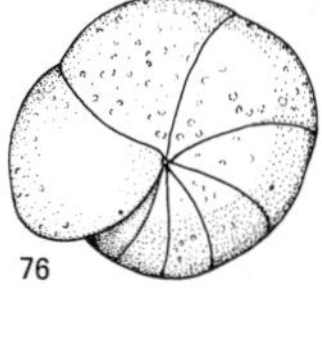
76
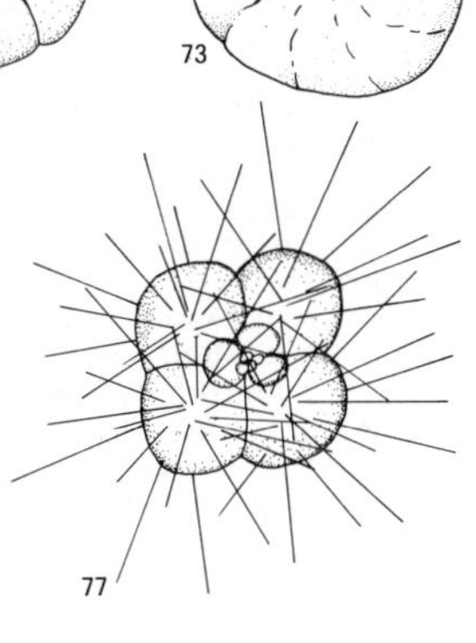
77

1. Schale häutig, ohne Fremdkörper. Ohne Poren. Meist limnisch **Allogromiidae** u. **Microgromiidae**

Viele Gattungen, z. B. **Microgromia** HERTWIG ET LESSER (Schale auf Unterlage aufliegend; Pseudostom mit Septum), **M. haeckeliana** (ARCHER) (bis 20 µm), oft koloniebildend.

— Schale aus Fremdkörpern („agglutiniert"), einkammerig

Beispiele: **Astrorhiza limicola** SAND. [*65*] (5–13 mm); **Cyclogyra involvens** (REUSS) [*66*] (0,5–1,5 mm).

— Schale aus Kalk, porzellanartig od. ± hyalin, dann mit Poren **2**

2. Schale einkammerig

Beispiel: **Lagena gracillima** (SEG.) [*67*] (bis 0,5 mm).

— Schale mehrkammerig **3**

3. Kammern perlschnurartig angeordnet

Beispiel: **Reophax nodulosus** BR. [*68*] (0,5–25 mm).

— Schale in 2 od. 3 Reihen von Kammern angeordnet

Beispiele: **Bulimina** (= **Fursenkoina**) **fusiformis** WILL. [*69*] (um 0,3 mm); **Eggerellum scabrum** (WILL.) [*70*] (um 0,6 mm).

— Schale ± spiralig um eine lange Achse gewunden

Beispiel: **Quinqueloculina seminula** (L.) [*71*] (bis 1,3 mm).

— Schale ± spiralig um eine kurze Achse gedreht

Beispiele: **Nonion depressulum** (WALK. ET JAC.) [*72*] (bis 0,3 mm); **Elphidium** (= **Cribrononion**) **incertum** (WILL.) [*73*] (um 0,4 mm); **Planorbulina mediterranensis** D'ORD. [*74*] (bis 0,5 mm); **Ammonia beccarii** (L.) [*75*] (bis 0,4 mm); **Cibicides lobatulus** (WALK. ET JAC.) [*76*] (bis 0,8 mm). Im Plankton in der südlichen Nordsee juvenile **Globigerina pachyderma** (EHR.) [*77*] (bis 1 mm), ältere Exemplare im Sediment.

Klasse: **Heliozoea,** Sonnentierchen

Körper kugelig, häufig gegliedert in eine innere (Markschicht) u. äußere Schicht (Rindenschicht) mit großen Vakuolen; mit strahlig abstehenden, ziemlich starren Scheinfüßchen, die einen verfestigten Achsenstab haben (Axopodien). Bewegung rollend. Körper nackt od. mit Schleimhülle, die Skelettelemente – wenn als Eigenbildung „Spiculae" (meist aus Kieselsäure) – enthalten kann. Meist limnisch, selten marin.

1. Körper nackt [*79*], ohne deutliche Schleimhülle od. Skelett, manchmal mit dünner Schleimhülle **2**

— Mit dicker Schleimhülle [*78*], ohne Skelett . **Astrodisculus** GREEFF

Z. B. **A. radians** GREEFF (um 30 µm) [*78*]. – Außerdem selten **Chlamygaster sterni** RAIN. (mit Zentralkorn; um 20 µm); **Nuclearia caulescens** PEN. (mit Stiel; 20 µm).

— Außen mit Skelettbildungen (diese z. T. klein, körnchenartig) . **3**

2. Mit 1 zentralen Kern, meist ohne scharfe Grenze zwischen Mark- u. Rindenschicht . . . . **Actinophrys** EHR.

Im Süßwasser, häufig **A. sol** EHR. [*79*] (40–90 µm). – Ähnlich auch die marine Art **Actinolophus pedunculatus** SCHULZE (gestielt; 35 µm).

— Mit zahlreichen Kernen, meist scharfe Grenze zwischen Mark- u. Rindenschicht . . . . **Actinosphaerium** STEIN

Häufig **A. eichhorni** (EHR.) (30–1000 µm).

3. Schale gestielt, zusammenhängende Hülle mit vielen Öffnungen **4**

— Skelett anders, Körper ungestielt **5**

4. Schale ± bräunlich, mit großen Öffnungen . . . **Clathrulina** CIENK.

Stiel lang, hohl, häufiger nur **C. elegans** CIENK. [*80*] (30–90 µm).

— Schale farblos, mit vielen kleinen Öffnungen **Hedriocystis** HERTW. ET LESS.

Stiel kurz, massiv, häufiger nur **H. pellucida** HERTW. ET LESS. (um 20 µm).

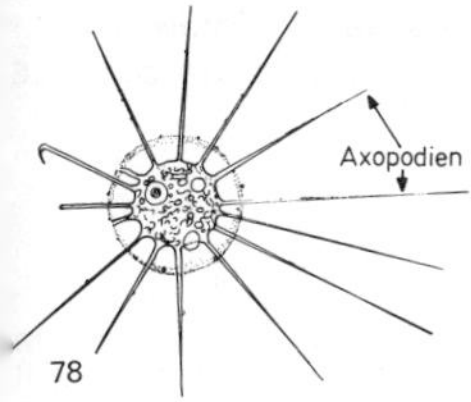

78

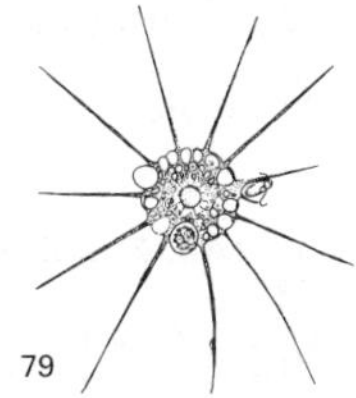
79

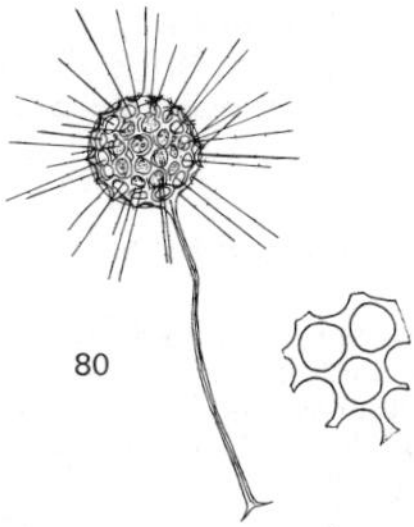
80

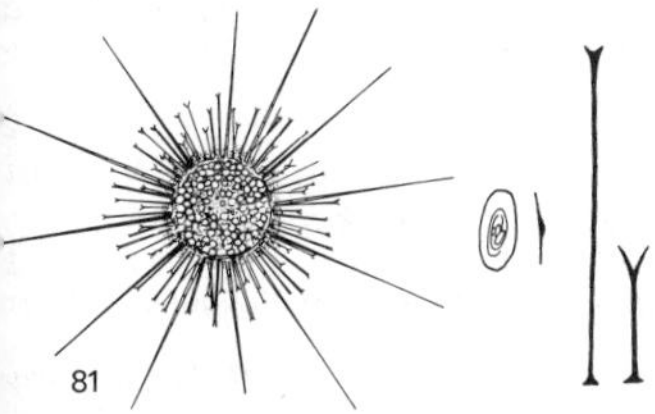
81

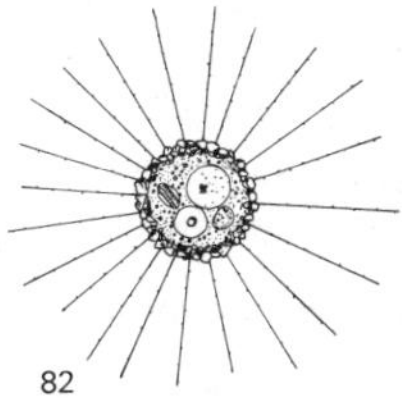
82

5. Körper mit Hülle, in die Skelett lose eingebettet ist **6**
— Hülle mit dicht gelagerten, verkitteten Skelettelementen . . . **9**
6. Hülle mit Körnchen. Meist 4–6 Axopodien **Artodiscus saltans** PEN.
Im Süßwasser. – Hierher auch **Gymnosphaera albida** SASS. (weiß; mit vielen Axopodien; bis 140 µm), marin.
— Hülle mit ± stäbchenartigen Skelettelementen (Spiculae) . . **7**
7. Spiculae radiär angeordnet **8**
— Spiculae nicht regelmäßig radiär angeordnet, vielfach an Axopodien hinaufziehend . . . . **Raphidiophrys** ARCH.
Viele Arten. Koloniebildend z. B. **R. viridis** ARCH. (Kolonie bis 200 µm), mit Zoochlorellen; einzelnlebend z. B. **R. pallida** SCHULZE (um 50 µm).
8. Spiculae fein, pseudochitinartig, fransenartig aus Hülle austretend **Heterophrys** ARCH.
Im Süßwasser z. B. **H. myriopoda** ARCH. (50 µm), oft mit Zoochlorellen; marin **H. marina** HERTW. ET LESS. (30 µm).
— Spiculae dick, häufig trichter- od. plattenartig verbreitert **Raphidocystis** PEN.
Mehrere Arten, häufig **R. glutinosa** PEN. (12 µm). Hierher auch **Belonocystis tubistella** RAIN. (ohne Zentralkorn; um 15 µm).
9. Panzer aus 2 Sorten von Spiculae: tangentialen Schuppen u. radiären Stacheln [*81*] . . . . **Acanthocystis** CART.
Artenreich, häufig **A. turfacea** CART. [*81*] (bis um 150 µm). Hierher auch **Rabdiophrys** RAIN. (ohne Zentralkorn), z. B. **R. anulifera** RAIN. (bis 35 µm).
— Panzer aus hohlen, kugeligen Perlen . . **Pompholyxophrys** ARCH.
Z. B. **P. punica** ARCH. (bis 40 µm), in Moortümpeln
— Panzer aus runden od. ovalen Schuppen . . **Pinaciophora** GREEFF
Häufig nur **P. fluviatilis** GREEFF (um 50 µm).
— Panzer aus Fremdkörpern (v. a. Sandkörnern, Diatomeenschalen) **10**

10. Körper mit großer, gelber Ölkugel. 35 µm **Elaeorhanis cincta** Greeff
— Körper ohne Ölkugel . . . . **Lithocolla** Schulze
Häufig nur **L. globosa** Schulze (30–40 µm) [*82*].

Klassen: **Polycystinea, Phaeodarea, Acantharea,** Strahlentierchen

Früher als **„Radiolaria"** zusammengefaßt. Körper ± kugelig, mit „Zentralkapsel" [*85*] im Innern (diese kann fehlen) u. meist Skelettelementen aus Kieselsäure od. Strontiumsulfat **(Acantharea),** wie Nadeln, Stacheln, gitterartig durchbrochene Kugel u. a. Mit Axopodien od. feinen Filopodien, auch Retikulopodien. Pelagisch, nur Nordsee. Hier nur wenige Beispiele.

1. Skelett aus 20 radiär angeordneten Stacheln . . . . **Acantharea**
Beispiele: **Acanthometra pellucida** Müller (bis 240 µm) [*83*]; **Acanthochiasma rubescens** Krohn (bis 350 µm) [*84*].
— Skelett anders **2**

2. Zentralkapsel mit 3 Öffnungen (1 Haupt-, 2 Nebenöffnungen), vor der Hauptöffnung eine bräunliche Pigmentmasse („Phaeodium") **Phaeodarea**
Beispiele: **Protocystis xiphodon** (Haeckel) (um 100 µm) [*87*]; **Challengeron diodon** Haeckel (bis 85 µm) [*88*].
— Zentralkapsel anders . . . . **Polycystinea**
a) Zentralkapsel mit vielen feinen Poren (diese schwer sichtbar). Skelett kann fehlen. Kolonienbildend, in Gallerte, ohne Skelett: **Collozoum inerme** Mülller (um 1,5 cm). Ebenso, aber einzelnlebend, meist mit Skelett: z. B. **Echinomma leptodermum** Jörg. (bis 100 µm) [*85*].
b) Zentralkapsel mit 1 Öffnung als Porenfeld. Skelett ring-, helm- od. käfigförmig. Beispiel **Lithomelissa setosa** Jörg. (bis 100 µm) [*86*].

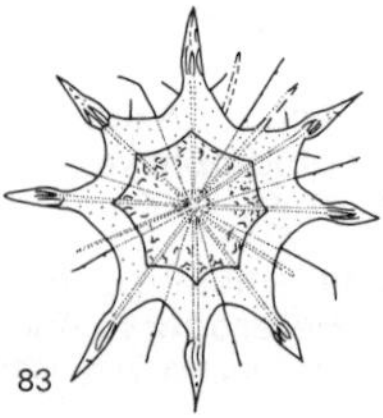
83

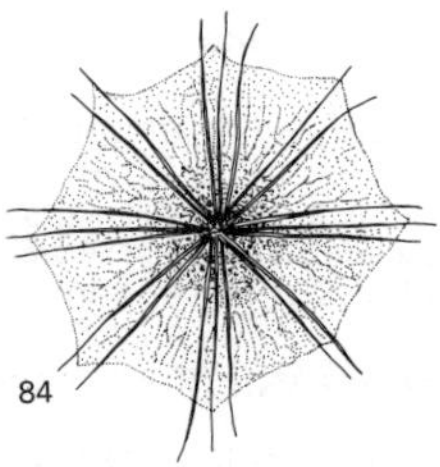
84

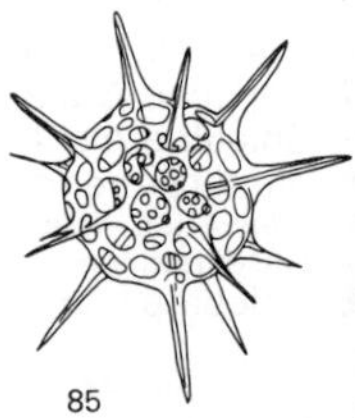
85

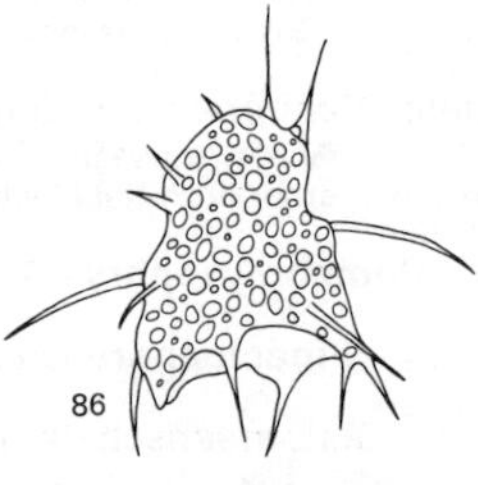
86

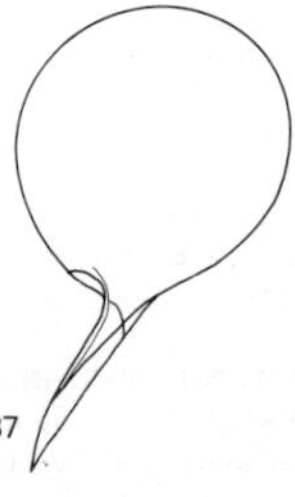
87

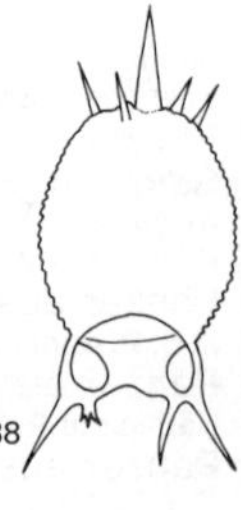
88

Stamm: **Ciliophora,** Wimpertierchen

Bewegung durch Wimpern (Cilien), diese können reduziert sein; bei manchen Arten Cirren (= büschelförmige Verklebung von Cilien [*144*]), Membranellen (= flächenhafte Verklebung von Cilien [*138, 144*]) od. Pektinellen (= kurze Reihen dicht stehender, nicht verklebter, meist langer Cilien [*92*]). Mundöffnung (Cytostom) an der Oberfläche od. in eine ± tiefe Tasche verlagert (Mundhöhlung = Peristom). Kerndualismus (Makronukleus u. Mikronukleus). Nahrungsaufnahme als Schlinger (meist Räuber) od. Strudler (Nahrung meist Bakterien, Algen). Auch Kommensalen od. Parasiten an od. in Tieren. Limnisch, marin, auch terrestrisch. Im Gebiet etwa 1400 Arten. Meiste Gattungen sowohl im Meer als auch im Süßwasser, Beispiele vor allem aus dem Bereich der Süßwasser-Arten.

System: Wegen der zur Zeit großen Unsicherheit in der Systematik der Ciliaten hier traditionelle Einteilung in die Klassen **Holotrichia** (Ordnungen **Gymnostomatida, Chonotrichida, Trichostomatida, Hymenostomatida, Astomatida, Apostomatida, Thigmotrichida**), **Peritrichia** (nur **Peritrichida**), **Spirotrichia (Entodiniomorpha, Heterotrichida, Hypotrichida, Oligotrichida, Tintinnida, Odontostomatida), Suctoria** (nur **Suctorida**).

1. Körper vollkommen unbewimpert, mit Saugtentakeln [*160*]. Meist sessil . . . . Klasse Sauginfusorien, **Suctoria** S. 29

— Nur am Vorderende mit Cilien (od. nur Cirren, Membranellen). Meist sessil, wenn vagil, hinten mit Wimperschopf od. im Darm von Säugern **2**

— Mit vollständiger Bewimperung od. Cilien (auch als Cirren) auf Ventralseite beschränkt. Wenn Wimpern fehlen, freischwimmend, ohne Wimperschopf hinten, nicht im Darm von Säugern **3**

2. Mundzone mit unbeweglicher, trichterförmiger od. spiraliger Membran, diese innen bewimpert, manchmal mit Borsten Ordnung **Chonotrichida**

Epizoisch auf Krebsen. Nur **Spirochonidae,** im Süßwasser **Spirochona gemmipara** STEIN [*89*] (80–120 µm) an Kiemenblättchen des Bachflohkrebses.

— Vorderende mit cirrusartigen Wimperschöpfen. Pellicula panzerartig verstärkt, häufig mit dornartigen Fortsätzen. Im Darm von Säugern Ordnung **Entodiniomorpha** S. 25

— Vorderende mit linksgewundener, in die Mundhöhle führender Wimperspirale. Körper ± becher- bis glockenförmig. Sessil, auch vagil, dann mit hinterem Ciliengürtel . . . . . Klasse **Peritrichia** S. 24

3. Körper fast immer einheitlich bewimpert, selten mit kleiner, zum Munde führender Membranellenzone . . . . Klasse **Holotrichia** S. 21

Wenn mit reduzierter od. uneinheitlicher Bewimperung, Habitus wie [*92, 103, 104, 105*].

— Körper mit vollständiger od. reduzierter Bewimperung. Mundhöhle auffällig bewimpert, meist als rechtsgewundene, bis zum Munde führende Membranellenzone ausgebildet . . . Klasse **Spirotrichia** S. 26

Klasse: **Holotrichia**

1. Endoparasiten od. Endokommensalen (auch an Kiemen)

Familien mehrerer Ordnungen. Beispiele: **Balantidiidae** (zu **Trichostomatida**) (Habitus [*90*]), nur **Balantidium** CLAP. ET LACHM., artenreich, **B. coli** (MALMST.) [*90*] (30–150 µm) bei Schwein u. Mensch. **Buetschliidae** (zu **Gymnostomatida**) (gleichmäßig bewimpert, vorn mit kleiner Mundöffnung), im Darm von Säugern, meist Huftieren, z. B. **Buetschlia** SCHUB., häufig **B. parva** SCHUB. (bis 50 µm). **Ichthyophthiriidae** (zu **Hymenostomatida**) (ähnlich, aber an Kiemen von Fischen), verbreitet im Süßwasser **Ichthyophthirius multifiliis** FOUQU. (bis 800 µm). Außerdem weitere Ordnungen.

— Freilebend, höchstens Ektokommensalen **2**

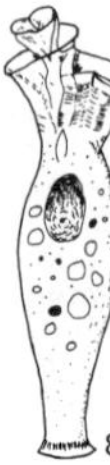
89

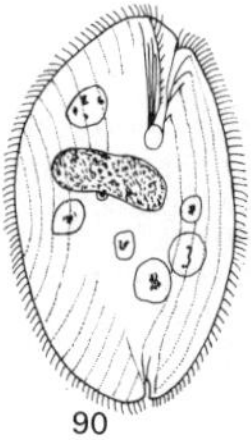
90

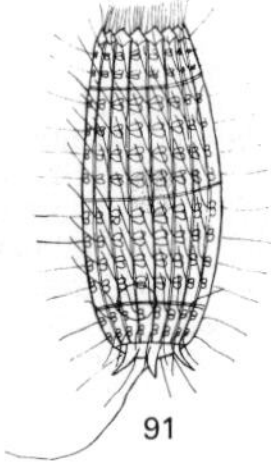
91

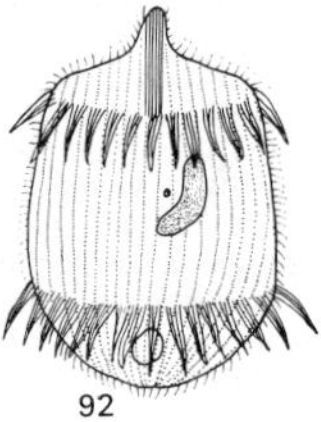
92

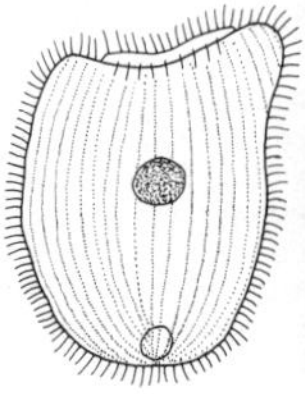
93

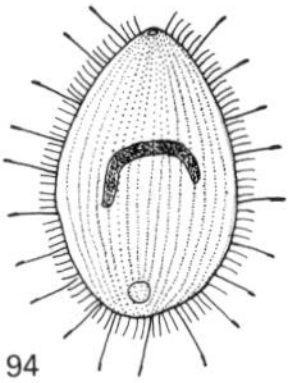
94

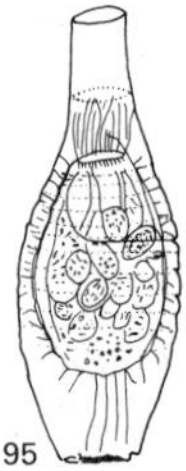
95

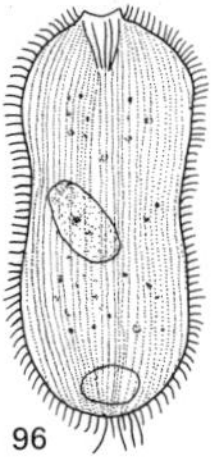
96

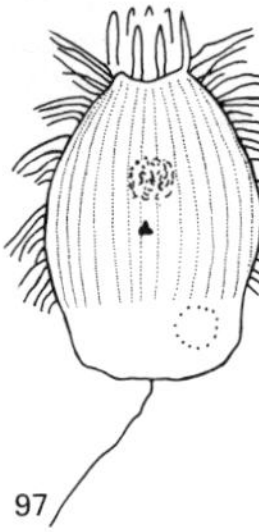
97

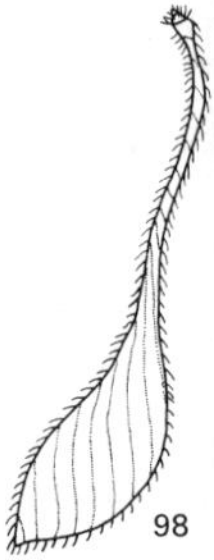
98

2. Mund unmittelbar an der Körperoberfläche, sehr selten in Mundhöh-lung, ohne besondere Cilien-Organellen. Nahrungsaufnahme als Schlinger . . . . Unterordnung **Gymnostomatida** 3

— Mund in Mundhöhlung (= Peristom), diese mit besonderen Cilien-Organellen. Strudler
Unterordnungen **Trichostomatida** u. **Hymenostomatida** 11

3. Körper mit Panzer aus 4 Plättchengürteln [*91*] . . . . **Colepidae**
Wichtig **Coleps** Müller, häufig **C. hirtus** Müller [*91*] (60 µm).

— Körper ohne derartigen Panzer 4

4. Mund auf einem Kegel am Vorderende. Körper mit Kranz von Cirren od. Pektinellen . . . . **Didiniidae**
Wichtige Gattung **Didinium** Stein, häufig **D. nasutum** (Müll.) [*92*] (bis 150 µm).

— Mund spaltförmig, von ± deutlichem Wulst umgeben **Spathidiidae**
Viele Gattungen, artenreich **Spathidium** Duj., z. B. **S. faurei** Kahl [*93*] (70 µm).

— Mund anders, ohne od. mit im Querschnitt rundem Schlundwulst 5

5. Mund am Vorderende 6

— Mund seitlich, an der zusammengedrückten Schmalkante . . 8

— Mund auf der vorderen Hälfte der abgeflachten Ventralseite . 9

6. Mit radial angeordneten, einziehbaren Tentakeln **Actinobolinidae**
Wichtig nur **Actinobolina** Str., im Plankton **A. vorax** Weinr. [*94*] (60–200 µm).

— Körper ohne Tentakel 7

7. Mit pseudochitinigem, flaschenförmigem Gehäuse **Metacystidae**
Z. B. **Vasicola** Tat. (Körper eiförmig), häufig **V. ciliata** Tat. [*95*] (um 100 µm).

— Ohne Gehäuse **Enchelyidae** (= **Holophryidae**) u. weitere Familien
Viele Gattungen. Auswahl: **Prorodon** Ehr. (Mund spaltförmig, Schlund mit Reuse au Doppelstäbchen), häufig **P. teres** Ehr. [*96*] (130–250 µm); **Urotricha** Clap. et Lachm

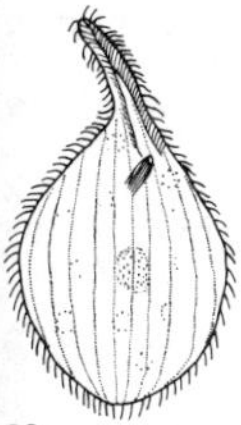
99
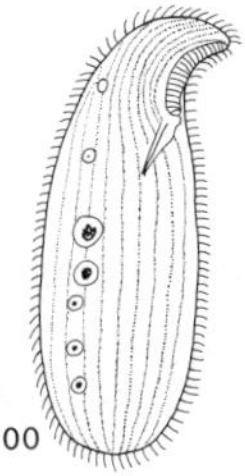
100
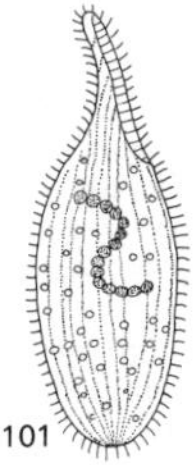
101
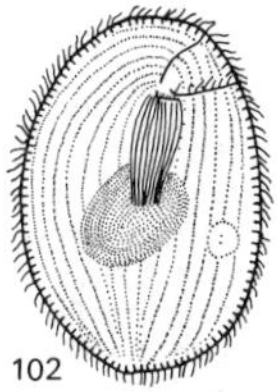
102
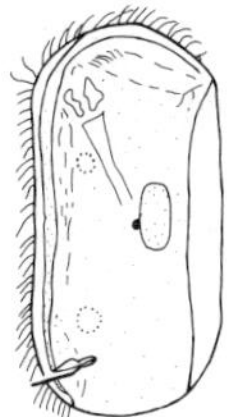
103
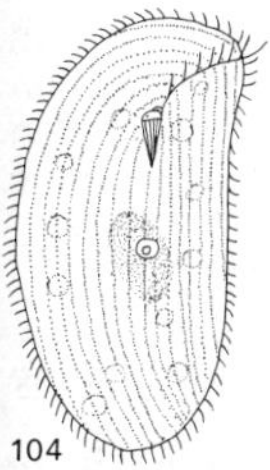
104
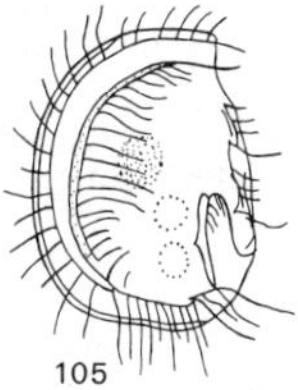
105
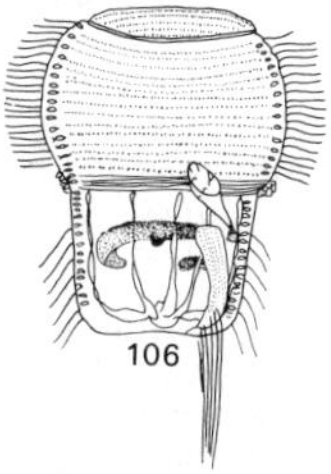
106
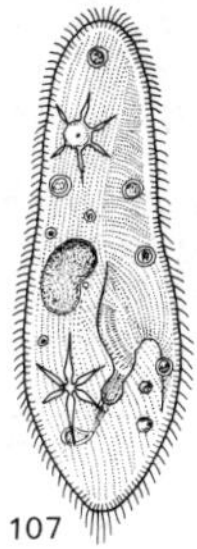
107
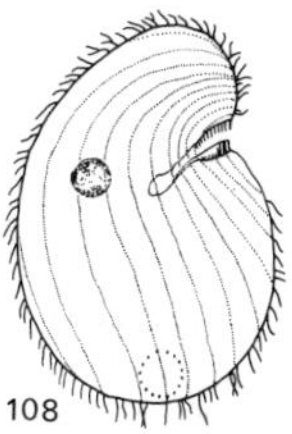
108

(Hinterende ohne Cilien, mit 1–mehreren langen Schwanzcilien), z. B. **U. farcta** CLAP. ET LACHM. [*97*] (20–30 µm); **Lacrymaria** BORY ET ST. VINCENT (nahe Vorderende Ringfurche, dadurch „Kopfabschnitt" abgesetzt), charakteristisch **L. olor** (MÜLLER) [*98*] (bis 1200 µm).

8. Mund rund, am Ende eines Saumes aus Trichocysten (stäbchenförmigen Bildungen des Ektoplasmas) . . . . **Tracheliidae**
Vorderkörper ± rüsselförmig. Beispiel: **Trachelius** SCHRANK (Hinterende rund), z. B. **T. ovum** (EHR.) [*99*] (bis 400 µm).

— Mund spaltförmig, auf konkaver Seite des Vorderkörpers **Loxodidae**
Einige Gattungen, z. B. **Loxodes** EHR., häufig **L. rostrum** (MÜLL.) [*100*] (150–250 µm).

— Mund spaltförmig, vorn auf konvexer Seite . . . . **Amphileptidae**
Beispiel: **Amphileptus** EHR., häufig **A. trachelioides** (ZACH.) [*101*] (bis 800 µm).

9. Bewimperung vollständig . . . . **Nassulidae**
Wenige Gattungen, artenreich **Nassula** EHR., z. B. **N. ornata** EHR. [*102*] (bis 250 µm).

— Körper dorsal ohne Bewimperung **10**

10. Körper hinten mit „Griffel" aus Wimpern . . . . . . **Dysteriidae**
Beispiel: **Dysteria** HUXL., vorwiegend marin, häufig **D. monostyla** EHR. [*103*] (80–100 µm).

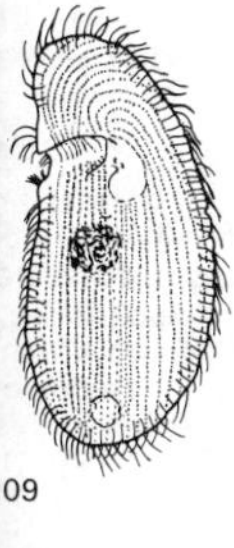
09
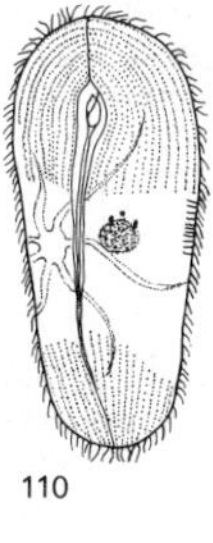
110
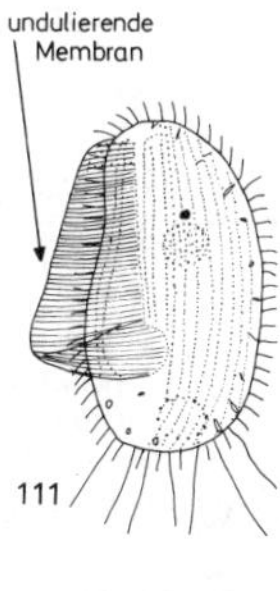

111
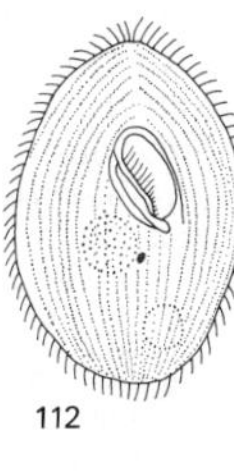
112
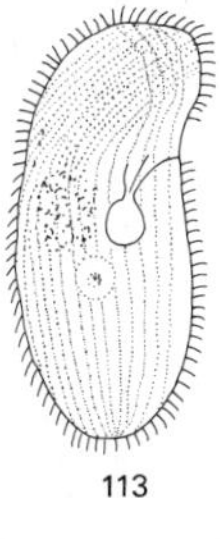
113

— Körper hinten ohne derartigen Griffel . . . . **Chlamydodontidae**
Artenreich **Chilodonella** STR., häufig **C. cucullulus** (MÜLL.) [*104*] (bis 300 µm).

11. In becher- od. röhrenartigen Gallertgehäusen . . . . **Marynidae**
Z. B. **Maryna rottalensis** BAUM. (um 150 µm).

— Nicht in derartigen Gallertgehäusen **12**

12. Wimperbänder auf dem Körper spiralig . . . . . . **Trimyemidae**
3–4 Querspiralen, 1 Schwanzcilie, im Süßwasser **Trimyema compressum** LACK. (25–50 µm). Ähnlich 2 weitere Familien.

— Wenige Cilien in 2–9 Reihen. Körper gepanzert **Microthoracidae**
Artenreich **Microthorax** ENG., z. B. **M. ungulatus** PEN. [*105*] (20–25 µm).

— Körper mit 3 Cilienzonen, hinten Schopf von Cilien **Urocentridae**
Nur **Urocentrum turbo** (MÜLL.) [*106*] (50–80 µm).

— Bewimperung anders **13**

13. Körper zigarren- bis pantoffelförmig, mit muldenförmiger Depression vom Vorderende bis zum Mundvorraum (etwa in Körpermitte), daran anschließend trichterförmige Mundhöhlung . . . . **Parameciidae**
Nur **Paramecium** MÜLLER, Pantoffeltierchen, artenreich, z. B. **P. caudatum** (EHR.) [*107*] (bis 300 µm), **P. bursaria** (EHR.) (hinten breit abgerundet, nicht verjüngt; bis 150 µm), mit Zoochlorellen.

— Ohne derartige Depression, Mundhöhlung tunnelförmig eingesenkt u. zum Mund trichterartig verjüngt. Habitus [*108*] . . . . **Colpodidae**
Artenreich **Colpoda** MÜLL., z. B. **C. cucullus** (MÜLL.) [*108*] (60–80 µm).

— Mit zur Mundhöhlung ziehender Querrinne . . . . **Plagiopylidae**
Beispiel: **Plagiopyla** STEIN, z. B. **P. nasuta** STEIN [*109*] (80–180 µm).

— Mundregion od. Habitus anders . . . . weitere Familien
Auswahl: **Frontoniidae** (mit Längsnaht in Pellikula von Mundöffnung nach vorn u. hinten), z. B. **Frontonia** EHR., häufig **F. leucas** (EHR.) [*110*] (150–600 µm). **Pleuronematidae** (meist mit deutlicher segelartiger undulierender Membran wie [*111*], z. B. **Pleuronema** DUJ., **P. coronatum** KENT [*111*] (45–140 µm). Sehr umfangreiche Familie **Tetrahymenidae,** typische Gattungen: **Glaucoma** EHR. (Habitus [*112*]), z. B. **G. scintillans** EHR. [*112*] (40–75 µm); **Colpidium** STEIN (Habitus [*113*]), z. B. **Colpidium colpoda** LOSANA [*113*] (90–120 µm); **Uronema** DUJ. (eiförmig, mit langer Schwanzcilie; Habitus [*114*]), z. B. **U. marinum** DUJ. [*114*] (30–50 µm); **Lembadion** PERTY (Mundhöhlung nimmt ⁴⁄₅ der Körperlänge ein; Habitus [*115*]), z. B. **L. bullinum** MÜLLER [*115*] (120–200 µm).

Klasse: **Peritrichia**

1. Freischwimmend. Mit aboralem Wimpernkranz
Unterseite mit Haftring, der zeitweises Festheften am Substrat ermöglicht. Nur **Urcellariidae,** auf Tieren (Hydren, Planarien, Fischen, Amphibien), mehrere Gattungen, z. B. **Trichodina** EHR., **T. pediculus** EHRENBERG [*116*] (bis 100 µm) auf Hydra.

— Freischwimmend, hinten mit gallertigem Faden od. Büschel starrer kurzer Borsten . . . . **Astylozoidae**
Wenige Gattungen, darunter **Astylozoon** ENG., z. B. **A. fallax** ENG. [*117*] (bis 70 µm).

— Festsitzend, meist mit Stiel **2**

2. Mit Gehäuse. Vorderende nicht halsartig ausgezogen **3**

— Ohne Gehäuse; selten mit Gehäuse, dann Vorderkörper halsartig **4**

3. Tiere aus Gehäuse frei herausragend . . . . . . **Vaginicolidae**
Auswahl: **Platycola** KENT (Gehäuse mit Breitseite angeheftet), z. B. **P. coelochila** STOKES (bis 150 µm); bei übrigen Gattungen Gehäuse aufrechtstehend, **Cothurnia** EHR (Gehäuse ohne Deckel, mit Stiel), z. B. **C. annulata** STOKES [*118*] (um 80 µm); **Vaginicola** LAMARCK (Gehäuse ohne Deckel, ohne Stiel), häufig **V. crystallina** EHRENBERG (bis 340 µm); **Pyxicola** KENT (Gehäuse mit Deckel, dieser seitlich vorn am Tier [*119*]), **P. ligiae** (CUÉN.) [*119*] (um 60 µm) auf Kiemen von Ligia.

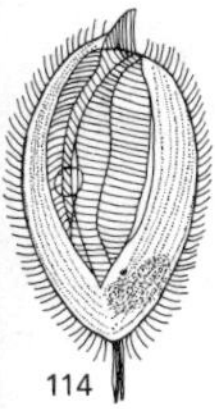
114

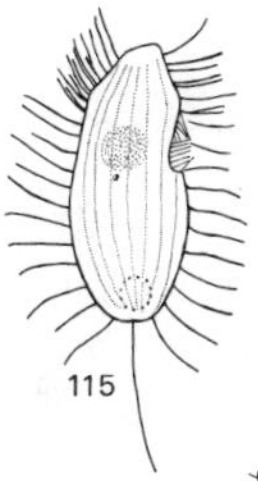
115

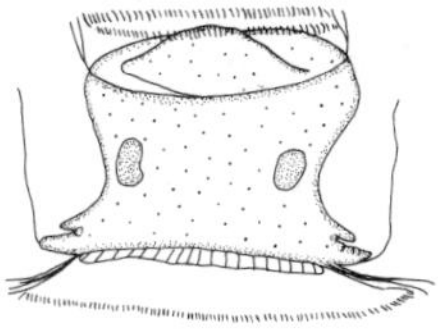
116

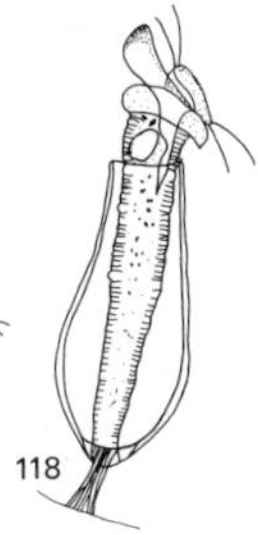
118

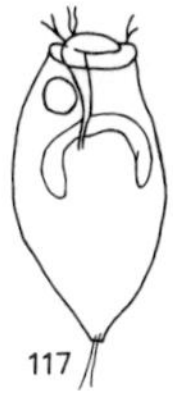
117

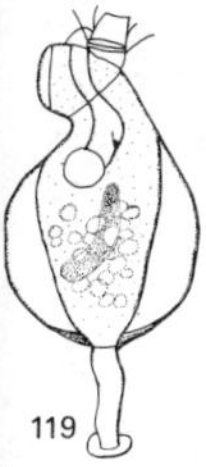
119

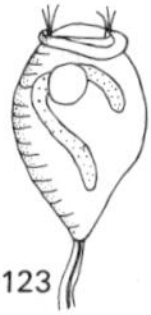
123

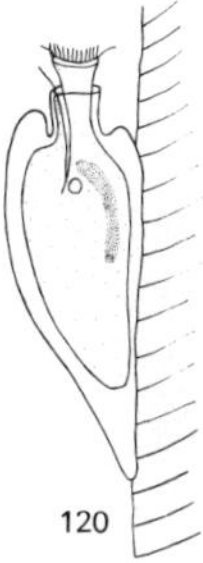
120

121

122

— Nur Peristomfeld aus Gehäuse herausragend [*120*] **Lagenophryidae**

Wichtig **Lagenophrys** Stein, auf Süßwasserkrebsen, z. B. **L. vaginicola** St. [*120*] (50 µm).

4. Körper vorn in langen, kontraktilen Hals ausgezogen **Ophrydiidae**

Nur **Ophrydium** Bory de St. Vincent, z. B. **O. versatile** (Müll.) (400–500 µm), Kolonien in Gallertmasse, bis 15 cm Durchmesser, mit Zoochlorellen.

— Körper vorn ohne Hals **5**

5. Ohne deutlichen Stiel, höchstens hinten verjüngt . . **Scyphidiidae**

Meist auf Tieren, z. B. **Scyphidia** Duj., **S. haemopis** Nenn. [*121*] (80 µm), auf Pferdeegel.

— Mit deutlichem Stiel, dieser starr, ohne Muskeln . . . **Epistylidae**

Meist auf Tieren, auch koloniebildend, z. B. **Epistylis** Ehr., häufig **E. plicatilis** Ehr. (100 µm).

— Mit deutlichem Stiel, dieser kontraktil, mit Muskeln **6**

6. Stiel sich zickzackförmig kontrahierend . . . . . **Zoothamniidae**

Einige Gattungen, meist auf Tieren, häufig koloniebildend, z. B. **Zoothamnium** Bory st. Vinc., häufig **Z. ramosissimum** Somm. (50–75 µm) [*122*], auch auf Arthropoden.

— Stiel sich zu einer Spirale kontrahierend . . . . . . **Vorticellidae**

Vorticella L. (solitär; Stiel unverzweigt), artenreich, häufig **V. microstoma** Ehr. (35–80 µm) [*123*]; **Carchesium** Ehr. (koloniebildend; Stielmuskel an Verzweigungsstellen unterbrochen), häufig **C. polypinum** (L.) (80–140 µm).

Ordnung: **Entodiniomorpha**

Endokommensalen od. Endoparasiten bei Säugern (zu Klasse **Spirotrichia** gestellt).

1. Im Magen von Paarhufern (u. a. Rind, Schaf) . **Ophryoscolecidae**

Verbreitete Gattungen: **Entodinium** Stein (ohne Skelett, vorn nur 1 Cirrenzone), **Diplodinium** Schub. (ohne Skelett, vorn mit 2 Cirrenreihen), **Ophryoscolex** Stein (mit Skelett, etwa in Körpermitte mit fast den Körper umgreifender Cirrenreihe). Beispiele: **E. caudatum** Stein [*124*] (etwa 50 µm), häufig bei Rind, Schaf; **D. dentatum** (Stein) [*125*] (100–200 µm), häufig im Rind; **O. purkinjei** Stein [*126*] (160–200 µm), beim Rind.

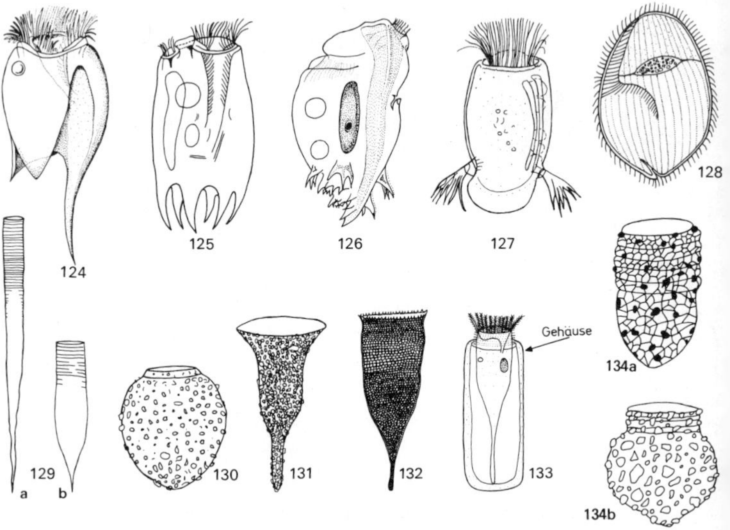

— Im Magen von Unpaarhufern (Pferd) . . . . . . **Cycloposthiidae**
(u. weitere Familien), artenreich **Cycloposthium** Bundle, z. B. **C. bipalmatum** (Fior.
[*127*] (65–115 µm).

Klasse: **Spirotrichia**

1. Endoparasiten od. Endokommensalen, auch an Kiemen
Einige Familien der **Heterotrichida,** z. B. **Nyctotheridae** (Habitus [*128*]), Darmparasi
ten, artenreich **Nyctotherus** Leidy, z. B. **N. ovalis** Leidy [*128*] (90–130 µm) bei Schaben
N. cordiformis (Ehrenberg) (Größe variabel) in Fröschen, Kröten.

— Freilebend, höchstens Ektokommensalen 2

2. Mit gallert- od. pseudochitinartigem Gehäuse . . . . **Tintinninida**
Überwiegend marin, im Plankton. Mehrere Familien, Beispiele häufiger Arten de
Nordsee, z. T. auch Ostsee **Helicostomella subulata** (Ehr.) (Gehäuse wie [*129a, b*])
Stenosemella (= **Tintinnopsis**) **ventricosa** (Clap. et Lach.) [*130*], **Tintinnopsis campa
nula** (Ehr.) [*131*], **Favella denticulata** (Ehr.) [*132*]. Im Süßwasser verbreitet **Tintinni
dium fluviatile** (Stein) [*133*] (bis um 300 µm) u. Arten von **Tintinnopsis** Stein, z. B. **T.
lacustris** Entz [*134a, b*] (bis 80 µm).

— Ohne Gehäuse 3

3. Körper abgeflacht, mit scharfer Rückenkante. Mit langen Wimpern
ohne Cirren. Peristom mit 8 Membranellen . . . **Odontostomatida**
Pellicula starr, panzerartig. Im Faulschlamm. 3 Familien, typisch **Discomorphidae**
(Hinterende glatt, vorn mit langem Dorn [*135*]), nur **Discomorphella pectinata** (Lev.
[*135*] (70–90 µm). Unter **Epalxidae** artenreicher **Epalxella** Corl. (hintere Fortsätze
z. T. stumpf; Habitus [*136*]), z. B. **E. antiquorum** (Pen.) [*136*] (um 80 µm); **Saprodinium**
Laut. (hintere Fortsätze mit Dornen), z. B. **S. dentatum** (Laut.) [*137*] (60–80 µm).

— Körper abgeflacht, ventral ausschließlich Cirren. Adorale Zone groß, oft mit großem Peristomfeld . . . . **Hypotrichida 4**
— Nicht abgeflacht. Adorale Zone spiralig, darin cilienfreies Peristomfeld. Bewimperung reduziert, ohne Cirren . . . . . **Oligotrichida**

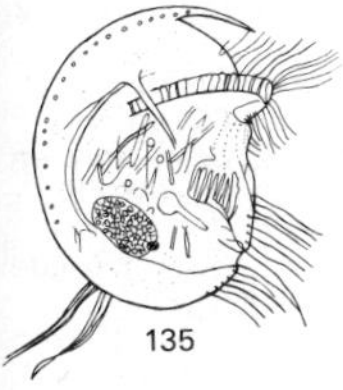
135

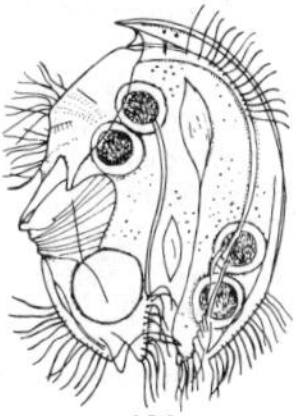
136

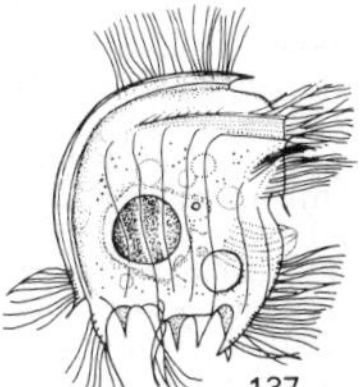
137

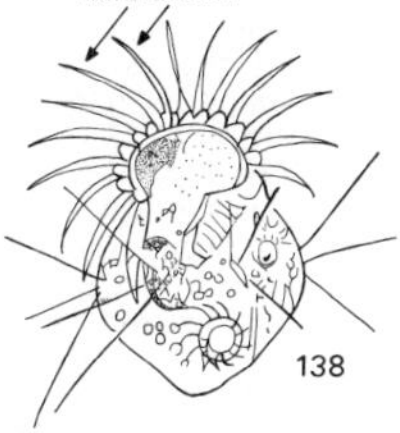

138

139

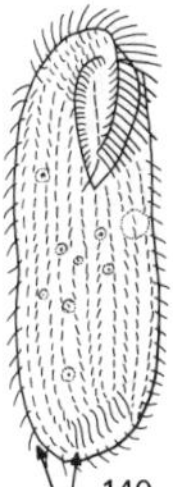

140

141

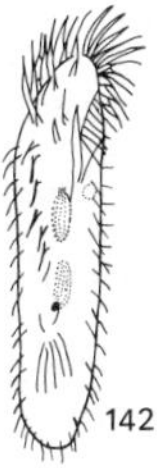
142

143

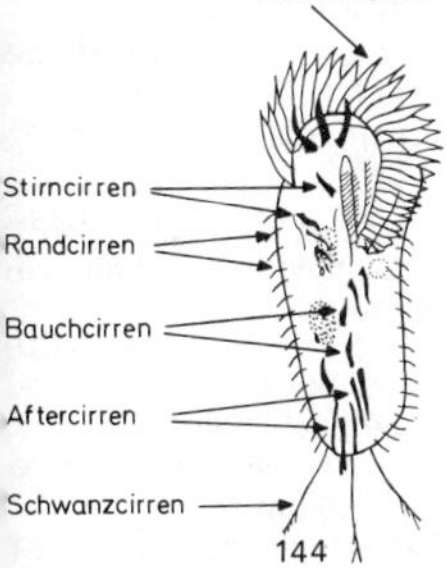

144

145

146

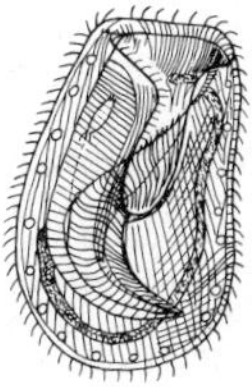
147

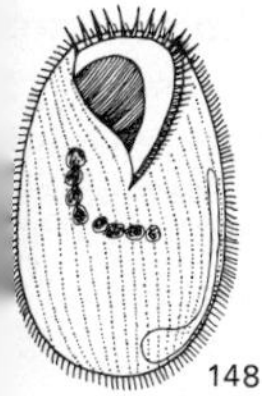
148

149

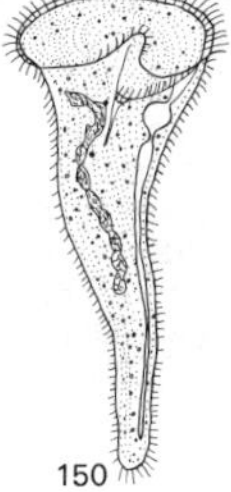
150

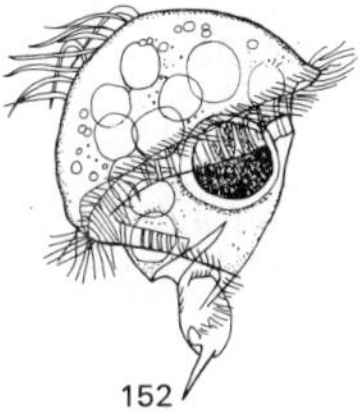
152

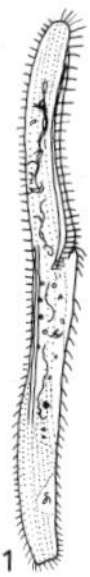
151

2 Familien, z. B. **Halteriidae,** typisch **Halteria** DUJ. (mit äquatorialem Kranz langer Borsten [*138*]), häufig **H. grandinella** (MÜLL.) [*138*] (20–40 µm); artenreich außerdem **Strombidium** CLAP. ET LACHM. (Habitus [*139*]), z. B. **S. viride** STEIN [*139*] (40–80 µm), mit Zoochlorellen.

— Körper anders, oft mit einheitlicher Bewimperung, ohne Cirren. Peristomfeld meist bewimpert . . . . **Heterotrichida** 6

Wenn mit Cirren, Gestalt wie [*152*], **Caenomorpha** s. Nr. **11**

4. Mit mindestens 2 vollständigen Reihen von Randcirren **Oxytrichidae**

Viele Gattungen. Auswahl:

a) Bauchcirren in Reihen, keine weiteren Bauchcirren: **Urostyla** EHR. (4–10 Bauchreihen, 1 ausgeprägte Transversalreihe), z. B. **U. grandis** EHR. [*140*] (300–400 µm); **Uroleptus** EHR. (0–4 Bauchreihen, keine Transversalcirren), z. B. **U. muscorum** KAHL [*141*] (85–180 µm), im Moos; **Kerona pediculus (**MÜLLER) (6 schräge Bauchreihen; 130–200 µm), auf Hydra.

b) Bauchcirren in Reihen, dazu weitere Bauchcirren: **Gastrostyla** ENG. (1 schräge Bauchreihe, 5 Transversalcirren), z. B. **G. pulchra** (PER.) [*142*] (170–250 µm).

c) Bauchcirren nicht in Reihen, einzeln od. in Gruppen: **Oxytricha** BORY DE VINC. (Cirren wie [*143*]), z. B. **O. saprobia** KAHL [*143*] (100 µm); **Stylonychia** EHR. (Cirren wie [*144*], Randreihen hinten unterbrochen, starre lange Schwanzcirren), häufig **S. mytilus** (MÜLLER) [*144*] (100–300 µm).

— Ohne Längsreihen von Randcirren, Cirren in Gruppen **5**

5. Gestalt wie [*145*]. Mit wenig Cirren . . . . **Aspidiscidae**

Wichtig nur **Aspidisca** EHR., häufig **A. cicada** (MÜLLER) [*145*] (25–40 µm).

— Gestalt anders. Mit größerer Zahl von Cirren . . . . . . **Euplotidae**

Artenreich **Euplotes** EHR. (Cirren wie [*146*]), z. B. **E. patella** (MÜLL.) [*146*] (150 µm).

6. Peristom mit trichterartiger Vertiefung [*147*] . . . . . **Bursariidae**

Häufig **Bursaria truncatella** MÜLL. [*147*] (500–1000 µm).

— Peristom nicht in derartiger trichterförmiger Vertiefung **7**

7. Vorn mit großem Peristomfeld, darum die adorale Zone mit ½ bis 1 Spiralwindung **8**

— Vorderregion des Körpers anders **10**

8. Peristomfeld unbewimpert, am Rande mit großer undulierender Membran . . . . **Condylostomatidae**

Wichtig **Condylostoma** BORY ST. VINC., z. B. **C. vorticella** EHR. [*148*] (100–200 µm).

— Peristomfeld ohne randständige undulierende Membran, bewimpert **9**

9. Peristomfeld in 2 flügelartige Teile ausgezogen . . **Folliculinidae**

Mit flaschenförmigem, pseudochitinigem Gehäuse. Mehrere Gattungen, z. B. **Folliculina** LAMARCK, häufig **F. boltoni** KENT [*149*] (200 µm).

— Peristomfeld nicht flügelartig . . . . **Stentoridae**

Ohne od. mit gallertigem Gehäuse. Wichtig **Stentor** OKEN, z. B. **S. polymorphus** (MÜLL.) [*150*] (1–2 mm), mit Zoochlorellen; **S. coeruleus** (PALLAS) (1–2 mm), blaugrün.

10. Nur auf Bauchseite Cilien. Nur marin . . . . **Peritromidae**

2 Gattungen, z. B. **Peritromus** STEIN, häufig **P. emmae** STEIN (um 100 µm).

— Körper vollständig bewimpert od. nur dorsale Cirrenreihen . **11**

11. Adorale Zone zum größten Teil ventral längs des Körpers verlaufend, kurz vor Mundöffnung nach rechts biegend [*151*] . **Spirostomidae**

Mehrere Gattungen, darunter im Süßwasser **Spirostomum** EHR. (wurmförmig, kontraktil), häufig **S. ambiguum** (MÜLLER) (1–3 mm) [*151*].

— Adorale Zone auf Bauchseite schräg nach hinten rechts verlaufend od. in Schraubenlinien um Körper . . . . **Metopidae**

Einige Gattungen, z. B. **Caenomorpha** PERTY (Habitus [*152*], Bewimperung reduziert), z. B. **C. uniserialis** LEV. [*152*] (50–100 µm).

Klasse: **Suctoria,** Sauginfusorien

Festsitzend, selten freilebend, meist epizoisch. Mit Tentakeln, die zum Aussaugen von Beutetieren dienen. Selten parasitisch, dann ohne Tentakeln. Fortpflanzung durch Knospung. Larven mit Cilien. Etwa 60 Arten im Meer u. Süßwasser.

1. Körper asymmetrisch od. verzweigt, auch wurm- od. scheibenförmig. Ohne Gehäuse **2**

— Körper ± symmetrisch, nicht wurm- od. scheibenförmig . . **4**

2. Körper mit 1–mehreren Rüsseln, darauf Tentakeln **Ophryodendridae**

Im Meer, artenreich **Ophryodendron** CLAP. ET LACH., z. B. **O. abietinum** CLAP. ET LACH. [*153*] (bis 840 µm).

— Körper mit verzweigten od. unverzweigten Fortsätzen, darauf als Fortsetzung Tentakel. Im Süßwasser. Ektozoisch **Dendrocometidae**

Dendrocometes STEIN (Fortsätze verzweigt), z. B. **D. paradoxus** STEIN [*154*] (50 µm) auf Kiemen von Gammarus; **Stylocometes digitatus** CLAP. ET LACHM. (Fortsätze unverzweigt, bis 100 µm), auf Kiemen von Wasserassel.

— Ohne Rüssel od. Fortsätze, wenn mit Fortsätzen, Tentakel anders **3**

3. Körper ± wurmförmig. Im Meer . . . . **Rhabdophryidae**

Artenreich **Rhabdophrya** CHAT. ET COLL., z. B. **R. trimorpha** CHAT. ET COLL. (150 µm).

— Körper scheibenförmig, flach. Im Süßwasser . . . **Heliophryidae**

Nur **Heliophrya** DE SAEDELER ET TELLIER, z. B. **H. rotunda** (HENTSCH.) [*155*] (30–85 µm).

— Körper anders. Meist Süßwasser **Dendrosomatidae** u. **Trichophryidae**

Beispiele: **Dendrosoma** EHR., z. B. **D. radians** EHR. [*156*] (Kolonie um 2 mm hoch); artenreich **Tokophrya** BÜTSCHLI, z. B. **T. lemnarum** (STEIN) [*157*] (um 100 µm).

4. Mit 2 verschiedenen Tentakeltypen [*158*]. Im Meer . . **Ephelotidae**

Mit Stiel. Artenreich **Ephelota** WR., häufig **E. gemmipara** HERTW. [*158*] (bis 250 µm).

— Anders **5**

5. Körper sphärisch bis elliptisch. Ohne Gehäuse. Mit od. ohne Stiel

Mehrere Familien, wichtig **Podophryidae,** z. B. **Sphaerophrya** CLAP. ET LACHM. (wie [*159*]; ohne Stiel), häufiger **S. soliformis** LAUT. [*159*] (bis 50 µm); artenreich **Podophrya** EHR. (ähnlich, aber mit Stiel), z. B. **P. fixa** (MÜLL.) (50 µm).

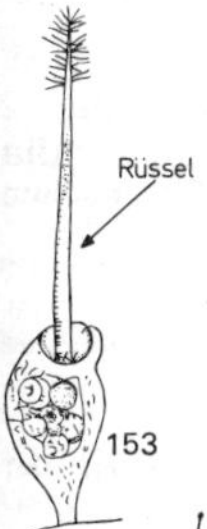

153

154

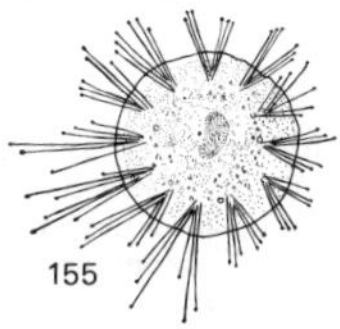
155

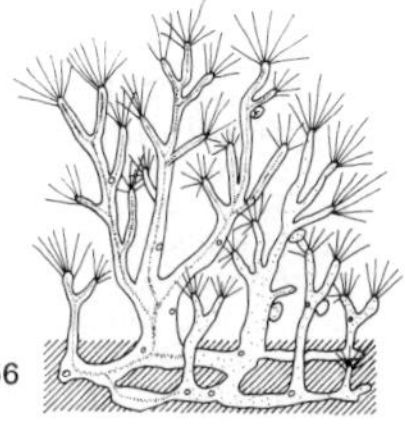
156

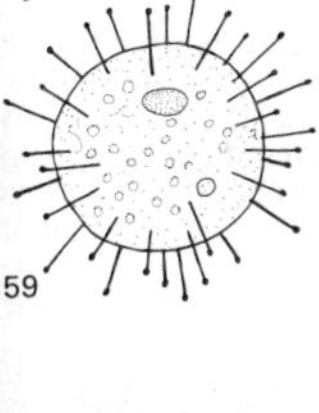
159

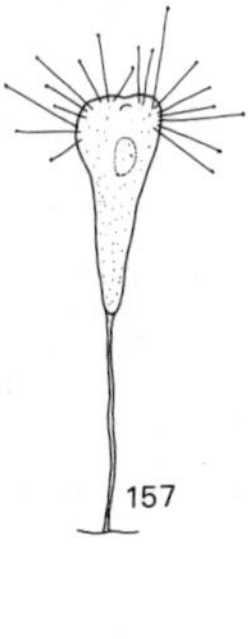
157

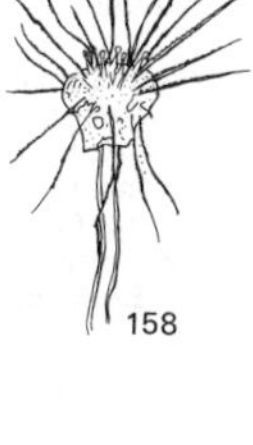
158

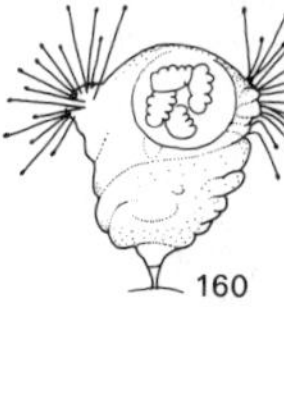
160

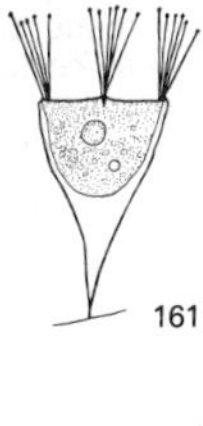
161

— Körper mit Gehäuse, dieses häufig ± becherartig
Mehrere Familien, artenreich im Meer u. Süßwasser **Acineta** EHR. **(Acinetidae)** (wie [*160*]), z. B. **A. tuberosa** EHR. [*160*] (bis 60 µm), im Süßwasser; häufig **Metacineta mystacina** (EHR.) **(Podophryidae)** [*161*] (80 µm).

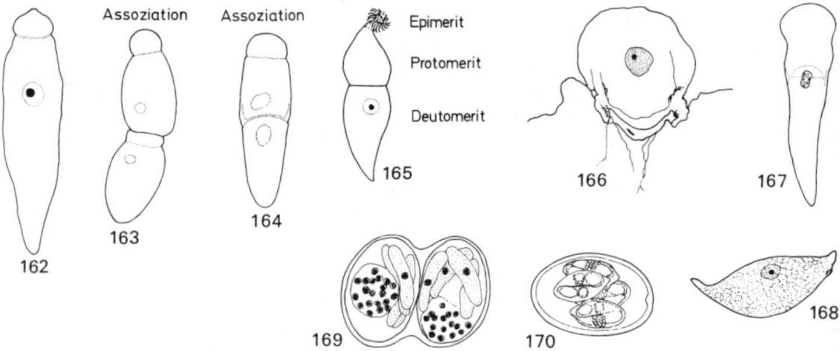

162 163 164 165 166 167 168 169 170

Stamm: **Apicomplexa,** Sporentierchen

Parasiten. Mit Generationswechsel: Gamogonie (geschlechtliche Fortpflanzung der „Gamonten" durch Gameten) führt zur Zygote (mit Hülle als „Sporocyste" od. „Oocyste"), dann Sporogonie, führt zu Sporozoiten, die meist in festen Kapseln („Sporen") eingeschlossen sind; bei manchen Gruppen danach noch Schizogonie (Sporozoiten werden zu „Schizonten", diese erzeugen Merozoiten, die Gamonten od. wieder Schizonten werden). Früher wurden die **Apicomplexa** zusammen mit den **Myxozoa, Microspora** u. **Ascetospora** zu den **Sporozoa** gerechnet. Mit diesen Gruppen im Gebiet ca. 300 Arten.

System: Klassen **Perkinsea** (artenarm, in Austern, hier nicht berücksichtigt) und **Sporozoea,** letztere mit den Unterklassen **Gregarinia** (Ordnungen **Eugregarinida** und **Neogregarinida**) und **Coccidia.**

1. Parasiten in Wirbellosen . . . . **Gregarinia 2**
— Intrazelluläre Parasiten in Wirbeltieren . . . . **Coccidia**
a) In roten u./od. weißen Blutkörperchen (in Phase der Schizogonie) z. B. **Plasmodium** MARCHIAFAVA ET CELLI, häufig bei Vögeln **P. relictum** GRASSI ET FELETTI.
b) In anderen Geweben, z. B. **Toxoplasma gondii** NICOLLE ET MANCEAUX (Oocyste mit 2 Sporocysten zu je 4 Sporozoiten [*169*]), verursacht Toxoplasmose; **Eimeria** SCHNEIDER (Oocysten mit 4 Sporocysten zu je 2 Sporozoiten [*170*]), im Kaninchen **E. stiedae** (LINDEMANN).

2. Extrazellulär im Darmlumen od. in der Leibeshöhle
Ordnung **Eugregarinida**
Sporocyste mit 8 Sporozoiten. In Anneliden u. Arthropoden. Viele Familien. Mit gleitender Bewegung. Beispiele:
a) Zellkörper des Gamonten in Protomerit (meist mit Epimerit) u. Deutomerit unterteilt [*165*]: **Stenophora** LABBÉ bei Diplopoden, z. B. **S. juli** (FRANTZIUS) [*162*]; **Gregarina** DUFOUR bei Käfern u. Orthopteren, z. B. **G. ovata** DUFOUR [*163*] in Forficula, **G. blattarum** SIEBOLD in Schaben, **G. acridiorum** (LÉGER) in Heuschrecken; **Didymophyes** STEIN in Scarabaeiden, z. B. **D. paradoxa** STEIN [*164*]; **Actinocephalus echinatus** WELLMER [*165*] bei Laufkäfern; **Coleorhynchus heros** (SCHNEIDER) [*166*] (mit breitem Saugnapf an Darmwand festsitzend), bei Nepa; **Bothriopsides histrio** (SCHNEIDER) [*167*] in Larven von Dytisciden.

b) Körper nicht unterteilt: **Monocystis** STEIN, meist in Samenblasen von Regenwürmern, z. B. **M. agilis** STEIN [*168*].

Auch einige **Coccidia** (Überordnung **Protococcidia**), in Polychaeten.

— Intrazellulär . . . . Ordnung **Neogregarinida**

Sporocyste mit 8 Sporozoiten, z. B. **Lipocystis polyspora** GRELL im Fettkörper von Panorpa communis.

Hierher auch einige **Coccidida** (Oocyste anders).

Literatur

BANNER, F. T., KNIGHT-JONES, E. W., WRIGHT, J. M.: Protozoa. In: P. J. Hayward, J. S. Ryland, The marine fauna of the British Isles and North-West Europe. Vol. 1. Oxford, 1990. – BICK, H. u. a.: Das Zooplankton der Binnengewässer, 1. Teil. Die Binnengewässer XXVI. Stuttgart, 1972. – BICK, H.: Ciliated Protozoa. Genf, 1972. – BOURRELLY, P.: Les algues d'eau douce, Tome I-III. Paris, 1966–1970. – CORLISS, J. O.: The ciliated Protozoa. 2nd ed. Oxford, 1979. – CURDS, C. R.: British and other freshwater ciliated Protozoa. Synopses of the British Fauna 22, 23. London, 1982, 1983. – DOFLEIN, F., REICHENOW, E.: Lehrbuch der Protozoenkunde, 6. Aufl. Jena, 1953. – FOISSNER, W.: Colpodea (Ciliophora). Protozoenfauna, Band 4/1. Stuttgart, 1983. – GABEL, B.: Die Foraminiferen der Nordsee. Hamburg, 1971. – GEUS, A.: Sporentierchen, Sporozoa. Die Gregarinida. Tierwelt Deutschlands, Teil 57. Jena, 1969. – GÖKE, G.: Meeresprotozoen. Stuttgart, 1963. – GROSPIETSCH, TH.: Wechseltierchen (Rhizopoden). Stuttgart, 1958. – HARNISCH, O.: Rhizopoda. In: Brohmer, Ehrmann, Ulmer, Tierwelt Mitteleuropas, Bd. I, Lief. 1 b. Leipzig, 1959. – HAUSMANN, K.: Protozoologie. Stuttgart, 1985. – HUBER-PESTALOZZI, G.: Das Phytoplankton des Süßwassers. Die Binnengewässer XVI, Teil 1–5. Stuttgart, 1938–1968. – JÖRGENSEN, E. u. a.: Protozoa. In: Grimpe, Wagler, Tierwelt der Nord- und Ostsee, Bd IIa–h. Leipzig, 1928–1934. – KAHL, A.: Wimpertiere oder Ciliata. Tierwelt Deutschlands, Teil 18, 21, 25, 30. Jena, 1930–1935. – LEE, J. J., HUTNER, S. H., BOVEE, E. C.: An illustrated guide to the Protozoa. Lawrence (Kansas), 1985. – MARGULIS, L., CORLISS, J. O., MELKONIAN, M., CHAPMAN, D. J.: Handbook of Protoctista. Boston, 1990. – MEHLHORN, H., RUTHMANN, A.: Allgemeine Protozoologie. Stuttgart, 1992. – MURRAY, J. W.: British nearshore foraminiferids. Synopses British fauna 16. London, 1979. – PAGE, F. C.: An illustrated key to freshwater and soil amoebae. Freshwater Biol. Ass. 34. Ambleside, 1976. – PAGE, F. C., SIEMENSMA, F. J.: Nackte Rhizopoda und Heliozoa. Protozoenfauna Band 2. Stuttgart, 1993. – PANKOW, H.: Algenflora der Ostsee II. Plankton. Jena, 1976. – PASCHER, A.: Die Süßwasserflora Deutschlands, Heft 1–4. Jena, 1913–1927. – PATTERSON, D. J.: Free-living freshwater Protozoa. Aylesbury, 1992. – PENNAK, R. W.: Freshwater invertebrates of the United States, 3rd ed. New York, 1989. – RAINER, H.: Sonnentierchen, Heliozoa. Tierwelt Deutschlands, Teil 57. Jena, 1969. – SCHOENICHEN, W.: Einfachste Lebensformen des Tier- und Pflanzenreiches, Bd. I.II, 5. Aufl. 1925, 1927. – STREBLE, H., KRAUTER, D.: Das Leben im Wassertropfen. 8. Aufl. Stuttgart, 1988.

Stamm: **Porifera,** Schwämme

Tierstöcke von krustenförmiger, höckriger oder buschartig verzweigter Gestalt, die Gegenstände im Wasser überziehen oder ihnen aufsitzen. Farbe bleich, bräunlich oder durch Algen grünlich. Weichkörper durch Hartgebilde aus Kalknadeln, Kieselnadeln oder/und hornartige Spongiolinsubstanz gestützt. Hauptöffnungen der Schwammkörper = Oscula. Geschlechtliche Fortpflanzung mit freischwimmenden Larven, ungeschlechtliche durch äußere oder besonders bei Süßwasserschwämmen auch durch innere Knospen (Gemmulae), die Trockenzeiten überdauern können. Im Gebiet etwa 30 Arten.

System: Klasse **Calcarea** (Kalkschwämme) mit **Leucosolenia, Sycon;** Klasse **Demospongiae** (Kiesel- und Hornschwämme) mit den übrigen Gattungen.

1. Im Süßwasser **2**
— Im Meerwasser, zuweilen auch am Strand angespült **5**
2. Hülle der Gemmulae aus bedornten Nadeln [*1a*] **Spongilla** LAMARCK
Sp. lacustris (L.) (Körper im Stillwasser mit zweigartigen Auswüchsen [*1*], im Fließwasser mehr klumpig; Gemmulae gleichmäßig im Schwammkörper verteilt), häufig; **Sp. fragilis** LEIDY (meist klumpig oder krustenförmig; Gemmulae gehäuft verteilt).
— Hülle der Gemmulae aus garnspulenförmigen Amphidisken [*2a*] **3**
3. Scheiben der Amphidisken ganzrandig glatt. Schwamm klumpen- oder krustenartig. Skelettnadeln mit starken Dornen
Trochospongilla horrida WELTNER
— Scheiben der Amphidisken gezähnt. Skelettnadeln glatt oder rauh **4**
4. Schwamm bildet Klumpen oder Polster [*2*] . 2; **Ephydatia** LAMOUR
E. fluviatilis (L.) (Skelettnadeln glatt; Ränder der Amphidiskenscheiben fein gezähnt), häufig, kommt auch im Brackwasser vor; **E. muelleri** (LIEBERKÜHN) (glatte und schwach bedornte Skelettnadeln; Ränder der Amphidisken grob gezähnt).
— Schwamm krustenartig auf Pflanzenstengeln und Steinen, bildet nicht Klumpen oder dicke Polster. Ränder der Amphidisken unregelmäßig gezähnt oder hakenförmig. Selten **Heteromeyenia baleyi** BOWERBANK
5. In Muschelschalen oder Kalkstein bohrend [*3*]
Bohrschwamm, **Cliona celata** GRANT
— Nicht in hartem Substrat bohrend **6**
6. Dünner, weißlich-gelblicher, schleimiger Überzug auf Steinen, Tangen, Muscheln. Mikroskopisch betrachtet: Netz aus verzweigten Spongiolinfasern, aber ohne Nadeln. Nord- u. Ostsee
Gallertschwamm, **Halisarca dujardini** JOHN.
— Spongiolinnetz mit Kieselnadeln verknüpft, daher Konsistenz zäher und fester **7**
— Graue bis orangerote, elastische Knollen mit samtartiger Oberfläche. Mit Kieselnadeln, aber ohne Spongiolinfasern. Umwächst Schneckenschale, in denen Einsiedlerkrebs sitzt
Korkschwamm **Suberites ficus** (GRAY)
— Skelett aus Kalknadeln, Körper vielgestaltig
Kalkschwämme 7; **Leucosolenia** BOW. und **Sycon ciliatum** (F.)
Fügt man einen Tropfen konzentrierte Salzsäure auf ein Stückchen Kalkschwamm, so erfolgt Aufbrausen durch CO_2-Entwicklung.
7. Geweihartig verzweigt mit fingerförmigen Ästen. Bis 20 cm hoch. Nordsee, auf Steinen, Molluskenschalen [*4*] **Haliclona oculata** (PALL.)
— Schwammkörper ± gestreckt [*5*]. Oberfläche rauh. Spongiolinfasernetz gut entwickelt, getrocknet bei Lupenbetrachtung grobmaschig. Auf Tangen und Seegras . . . . **Haliclona limbata** (MONT.)

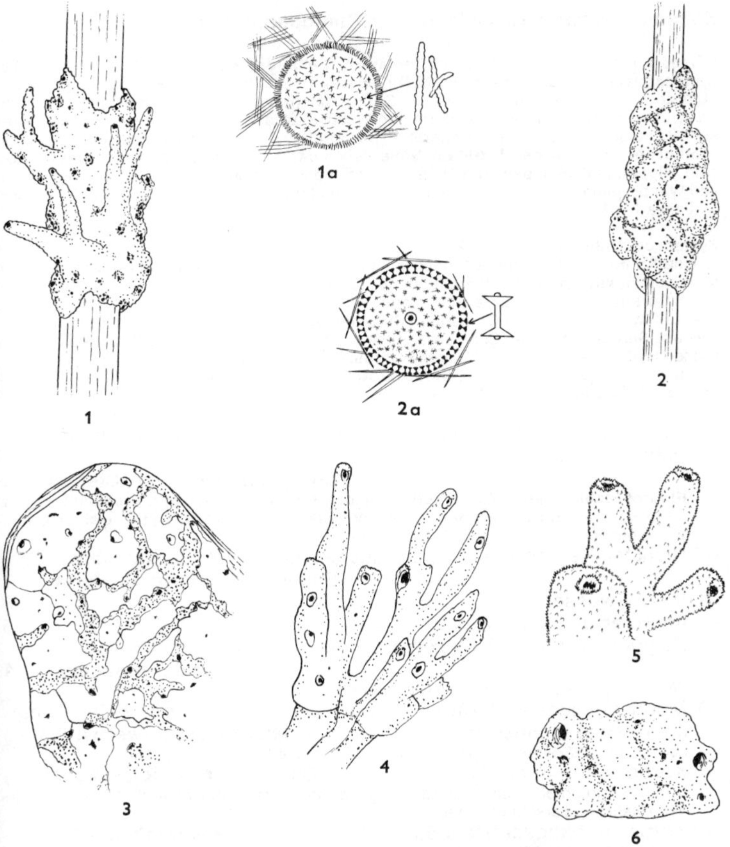

— Schwammkörper mehr klumpig und weniger rauh [*6*]. Spongiolinfasernetz sehr feinmaschig. Auf Algen, Pfählen, Muscheln. Häufig Meerbrot, **Halichondria panicea** (PALL.)

Literatur

ARNDT, W.: Porifera. In: Dahl, Tierwelt Deutschlands, Teil 4. Jena, 1928. In: Grimpe, Wagler, Tierwelt der Nord- und Ostsee, Teil IIIa. Leipzig, 1934. – KÜHLMANN, D.: Porifera. In: Stresemann, Exkursionsfauna, Bd. 1. Berlin, 1992. – WEISSENFELS, N.: Biologie und mikroskopische Anatomie der Süßwasserschwämme (Spongillidae). Stuttgart, 1989.

Stämme: **Cnidaria,** Nesseltiere, und **Ctenophora,** Rippenquallen

Körper ± radiärsymmetrisch, oft mit Tentakeln. Die **Cnidaria** gehören mit den **Ctenophora** (Rippenquallen) zu den **Coelenterata** (Hohltiere). Nesseltiere können in 2 Lebensformen auftreten, dem festsitzenden Polyp [*1–3*] und der (meist) freischwimmenden, Gonaden tragenden, glocken- bis scheibenförmigen Meduse (Qualle) [*5–8*]. In vielen Fällen wechseln Polyp und Meduse durch Generationswechsel ab, in anderen fehlt die Medusenform (**Anthozoa,** sekundär bei **Hydridae**). Viele Zellen der Außenschicht enthalten Nesselkapseln. Rippenquallen haben nur eine freischwimmende Lebensform. Sie besitzen 8 Reihen von Wimperplättchen sowie Klebzellen zum Beutefang, aber keine Nesselkapseln. Im Gebiet etwa 130 Arten.

System der **Cnidaria:**
Klasse **Anthozoa,** Unterklasse **Octocorallia** mit der Ordnung **Alcyonaria** (Alcyonium), Unterklasse **Hexacorallia** mit den Ordnungen **Ceriantharia** (Cerianthus), **Actiniaria** (Metridium, Cereus, Urticina, Actinia, Actinothoe, Sagartia);
Klasse **Scyphozoa** mit den Ordnungen **Stauromedusida** (Craterolophus, Lucernaria, Haliclystus), **Semaeostomeae** (Chrysaora, Aurelia, Cyanea), **Rhizostomeae** (Rhizostoma);
Klasse **Hydrozoa** mit den Ordnungen **Hydroidea** (Unterordnung **Thecata/Leptomedusae:** Familien s. Nr. **16;** Unterordnung **Athecata/Anthomedusae:** Familien s. Nr. **13–15** und **Hydridae**), **Trachylina** (Microhydra)

1. Körper durchsichtig, mit 8 meridian laufenden Reihen von Wimperplättchen. Marin, freischwimmend
Stamm Rippenquallen, **Ctenophora**
Pleurobrachia pileus (Müll.), Seestachelbeere (etwa 2 cm, ziemlich rund mit langen Tentakeln [*4*]). **Beroe cucumis** F., Melonenqualle (fingerhutförmig mit leichter Taille, bis 15 cm hoch, ohne Tentakel).

— Nicht mit Reihen von Wimperplättchen. Marin, Brack- und Süßwasser
Stamm Nesseltiere, **Cnidaria** **2**

2. Im Süßwasser **3**

— Im Meer und Brackwasser **5**

3. Polypenform wie [*3*]. Einzeltiere, höchstens mit Seitenknospen
Hydridae der **Athecata** **4**
Wenn Polyp verzweigt [*1*], dann **Cordylophora,** s. Nr. **14.**

— Medusen(Quallen-)form wie [*7*]. Glocke bis 2 cm, mit vielen Tentakeln. Meist in Flüssen . . . . **Microhydra sowerbyi** (Lank.)
(Der dazu gehörende Polyp bis 2 mm, ohne Tentakel).

4. Körper ohne Stiel [*3a*] . . . . . **Chlorohydra viridissima** (Pall.)
Durch Symbionten grün. Außerdem **Hydra attenuata** Pall. und 4 ähnliche Arten (je nach Nahrung verschieden gefärbt).

— Körper mit abgesetztem Stiel [*3b*] . . . 2; **Pelmatohydra** Schulze
Häufig **P. oligactis** (Pall.).

5. Freischwimmende Medusenform **6**

— Auf Substrat haftend. Becherartige Meduse oder Polypenform **7**

6. Glockenrand nicht gelappt, meist mit zusammenhängender Hautfalte (Velum) . . . . **Hydrozoa**
a) Meduse glockenförmig, höchstens 2 cm hoch, meist viel kleiner. Gonaden am Magen. Etwa 16 Arten . . . . **Anthomedusae**
(Ihre Polypen gehören zu **Athecata,** s. Nr. **13–15**).
b) Meduse scheibenförmig bis halbkugelig. Schirm mit Ausnahme von meist seltenen Arten nicht über 3 cm Durchmesser, oft weniger. Gonaden an Radialkanälen, selten am Magenstiel. Etwa 17 Arten . . . . **Leptomedusae**
(Ihre Polypen gehören zu **Thecata,** s. Nr. **16**)

— Glockenrand lappig unterteilt . . . . . . Quallen der **Scyphozoa**
Rhizostoma octopus (L.) Blumenkohlqualle (ohne Tentakel, Mundarme an der Basis verwachsen [*5*]). **Chrysaora hysoscella** (L.), Kompaßqualle (lange Tentakel entsprin-

gen am Schirmrand, 4 lange Mundlappen, Schirm mit charakteristischer Strichzeichnung [*6*]). **Aurelia aurita** (L.), Ohrenqualle (viele kurze Randtentakeln, Schirm mit fein verzweigten Radiärkanälen, Geschlechtsorgane in 4 Ringen [*7*]). Nesselquallen, **Cyanea capillata** (L.) (Schirm gelbbraun) und **C. lamarckii** PÉR. ET LES. (Schirm blau) (Tentakel entspringen nicht am Schirmrand, sondern hängen von der Unterseite des Schirms [*8*]).

7. Körper becherartig, Glockenrand in 8 kurze Arme ausgezogen, an deren Ende warzenartige Tentakel sitzen
Becherquallen, **Stauromedusida** der **Scyphozoa**

Craterolophus tethys CLARK (bis 3 cm hoch, Arme gleich weit voneinander entfernt [*9*]); bei **Lucernaria quadricornis** MÜLL. (Becher 2× so breit wie hoch) und **Haliclystus octoradiatus** CLARK (Becher so breit wie hoch) stehen Arme paarweise beisammen.

— Polypenform **8**

8. Klumpige Kolonie, deren 6–8 mm hohe Einzelpolypen gefiederte Tentakel haben [*10*] . . . . Lederkoralle, **Alcyonium digitatum** L.

(zu Blumenpolypen, **Anthozoa**)

— Einzellebende große Polypen, über 1 cm hoch und ohne Basalgeflecht **(Anthozoa)** **9**

— Kolonienbildend oder einzellebend. Polypen unter 1 cm hoch oder wenn größer, dann mit Basalgeflecht. Hydroidpolypen der **Hydrozoa** **12**

9. Körper mit Fußscheibe; höchstens 3–4mal so lang wie breit . **10**

— Körper ohne Fußscheibe; wurmförmig verlängert, bis 10mal so lang wie breit (ca. 15 cm hoch) . Zylinderrose, **Cerianthus lloydii** GOSSE

10. Mundscheibe gelappt, von über 400 feinen Tentakeln umgeben [*11*]. Körper ca. 15 cm hoch . . . . . Seenelke, **Metridium senile** (L.)

Ferner **Cereus pedunculatus** (PENN.) (mit nicht gelappter Mundscheibe, innere Tentakel länger als äußere).

— Mundscheibe mit höchstens 200 Tentakeln **11**

11. Körper dick, plump, kaum höher als breit . . . . Seerosen

Urticina felina (L.) (Tentakel blasig, Körper mit Warzen, bis 6 cm hoch [*12*]). **Actinia equina** L. (Tentakel schlanker, Körper glatt, bis 4 cm hoch [*13*]).

— Körper schlank, Tentakel lang und überhängend

Actinothoe anguicoma (PRICE) (ohne Warzen [*14*], grau bis gelblich mit zarten Längsstreifen, Körper bis 12 cm hoch); **A. viduata** (MÜLL.) (kleiner, mit grünen Längsstreifen). **Sagartia troglodytes** (PRICE) (Körper mit Saugwarzen).

12. Polypenkörper ohne becherartige, feste Hülle . . . **Athecata** **13**

— Polypenkörper in becherartiger, fester Hülle (Theke) **16**

13. Polyp mit geknöpften Tentakeln . . . . **Corynidae**

Coryne pusilla GÄRTNER (ganzer Polypenstiel geringelt); **C. tubulosa** (SARS) (Polypenstiel höchstens an Basis geringelt). Beide auf Braunalgen (Fucuideen), etwa 2,5 cm hoch.

— Tentakel fadenförmig [*1a*] **14**

14. Tentakel entspringen unregelmäßig am Polypenkörper [*1a, 15*] **Clavidae**

Cordylophora caspia (PALL.) (büschlige, aufrechte Kolonie, bis 75 mm hoch [*1*]; auch in Brack- und Süßwasser). **Clava multicornis** (FORSK.) (Kolonie niedrig [*15*]; marin an Tangen u. Brückenpfählen).

— Tentakel in 2 Kreisen am Polypenkörper . . . . . . **Tubulariidae**

Corymorpha nutans SARS (Polypen einzeln, bis 1 cm hoch). Kolonienbildend: **Tubularia indivisa** L. (Polypenstiele an der Basis umeinander gewunden, bis 2 cm hoch); **T. larynx** ELL. ET SOL. (Stiele nicht derart umwunden, bis 7 cm hoch, Polypenkörper rot [*16*]).

— Tentakel bilden einen Hauptkreis **15**

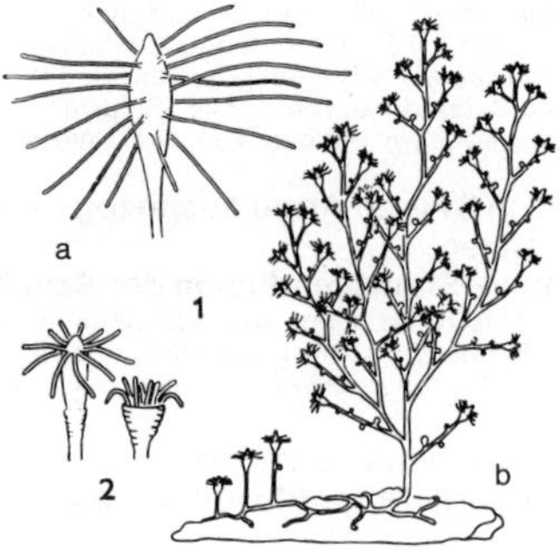

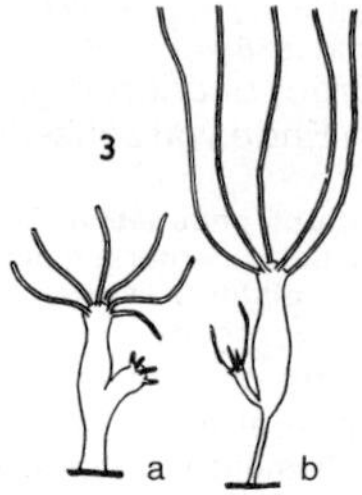

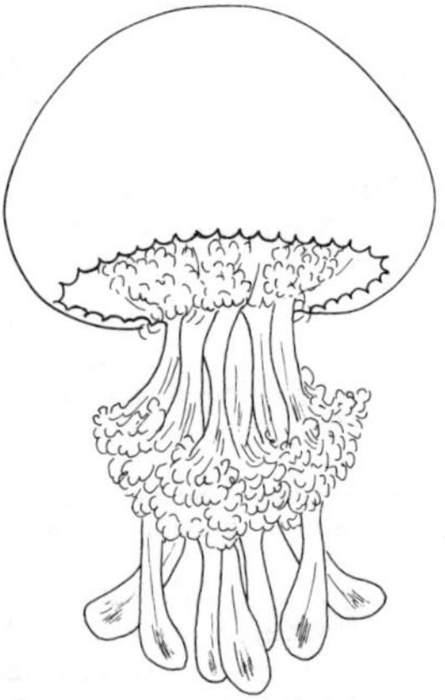

5

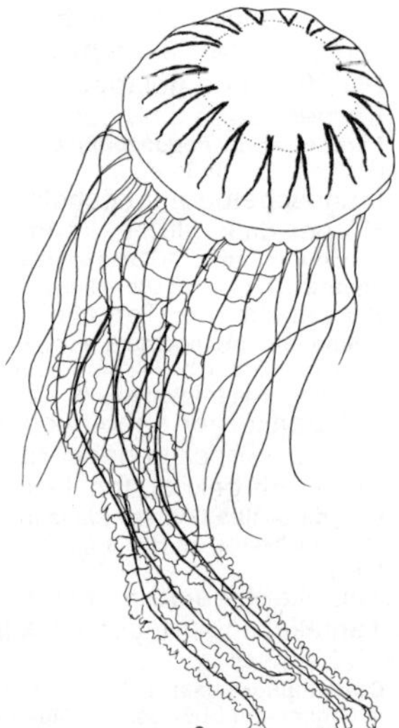

6

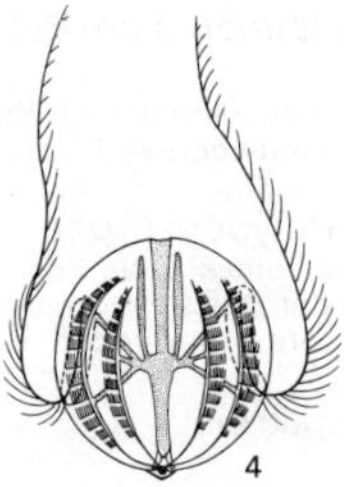

4

7

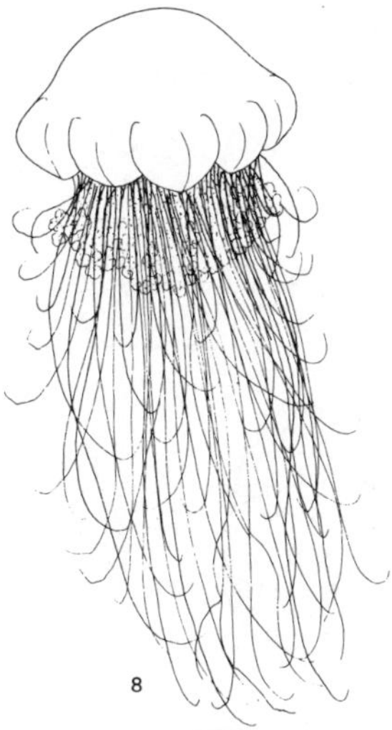

8

9

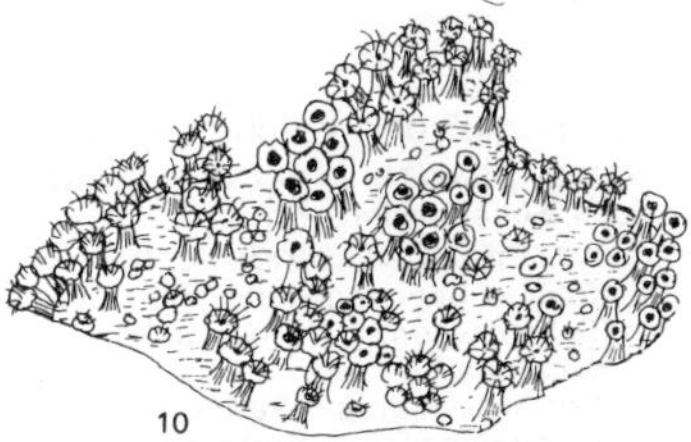

10

11

12

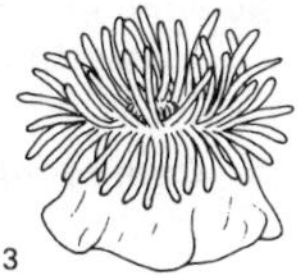

13

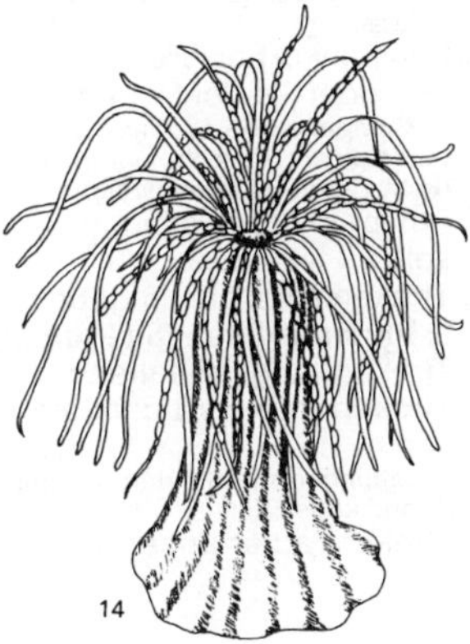

14

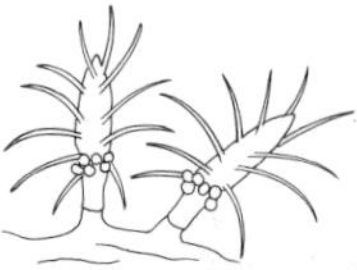

15

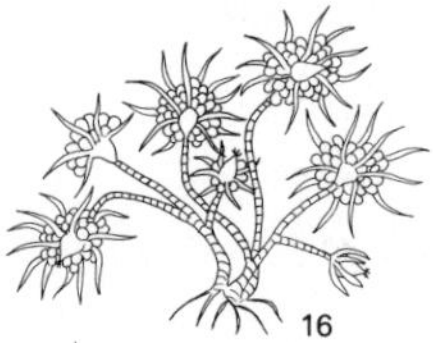

16

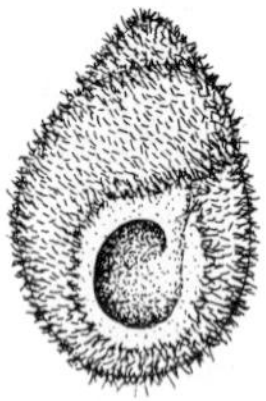

17

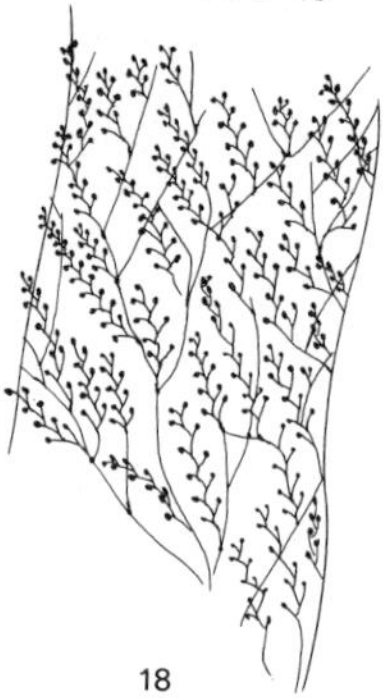

18

19

15. Polypenkörper kelchartig, Mundregion keulenförmig mit schmaler Basis, pflanzenähnlicher Wuchs . . . . **Eudendriidae**
Nur 4; **Eudendrium** Ehrenberg.

— Polypenkörper spindelförmig, Mundregion verjüngt **Bougainvilliidae**

a) Kolonie überzieht Schneckengehäuse mit Periderm aus Stacheln u. Dörnchen (Stützpolypen) [*17*]: **Hydractinia echinata** (Flem.). Periderm glatt, ohne Dörnchen: **H. carnea** Sars.

b) Kein krustenartiges Periderm, Polypen von faltiger, weicher, dicht anliegender Hülle umgeben [*2*]: 4; **Perigonimus** Sars. Polypen ohne solche Hülle: 2; **Bougainvillia** Less.

16. Polypenkörper breit, in glockenförmiger Theke, Mundregion trompeten- oder keulenförmig. Stiel oft mit Ringeln . . **Campanulariidae**
2; **Campanularia** Lamarck (Kolonie kriechend, rasenförmig). **Verticillina verticillata** (L.) (Kolonie aufrecht, unregelmäßig verzweigt). 3; **Laomedea** Lamarck (Kolonie aufrecht, regelmäßig verzweigt).

— Polypenkörper schmal, in langer Theke, Mundregion konisch zugespitzt **17**

17. Theken kurz, sie umgeben nur unteren Teil der Polypen
2; **Plumulariidae** mit **Plumularia setacea** (L.) und 2; **Haleciidae.**

— Theken lang, auffallend **18**

18. Theken reihenartig, bilateral, ohne Stiel oder in Zweigen eingewachsen . . . . **Sertulariidae**
7 Gattungen mit 9 Arten, darunter **Sertularia cupressina** L., Seemoos [*19*], oft am Strand angespült.

— Theken radiär angeordnet, gestielt und freistehend **Campanulinidae**

Literatur

Barrett, J., Yonge, C.: Pocket guide to the sea shore. London, 1970. – Cornelius, P. F. S., Manuel, R. L., Ryland, J. S.: Cnidaria. In: P. J. Hayward, J. S. Ryland, The marine fauna of the British Isles and North-West Europe. Vol. 1. Oxford, 1990. – Dahl, F.: Die Tierwelt Deutschlands, Teil 4. Jena, 1928 (Broch, H. Hydrozoa; Krumbach, Th. Scyphoza; Pax, F. Anthozoa; Krumbach, Th. Ctenophora). – Grimpe, G., Wagler, E.: Die Tierwelt der Nord- u. Ostsee, Leipzig (Broch, H. 1928, Hydrozoa; Krumbach, Th. 1930, Scyphoza; Pax F. 1936, Anthozoa; Krumbach, 1926, Ctenophora). – Kühlmann, D.: Cnidaria. In: Stresemann, Exkursionsfauna, Bd. 1. Berlin, 1992. – Manuel, R. L.: British Anthozoa. Synopses of the British Fauna 18. London, 1981.

Stamm: **Plathelminthes,** Plattwürmer

Körper von sehr verschiedenartiger Form, meist ± abgeplattet.

System (traditionelle Einteilung hier der Übersichtlichkeit halber beibehalten, vgl. aber EHLERS, 1985): Klassen **„Turbellaria"** (eine paraphyletische Gruppe), **Aspidogastrea, Digenea, Monogenea, Cestoda. Aspidogastrea** und **Digenea** sind **Trematoda** s.str. Früher wurden hierzu auch die **Monogenea** gezählt.

1. Körper ± auf gesamter Oberfläche mit Wimpern, mit deren Hilfe das Tier schwimmt od. gleitet. Freilebend
Strudelwürmer, **Turbellaria** S. 40
— Körperoberfläche ohne Wimpern. Ekto- oder Endoparasiten . **2**
2. Körper ungegliedert, ± gedrungen (selten aus 2 Abschnitten), bis 40 mm lang. Vorderende mit 1 od. 2 hintereinander liegenden Saugnäpfen [*27, 28*], wenn ohne od. mit 2 nebeneinander liegenden Saugnäpfen, Unterseite od. Hinterende mit Haftscheibe [*23–25*]
Saugwürmer, **Aspidogastrea, Digenea, Monogenea** S. 43
— Körper meist langgestreckt, bandförmig, gegliedert, häufig über 40 mm lang. Vorderende mit kleinem Kopf (Scolex [*32–36a*], oft mit 2 od. 4 Saugnäpfen od. -gruben). Wenn Körper kurz, ungegliedert, dann ohne Haftapparate an Unterseite od. Hinterende
Bandwürmer **Cestoda** S. 46

Klasse: **„Turbellaria",** Strudelwürmer

Körperoberfläche mit Wimpern. Darm geschlossen, von unterschiedlicher Gestalt, stab- [*22*] od. sackförmig [*20*] od. in 3 Ästen [*9*], kann fehlen [*1*]. Mundöffnung in Mittellinie der Bauchseite, meist in vorderer Hälfte; daran anschließend zum Darm hin muskulöser, meist ausstülpbarer Schlund (Pharynx) [*2, 9*]. Manche Arten koloniebildend (Ketten aus 2–18 Einzeltieren), z.B. [*17*]. Fortbewegung kriechend od. schwimmend mit Hilfe der Wimpern. Meist Räuber (Nahrung: Protozoen, Rotatorien, Würmer u. andere Kleintiere), selten Algen- od. Detritusfresser. Zwitter, Entwicklung direkt. Im Meer ca. 450, im Süßwasser u. auf dem Land ca. 150 Arten. Bestimmung nur lebend möglich.

System: Ordnungen **Acoela, Nemertodermatida, Catenulida, Macrostomida, Polycladida, Lecithoepitheliata, Prolecithophora** (= **Holocoela**), **Proseriata, Tricladida, Rhabdocoela** (mit den Unterordnungen **Dalyellioida, Typhloplanoida, Kalyptorhynchia**).

1. Im Süßwasser **2**
— Auf dem Land. Körperquerschnitt oft rund, mit flacher Kriechsohle

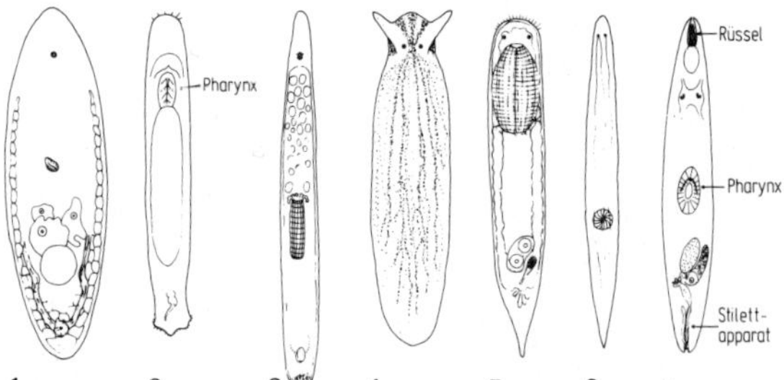

1 2 3 4 5 6 7

a) Beim Kriechen mit querliegendem, halbkreisförmig abgesetztem Vorderende. Okkergelb mit dunklen Längsstreifen. Bis 35 cm: **Bipalium kewense** Mos. **(Tricladida),** in Gewächshäusern.

b) Anders. Bis 14 mm: Mehrere Gattungen, u. a. **Rhynchodemus** Leidy **(Tricladida),** z. B. **Rh. terrestris** (Müll.) (nacktschneckenartig, Unterseite weißlich, bis 12 mm), in feuchten Wald- u. Wiesenböden. Manche Süßwasserformen kommen auch in feuchtem Laub, Moos, Humus u. ä. vor (z. B. **Geocentrophora sphyrocephala** de Man [*19*]).

— Im Meer u. Brackwasser

Viele Arten v. a. der Ordnung **Acoela, Nemertodermatida, Macrostomida, Polycladida, Proseriata** u. **Rhabdocoela,** häufig im Sandlückensystem. Als Beispiele **Mecynostomum auritum** (Schultze) **(Acoela)** (1 mm) [*1*]; **Macrostomum curvituba** Luth. **(Macrostomida)** [*2*] (1,5 mm), nur im Brackwasser; **Monocelis lineata** (Müll.) **(Proseriata)** [*3*] (bis 3 mm); **Procerodes litoralis** (Ström) (= **ulvae** Oerst.) **(Tricladida)** [*4*] (bis 7 mm), im Brackwasser; **Provortex balticus** (Schultze) **(Dalyellioida)** [*5*] (1 mm); **Promesostoma marmoratum** (Schultze) **(Typhloplanoida)** [*6*] (2 mm); **Gyratrix hermaphroditus** Ehr. **(Kalyptorhynchia)** [*7*] (2 mm), auch im Süßwasser.

2. Körper ausgestreckt mindestens 6 mm (bis 40 mm) lang, abgeplattet, Umriß oval bis lanzettlich [*9*]. Meist braun, grau od. schwarz, selten weiß. Darm mit 3 Ästen [*9*] (einer nach vorn, zwei nach hinten), diese seitlich verzweigt . . . . **Tricladida 3**

Arten in Gewächshäusern und Höhlen hier nicht berücksichtigt.

— Körper ausgestreckt meist unter 6 mm lang, meist langoval bis fadenförmig. Querschnitt rund od. oval, meist farblos durchscheinend. Darm stab- bis sackförmig (z. B. [*17*]–[*22*]) **9**

3. Körper milchweiß (bis hell ockerfarben), höchstens Darm in Körpermitte braun **4**

— Körper bräunlich, grau od. schwarz **5**

4. Vorderende ohne Tentakel, Stirn vorn abgerundet. Augenabstand viel kleiner als die Entfernung der Augen vom Vorderende [*8*]. 10–15 mm 2; **Phagocata** Leidy (= **Fonticola** Kom.) **(Planariidae),** z. B. **Ph. vitta** (Dug.) im Schlamm von Süßgewässern.

— Vorderende mit stumpfen Tentakeln. Augenabstand größer als Entfernung der Augen vom Vorderende [*9*]. 6–26 mm . . . . 3; **Dendrocoelum** Örst. **(Dendrocoelidae)** Häufig nur **D. lacteum** (Müll.) (bis 26 mm), auch im Brackwasser.

5. Vorderende vierlappig [*10*]. Bis 35 mm. Braun, schwarz gefleckt
Bdellocephala punctata (Pall.) **(Dendrocoelidae)**

— Vorderende nicht vierlappig, ohne od. mit 1 Paar Tentakeln **6**

6. Vorderende ± dreieckig [*11, 12*]. Mit 2 (seltener 4) Augen
4; **Dugesia** Gir. **(Dugesiidae)**

a) Vorderende zugespitzt, mit deutlich dreieckigen Öhrchen [*11*]: **D. gonocephala** (Dug.) (bis 25 mm, ± einfarbig grau bis braun), häufig im Mittellauf von Fließgewässern. **D. tigrina** (Gir.) (Körper hell-dunkel gescheckt), nach Europa verschleppt, auch vegetative Vermehrung.

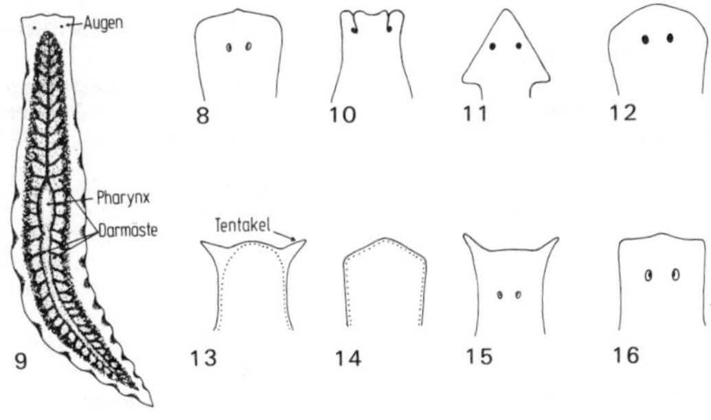

b) Ecken des dreieckigen Vorderendes abgerundet [*12*]: **D. lugubris** (SCHM.) u. **D. polychroa** (SCHM.) (einfarbig braun bis schwarz, bis 20 mm), Arten schwer unterscheidbar.

— Vorderende mit Tentakeln [*13, 15*] od. einfach abgerundet bis abgestumpft [*14, 16*], wenn ± dreieckig, mit vielen Augen . . . . **Planariidae 7**

7. Mit 2 (selten 4) Augen **8**

— Mit vielen feinen Randaugen, bei schwarzen Tieren schwer zu sehen 3; **Polycelis** EHR.

P. felina (DAL.) (= **cornuta** (JOHANSON)) (Vorderende mit langen, pfriemförmigen Tentakeln [*13*]; bis 18 mm, braun bis schwarz). **P. nigra** EHR. u. **P. tenuis** IJIMA (Vorderende abgerundet [*14*]; bis 12 mm; grau bis schwarz), Arten schwer unterscheidbar.

8. Vorderende mit pfriemförmigen Tentakeln [*15*]. Bis 16 mm. Grau bis schwarz. Meist in Quellen u. im Oberlauf von Fließgewässern . . . . **Crenobia alpina** (DANA)

— Vorderende abgerundet [*16*]. Bis 13 mm. Braun bis schwarz. Auch im Brackwasser **Planaria torva** MÜLL.

9. Fast immer Tierketten aus 2 – mehreren Individuen [*17, 18*]. Pharynx ein Rohr am od. nahe dem Vorderende, meist in Körperlängsrichtung [*17*]

Viele **Catenulida,** z. B. **Catenula** ANT. DUG. (mit unpaarer Statocyste [*17*]), häufig **C. lemnae** ANT. DUG. (Einzeltier bis 0,5 mm; drehrunde, feine weiße Fädchen); **Stenostomum** SCHM. u. **Myostenostomum** LUTH. (ohne Statocyste; mit Wimpergrübchen an Seiten des Vorderendes), häufig **St. leucops** (DUG.) (bis 1 mm). Außerdem **Microstomum** SCHM. **(Macrostomida)** (mit Wimpergrübchen u. Darmblindsack am Vorderende), häufig **M. lineare** (MÜLL.) [*18*] (bis 0,8 mm).

— Keine Tierketten bildend **10**

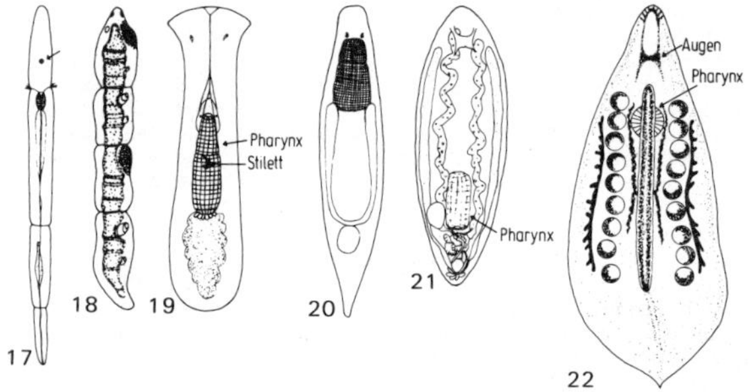

10. Pharynx am od. nahe dem Vorderende, rohr- bis tonnenförmig, in Längsrichtung des Körpers [*19, 20*]

a) Mit Stilett im männlichen Genitalkanal am Vorderende [*19*]: **Lecithoepitheliata** mit **Prorhynchus stagnalis** SCHULTZE (Stilett gerade; 6–7 mm) u. 2: **Geocentrophora** DE MAN (Stilett gebogen; 1,8–10 mm), z. B. **G. sphyrocephala** DE MAN [*19*] (Vorderende oft fächerartig verbreitert).

b) Ohne Stilett: **Plagiostomum lemani** (PLESS) **(Prolecithophora)** (Rücken netzartig gemustert; 4–15 mm); 2; **Rhynchoscolex** LEIDY **(Catenulida)** (lang wurmförmig; Vorderende rüsselartig verschmälert), z. B. **Rh. simplex** LEIDY (2–6 mm); außerdem v. a. viele Gattungen der **Dalyellioida (Rhabdocoela),** u. a. **Castrella** FUHRM., **Dalyellia** FLEM., **Microdalyellia** GIEYSZTOR, **Phaenocora** EHR., z. B. **M. armigera** (SCHM.) [*20*] (bis 2 mm).

— Pharynx am Vorderende, Mund ein bewimperter Längsschlitz dicht hinter den Augen, diese manchmal undeutlich [*2*]

Macrostomum SCHM. **(Macrostomida),** artenreich, z. B. **M. rostratum** (PAPI) (bis 1,6 mm).

— Pharynx etwa in Körpermitte, in Körperlängsrichtung nach hinten gerichtet [*21*]
Bothrioplana semperi BRAUN **(Proseriata)** (Vorderende abgestutzt; Körper platt, bis 4,3 mm). **Opistomum** SCHM. **(Typhloplanoida)** (Vorderende gerundet bis zugespitzt; Körper drehrund, bis 4,5 mm), häufig **O. pallidum** SCHM. [*21*].

— Pharynx senkrecht zur Körperlängsrichtung (erscheint als helles rundes Organ mit radiären Streifen [*22*]). Mundöffnung auf der Bauchseite ± in der Körpermitte
a) Mit unpaarer Statocyste nahe den Augen: **Otomesostoma auditivum** (PLESS) **(Proseriata)** (bis 5 mm).
b) Ohne Statocyste: viele **Rhabdocoela**
1) Mit zapfenförmigem oder gespaltenem umscheidetem Rüssel am Vorderende [*7*]: **Kalyptorhynchia,** häufig **Gyratrix hermaphroditus** EHR. (Hinterende mit Stilettapparat; bis 2 mm) [*7*].
2) Ohne umscheideten Rüssel: viele **Typhloplanoida.** Wichtige Gattungen **Castrada** SCHM. (ohne Augen; meist über 1,2 mm), z. B. **C. intermedia** (VOLZ); **Typhloplana viridata** (ABILDG.) (ohne Augen; unter 1,2 mm). Mit 2 Augen nahe der Körpermittellinie [*22*]: **Rhynchomesostoma rostratum** (MÜLL.) (mit fingerförmigem, zusammenziehbarem Rüssel am Vorderende; bis 3,5 mm); 2; **Bothromesostoma** BR. (ohne derartigen Rüssel; Bauchseite mit Blindsack vor dem Pharynx; bis 7 mm), z. B. **B. personatum** (SCHM.); 8; **Mesostoma** EHR. (ohne derartigen Rüssel u. ventralen Hautblindsack; bis 15 mm), **M. ehrenbergi** (FOCKE) [*22*] (Körper stark abgeplattet, blattartig durchsichtig), **M. tetragonum** (MÜLL.) (Querschnitt vierlappig), unter übrigen Arten häufig **M. lingua** (ABILDG.).

Klassen: **Aspidogastrea, Digenea** und **Monogenea,** Saugwürmer

Körper auf Bauchseite mit 1–2 Saugnäpfen u./od. Haftscheibe. Mundöffnung vorn, oft am Grund des Mundsaugnapfes [*27*]. Darm geschlossen. Parasiten auf der Haut, den Kiemen od. in inneren Organen von Wirbeltieren, selten an od. in Wirbellosen (Mollusken, Krebse). Nahrung: Körpersubstanz, Blut od. Darminhalt der Wirte. Zwitter. Entwicklung direkt (ohne Wirtswechsel, **Monogenea** u. **Aspidogastrea**) od. indirekt (mit Generations- u. Wirtswechsel, **Digenea**), hierbei meist 1. Generation Wimperlarve (Miracidium), Keimschlauch (Sporocyste), 2. Generation Redie, 3. Generation Schwanzlarve (Cercarie), ausgewachsenes Tier. Nebenwirte der 1. u. 2. Generation Wirbellose, hier nur Hauptwirte (der Erwachsenen) angegeben. Im Gebiet etwa 450 Arten.

System: Die Klassen **Digenea** und **Monogenea** (jeweils mit vielen Familien) wurden früher zusammen mit den **Aspidobothrea** (nur mit **Aspidogastridae**) zu den **„Trematoda“** zusammengefaßt.

1. Vorderende stets mit Mundsaugnapf, meist weiterer Saugnapf auf Bauchseite in Körpermittellinie vorhanden. Bauchseite u. Hinterende ohne große Haftscheibe [*26–28*]. Endoparasiten . . **Digenea** **4**

— Vorderende ohne Saugnapf (Mundöffnung kann in napfförmiger Vertiefung liegen!) od. mit 2 seitlichen Saugnäpfen. Bauchseite mit großer Haftscheibe [*23*] od. Hinterende mit abgesetzter Haftscheibe **2**

2. Bauchseite mit großer Haftscheibe, diese in viele Sauggruben geteilt. Vorderende ohne Saugnäpfe [*23*] . . . . **Aspidogastrea**
Nur **Aspidogastridae,** in Fischen, Schildkröten, Mollusken, Krebsen, z. B. **Aspidogaster conchicola** (V. BAER) [*23*] (bis 3 mm), in Süßwassermuscheln.

— Hinterende mit abgesetzter Haftscheibe [*24, 25*]. Vorderende ohne od. mit 2 seitlichen Saugnäpfen. Meist Ektoparasiten **Monogenea** **3**

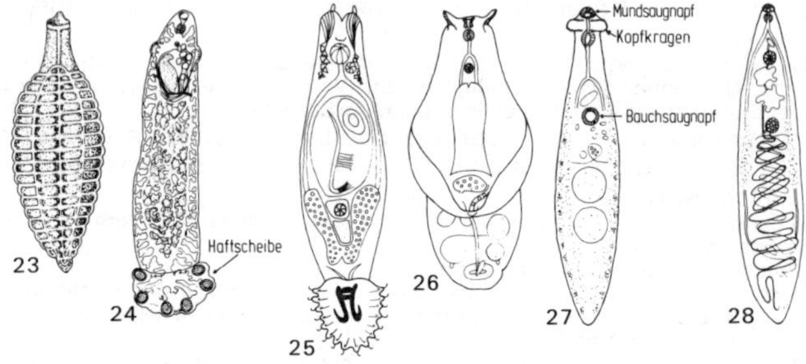

3. Hinterer Haftapparat mit 3 Paar becherförmigen Saugnäpfen. Vorderende ohne paarige Saugnäpfe.
2 Familien, **Polystomatidae** mit **Polystoma integerrimum** (FRÖL.) [*24*] (9–11 mm) in der Harnblase von Fröschen.

— Haftapparat anders, Vorderende manchmal mit paarigen Saugnäpfen
Viele Familien u. Arten, z. B. **Gyrodactylidae** (Haftapparat mit 1 Paar großen Haken u. 15–16 kleinen Randhäkchen, wie [*25*]), u. a. 3; **Gyrodactylus** v. NORDM., häufig **G. elegans** v. NORDM. [*25*] (0,5–0,8 mm), auf Kiemen von Fischen. **Discocotylidae** (hinterer Haftapparat mit 3–4 Paar Saugklappen, diese mit Chitinverstärkungen), u. a. **Diplozoon paradoxum** v. NORDM. (2 Tiere über Kreuz verwachsen; 1 mm), auf Kiemen von Fischen.

4. Mundöffnung auf Bauchseite, etwa in Körpermitte **Bucephalidae**
Häufig **Bucephalus polymorphus** v. BAER (1 mm), im Darm von Fischen.

— Mundöffnung am Körpervorderende, im vorderen Saugnapf, falls dieser vorhanden **5**

5. In Blutgefäßen (bei Fischen auch an Kiemen) od. Cysten im Gewebe
5 Familien, darunter **Troglotrematidae, Collyriclum faba** (BREMSER) (3–5 mm) unter der Haut von Vögeln, auch bei Hausgeflügel. Hierher auch **Astacotrema** (s. Nr. **8**).

— In anderen Körperorganen, z. B. Magen-Darm-Kanal (hier zuweilen in Cysten), Mundhöhle, Lunge, Galle, Eileiter, Auge **6**

6. Bauchsaugnapf fehlt
4 Familien, darunter **Notocotylidae** (Kutikula an Unterseite des Körpers u. vorn bestachelt), z. B. **Catatropis verrucosa** (FRÖL.) (Bauchseite mit 3 Längsreihen von Drüsenwärzchen; 1–5 mm), im Darm von Entenvögeln, auch im Haushuhn.

— Bauchsaugnapf vorhanden, dahinter mit zusätzlichem Haftapparat (z. B. Haftlappen wie [*26*]), ohne Genitalsaugnapf
Mehrere Familien, u. a. **Strigeidae** (Körper in vorderen u. hinteren Abschnitt geteilt, vorderer Abschnitt becher- od. trichterförmig), z. B. **Strigea** ABILDG., **S. strigis** (SCHR.) (2–6 mm), im Darm von Raubvögeln. **Diplostomatidae** (ähnlich, aber vorderer Körperabschnitt flach u. breit, pantoffelförmig [*26*]), z. B. **Alaria alata** (GOEZE) [*26*] (3–6 mm), im Darm von Hund, Katze, Fuchs.

— Bauchsaugnapf vorhanden, dahinter ohne zusätzlichen Haftapparat, höchstens mit Genitalsaugnapf **7**

7. Am Vorderende des Körpers ein ausgeprägter Kopfkragen mit Kragenstacheln (z. B. [*27*]) . . . . **Echinostomatidae**
Wichtige Gattungen im Darm von Vögeln u. Säugern: **Echinostoma** RUD., z. B. **E. revolutum** (FRÖL.) (10–22 mm) im Enddarm von Enten u. Hühnervögeln; **Echinochasmus** DIETZ, z. B. **E. perfoliatus** (RATZ) [*27*] (2–4 mm) in Hund, Fuchs, Katze.

— Am Körpervorderende ohne derartigen Kragen (um Mundöffnung können Stacheln vorhanden sein) viele Familien (nur Auswahl) **8**

8. Im Flußkrebs . **Astacotrema cirrigerum** (v. BAER) **(Allocreadiidae)**
1–3 mm. Encystiert in Muskulatur od. Bindegewebe, selten frei in Leibeshöhle.

— In Meeresfischen
a) Im Darm: wichtige Familie **Allocreadiidae,** z. B. **Podocotyle** DUJ., häufig **P. atomon** (RUD.) (2–3,5 mm).
b) Im Magen: **Hemiuridae** RUD., z. B. **Hemiurus appendiculatus** (RUD.) (bis 3,5 mm).

— In Süßwasserfischen
a) Im Magen od. Darm: **Azygiidae** (unbestachelt; Mundsaugnapf ohne Fortsatz), nur **Azygia lucii** (MÜLL.) (10–50 mm), in Raubfischen. Einige **Allocreadiidae** (ähnlich, aber kleiner, bis 5 mm), z. B. **Sphaerostoma bramae** (MÜLL.) (1–4 mm). **Monorchiidae** mit **Asymphlodora tincae** (MOD.) (Körper bestachelt; 1,3 mm), in Cypriniden. **Bunoderidae** (Mundsaugnapf mit Kranz von 6 kurzen, muskulösen Fortsätzen), nur **Bunodera luciopercae** (MÜLL.) (bis 4,5 mm), in Fried- u. Raubfischen.
b) In Harnblase u. Harngängen: **Phyllodistomum** BRAUN, häufig **Ph. folium** (OLF.) (bis 2 mm).

— In Amphibien
a) In der Mundhöhle von Fröschen: **Halipegidae,** nur **Halipegus ovocaudatus** (VULP.) (bis 13 mm).
b) In Atemwegen: einige **Plagiorchiidae,** z. B. **Haplometra cylindracea** (ZED.) (4–20 mm), in Froschlurchen.
c) Im Darm: **Diplodiscus subclavatus** (GOEZE) **(Paramphistomidae)** (Bauchsaugnapf an Hinterende des Körpers; 6 mm); **Brachycoelium salamandrae** (FRÖL.) **(Dicrocoeliidae)** (Kutikula bestachelt; Saugnäpfe einander genähert; Körper langgestreckt; 3–5 mm); **Opisthioglyphe** LOOSS **(Plagiorchiidae)** (ähnlich, aber Körper eiförmig oval), z. B. **O. ranae** (FRÖL.) (1,5–4,5 mm). Unter **Lecithodendriidae** häufig **Brandesia turgida** (BR.) (Körper ± kugelig; 2,5 mm), **Prosotocus confusus** (LOOSS) (Körper flach, breit, 1,4×1 mm).
d) In Harnblase u. Harngängen: einige **Gorgoderidae,** z. B. **Gorgodera** LOOSS, häufig **G. cygnoides** (ZED.) (bis 15 mm).

— In Reptilien
a) Im Magen-Darm-Kanal: **Leptophallus nigrovenosus** (BELL.) **(Dicrocoeliidae)** (1–2 mm), in Ringelnatter. Einige **Plagiorchiidae,** z. B. **Telorchis** LÜHE, häufig **T. ercolani** (MONTIC.) (3–4 mm), in Ringelnatter.
b) In Atemwegen: **Macrodera longicollis** (ABILDG.) **(Plagiorchiidae)** (ca. 20 mm), in Lungensäcken der Ringelnatter.

— In Vögeln
a) Im Darm: in Landvögeln einige **Brachylaemidae,** z. B. **Brachylaemus commutatus** (DIES.) (zungenförmig, am Ende des ersten Drittels etwas eingeschnürt; 3,5–7,5 mm), bei Hühnervögeln u. Tauben. Weitere Familien in Wasservögeln, z. B. **Leucochloridiidae,** häufig **Leucochloridium macrostoma** (RUD.) (Körper elliptisch, im Querschnitt oval; bis 2 mm). Sporocysten bunt, in Schneckenfühlern.
b) Im Eileiter: z. B. **Prosthogonimus** LÜHE **(Plagiorchiidae)** häufig **P. pellucidus** (v. LINST.) (7–9 mm), im Huhn, manchmal im Ei, verursacht Windeier.

— In Säugern
a) Im Pansen von Huftieren: **Paramphistomum cervi** (SCHRANK) **(Paramphistomidae)** (5–13 mm).
b) In Leber u. Gallengängen: bei Huftieren verbreitet **Fasciolidae** mit **Fasciola hepatica** L., Großer Leberegel (Körper ± blattförmig, mit deutlichen Kopfzapfen; bis 50 mm); **Dicrocoelium dendriticum** (RUD.), Kleiner Leberegel [*28*] **(Dicrocoeliidae)** (größte Breite hinter Körpermitte; 4–12 mm). Bei Raubtieren einige **Opisthorchiidae,** z. B. **Opisthorchis felineus** (RIV.), Katzenleberegel (7–12 mm), u. a. in Hund, Katze, Schwein.

Klasse: **Cestoda,** Bandwürmer

Körper besteht fast immer aus Kopf (Scolex) u. 3 bis über 4000 stark abgeflachten Gliedern (Proglottiden) mit jeweils 1 Geschlechtssystem [*34*]. Kopf meist mit Saugnäpfen [*36a*] od.

Sauggruben [*32*], dazu vielfach Hakenkränze an muskulösem Polster (Rostellum [*36a*]) od. Rüssel. Endoparasiten im Darm, meist von Wirbeltieren; Nahrungsaufnahme über Körperoberfläche. Zwitter. Entwicklung indirekt, meist über Finne (flüssigkeitsgefüllte Blase, in die Kopfanlagen hineinhängen) in „Zwischenwirt“, diese wird vom „Endwirt“ aufgenommen (Wirtswechsel), und wächst zum geschlechtsreifen Bandwurm heran. Hier nur Endwirte genannt. Im Gebiet etwa 450 Arten.

System: Unterklasse **Cestodaria** (mit wenigen Familien); Unterklasse **Eucestoda** mit den Ordnungen **Pseudophyllidea, Tetrarhynchidea, Diphyllidea, Tetrabothridea, Cyclophyllidea, Aporidea.**

1. Körper ungegliedert, mit nur 1 Geschlechtssystem. In Fischen . . . Unterklasse **Cestodaria**

a) Mit Scolex (kurz trichterförmig od. lang zylindrisch): **Gyrocotylidae** mit 2 Arten in **Chimaera,** z. B. **Amphityches urna** GRUBE ET WAGN. (20 mm).

b) Scolex fehlt: **Amphilinidae,** nur **Amphilina foliacea** (RUD.) (5–20 mm), im Stör.

— Körper in Proglottiden gegliedert, mit vielen Geschlechtssätzen; wenn ungegliedert u. nur mit 1 Geschlechtssystem, Habitus wie [*29, 30*] . . . . Unterklasse **Eucestoda** **2**

2. Scolex mit 2 flächenständigen Sauggruben (diese selten fehlend, dann in Fischen od. Oligochaeten od. Vorderende wie [*31*]), ohne zusätzliche Rüssel **3**

— Scolex mit 4 Sauggruben od. Saugnäpfen (selten undeutlich od. fehlend, dann in Vögel od. Säugern, Vorderende nicht wie [*31*]), ohne zusätzliche Rüssel **5**

— Scolex mit 2 od. 4 Sauggruben, zusätzlich mit 4 bestachelten, zurückziehbaren Rüsseln . . . . Ordnung **Tetrarhynchidea**

3 Familien, z. B. in Selachiern **Tentaculariidae** mit **Nybelinia lingualis** (CUV.) (bis 100 mm).

— Scolex mit 5 Saugnäpfen . . . . einige Arten von **Taenia** s. Nr. **8**

29

30

31

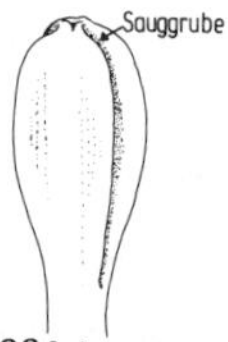

32 Scolex

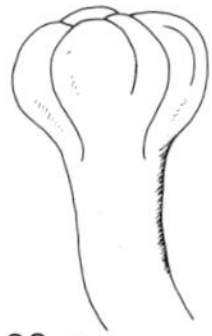
33 Scolex

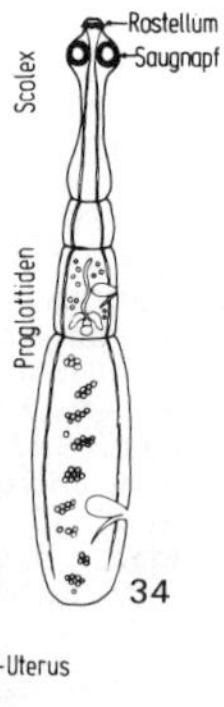

34

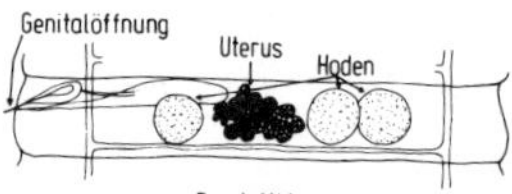

37

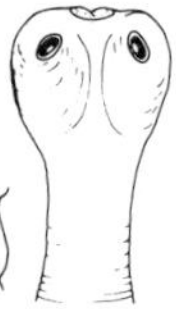
Scolex
35

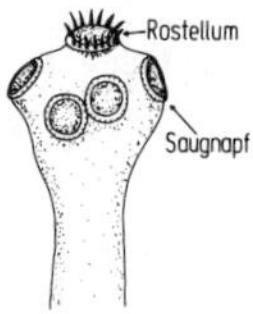

Scolex
36a

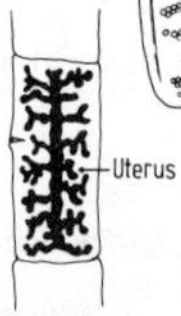

Proglottide
36b

3. Scolex mit Rostellum u. langen dorsalen u. ventralen Haken. Hinterer Scolexabschnitt halsartig, bestachelt . . . . Ordnung **Diphyllidea**
Nur **Echinobothrium** VAN BEN., z. B. **E. typus** VAN BEN. (5–6 mm), in Rochen.

— Ohne Rostellum u. Haken [*32*] . . Ordnung **Pseudophyllidea** **4**

4. In Fischen od. Oligochaeten
5 Familien, darunter **Caryophyllaeidae** (Körper ungegliedert), in Süßwasseroligochaeten **Archigetes** LEUCK. (mit Schwanzanhang [*29*]), geschlechtsreif gewordene Larvenform, z. B. **A. appendiculatus** (RATZ.) [*29*] (bis 4 mm); in Cypriniden häufig **Caryophyllaeus laticeps** (PALL.) [*30*] (bis 40 mm), Larve in Oligochaeten ähnelt Archigetes. **Cyathocephalidae** (Scolex mit trichterförmigem Haftorgan, dieses aus den ± verschmolzenen Sauggruben entstanden), in Raubfischen **Cyathocephalus truncatus** (PALL.) (bis 33 mm).

— In Reptilien, Vögeln od. Säugern . . . . **Diphyllobothriidae**
a) Äußere Gliederung fehlt od. nur im Vorderteil: **Ligula intestinalis** (L.), Riemenwurm (Vorderende: [*31*]; 10–100 cm), im Darm vieler Wasservögel.
b) Äußere Gliederung deutlich, der inneren nicht entsprechend: **Schistocephalus solidus** (MÜLL.) (bis 30 cm), in Vögeln.
c) Äußere Gliederung deutlich, der inneren entsprechend: wichtige Gattung **Diphyllobothrium** COBB., z. B. **D. latum** (L.), Fischbandwurm (Scolex [*32*]; bis 9 m), im Menschen, Hund, Fuchs, in der Katze u. anderen fischfressenden Raubtieren.

5. Scolex mit 4 ± gestielten Sauggruben . . Ordnung **Tetrabothridea**
Nur **Tetrabothriidae,** in Meeressäugern u. -vögeln, z. B. **Tetrabothrius** RUD., in Möwen **T. cylindraceus** (RUD.) (35–130 mm).

— Scolex mit 4 Saugnäpfen u. großem drüsigem Rostellum, darauf viele kleine Haken in geschlängelter Linie angeordnet Ordnung **Aporidea**
Nur **Nematoparataeniidae** mit **Nematoparataenia southwelli** FUHRM. (3 mm), im Schwan.

— Scolex mit 4 typischen, ungestielten Saugnäpfen [*36a*], wenn mit Rostellum u. Haken, diese anders . . Ordnung **Cyclophyllidea** **6**

6. Scolex unbewaffnet (ohne Rostellum u. Haken)
a) In Amphibien: **Nematotaeniidae** (Körper zylindrisch), nur **Nematotaenia dispar** (GOEZE) (5–22 cm).
b) In Vögeln od. Säugern: **Mesocestoididae** (Genitalporus auf ventraler Fläche der Proglottiden), nur **Mesocestoides** VAILL., z. B. **M. lineatus** (GOEZE) (30–250 cm) in Raubsäugern. **Anoplocephalidae** (Genitalporus randständig; Proglottiden meist viel breiter als lang), einige Gattungen in Huftieren, im Pferd häufig **Anoplocephala** BLANCH., z. B. **A. perfoliata** (GOEZE) (3–8 cm), in Wiederkäuern häufig **Moniezia** BLANCH., z. B. **M. expansa** (RUD.) (Scolex [*33*]; 1–6 m), in Hase u. Kaninchen häufig **Cittotaenia** RIEHM, z. B. **C. denticulata** (RUD.) (40–50 cm).

— Scolex mit Rostellum u. Haken, selten reduziert, dann Scolex wie [*35*], mit 5. Saugnapf am Scheitel **7**

7. Rostellum mit kleinen hammerförmigen (T-förmigen) Haken
Nur **Davaineidae,** in Vögeln u. Säugern, wichtige Gattungen **Davainea** BLANCH. (Körper mit 4–19 Proglottiden), z. B. **D. proglottina** (DAV.) (0,5–3 mm); **Raillietina** FUHRM. (Genitalöffnung einseitig od. unregelmäßig abwechselnd gelegen), im Haushuhn z. B. **R. tetragona** (MOL.) (bis 25 cm).

— Haken anders, selten fehlend **8**

8. Uterus ein medianer Längsstamm mit Seitenzweigen [*36b*] **Taeniidae**
a) Körper aus 3–5 Gliedern bestehend [*34*]: 2; **Echinococcus** RUD., Blasenwurm, im Hund **E. granulosus** (BATSCH) [*34*], Hundebandwurm (3–6 mm), Finnen oft große Blasen in inneren Organen vieler Säugetiere, auch des Menschen; im Fuchs **E. multilocularis** LEUCKART, Fuchsbandwurm (bis 3,5 mm), Finnen in der Leber, vor allem von Nagetieren, auch des Menschen.
b) Körper aus zahlreichen Gliedern bestehend: In Raubvögeln **Cladotaenia cylindracea** (BL.) (8–30 cm); in Säugern Großgattung 13; **Taenia** L., im Menschen **Taeniorhynchus saginatus** (GOEZE), Rinderbandwurm (Scolex unbewaffnet, am Scheitel

mit 5. rudimentärem Saugnapf [*35*]; 3–8 m), Finne im Rind als Zwischenwirt, **T. solium** L., Schweinebandwurm (Scolex bewaffnet [*36a*]; 3–5 m), Finne im Schwein.

— Uterus anders, oft sack- od. netzförmig (z. B. [*37*]) **9**

9. Meist 3 (selten 1–12) Hoden in jedem Glied [*37*] **Hymenolepididae**

In Vögeln u. Säugern. Artenreiche Gattungen **Hymenolepis** Weinl. (Glied mit 3 Hoden [*37*]), z. B. **H. diminuta** (Rud.) (10–60 cm), in Mäusen u. Ratten; **Aploparaksis** Cl. (Glied mit 1 Hoden), in Hausente u. Gans **A. furcigera** (Rud.) (10–35 mm).

— Meist viele Hoden in jedem Glied . . . . **Dilepididae**

In Vögeln u. Säugern, z. B. **Dipylidium caninum** (L.) (15–17 cm), in Raubsäugern, selten im Menschen; in Vögeln häufig **Choanotaenia** Raill., **Anomotaenia** Cohn u. **Dilepis** Weinl., z. B. **Ch. infundibulum** (Bloch) (5–23 cm), in Hühnervögeln. (Bei 2 weiteren, seltenen Familien in Wasservögeln fehlt weibliche Geschlechtsöffnung. Körper dick, kurzgliedrig od. mit seitlichen Anhängen.)

Literatur

Ax, P., Ehlers, B., Ehlers, U., Faubel, A. u. a.: Bearbeitung mariner Turbellaria in: Ax, Mikrofauna des Meeresbodens. Mainz, Wiesbaden, 1970–1980. – Ball, I. R., Reynoldson, T. B.: British Planarians. Platyhelminthes: Tricladida. Synopses of the British Fauna 19. Cambridge, 1981. – Ehlers, U.: Das phylogenetische System der Plathelminthes. Stuttgart, 1985. – Karling, T. G.: Turbellarian fauna of the Baltic proper. Fauna fennica 27. Helsinki, 1974. – Luther, A., Karling, T. G.: Die Turbellarien Ostfennoscandiens. Fauna fennica 7, 11, 12, 16, 17. Helsinki, 1960–1963. – Reynoldson, T. B.: A key to the British species of freshwater triclads (Turbellaria, Paludicola), 2nd ed. Freshwater Biol. Association 23, Ambleside, 1978. – Sprehn, C.: Trematoda, Saugwürmer. Cestoidea. Bandwürmer, in: Brohmer, Ehrmann, Ulmer, Tierwelt Mitteleuropas, Bd. I, Lief. 3b. Leipzig, 1960.

Stamm: **Nemertini,** Schnurwürmer

Körper meist langgestreckt, mit langem, ausstülpbarem Rüssel [*1*]. Körperoberfläche bewimpert. Meist getrenntgeschlechtlich. Darm mit After. Überwiegend Räuber. Auf u. im Boden, zwischen Pflanzen; meist im Meer. Im Gebiet etwa 40 Arten.

System: Klasse **Anopla** mit **Cephalothricidae, Tubulanidae, Lineidae;** Klasse **Enopla** mit **Amphiporidae, Prosorhochmidae, Tetrastemmatidae, Ototyphlonemertidae, Malacobdellidae.**

1. Im Meer, auch im Brackwasser **2**

— Im Süßwasser. Mit 6–8 Augen
Stichostemma Montg. (= **Prostoma** Dug.) **(Tetrastemmatidae)**
Häufig nur **S. graecense** (Böhm.) [*1*] (weißlich bis bräunlich; 10 mm).

— Auf dem Land. 4 Augen . **Leptonemertes chalicophora** (v. Graff) **(Prosorhochmidae)** (weiß, vorn rötlich; 12 mm), Gewächshäuser.

2. Körper flach, Hinterende mit Saugscheibe . . . **Malacobdellidae**
Nur **Malacobdella grossa** (Müll.) (30–40 mm), in Mantelhöhle von Muscheln.

— Körper anders, häufig ± drehrund, ohne Saugscheibe . . . **3**

3. Kopf ± spatelförmig, mit tiefen seitlichen, waagerecht gestellten Kopfspalten. Meist mit vielen Augen [*2*]. 40 mm–10 m . **Lineidae**
Nur **Lineus** Sow. mit mehreren Arten, häufig **L. ruber** (Müll.) (rotbraun bis grün; bis 200 mm); sehr lang, bis 10 m **L. longissimus** (Gunn.) (dunkelbraun bis schwarz).

— Kopf ohne od. mit flachen seitlichen Furchen **4**

4. Kopf mit vielen Augen [*3*] . . . . **Amphiporidae**
Artenreiche Gattung **Amphiporus** Ehr., häufig **A. lactifloreus** (Johnst.) (bis 100 mm).

— Kopf mit 4 Augen [*4*] (bisweilen 4 Doppelaugen) **Tetrastemmatidae**
Mehrere Gattungen, artenreich **Tetrastemma** Ehr., häufig **T. melanocephalum** (Johnst.) (bis 50 mm), im Watt. Weitere Gattungen **Prostomatella** Friedr. u. **Nemertinella** Friedr., alle Arten über 10 mm.
Außerdem **Prosorhochmidae** (Körper kleiner), wichtige Gattungen **Paroerstedia** Quatr. (5–10 mm), z. B. **P. wijnhoffi** Friedr.; 2; **Arenonemertes** Friedr. (1–3 mm), z. B. **A. microps** Friedr.

— Kopf ohne Augen **5**

5. Körper mit 1 Paar Statocysten. 9–10 mm . . **Ototyphlonemertidae**
Nur **Ototyphlonemertes pallida** (Kef.), Sandlückensystem, Nordsee.

— Ohne Statocysten. Meist größer (mindestens 4 mm) **6**
Wenn nur 1–3 mm: **Arenonemertes** s. Nr. **4**

6. Kopf spatelförmig, mit Kopffurchen . . . . **Tubulanidae**
Nur **Procarinia** Berg u. **Carinia** Hubr., z. B. **P. remanei** Naw. (30–45 mm), Ostsee.

— Kopf ohne Kopffurchen . . . . **Cephalothricidae**
2; **Cephalothrix** Oerst., z. B. **C. linearis** (Rathke) (100–150 mm). **Procephalothrix kiliensis** Friedr., im Sandlückensystem, Ostsee. Außerdem **Nemertellopsis cephalotrichiformis** Friedr. (Kopf mit rötlicher Binde; 40 mm).

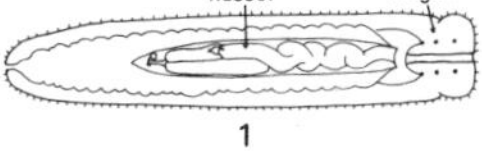

1

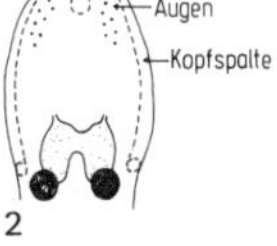

2

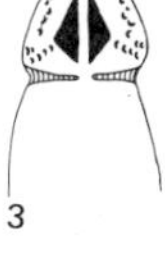
3

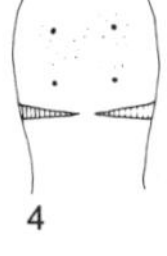
4

Literatur

Friedrich, H.: Nemertini, in: Grimpe, Wagler, Tierwelt der Nord- u. Ostsee, Teil IVd. Leipzig, 1936. – Gerlach, S.: Nemertinea, Schnurwürmer, in: Brohmer, Ehrmann, Ulmer, Tierwelt Mitteleuropas, Bd. 1, Lief. 7a. Leipzig, 1967. – Gibson, R.: British Nemerteans. Synopses of the British Fauna 24. Cambridge, 1982. – Gibson, R., Knight-Jones, E. W.: Nemertea. In: P. J. Hayward, J. S. Ryland, The marine fauna of the British Isles and North-West Europe. Vol. 1. Oxford, 1990.

Stamm: **Nemathelminthes (Aschelminthes),** Schlauchwürmer

Körper verschiedenartig, meist drehrund, wurmförmig gestreckt.

System: Klassen **Priapulida, Acanthocephala, Kinorhyncha, Rotatoria, Gastrotricha, Nematoda, Nematomorpha.**

1. Körper am Vorderende, bisweilen auch auf der Unterseite mit Wimpern, mit deren Hilfe das Tier schwimmt od. gleitet **2**
Manche Rotatoria ohne Wimpern, dann Kauapparat (Mastax) im Pharynx typisch [*10*].

— Ohne Wimpern, Bewegung schlängelnd od. kriechend . . . **3**

2. Wimpern nur am Vorderende, ± kranzförmig angeordnet („Räderorgan" [*11b*], selten fehlend). Vorderdarm mit Kauapparat (Mastax) aus Platten u. Stäben [*10*]. Hinterende meist mit Fuß Rädertiere, **Rotatoria** S. 52

— Wimpern am Vorderende u. auf der Bauchseite. Körper meist mit Stacheln od. Schuppen. Am Hinterende meist 2–4 Haftröhrchen. Vorderdarm ohne Mastax [*1, 2*] . . . . . . Bauchhärlinge, **Gastrotricha**
0,1–1,5 mm. Im Meer u. Süßwasser. Zwischen Pflanzen u. auf Boden, Strudler, Nahrung: Kleintiere, Algen, Bakterien, Detritus.
a) Haftröhrchen nur am Hinterende [*1*]: Ordnung **Chaetonotida,** im Süßwasser u. Meer, meist parthenogenetische Vermehrung, ca. 70 Arten, artenreich **Chaetonotus** Ehr., z. B. **Ch. maximus** Ehr. [*1*].
b) Haftröhrchen zahlreich, vorn, hinten, seitlich [*2*]: Ordnung **Macrodasyida,** im Meer, Zwitter, ca. 20 Arten, z. B. **Macrodasys** Rem., **M. buddenbrocki** Rem. [*2*].

3. Körper äußerlich mit Ringelung [*3, 4*]. Im Meer **4**

— Körper äußerlich ohne Ringelung; wenn Körper geringelt, anders als in [*3, 4*] **5**

4. Körper vorn mit einziehbarem Rüssel, dieser mit Hakenreihen auf Längsrippen [*3*]. Über 15 mm . . . . **Priapulida**
Auf Meeresgrund in Röhren od. Höhlen. Räuberisch. **Priapulus caudatus** Lam. [*3*] (Rüssel wenn ausgestreckt breiter als Rumpf; 30–80 mm); **Halicryptus spinulosus** Sieb. (Rüssel zylindrisch, nicht breiter als Rumpf; 15–50 mm).

— Ohne Rüssel. Körper mit Kopf u. 12 od. 13 Rumpfzonen; mit Platten, Stacheln, Borsten u. 2 Haftröhren. 0,5–1 mm [*4*] . . **Kinorhyncha**
Am Boden u. zwischen Pflanzen kriechend. Nahrung: Algen, Detritus. Ca. 10 Arten, wichtige Gattung **Echinoderes** Clap., z. B. **E. dujardini** Clap. [*4*].

5. Körper vorn mit einstülpbarem Rüssel, dieser mit Widerhaken besetzt. Endoparasiten . . . . Kratzer, **Acanthocephala** S. 57

— Ohne derartigen Rüssel. Freilebend od. parasitisch **6**

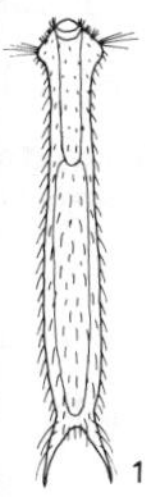
1

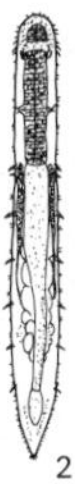
2

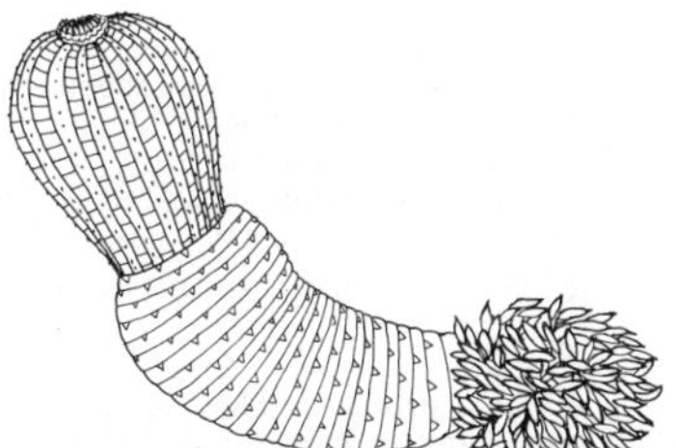
3

4

6. Körper fadenartig, sehr dünn; annähernd 1000mal länger als breit. 15 cm bis 1,6 m . . . . Saitenwürmer, **Nematomorpha**
Gelb bis schwarzbraun. Darm oft reduziert, als Larven (diese geringelt, zylindrisch mit ausstülpbarem Rüssel u. Hakenkranz an Basis) parasitisch in Leibeshöhle von Wirbellosen, selten Wirbeltieren. Ca. 50 Arten. Fast ausschließlich Süßwasser, hier Ordnung **Gordiida,** wichtige Gattungen **Gordionus** MÜLL. u. **Gordius** L., z. B. **Gordius aquaticus** L. (bis 50 cm), Wirt: Gelbrandkäfer.

— Körper nicht lang fadenförmig, Relation Durchmesser/Länge größer. Wenn lang u. dünn, dann Körper weißlich u. mit vollständigem Darm Fadenwürmer, **Nematoda** S. 58

Klasse: **Rotatoria,** Rädertiere

Vorderende (= Krone) mit Räderorgan [*11b*] (dient zur Fortbewegung u. Nahrungsaufnahme, kann reduziert sein), übriger Körper unbewimpert. Rumpf oft mit Panzer (verdicktes Integument). Hinterende (= Fuß [*10*]) oft verschmälert u. abgesetzt, am Ende des Fußes meist Haftorgan (Zehen [*10*], Haftplatte od. Cilien). Darm mit muskulösem Pharynx, im Pharynx ein aus Platten u. Stäben zusammengesetzter Kauapparat (Mastax [*10*]). Meist räuberisch, manche Arten auch Detritus- od. Algenfresser. Getrenntgeschlechtlich, ♂♂ meist kleiner als ♀♀ u. reduziert (mit folgenden Tabellen nicht bestimmbar), bei **Bdelloida** fehlen ♂♂. Wechsel zwischen zweigeschlechtlicher Generation u. eingeschlechtlichen ♀♀, die Dauereier erzeugen (Heterogonie). Wasserlebend. Körperlänge 0,05–3 mm, meist um 1 mm. Bestimmung nur an lebenden Tieren möglich. Im Gebiet etwa 600 Arten.

System: Ordnungen **Seisonida, Bdelloida, Ploimida** (mit den meisten Familien), **Gnesiotrocha.**

1. Im Süßwasser od. in feuchten Landlebensräumen (Moos, Boden, Pflanzenstreu) 2

— Im Meer
a) Körper langgestreckt, ohne Räderorgan. Fuß mit breiter Scheibe. Epizoisch auf Krebsen: **Seisonida,** nur 2; **Seison** GRUBE, Nordsee, z. B. **S. annulatus** CLAUS [*5*].
b) Anders: viele Arten (meist **Ploimida**), auch – v. a. im Brackwasser – Arten aus Süßgewässern. Bestimmung der meisten Gattungen über Nr. **2.** Ein besonderer Lebensraum ist das Sandlückensystem (Arten hier nicht behandelt).

2. Freischwimmend, einzelnlebend 4

— Freischwimmend, in Kolonien **Conochilidae** (Ordnung **Gnesiotrocha**)
Kolonien in Gallertgehäuse. Räderorgan hufeisenförmig. Nur 4; **Conochilus** EHR.; häufig **C. hippocrepis** (SCHRANK) [*6*], einzelnlebend **C. natans** (SEL.). Auch **Lacinularia flosculosa** (s. Nr. **3**) gelegentlich freischwimmend.

— Festsitzend, einzeln od. in Kolonien . . weitere **Gnesiotrocha** 3

3. Vorderende mit 3, 5 od. 7 Lappen (od. längeren Tentakeln) **Collothecidae**
Mit Räderorgan. **Stephanoceros fimbriatus** (GOLDF.) [*7*] (5 lange, zugespitzte Tentakel); **Collotheca** HARR. (= **Floscularia** CUV.) (Lappen od. Tentakel abgerundet od. geknöpft [*8*]), artenreich, z. B. **C. ornata** (EHR.).

— Vorderende ohne od. mit vielen krausen Tentakeln . . **Atrochidae**
Ohne Räderorgan. **Cupelopagis vorax** (LEIDY) (Fuß als ventrale Haftscheibe). **Atrochus tentaculatus** WIERZ. (Fuß klein, in Schlammhülse), beide Arten selten.

— Vorderende mit 2 od. 4 runden Lappen od. scheibenförmig **Flosculariidae**
Mit Räderorgan.
a) Krone 4lappig: 4; **Floscularia** CUV. (= **Melicerta** SCHR.), z. B. **F. ringens** (L.) [*9*].
b) Krone tief 2lappig: 2; **Limnias** SCHR., z. B. **L. melicerta** WEISSE.

c) Krone herzförmig: **Lacinularia flosculosa** (MÜLL.) (Gallerthülle umgibt ganzen Fuß), selten freischwimmend; **Sinantherina** (= **Megalotrocha**) **socialis** (L.) (Gallerthülle nur an Fußspitze).

d) Krone scheibenförmig: **Beauchampia** (= **Cephalosiphon**) **crucigera** (DUTR.) (mit unpaarem, die Krone überragenden Rückentaster). **Ptygura** EHR. (= **Oecistes** EHR.) (Rückentaster kurz), artenreich, z. B. **P. velata** (GOSSE).

4. Körper in Scheinsegmente gegliedert u. fernrohrartig einziehbar (z. B. [*10–13*]), Bewegung egelartig kriechend (dann Räderorgan eingezogen [*11a*]) od. schwimmend. Fuß mit 2–4 Zehen, vorletztes Fußglied meist mit 2 Sporen [*10*] . . . . **Bdelloida** 5

— Körper anders, nicht fernrohrartig einziehbar, oft mit Panzer. Bewegung nicht egelartig. Fuß mit 0–2 Zehen, oft fehlend **Ploimida** u. wenige **Gnesiotrocha** 7

5. Räderorgan eine ventral gestellte, bewimperte Scheibe, beim Kriechen nicht eingezogen [*10*] . . . . **Adinetidae**

Meist terrestrisch in Moos. **Adineta** HUDS. ET G. (Körper länglich abgeflacht), artenreich, z. B. **A. vaga** (DAV.) [*10*]; 2; **Bradyscela** BR. (Körper kurz, nicht abgeflacht), z. B. **B. clauda** (BR.).

— Räderorgan eine kleine Scheibe in Mundgegend . **Philodinavidae**

Nur **Philodinavus paradoxus** (MURR.), besonders in Fließgewässern.

— Räderorgan mit 2 etwas gestielten Scheiben [*11b*], beim Kriechen eingezogen [*11a*], od. Scheiben rückgebildet 6

6. Magen mit protoplasmatischer Masse ausgefüllt. Nahrung als „Pillen" in Magenwand. Ausscheidungen ± kugelig . **Habrotrochidae**

Meist terrestrisch. Sehr artenreich **Habrotrocha** BR., z. B. **H. ligula** BR. [*11*].

— Magen mit Lumen, Nahrung nicht als Pillen. Ausscheidungen ungeformt . . . . **Philodinidae**

Häufig terrestrisch.

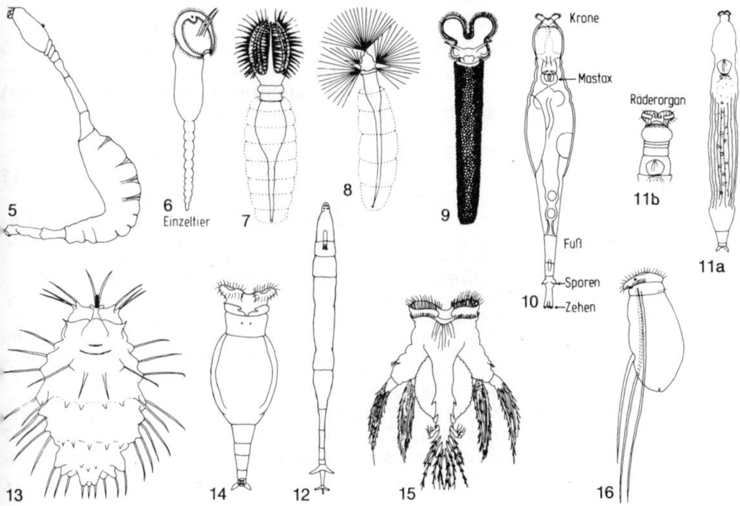

a) Fuß ohne Zehen, mit Haftscheibe (kann 2 Stummel tragen!): **Mniobia** BR., artenreich, z. B. **M. tetraodon** (EHR.).
b) Fuß mit 3 Zehen, selten mit Haftscheibe: **Rotaria** SCOP. (Rüssel fast immer mit 2 Augenflecken), meist im Wasser, artenreich, häufig **R. rotatoria** (PALL.) [*12*]; **Macrotrachela** MILNE (Rüssel ohne Augenflecke), artenreich, z. B. **M. multispinosa** THOMPS. [*13*].
c) Fuß mit 4 Zehen: 5; **Dissotrocha** BR. (Rumpf mit fester lederartiger Kutikula, mit wenigen Querfalten), z. B. **D. macrostyla** EHR.; 8; **Pleuretra** BR. (ähnlich, aber mit zahlreichen Querfalten), z. B. **P. brycei** (WEB.); **Philodina** EHR. (Kutikula glatt, dünn), meist im Wasser, häufig epizoisch, artenreich, z. B. **Ph. megalotrocha** EHR. [*14*]. Ähnlich die epizoisch auf Wassertieren lebende **Embata parasitica** (GIGL.), aber Fuß lang, ca. halb so lang wie übriger Körper.

7. Rumpf mit 6 breiten Flossen, diese mit Borsten besetzt. Oft in Salzwasser . . . . **Hexarthridae** (Ordnung **Gnesiotrocha**)
Nur 4; **Hexarthra** SCHM. (= **Pedalia** BARR.), pelagisch, z. B. **H. mira** (HUDS.) [*15*].

— Rumpf mit 2 beweglichen Stacheln am Vorderende u. 1 beweglichen Stachel am Hinterende [*16*] . . **Filiniidae** (Ordnung **Gnesiotrocha**)
Nur 7; **Filinia** BOR. V. (= **Triarthra** EHR.), pelagisch, z. B. **F. longiseta** (EHR.) [*16*].

— Rumpf ohne Stacheln od. andersartig bestachelt **8**

8. Ohne Fuß u. Zehen [*17–19, 21*]; wenn mit Fuß, dieser ohne Zehen, aber mit Wimperbüschel [*20*] **9**

— Mit Fuß [*22–40*], dieser mit 2, 1 od. ohne Zehen, ohne Wimperbüschel. Bei manchen Arten Fuß beim Schwimmen eingezogen **12**

9. Mit Panzer, dieser gemustert od. mit Leisten. Vorderrand mit Stacheln [*17*] . . . . **Keratellidae**
Keratella BOR. V. (= **Anuraea** EHR.) (Panzer dorsal gefeldert), artenreich, im Plankton häufig **K. quadrata** (MÜLL.) [*17*] (2 Endstachel od. -ecken), **K. cochlearis** (GOSSE) (mit 1 od. ohne Endstachel), weitere Arten z. T. ähnlich; **Notholca** GOSSE (Panzer dorsal nur mit Längsstreifen), artenreich, z. B. **N. acuminata** (EHR.).

— Mit Panzer, dieser glatt, mit Dornen am Vorderende, zu ungleich langen Spießen ausgezogen. Hinterende mit langem Dorn . . . **Kellicottia longispina (Keratellidae)**

— Ohne Panzer. Mit 4 Bündeln zu je 3 Stacheln [*18*] . 6; **Polyarthra (Synchaetidae)**
Im Plankton, häufig **P. vulgaris** CARL. [*18*].

— Ohne od. mit glattem Panzer, ohne od. mit andersartigen Stacheln **10**

10. Körper 0,3–0,5 mm, ungepanzert. Habitus [*19*]
6; **Asplanchna** GOSSE **(Asplanchnidae)**
Häufig im Plankton **A. priodonta** GOSSE [*19*], in stark saproben Kleingewässern **A. brightwelli** GOSSE.

— Körper unter 0,3 mm lang, Habitus anders, gepanzert od. ungepanzert **11**

11. Körper mit Panzer. Mit 2 symmetrisch angeordneten Augen
Testudinellidae (Ordnung **Gnesiotrocha**)
Testudinella BOR. V. (mit Fuß, Fußende mit Wimperbüschel), artenreich, z. B. **T. patina** (HERM.) [*20*]; 2; **Pompholyx** GOSSE (ohne Fuß), häufig **P. sulcata** (HUDS.).

— Mit od. ohne Panzer. Wenn 2 Augen, diese nicht symmetrisch
a) Magen mit intensiv gefärbten, grünen od. braunen Blindsäcken, die die Leibeshöhle erfüllen [*21*]: 4; **Ascomorpha** PERTY **(Gastropodidae),** z. B. **A. ecaudis** PERTY [*21*].
b) Magen einfach sackförmig: einige **Trichocercidae, Elosa woralli** LORD (mit 2 asymmetrisch angeordneten Augen); **Ascomorphella** (= **Hertwigia**) **volvocicola** (PL.) (mit 1 Auge), parasitisch an u. in Volvox. Außerdem **Anuraeopsis fissa** (GOSSE) **(Keratellidae)** (mit 1 Augenfleck), im Plankton.

12. Fuß mit 2 gleichen od. fast gleichen Zehen (kleinere Zehe mindestens ⅓ so lang wie die größere) [*23–40*] **17**

— Fuß mit 1 Zehe [*22*] (diese bisweilen stachelartig), od. mit 2 sehr ungleichen od. ohne Zehen **13**

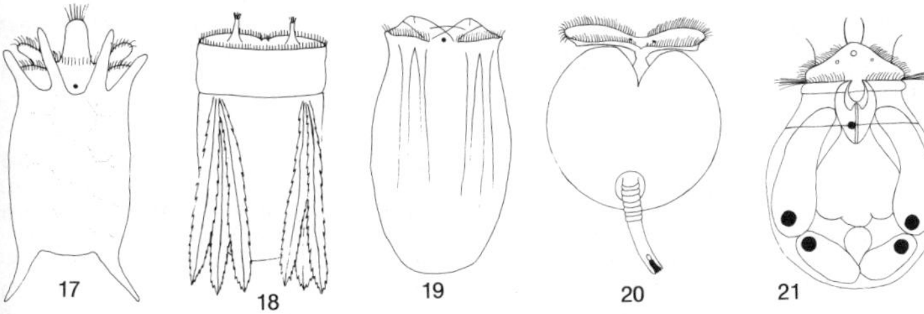

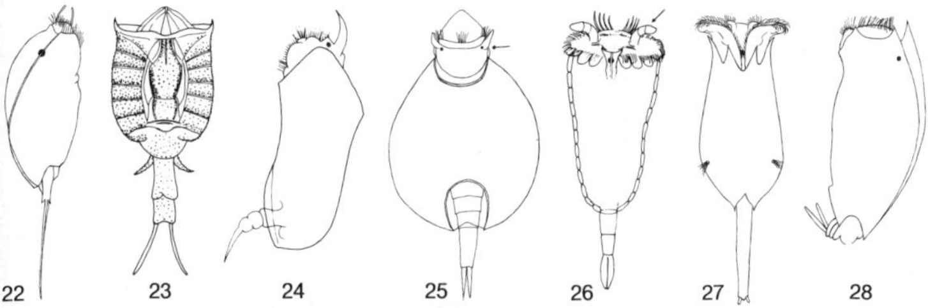

13. Fuß u. Rumpf von heller Gallerthülle umgeben. 0 od. 2 Augen
Conochilus (Gestalt wie [*6*]), s. Nr. **2; Collotheca** (Gestalt wie [*8*]), s. Nr. **3.**

— Fuß u. Rumpf ohne Gallerthülle, selten der Rumpf mit Gallerthülle, dann mit 1 Auge u. Gestalt nicht wie [*6*] od. [*8*] **14**

14. Vorderende scheibenartig erweitert . . . . . . **Microcodinidae**
Nur **Microcodon clavus** Ehr. (bunt gefärbt), besonders in Moorgewässern.

— Vorderende nicht erweitert, ebenso breit od. schmaler als Rumpf **15**

15. Zehe lang, nadelartig [*22*]. Rumpf ± zylindrisch . **Trichocercidae**
Trichocerca Lam. (oft mit Rückenkamm), artenreich, z. B. **T. bicristata** (Gosse) [*22*].

— Zehe viel kürzer als Rumpf. Panzer abgeplattet **16**

16. Panzer seitlich abgeplattet. Magen mit Blindsäcken **Gastropodidae**
Magen ± bunt. 3; **Gastropus** Imh., z. B. **G. hyptopus** (Ehr.).

— Panzer dorsoventral abgeplattet. Magen einfach . . . . **Lecane** s. Nr. **23**

17. Rumpf mit Panzer **18**

— Rumpf ohne Panzer, weich, biegsam, höchstens teilweise gepanzert **24**

18. Kopf, Fuß u. Rumpf getrennt dick gepanzert [*23*] . . **Trichotriidae**
3; **Trichotria** Bor. V. (= **Dinocharis** Ehr.) (Panzer ohne lange Rückenstacheln [*23*]), z. B. **T. tetractis** (Ehr.) [*23*], in Moortümpeln; 3; **Macrochaetus** Perty (Panzer mit langen Rückenstacheln), z. B. **M. subquadratus** Perty.

— Körper anders gepanzert **19**

19. Mit 2 (bis 4) Augenflecken seitlich im Räderorgan [*25*] **Colurellidae**

a) Panzer aus 2 muschelartigen Platten bestehend, mit ventralem Spalt [*24*]: **Colurella** Bor. V., artenreich, z. B. **C. colurus** (Ehr.) [*24*].
b) Panzer ohne Spalt: **Squatinella** Bor. V. (vorn mit großer Kopfhaube, verhindert Einziehen des Räderorgans), artenreich, z. B. **S. rostrum** (Schm.); **Lepadella** Bor. V. (= **Metopidia** Ehr.) (vorn mit kleiner Haube, Räderorgan einziehbar), artenreich, z. B. **L. patella** (Müll.) [*25*].

— Mit 1 Augenfleck am Gehirn [*27*] od. ohne Augenfleck . . . **20**

20. Räderorgan mit 2 keulenförmigen Tentakeln . . . . 4; **Ploesoma (Synchaetidae)** Häufig **P. hudsoni** (IMH.) [*26*] (Panzeroberfläche maschig), im Plankton.

— Räderorgan ohne derartige keulenförmige Tentakel **21**

21. Panzer wenigstens am dorsalen Vorderrand mit vorspringenden Stacheln, ohne dorsalen Längskamm. Rumpf symmetrisch **Brachionidae**

Brachionus PALL. (mit Auge; Fuß meist nur geringelt, wurmartig bewegbar, nicht gegliedert), sehr artenreich, häufig **B. calyciflorus** PALL. [*27*], pelagisch; **Platyias quadricornis** (EHR.) (ohne Auge; Fuß gegliedert), am Boden von Gewässern.

— Panzer ohne Stacheln am Vorderrand (höchstens Seitenecken vorgezogen), häufig mit Rückenkamm; wenn mit Stacheln, Rückenkamm vorhanden. Rumpf symmetrisch **22**

— Panzer mit od. ohne Stacheln. Rumpf ± gekrümmt. Habitus [*22*] **Trichocerca** s. Nr. **15**

22. Panzer dorsal der Länge nach gespalten [*28*], daneben jederseits Längskiele. Vorderrand fast stets mit Stacheln . . . . **Mytilinidae**

Mytilina BOR. V., artenreich, z. B. **M. mucronata** (MÜLL.) [*28*].

— Panzer ähnlich, aber ohne Stacheln u. derartige Längskämme: **Diplois daviesiae** GOSSE **(Euchlanidae)** (ca. 0,5 mm; Panzer aus 3 Platten); **Cephalodella** BOR. V. **(Notommatidae)** (unter 0,4 mm; Panzer aus 4 Platten [*29*]), z. B. **C. gibba** (EHR.) [*29*], manche Arten ohne Rückenspalte.

— Panzer dorsal nicht gespalten **23**

23. Fuß an der Ventralfläche des Panzers angeheftet, nur 1 freies Glied [*30, 31*] . . . . **Lecanidae**

Nur **Lecane** NITZSCH mit vielen Arten. Zehen getrennt: z. B. **L.** (= **Distyla**) **luna** (MÜLL.) [*30*]. Zehen verwachsen: z. B. **L.** (= **Monostyla**) **cornuta** (MÜLL.) [*31*].

— Fuß tritt hinten aus dem Panzer hervor, mit mindestens 2 freien Fußgliedern [*32*] . . . . **Euchlanidae**

4 Gattungen, artenreich **Euchlanis** EHR., z. B. **Eu. dilatata** EHR. [*32*]. Außerdem **Gastropus** s. Nr. **16** (Panzer seitlich zusammengedrückt); 4; **Lophocharis** EHR. **(Mytilinidae)** (ohne Augen), z. B. **L. salpina** (EHR.); **Scaridium longicaudum** (MÜLL.) **(Notommatidae)** (Fuß u. Zehe zusammen länger als Rumpf, letztes Fußglied so lang wie Zehe).

24. Räderorgan mit 4 steifen, nach vorn gerichteten Borsten. Mit Wimperohren [*33*] . . . . **Synchaetidae**

Synchaeta EHR., sehr artenreich, im Pelagial z. B. **S. pectinata** EHR. [*33*].

— Räderorgan ohne derartige Borsten **25**

25. Räderorgan meist ein längsgerichtetes, von einem Haken überdachtes Wimperfeld [*34*] . . . . **Dicranophoridae**

Mehrere Gattungen, häufig u. artenreich nur **Dicranophorus** MÜLL. u. **Encentrum** EHR., z. B. **D. forcipatus** (MÜLL.) [*34*].

— Räderorgan mit Membranellenreihen [*35*] . . . 5; **Epiphanes** EHR. **(Epiphanidae)** Häufig **E. senta** (MÜLL.) [*35*], oft massenhaft in eutrophierten Kleingewässern.

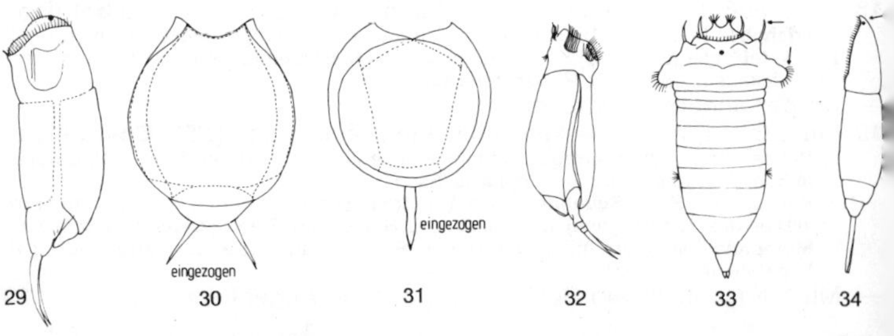

29 30 31 32 33 34

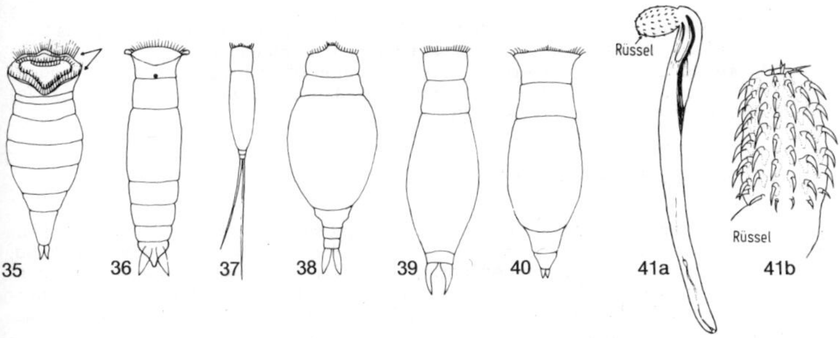

35 36 37 38 39 40 41a 41b

— Räderorgan anders **26**

26. Fuß nur ein kleiner Kegel ventral am sackförmigen Körper
Asplanchnopus multiceps (SCHR.) **(Asplanchnidae)**

— Fuß in Verlängerung des Rumpfes, meist größer
Mehrere Familien: **Epiphanidae, Proalidae, Lindiidae, Ituridae, Notommatidae** (mit vielen Gattungen) u. **Asplanchnidae.** Auswahl: **Rhinoglena frontalis** EHR. **(Epiphanidae)** (Vorderende mit bewimpertem beweglichem Rüssel, dieser mit 2 Augen); 4; **Itura** H. ET M. **(Ituridae)** (3 od. 5 Augen; Magen mit grüner Wandung), z. B. **I. aurita** (EHR.); **Proales** GOSSE **(Proalidae),** artenreich, z. B. **P. fallaciosa** WULF. [*36*]. Artenreiche Gattungen unter den **Notommatidae**: **Monommata** BART., z. B. **M. longiseta** (MÜLL.) [*37*]; **Eosphora** EHR., z. B. **E. najas** EHR. [*38*]; **Resticula** H. ET M., z. B. **R. melandocus** (GOSSE) [*39*]; **Notommata** EHR., z. B. **N. aurita** (MÜLL.) [*40*]; **Cephalodella** (s. Nr. **22**); ektoparasitisch an Oligochaeten **Drilophaga bucephalus** VEJD.

Klasse: **Acanthocephala,** Kratzer

Körper walzenförmig, Vorderkörper als mit Widerhaken besetzter, einstülpbarer Rüssel ausgebildet [*41*]. Darm völlig reduziert. Parasiten im Darmkanal von Wirbeltieren, Larvenstadium (Acanthella) auch in Arthropoden. Im Gebiet etwa 60 Arten.

1. Rüsselhaken spiralig angeordnet Ordnung **Archiacanthocephala**
In Landtieren. **Mediorhynchus micracanthus** (RUD.) **(Giganthorhynchidae)** (Rüssel kegelförmig; bis 35 mm), in Vögeln; 2; **Moniliformis** TRAV. **(Moniliformidae)** (Rüssel länglich keulenförmig), in Nagetieren **M.** (= **Giganthorhynchus**) **moniliformis** (BREMS.) (Körper durch Einschnürungen geringelt; ca. 115 mm); **Macracanthorhynchus hirudinaceus** (PALL.) **(Oligacanthorhynchidae),** Riesenkratzer (Rüssel kugelig, vorn verbreitert; bis 360 mm), in Säugern.

— Rüsselhaken in 3 Querreihen zu je 6 Haken
Ordnung **Eoacanthocephala**
In Fischen. Nur **Neoechinorhynchidae** mit 2; **Neoechinorhynchus** HAM., z. B. **N. rutili** (MÜLL.) (bis 10 mm).

— Rüsselhaken in alternierenden Längsreihen [*41b*]
Ordnung **Palaeoacanthocephala** **2**

2. In Fischen (selten Amphibien)
Häufig **Echinorhynchidae** (ohne Rumpfbestachelung): 2; **Pomphorhynchus** MONT. (Hals nahe Rüsselbasis kugelig erweitert), z. B. **P. laevis** (ZOEGA) (14 mm); 4; **Echinorhynchus** MÜLLER (Hals ohne kugelige Erweiterung; Rüssel zylindrisch, Haken gleich groß), häufig **E. salmonis** MÜLL.; **Acanthocephalus** KOELR. (ähnlich, aber Rüssel eiförmig, hintere Stacheln kleiner als vordere), in Süßwasserfischen z. B. **A. lucii** (MÜLL.) [*41*] (bis 24 mm), in Amphibien häufig **A. ranae** (SCHRANK) (bis 60 mm).

— In Vögeln
Polymorphidae mit mehreren Gattungen. In Wasservögeln z. B. 2; **Polymorphus** Lühe (Haut rötlich; Rüssel zylindrisch-eiförmig), häufig **P. minutus** (Goeze) (bis 10 mm); **Filicollis anatis** (Schrank) (Rüssel des ♀ kugelig aufgetrieben; bis 25 mm). In Landvögeln (auch Sumpf-, Strandvögeln) z. B. 5; **Centrorhynchus** Golv. (Körper langgestreckt, fadenförmig), z. B. **C. lancea** (Westr.) (bis 20 mm).

Klasse: **Nematoda,** Fadenwürmer

Fadenförmig. Mundöffnung von 6–0 Lippen [*54*] umgeben, Mundhöhle [*43c*] oft mit kutikularisierten Zähnen od. Stacheln (z. B. [*45–47*]). Oesophagus an Mundhöhle anschließend, muskulös, schlauchartig, häufig mit Anschwellungen (Bulbi [*43a, 49a*]) u. mit Oesophagusdrüsen. Darm meist gerade Röhre. Vorn mit chemorezeptorischen „Seitenorganen" unterschiedlicher Gestalt [*43c*]. Getrenntgeschlechtlich (Unterschied ♂, ♀: [*43a, 43b*]), ♂♂ mit Spicula (Kutikulaspangen), bisweilen mit häutiger Bursa copulatrix [*53*]. Bakterienfresser, Pilzfresser, Pflanzenfresser (die vor allem Zellen aussaugen), Räuber od. Parasiten. Bei freilebenden Nematoden Beobachtung bei Wärmestarre (ca. 45°) unter Deckglas günstig. Freilebende Arten meist 0,5–2 mm lang. Im Gebiet etwa 4000 Arten (in viele Familien gegliedert).

System: Unterklasse **Secernentea** mit den Ordnungen **Rhabditida, Tylenchida, Rhabdiasida, Ascaridida, Strongylida, Spirurida;** Unterklasse **Adenophorea** mit den Ordnungen **Chromadorida, Enoplida, Dorylaimida, Mermithida, Trichosyringida, Dioctophymatida.**

1. Freilebend im Meer, Süßwasser od. auf dem Land **2**
— Parasitisch an od. in Pflanzen **7**
— Parasitisch an od. in Tieren **8**
2. Spindelförmig, mit wulstartig vorspringender Ringelung [*42*] **Überfamilie Desmoscoloidea**
(zu **Chromadorida**), meist marin, häufig z. B. **Desmoscolex minutus** Clap.
— Körper anders, fast immer fadenförmig **3**
3. Über 50 mm (bis 800 mm) lang. Im Boden od. Süßwasser **Mermithida**
Nur Überfamilie **Mermithoidea,** Larven parasitisch in Wirbellosen, z. B. **Mermis nigrescens** Duj. in Heuschrecken.
— Kleiner, meist 0,5–2 mm lang **4**
4. Seitenorgane nicht od. nur schwer zu erkennen, porusartig, münden in Lippenhöhe [*49b, 50, 51*]. Oesophagus mit 2 Bulbi [*49a*], wenn nur mit 1 Bulbus, dann Einschnürung zwischen Vorderabschnitt u. Endbulbus. Mundhöhle ohne od. mit Stachel, dieser dann an Basis meist verdickt [*49b, 50*] . . . . **Secernentea** **7**

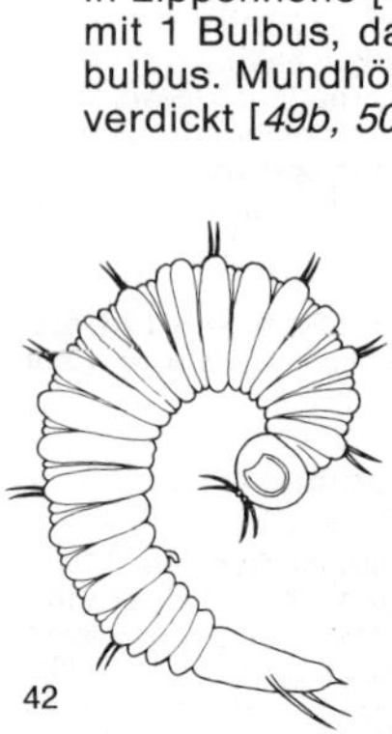
42

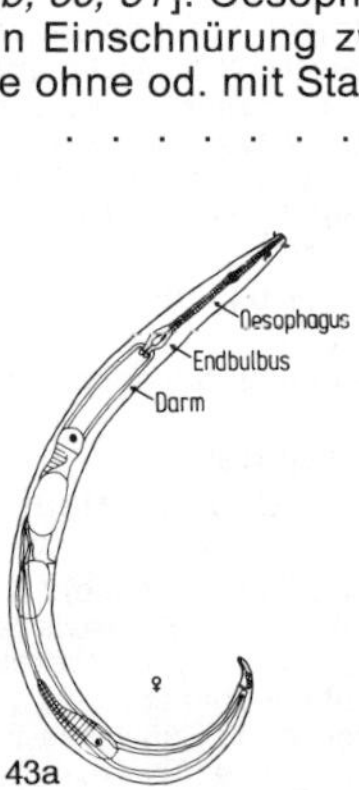

43a

43b

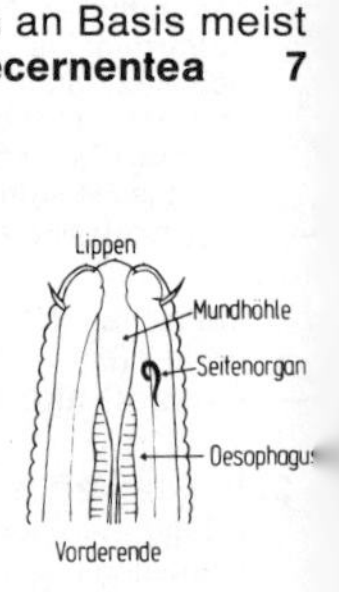

43c

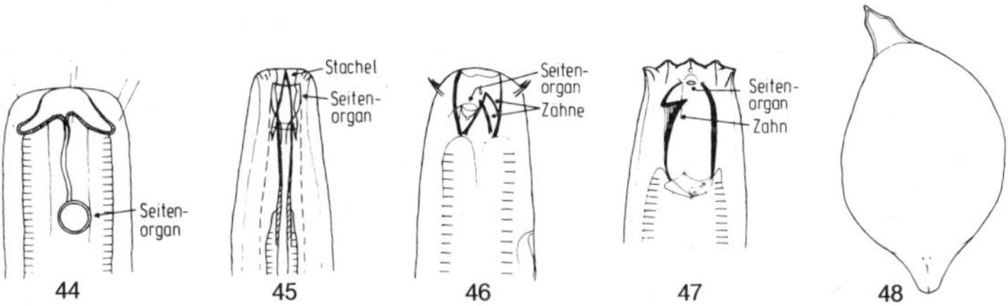

44 45 46 47 48

— Seitenorgane meist deutlich, spiralig, kreisrund, bläschenförmig, taschenartig od. ohrförmig [*43c–47*], nie auf den Lippen. Oesophagus ohne Bulbus od. mit 1 Endbulbus. Mundhöhle ohne od. mit Stachel, dieser dann hinten nicht verdickt . . . . . . **Adenophorea** **5**

5. Seitenorgane spiralig, nierenförmig, rund od. bläschenförmig (z. B. [*43c, 44*]), manchmal fehlend. Mundhöhle ohne Stachel. Subventrale Oesophagusdrüsen münden nie in vorderen Teil des Oesophagus **Chromadorida**

Meist im Meer. Mehrere Überfamilien, darunter **Plectoidea,** wichtige Gattungen, z. B. **Plectus** Bast. (Oesophagus mit Bulbus; Seitenorgan nach hinten offene „Öse", 1–3 Lippenbreiten vom Vorderende entfernt [*43c*]), sehr häufig im Boden **P. granulosus** Bast. [*43*], im Moos **P. rhizophilus** de Man; **Wilsonema** Cobb. **Monhysteroidea,** z. B. **Monhystera** Bast. (Oesophagus ohne Endbulbus; Mundhöhle undeutlich, flach, Seitenorgan kreisrund [*44*]), im Süßwasser häufig **M. stagnalis** Bast. [*44*]. **Theristus** Bast. (ebenso, aber Mundhöhle becherförmig). **Chromadoroidea,** häufig an Meeresküste **Microlaimus** de Man, **M. globiceps** de Man in brackiger Erde; im Süßwasser häufig **Chromadorina** Fil., z. B. **Ch. viridis** (Linst.); am Land **Achromadora** Cobb.

— Seitenorgane becherförmig, taschenförmig, verlängert od. (selten) porenartig. Subventrale Oesophagusdrüsen münden im vorderen Teil des Oesophagus hinter Nervenring **6**

6. Mit deutlichem, hohlem Zahnstachel in Mundhöhle od. Stachel an subventraler Mundhöhlenwand. Mundhöhle meist eng **Dorylaimida**

Nur Überfamilie **Dorylaimoidea,** wichtige artenreiche Gattungen **Dorylaimus** Duj., **Eudorylaimus** Andr. (Stachel zylindrisch, vorn schräg abgestutzt, mit Führungsring [*45*]), häufig **D. stagnalis** Duj. [*45*], im Süßwasser; im Boden z. B. **Tylencholaimus** de Man.

— Ohne derartigen Stachel. Mundhöhle ± weit . . . . . . **Enoplida**

Meist im Meer u. Süßwasser. Überfamilie **Enoploidea,** wichtige Gattung **Oncholaimus** Duj. (Mundhöhle groß, mit 3 nach vorn gerichteten kräftigen Zähnen [*46*]), in brackigen Biotopen an Küste häufig **O. oxyuris** Ditl. Überfamilie **Tripyloidea,** artenreiche Gattung **Mononchus** Bast. (Mundhöhle groß, mit kutikularisiertem Zahn wie [*47*]), z. B. **M. papillatus** Bast. [*47*], im Boden; meist im Süßwasser **Tripyla** Bast., **Tobrilus** Bast.

7. Mundhöhle mit vorstoßbarem Stachel aus 3 zusammengewachsenen Längsstäben, Stachel häufig an Basis verdickt [*49b, 50*] **Tylenchida**

a) Öffnung der dorsalen Oesophagusdrüse im Lumen des Oesophagus nahe Stachelbasis: Überfamilie **Tylenchoidea,** Beispiele für wichtige phytoparasitische Gattungen: In Wurzeln **Heterodera** Schm. s. l. Zystenälchen (Reife ♀♀ zu sackförmigen, hartwandigen Zysten aufgetrieben [*48*]), z. B. **Globodera rostochiensis** (Woll.) an Kartoffel, **H. schachtii** Schm. an Rüben, **H. avenae** Woll. an Hafer; **Pratylenchus** Fil., z. B. **P. penetrans** (Cobb) [*50*], v. a. an Gramineen. In Knollen, Zwiebeln, Rhizomen **Ditylenchus destructor** Thorne. In Stengeln **D. dipsaci** (Kühn), Stengelälchen [*49*], u. a. an Getreide, Klee, Rüben, Kartoffel. In Blütenständen **Anguina tritici** (Steinb.), Weizenälchen, in dunkelfarbigen Gallen (Radekörnern) anstelle der Weizenkörner. Im Boden z. B. **Criconema** Hofm. et M. u. **Criconemoides** Tayl. (Körper dick, auffallend geringelt); **Tylenchus** Bast.

b) Öffnung der dorsalen Ösophagusdrüse im Mittelbulbus: Überfamilie **Aphelenchoidea,** phytoparasitisch im Blatt z. B. **Aphelenchoides** Fisch., **A. fragariae** (Ritz.) an Erdbeere. Parasitisch in Hummeln u. Wespen **Sphaerularia bombi** (Duf.).

— Mundhöhle ohne derartigen Stachel . . . . **Rhabditida**

Meist im Boden u. Süßwasser. Nur Überfamilie **Rhabditoidea,** häufig Fäulnisbewohner, wichtige Gattungen im Boden **Rhabditis** Duj., z. B. **Rh. terricola** Duj. [*51*]; **Bunonema** Jäg. (Rücken mit 2 Warzenreihen), häufig in Moos, z. B. **B. reticulatum** Richt.; **Diplogaster** Schultze; **Teratocephalus** de Man; **Acrobeles** Linst.; **Cephalobus** Bast. In gärendem Essig häufig **Turbatrix aceti** (Müll.), Essigälchen.

8. Parasiten od. Kommensalen in Wirbellosen **7**

Außerdem **Mermithida** (s. Nr. **3**), einige **Spirurida** (s. Nr. **9**) u. **Ascaridida** (s. Nr. **12**).

— Parasiten in Wirbeltieren **9**

9. Oesophagus ein kurzer kompakter Vorderabschnitt u. ein anschließendes kapillares Rohr, mit perlschnurartig od. geldrollenartig hintereinanderliegenden Drüsenzellen. Körper haarförmig dünn, Hinterkörper oft dicker als Vorderkörper . . . . **Trichosyringida**

Nur Überfamilie **Trichuroidea.** Im Verdauungstrakt, Leber, subkutanem Bindegewebe von Vögeln u. Säugern, z. B. **Capillaria** Zed. s. l., Haarwürmer (Körper haarförmig, allmählich nach hinten verdickt), z. B. **C. aerophila** (Crepl.) (bis 32 mm), Lungenwege von Hund, Fuchs, Katze. **Trichuris** Roed., Peitschenwürmer (Vorderkörper dünn, Hinterkörper dick-walzenförmig), im Dickdarm **T. trichiura** (L.) (40–50 mm), bei Schwein, Mensch. **Trichinella spiralis** (Ow.) (bis 4 mm), im Dünndarm von Säugern, Larve in Muskeln (Trichine).

— Oesophagus aus 2 zylindrischen Abschnitten bestehend, dem kürzeren muskulösen Vorderabschnitt u. dem längeren, oft breiteren drüsigen Hinterabschnitt; ohne Endbulbus. Wenn Abschnitte undeutlich, Körper oft extrem langgestreckt, fadenförmig . . . . . **Spirurida**

4 Überfamilien. **Spiruroidea,** viele Arten in Verdauungs- u. Atemorganen, z. B. **Gongylonema pulchrum** Mol. (bis 120 mm), Zunge, Speiseröhre von Säugern. **Filarioidea** (häufig extrem langgestreckt), viele Arten in Muskulatur, Bindegewebe, Leibeshöhle, Herz, Blutgefäßsystem, z. B. **Setaria cervi** (Rud.) (bis 120 mm), Bauchhöhle von Wiederkäuern. **Camallanoidea** (Mundöffnung in Körperlängsrichtung verlängert, schlitzförmig; mit großer Mundkapsel), z. B. **Camallanus lacustris** (Zoega) (bis 15 mm), im Darm von Fischen. **Dracunculoidea** in Fischen, z. B. **Philometra opercularis** (Nyb.) (bis 20 mm), unter Haut, Kiemendeckel, Brustflosse.

— Oesophagus anders, einteilig, mit Endbulbus od. flaschenförmig, od. zylindrisch. Körper nicht extrem langgestreckt **10**

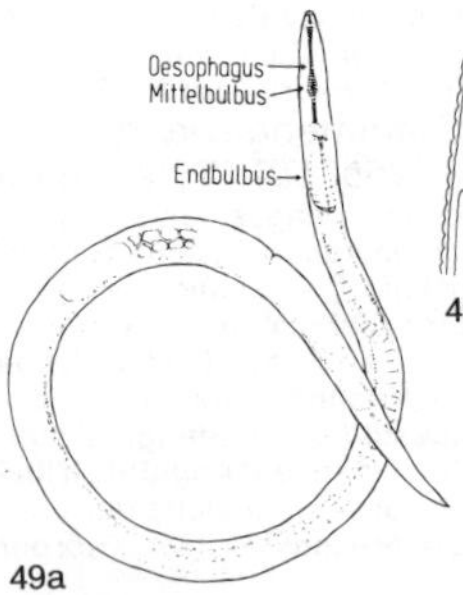

49a

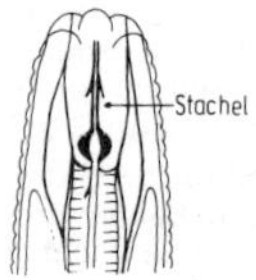

49b

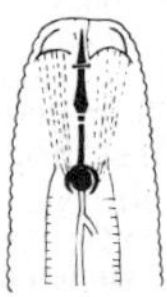
50

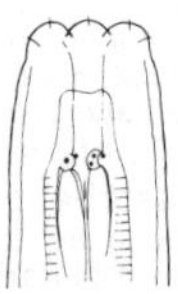
51

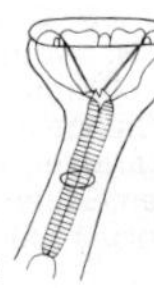
52

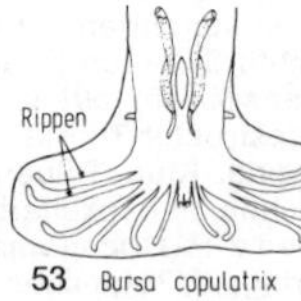

53 Bursa copulatrix

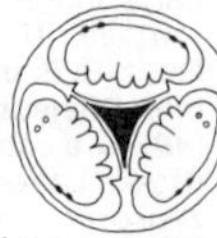
54 Vorderende, von vorn

55

10. ♂ am Hinterende mit schüssel- bis glockenförmigem, muskulösem Kopulationssaugnapf ohne Rippen, ♀ mit After direkt am Hinterende **Dioctophymatida**

Nur Überfamilie **Dioctophymatoidea,** im Verdauungstrakt u. Harnwegen von Vögeln u. Säugern, z. B. **Dioctophyma renale** (GOEZE), Riesenpalisadenwurm (bis 1000 mm), im Nierenbecken meist von Raubtieren.

— ♂ ohne derartigen Kopulationssaugnapf, ♀ mit After vor dem Hinterende. Wenn ♂ mit Bursa copulatrix, diese mit Rippen [*53*] . **11**

11. Mit dickwandiger, kugeliger, zylindrischer, trichter- od. ringförmiger Mundkapsel (z. B. [*52*]). Mundöffnung schlitzförmig. ♂ meist mit häutiger Bursa copulatrix [*53*] . . . . **Strongylida**

a) In Fischen: Überfamilie **Cucullanoidea,** z. B. **Cucullanus** MÜLL., in Meeresfischen, häufig **C. cirratus** MÜLL. (bis 19 mm); **Dacnitis truttae** (F.) (bis 15 mm), in Süßwasserfischen.

b) In Amphibien, Reptilien, Vögeln od. Säugern: Überfamilie **Strongyloidea,** z. B. **Syngamus trachea** (MONT.), Rotwurm [*52*] (bis 40 mm), in Luftröhre von Vögeln. – 2 weitere Überfamilien s. Nr. **12.**

— Mundkapsel klein od. fehlend. Mundöffnung nicht schlitzförmig **12**

12. Vorderende oft mit 3 großen Lippen [*54*]. Oesophagus mit Bulbus, dieser mit Ventilklappen. Wenn Bulbus fehlt, Vorderende mit 3 deutlichen Lippen od. am Oesophagus vorn kurzer andersartiger Abschnitt **Ascaridida**

Im Darmkanal.

a) Größer (10–400 mm), meist im Magen od. Dünndarm: Überfamilie **Ascaridoidea,** z. B. **Ascaris lumbricoides** L., Spulwurm (bis 250 mm), im Menschen.

b) Kleiner (fast immer unter 30 mm), häufiger im Dickdarm: Überfamilie **Oxyuroidea,** z. B. **Enterobius vermicularis** (L.), Madenwurm [*55*] (bis 5 mm), im Menschen.

— Vorderende ohne od. mit 3 (od. 6) kleinen Lippen, Bulbus u. andersartiger Vorderabschnitt im Oesophagus fehlen. ♂ mit häutiger Bursa copulatrix, oft reduziert, wenn fehlend, Parasiten in oberen Luftwegen od. Stirnhöhlen von Raubtieren od. Walen . . . . . **Strongylida**

a) Im Verdauungstrakt von Vögeln u. Säugern: Überfamilie **Trichostrongyloidea,** Magenwürmer, z. B. **Trichostrongylus retortaeformis** (ZED.) (bis 9 mm), im Dünndarm von Wiederkäuern u. Nagetieren.

b) In Atem- u. Kreislaufsystemen von Säugetieren: Überfamilie **Metastrongyloidea,** Lungenwürmer, z. B. **Metastrongylus elongatus** (DUJ.) (bis 50 mm), Bronchien, Luftröhre vom Schwein. – 2 weitere Überfamilien s. Nr. **11.**

— Vorderende ohne od. mit 4 od. 6 einfachen od. 2 dreigelappten seitlichen Lippen. Oesophagus ohne Bulbus u. andersartigem Vorderabschnitt. ♂ ohne Bursa. Bis 19 mm . . . . **Rhabdiasida**

Nur Überfamilie **Rhabdiasoidea,** wenige Arten. In Atemwegen von Amphibien, Reptilien **(Rhabdiasidae)** od. in Darmschleimhaut von Säugern **(Strongyloididae),** z. B. **Strongyloides papillosus** (WEDL), in Wiederkäuern u. Nagern.

Literatur

ANDRÁSSY, I.: Klasse Nematoda. Bestimmungsbücher zur Bodenfauna Europas. Stuttgart, 1984. – DONNER, J.: Rädertiere (Rotatorien). Stuttgart, 1956. – DONNER, J.: Ordnung Bdelloidea (Rotatoria, Rädertiere). Bestimmungsbücher zur Bodenfauna Europas 6. Berlin, 1965. – GOODEY, T.: Soil and freshwater nematodes. London, 1963. – HARTWICH, G.: Nematoda, Parasitische Rundwürmer von Wirbeltieren. I. Rhabditida u. Ascaridida, in: Dahl, Tierwelt Deutschlands, Teil 62. Jena, 1975. – MEYER, A., SPREHN, C.: Acanthocephala, in: Brohmer, Ehrmann, Ulmer, Tierwelt Mitteleuropas, Bd. 1, Lief. 6. Leipzig, 1938, 1958. – MEYL, A. H.: Fadenwürmer (Nematoden). Stuttgart, 1961. – MEYL, A. H.: Freilebende Nematoden; SPREHN, C.: Parasitische Nematoden, in: Brohmer, Ehrmann, Ulmer, Tierwelt Mitteleuropas, Bd. 1, Lief. 5a, 5b. Leipzig, 1960, 1961. – PLATT, H. M., WARWICK, R. M.: Free-living marine Nematodes. Part I. British Enoplids. Part II. British Chromadorids. Synopses of the British Fauna 28, 38. London, 1983, 1988. – REMANE, A.: Rotatoria, in: Grimpe, Wagler, Tierwelt der Nord- u. Ostsee. Teil VIIe. Leipzig, 1929. – SCHNEIDER, W., HEINTZE, K.: Würmer: Freilebende und pflanzenparasitische Nematoden. Saitenwürmer (Gordioidea), in: Dahl, Tierwelt Deutschlands, Teil 37, 39. Jena, 1939, 1941. – VOIGT, M.: Gastrotricha, in: Brohmer, Ehrmann, Ulmer, Tierwelt Mitteleuropas, Bd. 1, Lief. 4a. Leipzig, 1958. – VOIGT, M., KOSTE, W.: Rotatoria. Die Rädertiere Mitteleuropas. Bd. I, II. Berlin, Stuttgart, 1978.

Stamm: **Mollusca,** Weichtiere

Tiere mit weichem, nicht segmentiertem, von einer Schleimhaut umkleideten Körper. Die Rückseite trägt eine ± ausgedehnte Hautverdopplung, den Mantel, und dieser erzeugt eine einheitliche oder zweiklappige Schale als Außenskelett. In einigen Fällen ist die Schale vom Mantel überdeckt, reduziert oder ganz zurückgebildet. Die meisten **Schnekkenschalen** (Gehäuse) haben spiralige Windungen, die um eine Achse laufen [*1*]; an dieser schließen sie eng zusammen oder lassen einen kegelförmigen Hohlraum, den Nabel, zwischen sich frei, der von unten sichtbar ist [*9*]. Der Nabel kann sehr weit und offen sein oder ± eng (stichförmig, etwas bedeckt, geritzt). Liegt die Mündung des aufrechtstehenden, dem Betrachter zugewandten Gehäuses rechts von der Achse, so nennt man es rechtsgewunden [*1*], andernfalls ist es linksgewunden [*19–21*]. Zur Erklärung weiterer zur Bestimmung notwendiger Ausdrücke dient Abb. [*1*]. Bei den **Muscheln** werden die beiden Schalenklappen oben durch ein Schloßband (Ligament) zusammengehalten. Den ältesten ± vorspringenden Teil einer Schale nennt man Wirbel, von dem aus das Wachstum konzentrisch weitergeht. Die aufeinander liegenden Innenseiten der oberen Klappenränder haben meist (aber nicht immer) Zähne bzw. Leisten, die ineinander greifen; sie bilden in ihrer Gesamtheit das Schloß. Die in Nähe des Wirbels befindlichen Zähne heißen Hauptzähne, die seitlich davon, oft nur als Leisten ausgebildeten Verzahnungen nennt man Seitenzähne. Auf der Innenseite der Schale sind oft als Eindrücke die Ansatzstellen der die Schalenklappen schließenden Muskeln sichtbar; bei vielen Arten ist ferner eine die beiden Muskeleindrücke verbindende, dem unteren Schalenrand parallel laufende „Mantellinie" erkennbar, die besonders bei Muscheln mit ausstreckbaren Siphonen im hinteren Teil stark eingebuchtet ist (Mantelbucht). Dadurch ist eine Orientierung der Schalen nach Vorder- und Hinterende möglich. Von den Meeresmollusken sind vor allem die an Meeresküsten, auf Fels-, Sand- und Schlickwatten lebenden sowie die auf den Strand angeworfenen Schalen aufgeführt; es fehlen z. B. die Nacktschnecken des Meeres. Die Bestimmung der Mollusken erfolgt hier nur nach den Schalen, da sie besonders vom Anfänger gesammelt und bei Kursen in Schule u. Hochschule benutzt werden. Schalenhaut oft von Brandung abgeschliffen. Im Gebiet etwa 350 Schneckenarten und 90 Muschelarten.
Abkürzungen: G = Gehäuse, Sch = Schale, h = hoch, b = breit, l = lang.

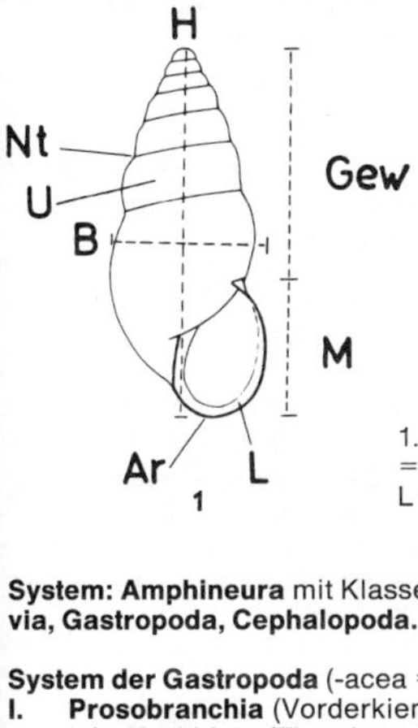

1

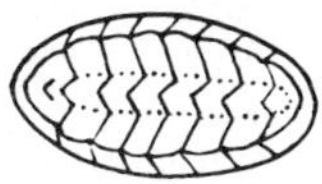

2

nat. Gr.

1. H = Höhe des Gehäuses; B = Breite des Gehäuses; Gew = Gewinde; M = Mündung; Ar = Außenrand; L = Lippe; Nt = Naht; U = Umgang

System: Amphineura mit Klasse **Placophora; Conchifera** mit Klassen **Scaphopoda, Bivalvia, Gastropoda, Cephalopoda.**

System der Gastropoda (-acea = Überfamilie; -idae = Familie):

I. **Prosobranchia** (Vorderkiemer) mit **Patellacea** (Helcion, Acmaea), **Trochidae** (Gibbula), **Neritidae** (Theodoxus), **Cyclophoracea** (Cochlostoma, Viviparus), **Valvatidae** (Valvata), **Littorinacea** (Lacuna, Littorina, Pomatias), **Rissoacea** (Hydrobia, Bythiospeum, Bythinella, Potamopyrgus, Marstoniopsis, Lithoglyphus, Bithynia, Rissoa, Cingula, Assiminea, Omalogyra, Acicula), **Cerithiacea** (Turritella, Bittium, Triphora,

Epitonium), **Calyptraeidae** (Crepidula), **Aporrhaidae** (Aporrhais), **Naticacea** (Lunatia, Velutina), **Muricidae** (Nucella), **Buccinacea** (Buccinum, Neptunea, Hinia), **Turridae** (Oenopota).

II. **Opisthobranchia** (Hinterkiemer) mit **Tectibranchia** (Akera, Retusa, Cylichna), **Saccoglossa** (Alderia, Limapontia).

III. **Pulmonata** (Lungenschnecken)

a) **Basommatophora** (Wasserlungenschnecken)
Ellobiidae (Carychium, Ovatella), **Physidae, Lymnaeidae, Planorbidae, Ancylidae** (Ancylus), **Acroloxidae** (Acroloxus)

b) **Stylommatophora** (Landlungenschnecken)
Succineidae, Cochlicopidae, Pyramidulidae, Pupillacea, Valloniidae (Vallonia, Acanthinula, Spermodea), **Enidae, Enodontidae** (Punctum, Discus), **Arionidae, Vitrinidae, Zonitidae, Milacidae, Boettgerillidae, Euconulidae, Ferussaciidae** (Cecilioides), **Clausiliidae, Helicacea (Bradybaenidae, Helicidae).**

System der **Bivalvia:**

I. **Palaeotaxodonta**
Nuculidae (Nucula).

II. **Pteriomorpha**
Mytilidae (Mytilus, Modiolus, Musculus), **Pectinidae, Anomiidae, Ostreidae** (Ostrea).

III. **Eulamellibranchiata**
Unionacea (Margaritifera, Unio, Anodonta, Pseudanodonta), **Sphaeriacea** (Sphaerium, Pisidium), **Crassatellacea** (Astarte), **Cardiacea: Cardiidae** (Acanthocardia, Cerastoderma), **Mactracea** (Mactra), **Solenacea** (Phaxas, Ensis), **Tellinacea** (Angulus, Spisula, Macoma, Donax, Scrobicularia, Abra), **Arcticacea** (Arctica), **Veneracea** (Chamelea, Chione, Venerupis, Dosinia, Petricola), **Myacea** (Mya, Corbula), **Hiatellacea** (Hiatella), **Pholadacea** (Pholas, Barnea, Zirfaea, Teredo).

Im Gebiet der B. R. Deutschland besonders geschützt: Helix pomatia, Margaritifera margaritifera, alle Arten von **Anodonta** u. **Unio.**

1. Mit 8 saugnapfbesetzten Fangarmen (u. meist 2 Fangtentakeln) am Kopf. Im Meer . . . . Klasse Tintenfische, **Cephalopoda**

Etwa 10 Arten, z. B. **Sepia officinalis** L., Tintenfisch (bis 60 cm, Rumpf gedrungen), Nordsee, kalkige Schale (Schulp) oft angespült; **Loligo forbesi** Steenstr., Kalmar (bis 70 cm, Rumpf spitzkonisch), auch Ostsee.

— Vorderende ohne derartige Fangarme **2**

2. Einheitliche Schale aus 8 Teilstücken, Tier mit Kriechsohle. Im Meer Klasse Käferschnecken, **Placophora**

2 Arten, häufig **Lepidochiton cinereus** (L.) [*2*] (1–2 cm), in der Brandungszone an Felsen, Steinen und Laminaria, im Wattenmeer auf Muschel- u. Schneckenschalen.

— Schale einheitlich röhrenförmig, gebogen, vorn u. hinten offen. Im Meer . . . . Klasse Grabfüßer, Kahnfüßer, **Scaphopoda**

Nur **Dentalium entalis** L. (bis 4 cm), im Meeresboden, Nordsee.

— Ohne Schale (Nacktschnecken) oder Schale besteht aus einem einzigen Stück (schuhartig, mützenartig, walzig oder spiralig in einer Ebene bzw. in die Höhe gewunden) . Klasse Schnecken, **Gastropoda**

Landschnecken S. 65, **Süßwasserschnecken** S. 75, **Meeresschnecken** S. 79.

— Körper mit zweiklappiger Schale, letztere mit Wirbel aus meist deutlich konzentrischen Zuwachsstreifen . Klasse Muscheln, **Bivalvia**

Süßwassermuscheln S. 84, **Meeresmuscheln** S. 86.

Landschnecken

Acicula, Cochlostoma, Pomatias sind Prosobranchia, alle übrigen Pulmonata. Die auf Schlickboden u. brackigen Außendeichwiesen im Flutbereich der Meeresküste lebenden Gehäuseschnecken **Assiminea** (Prosobranchia) und **Ovatella** (Pulmonata) sind bei Meeresschnecken aufgeführt.

1. Tier ohne G. Hinter dem Kopf ein Mantelschild, in diesem rechts die Atemöffnung [*3*] . . . . Nacktschnecken **2**

— Tier mit äußerer Schale . . . . Gehäuseschnecken **4**

2. Atemloch vor der Mitte des Mantelschildes [*3*]. Rücken nicht gekielt **Arionidae** S. 68

— Atemloch hinter der Mitte des Mantelschildes [*4*]. Rücken gekielt **3**

3. Nur hinterer Teil des Rückens gekielt oder mit Andeutung eines Kiels **Limacidae** S. 69

— Rücken vom Ende des Mantelschildes an in ganzer Länge mit Kiel

a) Wurmförmig schlank, Mantelschild fast halb so lang wie Körper Wurmnacktschnecken, **Boettgerillidae**

Boettgerilla pallens Simr. (bleigrau mit heller Sohle; 3,5–4,5 cm lang, etwa 3 mm breit), im Boden.

b) Im Vergleich zur Länge viel breiter. Mantelschild etwa ein Drittel des Körpers . . . . Kielnacktschnecken, **Milacidae**

Tandonia rustica (Mill.) (rötlich grau mit deutlichen schwarzen Flecken, Kiel u. Sohle hell, Mantelschild jederseits mit schwarzer Seitenbinde; 8–10 cm l), verbreitet. **T. budapestensis** (Haz.) (grau bis braun, netzartig schwarz gesprenkelt, Kiel

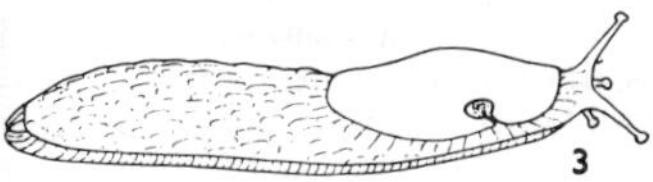

3

4

5a

nat. Gr. 17 mm l

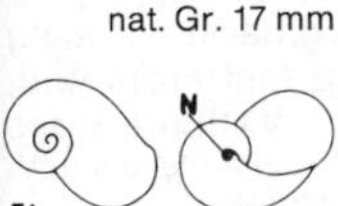

5b

N = Nabel

nat. Gr. 4,5 mm b

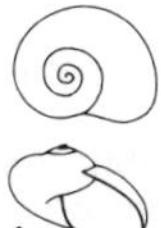

6

nat. Gr. 5 mm b

7

nat. Gr 6 mm b

8

nat. Gr. 3 mm b

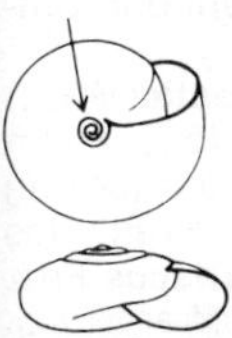

9

nat. Gr. 11 mm b

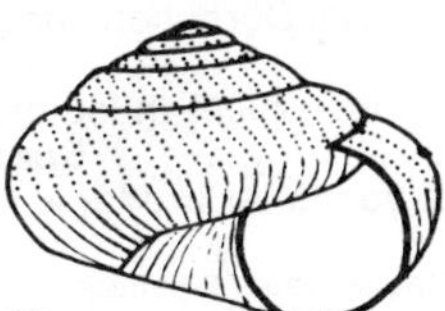

10

nat. Gr.

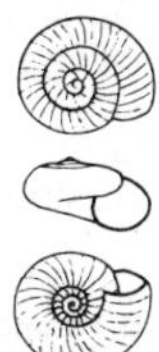

11

nat. Gr. 1,5 mm b

orange, Sohle gelblich; 5–6 cm l), selten in Süddeutschland. **Milax gagates** (DRAP.) (blaugrau bis schwarz, Fleckung schwach, Sohle hell; 5–6 cm l), selten im Rheinland und in Süddeutschland.

4. G länglich, ei-, spindel- bis turmförmig, deutlich höher als b . **12**

— G ohr-, scheiben-, stumpfkegel- bis kugelförmig, etwa so b oder breiter als h **5**

5. G nimmt ⅓ bis ¼ der Körperlänge des nacktschneckenartigen Tiers ein. G durchscheinend, rötlich-gelblich bis bräunlich, letzter Umgang flach ohrförmig erweitert . . . (zu **Zonitidae**) **Daudebardia** HART.

D. rufa (DRAP.) (Gewinde ⅓ der Schalenbreite); **D. brevipes** (DRAP.) (Gewinde ¼ der Schalenbreite [*5*]); räuberisch; feuchte Stellen, Hügel- u. Bergländer Mittel- u. Süddeutschlands; selten.

— G sehr zart, glashell, grünlich bis gelblich, gedrückt kugelig [*6*] oder ohrförmig [*7*] . . . . Glasschnecken, **Vitrinidae**

5 Gattungen mit 9 Arten. Fortpflanzung im Winter, einjährig. Häufig u. verbreitet: **Vitrina pellucida** (MÜLL.) (Gewinde mehr als Hälfte der Länge des G, Mündung so b wie übrige Schale; 4–5 mm l [*6*]) und **Eucobresia diaphana** (DRAP.) (Gewinde fast die Hälfte der Gehäuselänge, Mündung viel breiter als übrige Schale; 6–7 mm l [*7*]). Übrige Arten sehr zerstreut und meist alpin.

— Tier und Gehäuse anders **6**

6. G unterseits stark glänzend, Oberseite matt, kugelig-konisch, ungenabelt, letzter Umgang etwas stumpfkantig. 3 mm b, 2,3 mm h [*8*]
2; **Euconulidae,** häufig **Euconulus fulvus** (MÜLL.)

— G beiderseits stark glänzend, ziemlich dünnschalig u. flach, meist mit offenem Nabel [*9*] . . . . Glanzschnecken, **Zonitidae** S. 70

— Hierzu außerdem: nur Unterseite glänzend, Oberseite matt u. mit Gitterstreifen fein gekörnt. G flach konisch, in Abständen mit gelben Wachstumszonen. 2–3 cm b [*10*]. Bayern und Österreich . . . . **Aegopis verticillus** (FÉR.)

— G nicht auffällig glänzend oder falls doch durchscheinend u. glänzend, dann Mundsaum der ausgewachsenen Schale erweitert oder gelippt **7**

7. G 1,5–3 mm b **8**

— G wenigstens 5 mm b **11**

8. G flach **9**

— G kugelig konisch **10**

9. Nicht über 1,5 mm b, sehr fein u. dicht rippenstreifig, hellbraun [*11*]
Punctum pygmaeum (DRAP.)

— 2–3 mm b, weißlich oder blaßhornfarben. Mündung fast kreisrund, meist mit ringsum erweitertem (oft weißem) Saum **Vallonia** RISSO

7 Arten, häufig u. verbreitet: **V. pulchella** (MÜLL.) (Schale glatt), feuchte Stellen, u. **V. costata** (MÜLL.) (Schale mit radiären Hautrippen [*12*]), trockene Standorte.

10. Dunkelfarben, G sehr fein rippenstreifig [*13*]
Pyramidulidae, Pyramidula rupestris (DRAP.)

— Dunkelfarben, aber G mit feinen häutigen Rippen, diese auf den Umgängen an der Peripherie zu Dörnchen ausgezogen [*14*]
Acanthinula aculeata (MÜLL.)

— G hell hornfarben u. Rippen nicht in kleine Dörnchen verlängert. Im Küstengebiet . . . . **Spermodea lamellata** (JEFFR.)

11. G flach, gerippt, Nabel so b oder breiter als Mündung [*15*]. Breite des G 6–7 mm . . . . **Discus** FITZ.

D. rotundatus (MÜLL.) (Oberseite braunrot gefleckt, letzter Umgang stumpfkantig [*15*]); **D. ruderatus** (FÉR.) (ungefleckt, letzter Umgang gerundet), Hoch- und Mittelgebirge; **D.**

12
nat. Gr. 2,5 mm b

13
nat. Gr. 2,5 mm b

14
nat. Gr. 2 mm b

15
nat. Gr. 7 mm b

16
nat. Gr.

17
nat. Gr.

18
nat. Gr. 7 mm h

19
nat. Gr. 10 mm h

20
nat. Gr. 17 mm h

21
nat. Gr. 16 mm h

perspectivus (MÜHLFELD) (gefleckt, letzter Umgang scharf gekielt), Ostalpen, SO-Bayern, Sudeten.

— G mit konisch erhobenem Gewinde; wenn flacher, dann ungerippt oder gerippt, aber Nabel (wenn vorhanden) immer viel enger als Mündungsbreite [*37–52*] . . . . **Helicacea** S. 70

12. G eiförmig, kreiselförmig, mit Gitterskulptur. Mündung fast kreisrund [*16*]. G 9–11 mm b, 14–15 mm h . . . **Pomatias elegans** (MÜLL.)

— Anders **13**

13. G spitz-eiförmig aus 3–4 schnell an Weite zunehmenden Umgängen, ungenabelt, dünnwandig, oft bernsteinfarben, ± durchsichtig. Mündung über die Hälfte der Gehäuselänge. Mundsaum scharfrandig Bernsteinschnecken, **Succineidae**

Mehrere Gattungen u. Arten. Häufig nur: **Succinea putris** (L.) (Mündung wenigstens ⅔ der Höhe des G [*17*]; 16–22 mm h), an Wasserpflanzen, auf Sumpfwiesen u. in Auwäldern; **S. oblonga** DRAP. (Mündung etwas länger als halbe Höhe des G [*18*]; 7–8 mm h), in trockeneren Biotopen.

— Anders und Mündung nicht so hoch reichend **14**

14. G linksgewunden, schlank turmförmig oder gestreckt spindelförmig, etwa 4mal so h wie b . . . . **Clausiliidae**

Balea perversa (L.) (letzter Umgang des G am breitesten, Mündung mit 1 Zahnhöcker, G 8–10 mm h [*19*]). Übrige ca. 25 Arten: vor- od. drittletzter Umgang am breitesten, Mündung meist mit Lamellen, Falten u. innerem Kalkplättchen (Clausilium), oft auch mit Zähnchen. Häufiger: **Cochlodina laminata** (MONT.) [*20*] (G glatt, 15–17 mm h), von gerippten Arten: 16–18 mm h: **Balea biplicata** (MONT.) (Mündung unten schwach zugespitzt) [*21*] u. **Macrogastra ventricosa** (DRAP.) (Mündung unten gerundet u. stark erweitert); höchstens 13 mm hoch: **Clausilia bidentata** (STRÖM) (feingerippt, 9–12 mm h), **Cl. pumila** PFEIFFER (mit groben Rippen, 12–13 mm h).

— G rechtsgewunden oder wenn linksgewunden, dann nur 2 mm h (Vertigo-Arten) oder wie Jaminia quadridens 10 mm h, aber walzig eiförmig u. mit 4 Zähnen im breiten Mundsaum [*24*] **15**

15. Spitzkegelförmig, regelmäßig feingerippt. Mündung rund, Mundsaum innen durch scharf abgesetzte Schwiele verdoppelt. Etwa 8 mm h [*22*] **Cochlostoma septemspirale** (RAZ.)

— Anders **16**

16. G mindestens 9 mm h, verlängert eiförmig; nur wenn linksgewunden, dann walzig-eiförmig . . . . **Enidae 17**

— G bis 8 mm h **18**

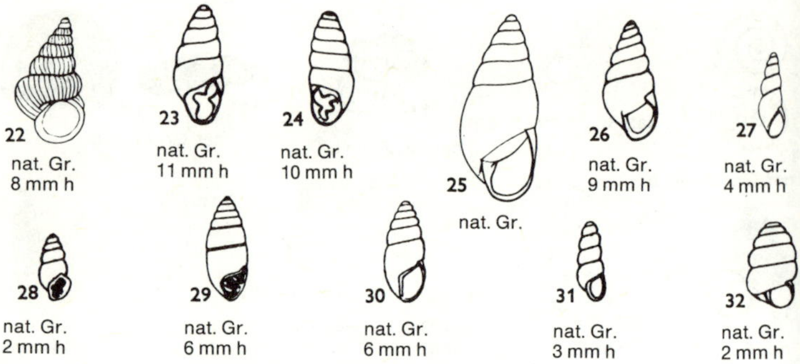

17. Mündung mit Zähnen: **Chondrula tridens** (MÜLL.) (G rechtsgewunden, länglich eiförmig [*23*], 11 mm h); **Jaminia quadridens** (MÜLL.) (G linksgewunden, walzig eiförmig [*24*], 10 mm h)

— Mündung ohne Zähne, G verlängert eiförmig: **Zebrina detrita** (MÜLL.) (kalkig weiß, zuweilen mit braunen Längsstreifen [*25*], 20–22 mm h), trockenwarme Kalkhänge; **Ena montana** (DRAP.) (braun, Oberfläche fein gekörnelt, 14–18 mm h), Berg- u. Hügelland; **E. obscura** (MÜLL.) (braun gestreift [*26*], 9 mm h), Wälder u. Gebüsche.

18. G durchsichtig oder milchig getrübt, schlank nadelförmig [*27*], Mündung schmal u. ohne Zahn, 4–4,5 mm h. Im Boden
Blindschnecke, **Cecilioides acicula** (MÜLL.)

— G glasig durchscheinend, farblos bis weißlich, Mundsaum mit Zahnhöckern [*28*], ca. 2 mm h . . . . **Carychium** MÜLL.
2 Arten, häufig **C. minimum** MÜLL., an feuchten Stellen.

— Andere Merkmale **19**

19. G länglich eiförmig, glatt, glänzend, hornfarben, 5–7 mm h
Cochlicopidae
5 Arten. **Azeca goodalli** (FÉR.) (Mündung mit Zähnen [*29*]); 4; **Cochlicopa** RISSO, häufig **C. lubrica** (MÜLL.) (Mündung ohne Zähne [*30*]), Wälder u. Wiesen.

— G nadelförmig, glänzend, 3–4 mm h [*31*] **Aciculidae**, 3; **Acicula** HART.

— G verlängert eiförmig od. walzenförmig, oft bienenkorbähnlich [*32* und *53–57*], matt oder glänzend, Mundsaum häufig durch Falten, Lamellen oder Zähne verengt (andere Merkmalskombinationen als bei Cochlicopidae u. Aciculidae) . . . . **Pupillacea** S. 74

Familie: **Arionidae,** Wegschnecken

1. Ausgewachsene Tiere etwa 8–15 cm lang
Arion rufus (L.) (einfarbig rot oder braun oder wenn schwarz, dann meist mit rotem Fußsaum), weit verbreitet; **A. ater** (L.) (schwarz, auch Fußsaum schwarz; Jungtiere wie bei rufus hell), NW-Deutschland; **A. lusitanicus** (MABILLE) (Färbung variabel, nicht einheitlich, meist schmutzig graugrün, oft mit dunklen Seitenbinden), eingeschleppt, synanthrop.

— Tier bis höchstens 7 cm l, an den Seiten meist mit dunklen Binden **2**

2. Ockergelb, rötlichgelb bis kaffeebraun . . . **A. subfuscus** (DRAP.)
5–7 cm. Mantelschild mit lyraförmiger Zeichnung; Seitenbinden fehlen od. sind unscharf begrenzt. Körperschleim orangegelb. Heiden, Misch- u. Nadelwälder.

— Grundfärbung grau (gelblichgrau, schiefergrau, braungrau) . . **3**

3. Fußsohle nie deutlich gelb
A. circumscriptus JOHNST., **A. silvaticus** LOHM., **A. fasciatus** (NILSSON)
Schwer unterscheidbare Artengruppe. 3–5 cm. Heller oder dunkler grau, dunkle Seitenbinden meist scharf abgesetzt; oft helle Rückenkiellinie. Wälder, Gebüsch.

— Fußsohle ganz oder zum Teil deutlich gelb **4**

4. Dunkle Seitenbinde nach oben scharf, nach unten undeutlich abgesetzt. 3–5 cm. Schiefer- bis braungrau
A. distinctus MABILLE (Fühler schwarz oder grau), in Kulturgelände; **A. hortensis** FÉRUSSAC, Gartenschnecke (Fühler rötlich), seltener.

— Blaß gelblichgrau, Binden undeutlich . . . **A. intermedius** NORM.
1,5–2,5 cm. Rücken dunkler. Schleim goldgelb. Trockene Wälder, Ruderalstellen.

Familien: **Limacidae** und **Agriolimacidae,** Egelschnecken

1. Mantelschild fast halb so lang wie Körper; Tier 20–25 mm l, grau bis braunschwarz. Ufer, feuchte Wiesen . . **Deroceras laeve** (MÜLL.)

— Mantelschild etwa ⅓ der Körperlänge. Tier über 25 mm l . . **2**

2. Hinterer Teil des Tieres hell durchscheinend. Rötlichgrau mit dunklen Längsstreifen auf Mantel u. Körperseiten. 60–75 mm l. Unter Baumrinde in Wäldern, an Felsen u. Mauern . 5; **Lehmannia** HEYNEMANN
Häufig **L. marginata** (MÜLLER).

— Hinterer Teil nicht durchscheinend **3**

3. Kleinere Tiere, 30–65 mm l **4**

— Größere Tiere, 80–150 mm l **5**

4. Grundfarbe gelblichweiß, grau bis rötlichbraun (mit oder ohne dunkle Zeichnung), Schleim milchigweiß, 30–60 mm l
Ackerschnecken, **Deroceras** RAFINESQUE
5 Arten. **D. reticulatum** (MÜLL.) (Körper meist mit dunkler netzartiger Zeichnung, Mantelschild mit dunklen Punkten und Flecken); **D. agreste** (L.) (dunkle Netzzeichnung fehlt meist, auch Mantelschild ungefleckt). Genaue Unterscheidung beider Arten nur anatomisch möglich.

— Körper durchscheinend zitronengelb, zuweilen mit schwachen, dunklen Seitenbinden, Schleim gelb, 40–65 mm l. Wälder
Malacolimax tenellus (MÜLL.)

5. Sohle hell, Schleim gelb. Körper gelblich bis orange mit dunklem Netzwerk, Schild grau mit helleren Flecken. In Kellern
Limax flavus L.

— Sohle einfarbig hell. Körper grau mit dunklen Längsbinden oder Fleckenreihen, Schild mit dunklen Flecken. In der Nähe menschlicher Siedlungen . . . . **L. maximus** L.

— Sohle mit hellem Mittelfeld und dunklen Seitenfeldern. Körper meist dunkel mit hellem Kiel, aber auch schwarz oder grau mit Fleckenstreifen; Schild ungefleckt. In Wäldern . . . . . **L. cinereoniger** WOLF

Familie: **Zonitidae,** Glanzschnecken

Auswahl der häufigsten Arten, da alle nach einfachen Merkmalen kaum bestimmbar und viele zudem sehr selten sind. Zu dieser Familie gehören auch **Aegopis** (S. 66) und **Daudebardia** (S. 66).

1. G 2–4 mm b, glasig, durchsichtig, grünlich bis weißlich, flach **Vitrea** FITZ.
4 Arten; häufig u. verbreitet in Wäldern **V. crystallina** (MÜLL.) (Nabel deutlich offen [*33*]).

— G über 4 mm b, hell- bis dunkelbraun **2**

2. Gewinde etwas konisch erhoben, G ± deutlich dicht u. fein radiär gestreift, 5–6 mm b. Nasse Wiesen u. Ufer **Zonitoides nitidus** (MÜLL.)

— Gewinde flach, G mit stärkerer deutlicher Radiärstreifung, bis 4,5 mm [*34*]. Wälder und Wiesen . . . . . **Nesovitrea hammonis** (STRÖM)

— Gewinde flach, G glatt oder ohne deutliche Radiärstreifung, höchstens mit Zuwachsstreifen **3**

3. G sehr eng (stichförmig) genabelt, letzter Umgang wenig breiter als vorletzter [*35*], 12–14 mm b. Süd- u. mitteldeutsche Bergländer **Oxychilus glaber** (ROSSMÄSSLER)

— G mit weitem Nabel [*36*] **4**

4. G bis 4,5 mm b, Gewinde leicht emporgewölbt, rötlich hornfarben, oben matter, unten stärker glänzend. Häufig in Wäldern [*36*] **Aegopinella pura** (ALD.)

— G mindestens 6 mm b, meist breiter (bis zu 15 mm) **5**

5. G schwach glänzend, Nabel durch den letzten Umgang beträchtlich erweitert
Aegopinella nitidula (DRAP.) (8–9 mm b), Wälder Nord- u. Mitteldeutschlands; **Ae. nitens** (MICH.) (9–10 mm b), vor allem süd- und mitteldeutsches Bergland.

— G stark glänzend, Nabel mäßig weit oder weit, aber nicht durch den letzten Umgang auffällig erweitert
Oxychilus alliarius (MILL.) (6–8 mm b, hellhornfarben), Wälder, Gärtnereien, Gewächshäuser; Tier riecht nach Knoblauch; **O. cellarius** (MÜLLER) ([*9*] 10–12 mm b, grünlich hornfarben, unten weißlich), Wälder, Höhlen, Keller; **O. draparnaudi** (BECK) (12–14 mm b, hell- bis dunkel hornfarben), Parks, Gärten, Ruderalstellen.

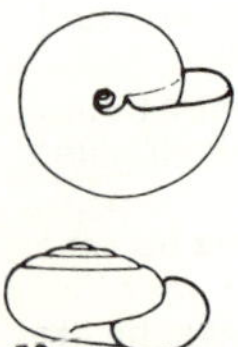

33 nat. Gr. 4 mm b

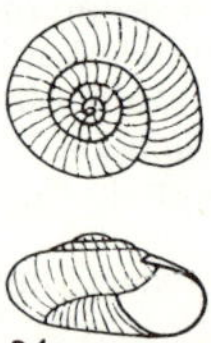

34 nat. Gr. 4mm b

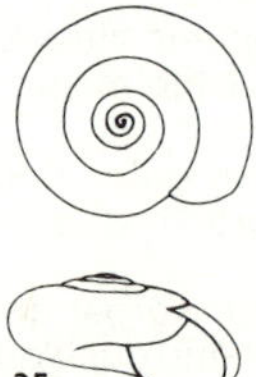

35 nat. Gr.

36 nat. Gr. 4 mm b

Überfamilie: **Helicacea**

Bradybaena gehört zu **Bradybaenidae,** alle übrigen sind **Helicidae.** Haare bzw. Haarnarben bei alten Schalen oft unkenntlich.

1. Mündung innen dreibuchtig, aber ohne Zahn. Gewinde leicht eingesenkt. G dick, scheibenförmig, behaart bzw. mit Haarnarben. Nabel weit. 11–13 mm b [*37*]. Wälder besonders in Berg- u. Hügelländern **Helicodonta obvoluta** (Müll.)

— G mit ± erhobenem Gewinde oder wenn flach, dann andere Merkmale bzw. Merkmalskombinationen **2**

2. Mündung durch 2 oder 3 zahnartige Höcker verengt **3**

— Mündung ohne oder nur mit 1 Zahn **4**

3. G ziemlich flach, behaart, bis 12 mm b . **Isognomostoma** Fitz. s. l.

I. isognomostoma (Schröter) (Nabel größtenteils bedeckt, Schale mit recht langen Haaren [*38*]); **Causa holosericum** (Stud.) (G flacher, Nabel offen, G mit kurzen Haaren [*39*]), vor allem in Gebirgswäldern.

— G kugelig-kreiselförmig, unbehaart, fein u. regelmäßig gestreift, letzter Umgang kantig, Nabel fast bedeckt [*40*], 8–9 mm b. In Erlenbrüchen . . . . **Perforatella bidentata** (Gmel.)

4. G kalkweiß bis gelblichweiß (bräunlich), oft dunkel gebändert, meist weit genabelt, scheibenförmig oder mit leicht erhobenem Gewinde; Mundsaum scharf u. meist weiß. Trockenrasen . . . **Helicellinae**

a) G fast scheibenförmig, 13–18 mm b: **Helicella itala** (L.) (G gelblichweiß, Durchmesser des Nabels etwa so b wie letzter Umgang gegenüber der ± elliptischen Mündung [*41*]; **H. obvia** (Menke) (candicans) (G kreideweiß, Durchmesser des Nabels etwa $\frac{3}{4}$ so b wie letzter Umgang gegenüber der ± runden Mündung).

b) Gewinde erhöht, G unter 12 mm b: **Candidula intersecta** (Poir.) (letzter Umgang stumpfkantig, im Anfang und bei juvenilen Schalen gekielt, G rippenstreifig), NW-Deutschland, auch auf Kulturgelände [*42*]; außerdem 5 weitere Arten, bei denen letzter Umgang gerundet ist, vor allem **C. unifasciata** (Poir.).

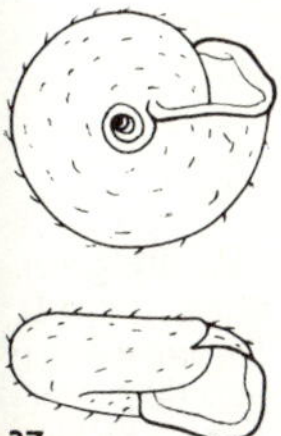

37

nat. Gr. 12 mm b

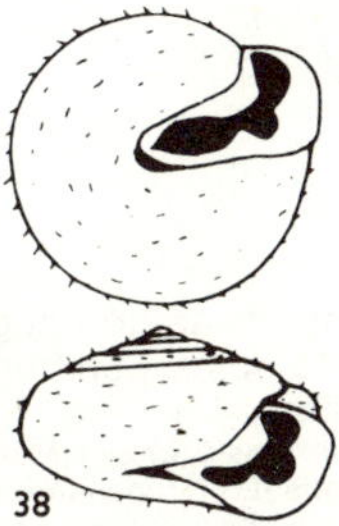

38

nat. Gr. 10,5 mm b

39

nat. Gr. 11 mm b

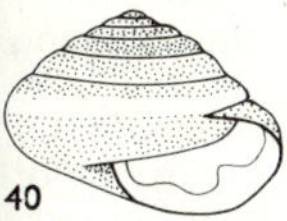

40

nat. Gr. 8 mm b

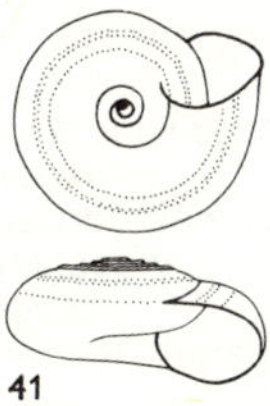

41

nat. Gr.

42

nat. Gr. 10 mm b

43

nat. Gr. 12 mm b

c) Bei neuerdings lokal eingeschleppten **Cernuella neglecta** (DRAP.) u. **C. virgata** (DA COSTA) ist G flach, aber Mundsaum braunrot.

— G gedrückt kugelig, durchscheinend milchig- oder gelblichweiß. Mundsaum scharf u. innen rötlich. Oberfläche der Schale gestreift und unregelmäßig grubig gerunzelt. Nabel eng [*43*] . . **Monacha** FITZ.
M. cartusiana (MÜLL.) (10–12 mm b [43]), SW-Deutschland; **M. cantiana** (MONT.) (16–18 mm b), Jadebusen.

— G nicht zugleich flach und weißlich oder wenn doch, dann Mundsaum nicht scharf und Schale ziemlich dick **5**

5. G über 3 cm h u. b, kugelig, gelblichbraun mit ± dunklen Spiralbändern . . . . **Helix** L.
H. pomatia L., Weinbergschnecke (Schale rippenstreifig [*44*], bis ca. 4 cm); **H. aspersa** MÜLL. (kleiner, Skulptur netzartig runzlich, außer den dunklen Bändern noch kleine gelbe Striemen u. Flecke), aus Süd- und SW-Europa stellenweise nach Deutschland verschleppt.

— G nicht über 2,5 cm h oder b und andere Merkmale **6**

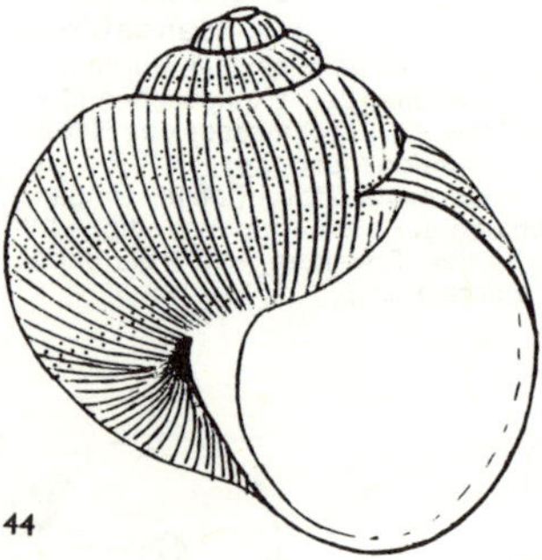

44

nat. Gr.

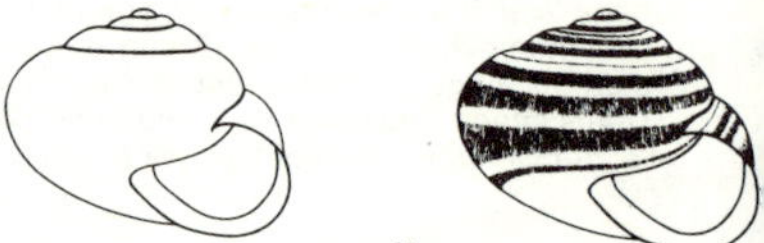

45

nat. Gr.

6. G kugelig ohne Nabel (jung etwas geritzt genabelt!), weißgelb, gelb, rosa bis braun oder mit 1–5 spiraligen dunklen Bändern, ca. 2 cm b, Mundsaum deutlich erweitert [*45*] . . . . **Cepaea** HELD
Schnirkelschnecken, häufig: **C. hortensis** (MÜLL.) (Mundsaum gelblichweiß [*45*]), lichte Wälder u. Gebüsche; **C. nemoralis** (L.) (Mundsaum tief braun bis schwarz), Wälder, Hecken, Kulturgelände. 2 seltenere Arten im Süden (Mundsaum rötlichbraun).

— G mit Nabel, dieser zuweilen bedeckt, dann aber andere Merkmalskombinationen **7**

7. G kugelig, relativ dünnschalig, eng genabelt, 15–25 mm b. Braun und etwas glänzend, mit dunklem Band an der Peripherie und strohgelben undurchsichtigen Flecken u. Striemen [*46*]. Laubwälder, Wiesen
Arianta arbustorum (L.)

— G ziemlich flachgedrückt, dickschalig, weit genabelt, letzter Umgang scharf gekielt [*47*], 16–17 mm b. Wälder, Felsen, Mauern
Helicigona lapicida (L.)

— G flachgedrückt, dickschalig, weit genabelt, letzter Umgang gerundet [*48*], 16–25 mm b. Alpen. Felsenschnecken . . 3; **Chilostoma** FITZ.

— Andere Merkmalskombinationen **8**

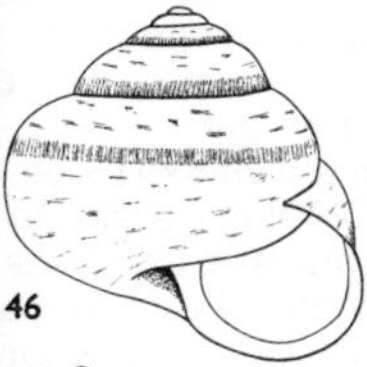
46
nat. Gr.

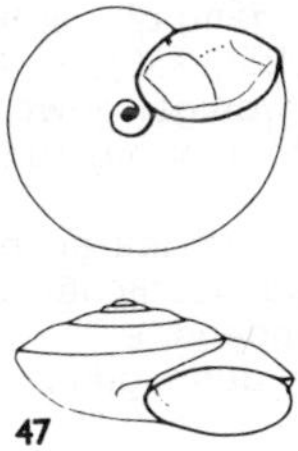
47
nat. Gr.

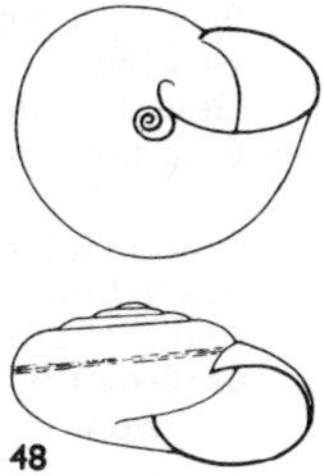
48
nat. Gr.

8. Nabel eng bzw. halb bedeckt [*49*] **9**
— Nabel weit [*50*] **12**
9. 13–14 mm b [*49*] . . . . **Perforatella incarnata** (MÜLL.)
Verbreitet u. häufig in Wäldern u. Gebüsch.
— Höchstens 10 mm b **10**
10. 6–6½ Umgänge. Mündung eng u. sichelförmig. Gebirgswälder **Trichia edentula** (DRAP.)
— 4–5½ Umgänge. Mündung gerundet **11**
11. Schale mit ziemlich langen gekrümmten Härchen, Mündung kaum breiter als h . . . . **Trichia plebeia** (DRAP.)
Besonders im süd- u. mitteldeutschen Berg- u. Hügelland, seltener Ebene, meist im Laubwald.
— Schale mit kurzen, meist geraden Härchen. Mündung höher als b **Perforatella rubiginosa** (SCHM.)
Besonders in Nord- u. Ostdeutschland; nasse Wiesen, Ufer, Erlenbrüche.
12. G kugelig, 18–20 mm b [*50*] . . . . **Bradybaena fruticum** (MÜLL.)
— G niedergedrückt oder wenig gewölbt, bis 15 mm b **13**
13. Mündung mit 1 deutlichen Zahn auf dem verdickten Unterrand. Gebirgswälder . . . . **Trichia unidentata** (DRAP.)
— Mündung ohne Zahn **14**
14. G höchstens 9 mm b. Schale mit feinen, gekrümmten Haaren oder Haarnarben [*51*] . . . . **Trichia hispida** (L.)
Wiesen, Ufer, Gebüsche, Kulturland, häufig.

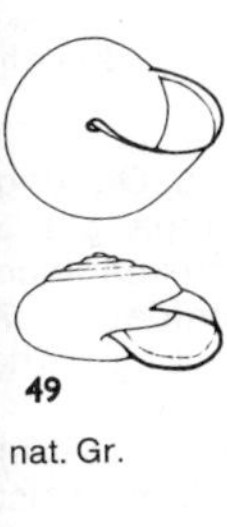
49
nat. Gr.

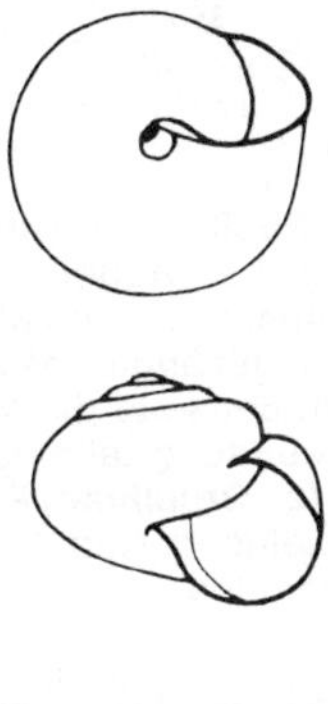
nat. Gr.

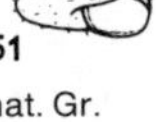
51
nat. Gr.

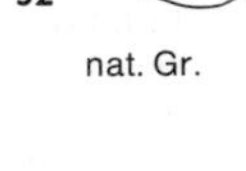
52
nat. Gr.

— G 10–15 mm b, letzter Umgang oft mit hellem Peripherieband **15**

15. Gewinde leicht konisch erhöht [*52*] . **Euomphalia strigella** (DRAP.)

— Gewinde niedergedrückt, weniger gewölbt **16**

16. G zottig behaart, fast scheibenförmig, runzlig faltig gestreift **Trichia villosa** (STUD.)

— G ohne oder nur mit spärlichen Haaren, nur junge Schalen stärker behaart. Letzter Umgang mit ± deutlicher Kante: **Trichia striolata** (PFEIFFER) (Schale kräftig, fein rippenstreifig, wenig glänzend); **Perforatella umbrosa** (PFEIFFER) (Schale dünn, glänzend, gestreift und dazwischen fein wellig gekörnelt).

Überfamilie: **Pupillacea,** Tönnchenschnecken

1. Gehäuse 5–10 mm hoch **2**

— Gehäuse 1,5–4 mm hoch **4**

2. G walzen- oder bienenkorbförmig, mit gerundeter oder rundlich stumpfkonischer Spitze, 8–10 Umgänge, Mündung (auch jugendlicher Sch) mit 3 Falten . **Orculidae, Sphyradium** BRUG. u. **Orcula** CHARP.
3 Arten, häufiger nur **S. doliolum** (BRUG.) (5 mm h u. 2,5 mm b [*53*]).

— G verlängert eiförmig, Gewinde wenigstens im oberen Teil spitzkonisch, Mündung (erwachsener Sch) mit 6–8 Falten **Chondrinidae** **3**

3. G hell hornfarben, regelmäßig und fein rippenstreifig, 9 Umgänge. 7–8 mm h . . . . **Abida** TURT.
A. (Granaria) frumentum (DRAP.) (Mündung mit 8 Falten [*54a*], Nabel ritzförmig), Kalktrockenrasen, Zwischenwirt des Lanzettegels; **A. secale** (DRAP.) (Mündung mit 7 Falten, Nabel offen), Kalkgebirge.

— G rötlichbraun, 7–8 Umgänge, Mündung mit 6–7 Falten **Chondrina** REICH.
2 Arten, 6 mm h, Kalkgebirge, z. B. **Ch. avenacea** (BRUG.) (unregelmäßig rippenstreifig, Mundsaum wenig erweitert [*54b*]).

53 nat. Gr. 5 mm h

54a nat. Gr. 7 mm h

54b nat. Gr. 6 mm h

55a nat. Gr. 3 mm h

55b nat. Gr. 4 mm h

56 nat. Gr. 2 mm h

57 nat. Gr. 2 mm h

4. G 3–4 mm h (die seltene **Pupilla triplicata** nur bis 2,5 mm h, Gattung kenntlich durch hellen Wulst an Außenseite des letzten Umgangs) **5**

— G 1,5–2,5 mm h (nur 2 **Columella**-Arten bis 3,3 mm, Gattung kenntlich am nicht erweiterten und ungezähnten Mundsaum) **Vertiginidae** **7**

5. Letzter Umgang an der Außenseite direkt hinter der Mündung stark ansteigend, ungenabelt, Mündung zahnlos. SO-Bayern (zu **Orculidae**) **Pagodulina pagodula** (DESM.)

— Letzter Umgang nicht ansteigend, Nabel strichförmig, Mündung meist mit 1–3 Zähnen, selten zahnlos . . . . **Pupillidae** **6**

6. Außenseite des letzten Umgangs mit hellem Wulst, Mündung kürzer als ⅓ der Schalenhöhe . . . . **Pupilla** FLEM.
Häufig **P. muscorum** (L.) [*55a*].
— Ohne solchen Wulst, Mündung etwas über ⅓ der Schalenhöhe [*55b*] **Lauria cylindracea** (DA COSTA)
7. Mundsaum einfach, ungezähnt, Schale glatt . 3; **Columella** WEST.
Häufig **C. edentula** (DRAP.) [*32*].
— Mundsaum erweitert, meist verstärkt und mit Zähnen (wenn ohne Zähne, dann Schale fein gerippt) **8**
8. G rechts gewunden, schlank zylindrisch, fein gestreift oder gerippt. Mündung zahnlos oder mit je 1 Zähnchen auf der Mündungswand u. tiefer nach innen . . . . **Truncatellina** LOWE
3 Arten, häufiger nur **T. cylindrica** (FÉRUSSAC) [*56*] (Mündung ohne Zahn), trockenes Grasland.
— G links- oder rechtsgewunden, gedrungen eiförmig oder walzig eiförmig, glatt oder feingestreift, Mündung meist mit 3–9 Zähnen **Vertigo** MÜLL. **9**
9. G linksgewunden: **V. pusilla** MÜLL. (hell hornfarben, Mündung mit 6–8 Zähnen); **V. angustior** JEFFREYS (rötlichbraun, 4–5 Zähne).
— G rechtsgewunden: 8 weitere **Vertigo**-Arten, z. B. **V. antivertigo** (DRAP.) (Außenwand der Mündung stark eingebuchtet, glänzend kastanienbraun, 7–9 Zähne), feuchte Wiesen, Ufer; **V. pygmaea** (DRAP.) (Außenwand höchstens schwach eingebuchtet, Schale hornfarben, 5 Zähne [*57*]).

Süßwasserschnecken

1. G mützenförmig, nicht spiralig gewunden, 5–7 mm l **2**
— G spiralig gewunden, anders als [*58*] u. [*59*] **3**
2. G rundlich elliptisch, hoch gewölbt [*58*] Flußnapfschnecke, **Ancylus fluviatilis** MÜLLER
— G länglich, stumpf rechteckig, flacher [*59*] Teichnapfschnecke, **Acroloxus lacustris** (L.)
3. G mit Musterzeichnung, halbeiförmig aus wenigen sich schnell erweiternden Umgängen, Mündung halbkreisförmig **Theodoxus** MONTF.
Th. fluviatilis (L.) (mit netzartiger Zeichnung [*60*]), in Flüssen, Brackwasser, an Seeufern; im Donausystem statt dessen 2 andere Arten.

58
nat. Gr. 6 mm l

59
nat. Gr. 6 mm l

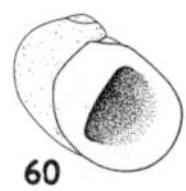
60
nat. Gr. 9 mm b

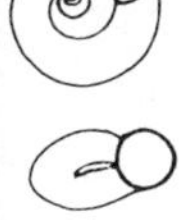
61
nat. Gr. 3 mm b

62
nat. Gr. 13 mm h

63
nat. Gr. 10 mm h

64
nat. Gr. 12 mm h

— Andere Merkmale **4**

4. G scheibenförmig, in einer Ebene spiralig aufgerollt **5**

— G schraubig aufgewunden **6**

5. Mündung nicht ganz rund, ein Rand etwas vorgezogen
Planorbidae S. 77

— Mündung rund, Ränder verbunden [*61*]. G ca. 3 mm b
Valvata cristata MÜLL.

6. G rechtsgewunden **7**

— G linksgewunden . . . . **Physidae**
Aplexa hypnorum (L.) (G schlank, stark glänzend, 12–14 mm h [*62*]); **Physa fontinalis** (L.) (G eiförmig, Gewinde stumpf, 10–11 mm h [*63*]); **Physella acuta** (DRAP.) (G eiförmig mit scharf zugespitztem Gewinde, 10–14 mm h [*64*]).

7. Mundsaum nicht zusammenhängend. G ohne Operculum
Lymnaeidae S. 78

— Mundsaum zusammenhängend. G mit Operculum **8**

8. G 2,5–4 cm h . . . . . Sumpfdeckelschnecken, **Viviparus** MONTF.
V. contectus (MILL.) (Umgänge stark gewölbt u. stufig abgesetzt [*65*]), im Stillwasser; **V. viviparus** (L.) (G schlanker, Umgänge nicht auffallend stufig [*66*]), im Fließwasser.

— G höchstens 1,5 cm h **9**

9. Mündung fast kreisrund: **Valvata pulchella** STUD. (G flach kreiselförmig, Gewinde wenig erhoben, Nabel weit, G 3 mm h, 4–5 mm b), selten; **V. piscinalis** (MÜLL.) (G variabel, meist stärker erhoben, kugelig kreisförmig oder höher als b [*67*]).

— Mündung ± oval, stets höher als b . . . . . . **Hydrobiidae** **10**

10. G 6–12 mm h (wenn nur 6 mm h, dann nicht unter 4 mm b) . **11**

— G 2–6 mm h (wenn 6 mm od. sogar höher, dann nie breiter als 3,5 mm) **12**

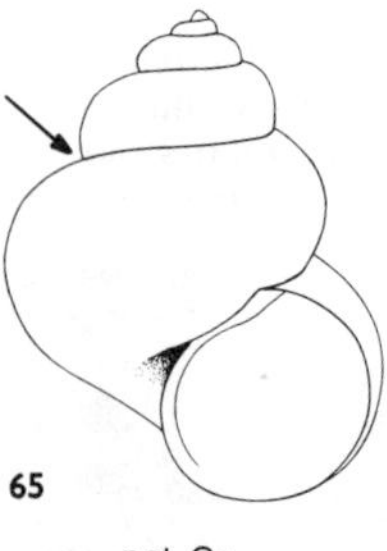
65
nat. Gr.

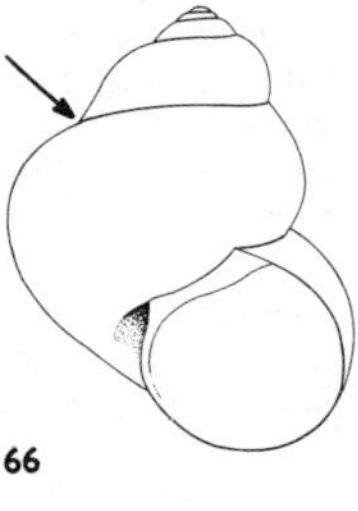
66
nat. Gr.

67
nat. Gr. 3 mm h

68
nat. Gr. 12 mm h

69
nat. Gr. 6 mm h

70
nat. Gr. 10 mm h

71
nat. Gr. 3 mm h

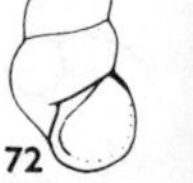
72
nat. Gr. 3 mm h

11. G kegelförmig oder oval, Mündung ± elliptisch . . **Bithynia** LEACH
B. tentaculata (L.) (Umgänge schwach gewölbt, Mündung oben zugespitzt; 10–14 mm h, 6–7 mm b [*68*]); **B. leachi** (SHEPPARD) (Umgänge stark abgesetzt, Mündung oben rund; 6–6,5 mm h, 4–5 mm b [*69*]).

— G fast kugelig eiförmig, 8–11 mm h, 7–8 mm b [*70*]. Größere Flüsse und Kanäle . . . . **Lithoglyphus naticoides** (PFEIFFER)

12. G walzig oder konisch eiförmig, seine Spitze (Apex) stumpf . **13**

— G spitz kegelförmig, Apex spitz **14**

13. G 2–3 mm h, Apex gleichmäßig gerundet [*71*] **Bythinella** MOQUIN-T.
5 Arten in Quellbächen der Mittelgebirge und Alpen.

— G mit ziemlich spitzkonischem Gewinde, ca. 3 mm h, Apex schief abgestutzt. Norddeutsche Seen **Marstoniopsis scholtzi** (SCHMIDT)

14. Meist 2–3 mm h. In unterirdischen Gewässern, Höhlen, Quellen, Brunnen im Bergland [*72*] . . 4; **Bythiospeum** (= **Lartetia**) BOURG.

— Etwa 4–6 mm h. In Brack- u. Süßwasser
Hydrobia u. **Potamopyrgus**
s. Tabelle Meeresschnecken Nr. **20,** S. 84

Familie: **Planorbidae,** Tellerschnecken

G linksgewunden, nur scheinbar rechtsgewunden.

1. G groß, über 20 mm b, Umgänge gerundet, Mündung nierenförmig [*73*] . . . . Posthornschnecke, **Planorbarius corneus** (L.)

— G kleiner, höchstens 18 mm b **2**

2. G 10–17 mm b, äußerer Umgang mit Kiel . . . . **Planorbis** MÜLL.
P. planorbis (L.) (Umgänge oben stark gewölbt, unten flacher, Kiel nahe der Unterseite [*74*]); **P. carinatus** MÜLL. (Umgänge oben und unten gleichmäßig flach gewölbt, Kiel in Mittellinie [*75*]).

— G 3–10 mm b, meist unter 8 mm b **3**

3. G dick scheibenförmig, 5–6 mm b, enge Windungen, Nabel trichterförmig, Mündung höher als b [*76*] . **Bathyomphalus contortus** (L.)

— G flach scheiben- oder linsenförmig. Umgänge und Mündung nicht höher als b **4**

4. G mit 3 Umgängen, 2–3 mm b, Oberfläche mit häutigen Rippchen, fein gestreift oder glatt [*77*] . . . . . **Gyraulus** (= **Armiger**) **crista** (L.)
Auch der seltene **Gyraulus riparius** (WESTERLUND) nur 2,5 mm breit, aber Endwindung stark erweitert.

— G mit mindestens 4 Umgängen, 4–10 mm breit **5**

5. G linsenförmig. Umgänge sehr gedrückt, sich ± übergreifend [*78*] **6**

— G scheibenförmig. Umgänge sich nicht oder kaum übergreifend [*79*] **7**

6. Mündung oberseits nicht weit vorgezogen. Letzter Umgang innen an 2–3 Stellen durch helle quergestellte Schmelzleisten verengt [*78a*]. G 5–7 mm b . . . . **Segmentina nitida** (MÜLL.)

— Mündung oberseits bogig weit vorgezogen [*78b*]. G 4–5 mm b
Hippeutis complanatus (L.)

7. G sehr dünn, Unterseite fast eben; 5–8 langsam zunehmende Umgänge, der letzte gerundet oder kantig, kaum erweitert **Anisus** STUD.
5 Arten, häufig **A. vortex** (L.) (Oberseite flach schlüsselförmig, 9–10 mm b, mit scharfem fast basal liegendem Kiel [*79*]); ferner junge **Planorbis,** s. Nr. **2; A. leucostomus** (MILLET) (G ungekielt).

— G unterseits flach schlüsselförmig; 4–4½ Umgänge, letzter bisweilen gekielt und an der Mündung erweitert . . . . . **Gyraulus** CHARP.
5 Arten, häufig **G. albus** (MÜLL.) (Oberfläche mit Gitterskulptur [*80*], ohne Glanz, grünlichweiß).

73
nat. Gr.

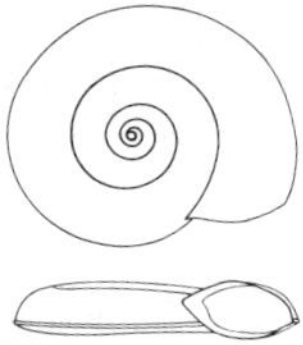
74
nat. Gr. 15 mm b

75
nat. Gr. 15 mm b

79
nat. Gr.
10 mm b

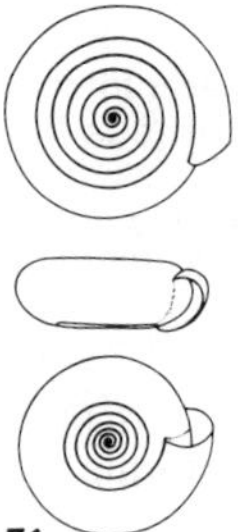
76
nat. Gr.
5 mm b

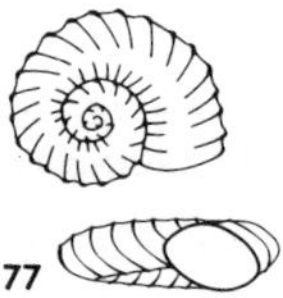
77
nat. Gr.
3 mm b

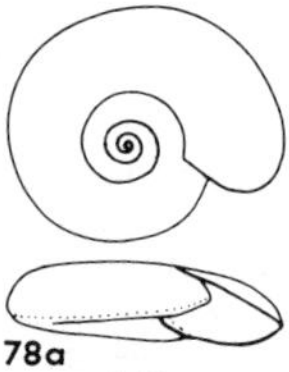
78a
nat. Gr.
6 mm b

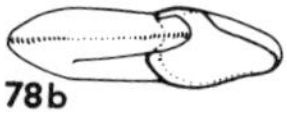
78b
nat. Gr.
5 mm b

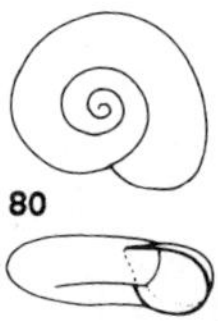
80
nat. Gr. 6 mm b

Familie: **Lymnaeidae,** Schlammschnecken

1. G fast kugelig, sehr zart und durchsichtig, hornfarben, meist ganz vom Mantel umhüllt, einem Schleimklumpen ähnlich. Letzter Umgang stark bauchig [*81*]. G 10–14 mm h, 8–12 mm b. Selten
Mantelschnecke, **Myxas glutinosa** (MÜLL.)

— G nicht fast kugelrund, derber 2

2. Mündung meist viel höher als halbes G . . . . **Radix** MONTF. 6

— Mündung etwa halb so hoch wie G oder noch niedriger . . . 3

3. Letzter Umgang bauchig. Mündung etwa halb so h wie G (4,5–6 cm h). Konturlinie des Gewindes leicht konkav [*82*] **Lymnaea stagnalis** (L.)

81
nat. Gr.

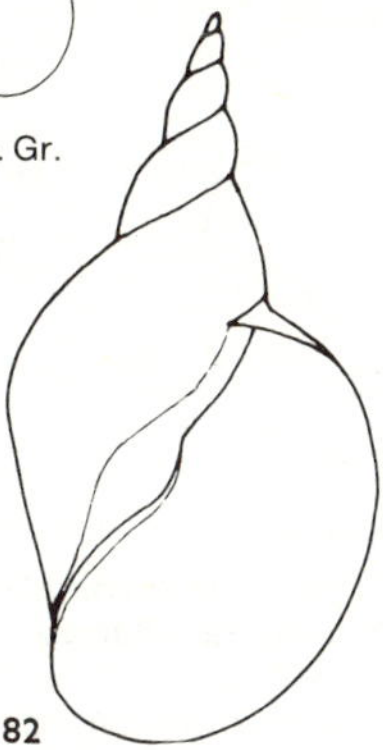
82
nat. Gr.

83a
nat. Gr.

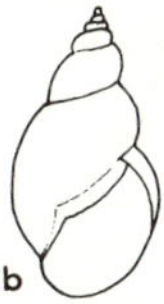
83b
nat. Gr.

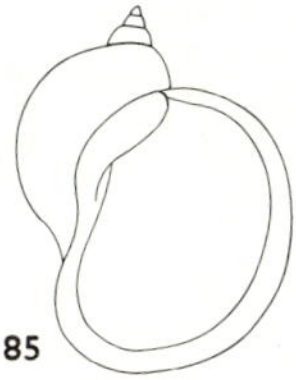
85
nat. Gr.

84
nat. Gr.

86a
nat. Gr.

86b
nat. Gr.

— Kleiner. Letzter Umgang nicht derart bauchig. Konturlinie des Gewindes gerade oder leicht konvex . . . . **Galba** Schrank 4

4. G etwa 3mal so h wie b (15:5 mm). Mündung ⅓ der Höhe des G. Gräben, Sümpfe NW-Deutschlands, fehlt im Süden [*83a*] **G. glabra** (Müll.)

— G nur doppelt so h wie b. Mündung fast ½ der Höhe des G . 5

5. G bis 30 mm h, 10 mm b, die einzelnen Umgänge gleichmäßig gewölbt [*83b*] . . . . **G. palustris** (Müll.)

— G etwa 10 mm h, 5 mm b, die Umgänge stärker gewölbt, stufig gegeneinander abgesetzt [*84*] Leberegelschnecke, **G. truncatula** (Müll.)

6. G meist etwa so b wie h; letzter Umgang ohrförmig erweitert, aber Gewinde deutlich Mündung überragend, zugespitzt [*85*] **R. auricularia** (L.)

— G ± länglich eiförmig u. höher als b [*86a*] . . **R. peregra** (Müll.)

— G breiter als h, letzter Umgang stark erweitert [*86b*] **R. ovata** (Draparnaud)

Meeresschnecken

Ins Brackwasser dringen auch einige Schnecken des Süßwassers ein, daher unter Umständen noch Tabelle der Süßwasserschnecken zu Rate ziehen. Nacktschnecken im Meer sind nicht berücksichtigt; von ihnen leben auf Schlickboden der Außendeich-Salzwiese **Alderia** (Lov.) (Körper mit 2–3 Reihen von Rückenanhängen [*87*], 10–15 mm), **Limapontia nigra** (Müller) (keine Rückenanhänge, flach durchsichtig, etwa 8 mm l). Gehäuseschnecken der Salzwiese im Flutbereich: **Assiminea** (amphibisch) und **Ovatella** (landlebend) in dieser Tabelle.

1. G (Schale) napfförmig 2

— G von anderer Form 4

87

nat. Gr.

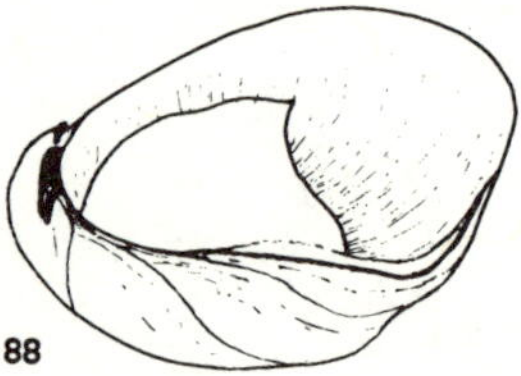

88

nat. Gr.

89

nat. Gr.

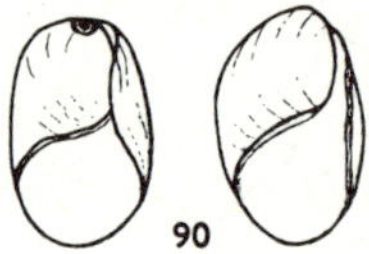

90

nat. Gr.

91

nat. Gr.
6 mm h

2. Schale innen zur Hälfte mit querer Scheidewand [*88*]
Pantoffelschnecke, **Crepidula fornicata** (L.)
— Schale ohne solche Scheidewand Napfschnecken, **Patellacea** 3
3. Schale zart, im Leben mit radiären blau irisierenden Streifen, bis 2 cm [*89*]. Auf Laminarien . . . . **Helcion pellucidus** (L.)
— Schale derb . . . . **Acmaea** Esch
A. testudinalis (Müll.) (grau mit dunkelbrauner Fleckenzeichnung, bis 4 cm, Spitze wenig nach vorn gerückt); **A. virginea** (Müll.) (rosa, gelb oder weißlich, rötlich gestrahlt, bis 1,5 cm, Spitze stärker nach vorn gerückt).
4. G ± ei-walzenförmig, Mündung fast oder ebenso h wie G . . 5
— G nicht so bzw. andere Merkmalskombinationen 6
5. G weniger als doppelt so h wie b, ± eiförmig, sehr dünn, hellbraun, ca. 14 mm h [*90*]. Kieler Bucht . . . . **Akera bullata** Müll
— G etwa doppelt so h wie b, walzenförmig . . . . . **Retusa** Brown
R. obtusa (Mont.) (Gewinde vortretend, Außenlippe reicht nicht bis zur Spitze [*91*], bis 7 mm); **R. truncatula** (Brug.) (Gewinde mehr eingesenkt, Außenlippe reicht bis zur Spitze, bis 4 mm h).
— G etwa 2½mal so h wie b, walzenförmig, Mündung unten erweitert und so h wie ganzes G (8–11 mm). Bei Helgoland
Cylichna cylindracea (Penn.)
6. G langgestreckt, deutlich skulpturiert, etwa 3mal so h und höher als b 7
— G kugelig, eiförmig oder konisch, höchstens 2,5mal so h wie b; wenn ± turmförmig (Rissoidae), dann meist nicht über 5 mm h (nur Rissoa membranacea bis 10 mm h) 8
7. G linksgewunden, bis 8 mm h [*92*] . . . . **Triphora perversa** (L.)
— G rechtsgewunden: **Epitonium (Scala) clathrus** (L.) (G mit 9 kräftigen leistenartigen Rippen je Umgang [*93*], bis 35 mm h); **E. turtonae** (Turt.) (ähnlich, aber 12 flachere Rippen je Umgang, bis 40 mm h); **Turritella communis** Lam., Turmschnecke (G nur mit Spiralstreifen [*94*], bis 45 mm h); **Bittium reticulatum** (da Costa) (G nur mit netzartiger Skulptur [*95*], bis 12 mm h); beachte ferner junge **Aporrhais** (G mit groben, knochenartigen, vertikalen Erhebungen [*96a*]).
8. Mündung des G bei ausgewachsenen Schalen mit flügelartigen Fortsätzen [*96*] . . . . Pelikanfuß, **Aporrhais pespelecani** (L.)
— Mündung ohne solche Fortsätze 9
9. An Basis der Mündung des G rinnenartige Vertiefung . . . 1
— G ohne solche Siphonalrinne 1

92
nat. Gr.
8 mm h

93
nat. Gr.

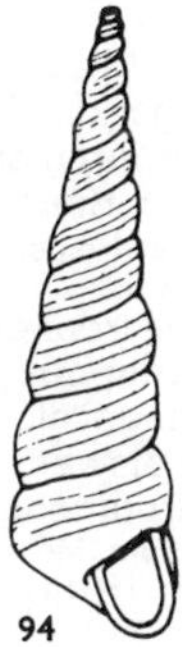
94
nat. Gr.

95
nat. Gr.
12 mm h

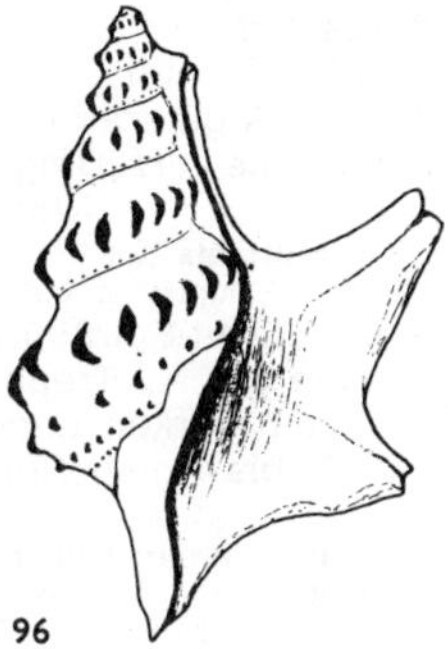
96
nat. Gr.

96a
nat. Gr.

97
nat. Gr.

98
nat. Gr.

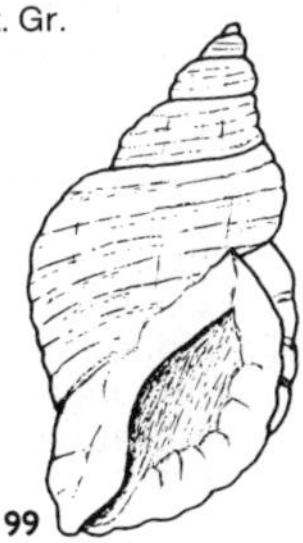
99
nat. Gr.

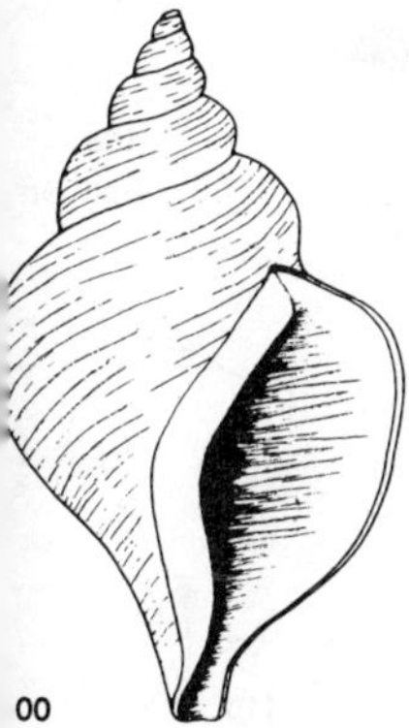
00
nat. Gr. bis 20 cm h

101
nat. Gr. bis 11 cm h

101a
nat. Gr.

165
nat. Gr.

10. Bis 4 cm h **11**
— G 5–20 cm h **12**

11. G stark gitterartig skulpturiert (Längsrippen u. Spiralfurchen). Siphonalrinne kurz. Umgänge nicht treppenartig abgesetzt
Netzreusenschnecken, **Hinia** LEACH (= **Nassarius** DUM.)

H. reticulata (L.) [*97*] (2–3 cm h), nicht bei Helgoland; **H. incrassata** (STRÖM) (bis 1,5 cm), nur Helgoland.

— G nur mit Spiralfurchung, Umgänge treppenartig abgesetzt [*98*], bis 2 cm h . . Treppenschnecke, **Oenopota** (= **Bela**) **turricula** (MONT.)

— G mit starken Längsrippen, Umgänge nicht treppenartig abgesetzt [*99*], bis 4 cm h. Nur Helgoland, im Felswatt
Purpurschnecke, **Nucella lapillus** (L.)

— Beachte ferner: junge **Neptunea** und **Buccinum** (Merkmale Nr. **12**) sowie junge **Aporrhais** (s. Nr. **7,** mit knotenartigen Längsrippen [*96a*], aber nicht treppenartig abgesetzten Umgängen wie Lora!)

12. Skulptur besteht nur in feiner, nicht immer deutlicher Streifung. Umgänge relativ stark abgesetzt. Mit langer Siphonalrinne [*100*]
Spindelschnecke, **Neptunea antiqua** (L.)

— Skulpturierung mit wellenförmigen Längsrippen und feiner Spiralfurchung. Siphonalrinne kurz [*101*]
Wellhornschnecke, **Buccinum undatum** L.

Ihre bis faustgroßen gelblichen Klumpen der Eikapseln findet man oft am Strand angespült [*101a*].

13. G durch erweiterten letzten Umgang, der weitgehend die übrigen Windungen umwächst, ohrförmig. Ohne Nabel. Schale dünn, mit dunkelbrauner Außenhaut, 15–25 mm l. Helgoland, Kieler Bucht [*165*] (S. 81) . . . . **Velutina velutina** MÜLL.

102
nat. Gr.

103
nat. Gr. 7 mm h

104
nat. Gr.

105
nat. Gr.

107
nat. Gr.

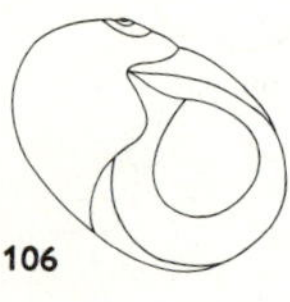
106
nat. Gr.

108
nat. Gr. 5 mm h

109
nat. Gr.

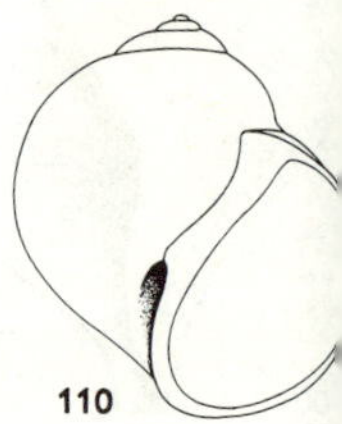
110
nat. Gr.

— G scheibenförmig, glänzend, 1–1,5 mm **Omalogyra atomus** (Phil.)
— G anders. Wenn unterer Umgang stark erweitert (Lacuna pallidula), dann mit Nabel [*104*] oder Schale dick **14**

14. G von der Form eines umgekehrten Kreisels, mit ± marmorierter Zeichnung . . . . Kreiselschnecken, **Trochidae**

Gibbula cineraria (L.) (Nabel offen, G mit stumpfer Spitze [*102*]), Helgoländer Felswatt; **G. tumida** (Mont.) (Nabel verengt, G mit deutlicher Spitze und abgesetzten Windungen) und **Calliostoma zizyphus** (L.) (ungenabelt), Helgoland, tiefes Wasser.

— Anders **15**

15. G spitz eiförmig, mit 1–3 deutlichen Zähnen am Innenrand der Mündung [*103*], 6–7 mm h. Salzwiesen im Flutbereich **Ovatella myosotis** (Drap.)
— Ohne Zähne (höchstens mit zahnartiger Falte) **16**

16. Mundsaum nicht zusammenhängend [*109*] **17**
— Mundsaum zusammenhängend, also in sich selbst zurücklaufend [*110*] **18**

17. Nabel offen, setzt sich in länglicher Grube fort . . 3; **Lacuna** Turt.

L. pallidula (da Costa) (G breiter als h, 4–10 mm h [*104*]); **L. vincta** (Montagu) (G deutlich höher als b, bis 14 mm h [*105*], Umgänge oft mit bräunlichen Spiralbändern).

— Nabel fehlt . . . . Strandschnecken, **Littorina** Fér.

L. obtusata (L.) (G so b oder breiter als h, bis 13 mm h [*106*]). Bei übrigen Arten G kurz kegelförmig: **L. saxatilis** (Olivi) (rudis) (Umgänge deutlich gewölbt, mit vertiefter Naht, bis 11 mm h [*107*]); **L. neritoides** (L.) (blaugrau, etwas weniger gewölbte Umgänge, nur bis 6 mm h [*108*]), Helgoland; **L. littorea** (L.) (Umgänge ganz schwach oder kaum gewölbt, oft mit dunklen Bändern, bis 20 mm h [*109*]), häufigste Art.

18. G rundlich, Nabel offen, höchstens von einer Schwiele etwas verdeckt Nabelschnecken, **Naticidae, Lunatia** Gray

L. montagui (Forb.) (G mit gewölbten Anfangswindungen, ohne Fleckenzeichnung, bis 10 mm h. Nabel mit feinem Nabelstrang, der als Schwiele endet); **L. alderi** (Forbes) (G mit nur schwach gewölbten Anfangswindungen, mit Fleckenzeichnung, bis 18 mm h); **L. catena** da Costa (G mit gewölbten Anfangswindungen, mit Fleckenzeichnung, bis 20 mm h [*110*]). Durchbohren mit ihrer Radula Schnecken- und Muschelschalen.

— G kegelförmig bis turmförmig, meist unter 5 mm h (1 Art 10 mm h), Nabel fehlt (oder höchstens undeutlich vorhanden) **19**

19. G längs oder spiralig skulpturiert bzw. mit entsprechender Zeichnung. (Zuweilen allerdings glatt u. ohne Zeichnung, dann Verwechslung mit Hydrobien möglich) . . . . **Rissoidae**

Rissoa Desm. (Skulptur meist mit deutlichen Vertikalrippen), **R. membranacea** (Adams) (9–10 mm h [*111*]), 3 weitere Arten höchstens 5 mm h; **Cingula striata** (Mont.) (G nur mit feinen Spiralstreifen, 3 mm h [*112*]).

— G glatt, weniger schlank, mehr kurz kegelförmig im Vergleich zu den Rissoiden **20**

11

at. Gr.
0 mm h

112

nat. Gr.
3 mm h

113

nat. Gr.
6 mm h

114

nat. Gr.
4,5 mm h

115

nat. Gr.
6 mm h

116

nat. Gr.
5 mm h

20. G etwa 1½mal so h wie b, Endwindung etwas kantig [*113*], bis 7 mm h. Amphibisch im Flutbereich von Salzwiesen **Assiminea grayana** FLEM.

— G etwa doppelt so h wie b

Hydrobiidae, Hydrobia HARTMANN u. **Potamopyrgus** STIMPSON

H. stagnorum (GMELIN) (ventrosa) (Umgänge stark gewölbt und voneinander abgesetzt; 4,5 mm h, 2,2 mm b [*114*]); **H. ulvae** (PENN.), Wattschnecke (Umgänge nur schwach gewölbt; bis 6 mm h, 3–3,5 mm b [*115*]); **P. jenkinsi** (SMITH) (Wölbung der Umgänge zwischen denen der 2 Hydrobia-Arten in ihrer Ausprägung, die Umgänge können durch spiralige Kante schwach gekielt sein; 4–5 mm h, 2,5 mm b [*116*]), in schwachem Brack- u. auch Süßwasser.

Süßwassermuscheln

1. Schale (Sch) dreieckig mit auffallender Kante. Wirbel am Vorderende des Schalenrandes [*117*]

Dreikantmuschel, **Dreissena polymorpha** (PALL.)

Ähnlich **Congeria** s. Tabelle Meeresmuscheln Nr. **5** (Brackwasser).

— Sch gleichmäßig gewölbt, Wirbel nicht an ein Ende gerückt . **2**

2. Sch ± kugelförmig, höchstens 22 mm l

Sphaeriidae u. **Corbiculidae** **3**

— Sch länglich, kaum unter 5 cm l **Margaritiferidae** u. **Unionidae** **4**

3. Wirbel stets deutlich hinter Mitte des Schalenrandes [*118*]. Sch mit Ausnahme der ca. 1 cm langen **P. amnicum** (MÜLL.) höchstens 5 mm l. Etwa 16 schwer bestimmbare Arten

Erbsenmuscheln, **Pisidium** PFEIFFER

— Wirbel ± mittelständig. Länge der Sch über 8 mm

Musculium lacustre (MÜLL.) (Wirbel konisch erhöht [*119*], Sch ca. 9 mm l); bei **Sphaerium** SCOPOLI ist der Wirbel breit gerundet [*120*]: **S. rivicola** (LAM.) (Sch 20–22 mm l, auf dem Wirbel gestreift), besonders in Flüssen, nicht häufig; **S. solidum** (NORMAND) (9–1[illegible] mm, Sch dickwandig, konzentrisch gerippt), in Strömung größerer Flüsse, sehr selten; **S. corneum** (L.) (Sch ca. 12 mm l, dünnwandig, von der Mitte an konzentrisch gestreift [*120*]), in Still- u. Fließgewässern häufig. **Corbiculidae** mit 2; **Corbicula** MÜHLFELD (Sch seitlich nicht so gleichmäßig gerundet wie [*120*]; etwa 2 cm), in Weser und Rhein.

117
nat. Gr.

118

nat. Gr.

119
nat. Gr.

120
nat. Gr.

4. Innenseite des Schalenoberrandes (Schloßrand) ohne vorragende Zähne. Sch relativ dünn **5**

— Schloßrand mit vorragenden Zähnen. Sch kräftig **6**

5. Sch flach, Umriß spitz eiförmig, nach vorn verschmälert, nach hinten mehr zugespitzt [*121*], 7–8 cm l. In Flüssen und Seen

Pseudanodonta complanata (ROSS.)

— Sch bauchig, vorn breit gerundet [*122, 123*], bis 20 cm l

Teichmuscheln, **Anodonta** LAM.

A. anatina (L.) (piscinalis) (Sch am unteren Rand der Innenseite deutlich verdickt; Wirbelstruktur: Fältchen, die Anwachsstreifen kreuzen u. am Ende winklig ansteigen

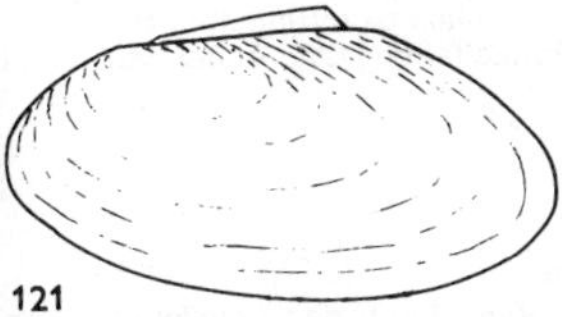

121

½ nat. Gr.

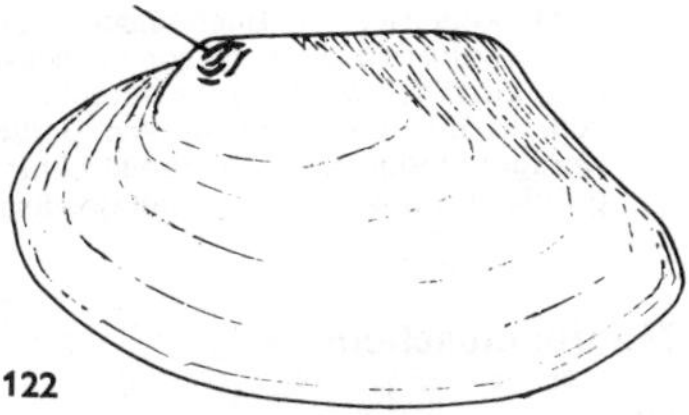

122

½ nat. Gr.

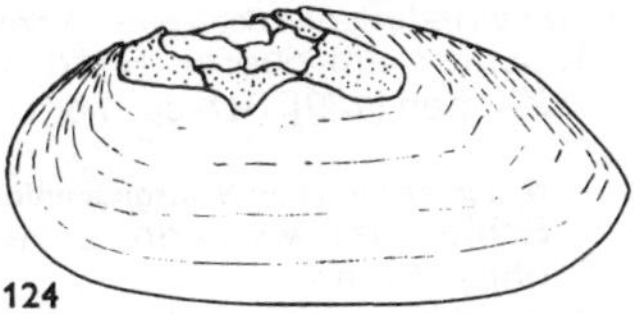

124

⅓ nat. Gr.

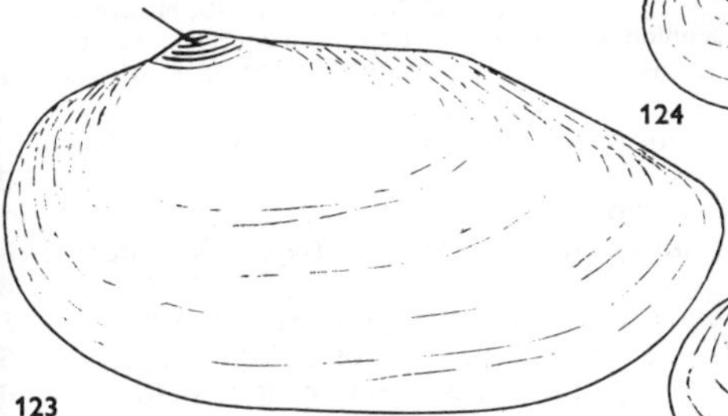

123

⅓ nat. Gr.

125

½ nat. Gr.

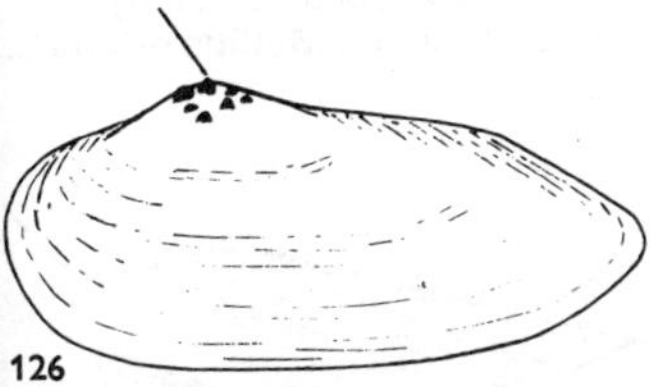

126

½ nat. Gr.

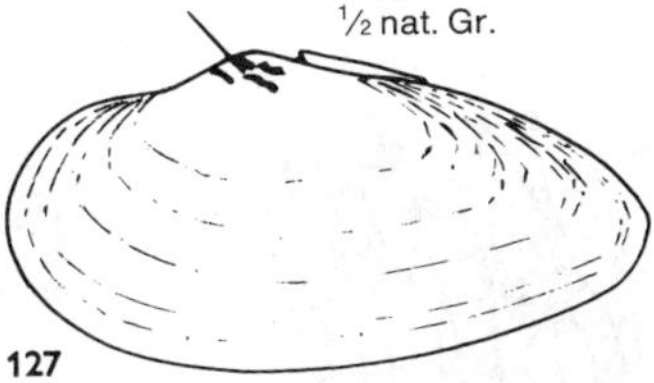

127

½ nat. Gr.

[*122*]); **A. cygnea** (L.) (Sch innen am Unterrand nicht verdickt; Wirbelskulptur: zu den Anwachsstreifen parallele elliptische Fältchen; Ober- u. Unterrand der Sch oft ± parallel [*123*]); beide Arten vorzugsweise in stehenden Gewässern.

6. Schloßrand nur mit vorragenden Zähnen, ohne lange Leisten. Wirbel ohne Höcker oder Runzeln, aber meist korrodiert [*124*]. Außenhaut der Sch schwarz, Sch dick, nierenförmig. 12–15 cm l

Flußperlmuschel, **Margaritifera margaritifera** (L.)

Sehr selten (unter Naturschutz!), in kalkarmen Bächen.

— Schloßrand außer hohen Zähnen mit langer scharfer Leiste. Wirbel meist mit deutlichen Runzeln oder Höckern. Sch bis 9 cm l

Flußmuscheln, **Unio** RETZIUS

U. crassus (Retzius), Bachmuschel (Sch weniger als 2mal so l wie b, Umriß oval, kurz ei-nierenförmig, dunkelbraun bis schwarz [*125*]); **U. pictorum** (L.), Malermuschel (Sch über 2mal so l wie b, Wirbelskulptur mit einzelnen Höckern [*126*], Sch meist olivgelblich), in Still- u. Fließgewässern; **U. tumidus** Retzius (ähnlich pictorum, aber Sch meist weniger langgestreckt, Wirbelstruktur mit groben Runzelfalten [*127*], Außenhaut meist grünlichbraun), in Still- u. Fließgewässern.

Meeresmuscheln

Mit dünner Kalkschicht ausgekleidete Gänge im Holz sind durch den Schiffsbohrwurm (**Teredo navalis** L.) [*128*] hervorgerufen. Es ist eine wurmartig langgestreckte Muschel mit winzigen reduzierten Schalen am Vorderende.

1. Schloß am oberen Rand der Schale (Sch) mit vielen gleichartigen Zähnen [*129*]. Sch ca. 1 cm l, innen mit Perlmuttglanz
3; Nußmuscheln, **Nucula** Lam.

N. nucleus (L.) und **N. turgida nitidosa** (Winckworth): Unterrand der Sch gekerbt.

— Schloß aus wenigen ± verschieden geformten Zähnen oder ganz ohne Zähne **2**

2. Schalenumriß deutlich langgestreckt oder wenigstens wie [*140*] u. [*141*] **3**

— Umriß rundlich, ovaldreieckig oder wie [*156*] **11**

3. Wirbel (ganz oder fast ganz) am Schalenende (wie [*130–132*]). Sch meist dunkel **4**

— Wirbel nicht derart weit an ein Ende der Sch gerückt. Sch ± hell **7**

4. Wirbel spitz, ganz am Ende des Schalenrandes [*130*] **5**

— Wirbel rund, etwas hinter dem Ende des Schalenrandes [*132*] **6**

5. Auf der Innenseite der Sch am Wirbel eine kleinere quere Scheidewand u. löffelartiger Fortsatz. Braun mit hellen Flecken. Etwa 2 cm l. Nord-Ostsee-Kanal . . . . **Congeria cochleata** (Kickx)

— Ohne Scheidewand u. ohne löffelartigen Fortsatz, bis 8 cm l [*130*]
Miesmuschel, **Mytilus edulis** L.

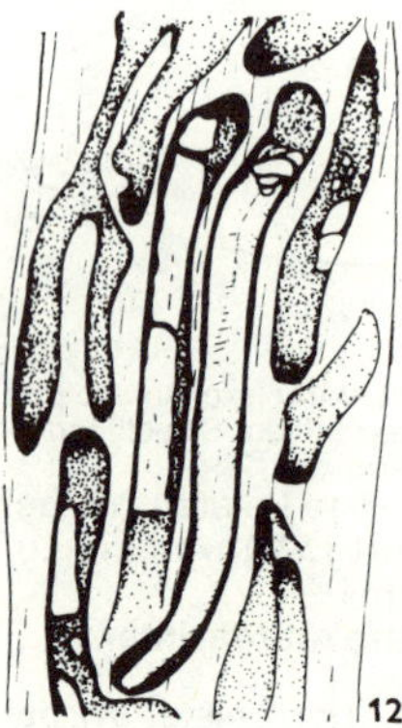

128

½ nat. Gr.

129

nat. Gr.

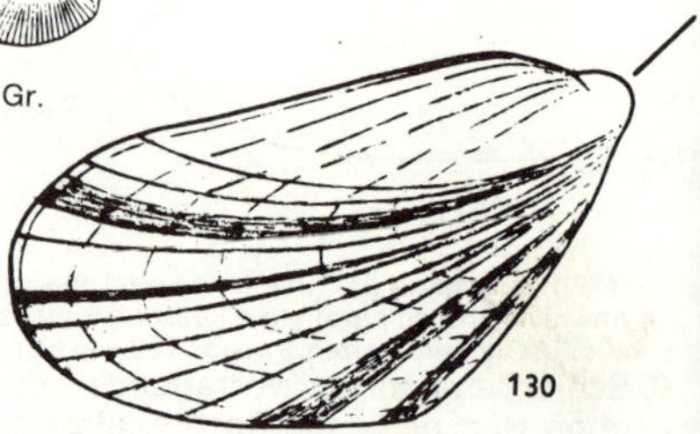

130

nat. Gr.

131

nat. Gr.

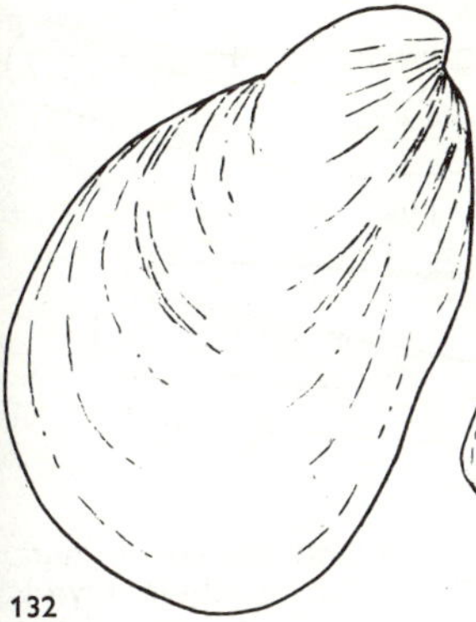

132

nat. Gr.

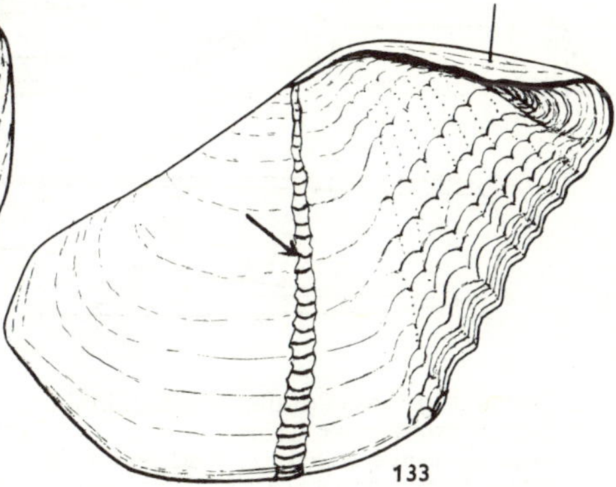

133

nat. Gr.

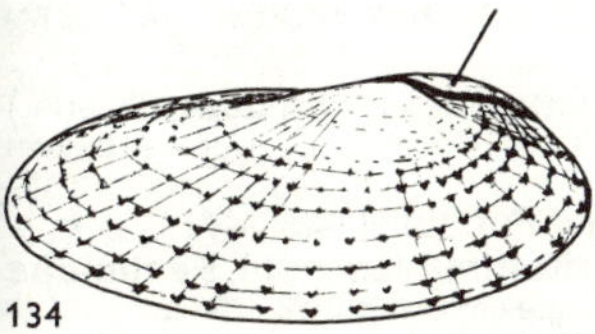

134

nat. Gr.

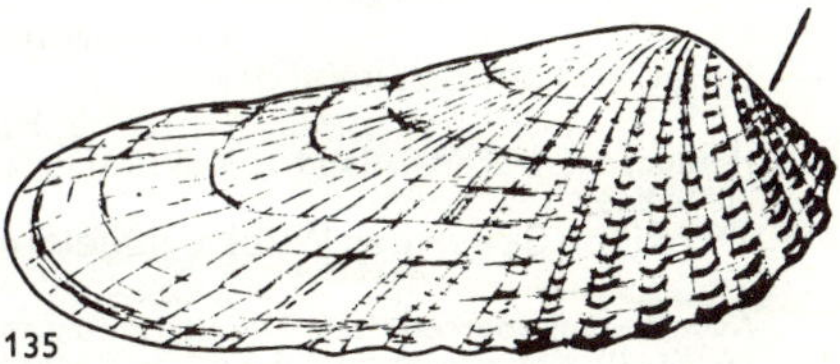

135

nat. Gr.

6. Sch größtenteils mit Radialskulptur, bis 3,5 cm l [*131*] **Musculus** RÖD.

3 Arten, Ostsee, häufig **M. discors** (L.).

— Sch ohne rippenartige Radialskulptur, bis 14 cm l [*132*]. Selten in der südlichen Nordsee im Sublitoral . . . . . **Modiolus modiolus** (L.)

7. Sch grob rippenartig skulpturiert 8

— Sch glatt, geriefelt od. nur mit konzentrischen Zuwachsstreifen 9

8. Oberrand der Sch nach außen umgeschlagen (glatt) Bohrmuscheln, **Pholadidae**

Zirfaea crispata (L.) (über die Schalenmitte zieht auffällige Querfurche [*133*]); **Barnea candida** (L.) (Sch ohne Querfurche, Vorder- und Hinterende gerundet [*134*]); **Pholas dactylus** L. (ohne Querfurche, Vorderende stark eingebuchtet u. sein nach außen umgeschlagener Schalenteil durch kleine Querleisten mit der Außenfläche der Sch verbunden), bohrt im Buntsandstein u. Kalkstein von Helgoland.

— Oberrand der Sch nicht nach außen umgeschlagen [*135*]. Schloß vorhanden Amerikanische Bohrmuschel, **Petricola pholadiformis** (LAM.)

9. Sch mindestens 3mal so l wie b . . Scheidenmuscheln, **Solenidae**

Phaxas pellucidus (PENN.) (Vorder- u. Hinterende abgerundet, Sch dünn, bis 3 cm l [*136*]). **Ensis** SCHUM. (Sch länger u. fester, Enden ± abgestutzt), **E. ensis** (L.) (Sch bis 10 cm l, kräftig gebogen [*137*]; **E. americanus** (BINN.) u. **E. arcuatus** (JEFFR.) (Sch bis 16 cm, schwach gebogen); **E. siliqua** (L.) (Sch bis 22 cm, gerade [*138*]).

136 nat. Gr.

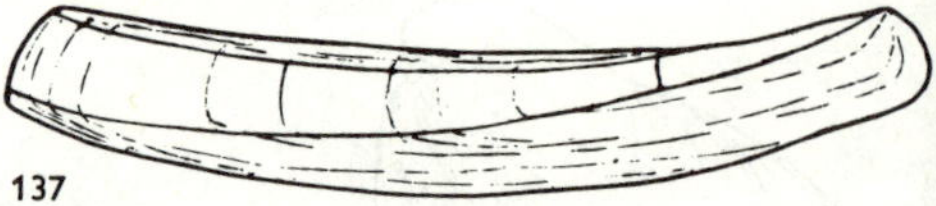

137 nat. Gr.

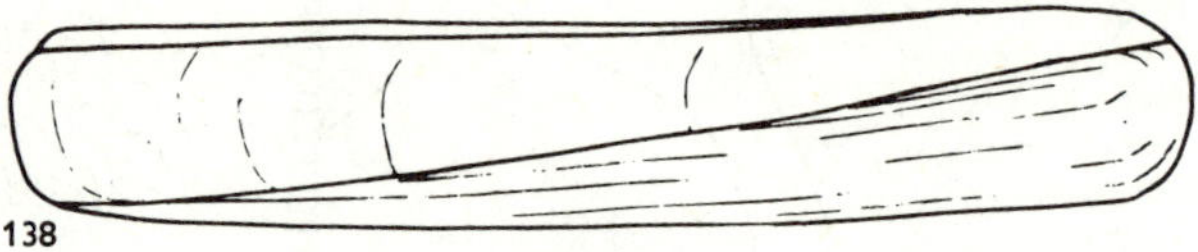

138 nat. Gr.

— Sch weniger als 2mal so l wie b. Linke Sch mit löffelartigem Fortsatz, rechte mit flacher Grube . . . . Klaffmuscheln, **Mya** L.

M. (= **Arenomya**) **arenaria** L. (Hinterrand der Sch eiförmig [*139*]; bis 12 cm l); **M. truncata** L. (Hinterrand der Sch ± senkrecht abgestutzt [*140*]; bis 6 cm l).

— Sch etwa 2mal so lang wie breit **10**

10. Unterrand der Sch gekerbt [*141*] Dreiecksmuschel, **Donax vittatus** (DA COSTA)

— Unterrand der Sch nicht gekerbt [*142*] 2; **Hiatella** BOSC (= **Saxicava** FLEUR.)

H. rugosa (L.), bohrt in Sand- u. Kalkstein Helgolands; **H. arctica** (L.), Nord- u. Ostsee auf Steinen.

11. Zu beiden Seiten des Wirbels flügelartiger Fortsatz [*143, 144*] Kamm-Muscheln, **Pectinidae**

Aequipecten opercularis (L.) (Fortsätze etwas ungleich, Sch mit 18–22 flachen Rippen [*143*]); **Chlamys varia** (L.) (Fortsätze sehr ungleich, Sch mit 25–35 hohen Rippen [*144*]).

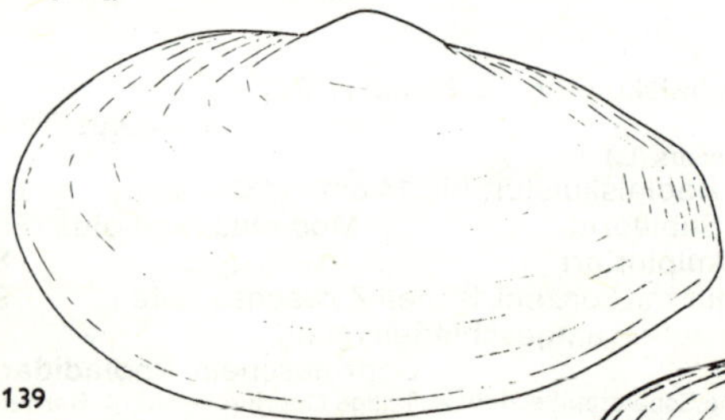

139 ½ nat. Gr.

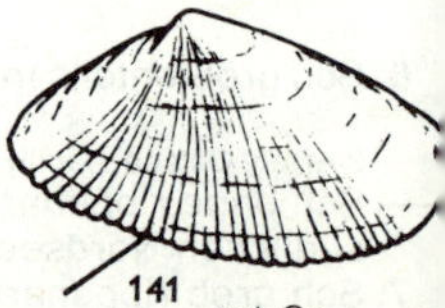

141 nat. Gr.

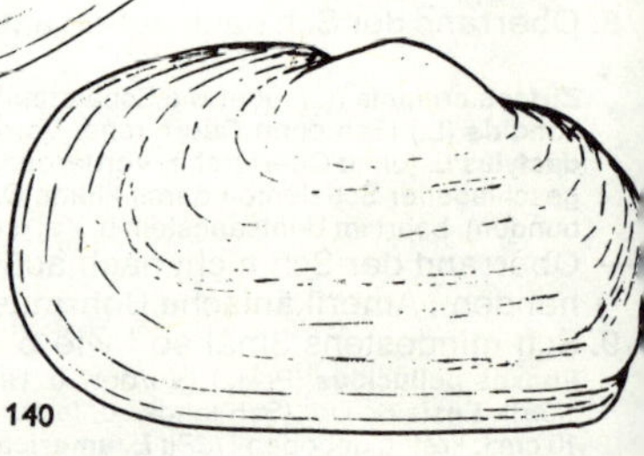

140 etwas unter nat. Gr.

142 nat. Gr.

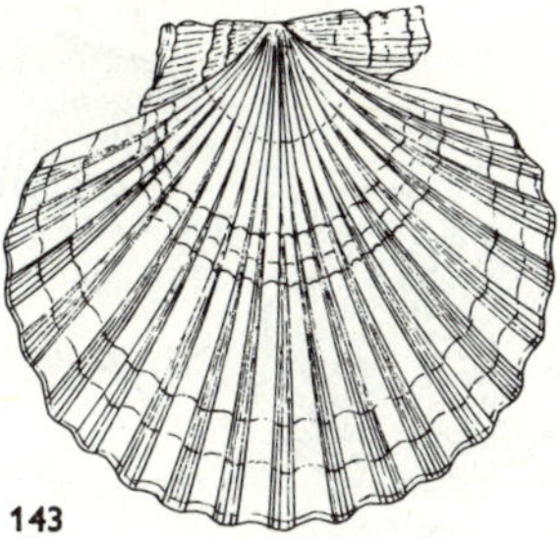

143 ½ nat. Gr.

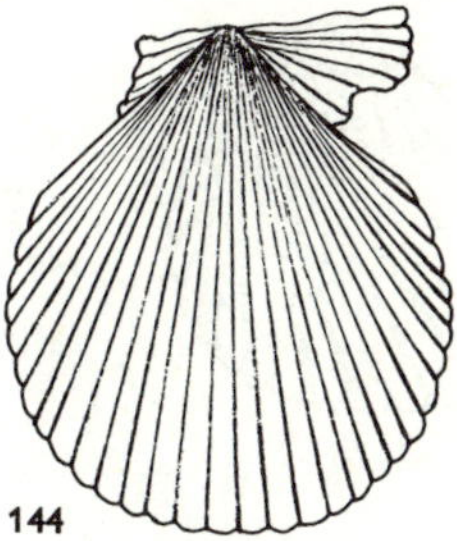

144 nat. Gr.

145 ½–⅓ nat. Gr.

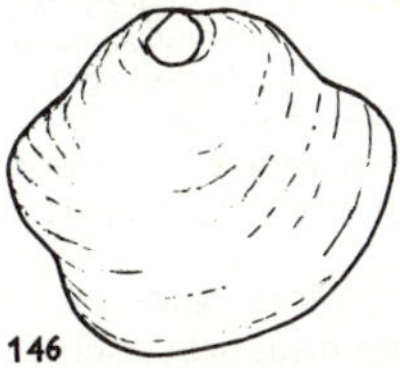

146 nat. Gr.

— Sch ohne flügelartige Fortsätze am Wirbel **12**

12. Sch mit unregelmäßigem, ± rundlichem Umriß, wie [*145* u. *146*] **Ostreidae** und **Anomiidae**

Ostrea edulis L., Auster (Sch bis 10 cm, meist mit blättriger Skulptur, linke untere Sch stärker gewölbt als rechte obere u. innen mit 1 Muskeleindruck [*145*]). **Anomiidae,** Sattelmuscheln (2–5 cm, linke obere Sch stärker gewölbt als rechte untere: **Anomia ephippium** (L.) [*146*] innen mit 3 Muskeleindrücken, **Heteroanomia squamula** (L.) u. **Monia patelliformis** (L.) innen mit 2 Eindrücken; linke – häufiger gefundene – Sch ohne Loch).

— Sch mit regelmäßigem Außenrand **13**

13. Oft durch radiäre Rippen und Rillen skulpturiert. Unterer Rand der Sch ganz (Cardiidae) oder wenigstens an der Innenseite (Venusmuscheln) gekerbt **14**

— Unterer Schalenrand glatt **15**

14. Sch stark bauchig, unterer Rand gekerbt, Mantelbucht fehlt Herzmuscheln, **Cardiidae**

Acanthocardia echinata (L.) (kleine Mittelleisten mit Stacheln auf den 18–20 Rippen; Sch bis 6 cm l), bei Helgoland. 2; **Cerastoderma** Poli, häufig **C. edule** (L.) (mit meist 24 flachen gerundeten Rippen [*147*], Sch bis 5 cm l); **Parvicardium ovale** (Sowerby) (Sch mit 1 od. 2 konzentrischen dunklen Bändern, Rippen sehr dicht, bis 1,5 cm l [*148*]); **Cerastobyssus exiguum** (Gmel.) (ähnlich letzterer gerippt, aber Sch schief bis dreikantig, bis 1 cm l). (Alle Arten gehörten früher zur Gattung **Cardium** L.)

— Sch flacher, nur Innenseite des Randes gekerbt, kleine Mantelbucht vorhanden Venusmuscheln, **Chione** Mühlfeld u. **Chamelea** Mörch.

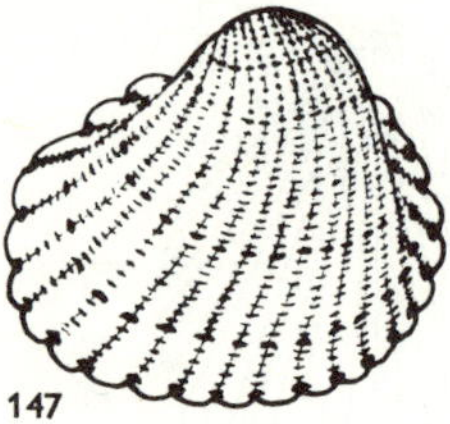

147

nat. Gr.

148

nat. Gr.

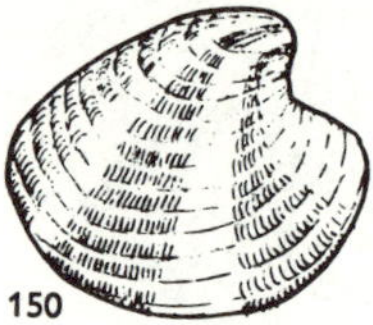

150

nat. Gr.

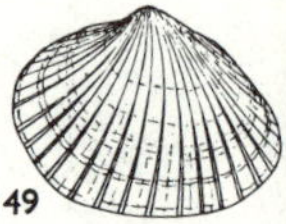

149

nat. Gr.

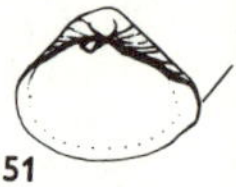

151

nat. Gr.

Chione ovata (PENN.) (Sch rundlich oval, mit Netzwerk aus radialer u. fein konzentrischer Streifung [*149*], bis 1,5 cm l), Helgoland; **Chamelea gallina striatula** (DA COSTA) (Sch schief dreieckig gerundet, mit vielen konzentrischen Rippen, strahliger Bänderzeichnung und etwas nach vorn gebogenem Wirbel [*150*], bis 3 cm l). (Beide Arten früher zur Gattung **Venus** L. gerechnet.)

15. Sch oval dreieckig, Vorderende gerundet, Hinterende etwas verlängert und abgestutzt. Rechte Schalenklappe greift mit ihrem Rand über die etwas kleinere linke. Bis 12 mm l [*151*]

Korbmuschel, **Corbula gibba** (OLIVI)

— Andere Merkmale **16**

16. Schalenhaut braunschwarz (bisweilen gelbbraun). Sch auf Innenseite ohne Mantelbucht. Merkmale zuweilen durch Brandung undeutlich **17**

— Sch hell oder farbig bzw. bunt. Mantelbucht vorhanden [M: *156a*] **18**

17. Bis 12 cm groß, stark bauchig, Wirbel vor der Mitte [*152*]

Arctica (Cyprina) islandica (L.)

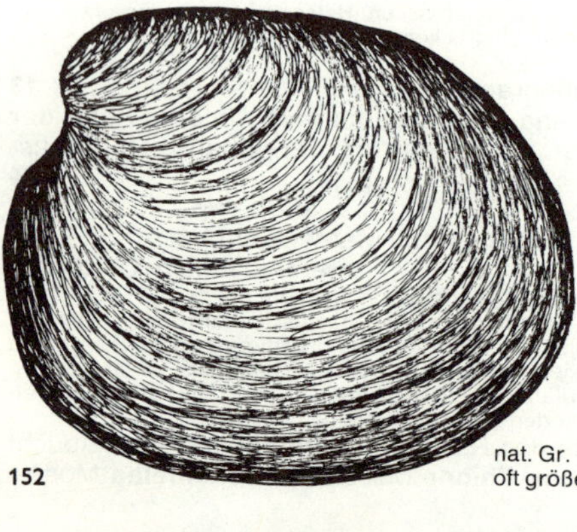

152

nat. Gr.
oft größer

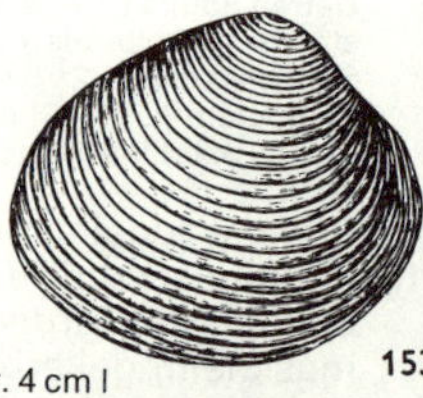

nat. Gr. 4 cm l

153

154

nat. Gr. 3 cm l

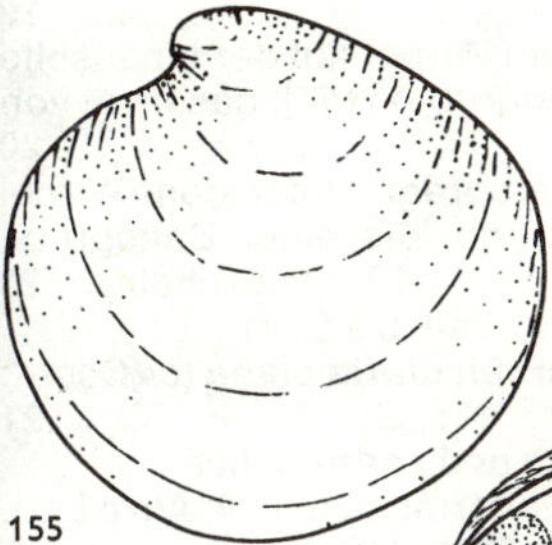
155
nat. Gr.

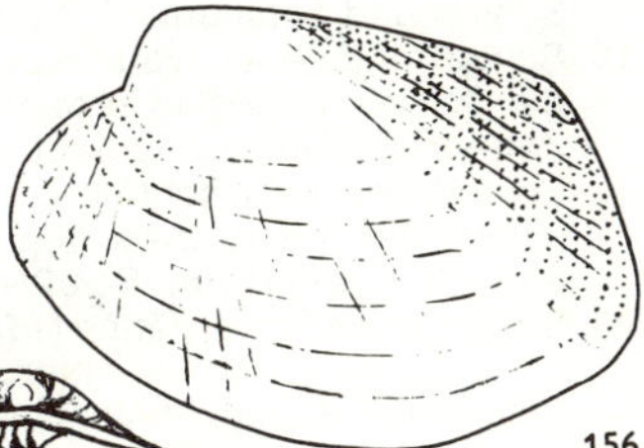
156
nat. Gr.

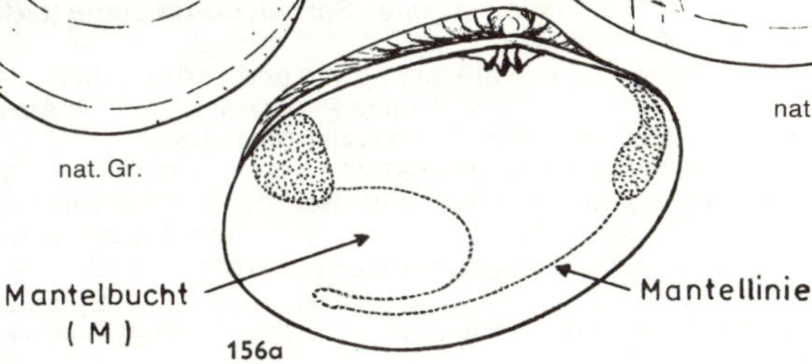

156a
nat. Gr.

— Bis 4,5 cm. Sch ziemlich flach, rund bis ± dreieckig, meist stark konzentrisch gestreift . . . . **Astartidae**
Astarte borealis (SCHUMACHER) (Sch fast rund, feiner konzentrisch gestreift [*153*], 4,5 cm l); **A. elliptica** (BROWN) (Sch oval dreieckig, hinterer Rand schräg abgestumpft, mit grober konzentrischer Streifung [*154*], 3 cm l); **Nicania montagui** (DILLWYN) (Sch hoch dreieckig, ihr Seitenrand unterhalb des Wirbels deutlich eingebuchtet, bis 2 cm l).

18. Schloß kräftig entwickelt, mit (2–)3 dicht nebeneinander stehenden Hauptzähnen [*156a*] . . . . **Dosinia** SCOP. u. **Venerupis** LAM.
D. exoleta (L.) [*155*] (Sch rund, Mantelbucht endet gerundet); **D. lincta** (PULT.) (ähnlich, aber kleiner, Mantelbucht endet eckig). **V. pullastra** (MONT.), Teppichmuschel (Sch abgerundet rechteckig bis rhombisch, Wirbel deutlich zur Seite gerückt [*156*]).

158
nat. Gr.

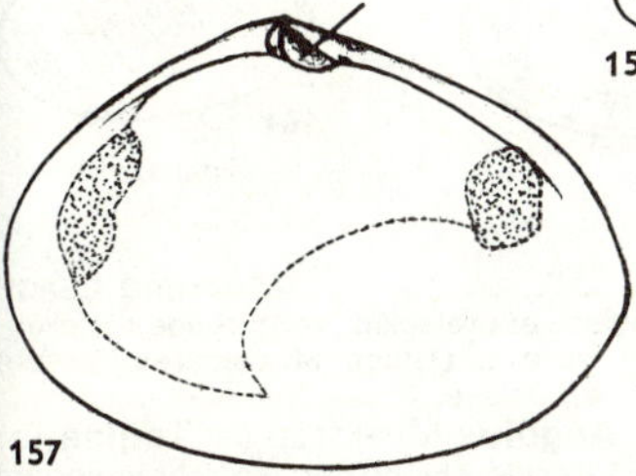
157
nat. Gr.

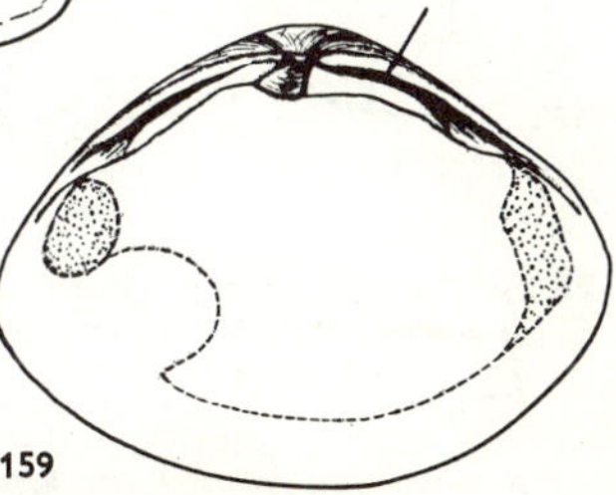
159
nat. Gr.

— Schloß und Schalenumriß anders **19**
19. Schloßrand deutlich ausgeprägt. Unter dem Wirbel auf der Innenseite der Sch ein dreieckig vertieftes Feld (Bandgrube) [*157*], das nicht von Zahnerhöhungen eingefaßt ist **20**
— Schloßrand sehr schmal u. schwach ausgeprägt. Unter dem Wirbel kleine Zähnchen (zwischen ihnen Vertiefung, die einer Bandgrube ähnlich sehen kann). Sch 2–3 cm l . . . . . (Plattmuscheln) **23**
20. Schloß ohne Seitenzähne [*157*], Sch relativ dünn, bis 5 cm
Große Pfeffermuschel, **Scrobicularia plana** (DA COSTA)
— Schloß mit Seitenzahnleisten **21**
21. Sch höchstens 2 cm l, oval, weiß, sehr dünn und zerbrechlich
Kleine Pfeffermuscheln, 4; **Abra** LAM.
Im Wattenmeer u. in westlicher Ostsee häufig **A. alba** (WOOD) [*158*].
— Sch über 2 cm, kräftiger und gewölbter . . . (Trogmuscheln) **22**
22. Seitenzähne sind glatte Leisten [*159*]. Sch bis 6 cm l, mit radiären Strahlen . . . . **Mactra cinerea** MONT.
— Gruben zwischen den Seitenzahnleisten gekerbt (geriefelt) [*160*]. Sch sehr fest, bis 6 cm l . . . . **Spisula** GRAY
S. solida (L.) (Seitenränder der Sch nicht gekantet [*160*]); **S. subtruncata** (DA COSTA) (Schalenseiten kantig [*161*]).

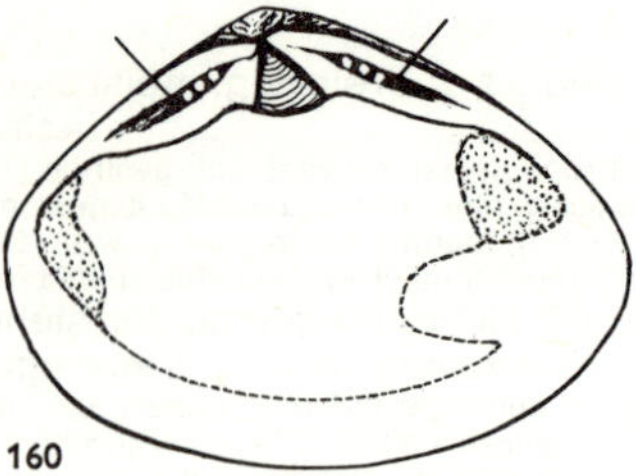

160

nat. Gr.

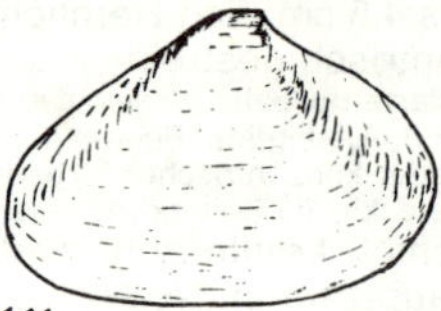

161

nat. Gr.

162

nat. Gr.

163

nat. Gr.

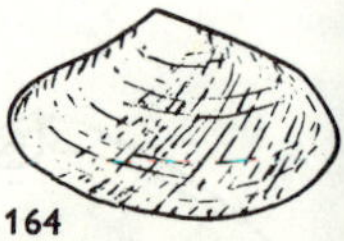

164

nat. Gr.

23. Sch relativ kräftig, Umriß wie [*162*] . . . . **Macoma** LEACH
M. balthica (L.) (Sch ziemlich gewölbt, etwas schief dreieckig, Vorderende abgerundet, Hinterende verjüngt; Sch meist gefärbt), Nord- u. Ostsee; **M. calcarea** (GMELIN) (ähnlich, aber flacher, immer kalkweiß, glanzlos), Ostsee.
— Sch dünn u. sehr flach, länglicher **Angulus** MÜHLFELD (= **Tellina** L.)
A. tenuis DA COSTA [*163*] und **A. fabula** (GRON.) (rechte Klappe der Sch schräg gerippt [*164*]).

Literatur

BOGON, K.: Landschnecken. Augsburg, 1990. – EHRMANN, P.: Mollusca. In: Brohmer, Ehrmann, Ulmer, Tierwelt Mitteleuropas, Bd. II. Leipzig, 1933, dazu Ergänzungen u. Berichtigungen von A. ZILCH u. S. G. A. JAECKEL. Leipzig, 1962. – GEYER, D.: Unsere Land- u. Süßwasser-Mollusken. Stuttgart, 1927. – HAYWARD, P. J., WIGHAM, G. D., YONOW, N.: Mollusca. In: P. J. Hayward, J. S. Ryland, The marine fauna of the British Isles and North-West Europe. Vol. 2. Oxford, 1990. – JANUS, H.: Unsere Schnecken und Muscheln. Stuttgart, 1984. – JUNGBLUTH, J. H., KILIAS, R., KLAUSNITZER, B.: Mollusca. In: Stresemann, Exkursionsfauna. Bd. 1. Berlin, 1992. – KERNEY, M., CAMERON, R., JUNGBLUTH, J.: Die Landschnecken Nord- und Mitteleuropas. Hamburg/Berlin, 1983. – LINDNER, G.: Muscheln und Schnecken der Weltmeere. BLV Bestimmungsbuch. München/Wien/Zürich, 1990. – WILLMANN, R.: Muscheln und Schnecken der Nord- und Ostsee. Melsungen, 1989. – ZIEGELMEIER, F.: Die Muscheln der deutschen Meeresgebiete. Hamburg, 1974. Die Schnecken (Gastropoda, Prosobranchia) der deutschen Meeresgebiete und brackigen Küstengewässer. Hamburg, 1973.

Stamm: **Annelida,** Ringelwürmer

Körper besteht aus dem Kopflappen (Prostomium) vor der Mundöffnung, hintereinanderliegenden, ± gleichartigen Segmenten u. der Afterzone (Pygidium). Bestimmung nur an adulten u. häufig nur an lebenden Tieren möglich, auf die sich auch Farb- u. Größenangaben beziehen. Betäubung mit 10%igem Alkohol, Tötung u. Fixierung in 4%igem Formalin, Konservierung in 75%igem Alkohol.
Abkürzung: Segm = Segment(e).

System:
Klasse **„Polychaeta"**, dazu auch die Ordnung **„Archiannelida"** (eine künstliche Gruppe, deren Zugehörigkeit unklar ist); Klasse **Clitellata** mit den Ordnungen **„Oligochaeta"** und **Hirudinea.** Die **Polychaeta** und **Oligochaeta** sind paraphyletische Gruppen.

1. Hinterende mit Haftscheibe od. Saugnapf (z.B. [*25, 31*]) **2**
— Hinterende ohne Haftscheibe od. Saugnapf, höchstens mit Kiemennapf [*17*] **3**
2. Segm in vordere kürzere u. längere hintere Ringel geteilt. Bis 12 mm. „Parasitisch" an Flußkrebsen **Branchiobdellidae (Oligochaeta)** S. 99
— Gleichmäßig geringelt. Nicht an Krebsen
Ordnung Egel, **Hirudinea** S. 104
3. Segm mit Seitenlappen (Parapodien, z.B. [*3*]) u./od. Kiemenbüschel; wenn diese fehlen, Vorderkörper mit Fortsätzen (aber nicht wie [*1*]). Fast ausschließlich marin Klasse Borstenwürmer, **Polychaeta** S. 94
Wenn mit Parapodien u. löffelförmigen Palpen, Körper bis 2 mm **Nerillidae (Archiannelida),** z.B. **Nerilla antennata** Schmidt.
— Segm ohne Seitenlappen, höchstens mit Borsten. Vorderkörper ohne od. mit 1 Tentakel ([*18, 19*]). Körper fast immer über 3 mm, nicht bewimpert. Meist limnisch od. terrestrisch
Ordnung Wenigborster, **Oligochaeta** S. 98
Sehr selten mit Kiemen an Segm (**Branchiura sowerbyi,** s. **Oligochaeta** Nr. **8**)
— Segm ohne Seitenlappen od. Kiemen. Kopfende mit 2 Fühlern [*1*] od. ohne Fühler, dann Körper unter 3 mm, ± bewimpert [*2*]. Marin, häufig im Sandlückensystem . . . . **„Archiannelida"**
Ca. 20 Arten. Wichtige Familien **Polygordiidae** (mit 2 Tentakeln; Habitus [*1*]), **Polygordius** Schneid. (Tentakel unbeweglich), z.B. **P. appendiculatus** Fraip. (20 mm); **Protodrilus** Hatsch. (Tentakel beweglich), z.B. **P. purpureus** Schneid. [*1*] (bis 15 mm). **Dinophilidae** (ohne Tentakel; Habitus [*2*]), z.B. **Dinophilus** Schmidt, häufig **D. gyrociliatus** Schmidt [*2*] (bis 1,3 mm).

Klasse: **„Polychaeta",** Borstenwürmer, Vielborster

Rumpfsegm meist mit Seitenlappen (= Parapodien [*3*]), häufig mit Kiemen oberhalb des Dorsalastes. Kopfregion häufig mit Anhängen [*4*] wie Antennen u. Palpen (diese in Nähe der Mundöffnung) als Sinnesorgane, Tentakelcirren (reduzierte Parapodien auf Segm hinter Mundöffnung), Tentakel (dienen der Nahrungsaufnahme [*10–15*]). Meist getrenntgeschlechtlich. Entwicklung über Trochophora-Larve. Kriechend od. grabend, seltener frei schwimmend, häufig in Röhren am Boden. Räuber, Pflanzen- od. Detritusfresser. Marin, einige Arten terrestrisch. Im Gebiet etwa 200 Arten.

System: (ohne Gruppen der **„Archiannelida"**) Ordnung **Phyllodocida** (mit **Pisionidae, Aphroditidae, Polynoidae, Sigalionidae, Phyllodocidae, Tomopteridae, Glyceridae, Goniadidae, Sphaerodoridae, Hesionidae, Pilargiidae, Syllidae, Nereididae, Nephthyidae**), **Amphinomida (Amphinomidae), Spintherida (Spintheridae), Eunicida (Onuphidae, Lumbrineridae, Dorvilleidae), Orbiniida (Orbiniidae, Paraonidae), Spionida (Apistobranchi-**

dae, Trochochaetidae, Poecilochaetidae, Spionidae, Magelonidae, Chaetopteridae, Cirratulidae), Ctenodrilida (Parergodrilidae), Flabelligerida (Flabelligeridae), Capitellida (Capitellidae, Arenicolidae), Opheliida (Opheliidae, Scalibregmatidae), Terebellida (Pectinariidae, Sabellariidae, Ampharetidae, Trichobranchidae, Terebellidae), Sabellida (Sabellidae, Serpulidae, Spirorbidae).

1. Rücken mit feinem Borstenfilz, Seiten mit irisierenden Borstenbündeln u. harten dunklen Borsten. Bis 4 cm breit . . . **Aphroditidae**
Nur **Aprodite aculeata** L., Seemaus [*5*] (bis 22 cm lang), auf Schlick, Nordsee.

— Gestalt anders, Körper schmaler **2**

2. Mit Schuppen, die Rücken überdecken („Elytren")
a) Mit 12–18 Paar Elytren: **Polynoidae,** häufig **Lepidonotus squamatus** (L.) [*6*] (12 Paar Elytren, bis 50 mm); mit 15 Paar Elytren, die Rücken nicht völlig bedecken: 7; **Harmothoe** Kinb. (dorsale Borsten dicker als ventrale), z. B. **H. imbricata** (L.) (bis 65 mm); **Gattyana cirrosa** (Pall.) (dorsale Borsten dünner als ventrale). Bei weiteren Arten bedecken Elytren Rücken vollständig.
b) Mit zahlreichen Elytren (über 18): **Sigalionidae,** z. B. **Pholoe minuta** (F.) (bis 25 mm).

— Ohne derartig angeordnete Rückenschuppen **3**

3. Segm ± gleichartig u. mit deutlichen Parapodien, diese mit Cirren. Prostomium mit manchmal kurzen Anhängern (meist Antennen u. Palpen) **4**

— Körper in ungleiche Abschnitte geteilt; wenn Segm gleichartig, dann diese nicht zugleich mit Parapodien u. Kopfanhängen . . . **8**

4. Oberseite der Segm dreifeldrig gegliedert. Körperquerschnitt ± vierkantig. Bis 200 mm . . . . **Nephthyidae**
Häufig nur 5; **Nephthys** Cuv., z. B. **N. hombergii** Sav., im Sand, Schlick.

— Anders **5**

5. Vorderende mit verlängerten Anhängen **6**

— Vorderende mit kurzen Anhängen
a) Körper mit Längsreihen von großen, kugeligen Papillen: **Sphaerodoridae, Sphaerodorum flavum** Oerst. (Segm mit je 2 Papillen; bis 60 mm); 2; **Sphaerodoridium** Lütz. (Segm mit mindestens 4 Papillen; bis 15 mm), z. B. **S. balticum** (Reim.), Ostsee.
b) Ohne derartige Papillen: **Glyceridae** (Kopf mit 4 kleinen Antennen, mit Rüssel), nur 4; **Glycera** Sav., häufig **G. alba** (Müll.) (bis 75 mm), räuberisch. **Pilargiidae** (Kopf mit 1 medianen u. 2 seitlichen Antennen u. 2 Paar Tentakelcirren), nur **Synelmis klatti** (Friedr.) (13 mm). (Außerdem einige **Syllidae** s. Nr. **7**). – Hierher auch **Spintheridae** mit **Spinther arcticus** (Sars) (Sondermerkmal: Körper oval, bis 9 mm), auf Schwämmen.

6. Parapodien mit dorsalen u. ventralen zungenförmigen Lappen [*3*]. Vorderende mit 2 Antennen, 2 2gliedrigen Palpen u. 4 Augen [*4*] **Nereididae**
Platynereis dumerili (Aud. et Milne-Edw.) (längster Fühler bis 15. Segm reichend; bis 90 Segm = 100 mm); Großgattung 6; **Nereis** L. (längster Fühler kürzer, höchstens bis 6. Segm reichend), häufig **Neanthes virens** (Sars) (bis 200 Segm = 900 mm; grün bis blau), übrige Arten kleiner, z. B. **Hediste diversicolor** (Müll.) (bis 120 Segm = 200 mm) u. **Nereis pelagica** L. [*7*] (bis 100 Segm = 155 mm).

— Anders **7**

7. Dorsalcirren (u. Bauchcirren, wenn vorhanden) ± blattförmig. Parapodien meist einästig . . . . **Phyllodocidae**
a) Kopf mit 5 Tentakeln: **Notophyllum foliosum** (Sars) (Dorsalcirren breit nierenförmig; bis 60 mm); **Eulalia viridis** (L.) (Dorsalcirren in Spitze auslaufend; Körper ± grün, bis 150 mm); **Eumida sanguinea** (Oerst.) (ebenso, aber mehr gelblich bis bräunlich; bis 65 mm).

b) Kopf mit 4 Tentakeln: mehrere Gattungen, darunter 5; **Eteone** SAV. (2 Paar Tentakelcirren am 1. Segm), z. B. **E. longa** (F.) (bis 160 mm); 4; **Anaitides** CZERN. (4 Paar Tentakelcirren an 3 vorderen Segm), z. B. **A. maculata** (L.).

— Dorsal- u. Vetralcirren ± kugelig . . . . **Pisionidae**

Nur **Pisione remota** (SOUTH.) (bis 26 mm), im Sandlückensystem.

— Parapodien an Basis stark verlängert, zweiästig, mit Flossensäumen **Tomopteridae**

Nur 2; **Tomopteris** ESCHSCHOLTZ, im Plankton, z. B. **T. helgolandica** GREEF (bis 90 mm).

— Parapodien anders . . . . . . weitere (z. T. artenarme) Familien

a) Körper ± drehrund. Dorsalcirren häufig lang, fadenartig: **Syllidae** (Parapodien einästig), z. B. **Autolytus prolifer** (MÜLL.) (bis 20 mm). **Hesionidae** (Parapodien meist zweiästig), z. B. **Nereimyra punctata** (MÜLL.) (bis 25 mm); im Sandlückensystem **Hesionides arenaria** FRIEDR. (bis 3 mm).

b) Körper ± abgeplattet. Dorsalcirren nicht fadenartig: **Dorvilleidae** (bis 25 mm), nur **Protodorvillea kefersteini** (MCINT.). **Onuphidae** (größer), nur **Onuphis conchylega** SARS.

8. Körper wurmförmig. Kopfregion ohne Anhänge. Parapodien reduziert, ohne od. mit wenig entwickelten Lappen **9**

Mit 2 bis zahlreichen Tentakeln nur **Cirratulidae, Flabelligeridae** (s. Nr. **9**).

— Körper wurmförmig. Kopfregion mit 2 verlängerten Fangtentakeln. Mit deutlichen Parapodien **10**

Ohne Tentakeln nur **Orbiniidae, Lumbrineridae, Goniadidae** (s. Nr. **10**)

— Nur Hinterende des Körpers wurmartig. Vorderende mit zahlreichen Tentakeln (z. B. [*15*]) od. Tentakelkrone [*13*] od. mit zahlreichen fadenförmigen Tentakeln um Mundöffnung u. konzentrisch angeordneten Lamellenborsten [*10*] **11**

9. Körper in 3 Abschnitte gegliedert. Mittlere Segm mit büscheligen Kiemen. Segm sekundär geringelt [*8*] . . . . **Arenicolidae**

Nur **Arenicola marina** (L.), Wattwurm [*8*] (bis 300 mm), Substratfresser, lebt in U-förmigem Gang, Kothäufchen im Watt auffallend.

— Körper in 2 Abschnitte gegliedert, regenwurmähnlich, ohne deutliche Anhänge, höchstens hinten mit Kiemen . . . . . . **Capitellidae**

Häufig **Capitella capitata** (F.) (Vorderkörper mit 9 Segm; bis 120 mm), Substratfresser; **Heteromastus filiformis** (CLAP.) (Vorderkörper mit 12 Segm; vorn rot, hinten gelb; bis 190 mm).

— Körper anders . . . . weitere Familien

Darunter **Opheliidae** (Körper meist mit Längsfurche), z. B. 2; **Ophelia** SAV., häufig **O. limacina** (RATHKE) (bis 55 mm). **Cirratulidae** (ein vorderes Segm mit 1 Paar od. vielen Tentakeln), z. B. **Cirratulus cirratulus** (MÜLL.) (bis 300 mm). **Flabelligeridae** (Vorderende mit 2 Tentakeln, Körper mit schleimabsondernden Papillen besetzt), z. B. **Pherusa plumosa** (MÜLL.) (bis 60 mm). **Scalibregmidae** (Prostomium T-förmig od. vorn eingeschnitten), z. B. **Polyphysia crassa** ((OERST.) (bis 40 mm). In Humus u. Streu von Laubwäldern **Parergodrilus heideri** REIS. **(Parergodrilidae).**

10. Körper nicht in Regionen geteilt. Parapodien 2ästig . . **Spionidae**

Viele Gattungen, darunter 6; **Polydora** BOSC (5. Borstensegm abweichend gestaltet, mit dicken Borsten od. Haken), z. B. **P. ciliata** (JOHNST.) bohrt in Molluskenschalen u. Hartsubstraten [*9*]. Bei übrigen Gattungen 5. Borstensegm nicht abweichend gestaltet, häufig **Pygospio elegans** CLAP. (Kiemen vom 11.–13. Borstensegm an; Körperende mit 4 Lappen; bis 15 mm), in mit Schleim ausgekleideten senkrechten Gängen.

— Körper mit 2–3 Regionen, wenn nicht, dann Parapodien 1ästig

Mehrere Familien. Wichtig **Orbiniidae** (Vorderende ohne Tentakel; Parapodien nach hinten stärker auf Dorsalseite verschoben), häufig **Scoloplos armiger** (MÜLL.) (Kieme vom 11.–13. Borstensegm auf dem Rücken; bis 120 mm). **Lumbrineridae** (Vorderende ohne Tentakel; Parapodien nicht dorsal verschoben), nur 4; **Lumbrineris** BLAINV., z. B. **L. fragilis** (MÜLL.) (bis 380 mm). **Goniadidae** (Vorderende ohne Tentakel, aber mit Antennen; Prostomium geringelt), z. B. **Goniada maculata** OERST. (bis 100 mm).

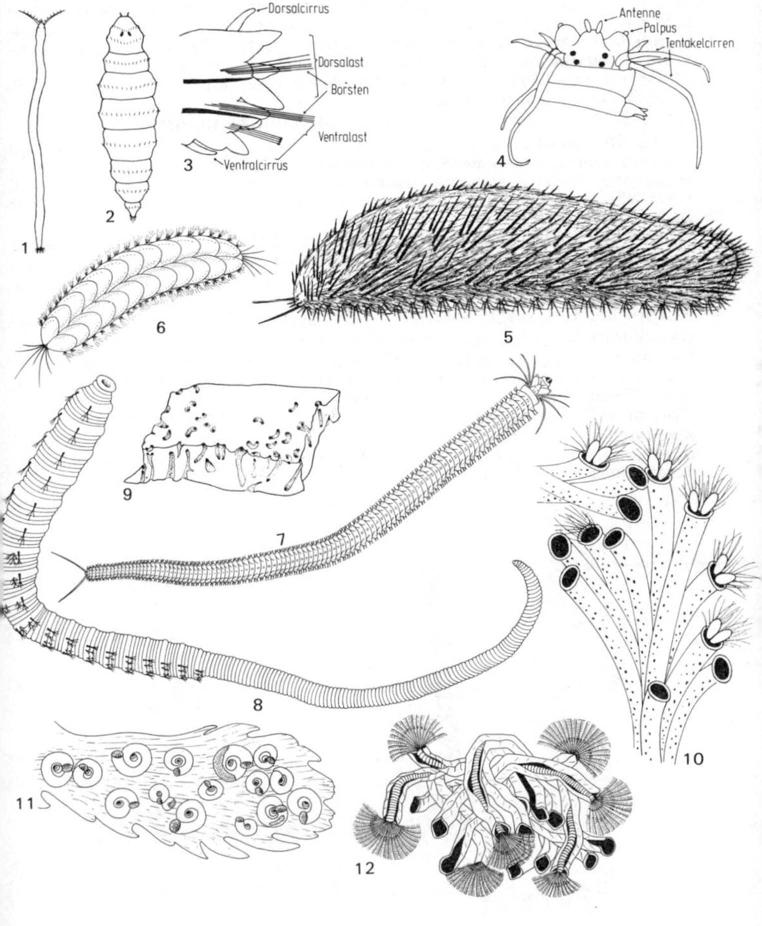

11. Vorderende mit Tentakelkrone, Tentakel gefiedert od. verzweigt **12**

— Vorderende mit zahlreichen Tentakeln, diese nicht als Krone, ungefiedert od. -verzweigt. Ohne konzentrische Lamellenborsten . **13**

— Vorderende mit Tentakelfäden um Mund u. konzentrisch angeordneten Lamellenborsten [*10*] . . . . **Sabellariidae**

Nur 2; **Sabellaria** Sav., häufig **S. spinulosa** Leuckart, Sandkoralle (bis 30 mm), in orgelpfeifenähnlichen, unregelmäßigen Röhren aus Sand.

12. Mit 1–2 Deckeln (Verschluß der Röhre), Röhre aus Kalk **Serpulidae**

a) Körper asymmetrisch. Kalkröhre spiralig aufgerollt [*11*] (auch eigene Familie **Spirorbidae**): 5 Arten, häufig **Spirorbis spirorbis** (L.) [*11*] (bis 6,5 mm), mehr auf Braunalgen, **Jugaria granulata** (L.) (bis 5 mm), mehr auf Hartsubstraten.

b) Symmetrisch: häufig **Pomatoceros triqueter** (L.) [*12*] (Kalkröhre dreikantig, weiß; bis 25 mm), auf Hartsubstraten.

— Ohne Deckel. Röhre membranös, biegsam, außen meist mit Fremdpartikeln beklebt . . . . **Sabellidae**

Mehrere Gattungen, darunter **Fabricia sabella** (Ehr.) (bis 8 mm; Augen am Vorder- u. Hinterende), bildet Sekretröhren zwischen Algen usw.; **Sabella penicillus** L. [*13*] (100–375 mm; beiderseitig 30–50 freie Kiemenfäden), Röhre ragt 10 cm über Bodenoberfläche.

13. Körper in 3 Regionen (3. = borstenloser Schwanz) . **Pectinariidae**

Nur 3; **Pectinaria** Sav., häufig **P.** (= **Lagis**) **koreni** (Malmgr.), Köcherwurm [*14*], in Gehäuse aus aneinandergeklebten Sandkörnern, mit Kopf nach unten im schlickigen Feinsand.

— Körper in 2 Regionen. Kiemen meist baumförmig verzweigt (selten fadenförmig od. fehlend). Tentakel nicht einziehbar . . **Terebellidae**

Mehrere Gattungen, häufig **Lanice conchilega** (Pall.) [*15*] (bis 300 mm), im Sand in inkrustierten Röhren, aus denen Vorderende mit Fransenkrone herausragt, suchen mit langen Tastern Umgebung nach Nahrung ab.

— Körper in 2 Regionen geteilt, im übrigen andere Merkmale

Ampharetidae (Tentakel in Mund einziehbar), z. B. 2; **Ampharete** Malmgr., **A. acutifrons** Grube (bis 35 mm). **Trichobranchidae** (Kiemen geringelt od. gefiedert), häufig **Terebellides stroemi** Sars (bis 75 mm).

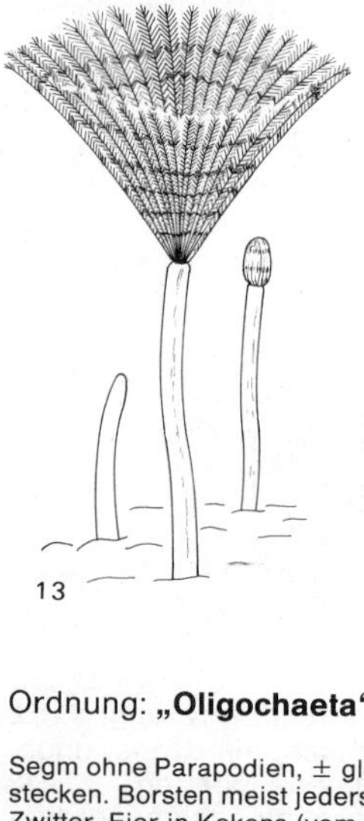

13

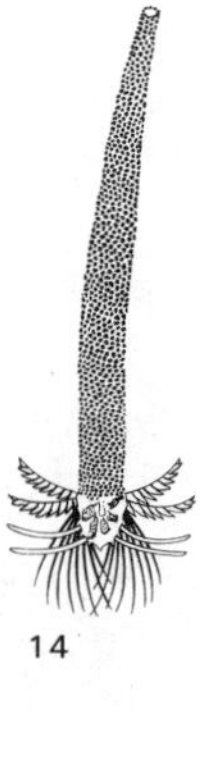

14

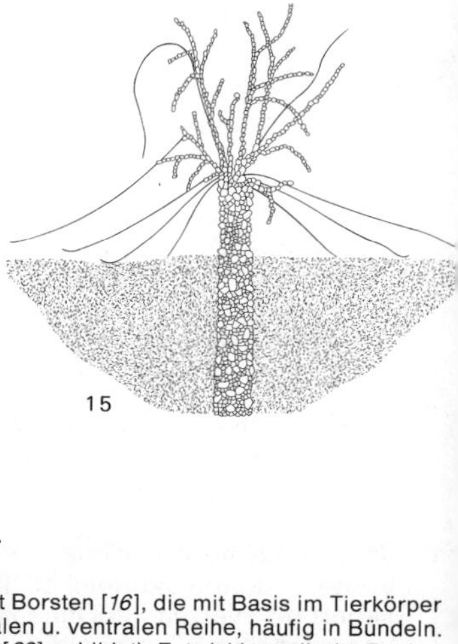

15

Ordnung: **„Oligochaeta"**, Wenigborster

Segm ohne Parapodien, ± gleichartig, meist mit Borsten [*16*], die mit Basis im Tierkörper stecken. Borsten meist jederseits in einer dorsalen u. ventralen Reihe, häufig in Bündeln. Zwitter, Eier in Kokons (vom Gürtel = Clitellum [*22*] gebildet). Entwicklung direkt. Fortbewegung kriechend, selten schwimmend. Detritusfresser, seltener Räuber, Aasfresser od. Parasiten. Im Süßwasser u. auf dem Land, seltener im Meer. Einige Arten in Warmhäuser eingeschleppt, hier nicht erwähnt. Im Gebiet etwa 150 Arten.

System:
Ordnung **Plesiopora plesiotheca** (mit **Aeolosomatidae, Naididae, Tubificidae**);
Ordnung **Plesiopora prosotheca** (nur **Enchytraeidae**);
Ordnung **Prosopora** (mit **Lumbriculidae, Branchiobdellidae**);
Ordnung **Opisthopora** (mit **Haplotaxidae, Glossoscolecidae, Lumbricidae**).

1. An Land, meist im Boden od. in Bodenstreu **14**
— Im Wasser, meist Süßwasser **2**
2. Hinterende mit Saugnapf . . . . **Branchiobdellidae**
An Kiemen od. Außenseite von Flußkrebsen, aber nicht schmarotzend. Nur 4: **Branchiobdella** Od. (3–12 mm), z. B. **B. parasita** Henle (braun).
— Hinterende ohne Saugnapf, aber mit mehreren Afterkiemen [*17*]
Einige **Naididae, Aulophorus furcatus** (Ok.) (Afterkiemen fadenartig; 6–12 mm); 4; **Dero** Ok. (Afterkiemen kurz, lappenartig [*17*]; 6–32 mm), z. B. **D. digitata** (Müll.) (Kiemen [*17*]).
— Hinterende ohne Saugnapf od. Afterkiemen **3**
3. Mit langen Haarborsten [*16*] (daneben auch andere Borsten), häufig Tierketten bildend **4**
— Ohne lange Haarborsten **12**
4. Haarborsten in den dorsalen u. ventralen Borstenbündeln. Mit bewimperter Kriechscheibe, dadurch gleitendes Kriechen **Aeolosomatidae**
6; **Aeolosoma** Ehr. (1–10 mm; Haut mit farbigen od. farblosen Ölkugeln) z. B. **A. niveum** Leyd.; **Hystricosoma chappuisi** Mich. (bis 0,6 mm), an Flußkrebsen.
— Haarborsten nur in den dorsalen Borstenbündeln. Ohne bewimperte Kriechscheibe
Viele **Naididae,** einige **Tubificidae** (diese bei Nr. **8** u. **9**) **5**
5. Vorderende mit an der Basis scharf abgesetztem Tentakel [*18*] **Stylaria lacustris** (L.)
Mit Augen. Tierketten bis 18 mm, an Wasserpflanzen, Pfählen, auch Brackwasser.
— Vorderende ohne Tentakel, wenn mit an der Basis allmählich in den Kopf übergehenden Tentakel [*19*], dann ohne Augen od. Gestalt anders **6**
6. Dorsale Borstenbündel (wie auch ventrale) im 2. Segm beginnend. Ohne Augen **7**
— Dorsale Borstenbündel erst am 4.–6. Segm (hinter den ventralen) beginnend. Meist mit Augen **10**
7. Klein (2–15 mm). Tierketten bildend . . . . 6; **Pristina** Ehr.
P. longiseta Ehr. [*19*] (Vorderende mit 1 Tentakel; Haarborsten des 3. Segm stark verlängert), bei übrigen Arten kein Tentakel, Haarborsten etwa gleich, z. B. **P. rosea** (Pig.).
— Körper über 15 mm lang. Keine Tierketten bildend . . . . einige **Tubificidae** **8**
8. Hintere Segm mit Rücken- u. Bauchkieme. Bis 185 mm. In Gewächshäusern, aus Asien nach Europa verschleppt . . . . **Branchiura sowerbyi** Bedd.
— Hintere Segm ohne derartige Kiemen **9**
9. Haut mit ± undurchsichtigen Papillen. Bis 55 mm; 3; **Peloscolex** Leidy. s. l. Im Meer **P. benedeni** (Ud.), im Süßwasser z. B. **Spirosperma ferox** (Eis.)
— Haut ohne Papillen. Haarborstenbündel mit je 2 am Ende geschlängelten Borsten [*16*]. Bis 35 mm. Im Brackwasser . . . . **Postiodrilus sondersi** Boldt

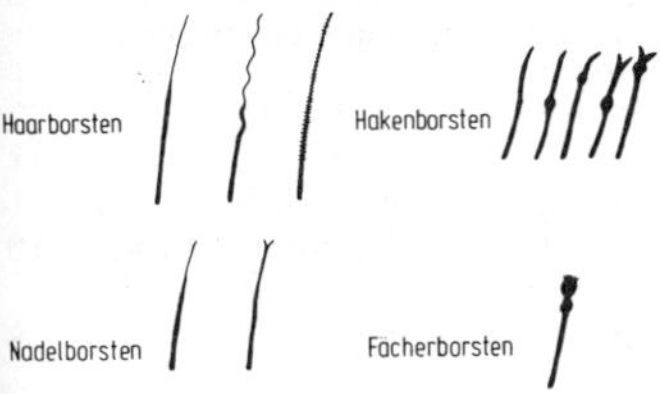

16

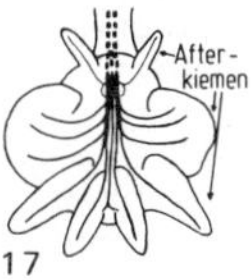

17

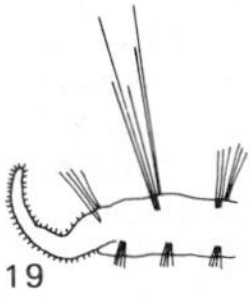
19

20

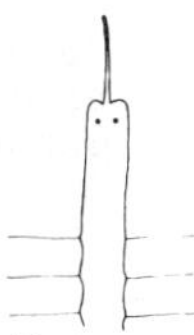
18

— Haut ohne Papillen. Haarborsten anders. 15–85 mm . . . . 7; **Tubifex** Lam.
An Segm 11 paariger Penis. Am Gewässerboden in Schlammröhren, Hinterende frei im Wasser, sich pendelnd bewegend. Häufig **T. tubifex** (Müll.). Außerdem einige Arten von **Ilyodrilus** Eis. u. **Rhyacodrilus** Bretscher (bei dieser Gattung kein Penis vorhanden), z. B. **Rh. coccineus** (Vejd.), im Schlamm.

10. 3 Borstenbündel (an Segm 6–8) verlängert. Mit Rüssel . **Ripistes parasita** (Schm.)
Tierketten bis 7,5 mm, in hyalinen Schlammröhren.

— 1 Borstenbündel (an Segm 6) verlängert. Ohne Rüssel **Slavina appendiculata** (Ud.)
2–20 mm. In feiner Hülle aus Fremdkörpern, gern in Moortümpeln.

— Keine verlängerten Borstenbündel **11**

11. Haarborsten zu 4–8 im Borstenbündel, einseitig gesägt od. gefiedert. 2–8 mm. Sich bei Störung spiralig einrollend. In Moortümpeln . . **Vejdovskyella comata** (Vejd.)

— Haarborsten je Bündel meist unter 4, glatt. Bis 12 mm . . . . . 9; **Nais** Müll. s. l.
Häufig z. B. **N. variabilis** (Pig.), mehrere Arten auch im Brackwasser, häufig **N. elingius** Müll., zwischen Wasserpflanzen u. am Boden.

12. Rückenborsten am 3. (dann 3. Segm viel länger als 4.), 5. od. 6. Segm od. weit hinten beginnend od. fehlend . . . . mehrere **Naididae** **13**

— Rückenborsten am 2. Segm beginnend **14**

13. Ohne Rückenborsten [*20*]. 1–25 mm . . . . 5; **Chaetogaster** v. Baer
Kommensal auf Süßwasserschnecken **Ch. limnaei** v. Baer, übrige Arten freilebende Räuber, z. B. **Ch. diaphanus** (Gruith.) [*20*] (bis 25 mm; durchsichtig), auch im Brackwasser, **Ch. diastrophus** (Gruith.) (bis 5 mm; mit langen Sinnesfortsätzen).

— Rückenborsten vorhanden, am 3. Segm beginnend . . . . 2; **Amphichaeta** Taub.
3. Segm viel länger als 4. Im Süßwasser **A. leydigii** Taub.

— Rückenborsten vorhanden, am 5. Segm beginnend. Ohne Augen 3; **Paranais** Czern.
Meist Brackwasser, z. B. **P. litoralis** (Müll.) (bis 14 mm).

— Rückenborsten vorhanden, am 6. Segm beginnend. Mit Augen. **Uncinais uncinata** (Oerst.) (Rückenborsten doppelzinkige Haken [*16*]; bis 18 mm); **Ophidonais serpentina** (Müll.) (Rückenborsten dicke gerade Nadelborsten [*16*]; bis 36 mm).

— Rückenborsten vorhanden, ab 18.–20. Segm beginnend. Bis 20 mm
Haemonais waldvogeli Br.

14. Meist über 2 mm dick. Ohne Rüssel. ♂ Poren als ± gut sichtbare, häufig drüsig umwallte Querschlitze auf dem 15. (seltener 14., 13. od. 12.) Segm. 8 Hakenborsten [*16*] von gleicher Form auf jedem Segm, eng gepaart, weit gepaart od. getrennt stehend **15**
Aquatisch od. terrestrisch, wenn auf dem Land **Lumbricidae** S. 102

— Dünn, unter 2 mm dick, wenn dicker, mit Rüssel. ♂ Poren ± gut sichtbar, am 12. Segm od. davor (aber nicht vor dem 8.) **16**
Aquatisch od. terrestrisch, wenn auf dem Land **Enchytraeidae** S. 101

15. Kopflappen vollkommen mit Mundsegm verwachsen [*21*]
Glossoscolecidae
(= **Criodrilidae**). Nur **Criodrilus lacuum** Hoffm. (bis 320 mm; Mittelkörper im Querschnitt trapezförmig; Clitellum, wenn vorhanden, ab 16. Segm über 30–35 Segm), im Schlamm von Gewässern.

— Kopflappen seitlich vom Mundsegm getrennt [*23a,b*]
Lumbricidae S. 102

16. Körper fadenartig, bis 300 mm lang, bis 1,5 mm breit **Haplotaxidae**
(= **Phreoryctidae**). Borsten einzelnstehend zu 4 od. 2 im Segm, nur **Haplotaxis (= Phreoryctes) gordioides** (Hartmann), in kalten, meist unterirdischen Gewässern.

— Körper weniger fadenförmig. Borsten meist in Borstenbündeln. Im Segm mehr als 6 Borsten **17**

17. Borstenbündel mit höchstens je 2 Borsten, Borsten einfach od. gabelspitzig. Über 25 mm. Gelblichrot bis braun . . **Lumbriculidae** **18**

— Borstenbündel in vielen Segm (besonders ventral) mit über 2 Borsten, diese selten fehlend. Häufig kleiner u. anders gefärbt **19**

21

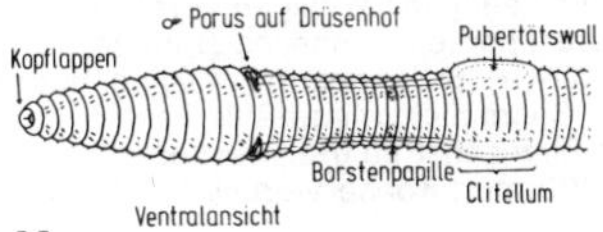

22

23 a

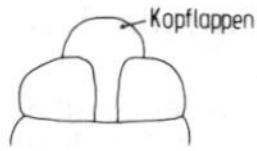

23 b

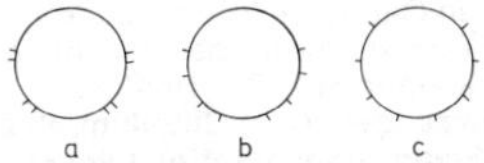

24

18. Kopflappen mit langem Rüssel . . . . 2; **Rhynchelmis** HOFFM. In Kaltwasser, z. B. **Rh. limosella** HOFFM. (80–140 mm). In Höhlen außerdem **Guestphalinus wiardi** (MICH.) (50–65 mm).

— Kopflappen ohne Rüssel: **Stylodrilus heringianus** CLAP. (am 10. Segm ventral 2 starre, kegelförmige Anhänge; 25–40 mm); **Lumbriculus variegatus** MÜLLER (ohne derartige Anhänge; 40–80 mm); in Höhlen **Trichodrilus lengersdorfi** MICH. (bis 40 mm).

19. Rückengefäß nur im Vorderkörper. Borsten einfachspitzig, selten doppelspitzig (dann Körper weißlich, bis 6 mm) **Enchytraeidae** S. 101

— Rückengefäß fast im gesamten Körper. Mindestens ventrale Borstenbündel mit gabelspitzigen Borsten. Rötlich . . einige **Tubificidae**
4; **Limnodrilus** CLAP. (25–80 mm), im Süßwasser, z. B. **L. udekemianus** CLAP.; hierher auch Arten von **Ilyodrilus** u. **Rhyacodrilus** (s. Nr. **9**). Mehrere Arten an Meeresküste, darunter **Tubifex costatus** (CLAP.) (10–30 mm), im Grundwasser des Strandes z. B. **Spiridion insigne** KNÖLLNER (5–10 mm).

Familie: **Enchytraeidae**

Körper weißlich od. gelblich, selten rötlich. Vor allem an Land (wenn in folgender Tabelle nicht anders angegeben). Detritusfresser im Boden u. in Pflanzenstreu.

1. Ohne Borsten . . . . 6; **Achaeta** VEJD., z. B. **A. eiseni** (VEJD.) (bis 10 mm)

— Mit Borsten **2**

2. Borsten S-förmig, mit knotenartiger Verdickung vor der Spitze [*16*]: **Enchytraeina lutheri** v. BÜL. (2 riesige ventrale Borsten in Segm 12), Geröllstrand, Ostsee. Bei übrigen Gattungen keine Riesenborsten, 7; **Mesenchytraeus** EIS. (meist über 10, bis 35 mm), häufig **M. armatus** (LEV.); 3; **Cernosvitoviella** NIELS ET CHR. (2–7 mm), an Ostseeküste **C. immota** (KNÖLL.).

— Borsten S-förmig od. gerade, ohne knotenartige Verdickung an der Spitze [*16*] **3**

3. Borsten S-förmig, mit einfacher Spitze **4**

— Borsten S-förmig, mit Doppelspitze . **Propappus volki** MICH. (bis 6 mm), im Wasser

— Borsten gerade, höchstens basal etwas gebogen, mit einfacher Spitze . . . **5**

4. Rückengefäß vor Clitellum beginnend . . . . 2; **Buchholzia** MICH. Häufig **B. appendiculata** (BUCHH.) (bis 15 mm); selten **Stercutus niveus** MICH.

— Rückengefäß im Bereich des Clitellums od. dahinter beginnend mehrere Gattungen
Im Binnenland im Boden v. a. **Cognettia** NIELS. ET CHR., in feuchten Böden häufig **C. sphagnetorum** (VEJD.) (bis 25 mm), auch im Süßwasser. An Meeresküste u. a. viele Arten von **Lumbricillus** OERST., häufig **L. lineatus** (MÜLL.) (bis 13 mm).

5. Oesophagus mit plötzlicher Erweiterung in Mitteldarm übergehend 9; **Henlea** MICH. Im Binnenland im Boden, häufig z. B. **H. ventriculosa** (UD.) (bis 15 mm).

— Oesophagus allmählich in Mitteldarm übergehend . . . . . mehrere Gattungen
19; **Fridericia** MICH. (Borsten im Bündel ungleich, die kürzesten in der Mitte, paarweise angeordnet), meist terrestrisch, häufig z. B. **F. bisetosa** (LEV.) (bis 20 mm). Bei übrigen Gattungen Borsten im Bündel gleich lang: 6; **Enchytraeus** HENLE, meist terrestrisch, **E. albidus** HENLE (bis 35 mm) auch am Meeresstrand. Außerdem Arten von **Lumbricillus** u. **Enchytraeoides,** meist an Meeresküste, z. B. **L. pagenstecheri** (RATZ.) (bis 25 mm).

Familie: **Lumbricidae,** Regenwürmer

Körper 2–30 cm, drehrund. Für Bestimmung wichtige Merkmale [*22*]: ♂ Poren an Segm 13 od. 15, oft auf Drüsenhöfen; Clitellum häufig mit drüsigen Verdickungen (länglichen Pubertätswällen od. rundlichen Pubertätstuberkeln); manche Borsten auf Borstenpapillen. Anordnung der Borsten: eng gepaart [*24 a*], weit gepaart [*24 b*] od. getrennt [*24 c*]. Kopflappen [*23 a, b*] bei Numerierung der Segm nicht mitgezählt. Fast immer Landbewohner, graben Gänge im Boden od. leben in Pflanzenstreu u. a., fressen totes organisches Material. Tabelle nur für geschlechtsreife Würmer! Konservierung in 75%igem Alkohol mit einem kleinen Schuß Formalin.

Abkürzungen: Cl = Clitellum, PubWall = Pubertätswall, PubTuberkel = Pubertätstuberkel, Segm = Segment(e). Längenangabe in cm.

1. Borsten eng gepaart [*24 a*] **2**

— Borsten weit gepaart od. getrennt [*24 b, 24 c*] **9**

2. Kopflappen teilt das folgende (1.) Segm vollkommen [*23 b*] . **3**

— Kopflappen teilt das folgende Segm nicht vollständig [*23 a*] . **4**

3. Mit PubWällen. Cl an Segm 27 od. dahinter beginnend 9; **Lumbricus** L.

a) Cl an Segm 27–32 (26–32), PubWälle an Segm 28–31: **L. rubellus** HOFFM. (oben rotbraun bis violett; 7–15 cm), in Laubstreu u. obersten Bodenschichten, auch Baumstubben, eurytop.

b) Cl an Segm 28–32, PubWälle an Segm 29–31: **L. baicalensis** MICH. (= **pusillus** WESS.) (4–6 cm), selten.

c) Cl an Segm 28–33, PubWälle an Segm 29–32: **L. castaneus** (SAV.) (oben braun bis violett, irisierend; 3–5 cm), in feuchten Böden häufig.

d) Cl an Segm 32–37 (31–37), PubWälle an Segm 33–36. Hinterende ± abgeplattet: **L. terrestris** L. (oben vorn dunkel, hinten dunkle Längsstreifen; 9–30 cm), in tiefgründigen Böden, eurytop u. häufig.
Ähnlich **L. badensis** MICH. (Cl an Segm 32–38; braun; ca. 15 cm), in S-Deutschland.

e) Cl an Segm 34–39, PubWälle an Segm 35–38: **L. festivus** (SAV.) (oben rotbraun bis braun; 5–10 cm), in tiefgründigen Böden.

Außerdem einige weitere sehr seltene Arten in S-Deutschland.

— Ohne PubWälle, Cl an Segm 25–32. 3–6 cm. Selten.
Eisenia (= Bimastos, Lumbricus) eiseni (LEV.)

4. ♂ Poren am 13. (selten 15.) Segm. Cl an Segm 23–26 (22–27), PubWälle an Segm 23–25. Körper ± vierkantig. 3–5 cm. Gewässerufer . . **Eiseniella tetraedra** (SAV.)

— ♂ Poren am 15. Segm. PubWälle od. PubTuberkel an od. hinter Segm 25 beginnend. Körper nicht vierkantig
Allolobophora EIS., **Aporrectodea** ÖRL. **(= Allolobophora), Eisenia** MALM, **Helodrilus** HOFFM. **(= Allolobophora), Murchieona** GATES **5**

5. Cl an Segm 35–42 (33–44), PubWälle an Segm 36–41 (35–44). 6–8 cm. Gelb bis grau. Selten . . . . **Aporrectodea icterica** (SAV.)

— Cl an Segm 22 (od. 21) beginnend (bis Segm 32 reichend), PubWälle an Segm 29–30. 3–8 cm. Im Wasser und Uferschlamm . . . . **Helodrilus oculatus** (HOFFM.)

— Cl zwischen Segm 24 (sehr selten 23) u. 29 beginnend . . . **6**

6. Drüsenhöfe der ♂ Poren am Segm 15 auf Segm 14 u. 16 übergreifend

a) Mit 3 Paar PubTuberkel auf Segm 31, 33, 35: **Allolobophora chlorotica** (SAV.) (Cl an Segm 29–37 (28–37); grünlich, gelblich od. ohne Pigment; 5–7 cm), in feuchten Böden häufig.

b) Mit 2 Paar PubTuberkel od. 1 Paar PubWällen: sehr häufig **Aporrectodea caliginosa** (SAV.) (Cl an Segm 28–34 (27–35), PubTuberkel an Segm 31 u. 33 od. PubWälle an Segm 31–33 (31–34); Bauchborsten des 9.–11. Segm auf Papillen; braun, gelblich od. grau; 6–17 cm), eurytop, im Boden; an sehr nassen Stellen, Gewässerufern **Aporrectodea limicola** (MICH.) (Cl an Segm 29–35, PubWälle an Segm 33–34, Bauchborsten des 9. (12.) Segm auf Papillen; vorn fleischfarben, hinten pigmentlos; 9 cm), seltener **Helodrilus antipae** (MICH.) (Cl an Segm 27–33 (26–33), PubTuberkel auf Segm-Grenzen 30/31 u. 31/32 od. PubWälle an Segm 30–31; 2,5–6 cm).

— Drüsenhöfe der ♂ Poren groß (dann nur auf Segm 15 beschränkt) od. unscheinbar od. fehlend 7

7. Mit 1 Paar PubWällen 8

— Mit 2 Paar PubTuberkel (können ± miteinander verschmelzen)

a) PubTuberkel an Segm 30 u. 31: **Allolobophora cupulifera** TÉTRY (Cl an Segm 27–32 (27–33); weißlich, vorn rosa bis bräunlich; 2–6 cm), in Grünlandböden, auch in Gewässernähe.

b) PubTuberkel an Segm 27 u. 29: **Eisenia japonica** (MICH.) (Cl an Segm 24–31; 4–13 cm), eingeschleppt.

— Ohne PubTuberkel od. PubWälle. Cl an Segm 27–32 (27–33). 2–2,5 cm. In Pflanzenstreu, selten . . . . **Murchieona (= Allolobophora, Bimastos) minuscula** (ROSA)

8. PubWälle an Segm 32–34. Cl an Segm 28–35 (27–35)

Aporrectodea longa UDE (grau bis braun, irisierend; 9–20 cm), meist im Grünland.

— PubWälle an Segm 29–31 (30–31). Cl an Segm 26–32 (24–33)

Aporrectodea rosea (SAV.) (ohne Pigment, im Leben Blutgefäße durchscheinend, daher fleischrot; 2,5–8 cm), im Boden, eurytop u. häufig.

— PubWälle auf Segm 27 od. 28 beginnend

Eisenia fetida (SAV.) (Cl an Segm 26–32 (24–32), PubWälle an Segm 28–30 (28–31); rote bis braune Querbinde auf jedem Segm; 6–13 cm), häufig in Kulturland, v. a. in Mist, Kompost u. organischen Materialien. Selten sind **Eisenia (= Eisenoides) carolinensis** MICH. (Cl an Segm 24–31, PubWälle an Segm 27–29; ± rot; 3,5 cm), eingeschleppt; **Aporrectodea handlirschi** (ROSA) (Cl an Segm 26–32 (23–34), PubWälle an Segm 28–31 (27–32); bleich bis blaßrötlich; 6,5–10 cm), an Gewässerufern, in S-Deutschland.

— PubWälle an Segm 26–29 (25–30), Cl an Segm 24–30 (23–30). 2–8 cm. Eingeschleppt . . . . **Eisenia (= Allolobophora) parva** (EIS.)

9. Cl an Segm 29 od. 30 beginnend, über 6 Segm reichend, PubWälle 4 Segm umfassend. Bleigrau, selten bräunlich . . 2; **Octolasion** ÖRL.

O. lacteum (ÖRL.) (Cl an Segm 30–35, PubWälle an Segm 31–34 (31–33); 4–10 cm); **O. cyaneum** (SAV.) (Cl Segm 29–34, PubWälle an Segm 30–33 (29–34); 6–18 cm), im Boden, beide Arten häufig.

— andere Merkmalskombination **Dendrobaena** EIS., **Dendrodrilus** OM., **Eisenia** MALM, **Fitzingeria** ZICSI, **Satchellius** GATES 10

10. Cl hinter Segm 30 beginnend

Satchellius (= Dendrobaena) mammalis (SAV.) (Cl an Segm 31–36, PubTuberkel an Segm 33 u. 34; rotviolett; 3–6,5 cm), in Laubstreu; **Dendrobaena pygmaea** (SAV.) (Cl an Segm 33–37, PubTuberkel an Segm 35, 36 u. 37; rot; unter 2 cm), in Streu, selten.

— Cl zwischen Segm 24 (sehr selten 23) u. 29 beginnend . . . 11

11. PubWälle an Segm 31–33

Dendrobaena octaedra (SAV.) (Cl an 29–33 (27–34); rotbraun bis kupferfarben, glänzend; 2,5–4 cm), in Humus, auch auf sauren Böden. Selten im Süden **Dendrobaena illyrica** (COGN.) (Cl an Segm 27–34; Rücken rotbraun, Bauch heller; um 4 cm).

— PubWälle od. PubTuberkel an Segm 27–30 beginnend . . . 12

— PubWälle an Segm 26–29. Cl an Segm 25–30 (24–30)

Fitzingeria (= Dendrobaena) platyura (FITZ.) (groß, 6,5–18,5 cm), im Süden. Ähnlich auch die eingeschleppte **Eisenia parva,** s. **8**

12. Mit 2 Paar PubTuberkel (können ± miteinander verschmelzen)

a) PubTuberkel auf benachbarten Segm: **Dendrodrilus (= Dendrobaena) rubidus** (SAV.) (oben ± blaßrot; Cl an Segm 27–31 (26–32), PubTuberkel an Segm 29 u. 30; ♂ Poren mit kleinen Drüsenhöfen; 5–6 cm), in Laubstreu u. oberen Bodenschichten von Wäldern, in Baumstümpfen.

Selten sind **Eisenia (= Dendrobaena) veneta** (ROSA) (5–8 cm; violett bis dunkelrot, häufig querstreifig; Cl an Segm 27–32 (26–33), PubTuberkel an Segm 30 u. 31; ♂ Poren mit großen Drüsenhöfen); **Eisenia (= Dendrobaena) hortensis** (MICH.) (1,5–4,5 cm; purpurrot ohne deutliche Streifung; Cl an Segm 27–33 (26–33), PubTuberkel an Segm 30 u. 31; ♂ Poren mit großen Drüsenhöfen), beide Arten in organischen Substraten.

b) PubTuberkel an Segm 28 u. 30 (also durch 1 Segm getrennt): **Allolobophora cupulifera** s. 7

— Mit 1 Paar PubWällen (bisweilen undeutlich) 13

13. Pubertätswälle an Segm 28–30

Dendrodrilus rubidus subrubicundus (Eis.) u. **Dendrodrilus rubidus tenuis** (Eis.) s. **12**, beide Subspecies häufig in Baumstubben.

— Pubertätswälle an Segm 30–32. Cl an Segm 28–33 (28–34)

Dendrobaena attemsi (Mich.) (2–5 cm), in Fallaub u. oberen Bodenschichten von Wäldern, in Gewächshäusern.

Ordnung: **Hirudinea,** Egel

Mit 33 Segm, diese meist sekundär geringelt, ohne Borsten. Am Hinterende Haftscheibe (aus 7 Segm gebildet), vorn Saugnapf an Bauchseite, in diesem Mundöffnung. Zwitter, Eiablage in Kokons, im Wasser od. in feuchter Erde. Bei manchen Glossiphoniidae Brutpflege. Ektoparasiten od. Räuber. Meist Wasserbewohner. Im Gebiet etwa 30 Arten.

System:
Ordnung **Rhynchobdelliformes** (Rüsselegel) mit **Glossiphoniidae, Ichthyobdellidae (= Piscicolidae);**
Ordnung **Pharyngobdelliformes** (Schlundegel) mit **Erpobdellidae;**
Ordnung **Gnathobdelliformes** (Kieferegel) mit **Hirudinidae, Haemopidae, Xerobdellidae.**

1. Landlebend . **Xerobdellidae** mit **Xerobdella lecomtei** v. Frau. (30–40 mm), selten

— Im Süßwasser, manchmal an feuchten Gewässerufern . . . 3

— Im Meer, an Fischen . . . . viele **Ichthyobdellidae** 2

2. Vorderende mit Augen

a) 4 Augen [*25*]: **Piscicola geometra** (s. Nr. **3**).

b) 6 Augen, in einer Querreihe angeordnet: **Branchellion torpedinis** Sav. (Hinterkörper mit blattförmigen Kiemenanhängen; 30–50 mm), selten.

c) 6 Augen, zu je 2 hintereinander angeordnet: **Ottonia brunnea** (Joh.) (mit großer Mundscheibe, wie [*25*]; 25 mm); 2; **Oceanobdella** Caballero (= **Abranchus** Joh.) (ohne od. mit kaum abgesetzter Mundscheibe), **O. microstoma** (Joh.) (fast unpigmentiert; 25 mm), **O. sexoculata** (Malm) (mit schwarzen Punkten in Querbändern; 10–15 mm).

— Ohne Augen

a) Groß, 100–200 mm: **Pontobdella muricata** (L.), Rochenegel.

b) Klein, 20–70 mm: **Oxytonostoma typica** Malm (Oberseite mit Warzen). Ohne Warzen 2; **Calliobdella** Ben. et Hesse (Hinterkörper beiderseits mit Reihe pulsierender Bläschen), **C. nodulifera** Malm (Hintere Haftscheibe etwa 2mal so breit wie Mundscheibe), **C. lophii** Ben. et Hesse (Hintere Haftscheibe 3–4mal so breit wie Mundscheibe); **Platybdella anarrhichae** (Dies.) (ohne pulsierende Bläschen).

3. Mundscheibe ± kreisförmig, deutlich vom Vorderkörper abgesetzt. Parasitisch an Fischen . . . . einige **Ichthyobdellidae**

Piscicola geometra (L.), Gemeiner Fischegel [*25*] (Körper zylindrisch, langgestreckt [*25*]; bis 100 mm), häufig; 2; **Cystobranchus** Dies. (abgeplattet, nur etwa 5–6mal so lang wie breit; 15–40 mm), selten, **C. mamillatus** Malm (ohne Augen), **C. respirans** (Trosch.) (Mundscheibe mit 4 Augen).

— Mundscheibe nicht od. wenig vom Vorderkörper abgesetzt (dann verkehrt-herzförmig). Sehr selten an Fischen 4

4. Vorderende mit 10 Augen [*26*]. Körper 60–150 mm lang **Haemopidae, Hirudinidae**

Haemopis sanguisuga (L.), Pferdeegel **(Haemopidae)** (Oberseite bräunlich bis schwarz, nahezu einfarbig), Räuber; **Hirudo medicinalis** L., Medizinischer Blutegel **(Hirudinidae)** (Oberseite mit roten bis braunen Fleckenlängsreihen od. Längsbinden), Parasit an Säugetieren.

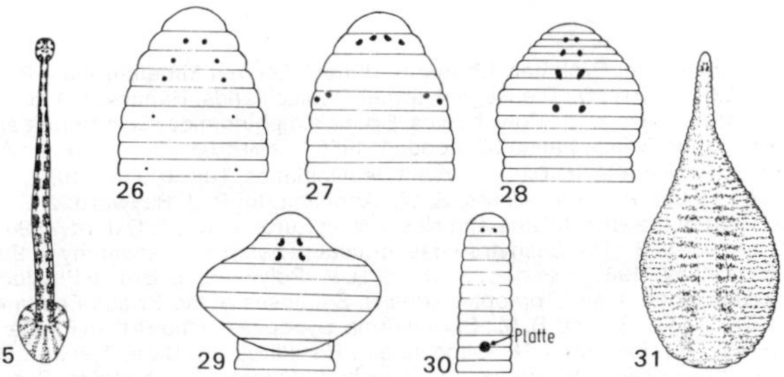

— Vorderende mit 8 Augen, Anordnung wie [*27*], vorn Querreihe mit 4 Augen (selten zu 2 od. 3 reduziert), dahinter jederseits Querreihe von 2 Augen. Körper lang u. schmal. 30–60 mm . . . . **Erpobdellidae**

Räuber.

a) Alle Körperringe etwa gleich groß: 3; **Erpobdella** Blainville, **E. octoculata** (L.) Hundegel (♂ u. ♀ Geschlechtsöffnung an Unterseite des Körpers durch 2–3 Ringe getrennt), sehr häufig; **E. testacea** (Savigny) (Geschlechtsöffnungen durch 4–5 Ringe getrennt; Körper nicht durchscheinend), häufig; **E. nigricollis** Brandes (ebenso, aber Körper durchscheinend u. vorn mit dunklem Halsband), häufig, vor allem in Fließgewässern.

b) Jeder 5. Ring größer als übrige: **Dina lineata** (Müller), verbreitet. – Außerdem 2 seltene Arten mit andersartiger Ringelung.

— Vorderende mit 2–8 Augen; wenn mit 8 Augen, diese in 4 hintereinanderliegenden Paaren. Körper häufig breiter [*31*]

Glossiphoniidae 5

5. Mit 8 Augen in 4 hintereinanderliegenden Paaren [*28*]

Entenegel, **Theromyzon tessulatum** (Müll.)

Parasitisch an Wasservögeln. Oberseite grünlich od. bräunlich, mit 4 Reihen gelber Flecken. 10–50 mm. Sehr selten **Protoclepsis maculosa** (Rathke) (Färbung anders; 20–50 mm), an Enten.

— Mit 2–6 paarweise angeordneten Augen (manchmal verschmolzen) 6

6. Mundscheibe verkehrt-herzförmig vom Körper abgesetzt [*29*]

Hemiclepsis marginata (Müll.)

25–30 mm. Parasitisch an Fischen u. Lurchen, seltener an Wirbellosen.

— Vorderende ohne Mundscheibe 7

7. Körper glatt, ohne Warzen. 8–20 mm

a) Vorderrücken mit brauner Platte [*30*]. 2 Augen: 2; **Helobdella** Blanchard, z. B. **H. stagnalis** (L.) (bis 12 mm), häufig, parasitisch an Schnecken u. Würmern.

b) Vorderrücken ohne braune Platte: **Glossiphonia heteroclita** (L.) [*31*] (6 Augen wie [*31*]; meist unter 10 mm), an Schnecken, Würmern; sehr selten **Batracobdella paludosa** (Car.) (4 Augen), an Lurchen.

— Körper mit Warzen auf Oberseite, mindestens am Hinterende. 10–35 mm

a) Mit 6 Augen: **Glossiphonia complanata** (L.) (Warzen rund, nur auf jedem 3. Ring; Körper hart), häufig an Würmern u. Schnecken; **Boreobdella verrucata** (Müll.) (Warzen spitz, nicht nur auf jedem 3. Ring; Körper weich), selten.

b) Mit 2 Augen: 2; **Haementeria** Fil., selten, Parasiten an Wirbeltieren, **H. costata** (Müll.) (Rücken mit hellen Linien); **H. raboti** (Bl.) (Rücken dunkel).

Literatur

Autrum, H.: Hirudinea, in: Brohmer, Ehrmann, Ulmer, Tierwelt Mitteleuropas, Bd. 1, Lief. 7b, Leipzig, 1958. – Graff, O.: Die Regenwürmer Deutschlands. Hannover, 1953. – George, J. D., Hartmann-Schröder, G.: Polychaetes: British Amphinomida, Spintherida and Eunicida. Synopses of the British Fauna 32. London, 1985. – Hartmann-Schröder, G.: Annelida Borstenwürmer, Polychaeta, in: Dahl, Tierwelt Deutschlands, Teil 58. Jena, 1971. – Nelson-Smith, A., Knight-Jones, P., Knight-Jones, E. W.: Annelida. In: P. J. Hayward, J. S. Ryland, The marine fauna of the British Isles and North-West Europe. Vol. 1. Oxford, 1990. – Nielsen, C. O., Christensen, B.: The Enchytraeidae, critical revision and taxonomy of European species. Aarhus, 1959–1963. – Pleijel, F., Dales, R. P.: Polychaetes: British Phyllodocoideans, Typhloscolecoideans and Tomopteroideans. Synopses of the British Fauna 45. London, 1991. – Sims, R. W., Gerard, B. M.: Earthworms. Synopses of the British Fauna 31. London, 1985. – Ude, H., Johansson, N.: Oligochaeta, Hirudinea, in: Dahl, Tierwelt Deutschlands, Teil 15. Jena, 1929. – Westheide, W.: Polychaetes: Interstitial families. Synopses of the British Fauna 44. London, 1990. – Wilcke, D. E.: Oligochaeta, in: Brohmer, Ehrmann, Ulmer, Tierwelt Mitteleuropas, Bd. 1, Lief. 7 a, Leipzig, 1963.

Stamm: **Tardigrada,** Bärtierchen

0,2–1,2 mm lange Tiere, die stammesgeschichtlich zwischen Anneliden und Arthropoden stehen und mit diesen Stämmen als **Articulata** zusammengefaßt werden können. Bärtierchen haben 4 Paar ungegliederte Stummelfüße und eine Kutikula, die vor allem aus Lipoproteinen u. Polysacchariden besteht. Die ursprünglichen Arten besitzen Kopfanhänge, die auf die Kopftentakel der Anneliden hinweisen. Wenige Arten leben im Meer und Brackwasser, die meisten im Süßwasser, besonders in kleinen temporären Wasseransammlungen, die sich in Flechtenbewuchs, Moospolstern, Dachrinnen usw. bilden. Trockenperioden können sie jahrelang in „Anabiose" überdauern. Mit ihrem Mundstachel stechen sie vorwiegend pflanzliche Zellen an, doch werden auch lebende oder tote Rotatorien und Nematoden ausgesogen. Im Gebiet etwa 60 Arten.

System: Heterotardigrada mit den Ordnungen **Arthrotardigrada, Echiniscoida; Eutardigrada** mit den Ordnungen **Parachela, Apochela.**

1. Mit fadenartigen Kopfanhängen (Cirren) [*1–5*]. Zehen oder Krallen untereinander gleichartig . . . . **Heterotardigrada** 2

— Kopf ohne Cirren. Stummelfüße enden in 4 ± ungleichartigen Krallen (2 Paare) [*6–9*] . . . . **Eutardigrada** 7

2. Stummelfüße enden zehenartig mit abgesetzten Haftplättchen [*1*] oder ohne zehenartige Bildungen, aber mit langen, nebenhakenlosen Krallen. Kopf mit Mediancirrus (MC) . Ordnung **Arthrotardigrada**

Im Meer und Brackwasser lebende Arten, z. B. **Batillipes mirus** Richt. [*1*], im Feinsand des Litorals; **Actinarctus doryphorus** Schultze, im Bruchschill-Sediment.

— Stummelfüße enden mit Krallen, die (außer bei Archechiniscus) ohne Zehen der Extremität direkt ansitzen. Kopf ohne MC Ordnung **Echiniscoida** 3

3. Dorsale Kutikula nicht in transversale Platten gegliedert . . 4

— Dorsale Kutikula verstärkt oder in transversale Platten gegliedert 5

4. Mit langen Kopfcirren. An jedem Fuß 4 Krallen [*2*] . . . . **Oreella** Murr.

— Mit kurzen Kopfcirren. 2 marine Arten: **Echiniscoides sigismundi** (Schultze) (an jedem Fuß mehr als 4, meist 6–9, selten bis 11 Krallen [*3*]), in der Enteromorphazone häufig; **Archechiniscus marci** Schz. (an jedem Fuß 4 Krallen, davon die mittleren auf Zehen).

5. Dorsale Kutikula verstärkt, aber ohne deutlich abgegrenzte Platten **Parechiniscus chitonides** Cuén.

— Dorsale Kutikula aus deutlich abgegrenzten Platten [*4, 5*] 6

6. Rumpf mit 5 Haupt- (I–V) und 3 (1–3) Zwischenplatten. 4. Hauptplatte deutlich von Endplatte getrennt [*4*] . . . . **Pseudechiniscus** Thul.

— Rumpf außer den Zwischenplatten mit 4 Hauptplatten [*5*] . . **Echiniscus** Schultze

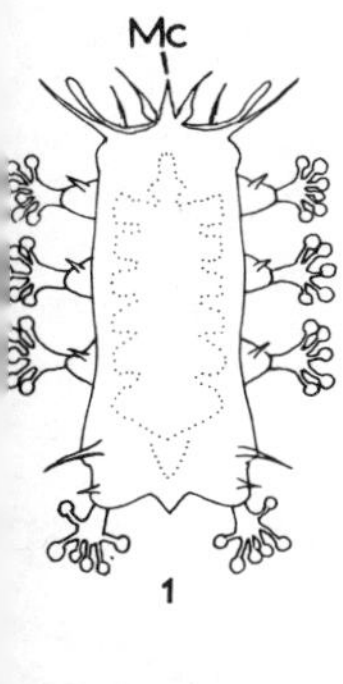

1

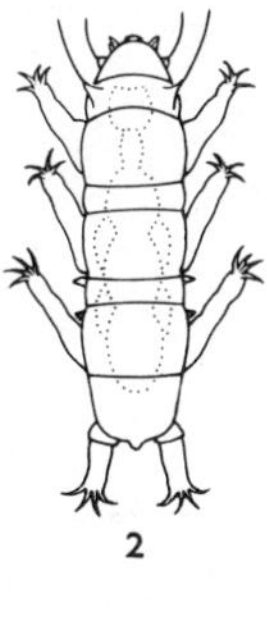

2

3

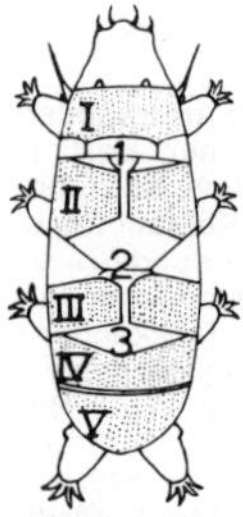

4

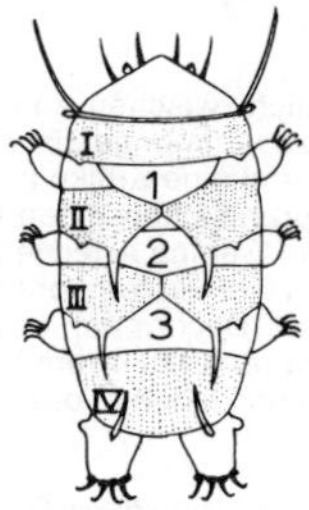

5

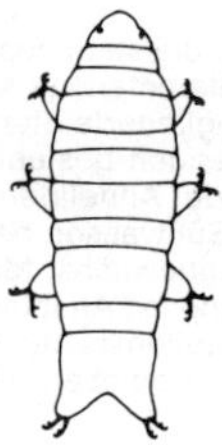

8

6

7

9

7. Ohne Kopfanhänge. Haupt- und Nebenast der Fußkrallen am Grunde verwachsen . . . . Ordnung **Parachela** 8

— Nur papillenförmige Kopfanhänge. Fuß hat 2 lange und 2 kürzere Krallen, letztere mit Haken; die Krallen am Grunde getrennt [*6*] Ordnung **Apochela, Milnesiidae: Milnesium tardigradum** Doy.

8. Fußkrallen etwa gleich groß, Hauptäste einander zugewandt, Nebenäste voneinander abgewandt [*7*] . . . . **Macrobiotidae**
Macrobiotus Schultze [*8*].

— Krallen meist sehr verschieden groß, auch die Nebenäste zeigen in die gleiche Richtung [*9*] . . . . . **Hypsibiidae, Calohypsibiidae**
Hypsibius Ehrenbg., **Calohypsibius** Thulin.

Literatur

Dastych, H.: The Tardigrades of Poland. Monografie Fauny Polski 16. Warszawa, Krakow, 1988. – Greven, H.: Die Bärtierchen. Neue Brehm-Bücherei, Bd. 537. Wittenberg, 1980. – Kaestner, A.: Lehrbuch der speziellen Zoologie, Bd. I, 3. Teil. 4. Aufl. Stuttgart, 1982. – Marcus, E.: Tardigrada. In: Das Tierreich, Lief. 66. Berlin, 1936. – Morgan, C. I., King, P. E.: British Tardigrades. Synopses of the British Fauna 9. London, 1976. – Rahm, G.: Bärtierchen. In: Brohmer, Ehrmann, Ulmer, Tierwelt Mitteleuropas, Bd. 3. Leipzig, 1928.

Stamm: **Arthropoda,** Gliederfüßer

Körper in Segmente gegliedert, von Kutikula bedeckt, die während des Wachstums der Tiere durch Häutungen erneuert wird. Meiste Segmente mit Rückenplatte (Tergit, Tergum) und Bauchplatte (Sternit, Sternum), häufig auch Seitenplatte (Pleurit, Pleurum). Extremitäten gegliedert, mit echten Gelenken zwischen den Gliedern. Mit 1 Paar Komplexaugen (die reduziert sein können); daneben Medianaugen als Einzelaugen (die ebenfalls fehlen können).

System (der **Arthropoda** im engeren Sinne = **„Euarthropoda"**) (zu den **Arthropoda** im weiteren Sinne werden auch die **Tardigrada** und **Pentastomida** gerechnet):
I. **Chelicerata** (Körper in Prosoma und Opisthosoma gegliedert, ohne Antennen, mit Cheliceren als Extremitäten des 1. Rumpfsegmentes) mit **Merostomata** (**Xiphosura;** Pfeilschwanz **Limulus** MÜLL., marin, nicht heimisch), **Arachnida, Pantopoda.**
II. **Mandibulata** (Kopf mit 3 Paar Extremitäten als Mundwerkzeuge: Mandibeln, 1. Maxillen, 2. Maxillen) mit **Crustacea** (Kopf mit 2 Paar Antennen), **Myriapoda, Insecta (Hexapoda).** Die letzten beiden Gruppen werden als **Tracheata** (= **Antennata**) (Atmung durch Tracheen, Kopf mit 1 Paar Antennen) zusammengefaßt. Die **Myriapoda** sind aber eine paraphyletische Gruppe.

1. Mit Flügeln oder Stummelflügeln . . . Insekten, **Hexapoda** S. 188
— Ohne Flügel **2**
2. Mit gegliederten Beinen **3**
— Ohne Beine, wenn Beinstummel vorhanden, diese ungegliedert **8**
3. Körper ganz oder teilweise in 2klappiger Schale [*4–6*] (S. 156). Freilebende Wassertiere
(Conchostraca, Cladocera, Ostracoda), Crustacea S. 155
— Körper anders, Land- oder Wassertiere **4**
4. Körper rückgebildet, röhrenförmig, mit 4 bis 5 großen Laufbeinpaaren, deren Durchmesser stellenweise fast so groß wie Körper breit. Körper vorn mit Rüssel, Cheliceren und Taster. Hinterleib kurz, stielförmig, ungegliedert. Meerestiere . . . Asselspinnen, **Pantopoda**
Räuber, auf Hydrozoenstöcken, Schwämmen, Tang. 6 Familien mit 15 Arten, z.B. **Nymphonidae,** häufig **Nymphon** F., darunter **N. grossipes** F. (bis 9 mm).
— Körper nicht rückgebildet, Beine immer viel dünner als Körper **5**
5. Körper mit Kopf u. vielen ± gleichartigen Rumpfsegmenten, mit mindestens 6 (meist 9 bis weit über 100) gleichartigen Laufbeinpaaren [*1–3, 6, 16, 17, 20*] (S. 180, 183, 185), Landtiere
Tausendfüßer, **Myriapoda** S. 179
— Körper hinter Kopfregion selten gleichartig segmentiert, Rumpf mit Hinterleib, der keine oder abweichend gebaute Extremitäten trägt **6**
6. Körper mit deutlich abgesetztem Kopf [*1*] (S. 189). Brust mit 3 gleichartigen Beinpaaren (selten 1. Beinpaar umgebildet). Hinterleib ohne Beine, höchstens mit Beinstummeln [*7–56*] (S. 190–199)
Insekten, **Hexapoda** S. 188
— Anders, wenn mit 3 Beinpaaren, kein deutlich abgesetzter Kopf **7**
7. Körper durch tiefen Einschnitt in Kopfbrust u. Hinterleib geteilt ([*1*], S. 114) oder Körper ungeteilt [*1*] (S. 112), [*3*] (S. 141). Kopfbrust nicht oder nur andeutungsweise segmentiert, mit Cheliceren, Taster u. 2 bis 4 Beinpaaren [*1 a*] (S. 114) . . Spinnentiere, **Arachnida** S. 111
Die Taster können wie Fühler aussehen, setzen aber auf der Kopfunterseite nahe der Mundregion an.
— Körper anders gegliedert. Kopf ohne Cheliceren u. Taster, mit 2 Paar Fühlern (1 Paar oft verkleinert) [*1*] (S. 156). Beintragender Körperab-

schnitt deutlich segmentiert, wenn Segmentierung durch Schale verdeckt, mit mehr als 4 Beinpaaren [*42*] (S. 169)
Krebstiere, **Crustacea** S. 155

8. Körper festsitzend, mit Kalkplatten [*10, 11*] (S. 157)
(Cirripedia), Crustacea S. 155

— Körper ohne Kalkplatten **9**

9. Körper zweiseitig-symmetrisch (Insektenlarven), **Hexapoda** S. 188

— Körper ± unregelmäßig gelappt
(parasitische Krebse), **Crustacea** S. 155

Literatur

zu den **Pantopoda:** KING, P. E.: British sea spiders. Synopses of the British Fauna 5. London, 1974.

Klasse: **Arachnida,** Spinnentiere

Gliederfüßer ohne Flügel und Antennen. Kopf u. Brust zu einer Kopfbrust (Prosoma, Cephalothorax) verschmolzen, die außer den 2–8 Augen (diese sind selten völlig reduziert) 1 Paar Cheliceren, 1 Paar Taster (Palpen) und 4 (bei Milben mitunter weniger) Paar Beine trägt. Cheliceren höchstens 3gliedrig, enden meist in Schere. Palpen u. Beine meist gegliedert in Hüfte (Coxa), Schenkelring (Trochanter), Schenkel (Femur), Knie (Patella), Schiene (Tibia), Ferse (Metatarsus), die den Palpen fehlt, und den 1- bis vielgliedrigen Fuß (Tarsus), der 1–3 Krallen trägt. Der Hinterleib (Opisthosoma, Abdomen) hat keine Beine. Luftatmend. Direkte Entwicklung mit bis zu 12 Häutungen. Jugendstadien meist nicht bestimmbar, die folgenden Tabellen gelten nur für ausgewachsene Tiere, Konservierung (außer Milben) in 75%igem Alkohol.
Abkürzungen: Ceph = Cephalothorax (= Prosoma), Abd = Abdomen (= Opisthosoma), Ch = Cheliceren, Cx = Coxa, Tr = Trochanter, Fe = Femur, Pt = Patella, Ti = Tibia, Mt = Metatarsus, Ta = Tarsus („1. Cx" bedeutet „Cx des 1. Laufbeinpaares"). Längenangabe für adulte Tiere ohne Cheliceren.

System: Ordnungen **Scorpionida, Pseudoscorpionida, Palpigradida, Araneida, Opilionida, Acarina.**

1. Abd (Hinterleib, Opisthosoma) vom Ceph (Vorderkörper, Prosoma) durch tiefen Einschnitt abgegliedert, hinten mit Spinnwarzen [*1 a, 1 b*] (S. 114) . . . . Spinnen, **Araneida** S. 114
— Zwischen Abd u. Ceph mit 1 verengten Segment, Abd hinten mit langem gegliedertem Schwanzfaden . . . . **Palpigradida**
2 Arten, z. B. **Eukoenenia austriaca** Hansen (1,5 mm), in Österreich, tief im Boden, selten.
— Abd eng mit Ceph verbunden, ohne Spinnwarzen u. Schwanzfaden **2**
2. Abd ± deutlich gegliedert (segmentiert) **3**
— Abd nicht deutlich segmentiert u. gegen den Ceph nicht deutlich abgesetzt [*1, 14*] (S. 145) . . . . Milben, **Acarina** S. 144
3. Palpen groß, mit Endschere [*1–3*] (S. 112) **4**
— Palpen beinartig, ohne Schere am Ende. Beine meist lang [*3*] (S. 141)
Weberknechte, **Opilionida** S. 140
4. Körper nach hinten verschmälert, ohne Stachel
Pseudoskorpione, **Pseudoscorpionida** S. 111
— Hintere 5 Segmente des Körpers zu schmalen Ringen verengt, mit Endstachel . . . . Skorpione, **Scorpionida**
Nur **Euscorpius** Thorell, in Südeuropa; in Südösterreich und in der Südschweiz z. B. **E. germanus** C. L. Koch (bis 30 mm).

Ordnung: **Pseudoscorpionida,** Pseudoskorpione

Prosoma (Cephalothorax) ungegliedert, höchstens mit 1–2 Querfurchen, mit 0–4 Augen. Palpen groß, auf der Endschere mit Tasthaaren (bei adulten Tieren meist fester Scherenfinger mit 8, beweglicher mit 4, bei Jungtieren weniger); beweglicher Scherenfinger mit Ausmündung von Giftdrüsen. Opisthosoma (Abdomen) gegliedert, mit 12 Segmenten. Getrenntgeschlechtig, treiben Brutpflege. Tiere laufen vor-, rück- u. seitwärts. Im Laub, Moos, Mulm, unter Rinde u. Steinen, in Vogelnestern u. Häusern. Leben räuberisch von Kleinarthropoden, diese werden mit der Tasterschere ergriffen. Manche Arten phoretisch an Arthropoden. Im Gebiet etwa 30 Arten.

System: Familien **Chthoniidae, Neobisiidae, Cheiridiidae, Chernetidae, Cheliferidae.**

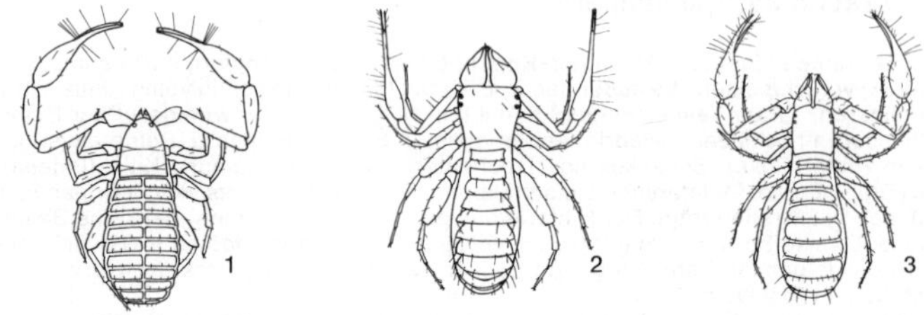

1. Rückenplatten des Abd halbiert [*1*]. Ta der Beine 1gliedrig . . 2

— Rückenplatten des Abd nicht halbiert [*2, 3*]. Wenigstens 3. u. 4. Ta 2gliedrig 11

2. Abd mit 10 sichtbaren Rückenplatten, wenn 11 sichtbar, dann Körper höchstens 1,1 mm lang . . . . **Cheiridiidae**
Cheiridium museorum (Leach) (Abd mit 10 Rückenplatten; 1,4 mm), in Häusern. **Apocheiridium ferum** (Sim.) (Abd mit 11 Rückenplatten; 1,1 mm), unter Rinde.

— Abd mit 11 sichtbaren Rückenplatten [*1, 2, 3*]. 1,5–4,5 mm . . . 3

3. Mit 2 Augen, diese mit Linse . . . . **Cheliferidae** 4

— Ohne Augen, höchstens mit undeutlich begrenzten, helleren Augenflecken . . . . **Chernetidae** 5

4. Ceph oben fein u. gleichmäßig granuliert, ohne größere borstentragende Körner. Krallen des 1. Beinpaares ohne Nebenzahn. 2,3–3 mm
Dactylochelifer latreillei (Leach) (1. Fe durch schrägen Gelenkspalt geteilt), in Augelände u. Dünen. **Withius piger** (Sim.) (= **subruber** (Sim.)) (1. Fe durch zur Längsachse senkrechten Gelenkspalt geteilt), in Getreidespeichern.

— Ceph oben gleichmäßig granuliert, vor allem an den Seiten mit größeren borstentragenden Körnern. Krallen des 1. Beinpaars mit Nebenzahn. 2,6–4,5 mm. In Häusern [*1*
Bücherskorpion, **Chelifer cancroides** (L.
Unter Rinde der ähnliche **Mesochelifer ressli** Mahnert.

5. Körper oben glänzend. Ceph kaum, Abd nicht granuliert, Ceph mit 1 Querfurche. 1,8–2,5 mm . . . . 2; **Lamprochernes** Tömösv
Häufig **L. nodosus** (Schrank), in Komposthaufen, Gewächshäusern, oft phoretisch an Fliegenbeinen.

— Körper nicht glänzend, deutlich granuliert, Ceph meist mit 2 Querfurchen [*1*]

6. 4. Ta mit langer Tastborste, diese viel länger als Breite des Ta . . . . .

— 4. Ta ohne od. nur mit kurzer Borste . . . .

7. Tastborste des 4. Ta kurz vor der Mitte des Gliedes. Hintere Querfurche des Ceph flacher als vordere. 1,5–2 mm . . . . **Pselaphochernes scorpioides** (Herm

— Tastborste des 4. Ta hinter der Mitte des Gliedes. Beide Querfurchen des Ceph ungefähr gleich tief. 4 mm . . . .

8. Borsten des Körpers leicht gekeult. In Maulwurfnestern **Lasiochernes pilosus** (Ell

— Borsten des Körpers nicht gekeult. Unter Rinde **Dendrochernes cyrneus** (L. Koch

9. Fester Scherenfinger der Palpen mit deutlicher Endklaue 1

— Fester Scherenfinger ohne Endklaue. 1,8–2,7 mm . . . . . . 4; **Chernes** Meng
Häufig **C. cimicoides** (F.).

10. Letzte (11.) Rückenplatte des Abd mit 2 Tastborsten. 2–2,5 mm
Dinocheirus Chamb. (= **Toxochernes** Beie
Häufig nur **D. panzeri** (C. L. Koch).

— 11. Rückenplatte ohne Tastborsten, wenn (bei 1 seltenen Art) mit 2 Tastborsten, Körper 1,6–1,8 mm lang . . . . 4; **Allochernes** Beie
Häufig nur **A. wideri** (C. L. Koch) (2,2–2,5 mm).

11. Ceph vorn breiter als hinten [*2*]. 1. u. 2. Ta 1gliedrig, 3. u. 4. Ta 2gliedrig . . . . **Chthoniidae**
Nur 5; **Chthonius** C. L. Koch; **C. ischnocheles** (Herm.) = **rayi** L. Koch (Ceph über Ch mit nach vorn vorragendem, kurzem, gezähntem Fortsatz; 1,6–2,5 mm); übrige Arten ohne diesen Fortsatz, häufiger nur **C. tetrachelatus** (Preyssl.) (1,3–1,9 mm).

— Ceph vorn nicht breiter als hinten [*3*]. Alle Ta 2gliedrig **Neobisiidae 12**

12. Fester Scherenfinger mit 8, beweglicher mit 4 Becherhaaren (Tasthaaren). 2,2–3,6 (selten 4,5) mm . . . . 6; **Neobisium** Chamb.
Häufig **N. muscorum** (Leach) = **carcinoides** (Herm.) [*3*].

— Fester Scherenfinger mit 7, beweglicher mit 3 Becherhaaren. 1,6–2,4 mm. In Torfmoos . . . . **Microbisium brevifemoratum** (Ell.).

Literatur

Beier, M.: Ordnung Pseudoscorpionidea. Bestimmungsbücher zur Bodenfauna Europas, Lief. 1. Berlin, 1963. – Kästner, A.: Pseudoscorpiones. In: Brohmer, Ehrmann, Ulmer, Tierwelt Mitteleuropas, Bd. 3, Lief. 1. Leipzig, 1928 (hieraus Abb.). – Legg, G., Jones, R. E.: Pseudoscorpions. Synopses of the British Fauna 40. London, 1988. – Meinertz, K.: Mosskorpioner og Mejere. In: Danmarks Fauna, Bd. 67. Kobenhavn, 1962. – Schenkel, E.: Pseudoscorpionida. In: Dahl, Tierwelt Deutschlands, Lief. 8. Jena 1928.

Ordnung: **Araneida,** Spinnen

Körper in zwei ungegliederte Abschnitte, Prosoma (Cephalothorax) u. Opisthosoma (Abdomen) geteilt [*1a, 1b*]. 6 od. 8 Augen in 2–4 Querreihen (selten reduziert): Augenquerreihe **procurv** = von oben gesehen an den Seiten nach vorn gebogen, **recurv** = nach hinten gebogen. Cheliceren 2gliedrig, 2. Glied (Giftklaue) gegen Basalglied einschlagbar. Am Ende des Abdomens 2–4 Spinnwarzenpaare. Atmung meist durch 1 Paar Fächertracheen und eine unpaare Röhrentrachee. Getrenntgeschlechtig. Bei der Fortpflanzung ein für viele Arten charakteristisches Begattungsvorspiel (Tänze, Laute usw.), dann Einführen der Spitze des mit Samen gefüllten ♂ Tasters in die Receptacula seminis auf der Epigyne des ♀. Eiablage in Kokons. Direkte Entwicklung, 7–12 Häutungen, meist 1jährig. Bewohner der Bodenoberfläche, der Streu, der Vegetationsschicht (auch Baumwipfel) u. des Wassers (nur **Argyroneta aquatica**). Manche Spinnen (v. a. **Linyphiidae**) Luftsegler mittels ausgepreßter Spinnfäden („Altweibersommer"). Räuberisch. Nahrung: Arthropoden, vor allem Insekten, die außen verdaut und dann ausgesaugt werden. Jagen nach Beute (Tagjäger wie **Lycosidae, Salticidae** u. Nachtjäger wie **Clubionidae, Gnaphosidae**), lauern auf Blüten (z. B. **Thomisidae**), fesseln die Beute mit Klebfäden **(Scytodidae),** umwinden Beute mit Fäden aus Spinndrüsen (manche **Gnaphosidae**) od. bauen Netze zum Beutefang (Netzspinnen): Deckennetz mit Stolperfäden (**Agelenidae** [*57*]), Radnetz (**Araneidae, Uloboridae** [*38, 39*]), Fußangel- od. Haubennetz (**Theridiidae** [*48*]), Baldachinnetz (**Linyphiidae** [*44*]), letztere 3 Netztypen mit Klebfäden. Cribellate Spinnen bebürsten Fäden mittels des Calamistrums mit haftenden, bläulich schimmernden Cribellumfäden. Bestimmung bis zur Art oft nur nach Genitalmerkmalen möglich (♀: meist dunkel chitinisierte Epigyne [*1a*], ♂: Taster mit verdicktem, z. T. dunkel sklerotisiertem Ende als Kopulationsapparat [*1b*]), hier nicht berücksichtigt. Jugendstadien ohne ausgebildete Genitalorgane. Im Gebiet etwa 900 Arten.
Abkürzungen: s. **Arachnida.**

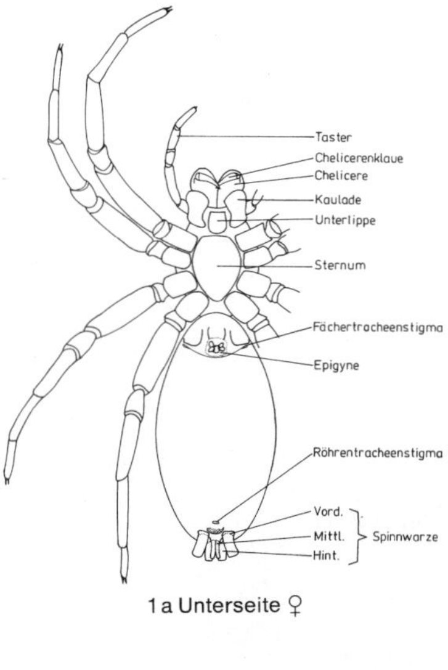

1 a Unterseite ♀

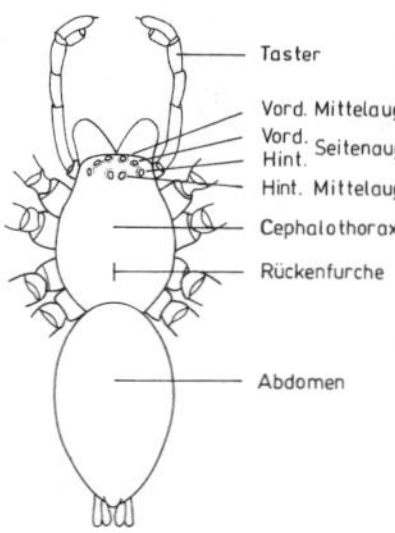

1 b Oberseite ♂

System:
Mygalomorphae mit **Atypidae;**
Arachnomorphae (Labidognatha)
„Cribellatae" mit **Eresidae, Amaurobiidae, Dictynidae, Uloboridae;**
„Ecribellatae" mit **Scytodidae, Pholcidae, Dysderidae, Segestriidae, Oonopidae, Zodariidae, Tetragnathidae, Metidae, Nesticidae, Theridiosomatidae, Araneidae, Mimetidae, Linyphiidae, Mysmenidae, Theridiidae, Lycosidae, Pisauridae, Agelenidae, Argyronetidae, Hahniidae, Oxyopidae, Anyphaenidae, Clubionidae, Liocranidae, Gnaphosidae, Zoridae, Heteropodidae, Philodromidae, Thomisidae, Salticidae.**

In der B.R. Deutschland besonders geschützt: Atypus, Eresus cinnaberinus, Arctosa cinerea, Dolomedes fimbriatus u. **plantarius, Argyroneta aquatica, Philaeus chrysops.**

1. Ch in Längsrichtung des Körpers nach vorn gerichtet **(„orthognath")**, sehr massig, Chklauen in Ruhestellung parallel zur Körperlängsachse. Hintere Spinnwarzen mindestens 3gliedrig. Dunkelbraun. 7–15 mm [*2*] . . . . . . Vogelspinnen, Tapezierspinnen, **Atypidae**
In Kolonien, leben in geschlossenen, mit Gespinst ausgekleideten, senkrechten Erdröhren, das obere Ende frei auf dem Erdboden liegend. Reife ♂♂ vagabundierend. **Atypus piceus** (SULZ.) (hintere Spinnwarzen 3gliedrig, Sternum mit paarigen hellen Flecken); **A. affinis** EICHW. (ebenso, aber Sternum außerdem mit hellem unpaarem Mittelfleck); **A. muralis** BERTK. (hintere Spinnwarzen 4gliedrig); alle Arten an trockenwarmen Hängen od. in Kiefernwäldern.

— Ch meist senkrecht zur Längsrichtung des Körpers gerichtet **(„labidognath")**, schlanker, Chklauen in Ruhestellung quer zur Körperlängsachse [*1a*]. Hintere Spinnwarzen nie mehr als 2gliedrig . . . **2**

2. Cribellum (mit kleinen Spinnspulen besetzte Chitinplatte vor den Spinnwarzen auf der Unterseite des Abd [*3a*]) u. Calamistrum (Kräuselkamm; 1 od. 2 Längsreihen parallel stehender, gebogener Borsten am 4. Mt [*3b*]) vorhanden; wenn undeutlich, dann kurzhaarige Fläche vor Cribellum ausgebildet **(„Cribellatae")** **3**

— Cribellum u. Calamistrum fehlen **(„Ecribellatae")** **6**

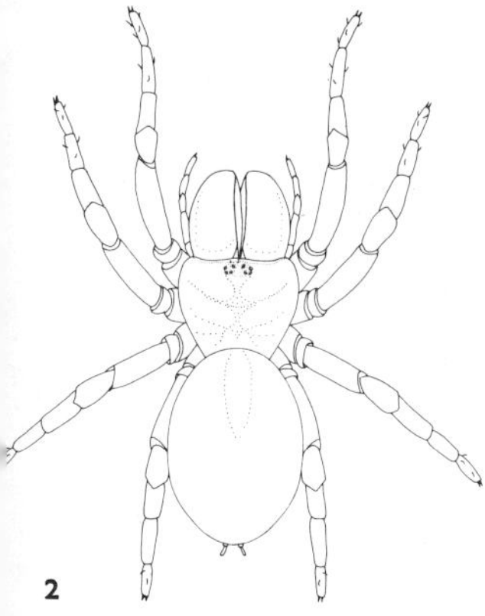
2

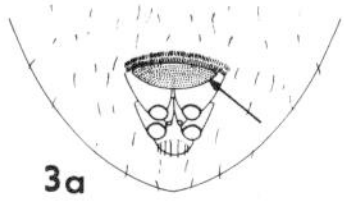
3a

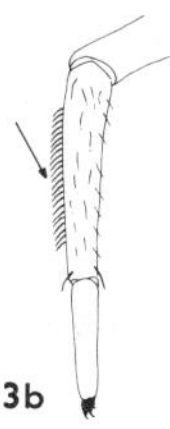
3b

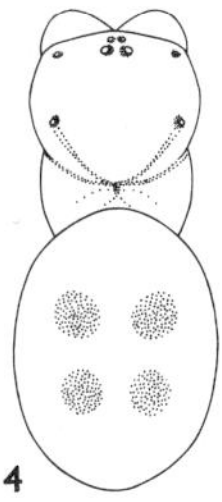
4

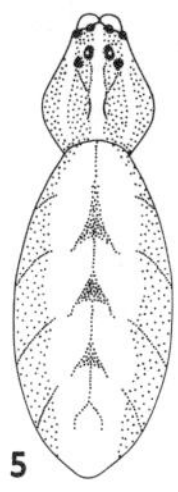
5

3. Alle Augen dunkel (Senkrecht in die Linse der Augen schauen! Nicht mit dem das Auge umgebenden Pigmentfleck verwechseln!), manchmal etwas aufgehellt **4**
— Alle Augen hell od. höchstens vordere Mittelaugen dunkel . **5**
4. Ceph vorn sehr breit, gerade abgeschnitten. Augen in 3 Querreihen, 2 Vierecke bildend [*4*]. Cribellum durch Brücke längsgeteilt
Röhrenspinnen, **Eresidae**
Bauen ca. 10 cm langes Röhrennetz im Erdboden, mit Gespinstdach u. Fangfäden. Nur **E. cinnaberinus** (Oliv.) (= **niger** (Pet.)) [*4*] (♀: schwarz, ♂: Ceph schwarz, Abd rot mit 4 schwarzen Flecken; 8–16 mm), in Heidegebieten.
— Ceph nach vorn verschmälert [*5, 6*]. Augen in 2 Querreihen. Cribellum einteilig . . . . Kräuselradnetzspinnen, **Uloboridae**
Uloborus walckenaerius Latr. [*5*] (Abd langgestreckt; 3–8 mm), baut Radnetz ähnlich **Araneus,** aber Fangfäden cribellat, in warmem, unbedecktem Gelände, sehr selten. **Hyptiotes paradoxus** (C. L. Koch), Dreiecksspinne [*6*] (Abd kurz, höckerig; 4–5 mm), Netz dreieckig, in trockenwarmem Fichtenwald.
5. Vordere Mittelaugen dunkel, übrige hell. Körper höchstens 5 mm lang, meist viel kleiner. Cribellum meist ungeteilt. Habitus meist wie [*7*] . . . . Kräuselspinnen, **Dictynidae** S. 12
— Alle Augen hell. Körper über 5 mm lang, selten wenig kleiner. Cribellum durch Längsbrücke geteilt. Vorherrschender Habitus [*8*]
Finsterspinnen, **Amaurobiidae** u. **Titanoecidae** S. 12
6. Mit 6 Augen. (♀ ohne Epigyne = **„Haplogynae"**) **7**
— Mit 8 Augen, vordere Mittelaugen od. hintere Seitenaugen bisweilen sehr klein. (♀ meist mit Epigyne = **„Entelegynae"**) **1**
7. Ceph hinten viel höher als in der Augenregion [*9*]. Augen in 3 weit voneinander getrennten Paaren. Dicht hinter Fächertracheenstigmen kein weiteres Stigmenpaar . . . . . . Speispinnen, **Scytodidae**
Beschleichen Insekten und fesseln sie mit Leimfäden aus den Giftdrüsen der Ch. Nur **Scytodes thoracica** (Latr.) [*9*] (3,5–5,5 mm), in Häusern an Wänden nahe der Decke.
— Ceph hinten nicht viel höher als vorn. Augen in einer geschlossenen Gruppe [*10*]. Dicht hinter Fächertracheenstigmen ein weiteres Stigmenpaar . . . .

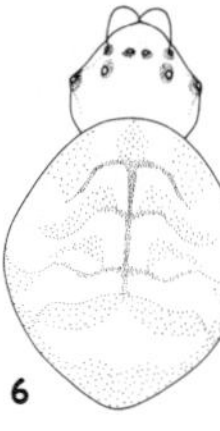
6

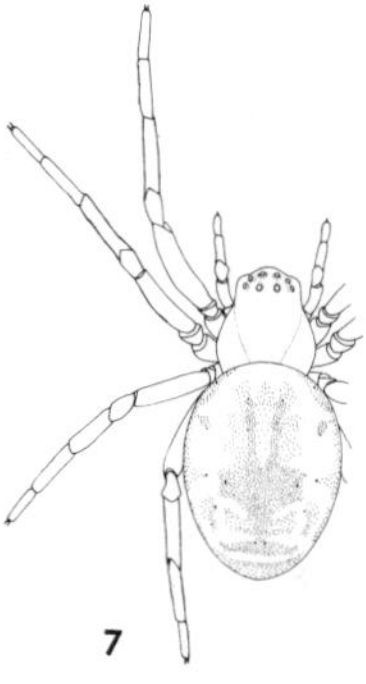
7

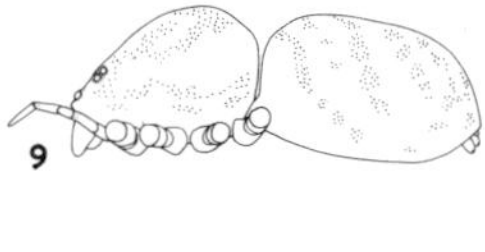
9

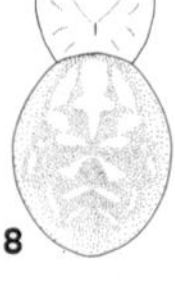
8

10

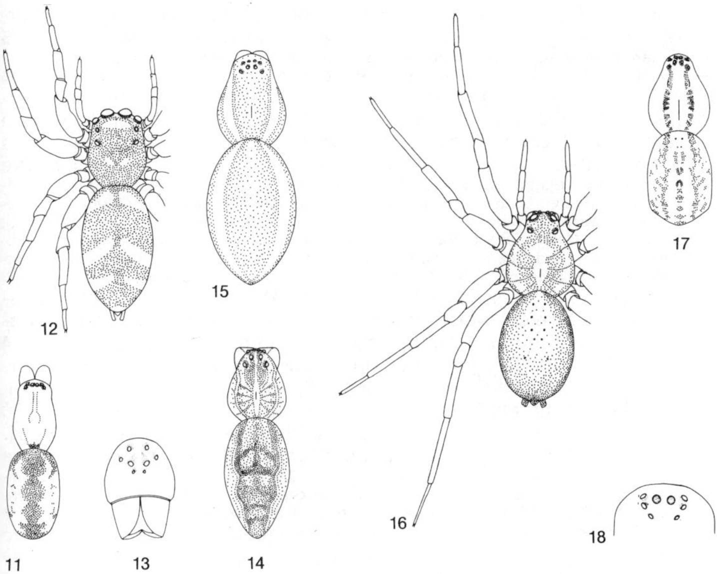

8. Körper schlank [*11*], über 4 mm (bis 15 mm). Augenreihen nicht so breit wie der vordere Ceph **9**

— Körper gedrungener, bis 2 mm. Augen fast die gesamte Breite des vorderen Ceph einnehmend . . . . **Oonopidae**

3 Gattungen mit 4 seltenen Arten, z. B. **Oonops domesticus** DALM., in Häusern.

9. Augen in einer kompakten Gruppe [*10*]. Ceph braunrot, Abd einfarbig hell . . . . Sechsaugenspinnen, **Dysderidae** S. 123

— Augen in 3 getrennten Paaren. Abd mit Fleckenzeichnung [*11*] Sechsaugenspinnen, **Segestriidae**

In Wohnröhren unter Rinde, in Felsritzen, dabei – an der Mündung sitzend – auf Beute lauernd. Nur **Segestria** LATR., **S. senoculata** (L.) (braune Fleckenzeichnung des Abd wie [*11*]; 6,5–10 mm). **S. bavarica** C. L. KOCH (Fleckenzeichnung des Abd hinten durch helle Mtbinde in paarige Flecken geteilt; 7–14 mm).

10. Ceph vorn gerade abgeschnitten. Augen in 3 Reihen, vordere Augen nach vorn gerichtet, vordere Mittelaugen viel größer als vordere Seitenaugen, 2 sehr kleine (!) Augen in der 2. Reihe, 2 etwas größere in der 3. [*12*]. Mit Sprungvermögen . Springspinnen, **Salticidae** S. 137

— Anders **11**

11. Augen von vorn gesehen in 4 Querreihen, sehr unterschiedlich groß [*13*]. Beine lang bestachelt . . . Scharfaugenspinnen, **Oxyopidae**

Jagen nach Beute. Nur **Oxyopes ramosus** (PANZ.) (rotbraun mit weißer Zeichnung; 6–10 mm), in Heidegebieten.

— Augen in 3 Querreihen, Anordnung wie in [*14–17*] **12**

— Augen in 2 Querreihen od. zumindest nicht in 3 od. 4 deutlichen Querreihen (z. B. [*1b, 18, 25*], also nicht Anordnung wie in [*13–17*]) **15**

12. Hintere Spinnwarzen viel länger als vordere [*23a*] . . **Textrix (Agelenidae)** S. 132

— Hintere Spinnwarzen nicht viel länger als vordere **13**

13. 3. Augenreihe viel breiter als 2.; Abstand zwischen den hinteren Augen mehr als doppelt so groß wie der Abstand zu den entsprechenden Augen der 2. Querreihe [*14, 15*]. Abd hinten allmählich zugespitzt. Ta mit 3 Krallen . . . . . . Jagdspinnen, Raubspinnen, **Pisauridae**

Jagen in der Vegetation nach Beute, Erwachsene ohne Fangnetze. ♀♀ tragen Eikokon zwischen den Ch, er wird kurz vor dem Schlüpfen der Jungen aufgehängt u. bewacht. **Pisaura mirabilis** (CLERCK), Raubspinne (rotbraun, helle Zeichnung wie [*14*]; 11–13 mm). **Dolomedes fimbriatus** (CLERCK), Listspinne (dunkelbraun, helle Zeichnung wie [*15*], Abd unten mit 4 hellen Längsstreifen; 12–18 mm), viel seltener **D. plantarius** (CLERCK) (ähnlich, Abd unten mit 2 hellen Längslinien), auf Wasserpflanzen.

— 3. Augenreihe meist kaum breiter als 2.; Abstand zwischen den hinteren Augen erreicht meist nicht den doppelten Abstand zu den entsprechenden Augen der 2. Querreihe [*16*]. Abd hinten stumpfer . **14**

14. Ta mit 3 Krallen [*23b*] (Mikroskop!). Augen der beiden hinteren Querreihen ± quadratisch angeordnet [*16*], wenn trapezförmig, dann andere Zeichnung als in [*17*] . . . . Wolfsspinnen, **Lycosidae** S. 130

— Ta mit 2 Krallen, an Stelle der 3. Kralle ein Büschel Hafthaare [*28*]. Hintere 4 Augen trapezförmig angeordnet [*17*] . . . . . **Zoridae**

Jagen auf niedrigen Pflanzen nach Beute. Nur 4; **Zora** C. L. KOCH (4–6,5 mm); **Z. spinimana** (SUND.) (hell, Zeichnung wie [*17*]); **Z. nemoralis** (BLACKW.) (dunkler, helle Seitenbinden des Ceph schmaler). Übrige Arten ähnlich, aber selten.

15. Vordere Mittelaugen groß u. schwarz, an jeder Seite 3 helle Augen in flachem Bogen [*18*]. Vordere Spinnwarzen auf gemeinsamem Sockel, länger als die hinteren. 3,5–5 mm . . . . **Zodariidae**

Jagen nach Ameisen, Wohngespinst außen mit Fremdpartikeln bekleidet. Nur **Zodarion** WALCK., verbreitet **Z. germanicum** (C. L. KOCH) (Ceph rotbraun, Abd oben schwarz)

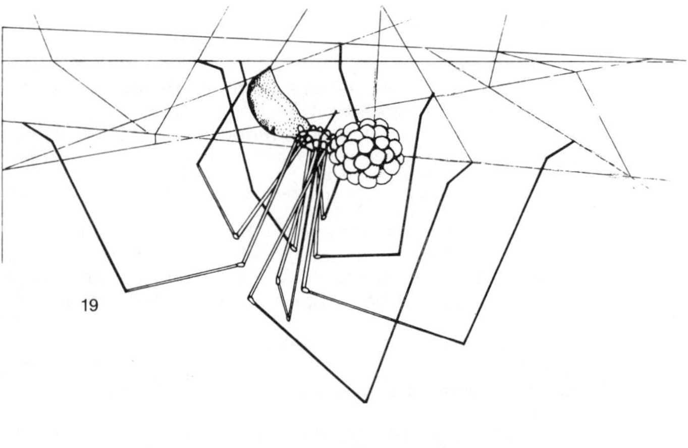

19

— Vordere Mittelaugen klein u. isoliert, die übrigen in 2 Gruppen zu je 3. Beine sehr lang [*19*] . . . . Zitterspinnen, **Pholcidae**
Hängen im Netz, bei Störung schwingende Bewegung („Zittern"), tragen Eipaket in Ch. In Gebäuden. Nur 2; **Pholcus** WALCK.; **P. phalangioides** (FUESSLIN) (Sternum meist einfarbig; 8–12 mm); **P. opilionoides** (SCHRANK) (Sternum mit hellen Flecken; 4–5 mm).

— Anders **16**

16. Ti u. Mt des 1. u. 2. Beinpaares innen mit einer Reihe langer, gekrümmter Stacheln, dazwischen kurze Stacheln [*20b*] (Diese nicht mit Borsten verwechseln!). Abd kugelig, oben mit 1–2 Höckerpaaren [*20a*]. 2,5–4 mm . . . . Stachelspinnen, **Mimetidae**
Weben nur wenige Fäden, Spinnenfresser. Nur 4; **Ero** C. L. KOCH; **E. furcata** (VILL.) u. **E. cambridgei** KULCZ. (Abd mit 1 Höckerpaar [*20a*]); **E. aphana** (WALCK.) u. **E. tuberculata** (DE GEER) (Abd mit 2 Höckerpaaren).

— Vordere 2 Beinpaare nicht derartig bestachelt **17**

17. Spinnwarzen in einer geraden Querreihe [*21*] . . . . **Hahniidae**
Weben unscheinbare Netze in der Bodenstreu. **Antistea elegans** (BLACKW.) (vordere Mittelaugen mindestens ebenso groß wie hintere Mittelaugen; 2,3–3,5 mm). 7; **Hahnia** C. L. KOCH (vordere Mittelaugen deutlich kleiner als hintere Mittelaugen; 1,2–3 mm), häufig **H. pusilla** C. L. KOCH.

— Spinnwarzen nicht in einer geraden Querreihe **18**

18. Unpaares Röhrentracheenstigma dicht hinter der Genitalfurche. 1. Mt mit 3 Paar sehr kurzen Stacheln, sonst nur fein behaart [*22*]. Im Wasser . . . . Wasserspinnen, **Argyronetidae**
Leben ständig im Wasser, bauen zwischen Pflanzen eine Luftglocke, atmen atmosphärische Luft aus Luftblase um Abd, die regelmäßig an der Wasseroberfläche erneuert wird. Nur **Argyroneta aquatica** (CLERCK) (einfarbig braun; 8–15 mm).

— Tracheenstigma in der Mitte der Unterseite des Abd od. kurz vor den Spinnwarzen. 1. Mt anders bestachelt u. behaart **19**

19. Hintere Spinnwarzen deutlich länger als die vorderen, 2gliedrig, Endglied mindestens halb so lang wie Basalglied [*23a*]. Ta mit zur Spitze

20a

22

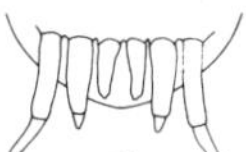
21

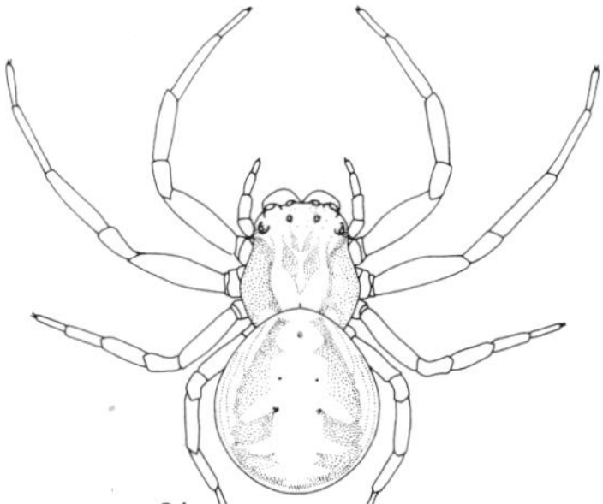
24

20b

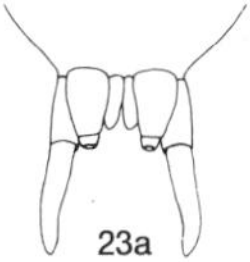
23a

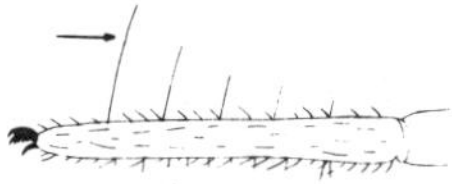
23b

gleichmäßig an Länge zunehmenden Becherhaaren (Mikroskop!) [*23b*]. Habitusformen z. B. [*58, 59*]

Deckennetzspinnen, **Agelenidae** S. 132

— Hintere Spinnwarzen nicht deutlich 2gliedrig, kürzer, selten wenig länger als die vorderen; Becherhaare auf Ta meist anders angeordnet **20**

20. Beine seitwärts gerichtet (morphologische Vorderseite nach oben gedreht) [*24–26*], meist 2. Beinpaar am längsten; wenn dies weniger deutlich, Gestalt u. Augenstellung wie [*62, 63*]. Laufen vor-, rück- u. seitwärts **21**

— Beine nicht seitwärts gerichtet. Laufen nur vorwärts **23**

21. Vordere 2 Beinpaare viel länger als die beiden hinteren. Krabbenähnlicher Habitus, Ceph vorn gerade abgestutzt [*24*]. Ta unterseits ohne Büschel von verdickten Hafthaaren

Krabbenspinnen, **Thomisidae** S. 137

— Beinpaare in der Länge nicht sehr unterschiedlich. Weniger krabbenähnlich, Ceph vorn mehr gerundet [*25, 26*]. Dichte Büschel von verdickten spatelförmigen Hafthaaren wenigstens auf 1. u. 2. Ta **22**

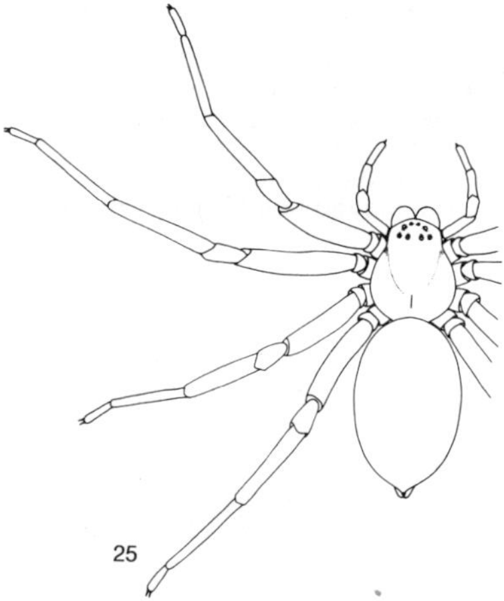

25

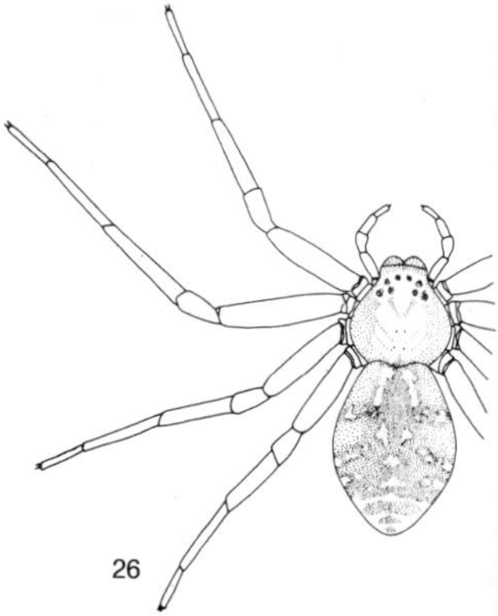

26

22. Vordere Seitenaugen größer als vordere Mittelaugen. Grundfarbe grün . . . . Riesenkrabbenspinnen, **Heteropodidae**

Jagen in Vegetation nach Beute. Nur **Micrommata virescens** (Clerck) (= **roseum** (Clerck)) [*25*] (♀ grün; ♂ grün, Abd mit 3 roten Längsstreifen, var. **ornata** (Walck) mit roten Punkten; 8–12 mm).

— Vordere Seitenaugen höchstens so groß wie vordere Mittelaugen, selten wenig größer. Färbung anders. Habitus [*26, 62, 63*]

Laufspinnen, **Philocdromidae** S. 136

23. Ch stark entwickelt, sehr lang, endwärts stark divergierend, schräg nach vorn gerichtet [*27*]. Unterlippe mit glänzendem Endwulst [*34b*]. Habitus [*36, 37*] . . . . . . Kieferspinnen, **Tetragnathidae** S. 123

— Ch anders, wenn divergierend, Habitus anders oder Unterlippe ohne glänzenden Endwulst **24**

24. Ta mit 2 Krallen, diese können durch Büschel von Hafthaaren verdeckt sein [*28*]. Vordere Spinnwarzen lang, zylindrisch bis konisch [*29, 30*]. Vagante Spinnen **25**

— Ta mit 3 Krallen [*23b*] (Mikroskop! Endkralle schwer zu sehen!), nie mit Haftbüscheln. Vordere Spinnwarzen kurz, meist stärker konisch. Meist Netzspinnen **27**

25. Vordere Spinnwarzen zylindrisch u. deutlich voneinander getrennt, etwas länger als die hinteren [*29*]. Kauladen unten querüber eingedellt [*1a*]. Hintere Mittelaugen oft länglich, meist näher beisammen als vordere Mittelaugen. Vorherrschender Habitus [*1a, 1b*]
Glattbauchspinnen, **Gnaphosidae** (= **Drassodidae**) S. 135

— Vordere Spinnwarzen konisch, dicht nebeneinander stehend, gewöhnlich kürzer [*30*]. Kauladen nicht eingedellt. Hintere Mittelaugen immer rund, weiter voneinander entfernt als vordere Mittelaugen **26**

26. Unpaares Röhrentracheenstigma mitten auf Unterseite des Abd. Abd oben mit 2 Paar rautenförmigen dunklen Flecken [*31*] (bei var. **obscura** (SUND.) ganz schwarz) . . . . . . Zartspinnen, **Anyphaenidae**
Jagen nach Beute im Laubwerk der Bäume u. Sträucher. Nur **Anyphaena accentuata** (WALCK.) (4,7–7,5 mm).

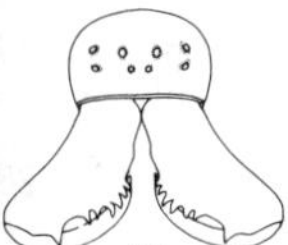
27

28

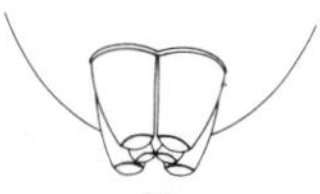
30

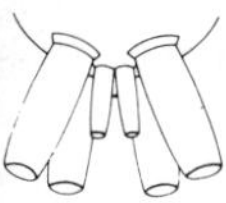
29

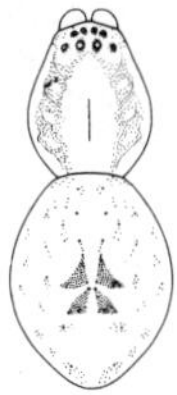
31

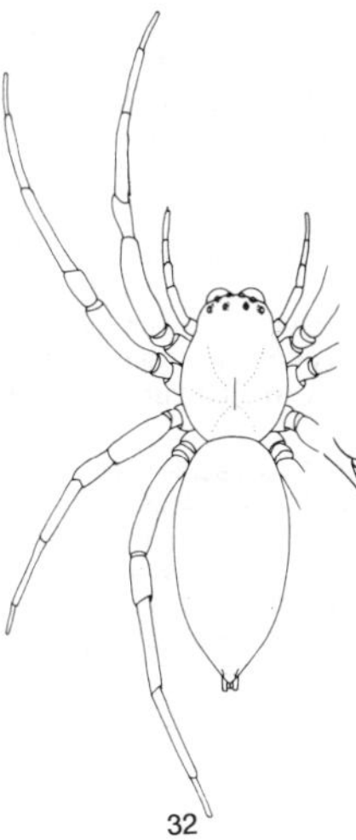
32

33

34a

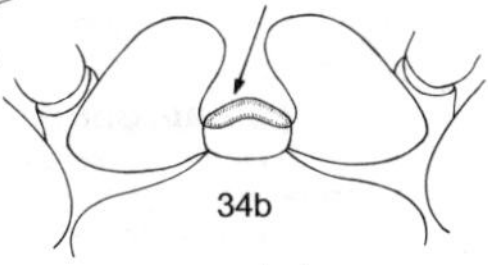
34b

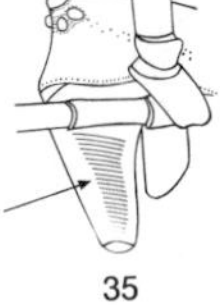
35

— Tracheenstigma auf Unterseite des Abd kurz vor den Spinnwarzen. Abdzeichnung, wenn vorhanden, anders. Vorherrschender Habitus [*32*] . . . . Sackspinnen, **Clubionidae** u. **Liocranidae** S. 134

27. Ta mit zur Spitze gleichmäßig an Länge zunehmenden Becherhaaren [*23b*] . . . . Trichternetzspinnen, **Agelenidae** S. 132

— Ta ohne derartige Becherhaare **28**

28. 4. Ta unten mit größeren, sägerandartig eingekerbten Borsten besetzt [*33*]. Beine ohne Stacheln. Unterlippe mit glänzendem Endwulst [*34b*]. Körper hell mit schwarzer Zeichnung [*34a*] . . **Nesticidae**

Bauen Haubennetze wie Theridiiden. Nur **Nesticus cellulanus** (Clerck) (4,5–5,5 mm), in feuchten Kellern, Höhlen.

— Ebenso (bei kleinen Arten Kerbung der Borsten schwer zu sehen!), aber Unterlippe ohne Endwulst. Wenn Körper hell, dann andere schwarze Zeichnung

Kugelspinnen, Haubennetzspinnen, **Theridiidae** S. 128

— 4. Ta ohne derartige Borsten. Beine meist bestachelt. Unterlippe mit glänzendem Endwulst **29**

— 4. Ta ohne derartige Borsten. Unterlippe ohne Endwulst **Mysmenidae**

Nur **Mysmena jobi** Kraus (unter 1 mm; Ch sehr klein; Ceph hoch aufragend), sehr selten.

29. Entfernung Augen – Vorderrand des Ceph kleiner als der doppelte Durchmesser der vorderen Mittelaugen, wenn größer, dann Abd oben vorn mit 6–8 schwarzen Dornen od. Abd kugelig mit perlmuttartig hell-schwarzer Zeichnung. Ch ohne seitliche Stridulationsrillen, meist mit seitlichem Condylus (Basalhöcker) [*40*]. Habitus [*40–43*]. Weben Radnetze [*38, 39*]

Radnetzspinnen, **Araneidae (= Argiopidae)** u. **Metidae** S. 124

Hierher auch **Theridiosomatidae,** s. **Araneidae** Nr. **4,** S. 125

— Entfernung Augen – Vorderrand des Ceph größer als der doppelte Durchmesser der vorderen Mittelaugen, selten kleiner. Ch seitlich mit Stridulationsrillen [*35*] (Mikroskop!, manchmal reduziert), ohne seitlichen Condylus. Abd anders. Weben Deckennetze

Baldachinspinnen u. Zwergspinnen, **Linyphiidae** S. 128

Familien: **Amaurobiidae** u. **Titanoecidae,** Finsterspinnen

Im Bau u. Aussehen den Ageleniden ähnlich. Weben in Löchern u. Spalten eine Röhre, die nach außen in ein regelloses, dem Substrat aufliegendes Fadengeflecht übergeht.

1. 6–16 mm. Calamistrum 2reihig. Unterlippe an Basis deutlich eingeschnürt

(Amaurobiidae) Amaurobius C. L. Koch u. **Callobius** Chamberlin

6 Arten. Häufig **A. ferox** (Walck.) (Abd oben vorn mit hellem Mittelfleck [*8*]); **C. claustrarius** (Hahn) (Abd oben vorn mit einfarbigem dunklem Mittelfleck auf hellem Untergrund); **A. fenestralis** (Stroem) u. **A. similis** (Blackw.) (dunkler vorderer Mittelfleck des Abd durch hellen Längsstreifen geteilt).

— Bis 5,5 mm. Calamistrum einreihig. Unterlippe an Basis kaum eingeschnürt . . . . **(Titanoecidae)** 3; **Titanoeca** Thor.

Häufiger nur **T. quadriguttata** (Hahn) = **obscura** (Walck.), unter Steinen.

Familie: **Dictynidae,** Kräuselspinnen

Weben kleine, unscheinbare Netze, meist in Vegetation od. Bodenstreu.

1. Beine mit einzelnen großen Stacheln. Bis 1,5 mm . 2; **Altella** SIM.
Z. B. **A. lucida** (SIM.).

— Beine ohne Stacheln. Meist über 1,5 (bis 5) mm **2**

2. Vordere Mittelaugen höchstens halb so groß wie vordere Seitenaugen . . . . **Brommella falcigera** (BALOGH) u. 3; **Lathys** SIM.
L. humilis (BLACKW.) (Abd mit dunkler Längszeichnung, an den Seiten weiße Flecke; 1,4–2,5 mm).

— Vordere Mittelaugen fast so groß wie vordere Seitenaugen . **3**

3. Vordere Mittelaugen um viel mehr als ihren Durchmesser vom Vorderrand des Ceph entfernt . . . . Großgattung 11; **Dictyna** SUND.
a) Cribellum durch Längsbrücke geteilt: **Nigma walckenaeri** ROEW. = **viridissima** (WALCK.) (Abd oben grün; 3,5–5 mm); **Nigma flavescens** (WALCK.) (Abd oben weißgrau; 2,5–4 mm); **D. latens** (F.) (Ceph u. Abd schwarz; 2–3,5 mm).
b) Cribellum ungeteilt: **D. bicolor** SIM. (Abd oben dunkel, hinten mit weißem Längsband; 3 mm). Bei übrigen, z.T. sehr häufigen Arten Abd oben hell mit dunkler Zeichnung, z. B. **D. uncinata** THOR. [*7*] (2,5–3 mm).

— Vordere Mittelaugen höchstens um wenig mehr als ihren Durchmesser vom Vorderrand des Ceph entfernt. Abd dunkelbraun
2; **Argenna** THOR.
A. subnigra (O. P.-CAMBR.) (unter 2,5 mm). **A. patula** (SIM.) (2,5–3,5 mm), Meeresküste.

Familie: **Dysderidae,** Sechsaugenspinnen

Am Tage in Wohngespinsten unter Steinen u. in Gebäuden, nachts zum Beutefang umherschweifend.

1. Unterlippe vorn halbkreisförmig ausgeschnitten. Ta mit 2 Krallen u. 1 Hafthaarbüschel. 6–16 mm . . . . 2; **Dysdera** LATR.
Z. B. **D. erythrina** (WALCK.).

— Unterlippe nicht ausgeschnitten. Ta mit 3 Krallen
3; **Harpactea** BRISTOWE
a) Beine zweifarbig; Fe, Ti, Basis des Mt bräunlich, übrige Glieder gelblich: **H. hombergi** (SCOP.) (4,5–5,5 mm).
b) Beine einfarbig: **H. rubicunda** (C. L. KOCH) (10–12 mm; vordere 2 Beinpaare dunkler als hintere); **H. lepida** (C. L. KOCH) (5–6 mm; Beine gleich gefärbt).

Familie: **Tetragnathidae,** Kieferspinnen

Alle Arten außer **Pachygnatha** weben speichenarme Radnetze mit offener Nabe (ähnlich **Meta** [*39*]).

1. Körper gedrungen. Abd oval [*36*]. Beine ohne Stacheln
3; **Pachygnatha** SUND.
P. degeeri SUND. (Ceph braunschwarz; 3–4 mm); **P. listeri** SUND. (Ceph rotgelb mit breitem, mittlerem, dunklem Längsband; 3–5 mm); **P. clercki** SUND. (Ceph fahlrot mit 1 mittlerem u. 2 seitlichen dunklen Längsbändern [*36*]; 4,5–6 mm).

— Körper gestreckt, Abd lang u. schmal, Beine lang, mit vielen Stacheln [*37*] . . . . 8; **Tetragnatha** LATR. **2**

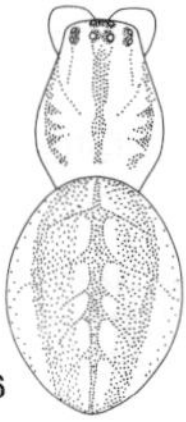
36

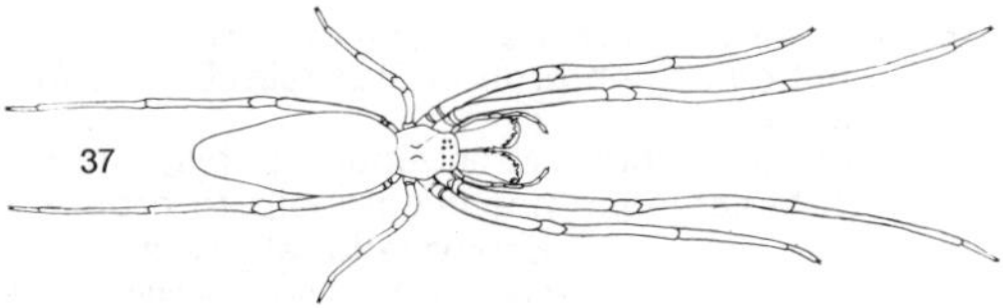
37

2. Abd über Spinnwarzen hinaus schwanzartig verlängert u. zugespitzt. 1. Beinpaar viel länger u. dicker als übrige. 9–12,5 mm
Tetragnatha (= **Eucta**) **kaestneri** (CROME)

— Anders **3**

3. Vordere u. hintere Seitenaugen nicht weiter voneinander entfernt als vordere u. hintere Mittelaugen . . . . weitere **Tetragnatha**-Arten
Ruhestellung [*37*].
a) Sternum dunkel mit hellem mittlerem Längsstreifen: **T. extensa** (L.) (Abd oben hell mit grauer Strichzeichnung; 6–12 mm); **T. pinicola** L. KOCH (ähnlich, aber Abd oben hinten mit 1–3 schwarzen Fleckenpaaren; 4,5–6 mm).
b) Sternum einfarbig. Abd gedrungen. 4–6,5 mm: **T. obtusa** C. L. KOCH.
c) Sternum einfarbig. Abd langgestreckter [*37*]. 6–11 mm: 3 Arten, z. B. **T. montana** SIM.

— Vordere u. hintere Seitenaugen deutlich weiter voneinander entfernt als vordere u. hintere Mittelaugen. 8–12 mm
Tetragnatha (= **Arundognatha**) **striata** (L. KOCH)

Familien: **Araneidae (= Argiopidae)** u. **Metidae,** Radnetzspinnen

Bauen Radnetze [*38, 39*], bestehend aus Rahmen, Radien, Klebfäden u. Nabe, häufig mit Signalfaden, der zu einem Schlupfwinkel (Retraite) führt, Tiere kopfüber auf der Nabe od. in der Retraite auf Beute lauernd. Meist höher in der Vegetation. Die Gattungen **Meta, Metellina** u. **Zygiella** gehören zu den **Metidae** (Verwandtschaft zu **Tetragnathidae**), die Gattung **Theridiosoma** wird auch als zur Familie **Theridiosomatidae** gehörend betrachtet.

1. Abd oben quer gelb-schwarz gebändert (beim ♂ undeutlich). ♀ bis 15 mm, ♂ bis 5 mm . Wespenspinne, **Argiope bruennichi** (SCOP.)
Netz mit weißer, von feinem Fadenwerk übersponnener Nabe, meist außerdem mit radiärem Zickzackstabiliment. ♀♀ fressen ♂♂ nach der Kopulation.

— Abdzeichnung anders **2**

2. Abdspitze weit über Spinnwarzen hinaus nach hinten reichend, dabei hinten konisch verjüngt [*40*] od. mit 3 Höckern. 3–7 mm
2; **Cyclosa** MENGE
Netz mit radiärem, oft mit Fremdkörper behängtem Stabiliment. **C. conica** (PALL.) (Abd von oben gesehen hinten mit 1 konischen Auswuchs). **C. oculata** (WALCK.) (Abd hinten mit 3 konischen Auswüchsen).

— Abd anders **3**

3. Entfernung Augen – Vorderrand des Ceph viel größer als der 2fache Durchmesser der vorderen Mittelaugen **4**

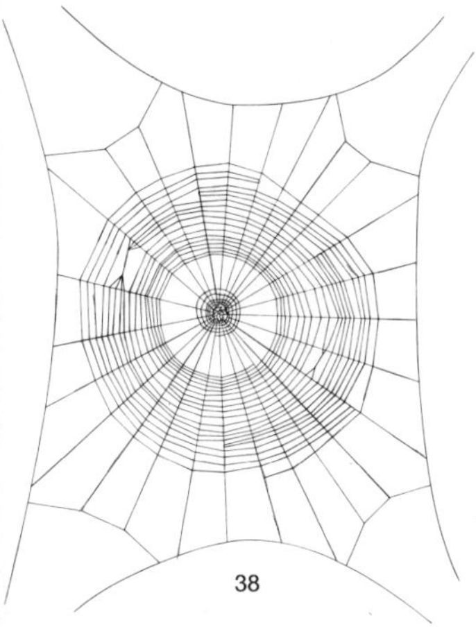
38

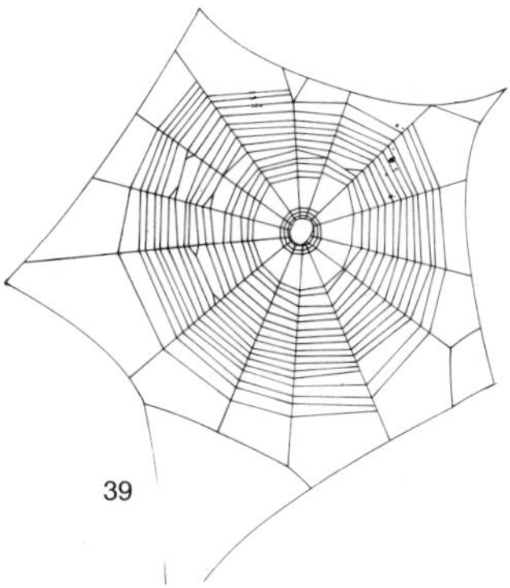
39

— Entfernung Augen – Vorderrand des Ceph höchstens so groß wie der doppelte Durchmesser der vorderen Mittelaugen **5**

4. Abd oval, oben vorn jederseits mit 3–4 schwarzen Dornen auf dunklen Erhöhungen, mit hellem Mittelstreif. 3,5–5 mm **Cercidia prominens** (WESTR.)

— Abd kugelig, ohne Dornen u. hellem Mittelstreif, mit silbernen Perlmutterflecken. 1,5–2 mm . . . . **Theridiosomatidae**

Nur **Theridiosoma gemmosum** (L. KOCH), selten.

5. Abd hell, mit dunkler Zeichnung wie [*41*]. 2,5–4 mm **Mangora acalypha** (WALCK.)

— Abdzeichnung anders **6**

6. Kauladen 1½ bis 2mal so lang wie breit . . . . **Metidae**

Nur **Meta** C. L. KOCH u. **Metellina** CHAMBERLIN ET IVIE, Herbstspinnen, Netz mit offener Nabe [*39*]. 4 Arten.

a) Abd mit deutlicher Blattzeichnung [*42*]: **Metellina segmentata** (CLERCK) = **reticulata** (L.) (5–8 mm), im Herbst; **Metellina mengei** (BLACKW.) (3,5–5 mm), im Frühjahr u. Frühsommer.

b) Abd fast einfarbig: **Metellina merianae** (SCOP.) (4,5–8,5 mm), an Stellen hoher Luftfeuchte. **Meta menardi** (LATR.) (10–13 mm), in Höhlen.

— Kauladen höchstens so lang wie breit **7**

7. Abstand zwischen hinteren Mittelaugen fast so groß (selten halb so groß) wie Abstand der hinteren Mittelaugen zu den hinteren Seitenaugen. Rückenfurche als breite Grube in Längsrichtung des Körpers 5; **Zygiella** F. O. P.-CAMBR.

Zu **Metidae.** Netz mit klebfadenfreiem Sektor, in dem Signalfaden verläuft.

a) Sternum einfarbig dunkel: **Z. montana** (C. L. KOCH) (5–8 mm), im Gebirge.

b) Sternum in der Mitte (selten ganz) hell: **Z. atrica** (C. L. KOCH) (= **calophylla** (WALCK.)) (Abd oben hell, schmal dunkel gerandet, mit breiten, außen roten Schulterflecken; 3–5 mm); **Z. x-notata** (CLERCK.) = **litterata** (OLIV.) (ähnlich, aber Abd ohne rote Zeichnung); **Z. stroemi** (THOR.) (Abd oben hell, seitlich und hinten breit dunkel gerandet; 3–4 mm); **Z. thorelli** (AUSS.) (Abd oben dunkel mit hellen Flecken; 8–11 mm).

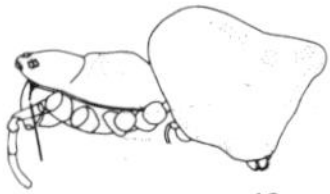

40

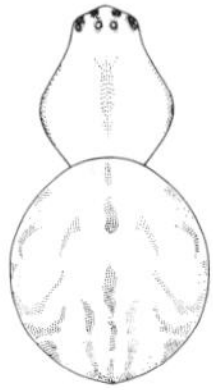
41

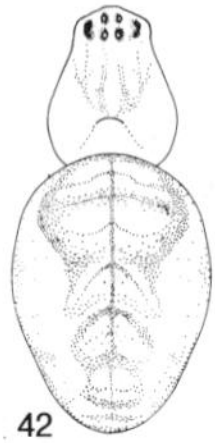
42

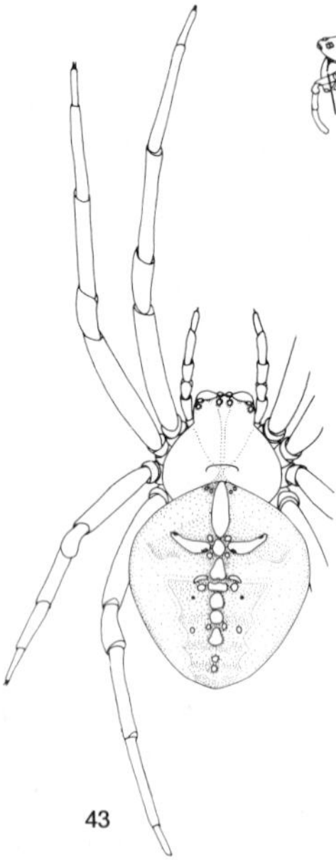
43

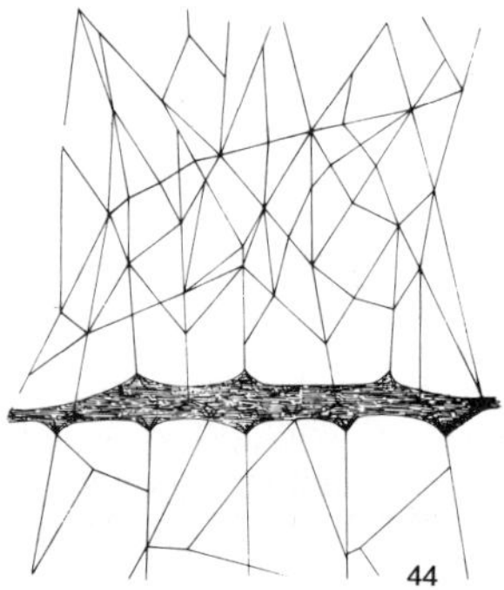
44

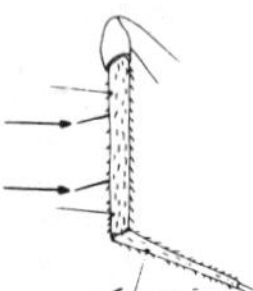

45

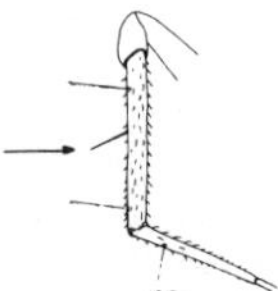
46

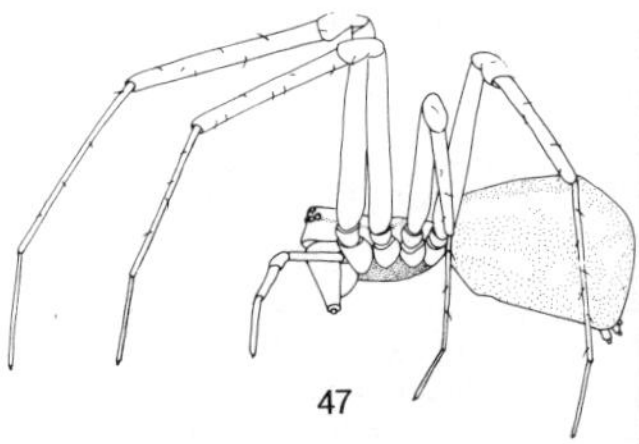
47

— Abstand zwischen hinteren Mittelaugen viel kleiner als Abstand der hinteren Mittelaugen zu hinteren Seitenaugen. Rückenfurche auf Ceph quer zur Körperlängsrichtung [*43*] **8**

8. Abd glänzend, wenig behaart

Singa C. L. Koch u. **Hyposinga** Ausserer

6 Arten.

a) Abd oben mit 2 dunklen Längsstreifen, diese durch 1 – mehrere Querstreifen ± geteilt: **S. hamata** (Clerck) (weiße Querstreifen des Abd reichen bis zu den hellen Seitenstreifen; 3,5–6 mm); **S. nitidula** C. L. Koch (weiße Querstreifen reichen nicht bis zu hellen Seitenstreifen; 3,5–6 mm).

b) Abd hell, wenn dunkel, dann ohne helle Querstreifen: **H. albovittata** (WESTR.) (Ceph oben mit weißem Längsfleck; 2,5–3,5 mm); **H. pygmaea** (SUND.) (Ceph ohne weißen Fleck; Sternum dunkel; 2,5–4,5 mm); **H. heri** (HAHN) (Ceph ohne weißen Fleck; Sternum hell; Abd hochgewölbt, mit dunkler Zeichnung; 2–4 mm); **H. sanguinea** C. L. KOCH (ebenso, aber Abd flacher, rotgelb, 3–4 mm).

— Abd nicht glänzend, dichter mit Haaren besetzt, Sternum hell, schmal dunkel gerandet. Abd oben vorn mit hellem dreieckigem Querfleck, hinten dunkel. 2–4 mm . . . . **Zilla diodia** (WALCK.)

— Abd nicht glänzend, dichter behaart. Sternum dunkel (manchmal mit hellem Mittelfleck), wenn hell, dann andere Abdzeichnung. Meist über 4 (bis 15) mm. Netz [*38*] . . . . Großgattung 27; **Araneus** CLERCK

a) Abd oben mit Höckern
 1) Vordere Mittelaugen deutlich größer als hintere Mittelaugen
  α) Sternum mit hellem mittlerem Längsfleck: 3 Arten, häufiger nur **A. angulatus** CLERCK (10–14 mm).
  β) Sternum einfarbig: 2 Arten, z. B. **A. nordmanni** (THOR.) (7–9 mm).
 2) Vordere Mittelaugen etwa so groß wie hintere Mittelaugen: **Gibbaranea** ARCH.
  α) Augenfeld von der Seite gesehen mit Ceph einen stumpfen Winkel bildend: 2 Arten, häufiger nur **G. bituberculata** (WALCK.) (5 mm).
  β) Augenfeld mit Ceph einen rechten Winkel bildend: **G. omoeda** (THOR.) (Abd vorn vor den Höckern steil abfallend; 7–9 mm); **G. gibbosa** (WALCK.) (Abd vorn nicht so steil abfallend; 4,5–6 mm).

b) Abd ohne Höcker, breiter als lang oder so breit wie lang: **Agalenatea redii** (SCOP.) (Abd oben in der Mitte mit dunklem Fleck; 3,5–7 mm). **Atea sturmi** (HAHN) (Abd oben vorn mit 2 seitlichen dunklen Flecken, zur Mitte bogig hell begrenzt; Sternum dunkler als Cx; 3–5 mm). **Atea triguttata** (F.) (ebenso, aber Sternum so hell wie Cx).

c) Abd ohne Höcker, länger als breit, längsoval, an beiden Enden zugespitzt, Hinterende über Spinnwarzen ragend: **Aculepeira ceropegia** (WALCK.) (6,5–14 mm).

d) Abd ohne Höcker, länger als breit, oval
 1) Abd einfarbig (meist grün), meist jederseits mit 2 Reihen schwarzer Punkte: **Araniella** CHAMB.; **A. cucurbitina** (CLERCK) (Abd grün mit 4–5 Punktpaaren; 3,5–6 mm); **A. displicata** (HENTZ) (Abd rot mit 3 Punktpaaren; 3,5–9 mm), ähnlich **A. opisthographa** KULCZ.; **A. alpica** (L. KOCH) (Abd grün mit höchstens 3 Punktpaaren; 4,5–6 mm), ähnlich die seltene **A. inconspicua** (SIM.)
 2) Abd oben mit dunkler Zeichnung, vorn in der Mitte mit dunklem, meist hell umrandetem Keilfleck: **Larinioides** CAPORIACCO (= **Nuctenea** SIM.)
  α) Ceph oben einfarbig: **L. cornutus** (CLERCK) = **foliatus** (FOURCR.), Schilfradspinne (4. Ti nur am Ende dunkel; 5–8,5 mm), ähnlich **L. folium** (SCHR.); **L. ocellatus** (CLERCK) = **patagiatus** (CLERCK) (4. Ti außerdem mit dunklem Mittelring; 6 mm).
  β) Ceph oben mit hellen Streifen: **L. sericatus** (CLERCK) = **sclopetarius** (CLERCK) (Grundfarbe graubraun; 8–15 mm); **L. ixobolus** (THOR.) (Grundfarbe rotbraun; 9–15 mm).
 3) Abd oben in ganzer Länge mit heller, dunkel umrahmter Mittelbinde: **Neoscona adiantum** (WALCK.) (4–7 mm).
 4) Abd oben vorn in der Mitte mit hellem, oft dunkel umrahmten Fleck od. Fleckenpaar (manchmal ganz hell): **A. diadematus** CLERCK, Kreuzspinne [*43*] (Abdzeichnung wie [*43*]; 4,5–12 mm); **A. marmoreus** CLERCK = **raji** SCOP. (ähnlich, aber größte Breite des Abd in der Mitte; 5–8 mm; bei var. **pyramidatus** CLERCK Abd vorn hell, hinten mit dunklem pyramidenförmigem Mittelfleck); **A. quadratus** CLERCK = **reaumuri** SCOP. (Abd grün, oben vorn außer heller Mittellinie mit 2 seitlichen hellen Fleckenpaaren; 6–15 mm); **A. alsine** (WALCK.) (Abd orange, oben vorn mit vielen hellen Flecken; 6–8,5 mm).
 5) Abd vorn in der Mitte dunkel, höchstens davor in voller Abdbreite hell gerandet: **Nuctenea** SIM.; **N. umbratica** (CLERCK) = **sexpunctata** (L.) (dunkle Abdzeichnung schmal hell gerandet; 8–14 mm); **N. silvicultrix** (C. L. KOCH) (dunkle Abdzeichnung breit hell gerandet; 6–9 mm).

Familie: **Linyphiidae,** Baldachinspinnen u. Zwergspinnen

Weben meist Deckennetze [*44*], hängen mit Unterseite nach oben unter der Decke.

1. 4. Ti oben mit 2 Borsten [*45*], wenn nur 1, dann mit je 1 kurzen Borste auf 1. u. 2. Mt. Kauladen parallel. Oft größer (bis 7 mm). Unten mit dunkler Zeichnung, oben heller (Verkehrtfärbung). Habitus z. B. [*47*] Baldachinspinnen, **Linyphiinae** **2**

Im Gebiet viele Gattungen mit etwa 150 Arten, hier nur Auswahl.

— 4. Ti oben mit 1 Borste [*46*], Mt ohne Borsten. Meist unter 2 mm, oft einfarbig dunkel . . . . Zwergspinnen, **Erigoninae**

Manchmal als eigene Familie geführt **(Erigonidae = Micryphantidae).** Weben meist unscheinbare kleine Deckennetze. In Bodenstreu u. Vegetation. Biologie wenig erforscht. Im Gebiet viele Gattungen mit etwa 300 Arten, darunter 7; **Erigone** Aud. (Ceph kastanienbraun, an den Seiten gezähnelt; 1,7–3,5 mm), z. B. **E. atra** (Blackw.). Weitere häufige Gattungen: 6; **Oedothorax** Bertk., 9; **Diplocephalus** Bertk.

2. 1. Fe kürzer als Ceph, 1. Ti unten ohne Stacheln, 4. Mt ohne Becherhaar (vergl. [*45*]). Augen etwa gleich groß. Sternum eben. Alle Mt oben ohne Borsten, Becherhaar auf 1. Mt im basalen Viertel . . . . . 8; **Meioneta** Hull, häufig **M. rurestris** (C. L. Koch)

— Ebenso, aber 1. u. 2. Mt oben mit Borste, Becherhaar auf 1. Mt im 2. Drittel 18; **Centromerus** Dahl, z. B. **C. silvaticus** (Blackw.)

— Andere Merkmalkombination **3**

3. 1. Fe kürzer als Ceph, od. wenn länger, 4. Mt mit Becherhaar . . Viele Gattungen

— 1. Fe mindestens so lang wie Ceph. 4. Mt ohne Becherhaar **4**

4. Alle Mt ohne Borsten . . . . 8; **Bathyphantes** Menge, häufig **B. gracilis** (Blackw.)

— Mt mit 1 – mehreren Borsten (auf 4. Mt manchmal fehlend). Hintere Mittelaugen um weniger als ihren Durchmesser (aber deutlich weiter als vordere Mittelaugen) voneinander u. von den hinteren Seitenaugen entfernt. Beinstacheln sehr lang u. gerade 28; **Lepthyphantes** Menge, z. B. **L. tenuis** (Blackw.)

— Alle Mt mit mehreren Borsten [*47*]. Hintere Mittelaugen um viel mehr als ihren Durchmesser voneinander entfernt. Abd oben mit dunkler gezackter Mittelbinde od. mit ausgedehnter blattartiger Zeichnung. Fe unten nicht mit vielen dunklen Flecken Großgattung 10; **Linyphia** Latr.

Bauen auffällige Deckennetze [*44*], im Herbst oft in Massen. **L. triangularis** (Clerck) u. 1 weitere seltene Art (Ceph oben mit dunklem, vorn deutlich gegabeltem Mittelstreifen [*47*]; 5–7 mm). **Microlinyphia pusilla** (Sundevall) (♀: Abd oben weiß, mit 3 unregelmäßigen Längsstreifen, ♂: Abd dunkel mit 2 weißen Schulterflecken; 4 mm). **Neriene peltata** Wid. (Abd unten mit schildförmiger heller Fläche; 3–4 mm), auf Fichten.

— Andere Merkmalkombinationen . . . . Weitere Gattungen

Familie: **Theridiidae,** Kugelspinnen, Haubennetzspinnen

Bauen Haubennetze [*48*] mit waagerechter Decke, von der Klebfäden nach unten zum Boden (Fußangeln!) od. allen Seiten ausgehen; so Fang laufender od. fliegender Insekten. Bei einigen Arten Brutpflege: ♀♀ füttern die Jungspinnen.

1. Vordere Mittelaugen viel kleiner als übrige Augen, diese in 2 seitlichen Dreiergruppen

Theonoe minutissima (O.P.-Camb.) (Ta länger als Mt; 1,2–1,3 mm), in Sphagnum. **Pholcomma gibbum** (Westr.) (Ta kürzer als Mt; 1,4–2,0 mm).

— Augen anders **2**

2. Abd lang, nach hinten zu breiter werdend [*49*]. 3. Beinpaar deutlich kürzer als die übrigen. 4,5–5,5 mm . . . . **Episinus** Latr.

E. truncatus Latr. (Ceph einfarbig schwärzlich). **E. angulatus** (Blackw.) (Ceph dunkel mit hellem Rand [*49*]).

— Gestalt anders **3**

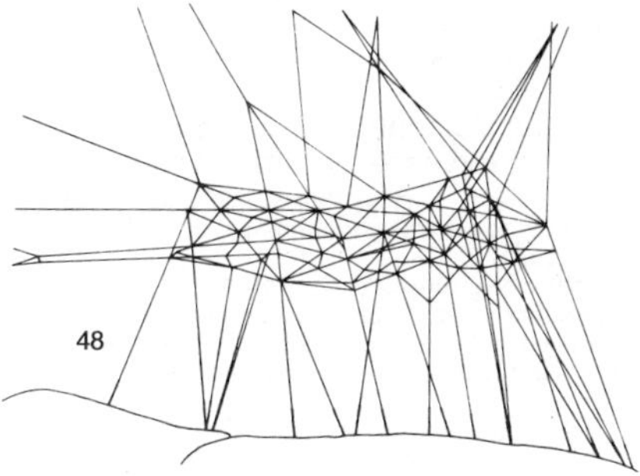

48

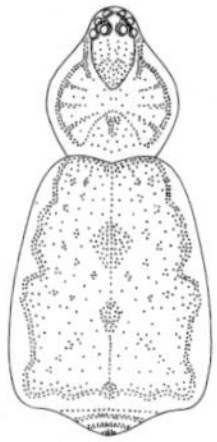

49

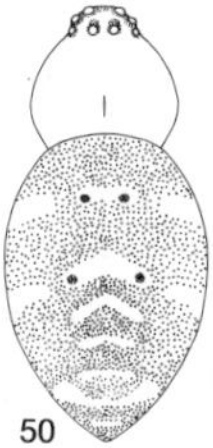

50

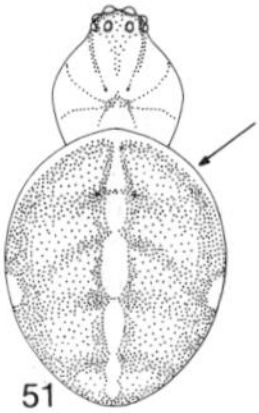

51

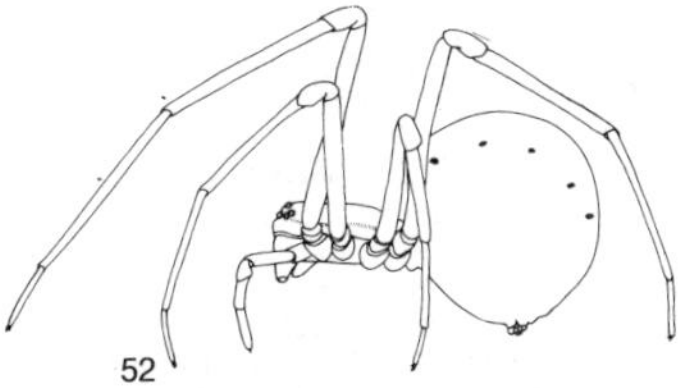

52

3. Ceph u. Ch dicht mit höckerigen, großen Warzen besetzt. Abd dunkelbraun, mit 3 Längsreihen heller Flecke. 2 mm **Crustulina guttata** (Wid.)

— Ceph u. Ch ohne Warzen, wenn mit (schwächer ausgeprägten) Warzen, dann Körper größer u. Abd mit anderer Zeichnung . . . **4**

4. Vordere Mittelaugen deutlich größer u. meist weiter getrennt als hintere Mittelaugen, Entfernung Augen – Vorderrand des Ceph meist mindestens so groß wie Ch lang. Abd oben vorn ohne weiße Randbinde **5**

— Vordere Mittelaugen nicht größer als hintere Mittelaugen, wenn größer, dann enger zusammenstehend als hintere Mtaugen od. Abd oben vorn mit weißer Randbinde [*51*]; Entfernung Augen – Vorderrand des Ceph viel kürzer als Ch lang **6**

5. Abd nach hinten spitz auslaufend [*50*]. 2–3,5 mm 3; **Euryopis** Menge

Bauen keine Netze.

a) Ceph gelbrot, Abd dunkel: **E. flavomaculata** (C. L. Koch) (Abd oben mit vielen hellen Flecken [*50*]).

b) Ceph u. Abd dunkel: **E. quinqueguttata** Thor. (Abd oben mit 5 hellen Flecken); **E. laeta** (Westr.) (Abd oben hinten hell).

— Abd hinten gerundet. 1,8–4 mm . . . . 8; **Dipoena** Thor.

Am häufigsten **D. tristis** (Hahn), auf jungen Kiefern, erbeutet Ameisen.

6. Sternum nicht zwischen die 4. Cx reichend. 4. Beinpaar länger als 1. Körper 1,7–4 mm. Ceph braun, Abd einfarbig grau 8; **Robertus** O. P.-Camb.

Häufig **R. lividus** (Blackw.).

— Sternum ± schmal nach hinten zwischen die 4. Cx verlängert, wenn nicht verlängert, Körper größer u. Abd schwarz mit weißer Zeichnung. 4. Beinpaar höchstens so lang wie 1. . . . . **7**

7. Abd oben braunschwarz mit heller Zeichnung: Binde am Vorderrand, weiße mittlere Längslinie od. Fleckenpaare, variable Randzeichnung, z. B. [*51*] . . . . 6; **Steatoda** Sund.

a) Vordere Mittelaugen viel größer als vordere Seitenaugen. 4–7 mm: **S. bipunctata** (L.) [*51*], in Häusern, auch unter Rinde.

b) Vordere Mittelaugen nicht od. nicht viel größer als vordere Seitenaugen; Seitenaugen aneinanderstoßend: **S. castanea** (Oliv.) (Abd oben mit weißen Längslinien; 5–7 mm); **S. grossa** (C. L. Koch) (Abd mit einzelnen gerundeten weißen Flecken; 5–10 mm); **S. triangulosa** (Walck.) (Abd oben mit Reihen heller Winkelflecken; 3,5–4 mm). Alle Arten in Häusern.

c) Vordere Mittelaugen nicht od. nicht viel größer als vordere Seitenaugen; Seitenaugen um mindestens ¼ des Augendurchmessers voneinander getrennt: **S. phalerata** (Panz.) (Ceph mit Punktgruben (Mikroskop!); aus Mittelaugen gebildetes Viereck länger als breit; 4,5–5 mm), an stark besonnten Stellen; **S. albomaculata** (De Geer) (Ceph ohne Punktgruben; Mittelaugenviereck fast quadratisch; 5–7 mm), an sonnigen Stellen.

— Abdzeichnung anders, wenn ähnlich, dann vordere Randbinde fehlend . . . . **Achaearanea** Strand, **Anelosimus** Sim., **Enoplognatha** Pav., **Theridion** Walck.

Mit etwa 30 nach Farbmerkmalen nicht sicher bestimmbaren Arten.

a) Abd hell, oben mit deutlich gezackter dunkler mittlerer Längsbinde: z. B. **An. vittatus** (C. L. Koch) (3–4 mm).

b) Abd hell mit 2 Längsreihen von 4–5 schwarzen Punkten [*52*]: häufig **E. ovata** (Clerck) = **redimita** (L.) (3,5–7 mm).

c) Abd hell mit 2 dunklen Längsstreifen, diese durch 3–4 helle Querbinden geteilt: **T. sisyphium** (Clerck) = **notatum** (L.) (2,5–5,5 mm) u. 1 weitere Art.

d) Abd oben mit heller gezackter, dunkel begrenzter mittlerer Längsbinde: viele Arten, z. B. **T. varians** Hahn (2,5–3,5 mm).

e) Abd u. Ceph gelblichweiß, fast ohne Zeichnung. 1,7 mm: **T. pallens** Blackw.

f) Abd anders: weitere Arten.

Familie: **Lycosidae,** Wolfsspinnen

Jagen nach Beute. ♀♀ tragen Eikokon an den Spinnwarzen [*53*], Jungtiere halten sich eine Zeitlang auf Abd auf. Sicher nur nach Genitalmerkmalen zu bestimmen.

1. 1. Ti vorn mit schräger Längsreihe von 4–6 Stacheln. Körper fast schwarz, höchstens Mitte des Ceph u. Beine heller. 6–11 mm. Vorwiegend im Hochgebirge, selten im Mittelgebirge 3; **Acantholycosa** Dahl

Ähnlich ist **Pardosa nigra** (C. L. Koch) mit 3–4 Stacheln an der 1. Ti.

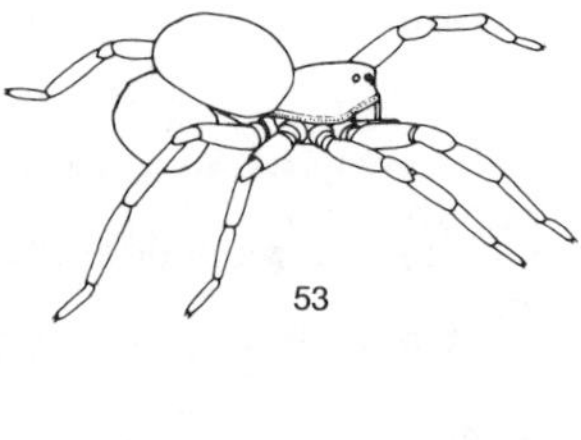

53

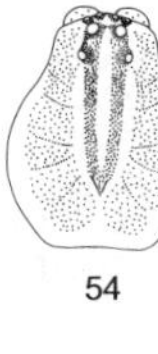

54

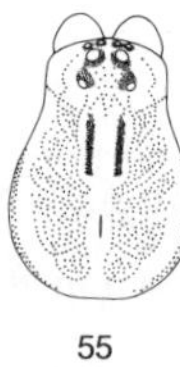

55

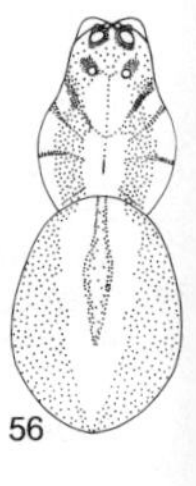

56

— 1. Ti vorn mit 0–3 Stacheln, wenn mehr, Körper viel heller . **2**

2. 1. Augenreihe fast doppelt so breit wie 2. Körper 8 mm **Tricca lutetiana** (SIM.)

— 1. Augenreihe ungefähr so breit wie 2. . . . . **3**

3. Ceph mit hellerem, zu den dunklen Seiten deutlich abgesetztem Mittelband, wenn undeutlich, mit V-förmiger Zeichnung auf Ceph [*54*] **5**

— Ceph ohne helleres Mittelband, manchmal zur Mitte hin allmählich aufgehellt **4**

4. Ceph vorn stark verschmälert, wenig breiter als die Augenregion, oben dunkel. Beine hell, nur 1. Fe dunkel. 4 mm **Aulonia albimana** (WALCK.)

— Ceph vorn wenig verschmälert, viel breiter als Augenregion. Färbung anders, Beine gefleckt od. geringelt . . . . 8; **Arctosa** C. L. KOCH

A. perita (LATR.) (Ceph bunt rotschwarz; 6,5–9 mm), Sanddünen; **A. cinerea** (F.) (Ceph hellbraun; 12–17 mm), Sandufer; **A. leopardus** (SUND.) (Ceph dunkelbraun; 6–9 mm), bewachsene Ufer. Übrige, z. T. ähnliche Arten seltener.

5. Helles Mittelband des Ceph mit dunkler V-förmiger oder Y-förmiger Zeichnung [*54*] (manchmal undeutlich) . . . . . . 8; **Pirata** SUND.

An feuchten Stellen, in Hochmooren. Häufig **P. piraticus** (CLERCK) (Sternum ganz hell; 5,5–7,5 mm), ähnlich ist **P. tenuitarsis** SIMON; **P. hygrophilus** THOR. (Sternum dunkler, mit hellem mittlerem Längsstrich; 5,5–7,5 mm).

— Helles Mittelband des Ceph vorn mit 2 dunklen Längsstreifen [*55*] 4; **Trochosa** C. L. KOCH

a) Abd oben vorn mit hellem länglichem Spießfleck: **T. ruricola** (DE GEER) (7–12 mm), feuchte Stellen; **T. terricola** THOR. (8–12 mm), trockene Stellen.

b) Abd ohne hellen Spießfleck: **T. spinipalpis** (F. O. P.-CAMB.) (8–11 mm), feuchte Stellen; **T. robusta** (SIM.) (9–20 mm), trockene Stellen.

— Helles Mittelband auf Ceph ohne dunkle Zeichnung **6**

6. Ceph mit 1 hellem Mittelband u. 2 hellen Seitenbändern, letztere breiter als die beiden dunklen Längsbänder. Sternum hell mit 3 dunklen Flecken an den Seiten. Abd ohne Längsstreifen. 5–5,5 mm **Hygrolycosa rubrofasciata** (OHL.)

— Färbung anders **7**

7. Seiten des Ceph vorn fast senkrecht abfallend (von vorn betrachten!), Augen fast die gesamte Cephbreite einnehmend [*16*]. 4–12 mm 27; **Pardosa** C. L. KOCH

a) Helles Mittelband des Ceph schmal spindelförmig, vorn zugespitzt: **P. monticola** (CLERCK) u. **P. palustris** (L.) an trockenen Stellen, **P. purbeckensis** F. O. P.-CAMB. auf Salzwiesen, **P. agricola** (THORELL) an kiesigem Meeresstrand. Übrige Arten seltener, meist Gebirgsarten.

b) Helles Mittelband des Ceph fast gleichmäßig breit bis zur Augenregion, gelblich: **P. bifasciata** (C. L. KOCH).

c) Helles Mittelband des Ceph fast gleichmäßig breit, rötlich, nicht sehr deutlich abgehoben: **P. pullata** (CLERCK) (Beine ungefleckt), ähnlich ist die Hochmoorart **P. sphagnicola** (DAHL); **P. prativaga** (C. KOCH) (Beine dunkel gefleckt).

d) Helles Mittelband des Ceph in der Mitte quer eingeschnürt [*16*]: mehrere Arten, sehr häufig **P. amentata** (CLERCK).

e) Helles Mittelband nur im hinteren Teil des Ceph deutlich: 3 Arten im Gebirge, oft an Gewässern, z. B. **P. wagleri** (HAHN).

f) Helles Mittelband des Ceph nach vorn gleichmäßig verbreitert, weiß behaart: häufig nur **P. lugubris** (WALCK.)

g) Helles Mittelband des Ceph sehr breit, breiter als die dunklen angrenzenden Seitenstreifen: **P. nigriceps** (THOR.).

— Seiten des Ceph vorn weniger steil abfallend, Augenfeld viel weniger breit als Ceph [*56*] **8**

8. 1. Ta mit sehr langem Becherhaar in der basalen Hälfte (Mikroskop!), übrige Becherhaare viel kürzer. Abd meist mit Spießfleck [*56*]. Selten unter 7, bis 18 mm . . . . 14; **Alopecosa** SIM. (= **Tarentula** SUND.)

a) Unterseite des Abd ± ausgedehnt schwarz: **A. inquilina** (CLERCK) (12–18 mm); **A. fabrilis** (CLERCK) (8,5–12 mm). 6 weitere seltene südliche, östliche od. alpine Arten.

b) Unterseite des Abd ganz hell: **A. trabalis** (CLERCK) (Sternum mit sehr hellem Mittelfleck; 11–15 mm). Bei übrigen Arten Sternum einfarbig dunkel: **A. cursor** (HAHN) (Abd ohne Spießfleck, mit Fleckenzeichnung; 6–7 mm); **A. pulverulenta** (CLERCK) (Spießfleck des Abd undeutlich, in der Mitte heller als am Rand [*56*]; 7–10 mm); **A. accentuata** (LATR.) (Spießfleck gezackt, dahinter 2 dunkle Winkelflecke; 9–11 mm); **A. cuneata** (CLERCK) (Spießfleck einfarbig dunkel, Ceph mit 3 hellen Längsbinden; 6,5–8 mm); **A. aculeata** (CLERCK) (ähnlich, aber Ceph mit 3 undeutlichen Längsbinden).

— 1. Ta nur mit kurzen Becherhaaren in der Spitzenhälfte. Abd ohne Spießfleck. 5–7 mm . . . . 2; **Xerolycosa** DAHL

X. miniata (C. L. KOCH) (helles Mittelband des Ceph in der Mitte quer eingeschnürt); **X. nemoralis** (WESTR.) (Mittelband des Ceph nicht eingeschnürt).

Familie: **Agelenidae,** Trichternetzspinnen

Weben Deckennetze [*57*], bestehend aus einer Röhre, die sich an einem Ende trichterförmig erweitert; auf der Decke Stolperfäden.

1. Vordere Spinnwarzen länger als hintere, eng nebeneinanderstehend, Basalglied gegen Ende sehr stark verjüngt. 5–10 mm
2; **Cybaeus** L. KOCH

C. tetricus (C. L. KOCH) (1. Bein länger als 4.); **C. angustiarum** L. KOCH (4. Bein länger als 1.).

— Vordere Spinnwarzen kürzer als hintere, getrennt (vgl. z. B. [*23a*]) **2**

2. Endglied der hinteren Spinnwarzen nicht viel kürzer, oft länger als das basale Glied, z. B. [*23a*] **3**

— Endglied der hinteren Spinnwarzen viel kürzer als das basale Glied, oft nicht klar zu erkennen **6**

3. Hintere Augenreihe stark recurv. Hintere Mittelaugen fast doppelt so groß wie vordere Mittelaugen. 5–7 mm **Textrix denticulata** (OLIV.)

Äußerlich mit **Pardosa (Lycosidae)** zu verwechseln, aber Spinnwarzen viel länger.

— Beide Augenreihen stark procurv (hintere stärker als vordere), Augen etwa gleich groß. Endglied der hinteren Spinnwarzen fast doppelt so lang wie Basalglied . . . . 2; **Agelena** WALCK.

A. labyrinthica (CLERCK) (Unterseite des Abd hellgrau; 8–14 mm), häufig; **A. gracilens** C. L. KOCH (Unterseite des Abd mit braunem Mittelstreif, dieser so breit wie Epigyne; 5–10 mm).

— Augenreihe wenig gebogen. Endglied der hinteren Spinnwarzen kürzer **4**

4. Körperform gedrungen. Ceph von oben gesehen vorn wenig verschmälert. Beine kurz [*58*]. Sternum einfarbig dunkel
4; **Coelotes** BLACKW.

Häufig **C. terrestris** (WID.) (Abdzeichnung wie [*58*]; 8–14 mm).

— Körperform nicht gedrungen. Ceph vorn verschmälert. Beine lang [*59*]. Sternum dunkel mit hellen Flecken od. einfarbig hell . . **5**

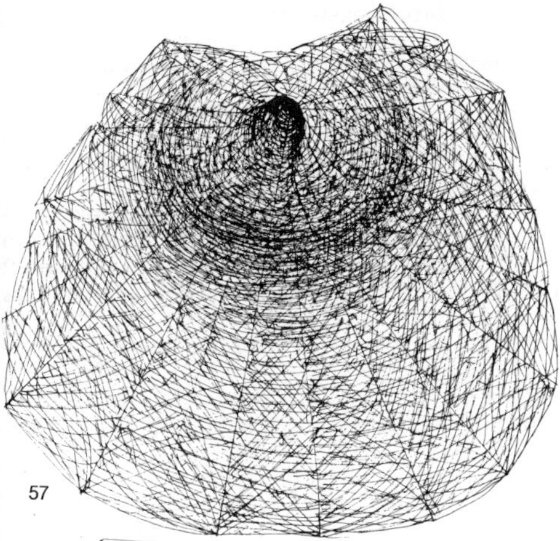

57

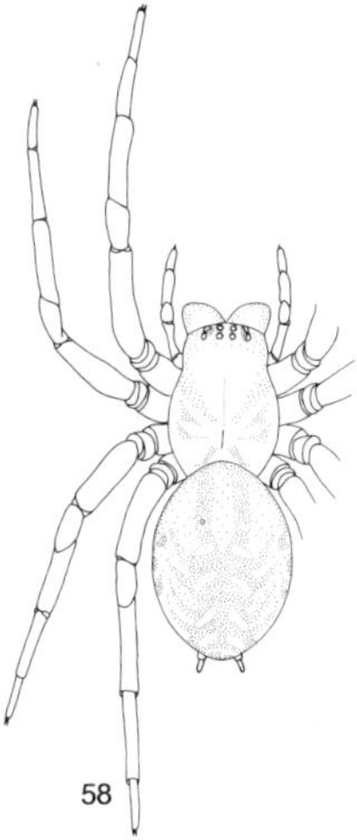

58

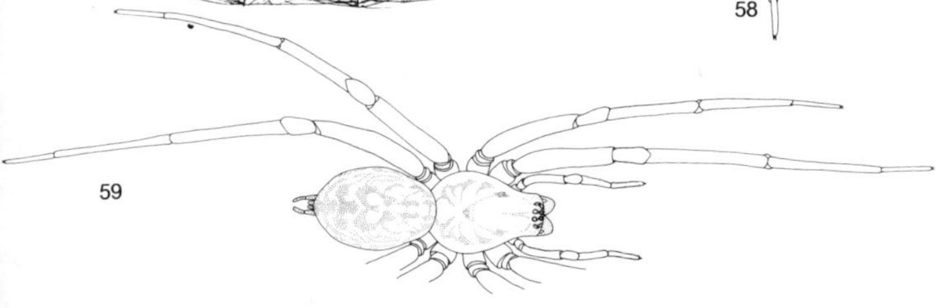

59

5. Hintere Augenreihe von oben gesehen gerade od. schwach recurv. 2. Mt am Ende mit 5 Stacheln. 4,5–6,5 mm **Histopona torpida** (C. L. KOCH)

— Hintere Augenreihe schwach procurv [*59*]. 2. Mt mit 3–4 od. über 5 Stacheln. Oft größer (bis 18 mm) Winkelspinne, 8; **Tegenaria** LATR.

a) 1. Ti mit 1 Paar Stacheln. 5–9 mm: **T. picta** SIM. (Beine ungefleckt); **T. campestris** C. L. KOCH (Beine gefleckt; Stacheln der 1. Ti in der Mitte); **T. silvestris** (L. KOCH) (Beine gefleckt; Stacheln der 1. Ti vor der Mitte).

b) 1. Ti mit mehr als 1 Paar Stacheln. Meist größer

1) 2. Mt mit 6–7 Endstacheln: 2 Arten, häufig **T. atrica** C. L. KOCH (10–16 mm).

2) 2. Mt mit höchstens 4 Endstacheln: **T. ferruginea** (PANZ.) (Beine gefleckt; Abd oben rötlich; 9–14 mm); **T. domestica** (CLERCK) = **derhami** (SCOP.) (Beine gefleckt; Abd oben grau; 6–12 mm), in Häusern; **T. agrestis** (WALCK.) (Beine ungefleckt; 9–12 mm).

6. Unter 3,5 mm. Abd dunkel mit heller, gemusterter Mittelbinde **7**

— 5–7 mm. Abd einfarbig grau . . . . **Cicurina cicur** (F.)

7. 2 mm. Vordere Augenreihe von oben gesehen gerade **Tuberta maerens** (O. P.-CAMB.)

— 2,5–3,5 mm. Vordere Augenreihe recurv **Cryphoeca silvicola** (C. L. KOCH)

Familien: **Clubionidae** u. **Liocranidae,** Sackspinnen

Meist Nachttiere, jagen nach Beute, legen tagsüber Wohngespinste in Verstecken an. **Clubiona** u. **Cheiracanthium** gehören zu den **Clubionidae,** die übrigen Gattungen zu den **Liocranidae. Micaria** u. **Micariolepis** werden neuerdings zu den **Gnaphosidae** gestellt.

1. Hintere Augenreihe recurv. Vordere Mittelaugen etwas größer als vordere Seitenaugen. 1. u. 2. Mt unten ohne od. nur mit kurzen, zahnartigen Stacheln. Körper ohne Schuppenhaare. 5–7 mm **Ceto laticeps** (CAN.)

— Augen anders. 1. u. 2. Mt unten mit 1–5 Paar längeren Stacheln, wenn ohne Stacheln, Körper mit metallisch schillernden Schuppenhaaren **2**

2. Unterlippe viel länger als breit, reicht über Mitte der Kauladen hinaus [*60a*] **3**

— Unterlippe nicht od. wenig länger als breit, reicht höchstens bis Mitte der Kauladen [*60b*] **4**

— Unterlippe etwas länger als breit, reicht über Mitte der kurzen Kauladen hinaus [*60c*]. Körper ameisenähnlich, mit metallisch glänzenden Schuppenhaaren **9**

3. Ceph mit deutlicher, strichförmiger Rückenfurche. Abstand zwischen hinteren Mittelaugen so groß wie zu hinteren Seitenaugen od. größer. 4. Bein länger als 1. [*32*] . . . . 24; **Clubiona** LATR.

a) Abd oben vorn mit dunkler Mittelbinde: **C. corticalis** (WALCK.) (7,5–11 mm); **C. compta** C. L. KOCH (3,5–5 mm).

b) Abd ohne Zeichnung (selten Mittelbinde angedeutet)

1) 3. Ti unten mit 2 Stacheln

α) Ceph oben mit dunkler Randlinie: **C. pallidula** (CLERCK) (Ceph dunkelgelb, vorn schwarzbraun; 6,5–12 mm); **C. reclusa** O. P.-CAMB. (Ceph gelbrot; 4–7 mm) u. 2 seltene Gebirgsarten.

β) Ceph ohne dunkle Randlinie: 11 Arten, darunter **C. phragmitis** C. L. KOCH (Ceph gelb bis braun, vorn stark gebräunt; ♂ 7,5–11, ♀ 5–19 mm). 3 weitere ähnliche Arten sind kleiner.

2) 3. Ti unten mit 1 Stachel: 7 Arten, darunter **C. brevipes** BLACKW. (Ceph u. Sternum braun; 4,5–6 mm).

— Ceph ohne Rückenfurche, nur mit breiter flacher Grube. Abstand zwischen hinteren Mittelaugen kleiner als zu hinteren Seitenaugen. 4. Bein kürzer als 1. . . . . 8; **Cheiracanthium** C. L. KOCH

Z. B. **Ch. punctorium** (VILL.) (7,5–15 mm), Biß beim Menschen mit Giftwirkung.

4. Sternum zwischen die 4. Cx ragend. Abd schwarz mit weißen Haarflecken. 2,5–3,5 mm . . . . 3; **Phrurolithus** C. L. KOCH

Häufig **P. festivus** (C. L. KOCH).

— 4. Cx berühren sich **5**

5. Hintere Augenreihe procurv **6**

— Hintere Augenreihe gerade od. schwach recurv **8**

6. Hintere Mittelaugen weiter voneinander entfernt als von hinteren Seitenaugen. 1. Ti unten mit 7–10 Paar Stacheln . . 3; **Scotina** MENGE

S. celans (BLACKW.) (Ceph dunkel mit gelben Mittel- u. Seitenstreifen; 3,5 mm).

— Hintere Augen mit gleichem Abstand. 1. Ti unten mit 2 Paar Stacheln **7**

7. 1. u. 2. Mt unten mit 2 Paar Stacheln. 3,5–5,5 mm **Agraecina striata** (KULCZ.)

— 1. u. 2. Mt unten mit 3 Paar Stacheln, das an der Spitze gelegene Paar kürzer u. seitlich verschoben. 4–9 mm . . . . 5; **Agroeca** WESTR.

Eikokon als längliches „Feenlämpchen" an Stengeln od. Zweigen, oft getarnt, mit 2 Kammern (Eikammer u. Häutungskammer). Häufig **A. brunnea** (BLACKW.).

61

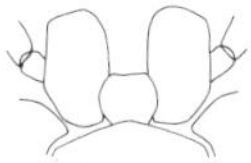
60b

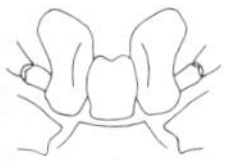
60a

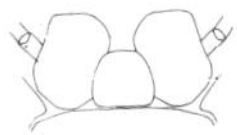
60c

64

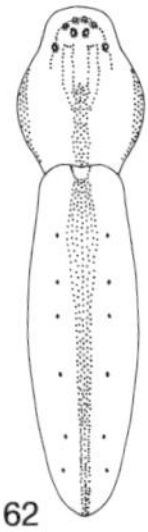
62

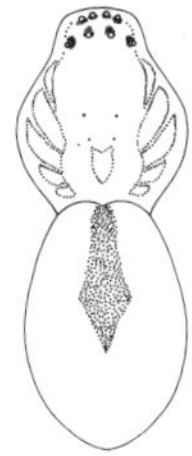
63

8. Vordere Augenreihe procurv. Vordere Mittelaugen viel kleiner als vordere Seitenaugen. 3–4 mm . . . . . **Apostenus fuscus** Westr.

— Vordere Augenreihe fast gerade, mit fast gleich großen Augen 2; **Liocranum** C. L. Koch

L. rupicola (Walck.) (Ceph u. Abd oben mit Zeichnung; 6–8,5 mm); **L. rutilans** (Thor.) (Ceph einfarbig; 8–10 mm).

9. Hintere Augenreihe schwach procurv. 2–7,5 mm 12; **Micaria** Westr.

Ameisenähnlich, laufen mit nach oben gerichtetem Abd. Häufig **M. pulicaria** (Sund.)

— Hintere Augenreihe recurv. 2–4 mm **Micaria** (= **Micariolepis**) **dives** (Luc.)

Familie: **Gnaphosidae (= Drassodidae),** Glattbauchspinnen

Nachtaktiv, jagen nach Beute. Tagsüber meist in Wohngespinsten unter Steinen, Blättern u. in ähnlichen Verstecken.

1. Hintere Augenreihe stark recurv, viel breiter als vordere Augenreihe [*61*]. 5,5–16 mm . . . . 11; **Gnaphosa** Latr.

Z. B. **G. lucifuga** (Walck.)

— Augenstellung anders **2**

2. Hintere Augenreihe deutlich breiter als vordere, wenn nicht deutlich, dann vordere Mittelaugen etwa doppelt so groß wie vordere Seitenaugen od. Abstand zwischen hinteren Mittelaugen viel kleiner als zwischen hinteren Mittelaugen u. hinteren Seitenaugen **3**

— Hintere Augenreihe etwa so breit wie vordere, wenn etwas breiter, Abstand zwischen hinteren Augen etwa gleich groß; vordere Augen etwa gleich groß **7**

3. Vordere Mittelaugen viel größer als vordere Seitenaugen. Ceph vorn stark verengt. Oft in Häusern. 6–16 mm . . . 3; **Scotophaeus** Sim.

Häufig **S. scutulatus** (L. Koch).

— Vordere Mittelaugen höchstens so groß wie vordere Seitenaugen, selten wenig größer **4**

4. Abstand zwischen hinteren Mittelaugen etwas kleiner als zwischen hinteren Mittelaugen u. hinteren Seitenaugen. Hintere Augenreihe recurv. Abd schwarz mit weißen Flecken. 6–8 mm 2; **Poecilochroa** Westr.

P. conspicua (L. Koch) (Ceph schwarz); **P. variana** (C. L. Koch) (Ceph rostrot).

— Abstand zwischen hinteren Mittelaugen viel kleiner als zu hinteren Seitenaugen. Hintere Augenreihe ± procurv **5**

5. Hintere Augenreihe schwach procurv. Dunkelbraun, 1. u. 2. Fe dunkler, Abd oben mit 3 hellen Fleckenpaaren. 4,5–6 mm **Phaeocedus braccatus** (L. Koch)

— Hintere Augenreihe stärker procurv [*1b*]. Färbung anders . . **6**

6. 4. Ti oben (außer den seitlichen u. unteren) mit 0–1 Stacheln. 3–8,5 mm . . . . 8; **Haplodrassus** Chamb.
Häufiger **H. signifer** (C. L. Koch) (5–8 mm).

— 4. Ti oben mit 2 Stacheln. 6,5–18 mm . . . . 5; **Drassodes** Westr.
Häufig **D. lapidosus** (Walck.) (10–18 mm).

7. Dunkelbraun, 3. u. 4. Beine heller als 1. u. 2., Abd oben vorn mit weißer bogenförmiger Randbinde, dahinter 2 Paar weiße Flecken. 5–6 mm . . . . 2; **Callilepis** Westr.
Häufiger **C. nocturna** (L.).

— Färbung anders, Abd ohne paarige weiße Flecken **8**

8. Hintere Augenreihe stark procurv. 6–8 mm **Echemus angustifrons** (Westr.) (= **rhenanus** Bertk.)

— Hintere Augenreihe gerade od. schwach recurv **9**

9. Ceph grau, dunkel gefleckt, Abd grau mit heller, schwarz gesäumter Mittelbinde, hinten mit Reihe weißer Winkelstriche. Ch hinten an der Klaue mit gezähntem Kiel. 8–9 mm . **Berlandina cinerea** (Menge)

— Färbung anders. Ch hinten an Klaue mit 0–2 kleinen Zähnen 23; **Zelotes** Gist.

a) Ceph oben rotgelb mit schwarzer Randlinie: 2 Arten, häufig in Sandgebieten **Z. electus** (C. L. Koch) (um 3 mm).

b) Ceph (meist auch Abd) schwarz bis braun: übrige Arten, z. B. **Z. latreillei** (Sim.) (6,5–9,5 mm).

Familie: **Philodromidae,** Laufspinnen

Lebensweise ähnlich **Thomisidae,** aber mehr umherschweifende Jäger.

1. Hintere Augenreihe schwach recurv. Hintere Mittelaugen voneinander weiter als von hinteren Seitenaugen entfernt. Abd oval, meist mit dunkler Querzeichnung [*26*] Flachstrecker, 18; **Philodromus** Walck.
Häufig **P. aureolus** (Clerck) (4–6 mm).

— Hintere Augenreihe stark recurv. Hintere Mittelaugen voneinander höchstens so weit entfernt wie von hinteren Seitenaugen. Abd länglich, mit dunkler Längszeichnung [*62, 63*] **2**

2. Hintere Mittelaugen stehen einander viel näher als zu hinteren Seitenaugen. Abd sehr lang, mit dunklen Längsstreifen [*62*]. 8–10 mm 2; **Tibellus** Sim.
T. oblongus (Walck.) (Abd hinten mit 1 Fleckenpaar); **T. maritimus** (Menge) (Abd mit 2 Fleckenreihen [*62*]).

— Hintere Mittelaugen stehen nicht od. wenig näher zueinander als zu hinteren Seitenaugen. Abd weniger lang, oben vorn in Mitte mit dunklem Lanzettfleck [*63*]. 4–9 mm . . . . . . 5; **Thanatus** C. L. Koch
T. formicinus (Clerck) (Ceph hellbraun, mit mittlerem hellem Längsstreifen).

Familie: **Thomisidae,** Krabbenspinnen

Lauern auf Beute, manchmal der Umgebung (z. B. Blüten) gut angepaßt.

1. Seitenaugen jederseits auf stark konischem Vorsprung. Abd am Ende stark winklig erweitert [*64*]. 3–7 mm **Thomisus onustus** Walck.

— Seitenaugen jederseits auf flachem Vorsprung. Abd am Ende winklig erweitert. 4–9 mm . . . . **Pistius truncatus** (Pall.)

— Abd hinten gerundet [*24*] **2**

2. Vordere u. hintere Seitenaugen jederseits auf gemeinsamem Hügel. ♂ 3–4, ♀ 7–11 mm: **Misumena vatia** (Clerck) (Mittelaugen bilden Quadrat). **Misumenops tricuspidatus** (F.) (vordere Mittelaugen enger zusammen als hintere).

— Vordere u. hintere Seitenaugen auf getrennten Hügeln [*24*] . **3**

3. Hügel der hinteren Seitenaugen viel größer als der der vorderen. Abd hinten keilartig zusammengedrückt. 3,5–6,5 mm **Tmarus piger** (Walck.)

— Hügel der vorderen u. hinteren Seitenaugen gleich groß. Körper stark abgeflacht. Braun. 4,5–5,5 mm. Unter Rinde **Coriarachne depressa** (C. L. Koch)

— Hügel der hinteren Seitenaugen kleiner als der der vorderen [*24*]. Abd anders **4**

4. Körper einheitlich gelb bis grünlich (bleicht in Alkohol aus!), höchstens auf Ceph bisweilen braun gesäumter Mittelstreif, Abd dicht weiß behaart. 5,5–6 mm . . **Heriaeus mellottei** Sim. (= **oblongus** Sim.)

— Ceph grün od. braun. Abd oben braun, mit weißer Begrenzung. 3–6 mm . . . . **Diaea dorsata** (F.)

— Ceph braun. Abd oben in der Mitte mit tief gelapptem, schwarzem, weiß begrenztem Fleck. 4–6 mm . . . . **Synaema globosum** (F.)

— Ceph braun mit heller Mittelbinde. Abd oben dunkel gefleckt, in der Mitte heller [*24*] **5**

5. Mittelaugenviereck breiter als lang od. so breit wie lang. 1. Ti unten mit mindestens 4 Paar Stacheln. Haare immer zugespitzt. ♂ 3–7, ♀ 5–10 mm [*24*] . . . . 22; **Xysticus** C. L. Koch

Häufig **X. cristatus** (Clerck) = **viaticus** (L.).

— Mittelaugenviereck länger als breit oder so lang wie breit. 1. Ti unten mit 2 Stachelpaaren. Mit zugespitzten u. spatelförmigen Haaren. ♂ 2–4, ♀ 3–4 (selten 6) mm . . . . 11; **Oxyptila** Sim.

Häufig **O. trux** (Blackw.).

Familie: **Salticidae,** Springspinnen

Mit Sprungvermögen. Jagen nach Beute, dabei optische Orientierung (gut entwickelte Augen!).

1. Körper schlank, ameisenähnlich, Stiel zwischen Ceph u. Abd von oben sichtbar. 2. u. 3. Cx voneinander entfernt. 1. Fe u. Ti unverdickt. Abd dunkel mit weißen Querbinden

Myrmarachne formicaria (De Geer) (Ceph vorn schwarz, hinten braunrot; 3,3–6,2 mm). **Leptorchestes berolinensis** (C. L. Koch) (Ceph dunkel; 4,8–7 mm). **Synageles venator** (Luc.) (Ceph dunkel; 3–4 mm), die ähnliche Art **S. hilarulus** (C. L. Koch) (3 mm) seltener.

— Körper schlank, Abd etwa 3mal so lang wie breit. 2. u. 3. Cx voneinander entfernt. 1. Ti u. 1. Fe stark verdickt. Abd oben hell mit dunklen Längsbinden od. -flecken. 4–6 mm. Geringes Sprungvermögen. Auf Küstendünen . . . . **Marpissa** (= **Hyctia**) **nivoyi** (Luc.)
— Körper gedrungener, Abdstiel von oben nicht sichtbar. Alle Cx sich fast berührend 2
2. 3. Ti u. Pt zusammen länger od. wenigstens gleich lang wie 4. Ti u. Pt; wenn etwas kürzer, dann 4. Mt mit 3 Stachelquirlen 3
— 3. Ti u. Pt deutlich kürzer als 4. Ti u. Pt; 4. Mt ohne 3 Stachelquirle 7
3. Hintere Augenreihe 1,1–1,15mal so breit wie vordere. 3–6 mm 2; **Pellenes** Sim.
P. tripunctatus (Walck.) (Abd schwarz mit weißem Kreuz). **P. nigrociliatus** (L. Koch) (Abd dunkel mit weißer mittlerer Längsbinde u. 2 weißen seitlichen Flecken).
— Hintere Augenreihe höchstens so breit wie vordere. Abd anders gezeichnet 4
4. 1. u. 2. Ta unten mindestens im letzten Viertel mit dichtem Büschel von Hafthaaren. Ceph u. Abd dunkel. 4–8 mm . . 2; **Aelurillus** Sim.
A. v-insignitus (Clerck) (Ceph vorn mit weißer Zeichnung in Form eines W, Abd weiß gebändert); **A. festivus** (C. L. Koch) (Ceph u. Abd fast einfarbig).
— 1. u. 2. Ta höchstens am Ende mit Hafthaarbüscheln 5
5. 1. Mt nur unten mit 2 Paar Stacheln. Ceph braun, ± kupfrig. 5–7 mm 3; **Evarcha** Sim.
E. falcata (Clerck) (Ceph vor Augen nicht weiß behaart); **E. arcuata** (Clerck) (Ceph vor Augen dicht weiß behaart); **E. laetabunda** (C. L. Koch) (Ceph vor Augen u. an den Seiten weiß behaart).
— 1. Mt mit mehr als 2 Stachelpaaren 6
6. 3. u. 4. Mt mit je 3 Stachelquirlen. 5–9 mm **Philaeus chrysops** (Poda)
— 3. Mt mit 2, 4. Mt mit 3 Stachelquirlen. 5–8 mm **Carrhotus xanthogramma** (Walck.)
7. 1. Ti u. Mt unten ohne Stacheln. Abd schwarz mit weißen Binden od. Flecken . . . . 3; **Salticus** Latr.
S. zebraneus (C. L. Koch) (3–4 mm; Abd ohne deutliche Querstreifung); **S. scenicus** (Clerck) (5–7 mm; weiße Querstreifen sich in Mitte nicht berührend [*12*]); **S. cingulatus** (Panz.) (5–6 mm; weiße Querstreifen sich in der Mitte berührend).
— 1. Ti u. Mt unten mit großen Stacheln. Zeichnung anders . . 8
8. 1. u. 2. Ta wenigstens in Endhälfte mit dichtem Hafthaarbüschel 9
— 1. u. 2. Ta höchstens im letzten Viertel mit Büschel von Hafthaaren 11
9. 4. Pt u. Ti zusammen fast doppelt so lang wie 3. Pt u. Ti 10
— 4. Pt u. Ti wenig länger als 3. Pt u. Ti . . . . **Aelurillus,** vgl. 4
10. Ch ohne Zähne. Körper hell. 6 mm . . . **Yllenus arenarius** Menge
Auf Dünen, im Osten.
— Ch mit 3 Zähnen dicht über Chklaue. Körper dunkel, Abd meist mit hellen Längsstreifen. 5–7,5 mm . . . . . **Phlegra fasciata** (Hahn)
11. Hintere Augenreihe mindestens 1,2mal so breit wie vordere 12
— Augenviereck hinten etwa so breit wie vorn, selten etwas breiter 13
12. 3. u. 4. Bein ohne Stacheln. 3,5–5 mm **Ballus chalybeius** (Walck.)
Sieht kleinen Rüsselkäfern **(Strophosoma)** ähnlich.
— 3. u. 4. Bein mit Stacheln. 3,5–4 mm . . **Bianor aurocinctus** (Ohl.)
13. 4. Ti etwa doppelt so lang wie 3. Ti od. länger . 10; **Sitticus** Simon
a) Beide Krallen des 4. Ta mit großen Zähnchen: 2 Arten, z. B. **S.** (= **Sitticulus**) **saltator** (Simon) (2,5–4 mm), auf Sanddünen.
b) Nur 1 Kralle des 4. Ta mit großen Zähnchen: 8 Arten, häufig z. B. **S. pubescens** (F.) (4–7 mm); auf Sanddünen sehr selten **S.** (= **Attulus**) **helveolus** (Simon) (3–5 mm).

— 4. Ti höchstens 1,5mal so lang wie 3., selten länger **14**

14. Entfernung Augen – Vorderrand des Ceph etwa so lang wie Durchmesser der vorderen Mittelaugen . . . . **Aelurillus,** vgl. **4**

— Entfernung Augen – Vorderrand des Ceph viel kürzer als Durchmesser der vorderen Mittelaugen, wenn fast so lang, dann kleiner u. andere Färbung **15**

15. Mittlere Augenreihe viel näher zur vorderen als zur hinteren stehend, Augenviereck (aus vorderer u. hinterer Augenreihe) etwa 2mal so lang wie breit **16**

— Augenstellung anders **17**

16. 1. Ti etwa 2mal so lang wie breit. 4–7 mm **Pseudicius encarpatus** (WALCK.)

— 1. Ti mindestens 2½mal so lang wie breit. 6–7,5 mm 2; **Dendryphantes** C. L. KOCH

Z. B. **D. hastatus** (CLERCK).

17. Körper 6–10 mm lang, länglich, Abd oben in Mitte mit ± heller Längszeichnung . . . . 3; **Marpissa** C. L. KOCH

Häufig **M. muscosa** (CLERCK), unter Rinde.

— Unter 6 mm, wenn länger, Abd einfarbig dunkel **18**

18. 4. Ti ohne Stacheln . . . . 4; **Neon** SIM.

Häufiger **N. reticulatus** (BLACKW.) (2,5–3 mm).

— 4. Ti mit 1 Stachel. 2,5 mm . . . . . **Chalcoscirtus infimus** (SIM.)

— 4. Ti mit mehreren Stacheln **19**

19. Mt mit vielen langen u. kräftigen Stacheln. 4. Ta mit 2, übrige Ta mit 1 Becherhaar. 2–6 mm . . . . 6; **Euophrys** C. L. KOCH

Häufig **E. frontalis** (WALCK.) (= **maculata** WID.).

— Mt mit wenigen kurzen u. feinen Stacheln. Alle Ta mit 2 Becherhaaren 8; **Heliophanus** C. L. KOCH

Z. B. **H. cupreus** (WALCK.) (4–6 mm).

Literatur

BÖSENBERG, W.: Die Spinnen Deutschlands, Zoologica, Heft 35. Stuttgart, 1903. – BRAENDEGÅRD, J.: Edderkopper I, II, in: Danmarks Fauna, Bd. 72, 80. Kopenhagen, 1966, 1972. – BRISTOWE, W. S.: The world of spiders. London, 1958. – DAHL, F. u. M., REIMOSER, E., WIEHLE, H.: Spinnentiere oder Arachnoidea (Araneae), in: Dahl, Tierwelt Deutschlands, Teil 3, 5, 23, 33, 42, 44, 49. Jena, 1926–1963. – HEIMER, S., NENTWIG, W.: Spinnen Mitteleuropas. Berlin, Hamburg, 1991. – JONES, D.: Der Kosmos-Spinnenführer. 4. Aufl. Stuttgart, 1990. – LOCKET, G. H., MILLIDGE, A. F.: British spiders, Bd. I, II. London, 1951, 1953. – LOCKET, G. H., MILLIDGE, A. F., MERRETT, P.: British spiders, Bd. III. London, 1974. – MILLER, F.: Pavouci-Araneida, in: Klíč zvířeny ČSSR, Bd. 4. Praha, 1971. – ROBERTS, M. J.: The spiders of Great Britain and Ireland. Vol. 1–3. Colchester, 1985, 1987 (Bd. 3 „Tafeln", als deutsche Übersetzung, Keltern, 1985). – SIMON, E.: Les Arachnides de France, Bd. 6. Synopsis général et catalogue, 5 Teile. Paris, 1914–1937. – TULLGREN, A., HOLM, Å.: Svensk spindelfauna. 3. Egentliga spindlar. Fam. 1–10. Stockholm, 1944–1947.

Ordnung: **Opilionida,** Weberknechte

Cephalothorax ungegliedert, oben mit Augenhügel. Palpen laufbeinartig. Beintarsen meist vielgliedrig. Abdomen gegliedert. Genitaldeckel (Bauchplatte des 2. Abdominalsegments) zwischen Laufbeincoxen vorgeschoben; ausgewachsene Tiere bei vielen Arten daran zu erkennen, daß Genitaldeckel bis zu den Laden der 2. Laufbeincoxen reicht [*4*]. Getrenntgeschlechtig. Echte Begattung. Eiablage mittels Ovipositor [*3*]. Vorwiegend Bewohner des Bodens u. der Streu, viele Arten mit zunehmendem Alter auch in der Vegetation. Räuberisch u. saprophag. Im Gebiet etwa 40 Arten. **Abkürzungen:** s. **Arachnida.**

System: Familien **Sironidae, Erebomastridae, Nemastomatidae, Trogulidae, Ischyropsalididae, Phalangiidae**

1. Je 1 Stinkdrüsenöffnung seitlich auf schrägem, erhabenem Auswuchs des Ceph. Blind. Bis 2 mm. In Österreich . . . . **Sironidae**
Nur **Siro duricorius** (Jos.), in feuchter Bodenstreu.

— Stinkdrüsenöffnungen nicht auf einem Auswuchs. Mit Augen . **2**

2. Palpen kräftig, bestachelt, ihr Ta mit langem Endhaken. Bis 2,5 mm. In Österreich . . . . **Erebomastridae**
Nur **Holoscotolemon unicolor** Roew., im Gebirge.

— Palpen schlank, tasterartig [*3*], ihr Ta mit schwacher od. ohne Endkralle **3**

3. Ceph vor den Augen in 2 Fortsätze od. eine Kapuze verlängert, darunter die Ch u. Palpen. Habitus [*1*]. Haut warzig, oft mit Erde bedeckt. Träge Tiere . . . . Brettkanker, **Trogulidae**

a) Körper gewölbt, vorne in 2 gerade, bedornte Fortsätze verlängert. 3,5 mm: **Anelasmocephalus cambridgei** (Westw.), selten.

b) Körper flach, vorne in Kapuze verlängert [*1*]. Über 5 mm: 3; **Trogulus** Latr., häufiger **T. tricarinatus** (L.) (5–7 mm).

— Ceph vorn gerundet, ohne solche Fortsätze, manchmal mit Dornen **4**

4. Ta (letztes Glied) der Palpen kürzer als Ti (vorletztes Glied), ohne od. nur mit winzigen Krallen **5**

— Ta der Palpen länger als Ti, stets mit deutlichen Krallen
Phalangiidae S. 141

5. Ch etwa so lang wie der Körper od. länger
Schneckenkanker, **Ischyropsalididae**
Fressen Arthropoden u. Schnecken. Nur 2; **Ischyropsalis** C. L. Koch, häufiger nur **I. hellwigi** (Panz.) (5–7,5 mm), im Gebirge.

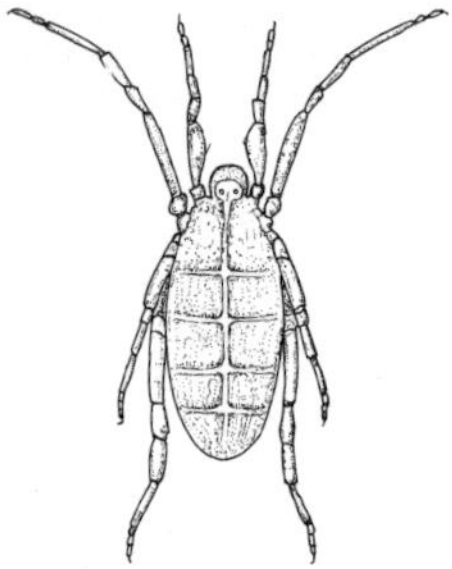

1

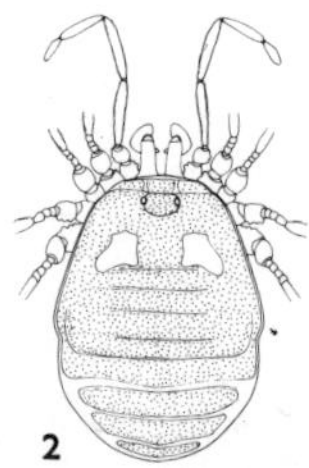

2

— Ch sehr viel kürzer als der Körper [*2*]. 2–4,5 mm
Fadenkanker, **Nemastomatidae**

7 Arten in mehreren Gattungen, am artenreichsten **Nemastoma** C. L. KOCH.

a) Körper oben vorn mit 2 Silberflecken [*2*]: **Nemastoma lugubre** (MÜLL.) (Körper ohne Zweizack-Brückenzähnchen), sehr häufig; die ähnliche Art **N. bimaculatum** (F.) nur im Rheinland. **Mitostoma chrysomelas** (HERM.) (Körper oben mit Reihen von Zweizack-Brückenzähnchen, die zu Kielen zusammenfließen).
b) Körper einfarbig dunkel oder mit anderer Silberfleckenzeichnung. Abd oben ohne Dornenpaare: 3 Arten, darunter **Paranemastoma quadripunctatum** (PERTY).
c) Körper einfarbig dunkel, auf Abd mit 5 Dornpaaren: **Histricostoma dentipalpe** (AUSS.), alpin.

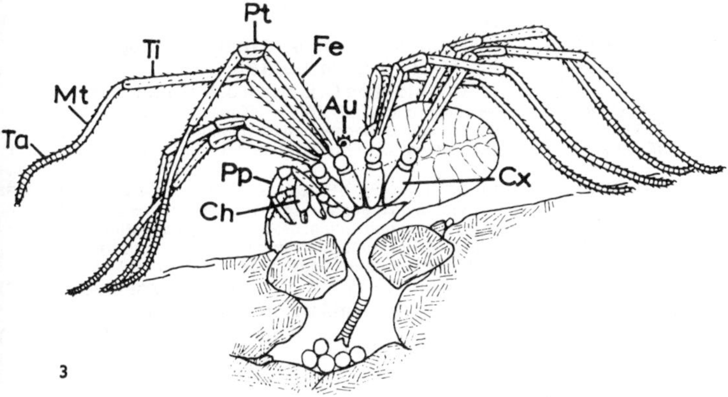

3

Familie: **Phalangiidae**

1. Krallen der Palpen kammartig gezähnt **2**
— Krallen der Palpen nicht gezähnt **4**
2. Abd oben mit mindestens 2 Längsreihen großer Höcker
Sclerosomatinae

Nur **Astrobunus laevipes** (CAN.) (2,5–4,5 mm), selten.

— Abd oben ohne große Höcker **3**
3. Laden der Cx des 2. Beinpaares bilden eine Gerade **Leiobuninae**

a) Wenigstens eine Cx vorn oder hinten mit einer Längsreihe kleiner Höcker: 4; **Leiobunum** C. L. KOCH, **L. rupestre** (HERBST) (Tr blaßgelb wie Cx; 4–7 mm). Bei übrigen Arten Tr dunkel, gegen helle Cx kontrastierend: **L. limbatum** C. L. KOCH (2. Ti an der Spitze weiß geringelt; 5–8 mm), Gebirge; **L. rotundum** (LATR.) (2. Ti an Spitze nicht weiß geringelt; jedes Auge von breitem dunklem Ring umgeben; 3–7 mm); **L. blackwalli** MEADE (ebenso, aber jedes Auge von hellem Ring umgeben; 3–6 mm).
b) Alle Cx ohne Höckerlängsreihen: 2; **Nelima** ROEW. (Augenhügel mit Zähnchen od. Körnchen besetzt), z. B. **N. silvatica** (SIM.) (2–4,5 mm).
c) Alle Cx ohne Höckerlängsreihen, aber Augenhügel glatt, höchstens behaart: **Amilenus aurantiacus** (SIM.) (3–4,5 mm) (zu **Gyantinae**).

— Laden der 2. Cx stehen zueinander gewinkelt (vgl. [*4*]) **Gyantinae**

a) Pt der Palpen ohne Anhang. Körper 6,5–12,5 mm: 2; **Gyas** SIM., im Gebirge, v. a. Alpen, z. B. **G. titanus** SIM.

b) Pt der Palpen mit sehr langem Anhang. Körper 5–7 mm: **Dicranopalpus gasteinensis** Dol., alpin.

4. Ch (zur Untersuchung an Basis abtrennen) am 1. Glied unterseits mit Dorn [*5*]; wenn undeutlich, dann zwischen den Cx liegender Genitaldeckel vorn ausgerandet [*4*] **5**

— Ch ohne derartigen Dorn [*6, 7*] . . . . **Phalangiinae** **9**

5. Ceph oben vor Augenhügel mit borstentragenden Körnern od. großen Dornen . . . . **Oligolophinae** **6**

— Ceph ohne derartige Körner od. Dornen . . . . . **Gyas** u. **Dicranopalpus** s. **3**

6. Fe (viertletztes Glied) der Palpen unten mit einfachen schwarzen Borsten (vgl. [*9b*]) **7**

— Fe der Palpen unten mit hohen, weißen, beborsteten Zapfen (vgl. [*9a*]) **8**

7. Vorderrand des Ceph rauh bekörnelt. 4–8 mm **Mitopus morio** F.

— Mitte des Vorderrands mit 3(–5) Dörnchen [*8*]
2; **Oligolophus** C. L. Koch u. **Paroligolophus** Lohm.

a) Genitaldeckel an Spitze ausgerandet (z. B. [*4*]). 3,5–6 mm: **P. agrestis** (Meade).

b) Genitaldeckel nicht ausgerandet: **O. hanseni** (Kraep.) (Mitte des Vorderrandes mit 5 Dörnchen; 4–6 mm); **O. tridens** (C. L. Koch) (Mitte des Vorderrandes mit 3 Dörnchen; 4–6,5 mm).

8. Fe der Beine mit deutlichen Zähnchenlängsreihen 3; **Lacinius** Thor.
L. ephippiatus (C. L. Koch) (Abd oben ohne Dörnchenquerreihen; 4–5,5 mm); **L. horridus** (Panz.) (Abd oben mit Dörnchenquerreihen; die 3 Dornen in der Mitte des Vorderrandes des Ceph gleich lang; 6,5–9 mm), ähnlich ist der seltene **L. dentiger** (C. L. Koch), aber mittlerer Dorn des Cephvorderrandes größer als die seitlichen.

— Fe nur mit Haarlängsreihen. 6–11 mm . **Odiellus spinosus** (Bosc)

9. Mitte des Vorderrandes des Ceph mit 3 Dörnchen [*8*]. 3,5–6 mm
Lophopilio palpinalis (Herbst)

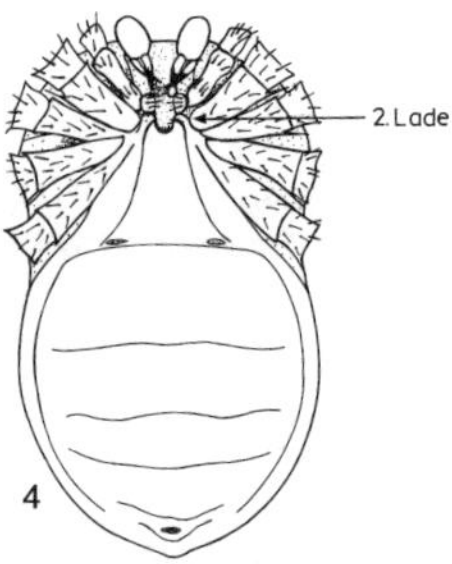

4

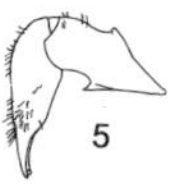
5

6

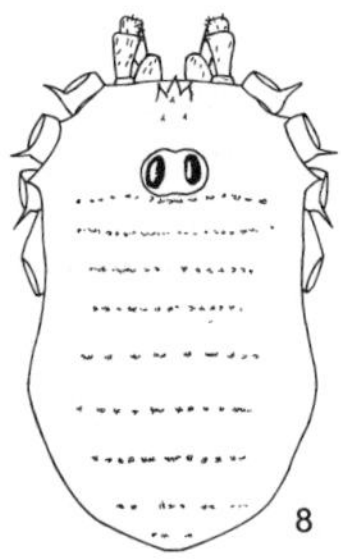
8

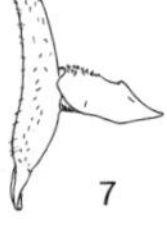
7

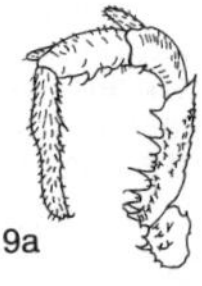
9a

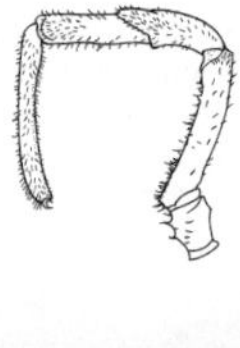
9b

— Vorderrand des Ceph ohne Dörnchen, höchstens mit kleinen, dann aber unregelmäßig stehenden Zähnchen **10**

10. Pt u. Ti der Palpen innen in je 1 deutlichen Fortsatz ausgezogen [*9a*, *9b*] **11**

— Pt u. Ti der Palpen ohne solche Fortsätze **12**

11. Fe der Palpen mit auffälligen Zapfen [*9a*] 2; **Platybunus** C. L. Koch
Im Gebirge, z. B. **P. bucephalus** (C. L. Koch) (4–8 mm).

— Fe der Palpen ohne auffällige Zapfen [*9b*]. 4–7 mm. Häufig
Rilaena triangularis (Herbst)

12. Zwischen Ch u. Vorderrand des Ceph 2 spitze Zähnchen. Ch des ♂ oben meist mit Horn [*7*]. 3,5–9 mm. Überall häufig
Phalangium opilio L.

— Zwischen Ch u. Vorderrand des Ceph ohne Zähnchen. Ch ohne Horn [*6*] . . . . 3; **Opilio** Herbst

a) Beim ♂ Fe des Palpus mit kräftigen Dornen: **O. parietinus** (De Geer) (1. Fe lang, überall gleich dick; Augenhügel mit 2 Längsreihen von 7–10 Dornen; 3,5–8 mm); **O. saxatilis** (C. L. Koch) (1. Fe kurz, am dicksten in der Mitte; Augenhügel mit 2 Längsreihen von 3–4 Dornen; 3,5–5 mm); beide Arten häufig.

b) Beim ♂ Fe des Palpus ohne Dornen, höchstens mit kleinen Tuberkeln: **O. canestrinii** (Thorell) (3,8–8 mm), sich in neuerer Zeit in der Kulturlandschaft ausbreitend.

Literatur

Hillyard, P., Sankey, J. H. P.: Harvestmen. 2nd rev. ed. Synopses of the British Fauna 4. London, 1989. – Kästner, A.: Opiliones, in: Dahl, Tierwelt Deutschlands, Teil 8. Jena, 1928. – Martens, J.: Weberknechte, Opiliones, in: Dahl, Tierwelt Deutschlands, Teil 64. Jena, 1978. – Meinertz, K. T.: Mosskorpioner og Mejere, in: Danmarks Fauna. Bd. 67. Kobenhavn, 1962. – Roewer, C. F.: Die Weberknechte der Erde. Jena, 1923. – Šilhavý, V.: Opilionidea, in: Fauna ČSR, Bd. 7. Prag, 1956. – Spoek, G. L.: The Opilionida (Arachnida) of the Netherlands. Zool. Verhandl. 63. Leiden, 1963.

Ordnung: **Acarina,** Milben

Körper ohne tiefe Einschnitte, kann in Gnathosoma (mit Cheliceren u. Palpen), Propodosoma (Segmente mit 1. u. 2. Beinpaar) u. Hysterosoma (Segmente mit 3. u. 4. Beinpaar sowie Hinterleib) gegliedert sein [*9*]. Meist mit 4 Beinpaaren (Ausnahme u.a. Gallmilben mit 2), Larven mit 3 Beinpaaren. Laufbeine gegliedert in (von Basis zur Spitze) Coxa, Trochanter, Femur, Genu, Tibia, Tarsus. Tarsus mit 0–3 Krallen u. einem verschiedengestaltigen Empodium. Atmung durch Haut od. Röhrentracheen. Getrenntgeschlechtig; Parthenogenese kommt vor. ♂♂ übertragen Sperma mit Penis, Gonopoden od. Spermatophoren. Entwicklung über 4 Stadien: Larve, Proto-, Deuto-, Tritonymphe (von den Nymphenstadien können 1, 2 od. alle 3 unterdrückt sein). Land- u. Wasserbewohner. Ernährung als Räuber, Pflanzenfresser, Saprophage, Paraphage od. Parasiten. Im Gebiet ca. 180 Familien mit ca. 2500 schwer bestimmbaren Arten. Folgende Tabellen sollen der ersten Übersicht dienen. Konservierung von Landmilben in Gemisch Alkohol 70% : Glycerin : Eisessig (87:5:8 Volumenteile), von Wassermilben in Glycerin : Eisessig : dest. Wasser (11:3:6); längere Aufbewahrung in gleichen Mischungen ohne Eisessig. Bestimmung nur mit Mikroskop möglich, dazu oft Aufhellung der Tiere notwendig (Behandlung mit 75%iger Milchsäure). Abbildungen, wenn nicht anders angegeben, dorsal (Rückenansicht).
Abkürzungen: s. **Arachnida.**

System:
Parasitiformes (= **Anactinotrichida**) mit den Unterordnungen
Mesostigmata (= **Gamasida**)
Metastigmata (= **Ixodida**).
Acariformes (= **Actinotrichida**) mit den Unterordnungen
Prostigmata (= **Actinedida, Trombidiformes**),
hierzu auch **Hydrachnellae, Halacaroidea** u. **Tetrapodilina (Eriophyoidea),**
Astigmata (= **Acaridida**),
Cryptostigmata (= **Oribatida**).
Astigmata u. **Cryptostigmata** nach einer älteren Nomenklatur auch als **Sarcoptiformes** zusammengefaßt.

1. Gnathosoma auf Unterseite mit unpaarem, nach vorn gerichteten Fortsatz, dieser mit Reihen von widerhakenartigen Zähnen besetzt. Mit Stigmenpaar an 4. Cx auf einer siebartigen Platte. Auf 1. Ta oben Riechgrube (Hallersches Organ) [*1*]. Habitus [*1, 21, 22*]. Landbewohner . . . . Zecken, **Metastigmata (Ixodida)** S. 148

— Gnathosoma ohne solchen Fortsatz. Stigmen anders od. fehlend. 1. Ta ohne Riechgrube **2**

2. Cx der Beine vorspringend, oft frei beweglich [*2*]. Mit Stigmenpaar zwischen Rückenrand u. 2., 3. od. 4. Cx, oft verbunden mit röhrenförmiger Furche (Peritrema) [*2*]. Ta des Palpus innen mit 2-, 3- od. 4zinkiger Borste [*3*] (selten bei endoparasitischen Formen fehlend). Körper mit sklerotisierten Schildern, meist gelb bis braun. Habitus z.B. [*2, 16–20*]. Landbewohner . . . . **Mesostigmata** S. 146

— Cx nicht vorspringend, in Bauchseite eingelassen [*9*]. Stigmen anders od. fehlend. Ta des Palpus ohne gezinkte Borste **(Acariformes) 3**

3. Im Meer, selten im Süßwasser. Palpen 3–4gliedrig, 1. u. 2. Beinpaar nach vorn, 3. u. 4. Beinpaar nach hinten gerichtet. Körper mit 4 Rükken- u. 4 Bauchschildern [*4*] . . . . Meeresmilben, **Halacaroidea**
Nur **Halacaridae** mit ca. 40 Arten. Klettern u. kriechen auf dem Boden od. Pflanzen, können nicht schwimmen. Räuber z.B. **Halacarus** Gosse, häufig **H. basteri** (Johnst.) (1–1,3 mm). Pflanzenfresser z.B. **Rhombognathus** Trouessart, häufig **Rh. seahami** (Hodge) (0,5 mm). Einige Gattungen in ober- od. unterirdischen Süßgewässern (z.B. **Limnohalacarus** Walt.), z.T. als Kommensalen in Kiemenhöhlen von Flußkrebsen, häufiger **Porolohmannella violacea** (Kram.) (bis 0,6 mm).

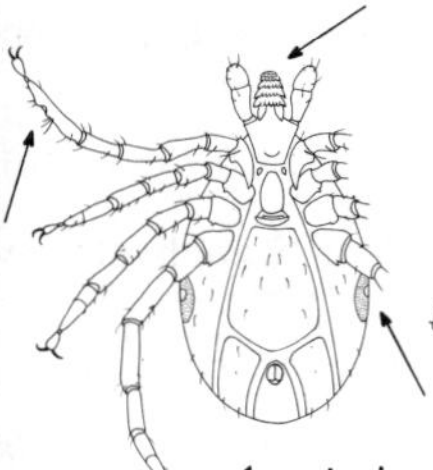

1 ventral

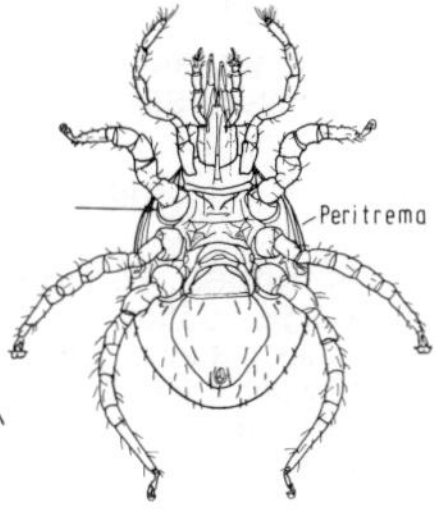

2 ventral

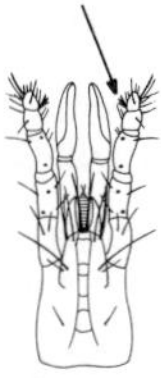

3 ventral

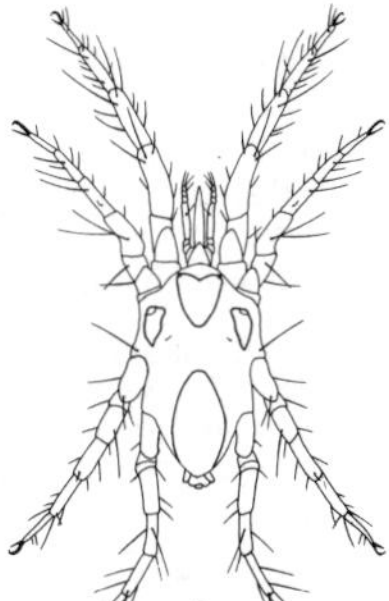

4

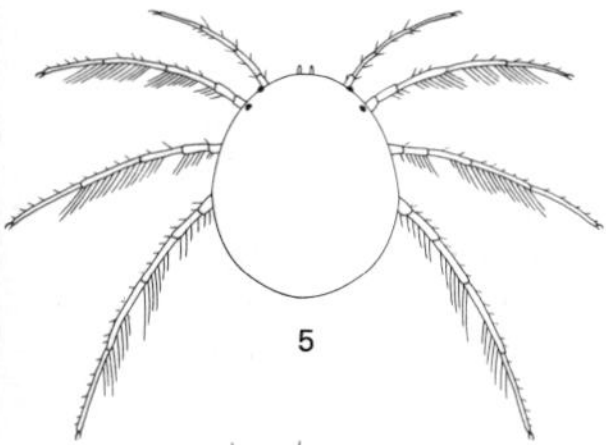

5

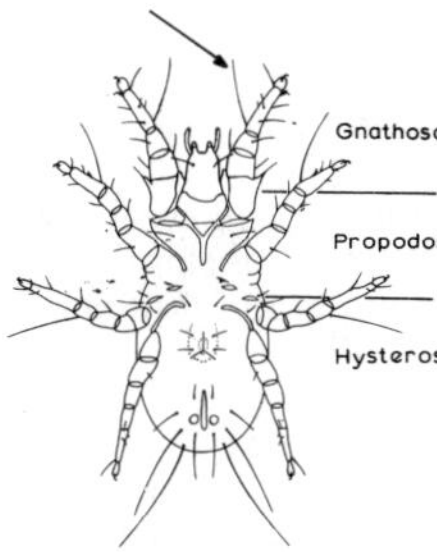

9 ventral

10

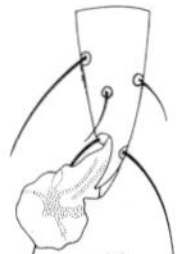

11

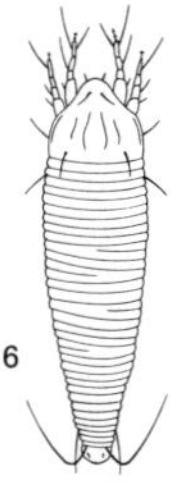

6

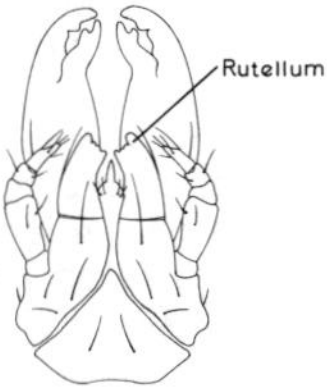

13 ventral

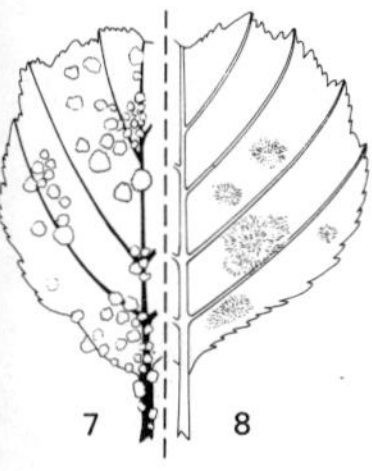

7 8

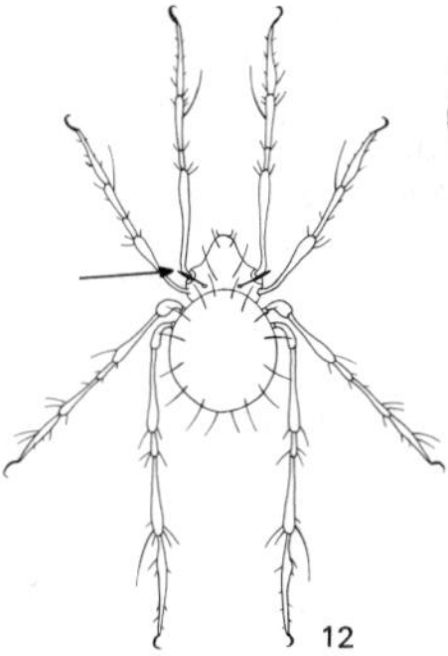

12

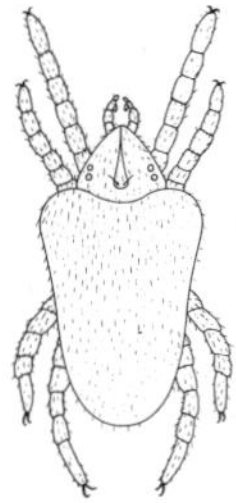

14

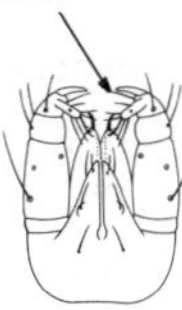

15 ventral

— Im Süßwasser. Palpen 5gliedrig; 2. u. 3. Beinpaar ± seitlich gerichtet. Körperpanzerung anders od. fehlend. Habitus z. B. [*5, 32–34*]

Süßwassermilben, **Hydrachnellae** S. 150

Einige **Oribatei** (**Hydrozetes** Berl.) ebenfalls im Süßwasser, meist an Pflanzen.

— Landbewohner **4**

4. Wurmförmig, weichhäutig, mit nur 2 Beinpaaren [*6*]. Bis 0,2 mm. Auf Pflanzen, erzeugen oft Gallen

Gallmilben, **Tetrapodilina (Eriophyoidea)**

Nur **Eriophyidae** mit ca. 250 Arten. Wichtige Gattungen **Eriophyes** Sieb., **Aceria** Keif. Häufige Gallformen: Mantelgallen, immer mit einer Öffnung auf der Unterseite (z. B. von **E. laevis** (Nal.) auf Oberseite von Erlenblättern [*7*]); Filzgallen (z. B. von **A. brevitarsa** (Fock.) auf Unterseite von Erlenblättern [*8*]).

— Körper anders. Keine Gallen erzeugend **5**

5. Palpen 2gliedrig, klein. Ta der Laufbeine mit 1 Kralle (diese selten gegabelt) auf einem Stiel (wenn ungestielt, wenigstens mit Haftläppchen [*10*]) od. Ta mit einem gestielten saugnapfähnlichen Organ [*11*]. Propodosoma ohne Trichobothrien (lange, dünne Tasthaare). 1. u. 2. Ti dorsal meist mit langer peitschenförmiger Borste [*9*]. Körper weichhäutig, weißlich, farblos, oft mit rosaroten Gliedmaßen, nicht wurmförmig u. ohne teilweise übereinanderliegende Rückenplatten. Habitus z. B. [*9, 36–38*] . . . . **Astigmata (Acaridida)** S. 152

— Palpen 3–5gliedrig, groß; wenn kleiner u. weniger Glieder, Körper wurmförmig od. mit übereinanderliegenden Rückenplatten. Ta anders, selten mit saugnapfähnlichem Organ. Propodosoma oft mit Trichobothrien [*12, 14*] **6**

6. Körper meist mit kräftigem, hartem Chitinpanzer, gelb od. braun bis schwarz. Gnathosoma auf Unterseite mit paarigen „Rutella" (Kieferladen) [*13*]. Ch scherenförmig, mit Zähnen. Auf Propodosoma 2 borstenförmige, gefiederte od. keulige Trichobothrien („pseudostigmatische Organe") in becherartigen Gebilden („Pseudostigmata") [*12*], diese Organe sehr selten fehlend. Palpen einfach. 1. u. 2. Ti dorsal meist mit langer peitschenförmiger Borste. Habitus z. B. [*12, 39–41*]

Hornmilben, **Cryptostigmata (Oribatida)** S. 153

— Körper ± schwach sklerotisiert, oft rot. Gnathosoma selten mit Rutella. Ch selten scherenförmig. Trichobothrien auf Propodosoma ohne Pseudostigmata od. fehlend. Palpen einfach od. Ti mit dorsaler Endklaue, dann hängt Ta an Ventralseite der Ti [*15*]. 1. u. 2. Ti ohne lange Borste. Habitus z. B. [*14, 23–27*]

Prostigmata (Actinedida) S. 148

Unterordnung: **Mesostigmata (Gamasida)**

Meist freilebend als Räuber im Boden od. Detritus, teilweise Parasiten von Wirbeltieren od. Wirbellosen. Bei Deutonymphen od. adulten ♀♀ oft Phoresie. Viele Familien mit ca. 800 Arten.

1. 1. Cx ± zylindrisch, weit auseinanderliegend, flankieren das Gnathosoma [*2*] **2**

— 1. Cx ± platt, trapezförmig, meist eng beieinander . . **Uropodina**

Beine oft in Vertiefungen auf Bauchseite einklappbar. Deutonymphen oft phoretisch an Insekten, Anheften mittels eines Aftersekrets. Mehrere Familien, darunter **Uropodidae,** z. B. **Trichouropoda** Berl. [*16*], häufig **T. ovalis** (C. L. Koch) (bis 0,9 mm).

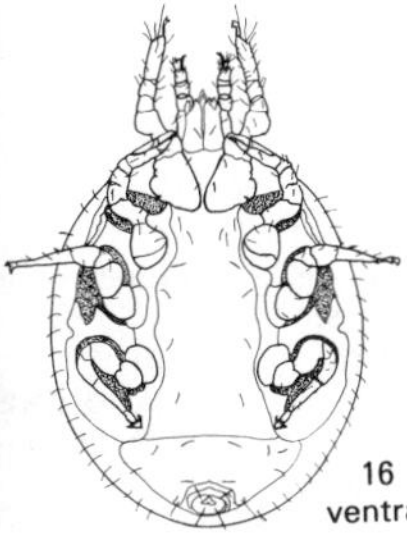

16 ventral

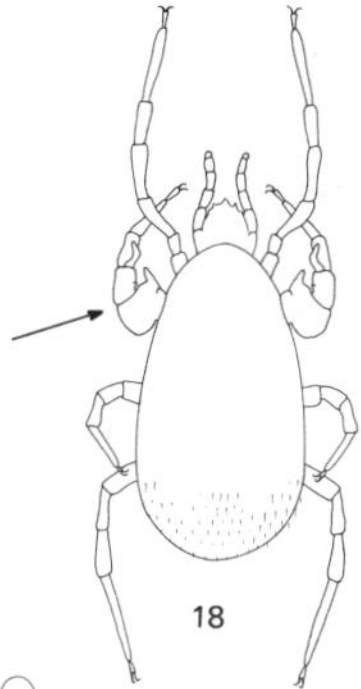

18

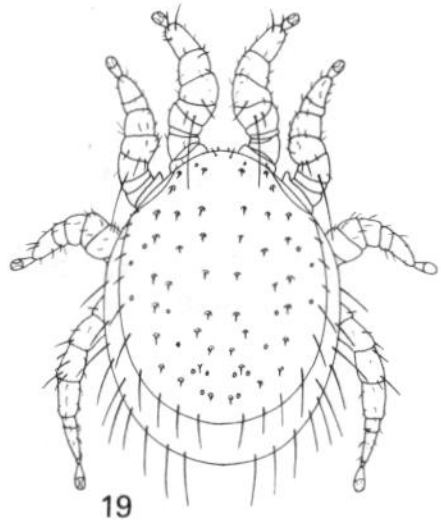

19

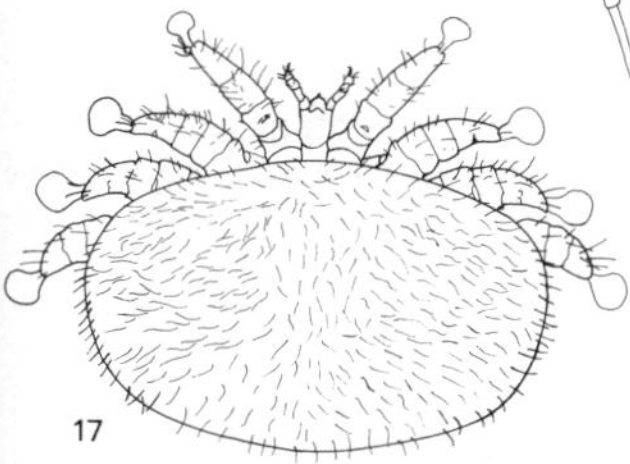

17

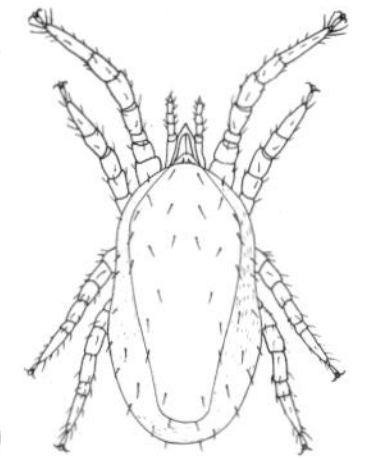

20

2. Ch groß, auf beweglichem Finger mit verzweigten Anhängen. Wenn Ch kleiner, Körperumriß ± kreisförmig . . . . . **Antennophorina**
2 Familien, darunter **Antennophoridae** mit **Antennophorus** Hall., Paraphage bei Ameisen, z. B. **A. uhlmanni** Hall. (bis 1,3 mm).

— Ch ohne derartige Anhänge auf beweglichem Finger. Körperumriß nicht ± kreisförmig . . . . **Gamasina** 3
Ähnlich weitere **Uropodina,** die **Sejina** u. **Microgynina** (diese mit wenigen Arten).

3. Cx beweglich. Stigmen ventral mit röhrenförmigen Peritremata [*2*]

a) Beim ♂ 2. Beinpaar dicker als 1. u. mit Apophysen [*18*]. Rückenschild ungeteilt od. geteilt. Habitus ähnlich [*18*]. Bodenlebende Räuber. Wichtige Familien u. a. **Parasitidae, Macrochelidae, Veigeiidae, Pachylaelapidae.** Viele Arten als Deutonymphe phoretisch an Insekten, z. B. **Parasitus coleoptratorum** L., Käfermilbe, an Käfern. Wichtige Gattungen **Eugamasus** Berl., **Macrocheles** Latr., **Pergamasus** Berl. [*18*], häufig **P. crassipes** (L.) (1 mm).

b) 2. Beinpaar des ♂ ähnlich dem 1.; Rückenschild ungeteilt

1) Rumpf stärker sklerotisiert, wenn schwächer, dann pelzartig dicht behaart. Habitus oft wie [*19*]. Mehrere Familien, darunter **Laelapidae,** neben bodenlebenden Räubern viele Parasiten, meist an Kleinsäugern u. in deren Nestern, z. B. **Laelaps** C. L. Koch [*19*] (Rumpf dornig behaart; 0,5–1 mm), häufig bei Mäusen **L. agilis** C. L. Koch; **Haemogamasus** Berl. (Rumpf pelzartig dicht behaart; 0,5–1,5 mm), häufiger **H. ambulans** (Thor.) bei Mäusen u. Maulwurf. Bei Ameisen z. B. **Gymnolaelaps** Berl. (bis 1,2 mm), häufiger **G. myrmecophilus** (Berl.).
An Larven der Honigbiene parasitisch **Varroa jacobsoni** Oud. (♀ [*17*]), Erreger der Varroatose.
Auf Pflanzen **Phytoseiidae**, z. B. **Typhlodromus** Scheut., auf Laubbäumen häufig **T. tiliarum** (Oud.) (0,4 mm), frißt Spinnmilben.

2) Rumpf schwach sklerotisiert, dünn behaart. Mehrere Familien, darunter **Dermanyssidae** (rotbraun, mit Rückenschild, darum Haut fein geriefelt [*20*]), Parasiten auf Vögeln, nur **Dermanyssus** Dug., z. B. **D. gallinae** De Geer [*20*], Vogelmilbe (bis 1 mm).

— Cx unbeweglich. Stigmen anders
Weitere Familien, u. a. **Spinturnicidae,** Ektoparasiten auf Fledermäusen.

Unterordnung: **Metastigmata (Ixodida),** Zecken

Temporäre Ektoparasiten an Reptilien, Vögeln u. Säugetieren; bohren sich in Haut ein u. saugen Blut, lassen sich bei Sättigung fallen. 2 Familien mit ca. 30 Arten.

1. Mit stark sklerotisiertem Rückenschild. Gnathosoma von oben sichtbar. Habitus z. B. [*1, 21*] . . . . **Ixodidae**
a) Analfurche im Bogen vor dem After [*1*]: Nur **Ixodes** LATR. mit vielen Arten, sehr häufig **I. ricinus** L., Holzbock (bis 4 mm, vollgesogene ♀♀ bis 11 mm [*21*]).
b) Analfurche im Bogen hinter dem After: **Dermacentor** C. L. KOCH (mit Augen seitlich am Schild), z. B. **D. marginatus** (SULZ.) (bis 3 mm), auf Haustieren. **Haemaphysalis** C. L. KOCH (ohne Augen), z. B. **H. concinna** C. L. KOCH (bis 3 mm), meist an Säugern, die Larven u. Nymphen auch an Vögeln.
Weitere ähnliche Gattungen auf Reptilien, Vögeln u. Säugern selten eingeschleppt.

— Ohne Rückenschild. Gnathosoma von oben nicht sichtbar [*22*] Lederzecken, **Argasidae**
Nur **Argas** LATR., häufig **A. reflexus** (F.), Taubenzecke [*22*] (bis 4 mm), in Taubenschlägen u. Hühnerställen.

Unterordnung: **Prostigmata (Actinedida)**

Stigmenpaar zwischen od. über Ch od. fehlend. Landbewohner, die **Hydrachnellae** u. **Halacaroidea** im Wasser (s. S. 150 u. 144). Räuber, Pflanzenfresser u. Parasiten. Außer Wasser- u. Gallmilben viele Familien mit ca. 300 Arten.

1. Palpen groß, Ti des Palpus mit dorsaler Endkralle, Ta hängt an Ventralseite der Ti [*15*]; manchmal Endkralle der Ti klein 2
— Palpen anders 5
2. Körper dicht behaart [*23*], oft rot 3
— Körper mit wenigen Haaren, diese in Reihen angeordnet [*24*] 4
3. Beweglicher Scherenfinger der Ch lang, gerade
Häufig nur **Erythraeidae** [*23*] (mit knochenförmiger „Crista metopica“ [*23*], vorn u hinten mit je 1 Trichobothrienpaar), räuberische Bodenbewohner. **Erythraeus** LATR. (jederseits 2 Augen), z. B. **E. phalangioides** (DE GEER) [*23*] (rotbraun; 2–3 mm). Übrige Gattungen jederseits mit 1 Auge, z. B. **Leptus** LATR., Larve von **L. phalangii** (DE GEER) oft parasitisch auf Weberknechten.

— Beweglicher Scherenfinger gebogen, kurz **Trombidiidae** u. **Trombiculidae**
Räuberische Bodenbewohner. Larven parasitieren v. a. auf Insekten, aber auch auf Wirbeltieren.
a) Ohne Augen: **Trombicula** BERL. s. l., hierher **Neotrombicula autumnalis** (SHAW), Erntemilbe (2 mm), als Larve blutsaugend an Warmblütern, auch am Menschen.
b) Mit sitzenden Augen: z. B. **Microtrombidium** HALL., häufig **M. pusillum** (HERM.) [*14*] (1,2 mm).
c) Mit gestielten Augen: **Allothrombium fuliginosum** (HERM.) (Körperhaare gefiedert, bis 3 mm). **Trombidium** F. (Körperhaare keulig), häufig **T. holosericeum** (L.), Sammetmilbe (bis 4 mm).

4. Mit starken Dornen auf Innenrand des 1. Beinpaares, wie eine Harke angeordnet . . . . **Caeculidae**
2 Arten, z. B. **Microcaeculus austriacus** FRANZ (bis 1,5 mm), an trockenen Stellen.

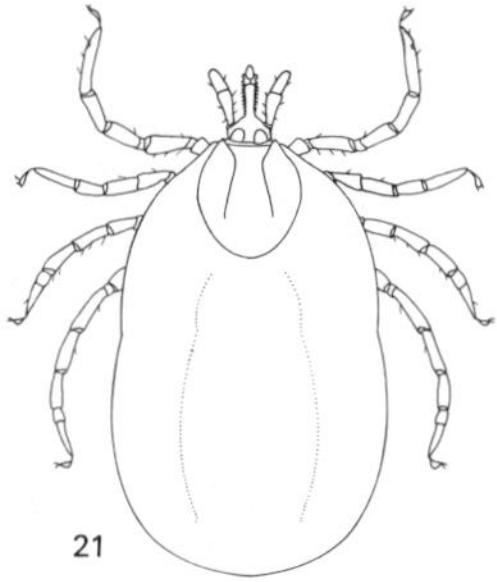

21

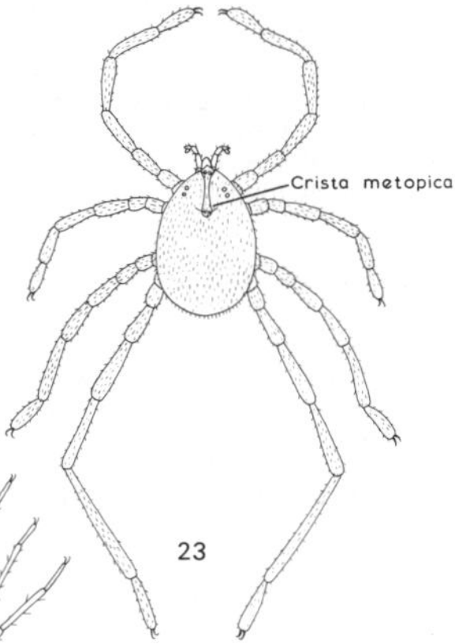

23

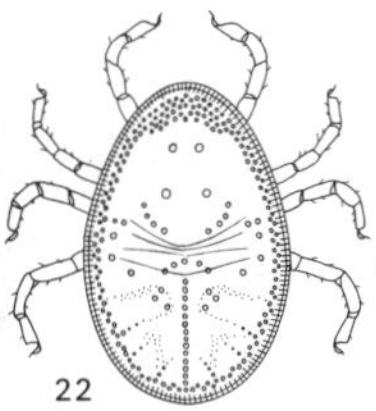

22

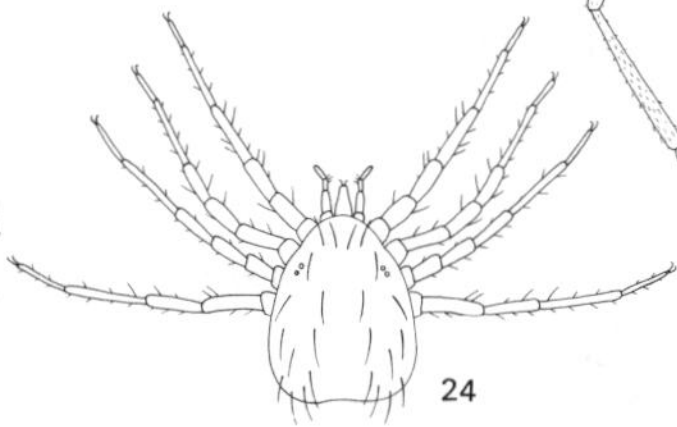

24

— Anders . . . . weitere Familien

a) Gnathosoma nicht von Rückenfalte überdacht: häufige Familien **Anystidae** (Ta des Palpus lang, über Ti ragend; Ch am Ende hakenförmig; Körper rot, 1–1,5 mm), schnell bewegliche Räuber auf Pflanzen, z. B. **Anystis baccarum** (L.) [*24*]. **Cheyletidae** (Palpen dick, zangenartig), z. B. **Cheyletus** LATR., häufig **Ch. eruditus** (SCHR.) (bis 0,8 mm), räuberisch bei Acariden.

b) Gnathosoma ± von vorspringender Rückenfalte überdacht [*25*]: **Tetranychidae,** Spinnmilben. Pflanzenparasiten, stechen Blattzellen an u. saugen sie aus, erzeugen Gespinste auf Blättern. Grün bis rot. **Bryobia** C. L. KOCH (Stirn mit 4lappigem, je 1 blattförmiges Haar tragendem Fortsatz; 0,8 mm), häufig **B. graminum** (SCHR.). **Tetranychus** DUF. s. l. (Habitus [*25*], Fortsatz nicht 4lappig; bis 0,5 mm), z. B. **T. urticae** C. L. KOCH [*25*], auf vielen Pflanzen. **Panonychus** (= **Metatetranychus**) **ulmi** (C. L. KOCH), „Rote Spinne", schädlich an Obstbäumen.

5. Körper wurmförmig. In Haarfollikeln von Säugern . **Demodicidae**

Nur **Demodex** OW., **D. folliculorum** (SIM.) (bis 0,4 mm), Haarbalgmilbe des Menschen.

— Anders **6**

6. Gnathosoma klein mit winzigen Ch u. Palpen . . . **Tarsonemina**

Meist mit Schildern auf Oberseite. Bis 0,5 mm. **Pyemotidae, Scutacaridae** u. **Tarsonemidae.** An Insekten u. a. **Pyemotes** AMERL., z. B. **P. ventricosus** (NEWP.), bei ♀♀ schwillt Abd mit Eiern an (Physogastrie), darauf ♂♂ parasitierend. **Acarapis woodi** (RENNIE), Bienenmilbe, im Pelz od. Tracheen der Honigbiene, saugt Hämolymphe. An Pflanzen viele Arten der Großgattung **Tarsonemus** CAN. ET FAN., **Stenotarsonemus spirifex** (MARCH.) verursacht Schraubenwuchs von Hafer. Häufig **Siteroptes graminum** (REUT.) [*26*], verursacht Weißährigkeit an Gräsern.

— Gnathosoma groß. Körper ohne Schilder **7**

7. 1. Ta mit rutenförmigen Sinnesborsten in einer Grube

Freilebende Räuber od. Pflanzenfresser. Wichtige Familien **Rhagidiidae** (Ch mit großer Schere) mit **Rhagidia** THOR., z. B. **Rh. terricola** (C. L. KOCH) (bis 1,3 mm). **Eupodi-**

dae, u.a. **Eupodes** C.L. KOCH (4. Fe stark verdickt, Sprungbein!), z.B. **Eu. hiemalis** C. L. KOCH (0,8 mm). **Linopodes** C. L. KOCH (1. Bein stark verlängert), z.B. **L. motatorius** (L.) (0,8 mm).

— 1. Ta ohne dieses Organ . . . . viele Familien

Freilebend z.B. **Bdellidae** u. **Cunaxidae** (Gnathosoma vorn in Schnauze ausgezogen [*27*]), räuberisch, häufig **Bdella longicornis** (L.) [*27*] (bis 1 mm). Ektoparasitisch z.B. **Myobiidae** (1. Beinpaar als Klammerorgan), **Myobia** HEYD., im Pelz von Kleinsäugern, z.B. **M. musculi** (SCHR.) (bis 0,4 mm), auf Hausmaus.

Hydrachnellae, Süßwassermilben

In stehenden u. fließenden Gewässern, subterrane Gruppen hier nicht berücksichtigt. Schwimmfähige Arten an Besatz der Beine mit Schwimmhaaren zu erkennen, solche Arten kommen nicht in stärker fließenden Gewässern vor. Larven fast immer parasitisch an Insekten (auch an land- u. luftlebenden!). Adulte fast immer räuberisch, seltener parasitisch od. aasfressend. Viele Familien mit ca. 450 Arten.

1. Augen nahe Rückenmittellinie, an den Seiten einer Chitinleiste. Körper rot

a) Chitinleiste der Augenregion in Längsrichtung des Körpers: **Limnochares aquatica** (L.) (bis 5 mm), nichtschwimmend, bildet außerhalb des Wassers einen formlosen Tropfen.

b) Chitinleiste quer zur Körperlängsachse („Augenbrille"): **Eylais** LATR. (bis 5 mm), schwimmend, 4. Beinpaar wird dabei nachgezogen, häufig **E. extendens** (MÜLL.).

— Augen an Körperseiten **2**

2. Genitalnäpfe [*32*] zahlreich, in der weichen Körperhaut. Körper rot

Einige Gattungen in Bächen, z.B. **Protzia** PIERS., häufig **P. invalvaris** PIERS. (1 mm).

— Genitalnäpfe zahlreich, mindestens 10, auf paarigen klappen- oder plattenartigen Chitinbildungen [*28*], wenn frei in Haut, Körper nicht rot **3**

— Genitalnäpfe in 2 Reihen zu je 3–5 am Innenrand der paarigen Genitalklappen [*29*] **4**

— Je 1 Genitalnapf am Vorderrand der paarigen Genitalklappen, in der hinteren Hälfte je 1 Gruppe von 2–mehreren Genitalnäpfen [*30*]. Körper meist rot **5**

— Genitalnäpfe in 2 Gruppen zu je 3 (selten 2 od. 4) auf paarigen Klappen od. Platten [*31*] **6**

— Ohne Genitalnäpfe

Hydrovolzia placophora (MONTI) (0,9 mm), in Quellen od. Bächen.

3. Körper groß, über 2 (bis 8) mm, einfarbig rot

a) Körper kugelig, oben meist mit paarigen Chitinschildern: **Hydrachna** MÜLL., z.B. **H. geographica** MÜLL. (8 mm), größte deutsche Wassermilbe.

b) Körper ± abgeflacht, ohne od. mit unpaarem Chitinschild: sehr häufig in stehenden Gewässern **Hydrodroma despiciens** (MÜLL.) [*5*].

— Körper selten über 2 mm, dann ± bunt

a) Körper weich, ungepanzert. Parasiten in Kiemenhöhlen von Muscheln: **Unionicola** HALD., z.B. **U. intermedia** (KOEN.) (1 mm). Frei schwimmend, 1. Beinpaar mit Paaren von langen Schwertborsten: **Neumania** LEB. u. weitere **Unionicola**-Arten, sehr häufig **U. crassipes** (MÜLL.) [*33*] (bis 1,5 mm), im Plankton. Schwimmend, 1. Beinpaar ohne diese Borsten: **Piona** C.L. KOCH [*32*] u. **Forelia** HALL., erstere mit sehr häufigen Arten, z.B. **P. nodata** (MÜLL.) (0,9 mm). Nichtschwimmend: häufig in Bächen **Feltria** KOEN., z.B. **F. minuta** KOEN. (0,4 mm).

b) Körper gepanzert, hart u. spröde. Schwimmend: mehrere Gattungen, häufig **Arrenurus** DUG. [*34*] (Körper porös gepanzert, mit Rückenbogen [*34*]; bis 1,8 mm) mit ca. 70 Arten, z.B. **A. globator** (MÜLL.). Unter nichtschwimmenden Gattungen häufig in Bächen **Aturus** KRAM., z.B. **A. scaber** KRAM. (0,5 mm).

4. Schwimmend. In stehenden u. langsam fließenden Gewässern
a) Körper seitlich zusammengedrückt, höher als breit: häufig **Frontipoda musculus** (MÜLL.) (bis 1 mm).
b) Körper so hoch wie breit, walzenförmig, vorn u. hinten verjüngt: **Oxus** KRAM., häufiger **O. ovalis** (MÜLL.) (bis 1 mm).
c) Körper anders, meist breiter als hoch: häufig **Lebertia** NEUM. mit vielen Arten, z. B. **L. porosa** THOR. (bis 2 mm).

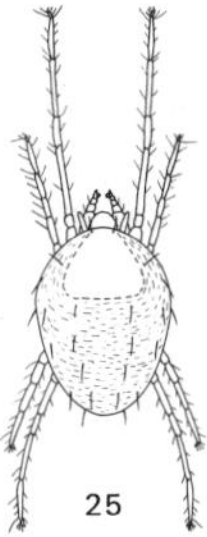
25

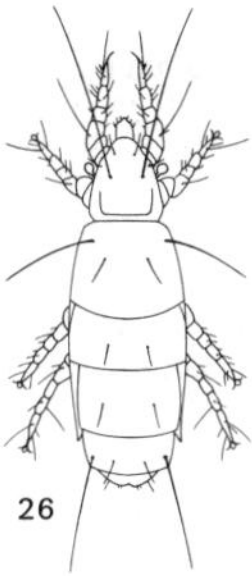
26

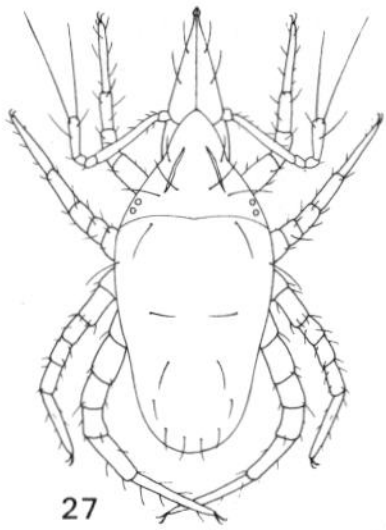
27

28

29

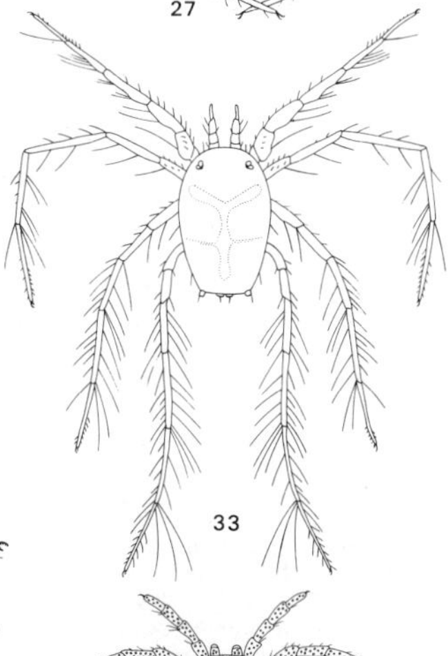
33

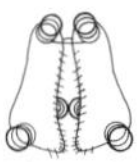
30

31

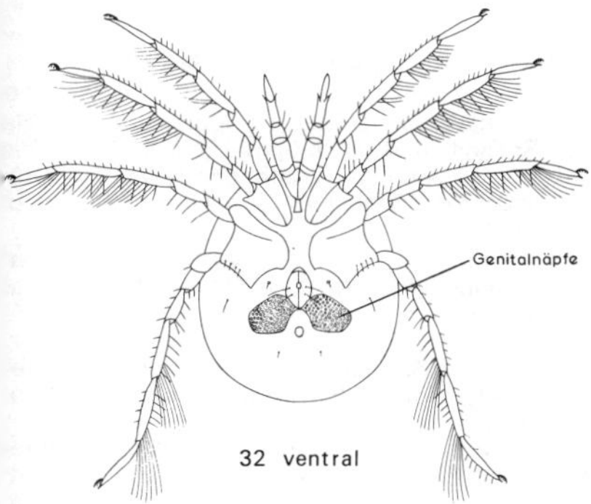

32 ventral

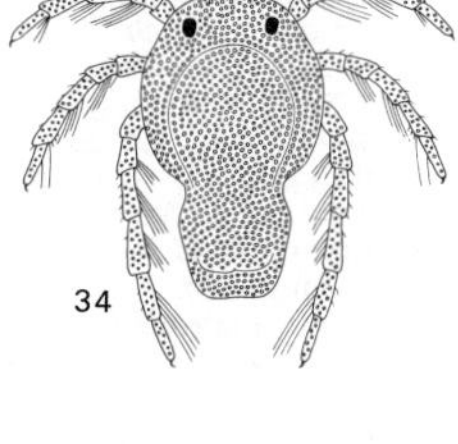
34

— Nicht schwimmend. Meist in Quellen u. Bächen
a) Mit 6 Genitalnäpfen: häufig **Sperchon** Kram. (z. B. **S. glandulosus** Koen., bis 1,2 mm) u. weitere **Lebertia**-Arten.
b) Mit 10 kleinen Genitalnäpfen: verbreitet **Torrenticola** Piers., z. B. **T. anomala** (C. L. Koch) (bis 0,8 mm).

5. Schwimmend. In stehenden Gewässern
Hydryphantes C. L. Koch mit vielen Arten, z. B. **H. ruber** (De Geer) (bis 2 mm).

— Nicht schwimmend
Viele Gattungen, z. B. **Euthyas truncata** (Neum.) (bis 2,5 mm); **Thyas** C. L. Koch in stehenden Gewässern u. Quellen, häufiger **Th. barbigera** Viets (bis 1,6 mm).

6. Schwimmend
a) Die 2 Augen jeder Seite durch Hautzwischenraum getrennt: **Limnesia** C. L. Koch, einige Arten sehr häufig, z. B. **L. maculata** (Müll.) (bis 2 mm).
b) Seitenaugen verwachsen. Körper häutig: mehrere Gattungen, u. a. **Tiphys** C. L. Koch, häufig **T. ornatus** C. L. Koch (1 mm). Ähnlich, aber Körper gepanzert: weitere Gattungen, z. B. **Brachypoda** Leb., häufig **B. versicolor** (Müll.) (Körper flach, breit elliptisch; 0,6 mm). **Mideopsis** Neum., häufig **M. orbicularis** (Müll.) (Körper flach, scheibenförmig; 1 mm).

— Nicht schwimmend
In Flüssen u. Seen häufig **Hygrobates** C. L. Koch, z. B. **H. longipalpis** (Herm.) (bis 2,5 mm). In schnellfließenden Bächen u. Quellen häufig **Atractides** C. L. Koch, z. B. **A. nodipalpis** (Thor.) (0,5 mm).

Unterordnung: **Astigmata (Acaridida)**

Ohne Stigmen. Meist Saprophage, Paraphage, seltener Räuber od. Parasiten. Deutonymphe fehlend od. völlig anders als übrige Stadien, als phoretische Wandernymphe od. widerstandsfähige Dauernymphe ausgebildet (Hypopus). Viele Familien mit ca. 250 Arten.

1. Freilebend, auch an abgestorbenen Tieren od. in Nestern . . 2

— Auf Insekten, oft unter Elytren von Käfern
Z. B. **Canestriniidae,** häufig **Photia chrysocarabi** Cooreм. (0,4 mm), auf Laufkäfern.

— Auf Vögeln (in Federn, Haut od. Lunge) 4

— Auf Säugetieren (in Fell od. Haut) 5

2. Palpen seitwärts gerichtet, mit 2 peitschenförmigen Borsten **Anoetidae**
In modernden Substraten, häufig **Anoetus** Duj., z. B. **A. julorum** (C. L. Koch) (0,4 mm).

— Palpen anders 3

3. Zwischen Kralle u. Ta der Beine ein Paar sklerotisierter Stäbe [*35*] **Acaridae**
Viele Gattungen; **Acarus siro** L. (= **Tyroglyphus farinae** L.), Mehlmilbe [*9*] (bis 0,6 mm), in Mehl, Haferflocken u. ä. **Rhizoglyphus echinopus** (Fum. et Rob.) (bis 1,1 mm), im Boden, oft an Kartoffeln u. Blumenzwiebeln. **Tyrophagus casel** (Oud.), Käsemilbe (bis 0,7 mm), auf Käse; **T. putrescentiae** (Schr.) [*36*] (bis 0,45 mm), an fett- u. eiweißhaltiger Nahrung, sehr häufig.

— Tarsusspitze anders . . . . weitere Familien
Z. B. **Glycyphagidae,** häufig **Glycyphagus domesticus** (De Geer) [*37*] (bis 0,75 mm), in Wohnungen u. Polsterfüllungen. **Carpoglyphidae,** häufig **Carpoglyphus lactis** (L.) (0,4 mm), an Trockenobst.

4. An u. in Federn. Wichtige Familien **Analgidae,** z. B. **Analges** Nitzsch., häufig **A. passerinus** (L.) (0,5 mm), auf Singvögeln. **Dermoglyphidae,** z. B. **Dermoglyphus** Megn., häufig **D. elongatus** (Megn.) (0,7 mm), auf Hausgeflügel u. Stubenvögeln.

— In Haut od. Lunge. Wichtige Familien **Epidermoptidae** u. **Knemidocoptidae,** z. B. **Knemidocoptes mutans** Rob. (bis 0,45 mm), in Hornschildern der Beine von Hühnern („Kalkbeinigkeit").

5. Im Haarpelz. **Listrophoridae** u. **Myocoptidae**, z. B. **Listrophorus gibbus** Pag. (0,6 mm), auf Hasen. **Myocoptes musculinus** C. L. Koch (0,3 mm), auf Hausmäusen, -ratten.

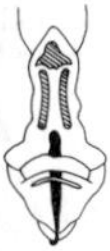
35

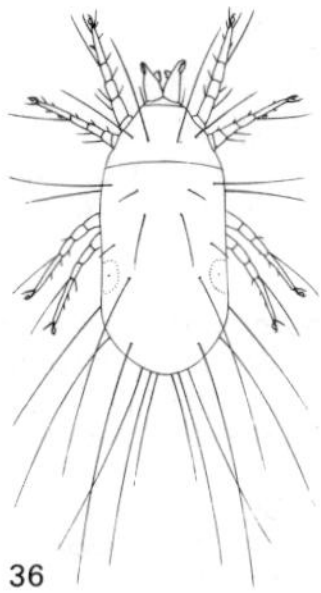
36

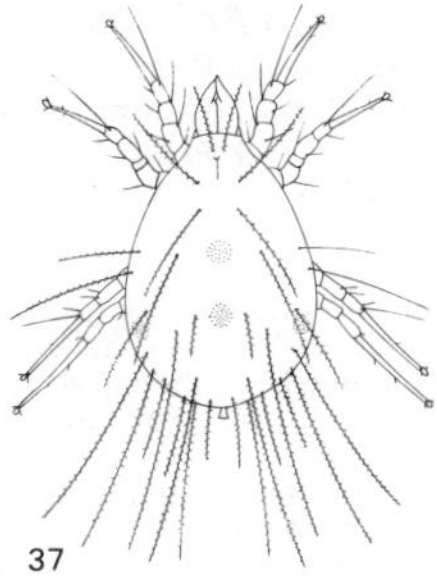
37

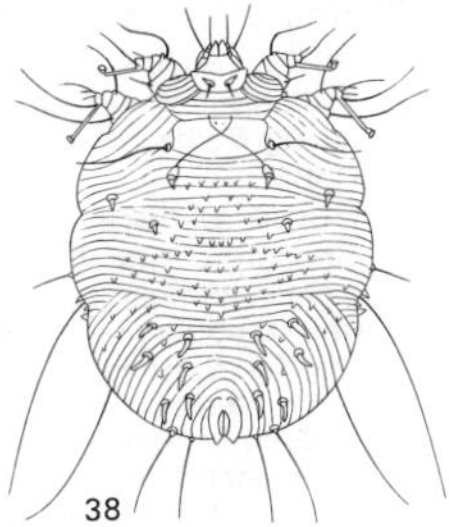
38

39

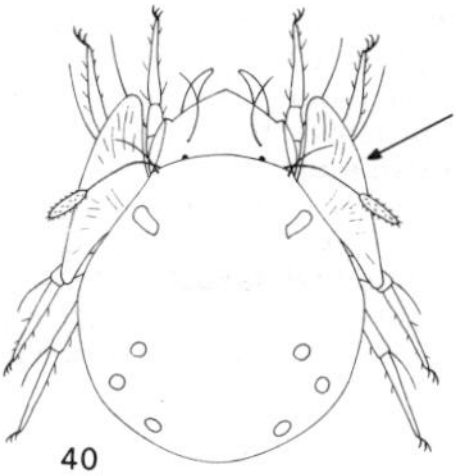
40

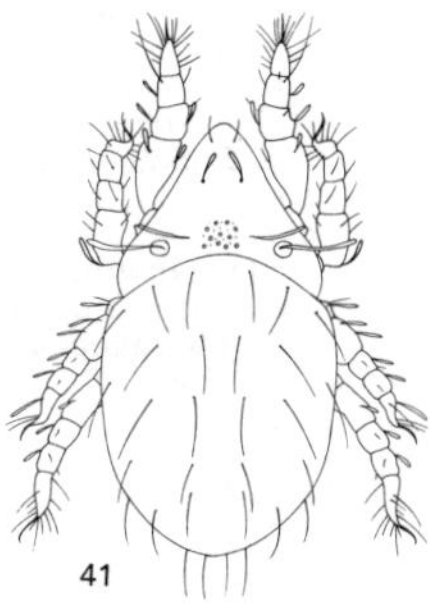
41

— In der Haut. **Sarcoptidae** (= **Acaridae**) (Körper kugelförmig [*38*]), z. B. **Sarcoptes scabiei** (DE GEER) (= **Acarus siro** L.), Krätzmilbe [*38*] (bis 0,4 mm), verursacht Krätze beim Menschen u. Räude beim Hund (als var. **canis** GERL.). **Psoroptidae** (Körper oval od. langgestreckt), z. B. **Psoroptes equi** (RASP.) (bis 0,8 mm), verursacht Räude bei Pferd, Rind, Schaf, Kaninchen.

Unterordnung: **Cryptostigmata (Oribatida),** Hornmilben

Stigmen an den Beinen od. den Pseudostigmata, oft fehlend. Fressen Pilze, Algen od. sind saprophag. Meist in Humus u. Boden, auch in feuchtem Moos, selten im Wasser. Ca. 60 Familien mit ca. 400 Arten.

1. Propodosoma unter Hysterosoma einklappbar [*39*], dabei werden Beine u. Mundteile eingezogen, so daß Körper kugelförmig erscheint
Z. B. **Phthiracaridae** [*39*], häufig **Phthiracarus** PERTY, z. B. **Ph. piger** (SCOP.) (0,9 mm).

— Propodosoma u. Hysterosoma nicht gegeneinander einklappbar **2**

2. Hysterosoma mit seitlichen, nach unten gebogenen Anhängen, die Ansatzstelle der Beine bedecken (z. B. [*40*])
Häufig **Galumnidae** (Chitinanhänge groß, nach vorn u. hinten ausgezogen [*40*]), u. a. **Galumna** HEYD., z. B. **G. nervosa** (BERL.) (0,5 mm).

— Hysterosoma ohne derartige Anhänge 3

3. Beine länger als Körper, wenn kürzer, dann wie eine Perlenkette gebildet (jedes Glied kugelförmig geschwollen [*12*])
Wichtige Familie **Damaeidae** (= **Belbidae**), Hysterosoma oft mit Schmutz bedeckt, häufig **Belba** HEYD. u. **Damaeus** C. L. KOCH mit vielen Arten, z. B. **D. clavipes** (HERM.) (1 mm).

— Beine anders 4

4. Genital- u. Analöffnung auf Körperunterseite (jeweils durch paarige Platten bedeckt) nicht in gemeinsamer Ventralplatte liegend, klein, durch Querlinie getrennt: z. B. **Nanhermanniidae** mit **Nanhermannia** BERL., häufig **N. nana** (NIC.) (bis 0,6 mm).

— Genital- u. Analplatten in Ventralplatte, groß, aneinanderstoßend, zusammen so lang wie Hinterleib
a) Genital- u. Analplatten von schmalem, gemeinsamem Chitinrahmen umgeben: z. B. **Hypochthoniidae** (Hysterosoma mit 1–3 Querfurchen), häufig **Hypochthonius** C. L. KOCH, z. B. **H. rufulus** C. L. KOCH (bis 0,7 mm). **Camisiidae** (Hysterosoma ± rechteckig, flach, meist mit erhobenem Rand), häufig **Camisia** HEYD., z. B. **C. spinifer** (C. L. KOCH) (1 mm).
b) Genital- u. Analplatten ohne Chitinrahmen: z. B. **Hermanniidae** mit **Hermannia** NIC., häufig **H. gibba** (C. L. KOCH) [*41*] (0,8 mm).

— Genital- u. Analplatten in Ventralplatte, klein, voneinander getrennt
a) Hysterosoma oben glatt od. schwach punktiert. Mit vorspringenden Schulterecken: u. a. **Oribatulidae,** häufig **Oribatula** BERL., z. B. **O. exilis** (NIC.) (0,4 mm). Ohne vorspringende Schulterecken: viele Familien, z. B. **Eremaeidae, Oppiidae,** häufig **Oppia** C. L. KOCH, z. B. **O. ornata** (OUD.) (0,3 mm). **Hydrozetidae** (im Wasser auf Pflanzen) mit **Hydrozetes** BERL., häufig **H. lacustris** (MICH.) (bis 0,6 mm).
b) Hysterosoma oben mit grober Skulptur od. deutlich punktiert: z. B. **Carabodidae,** häufig **Carabodes** C. L. KOCH, in Moos z. B. **C. coriaceus** C. L. KOCH (bis 0,7 mm).

Literatur

BAKER, E. W., WHARTON, G. W.: An introduction to acarology. New York, 1952. – BALOGH, J., MAHUNKA, S.: Primitive Oribatids of the Palaearctic region. Budapest, 1983. – EVANS, G. O., SHEALS, J. G., MACFARLANE, D.: The terrestrial Acari of the British isles, Vol. I. London, 1961. – EVANS, G. O., TILL, W. M.: Mesostigmatic mites of Britain and Ireland (Chelicerata: Acari-Parasitiformes). Trans. zool. Soc. London 35, 1979. – HIRSCHMANN, W.: Milben. Acari. Stuttgart, 1966. – HIRSCHMANN, W. u. a.: Gangsystematik der Parasitiformes u. andere Arbeiten über Mesostigmata, in: Acarologie, Folge 1–32. Nürnberg, 1957–1985. – KARG, W.: Acari (Acarina), Milben. Parasitiformes (Anactinochaeta). Cohors Gamasina Leach, Raubmilben. 2. Aufl. In: Dahl, Tierwelt Deutschlands, Lief. 59. Jena, 1993. – KARG, W.: Acari (Acarina), Milben. Unterordnung Parasitiformes (Anactinochaeta). Uropodina Kramer, Schildkrötenmilben. In: Dahl, Tierwelt Deutschlands, Lief. 67. Jena, 1989. – KRANTZ, G. M.: A manual of acarology. 2nd ed. Corvallis, 1978. – SCHWEIZER, J., BADER, C.: Die Landmilben der Schweiz (Mittelland, Jura, Alpen). Parasitiformes, Trombidiformes. Denkschr. schweiz. naturf. Ges. 84. Zürich, 1961, 1963. – THOR, S., WILLMANN, C.: Acarina (Allgemeine Einführung). Oribatei, in: Dahl, Tierwelt Deutschlands, Lief. 22. Jena, 1931. – VIETS, K.: Wassermilben oder Hydracarina, in: Dahl, Tierwelt Deutschlands, Lief. 31, 32. Jena, 1936. – VITZTHUM, H.: Acarina, in: Bronn's Klassen u. Ordnungen des Tierreichs, 5,4,5,1–7. Leipzig, 1940–1943. – VITZTHUM, H., FARKAS, H., VIETS, K., SELLNICK, M., SCHULZE, P., ZUMPT, F.: Acari. Eriophyidae. Hydracarina. Oribatei. Ixodoidea – mit Ergänzungen u. Neubearbeitungen, in: Brohmer, Ehrmann, Ulmer, Tierwelt Mitteleuropas, Bd. III, Lief. 3, 4. Leipzig, 1928–1965.

Klasse: **Crustacea,** Krebstiere

Gliederfüßer mit 2 Paar Antennen (Fühlern) und Kiemen- oder Hautatmung, selten mit Trachealorganen. Körper deutlich segmentiert, in Kopf, Thorax und Abdomen (= Pleon) gegliedert [*1*]. Extremitäten können ausgebildet sein als Spaltbein (Stamm mit Außen- und Innenast [*2a*]), als Stabbein [*2b*] und als Blattbein aus dünnem Chitin [*2c*]. Kopf (oft nach vorn in ein Rostrum ausgezogen) mit 2 Antennen- und 3 Mundgliedmaßen-Segmenten (Mandibeln, 1. Maxillen, 2. Maxillen). Die Augen (Komplexaugenpaar und Naupliusauge) brauchen nicht alle vorhanden zu sein. 1 bis mehrere Thoraxsegmente können mit dem Kopf verschmelzen. Eine vom Hinterrand des Kopfes ausgehende Schale kann den Körper ± umhüllen. Beine des Thorax dienen als Schwimm-, Schreit- oder Greifbeine, vordere (bis zu 3) Paare können zu Kieferfüßen (Maxillipeden) umgebildet sein. Abdomen nur bei **Malacostraca** mit Beinen (Pleopoden), hintere oft umgebildet zu Uropoden. Letztes extremitätenloses Körpersegment (Telson) kann eine Schwanzgabel (Furca) tragen. Mit wenigen Ausnahmen getrenntgeschlechtig. Entwicklung direkt oder über Larvenstadien (z. B. Nauplius [*3*]). Ernähren sich v. a. als Filtrierer, aber auch als Pflanzen- und Aasfresser, Räuber oder saugende Parasiten. Meeres-, Süßwasser- und Landbewohner. Konservierung in 75%igem Alkohol. Im Gebiet etwa 700 Arten.
Abkürzungen: Th = Thorax (Pereion), Thoracal-, Abd = Abdomen (Pleon), Abdominal-, Sch = Schale.

System:
Unterklasse **Branchiopoda**
Ordnungen **Anostraca, Notostraca, Conchostraca, Cladocera** (**Notostraca, Conchostra** und **Cladocera** werden zu **Phyllopoda, Conchostraca** und **Cladocera** zu **Diplostraca** (= **Onychura**) zusammengefaßt)
Unterklasse **Ostracoda**
Unterklasse **Copepoda**
Unterklasse **Branchiura**
Unterklasse **Cirripedia**
Ordnungen **Thoracica, Acrothoracica, Rhizocephala**
Unterklasse **Malacostraca**
Ordnungen **Bathynellacea, Euphausiacea, Decapoda, Mysidacea, Cumacea, Tanaidacea, Isopoda, Amphipoda**

In der B. R. Deutschland sind besonders geschützt: Homarus gammarus, Astacus astacus u. **Austropotamobius torrentium.**

1. Körper seitlich zusammengedrückt, von zweiklappiger Sch umhüllt [*4, 5, 6*] **2**
— Körper ohne oder mit andersartiger Sch **4**
2. Körper völlig von der zweiklappigen Sch umschlossen (ähnlich den Muscheln) [*5, 6*]. Wenn Kopf teilweise freigelassen, dann Körper mit mindestens 10 Blattbeinpaaren **3**
— Körper mit Ausnahme des Kopfes von der zweiklappigen Sch umschlossen [*4*], mit 4–6 Blattbeinpaaren
Wasserflöhe, **Cladocera** S. 160
3. Körper mit etwa 10–30 Paar Blattbeinen. 5–17 mm, selten kleiner. Habitus [*5*] . . . . **Conchostraca**
Entwicklung über Nauplien. Meist am Grunde stehender ephemerer Süßgewässer. Fortbewegung durch Ruderschlag der 2. Antennen. Filtrierer. Alle Arten selten.
a) Sch ohne Zuwachsringe, bedeckt nicht den Kopf, dieser mit langem Rostrum: **Lynceidae** mit **Lynceus brachyurus** O. F. MÜLL. (6 mm).
b) Sch mit Zuwachsringen, bedeckt den Kopf [*5*], dieser mit kurzem Rostrum. Sch ohne ausgeprägten Wirbel (Höcker), hinten viel niedriger als vorn [*5*]: **Limnadiidae** mit **Limnadia lenticularis** (L.) (bis 17 mm). Sch mit deutlich hervortretendem Wirbel, hinten wenig niedriger als vorn: **Caenestheriidae** mit **Cyzicus tetracerus** (KRYNICKI) (Rostrumspitze ohne Stachel; bis 12 mm). **Leptestheriidae** mit **Leptestheria dahalacensis** (RÜPPELL) (Rostrumspitze mit Stachel; bis 15 mm).

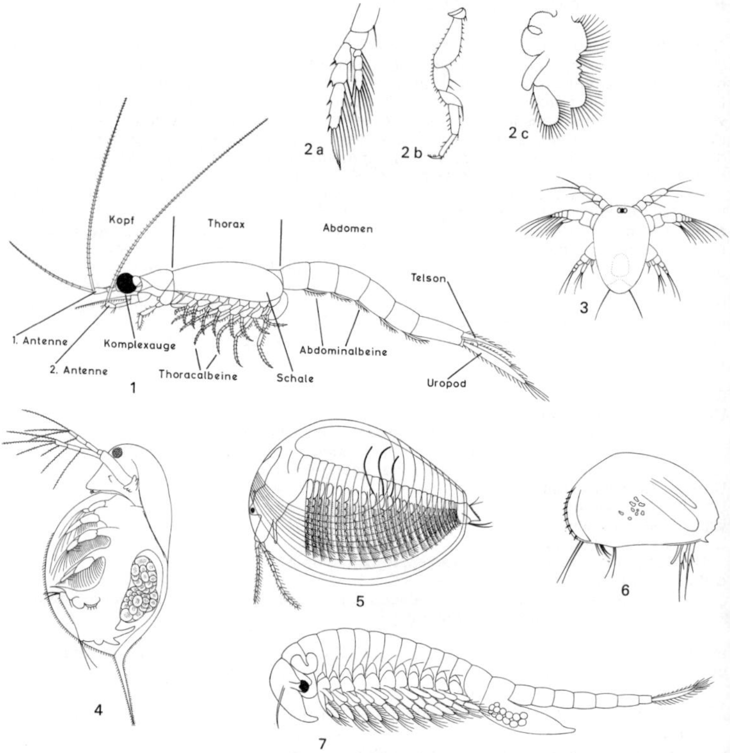

— Körper außer Mundgliedmaßen mit 2 Beinpaaren, diese keine Blattbeine. Unter 5 mm. Habitus [*6*] . Muschelkrebse, **Ostracoda** S. 165

4. Körper langgestreckt, ohne Sch, mit 11 Paar Blattbeinen. Kopf mit 2 gestielten Komplexaugen und unpaarem Naupliusauge. Habitus [*7*] Kiemenfüße, **Anostraca** S. 159

— Körper dorsoventral abgeflacht, mit schildförmiger Sch und etwa 40 Blattbeinpaaren. Habitus [*8*] . . . . **Notostraca**

Entwicklung über Nauplien. In ephemeren Süßgewässern ohne Fische. Schwimmen v. a. am Boden mit Rücken nach oben. Fressen Bodensedimente u. Tiere. Nur **Triopsidae. Lepidurus apus** (L.) (Telson zwischen Furca mit langer zungenförmiger Platte; grünlichbraun; Sch 20–30 mm), Frühjahrsform, mit Siphonophanes grubei vergesellschaftet. **Triops cancriformis** (Bosc) (Telson ohne Platte; bräunlich; Sch bis 35 mm), Sommerform, zusammen mit Branchipus schaefferi.

— Körper anders, ohne Blattbeine **5**

5. Körper mit Sch, diese klein, hängt auf dem Rücken [*28*]. 2. Antennen sind zweiästige Ruderorgane mit langen Borsten . . . einige Gattungen der **Cladocera,** s. S. 160
— Anders **6**

6. Körper dorsoventral abgeflacht, mit breitem Rückenschild, mit 1 Paar Komplexaugen u. unpaarem Naupliusauge. Th mit 4 Paar Spaltbeinen [*9*] . . . . Kiemenschwänze, Karpfenläuse, **Branchiura**

Temporäre Ektoparasiten auf Süßwasserfischen. Nur **Argulidae** mit 3; **Argulus** O. F. Müll., am häufigsten **A. foliaceus** (L.) (die beiden Hinterlappen der Schwanzflosse breit abgerundet; bis 8,5 mm).

— Anders **7**

7. Tiere festsitzend **8**

— Tiere freilebend **9**

8. Körper von Kalkplatten bedeckt. Th mit 6 Paar zweiästigen, vielgliedrigen Rankenbeinen [*10*] . . . . **Thoracica**

a) Körper mit einem Stiel [*10*], dieser ohne Kalkplatten. Bis 50 mm: **Lepadidae,** Entenmuscheln, mit 3; **Lepas** L., z. B. **L. anatifera** L. [*10*], oft an Treibholz, in der Nordsee.

b) Körper ohne Stiel [*11*]. Bis 20 mm: **Verrucidae** (basaler Teil des Kalkgehäuses aus 4 stark asymmetrischen Platten), nur **Verruca stroemia** (O. F. Müll.), Nordsee. **Balanidae** u. **Chthamalidae,** Seepocken (basaler Teil des Kalkgehäuses aus 6 symmetrischen Platten [*11*]), wichtig **Semibalanus balanoides** (L.), Nordsee u. 3; **Balanus** da Costa, z. B. **B. balanus** (L.), in Nord- u. westlicher Ostsee.

— Körper ohne Kalkplatten. Extremitäten reduziert od. völlig verschwunden. Körpergliederung oft nicht vorhanden

Hierher gehören einige parasitische Gruppen: **Acrothoracica** mit **Trypetesa lampas** (Hanc.), eingebohrt in Schalen von Buccinum undatum u. Neptunea antiqua. **Rhizocephala** (Körper im Wirtsinnern wurzelartig verzweigt, außen sackförmig) mit **Sacculina carcini** Thompson an Carcinus maenas u. **Peltogaster paguri** Rathke an Eupagurus bernhardus. Einige **Copepoda** (Körper gegliedert od. ungegliedert, oft mit großen Greifhaken od. Hörnchen, s. S. 165) meist parasitisch an Fischen.

9. Körper ohne Sch, oft birnförmig [*12*]. Nur mit Naupliusauge. Th mit höchstens 5 freien Segmenten. Abd meist mit 5 Segmenten, ohne Gliedmaßen, am Ende mit Furca. Unter 5 mm

Ruderfüßer, **Copepoda** S. 165

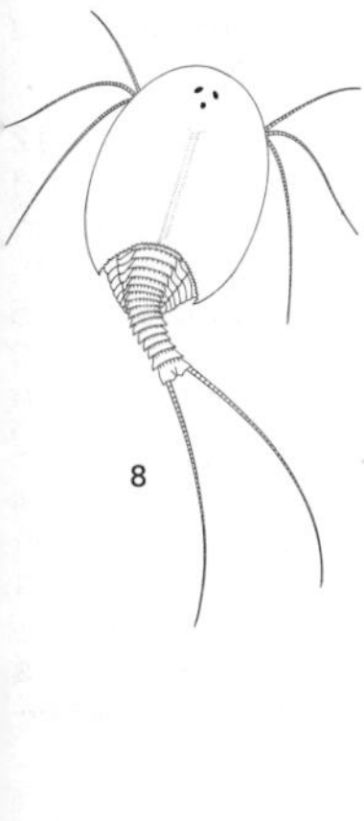
8

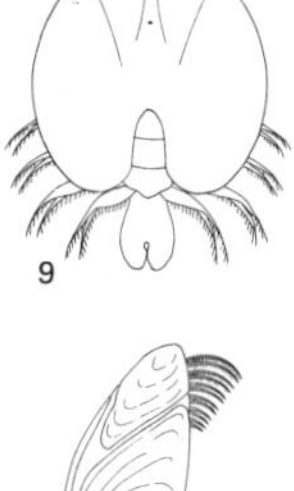
9

11

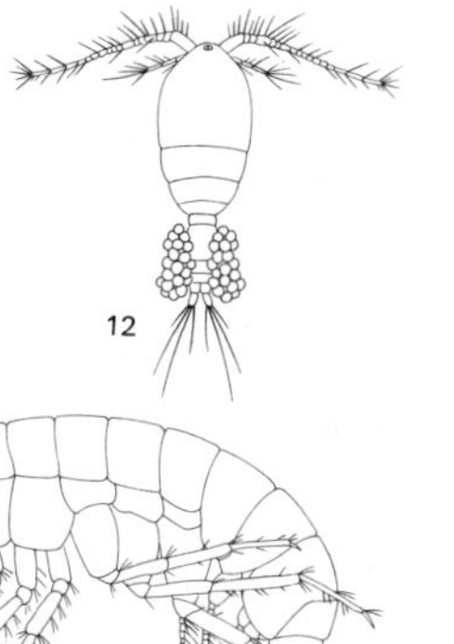
12

10

13

— Körper ohne od. mit Sch. Mit Komplexaugen (können reduziert sein). Th mit 8, Abd mit 6 Segmenten (diese können z. T. verschmelzen). Abd ohne Furca (aber mit Uropoden!). Meist über 5 mm **Malacostraca** **10**

10. Körper ohne Sch, mit mindestens 6 freien Thsegmenten [*13, 14*]. Augen, wenn vorhanden, ungestielt **11**

— Körper mit Sch [*15, 16*], wenn diese mit dem Th verwachsen, dann von oben höchstens 5 freie Segmente erkennbar. Augen oft gestielt **15**

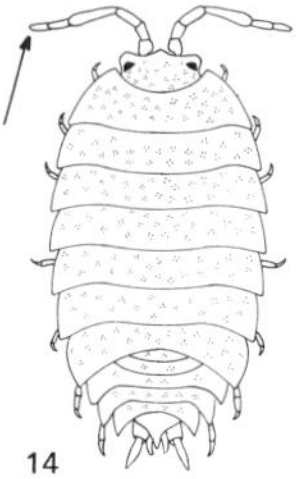
14

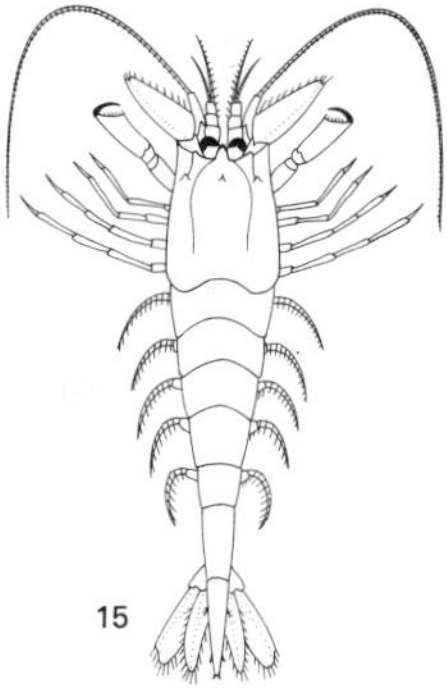
15

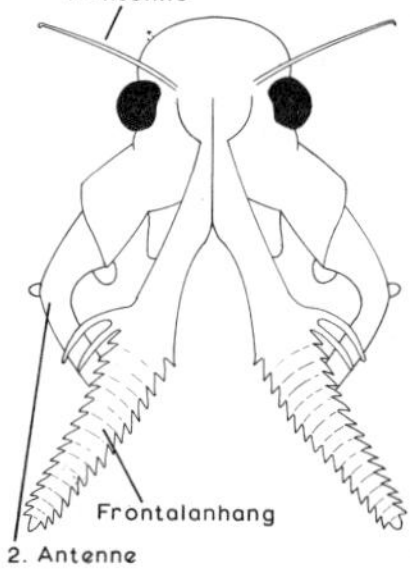

17

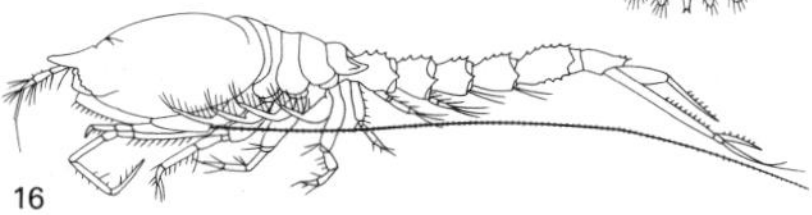
16

11. Alle 8 Thsegmente frei, mit je 1 Spaltbeinpaar (Außenast 1gliedrig, Innenast 4gliedrig). Augen fehlen. Bis 2 mm . . . . **Bathynellacea**
In unterirdischen Gewässern. Mehrere Arten, z. B. **Bathynella natans** VEJDOVSKY **(Bathynellidae).**

— Mindestens 1. Thsegment mit Kopf verwachsen. Thbeine einästig **12**

12. Körper meist seitlich zusammengedrückt. Habitus meist wie [*13*]. Abd mit 3 Paar zweiästigen befiederten Schwimmbeinen u. 3 Paar nach hinten gerichteten Sprungbeinen mit griffel- od. stachelförmigen, meist 1gliedrigen Ästen . . . . . Flohkrebse, **Amphipoda** S. 175

— Abd mit andersartigen Beinen **13**

13. Körper stabförmig, hintere Thbeine zu Klammerbeinen umgebildet. Abd verkümmert [*58*] . . . . **Caprellidae (Amphipoda)** s. S. 175

— Körper meist dorsoventral abgeflacht, hintere Thbeine Schreit- od. Grabbeine, 6. Abdbeine zu Uropoden umgebildet [*14*] **14**

14. 1. Thsegment mit Kopf verschmolzen. 1.–5. Abdbeine flach, liegen der Unterseite des Abd an. Habitus [*14*] . Asseln, **Isopoda,** S. 171

— Erste beide Thsegmente mit Kopf verschmolzen. 1.–5. Abdbeine griffelförmig, ragen nach unten . . . . . Scherenasseln, **Tanaidacea**
Marin, auf Schlickboden u. Pflanzen. Häufig nur **Paratanaidae** mit **Heterotanais oerstedi** (KRÖY.) (bis 2 mm), spinnt mit Detritus od. Sand verfestigte Röhren.

15. Augen gestielt. Sch mit den ersten 2 od. 3 Thsegmenten verwachsen, den hinteren Segmenten lose aufliegend. Alle Thbeine 2ästige Spaltbeine. Habitus [*1*] . . . . **Mysidacea** S. 170

Ähnlich ist die Ordnung **Euphausiacea** im marinen Plankton (aber Sch mit allen Thsegmenten verwachsen).

— Andere Merkmalskombination **16**

16. Augen gestielt, paarig. Sch mit allen Thsegmenten verwachsen. Habitus [*15, 37–39, 41, 42*] . . . . Zehnfüßer, **Decapoda** S. 167

— Augen ungestielt, unpaar. Sch mit den ersten 3 oder 4 Thsegmenten verwachsen. Habitus [*16*] . . . . **Cumacea**

Marin. Graben sich in Boden so ein, daß Vorderkörper u. Abdende herausschauen.

a) Telson fehlt vollständig: **Bodotriidae,** 2; **Bodotria** Goods. (hinter Sch von oben gesehen 4 freie Thsegmente), z. B. **B. scorpioides** (Mont.) (5–6 mm). Hinter Sch 5 freie Thsegmente: **Cumopsis goodsiri** (van Ben.) (Sch jederseits mit 2 Bogenfalten; 5 mm). **Iphinoë trispinosa** (Goods.) (Sch ohne Bogenfalten; 10 mm). Hierher einige weitere seltene Arten.

b) Telson klein, halbkreisförmig, unbedornt: **Pseudocumidae** mit 2; **Pseudocuma** Sars, z. B. **P. longicornis** (Bate) (4 mm).

c) Telson länger, gestreckt, mit Seiten- u. Enddornen: **Lampropidae** (Telson mit 3 kräftigen u. 2 kleinen Enddornen; 9 mm), nur **Lamprops fasciata** Sars. **Diastylidae** (Telson mit 2 Enddornen; bis 20 mm), 4; **Diastylis** Say [*16*], häufig **D. rathkei** (Kröy.). Außerdem wurden einige ähnliche Arten bei Helgoland gefunden.

Ordnung: **Anostraca,** Kiemenfüße

♂ mit stark entwickelten 2. Antennen [*17*], mit denen es bei der Kopula das ♀ ergreift; an der Basis mit einem Frontalanhang. ♀ an den ersten 2 Abdsegmenten mit Brutsack [*7*]. Entwicklung über Nauplien. Schwimmen mit der Bauchseite nach oben (Lichtrückenreflex). Filtrierer. In periodischen, kleinen, fischlosen Süßwasseransammlungen. Eier können Austrocknen oder Gefrieren ertragen. Die meisten Arten selten.

1. Abd länger als Th, schlank. Furca kurz od. verkümmert. ♂ ohne Frontalanhänge . . . . **Artemiidae**

Nur **Artemia salina** (L.), Salinenkrebs (bis 15 mm). In salzhaltigen Binnengewässern, in unserem Gebiet nur parthenogenetisch.

— Abd (ohne Furca) so lang od. kürzer als Th [*7*], Abd mit Furca. ♂ mit Frontalanhängen **2**

2. 2. Antennen des ♂ 3gliedrig, scherenförmig verästelt. Brutsack des ♀ zylindrisch, erreicht fast das Ende des Abd . **Streptocephalidae**

Nur **Streptocephalus torvicornis** (Waga) = **auritus** Koch (bis 40 mm), selten.

— 2. Antennen des ♂ 2gliedrig, nicht scherenförmig [*17*]. Brutsack des ♀ reicht nicht über das 6. Abdsegment hinaus [*7*] **3**

3. Grundglied der 2. Antennen des ♂ untereinander u. mit Kopf verwachsen [*17*]. Frontalanhänge stabförmig, wenn bandförmig, an der Basis verschmolzen. Brutsack des ♀ klein, kurz, etwa so lang wie hoch . . . . **Branchipodidae**

Branchipus schaefferi Fisch. = **stagnalis** (Latreille) (Frontalanhänge des ♂ fadenförmig, Brutsack des ♀ klein, nach unten bruchsackartig vorgewölbt; bis 23 mm), in Sommertümpeln, oft zusammen mit Triops cancriformis. **Tanymastix stagnalis** (L.) = **lacunae** (Guérin) (Frontalanhänge des ♂ bandförmig, an Rändern mit kurzen Sinnespapillen [*17*]; Brutsack des ♀ an Seiten in je 1 Dorn ausgezogen; bis 20 mm), Frühjahrsform ephemerer Gewässer.

— Grundglied der 2. Antennen des ♂ nicht verwachsen. Frontalanhänge breit bandförmig, an Basis getrennt. Brutsack des ♀ größer, länger als hoch [*7*] . . . . **Chirocephalidae**

Chirocephalus diaphanus Prévost (Frontalanhänge des ♂ schmal bandförmig, mit Sinnespapillen an Seitenrändern, die basalen 4 Fransen lang, fingerförmig; Brutsack des ♀ nach hinten einfach spitz ausgezogen [*7*]; bis 35 mm), selten. **Siphonophanes** (= **Chirocephalus**) **grubei** (Dybowski) (Frontalanhänge des ♂ breit bandförmig, an Seitenrändern mit längeren Sinnespapillen; Brutsack des ♀ am Hinterrand mit 3 abgerundeten Zipfeln, der mittlere länger als die seitlichen; bis 30 mm), häufig, in Frühjahrstümpeln, zusammen mit Lepidurus apus.

Ordnung: **Cladocera,** Wasserflöhe

2. Antennen stark entwickelt, dienen als Ruder. Abd läuft in 2 Endkrallen (Furcalkrallen) aus [*18*]. Schwimmen hüpfend durch rasches Schlagen der Ruderantennen (viele Arten richten dabei das Vorderende nach oben!). Eier als Subitaneier od. überwinternde Dauereier. Entwicklung direkt. Oft Zyklomorphose. Meist Filtrierer. Fast ausschließlich im Süßwasser. Längenangaben gelten für ♂♂ (♀♀ meist kleiner!). Im Gebiet etwa 80 Arten.

System:
Unterordnung **Eucladocera**
Überfamilie **Sidoidea (Ctenopoda)** mit **Sididae, Holopediidae;**
Überfamilie **Chydoroidea (Anomopoda)** mit **Daphniidae, Bosminidae, Macrothricidae, Chydoridae;**
Überfamilie **Polyphemoidea (Onychopoda)** mit **Polyphemidae;**
Unterordnung **Haplopoda** mit **Leptodoridae.**

1. Th mit Blattbeinen, die innerhalb der Sch liegen [*4*] **2**
— Th mit Stabbeinen, Sch hängt dem Körper dorsal an [*28*] . . **6**
2. Mit 6 Blattbeinpaaren, diese einander sehr ähnlich. Sch von Gallerthülle umgeben. 2. Antennen des ♂ zweiästig, mit 5 Borsten, des ♀ einästig, mit 3 Borsten . . . . **Holopediidae**
Nur **Holopedium gibberum** Zadd. (bis 2,5 mm), in sauberen, kalkarmen Gewässern.
— Mit 6 einander sehr ähnlichen Blattbeinpaaren. Sch ohne Gallerthülle. 2. Antennen 2ästig, mit mehr als 10 Borsten . . . . . . **Sididae**
a) Außenast (= längerer Ast) der 2. Antennen 3gliedrig (1. Glied klein!). Kopf mit Rostrum: **Sida crystallina** (O. F. Müll.) [*18*] (3–4 mm).
b) Außenast 2gliedrig, Rostrum schwach od. fehlend: **Latona setifera** (O. F. Müll.) (1. Glied des Außenastes mit beborstetem Fortsatz, so 2. Antennen scheinbar 3ästig; 2–3 mm). **Diaphanosoma brachyurum** (Liév.) (1. Glied des Außenastes ohne diesen Fortsatz; 1 mm). Alle Arten in Seen und Teichen weit verbreitet.

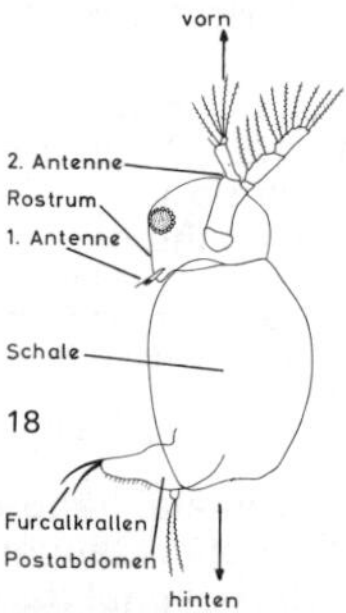

18

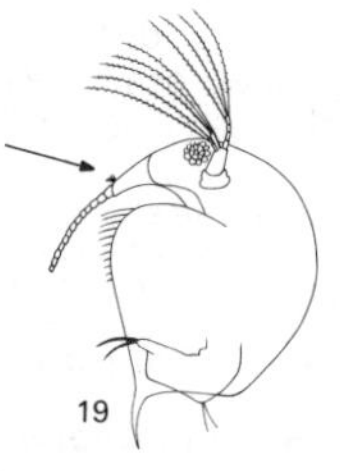
19

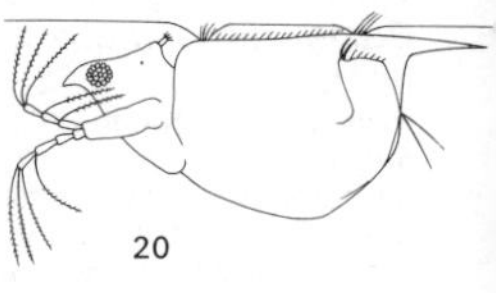
20

— Mit 5–6 verschieden gestalteten Blattbeinpaaren. Sch ohne Gallerthülle. 2. Antennen am Außenast mit 3–5, am Innenast mit 4–5 Ruderborsten **3**

3. Körper meist oval, seitlich abgeflacht, meist unter 1 mm. Kopf mit bogenförmigem Schalenrand, dieser verdeckt Ansatz der 1. u. 2. Antennen. Beide Äste der 2. Antennen 3gliedrig (Mikroskop!) [*24–27*] **Chydoridae** S. 163

— Körper- und Kopfform anders. Oft über 1 mm. Außenast der 2. Antennen 4gliedrig (1. Glied klein!), Innenast 3gliedrig **4**

4. Sinnesborsten der 1. Antennen inserieren weit vor deren Ende [*19*]. 1. Antennen rüsselförmig gebogen. Hinterrand der Sch meist mit Stachel. Körperform meist wie [*19*]. Bis 1,2 mm . . . . **Bosminidae**

Nur 2; **Bosmina** Baird, **B. longirostris** (O. F. Müll.), meist wie [*19*] (bis 0,7 mm), in Weihern u. Seenlitoral, **B. coregoni** Baird (bis 1,2 mm), im Plankton größerer Seen.

— Sinnesborsten der 1. Antennen inserieren an deren Ende. Körperform u. 1. Antennen anders. Tiere oft größer **5**

5. 1. Antennen des ♀ kurz u. unbeweglich. Wenn länger u. beweglich (♀ von **Moina,** alle ♂♂), Komplexauge groß u. Hinterende der Sch mit Stachel od. mindestens zugespitzt. Bauch u. Hinterrand der Sch ohne lange Borsten. Vorderende des Darms jederseits mit 1 Blindschlauch („Leberhörnchen"). Oft über 1 mm . . . . . . **Daphniidae** S. 161

— 1. Antennen von ♀ u. ♂ lang, beweglich [*23*]. Komplexauge meist kleiner. Sch ohne Stachel, selten hinten etwas zugespitzt, Bauch- u. Hinterrand der Sch oft mit langen Borsten. Vorderende des Darms ohne Blindschläuche. Meist unter 1 mm . . **Macrothricidae** S. 162

6. Th mit 4 Beinpaaren . . . . **Polyphemidae** S. 164

— Th mit 6 Beinpaaren . . . . **Leptodoridae**

Nur **Leptodora kindtii** (Focke) (glasartig durchsichtig; 10 mm), im Plankton größerer Gewässer, räuberisch.

Familie: **Daphniidae**

Teile der Sch bilden zu bestimmten Jahreszeiten am Dorsalrand ein dunkel pigmentiertes „Ephippium", das 1–2 Dauereier enthält u. auf dem Wasser schwimmt [*21*]. Nur ♀♀ bestimmbar.

1. Ventralränder der Sch gerade, laufen nach hinten in Stachel aus [*20*] 4; **Scapholeberis** Schoedl.

Vorwiegend in kleinen Gewässern, können mit der Ventralkante nach oben am Wasserspiegel entlangschwimmen. Sehr häufig **S. mucronata** (O. F. Müll.) [*20*] (1 mm).

— Ventralränder der Sch gerundet, Stachel oft fehlend **2**

2. Kopf nach unten in einen Schnabel (Rostrum) verlängert [*21*] **3**

— Kopf ohne Rostrum [*22*] **4**

3. Kopf groß, vom Rücken gesehen mit Kiel. Sch hinten meist mit Stachel. Ephippium mit 2 Eiern [*21*] . . . . **Daphnia** O. F. Müll.

a) Postabdomen dorsal mit starker Einbuchtung, in der die Krallenreihe unterbrochen ist [*21*]: **D. magna** Straus (bis 6 mm), in Kleingewässern.

b) Postabdomen dorsal ohne Einbuchtung. Bis 4 mm: mehrere Arten, sehr häufig **D. pulex** (De Geer) (3–4 mm), in Kleingewässern; **D. longispina** O. F. Müll. [*4*] (bis 2,5 mm), auch im Plankton größerer Seen.

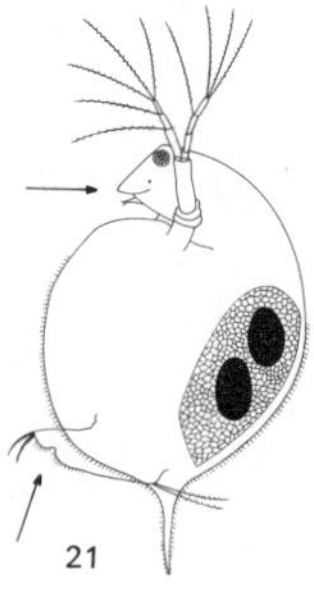
21

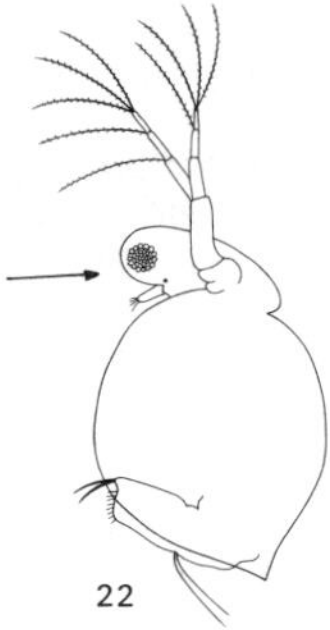
22

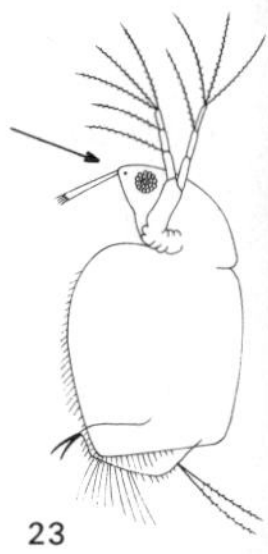
23

— Kopf klein, vom Rücken gesehen gerundet. Sch hinten höchstens mit Höcker. Ephippium mit 1 Ei . . . . . . 5; **Simocephalus** Schoedl.
In Pflanzenbeständen ausdauernder Gewässer. Häufig **S. exspinosus** (Koch) (Naupliusauge punktförmig; bis 3,5 mm); **S. vetulus** (O. F. Müll.) (Naupliusauge langgestreckt bis rhomboid; bis 3 mm). Übrige ähnliche Arten seltener.

4. Kopf groß. 1. Antennen groß, beweglich. Naupliusauge fehlt. Ephippium mit 1 od. 2 Eiern . . . . 4; **Moina** Baird
Häufiger nur **M. brachiata** (Jurine) (bis 1,6 mm), in kleineren Gewässern.

— Kopf klein. 1. Antennen klein, unbeweglich [*22*]. Naupliusauge vorhanden. Ephippium mit 1 Ei . . . . 8; **Ceriodaphnia** Dana
Sehr häufig **C. quadrangula** (O. F. Müll.) [*22*] (0,4–1,4 mm), im freien Wasser.

Familie: **Macrothricidae**

Dauereier werden von der ganzen Sch umhüllt (Primitivephippium). Vorwiegend in kleineren pflanzenreichen Gewässern am Boden, meist schlechte Schwimmer.

1. Sch am Ventral- u. Hinterrand mit langen, gefiederten Borsten besetzt. Bis 1 mm . . . . 3; **Ilyocryptus** Sars
Bodenbewohner, wühlen sich kreisend durch Schlamm. Häufig nur **I. sordidus** (Liév.).

— Sch anders beborstet **2**

2. Ohne Naupliusauge . . . . **Moina (Daphniidae)** s. S. 162

— Mit Naupliusauge (nahe der Insertion der 2. Antennen) [*23*] **3**

3. Sch länger als hoch, Ventralrand fast gerade, mit kurzen breiten Borsten besetzt. Bis 1 mm . . . . **Lathonura rectirostris** (O. F. Müll.)

— Sch rundlich-viereckig, Ventral- u. Dorsalrand fast gerade, Sch mit längeren dünnen Borsten, diese am hinteren unteren Winkel der Sch sehr lang [*23*]. Bis 2 mm **Acantholeberis curvirostris** (O. F. Müll.)

— Sch rundlich, anders beborstet. Bis 1 mm **4**

4. Rückenrand der Sch hochgewölbt, über die ganze Länge gesägt. Bis 0,65 mm . . . . **Macrothrix laticornis** (Jur.)

— Sch am Rücken nicht gesägt. Mehrere Gattungen mit 5 seltenen Arten
Darunter 2 weitere Arten von **Macrothrix** Baird.

Familie: **Chydoridae**

Boden- u. Litoralbewohner, die sich hauptsächlich in Pflanzenbeständen aufhalten.

1. Postabdomen groß, seitlich abgeflacht, dorsal vor den Furcalkrallen mit tiefer Ausbuchtung [*24*]. Bis 6 mm . . . . 2; **Eurycercus** Baird
Häufig nur **C. rectirostris** Schoedler.

— Postabdomen kleiner. Bis 1,4 mm, meist unter 1 mm **2**

2. Postabdomen sehr lang, verschmälert sich dem Ende zu, dorsal ohne Einbuchtung von Furcalkrallen. Bis 1,4 mm 3; **Camptocercus** Baird
Häufig nur **C. rectirostris** Schoedler.

— Postabdomen kürzer, Dorsalrand vor Furcalkrallen eingebuchtet **3**

3. Körper deutlich länger als hoch [*25, 26*], meist seitlich stark abgeflacht. Sch ohne Zuwachsstreifen **4**

— Körper in Seitenansicht rundlich, etwa so lang wie hoch [*27*], seitlich kaum abgeflacht. Wenn Körper oval, dann Sch mit Zuwachsstreifen **14**

4. Sch am Hinterrand in ganzer Länge mit groben Zähnen besetzt. Bis 0,65 mm . . . . **Peracantha truncata** O. F. Müll.

— Sch am Hinterrand höchstens mit einigen Zähnen **5**

5. Kopf mit hohem Kiel [*25*]. Bis 1 mm . . **Acroperus harpae** (Baird)

— Kopf ohne Kiel **6**

6. Kopf groß, von vorn gesehen breiter als die Sch, mit breitem schaufelförmigem Rostrum. Bis 0,7 mm **Graptoleberis testudinaria** (Fisch.)

— Kopf von vorn gesehen nicht breiter als die Sch, Rostrum zugespitzt oder abgestumpft **7**

7. Hinterrand der Sch abgestutzt, höchstens halb so hoch wie die größte Höhe der Sch [*26*]. Sch am hinteren unteren Ende mit Zähnchen oder Kerben **8**

— Hinterrand der Sch gerundet, wenn abgestutzt, wenig niedriger als größte Höhe der Sch, oft ohne Zähnchen **10**

8. Unterer hinterer Winkel der Sch mit einem großen, nach hinten gerichteten Zahn. Bis 0,5 mm. Bodenseegebiet **Dunhevedia crassa** King

— Unterer hinterer Rand der Sch mit mehreren kleinen Zähnchen **9**

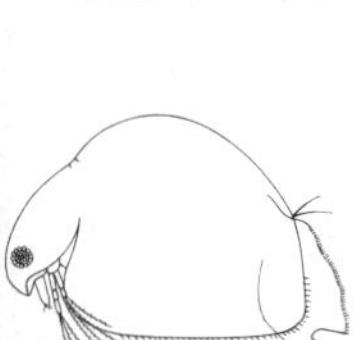
24

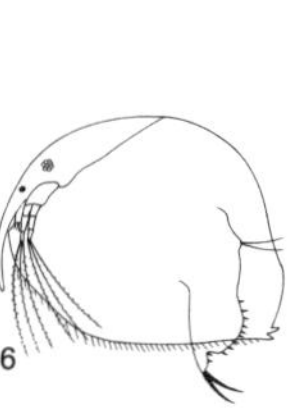
26

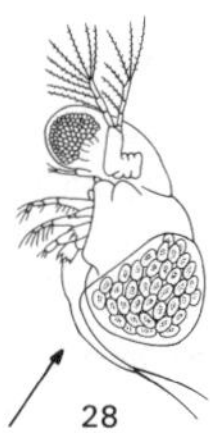
28

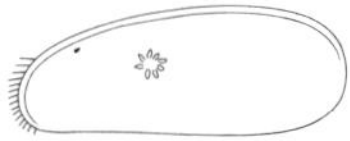
29

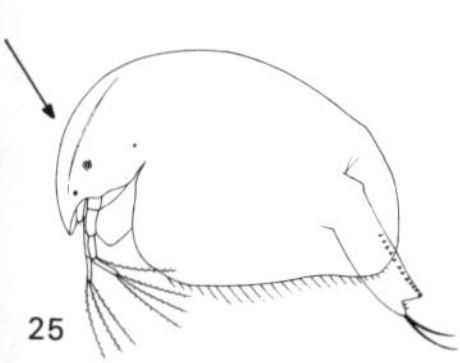
25

27

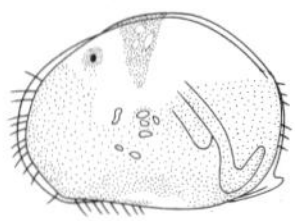
30

9. Rostrum lang u. von vorn gesehen spitz. Naupliusauge kleiner als Komplexauge [*26*]. Bis 0,8 mm . . . . 5; **Pleuroxus** BAIRD

Einige Arten häufig, darunter **P. uncinatus** BAIRD [*26*].

— Rostrum kurz u. abgestumpft, wenn länger u. spitz, dann Naupliusauge so groß wie Komplexauge **Alonella** SARS u. **Disparalonella** FRYER

Alle 4 Arten häufig, z. B. **A. exigua** (LILLJ.) (bis 0,4 mm).

10. Furcalkrallen außer Basaldornen in der Mitte des konkaven Randes mit 1 oder 2 Dornen **11**

— Furcalkrallen unbewehrt, höchstens mit Basaldornen **12**

11. Rostrum lang u. spitz. Postabdomen verjüngt sich zum Ende hin. Bis 0,6 mm. Selten . . . . **Kurzia latissima** (KURZ)

— Rostrum kurz u. stumpf. Postabdomen parallelseitig **Acroperus elongatus** (SARS)

Ähnlich ist **Acroperus harpae** (s. Nr. **5**), wenn der Kopfkiel reduziert ist. – Selten **Tretocephala ambigua** (LILLJEBORG) (ohne Borstenbüschel am Krallenträger; 1 mm).

12. Rostrum lang, spitz u. nach hinten gebogen. Bis 0,55 mm. Recht selten **Rhynchotalona falcata** (SARS)

Wenn Rostrum nicht nach hinten gebogen [*26*], s. Nr. **9**

— Rostrum kurz u. abgestumpft **13**

13. Naupliusauge so groß oder größer als Komplexauge. Ventralrand der Sch konvex oder abgerundet winklig gebogen . . 2; **Leydigia** KURZ

Häufiger nur **L. acanthocercoides** (FISCH.) (bis 1,1 mm).

— Naupliusauge kleiner als Komplexauge, wenn etwa so groß, dann Ventralrand der Sch gerade. Bis 1 mm . . . . . . 9; **Alona** BAIRD

Häufig z. B. **A. affinis** (LEYDIG).
Ähnlich ist auch die seltene **Oxyurella tenuicaudis** SARS.

14. Komplexauge fehlt. Sch meist mit einigen konzentrischen Zuwachsstreifen. Bis 0,5 mm . . . . **Monospilus dispar** SARS

— Komplex- und Naupliusauge vorhanden. Sch ohne Zuwachsstreifen **15**

15. Ventralrand der Sch mit Einschnitt, dahinter spitzer Zipfel. Bis 0,45 mm. Parasitisch auf Hydra . . . **Anchistropus emarginatus** SARS

— Ventralrand der Sch ohne Einschnitt u. Zipfel [*27*]. Bis 0,9 mm 5; **Chydorus** LEACH u. **Pseudochydorus** FRYER

Z. B. **Ch. sphaericus** (O. F. MÜLLER) [*27*], häufigster Wasserfloh.

Familie: **Polyphemidae**

Einige Arten marin. Leben räuberisch.

1. Kopf durch Kerbe vom Rumpf getrennt [*28*]. Sch rundlich . . **2**

— Kopf nicht durch Kerbe vom Rumpf getrennt. Sch lang, zipflig ausgezogen. Marin, im Plankton . . . . 2; **Evadne** LOVÉN

Z. B. **E. nordmanni** LOVEN (bis 1,1 mm).

2. Anhang des Abd kurz, höchstens so lang wie die auf ihm sitzenden 2 Borsten. Abd zweizipfelig. Marin, im Plankton 3; **Podon** LILLJ. s. l.

Z. B. **Pleopis polyphemoides** (LEUCK.) (bis 0,65 mm).

— Anhang des Abd lang [*28*], Abd zylindrisch od. rundlich . . . **3**

3. Anhang des Abd kürzer als Körper [*28*]. Bis 2 mm. Im Litoral von Süßgewässern . . . . **Polyphemus pediculus** (L.)

— Anhang des Abd viel länger als Körper . . 2; **Bythotrephes** LEYDIG

Häufig nur **B. longimanus** LEYDIG (bis 3 mm), im Plankton von Süßgewässern.

Unterklasse: **Ostracoda,** Muschelkrebse

Muschelähnlich. Meist am Grunde oder auf Pflanzen von Gewässern, können vielfach mit Hilfe der 2. Antennen schwimmen. Filtrierer. Bestimmung der etwa 120 Arten schwierig (hier nur ♀♀ berücksichtigt).

1. Sch keulenförmig, mehr als doppelt so lang wie hoch, dünn, durchscheinend, weißlich-perlmutterglänzend, ohne Skulptur [*29*] **Darwinulidae**

Im Süßwasser. Nur **Darwinula stevensoni** (Brady et Rob.) (bis 0,7 mm).

— Sch anders **2**

2. Sch glatt, ohne Gruben, Höcker oder Zähnchen (diese höchstens am Rand) [*6*], manchmal mit netzartigen Leisten **3**

— Sch meist derb, skulpturiert (flügel- od. stabförmige Anhänge, buckelige od. kegelförmige Vorwölbungen, Warzen od. Höcker), außerdem oft mit Gruben **4**

— Sch mindestens in der Mitte mit kleinen Gruben, ohne Skulptur **5**

3. Im Süßwasser . . . . **Cyprididae** **6**

Hierzu auch wenige Arten der **Cytheridae**.

— Marin. Einige **Cytheridae** u. **Cyprididae,** letztere v. a. im Brackwasser, darunter **Heterocypris salinus** (Brady) (blaßgelb, dunkelbraun gebändert; 1,2 mm), in Pfützen.

4. Im Süßwasser . . . . Einige **Cyprididae** u. **Cytheridae**

a) Sch von oben gesehen an den Enden winklig oder gerundet: häufig z. B. **Ilyocypris gibba** (Ramdohr) (1 mm).

b) Sch mindestens an einem Ende kielartig abgeflacht u. zugespitzt: häufig z. B. **Limnocythere inopinata** (Baird) (0,6 mm).

— Marin . . . . Viele Arten der **Cytheridae**

Meist in größeren Tiefen auf dem Meeresgrund. Dazu die Cyprinide **Plesiocypridopsis** (= **Cypridopsis**) **aculeata** (Costa) (Sch mit dichter, kurzer, kräftiger Bedornung; 0,8 mm), in nichtaustrocknenden Küstenkleingewässern.

5. Im Süßwasser. Einige Arten der **Cyprididae** u. **Cytheridae,** darunter **Metacypris cordata** Brady et Rob. (Sch breit, braungrau, hinter Augen mit breiter schwarzer Binde; 0,6 mm).

— Marin. Viele Arten der **Cytheridae.** Wenige Arten der **Cyprididae** dringen in brackige Gewässer vor (z. B. **Cypridopsis** Brady).

6. Beide Augenbecher deutlich getrennt. Ventralseite der Sch abgeflacht, durch Leisten scharf begrenzt, hinten mit Sporn. Schwarz mit 4 gelblichen Flecken [*30*]: 2; **Notodromas** Lillj., häufig **N. monacha** (O. F. Müll.), schwimmt gut, kann auch mit Rücken nach unten an der Wasseroberfläche entlanggleiten.

— Augenbecher zu einem Auge verschmolzen. Wenn nicht verschmolzen, dann Sch u. Färbung anders

a) Sch weiß, glatt durchscheinend. Viele Gattungen, am artenreichsten **Candona** Baird, z. B. **C. candida** (O. F. Müll.) (bis 1,2 mm).

b) Sch grünlich. Viele Gattungen (z. B. **Eucypris** Vavra), manche Arten über 2 mm lang, z. B. **Cypris pubera** O. F. Müll. (Vorderrand der Sch mit 9–10 schlanken Zähnen [*6*]). Viele Arten sind braun, gelblich oder rötlich gefärbt, z. B. **Cypria ophthalmica** (Jur.) (Sch farblos mit vielen kleinen dunkelbraunen Farbflecken; bis 0,7 mm).

Unterklasse: **Copepoda,** Ruderfüßer

Freilebende Arten bewegen sich mit Hilfe der stark entwickelten 1. Antennen [*31*] ruckartig durch das Wasser. ♂♂ haben meist zu Greiforganen umgebildete 1. Antennen [*32*]. ♀♀ legen Eier frei ab oder tragen sie in Eisäckchen am Körper [*12, 31*]. Entwicklung über Nauplien. Filtrierer. Manche Gruppen parasitisch (ihre Jugendstadien dann freilebend). Etwa 180 Arten.

System: Ordnungen **Calanoida, Hapacticoida, Cyclopoida, Monstrilloida, Poecilostomatida, Siphonostomatida.**

1. Freilebend. Körper wie [*31–33*]. Mit kauenden Mundwerkzeugen (mindestens einige gegliederte Äste zu erkennen!), 2. Antennen nicht zu Greif- oder Haftorganen umgewandelt **2**

— Im marinen Plankton. Ohne Mundgliedmaßen . . . **Monstrilloida**
Wenige Arten, z. B. **Cymbasoma rigidum** Thomps. (bis 3 mm).

— Außen- oder Innenschmarotzer. Mundwerkzeuge meist saugend. 2. Antennen meist zu Greiforganen umgebildet oder reduziert **5**

2. Antennen mindestens halb so lang wie Körper, mit mehr als 17 Gliedern, bei den ♂♂, wenn überhaupt, nur eine Seite (meist rechts) zu Greiforganen umgebildet. Eier in unpaarem Eisack unter Abd [*31*]. Habitus [*31*]. Planktisch, schweben im Wasser . . **Calanoida** **3**

— 1. Antennen kürzer als halber Körper, mit höchstens 17 Gliedern, bei den ♂♂ beiderseits zu Greiforganen umgebildet. Habitus anders [*32, 33*] **4**

3. Im Meer- und Brackwasser

a) Th (hinter länglichem Kopfabschnitt) besteht aus 5 freien Segmenten. Letztes Thsegment an den Seiten gerundet: z. B. **Calanidae, Calanus finmarchicus** (Gunner) (bis 4,5 mm). Ähnlich, aber letztes Thsegment an den Seiten mit Flügeln od. spitzem Fortsatz: z. B. **Centropagidae, Centropages typicus** Kröy. (bis 2 mm).

b) Th aus 4 freien Segmenten: mehrere Familien, z. B. **Acartiidae, Acartia bifilosa** (Giesbr.) (bis 1,1 mm). Th aus 3 freien Segmenten: mehrere Familien, z. B. **Pseudocalanidae, Pseudocalanus elongatus** (Boeck) (bis 1,6 mm).

— Im Süßwasser . . . . . **Diaptomidae** u. **Temoridae** mit 22 Arten

a) Vorletztes u. letztes Thsegment des ♀ jederseits in Flügel ausgezogen: **Mixodiaptomus laciniatus** (Lillj.) (bis 2,2 mm), in Alpenseen.

b) Nur letztes Thsegment flügelartig ausgezogen [*31*]: sehr häufig z. B. **Eudiaptomus gracilis** (Sars) [*31*] (bis 1,5 mm).

c) Letztes Thsegment ohne Flügel: z. B. **Heterocope appendiculata** Sars (bis 2,2 mm).

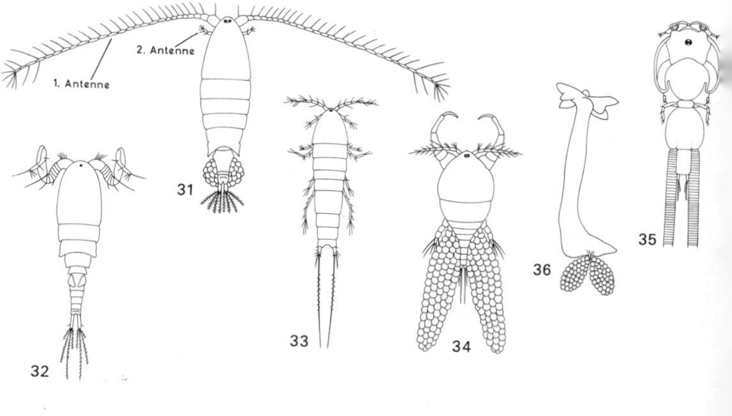

4. 1. Antennen mit 8–17 Gliedern. Körper birnförmig, Kopf u. Th breiter als Abd, deutlich gegen dieses abgesetzt [*12, 32*]. Meist über 1 mm. Eier in paarigen Eisäckchen an den Seiten des Abd [*12*] **Cyclopoida**

Im Meer u. Süßwasser, meist im Litoral. Schwimmen ruckartig-hüpfend. Viele Gattungen, u.a. im Süßwasser häufig **Eucyclops serrulatus** (FISCHER), **Cyclopidae** (1 mm); im Meer **Cyclopina gracilis** CLAUS, **Cyclopinidae** (bis 0,7 mm).

— 1. Antennen mit höchstens 9 Gliedern. Kopf u. Th kaum breiter als Abd, ohne scharfe Grenze ineinander übergehend [*33*]. Eier in unpaarem od. paarigen Eisäcken unter Abd. Meist unter 1 mm **Harpacticoida**

Im Meer u. Süßwasser, auf Boden u. Pflanzen, nur selten schwimmend (Schlängeln). Viele Gattungen. Im Süßwasser z.B. häufig **Canthocamptus staphylinus** (JUR.) [*33*] (um 1 mm); **Bryocamptus pygmaeus** (SARS) (bis 0,7 mm), in nassem Moos.

Einige marine Familien ähnlich den Cyclopoida, aber Körper dann dorsoventral abgeflacht, darunter sehr häufig **Tisbe** (= **Idya**) **furcata** (BAIRD) (bis 1,5 mm).

5. Körper gegliedert, ± ähnlich den freilebenden Cyclopoida. 2. Antennen zu Greifhaken umgebildet [*34*] . . . . parasitische **Cyclopoida** u. **Poecilostomatida**

Marin, Außenschmarotzer an Vertebraten, wenige Arten in Tunicaten. Im Süßwasser nur **Ergasilidae** an Fischen (auch in Kiemenhöhlen u. an Kiemen), am häufigsten **Ergasilus sieboldi** NORDM. [*34*] (bis 1,5 mm).

— Körper schildförmig oder sackartig, fast ungegliedert. Mit reduzierten Extremitäten . . . . **Siphonostomatida**

a) Körper meist schildförmig, selten langgestreckt. Th unvollständig segmentiert, mit Resten von Extremitäten [*35*]. Eisäcke oft stark verlängert. Meist marin an Fischen, im Süßwasser häufiger **Caligus rapax** MILNE-EDWARDS [*35*] (bis 7 mm).

b) Körper fast ungegliedert, oft sackartig, vorn meist mit „Hörnchen". Thbeine fehlen meist völlig [*36*]. Oft nur durch Eisäcke als Krebse zu erkennen. An Fischen. Im Meer z.B. **Lernaeocera branchialis** (L.) (bis 40 mm), im Süßwasser z.B. **Achtheres percarum** NORDMANN (bis 5 mm), **Lernaea cyprinacea** L. [*36*] (bis 20 mm).

Ordnung: **Decapoda,** Zehnfüßer

Am Th 3 Paar Kieferfüße (als Mundwerkzeuge dienende umgebildete Thbeine) und 5 Paar Thbeine, vordere Paare meist mit Schere. Letztes Abdbeinpaar (Uropoden) bildet mit Telson Schwanzfächer [*39*] (bei Krabben reduziert). Entwicklung über Larvenstadien. Filtrierer u. Räuber. Längenangaben für Krabben gelten vom Vorder- bis Hinterrand der Sch. Garnelen werden im Handel fälschlicherweise „Krabben" genannt. Im Gebiet etwa 60 Arten.

System:
Unterordnung **Caridea** (= **Natantia**) **(Atyidae, Pandalidae, Alpheidae, Hippolytidae, Palaemonidae, Processidae, Crangonidae);**
Unterordnung **Pleocyemata** (= **Reptantia**) mit **Astacura (Nephropidae, Astacidae, Cambaridae), Thalassinura (Callianassidae, Upogebiidae), Anomura (Paguridae, Galatheidae, Porcellanidae), Brachyura** („Krabben") (viele Familien, ab Nr. **13** der Tabelle).

1. Abd groß, seitlich zusammengedrückt. Alle Abdbeine große Schwimmbeine. Gestalt wie [*15, 37*] . . . Garnelen, **Caridea** **2**

— Abd groß, dorsoventral abgeflacht [*39*] od. asymmetrisch [*38*] (dann in Schneckengehäuse), selten kleiner u. unter Vorderkörper geklappt, dann mit Schwanzfächer. Abdbeine keine Schwimmbeine . . **8**

— Abd u. Abdbeine reduziert, unter Vorderkörper geklappt, ohne Schwanzfächer. Gestalt [*41, 42*] . . . . Krabben, **Brachyura** **13**

2. Drittletztes Glied des 2. Thbeines ungegliedert [*37*] **3**

— Drittletztes Glied des 2. Thbeines in sich sekundär gegliedert **5**

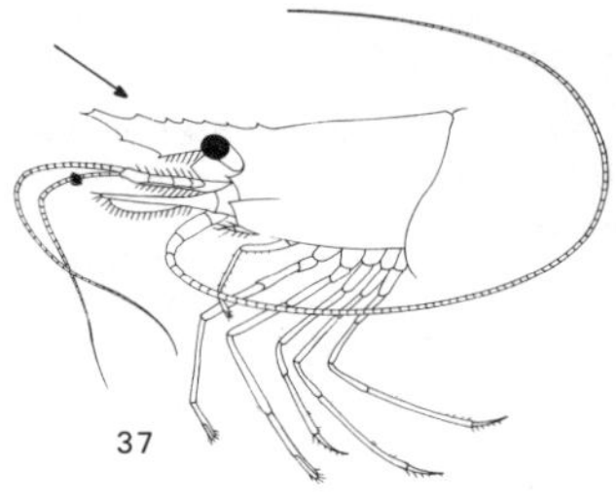
37

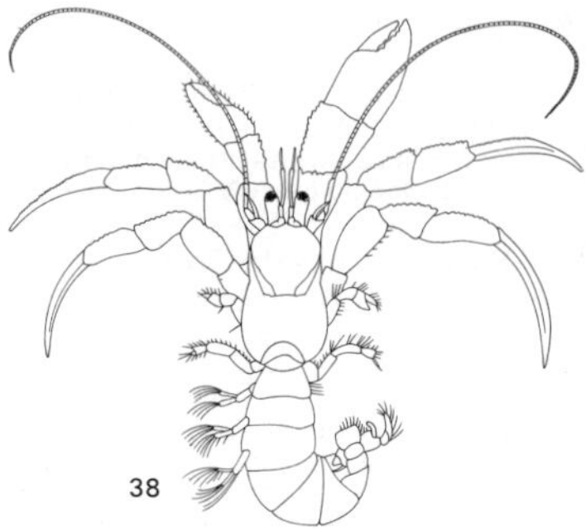
38

3. Rostrum dorsoventral abgeflacht, klein [*15*] . . . . **Crangonidae**
Marin. 2. Thbein so lang wie übrige. Sch mit 1 Rückendorn [*15*]: 2; **Crangon** F., sehr häufig **C. crangon** (L.), Nordseegarnele [*15*] (bis 60 mm). 2. Thbein viel kürzer als übrige. Sch mit mehreren Rückendornen: 3; **Pontophilus** Leach, in flachem Wasser nur **P. trispinosus** Hailst. (bis 27 mm).

— Rostrum seitlich zusammengedrückt, groß [*37*] **4**

4. Oberrand des Rostrums mit 20–25 kleinen beweglichen Stacheln **Atyidae**
Im Süßwasser. Nur **Atyaephyra desmaresti** (Mill.) (bis 50 mm), in NW-Deutschland.

— Oberrand des Rostrums höchstens mit 12 großen Zähnen [*37*] **Palaemonidae**
Meist marin. Schere des 2. Thbeines länger als das nächstangrenzende Glied: 3; **Palaemon** F. (= **Leander** Desm.), z. B. **P. squilla** (L.) = **Leander adspersus** Rathke, Ostseegarnele (bis 60 mm). Schere des 2. Thbeines kürzer als das nächstangrenzende Glied: **Palaemonetes varians** (Leach) [*37*] (bis 50 mm), auch in Flußmündungen.

5. Rostrum kurz, ungesägt, höchstens Spitze mit 2 kleinen Zähnen **6**

— Rostrum lang, mindestens auf Unterseite mit großen Zähnen **7**

6. Augen von Vorderrand der Sch teilweise bedeckt. Drittletztes Glied des 2. Thbeines mit 5 sekundären Gliedern . . . . . **Alpheidae**
Marin. Nur **Athanas nitescens** (Leach) (10–20 mm).

— Augen nicht von Sch bedeckt. Drittletztes Glied des 2. Thbeines aus 20–50 sekundären Gliedern bestehend . . . . . . **Processidae**
Nordsee. Nur 2; **Processa** Leach (bis 70 mm), in Küstennähe nur **P. edulis** (Risso).

7. 1. Thbein ohne oder mit mikroskopisch kleiner Schere. 2. Thbein mit kleiner Schere, beide Thbeine dünn . . . . **Pandalidae**
Marin. Häufiger nur 2; **Pandalus** Leach mit **P. montagui** Leach (um 70 mm), Nordsee.

— 1. u. 2. Thbein mit deutlicher Schere . . . . **Hippolytidae**
Marin. Oberrand des Rostrums mit höchstens 2 Zähnen: **Hippolyte varians** Leach (bis 30 mm), nur Nordsee. Oberrand des Rostrums mit mehr als 2 Zähnen: in flacherem Wasser nur **Eualus** (= **Spirontocaris**) **gaimardii** (Milne-Edw.) (bis 40 mm), Ostsee.

8. Abd symmetrisch **9**

— Abd asymmetrisch [*38*], steckt in leerer Schneckenschale **Paguridae**
Häufig nur **Pagurus bernhardus** (L.), Einsiedlerkrebs [*38*] (Vorderkörper bis 35 mm), Nordsee. Oft in Gehäusen von Buccinum. Scheren können Schale verschließen. Symbiose mit Hydractinia.

9. Erste 3 Thbeine mit Scheren [*39*] **10**
— Höchstens erste 2 Thbeine mit Scheren **11**
10. Rostrum jederseits mit mindestens 3 großen Zähnen **Nephropidae**
Marin. Nur **Homarus gammarus** (L.) = **vulgaris** MILNE-EDW., Hummer (bis 400 mm), in Nordsee auf Fels- und Steinboden.
— Rostrum jederseits höchstens mit 1 großem Zahn
Flußkrebse, **Astacidae**
Süßwasser. Bis 120 mm.
a) Rostrum oben in der Mitte mit Längsleiste, wenn undeutlich, Seiten der Sch unbedornt: 2; **Astacus** PALL., **A. astacus** (L.) = **fluviatilis** F., Edelkrebs [*39*] (hinter jedem Auge je 2 hintereinanderliegende Leisten; Rostrum an Rändern der Basis nicht gezähnelt), in sauberen Flüssen, durch Krebspest bedroht; **A. leptodactylus** ESCH., Sumpfkrebs (ähnlich, aber Rostrum an Rändern der Basis gezähnelt), in Seen der Tiefebene. **Austropotamobius** (= **Astacus**) **torrentium** (SCHRANK), Steinkrebs (hinter den Augen je 1 Leiste), in Gebirgsbächen.
b) Rostrum oben ohne Längsleiste, Seiten der Sch bedornt: **Orconectes limosus** (RAF.) = **Cambarus affinis** (SAY), Amerikanischer Flußkrebs, verträgt auch verschmutztes Wasser.
11. 5. (letztes) Thbein etwa so groß wie übrige . . . . **Callianassidae**
Marin. Rostrum deutlich: 2; **Upogebia** LEACH, z. B. **U. stellata** (MONT.) (bis 60 mm). Rostrum fast fehlend: **Callianassa tyrrhena** (PETAGNA) (bis 70 mm), gräbt Höhlen im Sand.
— 5. Thbein viel kleiner u. dünner als übrige (häufig im Kiemenraum) **12**
12. Rostrum deutlich zahnförmig vorspringend . . . . . **Galatheidae**
Nordsee bei Helgoland. Nur 4; **Galathea** F., z. B. **G. squamifera** LEACH (bis 100 mm).

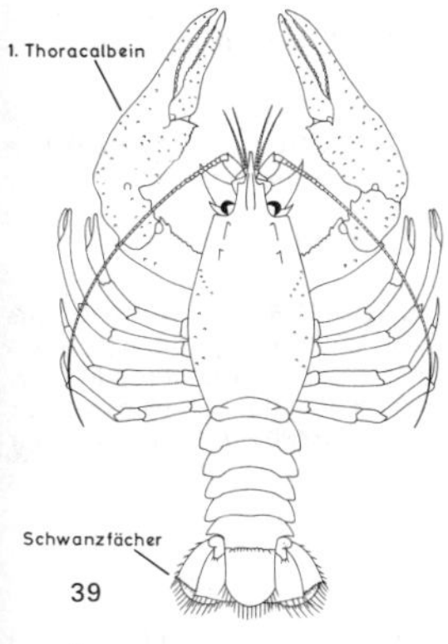

39

40

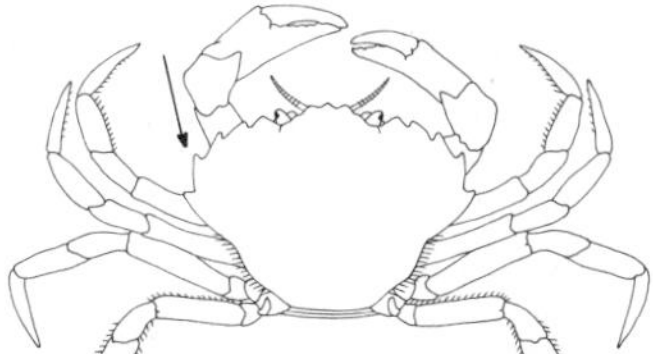
42

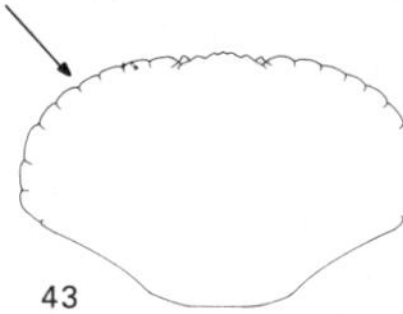
43

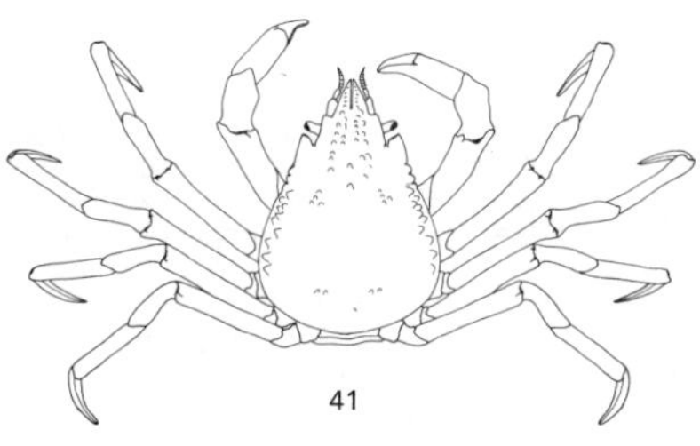
41

— Stirn kaum vorgezogen. Krabbenähnlich . . . . . **Porcellanidae**
Marin. Nur **Pisidia longicornis** (L.) (Sch bis 10 mm).

13. Scheren ohne dichten Pelzbesatz **14**

— Scheren mit dichtem Pelzbesatz . . . . **Grapsidae**
Nur **Eriocheir sinensis** Milne-Edw., Chinesische Wollhandkrabbe (bis 75 mm), in Flüssen der norddeutschen Tiefebene.

14. 4. und 5. (letztes) Thbein einander ähnlich **15**

— Endglieder des 5. Thbeines stark verbreitert (Schwimmbein) [*40*] Schwimmkrabben, **Portunidae**
Nordsee. Endglied des 2.–4. Thbeines lanzettlich abgeflacht: **Portumnus latipes** (Pennant) (25 mm). Endglied des 2.–4. Thbeines stachelartig: 5; **Liocarcinus** Stimpson (= **Macropipus** Prestandrea, = **Portunus** F.), häufig **L. holsatus** (F.) (bis 40 mm). – Hierher auch **Carcinus maenas** s. **18.**

15. 2. Antennen länger als Sch . . . . **Corystidae**
Nordsee. Nur **Corystes cassivelaunus** (Penn.), Maskenkrabbe (bis 30 mm).

— 2. Antennen kürzer als Sch **16**

16. Rand der Sch durchlaufend lang gelb beborstet . . . . . **Thiidae**
Nordsee. Nur **Thia scutellata** (F.) = **polita** Leach (bis 22 mm).

— Rand der Sch nicht durchlaufend lang gelb beborstet **17**

17. Sch dreieckig, größte Breite nahe Hinterrand [*41*] . . . . **Majidae**
Marin. Sch mit hügelig aufgeblasenen Regionen, die jeweils in 1 spitzen Höcker auslaufen: **Macropodia rostrata** (L.) (bis 18 mm). Sch mit stumpfen Höckern [*41*]: 2; **Hyas** Leach, häufig **H. araneus** (L.), Seespinne [*41*] (bis 110 mm). Weitere Arten bei Helgoland.

— Sch abgestutzt rhombisch, vorn u. hinten schmal . . **Leucosiidae**
Nordsee. Nur 2; **Ebalia** Leach, z. B. **E. cranchii** Leach (bis 11 mm).

— Sch rundlich gewölbt, Oberseite u. Rand glatt . . . **Pinnotheridae**
Nordsee. Nur **Pinnotheres pisum** (L.), Muschelwächter (bis 18 mm), im Innern von Muscheln, lebt von Nahrungspartikeln an den Kiemenblättern.

— Sch anders **18**

18. Vorderrand der Sch ungezähnt oder paarig gezähnt . . **Xanthidae**
Pilumnus hirtellus (L.) (Seitenrand der Sch mit 5 spitzen Zähnen; bis 20 mm), nur Nordsee. **Rhithropanopeus** (= **Heteropanope**) **harrisii** (Gould) = **tridentatus** (Maitl.) (Seitenrand der Sch mit 4 stumpfen Zähnen; bis 15 mm), im Nordostseekanal.

— Vorderrand der Sch unpaar gezähnt [*42, 43*] **Cancridae** u. **Pirimelidae**
Marin. Sch vorn kräftig gezähnt: **Carcinus maenas** (L.), Strandkrabbe [*42*] (zu **Portunidae**) (Stirn mit 3 kurzen abgerundeten Zähnen [*42*]; bis 60 mm), sehr häufig. **Pirimela denticulata** (Mont.) (mittlerer Stirnzahn viel kräftiger als seitliche; bis 28 mm), nur Nordsee. Sch vorn gekerbt [*43*]: **Cancer pagurus** L., Taschenkrebs (bis 150 mm), nur Nordsee.

Ordnung: **Mysidacea**

2. Antennen bestehen aus 3 Grundgliedern, der Antennenschuppe (= Außenast) und dem Innenast. Letzte Abdbeine zu Uropoden umgebildet. Eier in Brutraum unter Th (= Marsupium). Entwicklung direkt. Meist am Boden, können mit Hilfe der Thbeine schwimmen. Filtrierer. Fast alle marinen Arten können in Flußmündungen eindringen. Nur Familie **Mysidae**.

1. Telson am Ende ± tief eingeschnitten **2**

— Telson nicht eingeschnitten, entweder abgerundet od. abgestutzt **5**

2. Außenast der Uropoden am Außenrand nur bedornt, ohne lange Fiederborsten. 20 mm. Marin . . . . . **Gastrosaccus spinifer** (Goes)

— Außenast der Uropoden am Außenrand mit langen Fiederborsten **3**

3. Außenrand der Antennenschuppe höchstens im Spitzenteil mit Fiederborsten **4**

— Antennenschuppe am ganzen Außenrand mit Fiederborsten
2; **Mysis** LATR.

M. mixta LILLJ. (Antennenschuppe vorn zugespitzt; bis 30 mm), marin. **M. oculata relicta** LOVÉN [1] (Antennenschuppe abgerundet; bis 25 mm), Ostsee u. norddeutsche Seen.

4. Antennenschuppe fast an Spitze des Außenrandes mit Zahn
3; **Praunus** LEACH

Marin. **P. inermis** (RATHKE) (Antennenschuppe höchstens 1,5mal so lang wie Antennenschaft; bis 18 mm); **P. neglectus** (SARS) (Antennenschuppe etwa 5–6mal so lang wie breit, 2–3mal so lang wie Antennenschaft; bis 20 mm). **P. flexuosus** (O. F. MÜLL.) (Antennenschuppe etwa 7–8mal so lang wie breit, mindestens 3mal so lang wie Antennenschaft; bis 26 mm).

— Antennenschuppe etwa in der Mitte des Außenrandes mit Zahn, seine Entfernung zur Spitze mindestens ⅓ der Schuppenlänge. Bis 19 mm. Marin . . . . **Schistomysis ornata** (SARS)

5. Telson kurz zungenförmig, jederseits mit zahnartigem Vorsprung. Bis 15 mm. Marin . . . . **Mesodopsis slabberi** (VAN BEN.)

— Telson anders **6**

6. Antennenschuppe kürzer als Schaft der 1. Antenne, Außenast ohne Borsten, vorn mit Zahn. 20 mm. Marin
Siriella armata (MILNE-EDWARDS)

— Antennenschuppe länger als Schaft der 1. Antenne, zweigliedrig, Außenrand mit Fiederborsten, ohne Zahn **7**

7. Basalglied der Antennenschuppe etwa 2mal so lang wie Endglied. Bis 13 mm. Marin . . . . **Leptomysis gracilis** (SARS)

— Basalglied der Antennenschuppe mindestens 6mal so lang wie Endglied. Bis 17 mm. Marin . . . . **Neomysis integer** (LEACH)

Ordnung: **Isopoda,** Asseln

Erste 5 Abdbeine flächig ausgebildete Spaltbeine, liegen der Unterseite des Abd an; bei vielen landbewohnenden Asseln entweder erste beide od. alle Außenäste mit lungenartigen Einstülpungen (= Trachealsystemen). Bei lebenden Tieren wegen ihrer Luftfüllung als „weiße Körperchen“ sichtbar (in Alkohol schwer zu erkennen!). Letzte Abdbeine zu Uropoden umgebildet. ♀♀ tragen Eier im Marsupium. Entwicklung direkt. Nahrung meist abgestorbene Pflanzenteile od. Detritus, einige Arten Räuber. Die seltenen Arten der marinen Unterordnung **Epicaridea** sind Parasiten bei Krebsen, hier nicht behandelt. Viele Arten synanthrop, die eingeschleppten, nur in Gewächshäusern od. Thermalquellen gefundenen Arten im folgenden nicht berücksichtigt. Im Gebiet etwa 60 Arten.

System:
Unterordnung **Valvifera** mit **Arcturidae, Idoteidae;**
Unterordnung **Anthuridea** mit **Anthuridae;**
Unterordnung **Flabellifera** mit **Cirolanidae, Aegidae, Limnoriidae, Sphaeromatidae;**
Unterordnung **Asellota** mit **Asellidae, Janiridae;**
Unterordnung **Oniscidea** mit **Ligiidae, Mesoniscidae, Trichoniscidae, Platyarthridae, Oniscidae, Philosciidae, Cylisticidae, Porcellionidae, Trachelipidae, Armadillidiidae.**

1. Uropoden auf Unterseite des Abd nach innen geklappt, bedecken die Abdbeine vollständig wie Flügelfenster. Marin
Unterordnung **Valvifera** **2**

— Uropoden bilden Schwanzfächer, gelenken seitlich am 6. Abdsegment. Abdbeine sichtbar. Marin **3**

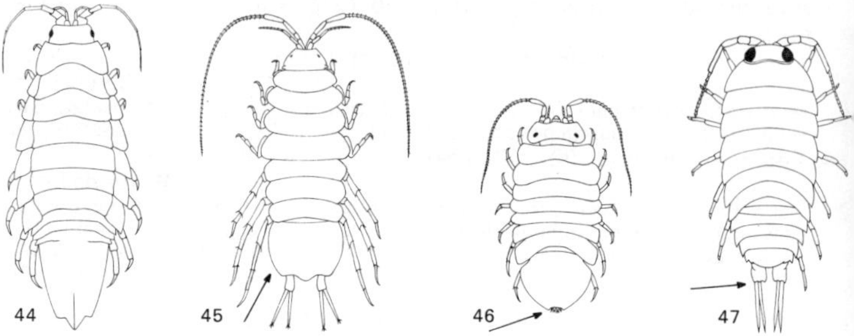

— Uropoden gelenken dicht nebeneinander in der Mitte des 6. Abdsegmentes [*45, 47*]. Abdbeine sichtbar **6**

2. Körper zylindrisch . . . . **Arcturidae**

Nur **Astacilla longicornis** (Sow.) (bis 27 mm), Nordsee in größerer Tiefe.

— Körper dorsoventral abgeflacht . . . . **Idoteidae**

a) Kopf jederseits in 2 Lappen ausgezogen. 50–80 mm: **Saduria** (= **Mesidotea**) **entomon** (L.), am Boden der Ostsee.

b) Kopfseiten ohne Lappen [*44*]. Bis 30 mm: 6; **Idotea** F., im Meer- u. Brackwasser, **I. balthica** (Pall.) [*44*] (Telson hinten 3spitzig); **I. chelipes** (Pall.) = **viridis** (Slab.) (Telson hinten 1spitzig mit geraden bis konvexen Seiten); **I. granulosa** Rathke (ähnlich, aber Telson mit konkaven Seiten). Färbung: hell einfarbig, dunkel gefleckt od. gestreift. Übrige Arten z. T. ähnlich, aber selten.

3. Körper langgestreckt u. zylindrisch . . Unterordnung **Anthuridea**

Brackwasser, Ostsee. Nur **Anthuridae** mit **Cyathura carinata** (Kröy.) (bis 27 mm).

— Körper dorsoventral abgeflacht bis (im Querschnitt) höchstens halbzylindrisch. Marin . . . . Unterordnung **Flabellifera** **4**

4. Körper dorsoventral abgeflacht. Abd mit 5 freien Segmenten **5**

— Körper halbzylindrisch, in Längsrichtung einrollbar. Abdsegmente verwachsen . . . . **Sphaeromatidae**

Im Litoral. Nur 2; **Sphaeroma** Latr. (bis 11 mm), z. B. **S. hookeri** Leach.

5. Uropodenäste breit u. flach. Thbeine keine Klammerbeine. Freilebend . . . . **Cirolanidae**

Eurydice pulchra Leach (2. Antennen reichen bis zum Ende des Th; bis 7 mm), im Flachwasser. **Natatolana** (= **Cirolana**) **borealis** (Lillj.) (2. Antennen reichen bis Mitte des Th; bis 30 mm), in größerer Tiefe.

— Uropodenäste breit u. flach. Vordere Thbeine Klammerbeine **Aegidae**

Ektoparasiten auf Meeresfischen. Nur **Aega psora** (L.) (bis 50 mm).

— Uropoden mit hakenförmigem Außen- u. griffelförmigem Innenast **Limnoriidae**

Bohren Gänge in untergetauchtem Holz. Nur **Limnoria lignorum** (Rathke), Bohrassel (bis 5 mm), in Küstengewässern, aber auch an Treibholz.

6. Telson u. Abd zu einem Stück verschmolzen [*45*] Unterordnung **Asellota** **7**

— Mit 5 freien Abdsegmenten, das 6. mit Telson verschmolzen [*47*]. Meist Landbewohner . . . . Unterordnung **Oniscidea** **8**

7. Telson hinten abgestutzt u. zungenförmig ausgezogen [*45*], Seiten nicht gezähnelt; wenn abgerundet, Kopf ohne Augen. Uropoden lang **Asellidae**

Im Süßwasser. Bis 20 mm. Nur **Asellus** Geoffroy St. Hilaire u. 4; **Proasellus** Dudich. Mit Augen: sehr häufig nur **A. aquaticus** (L.), Wasserassel [*45*], auch im Brackwasser. Ohne Augen, im Grundwasser, häufiger **P. cavaticus** (Schiödte).

— Telson hinten abgerundet [*46*]; wenn etwas abgestutzt u. zungenförmig vorgezogen, an den Seiten gezähnelt. Mit Augen **Janiridae**

Marin. **Janira maculosa** Leach (Uropoden mindestens so lang wie Abd u. Telson; bis 10 mm). **Jaera albifrons** Leach [*46*] (Uropoden sehr kurz, dicht nebeneinander, überragen Telson kaum; bis 6 mm), sehr häufig in Gezeitenzone.

Bei 2 weiteren Familien des tiefen Meeresbodens Uropoden kurz, ihre Basis weit entfernt.

8. Geißel der 2. Antennen besteht aus mindestens 3 Gliedern, wenn nur 2 od. 3 Glieder, dann Endglied pinselartig beborstet [*49*]. Außenast der Uropoden griffelförmig. Ohne Trachealsysteme **9**

— Antennengeißel 2–3gliedrig, Endglieder nie pinselartig beborstet. Außenast der Uropoden abgeflacht. Mit oder ohne Trachealsysteme **10**

9. Stirn ohne Seitenlappen [*47*] . . . . **Ligiidae**

Vorwiegend amphibisch lebend. **Ligia oceanica** (L.) [*47*] (Außen- u. Innenast der Uropoden inserieren dicht nebeneinander; 15–30 mm), an felsigen, steinigen Meeresküsten. 2; **Ligidium** Brandt (Innenast der Uropoden inseriert auf einem nach hinten gerichteten Fortsatz des Grundglieds [*48*]; 7–10 mm), an nassen Binnenlandstellen, häufig nur **L. hypnorum** (Cuv.) [*48*].

Hierher auch der unpigmentierte, augenlose **Mesoniscus alpicola** (Hell.) **(Mesoniscidae)**

— Stirn mit Seitenlappen über Ansatz der 2. Antennen [*49*] **Trichoniscidae**

a) Rücken mit kräftigen Längswülsten: 2; **Haplophthalmus** Schöbl., häufiger **H. danicus** Budde-L. (4 mm), im Süden in Wäldern, im Norden synanthrop.

b) Rücken ohne Längstwülste
   1) Augen bestehen aus 3 Ommatidien. Oberfläche des Körpers ohne Höckerchen: 5; **Trichoniscus** Brandt, häufiger nur **T. pusillus** Brandt [*49*] (bis 5 mm), in Wäldern; übrige Arten im Bergland od. synanthrop.
   2) Augen bestehen aus 1 Ommatidium (kann sich in Alkohol entfärben!). Oberfläche des Körpers glatt u. glänzend, dunkel: **Hyloniscus riparius** (Koch) (bis 7 mm), im Süden freilebend, im Norden synanthrop. Oberfläche mit kleinen Hökkern, weißlich bis schwach rötlich: **Trichoniscoides** Sars u. **Androniscus** Verh. mit 4 seltenen Arten, z. B. **A. roseus** (Koch) (bis 4 mm).

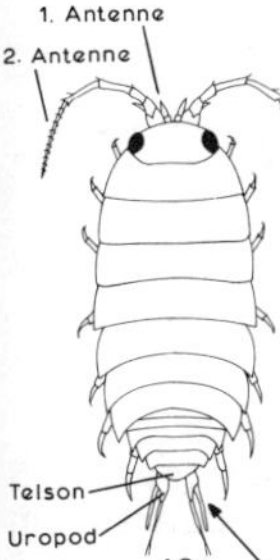

48

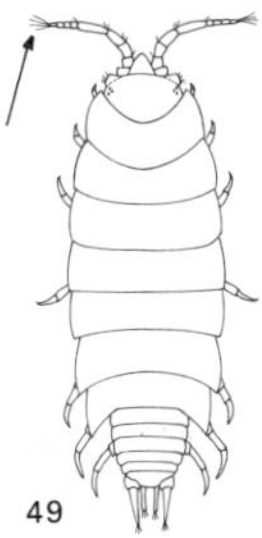
49

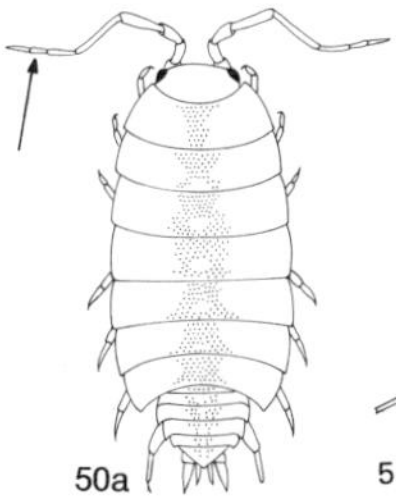
50a

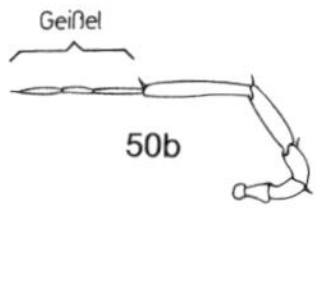

50b

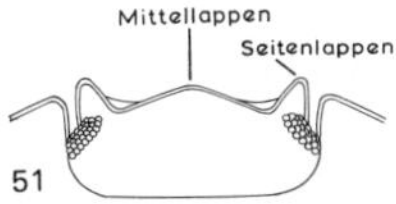

51

10. Antennengeißel scheinbar 1gliedrig. Weiß, ohne Augen **Platyarthridae**
Nur **Platyarthrus hoffmanseggi** Brandt (3–5 mm), Einmieter in Ameisennestern.

— Antennengeißel deutlich 2gliedrig [*14*]. Mit Augen. Mit 2–5 Paar geschlossenen Trachealsystemen („weiße Körper") **12**

— Antennengeißel 3gliedrig [*50a, 50b*]. Mit Augen. Ohne Trachealsysteme **11**

11. Kopf mit großen Seitenlappen [*51*]. 14–18 mm . . . . **Oniscidae**
Nur **Oniscus asellus** L., Mauerassel (schwärzlich-braun, in Rückenmitte paarige helle Fleckenreihe, nahe Außenrand helle Längsbinde), sehr häufig.

— Kopf ohne Seitenlappen [*50a*]. Bis 12 mm . . . . . **Philosciidae**
2; **Philoscia** Latreille (Oberfläche glatt), sehr häufig **Ph. muscorum** (Scopoli) [*50a*] (in Rückenmitte meist paarige dunkle Fleckenreihe). 2; **Lepidoniscus** Verhoeff (Oberfläche mit Schuppen), z. B. **L. minutus** (Koch), im Süden.

12. Außenäste der Uropoden plattenartig verbreitert, überragen Hinterrand des Telsons nicht. Kugelvermögen Rollasseln, **Armadillidiidae**
Auch die Antennen werden in Kugel eingezogen [*52*]. Im Gegensatz zu Kugel der **Glomeridae** (Myriapoda) Seiten der Rückenplatten gewinkelt. Nur 6; **Armadillidium** Brandt.

a) Auf den Stirnseiten neben Vorderrand der Augen mit Doppellinie [*53*]: **A. pulchellum** (Zenk.) (Telson hinten breit gerundet; bis 7 mm); **A. pictum** Brandt (Telson dreieckig, hinten schmal abgerundet; bis 9 mm).

b) Auf Stirnseiten neben Augen nur einfache Linie [*54*]: **A. opacum** (Koch) (hinter Stirndreieck tiefe Grube, hinten von 2 abgerundeten Höckern begrenzt [*54*]; bis 12 mm); **A. zenckeri** Brandt (hinter Stirndreieck Querspalt, in der Mitte nach hinten grubig erweitert; bis 10 mm), nur im Osten; **A. vulgare** (Latr.) (hinter Stirndreieck keine Vertiefung; bis 17 mm), häufigste Art, an trockenen Stellen. Eine weitere Art nur in Gewächshäusern.

— Außenäste der Uropoden nicht plattenartig, überragen Hinterrand des Telsons deutlich [*14*] **13**

13. Stirn scharf spitzwinklig vorgezogen [*55*]. Oberfläche des Körpers glatt. Mit 5 Paar Trachealsystemen . . . . **Cylisticidae**
In langgestreckte Kugel einrollbar (Antennen außerhalb der Kugel). Nur **Cylisticus convexus** (De Geer) (11–16 mm), meist synanthrop.

— Stirnmitte gerundet, wenn fast spitz [*14*], Körperoberfläche gekörnelt **14**

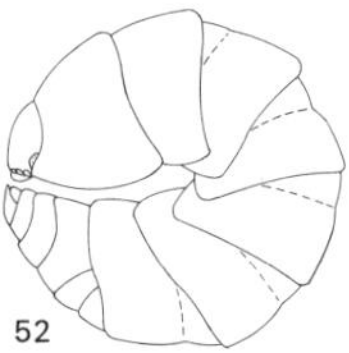
52

53

54

55

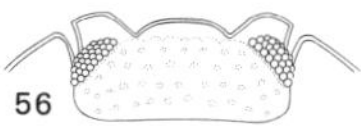
56

57

14. Mit 2 Paar Trachealsystemen an den ersten 2 Abdbeinpaaren **Porcellionidae** S. 175

— Mit 5 Paar Trachealsystemen (an den ersten 5 Abdbeinpaaren, oft schwer erkennbar) . . . . **Trachelipidae** S. 175

Familie: **Porcellionidae**

1. Seitenlappen der Stirn klein. 1 freies Thsegment von oben gesehen mit gerundeten Hinterecken. Bis 11 mm
Metoponorthus pruinosus (BRANDT)
Meist synanthrop.
— Seitenlappen der Stirn weit hervorragend [*56*]. 1. freies Thsegment mit winkligen Hinterecken [*14*]. 13–22 mm . . . 6; **Porcellio** LATR.
a) Kopf u. 1 freies Thsegment mit deutlicher Körnelung in Querreihen. Mittellappen der Stirn ± dreieckig [*14*]: **P. scaber** LATR., Kellerassel [*14*] (Telson am Ende schmal zugespitzt, oben rinnenförmig eingedrückt), sehr häufig; **P. dilatatus** BRANDT (Telson zungenförmig gerundet, oben wenig eingedrückt), synanthrop. Mittellappen der Stirn ± trapezförmig [*56*]: **P. spinicornis** SAY, an trockenen Stellen.
b) Kopf u. 1 freies Thsegment undeutlich gekörnelt, nie in Querreihen. Mittellappen der Stirn gerundet, stumpfwinklig: **P. laevis** LATR., synanthrop. Mittellappen der Stirn gerundet, bogenförmig: **P. monticola** LEREB. (Seiten des Kopfes kaum ½ so breit wie Mittellappen), in SW-Deutschland; **P. montanus** BUDDE-L. (Seitenlappen des Kopfes etwa so breit wie Mittellappen), im Bergland.

Familie: **Trachelipidae**

1. Hinterecken des 1. freien Thsegmentes von oben gesehen rechteckig od. gerundet, nicht nach hinten ausgezogen
2; **Protracheoniscus** VERH.
Häufiger nur **P. politus** (KOCH), in S-Deutschland.
— Hinterecken des 1. freien Thsegmentes zipflig ausgezogen (wie [*14*])
2
2. Telson endet hinten spitz. Außenast der Uropoden viel länger als Telson. Ohne Kugelvermögen. Bis 16 mm . . 3; **Trachelipus** BUDDE-L.
Mittellappen der Stirn schwach entwickelt, stößt mit Seitenlappen in stumpfem, gerundetem Winkel zusammen [*57*]: **T. rathkii** (BRANDT) (Porenfelder auf 2.–4. freiem Thsegment dicht am Außenrand, mindestens 3mal so weit vom Hinter- wie vom Außenrand entfernt), sehr häufig; **T. nodulosus** (KOCH) (diese Porenfelder nicht dicht am Außenrand, höchstens 2mal so weit vom Hinter- wie vom Außenrand entfernt), an trockenen Stellen, selten. Mittellappen des Kopfes gut entwickelt, stößt mit Seitenlappen in spitzem od. rechtem Winkel zusammen: **T. ratzeburgii** (BRANDT), im Mittelgebirge.
— Telson hinten breit abgerundet. Außenast der Uropoden wenig länger als Telson. Zu Kugel einrollbar (Antennen außerhalb!)
2; **Porcellium** DAHL
Häufig nur **P. conspersum** (KOCH) (bis 9 mm), an feuchten Stellen. Eine 2. Art alpin.

Ordnung: **Amphipoda,** Flohkrebse

Mit 7 Thbeinpaaren, diese mit Coxalplatten. Erste beide Thbeine meist mit Schere (= Gnathopoden). Erste 3 Abdbeine als 2ästige Schwimmbeine, letzte 3 Abdbeine mit griffel- oder stachelförmigen Ästen als Sprungbeine (= Uropoden) [*59*]. Tragen Eier im Marsupium. Entwicklung direkt. Fressen Pflanzen, Tiere od. Detritus. Im Wasser, wenig Arten amphibisch. Etwa 300 Arten. Die marinen Familien, deren Arten nur unter 10 m Tiefe vorkommen, hier nicht berücksichtigt.

System: Unterordnungen **Gammaridea** (mit vielen Familien, ab Nr. **3** der Tabelle), **Caprellidea** (nur **Caprellidae**), **Hyperiidea** (nur **Hyperiidae**).

1. Körper stabförmig. Abd rückgebildet. Hintere Thbeine Klammerorgane [*58*] . . . . **Caprellidea**
Marin, meist im Litoral, auf Hydrozoen, Bryozoen, Pflanzen. Nur **Caprellidae,** häufig **Caprella linearis** (L.), Gespenstkrebs [*58*] (bis 20 mm).
— Körper anders. Abd nicht rückgebildet **2**
2. Augen bedecken Kopf fast vollständig . . . . **Hyperiidea**
Pelagisch im Meer, mitunter im Schirmbereich von Medusen. Nur **Hyperiidae,** häufig **Hyperia galba** (MONT.) (bis 20 mm).
— Augen lassen Großteil des Kopfes frei [*59*] . . **Gammaridea** **3**
3. Telson hinten zweigeteilt (manchmal bis zur Basis), wenn nur flach ausgebuchtet, 1. Antennen etwa so lang wie 2. od. länger . . **4**
— Telson ungeteilt, zungenförmig, oval od. zugespitzt, wenn abgestumpft u. etwas ausgebuchtet, 1. Antennen viel kürzer als 2. Antennen **7**
4. Jedes Abdsegment oben in Mitte mit großem Zahn. 2. Glied der 1. Antennen etwa 1,5mal so lang wie 1. Glied . . . . . **Dexaminidae**
Marin. Häufig **Dexamine spinosa** (MONT.) (bis 14 mm).
— Abdsegmente ohne Zahn, wenn gezähnt, 1. u. 2. Glied der 1. Antennen etwa gleich lang **5**
5. Kopf nach vorn in langes zugespitztes Rostrum verlängert, dieses bedeckt Grundglied der Antennen. Ohne Augen **Phoxocephalidae**
Marin, z. B. **Phoxocephalus holbolli** (KRÖY.) (7 mm), gräbt im Meeresboden.
— Kopf nicht in Rostrum verlängert **6**
6. Basis des letzten Thbeines im Vergleich zu vorletztem stark verbreitert u. beborstet . . . . **Haustoriidae**
Graben im Boden. Im Meereslitoral kommen vor:
a) Grundglied der 1. Antennen gegen übrige Glieder knieartig abgewinkelt: 6; **Bathyporeia** LINDSTR., z. B. **B. pilosa** LINDSTR. (7 mm).
b) 1. Antennen gerade: **Haustorius arenarius** (SLABBER) (ohne Augen; 11–13 mm), im Sand. 2; **Pontoporeia** KRÖY. (mit Augen; bis 10 mm), z. B. **P. affinis** LINDSTR., in der Ostsee u. am Grunde von Süßwasserseen (Glazialrelikt).
— Basis des letzten Thbeines nicht stark verbreitert [*13*] **Gammaridae**
a) Ohne Augen. Mehrere Gattungen aus Höhlen u. Grundwasser, am häufigsten 11; **Niphargus** SCHIÖDTE, darunter **N. aquilex** SCHIÖDTE (5–15 mm).

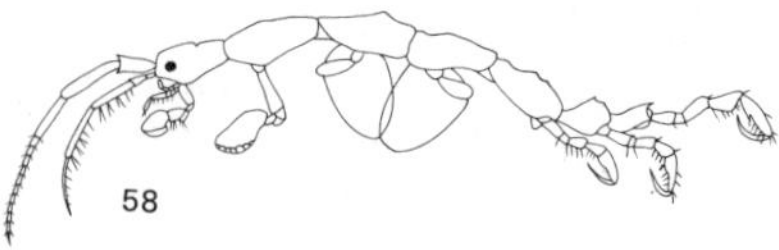
58

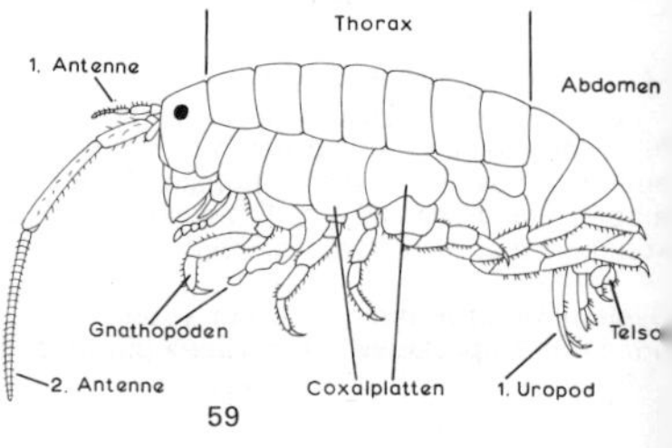

59

b) Mit Augen (hier nur küstennahe Arten berücksichtigt)
   1) Telson gestutzt, nicht gespalten, ± schwach eingebuchtet: 2; **Gammarellus** Herbst (Rücken gekielt; bis 26 mm), im Meer, z.B. **G. homari** (F.). **Pallasiola quadrispinosa** Sars (zu **Calliopiidae**) (Rücken ungekielt; einige Abdsegmente jederseits mit Rückendorn; bis 21 mm), am Grunde von Süßwasserseen. **Stygobromus ambulans** (F. Müll) (Rücken ungekielt u. ungezähnt; 7 mm), im Süßwasser.
   2) Telson tief gespalten: hierher u.a. 8; **Gammarus** F. (heute in mehrere Gattungen aufgespalten). **G. roeseli** Gerv. (hintere Körpersegmente oben in gekielten Zahn ausgezogen; bis 20 mm), in Flüssen u. Bächen. Bei übrigen Arten Körpersegmente ohne Zahn. Häufig in Bächen **G. pulex** (L.) (bis 24 mm); in Seen **G. lacustris** Sars [*13*] (bis 24 mm); im Brackwasser **G. duebeni** Lillj. (bis 18 mm); in Meerwasser höheren u. niedrigeren Salzgehaltes **G. locusta** (L.) (bis 20 mm); in Flüssen eingewandert **G. tigrinus** Sexton.

7. Telson lang u. zugespitzt . . . . **Amphilochidae**
Marin. Häufig **Gitana sarsi** Boeck (3 mm).

— Telson zungenförmig od. oval, etwa doppelt so lang wie breit **8**

— Telson kurz, etwa so lang wie breit oder kürzer, zugespitzt, abgestumpft oder ausgebuchtet **9**

8. 2.–4. Coxalplatte sehr groß, bilden großes Schild . **Stenothoidae**
Marin. Am häufigsten **Stenula rubrovittata** (Sars) (4 mm).

— 2.–4. Coxalplatte normal entwickelt (vgl. [*13*]) . . . . **Calliopiidae**
Marin. Häufiger nur **Calliopius laeviusculus** (Kröy.) (8–10 mm). Hierher auch **Gammarellus,** s. **6.**

9. 1. Antennen höchstens so lang wie Schaft (erste 4 Glieder) der 2. Antennen, diese mit vielgliedriger Geißel (mindestens 10 Glieder) [*59*] **Talitridae**
Im Litoral u. auf dem feuchten Strand der Meeresküste. Mit Sprungvermögen.
   a) 1. Antennen etwa so lang wie Schaft der 2. Antennen: **Hyale nilssoni** (Rathke) (6–8 mm), im flachen Wasser, Nordsee.
   b) 1. Antennen viel kürzer als Schaft der 2. Antennen [*59*]. Bis 15 mm. Am Strand: **Orchestia platensis** Kröy. (Außenast der 1. Uropoden nur am Ende bedornt). Bei übrigen Arten dieser Außenast auch am Rande bestachelt. Auf Geröll- oder Steinstrand: **O. gammarellus** (Pall.), nur Nordsee. Auf Sandstrand: **Talitrus saltator** (Mont.), Strandfloh [*59*] u. weniger häufig **Talorchestia deshayesii** (Aud.). Nur auf Süßwasserstrand: **O. cavimana** Heller.

— 1. Antennen länger als Schaft der 2. Antennen, wenn kürzer, Geißel der 2. Antennen mit weniger als 10 Gliedern. Viele Arten in Wohnröhren **10**

10. 3. Uropod mit sehr langem, verbreitertem Außenast. 3. Abdsegment mit großem Rückenzahn. 5–6 mm . . . . **Cheluridae**
Marin. Bohren Gänge in untergetauchtem Holz. Nur **Chelura terebrans** Phil.

— Andere Merkmale **11**

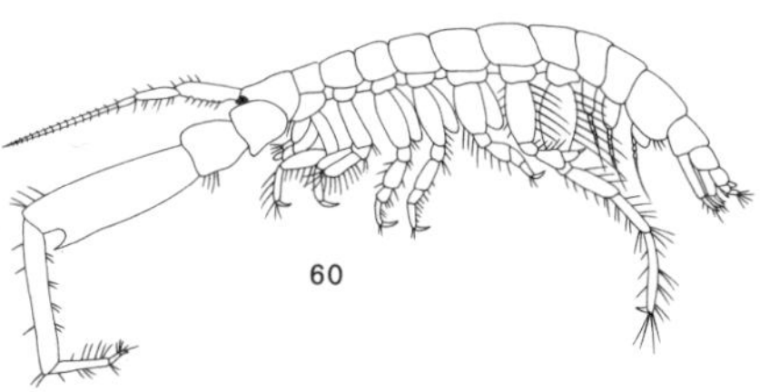
60

11. Abd dorsoventral zusammengedrückt [*60*] . . . . . **Corophiidae**
Bauen Röhren in den Sand. Im Flachwasser u. a. 7; **Corophium** LATR. (bis 10 mm), häufig an Meeresküste **C. volutator** (PALL.) [*60*], im Süßwasser **C. curvispinum** SARS.

— Abd seitlich etwas zusammengedrückt . . einige marine Familien
Hier nur häufigere Flachwasserarten berücksichtigt. Bauen sich Röhren in den Sand oder in der Vegetation.

a) Außenast der 3. Uropoden stumpf, mit hakenartig gebogenen Endstacheln: **Amphitoidae** mit **Amphitoë rubricata** (MONT.) (bis 20 mm).
b) Außenast der 3. Uropoden spitz zulaufend, leicht hakenartig gebogen: **Ischyroceridae,** z. B. **Jassa falcata** (MONT.) (bis 11 mm).
c) 3. Uropoden nicht hakenartig: **Aoridae** (1. Gnathopod stärker entwickelt als 2.), häufig **Microdentopus gryllotalpa** COSTA (bis 10 mm). **Isaeidae** (1. u. 2. Gnathopod gleich stark entwickelt), **Microprotopus maculatus** NORM. (3. Uropod 1ästig; bis 3 mm). Bei weiteren Arten 3. Uropod 2ästig, z. B. häufig **Leptocheirus pilosus** ZADD. **(Aoridae)** (bis 5 mm), auch im Brackwasser.

Literatur

ATHERSUCH, J., HORNE, D. J., WHITTAKER, J. E.: Marine and brackish water Ostracods. Synopses of the British Fauna 43. London, 1989. – BALSS, H., KLIE, W., KRÜGER, P., PESTA, O., ZIMMER, C. u. a.: Crustacea, in: Grimpe u. Wagler, Tierwelt der Nord- und Ostsee. Bd Xa–h. Leipzig, 1926–1936. – CHRISTIANSEN, M. E.: Decapoda Brachyura. Marine Invert. Scand. 2. Oslo, 1969. – CROTHERS, J. und M.: A key to the crabs and crab-like animals of British inshore waters. AIDGAP 155. Taunton, 1988. – FLÖSSNER, D., GRUNER, H.-E., KLIE, W., PESTA, O., SCHELLENBERG, A.: Krebstiere oder Crustacea, in: Dahl, Tierwelt Deutschlands, Lief. 9, 10, 24, 29, 34, 40, 51, 53, 60. Jena, 1928–1972. – HENDERSON, P. A.: Freshwater Ostracoda. Synopses of the British Fauna 42. London, 1990. – HERBST, H. V.: Blattfußkrebse. Stuttgart, 1962. – ISAAC, M. J., MOYSE, J. u. a.: Crustacea. In: P. J. Hayward, J. S. Ryland, The marine fauna of the British Isles and North-West Europe. Vol. 1. Oxford, 1990. – KAESTNER, A.: Lehrbuch der speziellen Zoologie. Bd. I, 2. Teil: Crustacea. Jena, 1967. – KIEFER, F.: Ruderfußkrebse. Stuttgart, 1960. – SMALDON, G.: British coastal shrimps and prawns. Synopses of the British Fauna 15. London, 1979. – WAGLER, E., WÄCHTLER, W.: Crustacea u. Isopoda, in: Brohmer, Ehrmann, Ulmer, Tierwelt Mitteleuropas, Bd. 2, Lief. 2a u. b. Leipzig, 1937.

Klasse: **„Myriapoda“**, Tausendfüßer

Im Gegensatz zu den Insekten, mit denen sie wegen ihrer Verwandtschaft von LINNÉ noch vereint wurden, besitzt ihr Körper viele gleichgestaltete, beintragende Segmente. Bei den **Progoneata,** zu denen **Symphyla, Pauropoda** und **Diplopoda** gehören, liegt die Genitalöffnung im Vorderkörper und das Labium ist reduziert. Ihre Hauptgruppe **Diplopoda** hat vom 5. Rumpfsegment an jeweils 2 Beinpaare (infolge Verschmelzung von 2 sich folgenden Leibesringen). Rechte u. linke (1.) Maxille sind bei den Diplopoden zu einer Mundklappe verwachsen. Progoneata ernähren sich vornehmlich von toter organischer Substanz, seltener von lebenden Pflanzenteilen. – Ihnen stehen die **Chilopoda** gegenüber, die auch **Opisthogoneata** genannt werden, weil ihre Geschlechtsöffnung im vorletzten Segment liegt. Der Körper ist abgeflacht. Das 1. Beinpaar hat sich zu Kieferfüßen mit starkem Gifthaken entwickelt. Lebensweise räuberisch. Im Gebiet etwa 200 Arten.

System (die **Myriapoda** sind eine paraphyletische Gruppe):
Unterklasse **Chilopoda (Opisthogoneata);**
Progoneata mit den Unterklassen **Symphyla, Pauropoda, Diplopoda**

1. Fühler als 4gliedriger Schaft, der doppelgabelig in 3 Geißeln endigt [*1*]. Erwachsene mit 9 oder 10 Beinpaaren (Junge schlüpfen mit 3 Beinpaaren). Bis 1,5 mm . . . . . Wenigfüßer, **Pauropoda** S. 179
— Fühler nicht derart gegliedert, ohne Gabeläste. Erwachsene mit mindestens 12 Beinpaaren **2**
2. Hinterende mit 2 kegelförmigen Zapfen (Spinngriffel) [*2*]. Körper bis 8 mm, weiß . . . . Zwergfüßer, **Symphyla**
3 Familien mit mehreren Arten, vor allem **Scolopendrellidae** (Rückenschilder hinten jederseits in dreieckigen Lappen ausgezogen; häufig **Symphylella vulgaris** (HANS.) und **Scutigerellidae** (Rückenschilder hinten höchstens ausgebuchtet; häufig **Scutigerella immaculata** NEWP.).
— Körperende ohne derartige Spinngriffel **3**
3. Beine zu je 2 Paaren an jedem Körperring (außer bei den vordersten u. dem letzten). Fühler höchstens 8–9gliedrig . **Diplopoda** S. 180
— Körperringe nur mit 1 Beinpaar. Endbeinpaar abweichend, langgestreckt. Fühler mindestens 10gliedrig Hundertfüßer, **Chilopoda** S. 185

Pauropoda, Wenigfüßer

Zarte Tiere im feuchten Boden (Wald, Wiese, Feld).
1. Rumpf mit 10 Rückenschildern (Tergiten) . . **Brachypauropodidae**
— Rumpf mit 6 Tergiten **2**
2. Kopf von Tergit völlig bedeckt . . . . **Eurypauropodidae**
— Kopf frei vorragend **3**
3. Auf Kopf u. Tergiten kurze, lanzenförmige, fein behaarte Borsten **Scleropauropodidae**
— Ohne derartige Borsten . . . . **Pauropodidae** **4**
4. Basalglied der unteren 2geißligen Fühlergabel zylindrisch 4; **Pauropus** LUBB.
Häufig **P. huxleyi** LUBB.
— Basalglied der unteren Fühlergabel ± keulenförmig 10; **Allopauropus** SILV. (incl. **Decapauropus** REMY), 2; **Stylopauropus** COOK

Diplopoda, Doppelfüßer

Körper meist stark gepanzert durch Kalkeinlagerung in das Chitin-Exoskelett. Kopf mit Fühler, großen Mandibeln u. dem Gnathochilarium (als umgewandelte Maxillen). An jeder Kopfseite Augenfelder, die aus Einzelaugen („Ocellen") bestehen (ohne Mittelaugen, die den Ocellen der Insekten entsprechen). Hinter Kopf Halsschild ohne Extremität. Rumpf aus Doppelsegmenten zusammengesetzt, mit einem vorderen Prozonit [P: *10*] u. einem hinteren Metazonit [M: *10*], erste 3 Segmente nur mit 1 Beinpaar, bei vielen Arten 7. Segment beim ♂ ohne Laufbeine, mit in Taschen versenkbaren Gonopoden. Häufig mit Wehrdrüsen an den Seiten. Hinterende mit Analklappen. Nahrung: sich zersetzendes organisches Material, Pilze, auch frische Pflanzenteile. Im Gebiet etwa 130 Arten.
Tabelle gilt für Erwachsene, bei Jungtieren ist Zahl der Rumpfringe u. Beine geringer.

System:
Unterklasse **Penicillata,** Ordnung **Polyxenida (Polyxenidae);**
Unterklasse **Pentazonia**, Ordnung **Glomerida (Glomeridae, Glomeridellidae, Trachysphaeridae);**
Unterklasse **Helminthomorpha** mit den Ordnungen **Polyzoniida (Polyzoniidae), Chordeumatida (Craspedosomatidae, Chordeumatidae), Julida (Blaniulidae, Julidae), Polydesmida (Polydesmidae, Macrosternodesmidae, Paradoxosomatidae).**

1. Büschelförmig angeordnete Haare auf Rücken und Seiten [*3*]. Mit 13 Beinpaaren . . . . Pinselfüßer, **Polyxenida, Polyxenidae**
Nur **Polyxenus lagurus** (L.) (2,5–3,2 mm), unter Rinde, Moos, in Streu.
— Ohne solche Haarbildungen. Wenigstens mit 17 Beinpaaren . **2**
2. Körper gedrungen, zur Kugel einrollbar. Weniger als 14 Rumpfringe, am vorletzten die Begattungsfüße (Gonopoden).
Rolltausendfüßer, **Glomerida** **3**

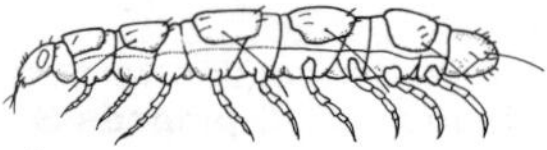
1

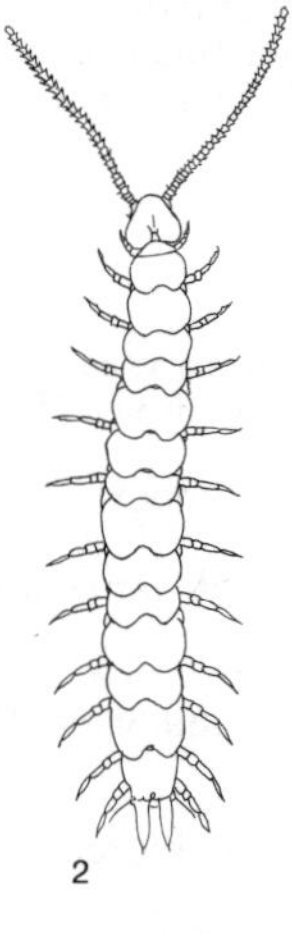
2

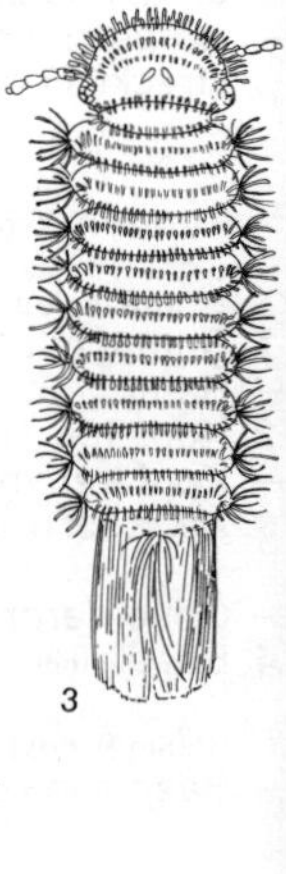
3

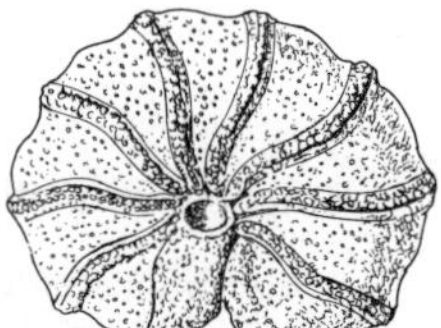
4

5

— Körper gestreckt. Mindestens 19 Rumpfringe, am 7. die Gonopoden **5**

3. Oberseite rauh mit Höckern. Rückenschilder mit aufgebogenen Rändern [*4*]. 2–4 mm . . . . **Trachysphaeridae**

Nur **Trachysphaera (Gervaisia) costata** (WAGA) kalkliebend, im Mittelgebirge.

— Oberseite glatt, ohne aufgebogene Ränder [*5*] **4**

4. Rückenschilder fein behaart. Körper höchstens 5 mm lang **Glomeridellidae**

Nur **Glomeridella germanica** VERH. (4–5 mm), Alpen.

— Rückenschilder nicht behaart . . . . **Glomeridae**

a) Ohne Augen. Weißlich. Körper höchstens 3 mm lang: 2; **Geoglomeris** VERH., z. B. **G. subterranea** VERH. (2,5–3 mm), selten.

b) Mit Augen. Körper pigmentiert, über 4 mm lang: 11; **Glomeris** LATR., Waldtiere, **G. pustulata** LATR. (schwarz, Ringkanten hell gesäumt, über dem Rücken 2 Reihen gelber Flecke); **G. hexasticha** BRANDT (mit 6 Längsreihen Flecken auf dem Rücken); **G. marginata** (VILL.) (ungefleckt, glänzend), einzige Glomeride NW-Deutschlands; **G. conspersa** C. L. KOCH u. **G. undulata** C. L. KOCH (mit unregelmäßigen Sprenkelflekken); weitere Arten z. T. ähnlich.

5. Rumpf mit 19–20 Ringen . . . . . Bandfüßer, **Polydesmida** **6**

— Rumpf mit mehr als 25 Ringen **8**

6. Rückenschilder mit gezähnten Seitenflügeln [*6*], Körper abgeflacht **Polydesmidae**

Nur 9; **Polydesmus** LATR., **P. superus** (LATZ.) (19 Segmente, 28–29 Beinpaare; 7–10 mm), Kulturland, Waldränder, Erlenbrüche. Die anderen Arten [*6*] mit 20 Segmenten u. 30–31 Beinpaaren: **P. germanicus** VERH. (höchstens 8 mm, weiß); sichere Bestimmung der 7 übrigen, nie weißen **Polydesmus**-Arten nur nach Gonopoden. Häufig u. verbreitet sind **P. denticulatus** C. L. KOCH u. **P. inconstans** LATZ. (**coriaceus** POR.) (etwa 10–16 mm), in Wald u. Feld. Größte Art ist **P. complanatus** (L.) (16–28 mm).

— Ohne gezähnte Seitenflügel, Körper drehrund **7**

7. Körper klein, bis 5 mm. Weißlich . . . . . **Macrosternodesmidae**

Macrosternodesmus palicola BRÖL. (19 Rumpfringe; weiß; 4 mm), synanthrop u. in Höhlen. **Ophiodesmus albonanus** (LATZ.) (20 Ringe, Rückenschilder ohne Querfurche; gelblichweiß; 5 mm), Kulturland.

— Körper groß, über 15,5 mm. Braun bis schwarz **Paradoxosomatidae**

Oxidus (= Orthomorpha) gracilis (C. L. KOCH) (20 Ringe, Rückenschilder mit tiefer Querfurche; Rücken braun, Bauchseite heller; 16–23 mm), Gewächshäuser, Gärten. **Strongylosoma pallipes** (OLIV.) (Querfurche der Rückenschilder nur mäßig tief; Rükken mit Doppelreihe heller Flecken; 15–23 mm), Flußufer, Wiesen, feuchte Wälder im östlichen Deutschland.

8. Rumpf mit scharfen Seitenkanten, nach oben gewölbt, nach unten abgeflacht (Querschnitt [*7a*]). Kopf nach vorn kegelförmig verschmälert, sehr klein [*7*] . . . . Saugfüßer, **Polyzoniida, Polyzoniidae**

Nur **Polyzonium germanicum** BRANDT (30–35 Segmente; Rücken orangegelb; 9–17 mm), in feuchtem Laub u. Humus.

— Querschnitt des Körpers rund. Kopf nicht kegelförmig zugespitzt **9**

9. Rumpf mit 28–30 Ringen . . . Samenfüßer, **Chordeumatida** **10**

— Rumpf mit mehr als 32 Ringen . . . . Schnurfüßer, **Julida** **11**

10. Seiten der Körperringe von oben gesehen mit Buckeln oder Flügeln. Rückenschilder mit je 6 langen Borsten . . . **Craspedosomatidae**

Mehrere Gattungen. Verbreitet: **Craspedosoma rawlinsii** LEACH [*8*] (15–20 mm), Erlenbrüche u. Hochmoore. **Rhymogona alemannica** (VERH.), besonders in Süd- u. Mitteldeutschland.

Verwandt sind **Mastigophorophyllidae** (Borsten stachelartig, Färbung braun bis schwarz) u. **Haaseidae** (vorwiegend hell gefärbt).

— Seiten der Körperringe von oben gerade u. glatt **Chordeumatidae**
Melogona (Microchordeuma) voigti (VERH.) (grau; etwa 7 mm), Kulturfolger, in Gärten. **M. gallicum** (LATZ.) (gelb; 8–9 mm), westlich des Rheins. **Chordeuma sylvestre** LATZ. (Kopf dunkler; 13–18 mm), in Wäldern. **Mycogona (Orthochordeuma) germanicum** (VERH.) (Kopf nicht dunkler; 13–16 mm), in Wäldern, Mitteldeutschland; ähnlich, aber mehr südlich der Donau 2 Arten von **Orthochordeumella** VERH.

11. Rückenschilder oberseits furchenlos, nur seitlich gerieft [*9*] **Blaniulidae** S. 182

— Rückenschilder auch oben gefurcht [*10*] . . . . . **Julidae** S. 182

Familie: **Blaniulidae**

1. Ohne Augen . . . . **Blaniulus** GERV., **Boreoiulus** BRÖL.
Bl. guttulatus (BOSC.) (ohne Scheitelfurche; Rumpf hell mit seitlicher Längsreihe rotbrauner Flecke; 8–15 mm), im Kulturgelände häufig. **Bo. tenuis** (BIGL.) (ähnlich, aber Prozonite [P: *10*] deutlich gefeldert u. Borsten des Hinterrandes der Metazonite [M: *10*] sehr kurz; 7–11 mm). **Bo. pallidus** (BRADE-BIRKS) (grauweiß; mit Scheitelfurche, Hinterränder der Metazonite mit langen Borsten; 8,5–15 mm), selten. Nur **Blaniulus** dunkelt in Alkohol stark nach!

— Mit Augen (als Haufen von Ocellen an jeder Seite des Kopfes) **2**

2. Jederseits vielreihiger dreieckiger Ocellenhaufen
Nemasoma (= **Isobates**) **varicorne** C. L. KOCH
6–10 mm. Besonders unter Rinde.

— Ocellen in 1–2 Reihen angeordnet [*9*]
Proteroiulus SILV., **Choneiulus** BRÖL., **Nopoiulus** MENGE
P. fuscus (AM STEIN) (Ocellen in einer sich nach vorn verdoppelnden Reihe [*9*]; Tier wird in Alkohol dunkel lilarot; 7–15 mm), schattenliebend, besonders in Hochmooren u. Brüchen, auch im Kulturgelände. **Ch. palmatus** (NĚMEC) (Ocellen meist nur in einer Reihe, die allerdings Tendenz zur Verdoppelung haben kann; Borsten an Hinterrändern der Rückenschilder lang, bis über die Hälfte des folgenden Rückenschildes reichend; 5–15 mm), in Kulturland u. Gewächshäusern. **N. minutus** (BRANDT) (Ocellen wie bei voriger Art; Borsten aber viel kürzer; Seitenfurchung sehr fein u. dicht; 5–11 mm), in offenem Gelände.

Familie: **Julidae**

1. Die an den Seiten liegenden Poren der Wehrdrüsen ein Stück hinter der Naht der Metazonite (hinterer, breiterer Teil eines Doppelsegmentes [M: *10*]) **2**

— Poren an oder in der Naht der Metazonite [*11*] **6**
Zum Betrachten der Poren muß Alkoholmaterial zwischen Filtrierpapier etwas getrocknet werden!

2. Prozonite (vorderer, schmälerer Teil eines Doppelsegments [P: *10*]) mit Furchen oder Riefen **3**

— Prozonite glatt, ohne Furchen oder Riefen **4**

3. Prozonite mit deutlicher Querfurchung . . . **Tachypodoiulus** VERH.
Nur **T. niger** (LEACH) (= **albipes**) (schwarzbraun mit hellen Beinen; 15–39 mm).

— Prozonite mit feiner Schrägstreifung.
Ommatoiulus (Schizophyllum) LATZ.

O. sabulosus (L.) (Rücken mit rötlich-gelber Doppellängsbinde; 14–47 mm), besonders auf sandigen u. warmen Böden, klettert sogar im Gesträuch; **O. rutilans** (KOCH) (einfarbig schwarzbraun; 24–42 mm).

4. Furchung der Metazonite sehr undeutlich.
Xestoiulus (Microiulus) VERH.

Nur **X. laeticollis** (POR.) (9–14 mm), Ufer, Erlenbrüche.

— Furchung der Metazonite deutlich und regelmäßig **5**

5. 2. Beinpaar des ♂ an der Hüfte mit großem Fortsatz, ♀ (meist) mit über 50 Segmenten . . . . **Julus** L., **Pachypodoiulus** VERH.

J. scandinavius LATZ. (einfarbig braun; 22–35 mm), in Wäldern häufig; **J. scanicus** LOHM. (Rücken rötlichbraun mit dunklem Mittelstreif; 17–27 mm), Havelgebiet u. Salzstellen bei Oldesloe. **Pachypodoiulus eurypus** (ATT.) (13–20 mm), Alpen.

— 2. Beinpaar des ♂ ohne solchen Fortsatz; 1. Beinpaar = hakenartiges Gebilde (Uncus) . . . . . 2; **Ophyiulus** VERH., 11; **Leptoiulus** BERL.

O. pilosus (NEWP.) (= **fallax**) (♂: Uncus groß u. in Aufsicht divergierend, ♀ mit über 50 Segmenten; 16–42 mm). **Leptoiulus** (♂: Uncus klein, in Aufsicht parallel, ♀ (meist) mit weniger als 50 Segmenten), häufigste Art **L. proximus** (NĚMEC) (19–31 mm), besonders in Wäldern.

6. Körperende unterseits mit kopfwärts gerichtetem Dorn [*12*]
Unciger BRANDT

Nur **U. foetidus** (C. L. KOCH) (20–28 mm), in Wäldern u. auf Feldern.

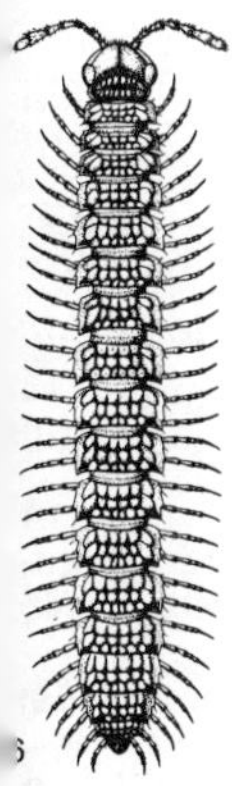

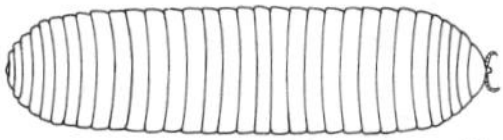

7

7a

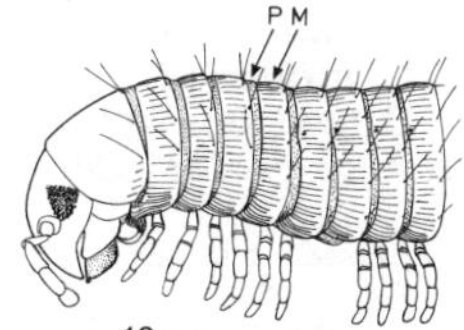

10

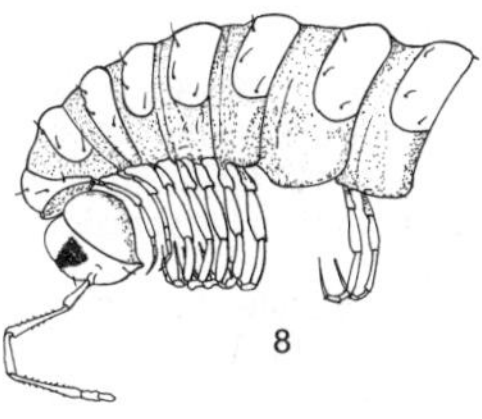

8

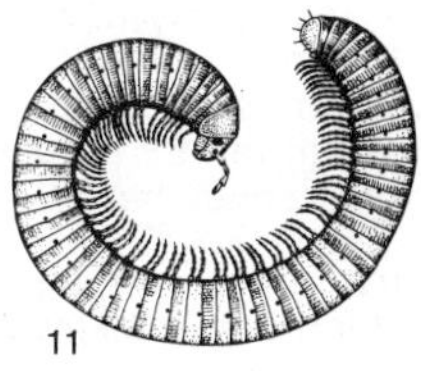

11

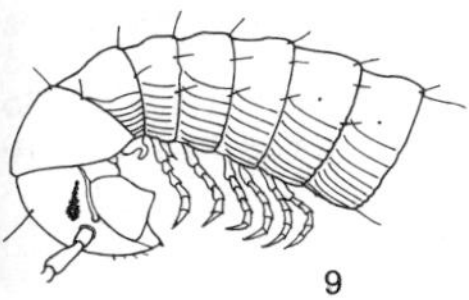

9

12

13

14

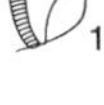

15

16

— Körperende unterseits ohne Dornfortsatz 7
7. Körper (bei frischem Material) mit 1–2 hellen Längsbinden . 15
— Körper ohne helle Längsbinden
Enantiulus (= **Metaleptophyllum**) ATT., **Allajulus** C. L. KOCH und **Cylindroiulus** VERH. 8
8. Hinterende mit Präanalfortsatz (Schwänzchen) [*13–15*] . . . 9
— Hinterende ohne Schwänzchen [*16*] 12
9. Schwänzchen kräftig, aber abgerundet, nicht zugespitzt [*13*]. Linsen der Einzelaugen (Ocellen) in den Augenfeldern einzeln gewölbt, daher gegeneinander scharf abgesetzt 11
— Schwänzchen zugespitzt [*14, 15*]. Augenfelder jederseits des Kopfes bilden ± einheitliche Fläche, da Einzellinsen wenig getrennt sind 10
10. Schwänzchen leicht abwärts gebogen [*14*]
E. nanus (LATZ.) (Körper 0,5–1 mm breit, 7–20 mm lang). **A. nitidus** (VERH.) (über 1 mm breit, 12,5–32 mm lang).
— Schwänzchen gerade
C. zinalensis (FAËS) (13–23 mm), Süddeutschland, Alpen.
— Schwänzchen an Spitze etwas hochgebogen [*15*]
A. (= **Kryphoiulus**) **occultus** (KOCH) (9–13 mm), verbreitet. **A. groedensis** (ATT.) (15–27 mm), Alpen.
11. Schwänzchen kurz u. dick [*13*]. Furchung der Metazonite sehr dicht
C. punctatus (LEACH) (= **silvarum**)
13–28 mm. Besonders in Wäldern.
— Schwänzchen schlanker. Furchung der Metazonite mäßig dicht
C. luridus (C. L. KOCH) (20–40 mm); **C. meinerti** (VERH.) (22–31 mm); **C. fulviceps** ATT. (22–34 mm), im Gebirge.
12. Augenfelder jeder Seite bilden ± einheitliche Fläche
C. latestriatus (CURT.) (= **frisius**)
Halsschild mit 2–3 seitlichen Furchenstrichen. 9–18 mm. Eine ähnliche, verwandte Art, **C. britannicus** (VERH.) bei uns in Gewächshäusern.
— Linsen der Ocellen in den Augenfeldern jede mit eigener Wölbung, daher gegeneinander scharf abgesetzt 13
13. Graugelb mit dunklem Rückenlängsband . . **C. boleti** (C. L. KOCH)
15–36 mm. Bayern, Alpen.
— Körper ohne Rückenlängsband 14
14. Rand der Analklappe am Körperende mit 4–5 Borstenpaaren. Halsschild mit 6–10 feinen seitlichen Furchenstrichen. Jederseits 37–45 unterscheidbare Ocellen. 20–35 mm [*11*]
C. caeruleocinctus (= **londinensis,** = **teutonicus**)
Häufigste Art der Felder u. Gärten.
— Rand der Analklappe meist mit 6 Borstenpaaren. Halsschild mit 3–4 seitlichen Furchenstrichen. Jederseits 30–35 unterscheidbare Ocellen. Höchstens 18 mm. Synanthrop . . . . . **C. truncorum** (SILV.)
15. Hinterende mit spitzem Schwänzchen
2; **Megaphyllum** (= **Chromatoiulus**) VERH.
Häufig **M. unilineatum** (KOCH) (25–35 mm), wärmeliebend.
— Schwänzchen fehlt oder ist sehr kurz u. abgerundet. Jederseits 20–35 gut unterscheidbare Ocellen. 7–10 mm **Brachyiulus pusillus** (LEACH)

Chilopoda, Hundertfüßer

Körper ± flach. Kopf neben 1 Paar Fühlern mit 1 Paar Mandibeln u. 2 Paar Maxillen. Kopf jederseits mit einem Augenfeld aus Einzelaugen (Ocellen), das reduziert sein kann. 1. Extremitätenpaar des Rumpfes zu Kieferfüßen umgebildet, ihr Basalglied bei manchen Arten mit Zähnchen, Krallen (Giftklaue) bei manchen Arten mit Zahn. An Hüften der hinteren 4 Beinpaare häufig mit Coxaldrüsen. Häufig Brutpflege. Nahrung: Arthropoden, die durch Biß mit der Klaue des Kieferfußes getötet werden. Im Gebiet etwa 50 Arten.

System:
Notostigmophora (= Scutigeromorpha) (Scutigeridae);
Pleurostigmophora mit **Geophilomorpha (Himantariidae, Schendylidae, Scolioplanidae, Geophilidae);**
Scolopendromorpha (Cryptopidae);
Lithobiomorpha (Lithobiidae, Henicopidae)

1. Körper kürzer, 8 Rückenschilder (Tergite) sichtbar. Hochbeinig, Beine nach dem Hinterende des Körpers zu länger werdend
Spinnenasseln, **Scutigeromorpha, Scutigeridae**
Nur **Scutigera coleoptrata** (L.) [*17*] (bis 24 mm), in Weinbergen SW-Deutschlands eingeschleppt, selten.
— Körper gestreckter, mindestens 15 Tergite sichtbar (diese können verschieden lang sein!), Beine anders **2**
2. Mit 15 Beinpaaren (Jungtiere schlüpfen mit 7!) **Lithobiomorpha** **3**
— Mit über 20 Beinpaaren. Augen fehlen **4**
3. Jederseits am Kopf mit 1 Ocellus (Einzelauge) . . . **Henicopidae**
Nur **Lamyctes fulvicornis** Mein. (gelbbraun; 7–11 mm), parthenogenetisch, an Flußufern u. auf Feldern.
— Jederseits am Kopf 2–40 Ocellen . Steinläufer, **Lithobiidae** S. 186

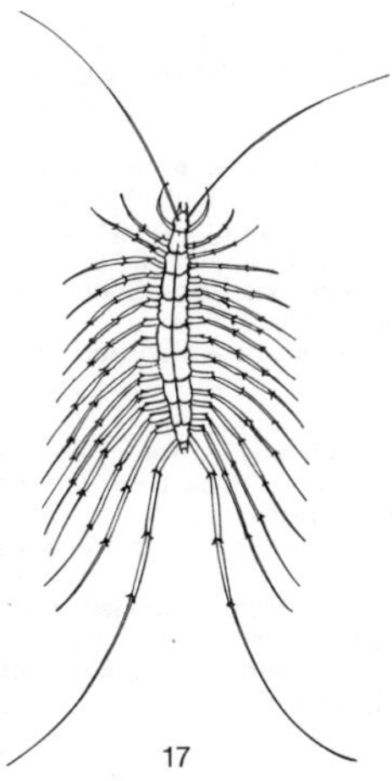
17

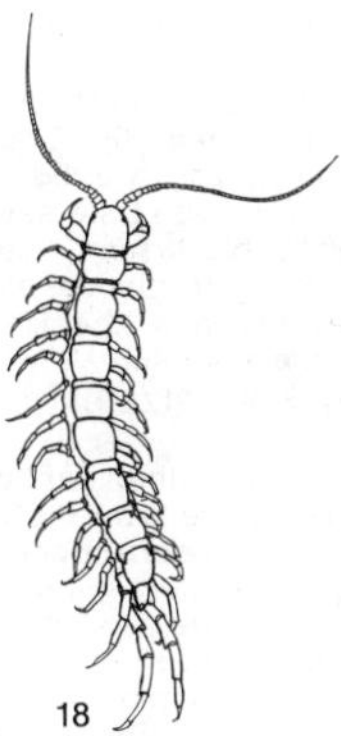
18

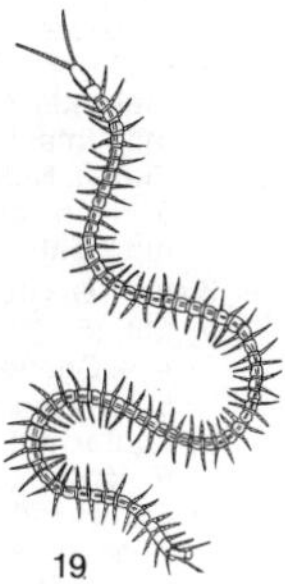
19

4. Mit 21 Beinpaaren, Fühler 17gliedrig
Riesenläufer, **Scolopendromorpha, Cryptopidae**
Cryptops hortensis LEACH (hintere Kopfhälfte ohne Nähte; 15–25 mm), verbreitet; **C. parisi** BRÖL. (hintere Kopfhälfte mit Nähten; 15–25 mm), selten. Beide Arten in Laubwäldern.

— Mit über 30 Beinpaaren, Fühler 14gliedrig [*19*]
Erdläufer, **Geophilomorpha** **5**

5. Körper nach vorn verschmälert, mit kleinem Kopf. Krallenglied des Kieferfußpaares an Innenseite mit großem Zahn
Dignathodontidae (= **Scolioplanidae**)
Strigamia acuminata (LEACH) (mit 39–43 Beinpaaren; bis 34 mm). 3 weitere Arten (darunter **St. maritima** VERH. in der Gezeitenzone Helgolands) haben 45 u. mehr Beinpaare.

— Körper nach vorn nicht auffallend verschmälert. Krallenglied des Kieferfußpaares ohne solchen Zahn, höchstens mit kleinen Zähnchen an der Basis **6**

6. Mit 87–109 Beinpaaren . . . . **Himantariidae**
Nur **Haplophilus subterraneus** (SHAW) (70–80 mm), in NW-Deutschland.

— Mit höchstens 80 Beinpaaren **Geophilidae** u. **Schendylidae** S. 187

Familie: **Lithobiidae,** Steinläufer

Rasch laufende Räuber, in Laubstreu, unter Steinen, unter Rinde. Nahrung: Arthropoden.

1. An den Hüften (= basales Beinglied) der 3 letzten Beinpaare sind Mündungen der Coxaldrüsen verstreut od. in mehreren Reihen angeordnet (Tier von Unterseite betrachten!) . . . **Eupolybothrus** VERH.
E. grossipes (C. L. KOCH) (Rücken mit Längsreihen dunkler Flecken; 30–45 mm); **E. tridentinus** (FANZ.) (ohne dunkle Längsbinden; 16–25 mm). Beide Arten an felsigen Stellen Süddeutschlands u. in den Alpen.

— Mündungen der Coxaldrüsen in einer Reihe angeordnet [*18*]
24; **Lithobius** LEACH **2**

2. Einige Tergite am Hinterrand jederseits in Fortsatz ausgezogen
a) 7., 9., 11. u. 13. Tergit ausgezogen: **L. validus** MEIN. (18–30 mm), Bayern, Alpen.
b) 11. u. 13 Tergit deutlich ausgezogen: **L. borealis** MEIN. (10–12 mm), Rheinland, Österreich, selten.
c) 11. u. 13. Tergit mit nur angedeutetem Fortsatz: **L. mutabilis** L. KOCH (braun mit dunklerem Mittellängsstreifen; 10–16 mm), häufig außer in NW-Deutschland.
d) 9., 11. u. 13. Tergit ausgezogen u. Basalglied der Kieferfüße am Vorderrand mit mehr als 2 Zähnchen (Tier von Unterseite betrachten!): **L. forficatus** (L.) (Endbeine mit einfacher Endkralle; bis 33 mm), häufigste Art. **L. piceus** L. KOCH (Endbeine mit End- u. Nebenkralle; Kopf viel dunkler als Rumpf; bis 21 mm).
e) 9., 11. u. 13. Tergit ausgezogen, aber Basalglied der Kieferfüße am Vorderrand nur mit 2 Zähnchen: 8 weitere Arten.

— Kein Tergit in einen Fortsatz ausgezogen
a) Mit 18–22 Fühlergliedern. Körper 6–10 mm: **L. aeruginosus** L. KOCH (jederseits 4–6 Ocellen in einer Längsreihe); der häufige **L. crassipes** L. KOCH u. der seltenere **L. curtipes** C. L. KOCH jederseits mit 6–12 Ocellen in 2 Längsreihen.
b) Fühler mit mehr als 24 Gliedern. Kopf jederseits mit 3 Ocellen: **L. microps** MEIN (6–9 mm), besonders im Kulturgelände.
c) Fühler mit mehr als 24 Gliedern. Kopf jederseits mit mindestens 7 Ocellen: 3 Arten ohne, 4 Arten mit Nebenkrallen; unter letzteren **L. calcaratus** KOCH (7–9 Ocellen Fühler 39–50gliedrig; 11–14 mm), in trockenwarmen Biotopen, u. **L. erythrocephalus** C. L. KOCH (9–14 Ocellen; Fühler 27–40gliedrig; 9–16 mm).

Familien: **Geophilidae** u. **Schendylidae**

1. Tergit des Kieferfußsegments auch hinten nicht breiter als der Kopf. Kieferfüße kräftig, ragen über den Kopf u. sind seitlich desselben von oben her in ganzer Länge sichtbar
(Geophilidae) Pachymerium C. L. KOCH
Nur **P. ferrugineum** (C. L. KOCH) (20–35 mm), an trockenen, sonnigen Biotopen, auch nahe der Meeresküste. Auch als zur Familie **Chilenophilidae** gehörig betrachtet.

— Tergit des Kieferfußsegments am Hinterrand breiter als der Kopf. Endglieder der Kieferfüße von oben gesehen ziemlich verdeckt, oft nur ein Stück ihres Grundgliedes sichtbar **2**

2. Letztes Beinpaar mit schlanken Gliedern
(Geophilidae) Geophilus (s. l.) **3**

— Letztes Beinpaar mit bauchigen Gliedern; stiftchenförmiges Endglied viel schmäler u. halb so lang wie das vorletzte, mit kaum sichtbarer Kralle . . . . **(Schendylidae) Schendyla** MEIN.
Nur **Sch. nemorensis** (C. L. KOCH) (mit 39–42 Beinpaaren; 14–28 mm).

3. Endbeine ohne Kralle . . . . . **Clinopodes flavidus** (C. L. KOCH)
Mit 61–75 Beinpaaren. 35–65 mm.

— Endbeine mit Kralle **4**

4. Mit mindestens 63 Beinpaaren
C. linearis (KOCH) (25–35 mm) u. **G. electricus** (L.) (35–45 mm).

— Mit höchstens 61 Beinpaaren **5**

5. Mit 37–41 Beinpaaren **Brachygeophilus truncorum** (BERGSÖ ET MEIN.)
15–18 mm, besonders in Erlenbrüchen.

— Mit 42–61 Beinpaaren

a) Hintere Maxillen mit kurzer, kegelförmiger Endkralle: **G. glacialis** VERH. (27–35 mm) u. **G. insculptus** ATT. (22–39 mm), beide besonders in Alpenländern.

b) Hintere Maxillen mit langer spitzer Endkralle: **Necrophloeophagus longicornis** (LEACH) (Kopf viel länger als breit; 3. Fühlerglied 2mal so lang wie breit; 20–40 mm), häufigste Art der Felder. Bei **G. carpophagus** LEACH (über 30 mm lang) u. **G. proximus** (C. L. KOCH) (unter 30 mm lang) Kopf fast ebenso lang wie breit u. 3. Fühlerglied nicht viel länger als breit.

Literatur

BLOWER, J. G.: Millipedes. Synopses of the British Fauna 35. London, 1985. – EASON, E. H.: Centipedes of the British Isles. London, New York, 1964. – EASON, E. H.: A review of the northwest European species of Lithobiomorpha with a revised key to their identification. Zool. J. Linnean Soc. London, 1982. – HOFFMAN, R.: Classification of the Diplopoda. Genf, 1979. – SCHUBART, O.: Diplopoda. In: Dahl, Die Tierwelt Deutschlands, Teil 28. Jena, 1934. – VERHOEFF, K.: Myriopoda. In: Brohmer, Ehrmann, Ulmer, Die Tierwelt Mitteleuropas, Bd. 2. Leipzig, 1937 (Ergänzungsteil 1964 von SCHUBART).

Klasse: **Insecta, Hexapoda,** Insekten

Gliederfüßer mit 1 Paar Antennen (Fühler) und Atmung durch Tracheen. Schwestergruppe zu den **Myriopoda;** mit diesen zum Taxon **Tracheata** oder **Antennata** zusammengefaßt. Körper gegliedert in Kopf, Thorax (Brust), Abdomen (Hinterleib). Kopf [*1a*] neben den Antennen mit 3 Paar ursprünglich kauenden (beißenden) Mundwerkzeugen: Oberkiefer (Mandibeln); Unterkiefer (Maxillen) mit Maxillartastern (Maxillarpalpen); Unterlippe (Labium) mit Labialtastern (Labialpalpen) [*1b, 1c, 1d*]. Mundwerkzeuge können sekundär in Saug- oder Stechrüssel umgebildet sein, dieser dann ohne Taster (Beispiele: Wanze [*2*], Biene [*3*], Schmetterling [*4*]). Neben den paarigen Komplexaugen (die aus „Ommatidien" bestehen) oft 2–3 Punktaugen (Ocellen) auf der Kopfmitte ausgebildet.(Die seitlich gelegenen Einzelaugen der Larven der Holometabola heißen Stemmata.) Thorax aus 3 Segmenten (Prothorax = Vorderbrust, Mesothorax = Mittelbrust, Metathorax = Hinterbrust; Rückenplatten entsprechend „Pronotum", „Mesonotum", „Metanotum") bestehend, diese mit Beinen (gegliedert in Coxa = Hüfte, Trochanter = Schenkelring, Femur = Schenkel, Tibia = Schiene, 1–5gliedrigem Tarsus = Fuß und 1–2 Krallen [*5*]). Bei pterygoten Insekten mit 2 Paar Flügeln (Vorderflügel an Mittelbrust, Hinterflügel an Hinterbrust). Schema der Flügeladerung: [*6*]; Queradern werden mit Kleinbuchstaben, Längsadern mit Großbuchstaben abgekürzt, Zellen (allseitig von Adern umgebene Areale des Flügels) werden ebenfalls mit Großbuchstaben abgekürzt. Abdomen ursprünglich aus 11 Segmenten bestehend, häufig hinten mit Cerci (z.B. [*11, 12*]), bisweilen mit weiteren Anhängen, z.B. Tracheenkiemen [*28, 50*]. Entwicklung mit unvollkommener Verwandlung (**Hemimetabola:** Jugendstadien od. Larven – Adultus) oder vollkommener Verwandlung (**Holometabola:** Larvenstadien – Puppe als Ruhestadium – Imago, Plural Imagines). Larventypen: vielbeinig (polypod) (z.B. [*45–47*]), wenigbeinig (oligopod) mit 3 Beinpaaren (z.B. [*48–51, 57–59*]), Made (apod) ohne Beine (z.B. [*60–63*]), Puppentypen: [*39–42*]. Ernährung sehr verschiedenartig, es gibt Pflanzenfresser, Streufresser, Dungfresser, Leichenfresser, Räuber und Parasiten. Landbewohner, sekundär auch im Süßwasser, selten im Meer. Konservierung von weichhäutigen Individuen in 75%igem Alkohol, stärker sklerotisierte Formen (fast alle Imagines) werden mit speziellen Insektennadeln genadelt und in dicht schließenden Insektenkästen aufbewahrt. Im Gebiet etwa 29000 Arten. Einige, z.T. stark spezialisierte Formen (vor allem Larven), sind nicht eindeutig mit folgender Tabelle bestimmbar.

Häufiger verwendete Abkürzungen: Vd = Vorder-, Mt = Mittel-, Ht = Hinter-, Abd = Abdomen, Abdominal-, Gl, gl = Glied(er), -gliedrig.

Flügeladerung [*6*]: **C = Costa, Sc = Subcosta, R = Radius, Radialzelle, Rs = Radiussektor, M = Media, Medialzelle, CuA = Cubitus anterior, CuP = Cubitus posterior, A = Analader, h = Humeralquerader, r = Radialquerader, s = Sektorialquerader, r-m = Radiomedialquerader, cu-a = Cubitoanalquerader.**

System (die Nummern bezeichnen die Ordnungen):

- **Entognatha, Entotropha** (Mundwerkzeuge ins Kopfinnere versenkt)
  - **Diplura** (1)
  - **Ellipura: Protura** (2), **Collembola** (3)
- **Ectognatha, Ectotropha** (Mundwerkzeuge frei am Kopf)
  - **Archaeognatha** (4)
  - **Dicondylia** (Mandibel mit 2 Gelenkköpfen)
    - **Zygentoma** (5)
    - **Pterygota** (mit Flügeln)
      - **Palaeoptera** (Starrflügler): **Ephemeroptera** (6), **Odonata** (7)
      - **Neoptera** (Flügel auf Abdomen zusammenlegbar)
        - **Plecoptera** (8)
        - **Paurometabola**
          - **Blattopteriformia: Dermaptera** (9), **Mantodea** (10), **Blattodea** (11), **Isoptera** (12)
          - **Orthopteroidea: Ensifera** (13), **Caelifera** (14)
        - **Paraneoptera: Psocoptera** (15), **Phthiraptera** (16), **Thysanoptera** (17), **Hemiptera** (18)

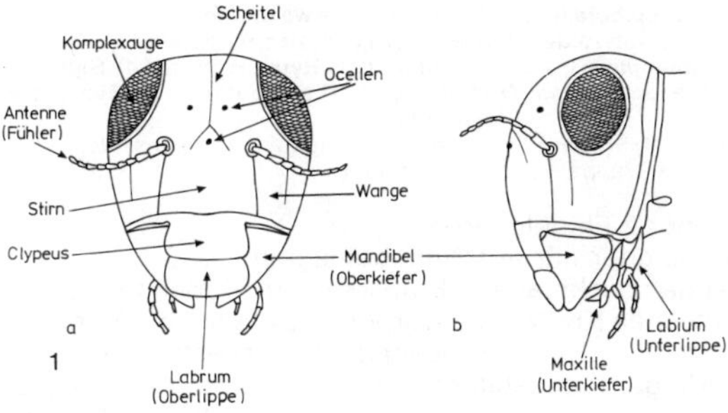
Scheitel
Komplexauge
Ocellen
Antenne
(Fühler)
Stirn
Wange
Clypeus
Mandibel
(Oberkiefer)
Labrum
(Oberlippe)
a
b
Labium
(Unterlippe)
Maxille
(Unterkiefer)
1

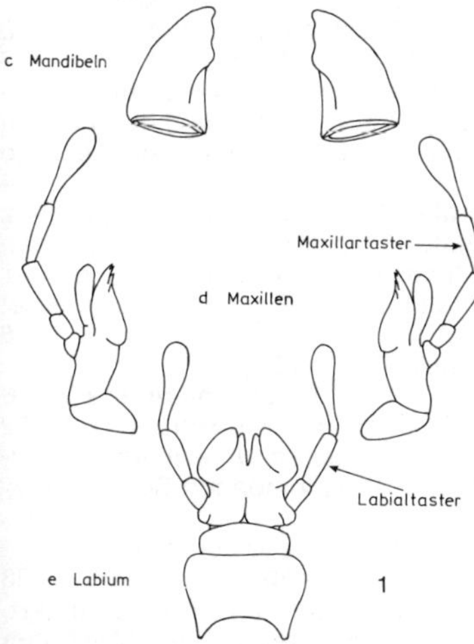
c Mandibeln
Maxillartaster
d Maxillen
Labialtaster
e Labium
1

2

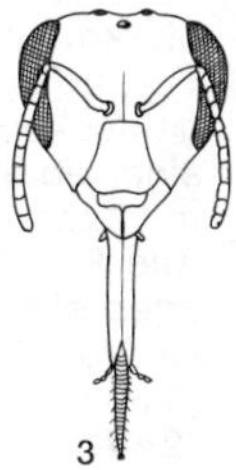
3

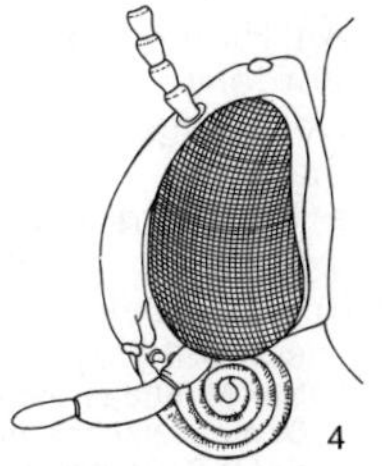
4

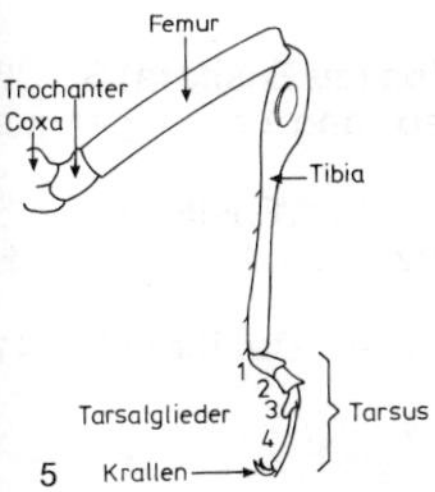
Femur
Trochanter
Coxa
Tibia
1
2
3
4
Tarsalglieder
Tarsus
Krallen
5

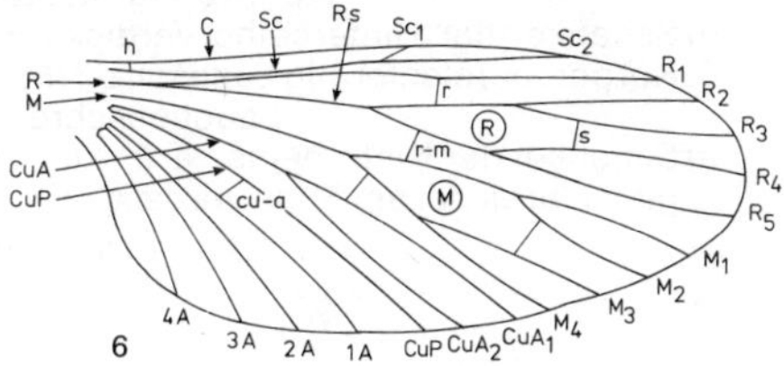
h
C
Sc
Rs
Sc1
Sc2
R
M
R1
R2
r
R
R3
s
r-m
R4
CuA
CuP
cu-a
M
R5
M1
M2
M3
M4
4A
3A
2A
1A
CuP
CuA2
CuA1
6

Holometabola (mit vollkommener Verwandlung)
Neuropteroidea: Megaloptera (19), **Raphidioptera** (20), **Planipennia** (21)
Coleoptera (22), **Strepsiptera** (23), **Hymenoptera** (24), **Siphonaptera** (25)
Mecopteroidea: Trichoptera (26), **Lepidoptera** (27), **Mecoptera** (28),
Diptera (29)

Die Ordnungen (1)–(5) wurden früher als „primär flügellose Insekten" **(Apterygota)** – eine paraphyletische Gruppe – zusammengefaßt.

1. Mit 1 oder 2 Flügelpaaren **2**
— Flügellos oder nur mit Stummelflügeln **19**
2. Flügel ganz schmal, mit Fransensaum. Fußende bläschenförmig, mit undeutlichen Krallen [*7*]. Körper 1–2 (selten bis 5) mm lang
Fransenflügler, Blasenfüße, **Thysanoptera** S. 259
— Vorderflügel rückgebildet, Hinterflügel groß, faltbar [*43*]. Körper 2–4 mm . . . . ♂ der Fächerflügler, **Strepsiptera** s. **22**
— Hinterflügel rückgebildet. Tarsen 1gliedrig mit 1 Kralle. Körper 0,5–2 mm [*8*] . . ♂ von Schildläusen, **Coccina** (zu **Rhynchota**) S. 308
— Merkmale anders und Aussehen nicht wie [*7, 43, 8*] **3**
3. Vorderflügel (= Oberflügel) in ± hornige (manchmal verkürzte) Flügeldecken umgewandelt, die nicht von Adern (Tracheen) durchzogen sind, aber skulpturiert sein können. Mundwerkzeuge beißend, also mit Tastern [*1a–1d*] **4**
— Alle Flügel ± dünnhäutig. Wenn aber Vorder-(= Ober-)flügel ganz oder teils derber erscheinen als Hinter-(= Unter-)flügel, dann werden sie von Adern durchzogen od. Mundwerkzeuge sind als unpaarer (manchmal kurzer) Rüssel ausgebildet, der am Ende keine Taster hat [*2–4*] **5**
4. Hinterleibsende ohne Zangen. Habitus z. B. [*9, 10*]
Käfer, **Coleoptera** S. 316
— Am Hinterleibsende mit Zangen [*11*] Ohrwürmer, **Dermaptera** S. 232
5. Vorder-(= Ober)flügel meist derber als Hinter-(= Unter)flügel. Mundwerkzeuge beißend. Gestalt wie [*12–16*] mit folgenden Sondermerkmalen:
a) Kopf vom Halsschild ± stark überdeckt u. Körper abgeflacht [*12*]
Schaben, **Blattodea** S. 233
b) Vorderbeine in Fangbeine umgebildet. Prothorax stark verlängert, schmal [*13*] . . . . Fangschrecken, **Mantodea**
Nur **Mantidae** mit **Mantis religiosa** L. [*13*], Gottesanbeterin (grün od. braun; 40–60 mm), Räuber, im Süden, sehr selten, z. B. in warmen Lagen am Kaiserstuhl. **In der B.R. Deutschland besonders geschützt.**
c) Vorderbeine zu Grabbeinen umgebildet [*14*]
Maulwurfsgrille, **Gryllotalpa** (zu **Ensifera**) S. 236
d) Schenkel der Hinterbeine verdickt. Fühler so lang od. länger als Körper, borstenförmig zugespitzt [*15*]
Laubheuschrecken u. Grillen, **Ensifera** S. 235
e) Schenkel der Hinterbeine verdickt. Fühler kürzer als der Körper, ± gleich breit od. am Ende verdickt [*16*]
Feldheuschrecken, **Caelifera** S. 241

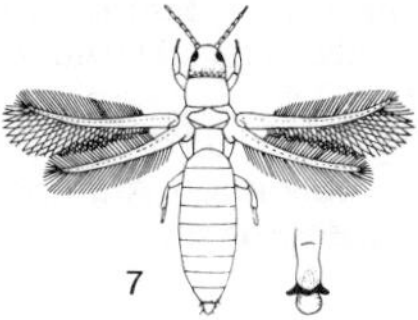

7

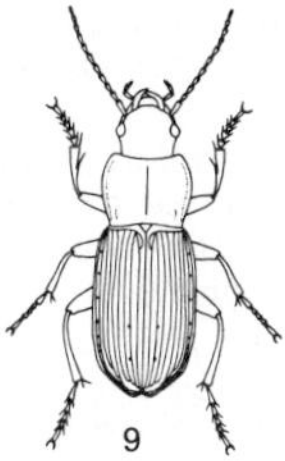

9

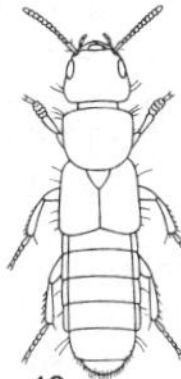

10

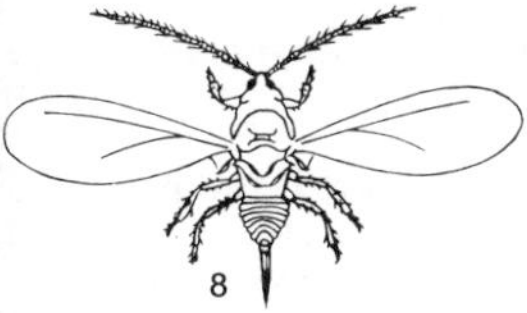

8

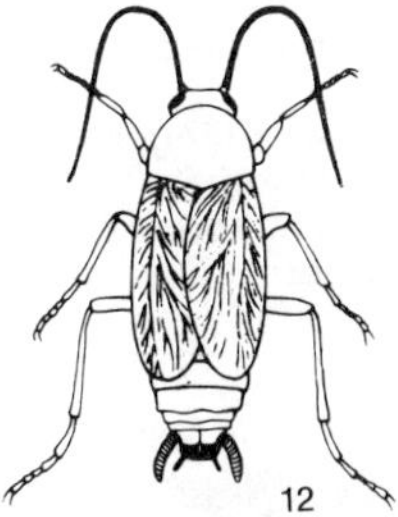

12

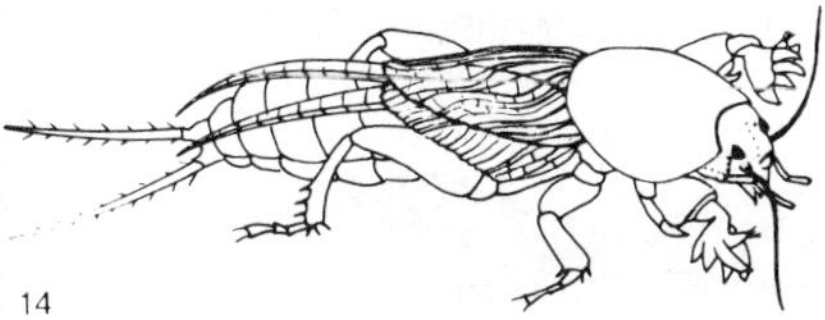

14

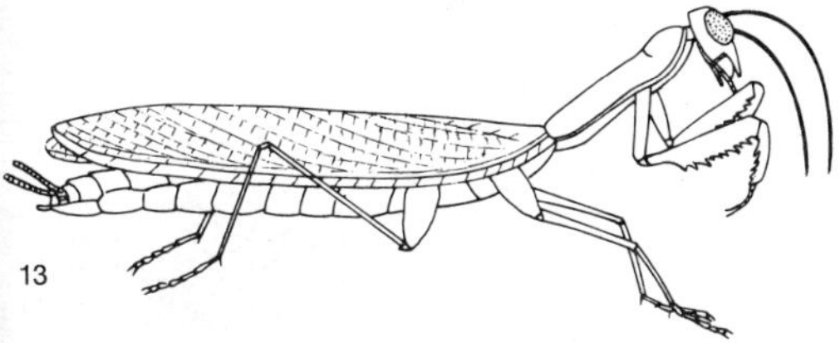

13

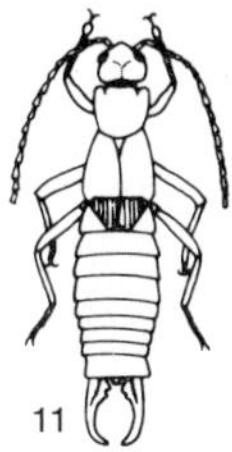

11

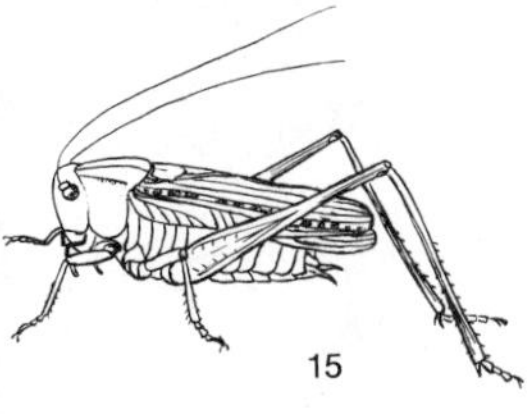

15

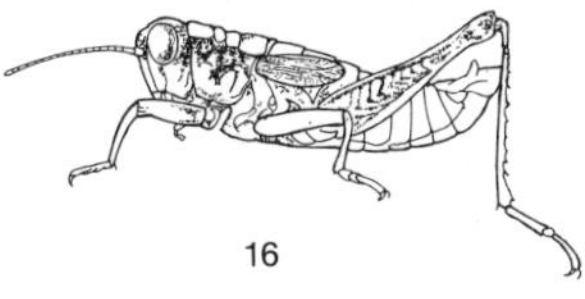

16

— Vorderflügel meist weichhäutig wie Hinterflügel (diese können auch fehlen). Mundwerkzeuge beißend, saugend od. reduziert. Habitus anders **6**

6. Vorderflügel wenigstens doppelt so großflächig wie Hinterflügel (letztere können fehlen). Körperende mit 2–3 fadenförmigen Anhängen. Mundwerkzeuge reduziert [*17*] Eintagsfliegen, **Ephemeroptera** S. 212

— Andere Merkmalskombination **7**

7. Tarsen 1–3gliedrig **8**

— Tarsen 4–5gliedrig **12**

8. Mundwerkzeuge als Stechrüssel ausgebildet [*2, 18*] Schnabelkerfe, **Rhynchota** S. 263

— Mundwerkzeuge reduziert oder beißend **9**

9. Fühler kürzer als der Kopf. Flügel eng netzadrig [*19*] Libellen, **Odonata** S. 218

— Fühler länger als der Kopf. Flügel netz- oder wenigadrig . . **10**

10. Hinterflügel so breit od. breiter als Vorderflügel (oder wenn schmaler, dann Vorderflügel ohne Flügelrandmal (Pterostigma) u. mit vielen Adern) [*20*] . . . . . . Stein- oder Uferfliegen, **Plecoptera** S. 227

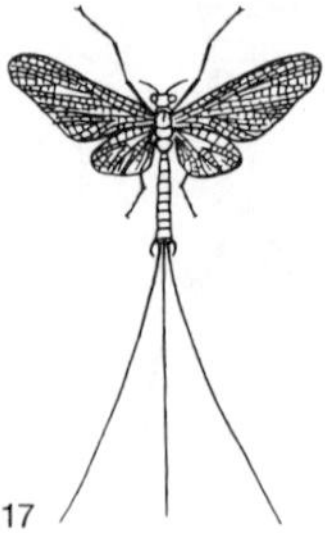
17

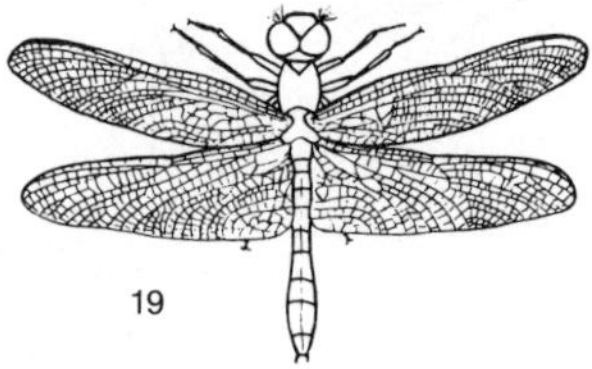
19

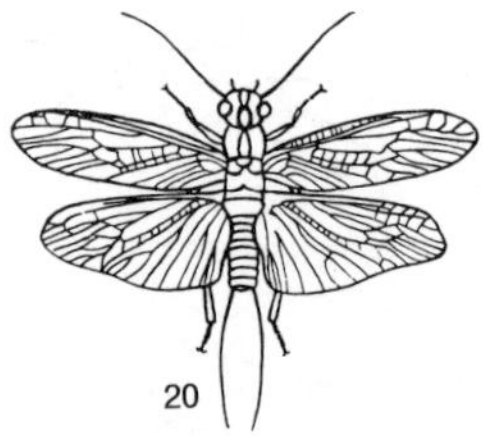
20

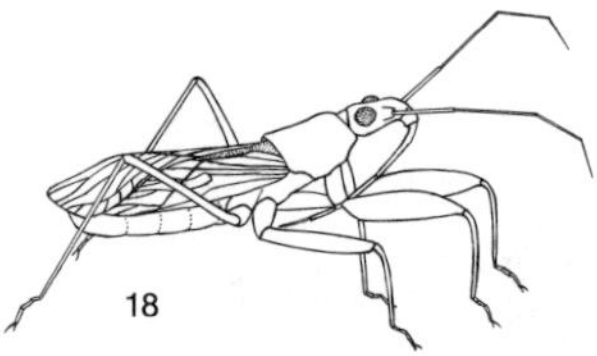
18

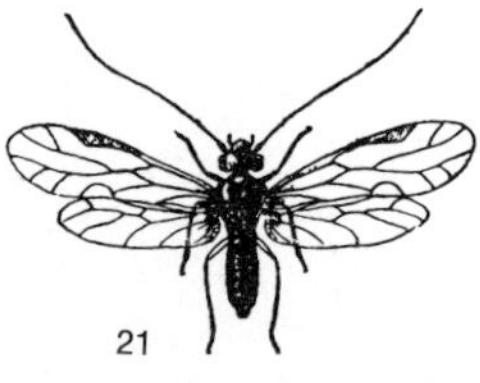
21

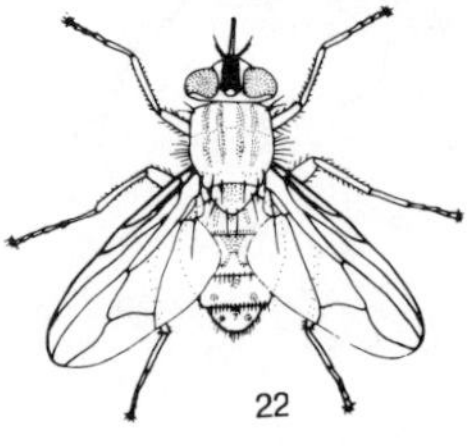
22

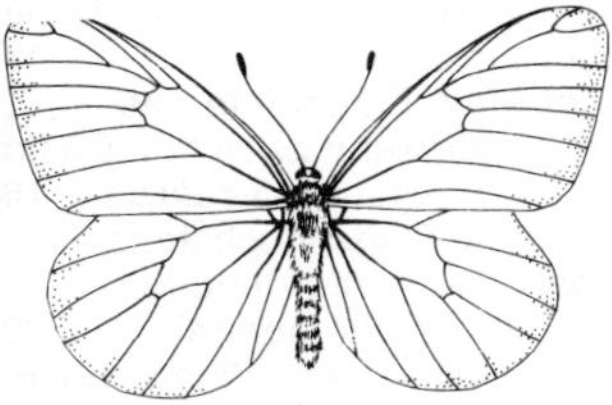
23

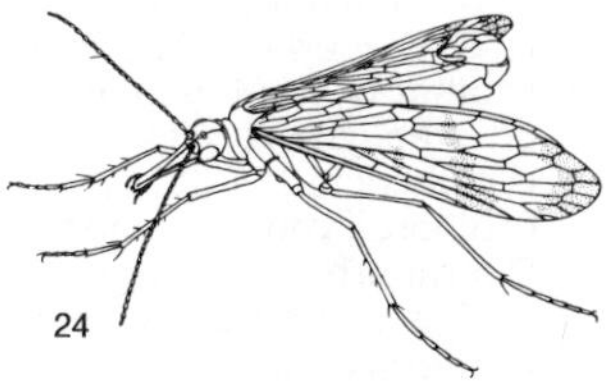
24

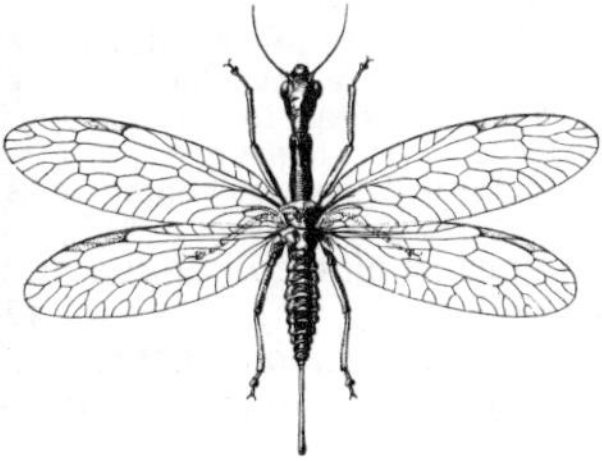

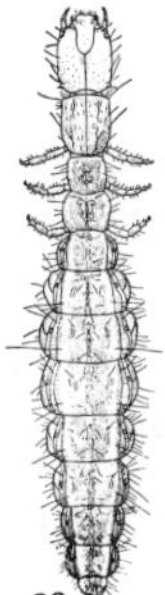
26

28

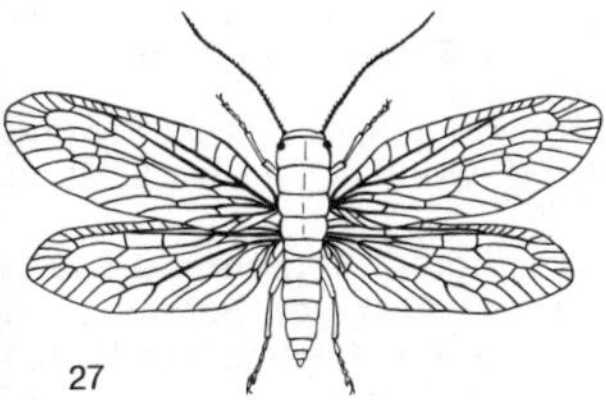
27

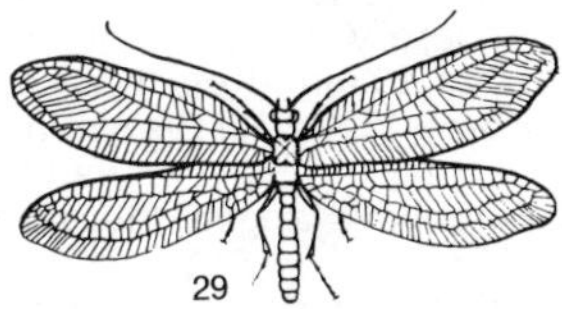
29

— Hinterflügel schmaler als Vorderflügel (Vorderflügel entweder mit Pterostigma od. Aderung stark reduziert) **11**

11. Fühler meist länger als Körper, Vorderflügel mit oft dunklem Pterostigma [*21*] . . . . Rindenläuse, **Psocoptera** S. 250

— Fühler kürzer als halber Körper, Flügeladerung stark reduziert einige parasitische **Hymenoptera** S. 373

12. Mit 2 Flügeln [*22*] . . . . Zweiflügler, **Diptera** S. 449

— Mit 4 Flügeln **13**

13. Flügel ganz od. zum großen Teil mit (meist farbigen) Schuppen besetzt. Mundwerkzeuge meist als (häufig aufgerollter) Saugrüssel ausgebildet [*4, 23*] . . . . Schmetterlinge, **Lepidoptera** S. 414

— Flügel höchstens mit Haaren od. haarförmigen Schüppchen besetzt od. ganz kahl. Ohne derartigen Saugrüssel **14**

14. Kopf rüsselartig verlängert, am Ende der Verlängerung mit kleinen beißenden Mundwerkzeugen (also mit Tastern) [*24*] Schnabelfliegen, **Mecoptera** S. 448

— Kopf nicht derartig verlängert, höchstens Mundwerkzeuge rüsselartig (z. B. Bienen [*3*]!), dann aber ohne Taster am Ende **15**

15. Prothorax von Mesothorax beweglich getrennt. Flügel fein netzadrig od. wenigstens mit vielen Queradern am Vorderrand zwischen Costa u. Subcosta [*25, 27, 29*] . . . . **Neuropteroidea 16**

— Prothorax von Mesothorax beweglich getrennt. Flügel höchstens mit 2 Queradern am Vorderrand, weiß bepudert, dachartig gehalten. Körper bis 8 mm ([*3*], S. 313) **Coniopterygidae** (zu **Planipennia**) S. 312

— Prothorax mit Mesothorax unbeweglich verwachsen. Flügel höchstens mit 3 Queradern am Vorderrand, nicht weiß bepudert . **18**

16. Hals (Prothorax) über doppelt so lang wie breit. Vorderbeine nicht zu Fangbeinen umgewandelt. 3. Tarsalglied lappig erweitert [*25*]
Kamelhalsfliegen, **Raphidioptera**

Räuberisch. Larven [*26*] – ebenfalls räuberisch – unter Rinde. **Inocelliidae** (ohne Ocellen; Pterostigma ohne Queradern), nur **Inocellia crassicornis** (SCHUMM.) (Länge des Vorderflügels 8–15 mm). **Raphidiidae** (mit 3 Ocellen; Pterostigma mit 1–mehreren Queradern), nur 9; **Raphidia** L. [*25*], z. B. **R. major** BURM. (Länge des Vorderflügels 9,5–15 mm).

— Hals kürzer, wenn doch verlängert, dann Vorderbeine zu Fangbeinen mit verdickter, bedornter Tibia umgewandelt **17**

17. Körper plump, Halsschild sehr breit [*27*]. Flügel rauchgeschwärzt, Spannweite 23–35 mm. Fühler vor den Augen eingelenkt. 4. Tarsalglied lappig erweitert. Körper über 8 mm
Schlammfliegen, **Megaloptera**

Larven [*28*] in Gewässern, mit Tracheenkiemen am Abdomen, räuberisch, gehen zur Verpuppung an Land; Imagines am Ufer, Flatterflug. Nur **Sialidae** mit 3; **Sialis** LATREILLE, häufig **S. lutaria** (L.) (Länge des Vorderflügels 10–16 mm).

— Andere Merkmalskombination. Wenn Flügel dunkel, dann Spannweite unter 15 mm. Kein Tarsalglied erweitert od. wenn doch etwas, dann Körperlänge nur bis 8 mm. Habitus z. B. [*29*]
Plattflügler, Hafte, Netzflügler, **Planipennia** S. 312

18. Flügel mit langen, biegsamen Haaren od. haarförmigen Schüppchen [*30*] . . . . Köcherfliegen, **Trichoptera** S. 404

— Flügel durchsichtig (auch wenn gefärbt), unbehaart od. mit kleinen borstenartigen Härchen. Habitus z. B. [*31*]
Hautflügler, **Hymenoptera** S. 373

Hierher auch Termiten, **Isoptera** (Flügel mit Sollbruchstellen), s. Nr. **38.**

19. Kopf ohne Fühler, aber Vorderbeine fühlerartig nach vorn gestreckt. Blind. Körper 0,5–2 mm lang [*32*] . . . Beintaster, **Protura** S. 202

— Hinterleib aus höchstens 6, meist nur 4 deutlichen Segmenten bestehend; unterseits am 1. Segment unpaarer Ventraltubus, am 4. Segment Sprunggabel (die reduziert sein kann). Meist 1–2 mm (bis 8 mm) lang [*33–35*] . . . . . Springschwänze, **Collembola** S. 203

— Ende des Hinterleibs mit 3 langen oder kurzen Anhängen. Körper mit Schuppen bedeckt. 4–12 mm lang [*37, 38*] . . **„Thysanura“ 20**

— Hinterleibsende mit 2 Anhängen (Cerci). Körper ohne Schuppen. Blind. Bis etwa 10 mm lang [*36*] . Doppelschwänze, **Diplura** S. 202

— Andere Merkmalskombination u. Aussehen nicht wie [*32–38*]. Wenn Hinterleibsende mit deutlichen Cerci, dann Augen vorhanden **21**

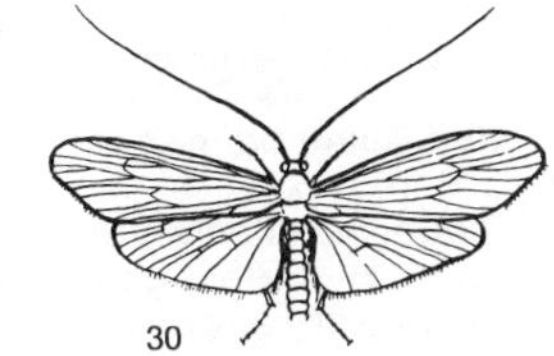
30

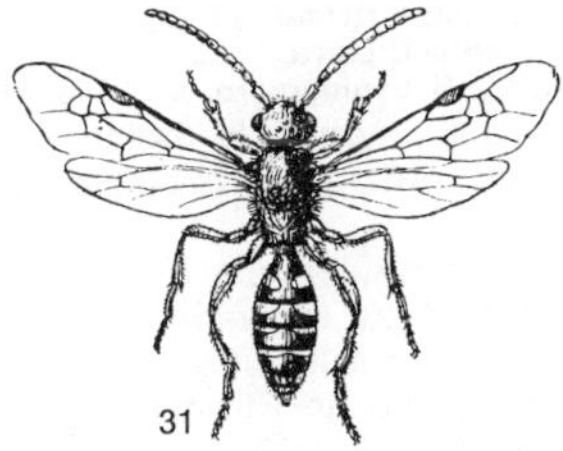
31

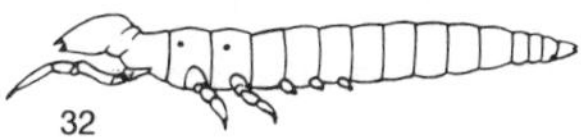
32

33

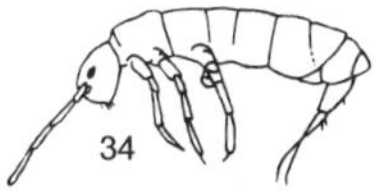
34

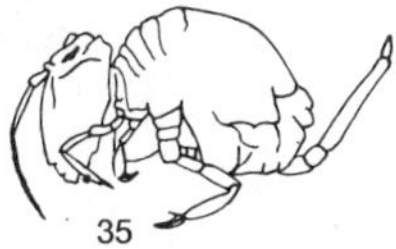
35

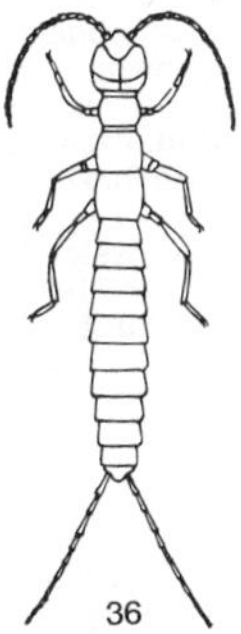
36

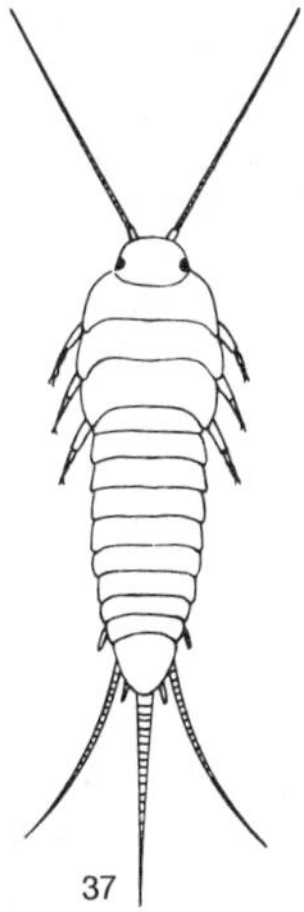
37

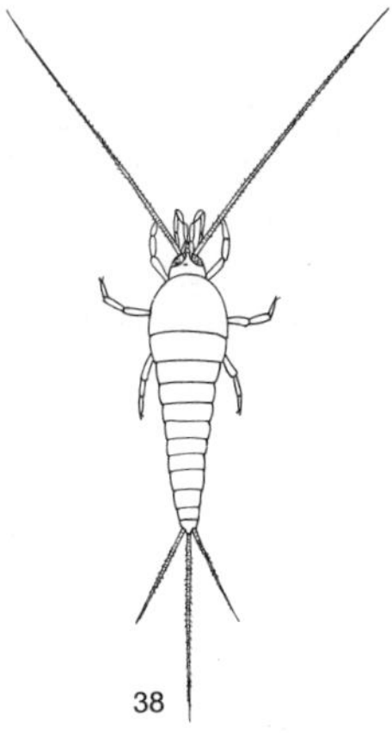
38

20. Körper abgeplattet. Nicht sprungfähig. Nur die hintersten Bauchplatten des Abdomens mit griffelartigen Anhängen (Styli) [*37*] Fischchen, **Zygentoma** S. 211

— Körper mehr spindelförmig. Mit Sprungvermögen. Alle Bauchplatten des Abdomens mit Styli [*38*] Felsenspringer, **Archaeognatha** S. 210

21. Körper unbeweglich, ohne Beine **22**

— Körper unbeweglich, mit Beinanlagen (zuweilen in Kokon od. Hülle eingeschlossen). Habitus z. B. [*39–42*] . . . . . Insektenpuppen

Beispiele für Puppentypen. Pupa dectica [*39*] (mit Mandibeln zum Durchbeißen des Kokons): z. B. **Neuropteroidea, Trichoptera.** Übrige Puppentypen ohne Mandibeln (Pupa adectica). Pupa exarata (mit freien Körperanhängen), als Pupa libera [*40*]: z. B.

Coleoptera, Hymenoptera, als Pupa coarctata (Tönnchenpuppe in Puparium [*41*]): **cyclorraphe Diptera.** Pupa obtecta (Mumienpuppe, mit am Rumpf verklebten Anhängen [*42*]): z. B. **Lepidoptera,** viele **Diptera.**

— Körper beweglich, meist langgestreckt, ohne Beine od. nur mit Beinstummeln od. nur mit 1 Beinpaar. Habitus z. B. [*60–63*]
fußlose (apode) Insektenlarven **43**

— Körper beweglich, deutlich in Kopf, Thorax u. Hinterleib gegliedert, mit 2–3 gut entwickelten, gegliederten Beinpaaren, zuweilen außerdem noch mit Füßen am Hinterleib **23**

22. Freilebend an Pflanzen. Körper napf- bis scheibenförmig ([*161, 162, 164–167*], S. 309)
♀ mancher Schildläuse, **Coccina** (zu **Rhynchota**) S. 308

— Körper eingesenkt in Wirtstier (Hautflügler, Zikade), nur Vorderkörper herausragend [*44*] . . . . Fächerflügler, **Strepsiptera**

♂ [*43*] kurzlebig, freilebend; 2–4 mm, mit kurzen, 4–6gliedrigen Fühlern; Mundwerkzeuge verkümmert; Augen sehr groß; Vorderflügel stummelartig, Hinterflügel breit u. fächerartig faltbar. ♀ [*44*] larvenartig, bleibt im Innern des Wirts (Hautflügler, Zikaden, die man dann stylopisiert nennt); lebendgebärend; Vorderkörper, in den der Brutkanal mündet, ragt ebenso wie die Puppen aus der Gelenkhaut des Hinterleibs eines Wirtes hervor. Die Primärlarve mit 3 Beinpaaren u. 2 Schwanzborsten sucht ihren Wirt auf, in den sie sich einbohrt. Sie verwandelt sich in ihm über weitere, madenartige Larvenstadien zur Puppe. Die ♀♀ bleiben in der Hülle des letzten Larvenstadiums und werden darin geschlechtsreif. Etwa 10 Arten.

Stylopidae, Stylopinae (♂: Tarsen 4gliedrig, Fühler 4–6gliedrig, Kiefertaster abgeflacht; ♀ in Bienen), z. B. **Stylops melittae** KIRBY in Andrena, 3; **Halictoxenos** PIERCE in Halictus.

Stylopidae, Xeninae (♂: Tarsen 4gliedrig, Fühler 4gliedrig, Kiefertaster drehrund; ♀ in Wespen), z. B. **Xenos vesparum** ROSSIUS in Polistes.

Elenchidae (♂: Tarsen 2gliedrig, Fühler 4gliedrig; ♀ in Zikaden), nur **Elenchus tenuicornis** (KIRBY), in Delphaciden.

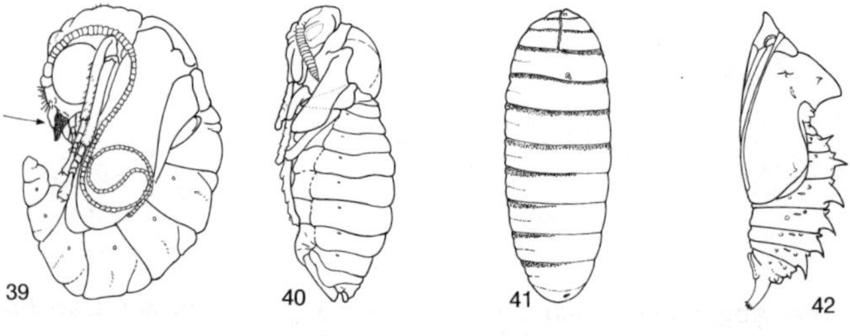

39 40 41 42

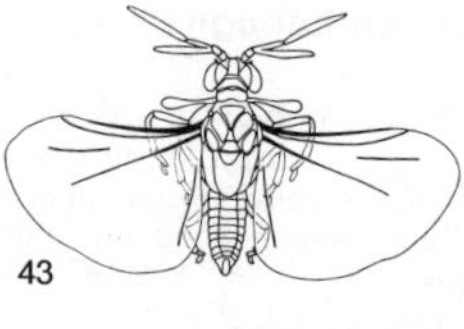

43

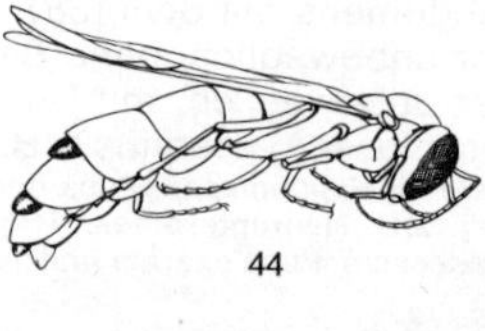

44

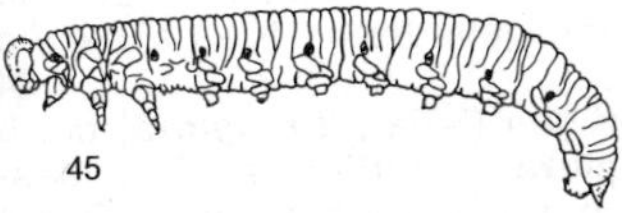
45

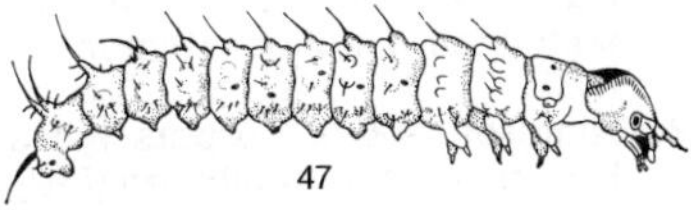
47

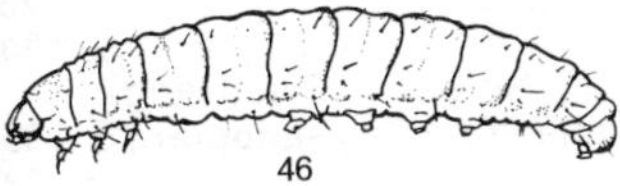
46

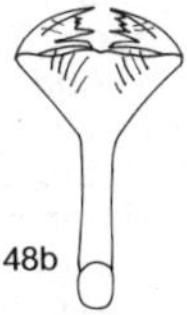
48b

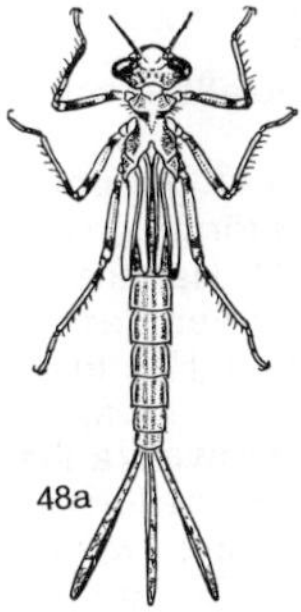
48a

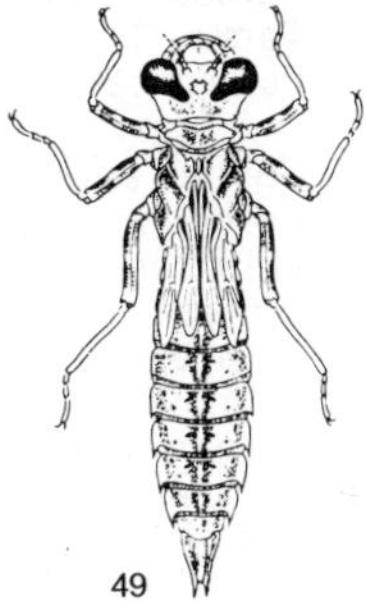
49

50

51

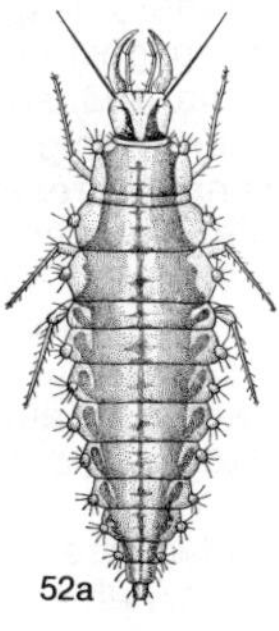
52a

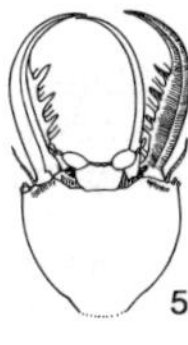
52b

23. Außer 3 Beinpaaren am Thorax noch (ungegliederte) Füße od. Fußstummel am Hinterleib. Habitus z. B. [*45–47*]
Insektenlarven vom Raupentyp (polypode Larven)

a) Am Hinterleib (beginnend mit 2. Segment) mindestens 5 Paar Bauchfüße [*45*]. Auge mit 0–1 Stemma: Blattwespen (zu **Hymenoptera**) S. 399

b) Am Hinterleib (beginnend am od. hinter 3. Segment) 1–4 Paar Bauchfüße (z. B. [*46*] u. [*103–125*], S. 443–447). Auge mit 0–6 Stemmata: **Lepidoptera** S. 443

c) An allen Segmenten Stummelfüße oder Wülste [*47*]. Augen mit mehr als 6 Stemmata: **Mecoptera** S. 448

— Nur 3 Paar Thoraxbeine vorhanden; am Hinterleib höchstens noch mit seitlichen Tracheenkiemen [*50*] od. mit gefiederten Kiemenbeinen [*28*] **24**

24. Hinterende des Körpers mit 3 blattartigen ([*48a*], **Zygoptera**) od. 5 kurzen, steifen Anhängen ([*49*], **Anisoptera**). Unterlippe als Fangmaske vorklappbar [*48b*] . . . . Larven der Libellen, **Odonata** S. 224

— Habitus anders **25**

25. Tarsen 1–3gliedrig **26**

— Tarsen 4–5gliedrig **34**

26. Füße mit Endblase, Krallen undeutlich [*7*]. Körper 1–3 mm lang
Blasenfüße, **Thysanoptera** S. 259

— Habitus anders, Krallen gut entwickelt **27**

27. Körper mit 2–3 fadenförmigen Schwanzanhängen. Tiere im Wasser
a) Tarsen mit 1 Kralle. Habitus z. B. [*50*]. Abdomen mit Tracheenkiemen . . . . Larven der Eintagsfliegen, **Ephemeroptera** S. 215
b) Tarsen mit 2 Krallen. Habitus z. B. [*51*]. Abdomen ohne Tracheenkiemen . . . . Larven der Uferfliegen, **Plecoptera** S. 231

— Körper ohne lange Schwanzanhänge. Habitus anders . . . **28**

28. Mundwerkzeuge als sichelförmige Oberkiefer mit Rinne, die mit Unterkiefer Saugrohr bildet; zwischen den Saugzangen mit langen Tastern der Unterlippe [*52b*]. Habitus z. B. [*52a*] u. [*7–14*], S. 314–315
Larven der **Planipennia** S. 314

— Mundwerkzeuge anders ausgebildet **29**

29. Körper ± wurmartig gestreckt (z. B. [*26, 28, 57–59*]). Fühler kurz, meist mit weniger als 10 Gliedern
Weitere wenigbeinige (oligopode) Insektenlarven **40**

— Körper anders, wenn gestreckt, dann im Gestalttyp wie [*53, 54*] **30**

30. Tarsus mit 1 Kralle, die zahnartigem Auswuchs der Tibia gegenüber liegt. Kopf nicht breiter als Thorax [*53*]. Ektoparasiten
Tierläuse, **Anoplura** (zu **Phthiraptera**) S. 255

— Habitus anders **31**

31. Mundwerkzeuge als nicht einziehbarer, oft langer Rüssel (ohne anhängende Taster) ausgebildet [*4, 18*]
Schnabelkerfe, **Rhynchota** S. 263

— Mit kauenden Mundwerkzeugen **32**

32. Kopf breit, schildartig. Fühler kürzer als der Kopf [*54*]. Ektoparasiten
Federlinge u. Haarlinge, **Mallophaga** (zu **Phthiraptera**) S. 255

— Kopf nicht breit schildartig. Fühler länger als der Kopf . . . **33**

33. Ohne Cerci . . . . Rindenläuse, **Psocoptera** S. 250

— Cerci als Zangen ausgebildet [*11*] Ohrwürmer, **Dermaptera** S. 232

— Cerci als kleine Anhängsel ausgebildet
Grillen, **Ensifera;** Feldheuschrecken, **Caelifera** s. **5**

34. Körper stark seitlich zusammengedrückt, mit rückwärts gerichteten Borsten [*55*] . . . . Flöhe, **Siphonaptera** S. 401

— Körper nicht seitlich zusammengedrückt. Habitus anders . . **35**

35. Kopf stark in die Länge gezogen, an der Spitze mit beißenden Mundwerkzeugen . . . . **Boreus** (zu **Mecoptera**) S. 448

— Kopf nicht derart verlängert, höchstens mit rüsselförmigen Mundwerkzeugen **36**

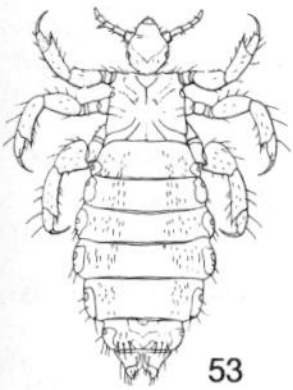
53

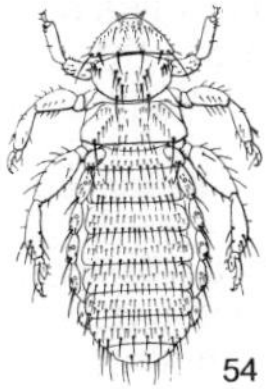
54

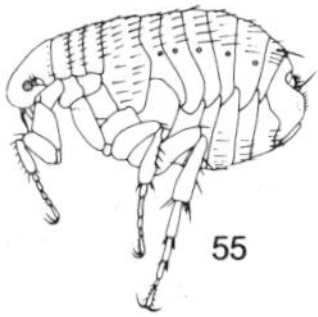
55

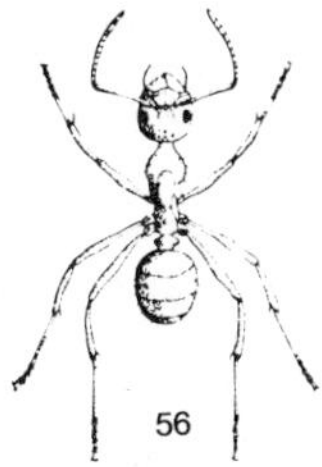
56

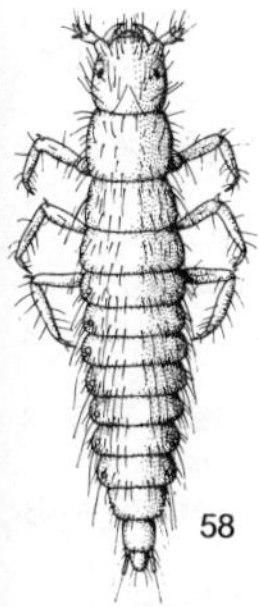
58

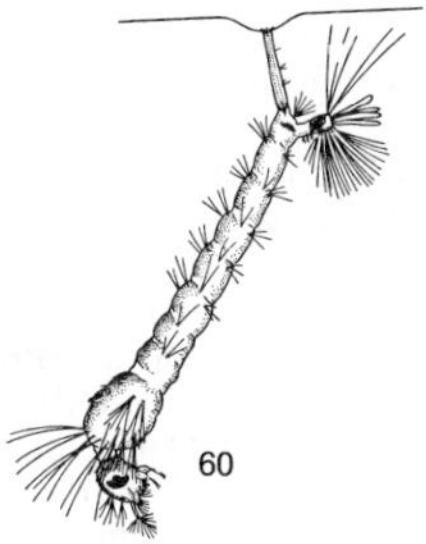
60

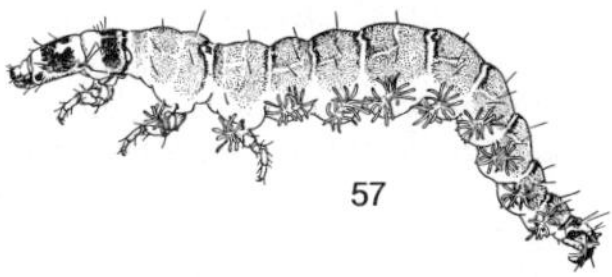
57

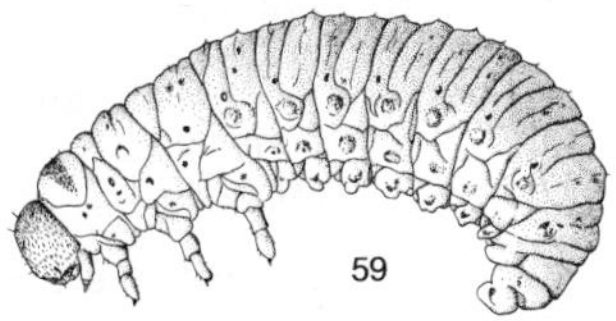
59

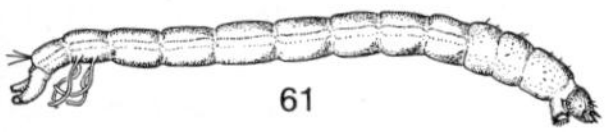
61

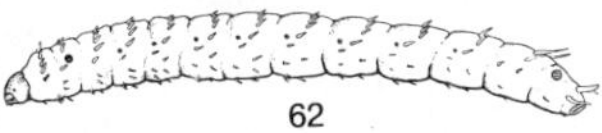
62

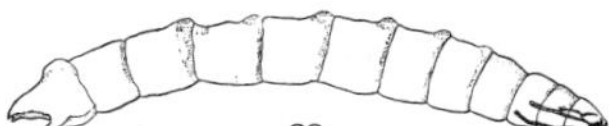
63

36. Hinterleib an der Basis stark eingeschnürt (Wespentaille!) [*56*] Hautflügler, **Hymenoptera** S. 373
— Habitus anders **37**
37. Mundwerkzeuge beißend [*1*], mit deutlichen Tastern u. Mandibeln **38**
— Mundwerkzeuge reduziert oder rüsselförmig **39**
38. Fühler etwa ¾ so lang wie der Körper od. länger. Wenn stummelförmige Flügeldecken vorhanden, diese pergamentartig, mit Adern Schaben, **Blattodea;** Laubheuschrecken, **Ensifera** s. **5**
— Fühler kürzer als der halbe Körper. Reduzierte Flügeldecken hornig, ohne Adern . . . . Käfer, **Coleoptera** S. 316
— Andere Merkmalskombination
a) Vorderbeine als Fangbeine: Larven der Fangschrecken, **Mantodea** (Vorderbeine als Fangbeine) s. **5.**

b) Vorderbeine keine Fangbeine. Fühler etwa so lang wie halber Körper. Thorax u. Abdomen ± gleichartig segmentiert, nur Geschlechtstiere mit Flügelanlagen. Oft unpigmentiert, weiß
Termiten, **Isoptera**

Staatenbildend, in Holz, nur Gelbfußtermite **Reticulitermes flavipes** (KOLLAR), in Hafenstädten (Hamburg) eingeschleppt.

39. Körper mit kleinen Schuppen od. dichten, langen Haaren bedeckt. Mit 0 od. 2 Ocellen oben neben den Komplexaugen
Schmetterlinge, **Lepidoptera** S. 414

Wenn mit 3 im Dreieck stehenden Ocellen, dann ♀ von **Enoicyla** (zu **Trichoptera** S. 408).

— Körper höchstens mit borstenartigen, mehr einzeln stehenden Haaren . . . . **Diptera** S. 471

40. Halsschild (Rückenplatte des Prothorax) an den Seiten bis zu den Coxen herabgezogen, ± röhrenförmig. Habitus [*26*]
Larven der Kamelhalsfliegen, **Raphidioptera** S. **16**

— Halsschild u. Gestalt anders **41**

41. Abdomen mit 7 Paar beinartigen Tracheenkiemen [*28*]
Larven der Schlammfliegen, **Megaloptera** S. **17**

— Anders **42**

42. Körper raupenähnlich, langgestreckt. Terrestrisch
Larven einiger Hautflügler, **Hymenoptera** S. 373

— Körper raupenähnlich, kurz, gekrümmt ([*5*], S. 448). Terrestrisch
Larve von **Boreus,** zu **Mecoptera** S. 448

— Körper raupenähnlich, auch langgestreckt, aquatisch, selten terrestrisch, in Köcher od. Gespinst, mit faden- oder schlauchartigen Tracheenkiemen ([*57*] u. [*17–33*], S. 411–412)
Larven der **Trichoptera** S. 410

— Körper anders, Habitus z.B. [*58, 59*] u. [*80–84, 91–98, 100–113*], S. 369, 371. Terrestrisch oder aquatisch
Larven der Käfer, **Coleoptera** S. 368

43. Im Wasser. Habitus [*60, 61*] u. [*5–16, 21, 30*], S. 497, 498
Larven von Zweiflüglern, **Diptera** S. 495

— Landlebend **44**

44. Kopfkapsel reduziert, mit Mundhaken; wenn Kopfkapsel vollständig ausgebildet, Labium plättchenförmig, ohne Taster. Habitus [*62, 63*] u. [*17–20, 22–29, 31–34*], S. 497, 498
Larven von Zweiflüglern, **Diptera** S. 495

— Kopfkapsel nicht reduziert, Labium fast immer mit Tastern . **45**

45. Hinterende des Körpers mit 2 Nachschiebern u. einem Analkamm aus 1–2 Borstenreihen. Habitus [*1c*], S. 401
Larven der Flöhe, **Siphonaptera** S. 401

— Anders **46**

46. Ekto- oder Endoparasiten
Larven von Hautflüglern, **Hymenoptera** S. 373, 399

— Freilebend oder Minierer oder Gallinduzierer **47**

47. Freilebend, in Nestern, oft Brutzellen
Larven von Hautflüglern, **Hymenoptera** S. 373, 399

— Freilebend, nicht in Nestern. Habitus z. B. [*85–90, 99*], S. 369, 371
Larven von Käfern, **Coleoptera** S. 368

— Minierer
  a) Mit Kriechwülsten: Larven von Schmetterlingen, **Lepidoptera** S. 443
  b) Ohne Kriechwülste: Larven von Käfern, **Coleoptera** (Auge meist mit mehr als 1 Stemma) S. 368 u. Hautflüglern, **Hymenoptera** (Auge mit 0–1 Stemma) S. 399
— Gallerreger . . . weitere Larven von Hautflüglern, **Hymenoptera,** seltener von Käfern, **Coleoptera**

Literatur

Allgemeine entomologische Literatur: HENNIG, W.: Taschenbuch der speziellen Zoologie, Wirbellose II, Gliedertiere. 4. Aufl. Thun, Frankfurt, 1986. – JACOBS, W., RENNER, M.: Biologie und Ökologie der Insekten. 2. Aufl. Stuttgart, 1988. – KAESTNER, A.: Lehrbuch der speziellen Zoologie. Band I, 3. Teil, A: Allgemeiner Teil, B: Spezieller Teil. Stuttgart, 1972, 1973. – RICHARDS, O. W., DAVIES, R. G.: Imm's general textbook of entomology. Vol. I,II. 10th ed. London, 1977. – TISCHLER, W.: Die Ordnungen der Insekten. In: Brohmer, Ehrmann, Ulmer, Tierwelt Mitteleuropas, Bd. IV, Lief. 1. Leipzig, 1964. – TUXEN, S.: Taxonomist's glossary of genitalia in insects. 2nd ed. Kopenhagen, 1970. – WEBER, H., WEIDNER, H.: Grundriß der Insektenkunde. 5. Aufl. Stuttgart, 1974.
Bildführer: CHINERY, M.: Insekten Mitteleuropas. 3. Aufl. Hamburg, Berlin, 1984. – CHINERY, M.: Pareys Buch der Insekten. Hamburg, Berlin, 1993. – ZAHRADNIK, J.: Der Kosmos-Insektenführer. 5. Aufl. Stuttgart, 1989.
Larven: CHU, H. F.: The immature insects. Dubuque, 1949. – PETERSEN, A.: Larvae of insects. I.II. Columbus, 1962, 1960. – STEHR, F. W.: Immature insects. Vol. I,II. Dubuque, 1987, 1991. – STEINMANN, H., ZOMBORI, L.: A morphological atlas of insect larvae. Budapest, 1985.

Literatur zu in der Tabelle behandelten speziellen Gruppen
Isoptera: WEIDNER, H.: Bestimmungstabellen der Vorratsschädlinge und des Hausungeziefers Mitteleuropas. 5. Aufl. Stuttgart, 1993.
Mantodea: s. **Caelifera** S. 249.
Megaloptera, Raphidioptera: s. **Planipennia** S. 315.
Strepsiptera: KINZELBACH, R.: Strepsiptera. In: Freude, Harde, Lohse, Die Käfer Mitteleuropas, Bd. 8. Krefeld, 1969. – KINZELBACH, R.: Strepsiptera. In: Dahl, Tierwelt Deutschlands, Teil 65. Jena, 1978.

„Apterygota", Urinsekten

Primär flügellose Insekten. Jungtiere den Adulten sehr ähnlich, diese machen auch nach Geschlechtsreife meist noch Häutungen durch. Im Gebiet etwa 350 Arten.
Abkürzungen: Gl, gl = Glied(er), -gliedrig, Abd = Abdomen, Abdominal-.

System:
(die **„Apterygota"** sind eine paraphyletische Gruppe)
Entognatha (Mundwerkzeuge in eine Tasche versenkt) mit den Ordnungen **Diplura, Protura** u. **Collembola** (letztere beide als **Ellipura** zusammengefaßt);
Ectognatha (Mundwerkzeuge frei) mit den Ordnungen **Archaeognatha** u. **Zygentoma** (nicht korrekt als **„Thysanura"** zusammengefaßt, die **Zygentoma** mit einer zweigelenkigen Mandibel gehören zu den **Dicondylia**).

Ordnung: **Diplura,** Doppelschwänze

Ohne Augen. Abdomen mit 2 Anhängen (Cerci). An Abdominalsegmenten Extremitätenreste (Styli) u. ausstülpbare Bläschen. Im Boden, in Pflanzenstreu, unter Steinen. Nahrung: Pilzhyphen u. Detritus; auch räuberisch. Im Gebiet etwa 15 Arten.

1. Schwanzanhänge (Cerci) fadenförmig, gegliedert [*1*] **Campodeidae**
Campodea mit etwa 12 Arten, z. B. **C. staphylinus** Westw. [*1*] (4–4,5 mm). Außerdem weitere Gattungen im Süden (Österreich, Schweiz).

— Schwanzanhänge kurz, ungegliedert, zangenförmig [*2*] . **Japygidae**
2; **Metajapyx** Silv. (1. Bauchplatte (Urosternit) am Hinterrand jederseits mit einer Doppelreihe von Haaren), im Süden **M. braueri** (Verhoeff) (bis 10 mm). **Dipljapyx humberti** (Grassi) (1. Bauchplatte seitlich vor der Doppelreihe von Haaren parallel dazu eine 3. Haarreihe in etwa halber Breitenausdehnung; 9–11,5 mm). Im Süden (Schweiz, Österreich) 2 weitere Gattungen.

Ordnung: **Protura,** Beintaster

Ohne Augen u. Fühler. Kopf jederseits mit rundlichem Scheinauge. Vorderbeine werden nach vorn gehalten (Tastfunktion). Erste 3 Abdominalsegmente mit Extremitätenresten („Beinstummel"). Körper 0,5–2 mm lang. Im Boden, saugen an Pilzhyphen (auch Mykorrhiza). Im Gebiet etwa 20 Arten.

1. Beinstummel auf jedem der ersten 3 Abdsegmente mit Endblasen (erscheinen deshalb 2gl) [*4a*]. Tracheen vorhanden, je 1 Stigmenpaar am Mesothorax u. Metathorax . . . . **Eosentomidae**
Eosentomon Berl. [*3*], häufig **E. transitorium** Berl.

— Beinstummel höchstens an Abdsegmenten 1 u. 2 mit Endbläschen [*4b*], am 3. Segment kleiner u. ohne Endbläschen (ungegliedert erscheinend) [*4c*]. Tracheen u. Stigmen fehlend **Acerentomidae 2**

2. Beinstummel des 1. Abdsegments 2gl (2.Gl = Endbläschen) [*4b*], sonst 1gl, ohne Endbläschen [*4c*] . . . . **Acerentominae**
a) Oberlippe schnabelartig verlängert: **Acerentomon** Silv., z. B. **A. affine** Bagnall
b) Oberlippe kurz: mehrere Gattungen, z. B. **Acerentulus** Berl., häufig **A. confinis** (Berl.).

— Beinstummel des 1. u. 2. Abdsegments 2gl (2. Gl = Endbläschen), sonst 1gl, ohne Endbläschen . . . . **Protentominae**
Protentomon Ewing (1.–6. Abdtergit mit 1 Borstenreihe), z. B. **P. thienemanni** Strenzke; **Proturentomon** Silv. (1.–6. Abdtergit mit 2 Borstenreihen), z. B. **P. minimum** (Berl.) Im Süden (Schweiz) weitere Gattung.

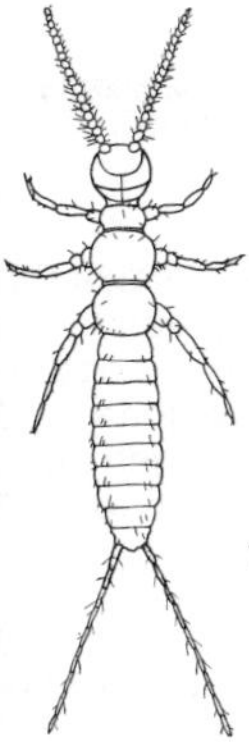

1

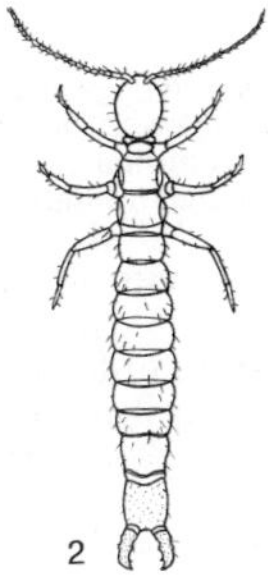

2

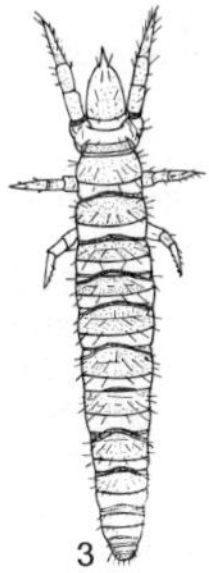

3

4 a b c

Ordnung: **Collembola,** Springschwänze

Augen aus höchstens 8 Ommen (Einzelaugen) bestehend, davor oft ein Sinnesorgan unklarer Funktion, das Postantennalorgan [*5*]. Antennen meist 4gliedrig, am 3. Glied ein Geruchsorgan, das Antennalorgan (Sinnesstäbchen u./od. Sinneskolben, umgeben von Geruchshaaren [*6*]). Abdomen mit 6 Segmenten. 1. Abdominalsegment mit Ventraltubus (Bauchsack mit ausstülpbaren Bläschen od. Schläuchen, der Atmung u. Wasserresorption dienend). Mit Sprunggabel (Furca) am 4. Abdominalsegment, bestehend aus dem unpaaren Manubrium u. den paarigen Dentes mit Endstücken (Mucronen). Am 3. Abdominalsegment Halteapparat (Retinaculum) für die Furca [*8*]. Körperoberfläche bei **Onychiuridae** mit Hautporen (Pseudocellen), die nach Reizung als Abwehr ein Sekret abgeben. Körper etwa 0,3–6 mm lang. Meist in Bodenstreu u. Erde, manche Arten auch an Pflanzen. Nahrung: Pilze, Algen, Pollen, Detritus, modernde, auch lebende Pflanzenteile. Im Gebiet etwa 300 Arten. Mikroskopische Untersuchung nach Aufhellung in Kalilauge od. warmer Milchsäure.

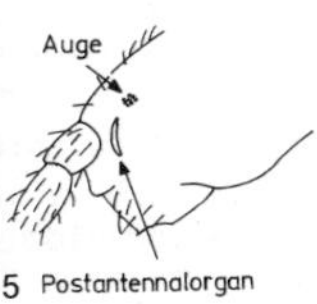

5

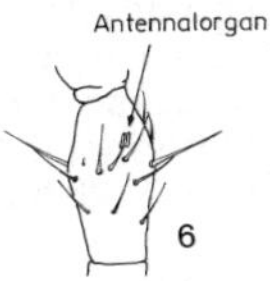

6

7 a b

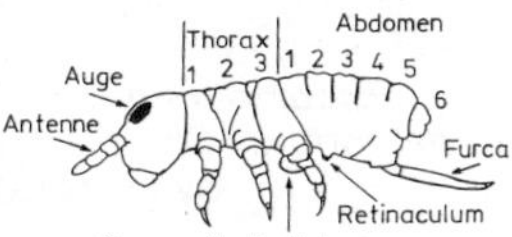

8

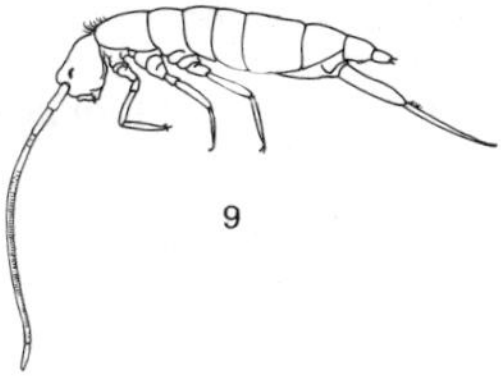

9

System:
Unterordnung **Arthropleona**
Poduromorpha: Poduridae, Hypogastruridae, Neanuridae, Onychiuridae
Entomobryomorpha: Isotomidae, Tomoceridae, Entomobryidae, Cyphoderidae
Unterordnung **Symphypleona: Neelidae, Dicyrtomidae, Sminthuridae.**

1. Körper langgestreckt, deutlich segmentiert [*8, 9, 12–19*]. Meist in Bodenstreu od. im Boden . . . . Unterordnung **Arthropleona** **2**
— Körper kugelig, undeutlich segmentiert [*10, 11, 20, 21*]. Meist oberirdisch . . . . . Unterordnung Kugelspringer, **Symphypleona** **9**
2. Pronotum frei, sichtbar, mit einigen Borsten besetzt. Antennen kurz. Körper ± einfarbig [*7a*] . . . . **Poduromorpha** **3**
— Pronotum reduziert, oft vom Mesonotum überdeckt, ohne Borsten. Antennen meist länger. Körper oft mit Pigmentzeichnung [*7b*] **Entomobryomorpha** **6**
3. Furca lang, das mittlere Beinpaar überragend [*8*] . . . **Poduridae**
Nur **Podura aquatica** L. [*8*] (blauschwarz bis rostrot; 1–1,2 mm), oft zahlreich auf der Wasseroberfläche.
— Furca wesentlich kürzer, selten bis Ventraltubus reichend, oft reduziert od. fehlend **4**
4. Groß (5–8 mm), asselähnlich. Violett . . . **Tetrodontophora (Onychiuridae)** S. 206
— Kleiner, bis 3 mm **5**
5. 3. Antennengl ohne auffälliges Sinnesorgan (Antennalorgan). Antennen mit je einem großen Endbläschen. Ohne Pseudocellen. Meist mit Augen. Körper meist pigmentiert. Habitus z. B. [*12, 13*] **Hypogastruridae** u. **Neanuridae** S. 205
— 3. Antennengl mit großem Antennalorgan (2–3 Sinneskolben [*14b, 15b*]. Antennen ohne od. mit winzigen Endbläschen. Pseudocellen (Hautporen auf Kopf u. Körper) vorhanden. Ohne Augen. Nicht sprungfähig. Körper weiß. Habitus z. B. [*14a, 15a*] **Onychiuridae** S. 206
6. Körper nur mit glatten, selten schwach bewimperten Borsten. Furca oft reduziert. 3. u. 4. Abdsegment etwa gleich lang, manchmal 4.(5.)–6. Abdsegment verschmolzen [*16*]. Habitus z. B. [*16, 17*] **Isotomidae** S. 207
— Körper mit Schuppen od. wenigstens mit dicht bewimperten, endwärts keulig erweiterten Borsten, die vor allem am Thorax wie eine Mähne vorstehen [*9*]. Furca immer stark entwickelt. 4. Abdsegment meist länger als 3.; Abdsegmente nie verschmolzen **7**
7. Endgl (3. u. 4. Gl) der Antennen dicht geringelt, 3. Gl stark verlängert (Ende der Antennen oft abgebrochen). Endstück der Furca (Mucro) behaart, lang. Habitus [*9*] . . . . **Tomoceridae**
Nur 6; **Tomocerus** Nic., sehr häufig **T. flavescens** (Tullb.) (4–6,5 mm), in Waldstreu; **T. longicornis** (Müll.) [*9*] (4–6 mm), in Pflanzenstreu.
— 3. u. 4. Antennengl nicht geringelt, 3. Gl nicht stark verlängert. Mucro unbehaart, meist kurz **8**
8. Dentes dorsal (bei ausgestreckter Furca betrachtet) geringelt. Mucro kurz, sichelförmig od. 2zähnig. Augen vorhanden od. fehlend. Habitus z. B. [*18, 19*] . . . . **Entomobryidae** S. 208
— Dentes dorsal ungeringelt. Mucro lang, stabförmig. Ohne Augen. Weiß . . . . **Cyphoderidae**

Cyphoderus albinus Nic. (1–1,6 mm), meist in Ameisennestern. **Oncopodura crassicornis** Shoeb. (bis 0,8 mm).

9. Antennen viel kürzer als Kopf [*10*]. Blind. Um 0,5 mm . . **Neelidae**

2; **Neelus** Fols. (Antennengl getrennt), z. B. **N. minutus** Fols. **Megalothorax minimus** Will. [*10*] (3. u. 4. Antennengl verschmolzen), mit um 0,3 mm kleinster Collembole, häufig.

— Antennen so lang od. länger als der Kopf (in der Diagonale gemessen) [*11, 20a, 21*]. Meist mit Augen. Meist größer **10**

10. Letztes (4.) Gl der Antennen viel kürzer als 3. Antennen zwischen 2. u. 3. Gl gekniet [*11*] . . . . **Dicyrtomidae**

3 Gattungen, z. B. **Dicyrtoma** Bourlet u. **Dicyrtomina** Börner mit mehreren Arten, häufig **Dicyrtomina minuta** (F.) [*8*] (Abd hinten mit dunklem Fleck; 2–2,8 mm), an Kräutern in Wäldern.

— Letztes Glied der Antennen länger als 3., oft sekundär gegliedert. Antennen zwischen 3. u. 4. Gl gekniet. Habitus z. B. [*20a, 21*] **Sminthuridae** S. 209

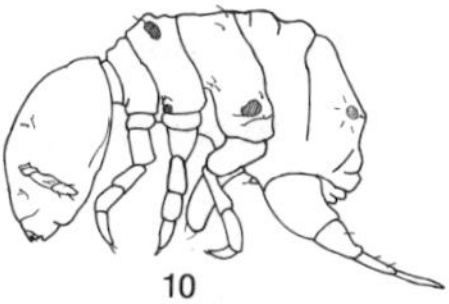

10

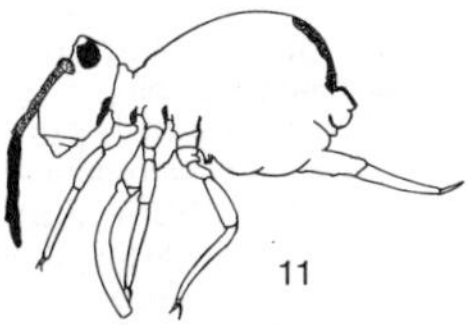

11

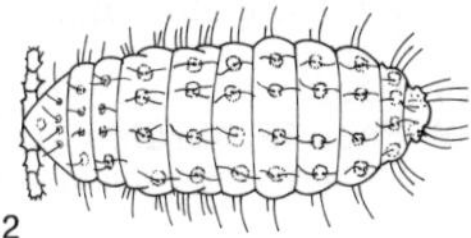

12

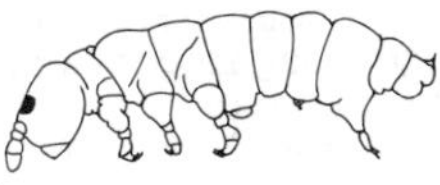

13

Familien: **Hypogastruridae** u. **Neanuridae**

Mandibeln der **Hypogastruridae** (Gattungen: **Xenylla, Hypogastrura, Schaefferia, Willemia**) mit bezahnter Kauplatte, die bei **Neanuridae** (restliche Gattungen) fehlt.

1. Körper plump, wenig beweglich, mit langer, kräftiger Behaarung auf Segmenthöckern [*12*] . . . . **Neanura** MacGill.

Mehrere Arten, häufig **N. muscorum** (Templ.) [*12*] (dunkelblau; 3,5 mm), unter Rinde, in Streu.

— Körper anders **2**

2. Abd hinten mit 3 od. mehr Analdornen . . 6; **Friesea** Dalla Torre

Häufig **F. mirabilis** (Tullb.) (dunkelblau; 1,5 mm).

— Abd hinten höchstens mit 2 Analdornen [*13*] **3**

(Bei **Hypogastrura** können abnormal 3 Analdornen vorkommen.)

3. Furca fehlend od. nur als Warze vorhanden **4**

— Furca vorhanden, nicht so stark reduziert [*13*] **6**

4. Abd am Ende über dem After halbkugelig gerundet, ohne Analdornen **5**

— Abd am Ende über dem After nicht gerundet, meist mit Analdornen. Weiß . . . . 4; **Willemia** Börn.
Z. B. **W. anophthalma** Börn. (0,8 mm).

5. Mundkegel kurz, breit gerundet . . . . 8; **Anurida** Lab.
An Ufern, im Anwurf **A. maritima** (Guérin) (blaugrau; 2–3 mm).

— Mundkegel etwas verlängert . . . . 4; **Micranurida** Börn.
Häufig **M. pygmaea** Börn. (hellblau; 0,8–1 mm).

6. Abd am Ende mit 2 Analdornen (selten fehlend, dann Mucro mit 2lappiger Außenlamelle) **7**

— Abd am Ende ohne Analdornen, Mucro ohne 2lappige Lamelle **11**

7. Augen jederseits mit 8 (seltener 6) Ommen. Körper braun, violett od. blauschwarz . . . . **Hypogastrura** Bourl.
Sehr artenreich, häufig z. B. **H. armata** (Nic.) [*13*] (braun bis rötlich; 1,5 mm), **H. purpurescens** (Lubb.) (braun bis graublau; 2 mm); an der Meeresküste **H. viatica** (Tullb.) (blau; 2 mm)

— Augen jederseits mit 0–5 Ommen **8**

8. Körper hell gefärbt **9**

— Körper blau bis blau-grau gefärbt **10**

9. Postantennalorgan 3–4lappig . . . . . . 3; **Xenyllodes** Axelson
Im Gebirge **X. armatus** Axelson (weißgrau bis bräunlich; 1 mm).

— Postantennalorgan nicht lappig . . . . 5; **Schaefferia** Abs.
Meist in Höhlen, z. B. **S. emucronata** Abs.

10. Mucro mit 2lappiger Außenlamelle . . . . . 3; **Odontella** Schäff.
An Rinde **O. empodialis** Stach (graublau; 1,4 mm).

— Mucro ohne 2lappige Außenlamelle . . . . **Xenylla** Tullb.
Artenreich, häufig **X. maritima** Tullb. (1,5 mm), in Streu u. an Baumstämmen.

11. Mund breit gerundet. Mandibeln fehlend . 3; **Brachystomella** Agr.
B. parvula (Schäff.) (blau; 1 mm), in feuchten Böden.

— Mund in Kegel ausgezogen. Mandibeln vorhanden **12**

12. Mit Postantennalorgan . . . . 9; **Pseudachorutes** Tullb.
An Rinde **P. corticicolus** (Schäff.) (blau; 1,5 mm). – Hierher auch einige **Hypogastrura**-Arten.

— Ohne Postantennalorgan . . . . . . 2; **Pseudachorutella** Stach
P. asigillata (Börn.) (hellblau; 1–1,5 mm), an Rinde, in Nadelstreu.

Familie: **Onychiuridae**

1. Groß (5–8 mm), asselähnlich, blauviolett. Mit Sprungvermögen **Tetrodontophora bielanensis** (Waga)
In feuchten Bergwäldern, Elbsandstein- und Erzgebirge, Südalpen.

— Körper 1–2 mm, selten bis 4 mm, ± zylindrisch, weiß, nicht sprungfähig **2**

2. Körper plump, walzenförmig [*14a*]. Beide Sinneskolben des Antennalorgans gerade od. einander nicht zugeneigt [*14b*] **Onychiurus** Gerv.
Sehr artenreich, häufig **O. armatus** (Tullb.) [*14a*] (2,25–3 mm).

— Körper schlank [*15a*]. Beide Sinneskolben des Antennalorgans gegeneinander geneigt [*15b*] . . . . Großgattung **Tullbergia** Lubb.
Viele Arten. In tieferen Bodenschichten z. B. **T. krausbaueri** Börn. [*15a*] (0,6–0,8 mm).

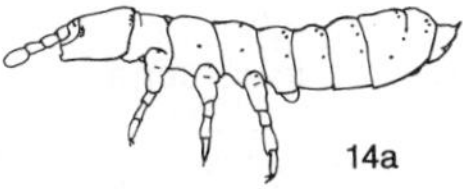

14a

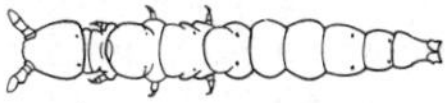

15a

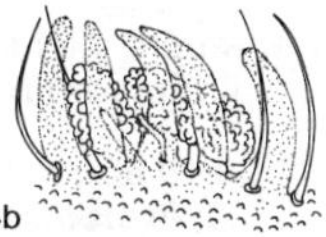

14b

15b

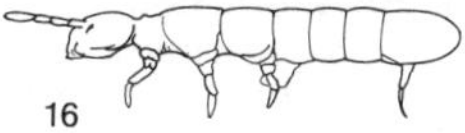

16

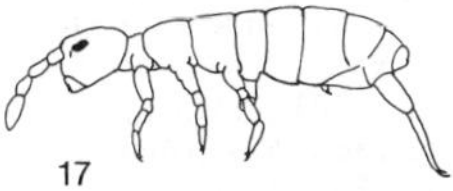

17

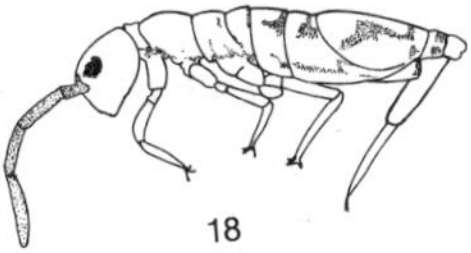

18

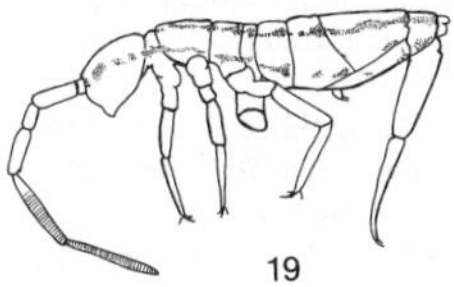

19

Familie: **Isotomidae**

1. Ende des Abd mit 4 Dornen . . . . . . 9; **Tetracanthella** Schött
T. strenzkei Gis. (blauschwarz; um 1 mm) an trockenen Standorten, auch auf Strohdächern.
— Ende des Abd mit 2 Dornen. Fleckig-blau. 1,4 mm **Uzelia setifera** Abs.
— Ende des Abd ohne Dornen **2**
2. Furca völlig reduziert **3**
— Furca gut entwickelt **4**
3. Augen jederseits mit 4–8 Ommen . . . . . 3; **Anurophorus** Nic.
A. laricis Nic. (blau; 1,5 mm), vor allem unter Baumrinde.
— Augen jederseits mit 0–3 Ommen . . 4; **Pseudanurophorus** Stach
P. binoculatus Ksenemann (weiß; um 0,5 mm), im Gebirge.
4. Abdsegmente 4–6 verschmolzen . . . . **Folsomia** Will.
Viele Arten; sehr häufig z. B. **F. quadrioculata** Tullb. (Auge mit 2 Ommen; weiß; 1,6 mm), im Boden; **F. candida** Will. [*16*] (blind; weiß; 2 mm), unter anderem in Blumentöpfen.
— Abdsegment 4 nie mit den folgenden verschmolzen **5**

5. Abdsegmente 5 u. 6 verschmolzen **9**
— Abdsegmente 5 u. 6 getrennt, selten mit Tendenz zur Verschmelzung, dann Segmentgrenze durch Haare angezeigt **6**
6. Vorderseite des Manubriums ohne Borsten, höchstens wenige an der Spitze **7**
— Vorderseite des Manubriums mit zahlreichen Borsten . . . **8**
7. Dentes mit je 0–1 Borste auf der Vorderseite. Mucro nicht deutlich von Dens abgegrenzt . . . . 4; **Folsomides** STACH
Häufig **F. parvulus** STACH (weiß; 0,8 mm).
— Dentes vorn mit je 2 od. mehr Borsten. Mucro deutlich abgegrenzt 8; **Proisotoma** BÖRN.
P. minuta (TULLB.) (grau, hell gefleckt; 0,9 mm), oft massenhaft, z. B. in Mist; **P. crassicauda** TULLB. (schwarzblau; 1,5 mm), auf Wasserflächen an Küsten u. im Binnenland.
8. Mit 1–2 Paar dorsalen, langen Tasthaaren (Bothriotrichen) mindestens auf 4. Abdsegment . . . . 3; **Isotomurus** BÖRN.
Häufig **I. palustris** (MÜLL.) (hell, mit dunklem Rückenstreifen; 3 mm), an feuchten Stellen.
— Abd ohne Bothriotrichen . . . . **Isotoma** BOURL.
Viele Arten; Beispiele: **I. viridis** BOURL. [*17*] (grün bis violett, dunkel gezeichnet; bis 5 mm), an feuchten Stellen; **I. notabilis** SCHÄFFER (hellgrau bis dunkelgraublau; 1 mm), im Boden; **I. saltans** (NIC.) (schwarzblau; 2 mm), der „Gletscherfloh".
9. Abdsegmente 5 u. 6 verkürzt, stark nach hinten abfallend, mit kräftigen Borsten. Blind. Körper schlank . . . . . 3; **Isotomodes** LINN.
Häufig **I. productus** (AXELSON) (hell; 1 mm), tiefer im Boden.
— Andere Merkmalskombination **10**
10. Mit 1–2 Paar Bothriotrichen auf den Abdsegmenten 5 u. 6. Nur an Meeresküsten . . . . 3; **Archisotoma** LINN.
Häufiger **A. besselsi** (PACK.) (dunkel; 2 mm), meist unter Tang. – Hierher auch **Hydroisotoma schaefferi** (KRAUSB.) (grünlich, mit dunklem Rückenband; bis 3 mm), auf Wasseroberflächen.
— Abd ohne Bothriotrichen **11**
11. Ohne Augen u. Postantennalorgan . . . . . 2; **Isotomiella** BAGN.
Sehr häufig **I. minor** (SCHÄFF.) (weiß; 1 mm).
— Augen u./od. Postantennalorgan vorhanden **12**
12. Manubrium vorn mit vielen Borsten **Agrenia bidenticulata** (TULLB.)
Mucro mit langer Borste. Purpur, grün bis braun. Bis 2,5 mm. An feuchten Stellen. Wenn ohne lange Borste, weitere **Isotoma**-Arten.
— Manubrium vorn mit höchstens 4 Borsten
5; **Cryptopygus** WILLEM (= **Isotomina** BÖRNER)
Häufig **C. bipunctatus** (AXELSON) (weiß; 0,8 mm).

Familie: **Entomobryidae**

1. Körper hell mit dunkler Zeichnung, ohne Schuppen **2**
— Hell, mit dunkler Zeichnung, mit zugespitzten Schuppen
2; **Willowsia** SHOEB.
Auf Baumrinde **W. platani** (NIC.) (2 mm).
— Hell, ohne dunkle Zeichnung, ohne Schuppen **Sinella coeca** (SCHÖTT)
1,5–2 mm. Oft in Blumentöpfen.
— Körper ± einfarbig, mit (± metallfarbigen) abgerundeten Schuppen **3**
2. Antennen 4gl. Körper selten über 2,5 mm . . . **Entomobrya** ROND.
Viele Arten, z. B. **E. nivalis** (L.) (2 mm), auf Gebüsch u. Nadelbäumen; **E. muscorum** (NIC.) [*18*] (2–3,5 mm), auf Kräutern u. Gebüsch in Wäldern.

— Antennen 6gl. Körper oft über 4 mm lang . . . **Orchesella** TEMPL.
Viele Arten, häufig z. B. **O. flavescens** (BOURL.) [*19*] (mit 4 dunklen Längsbinden u. Querband auf Abdsegment 4; 2,5–5 mm), in Wäldern; **O. quinquefasciata** (BOURL.) (mit 5 Längsbinden, die zwei neben der Rückenlinie auf 2. u. 3. Abdsegment konvergierend; 5 mm), an trockenen Stellen; **O. villosa** (GEOFFR.) (mit unregelmäßigen Flecken; 5 mm), an feuchten Stellen; **O. cincta** (L.) (mit breitem Querband auf 3. Abdsegment; 3–6 mm), auf Wiesen, an Bäumen; **O. bifasciata** NIC. (mit je 1 Querband auf 2. u. 3. Abdsegment; 2 mm), im Moos an Bäumen.

3. 1. Gl der Antennen in ein kurzes basales u. ein längeres distales unterteilt, also Antennen 5gl . . . . 2; **Heteromurus** WANK.
An feuchten Orten **H. nitidus** (TEMPL.) (jederseits meist 1 rötliches Omma; gelblich; bis 3 mm).

— 1. Gl der Antennen ungeteilt **4**

4. Augen jederseits mit 8 Ommen **5**

— Augen jederseits mit höchstens 6 Ommen . **Pseudosinella** SCHÄFF.
Viele Arten, z. B. **P. alba** (PACK.) (mit jederseits 2 Ommen; hell; 1 mm); auch blinde Arten in Höhlen.

5. Weiß (bisweilen ± braun). Mucro sichelförmig. Bis 3 mm. In Häusern **Seira domestica** (NIC.)

— Teilweise dunkel gefärbt. Mucro 2zähnig . 6; **Lepidocyrtus** BOURL.
a) Thorax kapuzenartig über den Kopf ragend: **L. paradoxus** UZEL (blau; 3 mm), auf feuchten Wiesen.
b) Thorax normal: **L. cyaneus** TULLB. (einheitlich blau; 1,5 mm), übrige Arten hell-dunkel, z. B. **L. lanuginosus** (GMEL.).

Familie: **Sminthuridae**

1. Augen jederseits nur mit 1 Omma . . . . . 9; **Arrhopalites** BÖRN.
Meist in Höhlen, z. B. **A. pygmaeus** (WANK.) (weiß bis rostrot; 1,2 mm); **A. caecus** (TULLB.) (weiß, 1 mm), auch in Blumentöpfen.

— Augen jederseits mit 8 Ommen (2 davon oft klein) **2**

2. Kleiner Abdabschnitt (Segmente 5+6) ± in das vordere Abd einbezogen. ♂ mit Klammerantenne [*20b*] . . . . 6; **Sminthurides** BÖRN.
Häufig auf Wasseroberflächen, z. B. **S. aquaticus** (BOURL.) [*20a*] (hell, dunkel gezeichnet; 0,5–1 mm). – Außerdem 2 weitere Gattungen.

— Kleiner Abdabschnitt deutlich abgeschnürt. ♂ ohne Klammerantenne **3**

3. Letztes (4.) Antennengl sekundär geringelt od. gegliedert . . **4**

— 4. Antennengl einfach . . . . 8; **Sminthurinus** BÖRN.
Häufig **S. aureus** (LUBB.) (gelb bis dunkel; bis 1 mm). – Außerdem 2 weitere Gattungen.

4. Hinten am großen Abd mit 1 Paar Drüsenöffnungen 2; **Allacma** BÖRN.
Häufig nur **A. fusca** (L.) (dunkel; 3–3,5 mm), meist in Wäldern.

— Großes Abd ohne Drüsenöffnungen **5**

5. Bein vor der Kralle mit 2–3 den Krallen anliegenden, gekeulten Spürhaaren . . . . **Deuterosminthurus** BÖRNER u. **Bourletiella** BANKS
Viele Arten, z. B. **D. repandus** (AGR.) (gelb; bis 1 mm), auf Wiesen; **D. bicinctus** (KOCH) (Rücken vorn u. hinten mit je 1 schwarzen Fleck; bis 1 mm), in Wäldern; **B. hortensis** (FITCH) (schwarzviolett; 0,9–1,3 mm), weit verbreitet in Gärten, kann durch Fressen an Jungpflanzen schädlich werden.

— Bein vor der Kralle ohne od. mit 1 abstehenden gekeulten Spürhaar [*21*] . . . . . Mehrere Gattungen, darunter 6; **Sminthurus** LATR.
Sehr häufig **S. viridis** (L.) (gelbgrün, variabel dunkel gezeichnet; bis 3 mm), auf Wiesen, mitunter an Kulturpflanzen schädlich („Luzernefloh“).

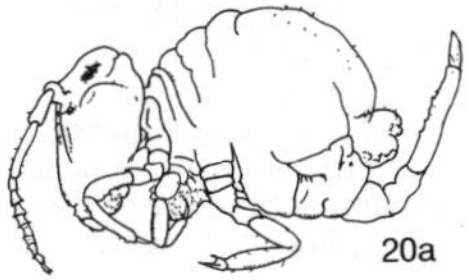

20a

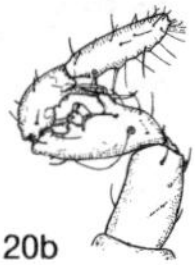

20b

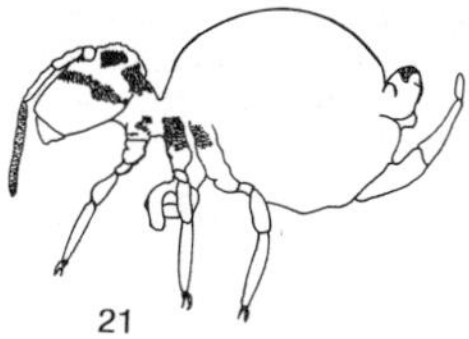

21

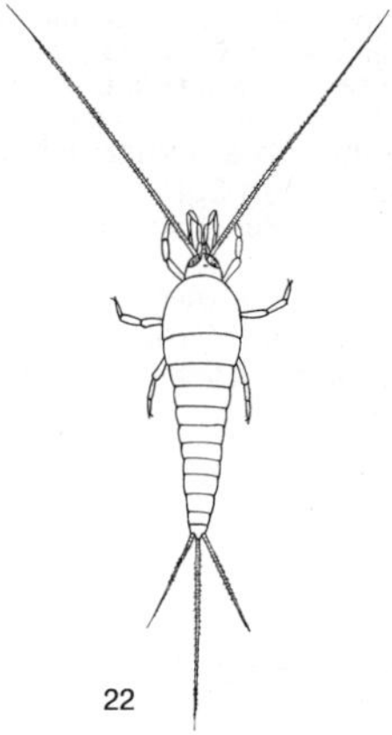

22

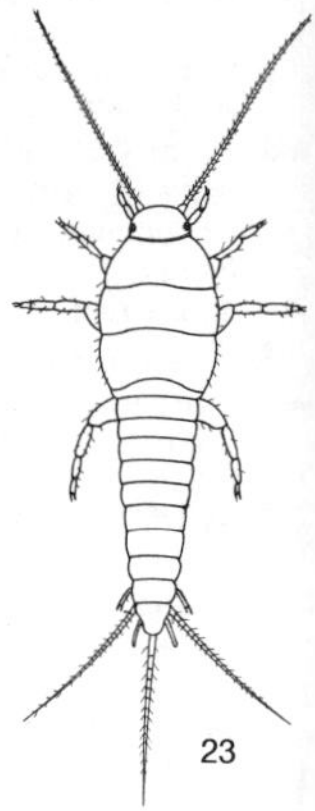

23

Ordnung: **Archaeognatha,** Felsenspringer

Mit langen Antennen u. 3 langen Schwanzanhängen. Abd mit rückgebildeten Extremitäten. Sprungvermögen. Früher mit **Zygentoma** zu **Thysanura** vereinigt. Nahrung: Algen, Flechten u. organische Stoffe. Vor allem in Gesteinschutt u. an Felsen. Im Gebiet etwa 15 Arten. Nur Familie **Machilidae.**

1. Antennen kräftig, viel kürzer als Körper . . **Dilta hibernica** (CARP.)
Bis 12 mm. Verbreitetster Felsenspringer Mitteleuropas.

— Antennen schlank, so lang od. länger als Körper [*22*] **2**

2. Nur Basis der Antennen beschuppt . . **Petrobius brevistylis** CARP.
11 mm. An felsiger Meeresküste.

— Antennen vollständig beschuppt **3**

3. Paarige Ocellen vor den Augen groß, schuhsohlenförmig-quergestreckt **4**

— Ocellen klein, dreieckig . . . **Trigoniophthalmus alternatus** (SILV.)
12 mm. An warmen Stellen, auch im Unterwuchs von Laubwäldern unter Steinen.

4. Ocellen schwarz . . . . 3; **Lepismachilis** VERH.
Häufig **L. y-signata** KRAT. (8,5–10 mm), auch in kleinen Geröllhaufen.

— Ocellen rötlich . . . . **Machilis** LATR.
Viele Arten, meist in den Alpen, verbreiteter z. B. **M. germanica** JAN. (14 mm).

Ordnung: **Zygentoma,** Fischchen

Mit langen Antennen u. 3 langen Schwanzanhängen. Ohne Sprungvermögen. Früher mit **Archaeognatha** zu **Thysanura** vereinigt. Nahrung: pflanzliche Stoffe u. Detritus, bisweilen schädlich. Meist synanthrop. Nur Familie **Lepismatidae.**

1. Mit Augen. Meist in Häusern **2**

— Ohne Augen . . . . Ameisenfischchen, **Atelura formicaria** HEYD.

4–6 mm. In Nestern von Ameisen.

2. Auf dem Rücken mit Borstenkämmen od. -büscheln. Schuppenkleid verschiedenfarbig **3**

— Auf dem Rücken ohne Borstenkämme od. -büschel. Schuppenkleid ± grau, einfarbig [*23*]

Silberfischchen, Zuckergast, **Lepisma saccharina** L.

7–11 mm. Gemein in Häusern. Kann durch Fraß an Textilien, Vorräten schädlich werden.

3. Vordere Abdtergite jederseits mit 2 Borstenkämmen. Bis 10 mm. Besonders in Bäckereien . . . . . . **Thermobia domestica** (PACK.)

— Vordere Abdtergite jederseits mit 3 Borstenkämmen. Bis 13 mm. Seltener . . . . **Ctenolepisma lineata** (F.)

Literatur

CHRISTIANSEN, K., BELLINGER, P.: The Collembola of North America north of the Rio Grande. Grinnell, 1980. – FJELLBERG, A.: Identification keys to Norwegian Collembola. Norsk Entomologisk Forening, 1980. – GISIN, H.: Collembolenfauna Europas. Genf, 1960. – HANDSCHIN, E.: Urinsekten oder Apterygota. In: Dahl, Tierwelt Deutschlands. Teil 16. Jena, 1929. – NOSEK, J.: The European Protura. Genf, 1973. – PACLT, J.: Biologie der primär flügellosen Insekten. Jena, 1956. – PALISSA, A.: Apterygota, Urinsekten. In: Brohmer, Ehrmann, Ulmer, Tierwelt Mitteleuropas, Bd. 4, Lief. 1a. Leipzig, 1964. – SACHSSE, H.: Ur-Insekten (Apterygoten). Kosmos, Stuttgart, 1969. – SCHALLER, F.: Collembola (Springschwänze). In: Handbuch der Zoologie. Bd. 4 (2) 2/1. Berlin, 1970. – STRENZKE, K.: Collembola. In: Grimpe, Wagler, Tierwelt der Nord- und Ostsee. Teil XI f_2. Leipzig, 1955. – TUXEN, S. L.: The Protura. Paris, 1964.

Ordnung: **Ephemeroptera,** Eintagsfliegen

Meist mit 2 häutigen Flügelpaaren, deren hinteres viel kleiner ist, aber auch ganz fehlen kann [*1–6*]. Flügel in Ruhelage hochgeklappt. Fühler kurz. Mundwerkzeuge verkümmert, daher keine Nahrungsaufnahme. Die ♂♂ einiger Familien haben neben den Komplexaugen ein zusätzliches Paar „Turbanaugen". Vorderbeine am längsten, oft in Ruhelage vorgestreckt. Beine mit 3–5 Fußgliedern (Tarsen). Am Ende des Hinterleibs 2 oder 3 lange Schwanzfäden, bei ♂♂ außerdem kleine Greifzangen als Begattungsorgane. Die ± abgeflachten Larven [*10–18*] in stehenden und fließenden Gewässern. An den Seiten ihres Hinterleibs Tracheenkiemen. Mundwerkzeuge beißend; Ernährung der heimischen Arten vegetarisch. Meist einjährige oder kürzere Entwicklungszeit mit zahlreichen Häutungen. Aus dem letzten im Wasser lebenden Stadium schlüpft die flugfähige „Subimago", die sich an Land zur geschlechtsreifen „Imago" häutet. Flügel der Subimago milchig trüb und auf der Oberfläche behaart. Die Imagines leben nur wenige Stunden bis Tage. Zur Begattung meist Schwärmflüge über den Gewässern, in denen die Eiablage erfolgt. Im Gebiet etwa 74 Arten in 25 Gattungen.
Abkürzungen: Flügeladerung s. **Insecta** u. [*7–9*]. **TK** = **Tracheenkiemen.**

System: Familien **Siphlonuridae, Rallidentidae, Baetidae, Oligoneuriidae, Isonychiidae, Arthropleonidae, Heptageniidae, Ephemerellidae, Caenidae, Leptophlebiidae, Palingeniidae, Polymitarcidae, Ephemeridae, Potamanthidae.**

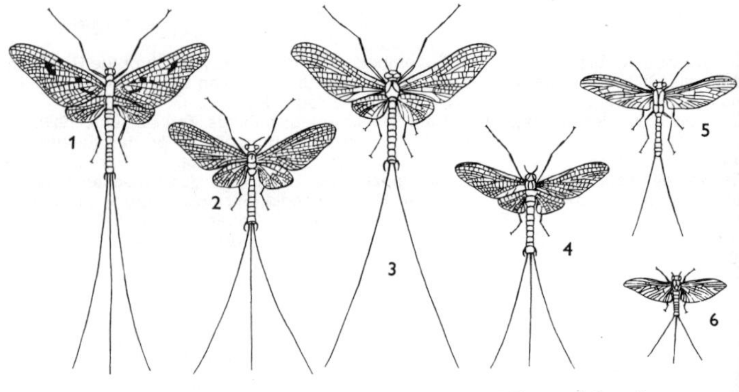

1 Ephemera, 2 Ephemerella, 3 Ecdyonurus, 4 Leptophlebia, 5 Cloeon, 6 Caenis

1. Im Vorderflügel M_4 an der Wurzel scharf nach unten gebogen [*7*] 2
— M_4 nicht scharf abgebogen [*8, 9*] 4
2. Flügel braun getrübt. Kopf u. Oberseite des Hinterleibs braun. Bauch Beine und die 2 Schwanzfäden gelb. Körper ohne Schwanzfäden 25–38 mm, letztere 25–80 mm lang . . . . **Palingeniida…**
Palingenia longicauda (Oliv.) an größeren Flüssen, sehr selten.
— Flügel milchig getrübt. Körper größtenteils hell, 10–18 mm lang. ♂ mit 2, ♀ mit 3 Schwanzfäden . . . . **Polymitarcida…**
Ephoron virgo (Oliv.) im Spätsommer an größeren Flüssen.
— Flügel durchsichtig, höchstens mit dunklen Flecken. Stets 3 Schwanzfäden . . . .

3. Flügel ± gefleckt [*1*], die Queradern angeraucht. Hinterleib mit paariger Fleckenzeichnung . . . . **Ephemeridae**
4; **Ephemera** L. (11–24 mm), häufig **E. vulgata** L. (Grundfärbung des Hinterleibs braun) u. **E. danica** MÜLL. (Grundfärbung des Hinterleibs elfenbeinweiß bis grau), an stehenden u. langsam fließenden Gewässern.

— Flügel ungefleckt, schwach gelblich . . . . **Potamanthidae**
Potamanthus luteus (L.) (Körper schwefel- bis dunkelgelb, brauner Längsstreifen über Mitte des Hinterleibs; 10–13 mm), an großen Bächen und kleinen Flüssen.

4. Vorderflügel mit nur 4–7 Längsadern; Queradern nur im vorderen Drittel des Flügels . . . . **Oligoneuriidae**
Oligoneuriella rhenana (IMH.) (Flügel grauweiß getrübt; Körper 9–15 mm lang), an kleinen Flüssen im Vorgebirge.

— Vorderflügel mit mehr Längsadern **5**

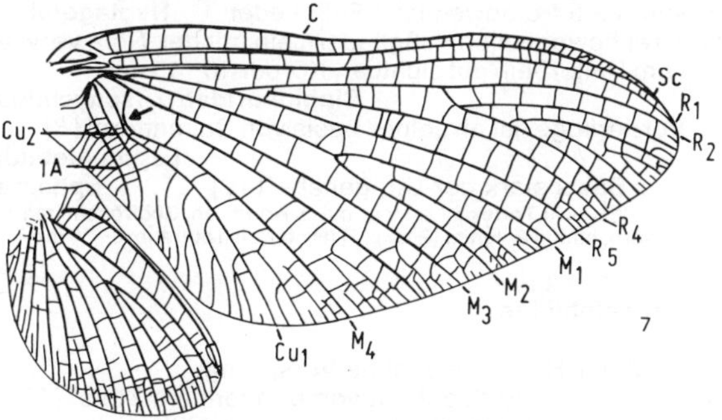

7

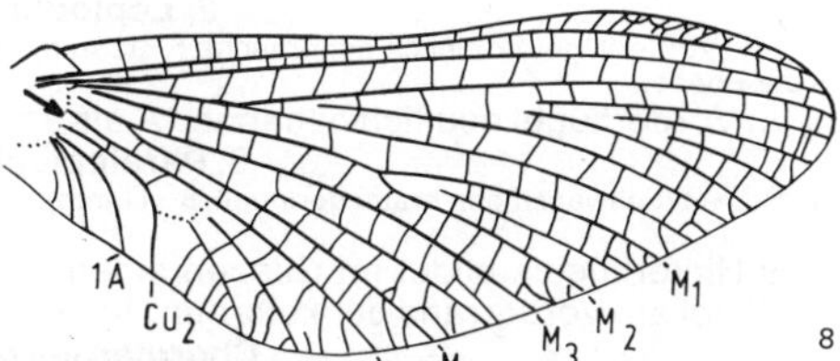

8

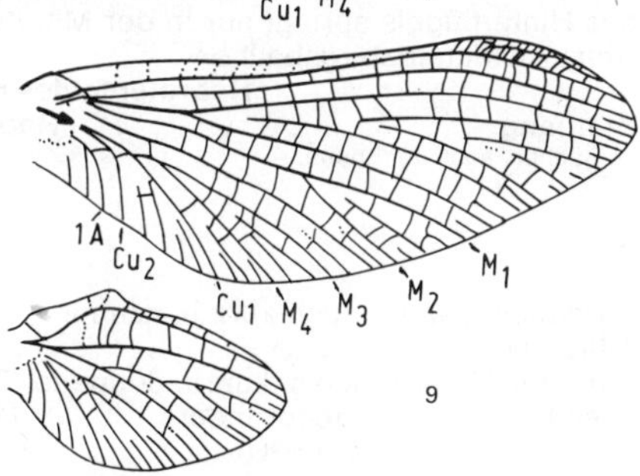

9

5. Hinterflügel fehlen oder sehr schmal mit nur 2–3 Längsadern **6**
— Hinterflügel vorhanden, mit vielen Längsadern [*9*] **7**
6. Flügel milchig trüb, am Hinterrand fein bewimpert. Hinterflügel fehlen. 3 Schwanzfäden . . . . **Caenidae**
6; **Caenis** STEPH. [*6*] (Vorderhüften berühren sich; 2. Fühlerglied nur wenig länger als erstes; Körper 3–3,5 mm lang), an Seen u. Flüssen. **Eurycaenis (Brachycercus) harisella** CURT. (Vorderhüften weit auseinander; 2. Fühlerglied dreimal so lang wie das erste; Körper 5–7 mm lang), an Flüssen.
— Flügel durchsichtig, klar, nicht bewimpert. Hinterflügel sehr schmal oder fehlen. Mit 2 Schwanzfäden [*5*] . . . . . . **Baetidae** S. 214
7. Mit 2 Schwanzfäden. Hinterfüße mit 5 Gliedern. Körper 7–18 mm **8**
— Mit 3 Schwanzfäden. Hinterfüße (Tarsen) mit 3–4 Gliedern. 5–12 mm **9**
8. Hinterbein hat 5 freibewegliche Fußglieder **Heptageniidae** S. 215
— Außer 4 frei beweglichen Fußgliedern ein mit der Tibia verwachsenes 5. Glied am Hinterbein gut sichtbar. Körper 10–15 mm
Siphlonuridae u. **Isonychiidae** S. 215
9. Cu_2 im Vorderflügel ist an seiner Basis von Cu_1 entfernt [*8*]
Leptophlebiidae S.214
— Cu_2 an der Basis stark der Cu_1 genähert [*9*] . . . **Ephemerellidae**
Ephemerella WALSH u.**Torleya** LESTAGE, mit 5 Arten, an Gebirgsbächen u. anderen Fließgewässern; häufig **E. ignita** (PODA) [*2*] (Hinterleib rotbraun; 6–10 mm).

Familie: **Leptophlebiidae**

1. Vorderrand der Hinterflügel ohne Vorsprung **2**
— Vorderrand der Hinterflügel mit vorspringendem Zipfel [*9*] . **3**
2. Basis von Cu_2 des Vorderflügels liegt in der Mitte zwischen Cu_1 u. 1A [*8*] . . . . 2; **Leptophlebia** WESTW.
L. marginata (L.) [*4*] (Vorderflügel bräunlich angeraucht; 6–12 mm), in Fließgewässern, besonders der Ebene.
— Basis von Cu_2 im Vorderflügel deutlich näher an 1A als an Cu_1
3; **Paraleptophlebia** LEST.
P. submarginata (STEPH.) (Schwanzfäden braun geringelt; 8–11 mm), an langsam fließenden Gewässern.
3. Vorderrand des Hinterflügels bildet im Ganzen einen vorgezogenen Winkel. Vorderflügel am Vorderrand dunkelbraun. 10 mm
Choroterpes picteti EATON
— Vorderrand des Hinterflügels springt nur in der Mitte vor [*9*] **4**
4. Körper 8–12 mm. An Mittelgebirgsbächen
Habroleptoides modesta (HAG.)
— Körper 5–6 mm lang . . . . **Habrophlebia** EAT.
H. lauta EATON, an Bächen, auch der Ebene.

Familie: **Baetidae**

1. Hinterflügel vorhanden, wenn auch kurz u. schmal **2**
— Hinterflügel fehlen völlig **3**
2. Am Hinterrand des Vorderflügels kurze doppelte Zwischenraum-Adern. Ende des Hinterflügels abgerundet . . . 11; **Baetis** LEACH
B. rhodani (PICTET) (5–9 mm), an Fließgewässern.

— Am Hinterrand des Vorderflügels kurze einzelne Zwischenraum-Adern. Hinterflügel sehr schmal, mit spitzem Ende
Centroptilum Eaton u. **Pseudocentroptilum** Bogoescu
C. luteolum (Müll.) (5–8 mm), an Gewässern aller Art.

3. Oberstes (erstes) Fußglied der Hinterbeine dreimal so lang wie zweites . . . . 2; **Cloeon** Leach
C. dipterum (L.) [*5*] (8–10 mm), vivipar, an Gewässern aller Art.

— Fußglied 1 der Hinterbeine höchstens zweimal so lang wie zweites. 5–7 mm. Selten . . . . **Procloeon bifidum** (Bengtsson)

Familie: **Heptageniidae**

1. Fußglieder 1 u. 2 am Vorderbein gleich lang . . 2; **Epeorus** Eaton
E. sylvicola (Pictet) (Basis der Vorderflügel grünlich; 13–16 mm), an Bergbächen.

— Fußglied 1 des Vorderbeins kürzer als zweites **2**

2. Fußglied 1 am Hinterbein länger als Glied 3 5; **Rhithrogena** Eaton

— Fußglied 1 am Hinterbein nicht länger als Glied 3 . . . . . **3**

3. Fußglied 1 am Hinterbein kürzer als zweites 6; **Heptagenia** Walsh
H. sulphurea (Müll.) (Hinterleib schwefelgelb; 7–10 mm), an Flüssen.

— Fußglied 1 so lang oder länger als zweites . 7; **Ecdyonurus** Eaton
E. venosus (F.) [*3*] (Hinterleib rotbraun; 11–18 mm), an Bergbächen.

Familien: **Siphlonuridae, Rallidentidae** und **Isonychiidae**

1. Die Fußglieder des Hinterbeins zusammen länger als Tibia
(Siphlonuridae) 4; **Siphlonurus** Eaton
S. lacustris Eaton (Flügel grünlich mit dunkleren Adern; 11–14 mm), an Flüssen und Seen.

— Fußglieder des Vorderbeins beim ♂ länger, beim ♀ etwa so lang wie Tibia. Selten . . . . **Rallidentidae**
Ameletus inopinatus Eaton (Flügel glashell, Queradern viel heller als Längsadern; 9–11 mm) u. **Metreletus hessei** (Fiz.) (Flügel goldgelb, Queradern bräunlich, nicht heller als Längsadern; 8–12 mm).

— Fußglieder des Vorderbeins beim ♂ kaum länger als Tibia, beim ♀ deutlich kürzer. 12–13 mm **(Isonychiidae) Isonychia ignota** (Walk.)

Larven der Ephemeroptera

1. Tracheenkiemen (TK) am Hinterleib 2ästig, federartig gefranst [*10*] **2**

— TK aus Blättchen und/oder Fadenbüscheln [*11–18*] **5**

2. TK seitwärts vom Hinterleib abstehend, schräg nach hinten gerichtet [*10*] . . . . **Potamanthidae**

— TK schräg nach hinten über dem Hinterleib liegend [*11, 12*] **3**

3. Mandibeln ragen weit über den Kopf mit breitem Fortsatz, der nach außen 6–8 starke Zähne hat. Mit 6 Paar TK . . . . **Palingeniidae**

— Mandibel-Fortsätze länger und schmäler, schwächer gezähnt oder ohne Zähne [*11, 12*]. Mit 7 Paar TK **4**

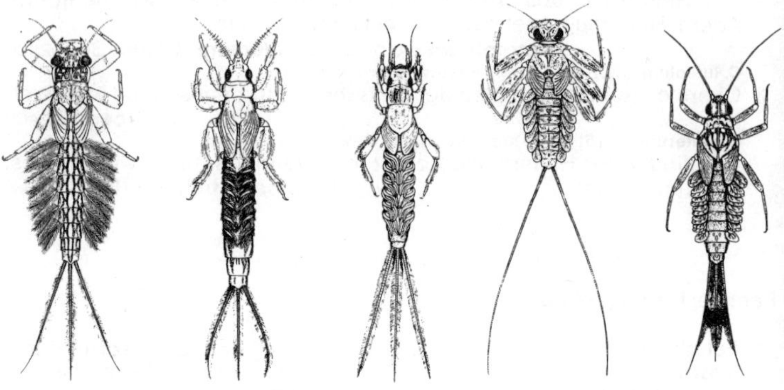

4. Fortsätze der Mandibeln am Ende nach innen gekrümmt [*12*] **Polymitarcidae**

— Fortsätze bogenförmig nach außen gekrümmt [*11*] **Ephemeridae**

5. Vorderbeine lang behaart [*15*]. Außer TK am Hinterleib noch mit Kiemenbüscheln am Kopf **6**

— Vorderbeine nicht auffallend behaart. Nur mit TK am Hinterleib, ohne Kiemenbüschel am Kopf **7**

6. Letzte Hinterleibsringe an Seiten zahnartig ausgezogen **Isonychiidae**

— Hinterleibsringe nicht zahnartig ausgezogen . . . **Oligoneuriidae**

7. Augen dorsal, da Körper stark abgeflacht [*13*] . . **Heptageniidae**

— Augen seitlich, Körper wenig oder nicht abgeflacht **8**

8. Die beiden äußeren Schwanzfäden nur innen behaart [*14, 15*] **9**

— Alle 3 Schwanzfäden beiderseits behaart od. mit kleinen Borsten [*16–18*] **10**

9. Letzte Hinterleibsringe an Seiten zahnartig ausgezogen [*15*] **Siphlonuridae**

— Hinterleibsringe nicht zahnartig ausgezogen [*14*] . . . . **Baetidae**

10. TK fadenartig oder blattförmig [*16*] . . . . **Leptophlebiidae**

— Erstes Kiemenpaar rudimentär, zweites überdeckt als große Lappen die 4 folgenden [*17*] . . . . **Caenidae**

— Mit 5 lappenförmigen TK auf dem Hinterleib, das fünfte, bisweilen auch das vierte Paar vom vorhergehenden Paar überdeckt [*18*] **Ephemerellidae**

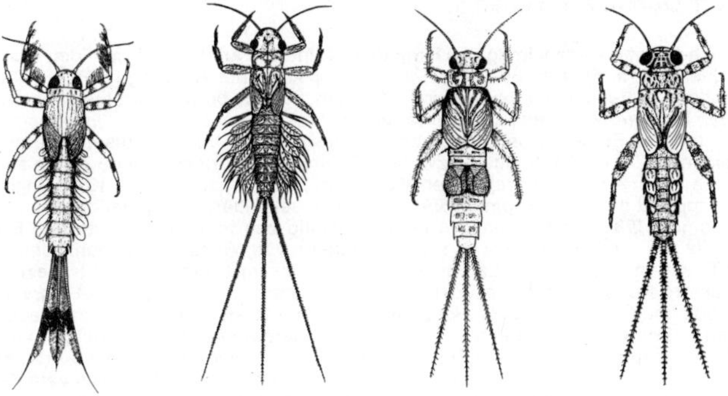

15 16 17 18

Literatur

ELLIOTT, J. M., HUMPESCH, U. H., MACAN, T. T.: Larvae of the British Ephemeroptera: a key with ecological notes. Freshwater Biological Association, Scient. Publ. 49. Ambleside, 1988. – ILLIES, J.: Ephemeroptera. In: Limnofauna Europaea. Jena, 1967. – SCHOENEMUND, E.: Eintagsfliegen oder Ephemeroptera. In: Dahl, Die Tierwelt Deutschlands, Teil 19. Jena, 1930. – STUDEMANN, D., LANDOLT, P., SARTORI, M., HEFTI, D., TOMKA, I.: Ephemeroptera. Insecta Helvetica Fauna 9. Genf, 1992. – ULMER, G.: Eintagsfliegen, Ephemeroptera. In: Brohmer, Ehrmann, Ulmer, Tierwelt Mitteleuropas, Bd. 4. Leipzig, 1929.

Ordnung: **Odonata,** Libellen

Räuberische Großinsekten. Imagines Flugjäger: Beine zu Fangkorb umgebildet, nicht zum Laufen geeignet [*5, 6*]; 4 große Flügel [*4–6*] mit spezifischer Aderung [*1*; Pt = Pterostigma]; Kopf mit großen Fazettenaugen und 3 Ocellen, kurzen, borstenförmigen Fühlern und beißenden Mundwerkzeugen [*2, 3*]; Hinterleib schlank („Wasserjungfern") mit eingesenkten Sterniten, am Ende mit Cerci (= „obere Anhänge"), die beim ♂ zusammen mit den Paraprokten (= „untere Anhänge") bzw. dem Epiprokt eine artspezifische Zange zum Ergreifen des ♀ am Kopf/Prothorax bilden; Kopula im „Paarungsrad" mit 2. Kopplungsstelle von Legeapparat des ♀ an Segment 8/9 [*14, 15*] und sekundärem Kopulationsapparat des ♂ an Segment 2/3. Fortpflanzungsverhalten auffällig bei Sonnenschein an den Brutgewässern; Jagen und Ruhen meist versteckt ± entfernt vom Wasser in Heiden, lichten Wäldern, z.T. selbst Stadtgärten. Larven entwickeln sich im Uferbereich mit spezifischen Strukturanforderungen; Unterlippe zu Fangorgan („Fangmaske") umgebildet (Larven [*5*]). Kein Puppenstadium, komplexer Schlüpfvorgang meist an Ufervegetation. Nach dem Schlüpfen entfernen sich Libellen (oft weit) vom Brutgewässer („Jungfernflug"): Ausfärbungs-/Reifungsphase (Juvenil- = Subadult-Phase) von 1–4 Wochen je nach Art und Witterung. Die ausgefärbten reifen (adulten) ♂♂ (oft auch die ♀♀) lassen sich vom Kenner per Sicht (mit Hilfe von Nahgläsern 8x) oder nach passenden Fotos bestimmen.
Abkürzungen: Anq = Antenodalqueradern, Cuq = Cubitoanalqueradern, Rspl = Radialsupplementsektor. Die mm-Maße für die Imagines beziehen sich auf die Länge des Hinterleibs mit Anhängen. Farbangaben gelten für Adulte.

System:
Unterordnung **Zygoptera** (Kleinlibellen) mit **Calopterygidae, Lestidae, Platycnemididae, Coenagrionidae;**
Unterordnung **Anisoptera** (Großlibellen) mit **Aeshnoidea (Aeshnidae, Gomphidae), Libelluloidea (Cordulegastridae, Corduliidae, Libellulidae).**

Alle Libellenarten sind im Gebiet der BR Deutschland und von Nachbarstaaten unter besonderen Artenschutz gestellt, nur die Exuvien dürfen gesammelt werden.

1. Augen von oben gesehen halbkugelförmig, weit getrennt [*2*]; Hinterflügel wie die Vorderflügel am Grunde gestielt [*6*] oder allmählich verschmälert [*5*], sie werden in der Ruhe ± zusammengelegt
Unterordnung Kleinlibellen, **Zygoptera** **2**

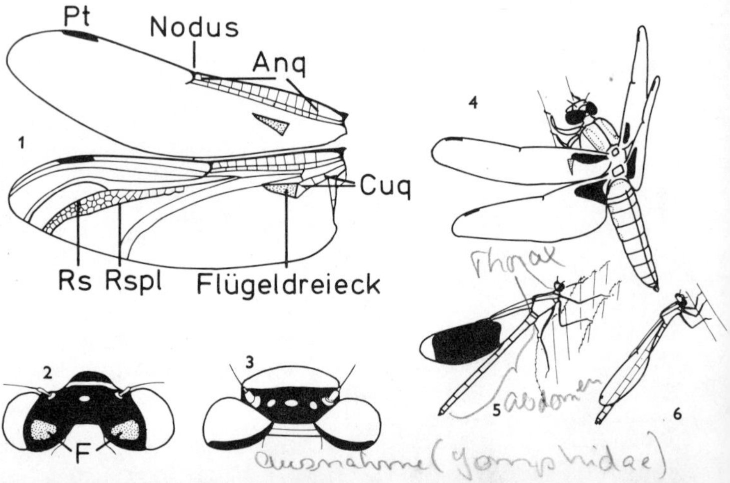

— Augen stoßen oben zusammen [*4*] (wenn getrennt, dann von oben gesehen tropfenförmig [*3*]: Gomphidae), Hinterflügel am Grunde verbreitert und daher dort größer als die Vorderflügel [*1, 4*]. Flügel werden in der Ruhe ausgebreitet gehalten
Unterordnung Großlibellen, **Anisoptera** **5**

2. Flügel ± ausgedehnt blau (frisch dunkelbraun) beim ♂ [*5*], farbig getönt beim ♀; mit über 20 Anq . . . . **Calopterygidae**

Nur 2; **Calopteryx** LEACH. **C. splendens** (HARRIS) (♂ mit Flügelbinde wie [*5*]; Flügel des ♀ grünlich, alle Adern im Leben metallisch grün; 33–40 mm), in Flüssen, Wiesenbächen; **C. virgo** (L.) (beim ♂ ganzer Flügel blau; beim ♀ bräunlich, meiste Adern hellbraun; 34–39 mm), in Berg- u. Waldbächen.

— Flügel (bis auf Pterostigma) glasklar, gestielt [*6*], nur mit 2 Anq **3**

3. Pterostigma über 2mal so lang wie breit, seine untere Seite über etwa 2–3 Zellen der darunter befindlichen Zellreihe [*7*]. Körper nie mit roter Färbung . . . . **Lestidae** S. 220

— Pterostigma wie [*8*] oder [*9*], seine untere Seite etwa so lang wie 1–1½ (selten 1¾, dann aber Körper rot) der darunter befindlichen Zellen **4**

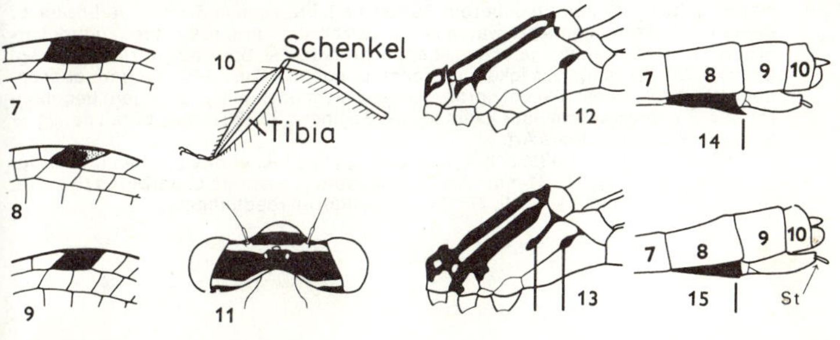

4. Tibien der Mittel- und Hinterbeine (besonders beim ♂) stark verbreitert [*10*], zumindest Innenseite leuchtend hell (Balz!). Kopf oben zwischen den Augen mit 2 hellen Querlinien [*11*] . . **Platycnemididae**

Nur **Platycnemis pennipes** (PALLAS), Federlibelle (27–31 mm), in (Wald-)Seen, Kanälen und Fließgewässern, dominiert oft an Waldangelteichen.

— Tibien aller Beine gleichartig, schmaler als die Schenkel, oft dunkel. Kopf unmittelbar hinter den Fühlern ohne helle Querlinie [*2*]
Coenagrionidae S. 220

5. Augen berühren sich in der Kopfmitte [*4*] **6**

— Augen weit getrennt [*3*]. Seltenere Arten . . . **Gomphidae** S. 222

6. Spitzester Winkel des Flügeldreiecks im Vorderflügel zeigt in Richtung Flügellänge [*1*]. Körper über 50 mm lang **7**

— Spitzester Winkel des Flügeldreiecks im Vorderflügel zeigt in Richtung Flügelbreite [*4*] oder Flügeldreieck ± gleichseitig
Corduliidae u. **Libellulidae** S. 222

7. Augen berühren sich in einem Punkt. Körper schwarz mit gelben Flekken und Streifen. Cerci kurz (bis 2 mm) . . . . **Cordulegastridae**

Nur 2; **Cordulegaster** LEACH. **C. boltoni** (DON.) (= **annulatus** (LATR.)) (Dreieck hinter den Augen gelb; 54–64 mm). **C. bidentatus** SÉLYS (Dreieck hinter den Augen schwarz; 54–63 mm). Beide Arten an Bergbächen, **C. boltoni** selten im Flachland an Waldbächen.

— Augen berühren sich eine Strecke weit. Körper braun oder mit grünen oder blauen Flecken. Cerci lang (über 3 mm) . . **Aeshnidae** S. 221

Familie: **Lestidae**

1. Hinterleib (hell)braun, oben mit bronzefarbiger (auf Segment 3–6 torpedoartiger) Zeichnung. Pterostigma im Vorderflügel um seine Länge näher an der Spitze als im Hinterflügel . . . 2; **Sympecma** BURM.

Einzige Libellen, die als Imago überwintern, Eiablage schon März/April. **S. fusca** (VAN DER LINDEN) (27–29 mm), nur lokal; **S. paedisca** BRAUER (27–29 mm), sehr selten.

— Hinterleib oben erzgrün oder kupfern, oft ± blaßblau bereift. Pterostigma im Vorder- und Hinterflügel gleich weit von Flügelspitze **Lestinae,** darunter 5; **Lestes** LEACH

Sommer bis Herbst an stehenden Gewässern.

a) Hinterkopf einfarbig (metallisch grün): **Chalcolestes viridis** (VAN DER LINDEN) (Pterostigma gelblich, Hinterleib unbereift; 30–39 mm), Eiablage in Zweige, verbreitet. **L. dryas** KIRBY (Pterostigma schwarz bis schwarzbraun; Paraprokte des ♂ stark verbreitert und nach innen gebogen, Legebohrer des ♀ überragt letztes Segment deutlich; 26–33 mm), nur lokal verbreitet; **L. sponsa** HANS. (Pterostigma ebenso, aber Paraprokte des ♂ nicht verbreitert und nicht nach innen gebogen, Legebohrer des ♀ überragt nicht oder kaum letztes Segment; 25–33 mm), überall häufig. – Eine weitere sehr seltene Art.

b) Hinterkopf in unterer Hälfte scharf abgesetzt gelblich: **L. virens** (CHARP.) (Pterostigma einfarbig braun; 24–31 mm), lokal, besonders in Mooren; **L. barbarus** (F.) (Pterostigma halb braun, halb hell; 27–34 mm), selten an Riedtümpeln.

Familie: **Coenagrionidae**

1. Hinterleib (meist auch Thorax) ± ausgedehnt rot (ohne Blau oder Grün), Kopf oben schwarz (falls mit hellen Flecken ähnlich [*2*: F], dann frisch geschlüpftes ♀ von **Ischnura pumilio** s. Nr. **5**) **2**

— Htleib oben ohne Rot (oft mit Blau oder Grün) **3**

2. Beine schwarz. 25–29 mm. Häufig im Frühjahr, Frühsommer **Pyrrhosoma nymphula** (SULZER)

— Beine rötlich. 23–28 mm. Sehr selten **Ceriagrion tenellum** (DE VILL.)

3. Oberseite überwiegend erzgrün, Hinterleibsende des ♂ oben keilförmig blau oder gelblich (♀). Sehr zierlich (19–22 mm lang). Sehr selten in Mooren . . . . **Nehalennia speciosa** (CHARP.)

— Andere Merkmale **4**

4. Hinterleib oben auf Segment 3 bis 7 dunkel (höchstens je mit feinem hellem Vorderrand oder heller Bereifung) **5**

— Hinterleib oben mindestens auf einem der Segmente 3–7 mit heller oder bunter (meist blauer, grüner oder brauner) Zeichnung. Kopf oben mit hellen Flecken wie [*2*: F] (Ausnahme nur **Cercion** z. T.) **6**

5. Pterostigma im Vorderflügel des ♂ (meist) zweifarbig [*8*]. Paraprokte des ♂ ragen weiter vor als Cerci. ♀ mit Dorn vor dem Legebohrer [*14*] . . . . 2; **Ischnura** CHARP.

I. elegans (VAN DER LINDEN) (Pterostigma im Vorderflügel kaum größer als im Hinterflügel; 22–29 mm), häufig; **I. pumilio** (CHARP.) (Pterostigma im Vorderflügel etwa doppelt so groß wie im Hinterflügel; 21–24 mm), selten.

— Pterostigma immer einfarbig braun. Cerci des ♂ ragen weiter vor als Paraprokte. ♀ ohne Dorn vor dem Legebohrer [*15*]. Kopf oben ohne helle Flecke neben den Augen (falls mit hellen Flecken [*2*:F], ♀ von **Coenagrion** s. Nr. **6**) . . . . 2; **Erythromma** CHARP.

E. najas (HANS.) (Flügel über 20 mm lang; Hinterleib 25–31 mm), verbreitet; **E. viridulum** CHARP. (Flügel bis 20 mm lang; Hinterleib 22–26 mm), seltener, vor allem im Westen. Beide Arten in der Schwimmblattzone von Gewässern.

6. Thorax seitlich nur mit 1 kurzen schwarzen Zeichnungsstrich [*12*]. ♀ mit Dorn unten am Legebohrer [*14*]. 25–27 mm **Enallagma cyathigerum** (CHARP.)

Häufig an größeren Gewässern und in Mooren.

— Thorax seitlich mit 2 kurzen schwarzen Zeichnungsstrichen [*13*]. Vorm Legebohrer des ♀ kein Dorn [*15*] **7**

7. Beim ♂ 8. Segment oben schwarz, Cerci so lang wie 10. Segment, Paraprokte viel kürzer. Styli des ♀ [*15*: St] hell **Cercion lindeni** (SÉLYS)

Verbreitet nur im Oberrheingebiet u. an Baggerseen im Westen.

— Beim ♂ 8. Segment oben blau, Cerci viel kürzer als 10. Segment. Styli des ♀ schwarz . . . . 9; **Coenagrion** KIRBY

Häufig nur 3 Arten: **C. puella** (L.) (Hinterrand des Prothoraxrückens (Halsschild) durch 2 flache Einbuchtungen schwach wellig [*16*]; ♂ auf 2. Hinterleibsegment mit U-förmiger Zeichnung; 23–30 mm); **C. pulchellum** (VAN DER LINDEN) (Hinterrand des Halsschilds durch 2 tiefe Einschnitte in 3 halbkreisförmige Lappen geteilt [*17*]; ♂ auf 2. Hinterleibsegment mit V- oder Y-förmiger Zeichnung; 25–30 mm); **C. hastulatum** (CHARP.) (Hinterrand des Halsschilds nicht eingebuchtet, sondern stumpfwinkelig vorspringend [*18*]; ♂ auf 2. Hinterleibsegment mit Pfeilspitzen-Zeichnung; 22–26 mm), besonders in Mooren.

16

17

18

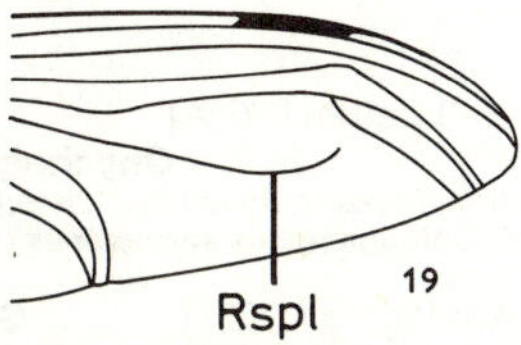

19

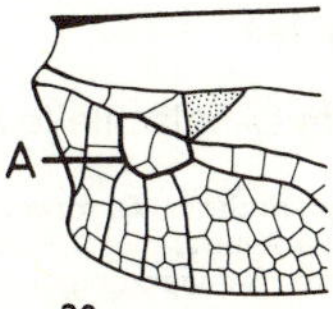

20

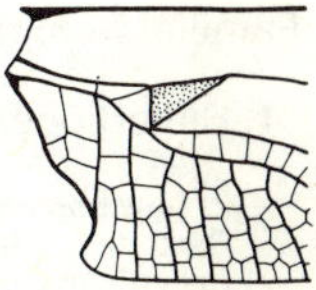

21

Familie: **Aeshnidae**

1. Thorax einfarbig grün oder braun. Im Vorderflügel biegt die Ader Rspl am Ende in der Höhe des Pterostigmas stark nach oben und endet da [*19*] . . . . 2; Königslibellen, **Anax** LEACH

A. imperator LEACH (Thorax und Gesicht grün; 49–61 mm), verbreitet; **A. parthenope** SÉLYS (Thorax braun, Gesicht weißlich; 46–53 mm), selten.

— Thorax mit farbigen Streifen oder Flecken. Rspl im Vorderflügel gerade oder wellig, endet aber nicht nach oben gebogen **2**

2. Zwischen den Adern Rs und Rspl nur eine Zellreihe, höchstens einzelne Zellen verdoppelt. Flügellänge unter 40 mm. Hinterleib 38–46 mm . . . **Brachytron pratense** (MÜLLER) (= **hafniense** (MÜLLER))
Im Frühjahr in Röhrichten, früher verbreitet.

— Zwischen den Adern Rs und Rspl mindestens 3 Zellreihen [*1*] 9; **Aeshna** F. **3**

3. Flügel gelblich mit rotbraunen Adern, Körper braun. 49–60 mm. Verbreitet **A. grandis** (L.)

— Flügel klar oder leicht getönt, alle oder meiste Adern schwarz **4**

4. Hinterflügel an Basis mit rotgelbem Fleck, Hinterleib braun mit einem gelben Keilfleck auf 2. Segment. 47–54 mm. Südliche Frühjahrsart . . . . . **A. isosceles** (MÜLLER)

— Hinterflügel ohne solchen Fleck, Hinterleib mit vielen farbigen Flecken . . . **5**

5. Thoraxseiten braun mit 2–3 schrägen, hellen Binden **6**

— Thoraxseiten grün, nur Nahtlinien ± geschwärzt **8**

6. Flügellänge bis 40 mm. Hinterleib 44–49 mm. In der Ebene häufig . **A. mixta** LATR. (Falls Berührungslinie der Augen kurz, kaum länger als das Dreieck dahinter, dann seltene Hochgebirgsart: **A. coerulea** (STRÖM)).

— Flügellänge über 40 mm. Besonders in Mooren **7**

7. Hinterkopf (senkrechte Rückseite des Kopfes) (meist) mit hellem Fleck nahe der Einbuchtung des Augenrandes, Mittellappen der Unterlippe meist ohne dunkle Flecke. 50–59 mm. Verbreitet, im Flachland in Mooren . . . . **A. juncea** (L.)

— Hinterkopf immer einfarbig schwarz, Mittellappen der Unterlippe vorn mit 1–2 dunklen Flecken. 49–57 mm. Nur in Sphagnum-Mooren . . . . **A. subarctica** WALKER

8. Nahtlinien der Thoraxseiten breit geschwärzt. Pterostigma höchstens 3 mm lang. Obere Hinterleibsanhänge (Cerci) des ♂ hakig, mit Spitze nach unten. 51–60 mm. Verbreitet. Fliegt gern im (Baum)Schatten . . . . **A. cyanea** (MÜLLER)

— Nahtlinien der Thoraxseiten höchstens schmal geschwärzt. Pterostigma über 3 mm. Hinterleibsanhänge (Cerci) ohne solche Spitze. Seltene Arten **9**

9. Thorax vorn oben jederseits mit breitem, grünem Streifen. 47–54 mm. An Gewässern mit Stratiotes (Krebsschere) (im Norden) . . . . **A. viridis** EVERSM.

— Thorax vorn oben braun, jederseits mit kleinem, gelblichem Fleck. 47–48 mm. Südliche Art . . . . **A. affinis** VAN DER LINDEN

Familie: **Gomphidae**

1. Hinterflügel mit Analschleife aus 2–3 Zellen [*20*: A] **Onychogomphinae**
2; **Onychogomphus** SÉLYS, **O. forcipatus** (L.) (Thorax gelb mit breiten Schwärzungen, Cerci des ♂ über 3 mm lang; 31–38 mm). **Ophiogomphus serpentinus** (CHARP.) (Thorax grün mit feinen Schwärzungen; 37–39 mm).

— Hinterflügel ohne geschlossene Analschleife [*21*] . . **Gomphinae**
3; **Gomphus** LEACH, **G. vulgatissimus** (L.) (Tibien schwarz; 33–37 mm); **G. pulchellus** SÉLYS (beide Thoraxseitennähte durchgehend fein geschwärzt; 34–37 mm), im Westen verbreitet. **Stylurus flavipes** (CHARP.) (die beiden schwarzen Streifen an der Schulternaht breit und weit getrennt; 37–40 mm), östlich (Spree/Oder).

Familien: **Corduliidae** und **Libellulidae**

1. Körper größtenteils erzgrün oder kupfern glänzend (falls braun, dann Hinterleib mindestens 40 mm lang: **Epitheca bimaculata** (CHARP.), sehr selten). Hinterflügelbasis des ♂ zu einer kleinen Spitze ausgezogen [*21*] . . . . **Corduliidae** 2

— Nicht oder kaum erzgrün bzw. kupfern gefärbt. Hinterleib höchstens 35 mm lang (beim ♂ oft hellblau bereift oder rot). Hinterflügelbasis auch beim ♂ gerundet . . . . **Libellulidae** 3

2. Im Hinterflügel nur 1 Querader [*1*: Cuq] vor dem Flügeldreieck. Beim ♂ sind 6.–9. Hinterleibssegment verbreitert. 34–39 mm. Häufig **Cordulia aenea** (L.)

— Im Hinterflügel 2 Queradern Cuq vor dem Flügeldreieck 4; **Somatochlora** Sélys

Häufiger **S. metallica** (van der Linden) (Stirn vor den Augen mit gelber Querbinde; 35–44 mm); **S. flavomaculata** (van der Linden) (Hinterleib seitlich am 3.–8. Segment mit gelben Flecken; 35–44 mm), in Sümpfen. Anders: 2 seltene Hochmoorarten, **S. arctica** (Zett.) (1 Cuq im Vorderflügel; 35–37 mm), auch im Tiefland und **S. alpestris** (Sélys) (2 Cuq im Vorderflügel; 32–33 mm), nur oberhalb 700 m NN. – Falls Hinterleib oben mit großen gelben Flecken, dann **Oxygastra curtisii** (Dale), nur einmal an der Siegmündung.

3. Flügel am Nodus mit dunklem Fleck, Hinterleib des ♂ u. ♀ braun, seitlich mit gelben Flecken. 37–32 mm. Verbreitet **Libellula quadrimaculata** L.

— Flügel ohne dunklen Fleck am Nodus 4

4. Mindestens 12 Anq-Queradern im Vorderflügel, Hinterleib des ♂ leuchtend hellblau bereift 5

Nie rot; falls etwa 11 Anq, dann mit gelbem Flügelbasisfleck, Hinterleib des ♂ feuerrot: **Crocothemis erythraea** Brullé, Brut nur am Oberrhein, sonst Gast aus dem Süden.

— Unter 10 (meist 7–8) Anq im Vorderflügel 6

5. Mit dunklen Flecken an der Flügelbasis (früher zu **Libellula** L.)

a) Fleck reicht im Vorderflügel bis zum Flügeldreieck [*4*], Hinterleib auffallend breit. 22–28 mm: **Platetrum depressum** (L.), Plattbauch, verbreitet, auch an Tümpeln.

b) Fleck im Vorderflügel endet weit vor dem Flügeldreieck, Flügelspitzen oft mit dunklem Fleck. 26–29 mm: **Ladona** (= **Eurothemis**) **fulva** (Müller), Spitzenfleck, meist selten, an Riedbächen/-flüssen u. ä.

— Flügelbasis hyalin . . . . 4; **Orthetrum** Newman

O. cancellatum (L.) (Pterostigma schwarzbraun, obere Hinterleibsanhänge ganz schwarz; 29–35 mm), verbreitet; **O. coerulescens** (F.) (Pterostigma hellbraun, im Vorderflügel länger als 3 mm; 26–31 mm), lokal, mehr im Süden.

6. Körper ± schwarz (zumindest Thoraxseiten mit schwarzem Mittelband, Segmente 5–7 in der unteren Hälfte schwarz), vor allem in Mooren 7

— Hinterleib des ♂ rot, des ♀ gelb bis braun, an den Thoraxseiten nur Nähte geschwärzt . . . . . 9; Heidelibellen, **Sympetrum** Newman

An allen stehenden Gewässern, vor allem im Hochsommer/Herbst, oft in Heiden und auf Lichtungen.

a) Mit Flügelquerbinde am Pterostigma. 18–23 mm. Südliche Ried-/Auenart, Wanderer: **S. pedemontanum** (Allioni).

Folgende Arten ohne Flügelquerbinde.

b) Beine (außer Coxen) ganz schwarz: **S. sanguineum** (Müller) (Gesicht des ♂ rot; 21–26 mm), häufig; **S. depressiusculum** (Sélys) (Segmente 4–7 seitlich mit dunklem, tropfenförmigem Fleck, Gesicht des ♂ grünlich; 20–23 mm), selten in Riedern.

c) Beine schwarz mit (manchmal feinem) hellem Längsstreifen und Flügelbasis mit gelbem Fleck: **S.** (= **Tarnetrum**) **fonscolombii** (Sélys) (Flecken klein, reichen bis zum Flügeldreieck; 24–26 mm), seltener Vermehrungsgast; **S. flaveolum** (L.) (Flekken größer, schließen im Hinterflügel zumindest bei ♂ das Flügeldreieck ein, bei ♀ variabel, ♀ oft mit gelbem Fleck am Nodus; 22–26 mm), in Sümpfen, selten geworden.

d) Beine schwarz mit hellen Längsstreifen, aber Flügelbasis hyalin: **S. vulgatum** (L.) (schwarze Stirnlinie läuft noch ein Stück an den Augen herab; 24–28 mm), sehr häufig, besonders im Norden; **S. striolatum** (CHARPENTIER) (schwarze Stirnlinie endet an den Augen; 25–29 mm), im Norden seltener, besonders im SW häufig.

7. Flügelbasis hyalin, ♂ werden ganz schwarz. 17–24 mm. Im Sommer bis Herbst . . . **Sympetrum danae** (SULZER) (= **scoticum** DONOVAN)

— Basis der Hinterflügel mit schwarzem Fleck, Gesicht weiß(lich). Im Frühsommer/Sommer . . . . 5; **Leucorrhinia** BRITTINGER

a) Cerci weiß, Körper des ♂ schwarz, Hinterleibsbasis dünn bereift: 2 seltene Arten, **L. caudalis** (CHARPENTIER) (2 Cuq im Hinterflügel; Pterostigma des ♂ weiß; 23–24 mm); **L. albifrons** (BURMEISTER) (1 Cuq im Hinterflügel; Pterostigma schwarz; 24–27 mm).

b) Cerci schwarz, ♂ mit (gelbem/)rotem Fleck auf Segmenten 4–7: **L. rubicunda** (VAN DER LINDEN) (Pterostigma des ♂ hellrotbraun; 23–28 mm), im Norden verbreitet, im Süden lokal; **L. dubia** (VAN DER LINDEN) (Pterostigma schwarzbraun; Hinterleibsflecken alle rot, relativ klein, mindestens die vorderen kürzer als ⅔ der Segmentlänge; 21–27 mm), in Sphagnum-Mooren überall häufig; **L. pectoralis** (CHARPENTIER) (Pterostigma schwarzbraun; Hinterleibsflecken groß, reichen fast über das ganze Segment, letzter Fleck auffallend zitronengelb; 24–27 mm), in Waldmooren, vereinzelt.

Die Weibchen aller Arten einander ähnlich, mit schwarzbraunem Pterostigma und gelben Flecken am Körper.

Larven der Odonata

Schlüssel gilt nur für letztes Larvenstadium (Flügelscheiden reichen mindestens bis zum 4. Abdomensegment) und für Exuvie.

Abkürzungen: Fm = (Prämentum der) Fangmaske, Sl = Seitenlappen der Fm (= Labialpalpus).

1. Hinterleib zylindrisch, schlank (schmaler als 3 mm), am Ende mit 3 blattförmigen, zarten Anhängen (Epiprokt, Paraprokte; Cerci unscheinbar oder reduziert), die länger sind als die letzten 4 Hinterleibssegmente zusammen [*1*]. Fluchtschwimmen mit schlängelnden Hinterleibsbewegungen (blattförmige Anhänge als Ruderplättchen); keine deutliche Enddarmatmung . . . . **Zygoptera 2**

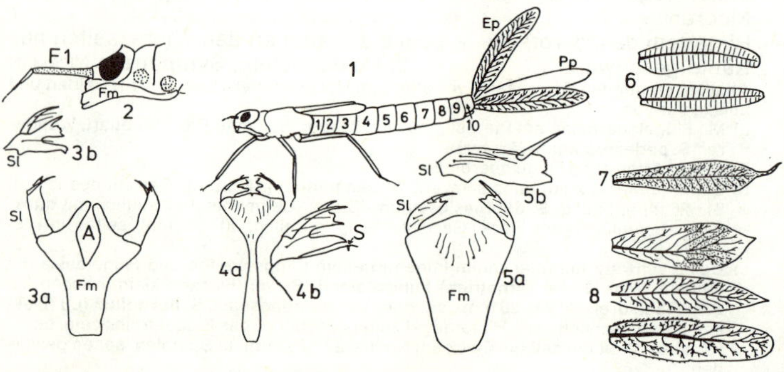

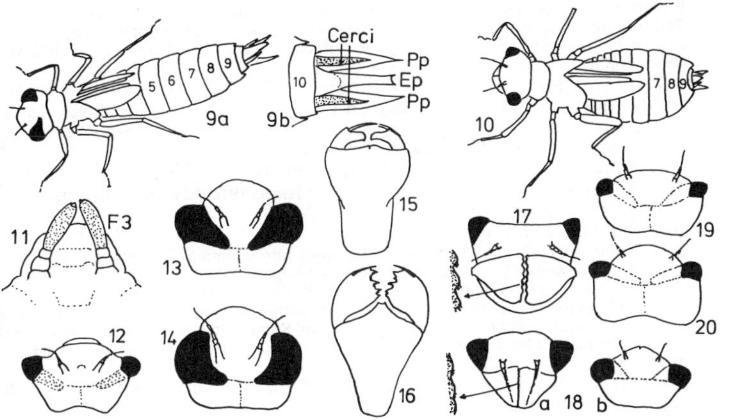

— Hinterleib ventral ± abgeplattet und breiter als 4 mm, am Ende mit einer kräftigen Analpyramide aus 5 stachelförmigen Anhängen (Epiprokt, 2 Cerci, 2 Paraprokte), die kürzer sind als die letzten 3 Hinterleibssegmente zusammen [*9, 10*]. Mit deutlicher Enddarmatmung, Fluchtschwimmen durch Ausstoßen von Atemwasser **Anisoptera** 5

2. 1. Fühlerglied (F1 in [*2*]) überragt den Kopf weit, länger die übrigen Fühlerglieder zusammen. Fm vorn mit tiefem, rautenförmigem Ausschnitt (A in [*3a*]) . . . . **Calopterygidae (Calopteryx)**

— 1. Fühlerglied überragt nicht den Kopf, viel kürzer als die übrigen Fühlerglieder zusammen [*1*]. Fm ohne rautenförmigen Ausschnitt [*4, 5*] **3**

3. Sl tief eingeschnitten [*3b*]. Fm vorn mit schmalem Spalt (S in [*4b*]). Umriß Epiprokt, Paraprokte wie [*6*], oft mit dunkler Zeichnung; die Tracheenseitenäste stehen senkrecht auf dem Hauptast [*6*] **Lestidae**

Fm dreieckig: **Sympecma, Chalcolestes.** Fm löffelförmig lang gestielt [*4a*]: **Lestes.**

— Sl nicht tief eingeschnitten [*5b*], Fm ohne Spalt [*5a*]. Umriß Epiprokt, Paraprokte wie [*7, 8*]; Tracheenseitenäste mehrfach verzweigt, stehen in spitzem Winkel zum Hauptast [*1, 7, 8*] **4**

4. Epiprokt, Paraprokte in lange, fadenförmige Spitze ausgezogen, meist mit dunkler Zeichnung, die die Aderung verdeckt [*7*] **Platycnemididae (Platycnemis pennipes)**

— Epiprokt, Paraprokte abgerundet oder mit kurzer Spitze, Aderung meist deutlich [*8*] . . . . **Coenagrionidae**

5. Fm flach [*15*], läßt das Gesicht frei . . . . . . **Aeshnoidea** **6**

— Fm mit baggerschaufelartigen Seitenlappen [*16*], die das Gesicht bis fast zu den Augen verdecken [*17, 18a*] . . . . **Libelluloidea** **7**

6. Hinterleib abgeplattet und wie die Beine stark behaart (grabende Formen). Fühler nur mit 4 Gliedern, das 3. Fühlerglied (F 3 in [*11*]) länger als die übrigen zusammen und abgeplattet . . . . . **Gomphidae**

Hinterleib ohne deutliche Rückendornen: **Gomphus** (mit Grabdorn an Vordertibien); **Stylurus** (ohne Grabdorn, Segment 9 länger als breit). Hinterleib mit deutlichen Rückendornen zumindest auf Segment 8 + 9: **Ophiogomphus** (über 27 mm lang) und **Onychogomphus** (bis 26 mm lang).

— Körper wie [*9a*], ohne dichte Behaarung (Tiere graben sich nicht ein), Fühler fadenförmig mit 7 Gliedern [*12–14*] . . . . . . **Aeshnidae**

Kopf wie [*12*]: **Brachytron.** Kopf wie [*13*], meist unter 44 mm lang: **Aeshna.** Kopf wie [*14*], meist über 45 mm, oft über 50 mm lang: **Anax.**

7. Sl tief gezähnt [*16*], Körper langgestreckt (über 35 mm lang, unter 10 mm breit) . . . . **Cordulegastridae (Cordulegaster)**

Im flachem Feingrund von Quellen und kühlen Bächen.

— Sl tief gekerbt [*17*], Körper gestaucht . . . . **Corduliidae**

Etwa 30 mm lang und über 10 mm breit: **Epitheca bimaculata** (sehr selten). Bis 25 mm lang: **Cordulia aenea** (Rückendornen klein, auf Segment 9 oft winzig; an den Thoraxseiten ein markanter dunkler Längsstreif vom Prothoraxdorn zum Ansatz des Hinterflügels). **Somatochlora** (ohne markanten Längsstreif an den Thoraxseiten; Rückendornen sehr kräftig, auch auf Segment 9 deutlich: **S. metallica, S. flavomaculata;** Rückendornen fast fehlend, in Hochmoorschlenken und im Hochgebirge: **S. arctica, S. alpestris**).

— Sl flach gekerbt [*18*]. Körper gestaucht [*10*] . . . **Libellulidae** 8

8. Augen knopfförmig, klein [*17, 19, 20*], Larven kurzbeinig (Hintertibien überragen Hinterleibsende nicht). Beine dicht behaart (grabende Formen)

Rückendornen markant, hakig gekrümmt: **Ladona.** Rückendornen kurz, gerade und deutlich bis Segment 8: **Libellula** (Kopf wie [*19*]); **Platetrum** (Kopf wie [*20*]) oder höchstens bis Segment 7 und Kopf wie [*20*]: **Orthetrum.**

— Augen mindestens so lang wie der Hinterkopf [*18*], Larven langbeinig (Hintertibien überragen das Hinterleibsende), Beine ohne dichte Behaarung

Ohne Rückendornen: **Tarnetrum, Crocothemis.** Mit Rückendornen, Hinterleib unten einfarbig hell oder schwarz: **Sympetrum;** ähnlich aber Hinterleib unten mit dunkler Zeichnung: **Leucorrhinia.**

Literatur

ASKEW, R. R.: The dragonflies of Europe. Colchester, 1988. – BELLMANN, H.: Libellen beobachten, bestimmen. Augsburg, 1993. – CARCHINI, G.: A key to the Italian Odonate larvae. Soc. Internat. Odonat. Rapid. Communic. (Suppl.) 1. Utrecht, 1983. – DREYER, W.: Libellen. Hildesheim, 1986. – JURZITZA, G.: Welche Libelle ist das? Kosmos. Stuttgart, 1988. – SCHMIDT, Er.: Libellen, Odonata, in: Brohmer, Ehrmann, Ulmer, Tierwelt Mitteleuropas, Bd. IV. Leipzig, 1929. – SCHMIDT, Eb.: Odonata, in Illies: Limnofauna Europaea, Stuttgart, 1978. – SCHMIDT, Eb.: Libellenfotos als Beleg für die Artbestimmung. Libellula 1 (2): 40–48, 1982. – SCHMIDT, Eb.: Das Nischenkonzept für die Bioindikation am Beispiel Libellen. Beitr. Landespflege Rheinland-Pfalz 14: 95–117, 1991. – WENDLER, A., NÜSS, J.: Libellen, 3. Aufl. DJN Hamburg, 1992.

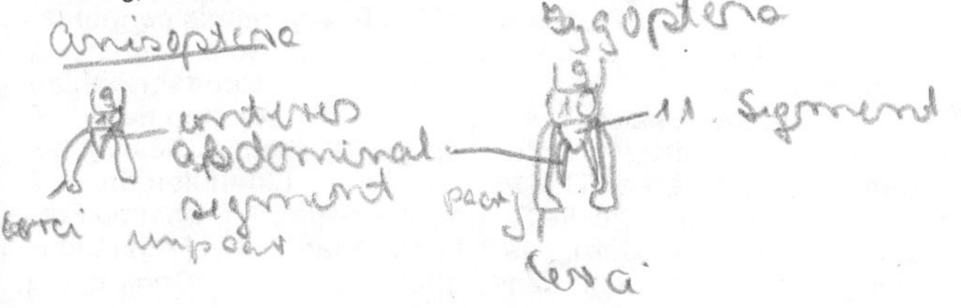

Ordnung: **Plecoptera,** Steinfliegen, Uferfliegen

Mit 4 häutigen (bei manchen Arten verkürzten) Flügeln, die, in Ruhe gefaltet, flach auf dem Körper liegen oder ihn etwas umrollen. Fühler lang, borstenförmig. Hinterleib am Ende mit 2 Anhängen (Cerci), die fadenartig lang [*1–4*] oder stark reduziert sein können [*5, 6*]. Beine mit 3 Fußgliedern (Tarsen). Einheimische Arten braun bis dunkel, seltener gelb oder gelbgrün, 3–30 mm lang. Larven [*7, 8*] vor allem in Fließgewässern, einige auch in der Brandungszone von Seen. Die Arten der **Subulipalpia** ernähren sich räuberisch, die **Nemouroidea** fressen Algen und Detritus. Während der meist einjährigen (nur bei größeren Arten 2–3jährigen) Entwicklungszeit zahlreiche Häutungen. Letztes Larvenstadium verläßt das Wasser, um sich zum adulten Tier („Imago“) zu häuten. Die meisten Arten sind schlechte Flieger und bleiben in den wenigen Wochen des Imaginallebens in Gewässernähe. Eiablage ins Wasser. Im Gebiet etwa 113 Arten in 25 Gattungen.
Abkürzungen: Flügeladerung s. **Insecta** u. [*10–16*].

System: Subulipalpia mit den Familien **Perlodidae, Perlidae, Chloroperlidae; Nemouroidea** mit den Familien **Taeniopterygidae, Nemouridae, Capniidae, Leuctridae.**

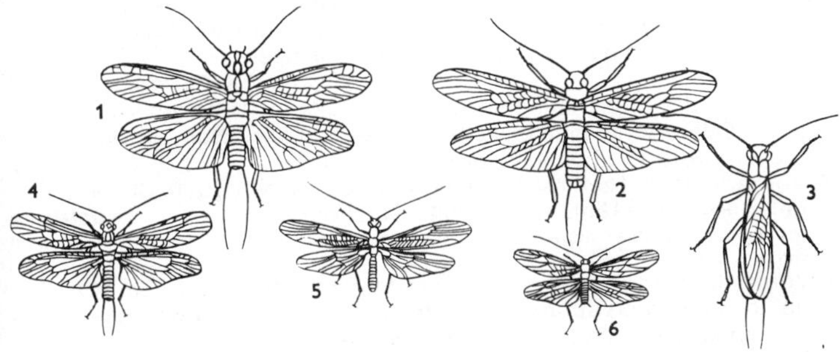

1 Perlodes, 2 und 3 Perla, 4 Chloroperla, 5 Leuctra, 6 Nemoura.

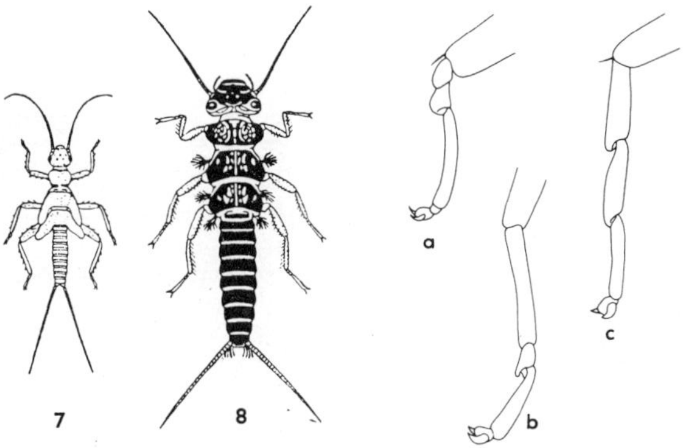

7 Larve der Nemouroidea

8 Larve der Subulipalpia

9

1. Fußglied 1 u. 2 viel kürzer als 3 [*9a*]. Cerci lang, fadenförmig [*1–4*] **2**
— Fußglied 2 kürzer als 1 oder 3 [*9b*] **6**
— Die 3 Fußglieder fast gleich lang [*9c*] . . **Taeniopterygidae** S. 230
2. Flügel bis zum Ende des Hinterleibs reichend **3**
— Flügel verkürzt, nicht bis zum Hinterleibsende reichend . . . **5**
3. Unterer Basisteil (Analteil) des Htflügels klein, mit höchstens 3 Analadern (A) [*10*]. Gelbgrün mit schwarzer Zeichnung am Hinterrand von Meso- u. Metanotum des Thorax . . . . . **Chloroperlidae** S. 230
— Hinterflügel mit großem Analteil u. mehr als 4 Analadern [*11*]. Grundfärbung meist braun und oft mit gelben Flecken **4**
4. Vorderflügel mit mindestens 10 Queradern zwischen Humeralquerader (h) und Sc [*11*]. An den Seiten des Thorax unterhalb der Stigmen Kiemenreste vorhanden . . . . **Perlidae** S. 229
— Vorderflügel ohne oder mit weniger als 8 Queradern zwischen h und Sc [*12*]. Keine Kiemenreste vorhanden . . . . **Perlodidae** S. 230
5. Letztes Hinterleibs-Tergit gespalten u. jederseits mit nach oben gekrümmtem Hakenfortsatz . . . . . . ♂♂ einiger **Perlidae** S. 229
— Letztes Hinterleibs-Tergit ohne solche Fortsätze
♂♂ einiger **Perlodidae** S. 230
6. Aderung der Flügel bildet etwas außerhalb der Mitte am Vorderrand durch Querader rs eine etwa X-förmige Figur [*14*] **Nemouridae** S. 231
— Flügel-Vorderrand ohne X-förmige Figur [*13*] **7**
7. Vorderflügel mit zahlreichen Queradern zwischen Cu_1 u. Cu_2 [*13*]. Flügel in Ruhe um Hinterleib gerollt. Cerci nur kurz . . . **Leuctridae**
Nur 28; **Leuctra** STEPH., häufig **L. nigra** (OLIVIER) [*5*], an kleineren Fließgewässern u. an Seen.
— Vorderflügel mit höchstens 3 Queradern zwischen Cu_1 u. Cu_2 [*15*]. Flügel in Ruhe flach auf dem Hinterleib (♂ von **Capnia bifrons** (NEWM.) extrem kurzflügelig mit wenigen Längsadern). 3–8 mm **Capniidae**
2; **Capnioneura** RIS (Cerci eingliedrig). **Capnopsis schilleri** (ROST.) (Cerci mit weniger als 10 Gliedern). 3; **Capnia** PICT. (Cerci mit mehr als 10 Gliedern).

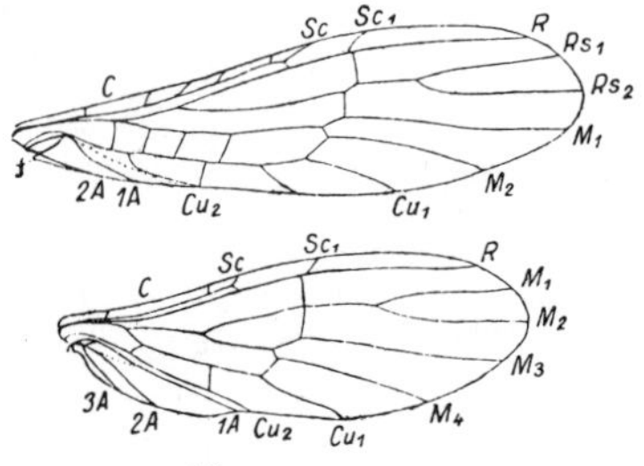

10

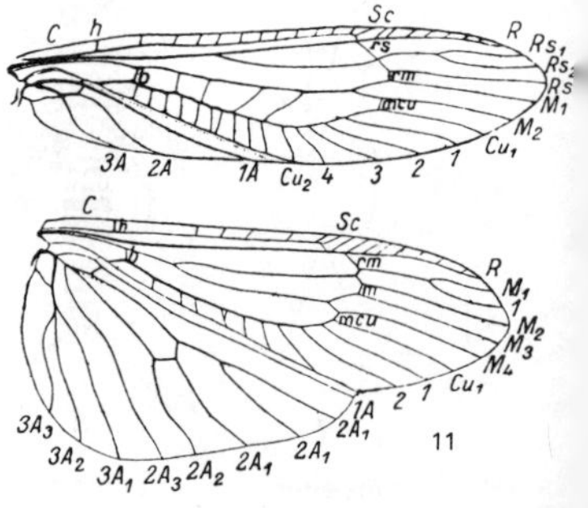

11

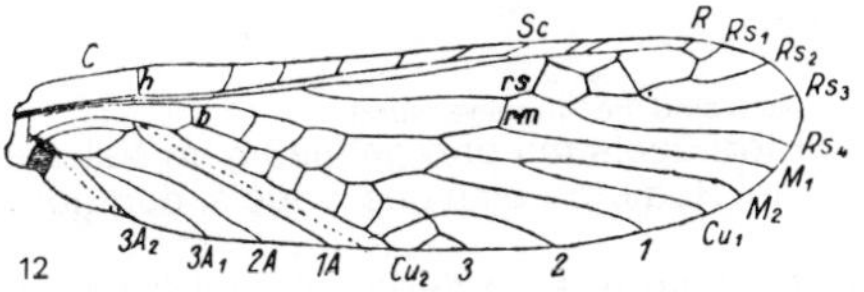

12

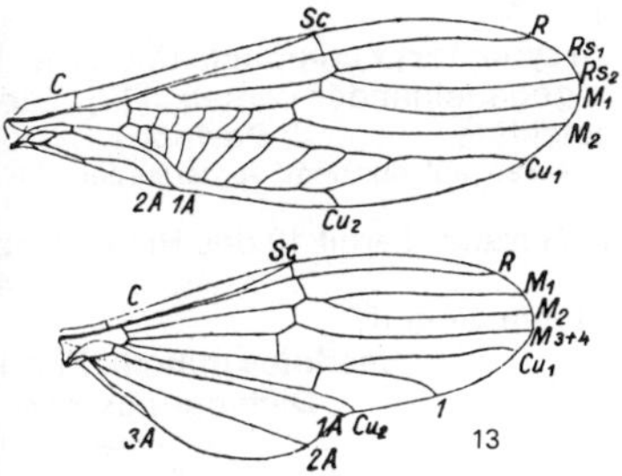

13

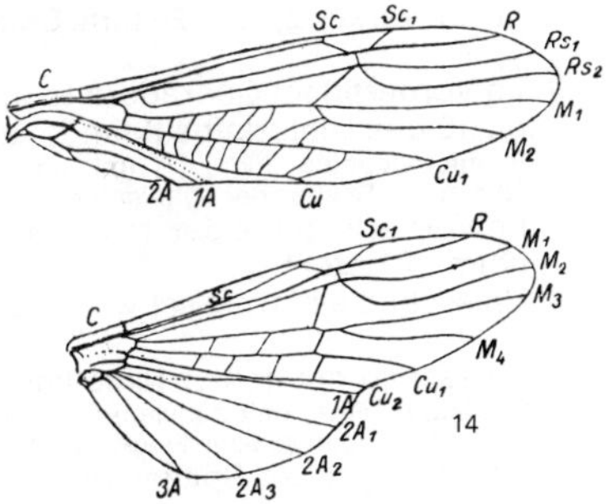

14

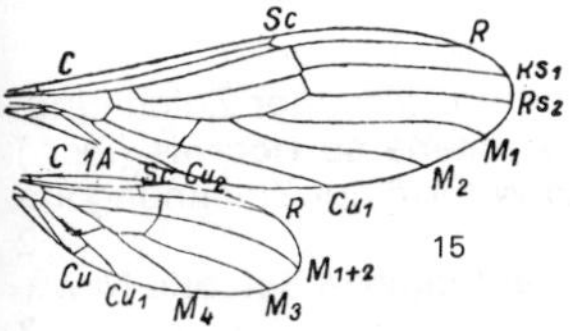

15

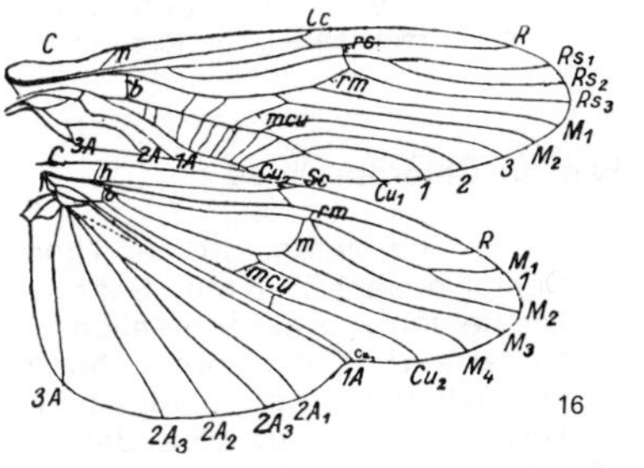

16

Familie: **Perlidae**

1. Im Hinterflügel eine Querader zwischen $2A_1$ u. $2A_2$ [*11*]. Dunkel **2**

— Im Hinterflügel keine Querader zwischen $2A_1$ u. $2A_2$. Körper hellbraun. Selten . . . . 2; **Marthamea** KLAP.

2. Medialfeld im Hinterflügel ohne Querader [*11*] [*2, 3*] 4; **Perla** GEOFFR.
Häufig **P. marginata** (PANZ.) (mit dunklem Fleck zwischen Ocellen; 15–25 mm).

— Medialfeld im Hinterflügel (meist) mit 2–3 Queradern 2; **Dinocras** KLAP.
D. cephalotes (CURT.) (♂ mit verkürzten Flügeln; 13–29 mm), an Bächen des Mittelgebirges.

Familie: **Perlodidae**

Bei den ♂♂ einiger Arten sind die Flügel verkürzt.

1. Spitze des Vorderflügels mit unregelmäßigem Netzwerk [*12*] . . . **2**

— Kein Netzwerk im Radialbereich des Flügels, dort nur mit einer Querader . . . **5**

2. Im oberen Cubitalfeld des Vorderflügels mit 3 od. mehr Queradern [*12*] . . . **3**

— Im oberen Cubitalfeld des Vorderflügels nur mit 1–2 Queradern (Flügel oft verkürzt). 11–20 mm. Selten **Arcynopteryx compacta** (McLachl.)

3. Im Vorderflügel Queradern rs u. rm gegeneinander versetzt [*12*]. Tergit 10 des Hinterleibs beim ♂ ungeteilt . . . . 4; **Perlodes** Banks

P. microcephala (Pict.) [*1*] (mit gelben Flecken auf dunklem Vorderkörper; 13–20 mm), an Bächen der Mittelgebirge.

— Im Vorderflügel bilden rs u. rm eine Gerade. Tergit 10 des Hinterleibs beim ♂ geteilt . . . **4**

4. Halsschild einfarbig schwarz. 16–21 mm. Selten **Besdolus imhoffi** (Pict.)

— Halsschild mit gelber Mittellinie . . . . . . 3; **Dictyogenus** Klap.

D. alpinus (Pict.) (mit dunklem Fleck auf Querader rs; 16–20 mm); **D. fontium** (Ris) (ohne derartigen dunklen Fleck; 14–20 mm); in den Alpen oberhalb 1000 m.

5. Vorderflügel am Spitzenteil mit braunem Fleck. Am Hinterrand des Kopfes mit gelbem Fleck. ♂ kurzflügelig. 12–15 mm **Diura bicaudata** (L.)

— Vorderflügel ohne runden braunen Fleck . . . 10; **Isoperla** Banks

Häufig **I. grammatica** (Poda) (grünlich mit heller Unterseite; um 10 mm).

Familie: **Chloroperlidae**

1. Meso- und Metanotum des Thorax mit breiter U-förmiger Zeichnung. Fühler gesägt. 7–8 mm. Sehr selten . **Isoptena serricornis** (Pict.)

— Die beiden Thoraxsegmente mit schwarzer W-förmiger Zeichnung am Hinterrand. Fühler borstenförmig . . . **2**

2. Halsschild einfarbig blaßgelb. 5–7 mm **Xanthoperla apicalis** Newm.

— Halsschild schwarz gerandet . . . **3**

3. Cerci etwa halb so lang wie Hinterleib [*4*] . 3; **Chloroperla** Newm.

— Cerci mindestens so lang wie Hinterleib . . 4; **Siphonoperla** Zwick

Familie: **Taeniopterygidae**

1. Im Vorderrandfeld der Flügel mit 2 oder mehr Queradern 3; **Rhabdiopteryx** Klap.

R. alpina Kühtr. (Kopf u. Schenkel zweifarbig; 9–14 mm), Alpen.

— Im Flügelrandfeld (Costalraum) ohne Queradern **2**

2. Im Vorderflügel zwischen M_2 u. Cu_1 mit 2–3 Nebenlängsadern [*16*]. Flügel oft gebändert . . . . 5; **Brachyptera** Newsp.

B. monilicornis (Pict.) (Fühler perlschnurartig; Kopf schwarz; 7–10 mm).

— Im Vorderflügel zwischen M_2 u. Cu_1 nur mit 1 Längsader 3; **Taeniopteryx** PICT.

T. nebulosa (L.) (7–10 mm), im zeitigen Frühjahr an Flüssen.

Familie: **Nemouridae**

1. Prothorax unterseits mit Resten von 4–6 Kiemen **2**
— Prothorax ohne Kiemenreste **3**
2. Mit 6 hellen, fingerförmigen Kiemenresten 13; **Protonemura** KEMPNY
P. meyeri (PICT.) (6–7 mm), häufig an Bächen der Mittelgebirge.
— Mit 4 hellen, warzenförmigen Kiemenresten . 4; **Amphinemura** RIS
A. sulcicollis (STEPH.) (4–6 mm), an Fließgewässern.
3. Fußglied 1 der Hinterbeine so lang wie 2+3 . . 14; **Nemoura** LATR.
N. cinerea (RETZ.) [*6*] (Halsschild gekörnt; 6–7 mm), verbreitet u. häufig in verschiedenen Gewässertypen.
— Erstes Fußglied der Hinterbeine deutlich länger als die beiden folgenden zusammen. 5–7 mm . . . . **Nemurella pictetii** KLAP.

Larven der Plecoptera

1. Fußglied 1 u. 2 sehr kurz, zusammen etwa halb so lang wie 3 **2**
— Fußglied 1 etwa halb so lang wie 3 . . . . **4**
2. Thorax mit seitlichen hellen Büschelkiemen zwischen den Beinen [*8*] **Perlidae**
— Keine Büschelkiemen zwischen den Beinwurzeln **3**
3. Endglied der Maxillarpalpen stiftartig auf dem vorletzten, sehr viel kleiner als die übrigen Glieder . . . . **Chloroperlidae**
— Endglied der Palpen nur wenig schmäler als die übrigen Glieder **Perlodidae**
4. Fußglied 2 länger als 1, kürzer als 3 . . . . . **Taeniopterygidae**
— Fußglied 2 kürzer als 1 . . . . **5**
5. Flügelanlagen schräg nach hinten gerichtet [*7*] . . . **Nemouridae**
— Flügelanlagen parallel zum Körper orientiert **6**
6. Hinterleibsringe 1–4 in Tergite u. Sternite getrennt, die folgenden ungeteilt . . . . **Leuctridae**
— Alle Hinterleibssegmente in Tergite u. Sternite getrennt **Capniidae**

Literatur

HYNES, H.: A key to the adults and nymphs of British stoneflies (Plecoptera). Freshwater Biological Association 17. Ambleside, 1977. – ILLIES, J.: Steinfliegen oder Plecoptera. In: Dahl, Tierwelt Deutschlands, Teil 43. Jena, 1955. – ILLIES, J.: Plecoptera (Neubearbeitung). In: Brohmer, Ehrmann, Ulmer, Tierwelt Mitteleuropas, Bd. 4. Leipzig, 1963. – LILLEHAMMER, A.:Stoneflies (Plecoptera) of Fennoscandia and Denmark. Fauna Entomologica Scandinavica, Vol. 21. Kopenhagen, 1988. – ZWICK, P.: Insecta: Plecoptera. Phylogenetisches System und Katalog. In: Kieffer, Das Tierreich, Lief. 94. Berlin, New York, 1973. – ZWICK, P.: Plecoptera. In: Handbuch der Zoologie. Band 4. Berlin, New York, 1980.

Ordnung: **Dermaptera,** Ohrwürmer

Körper langgestreckt, abgeflacht. Mundwerkzeuge beißend. Vorderflügel (= Flügeldekken) schuppenförmig ohne Aderung, Hinterflügel (falls vorhanden) darunter zusammengelegt. Abdomen hinten mit zangenförmigen Cerci. Hemimetabol. Nahrung: zartes pflanzliches Material, auch räuberisch. Eier und für einige Zeit auch noch die Jungtiere vom ♀ bewacht.
Achtung: Maße bezeichnen Körperlänge ohne Zangen!

System: Familien **Labiduridae, Labiidae, Forficulidae.**

1. Fühler 10–15gliedrig 3
— Fühler 16–30gliedrig . . . . **Labiduridae** 2
2. Fühler 16–24gliedrig. Ohne Flügel . . **Anisolabis annulipes** (Luc.)
9–14 mm. Schwarzbraun. Auf Müllplätzen (Leipzig u. Kiel) festgestellt.
— Fühler 25–30gliedrig. Flügel entwickelt
Sandohrwurm, **Labidura riparia** (Pall.)
9–26 mm. Strohfarben mit dunkler Zeichnung am Pronotum u. Flügeldecken. In feuchtem Sand am Meer und an Flußufern, lebt in Röhren mit 3eckigem Eingang, auch unter Steinen. Nicht häufig.
3. 2. Tarsalglied zylindrisch . . . . . . **Labiidae, Labia minor** (L.)
4,5–6 mm. Fliegt gut. An warmen Tagen flugaktiv.
— 2. Tarsalglied herzförmig . . . . **Forficulidae** 4
4. Hinterflügel ragen als kleine Schuppe unter den Flügeldecken vor [*1*] 5
— Hinterflügel fehlend 6
5. Flügeldecken in der Mitte mit gelbem Fleck. Cerci des ♂ in 2 Ebenen gekrümmt [*2*] . . . . **Anechura bipunctata** (F.)
7–17 mm. Wärmeliebend, selten.
— Flügeldecken einfarbig. Cerci des ♂ in einer Ebene gebogen [*1a*]
Gemeiner Ohrwurm, **Forficula auricularia** L.
9–16 mm. Cerci des ♂ ovale oder runde Fläche einschließend (z. B. [*1b, 1c*]), Cerci des ♀ gestreckt [*1a*]. Sehr häufig, Kulturfolger.
6. Mit Flügeldecken, diese länger als breit [*3*]
Gebüschohrwurm, **Apterygida media** (Hag.)
6–11 mm. Besonders auf Gebüsch.
— Flügeldecken reduziert, breiter als lang, mit dem Mesonotum verwachsen [*4*] . . Waldohrwurm, **Chelidurella acanthopygia** (Gené)
6–13 mm. Vor allem in der Streu von Laub- u. Mischwäldern, häufig.

Literatur: siehe **Caelifera,** S. 249

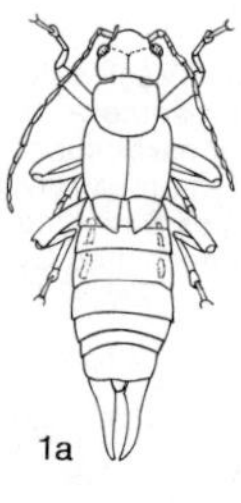
1a

1b

1c

2

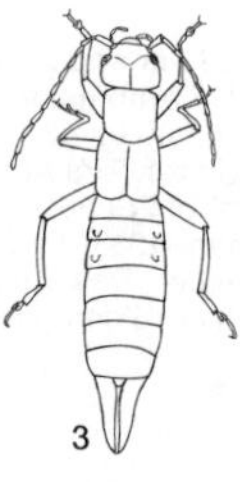
3

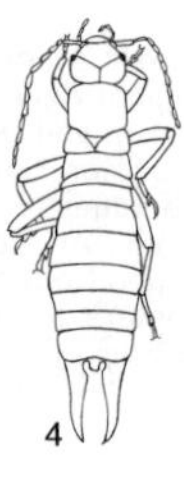
4

Ordnung: **Blattodea,** Schaben

Körper abgeflacht, ± länglich-eiförmig. Kopf vom scheibenförmigen Halsschild (Pronotum) ± verdeckt. Fühler lang, borstenförmig. Vorderflügel (= Flügeldecken) derb, ungefaltet, Hinterflügel häutig, gefaltet, öfters rückgebildet. Mundwerkzeuge beißend. Hemimetabol. Eier werden in einem Paket (Oothek) abgelegt. Nahrung: pflanzliches Material, Tendenz zur Polyphagie.

System: Familien **Ectobiidae, Blatellidae, Blattidae.**

1. Körper klein (unter 17 mm) **2**
— Groß (über 19 mm), nur in Häusern . . . . **Blattidae** **8**
2. Unterseite der Schenkel mit 1–2 Dornen. Im Freien **Ectobiidae** **3**
— Unterseite der Schenkel mit mehreren Dornen. Nur in Gebäuden **Blattellidae** **7**
3. Flügeldecken stark sklerotisiert, ohne deutliche Aderung. Analader A (vgl. [*1a, b*]) nicht vertieft. Hinterflügel reduziert. 6–7 mm
Phyllodromica (= Hololampra) maculata (SCHREB.)
Flügeldecken des ♂ körperlang, hinten mit großem, dunklem Fleck, beim ♀ Flügeldecken verkürzt, einfarbig, gelbbraun; selten Färbung anders. An Waldrändern, Hekken, in Fallaub. Selten.
— Flügeldecken weniger stark sklerotisiert, deutlich geadert. Analader vertieft. Hinterflügel beim ♂ voll entwickelt (♂♂ fliegen gut), beim ♀ manchmal verkürzt [*1a, b*] . Waldschaben, **Ectobius** (STEPH.) **4**
4. Mittelfleck des Pronotums rundlich, unscharf begrenzt, nicht schwarz [*2*] **5**

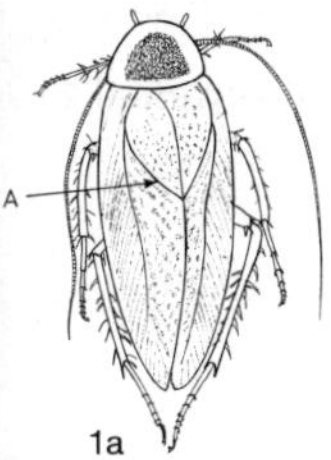

1a

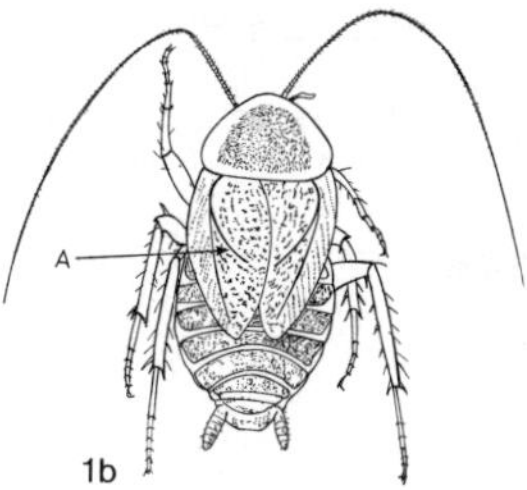

1b

2

3

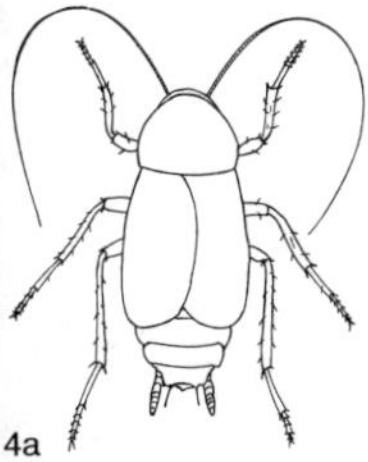
4a

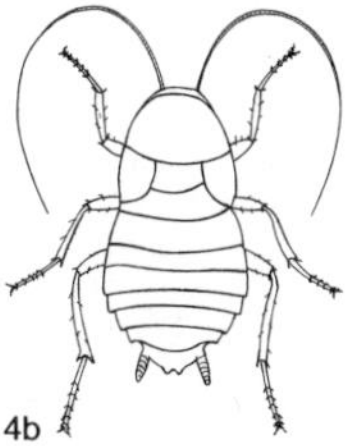
4b

— Mittelfleck des Pronotums trapezförmig, scharf umrissen, schwarz oder aufgehellt [*1a*: ♂, *1b*: ♀] . . . . **E. silvestris** (PODA)
9–14 mm. Flügeldecken des ♀ verkürzt. Überwiegend im Mittelgebirge.

5. Pronotum etwa 3 mm breit. Körper 8–13 mm lang. Flügeldecken des ♀ hinten nicht gerade abgeschnitten **6**

— Pronotum 2,5 mm breit. Körper 5–7 (selten 8) mm lang. Flügeldecken des ♀ verkürzt, hinten ± gerade abgeschnitten **E. panzeri** (STEPH.)
Graugelblich, auf der Mitte des Pronotums ± gefleckt. Nordseeküste.

6. Grundfarbe einförmig gelblich . . . . **E. pallidus** (OLIV.)
8–10,5 mm. Flügeldecken stets länger als der Hinterleib. Lichte Wälder, im Süden. Selten.

— Grundfarbe nicht einförmig gelblich . . . . . . **E. lapponicus** (L.)
7–11 mm. Flügeldecken meist mindestens bis zum Ende des Hinterleibs reichend. Sehr häufig.
Ähnlich ist **E. erythronotus** BURR (aber im Gegensatz zu **E. lapponicus** ♂ ohne dunkle Flecken längs der Radialader, ♀ ohne helle Querbinde zwischen den Augen), in Süddeutschland.

7. Pronotum mit 2 dunklen Längsstreifen [*3*]. Flügeldecken ohne Querband. 10–13 mm . . . Deutsche Schabe, **Blattella germanica** (L.)
In Backstuben, dauerbeheizten Räumen.

— Pronotum ohne dunkle Längsstreifen. Flügeldecken meist mit dunklem Querband. Etwa 10–14 mm . . **Supella supellectilium** (SERV.)
Besonders in Küchen, seltener, in Süddeutschland seit 1954 eingebürgert.

8. Flügeldecken länger als Hinterleib. 28–45 mm
Amerikanische Großschabe, **Periplaneta americana** (L.)
Rotbraun. Flügeldecken einfarbig braun. Besonders in Treibhäusern, Warmhäusern, Markthallen.
Ähnlich **P. australasiae** (F.) (31–35 mm), aber schwarzbraun, Flügeldecken an der Basis mit gelblicher Längsbinde.

— Flügeldecken beim ♂ kürzer als Hinterleib, beim ♀ kurze Lappen. 19–30 mm [*4a*: ♂, *4b*: ♀]
Küchenschabe, Kakerlak, **Blatta orientalis** L.
Kastanienbraun bis schwarzrot. Vor allem in Bäckereien.

Literatur: siehe **Caelifera,** S. 249

Ordnung: **Ensifera,** Laubheuschrecken u. Grillen

Früher mit **Caelifera** zu **Saltatoria** vereint. Habitus z. B. [*1a*]. Fühler so lang od. länger als der Körper, selten kürzer. Mundwerkzeuge beißend. Vorderflügel (= Flügeldecken) häutig bis derb, geadert, nicht gefaltet, Hinterflügel dünnhäutig, gefaltet. Flügel können reduziert sein. ♂ meist mit Zirporgan an Basis der Flügeldecken. Gehörorgane (Tympanalorgane) beiderseits an Basis der Vordertibien [*4, 5*]. Sprungvermögen. ♀ mit deutlichem, ± sichel- od. säbelartigem Legeapparat, von außen als „Legescheide" sichtbar (Ausnahme **Gryllotalpa**) [*1a*]. Eiablage in Erde od. Pflanzen. Hinterende des ♂ [*1b*]. Hemimetabol. Laubheuschrecken überwintern als Ei, sind also erst im Hochsommer adult; viele Grillen-Arten überwintern als Larve, sind also schon im Frühsommer adult. Pflanzenfresser od. Räuber. Im Gebiet etwa 35 Arten.

Abkürzungen: Vd = Vorder-, Ht = Hinter-. Längenangaben vom Kopfscheitel bis zur Hinterleibsspitze (ohne Legeapparat u. Cerci).

System:
Überfamilie **Tettigonioidea** mit **Phaneropteridae, Meconematidae, Conocephalidae, Sagidae, Tettigoniidae, Ephippigeridae;**
Überfamilie **Gryllacridoidea** mit **Raphidophoridae;**
Überfamilie **Grylloidea** mit **Oecanthidae, Gryllidae, Myrmecophilidae, Gryllotalpidae.**

In der B.R. Deutschland sind besonders geschützt: Oecanthus pellucens, Ephippiger ephippiger, Ruspolia nitidula, Gampsocleis glabra, Platycleis tesselata.

1. Tarsen 4gliedrig, abgeflacht, 3. Tarsenglied herzförmig [*2*]. Flügel in Ruhe dachförmig (z. B. [*1a*]). Häufig grün
Überfamilie Laubheuschrecken, **Tettigonioidea** **2**

— Tarsen 4gliedrig, lang, seitlich zusammengedrückt. Flügel fehlend
Überfamilie **Gryllacridoidea**

Nur **Raphidophoridae** mit Gewächshausschrecke, **Tachycines asynamorus** ADEL. (braun mit dunkler Fleckenzeichnung; 13–19 mm), in Gewächshäusern. – In Höhlen in Österreich **Troglophilus cavicola** (KOLLAR) (15–21 mm).

— Tarsen 3gliedrig [*3*], Flügel in Ruhe flach dem Körper aufliegend (z. B. [*12, 13*]). Schwarz bis braun . Überfamilie Grillen, **Grylloidea** **7**

2. Tympanalorgan (an der Basis der Vdtibien) offen, rund bis oval, mit gut sichtbarem Trommelfell [*4*] **3**

— Tympanalorgan spaltförmig, Trommelfell verdeckt [*5*] . . . **4**

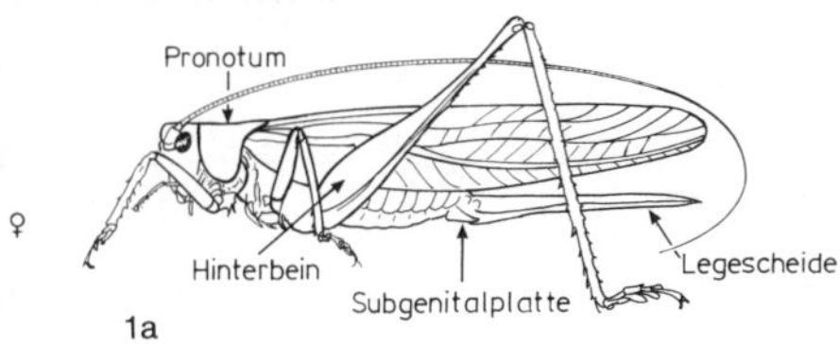

1a

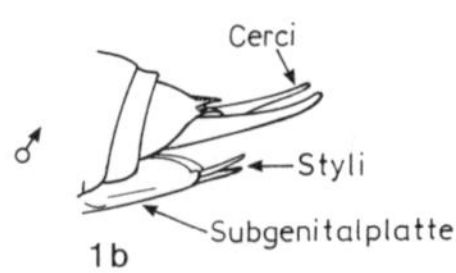

1b

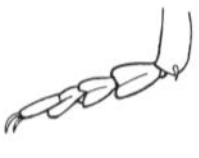
2

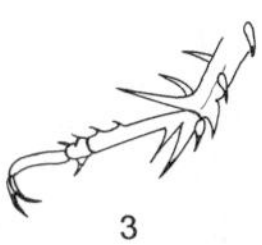
3

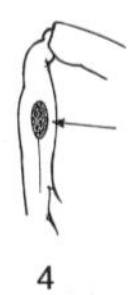
4

5

3. Tarsenglieder 1 u. 2 seitlich gefurcht [*2*]. Legescheide lang, schlank, säbelförmig, höchstens leicht gezähnelt [*6*]. Subgenitalplatte des ♂ mit Styli (vgl. [*1b*]) . . . . . . Eichenschrecken, **Meconematidae**

Nur 2; **Meconema** Serv., häufig **M. thalassinum** (De Geer), Eichenschrecke [*6*] (Flügel länger als Htleib; hellgrün, hinten auf dem Pronotum mit 2 braunen Flecken in einem gelben Längsstreifen; 11–15 mm), auf Bäumen; **M. meridionale** Costa (ähnlich, aber Flügel lappenförmig, bis 2 mm lang), nur im Südwesten, selten.

— Tarsenglieder 1 u. 2 seitlich nicht gefurcht. Legescheide kürzer, sichelförmig, wenn ± gerade, oben u. unten kräftig gezähnt. Subgenitalplatte des ♂ ohne Styli [*14, 19–21*]
Sichelschrecken, **Phaneropteridae** S. 237

4. Groß, Körper 50–70 mm lang, schlank. Flügeldecken reduziert
Sägeschrecken, **Sagidae**

Nur **Saga pedo** (Pallas) Pontomediterran, selten in Österreich.

— Kleiner, bis 40 mm **5**

5. Pronotum sattelförmig, vorn horizontal, hinten stark nach oben gebogen [*7*] . . . . Sattelschrecken, **Ephippigeridae**

Nur **Ephippiger ephippiger** (Fiebig), Sattelschrecke (Grundfarbe grün, Flügel rostgelb bis braun; Kopf hinten schwarz; 20–35 mm), wärmeliebend, im Südwesten, selten.

— Pronotum nicht sattelförmig **6**

6. Vdschienen am distalen Ende außen dorsal ohne Dorn [*8*]. Kopf von der Seite gesehen vorn konisch: Stirn bildet mit dem Scheitel spitzen Winkel [*10, 22*] . . . . Schwertschrecken, **Conocephalidae** S. 238

— Vdschienen am distalen Ende außen dorsal mit Dorn [*9*]. Kopf von der Seite gesehen nicht konisch (z. B. [*24*])
Singschrecken, **Tettigoniidae** S. 239

7. Vdbeine Schreitbeine (z. B. [*8, 9, 22*]) **8**

— Vdbeine als Grabschaufeln ausgebildet [*11*]
Maulwurfsgrillen, **Gryllotalpidae**

Nur **Gryllotalpa gryllotalpa** (L.), Maulwurfsgrille ([*14*], S. 191) (Grundfarbe dunkelbraun; 35–50 mm), besonders in lockerem, feuchtem Boden; mehr in tieferen Lagen.

8. Körper schlank, häufig ± walzenförmig, über 4 mm lang. Augen normal ausgebildet **9**

— Körper ± eiförmig, nicht über 4 mm lang. Augen reduziert
Ameisengrillen, **Myrmecophilidae**

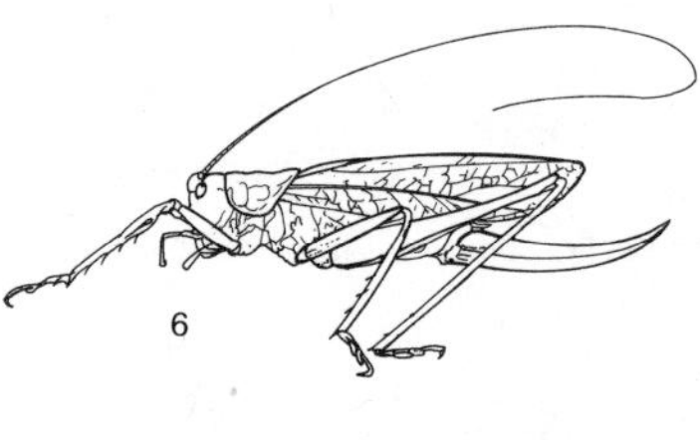

6

7

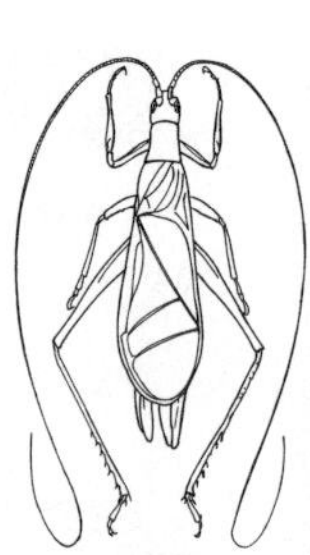

12

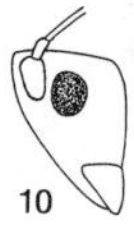

10

11

8

9

Nur **Myrmecophila acervorum** (PANZ.), Ameisengrille (ohne Flügel; dunkelbraun, Htrand von Pro- u. Mesonotum hell; 2,5–4 mm), parasitisch in Ameisennestern, selten.

9. Körper walzenförmig. Htschenkel deutlich verdickt. Httibien mit etwa gleich langen Dornen . . . . Grillen, **Gryllidae** S. 237

— Körper u. Htschenkel schlank [*12*]. Httibien mit größeren u. zwischen ihnen stehenden kleineren Dornen . . Blütengrillen, **Oecanthidae**

Nur **Oecanthus pellucens** (SCOP.), Weinhähnchen [*12*] (Grundfarbe hellbraun; 9–15 mm), wärmeliebend, auf Gebüsch, im Süden, selten.

Familie: **Gryllidae,** Grillen

1. Vdtibien nur außen mit Trommelfell. 1. Glied der Httarsen oben nicht gefurcht. Unter 10 mm **2**

— Vdtibien außen mit großem u. innen mit kleinem Trommelfell. 1. Glied der Httarsen oben mit flacher Furche. Über 12 mm, meist um 20 mm **3**

2. Flügel deutlich kürzer als Htleib. 7–10 mm
Waldgrille, **Nemobius sylvestris** (BOSC)

Grundfarbe dunkelbraun, vor den Augen weiße Linie in Form eines offenen Fünfecks. Im Fallaub lichter Wälder, im Norden nur stellenweise.

— Flügel etwa so lang wie Htleib. 6–7 mm
Sumpfgrille, **Pteronemobius heydeni** (FISCH.) = **concolor** (WALK.)

Fast einfarbig schwarz. Auf sumpfigen Wiesen, im Südwesten, sehr selten.

3. Körper schwarz, glatt, glänzend. Htschenkel unten rot. 20–26 mm
Feldgrille, **Gryllus campestris** L.

Flügel bräunlich, an der Basis gelb. In trockenen Biotopen mit niedriger Vegetation, in selbstgegrabenen Höhlen im Boden. Zirpen laut. Häufig, nicht im Gebirge.

— Körper strohgelb bis braunschwarz, fein behaart. Htschenkel unten nicht rot. 12–20 mm **4**

4. Braunschwarz. Vor den Augen mit heller Querbinde. Flügel halb so lang wie Htleib. 12–13 mm . . . . . **Modicogryllus frontalis** (FIEB.)

An trockenwarmen Stellen, im Südwesten, selten.

— Gelbbraun mit dunkler Zeichnung, am Kopf mit schwarzen Querbinden. Flügel so lang wie Htleib. 16–20 mm [*13*]
Heimchen, **Acheta domesticus** (L.)

In geheizten Gebäuden, im Sommer auch im Freien (Müllhalden!), häufig.

Familie: **Phaneropteridae,** Sichelschrecken

1. Flügel lang, weit den Körper überragend. Legescheide sichelförmig [*14*]. 12–20 mm . . . Sichelschrecke, **Phaneroptera falcata** (PODA)

Grün, Rücken u. Beine manchmal rostrot getönt, Körper mit feinen dunklen Punkten gesprenkelt. Auf gebüschreichen Trockenrasen, im Süden verbreitet.

— Flügel beim ♀ schuppenförmig, beim ♂ auf Zirpapparat reduziert **2**

2. Fühler höchstens so lang wie Körper. Scheitel etwa 2mal so breit wie 1. Fühlerglied. 24–44 mm
Wanstschrecke, **Polysarcus denticauda** (CHARP.)

Grundfarbe grün, selten dunkelbraun. Auf langgrasigen Wiesen. Im Südwesten. Selten.

— Fühler länger als der Körper. Scheitel etwa so breit wie 1. Fühlerglied. 10–26 mm **3**

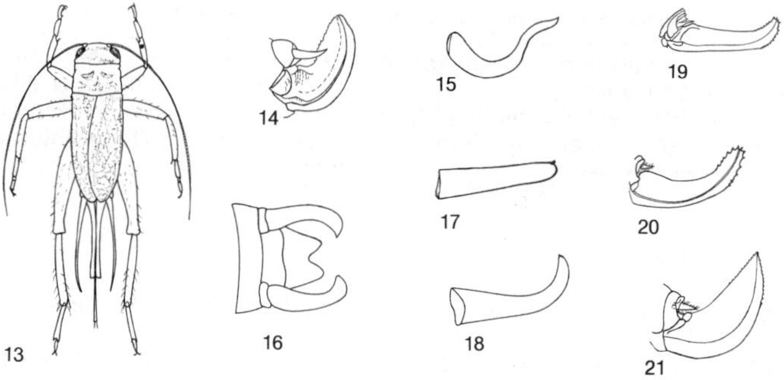

3. Cerci des ♂ S-förmig [*15*] od. gleichmäßig gekrümmt [*16*]. Legescheide des ♀ an der Spitze grob gezähnt [*19, 20*] **4**

— Cerci des ♂ gerade [*17*] od. nur im Spitzendrittel gebogen [*18*]. Legescheide des ♀ sichelförmig, kaum sichtbar gezähnt [*21*]
Zartschrecken, **Leptophyes** Fieb.

Grundfarbe grün, fein braunrot punktiert. **L. punctatissima** (Bosc) (Cerci des ♂ an der Spitze fast kreisrund gebogen [*18*]; Legescheide des ♀ über 2mal so lang wie Pronotum; Flügel fast frei; auf Htleib des ♂ ein schmaler brauner Längsstreifen; 10–17 mm), meist im Gebüsch, Kulturfolger, vor allem im Südwesten; **L. albovittata** (Koll.) (Cerci des ♂ gerade, am Ende mit nach innen gebogenem Häkchen [*17*]; Legescheide wenig länger als Pronotum; Flügel beim ♂ zur Hälfte, beim ♀ fast ganz vom Pronotum bedeckt; Htleib des ♂ meist rostrot überlaufen, seitlich mit weißer Binde; 9–16 mm), wärmeliebend, auf Pflanzen, mehr im Osten.

4. Cerci des ♂ gleichmäßig gekrümmt [*16*]. Legescheide des ♀ unten gleichmäßig gebogen [*20*]
Isophya kraussi Brunner (= **pyrenea** (Serv.))

Grundfarbe grün, dunkel punktiert. 16–26 mm. An Waldrändern, auch auf Wiesen, zerstreut.

— Cerci des ♂ S-förmig [*15*]. Legescheide des ♀ unten gerade, erst am Ende aufwärts gebogen [*19*] . . Säbelschrecke, **Barbitistes** Charp.

B. serricauda (F.) (Cerci des ♂ nicht verdickt [*15*]; Legescheide etwa doppelt so lang wie das Pronotum; Grundfarbe immer grün, Fühler grün od. hellbraun, ohne helle Ringe; 15–20 mm), auf Gebüsch u. Laubbäumen, mehr im Süden, zerstreut; **B. constrictus** Brunner (Cerci des ♂ um die Mitte erweitert; Legescheide mindestens 2,5mal so lang wie das Pronotum; grün, Htleib mehr bräunlich-schwärzlich, Fühler braun bis schwarz mit hellen Ringen; 14–23 mm), auf Nadelbäumen, selten.

Familie: **Conocephalidae,** Schwertschrecken

1. 20–30 mm. Flügel lang, weit die Htknie überragend
Ruspolia (= **Homorocoryphus**) **nitidula** (Scop.)

Meist einfarbig hellgrün. Auf Feuchtwiesen, im Süden, sehr selten (in Deutschland ausgestorben?).

— Bis 18 mm. Flügel kürzer, höchstens etwas die Htknie überragend
Schwertschrecke, **Conocephalus** Thunb.

C. discolor Thunb. (= **fuscus** (F.)) (Flügel länger als der Htleib; Legescheide meist ziemlich gerade, 11–15 mm lang; 13–18 mm), in feuchten Biotopen, im Süden; **C. dorsalis** (Latreille) [*22*] (Flügel meist kürzer als der Htleib; wenn Flügel lang, dann von C. discolor beim ♀ durch kurze Legescheide – 8–9,5 mm lang –, beim ♂ durch längere, einander fast berührende Seitenzähne der Cerci zu unterscheiden; 12–17 mm), in feuchten bis nassen Biotopen, mehr im Norden.

Familie: **Tettigoniidae,** Singschrecken

1. Grün, Rücken u. Beine oft gelblich bis bräunlich. 1. Glied der Httarsen ohne freien Sohlenlappen. 25–38 mm **(Tettigoniinae) Tettigonia** L.

a) Flügel die Htknie weit überragend: **T. viridissima** (L.), Grünes Heupferd (Cerci des ♂ viel länger als Styli; Legescheide des ♀ höchstens 1–2 mm länger als Flügel, meist kürzer; grün, am Rücken meist braun; 28–38 mm), in offenem Gelände, nicht in Berglagen; **T. caudata** (Charp.) (Cerci des ♂ fast so lang wie Styli; Legescheide Flügel um etwa 10 mm überragend; grün, oben meist braun; Dörnchen auf der Ventralkante der Htschenkel schwarz umrandet; 25–35 mm), in offenem Gelände, östlich der Elbe.

b) Flügel etwa bis Htknie reichend: **T. cantans** (Fuess.) (Legescheide Flügel um etwa 13–20 mm überragend; grün, oben ± braun; 21–33 mm), mehr in feuchtem Gelände, vor allem im Bergland.

— Grün od. braun. Wenn grün, entweder unter 20 mm od. stärker dunkel gefleckt. 1. Glied der Httarsen mit beweglichem Sohlenlappen [*23*] **Decticinae** **2**

2. Flügel den Htleib überragend (zum Fliegen geeignet), meist mit dunklen Würfelflecken **3**

— Flügel kürzer als Htleib (nicht für Flug geeignet), ungefleckt . **5**

3. Pronotum ohne Mittelkiel. Unterseite der Vdbrust mit 2 Dornen. 20–27 mm . . . . . Heideschrecke, **Gampsocleis glabra** (Herbst)
Meist grün mit braun gefleckten Flügeln. In trockenem Grasland, Heidegebieten, sehr selten.

— Pronotum mindestens teilweise mit Mittelkiel. Vdbrust ohne Dornen **4**

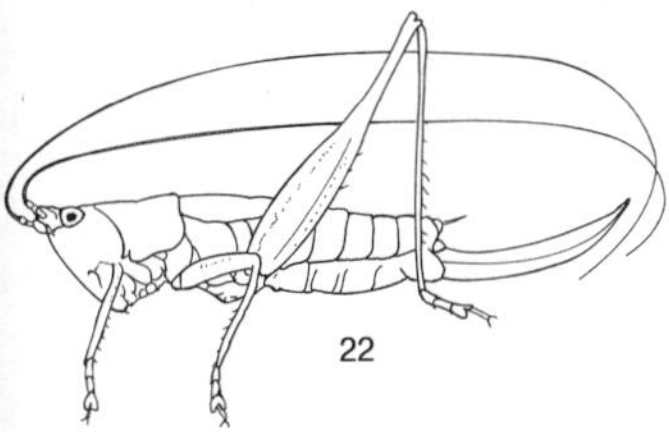
22

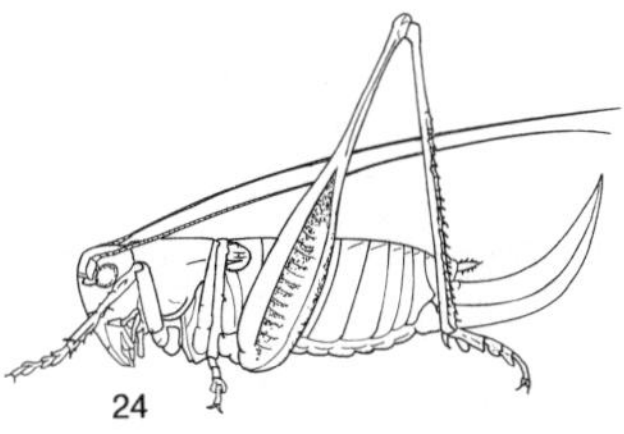
24

23

25

28

30

26

27

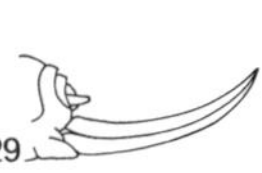
29

4. 24–44 mm. Pronotum mit vollständigem Mittelkiel
Warzenbeißer, **Decticus verrucivorus** (L.)
Grün bis braun, meist verschiedenfarbig gescheckt. Auf kurzrasigem Grasland.

— 14–22 mm. Pronotum nur hinten mit Mittelkiel
Beißschrecken, **Platycleis** Fieb.
Flügel am Ende deutlich schmaler als an der Basis. Grundfarbe meist braun.

a) Flügel lang, etwa bis Htknie reichend: **P. albopunctata** (Goeze) (= **denticulata** (Panzer)) (braun, Flügel weiß gefleckt, Kopf u. Pronotum oben heller; 18–22 mm), an warmen Stellen, im Süden verbreitet.

b) Flügel kürzer: **P. vittata** (Charpentier) (Cerci des ♂ vor der Spitze mit Seitenzahn; Legescheide des ♀ kurz – 5 mm lang –, stark sichelförmig gekrümmt; braun, auf Mitte der Flügel mit dunkelbraunem, durch helle Schrägstreifen zerteiltem Längsband; 14–16 mm), wärmeliebend, im Süden, sehr selten; **P. montana** (Koll.) (Cerci des ♂ an der Basis mit Seitenzahn; Legescheide 10–12 mm lang, schwach gebogen; braun, auch zum Teil grün; 14–19 mm), auf trockenem Grasland, im Osten.

Wenn Vdflügel bis zum Ende etwa gleich breit: **Metrioptera** s. **5**

5. Flügel schuppenförmig: beim ♂ etwas, beim ♀ deutlich kürzer als Pronotum [*24*]. Pronotum ohne Mittelkiel
Buschschrecken, **Pholidoptera** Wesm.
P. aptera (F.) (Seiten des Pronotums hinten mit breitem, ± scharf abgesetztem hellem Randsaum; Grundfarbe rotbraun bis graubraun, ± bunt; 20–25 mm), in dichter, offener Vegetation, nur in Alpen u. Alpenvorland; **P. griseoaptera** (De Geer) [*24*] (Seiten des Pronotums nur mit feiner, heller Randlinie; Grundfarbe graubraun bis rotbraun; 15–20 mm), in dichter Vegetation, Gebüsch, meist häufig.

— Flügel beim ♀ etwas länger, beim ♂ deutlich länger als Pronotum. Pronotum hinten mit deutlichem Mittelkiel . . . **Metrioptera** Wesm.

a) Seiten des Pronotums dunkel, unten u. hinten mit breitem hellem Saum: **M. roeseli** (Hag.) (Cerci des ♂ vor der Spitze mit Seitenzahn [*25*]; Legescheide des ♀ wie [*28*]; Grundfarbe grün bis hellbraun; Htschenkel außen mit dunklen, kammartigen Querstrichen; 14–18 mm), in Grasland, sehr häufig.

b) Seiten des Pronotums höchstens schmal gesäumt: **M. brachyptera** (L.) (Cerci des ♂ breit, etwa in der Mitte mit Seitenzahn [*26*]; Legescheide des ♀ wie [*29*]; Grundfarbe dunkelbraun, Pronotum u. Flügel teilweise grün; 12–18 mm), auf feuchteren Wiesen, verbreitet; **M. bicolor** (Phil.) (Cerci des ♂ dicht vor der Spitze mit Seitenzahn [*27*]; Legescheide des ♀ wie [*30*]; Grundfarbe meist grün, auf dem Rücken ± braun, Flügel vollständig grün; 15–18 mm), auf Trockenwiesen, im Süden.

Literatur: siehe **Caelifera,** S. 249

Ordnung: **Caelifera,** Feldheuschrecken

Früher mit **Ensifera** zu **Saltatoria** vereint. Habitus z.B. [*1a*]. Fühler kürzer als der Körper. Kopf [*2*]. Mundwerkzeuge beißend. Vdflügel (= Flügeldecken) häutig bis derb, geadert (Bezeichnung der Adern s. [*3*]: C = Costa, Sc = Subcosta, R = Radius, M = Media, CuA = Cubitus anterior, CuP = Cubitus posterior, A = Analis). Htflügel dünnhäutig, gefaltet. Flügel können reduziert sein. ♂ zirpen durch Reiben der Htschenkel an einer Leiste der Vdflügel; Gehörorgan (Tympanalorgan, spaltförmige oder ovale Öffnung mit Trommelfell) an jeder Seite des 1. Htleibsegments. Sprungvermögen. Legebohrer kurz, zum Graben geeignet [*1c*]. Eiablage in den Boden. Htende des ♂ [*1b*]. Hemimetabol. Überwinterung (außer **Tetrix**) im Eistadium. Pflanzenfresser. Im Gebiet etwa 43 Arten.
Abkürzungen: Vd = Vd-, Ht = Ht-, Adern wie [*3*]. Längenangaben vom Scheitel bis zur Htleibsspitze (ohne Legeröhre, Cerci od. Flügel).

System:
Überfamilie **Acridoidea** mit **Catantopidae, Acrididae, Tetrigidae;**
Überfamilie **Tridactyloidea** mit **Tridactylidae.**

In der B.R. Deutschland sind besonders geschützt: Calliptamus italicus, Psophus stridulus, Bryodema tuberculata, Sphingonotus caerulans, Oedipoda caerulescens u. **germanica, Arcyptera fusca** u. **microptera.**

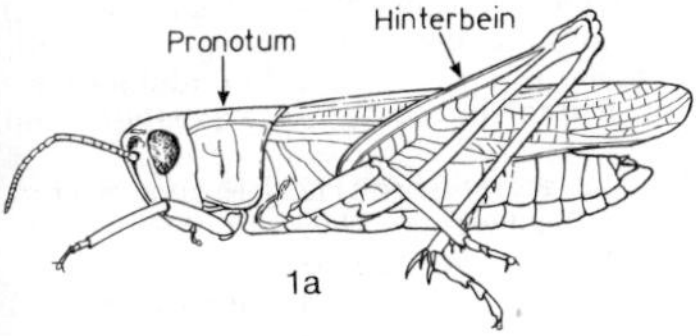

1a

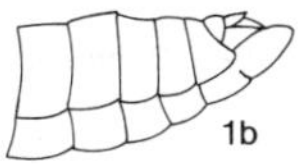
1b

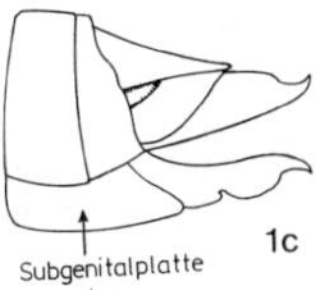

1c

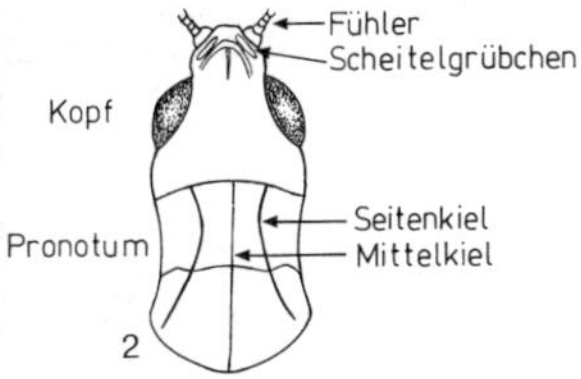

2

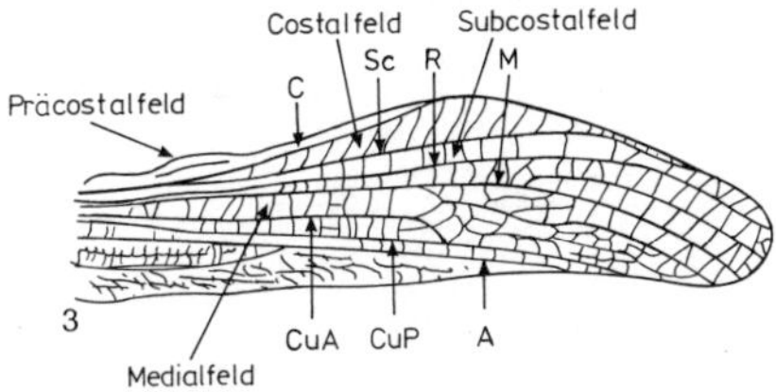

3

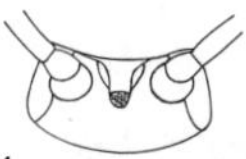
4

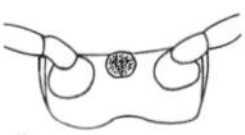
5

1. Vdbeine als Grabbeine ausgebildet. Pronotum gewölbt. Legebohrer fehlend. Körper bis 6 mm . . . . . Grabschrecken, **Tridactylidae**
Nur 2; **Xya** LATREILLE (= **Tridactylus** OLIVIER), z.B. **X. pfaendleri** (HARZ), gräbt Gänge im feuchten Sand von Flußufern. Im Süden (Österreich, Schweiz), selten.

— Vdbeine nicht als Grabbeine ausgebildet. Pronotum nicht gewölbt. Legebohrer vorhanden. Körper größer **2**

2. Pronotum in einen den ganzen Körper bedeckenden oder auch darüber hinausragenden dornförmigen Fortsatz verlängert [*6, 10, 11*]. Zwischen den Fußkrallen ohne Haftlappen. Bis 17 mm
Dornschrecken, **Tetrigidae** S. 242

— Pronotum nicht dornförmig über den ganzen Körper verlängert. Zwischen den Fußkrallen mit Haftlappen. Oft größer **3**
3. Vdbrust unterseits zwischen den Coxen mit deutlichem kegel- od. walzenförmigem Zapfen [*4*] Knarrschrecken, **Catantopidae** S. 243
— Vdbrust unterseits ohne od. nur mit einer kleinen warzenförmigen Erhebung [*5*] . . . . Feldheuschrecken, **Acrididae** S. 243

Familie: **Tetrigidae,** Dornschrecken

Nur **Tetrix** LATR. (Grundfarbe graubraun, ± hell gefleckt; Vdflügel reduziert). Überwinterung als Larve od. Adultus. Längenangaben ohne Dorn.

1. Pronotum dorsal von der Seite gesehen ± fast gerade, kaum gewölbt [*6*] . . **2**
— Pronotum dorsal deutlich gewölbt [*10, 11*]. (Arten schwer unterscheidbar) . . **4**
2. Mittelschenkel unten deutlich gewellt [*7*]. 7–10 mm. Auf Kiesbänken der Alpenflüsse. Sehr selten (verschollen?) . . . . **T. tuerki** KRAUSS
— Mittelschenkel unten nicht gewellt **3**
3. Scheitel zwischen den Augen etwa so breit wie ein Auge, von oben gesehen die Augen vorn wenig überragend [*8*]. 7–10 mm. Im Süden, sehr selten **T. ceperoi** (BOL.)
— Scheitel zwischen den Augen wesentlich breiter als ein Auge, vorn zwischen den Augen vorspringend [*9*]. 7–12 mm. In Feuchtgebieten, nicht selten **T. subulata** (L.)
4. Htschenkel etwa 3mal so lang wie breit. Pronotum oben weniger stark gewölbt [*10*]. 8–11 mm. In feuchterem offenem Gelände, häufig . . . . **T. undulata** SOW.
— Htschenkel weniger als 3mal so lang wie breit. Pronotum von der Seite gesehen oben stärker gewölbt [*11*] **5**
5. Fühler lang u. dünn, mittlere Glieder etwa 4mal so lang wie breit [*12b*]. Pronotum vorn von oben gesehen stumpfwinkelig [*12a*]. Oft mit 2 schwarzen Flecken auf Pronotum. 8–10 mm. An trockenen, schütter beachsenen Orten, mehr im Süden
T. nutans (HAGENBACH) (= **tenuicornis** SAHLB.)
— Fühler kurz u. dick, mittlere Glieder etwa 2mal so lang wie breit [*13b*]. Pronotum vorn winkliger [*13a*]. Fast immer mit 2 schwarzen Flecken auf Pronotum. 8–11 mm. An trokkenen Stellen, mehr im Süden . . . . **T. bipunctata** (L.)

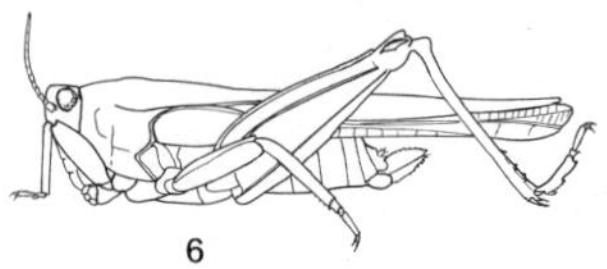
6

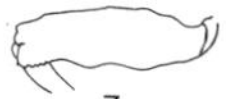
7

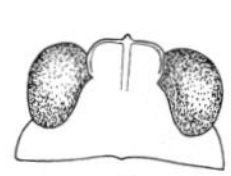
8

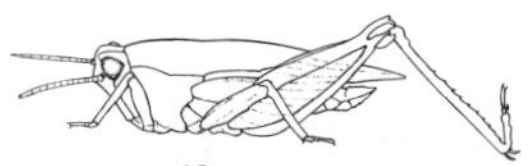
10

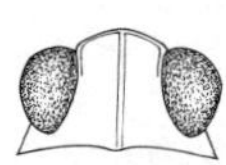
9

11

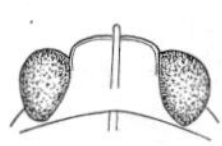
12a

12b

13b

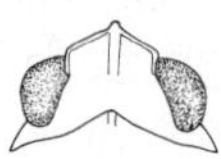
13a

Familie: **Catantopidae,** Knarrschrecken

1. Mit voll entwickelten Flügeln **2**
— Flügel verkürzt, Vdflügel eiförmig [*14*]; wenn Flügel entwickelt, dann Htflügel glashell durchsichtig **3**
2. Pronotum mit stark erhöhtem Mittelkiel **Anacridium aegyptium** (L.)
30–65 mm. Htflügel rauchgrau. Mediterran, bisweilen mit Obst und Gemüse eingeschleppt.
— Pronotum mit schwachem Mittelkiel. Htflügel an der Basis rosenrot. 15–25 mm . . . . Schönschrecke, **Calliptamus italicus** (L.)
Graubraun bis rotbraun, dunkel gefleckt. An trockenwarmen, vegetationsarmen Stellen, im Süden, selten.
3. Grundfarbe grün, mit schwarzer Zeichnung, am Vdkörper kein Gelb, Httibien gelb bis rotbraun . . . . **Miramella alpina** (Koll.)
Htschenkel unten rot. 16–25 mm. An feuchten Stellen im Gebirge (Alpen, Schwarzwald).
— Grundfarbe braun, am Vdkörper mit gelber u. schwarzer Zeichnung. Httibien schmutzig-bläulich [*14*] . . . . . **Podisma pedestris** (L.)
Htschenkel unten rot. 17–26 mm. Auf trockenen Waldwiesen im Mittelgebirge u. in den Alpen.

Familie: **Acrididae,** Feldheuschrecken

1. Htflügel teilweise rot, rosa od. hellblau. Stirn bildet mit dem Scheitel stumpfen bis rechten Winkel [*15*] . . . . . **Oedipodinae** z. T. **2**
— Htflügel (falls vorhanden) durchsichtig-glasig bis braun gefärbt. Stirn bildet mit dem Scheitel fast immer spitzen Winkel [*16*]
Gomphocerinae **5**
(Hierher auch einige **Oedipodinae**).
2. Pronotum dorsal mit Einkerbungen **3**
— Pronotum mit gewölbtem Mittelkiel ohne Einkerbungen. 23–40 mm
Schnarrschrecke, **Psophus stridulus** (L.)
Htflügel leuchtend rot, an der Spitze mit dunklem Saum. Schnarrt beim Fliegen. In trockenwarmen, vegetationsarmen Gebieten, mehr im Süden, seltener.

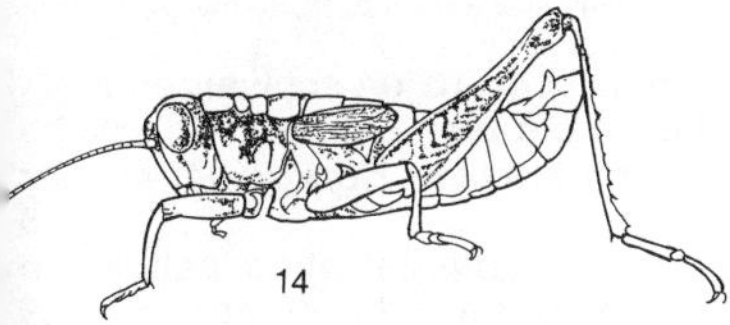
14

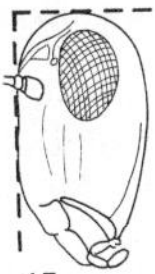
15

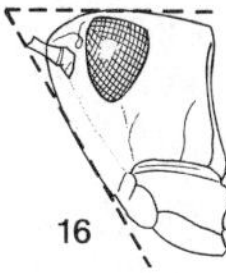
16

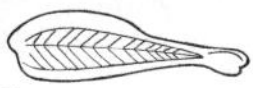
17

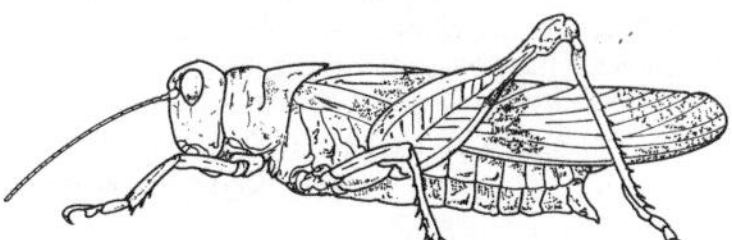
18

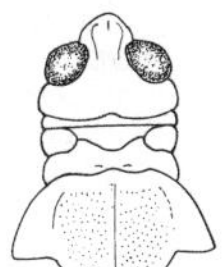
19

3. Oberrand der Htschenkel mit deutlicher Stufe hinter der Mitte [*17*]
Ödlandschrecke, **Oedipoda** LATR.
Vdflügel mit 2–3 dunklen Querbinden. **Oe. caerulescens** (L.) [*18*] (Htflügel blau mit schwarzer Binde; 15–28 mm), an schütter bewachsenen, trockenen Stellen, verbreitet; **Oe. germanica** (LATR.) (Htflügel leuchtend rot mit schwarzer Binde; 17–28 mm), sehr wärmeliebend, an steinigen Stellen, seltener.

— Oberrand der Htschenkel gleichmäßig verlaufend, ohne Stufe **4**

4. Pronotum dorsal mit 1 Einkerbung, Mittelkiel deutlich. 17–34 mm
Celes variabilis (PALL.)
Htflügel rosa, seltener rot oder blaßblau. Sandige Gebiete, im Osten (ausgestorben?).

— Pronotum dorsal mit 2 Einkerbungen, Mittelkiel deutlich. 26–39 mm
Bryodema tuberculata (F.)
Htflügel rosa, mit purpurroten Längsadern, am Vd- u. Außenrand braun. Schnarrt beim Flug. Auf Geröllflächen der Alpenflüsse, selten.
Vgl. auch unter den **Catantopidae** die Art **Calliptamus italicus** S. 243.

— Pronotum dorsal mit 3 Querfurchen, Mittelkiel vorn undeutlich [*19*]
Sandschrecke, **Sphingonotus caerulans** (L.)
Htflügel einfarbig bläulich oder blaßblau mit bräunlicher Querbinde. Vdflügel mit 2–3 dunklen Flecken. 14–30 mm. Auf vegetationsarmen Sand- u. Kiesflächen, zerstreut.

5. Groß, 32–54 mm. Vdflügel ohne gelblichen Streifen nahe dem Vdrand. Stirn bildet mit dem Scheitel stumpfen bis rechten Winkel (vgl. [*15*]) Europäische Wanderheuschrecke, **Locusta migratoria** L.
(zu **Oedipodinae**) Oberrand der Htschenkel ± fein gezähnt. Im Süden gelegentlich aus Mittelmeerraum.
Vgl. auch unter den **Catantopidae** die Art **Anacridium aegyptium** S. 243.

— Kleiner, wenn über 32 mm, Vdflügel mit gelblichem Streifen nahe dem Vdrand. Stirn bildet mit dem Scheitel spitzen Winkel (vgl. [*16*]) **6**

6. Pronotum mit deutlichen Seitenkielen [*2, 30*] **7**

— Pronotum ohne Seitenkiele, diese höchstens hinten schwach entwickelt . . . . weitere **Oedipodinae**
3 seltene Arten im Süden.
a) Grün, mit schwarzen Längsstreifen von Augen bis Flügelmitte: **Parapleurus alliaceus** (GERM.), Lauchschrecke (17–32 mm), an feuchten Stellen.
b) Ohne derartige schwarze Längsstreifen: **Aiolopus thalassinus** (F.), Grüne Strandschrecke (Httibien rötlich, Vdflügel mit großen dunklen Flecken; Grundfarbe meist grün; 15–29 mm), an feuchten Stellen. **Epacromius tergestinus** (CHARP.) (Httibien bläulich, Vdflügel fein dunkel gefleckt; 17–30 mm), auf Kiesbänken (im Gebiet ausgerottet?).
Vgl. auch unter den **Catantopidae** die Arten **Miramella alpina, Podisma pedestris,** S. 243.

7. Htschenkel ventral rot, innen mit scharf begrenzten schwarzen Flekken; Vdflügel mit gelblichem Streifen nahe dem Vdrand. Unterseite der Vdbrust zwischen den Vdhüften mit kleinem Höcker od. kleiner Warze [*5*] **8**

— Ohne diese Färbung der Htschenkel od. Vdflügel ohne gelblichen Längsstreifen. Zwischen Vdhüften ohne Höcker oder Warze . **9**

8. Httibien gelb, mit schwarzen Dornen, Htschenkel vor dem Knie ohne gelben Ring . . . . . Sumpfschrecke, **Mecostethus grossus** (L.)
(zu **Oedipodinae**) Grundfarbe grün, bisweilen weinrot. Pronotum mit fast geraden Seitenkielen. 12–39 mm. In Feuchtgebieten, verbreitet, ♂♂ erzeugen durch ruckartiges Schleudern der Httibien nach hinten weit hörbare knipsende Laute.

— Htschienen rot, Htschenkel vor dem Knie mit gelbem Ring
Höckerschrecken, **Arcyptera** SERV.

Erscheinung ± bunt. **A. fusca** (PALL.) (Htflügel schwarzbraun; Seitenkiele des Pronotums leicht gebogen; 24–40 mm), auf trockenen Wiesen, im Süden, selten, ♂ schnarrt beim Fliegen; **A. microptera** (FISCH.) (Htflügel durchsichtig; Seitenkiele des Pronotums scharf winklig gebogen; 19–26 mm), Steppenbewohner (ausgestorben?).

9. Fühler am Ende nicht verdickt **12**

— Fühler am Ende verdickt [*20*], zum Teil undeutlich [*21*] . . . **10**

10. Vdflügel mit erweitertem Präcostalfeld (vgl. [*3*]) **11**

— Vdflügel ohne erweitertes Präcostalfeld

Myrmeleotettix maculatus (THUNB.)

Fühler beim ♀ an der Spitze nur wenig verdickt [*21*]. Grundfarbe meist rotbraun bis gelbbraun, oft grün od. bunt gescheckt. 11–17 mm. In schütterer, trockener Vegetation. – Eine weitere östliche Art **M. antennatus** (FIEB.) (Unterscheidungsmerkmal: Stirn zwischen den Augen längsgefurcht), sehr selten im Süden (ausgestorben?).

11. Fühlerkeule mit heller Spitze. Pronotum oben eben

Gomphocerus rufus (L.)

Grundfarbe rotbraun bis graubraun. 14–24 mm. An sonnigen, vegetationsreichen Stellen, verbreitet, nicht im Flachland.

— Fühlerkeule einfarbig dunkel. Pronotum oben buckelig

Aeropus (= **Gomphocerus**) **sibiricus** (L.)

♂ mit blasenförmig erweiterten Vdtibien. Grundfarbe Braun, Grün od. gelblich. 18–25 mm. An trockenen Hängen, in den Alpen über 1000 m.

12. Scheitelgrübchen fehlend. ♂ mit zugespitztem Abdomen. Flügel stark verkürzt (♀) od. fast bis Abdomenspitze reichend (♂)

Goldschrecken, **Chrysochraon** FISCH.

Lebend mit Gold- oder Seidenglanz. **C. dispar** (GERM.) (Vdflügel des ♂ an der Spitze abgerundet, fast bis Htleibsspitze reichend, Vdflügel des ♀ schuppenförmig, sich in Rückenmitte fast berührend; ♂ metallisch grün mit dunklen Knien, ♀ braun; 16–

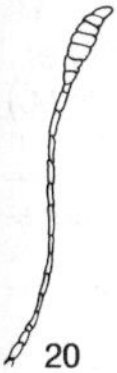
20

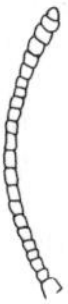
21

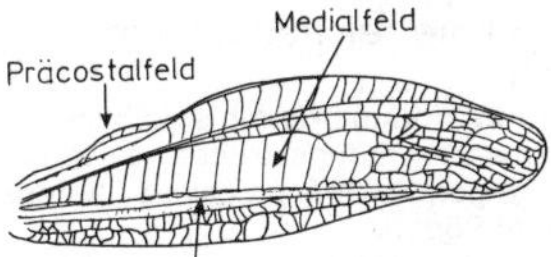

22a

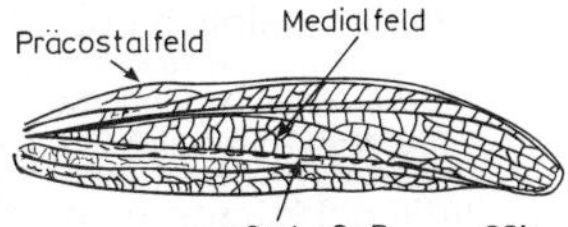

22b

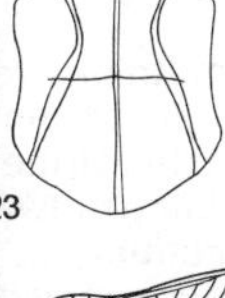
23

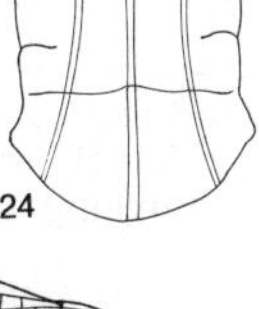
24

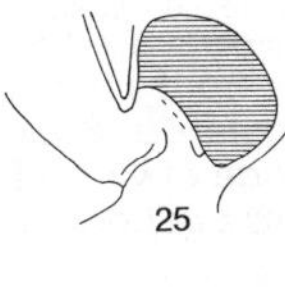
25

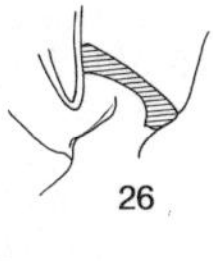
26

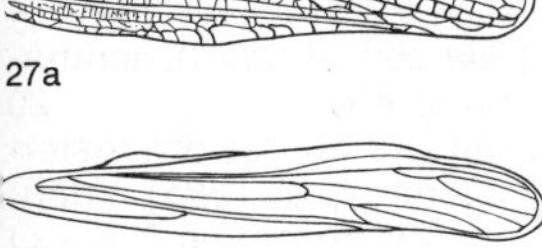
27a

28a

27b

28b

30 mm), auf feuchten Wiesen, verbreitet; **C.** (= **Euthystira**) **brachyptera** (Ocsk.) (Vdflügel des ♂ an der Spitze abgestutzt u. etwas eingekerbt, von halber Htleibslänge, Vdflügel des ♀ schuppenförmig, am Rücken weit getrennt; metallisch grün; 13–26 mm), in dichterem Grasland, im Süden häufig.

— Scheitelgrübchen [*2*] vorhanden. ♂ mit abgerundetem Abdomen. Flügel häufig voll entwickelt **13**

13. Vdrand der Vdflügel nahe der Basis mit erweitertem Präcostalfeld [*22*] (bei angelegten Flügeln = Unterrand!) **14**

— Vdrand der Vdflügel nicht mit erweitertem Präcostalfeld [*39, 41*] **24**

14. Htflügel einfarbig pechbraun. ♂ 18–21 mm, ♀ 23–27 mm
Stauroderus scalaris (Fisch.)

Grundfärbung braun bis olivgrün. Httibien rot od. gelb. Schnarrt beim Flug. Auf trockenen, steinigen Bergwiesen, im Süden, selten.

— Htflügel heller. Tiere meist kleiner . . . . **Chorthippus** Fieb. **15**

15. Medialfeld erweitert (beim ♂ parallelnervig [*22a*], beim ♀ netznervig [*22b*]). CuA u. CuP verwachsen . . . . **Ch. apricarius** (L.)

♂ 13–16 mm, ♀ 16–22 mm. Grundfarbe gelbbraun bis rotbraun. Tympanalöffnung oval. Gesang: „kchichi-kchichi-kchichi ...", in langen Versen mit leisem Beginn, Zunahme der Lautstärke u. abruptem Ende. Vor allem auf Sandböden.

— Medialfeld nicht erweitert. CuA u. CuP nicht verwachsen [*27–29, 31, 32, 34*] **16**

16. Seitenkiele des Pronotums stark winklig gebogen: von vorn nach hinten konvergierend, dann bis zum Htende divergierend [*23*] . **17**

— Seitenkiele des Pronotums gerade od. schwach winklig gebogen: vorn etwa parallel, nach hinten ± divergierend [*24*] **21**

17. Tympanalorgan mit ± ovaler Öffnung [*25*] **18**

— Tympanalorgan am 1. Abdominalsegment mit schmaler Öffnung, etwa 3,5–4mal länger als breit [*26*] **19**

18. Vdflügel länger, etwa bis Htknie reichend, beim ♀ manchmal kürzer. Httibien gelblich od. rötlich . . . . **Ch. vagans** (Eversm.)

♂ 12–15 mm, ♀ 16–22 mm. Grundfärbung braun bis gelblich, Abdomen hinten oben rot. Am Pronotum jederseits schwarzer Längsstreifen, darin weiße Seitenkiele. Gesang: kratzend „trätrăträ ..." in langen Reihen mit etwa 5 Lauten/sec. An vegetationsarmen, trockenen Stellen, mehr im Süden.

— Vdflügel kürzer, beim ♂ bis zur Spitze, beim ♀ bis zur Mitte des Abdomens reichend. Httibien blutrot, Htknie schwarzbraun
Ch. pullus (Phil.)

♂ 12–17 mm, ♀ 18–22 mm. Grundfärbung meist dunkel rot- bis graubraun. Htschenkel oben mit 2 dunklen Flecken. Gesang: Schwirren für 1–2 sec („ssss ..."). Im Süden, auf Kiesbänken der Alpenflüsse, seltener.

19. Vdflügel des ♂ zur Spitze hin kräftig gebogen, mit leichtem Knick, wo C auf Sc stößt; Costal- u. Subcostalfeld stark erweitert; 9,5–14 mm lang; Breite zu Länge etwa 1:4 [*27a*]. Vdflügel des ♀ im letzten Drittel stark zur Flügelspitze gebogen; 15–21 mm lang; Breite zu Länge etwa 1:5 [*27b*] . . . . **Ch. biguttulus** (L.)

♂ 13–15 mm, ♀ 17–22 mm. Färbung sehr variabel. Gesang: laut, schmetternd, Vers („t t t t tr tr tttttrrrrt") 2–3 sec, mit immer lauter werdenden u. dichter aufeinander folgenden Schlägen. Auf Wiesen, häufig.

— Vdflügel allmählich zur Spitze gebogen (♂ [*28a, 29*], ♀ [*28b*]), schmaler: Breite zu Länge beim ♂ etwa 1:4,8, beim ♀ etwa 1:6 . . **20**

20. Vdflügel des ♂ vor dem Ende etwa ¾ so breit wie an der breitesten Stelle; 12,5–17,5 mm lang, in der Mitte 2,7–3,2 mm breit [*28a*]. Vdflügel des ♀ 17–21 mm lang [*28b*] . . . . . **Ch. brunneus** (Thunb.)

♂ 14–18 mm, ♀ 19–25 mm. Färbung variabel. Abdomen oben oft rot. Gesang: alle 2 sec harte „sst"-Laute von etwa 0,2 sec. Auf trockenerem Grasland, häufig.

— Vdflügel des ♂ vor dem Ende etwa ½ so breit wie an der breitesten Stelle; 10,7–13,0 mm lang, in der Mitte 2,3–2,6 mm breit [*29*]. Vdflügel des ♀ 12,7–16,0 mm lang . . . . **Ch. mollis** (CHARP.)

♂ 12,5–14 mm, ♀ 17–19 mm. Meist ± graubraun; Abdomenspitze des ♂ selten rötlich. Gesang: weich, Strophe von 20 sec aus etwa 50–60 Einzellauten, diese erst stoßend, dann schwirrend (z z ... zr zr ... zrr ... zrr ... zrrr zrrr ... rrrr rrrr). An besonders warmen, trockenen Stellen, verbreitet.

21. Flügel voll ausgebildet. Htknie hell **22**

— Flügel verkürzt (beim ♂ etwa so lang, beim ♀ etwa ½ so lang wie Abdomen); wenn mit langen Flügeln, dann Htknie dunkel . . . **23**

22. Seitenkiele des Pronotums fast parallel [*30*]. Im Vdflügel Ader R gewellt [*31*] . . . . **Ch. albomarginatus** (DE GEER)

Vdflügel des ♀ vorn mit weißem Längsstreifen. ♂ 13–15 mm, ♀ 18–21 mm. Färbung variabel. Gesang: ähnlich brunneus, aber 3 Verse („rrrt") zu je etwa 0,5 sec. In feuchten Biotopen, vor allem im Norden häufig.

— Seitenkiele des Pronotums deutlich gebogen [*24*]. R fast gerade **Ch. dorsatus** (ZETT.)

Vdflügel ohne weißen Längsstreifen. ♂ 14–18 mm, ♀ 19–25 mm. Färbung meist einheitlich braun od. grün, Abdomenspitze des ♂ rot. Gesang: kurze, kratzende Töne, am Schluß des Verses von etwa 1 sec schwirrender Laut („rärärärärädsch"). Auf mäßig feuchten Wiesen, nicht selten.

23. Stigma im Vdflügel des ♂ mindestens 2,5 mm von Flügelspitze entfernt [*32a*], Htflügel lang, das Stigma erreichend. Vdflügel des ♀ abgerundet [*32b*]. Legeröhre lang [*33*] . . . **Ch. montanus** (CHARP.)

♂ 13–16 mm, ♀ 17–21 mm. Färbung variabel. Gesang: lautes „schrschrschrschr ..." als Verse von 2–3 sec, mit Pausen von etwa 5 sec. Auf nassen Wiesen.

— Stigma im Vdflügel des ♂ höchstens 1,5 mm von Flügelspitze entfernt [*34a*], Htflügel kurz, nicht das Stigma erreichend. Vdflügel des ♀ zugespitzt [*34b*]. Legeröhre kurz [*35*] . . . . **Ch. parallelus** (ZETT.)

♂ 13–16 mm, ♀ 17–23 mm. Färbung variabel. Gesang: Verse mit kratzenden Tönen („sräsräsräsräsrä") von 1 sec, mit Pausen von etwa 3 sec. In Grasland, sehr häufig.

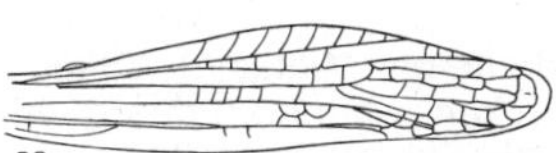
29

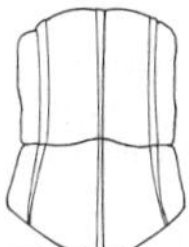
30

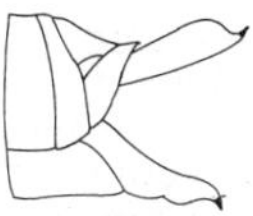
33

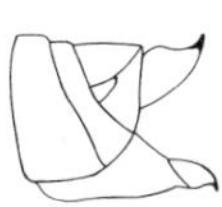
35

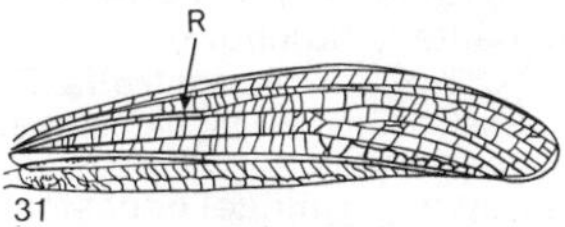

31

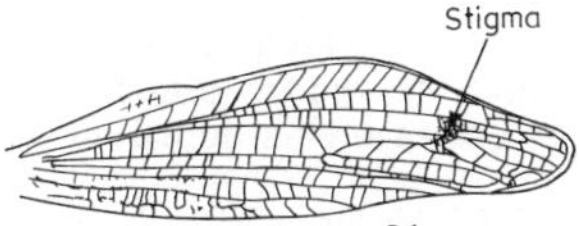

34a

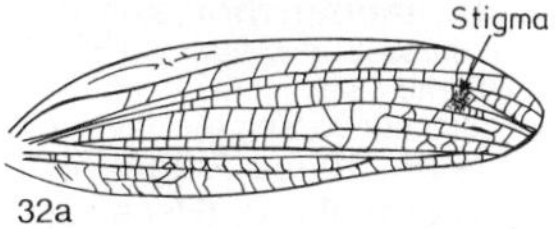

32a

34b

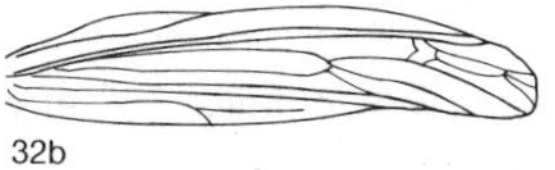
32b

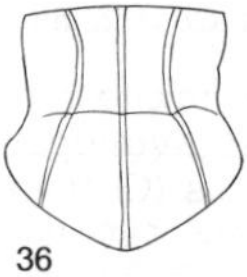
36

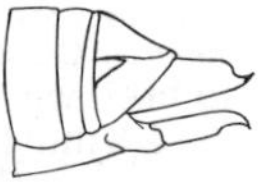
37

38

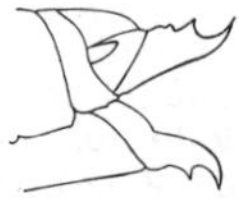
40

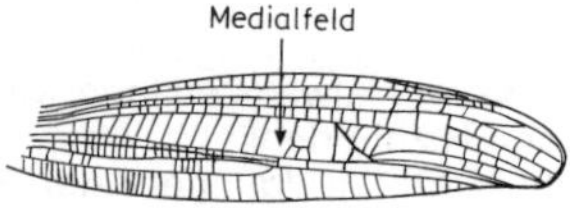

39

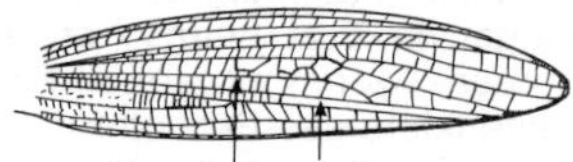

41

24. Seitenkiele des Pronotums deutlich winklig gebogen [*38*], mit feiner heller Linie, am Htende etwa 2mal so weit voneinander entfernt wie an der engsten Stelle. Medialfeld des Vdflügels nicht erweitert, mit unregelmäßigen Queradern. Legescheide ventral ohne Basalzahn [*37*]
Omocestus Bol. **25**

— Seitenkiele des Pronotums schwach gebogen [*36*], mit breiter heller Linie, am Htende etwa um ½ weiter voneinander entfernt als an der engsten Stelle. Medialfeld des Vdflügels erweitert u. parallel geadert [*39*] (Ausnahme: ♂ von **S. stigmaticus**). Legescheide ventral mit Basalzahn [*40*] . . . . **Stenobothrus** Fisch. **27**

— Seitenkiele des Pronotums fast gerade [*30*]
♂ von **Ch. albomarginatus** s. **22**

25. Scheitel mit ± deutlichem Mittelkiel. Vdflügel im Medialfeld nicht od. schwach gefleckt. Abdomen des ♂ hinten nie rot. Klappen der Legescheide des ♀ etwa so lang wie Subgenitalplatte [*37*] **O. viridulus** (L.)

♂ 13–17, ♀ 19–24 mm. Färbung sehr variabel: grün bis braun od. rot. Auf Bergwiesen, häufig.

— Scheitel ohne od. mit schwach angedeutetem Mittelkiel. Vdflügel im Medialfeld mit deutlichen dunklen Flecken. Abdomen des ♂ hinten rot. Klappen der Legescheide kürzer als Subgenitalplatte . . **26**

26. Unterseite vorn grün, dahinter gelb, zum Ende hin rot. Taster dunkel, mit heller Spitze. Htflügel in der Spitzenhälfte ± rauchgrau
O. ventralis (Zett.)

♂ 12–17, ♀ 18–21 mm. An den Seiten oft dunkel gefärbt; Flügel nie mit weißem Längsstrich. An trockenen Standorten, im Süden, nicht häufig.

— Unterseite anders gefärbt. Taster einfarbig hell. Htflügel höchstens an der Spitze etwas gebräunt . . . . . **O. haemorrhoidalis** (Charp.)

♂ 10–14, ♀ 16–19 mm. Grundfarbe meist hell- u. dunkelbraun; Vdflügel des ♀ vorn meist mit weißem Längsstrich. An trockenwarmen Stellen, seltener.

Bei ♀♀ von **Myrmeleotettix maculatus** Pronotum kurz, nur so lang wie der Kopf, s. **10.**

27. Im Vdflügel Medialfeld deutlich länger als der halbe Flügel [*39*], mit dunklen Würfelflecken . . . . **S. nigromaculatus** (Herr.-Schäff.)

♂ 13–18, ♀ 18–25 mm. Im Vdflügel CuA u. CuB erst von der Mitte an verwachsen. Grundfarbe grün od. hellbraun. An trockenen, vegetationsarmen Standorten, mehr im Süden, selten.

— Im Vdflügel Medialfeld kürzer: etwa so lang wie der halbe Flügel, nicht od. undeutlich gefleckt [*41*] **28**

28. Vdflügel breiter als 3 mm. Im Vdflügel CuA u. CuP verwachsen, höchstens an der Spitze getrennt . . . . **S. lineatus** (PANZ.)
♂ 15–19, ♀ 21–26 mm. Htflügel dunkel. Grundfarbe meist grün, oft ± bunt gescheckt, am Ende des Medialfeldes mit schrägem, länglichem weißem Fleck. In Heiden, auf Trockenrasen, verbreitet.

— Vdflügel schmaler als 3 mm. Im Vdflügel CuA u. CuP nicht verwachsen [*41*] . . . . **S. stigmaticus** (RAMB.)
♂ 11–15, ♀ 15–20 mm. Medialfeld des ♂ nicht parallel geadert. Htflügel glasig. Grundfarbe grün. In trockenem Grasland, mehr im Süden, nicht häufig.
Hierhier auch **S. crassipes** (CHARP.), aber Vdflügel kurz, schuppenförmig, nur Kyffhäuser u. Österreich. In Österreich weitere, z. T. ähnliche Arten.

Literatur

BELLMANN, H.: Heuschrecken. Beobachten – Bestimmen. 2. Aufl. Augsburg, 1993. – CHOPARD, L.: Orthoptéroides. Faune de France 56. Paris, 1951. – DUIJM, M., KRUSEMAN, G.: De krekels en sprinkhanen in de Benelux. Amsterdam, 1983. – GÖTZ, W.: Orthoptera, Geradflügler. In: Brohmer, Ehrmann, Ulmer, Tierwelt Mitteleuropas. Bd. IV, Lief. 2, Heft VI. Leipzig, 1965. – HARZ, K.: Die Geradflügler Mitteleuropas, Jena, 1957. – HARZ, K.: Geradflügler oder Orthopteren (Blattodea, Mantodea, Saltatoria, Dermaptera). Tierwelt Deutschlands, Teil 46. Jena, 1960. – HARZ, K., KALTENBACH, A.: Die Geradflügler Europas I, II, III, Den Haag, 1969, 1975, 1976. – PRINCIS, K.: Ordnung Blattariae (Schaben). Bestimmungsbücher zur Bodenfauna Europas 3. Berlin, 1965.

Ordnung: **Psocoptera,** Rindenläuse, Staubläuse

Körper 1–6 mm lang, mit beißenden Mundwerkzeugen, langen Fühlern u. meist großen Komplexaugen. Flügel können rückgebildet sein. Entwicklung mit unvollkommener Verwandlung (Hemimetabolie). Fortpflanzung bisexuell, selten auch parthenogenetisch. Eigelege werden meist übersponnen. Jugendstadien (Inadulte) haben stets 2gliedrige Tarsen. Vom 2. Stadium an besitzen Arten, die als Erwachsene (Adulte) geflügelt sind, Flügelanlagen. Rinden- oder Nestbewohner. Nahrung: Grünalgen, Pilzhyphen, auch Detritus. Im Gebiet etwa 90 Arten.
Abkürzungen: Flügeladerung s. **Insecta.**

System: Trogiomorpha mit den Familien **Trogiidae, Psyllipsocidae; Troctomorpha** mit den Familien **Liposcelidae, Sphaeropsocidae; Psocomorpha** mit vielen Familien.

1. Fühler 20–30gliedrig, ihre Glieder ohne sekundäre Feinringelung. Lippentaster 2gliedrig. Tarsen 3gliedrig. Flügel reduziert **Trogiomorpha 2**

— Fühler 15- oder 17gliedrig, vom 5. Glied an meist fein geringelt. Lippentaster 2gliedrig. Tarsen 3gliedrig. Tiere flach u. flügellos **Troctomorpha 3**

— Fühler mit 13 (selten 14 oder 15 Gliedern), diese ohne Feinringelung. Lippentaster 1gliedrig. Tarsen 2- oder 3gliedrig **Psocomorpha 4**

2. Vorderflügel nur aderlose, langbehaarte kleine Schuppen oder fehlend. Kopf breiter als lang . . . . **Trogiidae**

Trogium pulsatorium (L.) [*1*] (mittlere Hinterleibsringe mit je 1 Querreihe 3eckiger dunkler Flecken [*1*]; Fühler 27–29gliedrig), in Häusern. **Myopsocnema annulata** (Hag.) (mit ähnlicher Fleckung; Fühler 23gliedrig). **Cerobasis guestfalicus** (Kolbe) [*2*] (graubraun gesprenkelt, Kopf mit Ankerfleck [*2*]), an Baumrinde. 3; **Lepinotus** v. Heyd. [*3*] (ungefleckt graubraun [*3*]), bei **L. reticulatus** End. Hinterleib heller als übriger Körper.

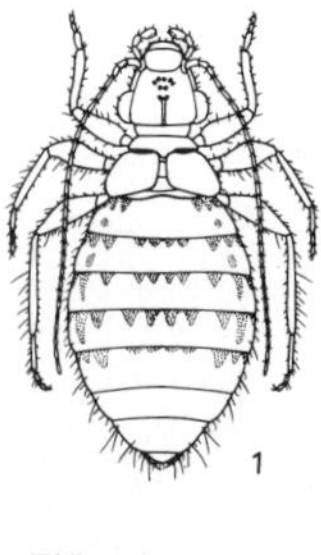
1

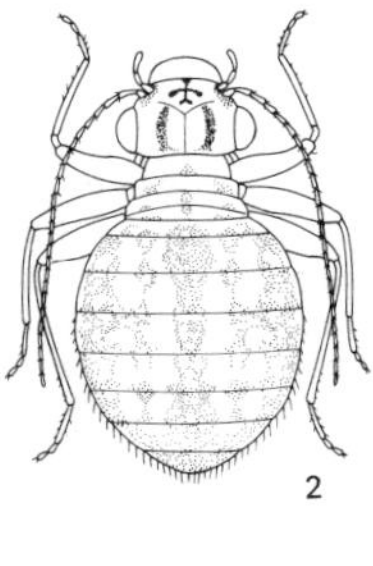
2

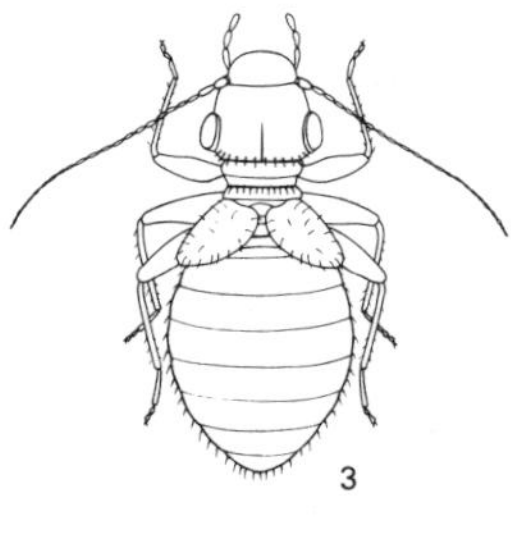
3

— Flügel weniger reduziert, meist noch Längsadern vorhanden. Kopf länger als breit . . . . **Psyllipsocidae**

Dorypteryx pallida Aar. [*4*] (1 mm lang; Vorderflügel verschmälert [*4*]), in Häusern. **Psyllipsocus ramburi** Sélys-Longchamps [*5*] (2–3 mm lang; mit normalen oder (meist) rückgebildeten Flügeln [*5*]), in Höhlen und Häusern.

3. Fühler 15gliedrig. Hinterschenkel verdickt . . . . . **Liposcelidae**

Liposcelis Motschulski mit etwa 12 schwer unterscheidbaren Arten, häufiger **L. silvarum** (Kolbe) (braun), unter Rinde u. in Nestern; **L. simulans** Broadh., Bücherlaus [*6*] (grau), in Nestern u. Häusern.

— Fühler 17gliedrig. Hinterschenkel nicht verdickt . **Sphaeropsocidae**

Badonellia titei Pearm., in Höhlen u. Häusern.

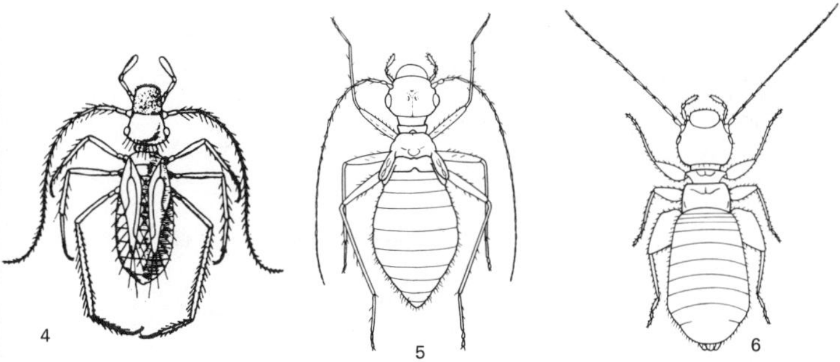

4 5 6

4. Adulte mit 2gliedrigen Tarsen **5**
— Adulte mit 3gliedrigen Tarsen **14**
5. Flügel ± reduziert **6**
— Flügel voll ausgebildet **7**
6. Flügel verkürzt, aber noch mit deutlichen Adern
♀ **Peripsocus parvulus** (s. **7**); ♂ **Lachesilla greeni** (PEARM.) (s. **9**); ♀ **Caecilius piceus** KOLBE (s. **13**); ♀ **Neopsocus rhenanus** (s. Psocidae **7**).
— Flügel nur aderlose Rudimente oder fehlend
♀ **Lachesilla greeni** (s. **9**); ♀ **Reuterellidae** (s. **10**); ♀ **Epipsocus** (s. **11**); ♀ **Kolbea** (s. **13**); ♀ **Caecilius gynapterus** TET. (s. **13**).
7. Zelle Areola postica (= A) im Vorderflügel vorhanden [*7*], [*10*], [*11*] **8**
— Areola postica fehlt [*8*], [*9*] . . . . **Peripsocidae**
5; **Peripsocus** HAG. (Rs u. M im Vorderflügel eine Strecke verschmolzen [*8*], bei **P. parvulus** KOLBE ♀ meist brachypter). 2; **Ectopsocus** McLACHLAN (Rs berührt M nur kurz [*9*]), häufig **E. briggsi** McLACHLAN.
8. Zelle A an ihrer Scheitelstrecke mit der Ader M verschmolzen [*7*]. Tier 3–5 mm lang . . . . **Psocidae** S. 253
— A „gestielt", mit M durch Querader m–cu verbunden [*10*]. Vom Pterostigma (Pt) geht Querader r nach unten . . . . . **Stenopsocidae**
Graphopsocus cruciatus (L.) (Vorderflügel mit dunklen Flecken in der Basishälfte). 3; **Stenopsocus** HAG. (Vorderflügel ohne Zeichnung).
— A bogenförmig, frei [*11*] **9**
9. Ränder u. Adern der Flügel fast unbehaart . . . . **Lachesillidae**
4; **Lachesilla** WESTW., häufig **L. pedicularia** (L.) (Vorderflügel braun getrübt, Adern dunkelbraun, Hinterleib geringelt), in Wäldern, besonders auch in Vogelnestern, fliegt oft in Häuser.
— Flügel an Rändern u. Adern deutlich behaart (20–30fache Lupe!) **10**
10. Rand des Hinterflügels ganz oder größtenteils behaart. Rs u. M im Hinterflügel eine Strecke verschmolzen **11**
— Hinterflügel nur am Rand der Radialgabel behaart, Rs u. M durch Querader r–m verbunden (♀ flügellos) . . . . . . **Reuterellidae**
Reuterella helvimacula (END.). **Psoculus neglectus** (ROES.), nur parthenogenetische ♀ vorhanden.
11. Rs u. M im Vorderflügel durch Querader r–m verbunden **Epipsocidae**
Epipsocus lucifugus (RAMB.) (♀ meist flügellos, abstehend beborstet).

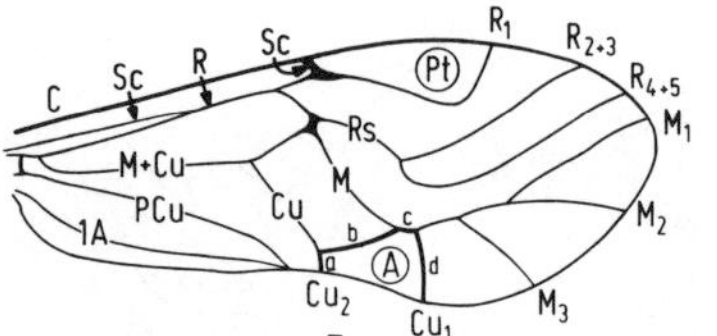

7

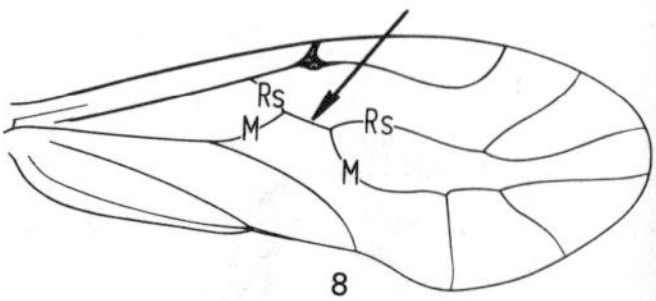

8

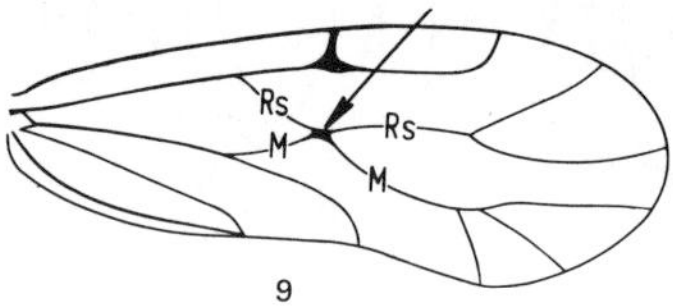

9

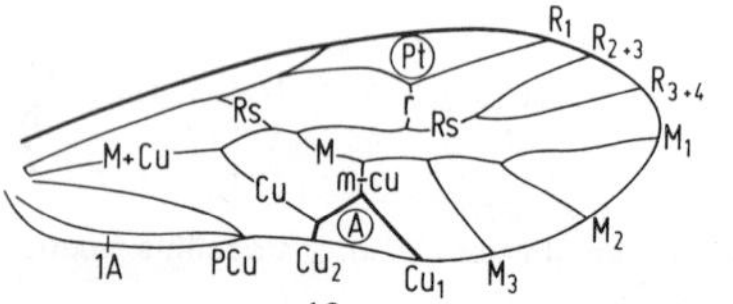

10

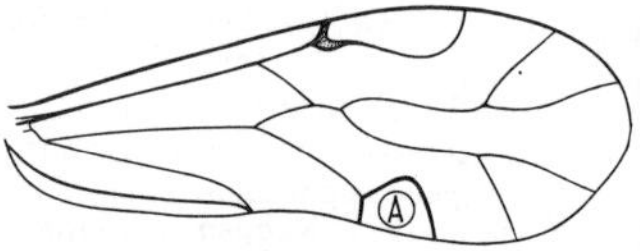

11

— Rs u. M im Vorderflügel eine Strecke verschmolzen (wie [*8*]) **12**

12. Der 1gliedrige Lippentaster breit 3eckig (nicht verwechseln mit 4gliedrigem Kiefertaster) **13**

— Der 1gliedrige Lippentaster kurz, anliegend, halbkreisförmig **Trichopsocidae**

Trichopsocus dalei (McLachlan) (A gleichmäßig gerundet); **T. acuminatus** Bad. (A distal flacher).

13. Rand des Vorderflügels vom Pterostigma bis zur Flügelspitze deutlich verdickt. Radialgabelstiel gerade . . . . **Amphipsocidae**

Kolbea quisquiliarum (Bertk.), ♀ meist brachypter, unter Steinen, an Wurzeln.

— Randader im Vorderflügel nicht verdickt, Radialgabelstiel leicht S-förmig. Die brachypteren ♂ fein behaart . . . . **Caeciliidae**

8; **Caecilius** Curt. [*12*] u. **Enderleinella obsoleta** (Steph.)

14. Flügel mehr oder weniger reduziert

♀ 3; **Mesopsocus** (etwa 4 mm lang) (s. **15**); ♀ **Hemineura** (3–3,5 mm) (s. **16**); ♀ 3; **Pseudopsocus** (bis 2,5 mm) (s. **16**)

— Flügel normal lang **15**

15. Flügel glasklar, unbehaart . . . . **Mesopsocidae**

3; **Mesopsocus** Kolbe.

— Vorderflügel leicht getrübt, Adern u. Rand ± vollständig behaart **16**

16. Hinterflügel am ganzen Rand behaart . . . . **Philotarsidae**

Philotarsus picicornis (F.) u. **Ph. parviceps** Roes.

— Hinterflügel kahl oder im Bereich der Radialgabel behaart **Elipsocidae**

a) Hinterflügel am Rand kahl: ♂ **Hemineura dispar** Tet.
b) Hinterflügel am Rand der Radialgabel behaart: ♂ 2; **Pseudopsocus** Kolbe (Vorderflügel unter 2,5 mm lang). 5; **Elipsocus** Hag. (Vorderflügel meist länger, Endglied der Kiefertaster 3mal so lang wie breit). **Cuneopalpus cyanops** (Rost.) (ähnlich, aber Endglied der Kiefertaster 2mal so lang wie breit).

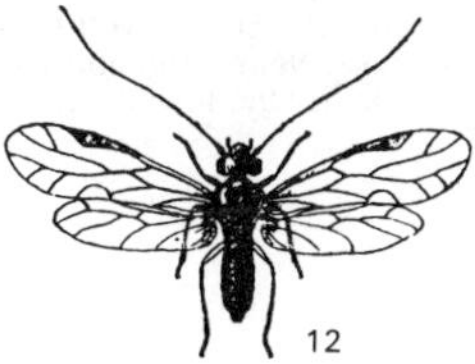

12

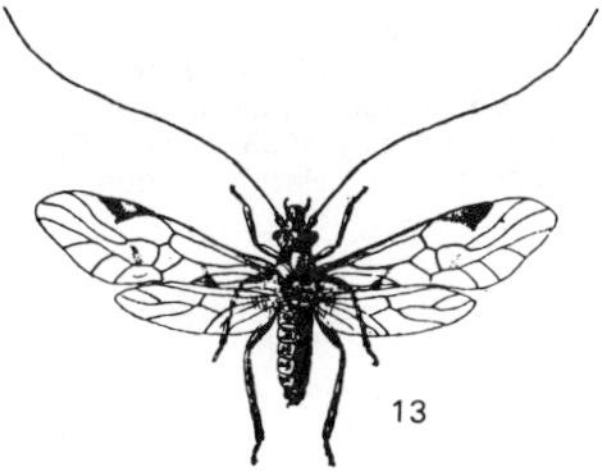

13

Familie: **Psocidae**

1. Körper 5–7 mm lang, Flügelspannweite 11–16 mm **2**
— Kleiner, Flügelspannweite unter 10 mm **3**
2. Flügel grau getrübt, beim ♀ mit, beim ♂ ohne Wolkenflecke
Metylophorus nebulosus (Steph.)
— Flügel glasklar, beim ♀ mit, beim ♂ fast ohne Spuren von dunklen Querbinden [*13*] . . . . **Psococerastis gibbosus** (Sulz.)
3. Basishälfte des Vorderflügels bis zur Spitze des Pterostigmas (Pt) weitgehend braun . . . . **Copostigma morio** (Latr.)
— Flügel nicht so gefärbt **4**
4. Seite b der Areola (A) länger als Seite c (vgl. [*7*]) **6**
— Seite b der Areola so lang oder kürzer als c **5**
5. Seite d von A läuft senkrecht nach unten . . . . 2; **Blaste** Kolbe
— Seite d verläuft schräg spitzenwärts nach unten
3; **Amphigerontia** Kolbe

Häufig **A. bifasciata** (Latr.)

6. Im Pt der Flügel distal ein großer runder schwarzer Fleck
Psocus bipunctatus (L.)
— Pt ohne diesen Fleck, glasklar oder anders gefleckt **7**
7. A ± symmetrisch dachförmig, beide Scheitelwinkel fast gleich. Körper, besonders am Kopf mit geknöpften Drüsenhaaren
Neopsocus rhenanus Kolbe

♀ kurzflügelig. Rheintal, unter Steinen.

— A sehr unsymmetrisch dachförmig, Scheitelwinkel zwischen b und c sehr weit [*7*] **8**
8. Pt mit kurzem deutlichem Querstummel. A aufrecht, ihre Seite d zur Basisrichtung des Flügels geneigt **Hyalopsocus contrarius** (Reut.)
— Pt ohne Querstummel, d in Richtung Flügelspitze geneigt . . **9**
9. Vorderflügel schwärzlich gesprenkelt, zuweilen mit Querbinden
3; **Loensia** End.

— Vorderflügel nicht gesprenkelt, aber mit Binden u. Flecken. Zellen des äußeren Flügelrandes mit je 1 augenartigen Fleck
4; **Trichadenotecnum** END.

Literatur

GÜNTHER, K.: Staubläuse, Psocoptera. In: Dahl, Tierwelt Deutschlands. Teil 61. Jena, 1974. – KÉLER, St. v.: Corrodentia (Flechtlinge). In: Brohmer, Ehrmann, Ulmer, Tierwelt Mitteleuropas. Bd. IV, Lief. 2. Leipzig, 1963. – KÉLER, St. v.: Staubläuse. Neue Brehmbücherei Heft 110. Wittenberg, 1953. – NEW, T. R.: Psocoptera. Handbooks for the Identification of British Insects. Vol. I, Part 7. London, 1974.

Ordnung: **Phthiraptera,** Lauskerfe, Läuslinge

Körper 1–14 mm. Flügellos. Fühler mit höchstens 5 Gliedern. Augen häufig reduziert. Mundwerkzeuge bei Mallophaga beißend, bei Anoplura stechend-saugend. Beine bei Anoplura zu Klammerbeinen umgebildet. **Mallophaga** im Gefieder von Vögeln und zwischen den Haaren von Säugetieren, ernähren sich von Haaren, Federn, Hautschuppen und trockenem Blut ihrer Wirte. **Anoplura** blutsaugende Außenparasiten an Säugetieren. Die mit Deckel versehenen Eier (Nissen) der Phthiraptera werden an die Haare bzw. Federn ihrer Wirte geklebt. Im Gebiet etwa 1000 Arten.

System:
Unterordnung **Mallophaga Amblycera** mit den Familien **Menoponidae, Laemobothriidae, Ricinidae, Trimenoponidae, Gyropidae;**
Unterordnung **Mallophaga Ischnocera** mit den Familien **Trichodectidae, Philopteridae;**
Unterordnung **Anoplura** mit den Familien **Echinophthiriidae, Haematopinidae, Hoplopleuridae, Linognathidae, Pediculidae.**

1. Kopf schildartig, breiter als Prothorax [*1–8*]. Mundwerkzeuge beißend, mit zangenförmigen Mandibeln
Federlinge oder Haarlinge, **Mallophaga** **2**
— Kopf schmaler als Prothorax [*9–12*]. Mundwerkzeuge saugend, mit Stechrüssel . . . . Tierläuse, **Anoplura** **10**

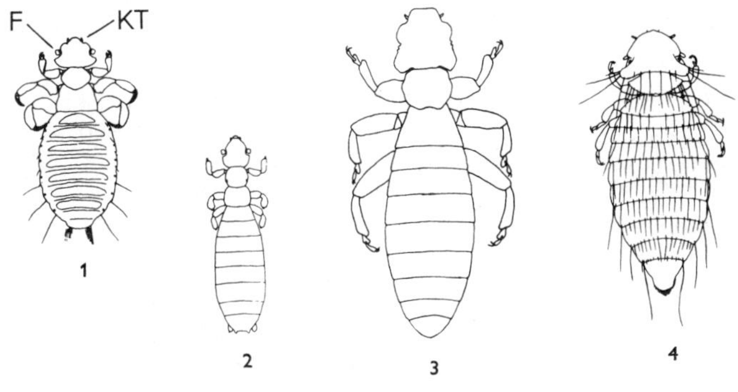

2. Fühler (F) 5gliedrig, keulenförmig, ganz [*3*] oder zum Teil [*1, 2, 4*] in Gruben verborgen. Kiefertaster (KT) vorhanden
Mallophaga Amblycera **3**
— Fühler 3–5gliedrig, stabförmig, frei [*5–8*]. Kiefertaster fehlen
Mallophaga Ischnocera **7**
3. Tarsen mit 1 Kralle . . . . **Gyropidae**
Gyropus ovalis Nitzsch [*1*]. **Gliricola porcelli** (Schrank) [*2*]; beide auf Meerschweinchen.
— Tarsen mit 2 Krallen . . . . **Menoponoidea** **4**
4. Auf Meerschweinchen . . . . **Trimenoponidae**
Trimenopon hispidum (Nitzsch).
— Auf Vögeln **5**

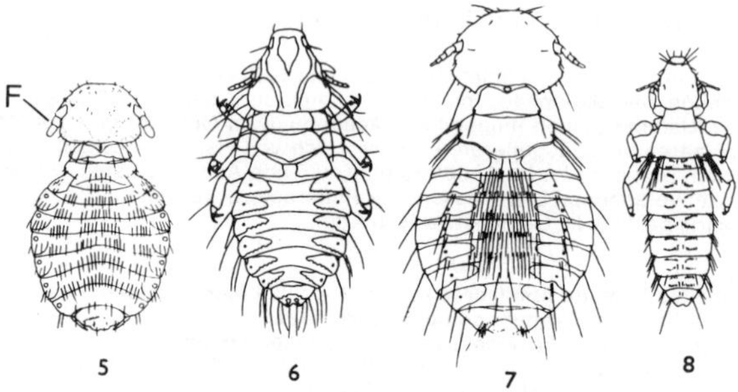

5. Länge 8–14 mm. Kopf mit ohrmuschelartig vorstehenden Fühlerkapseln . . . . **Laemobothriidae**

Laemobothrion NITZSCH, auf Tagraubvögeln und Rallen, z. B. **L. maximum** (SCOP.) [*3*] auf Mäusebussard, **L. atrum** (NITZSCH) auf Bläßhuhn.

— Unter 8 mm lang. Kopf ohne derartige seitliche Anschwellung **6**

6. Schlank, 5–6 mm. Kopf nie breiter als lang, an den Seiten gerade nach vorn verengt. Vor den Fühlern seitlich mit ausstülpbaren Haftblasen . . . . **Ricinidae**

Ricinus DE GEER, mehrere Arten auf Singvögeln.

— Meist unter 4 mm. Kopf gewöhnlich breiter als lang, gerundet, dreiekkig, halbmond- oder hantelförmig, ohne ausstülpbare Haftblasen **Menoponidae**

Etwa 25 Gattungen mit 100 Arten auf den verschiedensten Vögeln, z. B. **Menopon gallinae** (L.) [*4*] auf Haushuhn, **Colpocephalum zebra** (NITZSCH) auf Weißstorch, **Neocolpocephalum** EW. auf Tagraubvögeln, **Pseudomenopon pilosum** (SCOP.) auf Bläßhuhn, **Menacanthus** NEUM. auf Hühnern und Singvögeln.

7. Tarsen mit 1 Kralle. Fühler 3gliedrig. Körperborsten kurz, anliegend. Auf Säugetieren . . . . **Trichodectidae**

11 Gattungen mit 22 Arten, z. B. **Trichodectes canis** (DE GEER) [*5*] auf Hund, **Tr. vulpis** DENNY auf Fuchs, **Tr. melis** (F.) auf Dachs; **Stachiella**-Arten auf Mardern; **Felicola subrostratus** (NITZSCH) auf Hauskatze; **Bovicola equi** (DENNY) auf Pferd und Esel, **B. bovis** (L.) auf Rind, andere **Bovicola**-Arten auf Ziegen, Schafen, Gemsen und Steinbock; **Rhabdopedilon longicornis** (NITZSCH) auf Rothirsch; **Cervicola meyeri** (TASCH.) auf Reh, **C. tibialis** (PIAG.) auf Damwild.

— Tarsen mit 2 Krallen, Fühler 5gliedrig. Körper mit langen, abstehenden Haaren. Viele Gattungen und Arten . . . **Philopteridae** **8**

8. Körper breit oval. Kopf groß, so breit oder fast so breit wie lang, mit abgerundeten Schläfen . . . . **Philopterinae**

Auf verschiedensten Vögeln, z. B. **Philopterus** NITZSCH auf Singvögeln (**Ph. ocellatus** (SCOP.) [*6*] auf Krähen); **Craspedorrhynchus** KEL. auf Raubvögeln; **Saemundssonia** TIMM. auf Laro-Limicolen; **Anatoecus** CUMM. auf Enten; **Incidifrons** EW. auf Rallen.

— Kopf von anderer Form **9**

9. Körper breit oval, Kopf mit eckigen Schläfen . . **Goniodinae** (s. l.)

Meist auf Hühnervögeln, z. B. **Goniodes pavonis** (L.) [*7*] auf Pfau; **Goniocotes gallinae** (DE GEER) nebst anderen Federlingen auf Haushuhn.

— Körper schlank oval. Kopf länglich oval mit gerundeten Schläfen **Degeeriellinae** (s. l.)

Auf verschiedenen Vögeln, z. B. **Esthiopterum gruis** (L.) [*8*] auf Kranich; **Degeeriella** Neum. auf Tagraubvögeln; **Ardeicola** Clay auf Störchen und Reihern; **Lipeurus** Nitzsch auf Hühnern; **Columbicola columbae** (L.) auf Haustaube.

10. Beine annähernd gleichartig **11**

— Beine unterschiedlich, mindestens Vorderbeine kleiner oder schwächer als Hinterbeine **12**

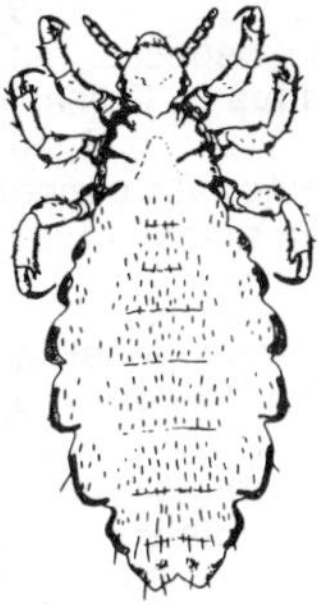

9

10

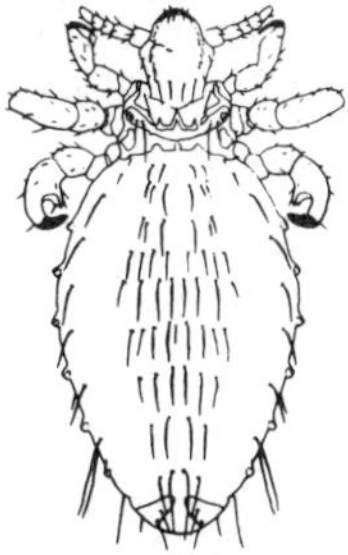

11

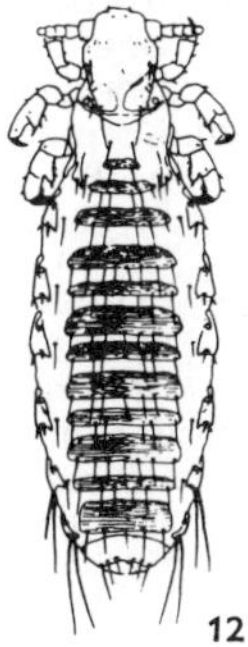

12

11. Beine kurz, schwach klammerförmig, Krallen nicht verdickt [*9*]. 2,5–4 mm lang . **(Pediculidae)** Menschenlaus, **Pediculus humanus** L.

2 Rassen: **P. h. humanus** L., Kleiderlaus, **P. h. capitis** de Geer, Kopflaus.

— Beine lang, stark klammerförmig, Krallen verdickt. 2–6 mm lang **(Haematopinidae) Haematopinus** Leach

H. suis (L.) auf Hausschwein; **H. apri** (Gour.) auf Wildschwein; **H. eurysternus** (Nitzsch) auf Hausrind; **H. asini** (L.) auf Pferd und Esel.

12. Körper breit, kurz, 1–2 mm lang. Seiten des Hinterleibs mit kegelförmigen Fortsätzen [*10*]. Lebt an Schamhaaren des Menschen **(Pediculidae)** Filzlaus, **Phthirus pubis** (L.)

— Körper oval oder gestreckt oval **13**

13. Mittel- und Hinterbeine sind schwache Klammerbeine mit dicken spitzen Krallen . . . . **Linognathidae** **14**

— Mittel- und Hinterbeine oder nur Hinterbeine stark klammerförmig meist **Hoplopleuridae** **16**

14. Stigmen des Hinterleibs warzenförmig vorragend [*11*]. Unter 2 mm. Auf Hausrind . . . . **Solenopotes capillatus** End.

— Stigmen des Hinterleibs nicht vorragend **15**

15. Hinterleib reichlich beborstet . . . . **Linognathus** End.

L. ovillus (Neum.) auf Hausschaf; **L. setosus** (v. Olfers) auf Hund; **L. stenopsis** (Burm.) auf Ziege, Steinbock, Gemse; **L. vituli** (L.) (2–3 mm lang) auf Hausrind.

— Hinterleib spärlich beborstet . . . . **Cervophthirius** Mjöb.

C. burmeisteri (Fahrenh.) auf Rothirsch; **C. capreoli** (Freund) auf Reh.

16. Vorder- u. Mittelbeine gleichartig, schlank. 0,8–0,9 mm. Auf Eichhörnchen . . . . **Enderleinellus nitzschi** (Burm.)

— Vorder- u. Mittelbeine verschieden **17**

17. Mittelbeine intermediär zwischen Vorder- und Hinterbeinen . **18**

— Mittel- und Hinterbeine gleichartig, 2mal größer als Vorderbeine. 1,3–1,9 mm. Auf Eichhörnchen, selten . **Neohaematopinus sciuri** (JAN.)

18. Vorderkopf flach abgestutzt. Rückenplatten mit Querreihe langer kräftiger Haare . . . . **Polyplax** END.
P. reclinata (NITZSCH) auf Spitzmäusen; **P. gracilis** (FAHRENH.) auf Zwergmaus; **P. spinulosa** (BURM.) [*12*] auf Rattus; **P. spinigera** (BURM.) auf Schermaus; **P. serrata** (BURM.) auf Rötelmaus, Hausmaus u. Apodemus.

— Vorderkopf kegelförmig oder halbrund **19**

19. Körper plump, dachziegelartig mit runden Schuppen bedeckt. Auf Seehund . **(Echinophthiriidae) Echinophthirius horridus** (V. OLFERS)

— Körper flachgedrückt und nicht derartig beschuppt **20**

20. Körper breit oval, lang behaart. Mittel- und Hinterbeine fast gleich groß . . . . **Haemodipsus** END.
H. ventricosus (DENNY) (1–1,5 mm) auf Kaninchen; **H. lyriocephalus** (BURM.) (2–2,5 mm) auf Hase.

— Körper gestreckt oval, Rückenplatten mit Querreihe schuppenartig verbreiterter Borsten. Mittelbeine intermediär zwischen Vorder- und Hinterbeinen **21**

21. 3. Hinterleibsternit beiderseits mit 1 Paar nach hinten divergierender Borsten . . . . **Hoplopleura** END.
H. acanthopus (BURM.) auf Feld-, Erd- u. Schneemaus; **H. affinis** (BURM.) auf Brand-, Wald- u. Rötelmaus; **H. longula** (NEUM.) auf Zwergmaus.

— 3. Hinterleibsternit ohne divergierende Borsten, das 2. beiderseits mit 1 Paar kurzer dicker Dornen **Schizophthirus pleurophaeus** (BURM.)
Auf Gliridae (Schläfern).

Literatur

FERRIS, G.: The sucking lice. Mem. Pacific Coast Ent. Soc. San Francisco, 1951. – HOPKINS, G., CLAY, TH.: A check list of the genera and species of Mallophaga. London, 1952. – JANCKE, O.: Läuse oder Anoplura. In: Dahl, Tierwelt Deutschlands, Teil 35. Jena, 1938. – KÉLER, ST. V.: Mallophaga. Anoplura. In: Brohmer, Ehrmann, Ulmer, Tierwelt Mitteleuropas. Bd. IV, Lief. 2. Leipzig, 1963.

Ordnung: **Thysanoptera,** Fransenflügler, Blasenfüße, Thripse

Knapp 1–2 mm, selten bis 4 oder 5 mm. Mit 4 schmalen Flügeln, deren Rand meist von langen Fransen umgeben ist [*1*] oder flügellos. Stechende Mundwerkzeuge zu Saugkegel verwachsen, der auf der Unterseite des Kopfes liegt und schräg nach hinten gerichtet ist. Mit großen Facettenaugen (Komplexaugen) und (meist) 3 kleinen Scheitelaugen (Ocellen). Füße (Tarsen) 2gliedrig mit bei Adulten reduzierten Krallen, zwischen diesen mit großem, ausstülpbarem Haftlappen. Mit unvollkommener Verwandlung (Hemimetabolie). Eier von Arten mit Legebohrer werden in Pflanzengewebe versenkt, von Arten ohne Legebohrer **(Phlaeothripidae)** an Pflanzen angeklebt. 2 aktive Freßlarvenstadien (ohne Flügelanlagen), dann 2 inaktivere „Nymphenstadien" (mit äußeren Flügelanlagen). Die meisten Arten sind Pflanzensauger, darunter viele Schädlinge an Kulturpflanzen; einige sind räuberisch und saugen kleine Arthropoden oder deren Eier aus. Im Gebiet etwa 300 Arten.

System: Unterordnung **Aeolothripidea** mit der Familie **Aeolothripidae;**
Unterordnung **Thripidea** mit den Familien **Thripidae, Phlaeothripidae.**

1. Letztes Hinterleibssegment beim ♀ ± konisch verjüngt, unterseits gespalten u. mit sägeartigem Legebohrer [*3, 4*], beim ♂ stumpf abgerundet. Flügel (wenn vorhanden) mit 1–2 zur Spitze ziehenden Längsadern [*1*]. Flügel in Ruhelage nicht überkreuzt. Fühlerglieder der Larven durch Quernähte geringelt **2**

— Letztes Hinterleibssegment beim ♂ u. ♀ röhrenförmig ausgezogen [*2*], nie unterseits gespalten, ♀ ohne Legebohrer. Vorderflügel (wenn vorhanden) ohne oder nur mit kurzer Längsader [*2*]. Flügel in Ruhelage überkreuzt. Fühlerglieder der Larven nicht geringelt **Phlaeothripidae** S. 261

2. Legebohrer zum Körper gebogen (unterseits konvex) [*3*]. Flügel am Ende breit gerundet [*2*]. Fühler 9gliedrig, die letzten Glieder können aber Einheit bilden, so daß dann nur 7 oder 5 deutlich getrennt sind [*5–7*] . . . . **Aeolothripidae**

a) Alle 9 Fühlerglieder deutlich getrennt [*5*]: 5; **Melanthrips** HAL., häufig **M. fuscus** (SULZ.), an Cruciferen.
b) Mit 7 deutlich getrennten Fühlergliedern, letztes bildet mit 2 reduzierten Endgliedern eine Einheit [*6*]: **Rhipidothrips gratiosus** UZEL, an Gräsern.
c) Mit 5 deutlich getrennten Fühlergliedern, letztes bildet mit 4 reduzierten Endgliedern eine Einheit [*7*]. Flügel mit 1 oder 2 dunklen Querbinden: 12; **Aeolothrips** HAL., Räuber, häufig **A. intermedius** BAGN.

— Legebohrer vom Körper weggebogen (unterseits konkav) [*4*]. Flügel schmaler, am Ende ± zugespitzt [*1*]. Fühler meist 6–8gliedrig, selten mit 9 Gliedern . . . . **Thripidae** S. 259

Familie: **Thripidae**

1. Körper mit grob netzartiger Skulptur, Fühlerendglieder spießförmig. Nur in Gewächshäusern . . . . **Panchaetothripinae**

a) Fühler 7gliedrig: **Parthenothrips dracaenae** (HEEG.).
b) Fühler 8gliedrig: **Heliothrips haemorrhoidalis** (BOUCHÉ) (Vorderflügel normal breit). **Hercinothrips femoralis** (REUT.) (Vorderflügel sehr schmal).

— Körper ohne Netzstruktur oder wenn solche schwach ausgebildet, dann Fühlerspitze nie spießförmig . . . . **Thripinae** **2**
Hier nur Auswahl!

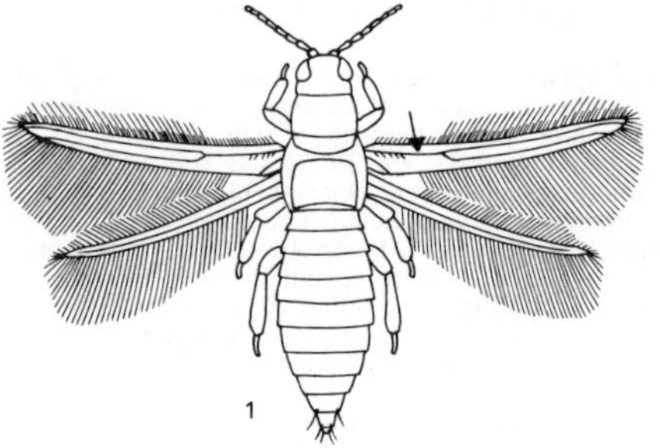

1

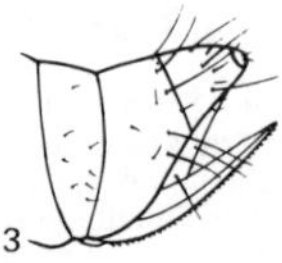

3

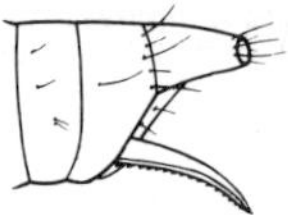

4

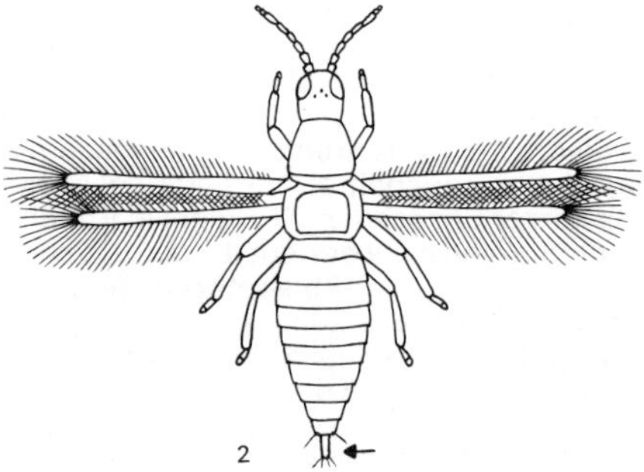

2

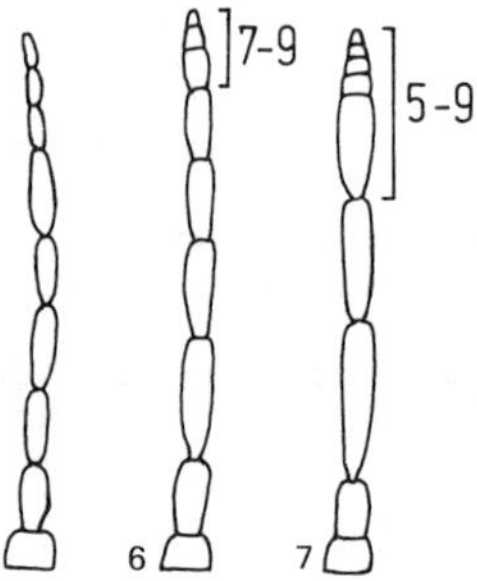

5 6 7

2. Kopf nach vorn in Fortsatz ausgezogen u. nach hinten erweitert, so daß die Augen nicht an den vorderen Ecken des Kopfes liegen [*8, 9*] **3**

— Kopffortsatz kaum angedeutet. Augen an vorderen Kopfecken [*10*] **4**

3. Kopf im Vergleich zum Halsschild klein, letzteres nach hinten stark verbreitert u. seine Hinterecken mit kleinen Borsten, aber nicht mit je 1 langen Borste. Hinterleibsende des ♀ mit normalen Borsten **Chirothrips** Hal.

Viele Arten, darunter **Ch. hamatus** Tryb. (2. Fühlerglied nicht eckig erweitert); **Ch. manicatus** Hal. [*8*] (2. Fühlerglied nach außen eckig erweitert); bei der ähnlichen, aber selteneren Art **Ch. aculeatus** Bagn. Kopffortsatz zwischen den Augen nur kurz. ♂ der genannten Arten ohne, ♀ meist mit Flügeln.

— Kopf groß, länger als das nach hinten höchstens schwach verbreiterte Halsschild, dessen Hinterecken mit je 1 langen Borste. Hinterleibsende mit dornartigen Borsten . . . . **Limothrips** Hal.

♂ ohne, ♀ mit Flügeln. **L. denticornis** Hal. (3. Fühlerglied nach außen eckig erweitert [*9*]). **L. cerealium** Hal. (3. Fühlerglied ohne Fortsatz), an Getreide.

4. Körper klein u. schmal, Prothorax ohne Borsten. Knapp 1 mm. Gelb. Fühler meist nur 6gliedrig . . . . **Aptinothrips** Hal.

♂ u. ♀ ohne Flügel. **A. rufus** (Hal.), an Gräsern, Getreide in trockenen Lagen. Ähnlich, aber Fühler 8gliedrig u. mehr an Waldgräsern, in schattigen Lagen: **A. stylifer** Tryb.

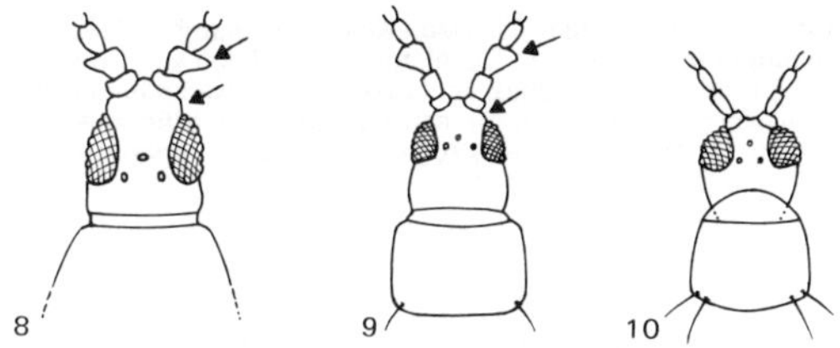

— Anders **5**

5. Vordertibien vorn mit 1 od. 2 gekrümmten, zahnartigen Häkchen. An Leguminosen . . . . **Odontothrips** Amyot et Serville

— Vordertibien ohne solche Häkchen **6**

6. Fühler dadurch 9gliedrig, daß das große 6. Glied von einer Schräglinie durchzogen ist. Hellgelb. 1 mm **Anaphothrips obscurus** (Müll.)
An Gräsern u. Getreide.

— Fühler nicht so u. andere Merkmale **7**

7. Fühler 6gliedrig. 0,8 mm . . . . . . **Drepanothrips reuteri** Uzel
An Laubhölzern, Reben.

— Fühler 7gliedrig . . . . viele Gattungen u. Arten
Häufig **Thrips** L. mit **T. tabaci** Lind., schädlich an Gemüse u. Tabak; **T. linarius** Uzel, an Lein; **T. angusticeps** Uzel, auf Feldern u. Wiesen; **T. flavus** Schrank, an Waldrändern, in Gärten; **T. fuscipennis** Hal., in Wäldern, Gärten. **Stenothrips graminum** Uzel (Kopf schmal; grau; etwa 1 mm), an Gramineen, besonders Hafer.

— Fühler 8gliedrig . . . . viele Gattungen u. Arten
Darunter **Kakothrips robustus** (Uzel) (♂ mit dunklem hornförmigen Fortsatz an beiden Seiten des 8. Hinterleibrings), Erbsenschädling. **Frankliniella tenuicornis** (Uzel), an Gramineen; **F. intonsa** (Tryb.), polyphag. **Thrips pini** Uzel, schädlich an Larix; **T. atratus** Hal. u. **T. vulgatissimus** Hal., polyphag, gehören zu den häufigsten Thripsen.

Familie: **Phlaeothripidae**

1. Der 6. Hinterleibsring des ♂ jederseits in geraden Fortsatz ausgezogen. 5. bis 7. Fühlerglied unten ± gekielt . . . . . **Idolothripinae**
Megalothrips bonannii Uzel (3,6–5,3 mm; schwarz), unter Rinde u. Reisig. **Megathrips nobilis** Bagn. (2,5–3 mm; schwarz, nur Tarsen hell), in Fallaub, Heu, an Riedgräsern. **M. lativentris** (Heeg.) (ähnlich, aber auch Tibien und Enden der Schenkel hell), in Rasen u. Fallaub.

— 6. Hinterleibsring des ♂ nicht mit derartigen Fortsätzen. Länge höchstens 2,5 mm . . . . **Phlaeothripinae** **2**

2. Flügel in der Mitte deutlich verengt, sohlenförmig **3**

— Flügel nie sohlenförmig, öfters auch reduziert od. fehlend
mehrere Gattungen u. Arten
Vor allem an od. unter Baumrinde.

3. Mundkegel zur Spitze stark verengt, am Ende nur wenig abgerundet. An Verbascum . . . . **Neoheegeria verbasci** (Osb.)

— Mundkegel zur Spitze schwach verengt, am Ende breit gerundet
Haplothrips Amyot et Serville

Mit vielen Arten, darunter **H. niger** (OSB.), an Klee, **H. leucanthemi** (SCHRANK), an Compositen, **H. distinguendus** (UZEL), an Distel; ferner an Blüten von Gräsern u. Getreide: **H. aculeatus** (F.) (Endglied der Fühler schlanker, aber etwa so lang wie vorangehendes 7. Glied; Larven gelb mit rotem Hinterleibsende) u. **H. tritici** KURDJ. (Endglied der Fühler deutlich kürzer als 7. Glied, das sogar fehlen kann; Larven rot), mehr im östlichen Europa.

Literatur

MOUND, L. A., MORISON, G. D., PITKIN, B. R., PALMER, J. M.: Thysanoptera. Handbooks for the Identification of British Insects. Vol. I, Part 11. London, 1976. – PRIESNER, H.: Ordnung Thysanoptera. Bestimmungsbücher zur Bodenfauna Europas. Lief. 2. Berlin, 1964. – SCHLIEPHAKE, G., KLIMT, K.: Thysanoptera, Fransenflügler. In: Dahl, Tierwelt Deutschlands, Teil 66. Jena, 1979.

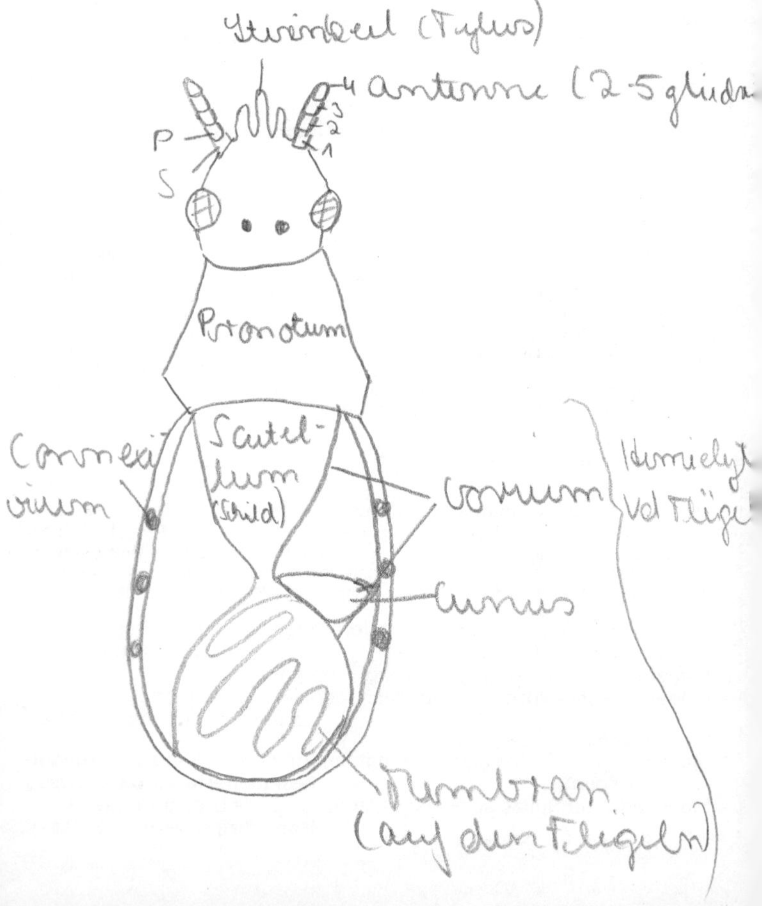

Ordnung: **Rhynchota, Hemiptera,** Schnabelkerfe

Mit stechend-saugenden Mundwerkzeugen, wobei Mandibeln und Maxillen zu Stechborsten umgewandelt sind, die in einer Rüsselscheide (Labium) liegen [*2*] (S. 189). Unter den Homoptera nur Pflanzensauger, bei den Wanzen (Heteroptera) auch Räuber, seltener Parasiten. Ein großer Teil der Rhynchoten überwintert bei uns im Eistadium.

System: Heteroptera; „Homoptera" mit **Auchenorrhyncha (= Cicadina), Sternorrhyncha** (hierzu **Aphidina, Coccina, Aleurodina, Psyllina**). Die Homoptera sind keine monophyletische Gruppe.

In der B.R. Deutschland besonders geschützt: Cicadidae (Cicadetta montana, Tibicen haematodes).

1. Rüssel breit, kurz u. ungegliedert. Vorderfuß (Tarsus) 1gliedrig, spatelförmig, ohne Kralle, länger als Tibia [*4*]
Ruderwanzen, **Corixidae** (zu **Heteroptera**) S. 269

— Anders **2**

2. Rüssel entspringt vorn am Kopf [*1*]. Vorderflügel meist an Basishälfte (= Corium) derbhäutiger als im Spitzenteil (= Membran) [*2*]
Wanzen, **Heteroptera** S. 263

— Rüssel entspringt auf der Unterseite des Kopfes, oft sogar weit hinten [*3*]. Vorderflügel auf ganzer Fläche von gleichartiger Konsistenz, häufig dünnhäutig Pflanzensauger, Gleichflügler, **„Homoptera"** S. 285

Heteroptera, Wanzen

Körper meist ± abgeflacht. Kopf neben Komplexaugen vielfach mit 2 Ocellen. Fühler 4–5gliedrig. Vom Thorax oben Pronotum (Halsschild) u. Scutellum (Schildchen) sichtbar. Vorderflügel als Halbdecke (Hemielytre) ausgebildet: neben stärker sklerotisiertem Corium (u. Clavus) hinten mit häutiger Membran [*2*]; vom Corium bei Miridae durch eine Furche ein „Cuneus" abgeteilt [*27*]. Neben normaler Ausbildung der Flügel (Makropterie) kommt häufig Kurzflügeligkeit (Brachypterie) vor. Tarsus (Fuß) 2- oder 3gliedrig; Zählung 1 bis 3 (2) beginnt mit dem Basalglied an der Tibia (Schiene). Entwicklung mit unvollkommener Verwandlung (Hemimetabolie). Aquatisch, amphibisch u. terrestrisch. Sprungvermögen bei Springwanzen (Saldidae). Apparate zur Lauterzeugung bei Corixidae, Nepidae, Reduviidae, Nabidae, Pentatomidae, Cydnidae. Ernährungsweise: Die Vertreter vieler Familien sind räuberisch. Cimiciden haben sich zu Ektoparasiten entwickelt. Corixiden fressen Algen und Detritus. Aradiden saugen an Myzel von Baumpilzen. Tingidae, Piesmatidae, viele Lygaeidae, Pyrrhocoridae, Coreoidea, Cydnidae sowie ein großer Teil der Miridae und Pentatomidae nehmen Saft von höheren Pflanzen auf. Verschiedene Wanzen saugen an Pflanzen und Tieren. Im Gebiet etwa 800 Arten.

System:
Nepomorpha: Corixidae, Pleidae, Notonectidae, Aphelochiridae, Naucoridae, Nepidae.
Gerromorpha: Gerridae, Veliidae, Hydrometridae, Mesoveliidae, Hebridae.
Dipsocoromorpha: Dipsocoridae.
Leptopodomorpha: Leptopodidae, Saldidae.
Cimicomorpha: Miridae, Isometopodidae, Microphysidae, Anthocoridae, Cimicidae, Nabidae, Phymatidae, Reduviidae, Tingidae.
Pentatomorpha: Aradidae, Meziridae, Piesmatidae, Berytidae, Lygaeidae, Pyrrhocoridae, Stenocephalidae, Coreidae, Arenocoridae, Alydidae, Rhopalidae, Acanthosomatidae, Pentatomidae, Cydnidae, Corimelaenidae, Plataspidae.

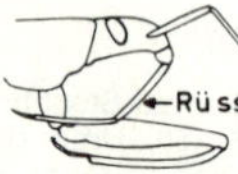

1

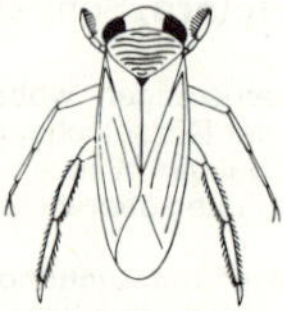

4

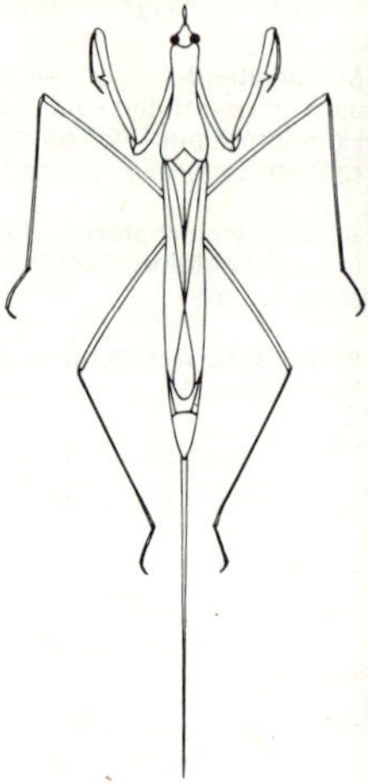

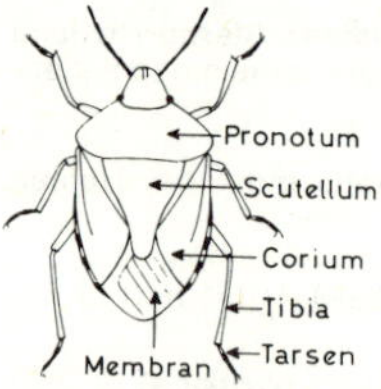

2

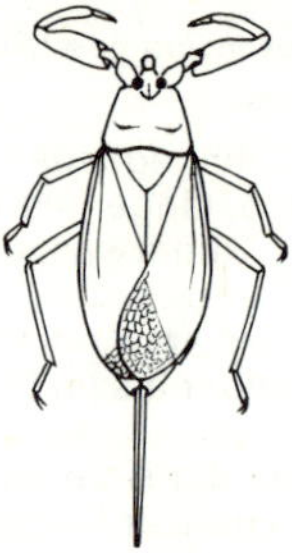

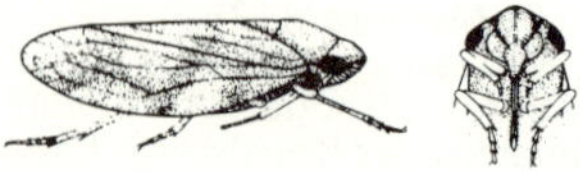

3

5

6

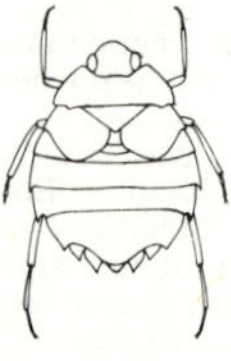

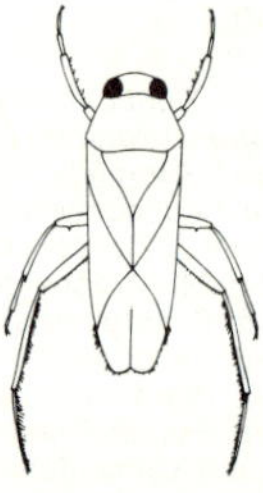

7 8 9 10

1. Fühler kürzer als Kopfbreite, von oben selten sichtbar
Wasserwanzen **2**

— Fühler mindestens so lang wie der Kopf, von oben gut sichtbar
Wasserläufer und Landwanzen **7**

2. Vordertarsus (Vorderfuß) 1gliedrig, spatelförmig, länger als Tibia (Schiene). Rüssel breit, kurz u. ungegliedert
Ruderwanzen, **Corixidae** [*4*] S. 269

— Vordertarsus nicht länger als Tibia, meist wenigstens 2gliedrig, nie spatelförmig. Rüssel langgestreckt, mehrgliedrig **3**

3. Hinterleib endet mit langem Atemrohr Wasserskorpione, **Nepidae**
Räuber. **Nepa cinerea** L. [*5*] (17–22 mm). **Ranatra linearis** (L.) [*6*] (30–40 mm).

— Kein solches Atemrohr **4**

4. Körper flach, viel breiter als hoch **5**
— Körper bootartig, etwa so breit wie hoch **6**
5. Rüssel bis zu Vorderbeinen reichend, diese anders gestaltet als Mittel- u. Hinterbeine . . . . Schwimmwanzen, **Naucoridae**
Räuber. Nur **Ilyocoris cimicoides** (L.) [*7*] (12–15 mm) u. **I. maculatus** F. (9–10 mm).
— Rüssel bis zu Mittelbeinen reichend. Vorder- u. Mittelbeine gleichartig, anders als Hinterbeine. Flügel meist reduziert **Aphelochiridae**
Räuber. **Aphelochirus aestivalis** (F.) [*8*] (8,5–10 mm).
6. Körper über 13 mm lang . . . Rückenschwimmer, **Notonectidae**
Räuber. 6; **Notonecta** L., häufig **N. glauca** L. [*9*] (14–16 mm).
— Körper 2,5 mm lang . . . . **Pleidae**
Räuber. **Plea minutissima** LEACH [*10*].
7. Körper stabförmig. Kopf mehrfach so lang wie breit, etwa von der Länge des Thoraxrückens . . . . . Wasserreiter, **Hydrometridae**
Räuber. Nur **Hydrometra stagnorum** (L.) [*11*] (9–12 mm) u. **H. gracilenta** HORV. (7–9 mm).
— Körper langgestreckt oder nicht. Kopf viel kürzer als Thorax . **8**
8. Vorderbeine auffallend verkürzt. Basis der Krallen eingesenkt, daher scheinbar nicht am Ende des Tarsus [*12a*]. Habitus wie [*12 u. 13*]. Körper unterseits mit dichtem silbrigem od. gelbem Haarfilz . . **9**
— Krallen am Ende der Tarsen eingelenkt. Wenn Körper unterseits weiß behaart, dann Haare meist weniger dicht **10**
9. Vorderbeine sehr viel kürzer als die anderen Beine [*12*]. Hinterschenkel reichen über das Ende des Hinterleibs
Teichläufer, Schneider, **Gerridae**
Räuber. 11; **Gerris** F. [*12*]. Häufig **G. najas** (DE GEER) (13–17 mm), **G. lacustris** (L.) (8–10 mm).
— Vorderbeine weniger stark verkürzt [*13*]. Hinterschenkel reichen nicht über das Hinterleibsende . . . . Bachläufer, **Veliidae**

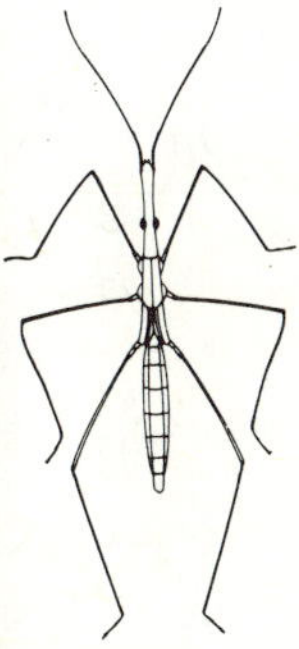
11

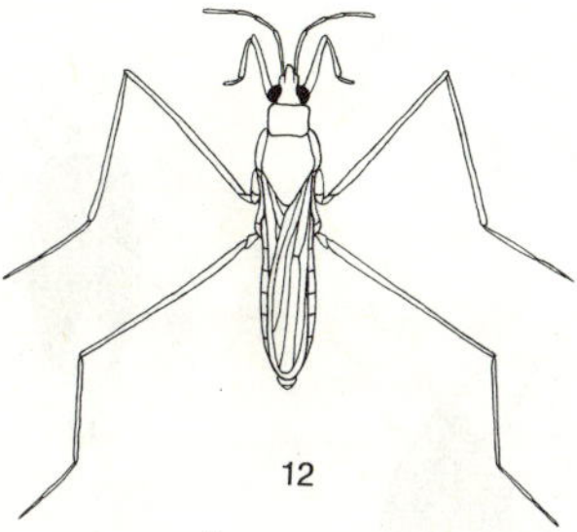
12

a

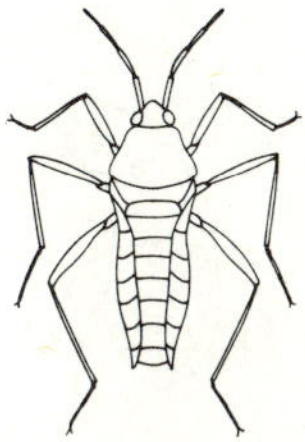
13

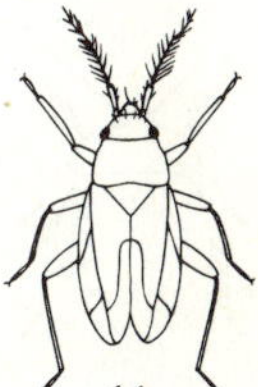
14

Räuber. 2; **Velia** LATR. (6–8 mm), häufig **V. caprai** TAM. [*13*]. 2; **Microvelia** WESTW. (1,5–3 mm), häufig **M. reticulata** (BURMEISTER).

10. Fühler mit 2 dicken Grundgliedern u. 2 dünnen gefiederten Endgliedern [*14*]. 1–3 mm lang . . . . **Dipsocoridae**
Häufig in Moospolstern. 3 Gattungen, z. B. **Ceratocombus coleoptratus** (ZETT.).

— Fühler u. Habitus anders **11**

11. Fühler 5gliedrig (Glied 2 zuweilen sehr klein) **12**
Seitlich betrachten, da die Fühlerwurzel oft von den Kopfseiten überdeckt ist.

— Fühler 4gliedrig, selten mit mehr Gliedern durch sekundäre Ringelung **16**
Wenn Fühler scheinbar 5gliedrig, dann Mitte u. Ende verdickt.

12. Höchstens 2 mm lang. Unterseits silbrig behaart. Fühlerglieder 1–2 dicker als 3–5 (nicht gefiedert!) [*15*] . . . . **Hebridae**
An Ufern. Pflanzensauger. Nur **Hebrus ruficeps** THOMS. (1–1,5 mm) u. **H. pusillus** (FALL.) (2 mm).

— Mindestens 3 mm lang. Unterseits nicht silbrig behaart . . . **13**

13. Tarsen 2gliedrig **14**

— Tarsen 3gliedrig (Mittelglied zuweilen recht klein!) **15**

14. Scutellum (Schildchen) überdeckt den ganzen Hinterleib. Körper fast so breit wie lang. Fühlerglied 2 sehr klein . . . . . **Plataspidae**
Coptosoma scutellatum (GEOFFR.) [*16*] (schwarz; 3,5–4,5 mm), Pflanzensauger, vor allem an Kronwicke.

— Scutellum viel kürzer. Körper langgestreckt, nach hinten verschmälert. Hinterleib unterseits am Grunde mit nach vorn gerichtetem Fortsatz. Über 6 mm lang . Stachelwanzen, **Acanthosomatidae** S. 281

15. Tibien mit kräftigen langen Dornen. Körper schwarz oder schwarz u. weiß gefleckt . . . . Erdwanzen, **Cydnidae** S. 284

— Tibien nicht oder ganz schwach bedornt (wenn ausnahmsweise mit längeren Dornen, dann Körper anders gefärbt). Habitus wie [*2*]
Schildwanzen, **Pentatomidae** S. 282

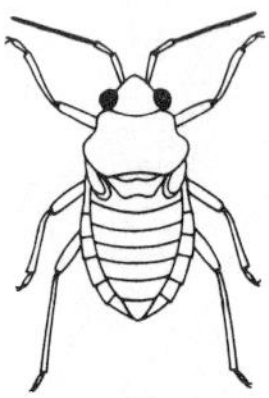

15

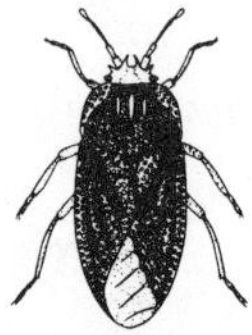

18

20

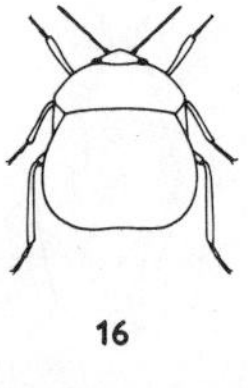

16

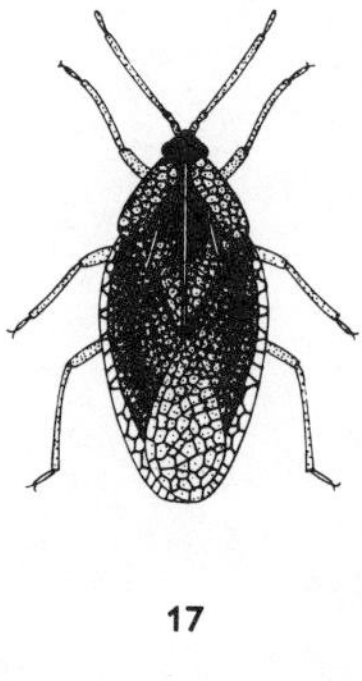

17

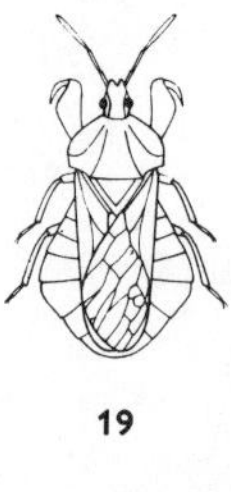

19

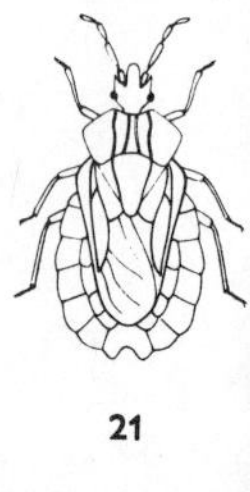

21

16. Pronotum (Halsschild) u. Corium mit gitter-, waben- oder netzartiger Struktur. Tarsen 2gliedrig. Körper höchstens 4 mm lang . . . **17**
— Habitus anders. Tarsen 2- od. 3gliedrig **18**
17. Pronotum nach hinten in 3eckigen Fortsatz verlängert, der Scutellum bedeckt . . . . Gitterwanzen, **Tingidae**
Pflanzensauger. Viele Gattungen. Häufig **Dictyla (Monanthia) echii** (SCHRANK) [*17*] (3,2–3,8 mm), an Boraginaceen; **Tingis cardui** (L.) (3,5–3,8 mm), an Disteln; **Stephanitis rhododendri** HORV. (3,5–4 mm), schädlich an Rhododendron, aus Japan eingeschleppt.
— Hinterrand des Pronotums ± gerade. Auf Pronotum mit Längskielen. Scutellum gut sichtbar . . . . . . Meldenwanzen, **Piesmatidae**
Pflanzensauger. 7; **Piesma** LE PEL. ET SERV., häufig **P. quadratum** (FIEBER) [*18*], Rübenwanze (2,3–3,5 mm), **P. maculatum** (LAPORTE) (2,3–3,0 mm).
18. Vorderschenkel verbreitert u. verdickt. Körper flach mit breitem Seitenrand. Habitus wie [*19*] . . . . **Phymatidae**
Räuber. **Phymata crassipes** (F.) [*19*] (8–9 mm).
— Habitus anders **19**
19. Körper stark abgeflacht, braun bis schwarz. Habitus wie [*20*] oder [*21*] **20**
— Habitus anders **22**
20. Körper extrem flach, oval bis gerundet. Hellbraun. Lang behaart. Nur mit stummelförmigen Flügelresten . . . . Bettwanzen, **Cimicidae**
Parasiten. Pronotum halbkreisförmig ausgeschnitten: **Cimex lectularius** L., Bettwanze [*20*] (5–6 mm), bei Fledermäusen, Vögeln, dem Menschen; **C. pipistrelli** JEN. (4,5–5,7 mm), bei Fledermäusen. Vorderrand des Pronotums in der Mitte gerade: **Oeciacus hirundinis** (JEN.), Schwalbenwanze, bei Vögeln.
— Körper etwas gestreckter, mit breitem Seitenrand, nicht behaart, aber mit körniger Oberfläche. Dunkelbraun bis schwarz **21**
21. Zwischen Auge u. Fühlergrund langer Fortsatz nach vorn. Augen vorquellend. Flügel deutlich in Corium u. Membran geteilt
Rindenwanzen, **Aradidae**
Auf u. unter Rinde von Baumstämmen. Saugen an Pilzen, Rinde, auch an kleinen Insekten. 22; **Aradus** F. [*21*], z. B. **A. cinnamomeus** (PANZ.) an Kiefer.
— Fortsatz zwischen Auge u. Fühlergrund kürzer. Augen nicht besonders hervortretend. Vorderflügel auch im Coriumteil durchsichtig
Aneuridae
Unter Rinde. 2; **Aneurus** CURT., z. B. **A. laevis** (F.) (4,5–5,2 mm).
22. Gestalt stabförmig. Mit Verdickung an Knien der Beine, an Mitte u. Spitze der Fühler [*22*] Stelzenwanzen, **Berytidae (Neididae)** S. 276
— Habitus anders **23**
23. Rüssel von der Seite gesehen sichelförmig gebogen [*25*]. Körper über 6 mm lang (wenn ausnahmsweise kleiner, dann mückenähnlicher Habitus [*24*]) **24**
— Rüssel gestreckt, nicht auffallend in sich gebogen od. wenn doch sichelförmig, dann Tier höchstens 5 mm u. nicht vom Habitus wie [*24*] **25**
24. Rüssel kurz, kräftig, Spitze greift in Rinne od. Grube vor den Vorderhüften. Körper robust u. meist über 12 mm [*23*] od. zart u. 4–7 mm [*24*] . . . . Raubwanzen, **Reduviidae** S. 275
— Rüssel länger, Spitze greift nicht in tiefe Furche. Körper 6–11 mm lang . . . . Sichelwanzen, **Nabidae**
Räuber. 3; **Prostemma** LAP. (schwarz u. rot). Großgattung 12; **Nabis** LATR. (braun) [*25*], häufig **N. ferus** (L.) (8–9,5 mm).

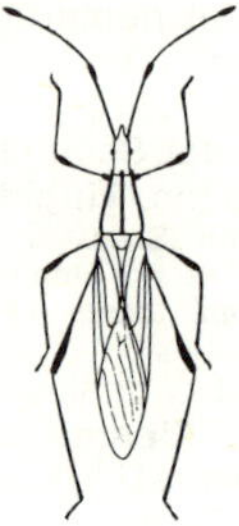

22

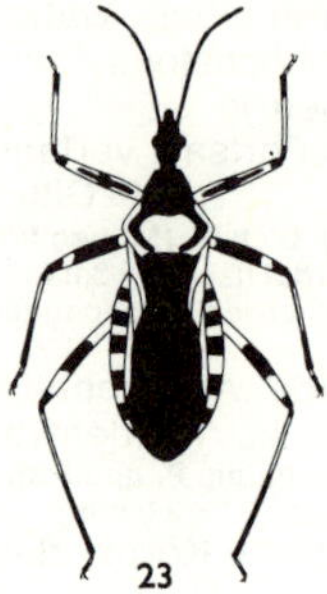

23

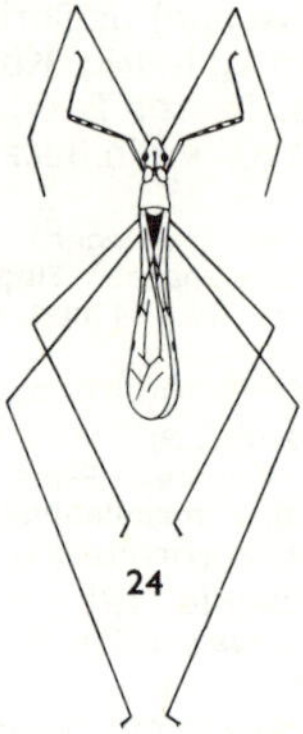

24

25

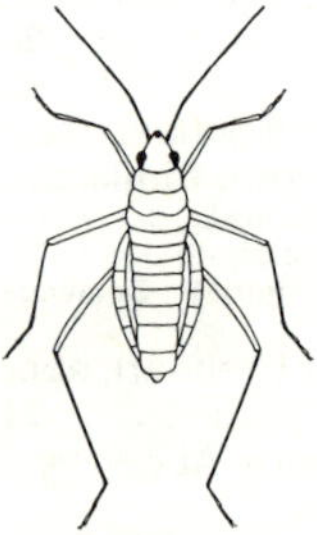

26

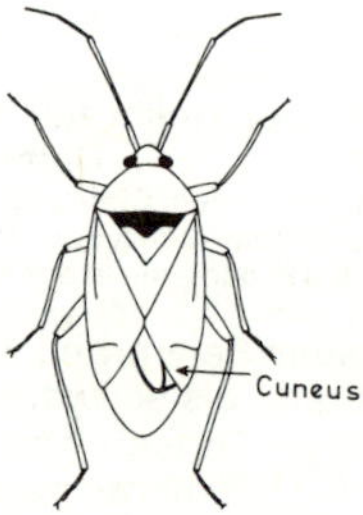

27

28

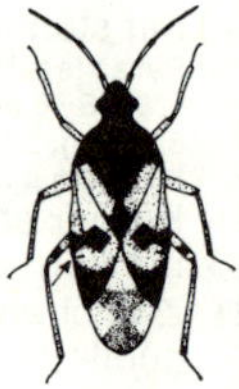

29

25. Oberseite glänzend hellbraun. Unterseite mit weißen Haaren. Habitus vom Typ der Wasserläufer [*26*]. 3–3,5 mm lang . . **Mesoveliidae**
Auf Gewässern. Nur **Mesovelia furcata** (MULS. ET REY) [*26*], meist flügellos.

— Habitus anders **26**

26. Stirnaugen (Ocellen) fehlen **27**

— Ocellen vorhanden (zuweilen schwer zu erkennen!) **28**

27. Vom Corium ist ein Cuneus abgeteilt [*27*]. Membran mit 2 (selten 1) geschlossenen Zellen [*27*]. Kurzflügelige Individuen sind kleiner u. anders gezeichnet als Feuerwanzen Weichwanzen, **Miridae** S. 270

— Kein Cuneus abgeteilt, Membran mit vielen Adern. Kurzflügelige Individuen schwarz mit roter Zeichnung Feuerwanzen, **Pyrrhocoridae**
Saugen an Samen. **Pyrrhocoris apterus** (L.) [*28*] (schwarz u. rot; 9–11 mm), vor allem an Linde; **P. marginatus** (KOL.) (braun mit hellem Rand; 7–8 mm).

28. Alle Tarsen 2gliedrig. Habitus nicht wie [*30*] **29**

— Wenigstens Tarsen der Mittel- u. Hinterbeine 3gliedrig . . . **30**
Das erste (oberste Glied) kann winzig u. keilförmig sein, dann wirken die Tarsen 2gliedrig [*30*].

29. Kopf breit gerundet. Membran mit einer Zelle. Habitus wie Miriden (vgl. [*27*]) . . . . **Isometopodidae**
Auf Rinde. Räuber. **Isometopus intrusus** (HERRICH-SCHÄFFER) (2,5–4 mm).

— Kopf ± dreieckig. ♀ kurzflügelig mit nach hinten verbreitertem Körper. Länge zwischen 1,5 u. 2,5 mm . **Microphysidae (Loriculidae)**
Räuber. 3; **Myrmedobia** Bär. (Rüssel bis Vorderbrust). 4; **Loricula** Curt. (Rüssel bis Mittelbrust).

30. Körper oberseits, besonders an Vorderbeinen u. Flügelrand, mit abstehenden Stacheln. Rüssel stark gebogen . . . . **Leptopodidae**
Räuber. Nur **Leptopus marmoratus** (Goeze) (4,2–4,7 mm).

— Anders **31**

31. Flügel mit angedeutetem Cuneus. Rüssel leicht gebogen. Körper 2–5 mm lang [*29*] . . . . Blumenwanzen, **Anthocoridae** S. 275

— Flügel ohne Cuneus. Rüssel gestreckt, ± anliegend **32**

32. Flügelmembran mit 4 od. 5 langgestreckten Zellen. Augen stark vorstehend. Körper oval. Mit Sprungvermögen [*30*]
Springwanzen, **Saldidae** S. 276

— Habitus anders. Augen wenig vorstehend. Membran mit Längsadern **33**

33. Membran mit höchstens 5 ± parallelen Adern, einzelne zuweilen verzweigt [*31*]. Bei Kurzflügeligen ist Hinterleib dunkelbraun bis schwarz
Langwanzen, **Lygaeidae** S. 276

— Membran mit 6 od. mehr, zum Teil verzweigten Adern [*32* u. *33*]. Bei Kurzflügeligen ist Hinterleib gelb, grün od. gelbgrün mit roter od. dunkler Zeichnung . Randwanzen, Lederwanzen, **Coreoidea** S. 280

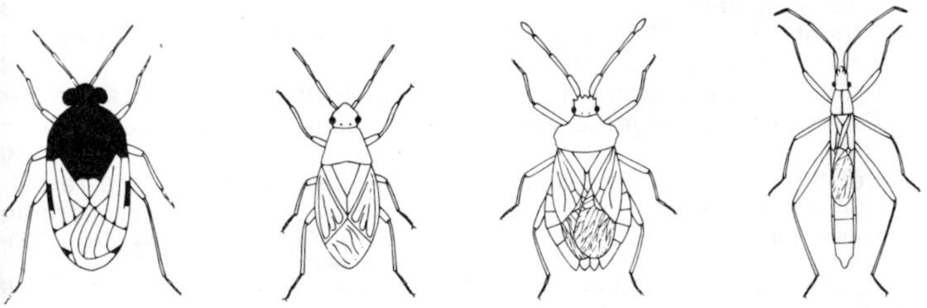

30 31 32 33

Familie: **Corixidae,** Ruderwanzen

In stehenden Gewässern. Ernährung von Algen u. pflanzlichem od. tierischem Detritus, der mit den Vorderbeinen herbeigeschaufelt wird. Auch räuberisch.

1. Scutellum gut sichtbar. Körper 1,5–2,5 mm lang 6; **Micronecta** Kirk.
Häufig **M. minutissima** (L.).

— Scutellum vom Pronotum bedeckt. Körper über 3 mm lang . . . **2**

2. Pronotum ohne helle Querlinien . . . . 3; **Cymatia** Flor
C. coleoptrata (F.) (3–4 mm); **C. bonsdorffi** (Sahlb.) (5,5–6 mm).

— Pronotum mit hellen Querlinien **3**

3. Pronotum u. Flügel glatt, glänzend. Körper mindestens 3,5 mm breit
4; **Corixa** Geoffr.
Häufig **C. punctata** (Ill.) (14–15 mm).

— Pronotum u. oft auch Flügel chagriniert, matt. Höchstens 3 mm breit **4**

4. Stirn mit langen, dichten Haaren. 8–8,5 mm **Glaenocorisa propinqua** (FIEB.)
— Stirn kahl od. höchstens mit wenigen kurzen Haaren **5**
5. Ende der Hintertarsen unterseits mit scharfem schwarzem Fleck 3; **Callicorixa** WHITE
Häufig **C. concinna** (FIEB.) (7 mm).
— Hintertarsen am Ende hell; wenn schwarz, dann auch Krallen dunkel
a) Mit deutlichem Mittelkiel fast über das ganze Pronotum: 2; **Arctocorisa** WALL. (8–10 mm).
b) Höchstens mit schwachem, kurzem Mittelkiel auf Pronotum: 4; **Hesperocorixa** KIRK. u. 14; **Sigara** F., häufig z. B. **S. striata** (L.) (7–8 mm).

Familie: **Miridae,** Weichwanzen

Die meisten Arten sind Pflanzensauger, manche sind räuberisch oder polyphag.

1. Mit Ameisentaille
Myrmecoris gracilis (SAHLB.) [*34*] (Augen berühren Vorderrand des Pronotums; 4–6,5 mm). ♀ **Systellonotus triguttatus** (L.) (Augen vom Pronotum entfernt; 3–3,7 mm), s. auch Nr. **6.**
— Habitus anders **2**
2. Ameisentaille nur durch gelbe Flecke der (meist verkürzten) Flügel vorgetäuscht. Schwarz, Beine rötlich, gelber Saum um Hinterleib. 3,7–5,3 mm [*35*] . . . . **Pithanus maerkeli** (HERR.-SCHÄFF.)
— Habitus anders **3**
3. Pronotum mit völlig abgesetztem Halsring, dahinter oft außerdem noch Querwulst [*36a, 36b*] **4**
— Pronotum ohne abgesetzten Halsring; in einigen Fällen sieht der Querwulst halsringartig aus, ist aber nicht ganz abgesetzt [*37a–37d*] **30**
4. Letztes (unterstes) Tarsalglied am Ende viel dicker als übrige Tarsalglieder [*38*]. Körper 2–3 mm lang . . . . **Bryocorinae**
Monalocoris filicis (L.) (Fühlerglied 1 etwa kopflang). **Bryocoris pteridis** (FALL.) (Fühlerglied 1 viel länger als Kopf); beide Arten an Farnkraut.
— Letztes Tarsalglied nicht auffallend verdickt **5**
5. Halsring, Längsstreifen auf Corium u. Querstreifen auf Cuneus weiß **Hallodapinae**
2; **Cremnocephalus** FIEB., z. B. **C. albolineatus** REUT. (5,7–7 mm).
— Anders **6**
6. Flügel braun od. schwarz mit weißen Querbinden. Zuweilen ameisenartiger Habitus. 3–5 mm lang . . . . weitere **Hallodapinae**
Systellonotus triguttatus (L.) (weiße Binden auf hellbraunem Corium dunkel gesäumt; 3,3–4,7 mm). 2; **Hallodapus** FIEB. (weiße Binden auf braunem Corium nicht dunkler gesäumt; 2,5–5 mm). **Omphalonotus quadriguttatus** (KIRSCHB.) (weiße Binden auf schwarzem Corium; 2,6–3,8 mm).
— Färbung u. Habitus anders **7**
7. Tarsalkralle an Basis mit großem Zahn [*39*] . **Deraeocorinae** **8**
— Kralle ohne Zahn, höchstens mit kleinem Läppchen an der Basis **10**
8. Pronotum hinter dem Halsring mit eingesenktem glattem Schwielenbereich. Membran behaart. 3,5–5,5 mm **Bothynotus pilosus** (BOH.)
— Pronotum mit erhabenem glattem Schwielenbereich. Membran unbehaart **9**
9. Glied 1 der Hintertarsen fast so lang wie 2+3. 5–7 mm 2; **Alloeotomus** FIEB.

— Glied 1 der Hintertarsen viel kürzer als 2+3 9; **Deraeocoris** KIRSCHB.
D. ruber (L.) (Halsring glänzend, Scutellum punktiert; 6,5–7,5 mm); **D. lutescens** (SCHILL.) (Halsring glänzend, Scutellum glatt; 3,5–4 mm).

10. Kopf hinter Augen halsartig verlängert. Oberflügel fast durchscheinend. Schwielen auf Pronotum auch an ihrem Hinterrand durch Querfurche abgeteilt, die Seiten erreicht [*36b*] **(Dicyphinae)** 9; **Dicyphus** FIEB.
Häufig **D. globulifer** (FALL.) (3,5–4 mm).

— Habitus anders **11**

11. Nur 1. Fühlerglied schwarz u. Augen dunkel, sonst hellgrün, zart. 3–4 mm . . . . . . **(Dicyphinae) Macrolophus pygmaeus** RAMBUR

— Anders **12**

12. Vorder- u. Hinterabschnitt von Pronotum, Cuneus u. Scutellum je zweifarbig (Pronotum u. Cuneus braunrot u. schwarz, Scutellum braunrot u. gelb). 4–5 mm **(Dicyphinae) Campyloneura virgula** HERR.-SCHÄFF.

— Anders . . . . **Mirinae, Mirini** **13**

13. Halsring etwa so breit wie Querwulst dahinter. Cuneus meist rot od. hell . . . . 3; **Capsodes** DAHLB.
C. gothicus (L.) (schwarz u. rot, abstehend behaart; 6–7 mm).

— Halsring viel schmaler als Querwulst **14**

14. 2. Fühlerglied zur Spitze stark verdickt. Körper ± schwarz 3; **Capsus** F.
Häufiger **C. ater** (L.) (schwarz, zuweilen Kopf ± Pronotum braun; 5–6,5 mm).

— Anders. 2. Fühlerglied höchstens schwach zur Spitze verdickt **15**

15. Pronotum mit deutlichen Punktgruben (wenn diese in wenigen Fällen undeutlich, dann ist Scheitel gerandet wie [*40a*]) **16**

— Pronotum nicht punktiert od. wenn es undeutlich punktiert erscheint, dann Scheitel mindestens in der Mitte ungerandet [*40b*] . . **21**

16. Körper mit kräftigen goldenen od. silbernen Haaren, dazwischen oft noch feinere, dunkle Haare **17**

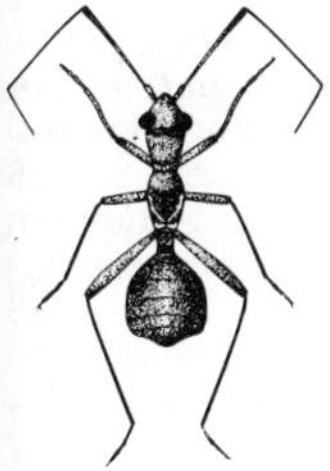
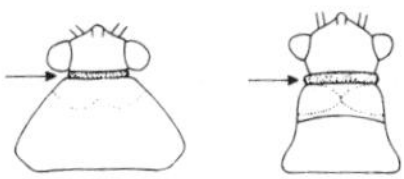
a 36 b
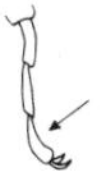
38

39

34

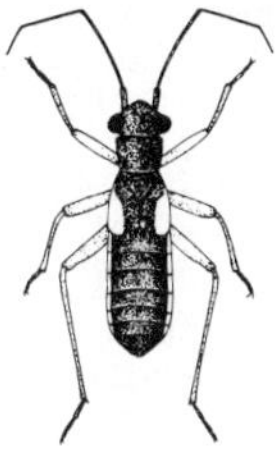
35

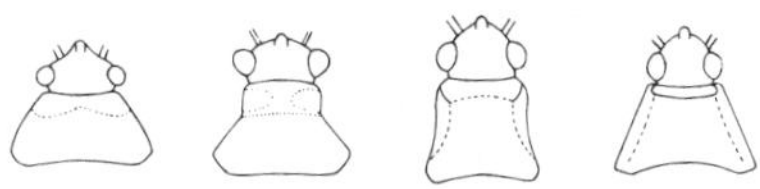
a b 37 c d

40
a b

— Körper unbehaart od. mit gleichmäßiger feiner Behaarung . **18**
17. Pronotum u. Corium schwarz, äußerste Spitze des schwarzen Scutellums rot . . . . 2; **Charagochilus** FIEB.
— Entweder Pronotum, Corium u. Scutellum ganz schwarz od. Hinterrand des Pronotums, Teil des Coriums u. Spitze des Scutellums gelbrot . . . . 10; **Polymerus** WESTW.
Häufig **P. (Poeciloscytus) unifasciatus** (F.) (schwarz, gelb, rot; 5–7 mm).
18. Pronotum zwischen Punktgruben mit erhabenen Querrunzeln. Grün 2; **Plesiocoris** FIEB.
P. (= **Lygocoris**) **rugicollis** (FALL.) (6–8 mm), bisweilen schädlich an Apfel.
— Nicht so **19**
19. Scheitel ohne deutlichen Randwulst. Körper mehrfarbig. 4–5 mm **Liocoris tripustulatus** (F.)
— Scheitel gerandet [*40a*] od. wenn in der Mitte nicht gerandet [*40b*], dann Körper grün **20**
20. 3. Glied der Hintertarsen viel länger als 2. 3,5–4,5 mm 2; **Camptozygum** REUT.
— 3. Hintertarsenglied etwa so lang wie 2. . . . frühere **Lygus**-Gruppe
a) 2. Fühlerglied so lang oder kürzer als Kopfbreite. Rötlich mit dunkler Zeichnung. An Salix: 2; **Agnocoris** REUT.
b) 2. Fühlerglied viel länger als Kopfbreite.
1) Behaarung auf Scutellum aufrecht: 8; **Orthops** FIEB., häufig **O. kalmi** (L.) (3,8–4,7 mm) u. **O. campestris** (L.) (3,6–4,7 mm).
2) Behaarung auf Scutellum anliegend. Größere Arten: 14; **Lygus** HAHN, häufig die mehrfarbigen Arten **L. rugulipennis** POPP. (4,6–5,7 mm), **L. pratensis** (L.) (5,8–7,3 mm) u. die grüne **L. (= Lygocoris) pabulinus** (L.) 5,1–6,6 mm).
21. Seiten des Pronotums scharfkantig. Scheitel mit tiefer Längsfurche. Rotbraun mit kleinen dunklen Punkten. 8,5–10 mm **Pantilius tunicatus** (F.)
— Die 3 genannten Merkmale nicht gleichzeitig vorhanden . . **22**
22. Scheitel neben den Augen mit Randwulst, in der Mitte ungerandet. Grün mit meist rötlicher Tönung. 4–6 mm . 3; **Dichrooscytus** FIEB.
— Scheitel ganz ungerandet **23**
23. Gelbbraun mit dunklerem Mittellängsstreifen. Pronotumseiten zum Teil kantig. 9–11 mm . . . . . . **Miridius quadrivirgatus** (COSTA)
— Anders gefärbt **24**
24. Grün-gelborange. Pronotum mit 2 großen schwarzen Flecken (nicht 2 kleine Punkte wie bei Nr. **28**). Meist dunkle Längsbänder auf dem Corium. 5,5–7 mm . . . . **Stenotus binotatus** (F.)
— Anders gefärbt **25**
25. Pronotum schwarz mit hellem Mittelfleck. Corium u. Scutellum schwarz mit gelben Längsstreifen. 9–12 mm . . **Miris striatus** (L.)
— Anders gefärbt **26**
26. Pronotum dunkelbraun mit gelbem Halsring u. 3 gelben Längsbinden hinter dem Wulst. 6,5–8 mm . . . **Hadrodemus m-flavum** (GOEZE)
— Anders gefärbt **27**
27. 1. Fühlerglied länger als Pronotum in Längsrichtung, mit langen Borsten. Fühler u. Beine auffällig lang . . . . . 20; **Phytocoris** FALL.
Zum Teil räuberisch. Häufig z. B. **P. tiliae** (F.) (6–7 mm), **P. ulmi** (L.) (6,4–8 mm).
— 1. Fühlerglied kürzer als Pronotum, meist mit kurzen Borsten **28**
28. Halsring breiter als Grund des 2. Fühlerglieds . 12; **Calocoris** FIEB.

C. norvegicus (GMEL.) (grün mit 2 kleinen schwarzen Punkten auf Pronotum; 6–8 mm); **C. roseomaculatus** (DE GEER) (grün mit roten Flecken; 6,5–8 mm); **C. sexguttatus** (F.) (schwarz u. gelb gefleckt; 6,6–8,3 mm); **C. striatellus** (F.) (= **quadripunctatus** (VILL.)) (gelbbraun, Corium mit dunklen Linien; 7–8,4 mm).

— Halsring schmaler als Grund des 2. Fühlerglieds **29**

29. Größere Zelle auf der Membran an der Spitze breit gerundet. 6,5–8 mm . . . . 2; **Megacoelum** FIEB.

— Größere Zelle an der Spitze fast eckig . . . 7; **Adelphocoris** REUT.

A. lineolatus (GOEZE) (grün mit hellen Haaren; 7,5–9,5 mm), schädlich an Luzerne.

30. 1. Glied der Hintertarsen so lang wie 2 + 3 zusammen. Körper langgestreckt . . . . **Mirinae, Stenodemini 31**

— 1. Glied der Hintertarsen viel kürzer als 2 + 3. Körpergestalt verschieden . . . . **Orthotylinae** u. **Phylinae 36**

31. Augen berühren Pronotum **32**

— Augen vom Vorderrand des Pronotums entfernt **35**

32. Scutellum punktiert . . . . 7; **Stenodema** LAP.

Häufig **S. laevigatum** (L.) (7,8–9 mm); ähnlich, aber Hinterschenkel mit 2 Zähnchen: **S. calcaratum** (FALL.) (6,7–8 mm).

— Scutellum nicht punktiert, höchstens gerunzelt **33**

33. Scheitel (zwischen Augen) nur mit Quereindruck 2; **Acetropis** FIEB.

A. carinata (HERR.-SCHÄFF.) (Pronotum mit halsartigem Querwulst [*37d*]).

— Scheitel mit Mittellängsfurche **34**

34. Hintertibien lang behaart, ohne Dornen. Scutellum mit Runzeln 2; **Notostira** FIEB.

N. elongata (GEOFFR.) (6–8,7 mm), in der Ebene; **N. erratica** (L.) (6,3–9 mm), im Mittel- u. Hochgebirge.

— Tibien nur kurz behaart, aber mit feinen Dornen

a) Fühler länger als der Körper: **Megaloceraea recticornis** (GEOFFR.) (8–10 mm).

b) Fühler höchstens körperlang: 4; **Trigonotylus** FIEB. (4–7 mm).

35. 1. Fühlerglied zur Spitze verjüngt. Körper höchstens 6 mm 4; **Teratocoris** FIEB.

— 1. Fühlerglied zylindrisch, nur am Grunde verengt. Körper über 6,5 mm . . . . 2; **Leptopterna** FIEB.

L. dolobrata (L.) (langbehaart); **L. ferrugata** (FALL.) (kurzbehaart).

36. Vorderflügel ohne helle Zeichnung, nur mit schmalen Querbinden aus silberweißen Schuppenhaaren **42**

— Anders **37**

37. 1. u. 2. Fühlerglied stark verdickt u. lang behaart, das 2. außerdem abgeflacht. 4,5–5,5 mm . . . . . . **Heterotoma merioptera** (SCOP.)

— Fühler anders. Wenn 1. u. 2. Fühlerglied verdickt, dann nicht abgeflacht **38**

38. Flügel schwarz mit großen gelben Flecken **39**

— Flügel anders gefärbt, höchstens braun mit gelben Flecken . **40**

39. Kopf u. Pronotum schwarz mit Ausnahme eines schmalen gelben Hinterrandes des Scheitels. 6–6,6 mm **Dryophilocoris flavoquadrimaculatus** (DE GEER)

— Kopf u. Pronotum ganz schwarz, höchstens silbrige Schuppenhaare auf letzterem . . . . 4; **Globiceps** LEPELETIER ET SERV.

Häufig **G. flavomaculatus** (F.) (6–6,7 mm) u. **G. cruciatus** REUT. (5,2–5,6 mm).

40. Schwarz od. vorwiegend schwarz bzw. dunkel gefärbt . . . **41**

— Anders gefärbt, mit nur wenig Schwarz **50**

41. Hinterschenkel stark verdickt. Körper gestaucht. Beine wenigstens partiell hell, sonst Körper schwarz (höchstens Kopf u. Pronotum braun). Fühler weit über körperlang, gleichmäßig dünn mit hellem 1. u. 2. Glied. 2–3,7 mm . . . . 5; **Halticus** HAHN
— Anders bzw. andere Merkmalskombinationen **43**
42. Pronotum mit 2 zapfenartigen Schwielen. 5–6 mm
Globiceps sphegiformis (ROSSI)
— Pronotum ohne solche Schwielen. 3–5 mm . 5; **Pilophorus** WESTW.
43. Fühlerglied 1 u. 2 dicker als 3 u. 4 . . . . **44**
— Fühlerglieder etwa gleich dick **47**
44. 2. Fühlerglied am Ende stark keulenförmig verdickt. Oberseite des Körpers mit feinen grauen Schuppenhaaren. 4–5 mm
Heterocordylus tumidicornis (HERR.-SCHÄFF.)
— 2. Fühlerglied zylindrisch od. nur allmählich zum Ende verdickt. Behaarung anders **45**
45. Oberseite mit hellen Schuppenhaaren u. schwarzen abstehenden Borstenhaaren
a) 2. Fühlerglied zylindrisch od. spindelförmig: 4; **Atractotomus** FIEB. (3–4 mm).
b) 2. Fühlerglied allmählich, aber deutlich dicker werdend: 6; **Orthocephalus** FIEB. (Fühler mit abstehenden Haaren u. Borsten; 4–7 mm). Einige Arten von **Psallus** FIEB. (2. Fühlerglied am Ende allmählich, aber wenig dicker werdend; Fühler ± anliegend behaart; 2,8–5 mm).
— Oberseite nur mit Borstenhaaren **46**
46. Schwarz, nur Cuneus u. Membran weiß gefleckt. 5–5,5 mm
Macrotylus quadrilineatus (SCHRANK)
— Haare hell, Beine gelb. Corium der Langflügeligen graugrün. 2,5–3,5 mm . . . . **Mecomma ambulans** (FALL.)
47. Pronotum tief punktiert. Körper 3–4,5 mm
2 Arten von **Strongylocoris** BLANCH.
— Pronotum nicht punktiert, höchstens gerunzelt **48**
48. 1,5–3 mm lang . . . . 4; **Chlamydatus** CURT.
Z. B. **C. pulicarius** (FALL.).
— Über 3 mm **49**
49. Fühler hellgelb. 4,5–5,5 mm (s. auch **57**) . . . . **Phylus coryli** (L.)
— Fühler schwarz. 4–6 mm . . . . 4 Arten von **Heterocordylus** FIEB.
50. 6–8 mm lang **51**
— Bis höchstens 6 mm, meist weniger lang **52**
51. Grün bis gelbgrün. Vorderkörper mit schwarzen Flecken. 6,2–7,7 mm
Oncotylus viridiflavus (GOEZE)
— Braun u. schwarzbraun mit heller Mittellinie über Vorderkörper. 6–6,8 mm . . . . **Harpocera thoracia** (FALL.)
— Schwarz u. gelb, Flügel rotbraun mit gelben Flecken. 6–8 mm
Cyllecoris histrionicus (L.)
52. Augen um Länge ihres Durchmessers vom Pronotum entfernt. Gelbgrün. 3,8–4,2 mm. Auf Obstbäumen **Malacocoris chlorizans** (PANZ.)
— Augen dichter am Vorderrand des Pronotums **53**
53. Mindestens einige Dornen der Tibien entspringen aus schwarzen Punkten **54**
— Tibiadornen entspringen nicht aus schwarzen Punkten . . . **57**
54. Oberseite mit hellen Schuppenhaaren zwischen abstehenden dunklen Borstenhaaren. 2,8–5 mm . . . viele Arten von **Psallus** FIEB.

— Oberseite nicht mit derart doppelter Behaarung **55**

55. Gelbgrün mit schwarzen Haaren. 4,5–5,3 mm **Oncotylus punctipes** REUT.

— Anders **56**

56. Kopf kurz, von vorn gesehen breiter als hoch 2; **Campylomma** REUT.
Häufig **C. verbasci** (MEYER-DÜR) (gelbgrün/graugrün; 2,5 mm), auf Obstbäumen.

— Kopf von vorn gesehen mindestens so hoch wie breit
Mehrere Gattungen, häufig 8; **Plagiognathus** FIEB. mit **P. arbustorum** (F.) (3–4,5 mm).

57. Langgestreckt mit parallelen Seiten. Fühlerglied 2 so lang wie Glied 3 u. 4 zusammen . . . . 4; **Phylus** HAHN
P. melanocephalus (L.) (rotgelb mit schwarzem Kopf u. teilweise schwarzer Flügelmembran; 4,5–6 mm); **P. coryli** (L.) (ähnlich, aber ganz rotbraun, Flügel mit schwarzer Membran; 4,4–5,3 mm).

— Anders **58**

58. Grün; Knie schwarz, 1. Fühlerglied mit schwarzen Ringen. 5–6 mm. Auf Obstbäumen . . . . . . **Blepharidopterus angulatus** (FALL.)

— Anders. Weitere schwer bestimmbare Gattungen mit meist grünen bis gelben Arten unter 6 mm
Z. B. 18; **Orthotylus** FIEB. mit **O. flavosparsus** (SAHLB.) u. 3; **Megalocoleus** REUT. mit **M. pilosus** (SCHRANK) u. **M. molliculus** (FALL.).

Familie: **Anthocoridae,** Blumenwanzen

Räuber, Nahrung häufig Blattläuse.

1. 3. u. 4. Fühlerglied viel dünner als 1. u. 2. . . . . **2**

— 3. u. 4. Fühlerglied nicht dünner als 1. u. 2. . . . . **3**

2. Über 3 mm lang. In Nestern u. Ställen . **Lyctocoris campestris** (F.)

— Höchstens 3 mm . . 5; **Xylocoris** DUF. u. einige seltene Gattungen

3. Pronotum vorn ohne ringförmige Abschnürung . . 8; **Orius** WOLFF
Häufig **O. majusculus** (REUT.) (3 mm) u. **O. minutus** (L.) (2–2,5 mm).

— Pronotum vorn halsartig abgeschnürt
11; **Anthocoris** FALL. u. 5 weitere Gattungen
Häufig **A. nemorum** (L.) [*29*] (3,5–4,5 mm).

Familie: **Reduviidae,** Raubwanzen

Räuber. Können zum Teil den Menschen stechen.

1. Zart, mückenähnlich [*24*]. Fühler u. Schenkel dunkel u. hell geringelt 3; **Empicoris** WOLFF
E. vagabundus (L.) (6–7 mm); **E. culiciformis** (DE GEER) (4–5 mm).

— Habitus anders, robust. Mindestens 9 mm **2**

2. 1. Fühlerglied viel kürzer als 2. . . . . **3**

— 1. Fühlerglied länger als 2. . . . . **4**

3. Körper 15–18 mm lang, 4–6 mm breit. Lang behaart **Reduvius personatus** (L.)

— Körper 12–15 mm lang, 3 mm breit. Vor den Vorderhüften mit je 1 Dorn . . . . **Pygolampis bidentata** (GOEZE)

4. Braun u. schwarz. 9–12 mm . . . **Coranus subapterus** (DE GEER)

— Schwarz u. rot. 12–17 mm [*23*] . . . . 3; **Rhinocoris** HAHN

Familie: **Saldidae,** Springwanzen

Meist an Gewässerufern. Mit Sprungvermögen. Räuber.

1. Seitenrand des Pronotums fast od. ganz gelbbraun 2
— Seitenrand des Pronotums fast od. ganz schwarz 3
2. Membran mit 5 Zellen. 4,5–6 mm . . **Chiloxanthus pilosus** (FALL.)
— Membran mit 4 Zellen. Höchstens 4 mm **Halosalda lateralis** (FALL.)
3. Bis 2,7 mm lang . . . . 2; **Micracanthia** REUT.
— Mindestens 3 mm lang 4
4. Schmaler Querwulst auf Pronotum erreicht Seitenrand 3; **Chartoscirta** STÅL
— Der breitere Querwulst im Pronotum nicht bis zum Seitenrand reichend 5
5. Innerste Membranzelle ragt fast zur Hälfte über die Basis ihrer Nachbarzellen in das Corium . . . . 3; **Salda** F.
Z. B. **S. litoralis** (L.) (6–7 mm).
— Innerste Membranzelle nicht od. höchstens ⅓ ihrer Länge über Basis der Nachbarzelle in das Corium verlängert [*30*] 15; **Saldula** VAN DUZEE
Häufig **S. saltatoria** (L.) (schwarz u. gelb gefleckt; 3,5–4,5 mm).

Familie: **Berytidae (Neididae),** Stelzenwanzen

Pflanzensauger, manche Arten haben außerdem tierische Kost.

1. Mittellängsschwiele des Pronotums nach hinten zu fast messerartig erhaben. Scutellum mit Fortsatz 2
— Mittellängsschwiele in ganzer Länge gleichmäßig leistenartig. Scutellum ohne Fortsatz 3
2. Scutellum mit langem erhabenem Dorn. Unter 5 mm 2; **Gampsocoris** FUSS
— Scutellum mit kurzem stumpfem Dorn. 9–10 mm **Metatropis rufescens** (HERR.-SCHÄFF.)
3. Hinterschenkel erreicht fast Ende des Hinterleibs. Fühler über ⅔ der Körperlänge. 9–11 mm . . . . **Neides tipularius** (L.)
— Hinterschenkel viel kürzer als Ende des Hinterleibs. Fühler höchstens ⅔ der Körperlänge [*22*] . . . . 7; **Berytinus** KIRKALDY
Z. B. **B. minor** (HERR.-SCHÄFF.) (4–6 mm).

Familie: **Lygaeidae,** Langwanzen

Meiste Arten am Boden lebend, gute Läufer. Meist Pflanzensauger, teils Räuber.

1. Glänzend schwarz, nur Corium rotbraun. 5–5,5 mm **Pterotmetus staphyliniformis** (SCHILL.)
— Anders gefärbt 2
2. Schwarz mit braunrotem Fleck an Basis der Membran. 7–8 mm **Aphanus rolandri** (L.)
— Anders gefärbt 3
3. Mit roter u. schwarzer Zeichnung . . . . . . **Lygaeinae** 4
— Nur mit schwarzer, brauner od. grauer Färbung 5
4. Kopf ganz schwarz. Körper höchstens 8 mm lang 5
— Kopf mindestens mit kleinem rotem Fleck. 9–12 mm lang . . 6

5. Augen berühren Vorderrand des Pronotums 2; **Melanocoryphus** STÅL
— Augen vom Vorderrand des Pronotums entfernt . 2; **Arocatus** SPIN.
6. Kopf am Rand des Pronotums mit kleinem rotem Fleck. 9–10 mm **Tropidothorax leucopterus** (GOEZE)
— Mit großem rotem Mittelfleck am Kopf, bis weit über Augen nach vorn reichend . . . . 2; **Lygaeus** F.
L. saxatilis (SCOP.) (Pronotum schwarz mit 3 roten Längsstreifen; 10–11 mm); **L. equestris** (L.) [*44*] (Pronotum rot, am Vorder- u. Hinterrand schwarz gefleckt; 10–12 mm).
7. Augen auf kurzen seitlichen Auswüchsen des Kopfes. 5–6 mm. Halophil . . . . **(Henestarinae) Henestaris halophilus** (BURM.)
— Augen nicht derartig gestielt **8**
8. Augen sehr groß, fast ganze Kopfseite einnehmend **(Geocorinae)** 3; **Geocoris** FALL.
G. grylloides (L.) [*45*] (Ränder von Pronotum u. Corium gelb; 4–5 mm).
— Augen nicht derartig vergrößert **9**
9. Scutellum mit V-förmigen erhabenen hellen Schwielen **Artheneinae**
Chilacis typhae (PER.) (4–5 mm) u. **Holocranum saturejae** (KOL.) (3 mm).
— Scutellum ohne helle Längsschwielen **10**
10. Scutellum kurz, höchstens halb so lang wie Berührungslinie der Halbdecken. Letztes Fühlerglied keulig verdickt, schwarz **(Cyminae)** 4; **Cymus** HAHN
Häufig **C. glandicolor** HAHN (3,5–5 mm).
— Scutellum so lang od. länger als Berührungslinie der rechten u. linken Flügeldecke. Fühler verschiedenartig **11**
11. Trennungslinien der Segmente auf der Unterseite des Hinterleibs (Sternite) verlaufen alle gerade zum Seitenrand **12**
— Trennungslinien zwischen 3. u. 4. Sternit am Ende stark bogig nach vorn gezogen, ohne Seitenrand zu erreichen (schon bei seitlicher Betrachtung zu sehen!) . . . . **Rhyparochrominae** **19**
Hierzu auch Nr. **1** u. **2**.
12. Corium auf ganzer Fläche mit tiefen Punktgruben **Heterogastrinae**
Pronotum schwach eingebuchtet, fast gerade: **Platyplax salviae** (SCHILL.) (5,5 mm). Pronotum seitlich stark eingebuchtet: 4; **Heterogaster** SCHILL., häufig **H. urticae** (F.) (lang abstehend behaart; 6–7 mm).
— Corium nicht, undeutlich od. nicht ganzflächig punktiert . . . **13**
13. Pronotum mit schmaler, gebogener, unpunktierter Querrille weitere **Lygaeinae** **14**
— Pronotum ohne solcher Querrille **15**
14. Schenkel einfarbig hellbraun. Halbflügel mit einigen deutlichen Punktreihen. 5–6 mm **Kleidocerys** (= **Ischnorhynchus**) **resedae** (PANZ.)
— Schenkel braun mit dunklen Flecken. Halbdecken ohne deutliche Punktreihen
Nithecus jacobeae (SCHILL.) (Halbdecken meist verkürzt; 4–6 mm). Halbdecken nicht verkürzt: **Ortholomus punctipennis** (HERR.-SCHÄFF.) (stark aufrecht behaart; 4,5–6 mm); 5; **Nysius** DALL. (schwach anliegend behaart), häufig **N. thymi** (WOLFF) [*46*] (3,5–4,5 mm).
15. Länge 4,5–5,5 mm. Schmal, mit fast parallelen Seiten. Stirnschild (Clypeus) nicht besonders groß . . . . **Blissinae**
Ischnodemus sabuleti (FALL.) (Fühler länger als Kopf + Pronotum; 4,4–5,6 mm) u. **Dimorphopterus spinolai** (SIGN.) (Fühler nicht länger als Kopf + Pronotum; 4,5–5 mm).
— 2–4 mm. Körper meist etwas gerundet. Clypeus auffallend groß **Oxycareninae** **16**
16. Vorderschenkel ohne od. nur mit winzigem Dorn 2; **Camptotelus** FIEB.

— Vorderschenkel mit 2 od. mehr deutlichen Dornen **17**
17. Zwischen Augen u. Fühlern etwas nach außen gerichtete Fortsätze (Fühlerhöcker) . . . . 2; **Metopoplax** FIEB.
— Ohne auffällige Fühlerhöcker **18**
18. Oberseits mit kräftigen Haaren (besonders auf Pronotum). Kopfspitze vom 1. Fühlerglied weit überragt . . **Macroplax preyssleri** (FIEB.)
— Kaum od. nicht behaart, Kopfspitze vom 1. Fühlerglied nur knapp überragt . . . . **Oxycarenus modestus** (FALL.)
19. Pronotum hinter der Mitte tief eingeschnürt [*41*] **20**
— Pronotum hinter der Mitte nur mit Querfurche od. auch ohne diese **21**
20. 2. Fühlerglied doppelt so lang wie 1. 5–6 mm
Ligyrocoris silvestris (L.)
— 2. Fühlerglied nicht 2mal so lang wie 1. 4,2–6 mm
2; **Pachybrachius** HAHN
21. Ganzer Seitenrand des Pronotums lamellenartig flach [*42a, 42b*] **22**
— Seitenrand des Pronotums nicht [*43a*] oder nicht ganz bis zum Ende lamellenartig [*43b, c*] **28**

41 a 42 b a b 43 c

22. Einfarbig schwarz. 7–8 mm . . . . . . **Aellopus atratus** (GOEZE)
— Braun u. schwarz gefleckt **23**
23. Flacher Seitenrand des Pronotums deutlich u. dicht punktiert **24**
— Seitenrand des Pronotums nicht od. sehr schwach punktiert . **25**
24. Vorderrand des Pronotums über seine ganze Breite bogig ausgerandet, Vorderecken die Augen umschließend. 5–7 mm
3; **Emblethis** FIEB.
— Vorderrand des Pronotums gerade; nur Ecken vorgezogen, ohne Augen zu umschließen. 5–5,5 mm
Gonianotus marginepunctatus (WOLFF)
25. Fühlerglied 2 u. 3 mit vielen borstenartig abstehenden Haaren. Kopf breiter als lang **26**
— Fühlerglied 2 u. 3 kahl oder kurz anliegend behaart, nur einzelne lange Haare an den Spitzen. Kopf mindestens so lang wie breit **27**
26. Pronotum seitlich mit langen Haaren. 4–5,5 mm
Sphragisticus nebulosus (FALL.)
— Ränder des Pronotums ohne lange Haare . 5; **Trapezonotus** FIEB.
Häufig **T. arenarius** (L.) [*47*] (4,5–5 mm).
27. Kopf mit Augen breiter als Vorderrand des Pronotums. 7 mm
Beosus maritimus (SCOP.)
— Kopf mit Augen nicht breiter als Vorderrand des Pronotums.
8; **Rhyparochromus** HAHN
R. lynceus (F.) (Scutellum nahe der Spitze mit 2 keilförmigen hellen Flecken; 7–8 mm); **R. pini** (L.) (Scutellum schwarz, Pronotum schmal hell gesäumt; 7–8 mm).
28. Vorderschenkel mit Dornen **29**

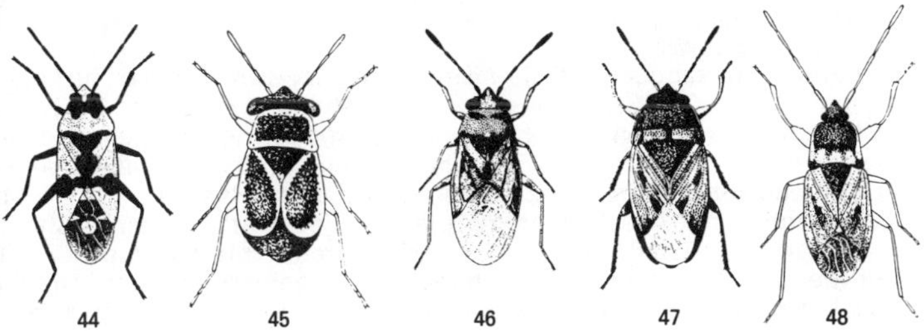

44 45 46 47 48

— Vorderschenkel ohne Dornen **37**

29. Körper breit eiförmig, stark abgeflacht. 7–7,5 mm lang, 3 mm breit 2; **Gastrodes** Westw.

Häufig **G. grossipes** (De Geer), gern an Kiefer.

— Kleiner oder wenn ebenso lang, dann nicht eiförmig, sondern langgestreckt u. etwa 2 mm breit **30**

30. Kopf hinter Augen verengt, Augen vom Pronotum etwa um ihren Durchmesser entfernt . . . . 4; **Taphropeltus** Stål

— Kopf nicht verengt. Augen berühren Pronotum fast od. ganz . **31**

31. Am stark verdickten Vorderschenkel unterseits nur eine Reihe feiner Dörnchen. Etwa 2,5 mm . . . **Tropistethus holosericeus** (Scholtz)

— Mit 1 od. mehreren, oft verschieden großen Dornen am Vorderschenkel **32**

32. Seitenränder des Pronotums nach vorn fast gerade od. nur schwach verjüngt. Querfurche im Pronotum kaum erkennbar. 1,5–3,3 mm 2; **Plinthisus** Fieb.

— Pronotum nach vorn stark verjüngt; oder wenn wenig verjüngt, dann tiefe Querfurche, die Vorder- u. Hinterabschnitt trennt . . . **33**

33. Ganzes Pronotum dicht u. kräftig punktiert . . . . 6; **Drymus** Fieb.

— Vorderabschnitt des Pronotums im ganzen schwächer u. weitläufiger punktiert als Hinterabschnitt **34**

34. Vorderabschnitt des Pronotums schwarz. Hinterabschnitt braun **35**

— Ganzes Pronotum schwarz. 4–6 mm . . . . 5; **Megalonotus** Fieb.

35. Fühlerglied 1 überragt Kopf mit mehr als Hälfte seiner Länge 4; **Eremocoris** Fieb.

Häufig **E. abietis** (L.) [*48*] (7–7,5 mm).

— Fühlerglied 1 überragt Kopf mit weniger als halber Länge . . **36**

36. Pronotum vom Hinterrand an nach vorn gleichmäßig verjüngt [*31*] 6; **Peritrechus** Fieb.

Häufig **P. lundi** (Gmel.) (4,5–5 mm).

— Pronotum wenigstens teilweise mit geradem Seitenrand 8; **Scolopostethus** Fieb.

Häufig **S. affinis** (Schill.) (3–4 mm).

37. Seiten von Kopf, Pronotum, Corium u. Vordertibien mit langen, geraden, aufrechten Borstenhaaren. 2–3 mm . . 2; **Pionosomus** Fieb.

— Nicht mit derartigen Borstenhaaren **38**

38. Pronotum gleichmäßig dicht u. tief punktiert **39**

— Pronotum in Vorder- u. Hinterabschnitt verschiedenartig punktiert **40**

39. Oberseite sehr kurz behaart. 3,5–4 mm . . . . 2; **Acompus** FIEB.
Häufig **A. rufipes** (WOLFF).
— Oberseite mit langer deutlicher Behaarung od. wenn Behaarung kurz, dann Tier nur 2,5–3 mm lang . . . 4; **Stygnocoris** DOUGL. ET SCOTT
40. Oberseite mit langen abstehenden, nach rückwärts gebogenen Haaren. 4 mm . . . . **Lasiosomus enervis** (HERR.-SCHÄFF.)
— Oberseite kahl od. mit ganz kurzen anliegenden Haaren . . **41**
41. Vorderabschnitt des Pronotums glänzend schwarz, Hinterabschnitt matt, grau. 3–4 mm . . . . . . **Macrodema micropterum** (CURT.)
— Vorderabschnitt schwarz, Hinterabschnitt gelbbraun, kein Unterschied zwischen beiden im Glanz. 2,2–2,8 mm 3; **Ischnocoris** FIEB.

Coreoidea, Randwanzen, Lederwanzen

Pflanzensauger, vor allem an Samen u. Früchten. Die frühere Familie **Coreidae** jetzt in 5 Familien geteilt: **Rhopalidae** (Ziffer **1–6**), **Stenocephalidae (7), Coreidae (8–12), Alydidae (13), Arenocoridae (14–16).**

1. Corium u. Pronotum rot u. schwarz gefleckt. 9–10 mm **Corizus hyoscyami** (L.)
— Anders gefärbt **2**
2. 14–16 mm lang, nur 1,5 mm breit [*33*] **Chorosoma schillingi** (SCHILL.)
— Habitus nicht stabförmig **3**
3. Grün bis hellbraun, Hinterleib mit dunklem Mittelstreifen. Fühler rötlich. 8–9 mm lang, 2,5 mm breit [*49*] . **Myrmus miriformis** (FALL.)
— Anders **4**
4. Corium mit glasartig durchsichtigen Stellen **5**
— Corium gleichmäßig dickhäutig **7**
5. Kopfseiten (zwischen Augen u. Fühlern) verlaufen von oben gesehen schräg nach vorn, kein Fühlerhöcker sichtbar. Körper mit langen aufrechten Haaren. 6–7 mm **Brachycarenus** (= **Rhopalus**) **tigrinus** (SCHILL.)
— Kopfseiten gerade, bilden deutlichen Fühlerhöcker **6**
6. Pronotum (u. übriger Körper) mit sehr langen aufgerichteten Haaren 4; **Rhopalus** SCHILL.
Häufig **R. parumpunctatus** SCHILL. [*50*] (6–7 mm).
— Pronotum mit kurzen, vorwiegend nach hinten gerichteten Haaren. 5,5–9 mm . . . . 4; **Stictopleurus** STÅL
7. Letztes Fühlerglied nicht verdickt. Fühler schwarz u. gelb geringelt. 8–14 mm . . . . 3; **Dicranocephalus** HAHN
— Letztes Fühlerglied deutlich verdickt **8**
8. Kopf mit kurzer Mittellängsfurche. Hinterschenkel unbedornt od. falls mit undeutlichen kleinen Zähnchen, dann Tier über 10 mm lang **9**
— Kopf ohne Mittellängsfurche. Hinterschenkel am Ende mit 1 od. mehreren deutlichen Dornen; wenn unbedornt, dann höchstens 7 mm lang **13**
9. Schenkel mit 2 Reihen kleiner Zähnchen. 12–15 mm lang, 6 mm breit [*32*] . . . . **Coreus** (= **Mesocerus**) **marginatus** (L.)
— Schenkel ohne Zähnchen. Habitus anders **10**
10. Saum des Hinterleibs in der Mitte nach außen hin fast rechtwinklig verbreitert. 9–11 mm . . . . **Syromastes rhombeus** (L.)
— Saum verläuft in konvexem Bogen. Körper 10–15 mm lang . **11**

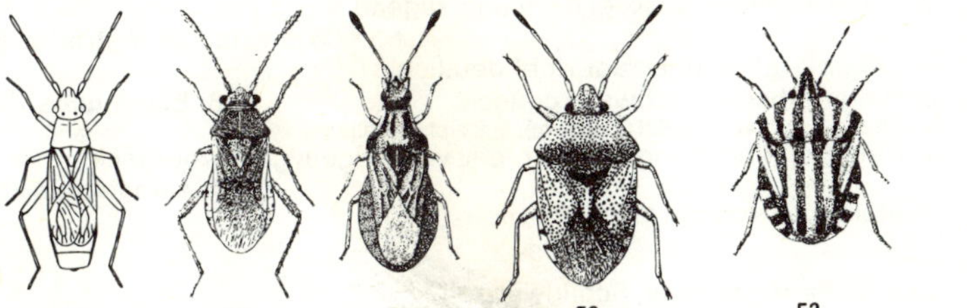

49 50 51 52 53

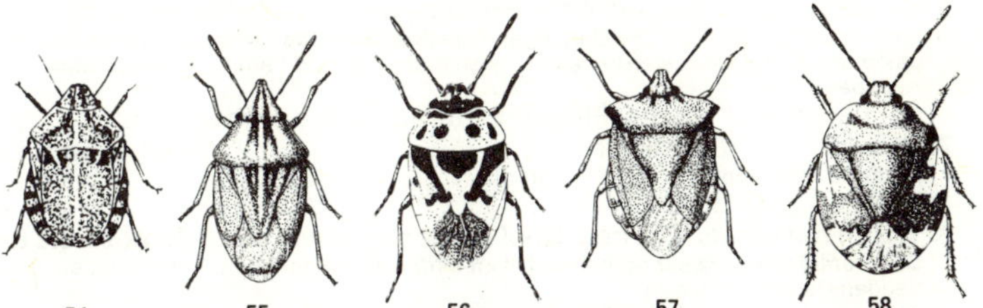

54 55 56 57 58

11. Saum des Hinterleibs mit gelben Flecken. Breite 6 mm **Enoplos** (= **Coreus**) **scapha** (F.)

— Saum ohne deutliche gelbe Flecke. Breite unter 5 mm . . . **12**

12. Saum in der Mitte stark verbreitert . **Haploprocta sulcicornis** (F.)

— Saum schmal . . . . 2; **Gonocerus** LATR.

13. Kopf ± dreieckig, so breit wie Pronotum. 7–12 mm . 2; **Alydus** F.

— Kopf ± viereckig, viel schmaler als Pronotum **14**

14. Hinterschenkel am Ende unbedornt. Tibien mit feiner Längsfurche 2; **Spathocera** STEIN.

Häufig **S. dahlmannii** (SCHILL.) [*51*] (5,5–6,5 mm).

— Hinterschenkel am Ende deutlich bedornt, Tibien ohne Längsfurche **15**

15. 2. Fühlerglied weniger als halb so lang wie 3.

a) 8–9 mm: **Ulmicola spinipes** (FALL.).

b) 6 mm: **Bathysolen nubilus** (FALL.) (Seitenränder des Pronotums gekörnelt). **Arenocoris falleni** (SCHILL.) (Seitenränder des Pronotums mit Zähnen).

— 2. Fühlerglied mehr als halb so lang wie 3. . . . . **16**

16. Seiten des Pronotums ohne Zähne. 9 mm **Nemocoris falleni** SAHLB.

— Seiten des Pronotums gezähnt od. bedornt

3; **Coriomeris** WESTW. (Pronotum am Hinterrand mit 2 nach hinten gerichteten Dornen; 7,5–9,5 mm). 2; **Ceraleptus** COSTA (ohne 2 derartige Dornen am Hinterrand; 10–11,5 mm).

Familie: **Acanthosomatidae,** Stachelwanzen

Pflanzensauger, saugen gern an beerenartigen Früchten.

1. Körper 15–17 mm lang . . . . **Acanthosoma haemorrhoidale** (L.)

— Höchstens 11 mm lang **2**

2. 1. Fühlerglied den Kopf nicht überragend. 9–11 mm **Cyphostethus tristriatus** (F.)
— 1. Fühlerglied überragt Kopf deutlich **3**
3. Hinterleibsrand schwarz gefleckt . . . . . . 3; **Elasmucha** STÅL
Häufig **E. grisea** (L.) [*52*] (7–9 mm), ♀ treibt Brutpflege.
— Hinterleibsrand ungefleckt (meist von Flügeln ganz überdeckt!) 2; **Elasmostethus** FIEB.
Häufig **E. interstinctus** (L.) (9–11 mm).

Familie: **Pentatomidae,** Schildwanzen

Häufig in der Vegetationsschicht. Pflanzensauger, **Amyotinae** räuberisch.
1. Scutellum groß, fast od. ganz bis Ende des Hinterleibs reichend **2**
Mehrere Unterfamilien. Die Gattungen **Odontoscelis, Odontotarsus, Phimodera, Psacasta** und **Eurygaster** werden auch als zu einer eigenen Familie **Scutelleridae** gehörend betrachtet.
— Scutellum viel kürzer, Flügelmembran stets sichtbar **9**
2. Schwarz u. rot gestreift . . . . 2; **Graphosoma** LAP.
Häufig **G. lineatum** (L.) [*53*] (8–11 mm).
— Nicht so gefärbt **3**
3. Tibien mit langen Dornen. Kopf breiter als lang 2; **Odontoscelis** LAP.
O. dorsalis (F.) (kurz silbrig behaart; 4–6 mm) u. **O. fuliginosa** (L.) (mit dunklen, abstehenden Haaren; 6–8 mm)
— Tibien nicht derart bedornt. Kopf so lang od. länger als breit **4**
4. Körper 8,5–11 mm lang **5**
— Höchstens 7,5 mm lang **7**
5. Scutellum nach hinten fast dreieckig verschmälert. 9–11 mm **Odontotarsus purpureolineatus** (ROSSI)
— Scutellum nach hinten breit gerundet **6**
6. Oberseite durch warzenartige Schwielen hell gefleckt. 10–11 mm **Psacasta exanthematica** (SCOP.)
— Oberseite glatt, nur Basis des Scutellums mit 2 hellen Schwielen 3; **Eurygaster** LAP.
Häufig **E. maura** (L.) [*54*] (8,5–11 mm), schädlich an Getreide.
7. Seitenecken des Pronotums spitz. 6–7,5 mm **Ancyrosoma leucogrammum** GMEL.
— Seitenecken des Pronotums abgerundet **8**
8. Vorderecken des Pronotums mit hammerförmigem Fortsatz. 5–6,5 mm . . . . **Podops inuncta** (F.)
— Pronotum ohne solchen Fortsatz. 5–7,5 mm . 3; **Phimodera** GERM.
9. Rüssel kräftig u. dick, Basalglied nur am Grunde in einer Rinne, die etwa bis zur Mitte der Kopfunterseite reicht (seitlich betrachten!) Räuberische Schildwanzen, **Amyotinae** **10**
— Rüssel dünn, Basalglied in Rinne der ganzen Kopfunterseite Pflanzensaugende Schildwanzen, **Pentatominae** **15**
10. 5–7 mm. Metallisch grün, blau od. lila . . . **Zicrona coerulea** (L.)
— 8–9 mm. Braun, Pronotum mit gelbem Mittelstreif, die sonst dunklen Tibien in der Mitte gelb . . . . . . **Rhacognathus punctatus** (L.)
— 10–14 mm **11**
11. Seitenecken des Pronotums nicht vorstehend. Mit hellem Mittelstreif über Vorderkörper . . . . **Jalla dumosa** (L.)

— Seitenecken des in Mitte eingebuchteten Pronotums vorstehend 12
12. Seitenecken des Pronotums dornartig spitz **Picromerus bidens** (L.)
— Vorstehende Seitenecken gerundet od. ± spitzwinklig . . . **13**
13. Beine rot. Vorderschenkel mit kleinem Dorn **Pinthaeus sanguinipes** (F.)
— Beine braun. Vorderschenkel unbedornt **14**
14. Seitenecken des Pronotums breit gerundet . . **Troilus luridus** (F.)
— Seitenecken des Pronotums ± spitzwinklig . . . **Arma custos** (F.)
15. Außenränder des ovalen Körpers messerartig flach. Kopf zur Spitze bogenförmig gerundet. Nicht bunt. 5–7 mm **16**
— Außenränder nie derart scharf, Körperform verschiedenartig. Wenn unter 8 mm, dann Kopf zur Spitze ± drei- od. rechteckig od. Körper ist bunt **17**
16. Kopf breiter als lang, am Rand mit dichter Borstenreihe. 5–7 mm **Menaccarus arenicola** (SCHOLTZ)
— Kopf mindestens so lang wie breit, ohne Borstenreihe 8; **Sciocoris** FALL.

Häufig nur **S. cursitans** (F.) (5–6 mm).

17. Körper etwa doppelt so lang wie breit, strohfarben mit dunklen Längsstreifen . . . . 3; **Aelia** F.

Häufig **A. acuminata** (L.) [*55*] (8–9 mm), an Getreide.

— Gestalt u. Färbung anders **18**
18. Dunkel metallisch mit weißgelben bzw. roten Flecken oder rot mit schwarzer Zeichnung. 6–9 mm . . . . **Eurydema** LAP.

E. dominulus (SCOP.) (Außenrand des Coriums rot); **E. ornatum** (L.) [*56*] (roter Außenrand hat nur in der Mitte schwarzen Fleck); **E. oleraceum** (L.), Kohlwanze (Außenteil des Coriums weitgehend schwarz bzw. dunkel; Rücken des Hinterleibs schwarz); ferner 1 südl. u. 1 alpine Art (Coriummerkmal wie oleracea, aber Rücken des Hinterleibs rot).

— Färbung anders **19**
19. Höchstens 8 mm lang **20**
— Mindestens 9 mm lang **23**
20. Kopf gleichmäßig nach vorn verschmälert, etwa dreieckig . . **21**
— Kopfseiten ziemlich gerade nach vorn gerichtet, Kopf ± rechteckig **22**
21. Mit hellem Mittelstreif über dem Vorderkörper. 5–6 mm 2; **Neottiglossa** KIRBY

N. pusilla (GMEL.) (Bauch schwarz); **N. leporina** (HERR.-SCHÄFF.) (Bauch gelb mit schwarzen Punkten).

— Kein heller Mittelstreif. Länge mindestens 6,5 mm
Rubiconia intermedia (WOLFF) (braun, dicht schwarz punktiert, kahl).
Staria lunata (HAHN) (olivfarben, dicht behaart).
22. Pronotum mit 2 schwarzen Flecken. 5–6 mm . 2; **Eusarcoris** HAHN

E. fabricii KIRKALDY (Scutellum an Basis mit großem dreieckigem Bronzefleck); **E. aeneus** (SCOP.) (Scutellum ungefleckt).

— Pronotum u. Scutellum ungefleckt. 5,5–6,3 mm **Stagonomus pusillus** (HERR.-SCHÄFF.)
23. Oberseite lang behaart. 10–12 mm . . . **Dolycoris baccarum** (L.)
— Oberseite nicht behaart **24**
24. Pronotumecken lappenartig vorgezogen. Beine u. Spitze des Scutellums rot. 12–16 mm . . . . **Pentatoma rufipes** (L.)
— Pronotum nicht od. ± dreieckig vorgezogen **25**

25. Seitenrand des Hinterleibs abwechselnd hell u. dunkel gefleckt, Körper mit braunen u. grauen Farbtönen **26**
— Seitenrand des Hinterleibs ohne schwarze Flecken. Grundfärbung grün (schlägt im Winter in braun um!) **28**
26. Spitze des Scutellums hell. Fühlerglied 2 kaum länger als 3
2; **Holcostethus** FIEB.
Häufig **H. vernalis** (WOLFF) (9–10 mm).
— Scutellum höchstens allmählich zur Spitze heller werdend, Fühlerglied 2 fast doppelt so lang wie 3 . . . . **27**
27. Fühler schwarz u. gelb geringelt. 14–16 mm
Rhaphigaster nebulosa (PODA)
— Zwei od. drei Fühlerglieder ganz schwarz 5; **Carpocoris** KOL. (s. l.)
Häufig **C. fuscispinus** (BOH.) [*57*] (Pronotumecken spitz ausgezogen; 11–14 mm).
28. Spitze des Scutellums gelblichweiß 2; **Pitedia** REUT. (= **Chlorochroa**)
— Spitze des Scutellums nicht heller gefärbt **29**
29. Olivgrün, Fühler gelbrot. 10–12 mm . . . **Piezodorus lituratus** (F.)
— Grasgrün, Fühlerglied 4 u. 5 dunkler als 1–3. 11–14 mm
2; **Palomena** MULS. ET REY
P. prasina (L.) (2. u. 3. Fühlerglied gleich); **P. viridissima** (PODA) (Fühlerglied 2 länger als 3).

Familie: **Cydnidae,** Erdwanzen

Bodenbewohner, die sich oft einige cm eingraben. Pflanzensauger, an Wurzeln. **Corimelaena** gehört zur Familie **Corimelaenidae.**

1. Scutellum fast bis Hinterleibsende reichend. 3–4 mm
Corimelaena scarabaeoides (L.)
— Scutellum höchstens bis zur Mitte des Hinterleibs reichend . **2**
2. Am Rand des Pronotums od. am Kopf mit langen Haaren od. Dornen **3**
— Ohne derartige Haare od. Dornen am Pronotum od. Kopf . . **5**
3. Körper 8–12 mm lang **Cydnus** (= **Brachypelta**) **aterrimus** (FORST.)
— Körper 3–5 mm lang **4**
4. Kopfrand mit kurzen dicken Dornen . . . . 2; **Aethus** DALL.
— Kopfrand nur mit langen Haaren, ohne Dornen
2; **Geotomus** MULS. ET REY
5. Höchstens 4,5 mm lang, Augen stark hervorquellend **6**
— 6 mm u. länger. Augen treten nicht besonders hervor
7; **Sehirus** AMYOT ET SERVILLE (s. l.)
S. bicolor (L.) [*58*] (Pronotum bis Mitte des Seitenrands mit hellen Flecken).
6. Einfarbig braun bis schwarz. Oberseite matt
Ochetostethus nanus (HERR.-SCHÄFF.)
— Corium meist mit hellem Rand. Oberseite glänzend
2; **Legnotus** SCHIØDTE

Literatur: siehe **Homoptera,** S. 310.

„Homoptera", Gleichflügler, Pflanzensauger

1. Tarsen mindestens an Mittel- u. Hinterbeinen mit 3 Gliedern. Fühler klein, mit dicken Grundgliedern u. dünnen Endgliedern. Meist mit Sprungvermögen. Körpergröße 1,7–38 mm
Auchenorrhyncha (Cicadina), Zikaden S. 285

— Tarsen mit 1 oder 2 Gliedern. Fühler länger, ± gleichartig gegliedert. Beine u. Fühler können fehlen. Manche Arten festsitzend. Freilebende Arten klein . . . . **Sternorrhyncha,** Pflanzenläuse **2**

2. Tarsen 2gliedrig, mit 2 Krallen. Mit 4 Flügeln (diese können fehlen) **3**

— Tarsen 1gliedrig, mit 1 Kralle. ♂ nur mit Vorderflügel, ♀ ohne Flügel
Coccina, Schildläuse S. 308

— Ohne Beine. Ohne Flügel. Körper meist unter Schild verborgen, ohne Segmentgrenzen . . . . ♀♀ einiger **Coccina,** Schildläuse S. 308

3. Körper u. Flügel mit weißem Wachsstaub bedeckt. Flügeladerung reduziert [*59*]. Körper 1–2 mm . . . . . **Aleyrodina,** Mottenläuse
Mit 4 Larvenstadien, Stadien 2–4 festsitzend, puppenähnlich. Nur **Aleyrodidae** mit ca. 15 Arten, z. B. 3; **Aleurochiton** TULLGR. an Ahorn, **Aleyrodes proletella** (L.) [*59*] an Kohl, **Trialeurodes vaporariorum** (WESTW.) in Gewächshäusern.

— Körper ohne Wachsstaub, höchstens mit fädigen Wachsausscheidungen. Flügel durchsichtig u. vieladrig od. fehlend **4**

4. Mit gut entwickelten Flügeln **5**

— Ohne Flügel od. mit Flügelstummeln **6**

5. Beine mit verdickten Schenkeln (Hinterbeine sind Sprungbeine). Habitus [*171*] . . . . **Psyllina,** Blattflöhe S. 310

— Beine ohne verdickte Schenkel, diese wenig dicker als Schienen. (Kein Sprungvermögen). Habitus z. B. [*128b*]
Aphidina, Blattläuse S. 297

6. Mit seitlich abstehenden Flügelstummeln. Schenkel verdickt
Larven der **Psyllina,** Blattflöhe S. 310

— Ohne Flügelstummel. Schenkel unverdickt
Aphidina, Blattläuse S. 297

Auchenorrhyncha (Cicadina), Zikaden

Meist mit Sprungvermögen. Flügel in der Ruhestellung ± dachförmig (bei makropteren Arten), auch verkürzt (brachyptere Arten). Können Töne erzeugen. Pflanzenfresser, Eiablage meist in Pflanzen. Artbestimmung meist nur nach Genitalmerkmalen der ♂♂ möglich. In Deutschland etwa 500 Arten.
Abkürzungen: Vd- = Vorder-, Ht- = Hinter-.

System:
Fulgoromorpha mit **Dictyopharidae, Cixiidae, Delphacidae, Issidae, Tettigometridae; Cidadomorpha** mit **Cicadidae, Cercopidae, Aphrophoridae, Membracidae, Cicadellidae** (= **Jassidae**).

1. Fühler unterhalb der Augen inserierend [*60, 61*]. Mittelhüften lang (etwa so lang wie Vdhüften), meist weit voneinander getrennt
Fulgoromorpha **2**

— Fühler zwischen Augen u. Clypeus inserierend [*62, 63*]. Mittelhüften kurz, dicht beisammen . . . . **Cicadomorpha** **6**

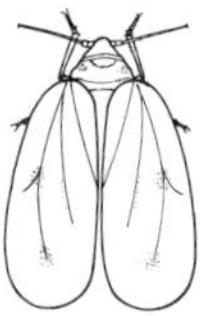
59

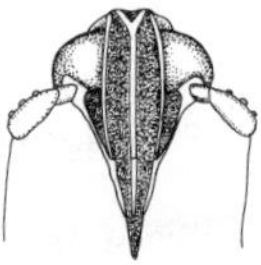
60

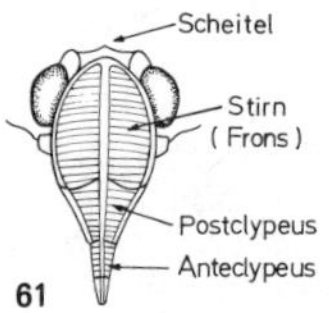

61

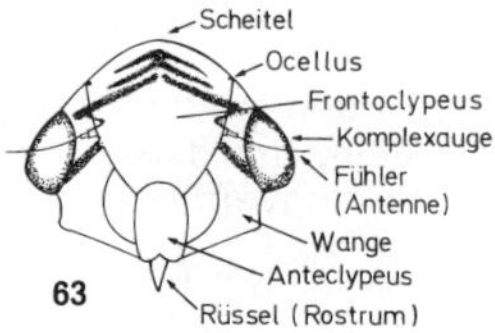

63

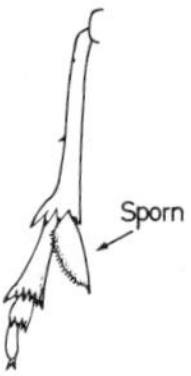

65

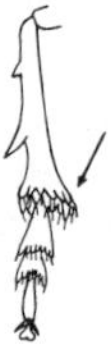
66

67

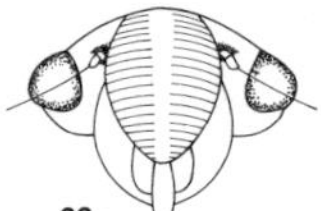
62

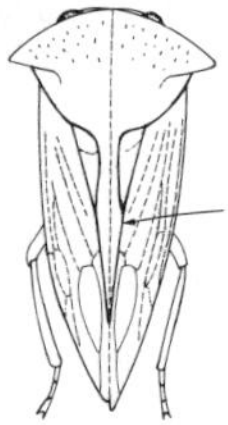
64

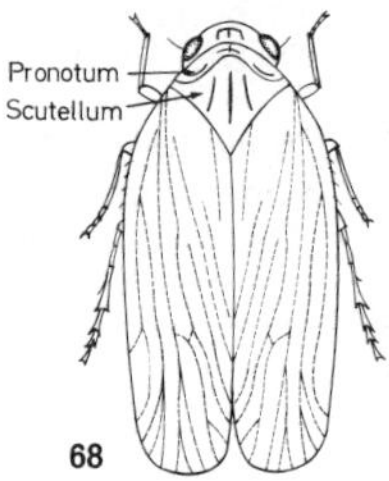

68

2. Httibien am Ende mit blattartigem, beweglichem Sporn [*65*]. Fühler in Einbuchtung der Augen inserierend [*60*] . . . **Delphacidae** S. 287

— Httibien am Ende höchstens mit festem Sporn. Fühler meist vom unteren Augenrand entfernt [*61*] **3**

3. Kopf (Stirn u. Scheitel) nach vorn in kegelförmig zugespitzten Fortsatz vorgezogen. Körper über 9 mm . . **Dictyopharidae** (= **Fulgoridae**)

Nur **Dictyophara** (= **Fulgora**) **europaea** (L.), Europäischer Laternenträger (grün; 9–13 mm). An trockenwarmen Standorten.

— Kopf wenig vorgezogen. Tiere fast immer kleiner **4**

4. Zwischen Stirn u. Wangen keine scharfe Leiste. Htflügel an der Spitze mit einer Einbuchtung . . . . **Tettigometridae**

Larven bei Ameisen. Nur 8; **Tettigometra** Latr. s. l. (käferartig gedrungen; 3–6 mm), selten, z. B. **T. impressopunctata** Duf.

— Stirn von den Wangen durch eine scharfe Leiste getrennt [*61*]. Htflügel an der Spitze nicht eingebuchtet **5**

5. Vdflügel ± hyalin, flach. Pronotum mit deutlichen äußeren Kielen, kurz, am Htrand scharf V-förmig ausgeschnitten [*68*]. Scutellum fast rhombisch . . . . **Cixiidae** S. 287

— Vdflügel ± nicht hyalin, gewölbt. Pronotum länger, etwa ⅓–½ so lang wie Scutellum, Htrand nicht scharf ausgeschnitten, gerade bis bogenförmig. Scutellum dreieckig . . . . **Issidae**

Gedrungen, von käferartigem Aussehen. 2; **Ommatidiotus** Spin. (Körper schmal, mit rotem bis dunklem Längsstreifen auf der Mitte des Vdkörpers), häufig **O. dissimilis** Fall. (3–5 mm), an Eriophorum in Hochmooren. 2; **Issus** F. (Körper in der Mitte verbreitert, ohne Streifen), an Bäumen, häufig **I. coleoptratus** (F.) (6–7 mm), an trockenen Standorten.

6. Über 15 mm. Flügel hyalin. Kopf mit 3 im Dreieck angeordneten Ocellen . . . . Singzikaden, **Cicadidae**

Larven unterirdisch an Wurzeln, mit Grabbeinen, häuten sich zum Adultus in tieferer Vegetationsschicht, dort typische Exuvien. **Tibicen haematodes** (Scop.) (26–38 mm), selten, in Weinbergen im Süden. **Cicadetta montana** (SCOP.) (16–20 mm), auf Trockenrasen.

— Unter 12 mm. Wenn größer **(Ledra),** Flügel nicht hyalin. Kopf ohne od. mit 2 Ocellen **7**

7. Pronotum hinten mit Fortsatz mindestens bis zur Mitte des Hinterleibs [*64*] . . . . Buckelzirpen, **Membracidae**

Centrotus cornutus (L.) [*64*] (Pronotum auf jeder Seite mit hornartigem Fortsatz; schwarzbraun; 8–10 mm), auf Gebüsch und höheren Kräutern. **Gargara genistae** (F.) (Pronotum ohne seitliche Fortsätze; schwarzbraun; 5–6 mm), meist an Ginster. Außerdem im Südwesten (aus USA über Italien eingeschleppt) **Stictocephala (Ceresa) bisonia** KOPP ET YONKE (grün; 9–10 mm).

— Pronotum nicht nach hinten verlängert **8**

8. Httibien im Querschnitt rund, innen ohne, außen mit 1–3 starken unbeweglichen Dornen, an der Spitze verdickt u. mit Dornenkranz [*66*]. Scheitel mit Deckelplatte [*79*]
Schaumzikaden, **Cercopidae** und **Aphrophoridae** S. 289

— Httibien mit Längskielen, innen u. außen mit kammförmig gereihten, beweglichen Dornen (können undeutlich sein), an der Spitze nicht verdickt u. ohne auffallenden Dornenkranz [*67*]. Scheitel ohne derartige Deckelplatte . . . . **Cicadellidae** S. 290

Familie: **Cixiidae**

Glasige Flügel in Ruhe flach ausgebreitet. Larven an Wurzeln. Adulte häufig auf Laubbäumen.

1. Scutellum mit 3 Längskielen [*68*] **2**

— Scutellum mit 5 Längskielen **3**

2. Httibien mit 1–3 seitlichen Dornen

Flügel am Spitzenrand zwischen den Adern mit behaarten Tuberkeln: **Tachycixius pilosus** (OL.) (5–6 mm). Flügel an der Spitze zwischen den Adern ohne Tuberkel: 3; **Cixius** LATR. [*68*], häufig **C. nervosus** (L.) (6–8,5 mm).

— Httibien ohne seitliche Dornen. 5–6 mm. An Weide
Myndus musivus (GERM.)

3. Pronotum dunkel . . . 2; **Pentastiridius** KIRSCHB. (= **Oliarus** STÅL)

Häufig **P. leporinus** (L.) (5–7 mm), in Schilf u. Feuchtwiesen.

— Pronotum gelblich-weiß. 4–6 mm. Selten **Hyalesthes obsoletus** SIGN.

Familie: **Delphacidae** (= **Araeopidae**)

Meiste Arten kommen als makroptere u. brachyptere Formen vor. An Monokotylen, vor allem an Gräsern (Ausnahme: **Ditropis pteridis** an Adlerfarn).

1. Vdbeine blattartig verbreitert . . . . **Asiracinae**

Nur **Asiraca clavicornis** (F.) (um 4 mm), auf Trockenrasen.

— Beine nicht blattartig verbreitert **2**

2. Seitenkiele des Pronotums nach hinten ± divergent, gerade, erreichen Htrand [*69*] **3**

— Seitenkiele des Pronotums bogig nach außen laufend, ohne Htrand zu erreichen [*76, 77*] **5**

3. Stirn zwischen den Komplexaugen am breitesten [*71*] . **Kelisiinae**

Vdflügel lang, mit dunklem Längsstreif. Gesicht jederseits mit 2 schwarzen Flecken. 10; **Kelisia** Fieb. u. 2; **Anakelisia** Wag., z. B. **A. vittipennis** (Sahlb.) (3–4 mm), in Hochmooren.

— Stirn nicht zwischen den Komplexaugen am breitesten [*72*] . **4**

4. Stirn mindestens 2,5mal so lang wie breit, in der unteren Hälfte parallelseitig . . . . **Stenocraninae**

Vdflügel lang, mit dunklem Längsstreif. Nur 4; **Stenocranus** Fieb., häufig **S. minutus** (F.) (5–6 mm), an Knäuelgras (Dactylis).

— Stirn kürzer, in unterer Hälfte am breitesten [*72*] **Criomorphinae** z. T.

Laterale Kiele des Pronotums weniger stark divergierend, Entfernung zwischen ihren Hinterenden etwa so groß wie Mediankiel lang [*69*]: **Megamelus notula** (Germ.) [*69*] (2,5–5 mm), auf Carex. Laterale Kiele des Pronotums stark divergierend, Entfernung zwischen ihren Hinterenden viel größer als Länge des Mediankiels: 2; **Megamelodes** Le Quesne u. 2; **Delphacodes** Fieb., an Gräsern **M. quadrimaculatus** (Sign.) (Flügel bei Brachypteren dunkel, hinten mit je 2 hellen Flecken; 3–5 mm).

5. Scheitel sich nach vorne verengend, deutlich länger als breit [*70*] **Chlorioninae**

♂♂ makropter, ♀♀ brachypter. Grün. Nur 7; **Chloriona** Fieb., an Phragmites, z. B. **Ch. glaucescens** Fieb. (3,5–5 mm).

— Scheitel sich nicht nach vorn verengend, deutlich kürzer (z. B. [*76, 77*]) . . . **Stirominae, Achorotilinae, Delphacinae, Jassidaeinae** u. **Chriomorphinae** (letztere mit vielen Gattungen) **6**

6. 1. Fühlerglied 3mal so lang wie breit [*73*]

2; **Delphax** F. u. 1; **Euides** Fieb., an Phragmites, z. B. **D. crassicornis** (Panz.) [*73*] (1. Fühlerglied abgeflacht; Flügel makropterer Individuen mit dunklem Zickzack-Band; 5–7 mm).

— 1. Fühlerglied kürzer **7**

7. Mediankiel auf der Stirn undeutlich od. fehlend

2; **Eurysa** Fieb. (Clypeus dunkler als Stirn), z. B. **E. lineata** (Perr.) (2,5–4 mm). **Eurysula lurida** (Fieb.) (Clypeus u. Stirn gleichfarbig; 2–4 mm). Außerdem im Süden an trokkenen Stellen **Ditropsis flavipes** (Sign.) (Stirn, Pronotum u. Scutellum fein lederig genarbt; um 3 mm).

— Stirn mit 1 Mediankiel [*75*] **8**

— Stirn mit 2 Mediankielen [*74*]

a) Scheitel von oben gesehen etwa so lang wie breit: **Jassidaeus lugubris** (Sign.) (♂ schwarz, ♀ hell, Abdomen seitlich mit je 3 schwarzen Flecken; 1,7–2,5 mm; kleinste mitteleuropäische Zikade), auf Trockenrasen.

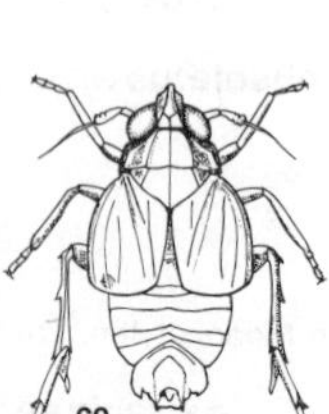
69

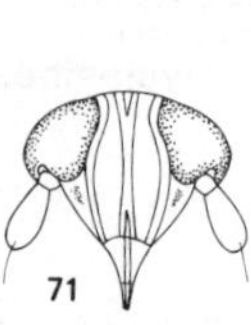
71

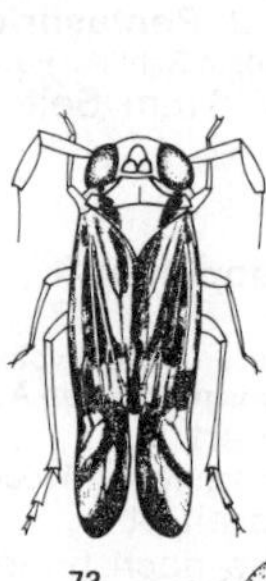
73

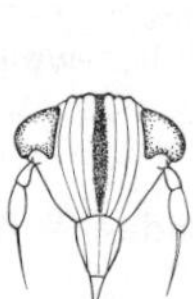
74

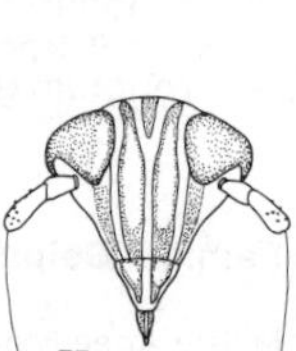
75

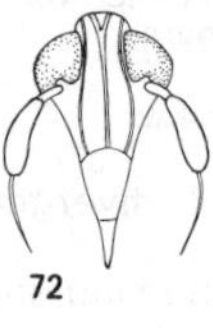
72

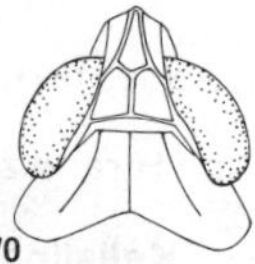
70

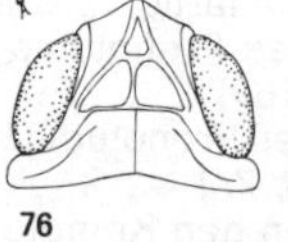
76

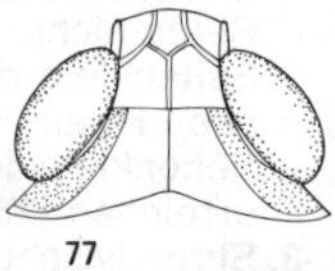
77

b) Scheitel breiter als lang. Kiel der Stirn u. des Scheitels dick, deutlich, ± weiß [*74*]: 4; **Criomorphus** Curt., häufig **C. albomarginatus** Curt. (2,2–4 mm), auf Wiesen. Diese Kiele flach, nicht weiß: **Ditropis pteridis** (Spinola) (Stirn einfarbig hell oder angedunkelt; 3–5 mm), an Adlerfarn. **Eurybregma nigrolineata** Scott (Stirn unten mit 2 dunklen Flecken; Pronotum u. Scutellum gelblich mit dunklen Längsstreifen; 3–5,5 mm), auf Wiesen. 2; **Stiroma** Fieb. (Stirn ähnlich, aber Pronotum u. Scutellum ohne dunkle Streifen), häufig **S. affinis** Fieb. in Wäldern (an Gräsern). – Außerdem im Norden **Achorotile albosignata** (Dahlb.) (Stirn zwischen Median- u. Lateralkielen dicht mit Sinnesgruben besetzt; 2,5–3,5 mm).

8. Mediankiel im oberen Drittel der Stirn gegabelt [*75*]
2; **Dicranopis** Fieb., häufig **D. hamata** (Boh.) (♂ hinten mit zangenförmigen Fortsätzen; 2,7–5 mm), auf Wiesen.

— Mediankiel erst nahe dem Scheitel gegabelt 9

9. Adern der Vdflügel mit Körnelung. Körnchen breiter als Adern
2; **Conomelus** Fieb. (Stirn ± einfarbig hell, unten dunkler; 2. Fühlerglied mit schwachem Kiel an der Basis), häufig **C. anceps** (Germ.) (2,5–3 mm), an Juncus. **Euconomelus lepidus** (Boh.) (Stirn dunkelbraun, mit hellbraunen Flecken; 2. Fühlerglied ohne Kiel; 2–3,5 mm), an Juncus.

— Vdflügel ohne derartige Körnelung 10

10. Scheitel etwa so lang wie breit, etwa 5eckig [*76*]
Delphacinus mesomelas (Boh.) (2–4 mm), auf mehr trockenem Grasland.

— Scheitel meist kürzer, ± rechteckig [*77*] . . . . viele Gattungen
Übersicht über einige typische, ohne Genitaluntersuchung meist nicht eindeutig zu identifizierende Formen:

a) Körper ganz hell: unter anderem 3; **Muellerianella** Wagn. (grau-gelb, Flügel ⅔ des Abdomens bedeckend), z. B. **M. fairmairei** (Perr.) (2–4 mm), an Holcus. 3; **Xanthodelphax** Wagn. (goldgelb; Flügel halblang, hinten abgerundet), z. B. **X. stramineus** (Stål) (2–4 mm), an Seggen.

b) Körper (nicht die Flügel) ± einheitlich dunkel, höchstens Kopfkiele hell u. mit diffus verteilten hellen Stellen: 8; **Javesella** Fenn., sehr häufig **J. pellucida** (F.) (2–5 mm), eurytop, auch auf Kulturfeldern.

c) Körper hell-dunkel gezeichnet: unter anderem **Laodelphax striatellus** (Fall.) (Flügel mit dunklem Keilfleck im Clavus; 2–5 mm), polyphag an Gräsern. **Hyledelphax elegantulus** (Boh.) (Pronotum weiß, Scutellum schwarz, Flügel hellgrau; 2–3 mm), v. a. an Deschampsia flexuosa. **Calligypona reyi** (Fieb.) (Pronotum weiß, Scutellum schwarz, Flügel gelbbraun; 3–4 mm), auf Juncus u. Scirpus. 5; **Ribautodelphax** Wagn. (Körper dunkel, mit heller Mittellinie auf Oberseite), z. B. **R. collinus** (Boh.) (2,5–4 mm), auf Trockenrasen, Binnendünen. 2; **Tyrphodelphax** Vilb. (Pronotum u. Scutellum mit 4 dunklen Längsstreifen), an Eriophorum, z. B. **T. distinctus** (Flor) (2–3 mm).

Familien: **Cercopidae** u. **Aphrophoridae,** Schaumzikaden

Adulte mit derben Flügeldecken, oft ± käferartig. Larven bleich gefärbt, in farblosen Schaumballen (Kuckucksspeichel), die durch Einblasen von Luft in die Kotflüssigkeit entstehen.

1. Vdflügel schwarz mit dunkelroter Zeichnung. Kopf deutlich schmäler als Pronotum [*78*] . . . . **Cercopidae**
Larven gregär, in zähflüssigen Schaumballen unterirdisch an Wurzeln. Nur 4; **Cercopis** F., Blutzikaden, **C. vulnerata** Rossi (= **sanguinea** Fourcroy)) [*78*] (mit roter Binde nahe der Flügelspitze, parallel zu ihr gebogen; 9,5–11 mm), mehr im Gebirge u. auf sauren Böden; **C. sanguinolenta** (Scopoli) (rote Binde weiter von Flügelspitze entfernt, wenig gebogen; 8–10 mm), mehr auf kalkreichen Böden. – Ähnlich 2 weitere Arten. – Hierher auch **Haematoloma dorsatum** (Ahrens) (Unterscheidungsmerkmal: kleiner, 6,5–7,5 mm; dichter behaart; Flügel mit rotem Vorderrand), aus Mittelmeergebiet eingewandert.

— Vdflügel gelb-braun, nicht schwarz u. rot. Kopf so breit od. wenig schmäler als Pronotum [*79–81*] . . . . **Aphrophoridae** 2

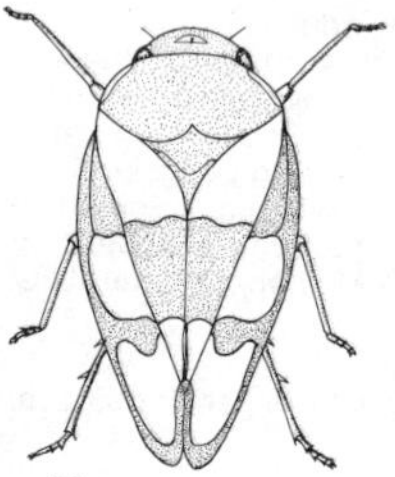
78

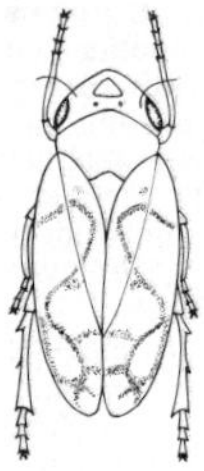
80

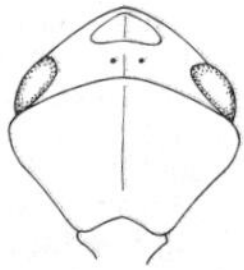
79

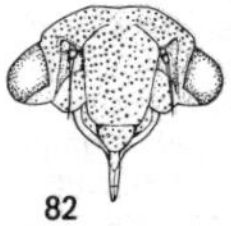
82

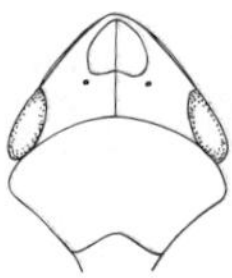
81

2. Vdrand des Pronotums im mittleren Teil ± gerade. Körper breiteiförmig . . . . **Lepyronia coleoptrata** (L.)
Oberseite matt, dicht u. fein behaart. 5,5–7 mm. Auf Grasland.

— Vdrand des Pronotums stumpfwinklig zwischen die Augen vorragend [*79, 81*]. Körper schlanker 3

3. Pronotum u. Scheitel mit deutlichem Mittelkiel [*79*]. Über 6 mm 5; **Aphrophora** Germ.
A. alni (Fall.), Erlenschaumzikade (Vdflügel grob dunkel gefleckt; 8–11 mm), Larven auf Kräutern, Adulte auf Laubhölzern, häufig; **A. corticea** Germ. (Vdflügel fein gefleckt; 6–11 mm), Larven an Blaubeere, Adulte an Nadelhölzern; **A. salicina** (Goeze), Weidenschaumzikade (Flügel einfarbig grünlich-gelb; 9–11 mm), auf Weide.

— Pronotum u. Scheitel ohne Mittelkiel. Unter 6,5 mm 4

4. Körper oval. Scheitel stumpfwinklig. 5–6 mm [*80*] Wiesenschaumzikade, **Philaenus spumarius** (L.)
Mit vielen Zeichnungsvarianten. Sehr häufig an Kräutern, Gräsern u. auf Gebüsch.

— Körper schmal, fast parallelseitig. Scheitel recht- bis spitzwinklig [*81*]. 3,5–7 mm . . . . 6; **Neophilaenus** Haupt

a) Clypeus flach, behaart, matt: **N. campestris** (Fall.) (Vdflügel grobfleckig; 3,5–6 mm), auf Gräsern; **N. lineatus** (L.) (Vdflügel gelblich-braun, mit dunklem Längsstrich; 5–7 mm), auf feuchterem Grasland; **N. minor** (Kirschb.) (ähnlich, aber kleiner: 4–5 mm), auf Gräsern.

b) Clypeus stärker gewölbt, wenig behaart, glänzend: **N. exclamationis** (Thunb.) (Vdflügel dunkelbraun, mit hellem Randstreif; 3,5–5 mm), auf mehr trockenem Grasland; **N. albipennis** (F.) (Vdflügel hell, kräftig dunkel gezeichnet; 4,5–6,5 mm), auf Wiesen. Ähnlich die sehr seltene südliche Art **N. infumatus** (Haupt).

Familie: **Cicadellidae (Jassidae),** Zwergzikaden

1. Oberseite einschließlich der Flügel mit wabenartigen Punktgruben. Gesicht [*82*] . . . . **Ulopinae**
Nur 2; **Ulopa** Fall., häufig **U. reticulata** (F.), an Erica u. Calluna.

— Oberseite höchstens stellenweise mit derartiger Punktierung 2

2. 13–18 mm. Pronotum jederseits mit ohrförmigem Fortsatz. Httibien nach außen blattartig erweitert . . . . **Ledrinae**
Nur **Ledra aurita** (L.), Ohrenzikade, an Waldbäumen, meist Eiche.

— Kleiner. Pronotum ohne ohrförmige Fortsätze. Httibien nicht deutlich verbreitert 3

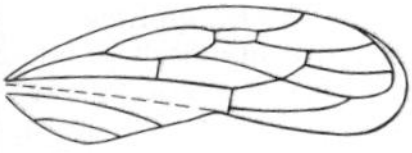

83

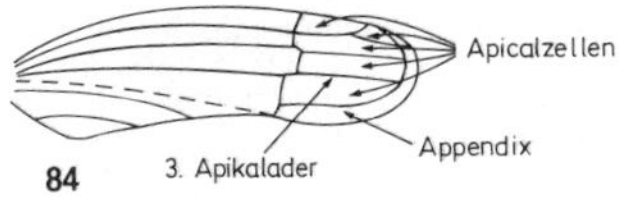

84

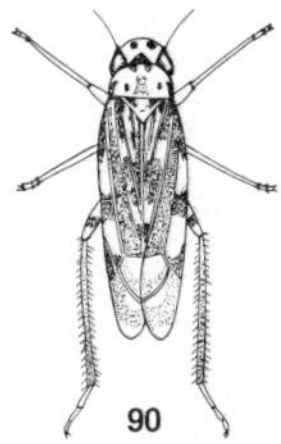

90

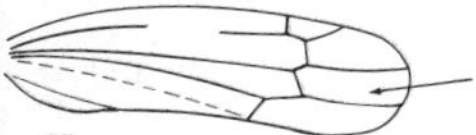

85

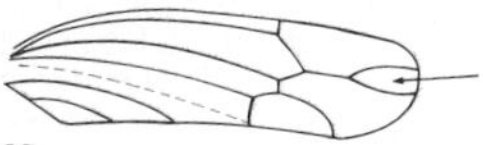

86

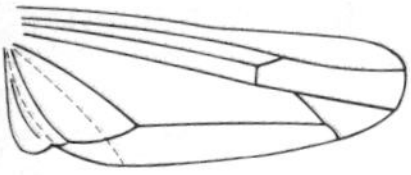

87

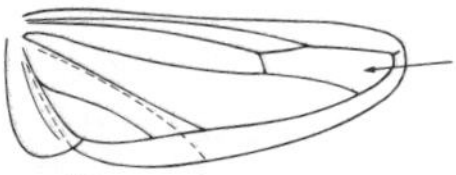

88

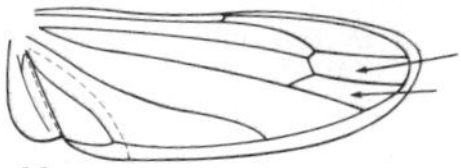

89

3. Makropter. Aderung an der Basis der Vdflügel meist undeutlich. Adern gewöhnlich nur im Spitzen-Drittel des Flügels verzweigt und nur hier Queradern [*84–86*] . . . . **Typhlocybinae** **4**

— Makropter od. brachypter. Wenn Flügel länger als Abdomen, dann Längsadern der Vdflügel von der Basis an deutlich und mindestens eine Verzweigung u. eine Querader in dem basalen ⅔-Teil des Vdflügels (z. B. [*83*]) **8**

4. Vdflügel mit deutlichem „Appendix“ (Apicalmembran) [*84*] 5; **Alebra** Fieb.

Auf Laubbäumen, z. B. **A. wahlbergi** (Boh.) (3,5–4,5 mm).

— Vdflügel ohne Appendix **5**

5. Apicalzellen des Htflügels an der Flügelspitze geschlossen [*88, 89*] **6**

— Apicalzellen des Htflügels an der Spitze offen [*87*] **7**

6. Htflügel nur mit 1 Apicalzelle [*88*]

Meist hell grünlich bis gelblich. An Kräutern u. Bäumen. Wichtig 12; **Kybos** Fieb. u. 4; **Empoasca** Walsh, z. B. **E. vitis** (Göthe) (3–4 mm) u. **E. decipiens** Paoli (3,5–4 mm) an vielen Kulturpflanzen (Rübe, Kartoffel, Obst).

— Htflügel mit zwei od. drei Apicalzellen [*89*]

Meist einfarbig hell. An Kräutern, viele Arten an Carex. Auswahl: **Notus flavipennis** (Zett.) (Vdkörper oben u. basale ⅔ der Vdflügel zitronengelb; 3,5–4 mm), an Carex. 2; **Forcipata** De Long et Caldw. (Vdkörper oben gelb, Vdflügel nur wenig gelb, ± durchsichtig; 3–3,8 mm), an Carex, z. B. **F. citrinella** (Zett.). **Dikraneura variata** Hardy (Vdkörper oben schmutzig-grünlich bis braun, Scheitel mit hellem Mittellängsstreif; 2,8–3,4 mm), in lichten Wäldern. **Erythria aureola** (Fall.) (Vdkörper oben grau, mit dunkler Zeichnung; 2–2,7 mm) an Zwergsträuchern, z. B. Calluna.

7. 3. Apicalader des Vdflügels an der Flügelspitze endend, 2. Apicalzelle viereckig, nie gestielt [*85*]

Vdkörper oben u. Vdflügel einfarbig gelblich: **Alnetoidea alneti** (Dahlb.) (3,6–4,1 mm), auf Laubgehölzen. Übrige Arten vorn mit dunkler od. rötlicher Zeichnung, Körper oft unter 3,6 mm, artenreich 12; **Zygina** Fieb. (einschl. **Flammigeroidea** Dlab.) (Scheitel in der Mitte mit dunklem Längsstrich, oft mit roter Zeichnung), an Laubgehölzen z. B. **Z. flammigera** (Fourcr.), an Hypericum **Z. hyperici** (Herr.-Schäff.), an Calluna **Z. rubrovittata** (Leth.).

— 3. Apicalader des Vdflügels am Flügelhinterrand endend, 2. Apicalzelle dreieckig, meist gestielt [*86*]

An Laubgehölzen. Viele z. T. artenreiche Gattungen. Überwiegend hell gefärbt, ohne auffällige dunkle Zeichnung: u. a. 3; **Fagocyba** Dlab., **F. douglasi** (Edwards) (Vdflügel häufig ± rotbraun; 3,5–4 mm), häufig an Buche. 26; **Edwardsiana** Sachv., an Laubgehölzen, z. B. **E. rosae** (L.) (gelblich; 3,5–4 mm). Mit ± auffälligem dunklem Zeichnungsmuster: u. a. 23; **Eupteryx** Curt. (Scheitel u. Pronotum meist mit ± ausgedehnter Fleckenzeichnung), 2; **Linnavuoriana** Dlabola (Pronotum mit 4 od. 6 dunklen Punkten). 2; **Typhlocyba** Germ. (Vdflügel entweder mit 3 roten Flecken od. mit 1–2 breiten schwarzen Querbinden). 2; **Ribautiana** Sachv. (Apicaladern in der Spitze des Vdflügels mit dunklen Flecken), häufig **E. atropunctata** (Goeze) (um 3,5 mm) polyphag, **E. urticae** (F.) [*90*] (um 3,5 mm) u. **E. aurata** (L.) (3,5–4,3 mm) an Brennessel, **L. sexmaculata** (Hardy) (mit 6 dunklen Punkten auf dem Vdkörper; 3–4 mm) an Weide, **T. quercus** (F.) (auf basalen ⅔ der Vdflügel mit roten Flecken; 3–3,5 mm) an Eichen u. anderen Bäumen, **R. ulmi** (L.) (3,5–4,5 mm) an Ulme.

8. Kiele auf dem Scheitel mit dem auf dem Gesicht ein X bildend. Scheitel ohne Mittelkiel [*91*] . . . . **Megophthalminae**
2; **Megophthalmus** Curtis, häufig **M. scanicus** (Fall.) (2,5–4 mm), auf Wiesen, auch im Gebüsch.

— Kiele auf dem Scheitel und dem Gesicht (falls vorhanden) kein X bildend. Scheitel ohne od. mit Mittelkiel **9**

9. Scheitel über 2mal so lang wie das Pronotum, auch die Augen umfassend [*92*] . . . . **Dorycephalinae** (= **Eupelicinae**)
Nur **Eupelix cuspidata** (F.) (5–7 mm), an Gräsern.

— Scheitel weniger als 2mal so lang wie Pronotum, nicht derartig die Augen umfassend **10**

10. Ocellen deutlich auf der Fläche des Scheitels [*93–96*]. Scheitel u. Pronotum typisch, wie [*93–96*] **11**

— Ocellen deutlich auf dem Gesicht, z. B. [*97, 98, 100, 102*] . . **13**

— Ocellen auf dem Scheitel, jedoch dicht hinter dem Vdrand des Kopfes od. Ocellen am Übergang zwischen Scheitel u. Gesicht (seitlich betrachten!), [*103–127*] **16**

11. Körper kurz u. breit, hinter der Mitte am breitesten. Seiten des Pronotums stark nach vorn konvergierend [*93*] . . . . . **Penthimiinae**
Nur **Penthimia nigra** (Goeze) (dunkel, auch rot gefleckt; 4–5,5 mm), an Laubgehölzen.

— Körper gestreckt. Pronotum anders [*94–96*] **12**

12. Scheitel ohne Mittelkiel od. Mittelrinne. Ocellen weit hinten [*94*] **Cicadellinae**
2; **Cicadella** Latreille, sehr häufig **C. viridis** (L.) (Vdflügel u. Pronotum vorwiegend grün; Scheitel mit 2 großen u. 2 kleinen dunklen Flecken; 7–9 mm), in feuchtem Grasland. **Graphocephala fennahi** Young (Flügel mit roter Längszeichnung; um 8,5 mm), an Rhododendron, aus England eingeschleppt.

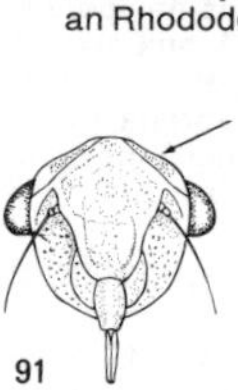
91
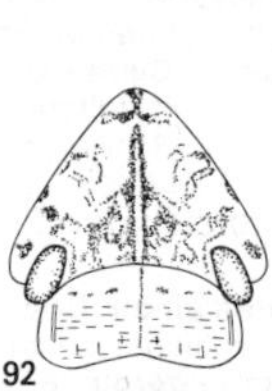
92
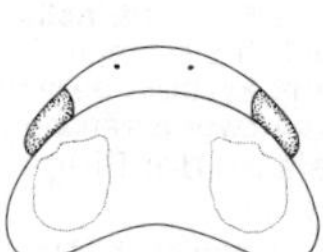
93

94
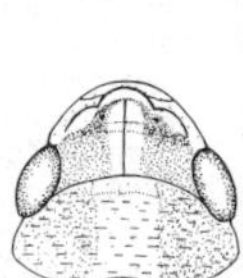
95
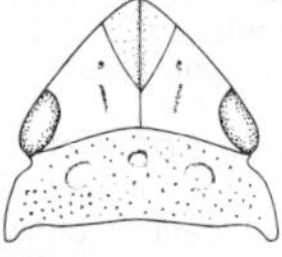
96
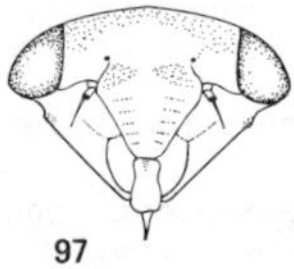
97
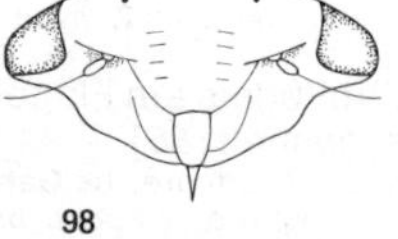
98
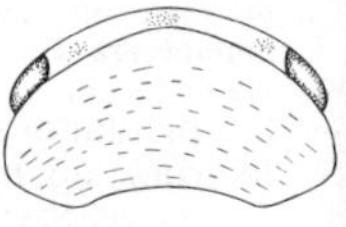
99

— Scheitel in der Mitte mit Längskiel, davor mit 3bogigem Querkiel [*95*] **Evacanthinae**

Nur 2; **Evacanthus** Lepeletier et Serv. (Vorderflügel schwarz längsgestreift), in feuchterem Grasland, auch auf Gebüsch; **E. interruptus** (L.) (Grundfarbe goldgelb; 5–7 mm); **E. acuminatus** (F.) (Grundfarbe graugelb; schwarze Zeichnung unscheinbarer; 5–6,5 mm).

— Scheitel mit Mittelrinne, vorn mit V-förmiger Nahtlinie [*96*]. Brachypter . . . . **Errhomeninae**

Nur **Errhomenus brachypterus** Fieb. (6–7 mm), am Waldboden.

13. Gesicht jederseits mit feiner Nahtlinie vom Fühler bis fast zum Ocellus [*97*]. Makropter . . . . **Idiocerinae**

Rhytidodus decimquartus (Schrank) (Pronotum u. Scheitel deutlich querrissig; 5,5–7,5 mm), auf Pappel. 22; **Idiocerus** Lew. s. l. (Pronotum u. Scheitel nicht querrissig, aber chagriniert), auf Weide u. Pappel, sehr häufig **I.** (= **Populicerus**) **populi** (L.) (5–6 mm), nur **I.** (= **Acericerus**) **vittifrons** Kirschb. (5–6 mm) auf Ahorn.

— Nahtlinie vom Fühler zum Ocellus fehlend od. weit vor Ocellus endend [*98, 100, 102*] **14**

14. Fühler in tiefer Grube unter einer Leiste inserierend, die ± horizontal verläuft u. das Komplexauge erreicht [*98*]. Seiten des Pronotums mindestens etwa so lang wie hinterer Augenrand, stark gekielt [*99*] **Iassinae**

2; **Batracomorphus** Lew. (Htschenkel an der Spitze mit 5 Dornen; Körper 5–7 mm), z. B. **B. irroratus** Lew., an Helianthemum. 2; **Iassus** F. (Htschenkel an der Spitze mit 3 Dornen; 7–8,5 mm), **I. lanio** (L.) an Eiche, **I. scutellaris** (Fieb.) an Ulme.

— Fühlerinsertion anders. Seiten des Pronotums viel kürzer als hinterer Augenrand, nicht gekielt **15**

15. Fühler in einer tiefen Grube unter einer Leiste inserierend, die schräg nach oben bis zu den Komplexaugen reicht [*100*]. Makropter **Macropsinae**

a) Runzellinien des Pronotums ± parallel zum Htrand: 7; **Oncopsis** Burm., auf Bäumen, auf Birke häufig **O. flavicollis** (L.) (4,5–5,5 mm).

b) Runzellinien des Pronotums schräg von der Mitte des Vdrandes zu den Htecken verlaufend [*101*]: **Pediopsis tiliae** (Germ.) (Scheitel in der Mitte von oben kaum sichtbar, von Pronotum bedeckt, tiefer als dieses liegend; 5–6 mm), an Linde. 18; **Macropsis** Lew. (Scheitel auch in der Mitte von oben sichtbar [*101*], höher als Pronotum liegend), meiste Arten an Weide od. Pappel, häufig **M. fuscula** (Zett.) (4–5,5 mm), auf Rubus (Himbeere, Brombeere). Außerdem 2 weitere seltene Gattungen.

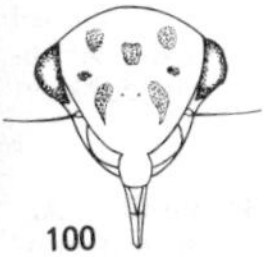
100

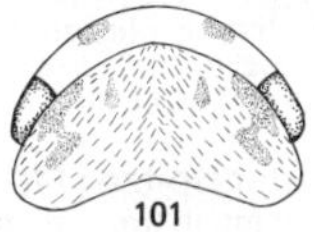
101

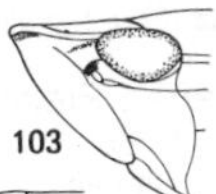
103

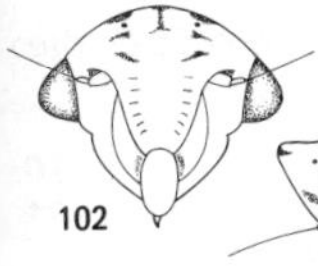
102

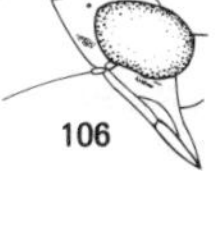
106

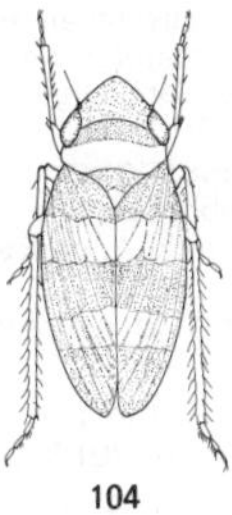
104

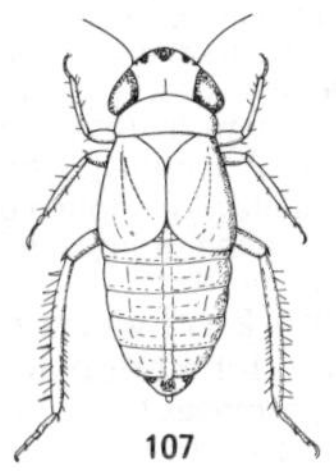
107

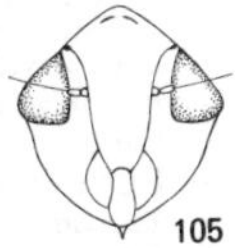
105

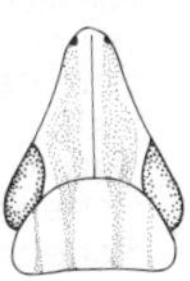
108

— Leiste über den Fühlern schwächer ausgeprägt, sich nicht bis zu den Komplexaugen erstreckend. Fühler in einer flachen Grube inserierend [*102*] . . . . **Agalliinae**
Nur 5; **Agallia** CURT. s. l., häufig **A. venosa** (FOURCROY) (2,5–3,5 mm), in trockenem Grasland.

16. Ocellen noch auf dem Scheitel, aber nur wenig vom Vdrand des Kopfes entfernt (seitlich betrachten!) [*103*]. Scheitel ± scharf vom Gesicht abgesetzt [*103*] . . . . **Aphrodinae**
a) Scheitel ohne Mittelkiel, vorn quergerunzelt: 2; **Stroggylocephalus** FLOR, in Flachmooren, Hochmooren, häufig **S. agrestis** (FALL.) (5,5–6,5 mm).
b) Scheitel mit Mittelkiel, nicht quergerunzelt: Großgattung 10; **Aphrodes** CURT., in Grasland. Viele Arten häufig, hier Auswahl. Vdrand des Kopfes ± geschärft, Rundung mindestens so schmal wie vordere Tibia: **A. bicincta** (SCHR.) (Clypeus deutlich vertikal gerunzelt; ohne schwarze Querbänder, ♂ mit heller Querbinde über dem Scheitel; ♂ 5–6,5 mm, ♀ 6–7,8 mm); **A.** (= **Planaphrodes**) **bifasciata** (L.) [*104*] (Gesicht ohne vertikale Runzeln; ♂: Vdflügel mit schwarzen Querbändern, an Spitze dunkel; 3,5–5 mm/♀: Vdflügel höchstens mit undeutlichen Querbändern; unter 5 mm). Vdrand des Kopfes breit gerundet: **A.** (= **Anoscopus**) **flavostriata** (DON.) (Vdflügel längsgestreift, mit hellen Adern; Pronotum mit Querbinde; 3,3–4,5 mm); **A.** (= **Anoscopus**) **albifrons** (L.) (Körper bräunlich marmoriert, Pronotum ohne dunkles Querband, Vdflügel mit milchig-weißen Flecken; 3,3–5 mm).

— Ocellen auf dem Übergang zwischen Scheitel u. Gesicht [*106–127*], diese können gerundet ineinander übergehen **Deltocephalinae 17**

17. Ocellen sehr nahe am Auge, ihre Entfernung zum Auge weniger als die Hälfte der Entfernung der Stirnnaht zum Auge [*105*]
4; **Platymetopius** BURM., auf Bäumen, z. B. Birke **P. undatus** (DE GEER) (Vdflügel innen mit zackig begrenztem, braunem Streif; ♂ 4,8–5,3, ♀ 5–6,2 mm). Weitere Arten z. T. ähnlich.

— Ocellen nicht so nahe am Auge **18**

18. Scheitel deutlich konkav u. in Seitenansicht zum Gesicht hin deutlich gekielt [*106*]. Scheitel viel länger als Pronotum. Gewöhnlich brachypter, Flügel sehr kurz . . . . 6; **Doratura** SAHLB.
Häufig **D. stylata** (BOH.) [*107*] (3–4,5 mm), in trockenem Grasland.

— Scheitel leicht konkav, etwa 2mal so lang wie das Pronotum [*108*]
Enantiocephalus cornutus (HERR.-SCHÄFF.) (4–4,5 mm), im Osten.

— Scheitel oben flach (seitlich betrachten!), selten etwas konkav, dann nicht deutlich länger als das Pronotum **19**

— Scheitel oben von der Seite betrachtet konvex **22**

19. Scheitel mit deutlicher schwarzer Linie am Vdrand [*109*]
Paramesus obtusifrons (STÅL) (Scheitel vorn abgerundet [*109*]; Flügel dunkel; 5–7 mm), auf Schilf u. Binsen an Meeresküsten. **Paralimnus phragmitis** (BOH.) (Scheitel vorn winklig; Oberseite vorn mit orangefarbenen Flecken; 4,5–5 mm), an Schilf. **Artianus interstitialis** (GERM.) (Scheitel vorn abgerundet; Körper hell; Flügel mit dunklen Längslinien; 5 mm), in trockenem Gras.

— Scheitel mit 2 dunklen Längsstrichen vor der Spitze [*110*]
Turrutus socialis (FLOR) (oben gelbbraun; 2,7–4,2 mm), in trockenem Grasland. 3; **Arthaldeus** RIB. (oben grün), sehr häufig **A. pascuellus** (FALL.) [*110*], an Gräsern u. Binsen, eurytop.

— Scheitel mit 2 schwarzen od. orangefarbenen Flecken, die über die Hälfte der Fläche bedecken
Metalimnus formosus (BOH.) (3,3–4,4 mm), an nassen Stellen.

— Scheitel mit kleineren dunklen Punkten **20**

— Scheitel anders **21**

20. Scheitel mit 4 kleinen Punkten in einer gebogenen Reihe [*111*]
Graphocraerus ventralis (FALL.) (oben gelbgrün; 5–6 mm), in Gras.

— Punkte anders

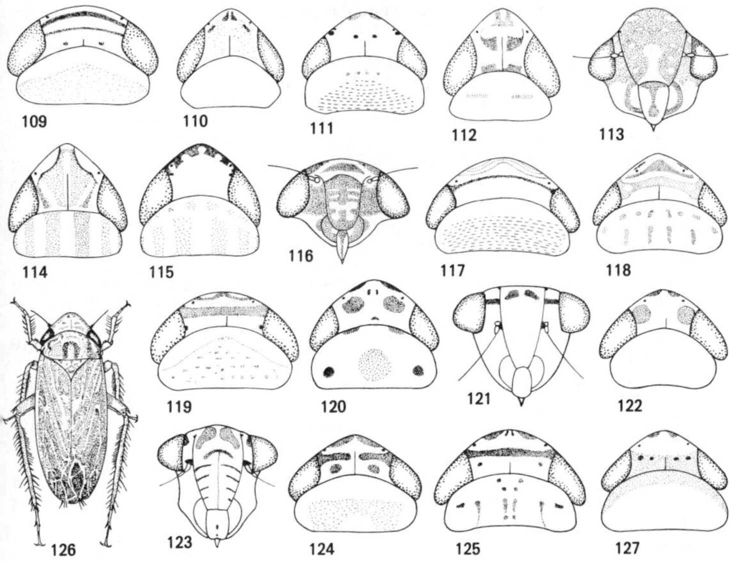

Arten von 4; **Paluda** de Long, **P. preyssleri** (Herr.-Schäff.) (3 dunkle Punkte am Vdrand, 1 Punkt am Htrand des Scheitels; 3,5–4 mm), xerophil, **P. adumbrata** (Sahlb.), ähnlich, aber mehr hygrophil. Weitere Arten, auch manche **Macrosteles** spp. (s. **24**) ähnlich.

21. Scheitel mit auffälliger dunkler Zeichnung
Viele Arten. Beispiele: **Mocydia crocea** (Herr.-Schäff.) (Scheitel am Vdrand mit in der Mitte geteiltem dunklem Strich, dahinter, auch auf Pronotum, gelb-braune Längsstreifen; Vdflügel spitz; 5–6 mm), in trockenem Gras, Heide. 5; **Mocydiopsis** Rib. (ähnlich, aber Vdflügel abgerundet; 4–5 mm), z. B. **M. attenuata** (Germ.), in trockenem Grasland. **Adarrus multinotatus** (Boh.) (Scheitelzeichnung [*112*]; 2,5–3,5 mm), auf Trockenrasen. **Errastunus ocellaris** (Fall.) (Gesichtszeichnung [*113*]; Adern der Vdflügel hell, Zellen ± stark dunkel gesäumt; 3–4 mm). **Diplocolenus bohemani** (Zett.) (Scheitel strohfarben, Zeichnung [*114*]; 4,5 mm), häufig auf Gebirgswiesen. **Recilia coronifera** (Marsh.) (Scheitelzeichnung [*115*]; 3–4 mm), in Grasland. Weitere Arten, darunter solche von **Jassargus** Sachv., häufig an Gräsern, z. B. **J. distinguendus** (Flor) (Scheitel mit 2 nach vorn konvergierenden dunklen Strichen u. je 1 dunklen Punkt dahinter in Richtung Augen; 2,7–3,3 mm).

— Scheitel hell, ohne auffällige (höchstens mit unscharfer) Zeichnung
Diplocolenus abdominalis (F.) (oben gelbgrün, unten schwarz; 4–5 mm), in Grasland. **Rhytistylus proceps** (Kirschb.) (Gesicht [*63*]; 3,7–5,2 mm), in trockenem Grasland. **Fieberiella flori** (Stål) (oben gelbbraun, fein schwarz punktiert; 6–7 mm), in trockenen Lebensräumen. Weitere Gattungen, v. a. 14; **Psammotettix** Haupt, 2; **Mocuellus** Rib., 8; **Arocephalus** Rib., häufig **M. collinus** (Boh.) (grün; meist brachypter, Vdflügel etwa ½ Körperlänge; 3,5–4,5 mm), in trockenem Gras; **A. punctum** (Flor) (Vdflügel mit dunklem Punkt an der Spitze; 2,5–3 mm), in Grasland. **Ps. alienus** (Dahlb.) (4–4,5 mm), in offenem Gelände, Kulturfolger.

22. Scheitel in der Mitte etwa so lang wie seitlich an den Augen
Scheitel kurz, ¼–⅓ der Länge des Pronotums. Kopf nicht breiter als Pronotum: 4; **Balclutha** Kirk., häufig **B. punctata** (F.), (grünlich bis rosa, Vdflügel mit dunklen Punkten; 3,5–4 mm), im Gras. Scheitel länger, mindestens ½ der Länge des Pronotums.

Kopf meist breiter als Pronotum: **Coryphaelus gyllenhali** (FALL.) (Scheitel vorn fast gerade, mit 2 großen dunklen Flecken; 4,5–6 mm), an Scirpus. **Grypotes puncticollis** (HERR.-SCHÄFF.) (Scheitel vorn rund, mit welligem dunklem Streifen; Anteclypeus schmal [*116*]; 4–5 mm), auf Kiefer. **Opsius stactogalus** FIEB. (Scheitel vorn rund; Körper oben grün-gelb, ohne Zeichnung; 3,5–4 mm), an Tamariske. **Goniagnathus brevis** (HERR.-SCHÄFF.) (oben ± karminrot, Vdflügel braun mit schwarzen Stricheln u. Flecken; 5–6,5 mm), auf Trockenrasen. – Hierher auch **Limotettix atricapillus** (BOH.) (Scheitel vorn rund, mit geradem, dunklem Querband; 4–5 mm), an feuchten Stellen.

— Scheitel in der Mitte länger als seitlich an den Augen, ± dreieckig [*117*] **23**

23. Scheitel mit dunkler Binde nahe u. parallel dem Vdrand

Athysanus argentarius METC. (Binde von Auge zu Auge reichend [*117*]; Oberseite bleich-gelbbraun, mit zarter Streifung; 6,5–8 mm), in Grasland. **Speudotettix subfusculus** (FALL.) (Binde nicht bis zum Auge reichend; Oberseite braun mit dunkler Zeichnung; 5–6 mm), auf Bäumen, vor allem Eiche. **Macustus grisescens** (ZETT.) (Scheitel mit zweiter Binde hinter der ersten [*118*]; Oberseite hellbraun mit dunkler Zeichnung; 4,5–5,5 mm), in feuchtem Grasland.

— Scheitel mit dunkler ± gerader Binde querüber von Auge zu Auge [*119*], ohne dunkle Punkte

Limotettix striola (FALL.) (Scheitelzeichnung [*119*]; Pronotum gelblichgrün; 4–5 mm), v. a. an Salzstellen, an Juncus. **Scleroracus transversus** (FALL.) (Pronotum gelbbraun, vorn dunkel; 3–4 mm), in Trockenrasen. **Athysanus quadrum** BOH. (Pronotum braun, mit dunklen Linien u. Flecken, 5–7 mm), an nassen Stellen.

— Scheitel mit deutlichen Punkten, Flecken od. Stricheln (auch Binde) **24**

— Scheitel ohne deutliche Zeichnung **25**

24. Scheitelzeichnung aus wenigen größeren Punkten bestehend

Sagatus punctifrons (FALL.) (Scheitel mit je 1 Punkt hinter den Ocellen; oben gelblichgrün; 4–6,3 mm), an Salix. **Stictocoris picturatus** (SAHLB.) (Scheitel u. Pronotum [*120*]; oben gelblich-weiß, Vdflügel kräftig dunkel längsgestreift; 3,5–4 mm), an Ononis. Arten von 8; **Cicadula** ZETT. (Anteclypeus sich nach unten verbreiternd [*121*]; Scheitel häufig mit 4 Flecken in 2 Querreihen), z. B. **C. quadrinotata** (F.) (Scheitelzeichnung [*122*]; oben grünlich, 4–5 mm), an feuchten Stellen. Arten von 15; **Macrosteles** FIEB. (Anteclypeus nach unten gerade od. sich verschmälernd [*123*]; Scheitel häufig mit 6 Flecken in 3 Querreihen), z. B. **M. sexnotatus** (FALL.) u. **M. laevis** (RIB.) (Scheitelzeichnung [*124*]; 3,2–4 mm), in Grasland u. Kulturfeldern.

— Scheitelzeichnung ausgedehnt dunkel

Erotettix cyane (BOH.) (4–5 mm), auf Wasserpflanzen (Seerose, Laichkraut).

— Scheitelzeichnung kleinere Punkte u./od. längliche Flecken

5; **Allygus** FIEB. (Vdflügel mit ± milchweißen Queradern; 6–9 mm), häufig **A. mixtus** (F.), auf Laubbäumen. Ohne diese milchweißen Queradern: wichtig 5; **Streptanus** RIB., in Grasland, häufig **S. aemulans** (KIRSCHB.) (Scheitelzeichnung [*125*]; 4,5–5,5 mm), mehr xerophil u. **S. sordidus** (ZETT.) (3,5–5 mm), mehr hygrophil. 5; **Euscelis** BRULLÉ, sehr häufig **E. incisus** (KIRSCHB.) [*126*] (3–4,5 mm), in Grasland. Typisch **Colladonus torneellus** (ZETT.) (Scheitelzeichnung [*127*]; 4,5–5,2 mm), an Gräsern in Wäldern.

25. Scheitel hell (gelbgrün bis gelbbraun)

Mehrere Gattungen. Beispiele: 2; **Elymana** DE LONG, sehr häufig **E. sulphurella** (ZETT.) (mit je 1 schwarzen Fleck an der Basis der Antennen; 4,3–5,3 mm), in Grasland. 2; **Thamnotettix** ZETT. (ohne diese Flecken), häufig **Th. confinis** (ZETT.) (bleich grün; 5,5–7,5 mm). **Idiodonus cruentatus** (PANZ.) (Oberseite braungelb, rot gesprenkelt; 4,5–5,5 mm), in Mooren auf Birke u. in Calluna-Heiden.

— Scheitel dunkel (braun bis schwärzlich-grau)

Mehrere Gattungen. Beispiele: **Deltocephalus pulicaris** (FALL.) (Scheitel u. Pronotum vorn ocker, dahinter grau, gesamte Oberseite braun gezeichnet; 2,5–3,5 mm), in Grasland. **Neoaliturus fenestratus** (HERR.-SCHÄFF.) (Oberseite dunkelbraun, Vdflügel mit weißen, hyalinen Flecken; 3–3,5 mm), auf Trockenrasen.

Aphidina, Blattläuse

Für die Bestimmung wichtige morphologische Merkmale: Körper oben glänzend, matt od. mit Wachsbedeckung (als Reif, Puder od. Flaum, produziert in Wachsdrüsen [*129a, b*]). Manchmal mit Tuberkel, wichtig Stirnhöcker am Kopf [*130*] u. „Marginaltuberkel“ [*141*]. Rüssel in Ruhestellung der Körperunterseite anliegend, mit 1- [*131a*] od. 2gliedrigem Spitzenglied [*131b*]. Fühler 4–6gliedrig, mit „Riechplatten“ (Rhinarien), letztes Glied in dickeren Basisteil u. dünneren Spitzenteil (Processus terminalis) geteilt [*132*]. Flügeladerung im Vdflügel [*128b*]. Hinten fast immer mit Rückenröhren (Siphonen), diese poren-, knopf- [*134a*], kegelstumpf- [*134b*], keulenförmig [*134e*] od. zylindrisch [*134c, d, f*]. Am Körperende dorsal die Cauda (diese abgerundet [*135a*], dreieckig [*135b*], schwert- od. zungenförmig [*135c*], abgeschnürt-knopfförmig [*135d*]), ventral die Analplatte [*133, 135d*]. Meiste Arten mit Generationswechsel (Heterogonie; Holozyklie): aus überwinternden Eiern Fundatrix, anschließend mehrere Generationen von ungeflügelten u. geflügelten viviparen, parthenogenetischen ♀♀ (Virgines), ♀♀ (die begattet werden müssen) u. ♂♂ (beide Morphe = Sexuales), hieraus wieder Winterei. Manchmal ohne Generationswechsel (Anholozyklie). Bei vielen Arten Wirtswechsel: Fundatrix auf Holzgewächsen (Hauptwirt, Winterwirt), daraus parthenogenetisch (häufig erst ungeflügelte) Fundatrigenien (= Virgines auf Hauptwirt), geflügelte zu Nebenwirt (Sommerwirt) – meist krautige Pflanzen – abwandernd, hier weitere parthenogenetische Generationen (Exsules = Virgines auf Sommerwirt), Rückwanderung auf Hauptwirt durch Gynoparae, die hier ovipare ♀♀ erzeugen,

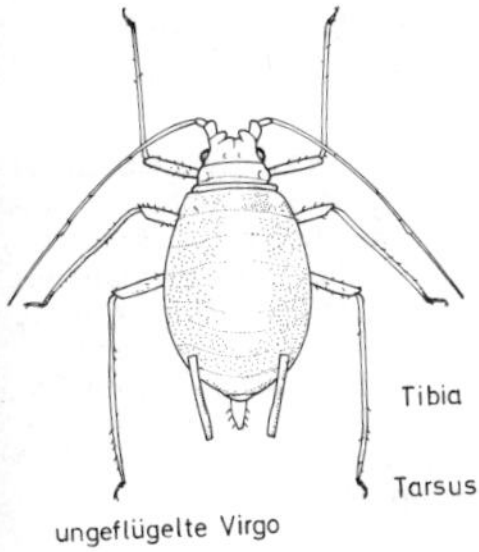

128 a

129 a

129 b

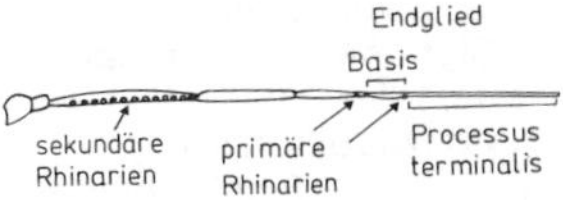

132

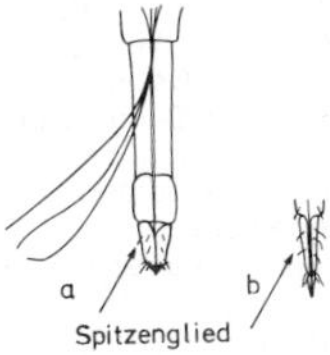

131

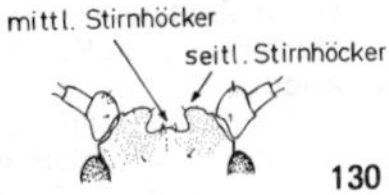

130

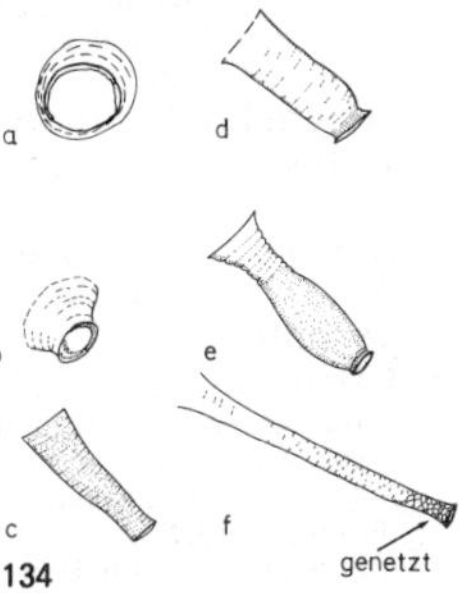

134

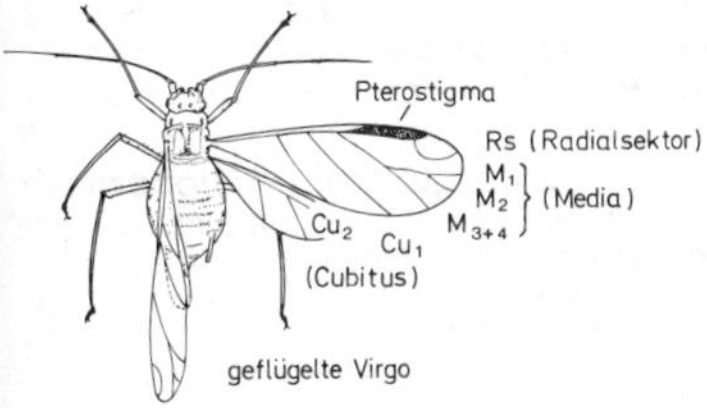

128 b

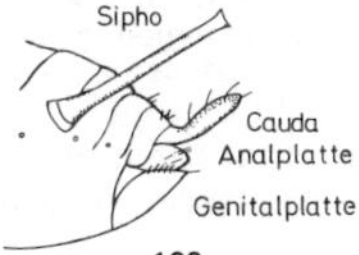

133

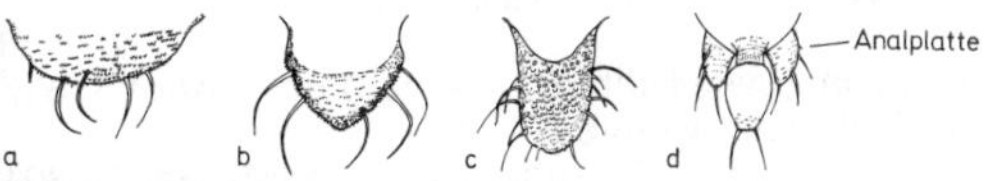

135

u. durch die ♂♂. Morphen können sehr unterschiedlich sein. **Tabellen basieren fast ausschließlich** (außer in der Familientabelle u. bei Arten ohne ungeflügelte Virgines) **auf adulten ungeflügelten Virgines** [*128a*], diese von Larven häufig durch dunkle Pigmentierung od. verlängerte Cauda zu unterscheiden; man sollte einer Blattlauskolonie (die vor allem aus Larven besteht!) zur Determination größere (und dann wahrscheinlich adulte) Individuen entnehmen. Untersuchung u. Aufbewahrung in 75%igem Alkohol. Pflanzensauger, manche Arten induzieren Gallbildung. Arten sind entweder monophag (auf eine Wirtspflanze beschränkt) od. oligophag (mit mehreren Wirtpflanzen) od. polyphag an vielen Pflanzen. In Mitteleuropa etwa 850 Arten.
Abkürzungen: Vd- = Vorder-, Ht- = Hinter-, Flügeladerung s. **Insecta.**

System:
Überfamilie **Aphidoidea** mit **Mindaridae, Hormaphididae, Phloeomyzidae, Thelaxidae, Anoeciidae, Pemphigidae, Drepanosiphidae** (= **Callaphididae** u. **Chaitophoridae**), **Aphididae, Lachnidae;**
Überfamilie **Adelgoidea** mit **Adelgidae, Phylloxeridae.**

1. Geflügelt **13**
— Ungeflügelt **2**
2. Siphonen fehlend **3**
— Siphonen poren- od. knopfförmig **7**
— Siphonen länger, mindestens halb so lang wie breit bis doppelt so lang wie breit **12**
— Siphonen lang, mindestens doppelt so lang wie breit bis sehr lang
Röhrenblattläuse, **Aphididae** S. 302
3. An Nadelhölzern
Fichtenläuse, Tannengalläuse, **Adelgidae** (= **Chermesidae**)
Klein, mit Wachsausscheidungen. Häufig holozyklisch, dann mit Wirtswechsel. Typischer Zyklus: Fundatrix bewirkt an einer Knospe eine ananas- od. zapfenähnliche Galle, in deren Kammern Läuse leben, die als Adulte geflügelt sind. Wirtswechsel auf andere Koniferen. Exsules saugen an Nadeln. Etwa 15 Arten. Wichtig 5; **Pineus** Shim., 3; **Dreyfusia** Börn., 2; **Adelges** Vall., 2; **Sacchiphantes** Curt. Beispiele für einige häufige Gallen: **A. laricis** Vall., Rote Fichtengallenlaus, Galle bis 8 mm [*136*] an Fichte, Exsules an Lärche; **S. abietis** (L.), Gelbe Fichtengallenlaus, Galle 2–4 mm [*137*] an Fichte, Exsules an Lärche; **Gilletteella cooleyi** (Gill.), Douglasienlaus, Galle 4–8 mm [*138*] an Fichte, Exsules an Douglasie. – Außerdem einige **Pemphigidae** (s. **6**), aber an Fichtenwurzeln.
— An Laubhölzern od. Kräutern **4**
4. Antennen u. Füße kurz, unter dem Körper verborgen [*139*]
Hormaphididae
An Birke. Artenarm, z. B. **Hormaphis betulae** (Mordv.) [*139*] (bräunlich-gelb; um 1 mm).
— Antennen u. Beine normal ausgebildet [*148*], nicht unter dem Körper verborgen **5**
5. Ohne Cauda. An Laubgehölzen . . . Zwergläuse, **Phylloxeridae**
Klein. Meist holozyklisch. An Laubgehölzen (Weide, Eiche, Weinrebe). 9 Arten. Auswahl: An der Rinde von Weiden: 2; **Phylloxerina** Börn. (mit dichtem Wachsflaum; um 1 mm), z. B. **Ph. salicis** (Licht.) an Salix alba. An Weinreben: Reblaus, **Viteus vitifolii** (Fitch), Ungeflügelte an den Wurzeln der Weinstöcke, Schädling, aus Nordamerika eingeschleppt. An Unterseite von Eichenblättern: **Acanthochermes quercus** Koll. (grünlich bis bräunlich; bis 2 mm), Fundatrix in etwa 3 mm großen Wulstgallen, erzeugt ungeflügelte Geschlechtstiere. 3; **Phylloxera** Boyer de Fonsc. (gelb; um 1,2 mm), Saugstellen als gelbe Stichflecke, verbreitet **Ph. coccinea** (v. Heyd).
— Mit Cauda **6**
6. Httarsen mehr als halb so lang wie Httibien **Trama (Lachnidae)** S. 307
— Httarsen viel kürzer als Hälfte der Httibien
Blasenläuse, **Pemphigidae** S. 301

136

137

138

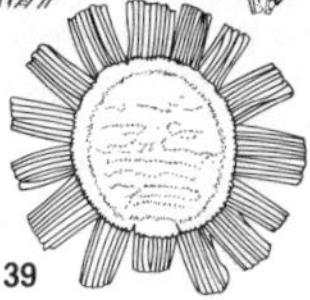
139

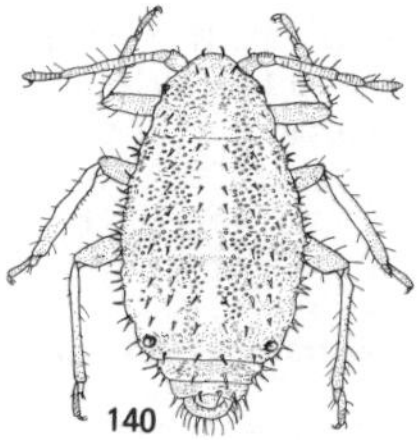
140

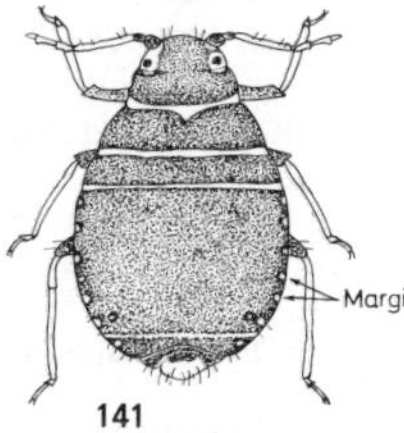

141

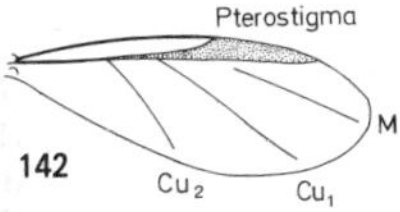

142

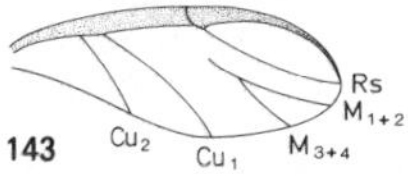

143

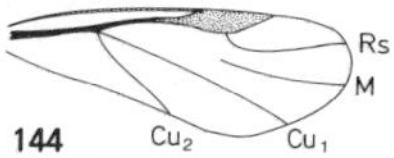

144

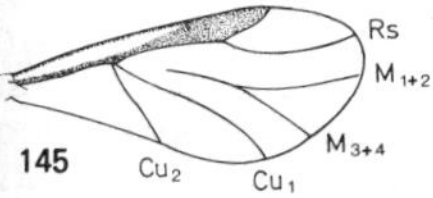

145

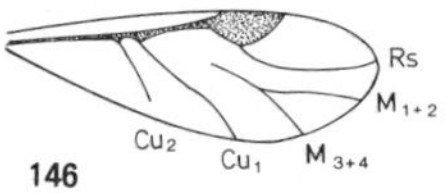

146

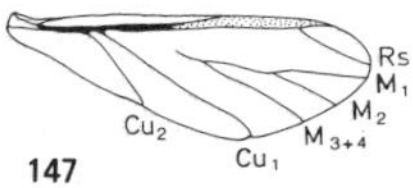

147

7. Kopfkapsel u. Pronotum verschmolzen: Komplexaugen in der Mitte der „Kopfregion“ [*140*] **8**

— Kopfkapsel u. Pronotum getrennt, wenigstens seitlich hinter den Augen mit Trennungslinie zwischen Kopf u. Pronotum . . . **9**

8. Cauda zungenförmig, ± dreieckig . . . . **Mindaridae**

Nur 2; **Mindarus** Koch (grün; 1,8–2 mm), **M. abietinus** Koch an Tanne, **M. obliquus** (Chol.) an Fichte.

— Cauda abgeschnürt-knopfförmig od. abgerundet
Maskenläuse, **Thelaxidae**

Auf Eiche **Thelaxes dryophila** (Schrank) (rotbraun, hell längsgestreift; 1,1–2,3 mm); auf Birke **Glyphina betulae** (L.) [*140*] (dunkelgrün; 1,5–2,1 mm).
Hierher auch **Phloeomyzidae,** an Pappel, nur 2; **Phloeomyzus** Horv., selten.

9. Mit Marginaltuberkeln am Prothorax u. einigen Abdominalsegmenten [*141*] . . . . **Anoeciidae**

Mit Wirtswechsel an Cornus u. Gramineen od. ohne Wirtswechsel an Gramineen od. Cyperaceen. Nur 10; **Anoecia** Koch (braun bis schwarz; 1,4–2,8 mm), häufig **A. corni** (F.) [*141*].

— Ohne Marginaltuberkel **10**

10. Processus terminalis (s. [*132*]) kürzer als die Hälfte der Basis des letzten Antennensegmentes. Cauda breit gerundet **11**

— Processus terminalis länger als die Hälfte der Basis. Wenn kürzer, Cauda abgeschnürt-knopfförmig. Cauda entweder knopfförmig od. breit-gerundet od. kurz-dreieckig manche **Drepanosiphidae** S. 302

Hierher auch wenige **Aphididae:** Cauda sehr klein od. zungenförmig, s. S. 302.

11. Spitzenglied des Rüssels 1gliedrig [*131a*]. Komplexauge aus 3 Einzelaugen bestehend. Httarsen kurz (viel kürzer als ½ Httibia)
Blasenläuse, **Pemphigidae** S. 301

— Spitzenglied des Rüssels 2gliedrig [*131b*]. Komplexauge aus über 3 Einzelaugen bestehend. Wenn nur mit 3 Einzelaugen, dann Httarsus lang (über ½ der Httibia) . . . . . Baumläuse, **Lachnidae** S. 307

12. Cauda kurz, breiter als lang (auch ± dreieckig) od. abgeschnürt-knopfförmig . . Borstenläuse u. Zierläuse **Drepanosiphidae** S. 302

— Cauda zungenförmig od. dreieckig, aber dann mindestens so lang wie an der Basis breit . . . . einige **Aphididae** S. 302

13. Siphonen mindestens doppelt so lang wie breit, häufig sehr lang. Cauda vielgestaltig, aber nicht abgeschnürt-knopfförmig
Aphididae S. 302

Hierher auch **Drepanosiphum (Drepanosiphidae),** aber Cauda abgeschnürt-knopfförmig, s. S. 302.

— Siphonen höchstens doppelt so lang wie breit, meist kürzer . . **14**

14. Radialsektor (Rs) im Vdflügel fehlend [*142*]
Adelgidae (Flügel dachförmig) s. **3, Phylloxeridae** (Flügel flach auf dem Körper) s. **5**

— Rs von Basis des Pterostigmas entspringend [*143*] **Mindaridae** s. **8**

— Rs von Mitte od. Spitze des Pterostigmas entspringend [*144–147*] **15**

15. Processus terminalis kürzer als die Hälfte der Basis des letzten Antennenglieds. Cauda breit gerundet; falls Cauda abgeschnürt-knopfförmig, dann Antenne mit weniger als 6 Gliedern **16**

— Processus terminalis länger als die Hälfte des Basisteils des letzten Antennengliedes; falls kürzer, dann Cauda abgeschnürt-knopfförmig u. Antenne 6gliedrig **21**

16. Flügel flach auf dem Rücken liegend. Falls mit Wachsdrüsenplatten, diese auf dem 7. Abdominalsegment od. saumförmig um den Körper **17**

— Flügel dachförmig. Falls flach auf dem Rücken, Wachsdrüsenplatten am Rand u. in der Mitte auf allen Abdominalsegmenten . . . **19**

17. Antennen 6gliedrig . . . . **Phloeomyzidae** s. **8**

— Antennen 5gliedrig **18**

18. Analplatte 2lappig. Media meist ungegabelt **Hormaphididae** s. **4**

— Analplatte abgerundet. Media gegabelt . . . . **Thelaxidae** s. **8**

19. Spitzenglied des Rüssels nicht in 2 Teile geteilt [*131a*]. Siphonen porenförmig od. fehlend. Httarsus viel kürzer als die Hälfte der Httibia. Media ungegabelt od. mit 1 Gabel [*144, 145*] . **Pemphigidae** S. 301

— Spitzenglied des Rüssels deutlich zweigeteilt [*131b*]. Siphonen konisch od. porenförmig; wenn fehlend, Httarsus mindestens so lang wie halbe Httibia. Media mit 1 Gabel od. 2 Gabeln, selten ungegabelt **20**

20. Pterostigma weniger als 4mal so lang wie breit, meist schwarz [*146*]. Körper mit Marginaltuberkeln . . . . **Anoeciidae** s. **9**

— Pterostigma 4–20mal so lang wie breit, meist bräunlich [*147*]. Ohne Marginaltuberkeln . . . . **Lachnidae** S. 307

21. Cauda abgeschnürt-knopfförmig; wenn Cauda breit gerundet, dann entweder Siphonen kegelstumpfförmig u. mit Netzstruktur od. Antennen 5gliedrig u. Körper ohne Marginaltuberkel; wenn Cauda kurz-dreieckig, Analplatte hinten mit einem tiefen Einschnitt
Drepanosiphidae S. 302

— Cauda finger-, schwert-, zungenförmig od. kurz-dreieckig; wenn halbkreisförmig od. breit gerundet, dann Siphonen nicht mit Netzstruktur und nicht kegelstumpfförmig (sondern länger) u. Antennen 6- od. 4gliedrig (wenn Antennen 5gliedrig, dann Körper mit Marginaltuberkeln). Analplatte hinten nicht eingeschnitten . . **Aphididae** S. 302

Familie: **Pemphigidae** (= **Eriosomatidae**), Blasenläuse

Meiste Arten holozyklisch u. mit Wirtswechsel. Häufig gallbildend. Ca. 40 Arten.

1. Wachsdrüsen ± rosettenartig [*129b*]. Meist mit (porenförmigen) Siphonen . . . . **Eriosomatinae**

a) An Apfel: **Eriosoma lanigerum** (HAUSM.), Blutlaus [*148*] (rotbraun; 1,8–2,3 mm), mit Wachsausscheidungen, an Zweigen.

b) An Ulme (mit durch Fundatrix erzeugten Gallen, Exsules unterirdisch an verschiedenen Pflanzen): übrige Arten von 4; **Eriosoma** LEACH, häufig **E.** (= **Schizoneura**) **ulmi** (L.) (um 3 mm), Galle [*149*] an Blättern; **E.** (= **Schizoneura**) **lanuginosum** (HART.) (3 mm), blasenförmige Gallen an Zweigen bildend [*150*], außerdem unter anderem **Tetraneura ulmi** (L.) (2 mm), Galle [*151*] an Blättern.

— Wachsdrüsen einheitlich, ± unterteilt, aber nicht rosettenartig [*129a*]. Siphonen fehlen **2**

2. 1. Glied des Httarsus mit 2 Haaren. Fundatrigenien fast immer an Gehölzen . . . . **Pemphiginae**

a) Fundatrigenien an Pappel: 10; **Pemphigus** HART. (Gallen dickwandig), z. B. **P. bursarius** (L.), Salatwurzellaus (2–2,5 mm; Galle beutelförmig, am Blattstiel, bis 1,5 cm), Exsules an Wurzeln von Kräutern; **P. spyrothecae** PASS. (hellgrün; um 2 mm; Galle am Blattstiel, spiralig gedreht [*152*]). Bei weiteren Gattungen Galle blasen- od. faltenförmig, z. B. 4; **Pachypappa** KOCH, häufig **P.** (= **Asiphum**) **tremulae** (L.) (braun; 5–6 mm) Fundatrigenien an Blattstielen, die sich nach unten krümmen, so daß Blattnest entsteht, Exsules an Wurzeln von Fichte.

b) Fundatrigenien an anderen Bäumen: z. B. 4; **Prociphilus** KOCH, häufig an Esche **P. fraxini** (GEOFFROY) (2,5–5 mm), bewirkt Blattnester, Exsules an Wurzeln von Tanne; an Lonicera **P. xylostei** (DE GEER) (gelbgrün; 3–4,5 mm), bewirkt Kräuselung von Blättern, Exsules an Wurzeln von Fichte.

— 1. Glied des Httarsus mit 4 od. mehr Haaren. Unterirdisch an Wurzeln von Gräsern u. Kräutern . . . . **Fordinae**

Nur anholozyklisch, an unterirdischen Pflanzenteilen. Mit Wachspuder: Wichtig **Smynthurodes betae** WESTW., Bohnenwurzellaus (hellbraun; 2 mm), polyphag, auch an Bohne. Ohne Wachspuder: Arten an Süßgräsern, leben in Verbindung mit Ameisen, z. B. 4; **Forda** v. HEYD., häufig **F. formicaria** v. HEYD. (grün; 2–3,5 mm).

149

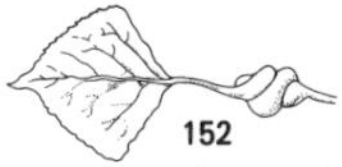
152

150

151

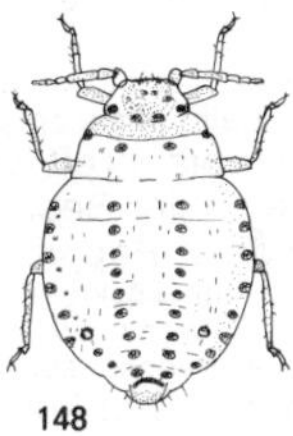
148

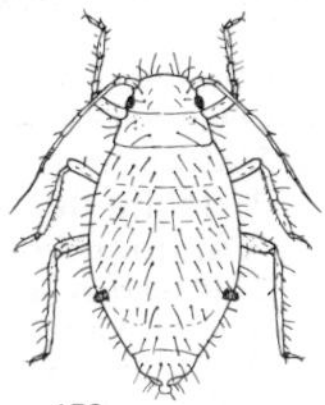
153

Familie: **Drepanosiphidae,** Borstenläuse u. Zierläuse

(= frühere Familien **Chaitophoridae** u. **Callaphididae**). Alle Arten ohne Wirtswechsel. An Laubgehölzen, Monocotylen od. Leguminosen. Ca. 80 Arten.

1. Siphonen lang, etwa 5mal so lang wie breit . . **Drepanosiphinae**
Nur geflügelt (außer Geschlechts-♀), auf Ahorn. Nur 4; **Drepanosiphum** Koch, sehr häufig **D. platanoidis** (Schrank) (hellgrün bis braun, Abdomen mit 5–6 dunklen Querbändern; 4–4,3 mm).

— Siphonen kürzer, höchstens doppelt so lang wie breit **2**

2. Siphonen ohne Netzstruktur. Antennen 6gliedrig; wenn 5gliedrig, dann Siphonen mit Dörnchenreihen u. Tiere an Birke **Phyllaphidinae**

a) An Laubgehölzen. An Birke: viele Gattungen, z. B. 2; **Euceraphis** Walk., 2; **Betulaphis** Glend., sehr häufig **E. punctipennis** (Zett.) (hellgrün; 3,5–4 mm). An Buche: **Phyllaphis fagi** (L.), Buchenblattlaus (hellgrün; 2–3 mm), mit wolligen Wachsausscheidungen, an der Unterseite der Blätter. An Eiche: unter anderem 2; **Tuberculatus** Mordv., sehr häufig **T. querceus** (Kalt.) (graugrün, Abdomen oben mit 1 Paar dunkler Höcker; um 2 mm). An Walnuß: häufig **Callaphis juglandis** (Goeze) (ockergelb, Abdomen mit dunklen Querbändern; 3,5–4 mm). An Linde: **Eucallipterus tiliae** (L.), (gelb; um 3 mm). An Ulme: **Tinocallis platani** (Kalt.) (gelb bis grün-weiß, dunkel gezeichnet; 2–2,2 mm). An Erle: 3; **Pterocallis** Pass., häufig **Pt. alni** (De Geer) (gelblich-weiß od. -grün; 2 mm). An anderen Gehölzen: meiste Arten von 5; **Myzocallis** Pass., an Haselstrauch **M. coryli** (Goeze) (weißgelb, ohne dunkle Zeichnung; 1,3–2 mm), ähnlich **M. carpini** (Koch), aber an Weißbuche.

b) An Papilionaceen. An Ginster: **Ctenocallis setosa** (Kalt.) (Abdominalsegmente mit fingerförmigen Fortsätzen; gelb-grau; 1,5 mm). An anderen Pflanzen: 5; **Therioaphis** Walk. z. B. **T. trifolii** (Mon.) (± orange; 1,6–2 mm), meist an Trifolium, Medicago, Lotus.

c) An Cyperaceen u. Juncaceen, fast immer Seggen (Carex): 4; **Iziphya** Nevsky (Körper birnförmig), z. B. **I. bufo** (Walk.) (gelb, dunkel gezeichnet; 1,6–2 mm), in Dünen, Körper länglich: z. B. 5; **Thripsaphis,** häufiger **Th. cyperi** (Walk.) (gelbgrün mit braun; 2,5–3 mm).

— Siphonen mit Netzstruktur [*134f*], ohne Dörnchenreihen. Wenn ohne Netzstruktur, Antennen 5gliedrig. Ganzer Körper häufig mit langen Borsten [*153*]. Nicht an Birke . . . . **Chaitophorinae**
An Weide od. Pappel: 12; **Chaitophorus** Koch, häufig z. B. **Ch. populeti** (Panz.) [*153*] (grün; 2–2,3 mm). An Ahorn, selten Roßkastanie: 8; **Periphyllus** v. d. Hoev., sehr häufig **P. testudinaceus** (Fernie) (grün bis braun; 2,5–3 mm). An Gramineen od. Cyperaceen: Körper schlank z. B. bei 3; **Atheroides** Hal. (Siphonen nur wenig hinter der Mitte des Abdomens), **A. serrulatus** Hal. (gelbbraun; 2–2,4 mm) an Festuca ovina. Körper rundlich z. B. bei 4; **Sipha** Pass., an feuchten Stellen **S. glyceriae** (Kalt.) (grün bis gelb; 1,7–2,5 mm).

Familie: **Aphididae,** Röhrenläuse

Viele Arten mit Wirtswechsel, hier meist nur ein Wirt (Hauptwirt od. Nebenwirt) erwähnt. Manche Arten schädlich an Kulturpflanzen. Ca. 640 Arten.

1. Cauda abgerundet bis breit zungenförmig, nicht länger als das 1,1fache der Breite an der Basis. An der Rinde von Zweigen, Ästen u. Stämmen von Weide u. Pappel . . . . **Pterocommatinae**
2; **Plocamaphis** Oestl. (mit flockigem Wachspuder), an Weide, z. B. **P. amerinae** (Hart.) (3,5–4,5 mm). Mit wenig od. ohne Wachspuder: artenreich 7; **Pterocomma** Buckt., meist an Weide, an Pappel häufig **P. populeum** (Kalt.) (graubraun; 2,5–4,5 mm).

— Cauda meist länger. Wenn kürzer als das 1,2fache der Basisbreite, nicht an Weide. Nie an Pappel . . . . **Aphidinae** **2**

2. Siphonen keulenförmig od. mindestens deutlich angeschwollen [*134e*] **3**

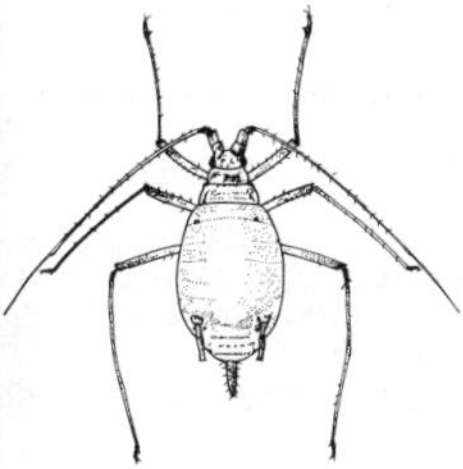

154

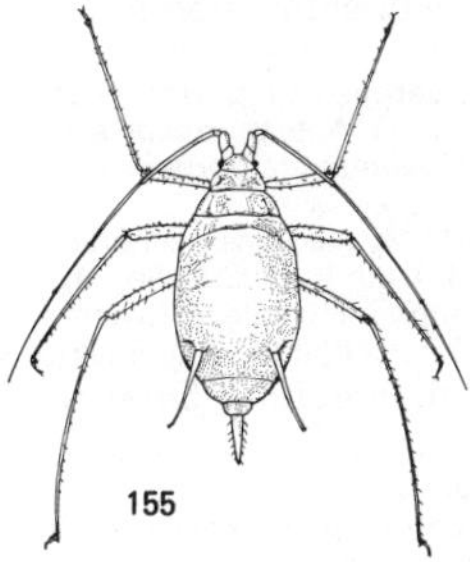

155

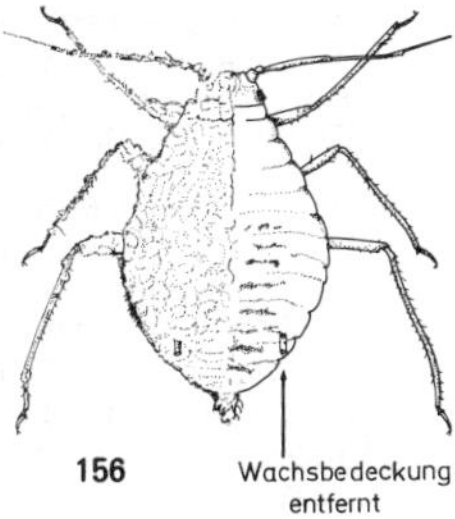

156

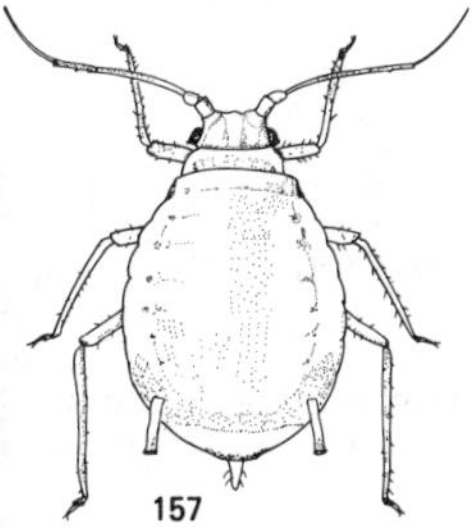

157

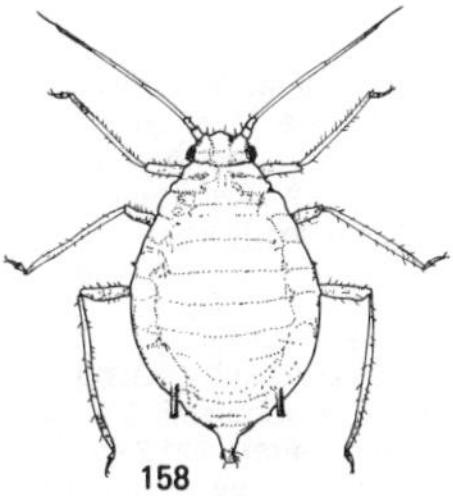

158

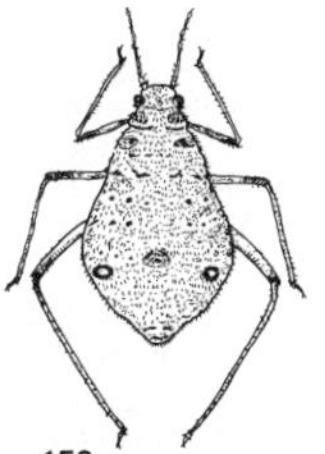

159

— Siphonen zylindrisch od. kurz od. porenförmig **8**

3. Siphonen stark keulig, an der breitesten Stelle mindestens doppelt so breit wie kurz vor der Spitze

9; **Hyperomyzus** Börn. (Cauda fingerförmig, mindestens ½ Länge der Siphonen), häufig **H. lactucae** (L.) (grün; 2,5–3 mm), Hauptwirt: Ribes nigrum. 6; **Rhopalosiphoninus** Bak. (Cauda kürzer als ½ Siphonenlänge), z. B. **R. latysiphon** (Dav.), Kellerlaus (grün; 1,7–2,5 mm), vor allem in Kellern an Kartoffeln, Möhren usw., **R. tulipaellus** (Theob.), Mietenlaus (dunkeloliv-braun; 1,7–2,3 mm), in Rübenmieten.

— Siphonen schwach keulig, an der breitesten Stelle höchstens doppelt so breit wie kurz vor der Spitze **4**

4. Siphonen länger als die Cauda **5**

— Siphonen höchstens so lang wie Cauda

a) An Papilionaceen: 2; **Megoura** Buckt., häufig **M. viciae** Buckt. [*154*] (grün, Körperanhänge schwarz; 3,5–5 mm), an Vicia u. Lathyrus.

b) An Lonicera (Hauptwirt), Umbelliferen (Nebenwirt): 3; **Hyadaphis** Kirk., z. B. **H. foeniculi** (Pass.) (grün, Siphonen u. Beine braun, Cauda schwarz; 1,5–2,7 mm).

c) An Caryophyllaceen: **Volutaphis centaureae** Börn. (gelb; 1,2–1,7 mm), an Silene, Viscaria.

5. Mit dicken, steifen, langen, an der Spitze geknöpften Haaren

a) An Ribes (Hauptwirt) u. Labiaten (Nebenwirt): 6; **Cryptomyzus** Oestl., an Ribes rubrum schädlich **C. ribis** (L.), Johannisbeerblasenlaus (bleich grünlich; 1,6–2,3 mm), Nebenwirt Stachys.

b) An Hippophae u. Elaeagnus (Hauptwirt) u. Polygonum (Nebenwirt): **Capitophorus hippophaës** (Walk.) (hellgrün; 2 mm), s. **16**.

— Haare kürzer u. dünner **6**

6. Processus terminalis höchstens 4,5mal so lang wie die Basis des 6. Antennengliedes

a) An Lonicera u. Symphoricarpus (Hauptwirt), Phalaris (Nebenwirt): **Rhopalomyzus lonicerae** (SIEB.) (gelblichweiß, Antennen schwarz; 2–2,8 mm).

b) An Berberis, Mahonia: **Liosomaphis berberidis** (KALT.) (gelblich bis orange; 1,1–2,3 mm).

c) An anderen Pflanzen: 11; **Myzus** PASS., schädlich **M. cerasi** (F.), Schwarze Kirschenlaus (dunkel; 1,8–2,4 mm), an Kirsche, **M. ascalonicus** DONC., Zwiebellaus (schmutzig-gelb; 1,5–2 mm), an Kräutern, Zwiebeln, auch in Gewächshäusern, **M. persicae** (SULZ.), Grüne Pfirsichblattlaus (gelb bis grün; 1,8–2,3 mm), an Pfirsich.

— Processus terminalis mindestens 5mal so lang wie die Basis des 6. Antennengliedes **7**

7. Siphonen dunkel (braun bis schwarz)

a) An Pulmonaria: **Amphorophora pulmonariae** (BÖRN.) (grün; 3–4 mm).

b) An Delphinium u. Aconitum: **Delphiniobium junackianum** (KARSCH) (bläulich-grün; 3–4 mm).

— Siphonen hell

a) An Heracleum: **Paramyzus heraclei** BÖRN. (weiß bis gelb; 1,3–1,8 mm).

b) An Azaleen: **Masonaphis azaleae** (MAS.) (grün; 1,8–2,3 mm).

c) An Rubus u. Geum od. Farnen: weitere Arten von 5; **Amphorophora** BUCKT., z. B. **A. rubi** (KALT.) (hellgrün; 2,5–4,5 mm), an Himbeere u. Brombeere.

8. Cauda nicht länger als breit, halbkreisförmig, fünfeckig od. dreieckig **9**

— Cauda länger als breit **10**

9. Körper nicht mit Wachs bepudert, glänzend, meist dunkel pigmentiert

a) An Viburnum (Hauptwirt) u. Eriophorum, Carex, Luzula (Nebenwirt): **Ceruraphis eriophori** (WALK.) (dunkel pigmentiert; um 2 mm).

b) An Centaurea: **Acaudinum scabiosae** HILLE RIS LAMB. (schwarzgrün; 1,8–2,6 mm), am Stengelgrund.

c) An Aconitum u. Delphinium: **Brachycaudina napelli** (SCHRANK) (braun-schwarz; 2,0–2,7 mm).

d) An Prunus mahaleb: **Roepkea marchali** (BÖRN.) (gelblich, dunkel pigmentiert; 1,5–2,1 mm).

e) An anderen Prunus-Arten od. anderen Pflanzen: 10; **Brachycaudus** V. D. GOOT, **B. cardui** (L.), Große Pflaumenblattlaus (Siphonen mindestens so lang wie der Abstand zwischen den Antennenwurzeln; hellgrün bis rötlich; 1,6–2,5 mm), **B. helichrysi** (KALT.), Kleine Pflaumenblattlaus (Siphonen kürzer; hellgrün; 1,2–2 mm), beide Arten mit Wirtswechsel zwischen Pflaume od. Schlehe u. Kräutern.

— Körper matt, wenig dunkel pigmentiert, hell, ohne Bepuderung mit Wachs

2; **Anuraphis** DEL GUERCIO, Hauptwirt Birne, z. B. **A. farfarae** (KOCH) (rötlichgrau bis grün; 2–3 mm), Nebenwirt Tussilago, Petasites.

— Körper matt, mit Wachs bepudert

a) An Artemisia: **Chryptosiphum artemisiae** BUCKT. (weinrot; 1–1,3 mm), in blasenförmigen roten Blattgallen.

b) An anderen Pflanzen: 22; **Dysaphis** BÖRN., viele Arten Blattrollungen hervorrufend, häufig an Apfel **D. plantaginea** (PASS.), Mehlige Apfellaus (2–2,7 mm), an Birne **D. pyri** (BOYER DE FONSC.), Mehlige Birnenblattlaus (um 2,5 mm).

10. Antennen mindestens so lang wie ¾ der Länge des Körpers, auf deutlichen Sockeln inserierend [*130*] **11**

— Antennen meist kürzer als ¾ der Länge des Körpers, Sockel niedrig od. fehlend [*156*] **20**

11. Sockel der Antennen mit Stirnhöckern (diese nach vorn od. nach innen gerichtet), ihre Innenseite parallel zur Körperlängsachse od. nach innen vorspringend [*130*] **12**

— Sockel divergierend **14**

12. Stirnhöcker als längere Fortsätze
4; **Ovatus** v. d. Goot (Stirnhöcker nach innen gerichtet), z. B. **O. crataegarius** (Walk.) (grün bis bräunlich; 1–2,5 mm), Hauptwirt Crataegus, Mespilus, Cydonia, Nebenwirt Mentha. 2; **Phorodon** Passerini (Stirnhöcker nach vorn gerichtet), z. B. **P. humuli** (Schrank), Hopfenblattlaus (grün; 1–3 mm), Wirtswechsel zwischen Prunus u. Hopfen.

— Stirnhöcker gerundet **13**

13. Stirn mit Mittelhöcker
4; **Nasonovia** Mordv., häufig **N. ribisnigri** (Mosl.) (grün bis bräunlich; 1,8–3 mm), Wirtswechsel zwischen Ribes u. Kräutern, vor allem Compositen.

— Stirn höchstens mit undeutlichem Mittelhöcker
a) An Farnen, meist in Gewächshäusern: **Idiopterus nephrelepidis** Dav. (schwarz; 1,2–1,5 mm).
b) An anderen Pflanzen: **Myzus** Pass. (3. Antennenglied ohne Rhinarien) s. **6.** 9; **Aulacorthum** Mordv. (3. Antennenglied mit einigen Rhinarien), häufig **A. circumflexum** (Buckt.), Gefleckte Gewächshauslaus (oben dunkel pigmentiert; 1,5–2,3 mm), an Pflanzen in Zimmern u. Gewächshäusern; **A. solani** (Kalt.), Gefleckte Kartoffellaus (grün bis gelb; 1,8–3 mm), u. a. an Kartoffeln.

14. Siphonen kurz, etwa so lang wie breit
2; **Microsiphum** Chol., **M. millefolii** Wahlgr. (rot bis braun; 2–2,5 mm), an Achillea millefolium.

— Siphonen mindestens doppelt so lang wie breit, häufig sehr lang **15**

15. Mit dicken, steifen, langen, an der Spitze geknöpften Haaren **16**

— Mit kürzeren u. dünneren Haaren **17**

16. Antennen so lang wie Körper od. etwas kürzer als der Körper, nicht an Schafgarbe (Achillea millefolium)
a) An Rosen, Erdbeere od. Potentilla anserina: 3; **Pentatrichopus** Börn., **P. fragaefolii** (Cock.), Erdbeerknotenhaarlaus (hellgelblich bis -grünlich; 1,3–1,7 mm), an Erdbeere.
b) An anderen Pflanzen: 7; **Capitophorus** v. d. Goot, z. B. **C. carduinus** (Walk.) (grünlich-blaß; 1,5–2,2 mm), an Cirsium u. Carduus.

— Antennen länger als der Körper, selten nur körperlang, dann an Achillea millefolium
a) An Gräsern: **Cryptaphis poae** (Hardy) (grün, rötlich gefleckt; 1,5–2 mm), am Boden od. unter Steinen.
b) An Hasel: **Corylobium avellanae** (Schrank) (grün; 2–2,6 mm).
c) An Compositen: 4; **Pleotrichophorus** Börn., z. B. **P. glandulosus** (Kalt.) (gelblich-weiß; 1,8–2,6 mm), an Artemisia.
d) An Ribes u./od. Labiaten: **Cryptomyzus** s. **5**

17. Mit (mindestens auf Unterseite) Wachspuder. Siphonen meist schwarz
An Compositen. 22; **Macrosiphoniella** Del Guercio, z. B. **M. artemisiae** (Boyer de Fonsc.) (gelblich-grün; 2–3 mm), an Artemisia; **M. millefolii** (De Geer) (grün, Kopf braun; 2,5–3,5 mm), an Achillea.

— Körper ohne Wachspuder **18**

18. Körperumriß rundlich. An Rainfarn (Chrysanthemum vulgare)
Metopeurum fuscoviride Stroyan (bräunlich bis grün, Abdomen oben mit dunklem Fleck; 2,2–3 mm).

— Körperumriß oval bis länglich **19**

19. Körper rot bis dunkelbraun od. schwarz, glänzend. An Compositen
Titanosiphon artemisiae (Koch) (Siphonen mindestens ⅓ der Körperlänge; 2–2,6 mm), an Artemisia. 27; **Dactynotus** Raf. (Siphonen kürzer), an Compositen, z. B. **D. tanaceti** (L.) (2,5–3,5 mm), an Rainfarn (Chrysanthemum); **D. cirsii** (L.), an Distel (Cirsium). (Außerdem einige **Macrosiphoniella**-Arten).

— Mit anderer Färbung; wenn rot od. braun, dann nicht glänzend
a) An Rosen u./od. Gräsern: 5; **Metopolophium** Mordv. (Siphonen hell), z. B. **M. dirhodum** (Walk.), Bleiche Getreidelaus (grün; 2–3 mm), häufig an Hafer.

b) An anderen Pflanzen, wenn an Rose od. Gräsern, dann Siphonen dunkel: 15; **Macrosiphum** Pass. (Siphonen mit Netzskulptur) u. 10; **Acyrthosiphon** Mordv. (Siphonen ohne Netzskulptur), häufig **M. avenae** (F.), Getreidelaus (gelblich bis schwarz; 2–3,3 mm), an Gräsern, auch Getreide, **M. rosae** (L.), Große Rosenblattlaus (hell, mit dunkler Zeichnung; 2,8–4 mm), an Rose, **A. pisum** (Harr.) [*155*] (grün; bis 5 mm), an Papilionaceen.
Hierher auch 2; **Microlophium** Mordv. u. Arten von **Macrosiphoniella** s. **17**.

20. Siphonen kürzer als die Cauda **21**
— Siphonen so lang od. länger als die Cauda **24**
21. Siphonen mindestens doppelt so lang wie an der Basis breit **22**
— Siphonen höchstens doppelt so lang wie an der Basis breit

a) An Gräsern od. Spargel: 5; **Diuraphis** Ajz., z. B. **D. holci** (Hille ris Lambers) (grün; 1,5–2 mm), an Holcus in Blattgallen.
b) An Umbelliferen: 3; **Semiaphis** v. d. Goot, z. B. **S. dauci** (F.) (hellgrün; 1,5–2 mm), an Möhre.
c) An Rosen (Hauptwirt) u. Aquilegium, Thalictrum (Nebenwirt): **Longicaudus trirhodus** (Walk.) (hellgelb bis -grün; 1,8–2,5 mm).
d) An Caryophyllaceen: 3; **Brachycolus** Buckt., z. B. **B. cadiva** (Walk.) (hellgrün bis gelb, bereift; 1,5–1,8 mm), an Silene vulgaris.
e) An Barbarea: **Brevicoryne buhri** Börn. (bräunlich; bis 2 mm).
f) An Umbelliferen: **Microsiphum** s. **14**.

22. Körper mit Wachs bedeckt, dunkel gefärbt . Arten von **Aphis** **28**
— Körper mit Wachs bedeckt, heller gefärbt

a) An Lonicera: **Hyadaphis tataricae** (Ajz.) (gelblich-grün; 1–2 mm), s. **4**.
b) An Chenopodiaceen: **Hayhurstia atriplicis** (L.) (grünlich; 2 mm), an Chenopodium, Atriplex.
c) An Cruciferen: **Brevicoryne brassicae** (L.) [*156*], Mehlige Kohlblattlaus (grünlich; 2–2,5 mm).
d) An Prunus (Hauptwirt) u. Phragmites, Molinia od. Typha (Nebenwirt): **Hyalopterus pruni** (Geoffr.), Mehlige Pflaumenlaus (hellgrün bis rot; 1,5–3 mm).

— Körper mindestens auf Oberseite ohne Wachs **23**
23. Siphonen mit gerundetem Ende. An Polygonum aviculare
Aspidaphis adjuvans (Walk.) (helloliv; 1,7–2 mm).
— Siphonen konisch breit. An Galium
Staegeriella necopinata (Börn.) (schmutzig-dunkelgrün; 1,5–2,2 mm).
— Siphonen zylindrisch

a) Grundfärbung dunkel, an Euphorbia: **Aphis** L. s. **28**.
b) Hell, Rücken mit dunklem Pigmentfleck. An Birne (Hauptwirt) u. Gräsern (Nebenwirt): **Melanaphis pyraria** (Pass.) (braun; 1,7–2 mm).
c) Ganz hell: **Hyalopteroides humilis** (Walk.) (länglich; gelblich; 2,3–3 mm), an Dactylis glomerata; 8; **Schizaphis** Börn. s. **28**.

24. Mit dicken steifen, langen, an der Spitze geknöpften Haaren . . **16**
— Mit kürzeren u. dünneren Haaren **25**
25. Stirn von oben gesehen ± gerade **26**
— Stirn sinusförmig, mit 1 Mittelhöcker u. je 1 (häufig flachen) Seitenhökker neben den Antennen **27**
26. Siphonen (meist auch Antennen, Beine u. Cauda) dunkel

a) An Galium: 2; **Hydaphias** Börn., z. B. **H. molluginis** Börn. (grünlich bis braun; 1,7–2,3 mm).
b) An Sichelmöhre (Falcaria): **Ammiaphis sii** (Koch) (schmutzig-grün, seitlich gelb; 1,8–2,5 mm).
c) An Rainfarn (Chrysanthemum vulgare): **Metopeurum fuscoviride**, s. **18**.

— Siphonen (auch Antennen, Beine u. Cauda) hell

a) An Compositen: 5; **Coloradoa** Wils., z. B. **C. absinthii** (Hille ris Lambers) (grün; 1–1,5 mm), an Artemisia absinthium.
b) An Weiden (Hauptwirt) u. Umbelliferen (Nebenwirt): 6; **Cavariella** del Guercio, z. B. **C. aegopodii** (Scop.) (grün; 2–2,8 mm).

27. Stirnprofil mit 3 weit vorspringenden Höckern. An Carex
Trilobaphis caricis Theob. (gelblichgrün; 1,7–2 mm).

— Stirnhöcker nicht weit vorstehend, aber Mittelhöcker vorgewölbt, die Fühlerwurzeln nach vorn überragend
a) An Rosa u. Potentilla: **Myzaphis rosarum** (Kalt.) (gelblich-grün; 1,6–2,2 mm).
b) An Berteroa: **Spatulophorus incanae** Müll. (grün; 1,5–2 mm), in Blütenständen.

— Ähnlich, aber Mittelhöcker das Niveau der Seitenhöcker nicht überragend **28**

28. Siphonen an der Spitze mit vorstehendem Rand, davor mit Einschnürung [*134d*], manchmal undeutlich, dann an Cruciferen
a) An Galium: **Galiobium langei** Börn. (grünlich bis rötlich; 1,3–2 mm).
b) An Cruciferen: 5; **Lipaphis** Mordv., z. B. **L. erysimi** (Kalt.) (grün bis gelb; 1,5–2 mm), besonders an Capsella bursa-pastoris u. Sisymbrium officinale, vor allem in Blütenständen.
c) An anderen Pflanzen: Nur an Gramineen u. Cyperaceen 8; **Schizaphis** Börn., häufig **S. graminum** (Rond.) (grün bis gelblich; 1,5–2,2 mm). Meiste Arten von 4; **Rhopalosiphum** Koch mit Wirtswechsel (Hauptwirt Holzgewächse, Nebenwirt Süßgräser u. Wasserpflanzen), häufig **R. nymphaeae** (L.), Sumpfpflanzenlaus (braun bis oliv; 2–2,5 mm), an Prunus u. Wasserpflanzen; **R. padi** (L.), Traubenkirschenlaus [*157*] (grün; um 2 mm), an Traubenkirsche u. Gräsern, auch Getreide; **R. insertum** (Walk.), Apfelgraslaus (grün; 1,2–1,8 mm), an Apfel u. Gräsern.

— Siphonen mit od. ohne Rand, aber ohne derartige Einschnürung. Seltener an Cruciferen
a) An Fichte: **Elatobium abietinum** (Walk.) (grün; 1,8 mm).
b) An Erica od. Empetrum: 2; **Ericaphis** Börn., z. B. **E. ericae** (Börn.) (grün bis gebräunt; 1,2–1,7 mm), an Erica.
c) An anderen Pflanzen: **Aphis** L. (± rundlich, dunkel od. hell mit ± ausgedehnter Zeichnung) mit etwa 100 Arten, häufig z. B. **A. fabae** Scop. [*158*], Schwarze Bohnenlaus (2–3 mm), an Bohne, Rüben u. a.; **A. sambuci** L., Holunderlaus (2,2–3,2 mm), an Holunder; **A. pomi** De Geer, Grüne Apfellaus (1,4–2,2 mm), an Apfel; **A. idaei** v. d. Goot (1,6–2,2 mm), an Himbeere; **A. grossulariae** Kalt. (1,4–1,9 mm), an Stachel-, Johannisbeere.

Familie: **Lachnidae,** Baumläuse

Meist größere Arten. Nicht wirtswechselnd. Ca. 50 Arten.

1. An Gehölzen **2**

— Unterirdisch an Compositen od. Hahnenfuß . . . . . . **Traminae**
Ohne Siphonen: 3; **Trama** v. Heyd., häufig **T. troglodytes** v. Heyd. (weißlich; 3–3,5 mm). Mit wenig erhobenen Siphonen: **Neotrama caudata** (Del Guercio) (blaß; 2,5–3 mm). Siphonen kegelstumpfförmig: 3; **Protrama** Bak., z. B. **P. ranunculi** (Del Guercio) (hell grünlich bis bräunlich; 2,5–3,8 mm), an Hahnenfuß.

2. An Nadelhölzern . . . . **Cinarinae**
a) An Nadeln von Kiefern. Körper meist unter 2,5 mm: 5; **Protolachnus** Theob. (Körper schlank, mindestens doppelt so lang wie breit), z. B. **P. agilis** (Kalt.) (grün; 1,5–2,5 mm), an Pinus sylvestris, bei Störung sehr beweglich. 2; **Schizolachnus** Mordv. (Körper rundlich bis oval, höchstens 1,7mal so lang wie breit), häufig **S. pineti** (F.) (braun; 2–2,4 mm), an Pinus sylvestris.
b) An Zweigen, Stämmen u. Wurzeln von Nadelhölzern. Körper meist über 2,5 mm: **Lachniella costata** (Zetterstedt) (mit krümeligen Wachsausscheidungen; grün bis braun; 2,5 mm), an Fichtenzweigen. Körper höchstens mit wenig Wachspuder: **Cinara** Curt. mit etwa 25 Arten, häufig an Fichten **C. piceae** (Panz.) (dunkelbraun; bis 6 mm), häufig an Kiefern **C. pini** (L.) (braun; 3–3,5 mm), an Wacholder **C. juniperi** (De Geer) (hellbraun; um 2,5 mm).

— An Laubhölzern . . . . **Lachninae**

a) Rüssel viel länger als der Körper. Körper groß: 5; **Stomaphis** Walk., an Stämmen von Eichen, Birken, Pappeln, Weiden, Ahorn, an Eiche z. B. **S. quercus** (L.) (dunkelbraun; 5,5–7,5 mm).

b) Rüssel kürzer. Körper kleiner: An Zweigen von Weiden **Tuberolachnus salignus** (Gmel.) [*159*], Große Weidenrindenlaus (braun; 4–5 mm). An Zweigen od. Wurzeln von Rosen **Maculolachnus submacula** (Walk.) (braun; 3–3,5 mm). An Zweigen (selten am Stamm) von Eichen od. Buchen **Lachnus roboris** (L.) (Siphonen auf dunkelbraunen Höckern; braun; 4–5 mm), 2; **Schizodryobius** v. d. Goot (Umgebung der Siphonen wenig pigmentiert; dunkelbraun; 3–4,5 mm), z. B. **S. pallipes** (Hart.) an Buche.

Coccina, Schildläuse

♂ wenige mm lang, meist geflügelt, Htflügel zu Schwingkölbchen umgewandelt (s. S. 191 [*8*]), ohne Mundwerkzeuge; bei **Ortheziidae** u. **Margarodidae** mit Stirn- u. Facettenaugen, bei übrigen Familien nur mit Stirnaugen (s. S. 191 [*8*] [*160*]). ♀ 1–8 mm, ungeflügelt, mit entwickeltem Saugrüssel; Körper meist schildförmig od. in kapselartige Hülle eingeschlossen od. mit – häufig weißer – Sekretauflage bedeckt. Viele Arten unbeweglich. Etwa 185 Arten. Bestimmungstabelle gilt nur für ♀♀.

1. Unbeweglich. Körper dorsoventral abgeplattet, mit abnehmbarem Schild bedeckt . . . . Deckelschildläuse, **Diaspididae**

Ohne Beine. Antennen fast ganz reduziert. Abdomen hinten als stärker sklerotisiertes Pygidium mit kleinen, randständigen Fortsätzen. Kopf des ♂ ziemlich breit mit Thorax verschmolzen. Klein (1–2 mm). Etwa 60 Arten, z. B. **Quadraspidiotus perniciosus** (Comst.) [*161*], San José-Schildlaus (Schild rundlich, grau), Schädling an Obst in Süddeutschland, aus Kalifornien eingeschleppt; ähnlich **Q. ostreaeformis** (Curt.) u. **pyri** (Licht.), ebenfalls an Obst u. anderen Laubhölzern. **Lepidosaphes ulmi** (L.) [*162*], Kommaschildlaus (Schild miesmuschelförmig, graubraun), an Laub- u. Nadelhölzern. **Chionaspis salicis** (L.), (Schild birnförmig, weiß), polyphag.

— Unbeweglich. Körper mit kapselartigem, hornigem Schild, Haut mit in 8-Form paarweise stehenden Drüsenmündungen Pockenläuse, **Asterolecaniidae**

Ohne Beine. Antennen stummelförmig. An Rinde von Eichen, in napfartigen Vertiefungen, z. B. **Asterodiaspis variolosa** (Ratz.) (schmutziggrün; 1–1,5 mm).

— Beweglich od. unbeweglich. Körper anders. Beine u. Antennen meist gut entwickelt **2**

2. Körperoberfläche mit weißen, oberseits plättchenförmigen Sekretausscheidungen bedeckt [*163*]. Beine vorhanden, Coxa (Hüfte) u. Trochanter (Schenkelring) verschmolzen Röhrenläuse, **Ortheziidae**

Analöffnung von Ring mit 6 Borsten umgeben. Fortbewegung langsam. 5 Arten, z. B. **Orthezia urticae** (L.) (bis 10 mm), polyphag an krautigen Pflanzen; **Newsteadia floccosa** [*163*] (De Geer) (4–6 mm), in der Bodenstreu der Wälder u. Hecken.

— Körperoberfläche nicht mit plattigen Sekretausscheidungen bedeckt. Wenn Beine vorhanden, Coxa u. Trochanter getrennt **3**

3. Mit dorsalen Abdominalsegmenten. Analring fehlend Höhlenschildläuse, **Margarodidae**

Beine meist entwickelt, seltener reduziert. Haut mit ± siebartigen Drüsenmündungen u. hüllenartigen Sekretausscheidungen. 6 Arten, z. B. **Matsucoccus matsumurae** (Kuw.) (hellbraun; 3–4 mm), unter Rinde von Kiefern; **Porphyrophora polonica** (L.) (dunkel; 4–7 mm), am Wurzelhals von Kräutern sandiger Böden.

— Ohne dorsale Abdominalstigmen. Analring vorhanden [*167b*] **4**

4. Htende mit deutlichem Analspalt; Analöffnung am Grunde des Spaltes meist mit 2 klappenartigen Anallappen bedeckt [*164b*]. Körperseg-

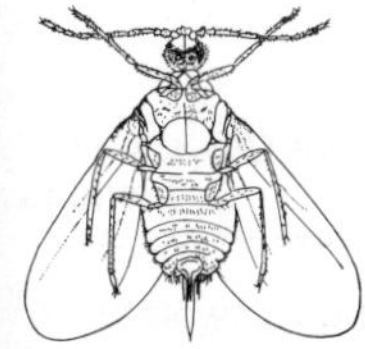

ventral 160

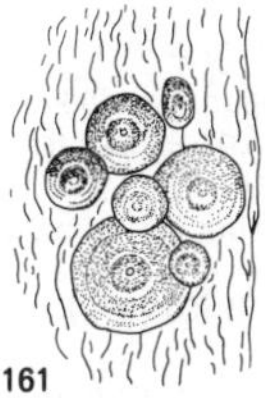

161

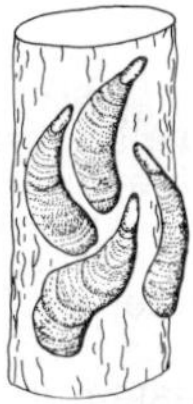

162

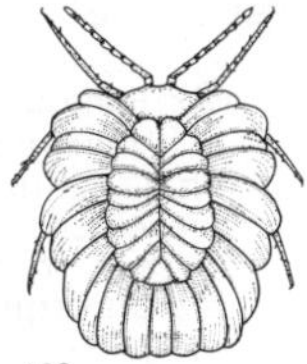

163

165

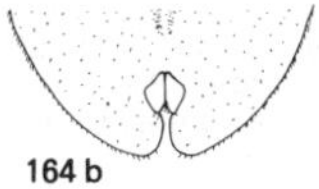

164 b

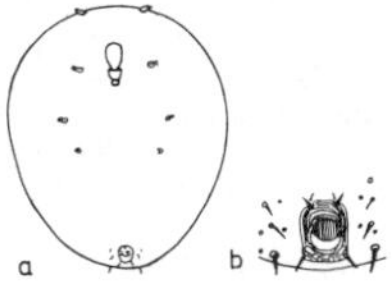

167

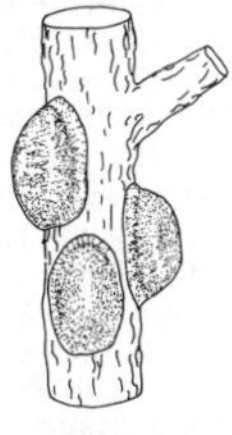

164 a

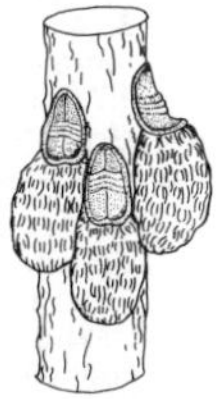

166

mentierung verwischt od. fehlend. Dorsalseite meist napfförmig gewölbt . . . . Napfschildläuse, **Coccidae** (= **Lecaniidae**)

Seitenrand des Körpers oft mit Dornenreihe. Etwa 40 Arten, z. B. **Parthenolecanium corni** (BOUCHÉ) [*164a, b*] (braun; 3–6 mm), an Obstbäumen u. Beerensträuchern schädlich; ähnlich **Eulecanium tiliae** (L.), an Laubhölzern; **Physokermes hemicryphus** (DALM.) (rotbraun; 5–8 mm) u. **Ph. piceae** (SCHRANK) [*165*] (3–4 mm), Fichtenquirlschildläuse, ihr „Honigtau“ ist Grundlage des Waldhonigs; **Pulvinaria vitis** (L.) [*166*] (4–6 mm), hinten mit starker Wachsausscheidung, schädlich an Obst und Reben.

— Analspalt u. Anallappen fehlend. Wenn napfartig u. ohne Segmentgrenzen, dann auf Eiche beschränkt; sonst Segmentierung meist deutlich **5**

5. Körper ohne Segmentgrenzen, nieren- bis kugelförmig. Analring ohne Borsten. Beine winzig

Eichennapfläuse, **Kermesidae** (= **Kermidae**)

2; **Kermes** BOIT. (Haut dunkel gebändert), z. B. **K. quercus** (L.), an verletzten Rindenstellen oder in Borkenritzen alter Eichen.

— Segmentierung fast stets deutlich. Analring mit 4 od. mehr Borsten. Beine vorhanden od. reduziert

Schmier- oder Woll-Läuse, **Pseudococcidae** (s. l.)

Eriococcidae (Körper mehlig bepudert), **Pseudococcidae** s. str. u. **Cryptococcidae** (Körper meist von weißer Wachshülle bedeckt). Etwa 65 Arten, z. B. **Cryptococcus fagisuga** LIND. [*167a, b*] (1 mm) an Buche, **Pseudochermes fraxini** (KALT.) (0,5 mm) an Esche, **Gossyparia spuria** (MOD.) (2,5 mm) an Ulme, **Phenacoccus aceris** (SIGN.) (3–5 mm), polyphag an Laubgehölzen.

Psyllina, Blattflöhe

Flügel in Ruhe dachförmig. Mit Sprungvermögen. Etwa 90 Arten.

1. 2. Fühlerglied auffällig verdickt, länger als jedes andere Glied, Augen nicht besonders hervortretend [*168*] . . . . **Liviidae**
2; **Livia** LATR. (braun; 3–4 mm), **L. juncorum** (LATR.) an Juncus, Larve erzeugt Sproßgallen; **L. crefeldensis** (MINK), an Carex.

— 2. Fühlerglied kürzer als 3. Augen kugelig nach außen gewölbt [*170, 172*] **2**

2. Vom Hauptaderstamm im Vdflügel entspringen 3 Äste aus 1 Punkt [*169*]. Mit Stirnkegeln [*170*] . . . . **Triozidae**
Trichochermes walkeri (FÖRST.) (Rücken behaart, Vdflügel dunkel gefleckt; rotbraun; 3–4 mm), an Rhamnus. **Trioza** FÖRST. (Rücken unbehaart; Vdflügel nicht gefleckt), artenreich, z. B. **T. urticae** (L.) (hellbraun; 3–4 mm) an Urtica u. **T. apicalis** FÖRST. (grün; 1,7 mm), an Umbelliferen, schädlich an Möhre.

— Vom Hauptstamm gabeln sich zunächst nur 2 Äste [*173*] . . **3**

3. Mit großen Stirnkegeln unter den Fühlern [*170*] . . . . **Psyllidae**
Vorderflügel ledrig derb: **Livilla ulicis** CURT. (dunkelbraun; 2–2,5 mm), u. a. an Ginster, Calluna. Vorderflügel häutig: mehrere Gattungen, darunter **Arytaina genistae** (LATR.) (grün bis gelbbraun; 2,5–3 mm), an Ginster; 3; **Psyllopsis** LÖW (an Esche), häufig **P. fraxini** (L.) (grünlich, dunkel gezeichnet; 4–5 mm); **Psylla** GEOFFR. (einschließlich **Cacopsylla** OSS.), an Laubhölzern, viele Arten, z. B. **P. mali** SCHMIDB. u. **melanoneura** FÖRST. an Apfel, **P. pyrisuga** FÖRST., **pyricola** FÖRST. [*171*] u. **pyri** (L.) an Birne.

— Stirnkegel fehlend [*172*] . . . . **Aphalaridae**
Vorderflügel ohne Pterostigma: 4; **Aphalara** FÖRST. (Färbung: ziegelrot, weiß u. braun), häufig **A. polygoni** FÖRST. (2–3 mm). 6; **Craspedolepta** END. (Färbung: grün, gelb, braun od. schwarz u. bleichgelb), z. B. **C. nervosa** (FÖRST.) (2–2,5 mm) auf Achillea. Vorderflügel mit Pterostigma [*173*]: z. B. **Rhinocola aceris** (L.) (2–3 mm), an Ahorn. **Strophingia ericae** (CURT.) (1–1,25 mm), an Calluna.

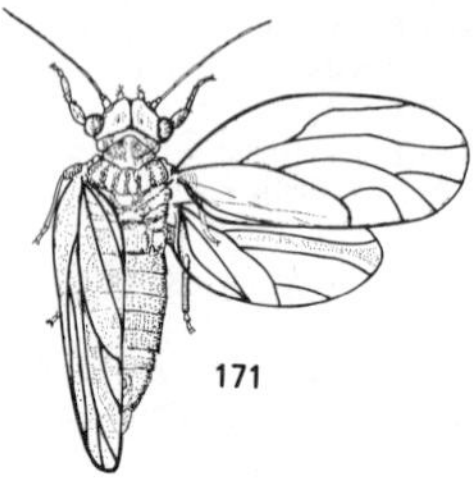
171

170

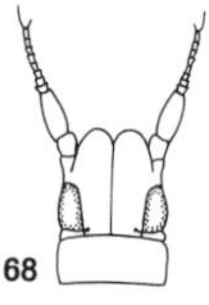
168

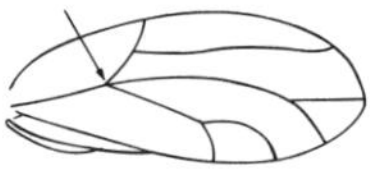
169

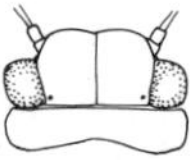
172

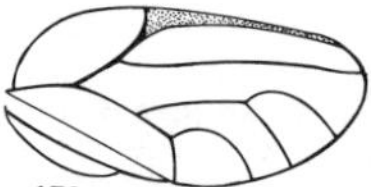
173

Literatur

BÖRNER, C.: Europae centralis Aphides. Die Blattläuse Mitteleuropas. Mitteilungen der Thüringischen Botanischen Gesellschaft, Beiheft 3. Weimar, 1952. – DOLLING, W. R.: The Hemiptera. Oxford, 1991. – GIUSTINA, W. DELLA: Homoptères Cicadellidae. Vol. 3. Compléments aux ouvrages d'Henri Ribaut. Faune de France 73. Paris, 1989. – HAUPT, H.: Gleichflügler, Homoptera. In: Brohmer, Ehrmann, Ulmer, Tierwelt Mitteleuropas, Bd. IV, Lief. 3. Leipzig, 1925. – HEIE, O. E.: The Aphidoidea (Hemiptera) of Fennoscandia and Denmark. I.II. Fauna entomologica scandinavica. Vol. 9, 11, 17, 25. Klampenborg, 1980–1992. – HEINZE, K.: Systematik der mitteleuropäischen Myzinae. Beiträge zur Entomologie Bd. 10, 744–842, Bd. 11, 24–96, 1960, 1961. – HODKINSON, I. D., WHITE, I. M.: Homoptera. Psylloidea. Handbooks for the identification of British insects. Vol. II, Part 5 (a). London, 1979. – KOSZTARAB, M., KOZAR, F.: Scale insects of Central Europe. Dordrecht, Boston, 1988. – OSSIANNILSSON, F.: The Auchenorrhyncha (Homoptera) of Fennoscandia and Denmark. Fauna entomologica scandinavica. Vol. 7, Part 1–3. Kopenhagen, 1978–1983. – LE QUESNE, W. J.: Hemiptera. Cicadomorpha, Fulgoromorpha. Handbooks for the identification of British insects. Vol. II, Part 2 (a–c), 3. London, 1960–1981. – REMANE, R., WACHMANN, E.: Zikaden kennenlernen, beobachten. Augsburg, 1993. – RIBAUT, H.: Homoptères Auchénorhynques I (Typhlocybidae), II (Jassidae). Faune de France 31, 57. Paris, 1936, 1952. – SCHMUTTERER, H.: Schildläuse od. Coccoidea I. Deckelschildläuse od. Diaspididae. Tierwelt Deutschlands, Teil 45. Jena, 1959. – STROYAN, H. L. G.: Homoptera Aphidoidea (Chaitophoridae, Callaphididae). Aphids – Pterocommatinae and Aphidinae (Aphidini). Handbooks for the identification of British insects. Vol. II, Part 4 (a), 6. London, 1977, 1984. – WAGNER, E.: Wanzen, Heteroptera. In: Brohmer, Ehrmann, Ulmer, Tierwelt Mitteleuropas, Bd. IV, Lief. 3. Leipzig, 1961. – WAGNER, E.: Blindwanzen od. Miriden. Wanzen od. Heteropteren I. Pentatomorpha, II. Cimicomorpha. Tierwelt Deutschlands. Teil 41, 54, 55. Jena, 1952, 1966, 1967. – ZAHRADNIK, J.: Aleyrodina (Mottenläuse). In: Brohmer, Ehrmann, Ulmer, Tierwelt Mitteleuropas, Bd. IV, Lief. 3. Leipzig, 1963.

Ordnung: **Planipennia,** Echte Netzflügler

Insekten mit beißenden Mundwerkzeugen, freiem Prothorax, mit gleichartigen, häutigen, meist netzadrigen Flügeln und mit vollkommener Verwandlung (Holometabolie). Larven mit Saugzangen ([*52b*], S. 197), die meisten Larven leben auf dem Land, nur die von **Sisyra** im Wasser und von **Osmylus** amphibisch, spinnen vor Verpuppung Kokon. Räuber. Im Gebiet etwa 95 Arten.

System:
Familien **Coniopterygidae, Osmylidae, Sisyridae, Hemerobiidae, Chrysopidae, Mantispidae, Myrmeleonidae, Ascalaphidae**

Im Gebiet der B.R. Deutschland besonders geschützt: Ascalaphidae, Myrmeleontidae, Mantispa.

1. Fühler am Ende keulenförmig od. knopfartig verdickt **2**
— Fühler am Ende nicht verdickt **3**
2. Fühler fast so lang wie Vorderflügel. Flügel bunt, mit großen gelben u. braunen Flecken [*1*] . . . . . Schmetterlingshafte, **Ascalaphidae**
Groß, schmetterlingsähnlich. Nur 2; **Libelloides** Tjed. (**Ascalaphus** F.), räuberisch auf Bergwiesen im südlichen Bereich.
— Fühler viel kürzer als Vorderflügel (etwa so lang wie Kopf ± Thorax). Flügel glashell od. nur mit kleinen, braunen Flecken. Libellenähnlich [*2*] . . . . Ameisenjungfern, **Myrmeleontidae**
Groß, libellenähnlich. 5 Gattungen mit 6 Arten. Häufig nur **Myrmeleon formicarius** L. (Flügel ungefleckt) u. **Euroleon nostras** (Fourcroy) (Flügel gefleckt). Larven (Ameisenlöwen) bauen trichterförmige Gruben in Sand u. saugen die hereinfallenden Insekten aus. Die Larven einiger Arten ohne Bau eines Trichters im Boden.
3. Flügelgeäder stark reduziert, höchstens 2 Queradern im Randfeld des Vorderflügels. Körper u. Flügel durch Wachs weiß bestäubt. Unter 10 mm [*3*] . . . . Staubhafte, **Coniopterygidae**
6 Gattungen, wichtig **Conwentzia** End. (mit stark reduzierten Hinterflügeln) u. **Coniopteryx** Curtis. Auf Bäumen u. Gebüsch. Fressen Blattläuse und Insekteneier.
— Im Randfeld des Vorderflügels viele Queradern. Ohne weiße Bestäubung **4**
4. Vorderbeine zu großen Fangbeinen umgestaltet
Fanghafte, **Mantispidae**
Nur **Mantispa styriaca** (Scop.) (Flügelspanne 22–34 mm), im Süden, selten. Larven dringen in Eikokon von Spinnen (Lycosiden) ein u. fressen die Eier.
— Alle Beine gleichartig, keine Fangbeine **5**
5. Mit Stirnaugen (Ocellen). Kopf braunrot . . Bachhafte, **Osmylidae**
Nur **Osmylus fulvicephalus** (Scop.) (Flügelspanne 42–50 mm), besonders an schattigen, klaren Bächen.
— Ocellen fehlen **6**
6. Queradern im Flügelrandfeld gegabelt [*5, 6*]
Blattlauslöwen, **Hemerobiidae** **8**
— Queradern im Flügelrandfeld nicht gegabelt [*4*] **7**
7. Fühler perlschnurartig, kurz. Flügelspanne bis 14 mm
Schwammfliegen, **Sisyridae**
Nur 4; **Sisyra** Burm., häufig **S. fuscata** (F.) (gesamte Fühler schwarz, Flügel einfarbig braun). Imagines an ufernaher Vegetation. Larven im Wasser, saugen an Schwämmen, seltener an Bryozoen.
— Fühler borstenartig, lang. Flügelspanne mindestens 18 mm, meist länger . . . . Florfliegen, **Chrysopidae**

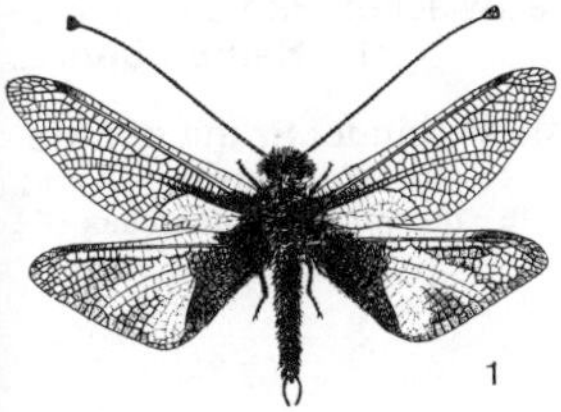

1

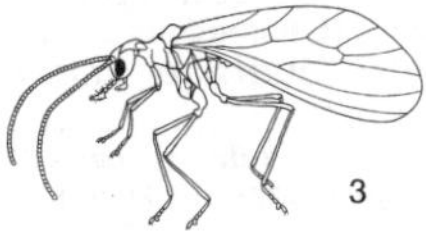

3

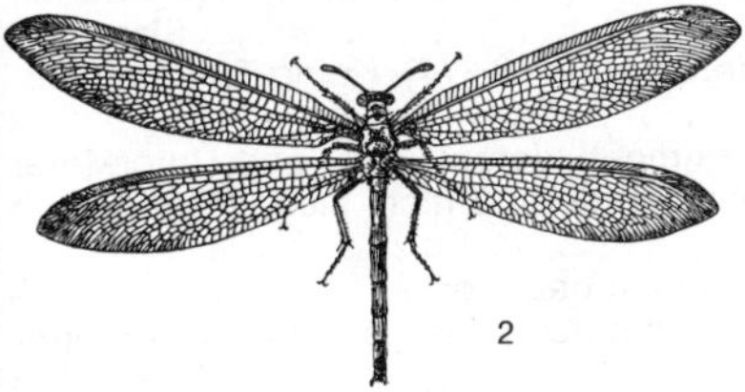

2

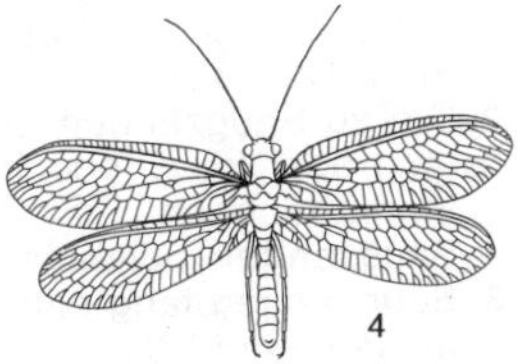

4

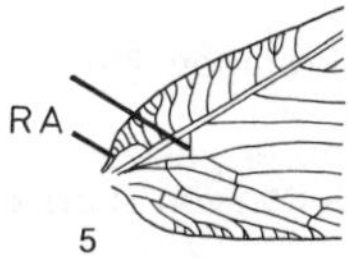

5

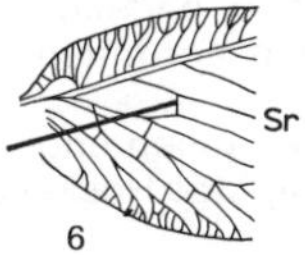

6

Hypochrysa elegans (BURM.) (alle Adern schwarz, Flügelrandfeld (FRF) mit weniger als 15 Queradern); übrige Gattungen mit mehr als 15 Queradern. **Notochrysa** MCLACHLAN (Kopf leuchtend gelborange, Körper vorwiegend braun). Körper vorwiegend grün: **Chrysopinae** mit 20 Arten in 7 Gattungen, darunter **Chrysoperla carnea** (STEPH.) (grüne Queradern im FRF, im Winter Umfärbung von grün zu rötlich), überwintert in Häusern; **Chrysopa perla** (L.) [*4*] (schwarze Queradern im FRF).

8. An Basis des Randfelds im Vorderflügel eine kleine zur Flügelwurzel zurücklaufende Ader [*5:* RA] **10**

— Aderung anders **9**

9. Flügelspanne 5–7 mm. Im Gras . . . . . **Psectra diptera** (BURM.)

— Flügelspanne über 11 mm . . . . 4; **Micromus** RAMBUR

Häufig **M. variegatus** (F.) (Vorderflügel glashell, grauschwarz gescheckt, lang u. schmal). Flügel der übrigen Arten, darunter **M. paganus** (L.), viel breiter.

10. Vorderflügel unter der Spitze buchtig ausgeschnitten. Flügelspanne 29–34 mm . . . . **Drepanepteryx phalaenoides** (L.)

— Vorderflügel nicht buchtig ausgeschnitten **11**

11. Randfeld des Vorderflügels am Grunde stark bogig verbreitert

2; **Megalomus** RAMBUR, bevorzugt xerotherme Biotope. **Drepanepteryx algida** (ERICHSON), in subalpinen Nadelwäldern, besonders auf Larix.

— Randfeld des Vorderflügels nicht auffallend verbreitert . . . **12**

12. Hinterflügel, abgesehen von den Rändern, mit höchstens 3 Queradern auf der Flügelfläche. Flügelspanne 8–12 mm 5; **Sympherobius** BANKS

— Hinterflügel auf der Fläche mit mehr als 3 Queradern **13**

13. Im Vorderflügel eine Querader (am Grunde zwischen Radius und Media) vor Abzweigung der Ader Sr [*5*] . . . . . 15; **Hemerobius** L.
Häufig **H. humulinus** L. (Flügelspanne 15–18 mm).

— Diese Querader liegt mehr zur Mitte hin, sie verbindet Sr mit der Media [*6*] . . . . 12; **Wesmaelius** Krüg.
Häufig **W. subnebulosus** (Stephens) (Flügelspanne 16–18 mm) u. **W. nervosus** (F.) (Flügelspanne 16–20 mm).

Larven der Planipennia

1. Fuß mit 1 Kralle. Kopf im Vergleich zum Thorax sehr klein [*7*]. Bauch mit Tracheenkiemen. Aquatisch . . . . **Sisyridae**

— Fuß mit 2 Krallen. Kopf nicht derart klein [*8–14*]. Keine Tracheenkiemen. Terrestrisch **2**

2. Die zu Saugzangen mit Röhre umgebildeten Ober- und Unterkiefer lang oder kurz, jedoch ziemlich gerade und nicht sichelförmig nach innen gebogen **3**

— Saugzangen sichelförmig nach innen gebogen **4**

3. Saugzangen lang stilettförmig, leicht auswärts gebogen, viel länger als der Kopf [*8*] . . . . **Osmylidae**

— Saugzangen sehr kurz, von Oberlippe bedeckt oder etwas hervorragend, gerade, nadelförmig [*9*] . . . . **Coniopterygidae**

4. Saugzangen am Innenrand mit kräftigen Zähnen. Körper kurz und breit **6**

— Saugzangen innen ungezähnt. Körper gestreckt **5**

5. Borstentragende Höcker an den Seiten von Thorax u. Hinterleib [*10*] **Chrysopidae**

— Ohne borstentragende Höcker an den Seiten [*11, 12*] **Hemerobiidae**
(**Hemerobius:** Fühler länger als der Kopf [*11*], **Sympherobius:** Fühler kürzer als der Kopf [*12*]).
Mantispidae: Larve 1 freilebend, ähnlich Hemerobiidae, aber Kopf viel breiter als Pro- und Mesothorax. Larve 2 parasitisch in Eikokons von Spinnen, madenförmig mit winzigen Beinstummeln.

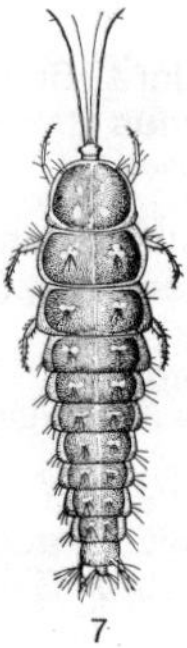
7

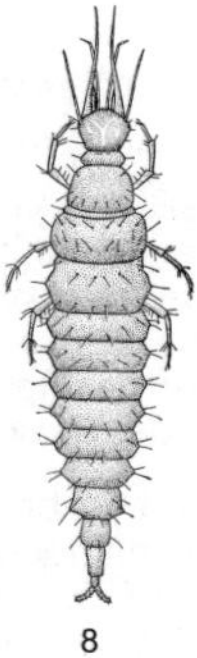
8

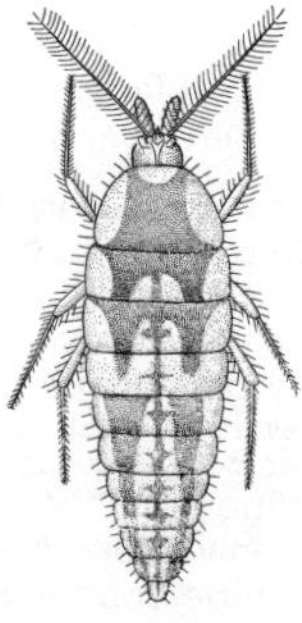
9

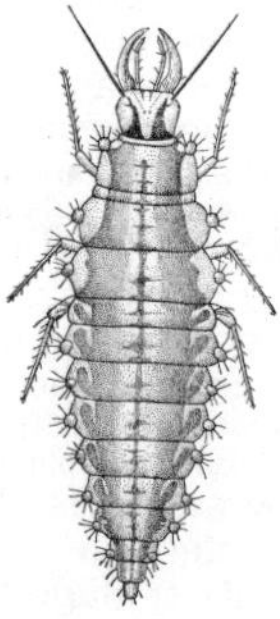
10

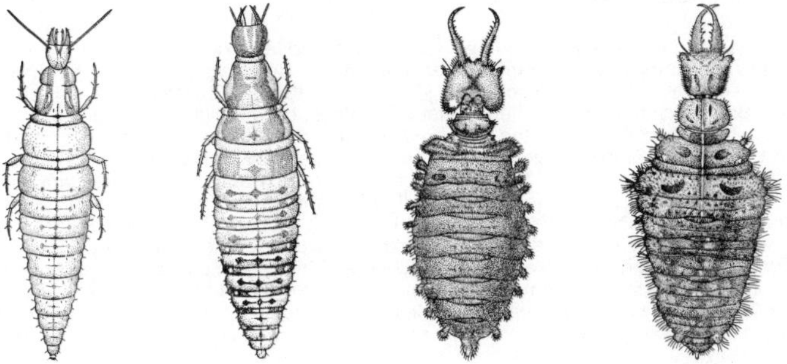

11 12 13 14

6. Hinterrand des Kopfes in der Mitte stark gebuchtet. Hinterleibssegmente mit seitlichen, lappenförmigen Anhängen [*13*] **Ascalaphidae**

— Hinterrand des Kopfes ziemlich gerade. Htleibssegmente ohne Anhänge [*14*] . . . . **Myrmeleontidae**

Literatur

Aspöck, H. u. U.: Die Neuropteren. Naturkundl. Jahrb. Linz, 1964; Teil II. Linz, 1969. – Aspöck, H. u. U., Hölzel, H.: Die Neuropteren Europas. I. u. II. Krefeld, 1980.

Ordnung: **Coleoptera,** Käfer

Mundwerkzeuge beißend: Oberlippe (Labrum), Oberkiefer (Mandibeln), Unterkiefer mit Taster (Maxillen), Unterlippe mit Taster (Labium). 1. Brustring (Prothorax) bei Imagines frei beweglich und vom **Halsschild** (**H** [*1*]) bedeckt. Vom 2. Brustring (Mittelbrust) höchstens Basis sichtbar, auf ihm liegt meist ein kleines, gewöhnlich dreieckiges **Schildchen** (**Sch** in [*1*]). Oberflügel zu festen Decken (**Elytren = E** [*1*]) umgebildet, darunter die häutigen Unterflügel. Hinterleib von den Elytren meist bedeckt, seine einzelnen Ringe (Segmente) nennt man oberseits Tergite, unterseits Sternite (Bauch). Die Elytren stoßen in einer Linie, der Naht, zusammen; selten klafft diese am Ende auseinander, dann fehlen die Unterflügel. Der Seitenrand der Elytren wölbt sich oft nach unten über den Seitenrand des Hinterleibs und bildet dann eine Art Kante (Epipleurum). Beine aus Hüfte (Coxa), Schenkelring (Trochanter), Schenkel (Femur), Schiene (Tibia) und bis zu 5 Fußgliedern (= Tarsen; Zählung beginnt mit dem basalen, an die Tibia angrenzenden Glied), am Ende mit 1 oder 2 Krallen; diese sind keine Tarsenglieder. Entwicklung mit Puppenstadium zwischen Larven und Imago (Vollkerf), an dem der Käfer meist schon zu erkennen ist (Holometabolie).
Familien mit wenigen Gattungen werden bereits im Familienschlüssel näher behandelt, umfangreiche Familien in besonderen Tabellen. Die 0,5–1 mm langen **Ptiliidae** mit oft kreuzweise ausgestreckten fransenförmigen Unterflügeln fehlen der Tabelle (sie leben unter Fallaub und im Kompost).
Ursprüngliche Ernährungsweise der Käfer ist räuberisch (Zoophagie) oder Verzehr von totem organischem (meist Bakterien und Pilze enthaltendem) Material (Saprophagie). Fraß an grünen Pflanzen (Phytophagie) entwickelte sich am spätesten in der Evolution. **Zoophagie** herrscht vor bei Adephaga (außer Haliplidae), verschiedensten Staphylinidae, vielen Hydrophilidae-Larven, den Histeridae, Helodidae, Cantharoidea, Cleroidea, den meisten Coccinellidae. – **Saprophagie** als Fraß von Detritus, Kot, Aas zeigen viele Staphylinoidea, viele Hydrophilidae und Scarabaeidae, Dermestidae, Ptinidae, einige Familien der Clavicornia und Heteromera (u. a. Tenebrionidae). – **Phytophagie** im weitesten Sinne (Pollen, Nektar, Blätter, Holz (Ho)) findet sich bei Haliplidae, Imagines der Hydrophilinae, vielen Scarabaeidae, Lucanidae (Ho), Byrrhidae, Dryopidae, Buprestidae (Ho), Elateridae (einige: Ho), Lyctidae (Ho), Bostrychidae (viele: Ho), Anobiinae (viele: Ho), Lymexylonidae (Ho), Cerambycidae (die meisten: Ho), Chrysomelidae, Bruchidae, Anthribidae, Curculinonidae, Scolytidae (Ho), Platypodidae (Ho).
Die meisten Käfer leben an Land, einschließlich feuchter Ufer. Echte Wassertiere sind Hydradephaga, Hydraenidae, Spercheidae, viele Hydrophilidae und Dryopidae, Larven der Helodidae und Donaciinae (Chrysomelidae).
Abkürzungen: Vd- = Vorder-, Mt- = Mittel-, Ht- = Hinter-, E = Elytren, H = Halsschild. Die **Tarsenformel** (z. B. 5,5,4) gibt die Zahl der Tarsalglieder für Vorder-, Mittel- und Hintertarsus an.

System:
Unterordnung **Adephaga**
- **Geadephaga: Cicindelidae** [*26*], **Carabidae** [*27, 52–55*]
- **Hydradephaga: Hygrobiidae, Haliplidae, Dytiscidae** [*25*], **Gyrinidae** [*24*]

Unterordnung **Polyphaga**
- **Sphaeriiformia: Sphaeriidae**
- **Staphyliniformia**
  - **Staphylinoidea: Silphidae** [*41, 42*], **Liodidae, Catopidae, Colonidae, Leptinidae, Ptiliidae, Scydmaenidae, Scaphidiidae, Orthoperidae, Staphylinidae** [*1, 2, 66–70*], **Pselaphidae, Hydraenidae**
  - **Hydrophiloidea: Spercheidae, Hydrophilidae** [*23*]
  - **Histeroidea: Histeridae** [*38*], **Sphaeritidae**
- **Elateriformia**
  - **Scarabaeoidea: Scarabaeidae** [*35*], **Lucanidae** [*36*]
  - **Dascilloidea: Eucinetidae, Clambidae, Helodidae** [*34*], **Dascillidae**
  - **Byrrhoidea: Byrrhidae** [*39*]
  - **Dryopoidea: Dryopidae** [*37*], **Heteroceridae** [*10*], **Georyssidae**
  - **Buprestoidea: Buprestidae**
  - **Elateroidea: Elateridae** [*28*], **Cerophytidae, Eucnemidae, Throscidae**
  - **Cantharoidea: Drilidae, Lampyridae, Cantharidae** [*34*], **Lycidae**

Cucujiformia

Dermestoidea: Dermestidae [*40*], **Nosodendridae, Derodontidae**
Bostrychoidea: Lyctidae [*46*], **Bostrychidae** [*13*], **Anobiidae** [*31*], **Ptinidae** [*32*]
Cleroidea: Cleridae [*5*], **Melyridae**
Lymexyloidea: Lymexylidae [*30*]
Clavicornia: Ostomidae, Nitidulidae [*44*], **Rhizophagidae, Cucujidae** [*45*], **Cryptophagidae** [*47*], **Byturidae** [*43*], **Erotylidae, Phalacridae, Cisidae, Coccinellidae** [*3*], **Endomychidae, Lathridiidae, Colydiidae, Mycetophagidae**
Heteromera: Tenebrionidae [*14*], **Lagriidae** [*20*], **Alleculidae** [*16*], **Pythidae, Pyrochroidae** [*19*], **Serropalpidae** [*18*], **Scraptiidae, Mordellidae** [*17*], **Rhipiphoridae, Meloidae** [*15*], **Oedemeridae** [*22*], **Anthicidae** [*21*], **Aderidae**
Chrysomeloidea: Cerambycidae [*8*], **Chrysomelidae** [*9*], **Bruchidae** [*7*]
Curculionoidea: Anthribidae [*6*], **Curculionidae** [*4*], **Scolytidae** [*11*], **Platypodidae** [*12*]

Im Gebiet der B.R. Deutschland besonders geschützt: manche **Carabidae (Calosoma, Carabus, Cicindela); Dytiscus latissimus; Hydrous;** manche **Scarabaeidae (Cetoniinae, Oryctes nasicornis, Osmoderma eremita, Polyphylla fullo, Copris lunaris, Typhoeus typhoeus);** manche **Cleridae** (z.B. **Trichodes apiarius**); alle **Lucanidae;** fast alle **Buprestidae; Meloe;** manche **Cerambycidae (Dorcadion fuliginator, Ergates faber, Necydalis major, Tragosoma depsarium, Megopis scabricornis, Rosalia alpina, Aromia moschata, Cerambyx, Purpuricenus kaehleri, Lamia textor).**

1. E abgestutzt u. verkürzt, oft nicht viel länger als breit u. kaum die Hälfte des Htleibs bedeckend [*1*]. Unterflügel unter den mit gerader Naht sich berührenden E einziehbar. Schlank. Selten E länger (z.B. [*2*]), dann aber Gesamthabitus ähnlich wie [*1*] **2**

— E bedecken Htleib ganz od. lassen sein Ende frei **3**

Wenn stärker verkürzt, dann Unterflügel über Htleib sichtbar (einige **Cerambycidae**), od. Fühler mit deutlich mehrgliedriger Keule, od. E haben schräge Naht u. klaffen auseinander **(Meloidae, Lymexylidae, Rhipiphoridae),** od. E fast bzw. ganz fehlend (einige **Cantharoidea**).
Auch bei **Platypsyllus castoris** Rits., Biberlaus (Familie **Leptinidae**), nur auf dem Biber, sind E verkürzt (etwa 2 mm; Fühler kurz, am Ende mit Haarbüscheln; Kopf groß, halbkreisförmig, ohne Augen).

2. Tarsen meist 5-, seltener 4- od. 3gliedrig, mit 2 Krallen. Htleib mit 6–7 beweglichen Segmenten [*1*] . . Kurzflügler, **Staphylinidae** S. 337

— Tarsen stets 3gliedrig u. oft mit nur 1 Kralle. Htleib aus 5 starren Segmenten. 1–3 mm . . . . Zwergkäfer, **Pselaphidae**

2; **Claviger** Preyssler, Keulenkäfer (Fühler 2–6gliedrig), Ameisengäste. Die übrigen Gattungen mit 10–11gliedrigen Fühlern; in der Streuschicht usw., oft mit Ameisen vergesellschaftet, z.B. **Euplectus** Leach oder **Pselaphus** Herbst.

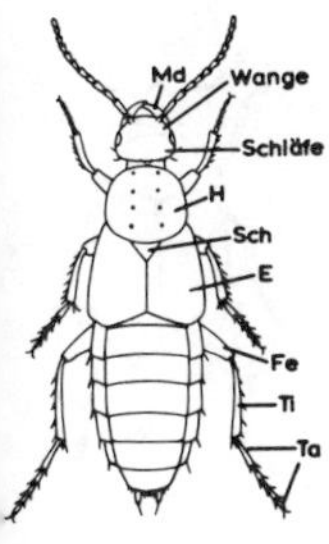

1

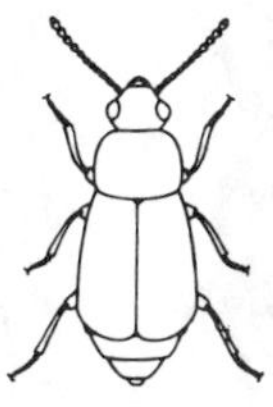
2

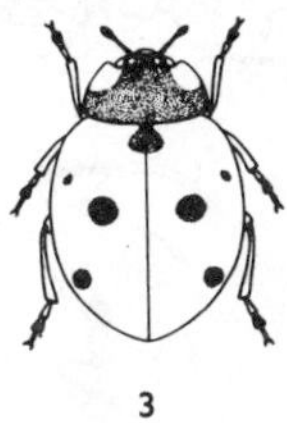
3

3. Alle Tarsen wirklich od. scheinbar 3gliedrig (Tarsenformel: 3,3,3) **4**
— Andere Tarsenformeln **6**
4. Tarsen breit, mit bürstenartiger Sohle. Körper gewölbt . . . **5**
— Tarsen nicht so, Körper flacher u. schlank, meist braun, 1–3 mm
Moderkäfer, **Lathridiidae**

An schimmeligem Substrat. 9 Gattungen, darunter **Enicmus** Thoms. u. **Corticaria** Marsham.

5. Fühler vor den Augen eingelenkt, unter den Kopf zurückziehbar [*3*]
Marienkäfer, **Coccinellidae** S. 351

(Vergleiche auch **Anthribidae,** die zwar 4 Tarsenglieder haben, von denen aber nur 3 deutlich sind; Kopf ± schnauzenartig; s. Nr. **9**).

— Fühler zwischen den Augen, nicht unter den Kopf einlegbar. 1–6 mm
Pilzfresser, **Endomychidae**

11 Arten in 8 Gattungen, darunter **Endomychus coccineus** (L.) (rot, H u. E mit schwarzen Flecken), unter Baumrinde.

6. Alle Tarsen wirklich 4gliedrig od. pseudotetramer (d. h. die 2 obersten Glieder normal, das nächste meist 2lappig, das 4. winzig od. fehlend, das Krallenglied (= 5.) normal). Tarsenformel (für Vd-, Mt- u. Htfüße) 4,4,4 od. 3,4,4 . . . . **7**
— Wenigstens 1 Fußpaar deutlich 5gliedrig oder nicht pseudotetramer: Tarsenformel 5,5,5 od. 5,5,4 od. 5,4,4 od. 4,4,5 . . . . **16**
7. Kopf schwach bis stark rüsselförmig verlängert [*4a–c*]. Fühler meist in Gruben od. Furchen eingelenkt u. mit langem Schaftglied (= „gekniet") od. wenn nicht gekniet, dann Rüssel besonders lang und dünn
Rüsselkäfer, **Curculionidae** S. 361
— Kopf nicht rüsselartig verlängert od. wenn doch schnauzenförmig vorgezogen, dann Fühler nicht deutlich gekniet od. falls gekniet, Füße ohne bürstenartige Sohle **8**
8. Tarsen unterseits zum Teil bürsten- od. filzartig behaart . . **9**
— Tarsen ohne filz- od. bürstenartige Sohle, einfach, höchstens Glied 3 herzförmig **12**
9. Fühler am Ende keulenförmig verdickt, keine Fühlerfurche am Kopf. Körper rauhhaarig (durch senkrecht abstehende Haare) [*5*]
Buntkäfer, **Cleroidea** S. 350

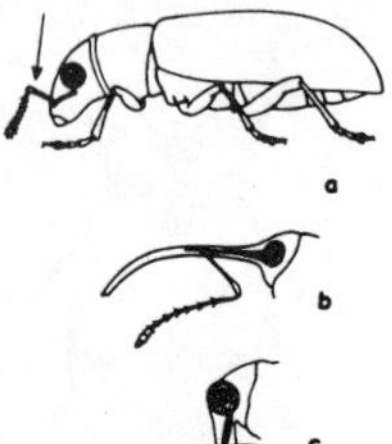

4

5

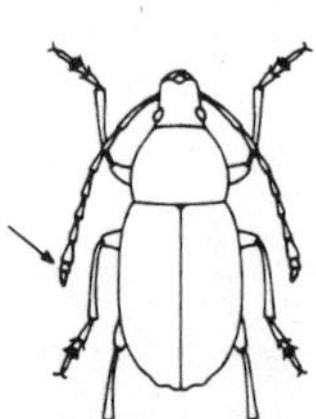
6

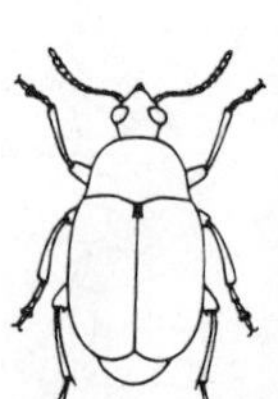
7

— Fühler mit Endkeule od. wenigstens verstärkten Endgliedern. Fühlerfurche vorhanden. Kopf kann schnauzenförmig verlängert sein. Körper nicht rauhhaarig [*6*] . . . . Breitrüßler, **Anthribidae**

Mehrere Gattungen mit 17 Arten, darunter **Anthribus albinus** (L.) [*6*] (E ausgedehnt weiß behaart; 6–10 mm); 3; **Brachytarsus** SCHÖNH. (Kopf kaum rüsselförmig; 2–5 mm).

— Fühler borstenförmig od. gesägt u. zur Spitze höchstens allmählich nur wenig verdickt. Keine deutliche Fühlerfurche am Kopf . . **10**

10. Kopf meist etwas schnauzenartig vorgezogen, viel schmaler als H. Die hinten abgestutzten E lassen steil abfallendes Htleibsende frei [*7*]. Hthüften breit, mit aufgebogenem Htrand. Höchstens 5 mm Samenkäfer, **Bruchidae**

Mehrere Gattungen. Larven fressen besonders Samen der Leguminosen. Beispiele: **Bruchus pisorum** (L.) (Erbsenkäfer), **B. rufimanus** BOH. (Pferdebohnenkäfer), **B. lentis** FRÖL. (Linsenkäfer), **Acanthoscelides obtectus** (SAY) (Speisebohnenkäfer) u. a. Gattungen.

— Kopf wenig od. nicht schmaler als Vdrand des H. E lassen höchstens bei trächtigen ♀ einiger Chrysomelidae Htleibsende frei (dies fällt aber dann nicht steil ab); bei einigen Cerambycidae E stark reduziert, so daß Unterflügel unbedeckt sind **11**

11. Fühler meist länger als halber Körper [*8*]; wenn kürzer, dann Seiten des H mit Höcker od. Augen nierenförmig. Tibien mit 2 Enddornen Bockkäfer, **Cerambycidae** S. 355

— Fühler meist kürzer als halber Körper [*9*]; wenn länger, dann Augen rund u. Körper bunt bzw. metallisch od. Käfer klein mit verdickten Htschenkeln. Mindestens an 1 od. mehreren Beinpaaren haben Tibien weniger als 2 Enddornen . . . . Blattkäfer, **Chrysomelidae** S. 358

12. Vdtibien flach u. erweitert, gesägt mit langer Dornenreihe. Fühler 11gliedrig, kurz, die 2 ersten Glieder groß 3eckig, die nächsten mit nach innen gesägter Keule. Körper langhaarig [*10*] Sägekäfer, **Heteroceridae**

An Ufern von Binnengewässern u. am Meeresstrand in selbstgegrabenen Gängen. 13; **Heterocerus** F. (3–7,5 mm).

— Vdtarsen an der Spitze des Außenrandes der Tibia eingelenkt. Fühler 9gliedrig mit 3gliedriger Keule. 2 mm . . . . **Georyssidae**

Im Uferschlamm, meist mit Erdkruste bedeckt. Nur 3; **Georyssus** LATR.

8
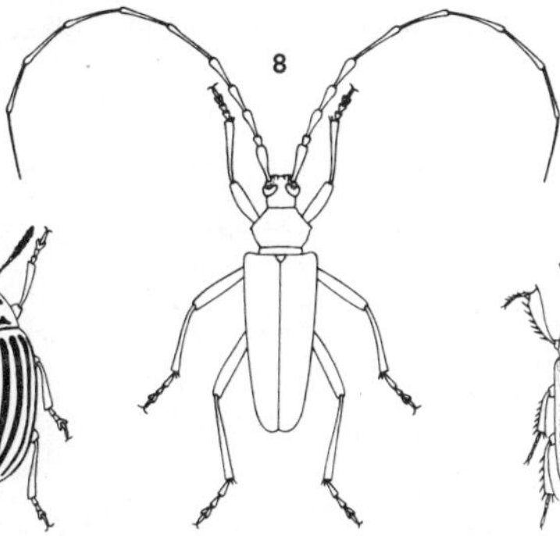

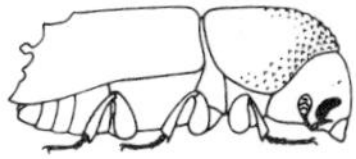
11

9
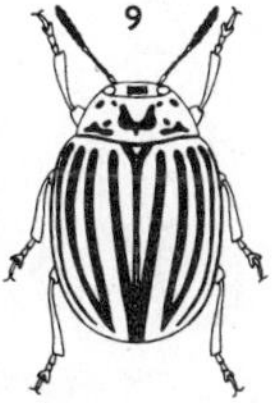

10
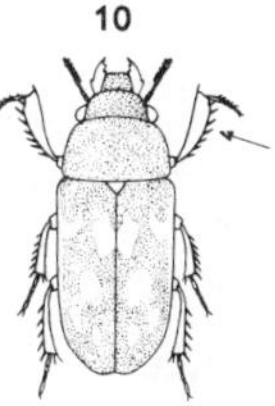

12
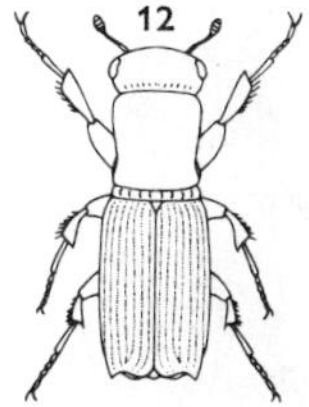

— Andere Merkmale **13**

13. Fühler kurz u. gekniet (langes Schaftglied) mit großem (geringeltem od. ungeringeltem) Endknopf von fast halber Fühlerlänge . . **14**

— Fühler nicht gekniet, nur mit kleinem Endknopf, mit Endkeule oder nur allmählich verdickt **15**

14. Kopf stark nach unten geneigt [*11*] Borkenkäfer, **Scolytidae** S. 367

— Kopf frei vorgestreckt [*12*] . . . . . Kernholzkäfer, **Platypodidae**

Nur **Platypus cylindrus** (F.) [*12*] (5–6 mm), in Laubbäumen.

15. Kopf klein, senkrecht unter das kapuzenartige H einziehbar und dann von oben nicht sichtbar [*13*] . . . . Kapuzenkäfer, **Bostrychidae**

5 Arten, davon 3 in altem Holz, z. B. **Bostrychus capucinus** (L.) [*13*] (schwarz, E und Bauch rot; 8–14 mm). **Rhizopertha dominica** (F.) (etwa 3 mm), Vorratsschädling, aus Tropen eingeschleppt.

— Kopf frei vorgestreckt od. bis in Augen einziehbar, aber nicht von kapuzenartigem H überdeckt **49**

Wenn Körper buchtig gewölbt u. Fühler nicht keulenförmig zum Ende verdickt, dann s. **Mordellidae** Nr. **22** (Tarsenformel 5,5,4, doch erkennt man bei schwacher Vergrößerung meist 4,4,4!). Mit 4,4,4 auch einige **Byrrhidae,** Merkmale s. Nr. **47.**

16. Tarsenformel 5,5,4 . . . . **17**

— Tarsenformel 5,5,5 od. 4,4,5 od. 5,4,4 . . . . **28**

17. Seitenrand des Kopfes scharf leisten- od. lappenartig vorspringend und Basis der Fühler (diese meist fadenförmig, selten am Ende verdickt) völlig bedeckend [*14a, 14b*]. Vdhüften kugelig, größtenteils in Gelenkhöhlen eingeschlossen. Braun oder schwarz

Schwarzkäfer, **Tenebrionidae** S. 353

— Andere Merkmale **18**

18. Jede Kralle in 2 ungleiche Hälften längsgespalten od. gezähnelt. Kopf mit dicken, vorragenden Wangen. H schmaler als E, diese oft stark klaffend und beim ♀ häufig verkürzt [*15*] Ölkäfer, **Meloidae** S. 354

— Kopf klein, nach unten gebogen. H hinten so breit wie E. Fühler beim ♂ mit langen Seitenästen, beim ♀ innen gesägt. E oft verkürzt

Rhipiphoridae

Mit wenigen seltenen Arten, häufiger nur Larve von **Metoecus paradoxus** (L.), in unterirdischen Wespennestern. Käfer 10–12 mm, schwarz, Seiten des H, Bauch, oft auch E ganz od. teilweise rotgelb.

— Anders **19**

19. Fühler mit Endknopf od. keulenförmig zum Ende verdickt . . **49**

— Fühler fadenförmig, gekämmt, gesägt, aber nicht mit Endkeule **20**

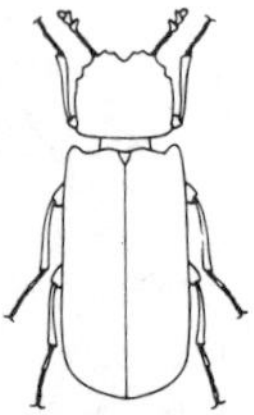

13

14b

14a

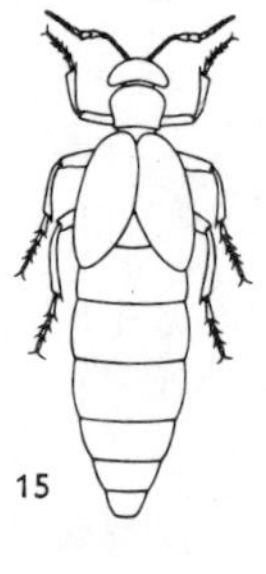

15

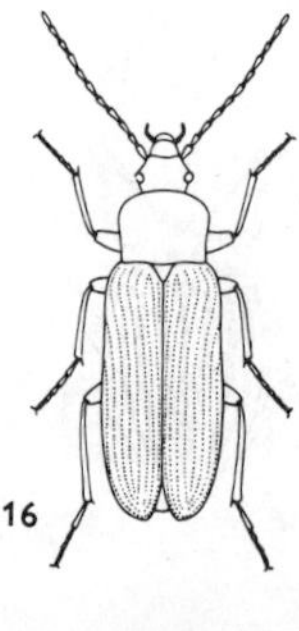

16

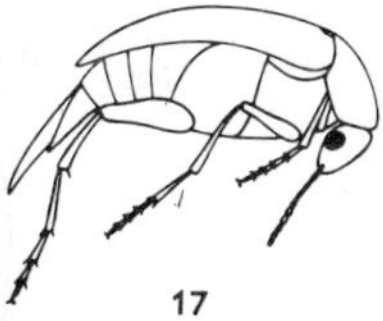
17

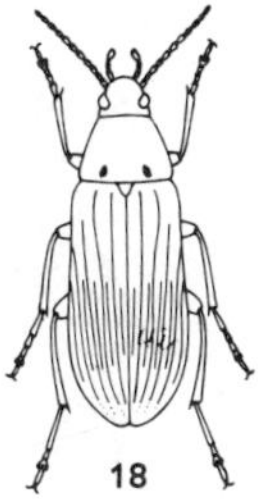
18

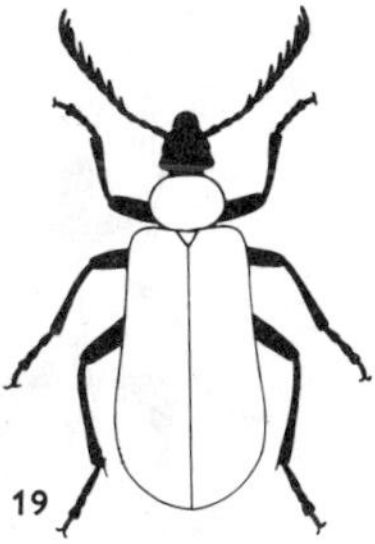
19

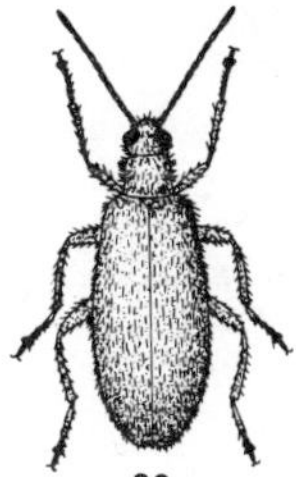
20

20. Krallen deutlich kammartig gezähnt. Habitus [*16*] Pflanzenkäfer, **Alleculidae** S. 353

— Krallen ungezähnt od. undeutlich gezähnt od. nur mit 1 Zahn **21**

21. H an Basis so breit wie E an der Schulter **22**

— H an Basis schmaler als E an der Schulter **24**

22. Schmaler, fast bucklig gewölbter Körper, Unterseite kielartig gewölbt. E lassen meist das (oft zugespitzte) Htleibsende frei. Kopf hinter den Augen gerade abgeschnitten, durch scharfe Kanten begrenzt. Httibien mit längeren Enddornen [*17*] . . Stachelkäfer, **Mordellidae** S. 353

— Andere Merkmale **23**

23. Kopf hinter den Augen mit allmählich verengten Schläfen, nicht gestielt, bis zu Augen in H zurückziehbar, H nach vorne verengt. Kiefertaster groß mit messerartigem Endglied. Krallen einfach od. in der Mitte mit 1 Zahn od. tief gespalten od. mit Anhängen. Habitus [*18*] Düsterkäfer, **Serropalpidae**

Viele Gattungen, darunter in morschem Holz **Melandrya caraboides** (L.) [*18*] (Kopf vorgestreckt; H konisch mit 2 tiefen Basaleindrücken; E gefurcht; schwarz mit blauem Metallglanz; 10–15 mm).

— Anders. Kopf halsartig gestielt . . . . . Seidenkäfer, **Scraptiidae**

Nur **Scraptia fuscula** Müller (2,5 mm), in morschem Holz u. in Baumpilzen.

24. E deutlich zum unteren Drittel etwas erweitert wie [*19* u. *20*] . **25**

— E gegen Ende nicht od. kaum erweitert **26**

25. E rot. Körper flach, kurzhaarig. Fühler gesägt [*19*] Feuerkäfer, **Pyrochroidae**

Nur **Pyrochroa coccinea** (L.) (Kopf schwarz, H u. E rot; 14–15 mm); **P. serraticornis** (Scop.) (auch noch Kopf rot; 10–14 mm); **P.** (= **Schizotus**) **pectinicornis** (L.) (Kopf schwarz, H rot mit schwarzem Mtfleck, E rot mit flachen Längsfurchen; 8–9 mm). Larven flach [*108*], unter Rinde.

— E nie rot. Körper gewölbt, langhaarig. Fühler fadenförmig [*20*] Wollkäfer, **Lagriidae**

2; **Lagria** F. (7–12 mm), häufig nur **L. hirta** (L.) [*20*] (Kopf u. H deutlich punktiert), an Waldrändern u. Hecken.

26. Kopf stark halsartig abgeschnürt, nur lose mit dem H artikulierend, letzteres oft mit Horn [*21*]. 1. Glied der Httarsen kaum länger als die 3 übrigen zusammen . . . . Blumenkäfer, **Anthicidae** S. 354

Verwandt sind die Mulmkäfer, **Aderidae** (2–3 mm; halsartige Einschnürung nur bei abwärts gebogenem Kopf sichtbar; 1. Glied der Httarsen meist doppelt so lang wie die 3 übrigen), 5; **Aderus** Westw.

— Kopf vorgestreckt, hinten nicht halsartig verengt **27**

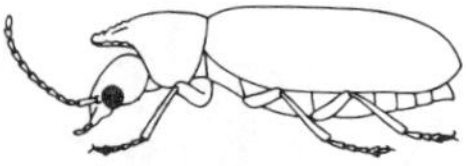

21

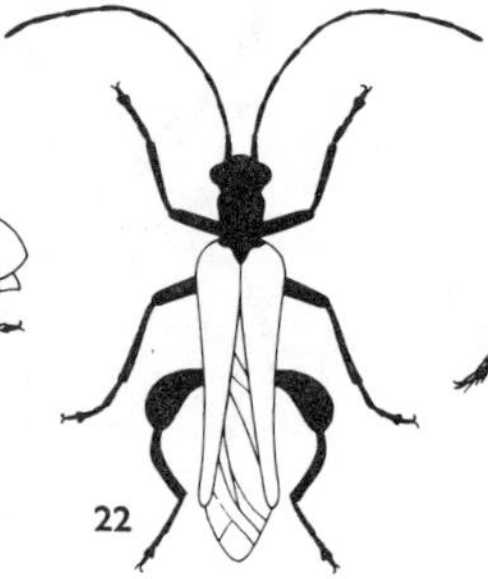

22

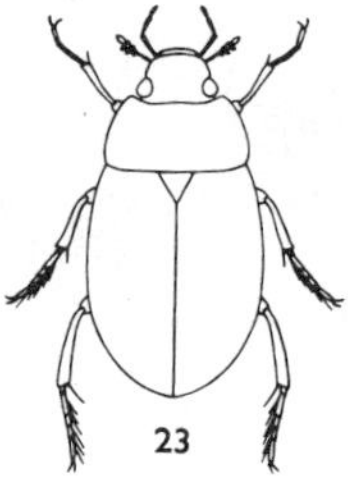

23

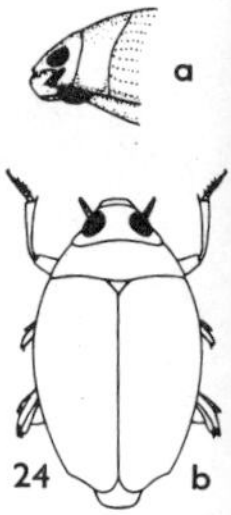

24 a b

27. Fühler lang u. dünn, erreichen gut Körpermitte, frei auf der Stirn vor den Augen eingefügt. E (oft am Ende klaffend) lassen Htleibsspitze frei [*22*] . . . . Engdeckenflügler, **Oedemeridae** S. 354

— Fühler kürzer, nicht od. kaum Körpermitte erreichend, an der Seite des zuweilen rüsselförmigen Kopfes eingefügt. E bedecken Htleib ganz . . . . Scheinrüßler, **Pythidae**

8 Gattungen, darunter **Pytho depressus** (L.) (8–16 mm; Oberseite schwarzblau; E gefurcht), unter Rinde von Nadelhölzern.

28. Kiefertaster auffallend lang, meist länger als die Fühler (nicht mit diesen verwechseln!). Fühler unter Vdecke der Stirn eingefügt, kurz, ihr Basalglied schaftförmig, die nächsten Glieder dünn, dann Endkeule bzw. Knopf aus 3–5 dunklen, feinbehaarten Gliedern [*23*]. Einige Arten mit langbehaarten Schwimmbeinen . . . . „Wasserfreunde"

a) H mit Längseindrücken (wenn ohne solche [nur **Limnebius** LEACH], dann E abgestutzt, Ende des Htleibs unbedeckt lassend, 1–2,5 mm) **Hydraenidae** S. 342

b) H ohne Längsfurchen od. Längsgruben u. mit anderen Merkmalen als Limnebius . . . . **Hydrophiloidea** S. 342

— Anders. Kiefertaster viel kürzer als die Fühler **29**

29. Augen zweigeteilt [*24a*]. Fühler kurz. Vdbeine länger als die abgeplatteten Mt- u. Htbeine [*24b*] . . . . Taumelkäfer, **Gyrinidae**

4–8 mm. Häufig gesellig auf Wasseroberfläche, schwimmen aber auch unter Wasser. **Orectochilus villosus** (MÜLLER) (Oberseite behaart). 10; **Gyrinus** (MÜLLER) (Oberseite kahl; H mit Querfurchen). **Aulonogyrus concinnus** (KLUG) (ebenso, aber H ohne Querfurchen).

— Anders **30**

30. Käfer mit Schwimmbeinen od. Schwimmfüßen. Körper flach. Fühler gleichmäßig kahl [*25*] **31**

— Käfer ohne abgeplattete Schwimmbeine **32**

31. Hthüften blattartig erweitert, die Hälfte der Schenkel u. den größten Teil des Htleibs bedeckend. Fühler 10gliedrig, das 1. Glied mit Einschnürung. 2–4 mm . . . . Wassertreter, **Haliplidae**

Kleine kahnartige Käfer in stehenden u. langsam fließenden Gewässern, schwimmen mit abwechselnden Bewegungen der Htbeine. 3 Gattungen, am häufigsten 18; **Haliplus** LATR.

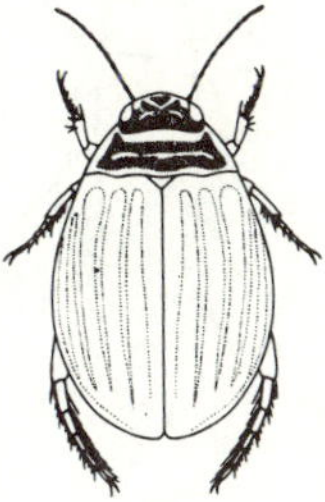
25

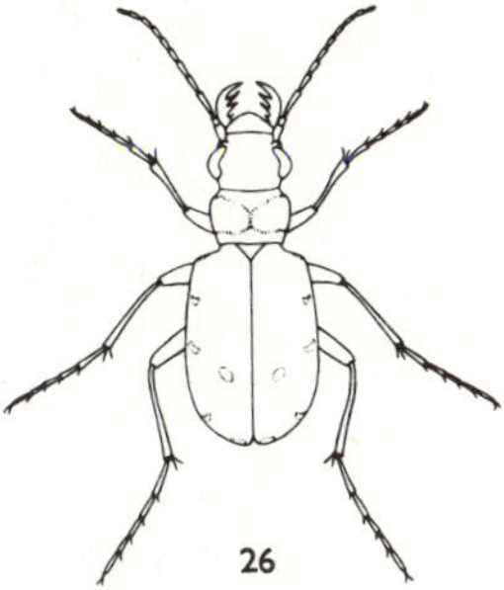
26

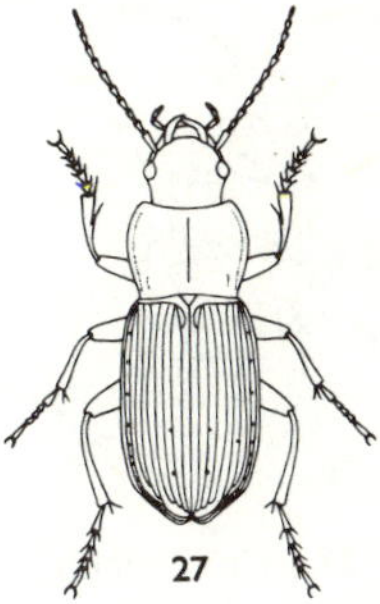
27

— Hthüften nicht derart verbreitert. Fühler 11gliedrig [*25*]. Htbrust läuft nach hinten zwischen Hthüften in dreieckige Spitze aus Schwimmkäfer, **Dytiscidae** S. 334

Verwandt sind die Feuchtkäfer, **Hygrobiidae** (Sondermerkmal: Hthüfte durch horizontale Linie abgeteilt), nur **Hygrobia tarda** (HERBST) (braun; 8–10 mm).

32. Fühler am Ende nicht verdickt, borstenförmig [*27, 32*], gesägt, gekämmt [*39, 42*] od. nur schwach verdickt [*31*] **33**

— Fühler am Ende knopfartig [*38, 40, 41*] od. allmählich keulig verdickt [*39, 42*] od. mit Blätterkeule [*35, 36*] **44**

33. Fühler faden- od. borstenförmig. Endglieder fast gleich lang, die 2–4 ersten Glieder bis auf wenige Borsten kahl, die folgenden aber fein behaart. 1. Bauchring von den Hthüften in der Mitte durchsetzt, daher nur an den Seiten sichtbar **34**

— Fühler gesägt od. gekämmt od. Endglied(er) auffallend länger od. falls nicht so, dann nicht das Merkmal „Basalglieder kahl u. die übrigen fein behaart". Htrand des 1. Bauchrings hinter od. unter den Hthüften erkennbar **35**

34. Fühler auf der Stirn eingelenkt. Mandibel am Innenrand mit 3 Zähnen. Metallisch gefärbt. E grün od. braun mit hellen Flecken od. Binden [*26*] . . . . Sandlaufkäfer, **Cicindelidae**

Larven in selbstgegrabenen Röhren, in die sie Beute ziehen. Käfer jagen besonders bei Sonne in kurzen, niedrigen Flügen. Nur 8; **Cicindela** L., häufig **C. campestris** L. [*29*] (grün mit weißen Flecken; 12–16 mm). Bei den anderen Arten sind die Flecken nur am Rand der E od. über E verläuft gezackte, weiße Mittelbinde, z. B. **C. hybrida** L. (13–17 mm).

— Fühler unter Seitenrand der Stirn eingelenkt. Mandibeln mit 1 bis 2 Zähnen, Färbung anders [*27*] . . . . Laufkäfer, **Carabidae** S. 328

35. Vdbrust greift mit zugespitztem Fortsatz zwischen Hüften der Vdbeine in Grube der Mtbrust [*28a*] **36**

— Vdbrust ohne solchen Fortsatz **39**

36. Fühler seitlich vor den Augen eingelenkt. Htecken des H ± ausgezogen **37**

— Fühler zwischen den Augen eingelenkt. Htecken des H stumpf od. ausgezogen **38**

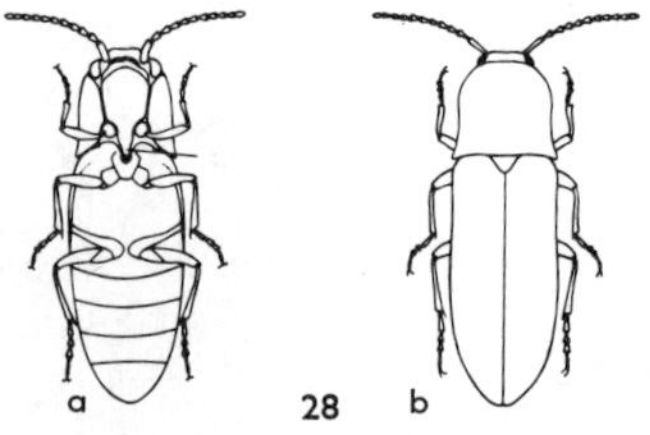

a 28 b

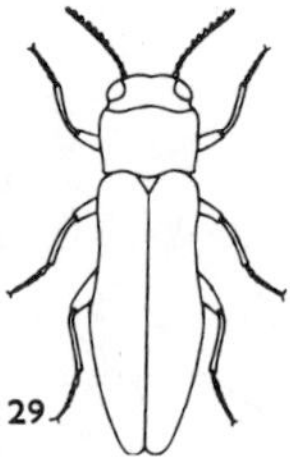

29

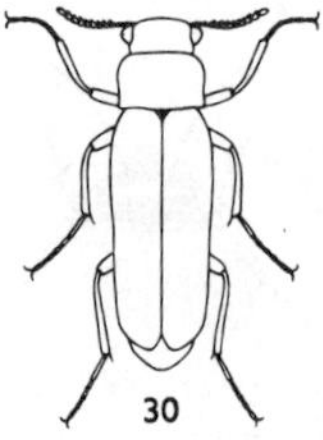

30

37. H lose, scharnierartig mit E verbunden [*28b*] Schnellkäfer, **Elateridae** S. 347

— H unbeweglich an E angeschlossen . . . . **Throscidae**
6; **Throscus** LATR. (Fühler mit 3gliedriger gesägter Keule; 1,5–3,5 mm). **Drapetes biguttatus** (PILLER ET MITT.) (Fühler ohne Keule; E mit roter Querbinde; 4–5 mm).

38. H scharnierartig mit E verbunden, seine Htwinkel etwas ausgezogen **Cerophytidae** u. **Eucnemidae**
Mehrere Gattungen, im morschen Holz, z. B. **Melasis buprestoides** (L.) (schwarz, glänzend; 6–9 mm).

— H unbeweglich an E angeschlossen, seine Htwinkel stumpf od. rechtwinklig [*29*] . . . . Prachtkäfer, **Buprestidae** S. 346

39. E am Ende klaffend, da Naht nicht gerade. Körper lang, walzenförmig, rötlich braun. Fühler gesägt od. perlschnurförmig. Schildchen mit Längskiel auf der Mitte [*30*] . . . . . . Werftkäfer, **Lymexylidae**
Larven bohren in Holz, fressen dort Pilze, mit deren Sporen Eischale infiziert war. **Hylecoetus dermestoides** (L.), Buchenwerftkäfer [*30*] (Kopf hinten schwach eingeschnürt; H quer; 6–18 mm). **Lymexylon navale** (L.), Schiffswerftkäfer (Kopf hinten halsartig abgeschnürt; H länger als breit; 7–13 mm).

— Anders oder andere Merkmalskombination **40**

40. Kopf klein, senkrecht unter das meist kapuzenförmige H einziehbar, dieses scharf gerandet. Fühler an Seiten des Kopfes, weit voneinander entfernt, oft mit 3 langen od. schwach verdickten Endgliedern od. gesägt od. gekämmt [*31*] . . . . Pochkäfer, **Anobiidae**
Meist in trockenem Holz, z. B. **Anobium** F. und **Xestobium** MOTSCH. Wichtiger Schädling in verbautem Holz u. Möbeln: **A. punctatum** (DE GEER), Totenuhr (2,5–5 mm), Larve wird Holzwurm genannt. Ein Vorratsschädling: **Stegobium (Sitodrepa) paniceum** (L.), Brotkäfer (2–4 mm).

31

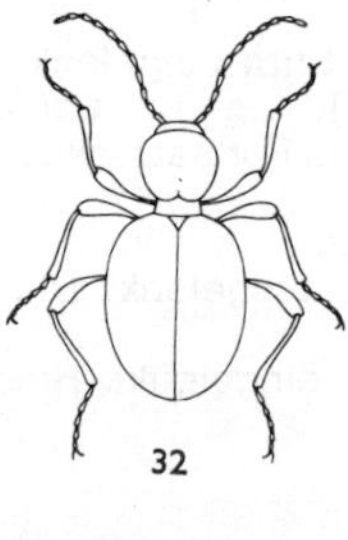

32

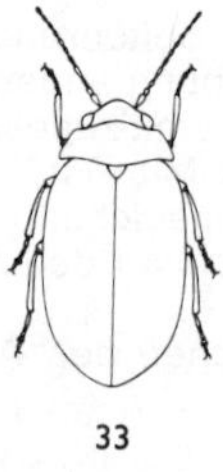

33

34

— Kapuzenartiges H kugelig gewölbt, seitlich nicht scharf gerandet. Fühler entspringen an dem nach unten gerichteten Kopf ziemlich dicht nebeneinander. Beine ziemlich lang [*32*] . . Diebskäfer, **Ptinidae**

Niptus hololeucus (FALD.) [*32*] (E mit dichter goldgelber Behaarung; 4 mm). 18; **Ptinus** L. (E mit starken Punktreihen ohne dichte gelbe Behaarung), z. B. **P. fur** (L.), Kräuterdieb (2,5–4,3 mm). **Gibbium psylloides** (DE CZENPINSKI) (E auf Unterseite übergewölbt, Körper daher kugelig; 2,5–3 mm).

— Kopf weit vorgestreckt od. in das nie kapuzenförmige H eingezogen od. Kopf vom H flach überdeckt **41**

41. Hthüften voneinander entfernt. E am Seitenrand meist mit erhabener Leiste . . . . einige **Cucujidae** **57**

— Hthüften ganz od. ziemlich dicht aneinander stehend **42**

Falls blind, hellgelb, 2 mm, im Haarpelz u. Gängen der Mäuse: **Leptinus testaceus** MÜLLER, „Mäusefloh" (**Leptinidae**).

42. Htleib hat unten 6–7 sichtbare Segmente, wenn nur 5 Segmente sichtbar, dann Körper blaugrün od. bunt **43**

— Htleib unterseits mit 5 Segmenten. Gelb-braun . . . **Dascilloidea**

a) E mit schwachen Punktreihen oder Längsfurchen: **Dascillidae,** nur **Dascillus cervinus** (L.) (10–12 mm), an Blüten, auf Sträuchern; **Eubria palustris** GERMAR (2 mm), an Ufern.

b) E unregelmäßig punktiert: **Eucinetidae** (Hthüften plattenartig erweitert), nur **Eucinetus haemorrhoidalis** (GERMAR) (3 mm), in trockenem Gelände. **Helodidae,** Sumpfkäfer (Hthüften klein; 2–6 mm), 6 Gattungen, Larven im Wasser, häufig 12; **Cyphon** PAYK. [*33*].

43. E mit nach oben abstehenden Haaren bedeckt od. wenn diese anliegen, dann Oberlippe deutlich sichtbar Buntkäfer, **Cleroidea** S. 350

— E (die auch fehlen od. reduziert sein können) höchstens anliegend behaart. Kopf unter dem H verborgen od. frei, im letzten Fall Oberlippe von der Stirn bedeckt [*34*] . . . Weichkäfer, **Cantharoidea** S. 348

44. Die letzten Fühlerglieder bilden quergestellte, nach einer Seite gerichtete Endkeule mit aus 3–7 (manchmal ganz dicht) aneinanderliegenden, biegsamen Lamellen [*35*] od. mit starren, kammartigen Zinken [*36*] . . . . Blatthornkäfer, **Scarabaeoidea** S. 343

— Letzte Fühlerglieder in einen Knopf endigend od. sich allmählich verdickend **45**

45. Krallentragende Fußglieder nach unten keulenartig verdickt, länger als die 4 darüber befindlichen zusammen. Krallen auffallend groß. Körper stark behaart. H meist nach vorn verengt [*37*]

Hakenkäfer, **Dryopidae**

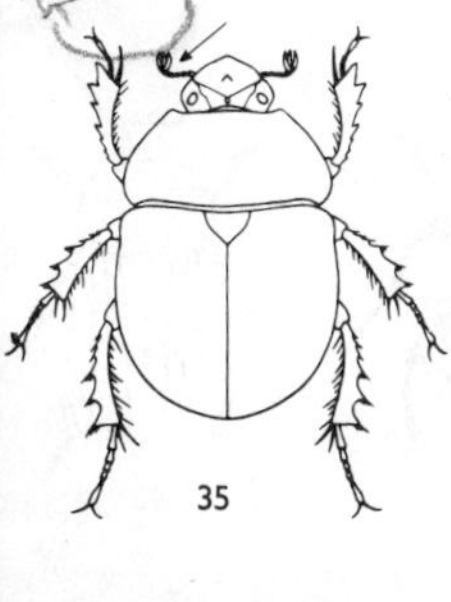
35

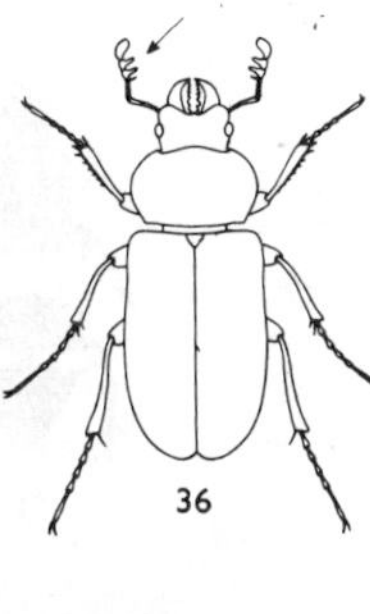
36

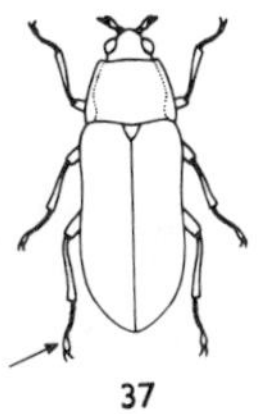
37

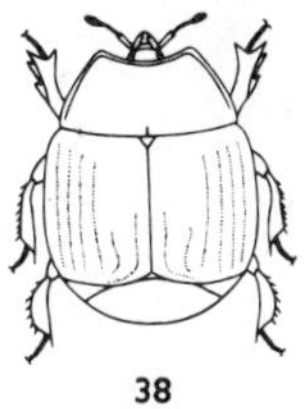
38

Käfer in od. nahe am Wasser. Viele Gattungen, darunter 12; **Dryops** Oliv. mit **D. auriculatus** (Fourcroy) [*37*] (schwarz od. braun; 5,5 mm).

— Anders . . . . viele Haare **46**

46. Körper rauhhaarig mit nach oben abstehenden Haaren, farbig od. gescheckt [*5*]. Mindestens 4 mm . . . . Buntkäfer, **Cleroidea** S. 350

— Körper mit anliegenden Haaren od. unbehaart (wenn abstehend behaart, dann Körper unter 3 mm) **47**

47. Flach, glänzend, vorwiegend schwarz. E hinten stark abgestutzt [*38*]. Vdbeine können in Vertiefung gelegt werden. Fühler gekniet, mit langem Schaft, am Ende mit 3gliedriger knopfartiger Verdickung Stutzkäfer, **Histeridae**

Viele Gattungen. Beispiele: 12; **Hister** L. [*38*] (Vdbrust nach vorn lappig vorgezogen, den Kopf von unten bedeckend; Körper dick u. gestaucht), z. B. **H. cadaverinus** Hoffm. (6–8,5 mm), räuberisch in Dung u. Kadavern. 2; **Platysoma** Leach, z. B. **P. compressum** (Herbst) (ähnlich, aber Körper flach u. mehr gestreckt; 3–4 mm), unter Baumrinde. Vdbrust nicht derart vorgezogen: z. B. 9; **Saprinus** Er., Lebensweise wie Hister. Verwandt sind die **Sphaeritidae** mit **Sphaerites glabratus** (F.) (E zusammen quadratisch, mit grünlichem Erzschein; 6–7 mm), in Wäldern.

— Beine zum Teil od. sämtlich in flache Gruben einziehbar. Schenkel häufig mit Rinne zum Einlegen der flachen Tibia. Kopf von oben nicht sichtbar. Körper eiförmig, gewölbt, filzig behaart. Fühler allmählich zur Endkeule verdickt [*39*] . . . . Pillenkäfer, **Byrrhidae**

7; **Byrrhus** Müller (6–13 mm), z. B. **B. pilula** (L.). Übrige Gattungen unter 6 mm, z. B. **Cytilus sericeus** (Forster) (E meist grün, Zwischenräume fein goldbehaart, mit schwarzen Samtflecken; etwa 5 mm); **Simplocaria semistriata** (F.) (schwarz od. braun mit grauer Behaarung; 3 mm).

— Andere Merkmale **48**

48. Htschenkel in muldenartige Vertiefung einklappbar [*40*]. Körper zylindrisch od. wenn mehr rundlich bis oval, dann gewöhnlich mit schuppenartigen Haaren auf den E. Fühler mit Endknopf. Htleib unten mit 5 sichtbaren Segmenten, diese oft fleckig weiß beschuppt Speckkäfer, **Dermestidae** S. 349

Verwandt sind die **Nosodendridae** mit **Nosodendron fasciculare** (Oliv.) (schwarzbraun, E mit Reihen rostroter Haarbüschel; 4–4,5 mm), an Baumsaft.

— Andere Merkmale **49**

49. Vdhüften kegelförmig vorspringend. Hinterleib unterseits mit 6 sichtbaren Segmenten [*41, 42*] . . . . . . Aaskäfer, **Silphidea** S. 336

Hierher auch noch Familien mit kleinen Käfern wie die **Scaphidiidae** (2–7 mm; E abgestutzt; Körper kahnförmig, glatt, glänzend), in Baumpilzen; ferner besonders in der Streuschicht **Scydmaenidae** (1–2 mm; mit mindestens kopflangen Kiefertastern; einige Arten ameisenähnlich), sowie die 0,5–1,5 mm langen **Clambidae** u. **Sphaeriidae.**

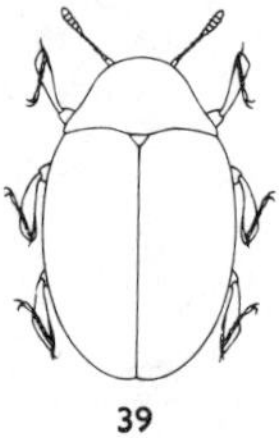

39

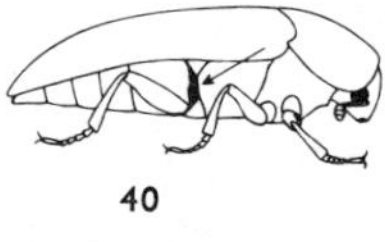

40

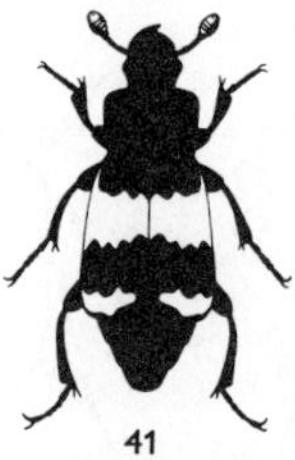

41

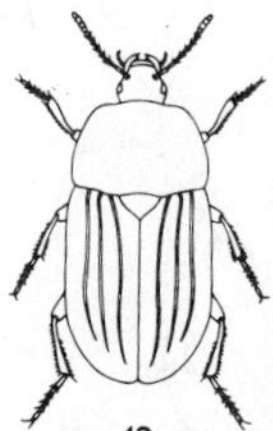

42

— Vdhüften ebenso, aber Kopf außer den Seitenaugen mit hellem Stirnauge. 2–3 mm . . . . **Derodontidae**

Laricobius erichsoni ROSENH. (E schwarz oder mit roten Längsflecken), Blattlausfresser an Coniferen im Gebirge. **Derodontus macularis** FUSS (E gelbbraun mit 2 schrägen gezackten schwarzen Querbinden).

— Vdhüften rund od. quer, aber größtenteils in den Gelenkhöhlen. Htleib unterseits mit höchstens 5 sichtbaren Segmenten **50**

(Mit Ausnahme der **Lyctidae** Familien der **Clavicornia**-Gruppe.)

50. Kopf stark geneigt. Kopfschild zwischen den Augen durch ± scharfe bogenförmige Furchen von der Stirn getrennt. Krallenglieder der Tarsen länger als die 3 vorhergehenden zusammen. H dicht an E angefügt, dunkelbraun. 1–5 mm . . . . **Cisidae**

32 Arten in 6 Gattungen, meist in Baumpilzen.

— Andere Merkmale od. Merkmalskombinationen **51**

51. Vdhüften groß, stark, quer, walzenförmig **52**

— Vdhüften klein, rundlich, höchstens sehr schwach quer . . . **55**

52. Hthüften stoßen fast aneinander **53**

— Hthüften weit voneinander getrennt **54**

53. Tarsen einfach, ohne sohlenartige Bildung an der Unterseite. Krallen ohne Zahn, an der Basis aber mit kurzem Lappenanhang. H meist lose mit E artikulierend. 4–19 mm . . . . **Ostomidae**

9 Arten in 8 Gattungen, unter Rinde u. als Vorratsschädlinge.

— 2. u. 3. Tarsalglied unterseits mit behaarten Sohlenlappen. Krallen an Basis mit starkem Zahn. H eng an E. Braunrot bis gelblich, filzig behaart. 4 mm [*43*] . . . . Himbeerkäfer, **Byturidae**

Nur **Byturus tomentosus** (DE GEER), an Himbeeren u. **B. aestivus** (L.), an Geum urbanum.

54. Fühler mit aus 2–3 Gliedern bestehender Keule. Körper oval [*44*] Glanzkäfer, **Nitidulidae**

Zahlreiche 1–5 (selten bis 7) mm lange Arten in vielen Gattungen. Wichtig: 53; **Meligethes** STEPH. mit **M. aeneus** (F.), Rapsglanzkäfer [*44*]. **Glischrochilus quadripunctatus** (L.) (schwarz, jede E mit 2 roten Flecken; 3–7 mm), in Wald u. Kulturgelände.

— Fühler mit eingliedriger, knopfartiger Keule. Körper schmal, fast parallel. 2–5 mm . . . . **Rhizophagidae**

Räuberisch, unter Rinde. Nur 12; **Rhizophagus** HERBST.

55. Krallen am Grunde mit 1 Zahn. Augen groß, die ganze hintere Kopfseite einnehmend. Körper oval, unten flach, oben gewölbt, kahl, glatt, glänzend. Tibien am Ende mit Borstenkranz. 1–3,5 mm Glattkäfer, **Phalacridae**

Vor allem 7; **Phalacrus** F., auf Blumen, fressen Brand- u. Rostpilze.

— Andere Merkmalskombination **56**

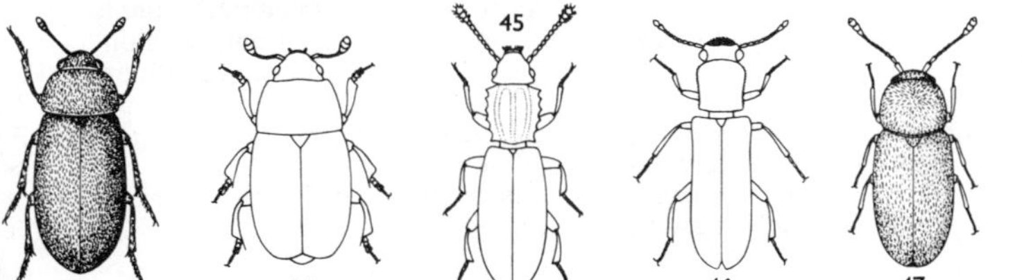

43 44 45 46 47

56. H nur lose mit E artikulierend, letztere mit Punktstreifen, Rippen od. Höckern **57**

— H fest an E angeschlossen, letztere kahl, glänzend mit Punktreihen od. dicht fein behaart **58**

57. Kopf groß, am Hals oft abgeschnürt. H mit 2 Grübchen od. Längsfurchen od. ohne Eindruck . . . . Schmalkäfer, **Cucujidae**

Viele Gattungen, unter Baumrinde, in Ameisenhaufen u. als Vorratsschädlinge (z. B. **Oryzaephilus surinamensis** (L.) [*45*]).

— Kopf groß, bis zu den Augen in H einziehbar, dieses mit Längsfurche od. Längsgrube in der Mitte. Fühler mit 2gliedriger Keule Splintkäfer, **Lyctidae**

4; **Lyctus** F. (3–5 mm), in Holz, häufig **L. linearis** GOEZE [*46*].

— Kopf klein, bis zu den Augen in H einziehbar, dieses hat oft Furchen, Rippen, Wülste, Höcker. 1,5–7 mm . . . Rindenkäfer, **Colydiidae**

In Mulm u. unter Rinde. Viele Gattungen, darunter **Ditoma crenata** (F.) (E mit je 2 roten Flecken).

58. Oberseite kahl, glänzend. E mit Punktreihen. 2–6,5 mm **Erotylidae**

In morschem Holz u. Baumpilzen, z. B. **Triplax russica** (L.) (H rot, E schwarz).

— Oberseite dicht u. fein behaart. Höchstens 6 mm **59**

59. Tarsen 5gliedrig, nur Httarsen des ♂ können 4gliedrig sein Schimmelkäfer, **Cryptophagidae**

Über 100 Arten in 12 Gattungen, meist in verpilztem Substrat. Häufig 48; **Atomaria** STEPH. mit Moosknopfkäfer **A. linearis** STEPH. [*47*] (1–1,5 mm), schädlich an Rübensaaten.

— Tarsen 4gliedrig, nur Vdfüße des ♂ oft 3gliedrig **Mycetophagidae**

In morschem, schimmeligen Holz, auch auf Getreidespeichern. Mehrere Gattungen, z. B. **Typhaea stercorea** (L.).

Familie: **Carabidae,** Laufkäfer

Meist räuberisch. ♂♂ der meisten Arten an verbreiterten Vordertarsen kenntlich.

1. Körper eiförmig bis fast kreisrund. E eng an H anschließend, gelb mit bronzegrünen Flecken. 5–6 mm. An Ufern **Omophron limbatum** (F.)

— Körper mehr gestreckt u. anders gefärbt **2**

2. E mit großen, narbenartigen Eindrücken. Innenkante der Vdtibia vor der Spitze ohne deutlichen Ausschnitt. Höchstens 13 mm . . **3**

— Andere Merkmale od. Merkmalskombination **4**

3. Kopf mit den Augen so breit od. breiter als H. E mit 4 Narbenreihen. 6,5–9 mm . . . . 5; Uferläufer, **Elaphrus** F.

Häufig **E. riparius** (L.) (bronzegrün) u. **E. cupreus** DUFTSCHMID (kupferbraun).

— Kopf mit Augen schmaler als H. E mit 2 Narbenreihen. 11–13 mm Narbenkäfer, **Blethisa multipunctata** (L.)

4. Fühler nur in ihrer basalen Hälfte mit auffallend langen Borsten **Loricera pilicornis** (F.)

— Fühler nicht so **5**

5. H durch kleinen Stiel halsförmig vom hinteren Körper abgesetzt. E hinten gerundet. Schildchen auf dem „Stielchen" **6**

— H nicht derart abgesetzt od. falls doch, dann E hinten gerade abgestutzt. Schildchen zwischen Basis der E **8**

6. Über 15 mm. Vdtibia mit je 1 Dorn vor und hinter dem Ausschnitt **Broscus cephalotes** (L.)

Ödland, sandiger Boden, See- u. Meeresufer, tags verborgen, Gänge grabend.

— Unter 8 mm. Vdtibia außen am Ende fingerartig (zum Graben) ausgezogen **7**

7. H fast viereckig, flach, an den Seiten bis zur Basis scharf gerandet 2; Fingerkäfer, **Clivina** LATR.

Häufig **C. fossor** (L.) (6,5 mm).

— H kugelig, gewölbt, seitlich Randung nicht bis zur Basis reichend. 2–6 mm . . . . 22; Handkäfer, **Dyschirius** BON.

Häufig **D. globosus** (HERBST) (2–3 mm).

8. Vdtibia mit tiefem Ausschnitt vor der Spitze, vor u. hinter diesem je 1 Dorn [*48b*] **14**

— Vdtibia vor der Spitze nicht ausgeschnitten, mit zwei Dornen am Ende [*48a*] **9**

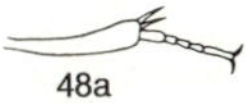
48a

48b

48c

9. Kopf mit Augen deutlich breiter als H. Der 2. Zwischenraum auf den E verbreitert. Höchstens 6,5 mm . . . . 8; Eilkäfer, **Notiophilus** DUM.

Häufig **N. biguttatus** (F.).

— Kopf samt Augen nicht breiter als H. Über 6,5 mm, meist viel größer **10**

10. Kopf sehr schmal, schnabelartig. Oberlippe in 2 lange schmale Lappen gespalten . . . . 4; **Cychrus** F.

Häufig **C. caraboides** (L.) (13–23 mm).

— Kopf nicht derart verlängert. Oberlippe gerundet, abgestutzt oder in 2 oder 3 kurze Lappen gespalten **11**

11. Oberlippe abgestutzt od. abgerundet. Basis der E saumig-gerandet **12**

— Oberlippe 2- od. 3lappig. Basis der E ± ungerandet **13**

12. Oberkiefer (Mandibeln) nach außen breit scheibenartig abgeflacht. 1. Fühlerglied viel länger als 3. . . . . 7; **Leistus** FRÖL.

Häufig **L. rufomarginatus** (DUFTSCHMID) (braunschwarz; 8–9 mm) u. **L. rufescens** (F.) (rostrot; etwa 7 mm).

— Oberkiefer normal. 1. Fühlerglied kürzer als 3. Körperlänge 9–16 mm 11; Dammläufer, **Nebria** LATR.

Häufig **N. brevicollis** (F.) (schwarz), in Wäldern, Gärten; **N. livida** (L.) (E mit gelbem Außenrand), an Flußufern u. Meeresküsten.

13. Oberkiefer auf der Oberseite schräg gerunzelt. 2. Fühlerglied sehr kurz, das 3. lang, beide zusammengedrückt, scharfkantig. E vorne ekkig mit deutlichen Schultern . 4; Puppenräuber, **Calosoma** WEBER

C. inquisitor (L.) (E bronzefarben; 18–24 mm) u. **C. sycophanta** (L.) (E goldgrün), beide Arten in Wäldern, auf Bäumen, nützlich durch Verzehren von Raupen u. anderen Forstschädlingen; **C. reticulatum** (F.) u. **C. auropunctatum** (HERBST) am Boden in Feldern, Ödland, Heiden.

— Oberkiefer auf Oberseite nicht gerunzelt, oft punktiert. 2. u. 3. Fühlerglied nicht zusammengedrückt. E eiförmig . . . . . 27; **Carabus** L.

a) E schwarz, verworren gerunzelt. 34–42 mm: **C. coriaceus** L.

b) E schwarz, ohne deutliche, dem bloßen Auge sichtbare Skulptur u. ohne Grübchen, höchstens mit feiner Längsstreifung
  1) 15–20 mm. Mit feiner Längsstreifung: **C. convexus** F.
  2) 20–30 mm: **C. violaceus** L. (E mit gleichmäßiger Körnelung [bei Rasse **purpurascens** F. mit feiner Streifung], Seitenrand rötlich bis violett); **C. glabratus** PAYK. (Körnelung von mehr gestreckter Form, Seitenrand der E bläulich schimmernd).

c) E goldgrün mit 3 starken Längsrippen
  1) Rippen ohne schwarz: Goldschmied, **C. auratus** L. [*52*]
  2) Rippen schwarz: **C. auronitens** F. (18–26 mm); **C. nitens** L. (13–17 mm).

d) E nur mit feinen Längsstreifen u. 3 Längsreihen von Grübchen
  1) Grübchen stark goldglänzend: **C. hortensis** L. (22–28 mm) u. 2 Gebirgsarten.
  2) Grübchen klein, glanzlos: **C. nemoralis** MÜLLER (20–26 mm) u. 3 Gebirgsarten.

e) E mit feinen Kettenstreifen, aber ohne erhabene Rippen
  1) Zwischen den Kettenstreifen Längsrunzeln. 25–38 mm: **C. intricatus** L.
  2) Zwischen den Kettenstreifen fein gekörnelte oder kielartig erhobene Intervalle. 20–27 mm: **C. problematicus** HERBST.

f) E erzglänzend, mit Kettenstreifen zwischen ± deutlichen Rippen
  1) Kettenstreifen durch größere goldene Grübchen unterbrochen: **C. clathratus** L. (25–37 mm).
  2) Ohne goldene Grübchen. 1. Fühlerglied rot: **C. cancellatus** ILL. (18–32 mm).
  3) Ohne goldene Grübchen. 1. Fühlerglied schwarz:
    α) Bis 23 mm: **C. granulatus** L. (Seitenränder des H fast gerade; Rippen zwischen Kettenstreifen stark erhaben); **C. arvensis** HERBST (Seitenränder des H stark gerunzelt; E ohne erhabene Rippen, aber mit rippenartigen Längsstreifen zwischen den Kettenstreifen).
    β) Über 23 mm: **C. monilis** F. (Rippen u. Kettenstreifen relativ flach; 2. u. 3. Fühlerglied an der Wurzel stark zusammengedrückt); **C. ullrichi** GERMAR (Rippen u. Kettenstreifen recht erhaben; 2. u. 3. Fühlerglied an der Wurzel höchstens ganz schwach zusammengedrückt); beide Arten zuweilen nur 2 cm.

14. Vorletztes Glied der Kiefertaster etwas verdickt, das letzte nur als kleine pfriemenförmige Spitze aufsitzend [*48c*]. Höchstens 7 mm **15**
— Anders, letztes Glied der Kiefertaster normal lang **17**
15. Außenrand der Vdtibien bis zur Spitze gerade verlaufend . . **16**
— Rand der Vdtibien an der Spitze außen schräg abgestutzt. 2–3 mm **Tachyta nana** (GYLL.) und 7; **Tachys** DEJ.
16. Oberseite fein behaart. E verworren punktiert. Augen groß u. vorstehend (sieht Elaphrus etwas ähnlich) . . . . 4; **Asaphidion** GOZIS
Häufig **A. flavipes** (L.) (4–5,5 mm).
— Oberseite kahl, punktiert gestreift . Ahlenläufer, **Bembidion** LATR.
Etwa 90 Arten. Häufig **B. lampros** (HERBST) (ungefleckt) u. **B. quadrimaculatum** (L.) (E mit hellen Flecken), beide auf Feldern und an Ufern.
17. Kopf oben mit deutlichen Stirnfurchen. Unter 11 mm **18**
— Kopf ohne ausgeprägte Stirnfurchen od. falls solche vorhanden, dann Körper über 12 mm **20**
18. Stirnfurchen tief, die Schläfen hinter den Augen umfassend. 1,5–6 mm . . . . Flinkkäfer, **Trechini**
17; **Trechus** CLAIRVILLE (oberseits kahl), z. B. **T. quadristriatus** (SCHRANK). Bei **Lasiotrechus discus** (F.) E behaart; bei **Trechoblemus micros** (HERBST) H u. E behaart.
— Stirnfurchen feiner u. gerader, hinten verkürzt, nicht die Schläfen umfassend. 5–10 mm **19**
19. E an der Basis vollständig gerandet. Letztes Glied der Kiefertaster zugespitzt . . . . 3; **Pogonus** NICOL.
Häufig an salzhaltigen Gewässern u. Meeresstrand **P. chalceus** (MARSH.).

— E in der Mitte der Basis ungerandet. Letztes Glied der Kiefertaster abgestumpft. Kopf hinter den Augen halsartig abgeschnürt 4; Grubenhalskäfer, **Patrobus** STEPH.
Z. B. **P. atrorufus** (STRÖM) (7–10 mm).

20. Dicht abstehend behaart. E mit 4 großen, durch die dunkle Naht getrennten roten Flecken . . . . 2; **Panagaeus** LATR.
Z. B. **P. cruxmajor** (L.) (etwa 8 mm).

— Anders **21**

21. E am Ende gerade od. schräg abgestutzt, wie abgeschnitten, Htleib daher am Ende immer unbedeckt **22**

— E hinten ± abgerundet od. höchstens an der Seite schwach ausgeschweift, Htleib meist bedeckt **29**

22. Kopf, H u. Beine rotgelb. E behaart, metallisch blaugrün 3; Bombardierkäfer, **Brachinus** WEBER
Mit Analdrüsen, die Wehrsaft produzieren; z. B. **B. crepitans** (L.) (8 mm).

— Anders gefärbt **23**

23. Kopf u. das lange dünne (fast walzenförmige) H schwarzgrün. E orange, am Ende mit dunklem Fleck. 7 mm . **Odacantha melanura** (L.)

— Anders **24**

24. H stark quer, seine Basis seitlich mit starkem Ausschnitt, seine Mitte nach hinten kurz u. breit gestielt . . . 4; Prunkkäfer, **Lebia** LATR.
Auf Sträuchern u. Bäumen, häufig **L. chlorocephala** (HOFFM.) (E blaugrün, H rot; 5–7 mm).

— H ± herzförmig, an der Basis nicht stielartig ausgeschnitten . **25**

25. 7–12 mm. E mit rotem Schulterfleck . . . . . 5; **Cymindis** LATR.
C. humeralis (FOURCROY) in lichten Wäldern u. Heiden.

— Bis 6 mm **26**

26. E mit 2–4 gelblich-weißen Flecken **Lionychus quadrillum** (DUFTSCHMID)

— Anders **27**

27. Vorletztes Tarsenglied lang und tief 2lappig . . 3; **Demetrias** BON.
An Ufern, in Schilf, an Küstendünen, z. B. **D. atricapillus** (L.) (blaßgelb, Kopf schwarz, H rötlich; 4,5–6 mm).

— Vorletztes Tarsenglied einfach od. schwach herzförmig . . . **28**

28. Basis des queren H stark gerundet, die Htwinkel an den Seiten höher nach vorn gerückt, von den E stielartig abgesetzt. 2,5–3,5 mm: 3; **Syntomus** HOPE (3. Fühlerglied kahl) u. 2; **Microlestes** SCHMIDT-GOEBL (3. Fühlerglied behaart)
Z. B. **S. truncatellus** (L.).

— Basis des mehr herzförmigen H gerade, nur an den Seiten oft etwas abgeschrägt . . . . 15; **Dromius** BON.
Z. B. **D. linearis** (OLIV.) (4,5–5,5 mm).

29. Stirn jederseits neben dem Auge mit 2 langen Borsten [*49a*] **30**

— Stirn jederseits neben dem Auge mit nur 1 langen Borste [*49b*] **44**

30. Oberkiefer (Mandibeln) kurz u. dick, größtenteils von oben freiliegend. Kopfschild tief und zuweilen asymmetrisch ausgebuchtet, die Wurzel der Oberlippe freilassend: 9; **Badister** CLAIRV. (3,5–8 mm; Endglied der Kiefertaster schlank u. zugespitzt) u. 4; **Licinus** LATR. (8–18 mm; Endglied der Kiefertaster beilförmig abgestutzt)
Z. B. **B. bipustulatus** (F.) (E hinten mit 1 großen dunklen Fleck).

— Oberkiefer (Mandibeln) mit einfacher Spitze. Kopfschild symmetrisch, die Wurzel (Basalmembran) der Oberlippe überdeckend . . **31**

Hals glänzend, E matt mit Längsstreifen

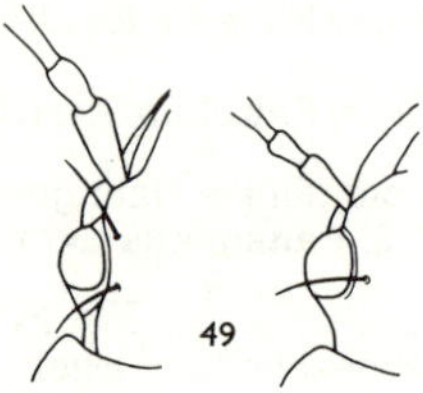

49 a b

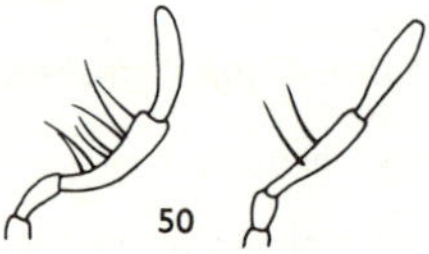

50 a b

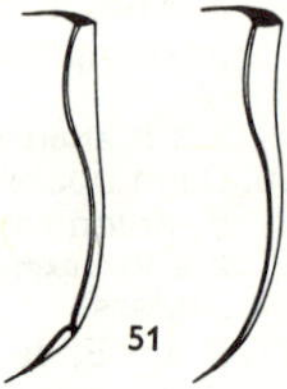

51 a b

31. Vorletztes Glied der Lippentaster auf der Innenseite mit mehr als 3 Borsten [*50a*] (nicht mit den längeren Kiefertastern verwechseln!). Rückenfläche der Vdtibia in Nähe der Ausrandung mit 2 od. mehreren Porenpunkten. Körper meist eiförmig-elliptisch, Htrand des H meist so breit wie Basis der E. Um 6–15 mm . . . . . 45; **Amara** BON.
Meist an trockenen Orten, zum Teil Samenfresser, z. B. **A. aenea** (DE GEER).

— Vorletztes Glied der Lippentaster mit nur 2 Borsten [*50b*]. Dorsalfläche der Vdtibien ohne od. mit 1 Porenpunkt in Nähe der Seitenausrandung. H geht meist nicht so breit zu E über **32**

32. Schenkelring der Htbeine auffallend groß, so lang od. fast so lang wie der halbe Schenkel. Die umgeschlagenen Seitenränder der E vor der Spitze deutlich gekreuzt [*51a*] **33**

— Schenkelring der Htbeine höchstens ⅓ so lang wie der Schenkel. Die nach unten umgeschlagenen Seitenränder der E vor der Spitze einfach, nicht gekreuzt [*51b*] **37**

33. Oberseite der Tarsen spärlich gelb behaart. Fühler vom 3. Glied an behaart. 12–18 mm . . . . 2; **Molops** BON.
Z. B. **M. piceus** (PANZER), in Wäldern.

— Oberseite der Tarsen kahl, Fühler vom 4. Glied an behaart . **34**

34. Oberkiefer so lang wie der Kopf. 1. Fühlerglied so lang wie Glied 2 + 3. H hinten stark verengt. 6,5–8,3 mm . **Stomis pumicatus** (PANZER)

— Oberkiefer u. 1. Fühlerglied nicht derart verlängert **35**

35. E im 3. Zwischenraum der Streifen ohne porenartigen Eindruck. H recht breit auf E zulaufend . . . . 4; **Abax** BON.
Häufig **A. parallelepipedus** (PILLER ET MITT.) (18–22 mm; parallelseitig); **A. ovalis** (DUFT.) (12–22 mm; kurz oval). Beide Arten in Wäldern.

— E im 3. Zwischenraum der Streifen mit mindestens 1 Eindruck (Porenpunkt). H an Basisecken meist stark von E abgesetzt **36**

36. Die ersten Fühlerglieder zylindrisch, ohne Kante
31; **Pterostichus** BON.
Häufig **P. melanarius** (ILL.) [*53*] (13–17 mm); **P. niger** (SCHALLER) (16–21 mm; letzter Bauchring des ♂ unten gekielt); **P. nigrita** (PAYK.) (8,5–11 mm); **P. vernalis** (PANZER) (6–8 mm).

— Die 3 ersten oder 2. u. 3. Fühlerglieder zusammengedrückt, ihr Oberrand kantig. Häufig erzglänzend. 8–14 mm . . . 6; **Poecilus** BON.
P. cupreus (L.) u. **P. versicolor** (STURM) (Basis des H durchgehend punktiert); **P. lepidus** (LESKE) (Basis des H in der Mitte nicht punktiert).

37. Über 2 cm (22–40 mm) . . . . . . **Sphodrus leucophthalmus** (L.)

— Höchstens bis 2 cm **38**

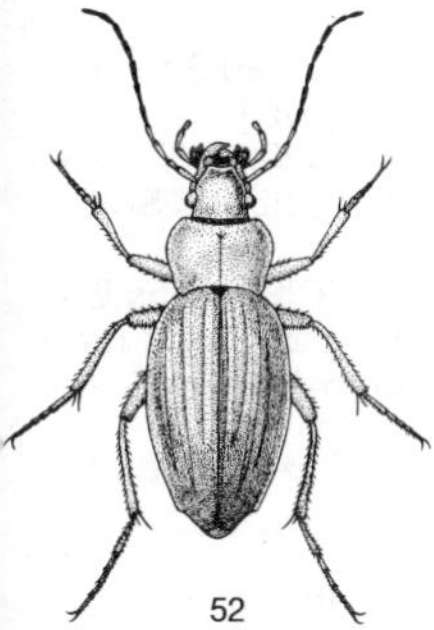
52

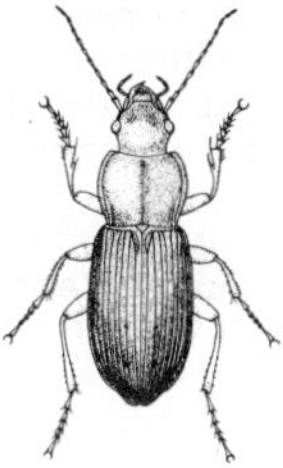
53

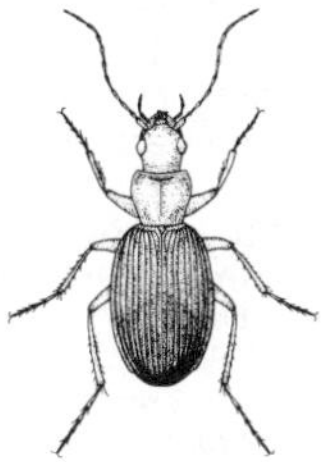
54

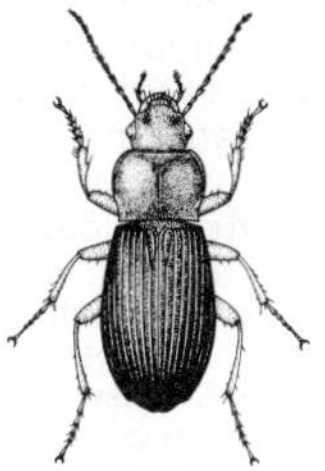
55

38. Krallen innen gezähnelt oder gekämmt (wenn auch manchmal nur schwach) **41**

— Krallen innen deutlich glattrandig **39**

39. Htwinkel des H abgerundet **40**

— Htwinkel des H scharfeckig . . . . 8; **Platynus** Bon.

P. assimilis (Payk.) (schwarz; 10–12 mm), in Wäldern; **P. dorsalis** (Pont.) [*54*] (E braunrot mit gemeinsamem grünblauem Fleck am Htende; 6–8 mm), in offener Landschaft. (Die Gattung wird auch als Untergattung von **Agonum** gewertet.)

40. Hornige Platte auf Kopfunterseite über Basis des Labiums ohne Zahn in der Mitte . . . . 2; **Olisthopus** Dej.

Häufig **O. rotundatus** (Payk.) (5–7 mm).

— Kinn mit einem solchen Zähnchen. 5,5–10,5 mm 25; **Agonum** Bon.

Oft metallisch glänzend: z. B. **A. muelleri** (Herbst) (grünlich metallisch); **A. viduum** (Panzer) (schwarzglänzend); **A. sexpunctatum** (L.) (grün u. kupferrot). Nicht metallisch: (bei manchen Arten Fühler vom 3. Glied an fein behaart), z. B. **A.** (= **Europhilus**) **thoreyi** Dej., an sumpfigen Stellen.

41. Schwarz mit blauem Schimmer. Tarsen auf Oberseite mit gelben Haaren. Krallen nur schwach gezähnelt. 13–17 mm **Pristonychus terricola** (Herbst)

— Andere Merkmalskombination **42**

42. 15–20 mm. Krallen deutlich gezähnelt. Schwarz, Fühler u. Beine rotgelb . . . . **Dolichus halensis** (Schaller)

— Unter 15 mm **43**

43. Schulter der E eckig, zahnartig vorgezogen. Krallen deutlich gezähnelt . . . . 7; **Calathus** Bon.

Häufig **C. fuscipes** (Goeze) (schwarz, Fühler braunrot, Beine dunkelbraun; 11–14 mm); **C. erratus** Sahlb. (ähnlich, aber kleiner, 8–11 mm; Fühler u. Beine gelbrot); **C. melanocephalus** (L.) (schwarz, H rot; 6–8 mm).

— Schulter u. H mehr gerundet. Krallen schwächer gezähnelt. 6–8 mm **Synuchus nivalis** (Panzer)

44. Kopf blau, H rot, viel schmaler als Basis der E, diese schwarz u. gelb gefleckt. 6–7 mm . . . . **Callistus lunatus** (F.)

— Anders **45**

45. H zur Basis nicht verengt, wohl aber stark zum Kopf hin gerundet. Körper kahl, oval (wirkt wie Amara). Hintere Außenpartie der Hthüften flach, mit dem Bauch in einer Ebene . . . . 2; **Oodes** Bon.

— Anders **46**
46. Fühler vom 4. Glied an fein seidig behaart, höchstens Glied 3 mit einzelnen Haaren. Epipleuren der E am Ende gekreuzt [*51a*] . . **47**
— Fühler vom 3. Glied an dicht seidig behaart. Epipleuren einfach [*51b*] **48**
47. Körper relativ flach, metallisch grün, zuweilen mit gelbem Seitenrand, manchmal schwarz, meist fein anliegend behaart
8; **Chlaenius** Bon.
— Körper gestreckt u. gewölbt, schwarzbraun bis schwarz, Beine mehr rotbraun. 14–16 mm Getreidelaufkäfer, **Zabrus tenebrioides** (Goeze)
Larve in Erdröhren, schädlich an Getreidesaat, Käfer an Körnern von Getreide.
48. Stirn mit roten Flecken . . . . 4; **Anisodactylus** Dej.
Z. B. **A. binotatus** (F.) (9–13 mm).
— Stirn ohne rote Flecken **49**
49. Gelbbraun, H u. ein großer Fleck auf den E blau. 8–10 mm
Diachromus germanus (L.)
— Anders **50**
50. Vorletztes Glied der Lippentaster mit 2 Borsten [*50b*]. Tasterendglied zugespitzt **51**
— Vorletztes Glied der Lippentaster mit mehr als 2 Borsten [*50a*]. Tasterendglied gestutzt . . . . 54; **Harpalus** Latr.
H. aeneus (F.) (grün metallisch; seitliche äußere Zwischenräume der E dicht punktiert); **H. rufipes** (De Geer) (Oberseite behaart) [*55*]; viele Arten schwarz bis braun u. unbehaart.
51. Htwinkel des H mit langem Tasthaar. Oberseite der Tarsen fein gelb behaart 3; **Dicheirotrichus** Jacquelin du Val u. 2; **Trichocellus** Ganglb.
Z. B. **D. gustavi** Crotch (4–7 mm), an Meeresküsten u. Binnensalzstellen.
— Htwinkel des H ohne Tasthaar. Oberseite der Tarsen kahl u. nicht punktiert. Httarsen matt. 5–7 mm . . . . . . 3; **Stenolophus** Dej.
Z. B. **S. mixtus** (Herbst).
— Httarsen glatt. 2–4 mm **52**
52. Körper gewölbt. Vdbrust gerandet . . . . 6; **Bradycellus** Erichson
Z. B. **B. verbasci** (Duftschmid).
— Körper flach. Vdbrust vorn ungerandet . . . 10; **Acupalpus** Latr.
Häufig **A. meridianus** (L.).

Familie: **Dytiscidae,** Schwimmkäfer

Im Wasser, gute Schwimmer. Räuber.
1. Schildchen nicht sichtbar. Selten über 5 mm, höchstens 6 mm **2**
— Schildchen deutlich sichtbar. Mindestens 6 mm, meist viel länger **3**
2. Körper eiförmig, ober- u. unterseits fast kugelig gewölbt, rostrot. Krallen der Htbeine sehr ungleich lang, eine schwer sichtbar. 4,5–5 mm
Hyphydrus ovatus (L.)
— Unterseite nicht kugelig gewölbt. Krallen der Htbeine von gleicher Länge od. wenn nicht, dann E gefleckt od. Körper unter 4 mm
8 Gattungen mit vielen Arten, vor allem 33; **Hydroporus** Clairv.
3. Über 20 mm **4**
— Höchstens 20 mm **5**
4. Httarsus mit 2 Krallen, Httibia wenig kürzer als Schenkel
7; **Dytiscus** L.

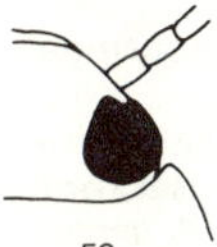

56

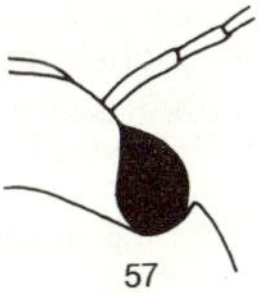

57

58

D. latissimus L. (25 mm breit), übrige Arten höchstens 20 mm breit: **D. marginalis** L., Gelbrand (mit gelbem Rand um H u. an Längsseiten der E).

— Httarsus mit nur 1 deutlichen Kralle. Httibia sehr kurz u. verbreitert, knapp halb so lang wie Schenkel **Cybister lateralimarginalis** (DE GEER)

5. E chagriniert mit Querriefen. 16−19 mm . . 3; **Colymbetes** CLAIRV.
Häufig **C. fuscus** (L.), in Teichen.

— E ohne Querriefen **6**

6. Augen vorne hinter der Fühlerwurzel durch kleinen Kopffortsatz etwas eingebuchtet [*56*] **7**

— Augen vorne nicht derart eingebuchtet [*57*] **10**

7. Krallen der Httarsen gleichlang, Htrand der Tarsenglieder gerade **8**

— Krallen der Httarsen sehr ungleich, der Htrand der 4 ersten Tarsenglieder außen lappig ausgezogen **9**

8. Innerer Endwinkel der Htschenkel auf der Unterseite mit einem Borstenbüschel [*58*] . . . . 26; **Agabus** LEACH
Hierzu auch der nahe verwandte **Platambus maculatus** (L.) (mit großen, gelben, streifigen Flecken auf H u. E; 8 mm), in Gebirgsbächen u. an Brandungsufern von Seen.

— Ohne solches Borstenbüschel. E am Ende stärker zugespitzt. Selten **Copelatus haemorrhoidalis** (F.)

9. Htecken des H stumpfwinklig gebogen. Die Basis daneben ohne Spur einer Ausbuchtung. Meist schwarz . . . . 9; **Ilybius** ERICHS.
I. ater (DE GEER) (13−14 mm); übrige Arten höchstens 11,5 mm.

— Htecken des H mehr spitz verlaufend, die Basis daneben ± ausgebuchtet . . . . 8; **Rhantus** DEJ.
Z. B. **R. pulverosus** (STEPH.).

10. Körper oval, deutlich gewölbt. Der größere Enddorn der Httibia das oberste Tarsenglied weit überragend . . . . 5; **Hydaticus** LEACH
H. transversalis (PONT.) (E mit gelbem Seitenrand u. rostroter Querbinde; 13 mm).

— Körper breit, ziemlich flach, hinter der Mitte am breitesten, der größte Enddorn der Httibia kaum länger als 1. Tarsenglied **11**

11. E des ♂ fast glatt (♂ hat breite Saugnäpfe an Vdbeinen), des ♀ fein gekörnt. 13−125 mm . . . . 4; **Graphoderes** DEJ.
Z. B. **G. bilineatus** (DE GEER).

— E des ♂ dicht punktiert, des ♀ mit Längsrippen zwischen behaarten, flachen Furchen. 15−18 mm . 2; Furchenschwimmer, **Acilius** LEACH
A. sulcatus (L.) [*25*] (Htschenkel schwarz gefleckt); **A. canaliculatus** (NICOL.) (Htschenkel ganz gelb).

Zu erkennen an dem gelb erhaarten Hals

Familiengruppe: **Silphidea,** Aaskäfer
(Silphidae, Liodidae, Catopidae, Colonidae)

1. Mindestens 9 mm. E häufig, aber nicht immer mit 3 Längsrippen **2**
— Höchstens 8 mm. E nicht mit Längsrippen **9**
2. Fühler mit großem 4gliedrigem Endknopf. E abgestutzt, schwarz od. mit roten Querbinden. 12–30 mm . . . . **Necrophorus** F.
a) Einfarbig schwarz: **N. humator** (GLED.) (Fühlerkeule gelbrot); **N. germanicus** (L.) (Fühlerkeule schwarz).
b) Schwarz mit roten Querbinden: **N. vespilloides** HERBST (Fühlerkeule schwarz); **N. vespillo** (L.) [*41*] (Fühlerkeule rot; Httibien gekrümmt; H vorn dicht gelb behaart); ähnlich, doch Httibien gerade: 4 weitere Arten, darunter **N. investigator** ZETT. (H kahl) u. **N. vestigator** HERSCHEL (H gelb behaart).
— Fühler allmählich zur Spitze verdickt od. mit deutlich größeren Endgliedern, aber nicht mit scharf abgesetztem Endknopf . . . **3**
3. H an Seiten u. Basis stark gerundet, wirkt ± kreisförmig. E abgestutzt, einige Htleibsringe frei lassend. Flach, schwarz, unbehaart. Augen vorquellend. 16–25 mm . . . . **Necrodes littoralis** (L.)
— Andere Merkmale **4**
4. Gleichmäßig schwarz od. braun gefärbt **6**
— Körper zweifarbig. 12–16 mm **5**
5. Schwarz, H rot. Im Wald an Aas . . . **Oeceoptoma thoracica** (L.)
— E hellbraun mit je 2 schwarzen Flecken **Xylodrepa quadripunctata** (L.)
Im Wald, räuberisch auf Zweigen.
6. Kopf schmal, schnauzenartig verlängert. H nach vorn stark verengt. Schneckenfresser: **Phosphuga atrata** (L.) (E glänzend u. mit 3 kräftigen Rippen; 10–15 mm); **Ablattaria laevigata** (F.) (E fein punktiert, ohne Rippen; 12–18 mm).
— Kopf nicht derart verschmälert **7**
7. Kopf hinter den Augen ringsum abgeschnürt. Vdrand des H flach bogenförmig ausgeschnitten. Fühler mit 3 merklich dickeren Endgliedern. 9–14 mm . . . . 3; **Thanatophilus** LEACH
Häufig **T. rugosus** (L.) (mit Runzeln od. Höckern zwischen den Rippen) u. **T. sinuatus** (F.) (ohne Runzeln od. Höcker, nur mit Apikalbeule).
— Andere Merkmale **8**
8. Kopf hinter den Augen backenartig verdickt . 2; **Blitophaga** REITTER
B. undata (MÜLLER) (zwischen den Rippen mit Runzeln, Oberseite fast kahl; 11–15 mm); **B. opaca** (L.) (ohne Runzeln, mit deutlicher Apikalbeule; dicht anliegend behaart; 9–12 mm). Schädlich an Beta-Rüben („Rübenaaskäfer").
— Kopf hinter den Augen seitlich verengt . . . . 4; **Silpha** L.
Häufig **S. obscura** L. (mit schwachen Längsrippen; matt; 13–17 mm); **S. tristis** ILL. [*42*] (mit schmal abgesetzten Seitenrändern der E u. starken Längsrippen auf den E; 13–17 mm); **S. carinata** HERBST (E mit starken Längsrippen, aber Seitenränder breit u. hoch abgesetzt; 11–20 mm).
9. Kiefertaster mit eiförmigen od. ± parallelen, aber nicht verkürzten Endgliedern
a) 6–8 mm: **Necrophilus subterraneus** (DAHL) u. **Pteroloma forstroemi** (GYLL.), ziemlich seltene Gebirgstiere.
b) 1–6 mm: 2; **Agyrtes** FRÖL. (mit zahnartig ausgezogenen Tibien) u. **Liodidae** (Schwammkugelkäfer) mit 11 Gattungen, darunter **Anisotoma** PANZER, **Agathidium** PANZER und **Liodes** LATR.
— Kiefertaster mit konisch zugespitztem od. sehr kleinem Endglied **10**

Schwarz mit roten Streifen

10. Zwischen Auge u. Fühlerbasis eine Randkante . **Catopidae 11**
— Ohne derartige Randkante. 1,5–3,2 mm . . . . **Colonidae**
Nur 19; **Colon** HERBST.
11. E quergerieft od. querrissig skulpturiert
a) Querriefen der E schräg zur Basis des H: 4; **Ptomaphagus** ILL. (2–4 mm).
b) Beide Querriefen der E parallel zur Basis des H: **Anemadus strigosus** (KRAATZ) (2–3,5 mm) u. **Nemadus colonoides** (KRAATZ) (1,5 mm).
— E nicht so skulpturiert **12**
12. Kopfschild durch Quernaht von der Stirn getrennt. Mt- u. Httibien an der Spitze mit Kranz kleiner Dörnchen: 15; **Choleva** LATR. (über 4 mm; 2. Fühlerglied kürzer als 3.); 4; **Nargus** THOMS. (bis 3,5 mm; 2. Fühlerglied etwa so lang wie 3.)
— Zwischen Kopfschild u. Stirn keine Quernaht. Alle Tibien an der Spitze nur mit langen Sporen, ohne feinen Dörnchenkranz: 20; **Catops** PAYK. (H nach vorne u. hinten verengt, bildet mit E einspringende Winkel); 3; **Sciodrepoides** HATCH (H nur nach vorne verengt, Körperumriß daher fast einheitlich oval).

Familie: **Staphylinidae,** Kurzflügler

Viele Arten räuberisch, manche Arten Pollen- u. Pilzfresser.
1. H u. E mit Rippen **2**
— H u. E ohne Rippen **3**
2. Fühler kurz u. dünn, 9gliedrig mit scharf abgesetztem Endknopf. Tarsen 3gliedrig. 1,5–3 mm . . . . **Micropeplinae**
Nur 8; **Micropeplus** LATR., häufig **M. porcatus** (PAYK.).
— Fühler mit einigen größeren Endgliedern, Tarsen 5gliedrig
a) Klein, 2,5 mm: **Osoriinae,** nur **Thoracophorus corticinus** MOTSCH., selten.
b) Größer, 3,5–4 mm: **Pseudopsinae,** nur **Pseudopsis sulcata** NEWM., selten.
3. Kopf groß mit halbkugelig vorragenden Augen, die fast die ganze Kopfseite einnehmen. Kopf mit Augen viel breiter als H [*59*]. Einige Arten mit roten Flecken auf E . . . . **Steninae,** nur 93; **Stenus** LATR.
— Andere Merkmalskombination **4**
4. Fühler inserieren auf der vorderen Stirn zwischen den Augen od. innerhalb des Niveaus ihres Vd- od. Innenrandes [*60*]. Kopf klein u. geneigt . . . . **Aleocharinae** (Gattungsauswahl) **36**
— Fühler vor dem Niveau des Vdrandes der Augen eingefügt [*61–66*] **5**

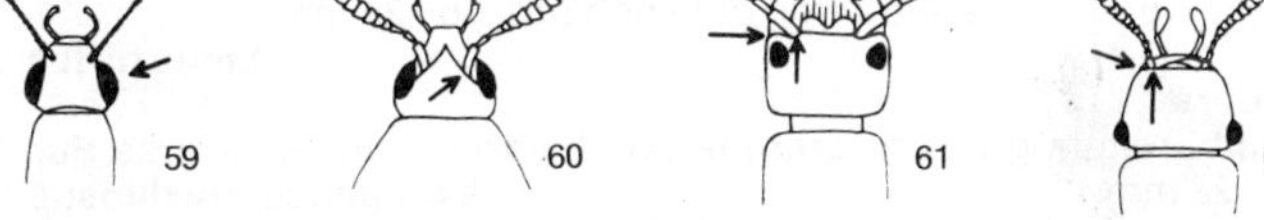

59 60 61 62

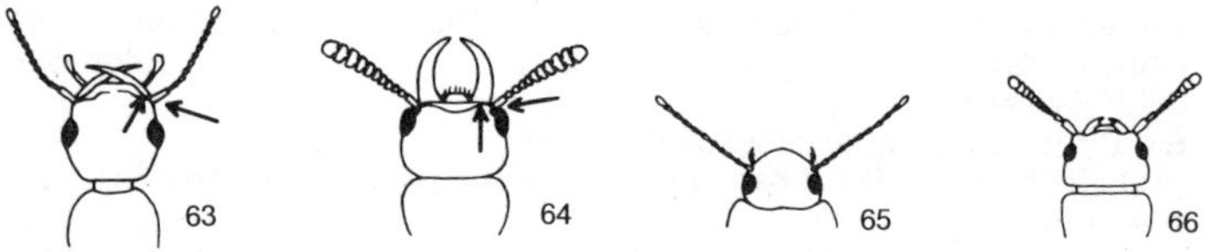

63 64 65 66

5. Fühler am Vdrand des Kopfes eingelenkt. Der Abstand zwischen den Außenkanten der Oberkiefer (Mandibeln) größer als der Abstand zwischen den Fühlerbasen [*61* u. *62*]

a) Fühler mit Endkeule. 1,5–2 mm: 3; **Euaesthetus** Grav. [*62*] (**Euaesthetinae**).

b) Fühler ohne Keule. Über 2 mm [*61*] **6**

— Der Abstand der Fühlerbasen voneinander größer od. so groß wie der Abstand zwischen den Außenkanten der Mandibeln an ihrer Basis [*63–66*] **21**

6. Fühlerbasen nicht od. nur wenig weiter voneinander entfernt als von den Augen . . . . **Xantholininae 7**

— Fühlerbasen weiter voneinander entfernt als von den Augen. Mt- u. Httarsen 5gliedrig . . . . **Staphylininae 8**

7. E mit geraden, nicht übereinander greifenden Nahträndern. Hals mindestens von halber Kopfbreite: 3; **Baptolinus** Kraatz (E höchstens undeutlich punktiert) u. 7; **Othius** Steph. (E deutlich punktiert)

Häufig **O. punctulatus** (Goeze) (10–14 mm); **O. melanocephalus** (Grav.); **O. myrmecophilus** Kiesw. (beide 4,5–5,5 mm), alle 3 Arten mit braunroten E.

— E mit übereinandergreifenden Nahträndern. Hals schmaler als halbe Kopfbreite: 7 Gattungen mit 16; **Xantholinus** Dej. u. 4; **Gyrohypnus** Sam.

a) Schläfen matt, mit Längswulst: häufig **G. punctulatus** Payk. (7,5–9 mm) u. **G. angustatus** Steph. (5,5–7 mm).

b) Schläfen glänzend, ohne Längswulst: häufig **X. linearis** (Oliv.) [*67*] (H ganz chagriniert; 6–9 mm) u. **X. longiventris** Heer (H höchstens an den Seiten etwas chagriniert; 7–9 mm).

8. Kopf ohne Seitenrandleiste. Umgeschlagene Seite des H wenigstens in der hinteren Hälfte von der Seite her sichtbar **10**

— Kopf unten mit Seitenrandleiste. Umgeschlagener Rand des H von der Seite her nicht sichtbar, H also gewölbter, seine Seiten stärker herabgezogen **9**

9. Fühler von Glied 4 an nach innen deutlich gesägt. 15–26 mm **Velleius dilatatus** (F.)

— Fühler anders. Höchstens 16 mm, dann aber Fühler nicht gesägt: 5 Gattungen, darunter 5; **Heterothops** Steph. (Endglied der Taster klein, pfriemenförmig; 4–5 mm) u. 60; **Quedius** Steph. (Endglied der Taster normal schlank; 4–16 mm, selten unter 5 mm).

Häufig **Q. fuliginosus** (Grav.).

10. Kopf, H u. Htleibsende zottig gelb behaart. 18–28 mm **Emus hirtus** (L.)

— Anders **11**

11. E mit breitem grauem Haarquerband, darin einige schwarze Punkte. 14–22 mm . . . . **Creophilus maxillosus** (L.)

— Anders **12**

12. Kopf, H u. E dunkel u. mit anliegender grau od. gelblich marmorierter Behaarung. H mit spitzwinklig vorstehenden Vdecken
3; **Ontholestes** GANGLB.

O. murinus (L.) (H mit parallelen Seitenrändern; 10–15 mm); **O. tesselatus** (FOURCROY) (H nach hinten ausgeschweift verengt; 14–19 mm).

— Anders **13**

13. Kopf u. H kahl u. meist glänzend, nur mit einzelnen langen Borsten u. zuweilen um die Schläfen dichter behaart. H meist mit 2 Punktreihen **14**

— Kopf u. H außer den langen Borsten mit kurzer Grundbehaarung **16**

14. Auf dem H mit breiten u. flachgrubigen Punkten. Htleib scheckig behaart. 6–9 mm. An Meeresküsten, unter Tang
Cafius xantholoma (GRAV.)

— Anders; wenn mit Punktgruben, dann diese tiefer u. von geringem Durchmesser **15**

15. Endglied der Kiefertaster doppelt so lang wie vorletztes. Schwarz glänzend, E rot. 8–9 mm. Im Mulm u. bei Ameisen
Hesperus rufipennis (GRAV.)

— Endglied der Kiefertaster kaum länger als vorletztes Glied u. auch kaum schmaler . . . . **Philonthus** CURT.

Etwa 70 Arten, zum Teil bis 14 mm, z. B. **P. fuscipennis** (MANNH.) [*68*] (Unterseite des 1. Fühlerglieds hell), auf Feldern. Verwandte Gattung 20; **Gabrius** STEPH., aber letztes Glied der Kiefertaster viel schmaler als vorletztes; bis 7 mm Länge.

16. Unter 6 mm . . 3; **Erichsonius** FAUV. u. 4; **Neobisnius** GANGLBAUER

— Über 8 mm **17**

17. Kopf trapezförmig, nach hinten erweitert. Htleib mit helleren Haarflekken od. Binden. 10–17 mm . . . . 4; **Platydracus** THOMS.

— Kopf oval, rundlich oder gerundet viereckig **18**

18. Kopf dicht filzig marmoriert, goldgelb behaart (ähnlich wie Ontholestes, aber nicht mit vorne spitzwinkligem H). 12–17 mm
Trichoderma pubescens (DE GEER)

— Kopf u. H nicht struppig, sondern niederliegend u. gleichartig behaart **19**

19. Kopf, H u. E rotbraun. E hinten goldgelb behaart. 15–20 mm
Parabemus fossor (SCOP.)

— Kopf u. H schwarz, höchstens mit Bronzeglanz **20**

20. Seiten des Htleibs mit goldgelben Haarflecken. Schwarz, E braunrot. 15–25 mm . . . . 3; **Staphylinus** L.

— Htleib ohne gelbe Haarflecke. E braunrot od. schwarz. 12–32 mm
20; **Ocypus** SAM.

O. olens (MÜLLER) (schwarz; 22–32 mm); **O. ophthalmicus** (SCOP.) (mit blauem Glanz; 15–22 mm); **O. similis** (F.) (schwarz; 12–20 mm).

21. Fühler unter den etwas lappig vorgezogenen Vdecken der Stirn über der Basis der Oberkiefer eingelenkt [*63*]. Kopf groß, meist breiter als H. Körper schlank, parallel . . . . **Paederinae**

9; **Paederus** F. mit **P. littoralis** (GRAV.) (H rot, E metallisch blau; 7,5–8,5 mm). Anders gefärbt sind mehrere weitere Gattungen, darunter 8; **Stilicus** LATR. (Kopf stielartig abgeschnürt; 3,5–6 mm), sowie 27; **Lathrobium** GRAV. (Kopf halsartig abgeschnürt, H kräftig punktiert, aber mit breitem unpunktiertem Mittelstreifen; 4–9 mm).

— Andere Merkmalskombinationen **22**

22. Stirn dicht vor den Vdrändern der Augen abgestutzt. Oberkiefer sehr vorgestreckt, fast so lang wie der Kopf [*64*]. Lippentaster mit halbmondförmigem Endglied . . . . **Oxyporinae**
Nur 2; **Oxyporus** F.; **O. rufus** (L.) (H rot, E schwarz, mit großem gelbrotem Schulterfleck, Htleib gelbrot mit schwarzer Spitze; 7–10 mm), an Pilzen.
— Anders **23**
23. Körper kahnförmig, Htleib konisch, zum Ende stark verschmälert u. dort beborstet od. bewimpert. Kopf bis zu Augen in H eingezogen. H glänzend u. meist unbehaart. Fühler frei auf der nach vorn abfallenden Fläche des Kopfes eingelenkt.
a) Fühler vom 3. Glied an sehr dünn, haarförmig, mit langen Borsten: **Habrocerinae,** nur **Habrocerus capillaricornis** (GRAV.) (3 mm).
b) Fühler normal, nicht haarförmig verdünnt [*65*] **Tachyporinae** **24**
— Körper nicht kahnförmig. Fühler unter dem lappen-, höcker- od. leistenförmig erweiterten seitlichen Stirnrand eingefügt [*66*] **Oxytelinae, Omaliinae** u. **Proteininae** **31**
24. Kopf unter den Augen mit erhabener Seitenleiste. E mit vertieftem Nahtstreifen **25**
— Schläfen ohne Seitenleisten. E ohne Nahtstreifen **28**
25. Endglied der Kiefertaster kurz, pfriemenförmig. 2,5–8 mm 26; **Mycetoporus** MANNH.
— Endglied meist so lang od. länger als vorletztes, auf jeden Fall halb so breit wie dieses **26**
26. 1. Glied der Ht- u. Mttarsen unterseits behaart u. bedornt. Schwarz mit roten E u. manchmal rotem H. 6–9 mm 4; **Bryocharis** BOISD. ET LAC.
— 1. Glied der Ht- u. Mttarsen nur mit feiner Grundbehaarung . **27**
27. E ungefleckt, mit mehreren Punktreihen. 3,5–7 mm 4; **Bryoporus** KRAATZ
— E gelbrot u. schwarz gefleckt, nur 1 Punktreihe neben der Naht. 2,5–9 mm . . . . 8; **Bolitobius** MANNH.
28. Endglied der Kiefertaster klein, pfriemenförmig **29**
— Endglied der Kiefertaster so lang od. länger als das vorletzte **30**
29. Ganze Oberseite fein anliegend behaart. 2–5 mm 6; **Conosoma** KRAATZ
— Wenigstens Kopf u. H kahl. 2–5 mm . . . . 18; **Tachyporus** GRAV.
Häufig **T. hypnorum** (F.) [*69*] (Kopf schwarz, H braunrot u. in der Mitte schwarz, E braunrot u. um Schildchen u. Seitenrand geschwärzt); **T. chrysomelinus** (L.) (Kopf schwarz, H u. E rotgelb, letztere nur um Schildchen u. vorne am Außenrand schwarz); **T. obtusus** (L.) (Kopf, H u. hintere Hälfte der E rotbraun).
30. 1. Glied der Httarsen so lang wie die 3 nächsten zusammen. E schwarz u. gelb. 3–4 mm . . . . **Leucoparyphus silphoides** (L.)
— 1. Glied der Httarsen nur wenig länger als das folgende. 3–9 mm 15; **Tachinus** GRAV.
Häufig **T. rufipes** (DE GEER) [*10*] (5–6 mm).
31. Htleib an Seiten breit randbildend abgesetzt, Außenkante messerscharf, einfach **32**
— Htleib mit aufgebogener Seitenrandung, letztere mit schmaler Dorsalfläche. Wenn flach randbildend u. mit scharfer Außenkante, dann Körper metallisch gefärbt od. über 6 mm . . . . **Oxytelinae** **33**

67
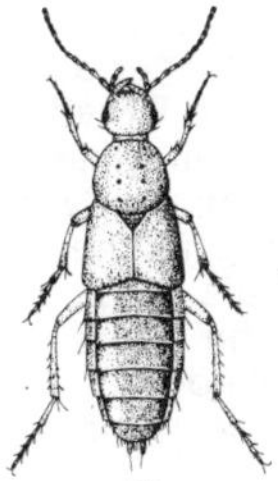
68
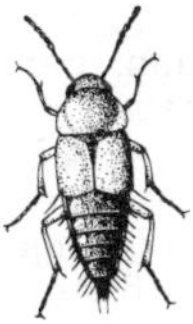
69
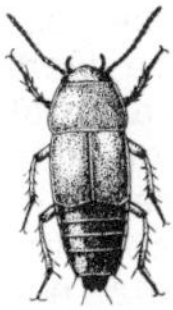
70
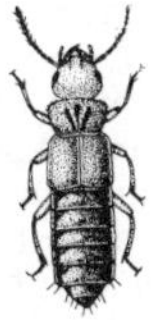
71

32. Htleib zwischen Hthüften gekielt. Vdhüften querwalzenförmig. Höchstens 3 mm . . . . **Proteininae**
Nur 7; **Megarthrus** STEPH. u. 6; **Proteinus** LATR.

— Vdhüften zapfenförmig. Scheitel meist mit 2 Ocellen . . **Omaliinae**
27 Gattungen, häufig: **Lathrimaeum unicolor** (MARSH.) (hell gelbbraun; 3,3–5 mm); **L. atrocephalum** (GYLL.) (gelbbraun, Kopf schwarz; 3–3,5 mm); **Lesteva** LATR. (H herzförmig, Endglied der Kiefertaster 4mal so lang wie das vorletzte; 3,5–5 mm); **Omalium** GRAV. (H in Mitte mit 2 kräftigen Längseindrücken; 1,7–4,5 mm); **Eusphalerum** KRAATZ (**Anthobium** SAMOUELLE) (alle Tarsen erweitert u. behaart, Krallenglied der Httarsen sehr lang; 1,5–4 mm); ♀ mancher Arten mit E, die Htleib weit bedecken, z. B. **E. florale** (PANZER [*2*]), massenhaft in Blüten.

33. Tarsen 5gliedrig: **Coprophilus striatulus** (F.) (glänzend braunschwarz; 5–7 mm); **Acrognathus mandibularis** (GYLL.) (± rot; 6–8 mm); **Deleaster dichrous** (GRAV.) (verschiedenfarbig, schwarz u. braun; 6,5–8,5 mm), nachts vom Licht angelockt; **Syntomium aeneum** (MÜLLER) (dunkel, glänzend; 2 mm)

— Tarsen 3gliedrig . . . . (8 Gattungen) **34**

34. H u. E mit langrissiger Skulptur, Basalfurchen oben auf Htleibssegmenten nach hinten gezogen . . . . 22; **Oxytelus** GRAV.
Häufig **O. rugosus** (F.) [*71*] (H gekerbt; 4,5–5,5 mm).

— Ohne Längsfalten u. Längsrunzeln. Basalfurchen auf Htleib gerade **35**

35. Oberseite mit deutlicher Grundbehaarung. H oft mit Mittellinie u. halsartig von E abgerückt . . . . 41; **Bledius** SAM.
Häufig, besonders an der Meeresküste, **B. arenarius** (PAYK.) (3–3,5 mm), Algenfresser.

— Oberseite kahl . . . . 7; **Platystethus** MANNH.
Z. B. **P. arenarius** (FOURCROY) (3–4 mm).
Ähnlich, aber Oberseite fein behaart: 2; **Aploderus** STEPH. (3,5–4,5 mm).

36. Alle Tarsen 1gliedrig, Fühler 10gliedrig. Etwa 1 mm. Synanthrop 7; **Oligota** MANNH.

— Tarsenformel 4,4,5: mehrere Gattungen, darunter 25; **Gyrophaena** MANNH. (kurz u. breit; 1–3 mm)
Gesellig in Pilzen.

— Tarsenformel 4,5,5 . . . . **37**

— Tarsenformel 5,5,5. Endglied der Taster nadeldünn **39**

37. Htleib breit, oben auf den Seiten mit goldenen Haarbüscheln. Ameisengäste: **Lomechusa strumosa** (F.) (Schenkel verdickt u. mit goldenem Haarbüschel am Ende; 5,5–6,5 mm); 3; **Atemeles** STEPH. (Schenkel nicht verdickt u. ohne Haarbüschel; 4,5–5 mm).

— Htleib oben ohne goldene Haarbüschel **38**

38. 1. Glied der Httarsen sehr lang, meist länger als die 2 nächsten zusammen: mehrere Gattungen, darunter **Drusilla canaliculata** (F.) (Kopf hinten halsartig abgeschnürt, H mit Mittellängsfurche; braun, Kopf u. Htleibsende schwarz; 4–4,5 mm); 11; **Zyras** STEPH. (Kopf hinten allmählich verengt, H ohne Mittellängsfurche; 3,5–7 mm).

— 1. Glied der Httarsen nur wenig länger als das 2.: mehrere Gattungen, darunter 191; **Atheta** THOMS. u. 6; **Amischa** THOMS.

39. Kiefertaster 5gliedrig, Lippentaster 4gliedrig 44; **Aleochara** GRAV.

Häufig **A. bipustulata** (L.) (E hinten mit rotem Fleck; 2–4,5 mm), Larve frißt Fliegenpuppen.

— Kiefertaster 4gliedrig, Lippentaster 3gliedrig: mehrere Gattungen, darunter 49; **Oxypoda** MANNH. (Seiten des H sehr stark nach unten geschlagen; Tibien unbedornt; 1,5–6,5 mm).

Familie: **Hydraenidae,** Langtaster

Meist in Gewässern. Nahrung: pflanzliches Material.

1. H mit Längsfurchen **2**

— H ohne Eindrücke. 1–2,5 mm . . . . 8; **Limnebius** LEACH

2. H mit 5 Längsfurchen, E mit Punktstreifen od. Rippen 26; **Helophorus** F.

An Ufern, manche Arten auch im feuchten Binnenland, z. B. **H. aquaticus** (L.) (4–9 mm) u. **H. nubilus** F. (3–4 mm).

— H mit anderer Skulptur, mit Längsfurchen, Längsgruben, seitlichen Eindrücken od. Querfurchen

5; **Hydrochus** LEACH (H mit 5 Längsgruben, E mit Rippen; 2–4 mm). 16; **Ochthebius** LEACH (H u. E anders, Endglied der Kiefertaster viel kleiner u. dünner als das vorletzte; 1–3 mm), häufig **O. marinus** (PAYK.) in Salzwiesen. 22; **Hydraena** KUGELANN (gestreckter u. flacher, Endglied der Kiefertaster mindestens so lang wie das vorletzte Glied; 1,5–2,7 mm).

Überfamilie: **Hydrophiloidea,** Wasserfreunde

Meist Wasserbewohner (außer **Sphaeridiinae**). Nahrung meist Pflanzenteile, Detritus oder Dung.

1. Krallenglied der Httarsen viel länger als die vorhergehenden zusammen. Oberseite braun, glänzend. E mit schwarzen Flecken. 5–7 mm **Spercheidae,** nur **Spercheus emarginatus** (SCHALLER)

— Krallenglied der Httarsen kürzer als die vorhergehenden zusammen **Hydrophilidae 2**

2. Oberstes (1.) Glied der Httarsen länger als das nächste. Meist Landbewohner . . . . **Sphaeridiinae 3**

— Oberstes Glied der Httarsen kürzer als das nächste. Im Wasser **Hydrophilinae 4**

3. E außer dem Nahtstreifen unregelmäßig punktiert, oft mit gelben oder roten Flecken: 3; **Sphaeridium** F. (Schildchen sehr lang u. schmal; 4–6 mm). **Coelostoma orbiculare** (F.) (Schildchen wenig länger als breit; 3,5–4,5 mm)

Häufig **S. scarabaeoides** (L.) u. **S. bipustulatum** F., in Kuhdung; **Coelostoma,** in stehendem Wasser.

— E zwischen den feinen Grundpunkten mit deutlichen Streifen oder Reihen von Punkten
a) Oberseite kahl: **Cercyon** LEACH (E mit deutlichen Nahtstreifen; 1,5–4 mm). **Megasternum boletophagum** (MARSHAM) (E ohne ausgesprochenen Nahtstreifen).
b) Oberseite fein behaart: 3; **Cryptopleurum** MULS., in Dünger, Detritus, an Ufern.

4. 30–50 mm lang . . . . Kolbenwasserkäfer, **Hydrous** L.
H. piceus (L.) (alle Bauchringe dachförmig gekielt; 34–50 mm); **H. aterrimus** (ESCHSCHOLTZ) (nur letzter Bauchring mit Kiel; 32–43 mm).

— 13–18 mm lang . . . . 2; **Hydrophilus** LEACH
Häufig **H. caraboides** (L.) [*23*] (Basis des H gerade).

— Höchstens 10 mm lang **5**

5. Schildchen viel länger als breit . . . . 4; **Berosus** LEACH

— Schildchen breit dreieckig, kaum länger als breit **6**

6. E mit nach hinten vertieften Punktstreifen. 6–9 mm **Hydrobius fuscipes** (L.)

— E mit nicht vertieften Punktreihen . . **Limnoxenus niger** (ZSCHACH)

— E ohne regelmäßige Punktreihen . . . . 8 Gattungen mit 30 Arten
Darunter **Enochrus bicolor** (F.) (braunglänzend; 5–6 mm), an Meeresküsten.

Überfamilie: **Scarabaeoidea,** Blatthornkäfer

Viele Arten Mistfresser, sonst phytophag. Larven häufig im Boden, bei den pflanzenfressenden **Scarabaeidae** als „Engerlinge" bisweilen schädlich; Larven der **Lucanidae** im Holz.

1. Das 1. Fühlerglied auffallend lang, die Endglieder mit starren säge- od. kammartigen Gliedern [*36*] . . . Hirschkäfer, **Lucanidae** **2**

— 1. Fühlerglied nicht auffallend verlängert, Endglieder mit 3–7 (manchmal sehr dicht) aneinanderliegenden, beweglichen Lamellen [*35*] Mist- u. Laubkäfer, **Scarabaeidae** **7**

2. H fest an die E angeschlossen, die Basis ungerandet. Körper etwa 1½mal so lang wie breit. 5–7 mm **Aesalus scarabaeoides** (PANZER)
Im Gebirge.

— H lose an die E angeschlossen, seine Basis gerandet. Körper über doppelt so lang wie breit **3**

3. Fühlerkeule mit 4–6 Gliedern **4**

— Fühlerkeule 3gliedrig. Körper glänzend schwarz, 12–16 mm . **6**

4. Oben metallisch blau od. grün. 10–14 mm [*36*] 2; **Platycerus** MÜLLER
Häufig **P. caraboides** (L.), Rehschröter.

— Matt schwarz od. braun. Mindestens 15 mm **5**

5. Vdtibien oben ohne Leisten u. Rinnen. Mandibeln des ♂ geweihartig. 2–6 cm . . . . Hirschkäfer, **Lucanus cervus** (L.)

— Vdtibien oben mit mehreren Leisten u. Längsrinnen. 16–32 mm Balkenschröter, **Dorcus parallelopipedus** (L.)

6. Kopf des ♂ mit längerem, des ♀ mit kurzem Horn Baumschröter, **Sinodendron cylindricum** (L.)

— Kopf ohne Hörnchen. Montan . . **Ceruchus chrysomelinus** (HOCH.)

7. Oberseite des Körpers, besonders der E, mit kleinen höckerigen Unebenheiten, grauschwarz, Htleib nur mit 5 Bauchringen. 5–13 mm 7; **Trox** F.

Häufig **T. sabulosus** (L.) u. **scaber** (L.), leben von trockenen Tierresten.

— Oberseite des Körpers glatt od. mit Streifen; zuweilen am Kopf u. H mit Hörnern u. Höckern **8**

8. Fühler kahl od. höchstens spärlich behaart. Wenigstens der letzte Htleibsring (Afterdecke) nicht von E bedeckt **14**

— Fühlerkeule od. wenigstens ihre beiden letzten Glieder matt, staubartig grau behaart. Htleib meist von den E bedeckt (Ausnahmen: **Onthophagus** u. **Caccobius** mit abgestutzten E) **9**

9. Httibien mit 1 Enddorn. Mthüften weit voneinander entfernt

a) Htbeine sehr lang. E fast dreieckig: **Sisyphus schaefferi** (L.), Matter Pillendreher (8–10 mm), im südlichen Bereich.

b) Htbeine nicht verlängert. E nicht 3eckig: **Copris lunaris** (L.), Mondhornkäfer (Kopf des ♂ mit großem, des ♀ mit kleinem Horn; 17–23 mm). 13; **Onthophagus** Latr. (höchstens 15 mm; Vdtibien an der Spitze schräg abgeschnitten) u. **Caccobius schreberi** (L.) (4–7 mm; Vdtibien an der Spitze gerade abgestutzt, E mit 4 roten Flecken).

— Httibien mit 2 Enddornen, alle Hüften einander genähert . . **10**

10. Fühler 9gliedrig, Augen höchstens vorne etwas ausgebuchtet **11**

— Fühler 11gliedrig, Augen ganz od. wenigstens bis zur Hälfte von dem Kopfseitenrand durchteilt **12**

11. Kopfschild vorn gerundet erweitert, die Oberkiefer ganz bedeckend

a) Httibien außen mit 2 starken Schrägleisten: 61; **Aphodius** Ill. u. 3; **Heptaulacus** Muls. (H ohne Mittelfurche; 2,5–15 mm). **Oxyomus silvestris** (Scop.) (Mtfurche des H angedeutet; 2,5–3,5 mm).

b) Httibien außen ohne Schrägleisten, manchmal mit Zähnchen, H mit deutlicher Mtfurche: 4 Gattungen, darunter **Psammodius sulcicollis** (Ill.) (etwa 3 mm), in Dünen.

— Kopfschild bedeckt wenigstens Spitze der Oberkiefer nicht. 4–6 mm 3; **Aegialia** Latr.

Z. B. **A. arenaria** (F.), in Dünen der Nord- u. Ostsee.

12. Augen nur zur Hälfte geteilt. Rostrot. Kopf u. H beim ♂ gehörnt. 12–15 mm . . . . **Bolbelasmus unicornis** (Schrank)

— Augen ganz durchteilt. Schwärzlich, mit od. ohne Erzglanz . **13**

13. Kopf u. H ohne Hörner. Httibien mit 2–3 Querleisten auf ihrer Außenseite. Mindestens Bauchseite glänzend blau. 10–26 mm 7; Mistkäfer, **Geotrupes** Latr.

Häufig **G. vernalis** (L.) (E fast glatt ohne deutlichen Längsstreifen, blau od. violett schimmernd), in lichten, trockenen Wäldern; **G. stercorarius** (L.) (E mit 7 Längsstreifen; Httibien außen mit 3 Querkanten), auf Viehweiden; **G. stercorosus** (Scriba) (= **silvaticus** Panzer) [*35*] (Httibia außen mit 2 Querkanten), in der Ebene in feuchten Wäldern, im Gebirge auf Weiden.

— Kopf od. H beim ♂ mit größeren Hörnern, beim ♀ mit kleinen Hökkern: **Odontaeus armiger** (Scop.), Stirnhornkäfer (7–10 mm) u. **Typhoeus typhoeus** (L.), Stierkäfer (15–20 mm)

14. H ausgehöhlt oder eingedrückt. Stirn des ♂ mit Horn, des ♀ mit kleinem Höcker. ♂ 30–40 mm, ♀ 25–30 mm Nashornkäfer, **Oryctes nasicornis** (L.)

— Anders 15
15. Krallen der Füße ungleich od. nur 1 große Kralle vorhanden 16
— Krallen der Füße gleich 19
16. Htfüße nur mit 1 großen Kralle. Bauchseite mit feinen, oft erzglänzenden Schüppchen bedeckt . . . . 5; **Hoplia** Ill.
Häufig **H. farinosa** (L.) (9–11 mm).
— Htfüße mit 2 Krallen, meist an den vorderen 2 Beinpaaren die größere Kralle an der Spitze gespalten 17
17. Kopfschild (schwarz glänzend) nach vorn etwas schnauzenförmig verlängert, mit erweiterter u. aufgebogener Spitze 2; **Anisoplia** Serv.
Häufig **A. segetum** (Herbst), Getreidelaubkäfer (erzgrün mit langer gelber Behaarung; E dunkelgelb, am Seitenrand mit steifen Borsten; 8–12 mm).
— Kopfschild nicht schnauzenförmig, einfach 4eckig od. abgerundet 18
18. Körper ziemlich flach, stark behaart. Metallisch grün, E gelbbraun. 8,5–11 mm . . . . . Gartenlaubkäfer, **Phyllopertha horticola** (L.)
— Körper gleichmäßig gewölbt, verkehrt eiförmig, oben oft metallisch grünblau od. braun, fast od. ganz kahl. 12–15 mm
Julikäfer, **Anomala dubia** (Scop.)
19. Oberseite stark gewölbt (maikäferartig). Spitzenrand der Mt- u. Httibia nicht gezackt od. gefingert. E vorn ohne Einbuchtung des Außenrandes 20
— Oberseite ± flach. Entweder Spitzenrand der Mt- u. Httibia scharf gezackt bzw. gefingert od. E vorne mit Einbuchtung des Außenrandes 24
20. Höchstens 10 mm. Enddorne der Httibia weit getrennt: **Homaloplia ruricola** (F.) (Kopf u. H schwarz, E braunrot mit schwarzem Innen- und Seitenrand; 5–7 mm). **Maladera holosericea** (Scop.) (Oberseite ganz schwarzbraun; 6–8 mm). **Serica brunnea** (L.) (oben ganz braunrot; 8–10 mm).
— Mindestens 10 mm. Enddorne der Httibia dicht nebeneinander 21
21. Fühlerkeule mit 3 Blättern. Höchstens 18 mm. Oben gelbbraun: 4; **Rhizotrogus** Latr. (Fühler 10gliedrig, zwischen Schaft u. Keule 6 kurze Glieder). 5; **Amphimallon** L. (Fühler 9gliedrig, zwischen Schaft u. Keule 5 kurze Glieder).
Häufiger **Rh.** (= **Miltotrogus**) **aequinoctialis** (Herbst) u. **aestivus** (Oliv.), **A. solstitialis** (L.), Junikäfer, Brachkäfer.
— Fühlerkeule mit 4–7 Blättern (die beim ♀ kurz, beim ♂ lang sind). Mindestens 18 mm 22
22. E braun mit weißen Flecken marmoriert. 24–34 mm. Vor allem in Dünen . . . . Walker, **Polyphylla fullo** (L.)
— E einfarbig bräunlich 23
23. E ohne deutliche Längsrippen. 23–29 mm . . . **Anoxia villosa** (F.)
— E mit deutlichen Längsrippen. 20–30 mm . 3; **Melolontha** Müller
M. melolontha (L.) (= **vulgaris** F.), Feldmaikäfer (Htleibsende allmählich schmaler werdend; E auch an Seiten braun); **M. hippocastani** F., Waldmaikäfer (Htleibsende stark gebogen mit dünnem stiftartigen, am Ende meist wieder etwas verdickten Fortsatz; Seitenrand der E schwarz).
24. E bedecken nur halben Htleib. Schwarzbraun u. schwarzweiß beschuppt. 7–9 mm . . . . **Valgus hemipterus** (L.)
— Anders 25
25. E vorn mit Einbuchtung des Außenrandes . . . . **Cetoniinae** 26
— E ohne solche Einbuchtung 27

26. E behaart, schwärzlich mit kleinen weißen Flecken: **Tropinota hirta** (Poda) (Vdtibia mit 3 Zähnen; 8–11 mm). **Oxythyrea funesta** (Poda) (Vdtibia mit 2 Zähnen; 8–12 mm)

— E nicht od. kaum behaart, metallisch od. erzfarben

a) Fortsatz zwischen den Hüften der Mittelbeine schmal u. kugelig. Oben erzgrün mit weißen Stricheln, unten kupferrot. 14–20 mm: **Cetonia aurata** (L.), Rosenkäfer.

b) Fortsatz verbreitert u. flach. Oberseite bronzefarben mit weiß, Unterseite grün: **Liocola lugubris** (Herbst) (= **marmorata** F.) (19–25 mm), ähnlich aber Oberseite erzgrün: 3; **Potosia** Mulsant et Rey (14–28 mm).

27. Oberseite wollig behaart. E gelb mit schwarzen Querflecken. 9–13 mm . . . . 3; Pinselkäfer, **Trichius** F.

Häufig **T. fasciatus** (L.).

— Oberseite unbehaart: **Osmoderma eremita** (Scop.) (28–32 mm; glänzend dunkelbraun). 2; **Gnorimus** Serv. (15–20 mm; schwarz od. metallisch grün), häufiger **G. nobilis** (L.).

Familie: **Buprestidae,** Prachtkäfer

Pflanzenfresser. Viele Larven in Holz.

1. 25–30 mm. Erzfarben mit Kupferglanz in den Vertiefungen. E mit breiten Längsfurchen. In Kiefernwäldern . . **Chalcophora mariana** (L.)

— Bis 23 mm u. andere Merkmale **2**

2. Augen weit vom H entfernt, Schläfen lang. 3–4 mm

3; **Aphanisticus** Latr. (Fühlerkeule 4gliedrig), Larven in Juncus u. Carex. **Cylindromorphus filum** (Gyll.) (Fühlerkeule 6gliedrig), Larven in Gräsern.

— Augen dem Vdrand des H ganz od. ziemlich genähert, Schläfen daher kurz **3**

3. Körper breit, E fast 3eckig nach hinten verjüngt. Fühler mit 5gliedriger Keule. 2–3,5 mm . . . . 6; **Trachys** F.

Z. B. **Tr. minutus** (L.). Nahe verwandt mit Trachys ist die seltene **Habroloma nana** (Payk.).

— Andere Merkmalskombination. Fühler vom 3.–4. Glied an nach außen 3eckig erweitert **4**

4. Krallen an der Basis mit großem Zahn. Grünblau od. erzfarbig: 30; **Agrilus** Curtis (Seiten des H doppelt gerandet; 3,5–11 mm). 2; **Coroebus** Cast. (Seiten des H einfach gerandet; 5–14 mm).

Häufig **A. viridis** (L.) [*29*] (grün mit hellem Kopf), schädlich an Buchenkulturen.

— Krallen innen an der Basis nur mit zahnartiger Verdickung . **5**

5. E mit leistenartig erhabenen Längslinien u. je 2 goldglänzenden Grübchen auf der Scheibe. Vdschenkel verdickt mit großem lappenförmigem Zahn. 8–14 mm . . . . . 3; **Chrysobothris** Eschscholtz

Z. B. **Ch. affinis** (F.), an Kiefern.

— Anders, Vdschenkel ohne Zahn **6**

6. Basis der E meist mit wulstförmigem Rand, Basis des H gerade. 3–15 mm . . . . 16; **Anthaxia** Eschscholtz

Häufig **A. quadripunctata** (L.) (H mit 4 queren Dorsalgruben).

— Basis der E nicht so, Basis des H ± doppelbuchtig **7**

7. E dicht unregelmäßig punktiert: **Melanophila acuminata** (DE GEER) (schwarz; 8–11 mm). **Phaenops cyanea** (F.) (blau od. grün; 8–11 mm)
— E mit Streifen, dazwischen oft mit glänzenden Reliefs **8**
8. Seitenrand des H glatt, fast bis nach vorn strichförmig gerandet: 5; **Buprestis** L. (Schildchen klein; Körper abgeflacht). **Eurythyrea quercus** (HERBST) (Schildchen herzförmig; E mit gewölbten Zwischenräumen der Punktstreifen; 16–24 mm)
Z. B. **B. rustica** L. (12–18 mm), in Nadelwäldern.
— Seitenrand des H fein gekerbt, nicht strichförmig gerandet . **9**
9. E lang schwanzartig ausgezogen. 1. u. 2. Glied der Httarsen fast gleich lang. Sch punktförmig. 15–24 mm . 4; **Dicerca** ESCHSCHOLTZ
— E höchstens kurz schwanzartig od. hinten abgerundet. 1. Glied der Httarsen länger als 2. Sch quer u. größer
Poecilonota variolosa (PAYK.) (kupfer- bis bronzefarben; 13–19 mm), in Pappeln. 3; **Lampra** LAC., häufig **L. rutilans** (F.) (grünblau metallisch; 9–15 mm), in Ulmen u. Linden.

Familie: **Elateridae,** Schnellkäfer

1. Augen sehr vorgequollen, mehr als halbkugelig u. vom Vdrand des H ein Stück entfernt. Kopf mit Augen so breit od. fast so breit wie H, letzteres mit tiefer Mtrinne u. Htecken der Seiten in Spitze auslaufend. Schwarz u. rot, E auch oft gelb . . . . **Denticollinae**
Nur 2; **Denticollis** PILLER ET MITT., häufig **D. linearis** (L.) (10–12 mm), auf Waldwiesen.
— Kopf mit den nicht auffällig vorgewölbten Augen deutlich schmaler als H, Augen diesem sehr genähert **2**
2. Oberseite mit Haarschuppen. H auf Unterseite mit tiefen Furchen zum Einlegen der Fühler. Nur Basalglied der Fühler matt, die folgenden glänzend . . . . **Agrypninae**
Adelocera murina (L.) (Fühlerrinnen erreichen nicht Htrand des H; E graubraun mit Punktreihen; 11–17 mm). 2; **Lacon** CAST. (Fühlerrinne erreicht Htrand des H; Punktierung der E grob, ohne Reihen; 14–18 mm).
— Oberseite fein behaart. Keine Fühlerfurchen. Basalglied der Fühler glänzend, die folgenden Glieder matt od. gleichfalls glänzend **3**
3. Stirn geht wenigstens in der Mitte ± allmählich in die Oberlippe über u. bildet dort keine abfallende Stufe, sondern höchstens eine schmale Kante auf etwa derselben Ebene **4**
— Stirn zwischen den Fühlern auch in der Mitte immer viel höher gelegen als die Oberlippe, die oft vom Stirnrand überwölbt erscheint **7**
4. Krallen kammartig gezähnt . . . . **Adrastinae**
Synaptus filiformis (F.) (9–12 mm). 5; **Adrastus** ESCHSCHOLTZ (unter 7 mm), z. B. **A. pallens** (F.).
— Krallen nicht gezähnt (höchstens mit 1 Wurzelzähnchen) . . **5**
5. Seitenrandkante des H nach vorn stark auf die Unterseite gebogen
10; **Agriotes** ESCHSCHOLTZ **(Agriotinae)**
Häufig **A. aterrimus** (L.) (H länger als breit; schwarz; 12–13 mm); ferner Arten mit H etwa so breit wie lang: **A. lineatus** (L.) (Behaarung der E meist abwechselnd heller u. dunkler; 7,5–10,5 mm); **A. obscurus** (L.) [*28*] (ähnlich, aber Behaarung gleichmäßiger); **A. sputator** (L.) (kleiner, etwa 7 mm), besonders die Larven der 3 letzten als „Drahtwürmer" an Wurzeln vieler Kulturpflanzen schädlich; **A. acuminatus** (STEPH.) (E mit schräg abgehobener, längerer Behaarung; hellbraun mit dunkler Naht; 6–7 mm), auf Gesträuch.
— Seitenrand des H auch von oben sichtbar **6**

6. Stirn waagerecht, Mundöffnung nach vorn gerichtet **Ctenicerinae**
12 Gattungen, da **Corymbites** aufgeteilt. 8; **Selatosomus** STEPH. (H länger als breit, höchstens mit schwacher Mittellängsfurche), häufig **S. aeneus** (L.) (erzfarben; 10–16 mm). 4; **Ctenicera** LATR. (H schlank mit tiefer Mittelfurche), häufig die meist erzfarbenen Arten **C. pectinicornis** (L.) (14,5–18 mm) auf feuchten Wiesen u. die montane **C. cuprea** (F.) (12,5–16,5 mm). **Prosternon tesselatum** (L.) (Oberseite gelbgrau wollig behaart; 10–12 mm).

— Stirn nach unten gewölbt und Mund nach oben gerichtet
Elaterinae: Elater ferrugineus L. (17–20 mm; braunrot). **Agriotinae: Dalopius marginatus** (L.) (6–8 mm; E hell mit dunkler Nahtbinde). 2; **Sericus** ESCHSCHOLTZ (7–11 mm; E einfarbig), z. B. **S. brunneus** (L.).

7. H fast kugelig gewölbt, glänzend. Schildchen herzförmig **Cardiophorinae**
Paracardiophorus musculus (ERICHSON) (Seitenrand des H von oben sichtbar; 5–7 mm). 8; **Cardiophorus** ESCHSCHOLTZ (Seitenrand des H von oben nicht sichtbar; 6–10 mm).

— H nicht derart gewölbt. Schildchen nicht oben eingebuchtet . **8**

8. Krallen kammartig gezähnt . . . . **Melanotinae**
5; **Melanotus** ESCHSCHOLTZ, häufig **M. rufipes** (HERBST) (braunschwarz; 12–19 mm).

— Krallen nicht kammartig gezähnt **9**

9. Behaarung des H anliegend od. schräg abstehend nach hinten gerichtet . . . . **Ampedinae**
4 Gattungen. 25; **Ampedus** GERMAR (meist mit roten od. gelben E; 6–17 mm), Larven im Holz.

— Behaarung des H quer od. schräg od. sternförmig zur Mitte hin
Hypnoidinae: Hypnoidus riparius (F.) (5–7 mm; E gestreift; dunkel).
Negastriinae: 5 Gattungen, viele Arten, z. B. **Oedostethus quadripustulatus** (F.) (3–5 mm; E gestreift u. mit 4 gelben Flecken); ähnlich **Negastrius pulchellus** (L.), aber Flecken variabler. Die 3 genannten Arten besonders an Ufern. Ferner **Quasimus minutissimus** (GERMAR) (2 mm; E ungestreift, schwarz), an sonnigen Hängen.

— Behaarung des H nach vorne gerichtet . . . . . . **Athoinae** **10**

10. Glied 1 der Httarsen kaum länger als 2. Schwarz mit Erzglanz
Limonius aeneoniger (DE GEER) (5 mm). 5; **Cidnopus** THOMS., z. B. **C. minutus** (L.) (6–8 mm). **Limoniscus violaceus** (MÜLLER) (11 mm).

— 1. Glied der Hintertarsen viel länger als das zweite
a) Fühler ab 4. Glied schwach sägeförmig erweitert: 6; **Athous** ESCHSCHOLTZ, häufig **A. haemorrhoidalis** (F.) (braun; um 12 mm), **A. vittatus** F. (ähnlich; 9 mm).
b) Fühler ab 3. Glied nach innen sägeförmig erweitert: **Pseudathous niger** (L.) u. **Ps. hirtus** (HERBST) (schwarz; 11–16 mm). 2; **Stenagostus** THOMSON (rotbraun; 15–22 mm). **Harminius undulatus** (DE GEER) (E braun mit 3 gezackten dunklen Querbinden; 13–19 mm).

Überfamilie: **Cantharoidea**

1. Kopf ganz unter dem vorn gerundeten, erweiterten H versteckt. ♂ geflügelt, seine E gerunzelt u. mit schwachen Längsrippen; ♀ ungeflügelt od. mit Flügelstummeln. Die letzten Bauchringe gelb u. im Leben leuchtend . . . . . . Leuchtkäfer, Glühwürmchen, **Lampyridae**
Phosphaenus hemipterus (GOEZE) (H ohne durchsichtige Fensterflecke; ♂ 6–7, ♀ 7–10 mm). **Lampyris noctiluca** (L.) (H mit Fensterflecken, seine Htecken scharfwinklig; ♂ 11–12, ♀ 16–18 mm). **Lamprohiza (Phausis) splendidula** (L.) (wie Lampyris, aber Htecken des H abgestumpft; 8–10 mm).

— Kopf wenigstens von den Augen ab von oben sichtbar . . . **2**

2. Kopf bis zu den Augen in H eingezogen. Schenkel abgeflacht u. unten flach gefurcht **3**

— Kopf frei od. wenn bis zu den Augen eingezogen, dann Schenkel nicht abgeflacht und nicht unten flach gefurcht. Oberlippe von der Stirn bedeckt . . . . Weichkäfer, **Cantharidae** **4**

3. E meist rot mit Längsrippen u. Gitterung dazwischen Rotdeckenkäfer, **Lycidae**

Larven räuberisch unter Baumrinde. Käfer auf Blüten u. Gesträuch besonders der Waldlichtungen, 6 Gattungen mit 8 Arten, z. B. **Lygistopterus sanguineus** (L.) (Seiten des H und die E hochrot; 8–9 mm).

— E des ♂ lederartig gerunzelt, gelbbraun od. schwarz. ♀ flügellos wurmartig, ähnlich den Lampyridae, aber Bauch ohne Leuchtflecken **Drilidae**

2; **Drilus** Oliv., z. B. **D. concolor** Ahrens (4–6 mm), auf Waldlichtungen, Larven sind Schneckenfresser.

4. Endglied der Taster breit, beil- od. spatelförmig. E bedecken den Htleib **6**

— Endglied der Mundtaster eiförmig zugespitzt. E meist etwas verkürzt, oft mit schwefelgelber Spitze **5**

5. Kopf groß, vorgestreckt, wenig geneigt, nach der Basis zu stark verengt. Fühler auf Stirnmitte, vom Innenrand der Augen etwas entfernt eingefügt. 3–6,5 mm . . . . 9; **Malthinus** Latr.

Häufig **M. flaveolus** (Herbst).

— Kopf breiter als lang, herabgezogen, nach der Basis zu weniger verengt. Fühler direkt am Innenrand der Augen eingefügt 26; **Malthodes** Kiesenw.

6. Basis des H breit u. flach ausgebuchtet. Kopf lang u. vorgestreckt. 11–14 mm. In Gebirgsgegenden auf Coniferen **Podabrus alpinus** (Payk.)

— Basis des H gerade od. nach hinten bogig erweitert. Kopf meist bis zu Augen in H einziehbar **7**

7. Stirn zwischen Fühlern mit länglicher, nach allen Richtungen abgeflachter Beule. H mit breit gerundeten Vdwinkeln. Krallen einfach od. die äußere am Grunde zahnartig erweitert 3 Gattungen, artenreich 28; **Cantharis** L.

C. fusca L. (E schwarz, H rot mit unregelmäßigem schwarzen Fleck; 11–15 mm); **C. rustica** Fallén (ähnlich, aber Fleck auf dem H herzförmig [*34*]); **C. livida** L. (E gelbbraun; 10–13,5 mm), auf Blüten u. Sträuchern. Larven winteraktiv („Schneewürmer“).

— Stirn ohne eine derartige Beule. Krallen in je 2 Längshälften gespalten . . . . 12; **Rhagonycha** Eschscholtz

Rh. fulva (Scop.) (E gelbrot mit schwarzer Spitze; etwa 9 mm); **Rh. lignosa** (Müller) (H schwarz, E gelb; 5–6 mm). Hierher ferner 2 seltene Gattungen im Gebirge.

Familie: **Dermestidae,** Speckkäfer

1. Körper dicht beschuppt . . . . 7; **Anthrenus** Müller

A. museorum (L.), Museumskäfer (Fühler 8gliedrig, mit 2gliedriger Keule; Innenrand der Augen vorne eingebuchtet, Seiten des H dicht weiß beschuppt; 2–3,5 mm); übrige Arten mit anderen Merkmalen.

— Körper behaart **2**

2. Ohne Stirnauge (Ocellus). Alle Tibien mit mehreren Längskanten 14; **Dermestes** L.

Häufig **D. lardarius** L., Speckkäfer (Vdhälfte der E gelbbraun behaart mit dichten Punkten; 7–9 mm); andere Arten ± einfarbig schwarzbraun, bei einigen ist Bauchseite weiß. Leben an tierischen Produkten.

— Stirn in der Mitte mit kleinem Ocellus. Tibien höchstens mit Außenrandkante 3

3. Vdhüften treten ± zapfenförmig hervor . . . . 5; **Attagenus** LATR.

Z. B. **A. pellio** (L.), Pelzkäfer (mit je 1 weißen kleinen Fleck in Mitte der E; 3,5–6 mm).

— Vdhüften quer, größtenteils in Gelenkhöhlen eingeschlossen

Weitere Gattungen. Hierher auch **Trogoderma granarium** EVERTS, Khaprakäfer (E mit helleren Querbinden; 2–3 mm), Vorratsschädling. **Megatoma undata** (L.) (4–6 mm), in Nestern von Solitärbienen.

Überfamilie: **Cleroidea,** Buntkäfer

1. Alle Tarsenglieder (außer Krallenglied) herzförmig gelappt. Fühler allmählich zur Spitze keulig verdickt od. mit abgesetzter Endkeule, selten vom 3.–4. Glied an gesägt . . . . **Cleridae** 2

— Fußglieder einfach, höchstens das vorletzte gelappt. E weich, nicht stark sklerotisiert. Fühler ± fadenförmig, höchstens sehr schwach gesägt od. schwach zum Ende verdickt . . . . . . **Melyridae** 6

2. E ganz od. größtenteils glänzend metallisch grünblau . . . 3

— E matt, anders gefärbt, oft mit bunten Querbinden 4

3. Kopf so breit wie H. E hinter der Basis mit Quereindruck. Fühler rotbraun. 3,5–6,5 mm Blauer Fellkäfer, **Korynetes coeruleus** (DE GEER)

In Futtermehl, Knochen, Aas.

— Kopf schmaler als H. E ohne Quereindruck. 4–6 mm 3; **Necrobia** OLIV.

N. ruficollis (F.) (H u. vorderes Drittel der E rot); **N. rufipes** (DE GEER) (ganz blau, nur Beine rot); **N. violacea** (L.) (auch Beine blau), fressen Insektenlarven, bisweilen an Schinken schädlich („Schinkenkäfer“).

4. Fühler vom 3.–4. Glied an gesägt. 7–8 mm . . . . **Tillus** OLIV. s. l.

T. elongatus (L.) (E schwarz, selten mit 2 weißlichen Flecken, H beim ♀ rot, beim ♂ schwarz); **Tilloidea unifasciata** (F.) (E mit roter Basal- u. gelber Mittelbinde), fressen Insekten in morschem Holz.

— Fühler allmählich zur Spitze keulig verbreitert 5

— Fühler mit großer schwarzer 3gliedriger Endkeule auf dünnem Stiel 2; **Trichodes** HERBST

Häufig **T. apicarius** (L.), Bienenwolf [*5*] (E rot, Spitze u. 2 gezackte Querbinden dunkelblau; 14 mm), schädlich bei Bienen.

5. Basis der E rot, dahinter 2 helle Querbinden: **Clerus mutillarius** F. (11–15 mm) u. 3; **Thanasimus** LATR. (7–9 mm)

Fressen Borkenkäfer. Häufig **Th. formicarius** (L.), Ameisenbuntkäfer.

— Basis der E nicht rot. E gelbbraun mit helleren Flecken u. Querbinden 3; **Opilo** LATR.

Fressen Anobien u. Bockkäferlarven im Holz. Z. B. **O. domesticus** (STURM) (6–8 mm).

6. Kopf u. H mit tiefen regelmäßigen Punktgruben. Körper langgestreckt, schwarz, braun, blau od. grün glänzend

7 Gattungen, darunter **Dolichosoma lineare** (ROSSI) (sehr schlank, H viel länger als breit, grünlich; 5 mm). 11; **Dasytes** PAYK., z. B. **D. caeruleus** (DE GEER) (metallisch blau, Krallen an Basis mit Zahn; 5–6 mm). **Psilothrix cyaneus** (OLIV.) (ähnlich Dasytes, doch Krallen ohne Zahn, aber außen mit Hautsaum; 5–7 mm).

— Kopf u. H nicht mit regelmäßigen tiefen Punktgruben, ± glatt. Körper meist grün u. rot gefärbt . . . . Zipfelkäfer

Vorwiegend Pollenfresser. 12 Gattungen, darunter 16; **Malachius** F. (Fühler zwischen Augen u. Mitte der Stirn eingelenkt; 4–7 mm) u. 3; **Anthocomus** ERICHSON (Fühler vor den Augen, an Seiten des Kopfes eingefügt; 3–5 mm).

Familie: **Coccinellidae,** Marienkäfer

Meist räuberisch, vorwiegend Blattlausfresser.

1. Oberseite deutlich fein behaart **2**

— Oberseite unbehaart od. nur an einzelnen Stellen mit Haaren **4**

2. Halbkugelig, oberseits rostrot mit od. ohne schwarze Flecke

a) 6–8 mm: **Henosepilachna argus** (FOURCROY), an Bryonia.

b) 3–4,5 mm: **Subcoccinella vigintiquatuorpunctata** (L.) (Kralle an Spitze gespalten), schädlich an Luzerne. **Cynegetis impunctata** (L.) (Kralle einfach, mit Basalzahn), an Gräsern.

— Nicht so; wenn 3 mm od. länger, dann anders gefärbt od. länglich **3**

3. Oval, schwach gewölbt, schwarz mit roten Flecken, die sich auf den E in der Mitte zu Querbinden treffen können. 2,5–4 mm

Novius cruentatus MULS.

— Oval, schwarz mit 2 gelben Flecken auf jeder E u. je 1 gelben Fleck an Vdecken bzw. Seiten des H. 2,5–3,5 mm

Platynaspis luteorubra (GOEZE)

— Gelbrot, mit od. ohne schwarze Flecke. Fühler lang, fast bis zur Basis des H reichend: 2; **Coccidula** ILLIGER (E ± gereiht punktiert; Körperseiten fast parallel; 2,5–3 mm). 2; **Rhyzobius** STEPHENS (E verworren punktiert; Körper mehr oval; 2,5–3,5 mm). Oft in Wassernähe

Häufig **C. rufa** (HERBST) u. **Rh. litura** (F.).

— Färbung verschiedenartig, aber Fühler sehr kurz, kaum länger als der Kopf, dieser vorn verengt. 1–3 mm

23; **Scymnus** KUGELANN u. 2 Arten verwandter Gattungen

4. Vdrand des Kopfschilds umschließt Augen vorn u. bedeckt Basis der Fühler . . . . **(Chilocorini)**

a) Ziemlich rund. Seiten des H auffällig vorgezogen. Schwarz glänzend, rot od. gelb gezeichnet: 2; **Chilocorus** LEACH, z. B. **Ch. bipustulatus** (L.) (Kopfschild vorn mit leistenartigem Rand; 3–4 mm). 2; **Exochomus** REDT., z. B. **E. quadripustulatus** (L.) (Kopfschild vorn ohne Rand; 3–5 mm).

b) Schlanker, H nur wenig vorgezogen: **Brumus oblongus** (WEID.) (2,5–4 mm), in Mooren.

— Kopf nach vorn verengt. Kopfschild den Vdrand der Augen nicht breit umschließend. Fühlerbasis frei **5**

5. H schließt dicht an Basis der E an, seine Htwinkel eckig. Augen ohne Augenkiel (eingeschobene Wange). Fühler kürzer als Kopf. Schildchen groß. Schwarz mit gelbem Fleck im unteren Drittel der E. 2–4 mm . . . . **Hyperaspis campestris** (HERBST)

Außerdem einige weitere seltene Arten.

— H schließt nicht dicht an Basis der E an, seine Htecken u. die Schultern der E gerundet. Augen mit deutlichem Augenkiel. Fühler meist länger als der Kopf **6**

6. H an Seiten ± gleichmäßig gerundet, etwa in der Mitte am breitesten; auf jeden Fall Körper länglich . . . . **(Hippodamiini) 7**

— H an Basis am breitesten, nach vorn verengt u. viel schmaler als Basis. Körper fast halbkugelig. E hinten gemeinsam abgerundet

(Coccinellini) 10

7. H überwiegend schwarz mit gelben Flecken od. mit gelbem Saum (in dem noch schwarze Flecken enthalten sein können) **8**
— H überwiegend gelb mit schwarzen Flecken **9**
8. Basis des H fein leistenartig gerandet. Krallen nicht gezähnt. E rötlich mit schwarzen Flecken. 3–5,5 mm . . . **Adonia variegata** (GOEZE)
— Basis des H nicht gerandet. Krallen an der Basis mit Zahn
a) Vdrand des H schwach ausgeschnitten. H etwas hinter der Mitte am breitesten: 2; **Hippodamia** MULS., z. B. **H. tredecimpunctata** (L.) (4,5–7 mm).
b) Vdrand des H tief ausgeschnitten. H etwas hinter der Mitte am breitesten: 3; **Semiadalia** CROTCH, z. B. **S. undecimnotata** (SCHNEIDER) (5–7 mm).
9. H ungerandet mit 6 schwarzen Punkten. 3–4 mm **Anisosticta novemdecimpunctata** (L.)
— H gerandet mit 4 schwarzen Flecken, die meist ± die Form eines M haben. 3,3–5 mm . . . . **Aphidecta obliterata** (L.)
10. Gelb mit schwarzen Flecken auf Kopf, H u. E (letztere mit schwarzem Nahtstreifen). Schildchen sehr klein, kaum sichtbar. Gerundet u. hochgewölbt. 2,5–3 mm . . . . **Tytthaspis sedecimpunctata** (L.)
— Schildchen stets deutlich sichtbar u. Zeichnung bzw. Größe anders **11**
11. E an Spitze der Nahtkante etwas flach ausgeschnitten u. dort dicht behaart. Kopf u. H schwarz mit gelben Flecken. E gelbrot mit schwarzen Flecken, die meist von hellerem Hof umgeben sind. 8–9 mm **Anatis ocellata** (L.)
— Anders u. höchstens 8 mm **12**
12. Augen von oben gut sichtbar. Vdrand des H bis zum Vdrand der Augen od. noch etwas darüber hinausreichend. Vorletztes Glied der Fühlerkeule breiter als lang, am Vdende gerade abgeschnitten **13**
— Augen vom H wenigstens in ihrer hinteren Hälfte überdeckt, vorletztes Glied der Fühlerkeule länger als breit oder wenn kürzer, dann mit über die Basis des nächsten Gliedes stark vortretender Ecke am Innenrand **14**
13. Schenkellinie (= erhabene Leiste auf dem 1. Bauchring, die zwischen Hthüften beginnt u. nach jeder Seite zieht) bogig um Hthüften ziehend 4; **Adalia** MULSANT
Häufig **A. bipunctata** (L.) (sehr variabel gefärbt, z. B. rot mit je 1 schwarzen Punkt auf E od. schwarz mit je 1 roten Punkt; 3,5–5,5 mm); **A. decempunctata** (L.) (Fleckung variiert ebenfalls stark; 3,5–5 mm).
— Schenkellinie verläuft gegabelt
a) E rot mit schwarzen Punkten, selten ganz schwarz: 5; **Coccinella** L., häufig: **C. septempunctata** L., Siebenpunkt [*3*] (5–8 mm), überall; **C. quinquepunctata** L. (3–5 mm), oft in Ufernähe; **C. undecimpunctata** L. (3,5–4,5 mm), besonders Meeresküste u. Flußauen.
b) E schwarz mit runden gelben Flecken: **Coccinula quatuordecimpustulata** (L.) (3–4 mm).
c) Gelb od. gelbbraun (höchstens rosarot) mit schwarzen, unregelmäßigen Flecken: **Synharmonia conglobata** (L.) (Tibien mit 2 kleinen Endsporen; 3,5–5 mm); **Harmonia quadripunctata** (PONT.) (Tibien ohne Endsporn; 5,5–6 mm).
14. Krallen mit Zahn etwa in der Mitte. Oberseite braun mit hellen Längsstreifen. 7–8 mm . . . . **Neomysia oblongoguttata** (L.)
— Anders; Krallen mit Zahn an der Basis Großgattung 9; **Halyzia** MULS.
Häufig **Propylea quattuordecimpunctata** (L.) (schwarze Flecke auf hellen E wirken schachbrettartig; 3,5–4,5 mm); **Thea vigintiduopunctata** (L.) (zitronengelb mit schwarzen Punkten; 3–4,5 mm), Mehltaufresser; **H. sedecimguttata** (L.) (E hellbraun mit noch helleren runden Flecken; 5–7 mm); ähnlich letzterem, aber Vdrand des H ziemlich tief

eingeschnitten: **Calvia decemguttata** (L.) (5–6,5 mm), **C. quatuordecimguttata** (L.) (4,5–6 mm), **C. quinquedecimguttata** (F.) (5–6 mm).

Familie: **Tenebrionidae,** Schwarzkäfer

Meist pflanzenfressend oder in Faulstoffen; einige Arten Vorratsschädlinge.

1. Über 20 mm. E ohne deutliche Punktstreifen . . . . . . 3; **Blaps** F.
Z. B. **B. mortisaga** (L.), Totenkäfer (22–26 mm), zuweilen in Häusern.

— 13–18 mm. H an Seiten u. Basis dick gerandet u. mit 2 Basalgrübchen. Oberseite schwarzbraun, Bauchseite rotbraun. Schildchen quer 5eckig. E mit geraden Punktstreifen . . . . 3; **Tenebrio** L.
Häufig **T. molitor** L. [*14*], Mehlkäfer, seine Larven als Mehlwürmer bekannt.

— Unter 10 mm od. wenn länger, dann andere Merkmale . . . **2**

2. Vdrand des Kopfschildes nur in der Mitte halbkreisförmig ausgeschnitten. E mit schwach erhabenen Längsrunzeln, mattschwarz
Staubkäfer, **Opatrum** F.
2 Arten. Häufig an sandigen u. trockenen Stellen **O. sabulosum** (L.) (7–10 mm).

— Mit anderen Merkmalen od. Merkmalskombinationen: viele Gattungen
Beispiele:
a) Vorratsschädlinge: 4; **Tribolium** Macleay, Reismehlkäfer (3–4 mm). 2; **Alphitobius** Stephens (4,5–6 mm). **Gnathocerus cornutus** (F.) (H vor der Mitte am breitesten; 3,5–4,5 mm).
b) Salztolerante Arten an Meeresküsten mit verbreiterten Vdtibien: **Phaleria cadaverina** (F.) (5,5–7 mm) u. **Phylan gibbus** (F.) (7,5–9 mm; Auge durch Fortsatz der Wange ganz geteilt).
c) An sandigen Biotopen: **Crypticus quisquilius** (L.) (6–7 mm; Augen nierenförmig).

Familie: **Alleculidae,** Pflanzenkäfer

Auf Blüten, aber auch an anderen Pflanzenteilen (z. B. unter Rinde, in Baumschwämmen).

1. Augen von den Wangen stark ausgebuchtet. Fühler ziemlich dicht vor den Augen frei eingefügt . . . . mehrere Gattungen
Darunter **Isomira murina** (L.) (gelbbraun od. schwarz; 4,5–5,5 mm).

— Augen vorne nicht od. nur schwach ausgebuchtet, die Wangen bilden vor den Augen einen ± starken Winkel, unter dem die Fühler eingefügt sind
Cteniopus flavus (Scop.), Schwefelkäfer [*16*] (gelb; 7–9,5 mm). 3; **Omophlus** Solier (schwarz, E gelbbraun), häufig **O. rufitarsis** (Leske) (8–11 mm). **Podonta nigrita** (F.) (E schwarz; 7–9 mm).

Familie: **Mordellidae,** Stachelkäfer

Häufig auf Blüten.

1. Htleib in lange, die E weit überragende Spitze ausgezogen. Heruntergebogene Seitenränder der E (Epipleuren) sehr schmal . . . **2**

— Htleib nicht derartig ausgezogen. Epipleuren der E breit u. vorne scharf abgesetzt. Höchstens 5 mm . . . . . . 22; **Anaspis** Müller
Häufig **A. frontalis** (L.) (3–4 mm). Außerdem 2 weitere seltene Gattungen.

2. Httibien außer der Kerbe neben der Spitze mit 1–6 Einkerbungen am Außenrand. 2–5 mm . . . . 52; **Mordellistena** Costa

— Httibien nur mit einer Kerbe am äußeren Spitzenrand
7; **Mordella** L. (Schildchen klein dreieckig od. eiförmig; 5–9 mm), z. B. **M. aculeata** L. [*17*]) u. **Tomoxia biguttata** (GYLL.) (Schildchen groß, quer viereckig; 5,5–8,5 mm).

Familie: **Meloidae,** Ölkäfer

Enthalten blasenziehenden Stoff (Cantharidin). Aus den im Boden abgelegten Eiern schlüpfen längliche Larven mit Schwanzborsten und 3kralligen Füßen („Triungulinus" [*80*]). Diese klettern auf Blüten, lauern auf Wildbienen und lassen sich in deren Nester tragen. Dort frißt die Meloë-Larve das Ei der Biene auf, verwandelt sich in eine dicke Larve, die den Honig verzehrt; es folgt die Phase einer „Scheinpuppe" und erst aus dieser eine neue Larve, die in der alten Haut bleibt und sich später verpuppt.

1. E an Basis ± übereinandergreifend, hinten klaffend. E ohne Nahtlinie, oft stark verkürzt. Schwarz, violett od. grünkupfrig
Maiwurm, **Meloë** L.
Häufig **M. proscarabaeus** L. [*15*] (Kopf u. H sehr grob punktiert, fast schwarz; 11–35 mm), **M. violaceus** MARSHAM (Kopf u. H fein punktiert, Basis des H mit seichtem Quereindruck; 10–32 mm).

— E selten sehr schwach verkürzt, nicht an Basis übereinandergreifend, mit feiner Nahtlinie: einige Gattungen, darunter **Lytta vesicatoria** (L.), Spanische Fliege (metallisch grün; 12–21 mm).

Familie: **Oedemeridae,** Engdeckenflügler

Auf Blüten und Baumrinde.

1. E oft am Ende verschmälert u. klaffend, mit 3 Längsstreifen, der seitliche entspringt unter der Schulterbeule. Vdtibien mit 2 Enddornen. H mit 3 grubenförmigen Vertiefungen . . . . . . 9; **Oedemera** OLIV.
Häufig **O. virescens** (L.) (grün; 7–10 mm), **O. femorata** (SCOP.) [*22*] (schwarz, E gelb; Htschenkel des ♂ verdickt; 8–10 mm).

— E mit 4 nicht verästelten Längsstreifen, der seitliche entspringt gleichfalls unter der Schulterbeule. Vdtibien mit 1 Enddorn. Rotgelb, Spitze der E schwarz. 9–13 mm. Meeresküste . . **Nacerda melanura** (L.)

— Andere Merkmale od. Merkmalskombination . mehrere Gattungen
Darunter **Chrysanthia viridissima** (L.) (6–8 mm) u. **Ch. nigricornis** WESTH. (5–6 mm), beide Arten metallisch grünblau, der 4. Längsstreif der E entspringt aus der Schulterbeule, auf Waldwiesen in Gebirgsgegenden.

Familie: **Anthicidae,** Blumenkäfer

Auf Blüten, aber auch unter faulenden Pflanzenstoffen.

1. H mit einem den Kopf überragenden Horn
3; **Notoxus** MÜLLER (vorletztes Tarsenglied herzförmig bis 2lappig; 3–6 mm), z. B. **N. monoceros** (L.) [*21*] (rötlich gelbbraun mit schwarzen Flecken; 4 mm). **Mecynotarsus serricornis** (PANZER) (vorletztes Tarsenglied einfach; 1,5–2,2 mm).

— H ohne Horn
3 Gattungen, darunter 16; **Anthicus** PAYK., z. B. häufig **A. floralis** (L.) (3 mm).

klein, grau, dunkel, schmal

Familie: **Cerambycidae,** Bockkäfer

Pflanzenfresser, viele Arten Blütenbesucher. Larven meist in Holz.

1. Fühler in der großen Augenbucht eingelenkt, die von der Einlenkungsgrube ganz ausgefüllt wird. Endglied der Taster zugespitzt. Vdtibien innen mit einer schiefen Furche . . . . . . **Lamiinae** **2**

— Fühler dicht vor od. seitlich der meist vorhandenen Augenbucht eingelenkt, diese nicht von der Einlenkungsgrube ausgefüllt. Endglied der Taster abgestutzt. Vdtibien ohne tiefe Innenfurche . . . **10**

2. H an Seiten mit spitzem od. stumpfem Höcker **3**

— H ohne Höcker, höchstens mit undeutlicher Beule an der Basis **7**

3. Fühler überragt die Mitte der E nicht od. wenig, ihr 1. Glied ohne Kante. 10–15 mm . . . . Erdbock, **Dorcadion fuliginator** (L.)

Larve u. Käfer an Wurzeln von Gramineen trockenwarmer Stellen; verwandte Arten strahlen nach Österreich ein.

— Fühler überragen weit die Mitte der E **4**

4. 1. Fühlerglied vor der Spitze mit kreisförmiger scharfer Kante. Fühler kürzer als der Körper . . . . Weberbock, **Lamia textor** (L.)

24–30 mm. In Pappeln u. Weiden.

— 1. Fühlerglied vor der Spitze mit kreisförmiger scharfer Kante. Fühler länger als der Körper . . . . 4; **Monochamus** Guérin

12–35 mm. Im Nadelholz, besonders im Gebirge.

— 1. Fühlerglied ohne Kante an der Spitze **5**

5. 1. Fühlerglied zur Spitze keulig od. birnenförmig verdickt **Acanthoderes clavipes** (Schrank)

12–17 mm. E meist mit 3 unvollständigen dunklen gezackten Querbinden. Fühler etwas länger als der Körper.

— 1. Fühlerglied schlank, zur Spitze allmählich verdickt **6**

6. Fühler ohne lange abstehende Haare, H meist mit 4 gelblichen Haarflecken. Fühler des ♂ bis 5mal, des ♀ bis 2mal so lang wie der Körper . . . . 4; **Acanthocinus** Guérin

Häufig **A. aedilis** (L.), Zimmermannsbock (12–20 mm), in Kiefernstubben.

— Fühler lang abstehend behaart od. wenn nicht, dann H ohne gelbe Haarflecke . . . . weitere Gattungen

7. Fühler 11gliedrig. Krallen an Basis mit deutlichem, meist großem Zahn **8**

— Fühler 11gliedrig. Krallen ohne Zahn **9**

— Fühler 12gliedrig, unten mit langen Wimperhaaren besetzt. Krallen ohne Zahn . . . . 3; **Agapanthia** Serv.

Häufig **A. villosoviridescens** (De Geer) (E fleckig tomentiert; 10–22 mm), Larven in Distelstengeln.

8. Augen durch starke Bucht zweigeteilt. 3,5–5 mm 2; **Tetrops** Stephens

— Augen nicht geteilt . . . . 3 Gattungen mit vielen Arten

Darunter **Oberea oculata** (L.) (H orangegelb mit 2 Punkten, E schwarz).

9. 22–30 mm. Jede E am Ende mit kleiner zähnchenförmiger Spitze, schwarz u. dicht gelb od. grau behaart Großer Pappelbock, **Saperda carcharias** (L.)

— Unter 20 mm od. wenn etwas länger, dann E am Ende abgerundet

4 Gattungen mit mehreren Arten, darunter **Saperda populnea** (L.), Kleiner Pappelbock (E mit nackten, schwarzen, körneligen Punkten u. je 4–5 dichten Haarflecken).

10. Fühler kahl, 3. Glied ± verlängert. Seiten des H oft scharf gerandet u. bedornt od. gezähnt . . . . **Prioninae** **11**

— Fühler fein od. borstenförmig behaart. H an den Seiten verrundet, oft mit einem Höcker **12**

11. Seiten des H scharf gerandet, unregelmäßig gezähnt. 25–60 mm. An Nadelbäumen . . . . Mulmbock, **Ergates faber** (L.)

— Seiten des H scharf gerandet mit 3 starken Dornen. 18–45 mm. An Laub- u. Nadelbäumen . . . . . Sägebock, **Prionus coriarius** (L.)

— Seiten des H schwach gerandet, in der Mitte mit 1 spitzen Dorn. 15–30 mm. An Nadelbäumen im Gebirge . **Tragosoma depsarium** (L.)

— H nicht gerandet, nur an Htecken zu zahnartigem Vorsprung aufgebogen. 30–50 mm. An Laubbäumen. Selten

Megopis scabricornis (Scop.)

12. Fühler den Htrand des H nicht überragend. Körper walzenförmig, Seiten des H gerundet. E mit 2 Längsrippen, Tibien an der Spitze außen zahnartig ausgezogen . **(Spondylinae) Spondylis buprestoides** (L.)

12–24 mm. In Kiefernstubben. Im Habitus ähnlich, aber breiter u. H mit Seitenrand; 10–24 mm: **Parandra brunnea** (F.), aus USA nach Sachsen verschleppt.

— Mit anderen Merkmalen, längeren Fühlern . . **Cerambycinae** **13**

13. E stark verkürzt od. in Längsrichtung bogig verschmälert, dadurch Unterflügel teilweise freiliegend **14**

— E bedecken Htleib ganz od. lassen höchstens 2 Ringe frei, am Ende nicht klaffend **15**

14. 19–32 mm. E zusammen quadratisch, goldbraun. Gekeulte Enden der Htschenkel schwarz . . . . 2; Wespenbock, **Necydalis** L.

Z. B. **N. major** (L.).

— Unter 16 mm: mehrere Gattungen, darunter **Stenopterus rufus** (L.)

E einzeln verengt u. klaffend, gelbbraun, meist mit dunkler Spitze. 8–16 mm.

15. Kopf hinter den Augen lang u. nach hinten schmaler werdend. Augen rundlich od. nur schwach gebuchtet **16**

— Kopf hinter den Augen parallelseitig, nicht halsartig abgeschnürt (wohl aber kann H solche Abschnürung haben!). Augen oft stark ausgebuchtet, manchmal sogar durchteilt **19**

16. H mit Seitenhöckern

a) E oben mit 2–4 verkürzten Längsrippen u. gelblich-roten Quer- od. Schrägbinden bzw. -flecken. 12–25 mm: 4; Zangenbock, **Rhagium** F.

b) H oben mit 2 großen Beulen. Gelbrot, E blau (selten auch gelbrot). 16–23 mm: **Rhamnusium bicolor** (Schrank).

c) ♂ schwarz, ♀ vorwiegend schwarz mit bräunlichen Längsbinden auf den E. Etwa 20 mm: **Toxotus cursor** (L.).

d) E gelb mit 4 schwarzen Querbinden, die vordere zum Teil in Flecke aufgelöst. Fühler schwarz u. gelb geringelt: **Strangalia maculata** (Poda) (14–20 mm) (weitere Arten der Gattungen Nr. **18**).

e) Andere Merkmale: weitere Gattungen.

— H ohne deutliche Seitenhöcker **17**

17. H und Bauch rot, E blauschwarz. 7–9 mm . **Acmaeops collaris** (L.)

— Anders gefärbt: mehrere Gattungen, darunter Blütenböcke (Wangen so lang wie der halbe Augendurchmesser) **18**

18. H nach vorn ± konisch verengt, seine Htwinkel in stark nach außen gerichtete Spitzen ausgezogen. E meist schwarz od. gelbbraun u. schwarz . . . . 11; **Strangalia** Serv.

Häufig **St. quadrifasciata** (L.) (E gelbbraun mit 4 schwarzen Querbinden; Körper 13–18 mm lang, ca. 5 mm breit), **St. aethiops** (Poda) (schwarz; 12–15 mm), **St. melanura** (L.) (E rotbraun mit dunkler Naht u. dunklen Htenden; 7–9 mm).

— H mehr rundlich od. erst vor der Mitte verengt, Htwinkel stumpf od. mit kurzer, nicht besonders lang ausgezogener Spitze . 14; **Leptura** L.
Häufig **L. rubra** L. (schwarz, beim ♂ E braun, beim ♀ H u. E rot; 12–17 mm), **L.** (= **Judolia**) **cerambyciformis** (SCHRANK) (E höchstens 2mal so lang wie breit, gelbbraun mit dunklen Flecken od. Binden; 7–11 mm).

19. Hellblau mit schwarzen Flecken. H oben u. seitlich mit je 1 kleinen spitzen Dorn. 22–36 mm . . . . . Alpenbock, **Rosalia alpina** (L.)

— Metallisch grün- od. bronzefarbig. H oben u. seitlich mit Dornen u. Beulen skulpturiert. 22–32 mm Moschusbock, **Aromia moschata** (L.)

— Mit anderen Merkmalen, anderer Färbung **20**

20. Färbung der Oberseite meist mit gelben oder hellen Querbinden auf dunklem Untergrund (Wespenzeichnung). H kugelig . Widderböcke
6 Gattungen, darunter 4; **Clytus** LAICH. (E mit 4 Querbinden, davon 3 durchgehend), häufig **C. arietis** (L.) (10–12 mm); 3; **Plagionotus** MULS. (E mit 5 Querbinden, davon 4 ± durchgehend), häufig **P. arcuatus** (L.) (6–20 mm).

— Färbung u. Halsschild anders. Fühlerbasen weiter voneinander entfernt als die Innenränder der Augen **21**

21. H vorn u. hinten deutlich eingeschnürt **22**

— H ohne solche Einschnürungen **23**

22. 18–53 mm. H stark skulpturiert . . . . 2; **Cerambyx** L.
C. cerdo L., Eichenbock [*8*] (braunschwarz; 24–53 mm), **C. scopolii** FÜSSLY (tiefschwarz; 18–28 mm).

— 4–6 mm. H ohne Seitenhöcker . . . . **Gracilia minuta** (F.)

23. Schenkel zur Spitze stark keulenförmig verdickt, Basis der Mt- u. Htschenkel aber ebenso dünn wie die der Tibien **24**

— Schenkel nicht gekeult od. wenn doch, dann ist ihre Basis breiter als die der Tibien **26**

24. E olivbraun mit 2 weißbehaarten, etwas schrägen Querbinden od. Flecken. 2 Schrägbeulen auf dem H sind glänzend. 8–20 mm
Hausbock, **Hylotrupes bajulus** (L.)
Wichtigster Schädling im verbauten Nadelholz. Entwicklung 3–10 Jahre, verläßt Holz durch ovales Schlupfloch mit leicht gefranstem Rand.

— Anders **25**

25. Metallisch blaugrün od. erzfarben schwarzbraun. H ohne Eindruck od. Beulen . . . . 3; **Callidium** F.
C. violaceum (L.) (8–16 mm), Käfer schlüpft zuweilen aus verbautem Nadelholz, kann dieses aber nicht wieder neu befallen.

— Nicht metallisch; wenn mit Metallschein, dann H mit Beulen
6; **Phymatodes** MULS.
Häufig **Ph. testaceus** (L.) (H rot, E blau, od. H schwarz, E gelbrot; 6–17 mm).

— Mit anderer Färbung u. Merkmalen . . . . . weitere Gattungen

26. Alle Schenkel auffallend stark verdickt. Augen tief ausgebuchtet, fast durchteilt . . . . 3; **Tetropium** KIRBY
T. castaneum (L.) (H glänzend, weitläufig punktiert; 10–18 mm), **T. fuscum** (F.) (H matt, dicht runzlig punktiert; 10–14 mm), an Nadelhölzern.

— Schenkel weniger auffallend verdickt. Augen schwach ausgebuchtet
Asemum striatum (L.) (H mit kurzer Mtfurche; 10–18 mm). **Criocephalus rusticus** (L.) (H mit kurzer Mtfurche u. jederseits Längseindruck; 14–25 mm).

Familie: **Chrysomelidae,** Blattkäfer

Meist Pflanzenfresser (an Blättern), viele Arten oligo- od. monophag. Einige Arten schädlich.

1. H u. E mit abstehenden Stacheln, schwarz. 3–4 mm **Hispella atra** L.
— Körper ohne Stacheln **2**
2. Das breite, vorn gerundete H überdeckt den Kopf schildförmig, dieser daher von oben nicht sichtbar. Flach . (**Cassidinae**) 28; **Cassida** L.
Häufig **C. nebulosa** L., Rübenschildkäfer (oben rostbraun u. unregelmäßig dunkel gefleckt, unten schwarz; E unregelmäßig punktstreifig; 5–6 mm), an Melden u. Betarüben; **C. viridis** L. (grün; 8–10 mm), an Mentha, Salvia u. a.; **C. rubiginosa** MÜLLER (grün mit meist braunem Basalfleck auf E; 6–7,5 mm), an Disteln.
— Anders; Kopf frei vorgestreckt od. in Vdbrust eingezogen u. daher von dieser rings umschlossen **3**
3. H ohne abgesetzten Seitenrand u. viel schmaler als Basis der E. Kopf vorgestreckt, hinter den Augen od. Schläfen verengt **4**
— H meist mit Seitenrand, so breit od. nur wenig schmaler als E. Kopf bis zu den Augen od. noch weiter in Vdbrust eingezogen **9**
4. E ohne Punktstreifen: (**Orsodacninae**) 2; **Orsodacne** LATR. (4,5–8 mm) u. 4; **Zeugophora** KUNZE (2,5–4 mm)
Häufig **O. cerasi** (L.).
— E mit Punktstreifen **5**
5. Fühler mit verdicktem u. verlängertem Basalglied. Augen nicht eingebuchtet . . . . **Donaciinae** **6**
— 1. Fühlerglied nicht länger als breit. Augen eingebuchtet **Criocerinae** **7**
6. Krallenglied länger als übrige Tarsenglieder zusammen. E an der Spitze dornartig ausgezogen. 4,5–8,5 mm 2; **Macroplea** SAMOUELLE
— Tarsus kürzer, Krallenglied nicht verlängert: Schilfkäfer, 20; **Donacia** F. (Nahtrand der E in ganzer Länge gerade; 5–13 mm) u. 6; **Plateumaris** THOMSON (Nahtrand im letzten Drittel nach außen hochgebogen; 6–11 mm)
Auf Sumpfpflanzen, ihre Larven u. Puppen unter Wasser.
7. Krallen an Basis verwachsen. E blau od. grün 6; **Oulema** DES GOZIS (= **Lema** F.)
O. melanopa (L.) (H rot; 4–4,5 mm) u. **O. lichenis** (VOET) (ganz blau; 3–4 mm), an Getreide („Getreidehähnchen"). Ähnlich der letzteren, blau, aber H in der Mitte der Seiten stark eingebuchtet: **O. cyanella** (L.) (4–4,5 mm), an Disteln.
— Krallen bis zur Basis frei, E anders gefärbt **8**
8. E rotgelb. 6–8 mm . . . . . 3; Lilienhähnchen, **Lilioceris** REITTER
L. lilii (SCOP.) (Beine u. Kopf schwarz; 6–8 mm), **L. merdigera** (L.) (Beine u. Kopf mit rot; 6–7 mm).
— E zwei- od. mehrfarbig, mit Zeichnung . . . . 4; **Crioceris** MÜLLER
Schädlich an Spargel **C. duodecimpunctata** (L.) (rotgelb, jede E mit 6 schwarzen Punkten; 5–6,5 mm) u. **C. asparagi** (L.) (bunt; 5–6,5 mm).
9. Körper zylindrisch, vorn u. hinten ± abgestutzt. Letztes Htleibsglied (Pygidium) groß, fast senkrecht **10**
— Körper oval, rund od. elliptisch. Pygidium klein **13**
10. Fühler gesägt . . . . **Clytrinae** **11**
— Fühler fadenförmig . . . . **Cryptocephalinae** **12**
11. Htwinkel des H (bei Ansicht von hinten) über Basis der E aufgebogen: 4; **Labidostomis** CHEVR. (H einfarbig grün-blau, E gelb). **Chilotoma**

musciformis (GOEZE) (H grün od. blau mit rotem Seitenrand, E blaugrün; 3–5 mm).
Häufiger **L. longimana** (L.) (3,5–7 mm).

— Htwinkel des H nicht derart aufgebogen: 2; **Clytra** LAICH. (7–11 mm). 3; **Coptocephala** LAC. (4–7 mm; E gelb mit blauschwarzen Binden od. Flecken)
Häufig **Cl. quadripunctata** (L.) (E gelbrot mit je 2 schwarzen Punkten), Larven im Kotsack bei Formica-Ameisen.

12. Basis des H ungerandet, stark 2buchtig. Höchstens 8 mm 56; **Cryptocephalus** MÜLLER
Häufig **C. sericeus** (L.) (goldgrün; über 6 mm), andere Arten zum Teil mit gefleckten E.

— Basis des H stark gerandet, nur schwach gebuchtet 7; **Pachybrachys** CHEVR.

13. Htschenkel auffallend verdickt (Sprungbeine) [*72*] Erdflöhe, **Halticinae** **14**
Fast 200 Arten in 23 Gattungen, hier nur Auswahl!

— Htschenkel nicht auffallend verdickt **16**

14. Htfüße vor dem Ende der Tibien eingefügt [*72*]. Fühler 10gliedrig 23; **Psylliodes** LATR.
Landwirtschaftliche Schädlinge: **P. chrysocephala** (L.), Rapserdfloh (metallisch blau, zuweilen E od. ganze Oberseite braun; 3–4,5 mm), Larven in Blattstielen des Raps; **P. affinis** (PAYK.), Kartoffelerdfloh (gelbbraun; 2–3 mm); **P. attenuata** (KOCH), Hopfenerdfloh (glänzend braun; 1,8–2,6 mm).

— Htfüße (Tarsen) am Ende der Tibia eingefügt. Fühler 11gliedrig **15**

15. H mit durchgehender Querfurche vor der Basis. Metallisch blaugrün. E verworren punktiert . . . . 13; **Haltica** MÜLLER
Häufig **H. oleracea** (L.) (3–4 mm), an Oenothera u. a., aber nicht an Kohl!

— H ohne Querfurche od. wenn mit solcher, dann reicht diese nicht bis zum Seitenrand od. die E haben regelmäßige Punktreihen
Von den vielen Gattungen hier nur: 51; **Longitarsus** LATR. (1. Tarsenglied so lang od. länger als halbe Tibia; 1–4 mm). 17; **Chaetocnema** STEPHENS (Httibien auf Rückseite mit breiter, scharf gerandeter, vor dem Ende gezähnter Rinne; 1,5–3,5 mm), z. B. **Ch. concinna** (MARSHAM), Rübenerdfloh, auch an Rübe, u. **Ch. aridula** (GYLL.), Halmerdfloh an Getreide. 20; **Phyllotreta** STEPHENS (H ohne Querfurche, Httibien ohne Außenrinne; 2–3,5 mm), z. B. Kohlerdflöhe: **Ph. nemorum** (L.) (mit gelben Längsbinden auf E; 2,5–3,5 mm); **Ph. undulata** KUTSCHERA (ähnlich, aber nur 2–2,3 mm); **Ph. atra** (F.) (schwarz ohne gelbe Streifen); ferner **Ph. vittula** (REDT.), Getreideerdfloh (E mit gelben Längsstreifen; 1,5–1,8 mm). **Chalcoides aurata** (MARSHAM) (H grün bis golden, E blau; 2,5–3,5 mm), an Pappeln u. Weiden häufig.

16. Fühler an der Basis stark genähert (wie bei Erdflöhen) u. auf der Stirn zwischen den Augen eingelenkt. Zwischen den Fühlern schmale Längsrinne od. 1–2 Längswülste [*73*] . . . . . **Galerucinae** **17**

72

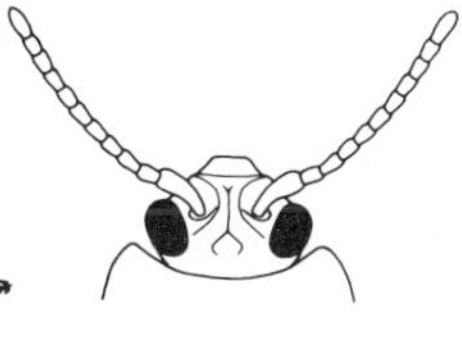
73

74

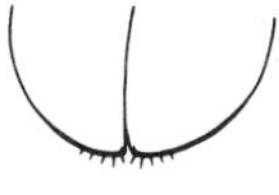
75

— Fühler an der Basis weit voneinander entfernt, auf der Stirn über der Wurzel der Oberkiefer eingelenkt [*74*] **23**

17. Fühlerglied 3 so lang od. länger als Glied 4 . . . . **18**

— Fühlerglied 3 kürzer als 4 . . . . **20**

18. Oberseite fein silberglänzend, dicht behaart 7; **Galerucella** CROTSCH u. verwandte Gattungen

Pyrrhalta viburni (PAYK.), Schneeballblattkäfer (4,5–6,5 mm); **G. lineola** (F.), Weidenblattkäfer (4,5–6 mm); **G. nymphaeae** (L.), Erdbeerblattkäfer (6–8 mm).

— Oberseite kahl od. nur schwach behaart **19**

19. Httibien außen glänzend, nur mit weit auseinanderstehenden Borstenhaaren besetzt. E nach hinten deutlich erweitert, oft mit Rippen 6; **Galeruca** MÜLLER

G. tanaceti (L.) (schwarz; ohne deutliche Rippen; 6–10 mm); **G. pomonae** (SCOP.) (Färbung variabel, Oberseite braun od. schwarz mit deutlichen Rippen; 7–12 mm).

— Httibien auf der Außenseite fast matt, fein anliegend behaart. E nach hinten kaum erweitert, immer ohne Rippen . . 3; **Lochmaea** WEISE

Hellbraun. 4–6 mm. **L. suturalis** (THOMSON), an Calluna; **L. crataegi** (FORSTER), an Crataegus; **L. capreae** (L.), an Weide, Pappel, Birke.

20. Seitenrandkante der E von oben fast vollständig sichtbar **21**

— Seitenrandkante seitlich untergebogen, von oben nicht od. nur wenig sichtbar **22**

21. Schwarzblau bis violett. 6–7 mm Erlenblattkäfer, **Agelastica alni** (L.)

— Hellbraun, aber E völlig u. Kopf teilweise grün od. blau. 5–7 mm. An Galium . . . . **Sermylassa halensis** (L.)

22. Braun, E mit 2 od. 4 schwarzen Flecken. 5–7 mm **Phyllobrotica quadrimaculata** (L.)

— Schwarz, H oft gelb od. rötlich. E zuweilen bläulich, grün od. gelb. Schlank, bis 5 mm . . . . 8; **Luperus** MÜLLER

Z. B. **L. flavipes** (L.).

23. Vdhüften kugelig, rund. 3. Tarsalglied ober- u. unterseits gleich tief gebuchtet, lang 2lappig: **Lamprosominae,** nur **Lamprosoma concolor** (STURM) (2–3 mm), auf Aegopodium. 3; **Eumolpinae** mit **Adoxus obscurus** (L.), Weinlaubkäfer (schwarz-braun; 5–6 mm).

— Vdhüften quer. 3. Tarsalglied unterseits meist weniger tief gebuchtet **Chrysomelinae** **24**

24. E gelb mit schwarzen Längsstreifen, H gelb mit schwarzen Flecken. 10 mm [*9*] . . . . Kartoffelkäfer, **Leptinotarsa decemlineata** (SAY)

— Anders gefärbt **25**

25. Alle Tarsenglieder gleich breit, tatzenartig. Seitenränder der E (Epipleuren) breit, nur schwach nach hinten verschmälert 3; **Timarcha** LATREILLE

T. goettingensis (L.) (bläulich/violett; 8–11 mm); **T. tenebricosa** (F.) (ähnlich gefärbt; 12–18 mm).

— 2. Tarsenglied (besonders von unten) viel kleiner u. schmäler als 1. u. 3. Epipleuren schmäler u. nach hinten verengt u. abwärts gebogen **26**

26. E am Spitzenende nach unten kurz u. fein bewimpert [*75*] (gutes Merkmal bei starker Vergrößerung!) 33; **Chrysomela** L. u. Verwandte

Ch. varians SCHALLER (sehr variabel metallisch gefärbt; 5–6 mm), an Hypericum; **Ch. graminis** L. (grünglänzend; 7–11 mm), an Tanacetum u. a.; **Ch. polita** L. (E glänzend rotbraun, Kopf u. H goldgrün). **Dlochrysa fastuosa** (SCOP.) (goldgrün mit blauem Naht- u. Mtstreifen; 5–6 mm), an Galeopsis u. Lamium album. Im Gebirge 18; **Chrysochloa** HOPE (länglicher u. mit deutlichen Schulterbeulen).

— E an der Spitze nicht bewimpert 27
27. E unregelmäßig punktiert 28
— E mit deutlich durch Zwischenräume getrennten Punktreihen 32
28. H viel schmäler als Basis der E, letztere mit stark abgesetztem Seitenwulst. Rücken der Tibia in ganzer Länge rinnenförmig ausgehöhlt 8; Pappelblattkäfer, **Melasoma** STEPHENS
M. aenea (L.) (metallisch grün od. blau; 6–8 mm); **M. populi** (L.) (E rot mit dunklem Spitzenfleck; 10–13 mm); **M. tremulae** (F.) (E rot ohne Spitzenfleck; 7–9 mm).
— H nicht od. wenig schmäler als Basis der E, diese ohne abgesetzten Seitenwulst, wohl aber gerandet 29
29. E hinten mit eingedrückten Nahtstreifen (sieht randartig aus) 30
— E ohne längeren Nahtstreifen 31
30. Basis des H fein gerandet. 4–6 mm . . . . . 2; **Gastroidea** HOPE
An Polygonaceen. **G. polygoni** (L.) (H rotgelb, E blau od. grün); **G. viridula** (DE GEER) (grün metallisch).
— Basis des H ungerandet. Körper oberseits rot, nur Mitte u. 2 Punkte auf dem H sowie Naht u. je 1 Streifen auf E schwarz. 7–10 mm. An Cruciferen . . . . **Entomoscelis adonidis** (PALLAS)
31. E vorne mit starker Schulterbeule, am Htende gemeinsam abgerundet. 2,5–4,5 mm. An Pappeln u. Weiden **Plagiodera versicolora** (LAICH.)
— E mit sehr schwacher Schulterbeule, am Htende gemeinsam zugespitzt. 4–5,5 mm. An Cruciferen Senfkäfer, **Colaphellus sophiae** (SCHALLER)
32. Mt- u. Httibien außen vor der Spitze in zahnartigen Auswuchs erweitert. Rotgelb mit schwarzen Flecken . . . . 10; **Phytodecta** KIRBY
Ph. rufipes (DE GEER) (5,5–7,5 mm) u. **Ph. viminalis** (L.) (5,5–7,5 mm) an Weiden.
— Ohne solche Erweiterung an den Tibien 33
33. Krallen innen mit Zahn. Metallisch blaugrün. 3,5–6 mm 6; **Phyllodecta** KIRBY
Ph. vitellinae (L.) u. **Ph. vulgatissima** (L.) an Weiden.
— Krallen ohne Zahn. An Uferpflanzen 34
34. Langoval, fast parallel, metallisch blaugrün: 3; **Hydrothassa** THOMSON (Basis des H ungerandet; 3–5 mm); 2; **Prasocuris** LATR. (Basis des H fein gerandet; 4–6 mm)
An Umbelliferen **P. phellandrii** (L.) (mit dunkler u. heller Längsstreifung).
— Kurzoval, hochgewölbt: **Sclerophaedon carniolicus** (GERMAR) (grob punktiert; 3–4,5 mm), montan; 5; **Phaedon** LATR. (fein punktiert, dunkel erzfarben; 2,5–4 mm).
Häufig an Cruciferen, z. B. **Ph. cochleariae** (F.), Meerrettichkäfer.

Familie: **Curculionidae,** Rüsselkäfer

Pflanzenfresser. Kurzrüsselige Arten meist polyphag, langrüsselige Arten häufig oligophag od. monophag.

1. 1. Fühlerglied nicht stiel- od. schaftartig verlängert (kaum länger als 2. u. 3. zusammen) [*76*] 2
— Fühler gekniet, mit stark verlängertem 1. Glied (Schaft) [*4a–c, 77–79*] 8
2. Körperumriß birnenförmig. Rüssel zur Spitze nicht verbreitert. Fühlerkeule aus 3 dicht aneinander liegenden Endgliedern. Körper meist

schwarz od. blau, auch rot

(**Apioninae**) Spitzmäuschen, **Apion** HERBST

Etwa 120 Arten. Viele Arten an Leguminosen.

— E mit etwas vortretenden Schultern, daher nicht birnenförmig. Rüssel zur Spitze etwas verbreitert. Fühlerkeule lose gegliedert . . **3**

3. Kopf hinter Augen stark verlängert u. in einen dünnen Hals verengt. Fühler 12gliedrig mit 4gliedriger Keule. E u. manchmal auch H rot. 6 mm . . . . (**Apoderinae**) 2; **Apoderus** OLIV.

Häufig **A. coryli** (L.), an Haselnuß.

— Kopf hinter Augen nicht od. relativ wenig verengt. Fühler 11gliedrig mit 3gliedriger Keule **4**

4. Vdtibien nach innen sägeartig gezähnt, an der Spitze mit 2 Hornhaken. H u. E rot, kahl, glänzend. 4–5 mm

(Attelabinae) Attelabus nitens (SCOP.)

— Vdtibien am Ende ohne Hornhaken. Rüssel viel länger als breit

Rhinomacerinae u. **Rhynchitinae** **5**

5. E unregelmäßig punktiert, ohne Punktstreifen 4 Gattungen mit je 1 Art

— E mit Punktstreifen od. schwachen Punktreihen **6**

6. Oberseite weitgehend kahl. E wenig länger als zusammen breit. Metallisch grün, blau od. kupferrot . . . . . . 2; **Byctiscus** THOMSON

B. betulae (L.), Rebstichler (5,5–8 mm); **B. populi** (L.) (4–5 mm).

— Oberseite deutlich behaart. E wenigstens 1¼mal so lang wie breit **7**

7. Schläfen hinter Querfurche etwas halsartig eingeschnürt

4; **Deporaus** LEACH

Häufig **D. betulae** (L.), Birkenblattroller (schwarz; 3–5 mm); **D. tristis** (F.), Ahornblattroller (E blau; 3,5–4,5 mm).

— Schläfen hinten nicht derart eingeschnürt. Metallisch glänzend: 5; **Coenorhinus** THOMSON (u. 2 weitere Gattungen) (auf E ist 2. Punktreihe vorn neben der Naht verkürzt). 6; **Rhynchites** SCHNEIDER (keine Punktreihe auf den E vorn neben der Naht verkürzt)

Wichtige Arten: **C. aequatus** (L.), Obstfruchtstecher (rot; 2,5–4,5 mm); **C. germanicus** (HERBST), Erdbeerstengelstecher (blau; 2–3 mm). **Rh. cupreus** (L.), Pflaumenstecher (dunkel kupfrig; 3,5–4,5 mm); **Rh. auratus** (SCOP.), Kirschfruchtstecher (goldgrün; 5,5–9 mm); **Rh. coeruleus** (DE GEER), Obstbaumtriebstecher (dunkelgrün; 3–4 mm).

8. Rüssel dick u. meist kurz, oft nicht viel länger als breit, nie stielrund. Fühler nahe der Spitze od. im vorderen Drittel des Rüssels eingelenkt, Schaft meist Vdrand der Augen überragend. Augen stets ± rundlich, viel schmaler als die Rüsselseite hoch [*4a, 77*] **9**

— Rüssel lang stielrund od. mittellang walzig, zuweilen dünn u. gebogen [*4b, c*]. Augen meist queroval, fast so breit wie die Rüsselseite an ihrer schmalsten Stelle. Fühlerschaft meist nicht Vdrand der Augen erreichend **22**

9. Vdrand des H von der Seite gesehen unterhalb der Augen mit einer Gruppe längerer Haarfransen abgestufter Länge [*77*]: (**Tanymecinae**) 3; **Chlorophanus** SAHLBERG (grünbeschuppt, oft mit hellen Seiten; 8–11,5 mm). **Tanymecus palliatus** (F.) (mit braunen Schuppen; 8–11 mm).

Z. B. **Ch. viridis** (L.) an Urtica; **Tanymecus** an Kletten u. Beta-Rüben.

— H ohne Haarfransengruppe, höchstens mit gleichmäßig feinem Haarsaum **10**

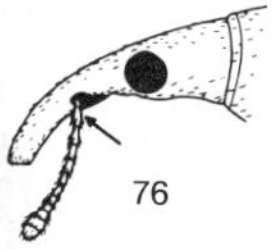
76

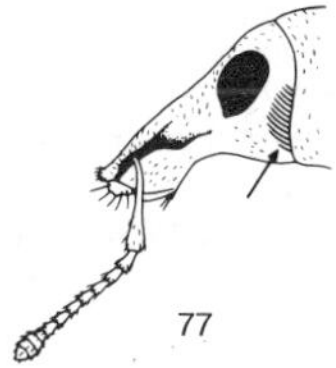
77

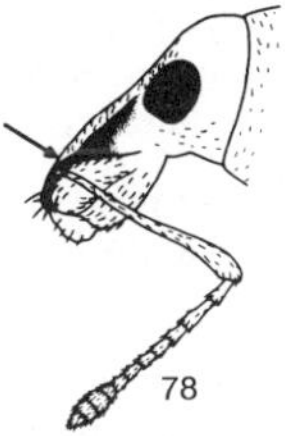
78

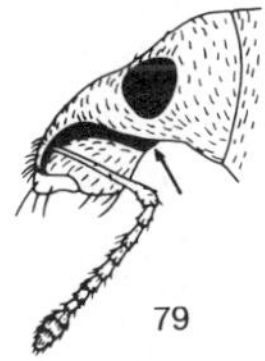
79

10. Fühlerfurchen oft nur kurz u. flach an den Seiten des dicken, kurzen Rüssels gegen die Mitte der Augen gerichtet [*78*] **Otiorhynchinae** **11**

— Fühlerfurche tiefer u. meist schärfer begrenzt, mehr gegen unteren Teil des Auges gerichtet [*4a*] od. tief vor den Augen zum Unterrand des Rüssels gebogen [*79*] **13**

11. Schultern der E stumpfwinklig vortretend. Krallen am Grunde verwachsen. Körper vieler Arten grün beschuppt 15; **Phyllobius** GERMAR

Ph. argentatus (L.) (grün mit gelben Beinen; 5–6 mm); **Ph. urticae** (DE GEER) (grün mit schwarzen Beinen; 7–9 mm); **Ph. oblongus** (L.) (schwarz, E, Beine u. Fühler gelbbraun; E behaart; 3–6 mm), schädlich an Obstbäumen.

— Schultern stark gerundet. E oval **12**

12. Fühlerfurchen mehr an den Rüsselseiten, tief, bis zu den Augen. Dicht beschuppt, dazwischen meist Borstenreihen. 2–5 mm 10; **Trachyphloeus** GERMAR

— Fühlerfurchen von oben vollständig sichtbar, flacher Rüssel unter der Fühlerwurzel ± lappenartig erweitert [*78*] 55; **Otiorhynchus** GERMAR

O. ligustici (L.) (E ± fleckig gelbbraun beschuppt; 9–12 mm), schädlich an Klee u. Luzerne; **O. sulcatus** (F.) (auf E mit goldenen Haarflecken; 9–11 mm), schädlich an Reben; **O. ovatus** (L.) (schwarz, Fühler u. Beine rotbraun; H gerunzelt; 5 mm). Ferner 5 weitere Gattungen, bei denen Krallen nicht wie bei Otiorhynchus frei, sondern am Grunde verwachsen sind, unter ihnen: 2; **Peritelus** GERMAR (dicht graubraun beschuppt, so daß der Grund völlig bedeckt ist; 3–8 mm).

13. H meist in der Mitte mit Längskiel (wenn nicht, dann die Augen von der Seite gesehen in der Mitte od. näher am unteren Kopfrand). Fühlerfurche zum Ende hin allmählich verflachend (**Leptopiinae**) 4; **Tropiphorus** SCHÖNHERR

T. carinatus (MÜLLER) (E mit kielartigen Erhebungen; 5–7 mm), an Mercurialis.

— H nicht mit Längskiel, Augen liegen seitlich mehr am oberen Kopfrand **Brachyderinae** **14**

14. E mit vortretenden, stumpfwinkligen od. abgeschrägten Schultern **15**

— E mit stark abgerundeten Schultern **17**

15. Krallen an der Basis verwachsen, Fühlerschaft überragt Augen **16**

— Krallen frei, Fühlerschaft die Augen nicht überragend: 23; **Sitona** GERMAR, Blattrandrüßler (schmal, langgestreckt; H ohne Mtfurche), besonders an Leguminosen. **Barynotus** GERMAR (breitoval; H mit verkürzter Mtfurche).

Häufig **S. lineatus** (L.) [*4*] (4–5 mm); **B. obscurus** (F.) (7,5–10 mm).

16. Rüssel mindestens etwas länger als breit: 2; **Liophloeus** GERMAR (Fühlerschaft ragt weit über die Augen; braungraufleckig, oft schachbrett-

artig beschuppt; 7,5–11 mm). 19; **Polydrusus** GERMAR (Fühlerschaft knapp über die Augen reichend; meist metallisch grün od. bräunlich fleckig beschuppt u. behaart; 3–8 mm).
Häufig z. B. **L. tessulatus** (MÜLLER); **P. cervinus** (L.).

— Rüssel breiter als lang, an der Spitze mit großer halbkreisförmiger umrandeter glatter Fläche. 7–9 mm. An Coniferen **Scythropus mustela** (HERBST)

17. Krallen frei . . . . **Barynotus** s. Nr. **15**

— Krallen an der Basis verwachsen **18**

18. Spitzenrand der Httibien abgeschrägt, verbreitert u. leicht ausgehöhlt **Philopedon plagiatus** (SCHALLER)
Vdtibien außen lappenförmig erweitert. E grau. 5–8 mm. Auf Küstendünen u. in Kiefernwäldern.
Selten ist **Cneorrhinus exaratus** (MARSHAM) (Vdtibien nicht lappig erweitert; schwarz; 7–9 mm).

— Spitzenrand der Httibien nicht so **19**

19. Kopf dicht hinter den Augen mit eingeschnürter Querlinie, die mit dem Vdrand des H gleitend verbunden ist. Körper oval, beschuppt u. mit aufstehenden Börstchen. Vdtibien am Ende ringsum mit feinen Stacheln . . . . 6; **Strophosoma** BILLBERG
Häufig **St. melanogrammum** (FORSTER) (4–5,5 mm).

— Anders **20**

20. Mit ± langen Haaren, aber nie beschuppt. Braun, Fühler u. Beine gelb. 2–5 mm . . . . 9; **Barypeithes** JACQUELIN DU VAL
Häufig **B. pellucidus** (BOH.), in Waldstreu.

— Oberseite mit Schuppen **21**

21. 2–4 mm: 2; **Foucartia** JACQUELIN DU VAL (oberseits beschuppt) u. 3; **Brachysomus** SCHÖNHERR (oberseits mit Haaren).
Z. B. **Br. echinatus** (BONSD.).

— Wenigstens 5 mm: **Sciaphilus asperatus** (BONSD.) (fleckig erdbraun beschuppt, dazwischen Borstenreihen; 5–6 mm). **Eusomus ovulum** GERMAR (dicht grün beschuppt; 6–8 mm). **Brachyderes incanus** (L.) (schwarz, fein grau behaart, mit spärlichen kupfernen u. weißlichen Schuppen; 8–11 mm).
Die letzte Art Schädling an jungen Kiefern.

22. H fast so lang wie E, grubig punktiert. Rüssel lang, vor den Augen verdickt, darunter die Fühler eingelenkt: (**Rhynchophorinae**) 1; **Sphenophorus** SCHÖNHERR (7–16 mm). 4; **Sitophilus** SCHÖNHERR (2,5–4,5 mm)
Sitophilus granarius (L.), Kornkäfer (braunschwarz glänzend), wichtigster Vorratsschädling an Getreide; **S. oryzae** (L.), Reiskäfer (E braun mit je 2 roten, viereckigen undeutlich begrenzten Flecken); **S. zeamais** MOTSCH. (ähnlich letzterem, aber Oberfläche glänzend u. rote Flecke nierenförmig u. deutlich begrenzt).

— Andere Merkmale, H viel kürzer als E **23**

23. Fühlerfurche schräg abwärts gebogen, sie endet unterhalb der Augen, ohne diese zu erreichen . . . . **Cleoninae** **24**

— Fühlerfurche gerade od. allmählich gebogen, zum Unterrand od. zur Mitte der Augen gerichtet [*4b, c*] **25**

24. Rüssel dick, höchstens doppelt so lang wie breit . . 9 Gattungen
Mit 15 Arten; darunter **Bothynoderes punctiventris** (GERMAR), Rübenderbrüßler (10–13,5 mm); 4; **Coniocleonus** MOTSCH. (jeweils Rüssel mit 1 Mittelkiel; 8–14,5 mm); **Cleonus piger** (SCOP.) (Rüssel mit 3 Längsfurchen zwischen 2 Kielen; 9,5–14 mm).

— Rüssel dünner, stielrund u. viel länger: 17; **Lixus** F. (langgestreckt, H quadratisch od. etwas länger als breit; 4,5–17 mm). 6; **Larinus** GERMAR (gedrungen, H. quer; 4–12 mm).
E bei einigen **Lixus**-Arten (z. B. **L. iridis** OLIV.) einzeln nach hinten zugespitzt.

25. Fühler in Nähe der Rüsselspitze eingelenkt u. Basis der Fühlerfurche von oben sichtbar **26**

— Fühler mehr zur Mitte des Rüssels hin od. in Augennähe eingelenkt, Basis der Furche jedenfalls von oben nicht sichtbar [*4b, c*] . **31**

26. Vdtibien od. alle Tibien am Ende mit starkem, nach innen gebogenem Hornhaken **27**

— Tibien dort nur mit kleinem, zuweilen undeutlichem Enddörnchen **30**

27. Fühlerfurche allmählich zum unteren Augenrand gebogen. Schenkel oft mit Zahn . . . . **Hylobiinae 28**

— Fühlerfurche im Bogen od. fast gerade zur Augenmitte gerichtet od. vorn gerade, dann aber abwärts unter die Augen gerichtet mehrere Gattungen

28. Seiten des H mit deutlicher, dicht hell beschuppter Längsbinde 3; **Lepyrus** GERMAR
Z. B. **L. palustris** (SCOP.) (7–12 mm), auf Weiden.

— Seiten des H höchstens mit Flecken gelber Haarschuppen . **29**

29. E an der Basis gerade, mit deutlichen Schultern 4; **Hylobius** GERMAR
H. abietis (L.), Großer Fichtenrüßler (H mit deutlich gekielter Mittellinie; E mit gelben Haarflecken; 10–13 mm); **H. pinastri** (GYLL.), Kleiner Fichtenrüßler (gleichfalls mit gelben Haarflecken, aber H nur schwach gekielt; 7–9 mm).

— Basis der E breit u. schwach ausgerundet, ohne deutliche Schultern 4; **Liparus** OLIV.
Auf Umbelliferen, Petasites u. Tussilago. Häufig **L. glabrirostris** KÜSTER (17–22 mm).

30. Schultern fast rechtwinklig vortretend. Augen quer. Fühlerfurche gegen unteren Augenrand gerichtet. Über 3 mm . 21; **Hypera** GERMAR
H. postica (GYLL.) (die dunklen Streifen vom H gehen auf Nahtfleck der E über u. laufen dort unregelmäßig aus; etwa 5 mm), schädlich an Luzerne; **H. zoilus** (SCOP.) (Bauch u. Seiten der E heller, Oberseite braunschuppig; 7–10 mm), schädlich an Klee; **H. nigrirostris** (F.) (vorwiegend grün, Beine hellbraun; 3–4 mm), schädlich an Klee.

— Andere Merkmale . . . . weitere Gattungen

31. Htschenkel stark verdickt (Sprungvermögen). Augen groß, vorragend, einander sehr genähert. 1,5–3,5 mm [*4c*] (**Rhynchaeninae**) 22; **Rhynchaenus** CLAIRV.
Rh. fagi (L.), Buchenspringrüßler (schwarz), Larve miniert in Blättern der Buche, Käfer nagt kleine Löcher; **Rh. quercus** (L.), Eichenspringrüßler (braun, rot); **Rh. salicis** (L.), Weidenspringrüßler (schwarz mit weißer u. roter Zeichnung).

— Htschenkel nicht auffallend verdickt (od. falls doch, dann E rundlich u. wenig länger als breit) **32**

32. Tibien höchstens innen mit 1 Enddorn **37**

— Tibien außen mit dornförmigem Endsporn **33**

33. Vdbrust mit tiefer Furche, in die Rüssel eingelegt wird, der oft bis zur Mittelbrust reicht . . . . (**Cryptorhynchinae**) 4 Gattungen
Cryptorhynchus lapathi L., Erlenrüßler (schwarzbraun, Seiten des H, Teile der Schenkel u. Hinterregion der E weiß beschuppt; 7–9 mm).

— Vdbrust ohne Einlegefurche für Rüssel, der auch in Ruhe vorgestreckt wird **34**

34. Vdhüften deutlich voneinander entfernt. Fühler 10gliedrig **Cossoninae 35**

— Vdhüften ± nahe beisammen. Fühler 11–12gliedrig **Pissodinae** **36**

35. Rüssel lang, am Ende erweitert. 4,5–7,5 mm
Faulholzrüßler, 3; **Cossonus** Clairv.

— Rüssel kurz, drehrund, wenig gebogen. 2–4 mm
5; **Rhyncolus** Germar

Und 7 weitere Gattungen mit 10 Arten.

36. Htrand des H beiderseits stark ausgebuchtet. Oberseite glatt u. ± kahl. 2,5–9 mm . . . . Triebrüßler, 19; **Magdalis** Germar

— Htrand des H schwach ausgebuchtet. Oberseite mit Flecken gelber Schuppenhaare u. mit Schwielen od. Höckern 7; **Pissodes** Germar

P. notatus (F.), Kleiner Kiefernrüßler (6–8 mm); **P. piniphilus** (Herbst) (4–5 mm).

37. Im Winkel zwischen Schultern der E u. Basis des H ist Seitenstück der Mittelbrust (Epimeron) als kleines Dreieck von oben sichtbar. Fühlerschaft erreicht selten die Augen. Bis 6 mm **Ceutorhynchinae** **40**

— Epimeren der Mtbrust von oben nicht sichtbar od. wenn doch (nur Gattung **Curculio** s. Nr. **43**), dann erreicht Fühlerschaft etwa den vorderen Augenrand u. die Krallen haben Zahn an der Basis **38**

38. Fühlergeißel aus 4–5 Gliedern bestehend . . . . **Mecininae** **39**

— Fühlergeißel aus 6–7 Gliedern bestehend **42**

39. H am Grunde viel schmaler als die mit eckigen Schultern ausgezeichneten E. (Blattschaber): 12; **Cionus** Clairv. (filzig behaart, mit 1 od. 2 großen samtschwarzen Flecken an der Naht u. einigen Reihen schwarz-weißer Gitterflecke; 3–5,7 mm). 2; **Cleopus** Stephens (ohne größeren Nahtfleck, aber mit Reihen von Gitterflecken; 2,5–3 mm).

Z. B. **Cl. pulchellus** (Herbst) an Braunwurz (Scrophularia nodosa).

— H am Grund nur wenig schmaler als E. 2–5 mm: einige Gattungen, z. B. 3; **Miarus** Schönherr (Vdhüften auseinander). 5; **Mecinus** Germar u. 21; **Gymnetron** Schönherr (Vdhüften eng zusammen).

40. Vdrand des H mit doppelter Kante u. meist kragenförmig aufgebogen. Vdbrust mit Furche zum Einlegen des Rüssels, Vdhüften voneinander entfernt. 2–5 mm . . . . 92; **Ceutorhynchus** Germar

Viele Schädlinge, z. B. **C. assimilis** (Payk.), Rapsschotenrüßler; **C. quadridens** (Panzer), Kleiner Kohltriebrüßler; **C. napi** Gyll., Großer Kohltriebrüßler; **C. pleurostigma** (Marsham), Kohlgallenrüßler; **C. maculaalba** (Herbst), Mohnkapselrüßler. Verwandte Gattungen: **Cidnorhinus quadrimaculatus** (L.) (E dunkel mit hellen Flecken), häufig auf Urtica; **Stenocarus fuliginosus** (Marsham), Mohnwurzelrüßler (E am Schildchen mit hellem Fleck, hinter diesem schwarzer Samtfleck).

— Andere Merkmale **41**

41. Körper gedrungen, eiförmig bis rundlich. Höchstens 4 mm: mehrere Gattungen, darunter 8; **Rhinoncus** Schönherr (Vdhüften voneinander entfernt). 11; **Phytobius** Schönherr (Vdhüften dicht beisammen).

— Körper gestreckt, walzenförmig bis parallelseitig. 3–6 mm: (**Barinae**) 12; **Baris** Germar, Mauszahnrüßler. 3; **Limnobaris** Bedel.

42. 3. Tarsalglied nicht 2lappig, sondern gerade oder nur oben ausgebuchtet. E mit schuppenartiger Mikroskulptur. 2–8 mm. An Wasser- u. Uferpflanzen: (**Bagoinae**) 4 Gattungen, darunter 21; **Bagous** Germar.

— 3. Tarsalglied 2lappig, fast bis zur Basis ausgeschnitten
Curculioninae u. **Notarinae** **43**

43. Seitenstück der Mtbrust (wie bei Ceutorhynchinae) im Winkel zwischen Schultern der E u. Basis des H von oben sichtbar. Rüssel sehr lang u. dünn. Schaft erreicht Vdrand der Augen [*4b*]. Krallen mit Zahn. Afterdecke nicht ganz von E bedeckt . . . . 11; **Curculio** L.

C. nucum L., Haselnußbohrer (6–7 mm); **C. glandium** MARSHAM, Eichelbohrer.

— Andere Merkmale **44**

44. E vor dem Ende mit Schwielen od. Höckern. 3,5–4,3 mm 2; **Grypus** GERMAR

G. equiseti (F.) (E am Ende breit schnabelartig u. hellgefärbt).

— E vor dem Ende ohne Schwielen od. Höcker **45**

45. Schildchen auffällig erhaben. E nach hinten etwas bauchig erweitert, oft mit bindenartiger Zeichnung . . . . 17; **Anthonomus** GERMAR

A. pomorum (L.), Apfelblütenstecher (E mit dunkel begrenzter heller Schrägbinde auf dem hinteren Drittel; 4–5 mm); **A. piri** KOLLAR, Birnenknospenstecher (die helle Binde verläuft gerade; 3–4,5 mm); **A. rubi** (HERBST), Erdbeer- od. Himbeerblütenstecher (schwarz, grauhaarig, Schildchen meist weiß; 3 mm).

— Schildchen nicht erhaben. Körper mehr gestreckt: viele Gattungen, z. B. 20; **Tychius** GERMAR (mit hellen Längsbinden; 2–4 mm). Ferner an Uferrändern 22; **Dorytomus** GERMAR (Schenkel innen mit Zahn; 2,5–7 mm) u. 5; **Notaris** GERMAR (Schenkel ohne Zahn; 3–8 mm).

Häufig **T. quinquepunctatus** (L.) (E mit heller Binde entlang der Naht u. hellen Flekken), an Leguminosen.

Familie: **Scolytidae,** Borkenkäfer

Meist im Innern von Brutpflanzen (vor allem Holzgewächse). Meist monophag. „Rindenbrüter“ legen Brutgänge für Nachkommenschaft im Bereich der Rinde an; „Holzbrüter“ leben in Brutgängen im Bereich des Holzkörpers in Symbiose mit holzzersetzenden Ambrosiapilzen.

1. Außenkante der Vdtibien glatt, mit hakenförmigem Enddorn. Mt- u. Httibien mit 2 Haken. E seitlich gesehen nach hinten kaum abwärts geneigt . . . . **Scolytinae**

11; **Scolytus** GEOFFROY, z. B. **Sc. scolytus** (F.), Ulmensplintkäfer (3–5,5 mm), bewirkt Ulmensterben durch Verschleppung der Pilzsporen von Ceratocystis ulmi.

— Alle Tibien außen gezähnt, nicht in Haken auslaufend. E allmählich oder steil abfallend . . . . **Ipinae** **2**

2. Vdrand der E gekerbt oder gezähnt, etwas aufgebogen **3**

— Vdrand der E mit einfacher glatter Kante **7**

3. Der gezähnte Vdrand der E jederseits etwas gebuchtet und am Schildchen kurz unterbrochen **4**

— Der gezähnte Vdrand der E gerade u. nicht unterbrochen

3; **Polygraphus** ERICHSON (Augen geteilt), mit **E. polygraphus** (L.), Fichtenbastkäfer (2–3 mm). **Carphoborus minimus** (F.) (Augen nur eingebuchtet; 1–1,5 mm).

4. Fühlerkeule 4gliedrig, kompakt **5**

— Fühlerkeule aus 3 meist deutlich getrennten Gliedern bestehend

Phthorophloeus spinulosus REY (1,7–2,4 mm), an Fichtenzweigen. **Phloeophthorus rhododactylus** (MARSHAM) (1,4–1,8 mm), an Wurzeln von Sarothamnus. 2; **Phloeosinus** CHAPUIS mit **P. thujae** (PERRIS) (1,5–2,4 mm), in Juniperus u. Thuja.

5. Vdhüften einander genähert. Oberseite behaart, doch ohne Borstenreihen

Dendroctonus micans (KUGELANN), Riesenbastkäfer (7–9 mm), Larven fressen Platzgänge unter Fichtenrinde. 2; **Blastophagus** EICHHOFF mit **B. piniperda** (L.), Waldgärtner (4–5 mm), Larven in Längsgängen am Stamm u. in Trieben von Kiefern. **Hylurgus ligniperda** (F.) (5–6 mm), Larven an stärkeren Wurzeln von Kiefern.

— Vdhüften durch breiten Fortsatz weit getrennt. Oberseite mit feinen Borstenreihen oder mit Schuppen 6

6. E nach hinten allmählich abfallend
2; **Hylesinus** F. mit **H. crenatus** (F.), Großer Eschenbastkäfer (4–6 mm). **Leperisinus varius** (F.), Kleiner Eschenbastkäfer (3 mm).

— E nach hinten steil abfallend
Z. B. **Hylastinus obscurus** (Marsham), Kleewurzelrüßler (2–2,5 mm), in Wurzeln einiger Leguminosen.

7. Fühler von Augen entfernt eingelenkt
2; **Hylurgops** LeConte (H breiter als lang), mit **H. palliatus** (Gyll.) (3 mm), an Fichten. 6; **Hylastes** Erichson (H so lang oder länger als breit), mit **H. ater** (Payk.) (5 mm), an Kiefern.

— Fühler dicht vor den Augen eingelenkt
Viele Gattungen und Arten. Hier Auswahl.
a) Rindenbrüter: 6; **Ips** De Geer [*11*], mit **I. typographus** (L.), Buchdrucker (je 4 Zähne am steilen Abfall der E; 4–4,5 mm), an alten Fichten. 6; **Pityogenes** Bedel, mit **P. chalcographus** (L.), Kupferstecher (je 3 Zähne am Abfall der E; 2 mm), bevorzugt Rinde dünner Fichten.
b) Holzbrüter: 3; **Xyloterus** Erichson (Augen geteilt), in Laub- u. Nadelbäumen, mit **X. lineatus** (Oliv.) (3,5 mm), in Nadelholz. 7; **Xyleborus** Eichhorn (= **Anisandrus** Ferrari) (Augen ungeteilt; H nahe der Mitte kegelförmig gewölbt), besonders in Laubbäumen, mit **X. dispar** (F.) (♂ 2 mm, ♀ 3 mm), an Obstbäumen schädlich. Beide Gattungen ohne Zähne am steilen Abfall der E.

Larven der Coleoptera

1. Beine 5gliedrig, mit zwei Krallen (nur bei Haliplidae mit einer) **Adephaga** 2

— Beine höchstens 4gliedrig, da Tibia mit Tarsus verschmolzen; oft sind sie verkümmert oder fehlen ganz. Tarsus höchstens mit einer Kralle **Polyphaga** 6
Die winzigen Triungulinuslarven der **Meloidae** [*80*] wegen starker Borsten mit 3 Krallen.

2. Auf 5. Htleibsegment 1 Paar große Haken. Larven in senkrechten Gängen im Boden . . . . **Cicindelidae**

— Larven ohne solche Haken auf dem Rücken 3

3. Hinterleib aus 9 Segmenten bestehend; am letzten entspringen kürzere oder längere Pseudocerci (paarige Fortsätze). Ohne Tracheenkiemen. Landbewohner, doch auch an Ufern [*81, 82*] . . . **Carabidae**

— Hinterleib aus 8 Segmenten; wenn aus 9 oder 10, dann mit Tracheenkiemen oder Tarsus hat nur eine Kralle. Im Wasser 4

4. Tarsus mit 1 Kralle. Letztes Htleibsegment stark verlängert und Pseudocerci ohne Zwischenraum an ihrer Basis . . . . . . **Haliplidae**

— Tarsus mit 2 Krallen. Abdomen hat 9 Segmente mit Tracheenkiemen [*83*] . . . . **Gyrinidae**

— Tarsus hat 2 Krallen, doch Hinterleib hat nur 8 Segmente . . . 5

5. Thorax und die 3 ersten Htleibsegmente ventral mit paarigen Tracheenbüscheln. 8. Htleibsegment endet in langem Fortsatz und langen Pseudocerci . . . . **Hygrobiidae**

— Keine Tracheenkiemen. Wenn 8. Htleibsegment etwas verlängert, dann viel kürzer als Kopf und Thorax zusammen [*84*] . **Dytiscidae**

6. Beine fehlen oder sind stark reduziert 7

— Beine gut entwickelt 8

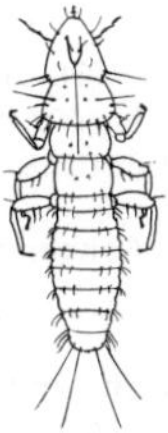
80

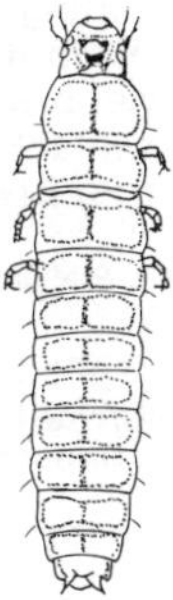
81

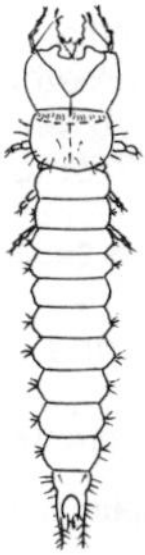
82

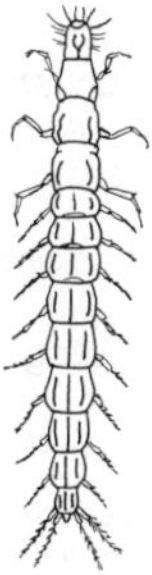
83

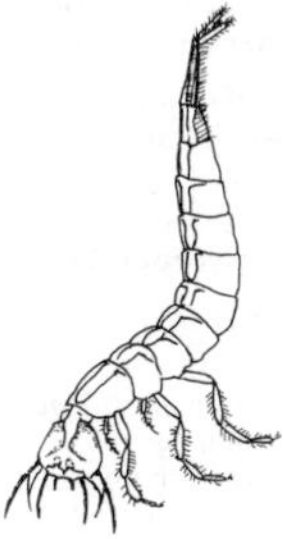
84

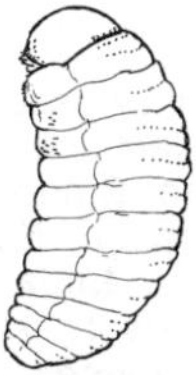
85

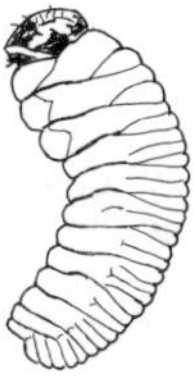
86

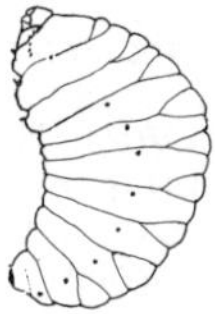
87

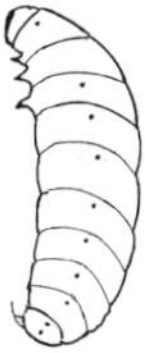
88

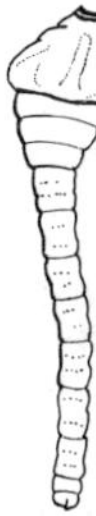
89

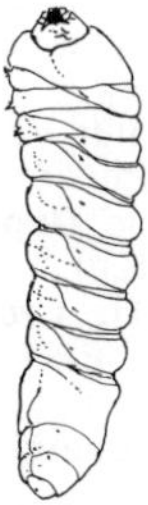
90

91

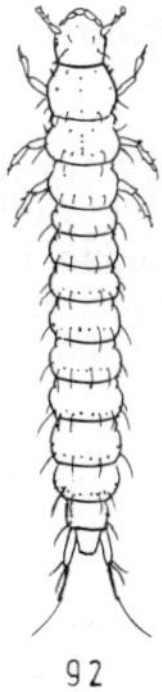
92

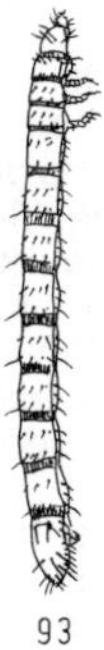
93

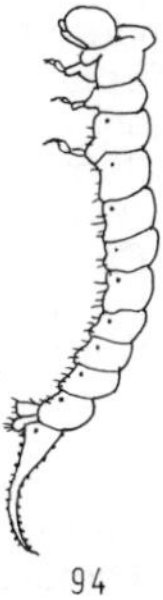
94

7. Körper bauchwärts eingebogen: **Curculionidae** [*85*]. **Scolytidae** [*86*]. **Bruchidae** [*87*], ähnlich **Anthribidae. Donaciinae** der **Chrysomelidae** (Stigmen am 8. Htleibsegment mit 2 hakenförmigen Anhängen [*88*], die zur Atmung unter Wasser Pflanzenstengel einritzen).

— Körper gestreckt: **Buprestidae** (Prothorax viel breiter als der übrige Thorax, Hinterleib bei manchen Arten sehr schlank [*89*]). **Cerambycidae** (Körper trotz vergrößertem Prothorax in der Breite gleichmäßiger [*90*]).

Ohne oder mit reduzierten Beinen auch **Eucnemidae, Platypodidae, Sphaeridiinae** der **Hydrophilidae.**

8. Pseudocerci gelenkig eingesetzt und meist gegliedert **Histeridae** u. **Staphylinoidea**

Hierher auch **Hydraenidae;** doch nicht **Scydmaenidae, Orthoperidae** u. **Pselaphidae,** diese s. Nr. **14.**

a) Körper abgeplattet, asselförmig (**Silphinae** [*91*]) oder zylindrisch, und Sklerite auf jedem Htleibsegment mit 4 vorstehenden Dornen **(Necrophorinae)** . **Silphidae**

b) Körper gestreckt und Habitus Carabiden ähnlich: übrige Familien. Beispiel **Staphylinidae** [*92*].

— Pseudocerci fehlen oder sind reduziert oder wenn vorhanden, dann nicht gelenkig, sondern starr **9**

9. Sondermerkmale

a) Hinterleib endet abgerundet, spitz oder mit 2spitzigem Ausschnitt; auf die Unterseite des 9. Segments ist das 10. als „Nachschieber" verlagert. Segmente am Vd- u. Htrand mit gestrichelter Binde [*93*]. Kopf flachgedrückt, Labrum mit Kopfschild verwachsen. Körper hart (Drahtwürmer!). In Erde u. Holz . . . . **Elateridae**

b) Prothorax auffallend vergrößert. Hinterleib durch Fortsatz modifiziert (**Hylecoetus** [*94*]) . . . . **Lymexylidae**

c) Körper mit beborsteten oder bedornten Tergiten, meist sind es lange Haare, bei vielen Arten sehr auffällig am Htende [*95*] **Dermestidae**

d) Rücken mit borstentragenden Warzen [*96*] oder mit dornig verzweigten Fortsätzen (**Epilachninae**). Beine kräftig **Coccinellidae**

e) Körper mit gefiederten seitlichen Auswüchsen; am Ende mit Schwanzgabel zum Aufschieben von Kot u. Häuten auf den Rücken [*97*] . . . . **Cassidinae** der **Chrysomelidae**

— Andere Merkmale **10**

10. Körper C-förmig oder buckelartig (oder wie **Byrrhidae** nur Vd- und Htende bauchwärts gebogen). Pseudocerci fehlen oder reduziert

a) **Scarabaeoidea: Scarabaeidae** [*98*] außer Unterfamilie **Coprinae** [*99*]. **Lucanidae** (Htleibssegmente ohne Transversalfalten).

b) **Bostrychoidea: Anobiidae** [*100*]. **Bostrychidae** [*101*]. **Lyctidae** [*102*], ähnlich **Ptinidae.**

c) **Chrysomelidae** (partim) [*103*].

— Körper gestreckt oder wenn etwas gebogen, dann Pseudocerci deutlich **11**

11. Pseudocerci gut entwickelt

a) **Cleroidea: Cleridae. Melyridae** [*104*].

b) **Throscidae:** Pseudocerci kräftig, nach innen gebogen oder klein, dornenförmig.

c) Viele **Clavicornia** (z. B. **Nitidulidae** [*105*]; **Byturidae** [*106*]).

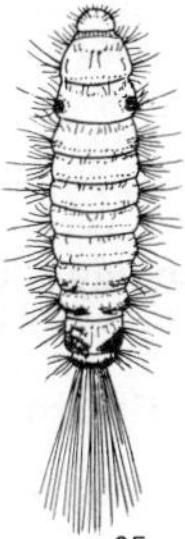
95

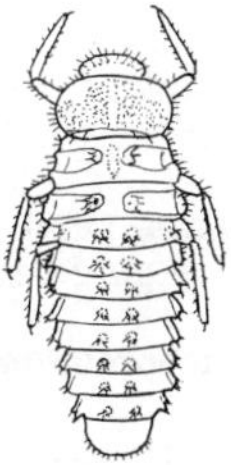
96

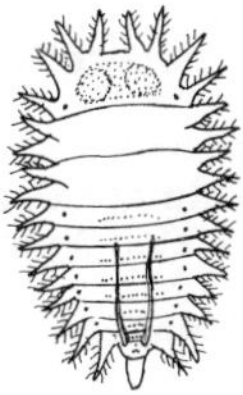
97

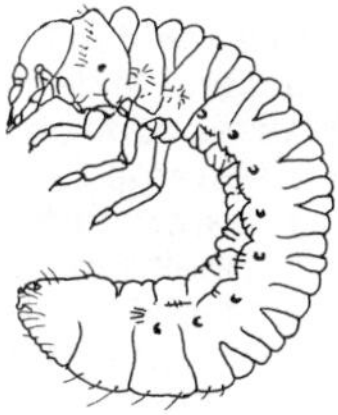
98

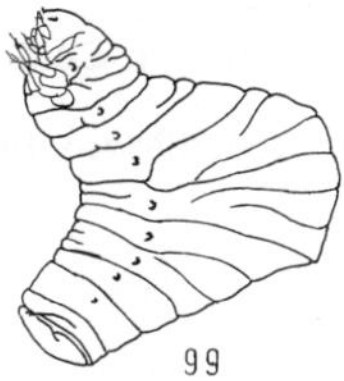
99

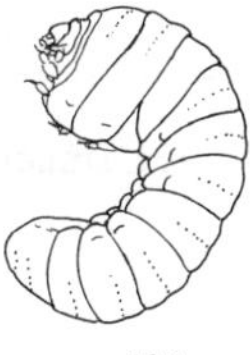
100

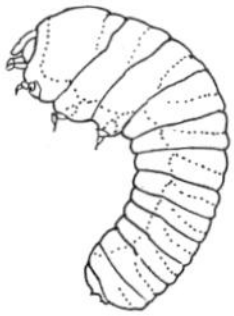
101

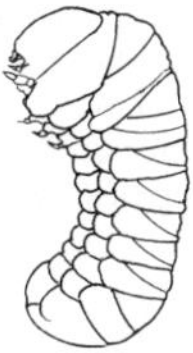
102

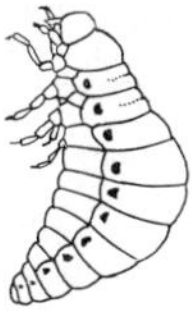
103

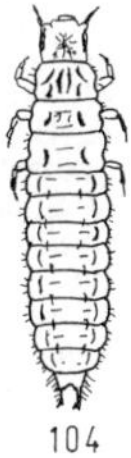
104

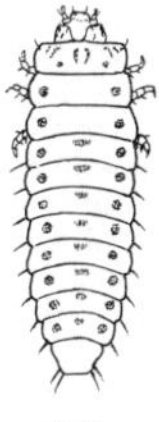
105

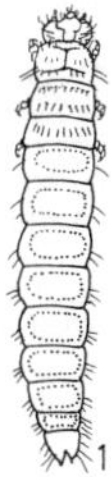
106

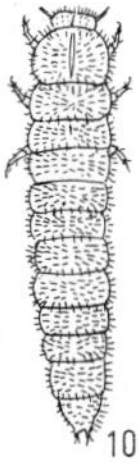
107

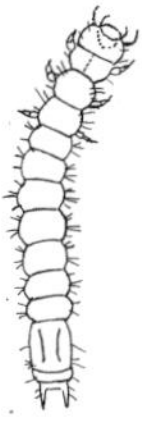
108

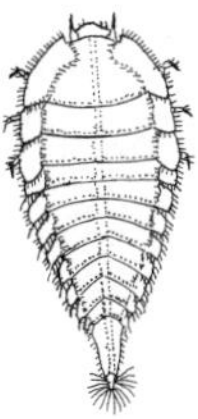
109

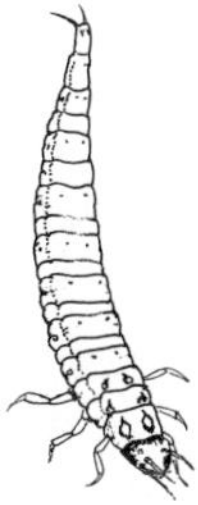
110

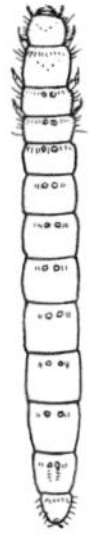
111

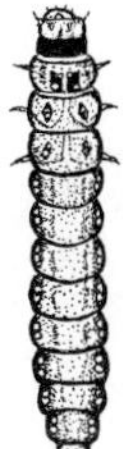
112

113

d) Viele **Heteromera,** Beispiele: **Lagriidae** (gleichmäßig stark behaart [*107*]). **Pyrochroidae** (abgeflacht, parallelseitig [*108*]), unter Rinde. **Tenebrionidae** (partim).

— Pseudocerci fehlen oder stark reduziert **12**

12. Im Wasser oder an Ufern **13**

— Gewässerferne Landbewohner **14**

13. Körper verbreitert: **Elminae** der **Dryopidae** [*109*]. **Spercheidae** (Seiten des Htleibs mit beborsteten Warzen). **Helodidae** u. **Eubria (Dascillidae)** (asselförmig).

— Körper schlank: **Hydrophilinae** der **Hydrophilidae** [*110*]. **Heteroceridae. Dryopidae** (partim).

14. Körper verbreitert: **Scydmaenidae. Orthoperidae.**

— Körper schlank

a) **Tenebrionidae** (partim), erinnert an Elateriden, aber Labrum beweglich angesetzt; „Mehlwurm" [*111*]. Ähnlich **Alleculidae.**

b) **Cantharoidea** (Mandibeln mit Saugkanal oder Saugrinne, **Cantharis** [*112*]).

c) Ferner: **Chrysomelidae** (partim) [*113*]. **Dascillus (Dascillidae). Pselaphidae.**

Literatur

Freude, H., Harde, W., Lohse, G.: Die Käfer Mitteleuropas, Bd. 1–12. Krefeld, 1964–1989. – Harde, K. W., Severa, F.: Der Kosmos-Käferführer. 3. Aufl. Stuttgart, 1988. – Horion, A.: Käferkunde für Naturfreunde. Frankfurt/M., 1949. – Klausnitzer, B.: Ordnung Coleoptera (Larven). Den Haag, 1978. – Klausnitzer, B.: Die Larven der Käfer Mitteleuropas. Bd. 1. Krefeld, 1991. – Koch, K.: Die Käfer Mitteleuropas – Ökologie. Bd. 1–4. Krefeld, 1989–1991. – Kuhnt, P.: Illustrierte Bestimmungstabellen der Käfer Deutschlands. Stuttgart, 1912. – Lohse, G. A., Lucht, W.: Die Käfer Mitteleuropas. Bd. 13. 2. Supplementband mit Katalogteil. Krefeld, 1992. – Lucht, W.: Die Käfer Mitteleuropas. Katalog. Krefeld, 1987. – Reitter, E.: Fauna Germanica. Die Käfer des Deutschen Reiches. Bd. 1–5. Stuttgart, 1908/16, u. Nachtragsband von A. Horion. Krefeld, 1935. – Scheerpeltz, O., Winkler, A.: Coleoptera. In: Brohmer, Ehrmann, Ulmer, Tierwelt Mitteleuropas. Bd. 5. Leipzig, 1930. – Zahradnik, J.: Käfer Mittel- und Nordwesteuropas. Hamburg, Berlin, 1985.

Ordnung: **Hymenoptera,** Hautflügler

Insekten mit 2 häutigen Flügelpaaren (die reduziert sein können), beißenden od. leckenden Mundwerkzeugen (dann Maxillen (Galea) u. Labium (Glossae) verlängert) u. vollständiger Verwandlung. Kopf s. [*2*]. Fühler einfach fadenförmig od. gekniet (d. h. der verlängerte Schaft eine winklig abgebogene Geißel tragend, s. [*2*]). Thorax (Brust) oben in Pronotum (Halsschild), Mesonotum mit Scutellum (Schildchen) u. Metanotum (Postscutellum, Hinterschildchen) gegliedert [*1*]. Bei Apocrita das Mittelsegment (Propodeum, entwicklungsgeschichtlich das 1. Abdominalsegment) an den Thorax angeschlossen. Gliederung der Beine s. S. 189 u. [*5*]. Flügel an der Basis oft mit je 1 Flügelschuppe (Tegula). Flügeladerung s. [*3*], hier nach der Nomenklatur von Ross. Längsadern groß geschrieben (Costa C, Subcosta Sc, Radius R, sich in R_1 und Radiussektor Rs gabelnd, Media M, Cubitus Cu_1, Analadern A), an manchen Stellen miteinander verschmolzen. Queradern (klein geschrieben) nach den Längsadern, die sie verbinden, benannt. Zellen (diese sind allseitig von Adern umgeben) nach der davorlaufenden Längsader benannt u. von der Basis zur Spitze durchnumeriert ($1R_1$ entspricht nach einer anderen, oft benutzten Nomenklatur der 1. „Cubitalzelle", 1Rs = 2. Cu, 2Rs = 3. Cu, 1M = 1. „Discoidalzelle", 2M = 2 D). Eiablageapparat bei den höher entwickelten **Apocrita** zu einem Giftstachel umgebildet, dient zur Lähmung von Beutetieren für die Ernährung der Larven od. zur Abwehr von Feinden. Larven der **Symphyta** meist raupenförmig (außer den 3 Brustbeinpaaren mit mindestens 6 Abdominalbeinpaaren; letztere können reduziert sein), Larven der **Apocrita** beinlos und blind. Imagines ernähren sich meist von Pflanzensäften, sind z. T. auch räuberisch; Larven Pflanzenfresser od. Parasiten. Oft Brutpflege od. -fürsorge durch das Mutter-♀. Bei Ameisen, Wespen und Bienen echte Staaten mit Kooperation in der Brutpflege, Überlappung der Generationen u. Arbeitsteilung (Kastenbildung: ♂, ♀ = Königin, ☿ = Arbeiterin). Im Gebiet etwa 10000 Arten.
Abkürzungen: Vd = Vorder-, Mt = Mittel-, Ht = Hinter-, Gl, gl = Glied(er), -gliedrig, Abd = Abdomen. Adern und **Zellen** wie [*3*]. Längenangaben für Körper ohne Legebohrer.

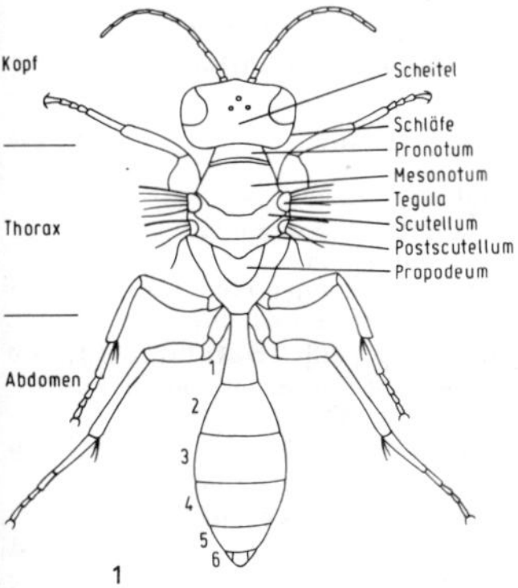

1

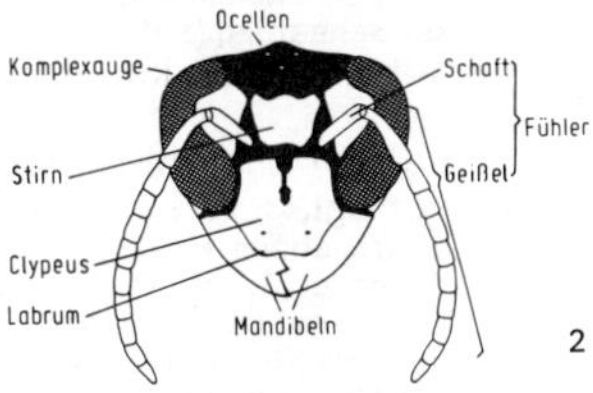

2

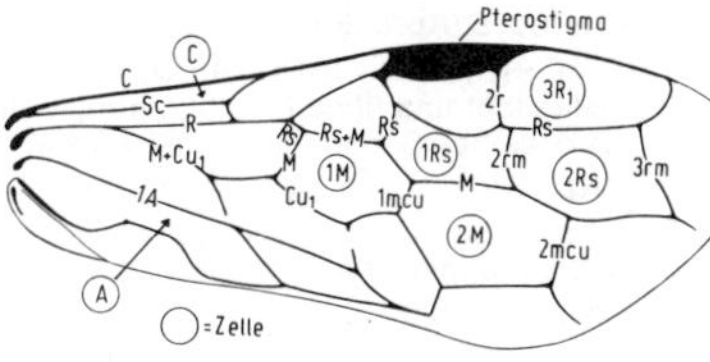

3

System:
Unterordnung: **„Symphyta"** (Pflanzenwespen; eine paraphyletische Gruppe)
Xyeloidea (Überfamilie): **Xyelidae**
Megalodontoidea: Megalodontidae, Pamphiliidae
Siricoidea: Siricidae, Xiphydriidae
Orussoidea: Orussidae
Cephoidea: Cephidae
Tenthredinoidea: Argidae, Blasticotomidae, Cimbicidae, Tenthredinidae, Diprionidae

Unterordnung: **Apocrita**
Parasitica (= **Terebrantes**) („Legimmen"; eine paraphyletische Gruppe)
Trigonaloidea: Trigonalidae
Ichneumonoidea: Braconidae, Ichneumonidae
Stephanoidea: Stephanidae
Evanioidea: Evaniidae, Gasteruptiidae, Aulacidae
Chalcidoidea: Mymaridae, Trichogrammatidae, Eulophidae, Elasmidae, Encyrtidae, Torymidae, Ormyridae, Pteromalidae, Tetracampidae, Eurytomidae, Chalcididae, Leucospididae u. a.
Cynipoidea: Ibaliidae, Eucoilidae, Figitidae, Cynipidae, Charipidae
Proctotrupoidea: Platygasteridae, Scelionidae, Diapriidae, Heloridae, Proctotrupidae
Ceraphronoidea: Ceraphronidae, Megaspilidae
Aculeata („Stechimmen")
Chrysidoidea: Embolemidae, Dryinidae, Bethylidae, Chrysididae, Cleptidae
Scolioidea: Sapygidae, Tiphiidae, Scoliidae, Mutillidae
Formicoidea: Formicidae
Vespoidea: Masaridae, Vespidae, Eumenidae
Pompiloidea: Pompilidae, Ceropalidae
Sphecoidea: Sphecidae
Apoidea: Andrenidae, Halictidae, Colletidae, Melittidae, Megachilidae, Apidae

Im Gebiet der B. R. Deutschland besonders geschützt: Cimbex, Scolia quadripunctata, Bembix, viele **Formica**-Arten (z. B. **F. rufa, polyctena**), **Vespa crabo,** alle **Apoidea.**

1. Htleib in voller Breite am Vdkörper ansitzend [*6–10*]. Vdflügel fast immer mit Zelle A [*3*] . . . . . Pflanzenwespen, **„Symphyta"** 2
— Zwischen Htleib u. Vdkörper tiefe Einschnürung („Wespentaille" [*1*]). Vdflügel ohne Zelle A [*14*] . . . . **Apocrita** 11
Bei einigen **Chalcidoidea** fehlt Einschnürung, aber Flügeladerung [*18*] typisch. Bei starker Behaarung (z. B. Hummeln) Einschnürung undeutlich zu erkennen.
2. Fühler am Ende keulen- od. knopfförmig verdickt [*4a*]. Körper 4,5–28 mm . . . . Keulhornblattwespen, **Cimbicidae** S. 382
— Fühler am Ende nicht derartig verdickt 3
3. Fühler 3gl, 3. Gl sehr lang [*4b*]. Körper 5–12 mm . . . . **Argidae**
Larven freilebend, mit 6–8 AbdBeinpaaren.
a) Längsader R_1 im Vdflügel in Rs mündend (vgl. [*3*]). Zelle C mit Querader: **Arge** Schrank mit ca. 20 Arten, häufig z. B. **A. ustulata** (L.), Larve auf Weide, Birke; **A. ochropus** (Gmelin) (= **rosae** (L.)), Larve schädlich auf Rosen.
b) R_1 nicht in Rs mündend. Zelle C ohne Querader: 2 Gattungen mit ca. 20 seltenen Arten, z. B. **Aprosthema** Kon. mit **A. melanura** (Klug), Larve auf Lathyrus.
— Fühler 4gl, 3. Gl lang, 4. Gl klein, kegelförmig [*4c*] **Blasticotomidae**
Nur **Blasticotoma filiceti** Klug (8 mm), selten. Larve ohne AbdBeine, bohrt in Farnen, sondert weißen Schaum aus After ab, der außen am Farn haftet.
— Fühler 12gl, 3. Gl sehr lang, 4.–12. Gl sehr klein [*4d*] . . **Xyelidae**
2,5–7 mm. Larven mit Beinpaar an jedem AbdSegment, an Blütenständen von Bäumen. 2 Gattungen, 4 Arten, z. B. 2; **Xyela** Dalm., **X. julii** (Bréb.) (bis 4 mm), auf Kiefer.
— Fühler anders 4
4. Htrand des Pronotums tief ausgeschnitten [*6*] 5
— Htrand des Pronotums nicht od. nur flach ausgeschnitten [*7*] 9
5. Vdtibia mit 1 Endsporn 6
— Vdtibia mit 2 deutlichen Endspornen (1 manchmal schalenförmig) [*5a*] 8
6. Fühler 9–10gl. Vdflügel ohne Zellen Rs. Körper 6–14 mm **Orussidae**
Larven fußlos, in Holz (parasitisch bei Buprestiden?). Nur 2; **Orussus** Latr., selten, z. B. **O. abietinus** (Scop.) (Abd hinten rot), Larve in Erle, Buche.
— Fühler mindestens 13gl. Vdflügel mit 1 od. 2 Zellen Rs (s. [*3*]) 7
7. Verbindungsstück zwischen Kopf u. Thorax kurz. Im Vdflügel Zelle C

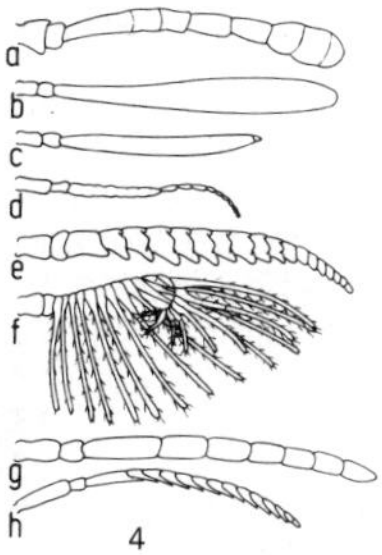

4

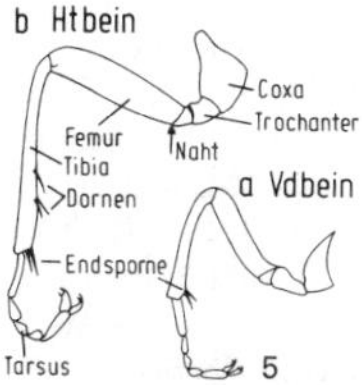

5

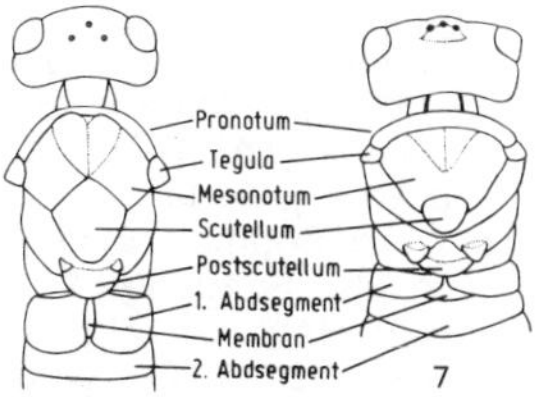

6 7

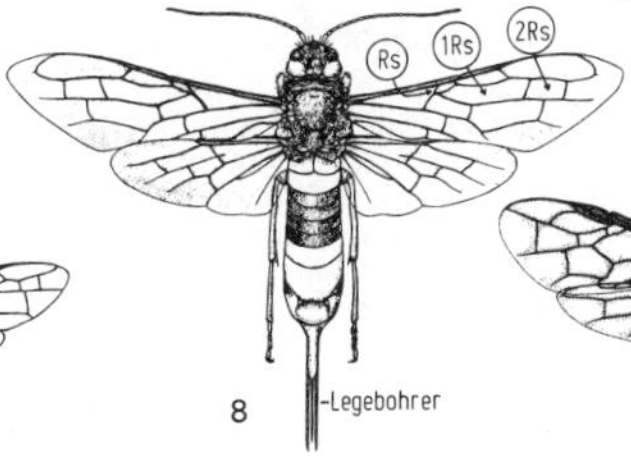

8

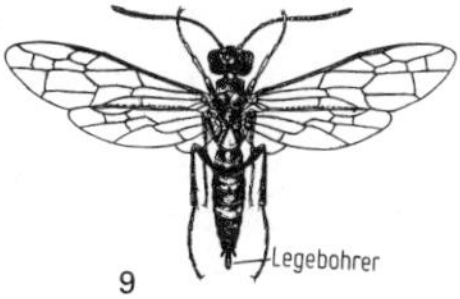

9

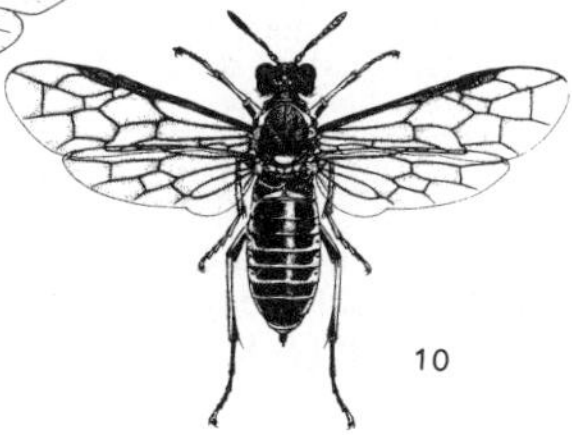
10

ohne Querader, basaler Abschnitt der Längsader Rs in Richtung Flügelbasis zeigend [*8*]. Habitus [*8*]. 12–40 mm

Holzwespen, **Siricidae** S. 381

— Verbindungsstück zwischen Kopf u. Thorax lang [*6*]. Zelle C mit Querader, basaler Abschnitt von Rs in Richtung Flügelspitze weisend. Körper 7–22 mm . . . . Holzwespen, **Xiphydriidae**

Larven ohne AbdBeine, mit reduzierten Brustbeinen, bohren in Laubhölzern. 6 Arten, darunter 4; **Xiphydria** LATR., häufiger **X. camelus** (L.), Larve in Erle, Birke.

8. Fühler mit über 18 Gl, gesägt [*4e*] od. stark gefiedert [*4f*]. Ader 2r im Vdflügel fehlend . . . . . . Buschhornblattwespen, **Diprionidae**

Larven mit 8 AbdBeinpaaren, freilebend an Koniferennadeln, oft in Fraßgesellschaften.

a) Zelle A im Vdflügel mit Querader (s. [*30*]). Larven auf Pinaceen: Großgattung 12; **Diprion** SCHRANK (Körper kurz, gedrungen; 5–13 mm), viele Arten schädlich, z. B. **D. pini** (L.) auf Kiefer, **Gilpinia hercyniae** (HART.) auf Fichte.

b) Zelle A im Vdflügel in der Mitte zu einer Ader zusammengezogen (s. [*29*]). Larven auf Juniperus: 2; **Monoctenus** DAHLB. (5–6 mm), häufiger **M. juniperi** (L.).

— Fühler 7–15gl, meist 9gl, fast immer fadenförmig [*4g*]; wenn 10- bis 15gl, Ader 2r im Vdflügel vorhanden [*30*]. Habitus z. B. [*10*]

Echte Blattwespen, **Tenthredinidae** S. 383

9. Vdtibia mit 1 Endsporn, Abd ± seitlich zusammengedrückt. Körper schlank, überwiegend schwarz [*9*], 4–18 mm

Halmwespen, **Cephidae** S. 382

— Vdtibia mit 2 Endspornen [*5a*], Abd rund od. ± dorsoventral zusammengedrückt. Körper oft schwarz mit gelblicher od. rötlicher Zeichnung **10**

10. Fühlergl an einer Seite stark zur Spitze hin verlängert [*4h*]. Httibia mit 2 Spornen am Ende u. 2 Dornen auf der Innenseite. 1. AbdTergit oben nicht geteilt. Körper 10–13 mm . . . . **Megalodontidae**

Larven ohne AbdBeine, freilebend, gesellig in Gespinsten. Nur 3; **Megalodontes** LATR., selten, im Süden verbreitet **M. spissicornis** KLUG (= **klugii** (LEACH)).

— Fühlergl nicht so verlängert. Httibia mit 2 Endspornen u. 3 inneren Dornen [*5b*]. 1. AbdTergit oben geteilt, dazwischen mit häutiger Membran [*7*]. 7–18 mm . . Gespinstblattwespen, **Pamphiliidae** S. 381

11. 1. AbdSegment bildet kurzen Stiel, dieser knotig, verdickt od. mit aufrechter Schuppe [*41, 42*]; od. 2 erste Segmente des Abd als Knoten [*40*]. Habitus [*11*] . . . . Ameisen, **Formicidae** S. 390

— Abd sitzend [*24*]; wenn mit Stiel, dieser anders **12**

12. Flügel deutlich ausgebildet **13**

— Flügel fehlend od. stark reduziert **33**

13. Fühler mit mehr als 16 Gl . . . . meiste **Ichneumonoidea,** s. **18**

Hierher 2 weitere, sehr seltene Familien: **Trigonalidae** (Sondermerkmale: kurz oberhalb der Fühlereinlenkung je eine kleine senkrechte Lamelle; Mandibeln groß, schaufelförmig, mit 4 großen Zähnen rechts, 3 Zähnen links), nur **Trigonalis** (= **Pseudogonales**) **hahnii** (SPIN.) (9–12 mm), Hyperparasit bei Ichneumoniden, Tachiniden. **Stephanidae** (Sondermerkmale: auf Stirn um Ocellen mit 5 Dornen; Pronotum lang, halsartig verlängert), nur **Stephanus serrator** (F.) (7–20 mm), Parasit bei Käferlarven im Holz.

— Fühler höchstens 16gl **14**

14. Abd hoch über den Htcoxen, am vorderen Ende des Propodeums ansetzend [*12*]. Vdflügel mit Zelle C . . . . **Evanioidea**

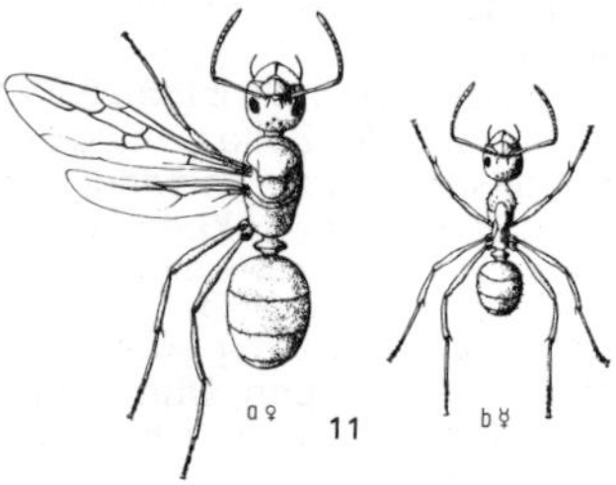

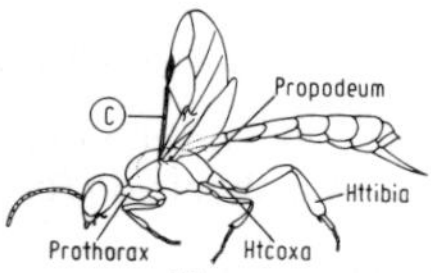

12

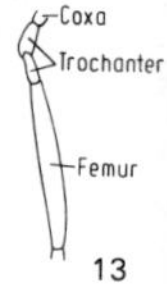

13

16

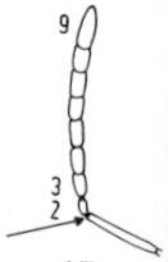

17

14

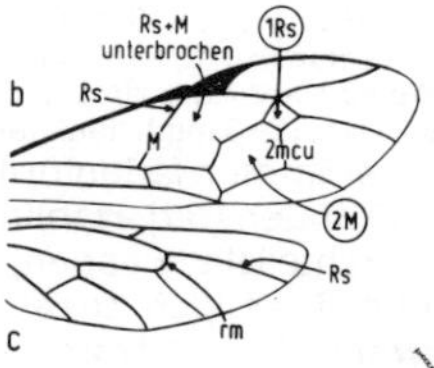

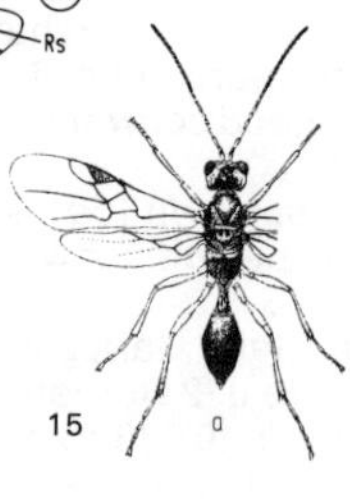

15

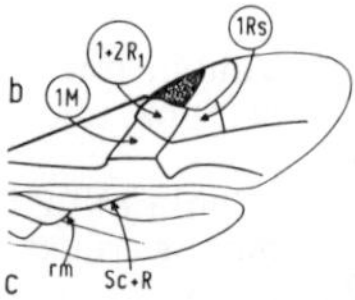

a) Abd dünn gestielt, seitlich stark zusammengedrückt, meist kleiner als Thorax. Htflügel mit Basallappen: **Evaniidae,** Parasiten in den Eipaketen von Schaben. 3 Arten, häufiger **Brachygaster minuta** (Olivier) (3–4 mm). 2; **Evania** F., größer (8–10 mm), z. B. **E. appendigaster** (L.).

b) Abd lang, schlank, mehr keulenförmig [*12*]. Htflügel ohne Basallappen: **Gasteruptiidae** (Httibia keulenartig verdickt; Prothorax nach vorn halsartig verlängert; Vdflügel der Länge nach faltbar), Ektoparasiten an Hymenopterenlarven, nur 15; **Gasteruption** Latr. (5–15 mm) [*12*], am häufigsten **G. assectator** (L.). **Aulacidae** (Httibia schlank; Prothorax nicht verlängert; Vdflügel nicht faltbar), Parasiten bei in Holz lebenden Insektenlarven, 6 Arten, z. B. **Aulacus striatus** Jur. (7–9 mm). 5; **Pristaulacus** Kieff., größer (10–15 mm), z. B. **P. gloriator** (F.).

— Abd am unteren Ende des Propodeums nahe den Htcoxen ansetzend; wenn weiter oben inserierend, dann Vdflügel ohne Zelle C . **15**

15. Vdflügel mit Zelle 1M u. 2M (z. B. [*57*]); 1M nicht mit $1+2R_1$ verschmolzen. Fühler 12–13gl **25**

— Vdflügel höchstens mit 1M; wenn 2M vorhanden, 1M u. $1+2R_1$ verschmolzen [*14b*] **16**

16. Vdflügel mit Pterostigma u. gut entwickelter Aderung: mindestens Zelle $1+2R_1$ u. eine Zelle M vorhanden [*14b, 15b*]; diese auch verschmolzen [*44*]. Sehr selten mit nur einer dieser Zellen, dann Längsadern C, Sc, R verschmolzen **17**

— Aderung im Vdflügel reduziert: ohne Zelle $1+2R_1$ u. M; wenn mit Zelle M, dann C u. Sc+R deutlich getrennt; wenn mit beiden Zellen, Pterostigma fehlend **19**

17. Fühler 12–13gl. Trochanter des Htbeins 1gl. Htflügel mit Basallappen [*44*] . . . . Grabwespen, **Sphecidae** S. 392

— Fühler oft mit anderer Gliederzahl. Httrochanter 2gl [*13*]. Htflügel ohne Basallappen . . . . **Ichneumonoidea 18**

18. Vdflügel mit Querader 2m-cu; Längsader Rs+M unterbrochen, so daß Zellen $1+2R_1$ u. 1M mindestens z. T. verschmolzen [*14b*]. Im Htflügel Querader r-m in Rs mündend [*14c*]. 2. u. 3. AbdTergit sich überlappend, nicht verschmolzen; wenn verschmolzen, 1. AbdSegment stielartig, von der Seite gesehen gebogen [*33*]. Habitus [*14a*]

Schlupfwespen, **Ichneumonidae** S. 385

— Vdflügel ohne 2m-cu; Zellen $1+2R_1$ u. 1M meist vollständig getrennt [*15b*]. Im Htflügel r-m in Sc+R mündend (vor Abzweigung von Rs) [*15c*]. 2. u. 3. AbdTergit fest miteinander verbunden od. alle AbdTergite verschmolzen. Wenn 1. AbdSegment stielartig, dann von der Seite gesehen ± gerade. Habitus [*15a*] Brackwespen, **Braconidae** S. 385

19. Längsader C im Vdflügel bis zur Zelle $3R_1$ fehlend, diese groß, schräg (kann zum Vdrand des Flügels offen sein!) [*16, 35*]. Flügel ohne Pterostigma. Fühler 11–16gl, nicht gekniet. Abd meist stark seitlich zusammengedrückt. Habitus z. B. [*16*] . . Gallwespen, **Cynipoidea** S. 387

— Aderung im Vdflügel anders. Fühler fast stets gekniet [*17*]; wenn nicht gekniet, Pterostigma vorhanden od. Flügel bewimpert od. Fühler 10gl bzw. 12–13gl. Abd selten seitlich zusammengedrückt **20**

20. Im Vdflügel Aderung bis auf Sc fehlend, diese sich spitzenwärts dem Vdrand des Flügels nähernd; als Abzweigung von Sc eine kurze, meist am Ende knopfförmig verdickte Ader (2r) [*18*]. Pronotum hinten die Tegulae nicht erreichend (s. [*24*]). Fühler 3–13gl. Körper häufig metallisch . . . . Erzwespen, **Chalcidoidea** S. 386

Bisweilen Flügel ungeadert od. nur mit kurzer Längsader, dann Flügel – im Gegensatz zu **Proctotrupoidea** – lang gestielt, lang bewimpert (**Mymaridae** S. 386)

— Im Vdflügel Längsader C vorhanden; wenn fehlend, übrige Aderung anders. Pronotum hinten bis an die Tegulae reichend (s. [*23*]). Fühler 6–15gl **21**

21. Fühler 10gl od. 12–13gl, selten gekniet. Htflügel mit Basallappen [*26*] **22**

— Fühler oft mit anderer Glzahl, meist gekniet; wenn ungekniet, Fühler 15gl od. Flügeladerung wie [*19b*]. Htflügel ohne Basallappen. Habitus z. B. [*19a*] Zehrwespen, **Proctotrupoidea** u. **Ceraphronoidea** S. 387

Htflügel einiger **Proctotrupidae** mit Basallappen, aber Aderung des Vdflügels typisch [*19b*].

22. Fühler 10gl **23**

— Fühler 12–13gl. Abd unten ohne Einschnitt **24**

— Fühler 12–13gl. Zwischen 1. u. 2. AbdSegment unten tiefer Einschnitt [*25*] . . . . **Scoliidae**

Nur 2; **Scolia** F. (10–25 mm), Parasiten bei Käferlarven (Scarabaeoidea), im Süden häufiger **Sc. quadripunctata** F.

23. Fühler hoch über dem Clypeus auf einer Vorwölbung inserierend. Pterostigma schmal, undeutlich. Zelle $3R_1$ im Vdflügel geschlossen. Um 3 mm . . . . **Embolemidae**

♀♀ ungeflügelt. Nur 2; **Embolemus** WESTW., z. B. **E. rufescens** WESTW., Biologie?

— Fühler nahe dem Oberrand des Clypeus inserierend, Vdrand des Kopfes ohne Vorwölbung. Pterostigma deutlich, Zelle $3R_1$ meist offen. 2–4 mm . . . . **Dryinidae**

Vdtarsen der ♀♀ fast stets zu Raubzangen umgebildet. ♀♀ manchmal flügellos. 8 Gattungen, Ektoparasiten an Zikaden, z. B. **Neogonatopus ombrodes** PERK.

24. Abd mit 3 (selten 4) sichtbaren Tergiten; Abd unten ausgehöhlt. Kopf nicht vorgestreckt. Thorax grob skulpturiert. Körper metallisch (meist rot bis grünblau) [*20*] . . . . . Goldwespen, **Chrysididae** S. 388

— Abd mit 4–5 sichtbaren Tergiten, Abd unten schwach konvex. Kopf nicht vorgestreckt. Thorax fein skulpturiert. Körper teilweise metallisch . . . . **Cleptidae**

Nur 6; **Cleptes** LATR. (um 6 mm), meist selten, Parasiten bei Blattwespenlarven, z. B. **C. semiauratus** (L.) bei Nematus u. Pristiphora. – Auch als **Cleptinae** zu **Chrysididae** gestellt.

— Abd mit 7 sichtbaren Tergiten, Abd unten konvex. Kopf nach vorn vorgestreckt. Körper braun bis schwarz, nicht metallisch . **Bethylidae**

2–10 mm. Flügel oft reduziert. Ca. 20 Gattungen, Ektoparasiten bei Käfer-, Schmetterlingslarven, z. B. **Cephalonomia gallicola** (ASHMEAD) beim Brotkäfer.

25. Vdflügel der Länge nach faltbar. Augen innen nierenförmig eingebuchtet [*2*]. Körper schwarzgelb [*22*] . . . . . . **Vespoidea 26**

— Vdflügel nicht längs faltbar. Augen selten innen eingebuchtet (eingebuchtet nur bei **Sapygidae** s. **30,** mit anderen Merkmalen u. bei **Trypoxylon** s. S. 392, mit anderer Flügeladerung [*48*]) **28**

26. Fühler an der Spitze keulenförmig, an der Basis ohne verlängerten Schaft. Vdflügel mit nur 1 Zelle Rs . . . . **Masaridae**

Nur **Celonites abbreviatus** (VILL.) (6–7 mm), selten. Solitär, ♀♀ fertigen kleine Lehmzellen an Pflanzenteilen od. Steinen an. Larvennahrung: Nektar.

— Fühler nicht deutlich keulenförmig, an der Basis mit Schaft. Vdflügel mit Zellen 1Rs, 2Rs [*22*] **27**

27. Krallen gezähnt od. gespalten [*21b, c*]. Mttibia mit 1 (selten 2) Endsporn. Augen unten breiter als Mandibelbasis **Eumenidae** S. 392

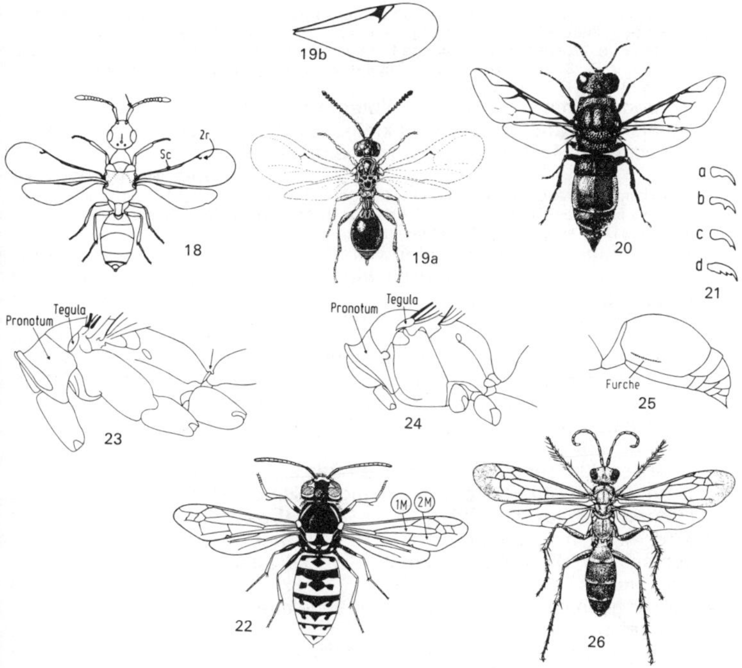

— Fußkrallen ungezähnt [*21a*]. Mttibia mit 2 Endspornen. Augen unten schmaler als Basis der Mandibeln   Echte Wespen, **Vespidae** S. 391

28. Htecken des Pronotums die Tegulae an der Flügelbasis erreichend [*23*] **29**

— Htecken des Pronotums nicht bis zu den Tegulae reichend [*24*] **32**

Wenn Körper dicht behaart, Pronotum ebenfalls nicht bis zu Tegulae reichend.

29. Zwischen 1. u. 2. Segment auf Unterseite des Abd tiefer Einschnitt [*25*]; wenn fehlend, Augen innen tief u. schmal eingebuchtet **Scolioidea 30**

— Zwischen 1. u. 2. AbdSegment kein tiefer Einschnitt. Augen höchstens leicht eingebuchtet. Htbeine verlängert . . . . **Pompiloidea 31**

30. 2. AbdTergit seitlich mit feiner Furche [*25*]. Abd meist mit hellen Haarflecken. ♂ (geflügelt): Htflügel ohne Basallappen. ♀ (ungeflügelt): Thoraxsegmente oben völlig verschmolzen . . . **Mutillidae** S. 389

— 2. AbdTergit ohne Furche. Abd ohne helle Haarflecken. Htflügel mit Basallappen (s. [*26*]); wenn ungeflügelt (einige ♀♀ der **Tiphiidae**), Thorax in 2–3 Abschnitte geteilt, also Pronotum von Mtbrust getrennt

a) Zwischen 1. u. 2. AbdSegment unten tiefer Einschnitt [*25*]. Augen innen höchstens schwach eingebuchtet. Fühler nicht gekeult: **Tiphiidae,** s. S. 389.

b) Zwischen 1. u. 2. AbdSegment unten kein Einschnitt. Augen innen tief u. schmal eingebuchtet. Fühler zur Spitze allmählich verbreitert: **Sapygidae,** Parasiten bei Bienen u. Wespen, nur 3; **Sapyga** LATR. (Beine rot u. weiß; 8–10 mm), Wirt: Megachile, z. B. **S. clavicornis** (L.). **Sapygina decemguttata** (JUR.) (Beine schwarz; 9 mm), Wirt: Osmia, Odynerus.

31. Propodeum hinten mit aufgewölbtem Rand [*23*]. Entfernung Fühlerbasis bis Oberrand des Clypeus kleiner als Länge des 2. Fühlergl. Körper schwarz, Abd oft teilweise rot, seltener gelb Wegwespen, **Pompilidae**

4–15 mm. Larvennahrung: Spinnen, die gelähmt, mit einem Ei belegt u. vergraben werden. Etwa 25 Gattungen, ca. 100 Arten, z. B. **Pompilus** F. [*26*], **Priocnemis** SCHIÖDTE, **Anoplius** DUF., sehr häufig **A. viaticus** (L.).

— Propodeum hinten ohne aufgewölbten Rand. Strecke Fühlerbasis bis Oberrand des Clypeus so groß wie 2. Fühlergl lang. Körper schwarz u. gelb, selten dazu rot . . . . **Ceropalidae**

Nur 4; **Ceropales** LATR. (5–11 mm), Parasiten bei Pompiliden, legen Eier an die gelähmte Beute, häufiger **C. maculata** (F.). Auch als **Ceropalinae** zu **Pomipilidae** gestellt.

32. 1. Gl der Httarsen meist abgeflacht, mindestens so lang wie 2.–4. Tarsalgl zusammen, innen oft dicht behaart; ohne Putzvorrichtung [*27b*]. Körper meist dicht u. lang behaart [*27a*], mindestens die Haare am Htende des Thorax fein gefiedert [*27c*] (Mikroskop!) Bienen, **Apoidea** S. 395

— 1. Gl der Httarsen ± zylindrisch, an Basis mit Putzsporn u. meist deutlicher Delle [*28b*]. Körper mit weniger dichten, kurzen, ungefiederten Haaren. Habitus z. B. [*28a*] . . . . Grabwespen, **Sphecidae** S. 392

33. Abd seitlich zusammengedrückt, Sternite sehr schmal. Fühler schlank, 11–15gl, nicht gekniet . . Gallwespen, **Cynipoidea** S. 387

— Abd anders **34**

34. Fühler gekniet [*17*], bis 15gl; wenn ungekniet, überdeckt 1. Tergit fast das gesamte Abd **35**

— Fühler ungekniet. 1. AbdTergit anders, nicht auffallend groß . **36**

35. Pronotum an den Seiten nach hinten nicht bis zu den Tegulae reichend (s. [*23*]); wenn diese nicht deutlich ausgebildet, Tarsen 3gl. Körper meist grün-metallisch . . Erzwespen, **Chalcidoidea** S. 386

— Pronotum reicht an den Seiten bis zu den Tegulae (wenn diese vorhanden) (s. [*24*]). Tarsen immer 5gl . . . **Proctotrupoidea** S. 387

36. Fühler mit mehr als 14 Gl. AbdSternite breit membranös, wenn getrocknet, Längsfalten bildend . . . . **Ichneumonoidea** s. **18**

— Fühler 10- od. 12–13 gl. Sternite deutlich, nicht membranös . **37**

37. Fühler 10gl . . . . ♀♀ von **Embolemidae, Dryinidae** s. **23**

— Fühler 12–13gl **38**

38. Kopf (mit Mundwerkzeugen) nach vorn gestreckt, meist deutlich länger als breit. Zwischen 1. u. 2. AbdSegment höchstens flache Kerbe. Tibien unbedornt. Fühler 12–13gl. Bis 4 mm . . **Bethylidae** s. **24**

— Kopf ± rundlich, Mundwerkzeuge nach unten gerichtet (s. [*12*]). Zwischen 1. u. 2. AbdSegment deutliche Kerbe [*25*]. Httibia außen mit Dornen. Fühler 12gl. Körper 4–16 mm ♀♀ von **Mutillidae, Tiphiidae** s. **30**

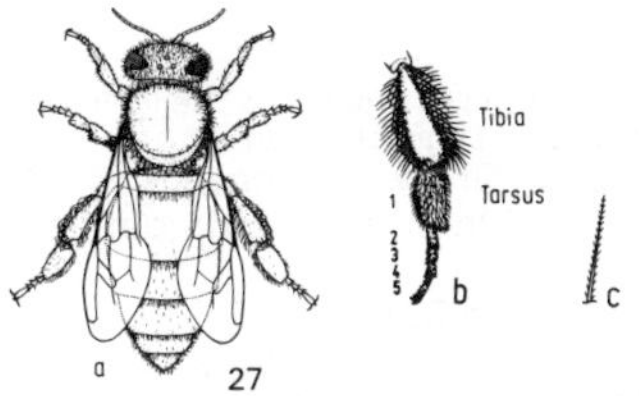

27

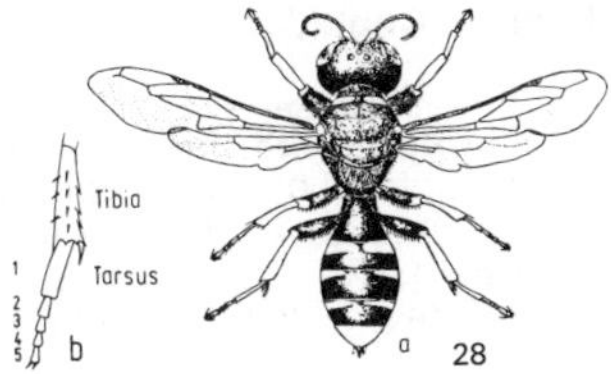

28

Familie: **Pamphiliidae,** Gespinstblattwespen

Larven ohne AbdBeine, mit fadenförmigen Brustbeinen, einzeln od. gesellig in einem Gespinst, bei manchen Arten mit starker Ansammlung von Kot.

1. Fußkrallen unten in Mitte mit kleinem Zahn [*21b*] . **Cephalciinae**

a) Vdtibia außer Spitzendornen auf der Mitte der Innenseite mit 1 weiterem Dorn: 4; **Acantholyda** Costa (9–15 mm), Larven gesellig in Gespinsten an Kiefer, oft schädlich, z. B. **A. posticalis** Mats. (= **pinivora** Ensl.).

b) Vdtibia ohne Dorn in der Mitte: 6; **Cephalcia** Panz. (8–15 mm), Larven gesellig in Gespinsten an Nadelhölzern, **C. abietis** (L.) schädlich an Fichte, **C. alpina** Klug an Lärche.

— Krallen ohne Zahn, aber Spitze deutlich gespalten [*21c*] **Pamphiliinae**

a) Längsader Sc im Vdflügel am Ende gegabelt, in C u. R mündend [*3*]: 20; **Pamphilius** Latr. (7–16 mm), Larven einzeln in mit Seide festgesponnenen Blattröhren an Laubhölzern, häufig z. B. **P. sylvaticus** (L.), Larve auf Pappel, Weide, Hainbuche.

b) Sc einfach, wenn etwas gegabelt, nicht C erreichend: 5; **Neurotoma** Kon. (7,5–14 mm), Larven gesellig in Gespinsten, **N. nemoralis** (L.) auf Prunus.

Familie: **Siricidae,** Holzwespen

Larven ohne AbdBeine, mit reduzierten Brustbeinen, fressen in Holz. ♀♀ mit vorstehendem Legebohrer [*8*].

1. Fühler kurz, 12–16gl, Mtglieder verdickt. Vdflügel mit 1 Zelle Rs 2; **Tremex** Jur.

Larven in Laubhölzern, häufiger **T. fuscicornis** (F.) (15–40 mm; Fl gelb).

— Fühler fadenförmig, 17–30gl. Vdflügel mit 2 Zellen Rs (1Rs, 2Rs [*8*]) **2**

2. Kopf oben mindestens hinter jedem Auge gelb **3**

— Kopf ganz dunkel (schwarzblau) . . 2; **Sirex** L. (= **Paururus** Kon.)

Häufig **S. juvencus** (L.) (14–30 mm; Fühler schwarz u. gelb), Larve in Nadelhölzern.

3. Pronotum schwarz, an Seiten heller. Httibia mit 1 Endsporn. 15–30 mm. Larve in Nadelhölzern . . . . **Xeris spectrum** (L.)

— Pronotum ganz schwarz. Httibia mit 2 Endspornen 3; **Urocerus** Geoffroy (= **Sirex** L.)

12–40 mm. Larven in Nadelhölzern. **U. gigas** (L.) (Kopfscheitel schwarz [*8*]; **U. augur** (Klug) (Scheitel gelb); **U. fantoma** (F.) (Scheitel gelb, mit schwarzer Mtfurche).

Familie: **Cephidae,** Halmwespen

Larven ohne AbdBeine, mit reduzierten Brustbeinen, bohren in Zweigen u. Stengeln von Bäumen, Kräutern od. Gräsern, ♀♀ mit deutlichem, kurzem Legebohrer [*9*].

1. 3. Fühlergl etwas länger als 4.; 5. u. folgende Gl etwa gleich dick **2**

— 3. Fühlergl nicht (od. kaum) länger als 4.; Fühler zum Ende hin verdickt [*9*] **3**

2. 10–16 mm. Httibia mit 1 Endsporn u. 1 weiteren Dorn 3; **Hartigia** SCHIÖDTE

Häufiger z. B. **H. nigra** (HARR.), Larve in Stengelmark von Himbeere, Brombeere.

— 6–9 mm. Httibia mit 1 Endsporn u. 2 weiteren Dornen 3; **Janus** STEPH.

Häufiger **J. luteipes** (LEP.), Larve meist in Weidentrieben.

3. Gesicht breit, Höhe der Augen viel geringer als der Abstand ihrer Innenränder. 4–12 mm . . . . 2; **Calameuta** KON.

Z. B. **C. filiformis** (EVERSMANN), Larve in Gräsern (Schilf).

— Gesicht schmal, Höhe der Augen etwa so groß wie der Abstand ihrer Innenränder **4**

4. ♀: Sägebohrer zur Spitze verbreitert; ♂: 7. u. 8. Sternit mit behaarter Grube. 7–14 mm . . . . 2; **Trachelus** JUR.

Z. B. **T. troglodyta** (F.).

— ♀: Sägebohrer zur Spitze verschmälert; ♂: 7. u. 8. Sternit ohne Grube. 5–11 mm . . . . 7; **Cephus** LATR.

Häufig **C. pygmeus** (L.) [*9*], Larve schädlich an Getreide (v. a. Weizen, Roggen).

Familie: **Cimbicidae,** Keulhornblattwespen

Larven mit 8 AbdBeinpaaren, freilebend, Blattfresser.

1. 4,5–8 mm. Zelle A des Vdflügels in der Mitte zu 1 Ader zusammengezogen (s. [*29*]), in Zelle 1Rs mündet nur 1m-cu 3; **Corynis** THUNB. (= **Amasis** LEACH)

Z. B. **C. obscura** (F.).

– 9–12 mm. Zelle A im Vdflügel ebenso, in Zelle 1Rs münden 1m-cu u. 2m-cu: 5; **Abia** LEACH (Fußkrallen unten mit Zahn, dieser größer als Krallenspitze). 4; **Zaraea** LEACH (Krallen ungezähnt od. höchstens mit kleinem Zahn)

Häufiger **A. sericea** (L.); Larven von **Zaraea** auf Caprifoliaceen, z. B. **Z. fasciata** (L.).

— 13–28 mm. Zelle A des Vdflügels durch Querader geteilt (s. [*30*]) **2**

2. 1. Tergit hinten tief eingebuchtet, Ausschnitt häutig ausgefüllt (s. [*6*]) 5; **Cimbex** OLIVIER

Häufig **C. femoratus** (L.), Larve auf Birke; **C. connatus** (SCHRANK), Larve auf Erle; **C. luteus** (L.), Larve auf Weide, Pappel.

— 1. Tergit hinten ± gerade, nicht häutig **3**

3. Labrum (s. [*2*]) sehr klein. Sehr selten . **Praia taczanowskii** ANDRÉ

— Labrum groß, fast trapezförmig: 6; **Trichiosoma** LEACH (Labrum u. Clypeus (s. [*2*]) schwarz; Htfemur nahe der Spitze gezähnt). **Pseudoclavellaria amerinae** (L.) (Labrum u. Clypeus weiß; Htfemur ohne Zahn nahe der Spitze)

Häufig **T. lucorum** (L.), Larve meist auf Birke; Larve von **P. amerinae** auf Weide, Pappel.

Familie: **Tenthredinidae,** Echte Blattwespen

Larven mit 7–8 AbdBeinpaaren, frei auf Pflanzen (oft auf Weiden), einige minierend od. in Gallen. Schreckstellung vieler Larven: Aufrichten des Vdkörpers, oft Absonderung eines abschreckenden Sekrets aus Drüsen der Unterseite.

1. Querader 2r im Vdflügel fehlend [*29*] . . . . **Nematinae**

Fast 20 Gattungen, ca. 30 Arten.

a) Querader 1m-cu im Vdflügel mündet in Zelle 1Rs, 2m-cu in 2Rs [*29*]: z. B. 3; **Cladius** Illiger, sehr häufig **C. pectinicornis** (Geoffroy) (4–7 mm), Larve auf Rosaceen.

b) 1m-cu u. 2m-cu münden in 1Rs: viele artenreiche Gattungen, u. a. **Nematus** Panz. (incl. **Pteronidea** Rohw.), **Amauronematus** Kon., z. B. **N. ribesii** (Scop.) (6–7 mm), Larve schädlich an Ribes. **Pristiphora** Latr., häufig **P. abietina** (Christ) (4,5–6 mm), Larve oft schädlich an Nadelhölzern. **Euura** Newm., **Pontania** Costa, Larven in Gallen auf Weiden, Pappeln, häufig **P. viminalis** (L.) (4–5,5 mm), bildet rote Gallen auf Useite von Weidenblättern.

— Querader 2r im Vdflügel vorhanden [*30–32*] **2**

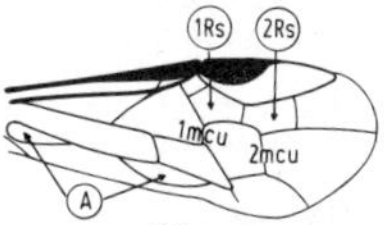

29

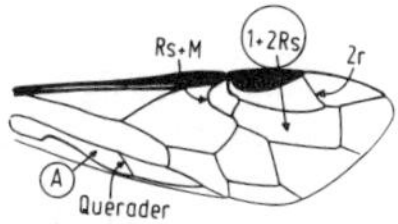

30

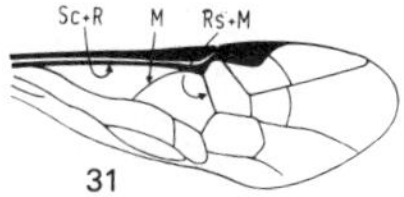

31

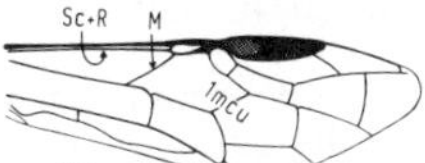

32

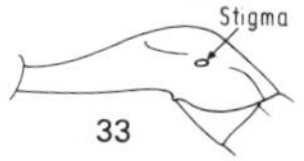

33

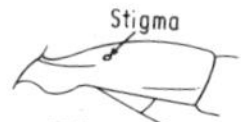

34

2. Adern M u. 1m-cu im Vdflügel zum Pterostigma hin stark konvergierend [*31*]; wenn undeutlich konvergierend, Ader Rs+M an der Basis in Richtung Pterostigma umgebogen [*30*] **3**

— Adern M u. 1m-cu im Vdflügel ± parallel, seltener divergierend [*32*] **6**

3. Ader Rs+M im Vdflügel an der Ursprungsstelle in Richtung Pterostigma umgebogen [*30*]. Zelle A ohne od. mit Querader, nicht in der Mitte zu 1 Ader zusammengezogen . . . . **Selandriinae**

8 Gattungen, ca. 60 Arten.

a) Querader 2rm im Vdflügel fehlt, Zelle 1+2Rs sehr lang [*30*]: 5; **Loderus** Kon. (Augen viel höher als breit, innerer Augenrand etwas konkav), Larven auf Equisetum, häufig **L. vestigialis** (Klug) (7–9 mm). **Dolerus** Panzer (Augen etwas höher als breit, innen fast gerade bis konvex) mit ca. 30 Arten, z. B. **D. pratensis** (L.) (10,5–12 mm).

b) Querader 2rm im Vdflügel vorhanden, also 2 Zellen Rs ausgebildet. Ader C vor dem Pterostigma wenig verdickt: u. a. 9; **Strongylogaster** Dahlb., Larven auf Farnen, z. B. **S. lineata** (Christ) (8–11 mm).

c) Ebenso, aber C vor dem Pterostigma verdickt, mindestens halb so breit wie Pterostigma: mehrere Gattungen, z. B. 3; **Selandria** Leach, 4; **Melisandra** Bens., häufig **M. morio** (F.) (4,5–5 mm).

— Ader Rs+M im Vdflügel an Basis gerade, höchstens schwach gebogen [*31*] **4**

4. Zelle A im Vdflügel an Basis od. in Mitte zu 1 Ader zusammengezogen [*29*]. Htflügel mit 2 geschlossenen Zellen

wenige Gattungen der **Nematinae**

z. B. 10; **Hoplocampa** HART., Larven in Früchten, **H. testudinea** (KLUG), Apfelsägewespe (6–7 mm), schädlich in Äpfeln, **H. minuta** CHRIST u. **H. flava** (L.), Pflaumensägewespe (4–5 mm), schädlich an Prunus.

— Zelle A im Vdflügel mit schräger Querader [*30*]; wenn in Mitte zu 1 Ader zusammengezogen, Htflügel mit keiner od. 1 geschlossenen Zelle **5**

5. Ader M im Vdflügel (nach Abzweigung von Cu_1) fast gerade, Zelle A vollständig. Fühler 10–15gl . . . . **Heterarthrinae**

Nur 7; **Heterarthrus** STEPH. (= **Phyllotoma** FALL.), Larven in Platzminen von Laubbaumblättern, häufig **H. vagans** (FALL.) (3–5 mm), Larve in Erlenblättern.

— Ader M (nach Abzweigung von Cu_1) deutlich gebogen [*31*]. Zelle A oft mit unterbrochener od. fehlender Basalschleife [*31*]. Fühler meist 9gl **Blennocampinae**

Etwa 35 Gattungen, ca. 90 Arten.

a) Ader M u. 1m-cu im Vdflügel zum Pterostigma hin konvergierend [*31*]: viele Gattungen, u. a. 3; **Fenusa** LEACH, 5; **Caliroa** COSTA, häufig **C. cerasi** (L.) (= **limacina** RETZ.) (4–6 mm), Larve schwarzschleimig, schädlich an Obstbäumen.

b) Adern M u. 1m-cu im Vdflügel etwa parallel. Fühler 10–12gl: 8; **Athalia** LEACH, häufig **A. rosae** (L.) (= **colibri** CHRIST) (6–8 mm), Larve auf Cruciferen, oft schädlich.

c) Ebenso, aber Fühler 9gl: viele Gattungen, u. a. 14; **Empria** LEPELETIER, 8; **Ametastegia** COSTA, 3; **Eriocampa** HART., häufig **Er. ovata** (L.) (5–7 mm), Larve auf Erle. Einige Gattungen zoophag, z. B. 14; **Allantus** PANZ. (= **Emphytus** KLUG) (Mandibeln stark asymmetrisch), häufig **A. cinctus** (L.) (7–10 mm), auf Rosa.

6. Ader M an der Einmündung in Sc+R und Ader Rs+M an der Ursprungsstelle aus Sc+R enger zusammenliegend, als die Ursprungsstelle der Ader Rs+M vom Pterostigma entfernt ist [*31*]. Ader Sc+R an der Einmündung von M nicht winklig gebogen

einige **Blennocampinae** s. **5**

— Ader Sc+R an der Einmündung von M deutlich winklig gebogen, diese Stelle weiter vom Ursprung der Ader Rs+M entfernt, als letztere Stelle vom Pterostigma entfernt ist [*32*] . . . . . **Tenthredininae**

10 Gattungen, ca. 110 Arten.

a) Htfemur etwa so lang wie Httibia: 3 Gattungen, 5; **Pachyprotasis** HART. (Clypeus unten eingebuchtet; Fühler viel länger als doppelte Kopfbreite), häufig **P. rapae** (L.) (7–8 mm). 18; **Macrophya** DAHLB. (ebenso, aber Fühler verdickt, höchstens so lang wie doppelte Kopfbreite), häufig **M. duodecimpunctata** (L.) (10–11,5 mm), Larve auf Gräsern, Seggen.

b) Htfemur kürzer als Httibia: 7 Gattungen, wichtig 10; **Tenthredopsis** COSTA (1. Abd-Segment oben ohne häutige Längsfurche; Htkopf mit vollständig erhabener Randlinie), häufig **T. litterata** (GEOFF.) (11–12 mm), Larve auf Gräsern, v. a. Dactylis. 5; **Aglaostigma** KIRBY (1. AbdTergit durch Längsfurche geteilt; Htkopf nur oben mit erhabener Randlinie), Larven auf Galium, z. B. **A. aucupariae** (KLUG) (7–9 mm). 8; **Rhogogaster** KON. (1. AbdTergit durch Längsfurche geteilt; Hthaupt mit vollständiger Randlinie; Innenrand der Augen unten weiter voneinander entfernt als Breite des Clypeus; Körper schwarz u. grün), häufig z. B. **Rh. viridis** (L.) (10–13 mm), Larve oft auf Erle. 60; **Tenthredo** L. (incl. **Allantus** JUR.) (ebenso, aber Innenränder der Augen nach unten konvergierend, Abstand unten geringer als Breite des Clypeus) [*10*], viele häufige Arten, z. B. **T. mesomelas** L. (Fühler fadenförmig, vorletztes Gl schlanker als Basalgl, schwarz; Körper schwarz u. grün, Scutellum bleich; 9,5–13 mm), **T. livida** L. (ebenso, aber letzte Fühlergl hell; Pterostigma braun mit bleicher Basis; 12–15 mm), **T. campestris** L. (= **flavicornis** F.) (ebenso, aber Fühler ganz gelb, Flügel gelb, an Spitze schwärzlich; 12–14 mm).

Familie: **Braconidae,** Brackwespen

Larven Parasiten (meist Endoparasiten) bei Insekten. Ca. 150 Gattungen, mehrere 100 Arten.

1. Abd weit über Htcoxen auf Propodeum ansitzend (s. [*12*])
Cenocoeliinae, Paxylommatinae, z. B. **Cenocoelius** HAL., bei Käferlarven.
— Abd nahe den Htcoxen ansitzend **2**
2. Mandibeln an Basis weit auseinander, Zähne nach außen zeigend
Alysiinae, in Fliegenlarven, z. B. **Alysia** LATR., **Aspilota** FÖRST., **Dacnusa** HAL.
— Mandibeln normal, Zähne sich kreuzend od. berührend . . . **3**
3. Clypeus u. Mandibeln rundliche Öffnung umschließend
a) 1. AbdSegment stielartig, schmal: **Spathiinae,** nur **Spathius** NEES, **S. exarator** (L.) (Flügel gebändert; um 3 mm) bei Anobium-Larven, oft an Stubenfenstern.
b) 1. AbdSegment breit: 3 Unterfamilien, darunter **Braconinae,** z. B. **Bracon** F. mit zahlreichen Arten, **B. hebetor** SAY (um 3 mm), ektoparasitisch an Mehl-, Wachsmottenraupen.
— Zwischen Clypeus u. Mandibeln kleiner Spalt **4**
4. AbdTergite ohne Nahtgrenzen. Abd unten ausgehöhlt
Cheloninae, meist in Schmetterlingsraupen parasitierend, z. B. **Chelonus** JUR.
— Abd anders
a) Zelle 1Rs [*15b*] im Vdflügel kleiner als Pterostigma. 1. AbdSegment breit: 3 Unterfamilien, wichtig **Microgasterinae,** z. B. **Apanteles** FÖRST., **Microplitis** FÖRST., **Microgaster** LATR., meist in Schmetterlingsraupen, **A. glomeratus** (L.) (um 3 mm) bei Pieris.
b) Zelle 1Rs im Vdflügel größer als Pterostigma od. fehlend od. 1. AbdSegment stielartig: wichtige typische Unterfamilien **Opiinae** (Pterostigma lang u. schmal, an Spitze Randader in R_1 übergehend), in Fliegen, z. B. **Opius** WESM. **Euphorinae** (1. AbdSegment mindestens in vorderer Hälfte stielartig [*15a*]), in Käferimagines (z. B. **Euphorus** NEES [*15a*], **Perilitus** NEES), **Meteorus** HAL. in Schmetterlingsraupen, **M. versicolor** WESM. (2 mm), in Nonne, Kiefernspinner. **Aphidiinae** (oft als Familie **Aphidiidae;** Abd zwischen 2. u. 3. Segment nach unten einschlagbar), in Blattläusen, z. B. **Aphidius** NEES, **Praon** HAL. Unter übrigen 4 Unterfamilien artenreich **Helconinae,** oft in Käfern (z. B. **Blacus** NEES, **Diospilus** HAL., **Helcon** NEES), häufig **B. ruficornis** NEES (2,5 mm).

Familie: **Ichneumonidae,** Schlupfwespen

Larven Parasiten, Hyperparasiten, oft bei Larven holometaboler Insekten (v. a. von Schmetterlingen), auch bei Spinnen, Spinneneiern. Ca. 450 Gattungen, 2700 Arten.

1. Spitze des Scutellums mit Dorn. Mittlere AbdSternite sklerotisiert
Agriotypinae (oft eigene Familie **Agriotypidae**), nur **Agriotypus armatus** CURT. (3 bis 9 mm), in Köcherfliegenlarven.
— Scutellum ohne Dorn; wenn mit Dorn, Sternite faltig, membranös **2**
2. Stigmen des stielartigen 1. AbdSegments hinter Segmentmitte [*33*] **3**
— Stigmen (= Luftlöcher) des 1. AbdSegmentes (oft nicht stielartig) vor od. ± in der Mitte [*34*] **4**
3. Abd seitlich zusammengedrückt, mittlere Segmente höher als breit
5 Unterfamilien, typisch **Ophioninae** (Ocellen auffallend groß), in Schmetterlingsraupen, Dämmerungstiere, u. a. **Ophion** F. **Anomalinae** (Httarsus meist auffallend verdickt), in Schmetterlingsraupen; bei beiden Unterfamilien Abd sichelförmig. Arten der **Campopleginae** oft Parasiten bei Schädlingen (z. B. **Nemeritis** HOLMGREN in Holzkäferlarven, **Bathyplectes** FÖRST. in Rüsselkäferlarven).

— Abd dorsoventral zusammengedrückt, mittlere Segmente breiter als hoch
4 Unterfamilien. Bei **Gelinae** (Bohrer der ♀♀ vorragend. Flügel oft reduziert) u. **Ichneumoninae** (Bohrer kurz, selten vorstehend) Zelle 1Rs [*14a*] im Vdflügel 5seitig (kann nach außen offen sein). **Phygadeuontinae** (ca. 600 Arten, z. B. **Gelis** Thunb., **Phygadeuon** Grav., **Hemiteles** Grav.) meist bei Blattwespenlarven, in Puparien von Insekten (z. B. Fliegen, Ichneumoniden) od. an Spinneneiern. **Ichneumoninae** (ca. 1000 Arten, z. B. **Ichneumon** L., **Phaeogenes** Wesm., **Amblyteles** Wesm.) bei Larven od. Puppen von Schmetterlingen.

4. 1. AbdSegment (mindestens in vorderer Hälfte) stielartig (s. [*34*])
6 Unterfamilien, meist artenarm, häufiger **Oxytorinae** (Ader 2m-cu [*14b*] im Vdflügel meist mit 2 unpigmentierten Stellen), bei Pilzmückenlarven, z. B. **Plectiscidea** Vier.

— 1. AbdSegment nicht stielartig, nach hinten keilförmig erweitert
9 Unterfamilien, typisch **Ctenopelmatinae** (Vdtibia an der Spitze außen mit kleinem Zähnchen), in Tenthredinidenlarven, z. B. **Perilissus** Holmgren, **Lamachus** Först., **Mesoleius** Holmgren. **Diplazontinae** (1. AbdSegment vorn mit seitlich gerichteten Zipfeln), in Syrphidenlarven, z. B. **Syrphoctonus** Först. Umfangreiche Unterfamilien mit häufigen Arten sind **Pimplinae** (z. B. **Pimpla** F., **Itoplectis** Först., **Ephialtes** Gravenhorst, **Rhyssa** Grav.), **Banchinae** (z. B. **Glypta** Grav., **Lissonota** Grav., **Exetastes** Grav. [*14a*]), **Tryphoninae** (z. B. **Polyblastus** Hartig, **Tryphon** Fall., **Exenterus** Hartig, **Cteniscus** Hal.), oft in Schmetterlingsraupen (z. B. **Pimpla ruficollis** Grav. in Rhyacionia buoliana), einige (z. B. **Rhyssa persuasoria** (L.)) ektoparasitisch an Larven im Holz, können mit Legebohrer zielsicher Holz durchbohren.

Überfamilie: **Chalcidoidea,** Erzwespen

Larven parasitisch bei Insekten u. Insekteneiern, auch phytophag od. gallbildend. Viele Familien, etwa 350 Gattungen, ca. 1000 Arten.

1. Tarsus 3gl. Körper um 0,5 mm
Trichogrammatidae, in Insekteneiern, z. B. **Trichogramma** Westw., **Centrobia** Först.

— Tarsen 4–5gl **2**

2. Flügel am Rand lang bewimpert, oft gestielt. Htflügel parallelseitig
Mymaridae (0,2–1 mm; kleinste Insekten), in Eiern, z. B. **Erythmelus** Enock bei Wanzen.

— Flügel anders od. fehlend **3**

3. Htfemur stark verdickt, unten gesägt od. gezähnt, Httibia gebogen
a) Vdflügel längs gefaltet: **Leucospididae,** nur 3; **Leucospis** F. (6–10 mm), bei Bienen, z. B. **L. dorsigera** F.
b) Vdflügel nicht faltbar: **Chalcididae,** bei Insektenlarven, -puppen, z. B. **Chalcis** F., **Brachymeria** Westw., **B. minuta** (L.) bei Sarcophagiden.

— Htfemur nicht verdickt; wenn etwas verdickt, Httibia gerade . **4**

4. Htcoxa meist mindestens 3mal länger als breit. Fühler 13gl
a) Thorax dicht punktiert: **Torymidae** (Legebohrer lang vorstehend), meist bei gallbildenden Insekten, z. B. **Torymus** Dalm., **T. bedeguaris** (L.) bei Diplolepis rosae. **Megastigmus** Dalm. z. T. phytophag, **M. strobilobius** (Ratz.) (um 4 mm) in Fichtensamen.
b) Thorax glänzend, spärlich punktiert: **Ormyridae,** in Cynipidengallen, z. B. **Ormyrus** Westw.

— Htcoxa wenig länger als breit od. ± abgeflacht bis dreieckig **5**

5. Mttibia an Spitze mit langem od. verbreitertem Sprungdorn
4 Familien, artenreich nur **Encyrtidae,** oft in Schildläusen, z. B. **Blastothrix** Mayr.

— Mttibia an Spitze mit kleinem Sporn **6**

6. Vdtibia an Spitze mit langem, gebogenem Sporn. Tarsen 5gl. Fühler 10–13gl (8–11gl, wenn die 3 Gl der Endkeule verschmolzen)
4 Familien, artenreich nur **Pteromalidae** [*18*] (meist metallisch-grün), z. B. **Pteromalus** Swed., **P. puparum** (L.) in Schmetterlingspuppen, **Nasonia vitripennis** (Walk.) in Fliegenpuppen. **Eurytomidae** (selten metallisch), **Eurytoma** Ill. z. T. phytophag.

— Vdtibia mit kurzem, geradem Sporn. Tarsen 4(–5)gl. Fühler 3–9gl

Eulophidae, z. B. **Tetrastichus** HAL., **Omphale** HAL., **Eulophus** MÜLLER. **Aphelinidae,** z. B. **Aphelinus** DALM. Außerdem **Elasmidae** (Htcoxa stark vergrößert, abgeflacht 3seitig), Hyperparasiten in Larven von Schmetterlingen, Syrphiden, häufig nur **Elasmus** WESTW.

— Vdtibia mit kurzem, gespaltenem Sporn, Tarsen 4–5gl. Fühler 11–12gl . . . . **Tetracampidae**

Überfamilie: **Cynipoidea,** Gallwespen

Larven parasitisch bei Insekten od. gallbildend. Bei **Figitidae, Cynipidae** Fühler des ♂ 14gl, des ♀ 13gl. 5 Familien, ca. 75 Gattungen, 300 Arten.

1. 7–14 mm. Zelle $3R_1$ [*35*] im Vdflügel geschlossen, etwa 9mal so lang wie breit. 1. Gl des Httarsus etwa 2mal so lang wie 2.–5. Gl **Ibaliidae**

Nur 2; **Ibalia** LATR., bei Siricidenlarven, z. B. **I. leucospoides** (HOCHENWARTH).

— 1,5–6 mm. Zelle $3R_1$ anders. 1. Httarsengl anders **2**

2. Scutellum oben mit oft napfförmiger Scheibe . . . . . **Eucoilidae**

Bei Fliegenlarven, z. B. **Eucoila** WESTW., **Cothonaspis** HARTIG.

— Scutellum ohne Scheibe **3**

3. Ader Rs+M (wenn sichtbar) auf M+Cu gerichtet. Flügel vorhanden. ♀: oft 3. AbdTergit am größten; ♂: Abd meist zylindrisch **Figitidae**

[*16*]. Meist bei Fliegenpuppen, z. B. **Figites** LATR., häufig **F. scutellaris** (ROSSIUS).

— Ader Rs+M im Vdflügel (wenn sichtbar) etwa auf Mitte zwischen Adern Sc+R u. M+Cu gerichtet [*35*]. Flügel bisweilen reduziert. Abd seitlich zusammengedrückt. 2. od. verschmolzenes 2. u. 3. Tergit oft am größten . . . . **Cynipidae** u. **Charipidae**

a) Körper glatt, glänzend, unter 2 mm. Mttibia meist mit 1 Endsporn: **Charipidae,** Hyperparasiten bei Braconiden in Blatt- u. Schildläusen, z. B. **Charips** HAL., **Alloxysta** FÖRST., häufig **Ch. victrix** (WESTW.).

b) Körper z. T. matt, skulpturiert, meist 2–6 mm. Mttibia mit 2 Endspornen: **Cynipidae,** viele Arten gallbildend, oft schädlich, z. B. **Diplolepis** GEOFFROY (= **Rhodites** HART.), **Neuroterus** HART., **Andricus** HART., **Cynips** L.; häufig Gallen von **D. rosae** (L.) an Sproßenden von Rosen [*36*], **Biorhiza pallida** (OLIVIER) an Trieben [*37*], **C. quercusfolii** L. [*38*] und **N. quercusbaccarum** (L.) [*39*] auf Blattunterseite von Eichen. Arten von **Synergus** HARTIG als Einmieter in Gallen.

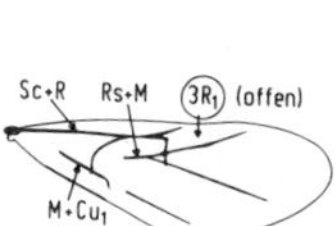

35

36

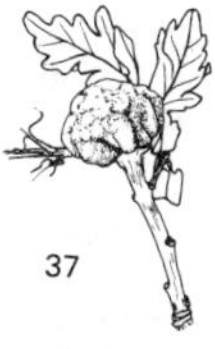
37

38

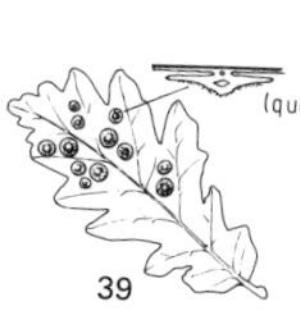

39

Überfamilie: **Proctotrupoidea** u. **Ceraphronoidea,** Zehrwespen

Larven parasitisch bei Arthropoden. 7 Familien, ca. 200 Gattungen, 500 Arten.

1. Seiten des Abd deutlich (oft scharf) gerandet. Fühler bis 12gl

a) Fühler mit 10 (od. weniger) Gl. Vdflügel ohne Adern am Vdrand (oft gänzlich ohne Adern): **Platygastridae,** meist bei Gallmückenlarven, z. B. **Platygaster** LATR., **Leptacis** FÖRST.

b) Fühler 11–12gl (od. 7–8gl, wenn Keule unsegmentiert); wenn 10gl, Vdrand des Flügels mit Adern: **Scelionidae,** in Insekten-, Spinneneiern, z. B. **Scelio** LATR.

— Seiten des Abd abgerundet; wenn etwas gerandet, Fühler 14- bis 15gl **2**

2. Vdflügel mit geschlossener Zelle $3R_1$ neben Pterostigma **Proctotrupidae**

Zelle $3R_1$ schmal [*19b*]. Fühler 13gl. Bis 10 mm. Oft bei Käferlarven, auch bei Myriopoden, z. B. **Proctotrupes** LATR., **Phaenoserphus** KIEFF. Außerdem **Heloridae** (Fühler 15gl, $3R_1$ breit), selten, nur **Helorus** LATR. (6–7 mm), bei Chrysopiden, z. B. **H. anomalipes** (PANZ.).

— Vdflügel ohne geschlossene Zelle $3R_1$ [*19a*] od. ohne Pterostigma od. fehlend **3**

3. Fühler tief unten am Mund inserierend, 9–11gl . **Ceraphronoidea**

Ceraphronidae u. **Megaspilidae.** Flügel manchmal reduziert. 0,7–4 mm. Oft Hyperparasiten, z. B. **Dendrocerus** RATZEBURG bei **Aphidiinen** in Blattläusen; weitere Gattungen, z. B. **Ceraphron** JUR., **Conostigmus** DAHLB.

— Fühler weit über Clypeus auf einem Vorsprung ansitzend (wenn tiefer, Fühler 14–15gl). Fühler 11–15gl. [*19a*] . . . . **Diapriidae**

Oft in Larven, Puppen von Fliegen, z. B. **Diapria** LATR., **Belyta** JUR., **Cinetus** JUR.

Familie: **Chrysididae,** Goldwespen

Larven sind Larven- od. Futterparasiten bei solitären Hymenopteren. Schutzstellung der Imagines: Abd wird unter Thorax eingeschlagen, dadurch Körper abgekugelt. – Die **Cleptidae** (S. 378) werden auch als **Cleptinae** zu den **Chrysididae** gestellt.

1. Mundwerkzeuge verlängert, in Ruhestellung unter Thorax zwischen Beine geklappt. Tegulae länger als ⅓ der Brustbreite. 7–14 mm **Parnopes grandior** (PALL.)

— Mundwerkzeuge kürzer. Tegulae kleiner **2**

2. Fußkrallen einfach [*21a*]. 3. Tergit des Abd hinten mit Grübchenquerreihe **3**

— Fußkrallen gezähnt od. gespalten [*21b, c*]. 3. Tergit ohne Grübchenquerreihe **5**

3. Htrand des 3. Tergites mit etwa 12 Zähnen. 6–12 mm **Chrysis purpuratus** (F.)

— Htrand des 3. Tergites höchstens mit 6 Zähnen od. fein gezähnelt od. ganzrandig **4**

4. Zelle $3R_1$ im Vdflügel weit offen, Ader R_1 endet vor Flügelspitze

a) Htrand des 3. Tergits an jeder Seite mit zahnartigem Vorsprung: **Spinolia unicolor** DAHLB. (4–5 mm), Wirt: Tachysphex.

b) Htrand des 3. Tergits an Seiten ungezähnt: **Pseudospinolia neglecta** (SHUCK.) (6–10 mm), Wirt: Odynerus.

— Zelle $3R_1$ geschlossen [*20*]. Ader R_1 erreicht fast Flügelspitze **Chrysis** L.

Ca. 30 Arten. Wirte: Bienen, Wespen, Grabwespen, sehr häufig **Ch. ignita** (L.) [*20*].

5. Htrand des 3. Tergits in der Mitte ± eingebuchtet

a) Postscutellum in lamellenartige horizontale Platte ausgezogen: 4; **Elampus** SPIN. (= **Notozus** FÖRST.), häufiger **E. scutellaris** (PANZER) (4–5 mm).

b) Postscutellum ohne Platte: 8; **Omalus** PANZ. s. l. häufig z. B. **Pseudomalus auratus** (L.) (2–6 mm), Wirte: Grabwespen.

— Htrand des 3. Tergits in der Mitte gerade

a) Ader M im Vdflügel nach Abzweigung aus $M+Cu_1$ (s. [*51*]) stark (fast rechtwinklig) gekrümmt: 10; **Hedychridium** ABEILLE (Fußkrallen in Mitte mit 1 Zahn [*21b*]), häufiger z. B. **H. ardens** (COQU.) (3–5 mm). 7; **Holopyga** DAHLB. (Fußkrallen mit 2–5 Zähnen), häufig **H. fervida** (F.) (4–9 mm).

b) Ader M höchstens schwach gekrümmt. Fußkrallen an Spitze gespalten, ohne weiteren Zahn [*21c*]: 5; **Hedychrum** LATREILLE, häufig z. B. **H. nobile** (SCOP.) (5–9 mm). Wirte: Bienen, Wespen, Grabwespen.

Familie: **Tiphiidae**

Larven parasitisch bei (von den ♀♀ paralysierten) Käfer- u. Grabwespenlarven.

1. Mit Flügeln. Vdflügel mit Zellen 1Rs u. 2Rs (s. [*50*]) **2**
— Mit Flügeln. Vdflügel nur mit Zelle 1Rs, 2Rs fehlend (s. [*49*]) . **3**
— Ohne Flügel **4**
2. Zelle $3R_1$ fehlt (♀), wenn vorhanden (♂), 1Rs 4eckig **Myzininae**
Nur **Myzine tripunctata** (ROSSI) (6–12 mm), bei Lamellicornier-Larven.
— Zelle $3R_1$ im Vdflügel vorhanden, Zelle 1Rs 3eckig **Myrmosinae**
Nur 2; **Myrmosa** LATR., z. B. **M. atra** PANZ. (3–6 mm), bei Oxybelus.
3. Adern des Vdflügels reichen nicht bis zur Flügelspitze **Tiphiinae**
Nur 4; **Tiphia** F., bei Lamellicornierlarven, z. B. **T. femorata** (F.) (7–12 mm).
— Adern des Vdflügels bis Flügelspitze reichend . . . **Methochinae**
Nur **Methocha ichneumonides** LATR. (6–13 mm), bei Sandlaufkäferlarven.
4. Thorax glatt, glänzend, schwach behaart, 3teilig
♀♀ von **Methocha** s. **3**
— Thorax grubig punktiert, behaart, 2teilig . . ♀♀ von **Myrmosa** s. **2**

Familie: **Mutillidae,** Bienenameisen

Larven sind Larven- od. Futterparasiten bei Bienen, Wespen, Weg- u. Grabwespen.

1. Mit Flügeln (♂♂) **5**
— Ohne Flügel (♀♀) **2**
2. 1. AbdSegment knotenförmig abgesetzt, viel schmaler als das 2. Segment. Thorax nach vorn u. hinten verschmälert. 10–12 mm
Dasylabris maura (L.)
Wirte: Grabwespen (Sphex, Ammophila).
— 1. AbdSegment nicht knotenförmig. Thorax hinten so breit wie vorn **3**
3. 1. AbdSegment seitlich mit je 1 zahnartigen Fortsatz. 2. Segment mit nach vorn winklig erweiterter Querbinde. 4–9 mm. Im Süden
Myrmilla calva (VILLERS)
— 1. u. 2. AbdSegment anders **4**
4. 1. AbdSegment etwa so breit wie lang, glockenförmig. 3,5–15 mm
3; **Smicromyrme** THOMSON
Häufig **S. rufipes** (F.), Wirte: Grabwespen (Oxybelus, Astata, Tachysphex).
— 1. AbdSegment deutlich breiter als lang, quer. 10–16 mm
2; **Mutilla** L.
Häufiger **M. europaea** L., Wirte: Hummeln.
5. Tegulae klein, glänzend, rundlich, gewölbt . . **Myrmilla calva** s. **3**
— Tegulae groß, flach, am Htrand aufgebogen **6**
6. 1. AbdSegment knotenförmig. 1. u. 2. Tergit mit weißer Binde
Dasylabris maura s. **2**
— 1. AbdSegment an Grenze zum 2. kaum eingeschnürt. Abd ohne Binden **7**
7. 1. AbdSegment etwa so breit wie lang . . . . **Smicromyrme** s. **4**
— 1. AbdSegment breiter als lang . . . . **Mutilla** s. **4**

Familie: **Formicidae,** Ameisen

Staatenbildend. Nester im Boden, unter Steinen, im Holz. Manche Arten parasitisch, indem sie ihre Brut von Arbeitern einer Wirtsart betreuen lassen, bisweilen sogar ohne eigene Arbeiterkaste (z. B. die Myrmicine **Anergates atratulus** (Schenck)). ♂♂ u. ♀♀ geflügelt, ☿☿ ungeflügelt. Gattungstabelle im folgenden nur für ☿☿ geltend; parasitische Gattungen ohne Arbeiterkaste sind nicht aufgeführt.

1. Erste 2 Segmente des Abd knotenförmig [*40*] . . **Myrmicinae** **4**

— Nur 1. AbdSegment als Stiel (Schuppe od. Knoten) ausgebildet **2**

2. 2. AbdSegment vom 3. durch deutl. Furche abgeschnürt **Ponerinae**

Wehrstachel vorhanden. Nur 2; **Ponera** Latr., selten, z. B. **P. coarctata** Latr. (3 mm).

— Zwischen 2. u. 3. Segment keine Einschnürung. Ohne Wehrstachel **3**

3. AbdStiel ohne od. mit schwachem Schuppenfortsatz [*41*]. Clypeus nicht durch Furche von Fühlerbasen abgegrenzt **Dolichoderinae**

Dolichoderus quadripunctatus (L.) (Abd schwarz, mit 2 Paar gelben Flecken; 3–4 mm). 2; **Tapinoma** Förster (Abd dunkel; 2,5–3,5 mm), z. B. **T. erraticum** (Latreille), beide Gattungen im Süden.

— AbdStiel mit deutlicher Schuppe [*42*]. Clypeus von Fühlerbasen durch Furche abgegrenzt [*43*] . . . . **Formicinae** **10**

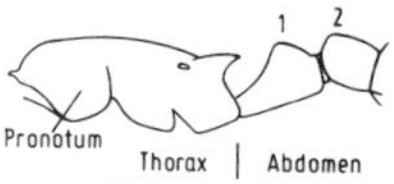

40

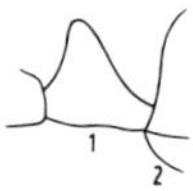

41

42

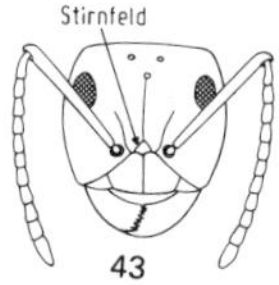

43

4. Thorax hinten mit 2 Dornen [*40*] **5**

— Thorax hinten ohne Dornen

Solenopsis fugax (Latr.), Diebsameise (Fühler 10gl, Endkeule groß, 2gl; 1,5–2,5 mm), Nest oft in Nestern größerer Ameisen. **Monomorium pharaonis** (L.) (Fühler 12gl, Endkeule 3gl; 2–2,5 mm), eingeschleppt in Häusern, schädlich. **Messor rufitarsis** (F.) (Fühler 12gl, Endkeule undeutlich 4gl; 8–10 mm), im Süden. **Manica** (= **Myrmica**) **rubida** (Latr.) (Fühler 12gl, Endkeule 5gl; 7–8,5 mm), im Gebirge.

5. Schultern des Thorax deutlich: Pronotum vorn am breitesten

a) 1. Stielgl des Abd von oben gesehen quadratisch, von der Seite 4eckig: **Myrmecina graminicola** (Latr.) (3–3,5 mm).

b) 1. Stielgl anders: 2; **Tetramorium** Mayr (Mandibeln zur Spitze verbreitert, mit 5–7 Zähnen; 2,5–3,5 mm), sehr häufig **T. caespitum** (L.), an trockenen Stellen. **Strongylognathus testaceus** (Schenck) (Mandibeln schmal zugespitzt; 2,3–3 mm), in Nestern von T. caespitum. – Hierher auch 2; **Crematogaster** Lund.

— Schultern abgerundet: Pronotum in Mitte od. vorderem Drittel am breitesten **6**

6. Furche zwischen Pronotum u. dem folgenden Thoraxabschnitt oben deutlich

Epimyrma ravouxi (André) (1. Gl der Fühlerkeule mindestens doppelt so lang wie das davor liegende Gl; 2,5–3 mm), selten, in Nestern von Leptothorax. **Aphaenogaster subterranea** (Latr.) (1. Gl der Fühlerkeule weniger als doppelt so lang wie das davor liegende Gl; 4–5 mm), im Süden.

— Furche zwischen Pronotum u. übrigem Thorax oben nicht ausgebildet [*40*] **7**

7. 2. Gl des AbdStiels von der Seite gesehen unten mit Dorn

Formicoxenus nitidulus (Nyl.) (Mandibeln innen gezähnt; braungelb; 2–3,5 mm), in Nestern von Formica. **Harpagoxenus sublaevis** (Nyl.) (Mandibeln ungezähnt; Kopf u. Thorax braungelb, Abd dunkelbraun; 3,5–4,5 mm), selten, bei Leptothorax.

— 2. Gl des AbdStiels unten ohne Dorn **8**

8. Augen sehr klein (10–12 Facetten). 3–3,5 mm
2; **Stenamma** WESTWOOD

Z. B. **St. debilis** (FÖRSTER)

— Augen nicht reduziert [*43*] **9**

9. Die 3 letzten Fühlergl zusammen kürzer als übrige Geißel. Sporn der Mt- u. Httibia gekämmt. 3,5–5,5 mm, oft rötlich gefärbt
15; **Myrmica** LATREILLE

Mehrere Arten häufig, z. B. **M. laevinodis** NYL.

— 3 Endgl länger als übrige Geißel. Sporne ungekämmt. 2,2–3,5 mm
13; **Leptothorax** MAYR

Fühler 11gl: häufig **L. acervorum** (F.); Fühler 12gl: häufig **L. tuberum** (F.)

10. Mandibeln schmal zugespitzt. 6–7 mm **Polyergus rufescens** LATREILLE

Bei Formica.

— Mandibeln breit, mit breitem Innenrand **11**

11. Einlenkung der Fühler dicht am Clypeus [*43*] **12**

— Einlenkung der Fühler deutlich vom Clypeus entfernt
7; **Camponotus** MAYR

Häufig **C. herculeanus** (L.), Riesenholzameise (6–14 mm), Nest meist in Holz.

12. 5–9 mm. Stirnfeld über Clypeus deutlich abgegrenzt, rechtwinklig-dreieckig [*43*]. Körper oft rotbraun. Fühler 12gliedrig 18; **Formica** L.

a) Vdrand des Clypeus in Mitte ausgeschnitten: **F. sanguinea** LATREILLE, parasitisch.
b) Vdrand des Clypeus nicht ausgeschnitten, Htrand des Kopfes von vorn gesehen eingebuchtet: häufig nur **F. exsecta** NYLANDER
c) Ebenso, aber Kopf-Htrand gerade [*43*]: sehr häufig **F. rufa rufa** L. u. **F. rufa polyctena** (FÖRSTER), Rote Waldameise [*11*], unter Naturschutz; einige Arten sind Wirte parasitischer Ameisen, z. B. **F. fusca** L. (schwarz gefärbt).

— 2–5 mm. Stirnfeld sehr undeutlich, stumpfwinklig-dreieckig. Fühler 12gliedrig . . . . 20; **Lasius** F.

a) Körper schwarz: **L. fuliginosus** (LATREILLE), Nest in hohlen Bäumen.
b) Braun bis dunkelbraun: häufig **L. niger** (L.).
c) Gelb bis rötlich: häufig **L. flavus** (F.).

— 1,1–2,3 mm. Fühler 11gliedrig . . . . 3; **Plagiolepis** MAYR

Familie: **Vespidae,** Echte Wespen

Staatenbildend. Nester mit Waben aus Speichel-Holz-Gemisch, frei, in Erdhöhlen od. Bäumen. Vom Volk überwintern nur begattete junge ♀♀. Arten z. T. parasitisch bei anderen Wespen, dann ohne ☿☿. Fühler 13gl (♂♂), 12gl (♀♀, ☿☿). Larvennahrung: Insekten.

1. Abd u. Thorax lang behaart. Abd an der Basis gerade abgestutzt [*22*]. Htflügel ohne Basallappen . . . . **Vespinae 2**

— Abd u. Thorax fein, kurz behaart. Abd zur Basis allmählich verschmälert. Htflügel mit kleinem Basallappen . . Feldwespen, **Polistinae**

Nur 3; **Polistes** LATR., Nest ohne Hülle frei an Pflanzenstengeln od. Steinen, häufiger **P. dominulus** (L.) (Fühler vom 3. Gl bis zur Spitze gelb; 12–17 mm).

2. Kopf hinter Augen stark erweitert. Ocellen vom Htrand des Kopfes viel weiter entfernt als vom Augenrand. Thorax braunrot. 19–35 mm
Hornisse, **Vespa crabro** L.

— Kopf hinter den Augen nicht erweitert. Ocellen etwa gleich weit vom Kopf-Htrand u. von Augen entfernt. Thorax fast immer gelb gezeichnet. 10–22 mm **3**

3. Augen von der Basis der Mandibeln weit entfernt 4; **Dolichovespula** ROHWER

a) Augeneinbuchtung ganz gelb: **D. media** (RETZ.), Nest oft frei hängend.
b) Augeneinbuchtung oben schwarz, unten ± gelb. Clypeus gelb, vorn dicht punktiert, höchstens mit kleinem schwarzem Fleck: **D. sylvestris** (SCOP.).
c) Ebenso, aber Clypeus vorn dünn punktiert, mit größerem schwarzem länglichem Fleck: **D. saxonica** (F.) (Ocellen in gleichseitigem Dreieck angeordnet; Abd ohne rot). **D. norwegica** (F.) (Ocellen in stumpfwinkligem Dreieck; 2. AbdSegment meist rötlich gefleckt). Selten die parasitische Gattung 2; **Pseudovespula** BISCHOFF (Sondermerkmal: Clypeus vorn in Mitte mit 2 zahnartigen, aufgebogenen Ecken), **P. omissa** BISCHOFF bei D. sylvestris.

— Augen die Basis der Mandibeln fast berührend 4

4. Httibia mit langen, dunklen Haaren . . **Vespula austriaca** (PANZ.)
Parasitisch bei P. rufa.

— Httibia oben mit kurzen, hellen Haaren . . 3; **Paravespula** BLÜTH.

a) Basis des Abd rot: **P. rufa** (L.).
b) Basis des Abd nicht rot: **P. germanica** (F.) [*22*] (♂: gelbe Füllung der Augeneinbuchtung oben nach innen zum gelben Stirnfeld vorgezogen, zuweilen mit ihm verschmolzen; ♀, ☿: Clypeus mit 1 od. 3 schwarzen Punkten); **P. vulgaris** (L.) (♂: gelbe Füllung nicht ausgezogen; ♀, ☿: Clypeus mit schwarzem, zackigem Längsstreifen [*2*]).

Familie: **Eumenidae**

Solitär od. gesellig. ♀♀ bauen Nistkammern aus Sand, Lehm. Larvennahrung: Insekten.

1. Thorax länger als breit. Mttibia mit 2 Endspornen . . **Discoeliinae**
Nur 2; **Discoelius** LATR. (10–15 mm), selten, z. B. **D. zonalis** (PANZ.).

— Thorax etwa rundlich. Mttibia mit 1 Endsporn . . **Eumeninae** **2**

2. Abd gestielt, 2. Segment deutlich breiter als 1., glockenförmig 9; **Eumenes** LATR.
Nest einkammerig, kugelig, Larvennahrung: Raupen, z. B. **E. coarctatus** (L.) (um 12 mm).

— Abd nicht gestielt, 2. Segment kaum breiter als 1., diesem breit ansitzend

a) Zelle 1Rs im Vdflügel gestielt (s. [*49*]): **Alastor atropos** LEPELETIER (7–10 mm), selten.
b) Zelle 1Rs nicht gestielt, Ader 2m-cu in ihr Ende einmündend: **Pterocheilus** (= **Nannopterochilus**) **phaleratus** (PANZ.) (8 mm).
c) Ebenso, aber 2m-cu mündet vor dem Ende von 1Rs: Sammelgattung **Odynerus** LATR. (heute in mehrere Gattungen aufgespalten, z. B. **Ancistrocerus** WESM., **Leptochilus** SAUSS., **Symmorphus** WESM., **Rygchium** SPIN.), Nester häufig in Lehm, ca. 80 Arten, z. B. **O. spinipes** (L.) (10–12 mm), trägt Rüsselkäferlarven ein.

Familie: **Sphecidae,** Grabwespen

Solitär od. gesellig. Beute (Arthropoden) wird durch ♀ gelähmt, zum Nest transportiert [*45*] u. dient heranwachsender Larve als Nahrung. Nest häufig im Sand.

1. Vdflügel ohne Zellen Rs [*48*] **2**

— Vdflügel mit Zelle 1Rs, ohne 2Rs [*49*] **4**

— Vdflügel mit Zellen 1Rs u. 2Rs [*50, 51*] **7**

2. Augen innen nierenförmig eingebuchtet . . . 4; **Trypoxylon** LATR.
5–12 mm. Nester in Holz, Pflanzenstengeln, Beute: Spinnen, häufig **T. figulus** (L.).

— Augen innen nicht eingebuchtet, ± oval **3**

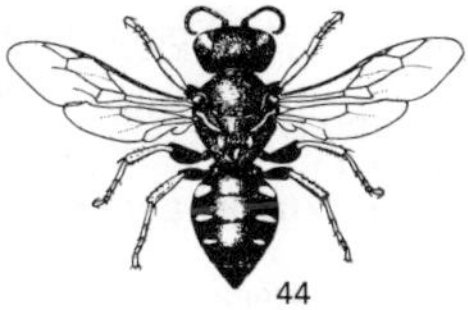
44

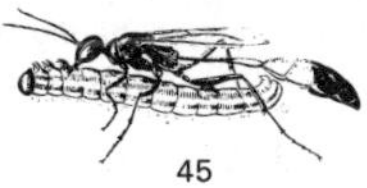
45

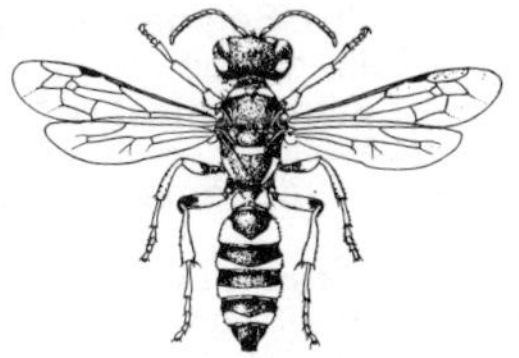
46

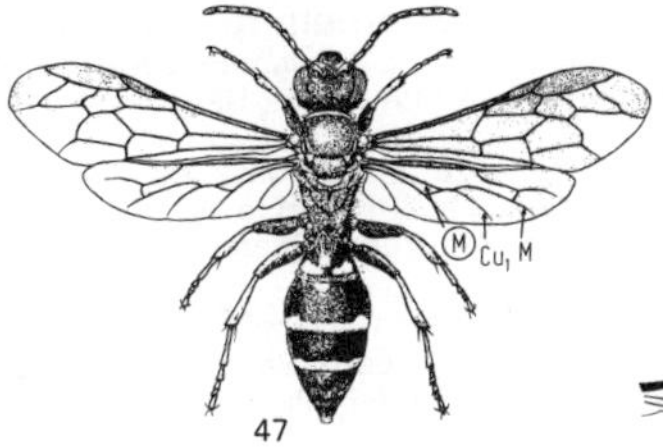

47

48

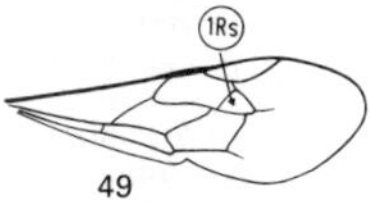

49

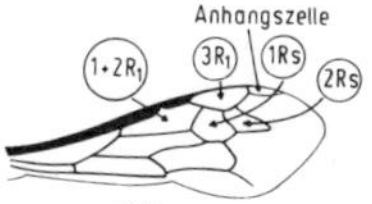

50

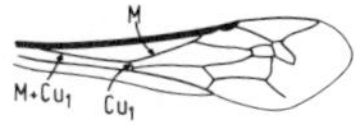

51

3. Pterostigma groß, viel länger als Zelle $3R_1$. 2; **Ammoplanus** Gir.
2–3 mm. Beute: Thripse? Häufiger **A. wesmaeli** Gir.

— Pterostigma schmal, viel kleiner als die lange Zelle $3R_1$ [*48*]
a) Zelle $1+2R_1$ u. 1M im Vdflügel verschmolzen [*44*]. Postscutellum an Seiten mit lamellenartigen Fortsätzen, dazwischen mit Dorn: 13; **Oxybelus** Latr. (3–11 mm) [*44*], Beute: Fliegen, werden auf Dorn aufgespießt, häufig **O. uniglumis** (L.).
b) Zelle $1+2R_1$ u. 1M getrennt [*48*]. Postscutellum ohne Fortsätze: Großgattung **Crabro** F. (3,5–21 mm) [*28*], in 7 Gattungen aufgespalten (z. B. **Crossocerus** Lepeletier et Brullé, **Ectemnius** Dahlb.), Nester oft in Holz od. Pflanzenstengeln, häufig z. B. **Crabro cribrarius** (L.), **E. continuus** (F.) (= **vagus** (L.)). Außerdem die seltenere Gattung 2; **Nitela** Latr. (Sondermerkmale: Htflügel ohne Zellen; innere Augenränder nach oben konvergierend; 3,5–4,5 mm), Beute: v. a. Blattläuse, z. B. **N. spinolae** Latr.

4. 1. AbdSegment stielförmig, Stiel länger als breit **5**

— Abd nicht gestielt od. Stiel breiter als lang **6**

5. Pronotum länger als hinten breit . . . . . **Ampulex fasciata** Jur.
Zelle $3R_1$ mit Anhangszelle (s. [*50*]). 6–8 mm. Nest in Holz, Beute: Blattiden.

— Pronotum kürzer als breit. $3R_1$ ohne Anhangszelle
a) Vdflügel mit einer Zelle M, Pterostigma etwa so lang wie Zelle $3R_1$: 2; **Stigmus** Panz. (3,5–5,5 mm), häufiger **S. pendulus** Panz.
b) Vdflügel mit 1M u. 2M, Pterostigma kürzer als $3R_1$: 11; **Pemphredon** Latr. (5–12 mm), häufig **P. lethifera** (Shuck.). Nester in Stengeln od. Holz, Beute: Blattläuse.

6. Vdflügel mit 1 Zelle M. Pterostigma groß, breit 5; **Spilomena** Shuck.
2–3,5 mm. Nest in Holz, Beute: Thrips-Larven, häufig **S. troglodytes** (van der Linden).

— Vdflügel mit Zellen 1M u. 2M. Pterostigma kleiner [*49*]
a) Zelle 1Rs im Vdflügel dreieckig, gestielt [*49*]: 6; **Miscophus** Jur. (2,7–8 mm), Beute: Spinnen, häufiger **M. bicolor** Jur.
b) 1Rs nicht gestielt. Zelle $3R_1$ kurz, am Ende breit abgestutzt: **Dinetus pictus** (F.) (5–9 mm), Beute: Wanzen.
c) Ebenso, aber $3R_1$ am Ende zugespitzt (s. [*49*]): 5; **Diodontus** Curt. (Httibia außen mit kurzen Dörnchen; 3–7 mm), häufig **D. minutus** (F.). 8; **Passaloecus** Shuck. (Httibia ohne Dornen; 3–7 mm), häufig **P. singularis** Dahlbohm (= **tenuis** Mor.), Beute: Blattläuse.

7. 1. AbdSegment stielartig [*45*], von oben gesehen mit fast parallelen Seiten. Abd nie gelb gefleckt **8**

— 1. AbdSegment vorn stielartig, hinten knotig erweitert [*1*]
2; **Mellinus** F. (6–14 mm), Beute: Fliegen, häufig **M. arvensis** (L.).

— 1. AbdSegment knotenförmig, folgende Segmente knotig abgesetzt [*46*]
10; **Cerceris** LATR. (6–15 mm) [*46*], Beute: Bienen, Käfer, häufig **C. arenaria** (L.).

— 1. AbdSegment nicht stielartig, meist keilförmig nach vorn verengt **9**

8. AbdStiel gleichmäßig zylindrisch. Mttibia mit 2 Spornen. 10–25 mm
a) 2. AbdSegment von oben gesehen ebenfalls stielartig. 1. u. 2. Segment zusammen länger als übriges Abdomen [*45*]: 3; **Ammophila** KIRBY [*45*], Beute: Raupen, häufig **A. sabulosa** (L.).
b) 2. AbdSegment nach hinten trichterförmig erweitert. 1. u. 2. Segment kürzer: **Sphex rufocinctus** BRULLÉ (1m-cu mündet in Zelle 1Rs, 2m-cu in 2Rs), Beute: Honigbienen. 3; **Podalonia** FERNALD (1m-cu u. 2m-cu münden in 1Rs), Beute: Schmetterlingsraupen, häufiger **P. hirsuta** (SCOP.) (= **viatica** (L.)).

— AbdStiel mit Leisten od. Kanten. Mttibia mit 1 Sporn. 4,5–12 mm
a) Ader M u. Cu_1 im Htflügel entspringen gemeinsam aus vorderer Spitze der Zelle M (s. [*47*]): 5; **Psenulus** KOHL, Nest in Stengeln, Zweigen, Beute: Blattläuse, häufig **P. pallipes** (PANZ.).
b) Ader M im Htflügel entspringt vor Spitze der Zelle M, Cu_1 aus vorderer Spitze der Zelle M: 12; **Psen** LATR. (incl. **Mimesa** SHUCK.), Beute: Zikaden, häufig **M. equestris** (F.) (= **P. rufus** (PANZ.)).

9. Zelle $3R_1$ im Vdflügel an Spitze abgestutzt, mit Anhangszelle [*50*]
a) Mttibia mit 2 Spornen. Alle Ocellen gleich, rund gewölbt: 5; **Astata** LATR. (6–12 mm), Beute: Wanzenlarven, häufiger **A. boops** (SCHRANK).
b) Mttibia mit 1 Sporn. Die 2 hinteren Ocellen flach, oval bis langgestreckt: 2; **Tachytes** PANZ. (Endsegment des Abd dicht anliegend gelb bis braungelb behaart; hintere Ocellen stark in die Länge gezogen; 10–15 mm), Beute: Heuschreckenlarven, häufiger nur **T. panzeri** DUFOUR (= **europaeus** KOHL). 9; **Tachysphex** KOHL (Endsegment unbehaart; hintere Ocellen oval; 4–13 mm). Beute: Heuschreckenlarven, häufig **T. pompiliformis** (PANZ.). Bei 2 weiteren seltenen Gattungen (je 1 Art) Gesicht am mittleren Augeninnenrand wulstartig vorragend.

— Zelle $3R_1$ am Ende spitz od. abgestutzt, ohne Anhangszelle . **10**

10. 2m-cu im Vdflügel mündet in 1Rs, diese Zelle gestielt [*51*]
a) Htfemur unten an der Spitze mit dornartigem Fortsatz. Pterostigma groß: 3; **Alysson** PANZER (4–8 mm), Beute: Zikaden, z. B. **A. spinosus** (PANZER) (= **bimaculatus** (PANZER)).
b) Htfemur ohne großen Dorn. Pterostigma klein [*51*]: 10; **Nysson** LATR. (4–11 mm), parasitisch bei Gorytes, häufiger **N. spinosus** (FORSTER).

— 2m-cu mündet in 1Rs, diese Zelle ungestielt [*47*]
a) Zelle $1+2R_1$ im Vdflügel so lang od. kürzer als $3R_1$ [*47*]: **Gorytes** LATR., **Argogorytes** ASHM. u. **Harpatus** SHUCKARD (5–15 mm) [*47*], viele Arten, Beute: Zikaden, häufig **A. mystaceus** (L.).
b) $1+2R_1$ viel länger als $3R_1$. Labrum schnabelartig verlängert, viel länger als breit: 2; **Bembix** F., Kreiselwespe (12–22 mm), Beute: Fliegen, häufiger **B. rostrata** (L.).
c) Ebenso, aber Labrum kurz: **Bembecinus tridens** (F.) (8–10 mm; gelbe Binden auf Oberseite des Abd durchgehend), Beute: Zikaden. **Stizus perrisii** DUF. (14–21 mm; gelbe Binden auf Abd unterbrochen), Beute: Heuschrecken?

— 2m-cu mündet in 2Rs . . . . Bienenwolf, 2; **Philanthus** (F.)
8–17 mm. Abd gelb gefleckt. Beute: Honigbienen, häufig nur **Ph. triangulum** (F.). – Selten **Dolichurus corniculus** (SPINOLA) (5–8 mm; Abd schwarz, rot), Beute: Schaben.

Überfamilie: **Apoidea,** Bienen

Solitär, gesellig od. **(Apis, Bombus)** staatenbildend. Nester im Boden, in Pflanzenstengeln, totem Holz, Lehmwänden. Larven werden mit Pollen (u. Nektar) gefüttert; Pollen wird meist auf Bauchhaaren (Bauchsammler) od. in Sammelapparat an Beinen (Beinsammler) eingetragen. Manche Arten parasitisch bei anderen Bienen. ♂: Fühler 13gl; ♀, ☿: 12gl. In 6 Familien **(Colletidae, Halictidae, Andrenidae, Melittidae, Megachilidae, Anthophoridae, Apidae)** gegliedert.

1. Vdflügel mit Zellen 1Rs u. 2Rs [*56–58*] **2**

— Vdflügel nur mit Zelle 1Rs; 2Rs fehlt [*59–61*] **12**

2. Zelle $3R_1$ im Vdflügel sehr lang, fast bis Flügelspitze reichend [*56*] Honigbiene, **Apis mellifera** L.

Um 12 mm. [*27*]. Beinsammler, Staat hoch entwickelt.

— Zelle $3R_1$ kürzer, an Spitze zugespitzt od. abgerundet **3**

— Zelle $3R_1$ kürzer, an der Spitze quer abgestutzt . . 2 seltene Arten

Melitturga clavicornis (LATR.) (12–14 mm). **Nomioides minutissimus** (ROSSI) (4–5 mm).

3. Körper u. Flügel schwarzblau. 14–28 mm Holzbiene, 2; **Xylocopa** LATR.

Nest in morschem Holz, Beinsammler, im Süden, z. B. **X. violacea** (L.).

— Färbung anders, Flügel nicht blau, meist hell **4**

52

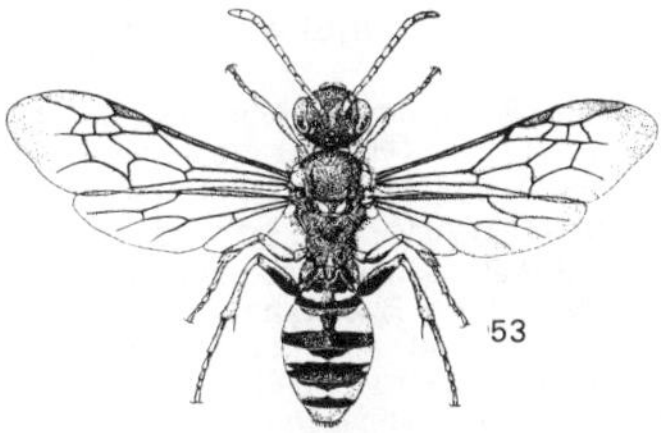
53

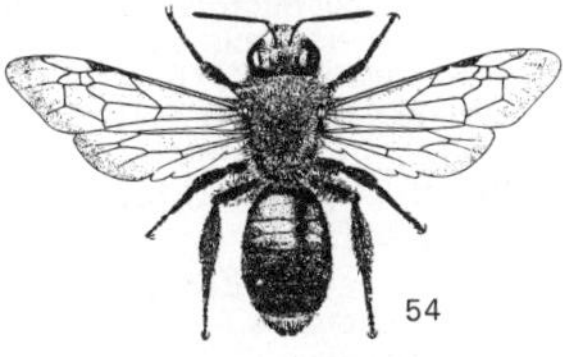
54

55

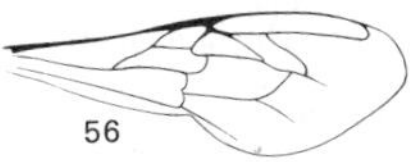
56

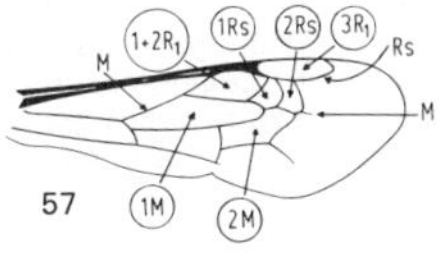

57

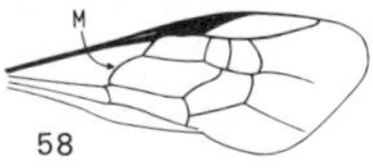

58

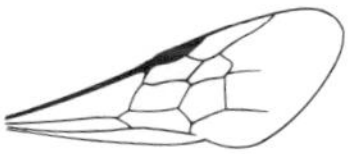
59

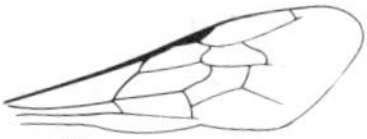
60

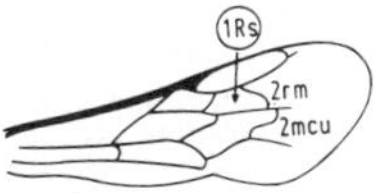

61

4. Zellen $1+2R_1$, 1Rs u. 2Rs im Vdflügel in der Fläche fast gleich groß [*52*] **5**
— Fläche der 2Rs etwa so groß wie $1+2R_1$, 1Rs bedeutend kleiner **7**
— 2Rs kleiner als $1+2R_1$ [*57*] **9**
5. Zelle $1+2R_1$ im Vdflügel fast od. ganz durch helle, feine Querader geteilt [*52*]. Clypeus schwarz **6**
— Querader in $1+2R_1$ höchstens zur Hälfte vorhanden
Pelzbiene, 13; **Anthophora** LATR.
Clypeus ± gelb (außer manchen ♀♀). ♀: Httibia außen pelzig behaart. 8–19 mm. Beinsammler, häufig **A. acervorum** (L.).
6. ♀, ☿: Httibia außen flach, unbehaart, glänzend, am Rande langhaarig. ♂: Genitalapparat (hinten im Abd) braun, sklerotisiert [*52*]
Hummel, **Bombus** LATR. S. 398
— ♀: Httibia außen gewölbt, gleichmäßig behaart. ♂: Genitalapparat hell, häutig. Behaarung struppig
Schmarotzerhummel, 9; **Psithyrus** LEPELETIER
10–25 mm. Parasitisch bei Bombus, häufig z. B. **P. rupestris** (F.) (Abd hinten rot).
7. Abd glänzend, ± leuchtend rot bis braunrot (selten ganz schwarz). Kopf u. Thorax schwarz. Ganz kurz behaart 23; **Sphecodes** LATR.
4–15 mm. Parasitisch bei Halictus, Andrena, häufig z. B. **S. gibbus** (L.).
— Abd schwarz od. ± metallisch, meist behaart **8**
8. Zelle 2Rs im Vdflügel vorn mindestens so breit wie hinten
2; **Melecta** LATR.
13–16 mm. Scutellum gewölbt, mit 2 Dornfortsätzen. Parasitisch bei Anthophora, z. B. **M. punctata** (F.). – Hierher die seltene Gattung 2; **Thyreus** PANZER, z. B. **Th. orbatus** LEPELETIER. (Scutellum am Htrand ± stumpfwinklig ausgeschnitten; 10–11 mm).
— 2Rs vorn (an Ader Rs) schmaler als hinten (an Ader M) (s. [*57*])
a) Abd fast kahl, schwarz od. metallisch: 3; **Ceratina** LATR., Keulhornbiene (6–9 mm), Beinsammler, z. B. **C. cyanea** (KIRBY).
b) Abd behaart od. mit Haarbinden. Beinsammler: 2; **Systropha** ILL. (Zelle $3R_1$ im Vdflügel mit Spitze dem Flügelrand anliegend; ♂: Fühler am Ende dreieckig eingerollt. ♀: Fühler schwach keulenförmig; 8–11 mm), z. B. **S. curvicornis** (SCOP.); ähnlich einige **Andrena-** od. **Melitta-**Arten (aber Fühler nicht eingerollt od. keulig), s. **11.** 4; **Tetralonia** SPIN. ($3R_1$ mit Spitze vom Flügelrand entfernt (s. [*57*]); 8–13 mm), z. B. **T. macroglossa** (ILL.). – Selten **Pseudapis** (= **Nomia**) **femoralis** (PALLAS) (Sondermerkmal: Tegulae groß, weiß gerandet; 9–10 mm).
9. Zelle $3R_1$ im Vdflügel am Ende verschmälert u. zugespitzt [*58*] **10**
— $3R_1$ am Ende abgerundet, vom Flügelrand entfernt [*57*]
3; **Epeolus** LATR.
5,5–11 mm. Abd mit hellen Haarflecken. Parasitisch bei Colletes, z. B. **E. variegatus** (L.). Sehr selten **Epeoloides coecutiens** (F.) (Abd ohne Haarflecken; 9–10 mm).
10. Zelle 1Rs u. 2Rs im Vdflügel fast gleich groß [*53*]
a) Abd unbehaart, meist bunt (schwarz u. gelb, oft auch rot): **Nomada** SCOP., Wespenbiene (4–14 mm) [*53*], ca. 60 Arten, parasitisch v. a. bei Andrena, z. B. **N. signata** JUR. Ähnlich einige **Halictus-** u. **Lasioglossum-**Arten (Unterscheidungsmerkmal: Ader M im Vdflügel an der Basis stark gekrümmt), s. **11.**
b) Abd behaart, dunkel, oft mit hellen Haarbinden: 10; **Colletes** LATR., Seidenbiene (6,5–15 mm), häufig **C. cunicularis** (L.). Ähnlich einige **Andrena-**Arten (Unterscheidungsmerkmal: Ader M im Vdflügel gerade od. fast gerade), s. **11.**
— Zelle 1Rs im Vdflügel viel kleiner als 2Rs [*54, 58*] **11**
11. Ader M im Vdflügel an der Basis gerade od. fast gerade
a) Körper behaart. ♀: Httrochanter mit langer Haarlocke. ♂: Fühler gestreckt; Endgl abgerundet, übrige Gl nicht knotig: **Andrena** F., Sandbiene (5–15 mm) [*54*], Beinsammler, ca. 110 Arten, z. B. **A. fulva** (MÜLLER).

b) Körper behaart. ♀: Httrochanter ohne Haarlocke, ♂: Letztes Fühlergl abgestutzt, vorhergehende Gl knotig verdickt: 6; **Melitta** KIRBY (9–13 mm), Beinsammler, häufig **M. haemorrhoidalis** (F.).

c) Körper (fast) unbehaart, schwarz u. (±) rot od. gelb: manche **Nomada**-Arten, s. **10.**

— M an Basis stark gekrümmt [*58*]
Furchenbiene, **Halictus** LATR. u. **Lasioglossum** CURTIS

4–16 mm. ♀: Endsegment des Abd oben mit kahler Längsfurche. ♂: Clypeus vorragend, oft gelb. Ca. 85 Arten, häufig z. B. **L. albipes** (F.). Ähnlich einige **Sphecodes**-Arten (♀: Endsegment ohne Furche; ♂: Clypeus nicht vorragend, schwarz), s. **7.**

12. Zelle $3R_1$ im Vdflügel am Ende verengt, dem Flügelrand anliegend [*59*]

a) Abd fast halbkugelig, glänzend schwarz, am Ende gelblichweiß behaart. 2. Tarsalgl des Htbeins am Endwinkel des 1. ansetzend: 2; **Macropis** PANZER (8–9 mm), z. B. **M. labiata** (F.).

b) Abd ± langgestreckt. 2. Tarsalgl des Htbeins in Mitte des Endrandes vom 1. ansetzend: 6; **Dufourea** LEPELETIER (schwach behaart; Abd glänzend schwarz ohne Binden; 6–8 mm), z. B. **D. minuta** LEPELETIER. 2; **Rhophites** NYL. u. **Rhophitoides canus** (EVERSMANN) (Thorax u. Abd dicht graugelb behaart; 8–11 mm), selten. Alle Arten Beinsammler. – Hierher auch **Andrena** (= **Biareolana**) **lagopus** LATR. (Thorax rostrot).

Wenn groß (12–17 mm) u. lang behaart: **Dasypoda,** s. **14.**

— $3R_1$ nicht verengt, Spitze ± vom Flügelrand entfernt [*61*] . . **13**

13. Zelle $3R_1$ im Vdflügel an Spitze breit abgestutzt [*60*]
3; **Panurgus** PANZER

8–10 mm. Abd schwarz, ohne helle Haare, glänzend, Beine schwarz. Beinsammler. Häufig **P. calcaratus** (SCOP.). Selten sind 2; **Panurginus** NYL. (5–6 mm; Beine z. T. gelb), z. B. **P. montanus** GIRAUD. **Ammobates punctatus** (F.) (6–8 mm; Abd. ± rot), parasitisch.

— Zelle $3R_1$ im Vdflügel abgerundet oder zugespitzt [*61*] . . . **14**

14. Zelle $1+2R_1$ kleiner als 1Rs . . Langhornbiene, 4; **Eucera** SCOPOLI

12–16 mm. ♂: Fühler länger als Kopf + Thorax. Beinsammler, z. B. **E. tuberculata** (F.).

— $1+2R_1$ viel größer als 1Rs. Körper fast unbehaart
Maskenbiene, 30; **Hylaeus** F. (= **Prosopis** JUR.)

Gesicht gelb gezeichnet. 3,5–9 mm. Kropfsammler, z. B. **H. confusus** NYL. – Sehr selten **Ammobatoides abdominalis** (EVERSMANN) (11–12 mm), parasitisch.

— $1+2R_1$ größer als 1Rs. Lang behaart Hosenbiene, **Dasypoda** LATR.

12–17 mm. Httibia u. 1. Tarsalglieder (besonders bei ♀) lang behaart. Beinsammler, 3 Arten, häufig **D. hirtipes** (F.).

— $1+2R_1$ im Vdflügel etwa so groß wie 1Rs [*61*] **15**

15. Querader 2m-cu im Vdflügel in Zelle 1Rs mündend [*55*] . . . **16**

— 2m-cu hinter 2rm od. in ihrer Höhe mündend [*61*]

a) Körper ± gelb gezeichnet. ♀ mit dichter Bauchbürste. ♂: Endsegment gezähnt u. bedornt: 7; **Anthidium** F., Wollbiene (7–18 mm), Bauchsammler, häufig **A. manicatum** (L.).

b) Körper schwarz, ♀ ohne Bauchbürste. ♂: Endsegment unbewehrt: 10; **Stelis** PANZER (3–11 mm), parasitisch, häufiger **St. punctulatissima** (KIRBY), bei Osmia.

16. Scutellum jederseits mit starkem Zahn. 7–16 mm
Kegelbiene, 12; **Coelioxys** LATR.

Abd kegelförmig. Augen behaart. Parasitisch, z. B. **C. conoidea** (ILL.) bei Megachile. – Hierher **Dioxys tridentata** (NYL.) (Augen unbehaart; Abd zylindrisch).

— Scutellum ohne od. mit schwachen Seitenzähnen **17**

17. Schwach behaart, Abd fast kahl, schwarz-rotbraun 3; **Biastes** PANZER

5–7 mm. ♀ ohne Bauchsammelapparat, parasitisch, z. B. **B. brevicornis** (PANZER).

— Körper ziemlich lang behaart. ♀ mit Bauchbürste (Bauchsammler!) **18**

Wenn Beinsammler u. Fühler des ♂ länger als Kopf + Thorax: **Eucera,** s. **14.**

18. Tarsen ohne Haftlappen zwischen den Krallen

a) Clypeus vorn gerade abgestutzt. Abd oben flach: 20; **Megachile** LATR., Blattschneiderbiene (7–16 mm), häufig **M. maritima** KIRBY.

b) Clypeus vorn in Mitte vorgezogen. Abd gewölbt: 2; **Chalicodoma** LEPELETIER (12–16 mm), z. B. **Ch. parietina** (GEOFFROY).

— Tarsen mit einem Haftlappen zwischen den Krallen

a) ♀: Fußkrallen gezähnt [*21b*]. ♂: Gesicht gelb: **Trachusa byssina** (PANZER) (11–12 mm).

b) Krallen ungezähnt. Gesicht schwarz. Abd breit, kurz [*55*]: **Osmia** PANZER, Mauerbiene (6–16 mm) [*55*], ca. 40 Arten, häufig **O. rufa** (L.).

c) Ebenso, aber Abd schmal, gestreckt: 2; **Heriades** SPIN. (1. AbdTergit mit scharfer Querleiste; 6–8 mm), häufig **H. truncorum** (L.). 5; **Chelostoma** LATR. (1. Tergit ohne Querleiste; 4,5–11 mm), häufig **Ch. florisomne** (L.).

Gattung: **Bombus** LATR., Hummeln

16–35 mm. Staatenbildend. Beinsammler. Begattete ♀♀ überwintern, gründen im Frühjahr neues Volk. Bis Juni fliegen nur ☿☿, dann auch ♂♂, im Spätherbst ♀♀. Tabelle gilt nur für ☿☿ und ♀♀ (Fühler 12gl); bei ♂♂ Fühler 13gl. Viele Arten wegen ihrer Variabilität nach Farbmerkmalen nicht sicher zu bestimmen. Etwa 30 Arten, die 9 alpinen Arten hier nicht berücksichtigt.

1. Backen unter den Augen von der Seite gesehen doppelt so hoch wie die Basalbreite der Mandibeln

a) Thorax oben vorn u. hinten hell behaart, zwischen den Flügeln schwarz. AbdEnde weiß behaart: **B. hortorum** (L.); ähnlich **B. ruderatus** (F.), seltener u. **B. argillaceus** (SCOPOLI), sehr wärmeliebend.

b) Thorax oben schwarz, selten vorn u. hinten mit eingestreuten grauen Haaren. AbdEnde rot behaart: **B. pomorum** (PANZ.).

— Backen unter den Augen etwa so hoch (bis höchstens 1,5mal so hoch) wie Basalbreite der Mandibeln **2**

2. Thorax oben gelbbraun behaart, seltener mit Einmischung dunklerer Haare, nie mit schwarzen Binden

a) Gesicht unter den Fühlern hell behaart: **B. pascuorum** (SCOP.) (= **agrorum** (F.)), Akkerhummel (2. u. 3. AbdSegment ganz od. teilweise schwarz, 4.–6. AbdSegment gelbrot behaart), sehr häufig. **B. muscorum** (L.) (Abd einfarbig hellgelb behaart). **B. humilis** ILL. (Abd einfarbig hell behaart, am Ende mit schwarzen Borsten).

b) Gesicht unter den Fühlern dunkel: **B. hypnorum** (L.) (AbdEnde weiß).

— Thorax oben mindestens zum Teil schwarz behaart **3**

3. Gesicht unter den Fühlern hell behaart

a) 3. AbdSegment schwarz, 4.–6. gelb bis rötlich behaart: **B. sylvarum** (L.).

b) Abd einfarbig hell behaart, höchstens schwarze Haare eingestreut: **B. veteranus** (F.) (= **equestris** (F.)) (Körper graugelb behaart, 4. u. 5. AbdSegment oben mit eingestreuten schwarzen Haaren). **B. distinguendus** MOR. (Körper olivgelb, Abd ohne schwarze Haare), nicht häufig.

— Gesicht unter den Fühlern dunkel behaart **4**

4. Thorax oben vorn mit deutlich abgesetzter heller Binde, sonst schwarz

a) Abd hinten weiß behaart: **B. terrestris** (L.), Erdhummel, sehr häufig; ähnlich **B. lucorum** (L.) (Gelbfärbung meist heller) und 2 weitere Arten.

b) Abd hinten rot: **B. pratorum** (L.).

— Thorax oben vorn u. hinten mit abgesetzter heller Binde, mit schwarzer Querbinde zwischen Flügeln. Abd hinten weiß behaart

B. jonellus (KIRBY) (letztes AbdSegment unten nicht gekielt). **B. subterraneus** (L.) (letztes AbdSegment unten mit deutlichem Kiel).

— Thorax oben ± einfarbig schwarz, höchstens vorn u. hinten mit eingemengten hellen Haaren. Abd hinten rot, selten weiß od. schwarz behaart

a) Endsegment des Abd oben mit erhöhtem, rundem, fast kahlem Feld. Abd vorn schwarz, 4.–6. Segment tief rot behaart: **B. lapidarius** (L.), Steinhummel, sehr häufig.

b) Endsegment des Abd ohne derartiges Feld. Abd heller rot gefärbt, selten weiß od. schwarz: **B. pratorum** (L.) (4.–6. Abdsegment rot; Clypeus spärlich punktiert). **B. soroeensis** (F.) (4. AbdSegment vorn schwarz, hinten – wie auch 5. u. 6. Segment – rot od. weiß od. Abd ganz schwarz; Clypeus dicht u. grob punktiert). – Weitere ähnliche Arten seltener: **B. ruderarius** (MÜLL.) (Sondermerkmal: Körbchenhaare an Httibia rot). **B. wurfleini** spp. **mastrucatus** GERST. (Sondermerkmal: Mandibeln auffallend stark gezähnt), im Gebirge. **B. confusus** SCHENCK (Sondermerkmal: 3. Gl der Fühler länger als 4. u. 5. zusammen).

Larven der Hymenoptera

1. Gestalt raupenähnlich, meist mit Brustbeinen (Thoracalbeinen). Kopf stärker sklerotisiert, meist mit mehrgliedrigen Fühlern. Häufig mit Augen. Freilebend, Minierer in Pflanzen od. Gallerreger
Pflanzenwespen, **Symphyta** 2

— Gestalt madenähnlich. Ohne Brustbeine. Kopf wenig sklerotisiert. Fühler weich, ungegliedert. Augen fehlend. Endoparasitoide, Ektoparasitoide, Gallerreger, in mit Proviant versorgten Nestern solitärer Arten od. in Nestern sozialer Arten . . . . **Apocrita**

Beispiel: Larve der **Vespidae** [*62*]. – Hierher auch **Orussidae (Symphyta)** als Endoparasitoide bei Larven der Buprestidae.

2. Brustbeine borstenförmig [*63*] 3

— Brustbeine nicht borstenförmig, bisweilen ± reduziert . . . 4

3. Abdominalsegmente mit je 6 Querfalten, mit längeren braunen Borsten . . . . **Megalodontidae**

— Abdominalsegmente mit je 4 Querfalten, mit kleinen Börstchen besetzt [*63*] . . . . **Pamphiliidae**

4. Abdominalbeine an allen Segmenten des Htleibs vorhanden **Xyelidae**

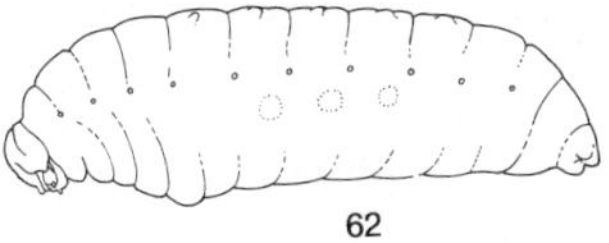

62

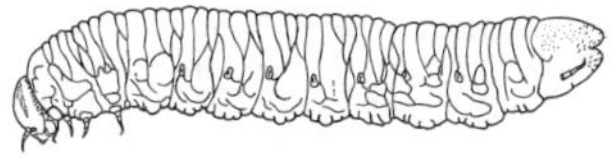

63

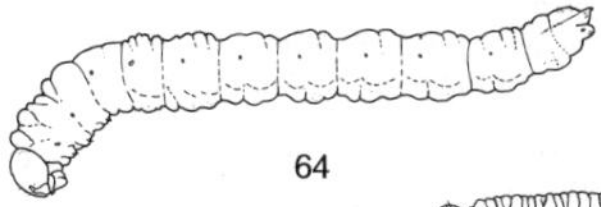

64

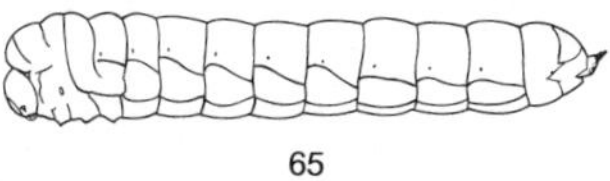

65

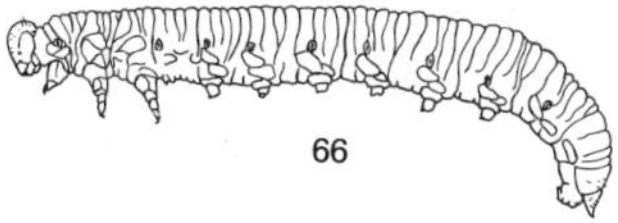

66

— Abdominalbeine vorhanden, am 1. u. 9. Htleibssegment (bisweilen auch an weiteren Segmenten) fehlend **8**
Selten an allen Segmenten fehlend, dann als Sondermerkmal Kopf stark abgeflacht.
— Abdominalbeine fehlend. Minierer **5**
5. Fühler 6gliedrig. Letzte beide Htleibssegmente dorsal mit je 1 Paar ungegliederter Fortsätze. In Farnen . . . . . . **Blasticotomidae**
— Fühler 1–5gliedrig. Htleib ohne derartige Fortsätze. Nicht in Farnen **6**
6. Fühler deutlich 3–5gliedrig, ohne verstärkte Basis. Htleib meist mit (ventral am Htende gelegenen) Subanalanhängen. Augen meist vorhanden [*64*] . . . . **Cephidae**
— Fühler undeutlich 1–2(–3)gliedrig, mit verdickter u. beborsteter Basis. Ohne Subanalanhänge. Ohne Augen. Nur in Holz minierend **7**
7. Mit großem Stigma am Metathorax (= 3. Brustsegment), so groß wie Stigmen am Htleib [*65*] . . . . **Siricidae**
— Mit kleinem (funktionslosem) Stigma am Metathorax **Xiphydriidae**
8. Fühler 1–2gliedrig, knopfförmig od. konisch **9**
— Fühler mindestens 3gliedrig **10**
9. Htleibssegmente mit 7 Querfalten. Abdominalfüße an den Segmenten 2–8 u. 10. Fühler 2gliedrig . . . . **Cimbicidae**
— Htleibssegmente mit 3 Querfalten, mit höchstens 7 Paar Abdominalfüßen. Fühler 1gliedrig . . . . **Argidae**
10. Fühler 3gliedrig, Glied 1 u. 2 flach, Glied 3 stiftförmig, exzentrisch eingelenkt . . . . **Diprionidae**
— Fühler mit mehr als 3 Gliedern; wenn 3gliedrig, dann von anderer Gestalt [*66*] . . . . **Tenthredinidae**

Literatur

BENSON, R. B., PERKINS, J. F., RICHARDS, O. W. u. a.: Hymenoptera, in: Handbooks for the Identification of British Insects 6,7. London, 1956–1968. – BERNARD, F.: Les Fourmis (Hymenoptera, Formicidae). Faune de l'Europe et du Bassin Méditerranéen 3. Paris, 1968. – BISCHOFF, H.: Biologie der Hymenopteren. Berlin, 1927. – BOUČEK, Z.: Hymenoptera, in: Klíč Zvířeny ČSR 2. Prag, 1957. – DOLLFUSS, H.: Bestimmungsschlüssel der Grabwespen Nord- und Zentraleuropas (Hymenoptera, Sphecidae). Stapfia 24. Linz, 1991. – ENSLIN, E., FRIESE, H., KIEFFER, J. J., SCHMIEDEKNECHT, O., STITZ, H.: Hymenopteren 1, 2, 3, in: Schröder, Die Insekten Mitteleuropas. Stuttgart, 1914, 1926. – GAULD, I., BOLTON, B.: The Hymenoptera. Oxford, 1988. – HAGEN, O. VON: Hummeln. Melsungen, 1994. – HEDICKE, H.: Hymenoptera, in: Brohmer, Ehrmann, Ulmer, Tierwelt Mitteleuropas 5, Lief. 1. Leipzig, 1930. – KUTTER, H.: Hymenoptera: Formicidae. Insecta Helvetica Fauna 6. Zürich, 1977. – LORENZ, H., KRAUS, M.: Die Larvalsystematik der Blattwespen. Abhandlungen zur Larvalsystematik der Insekten 1. Berlin, 1957. – OEHLKE, J.: Beiträge zur Insektenfauna der DDR: Hymenoptera, Bestimmungstabellen bis zu den Unterfamilien. Hymenoptera, Sphecidae. Beitr. Ent. 19. 20. Berlin, 1969, 1970. – OEHLKE, J., STEINBACH, G.: Hymenoptera, in: E. Stresemann, H.-J. Hannemann, B. Klausnitzer, K. Senglaub, Exkursionsfauna Band 2,2. 8. Aufl. Berlin, 1989. – SCHMIEDEKNECHT, O.: Die Hymenopteren Nord- und Mitteleuropas. 2. Aufl. Jena, 1930. – STITZ, H.: Ameisen od. Formicidae, in: Dahl. Tierwelt Deutschlands 37. Jena, 1939. – WESTRICH, P.: Die Wildbienen Baden-Württembergs. 2 Bände. Stuttgart, 1989. – WILLMER, P.: Bees, ants and wasps. AIDGAP No. 7. Field Studies Council, Faringdon, 1985. – WOLF, H.: Hymenoptera: Pompilidae. Insecta Helvetica Fauna 5. Zürich, 1972. – ZAHRADNIK, J.: Bienen, Wespen, Ameisen. Die Hautflügler Mitteleuropas. Stuttgart, 1985.

Ordnung: **Siphonaptera (Aphaniptera),** Flöhe

Seitlich zusammengedrückte (kompresse) flügellose Insekten, die mit den **Mecoptera** verwandt sind. 1,5–4,5 mm (selten 6 mm). Mundwerkzeuge stechend-saugend. Antennen in Grube versenkbar, Augen seitlich am Kopf od. reduziert, davor typische Borsten der „Augenreihe". Sprungvermögen mit Hilfe der Hinter- (u. Mittel-)beine. Körper meist stark sklerotisiert, gelblich bis schwarzbraun. Meist mit Zahnkämmen (Ctenidien) am Kopf, Pronotum (= Halsschild), seltener am Abdomen. Blutsauger an Warmblütern, meist temporäre Ektoparasiten. Entwicklung mit volkommener Verwandlung. Larven [*1c*] weißlich, zylindrisch, mit sklerotisierter Kopfkapsel (Eucephalie), fußlos, blind, hinten mit 2 Nachschiebern (Unterschied zu Larven der Diptera), in Nestern u. ä. Puppe wie [*1b*]. In Deutschland 6 Familien mit etwa 70 Arten. Zur Bestimmung oft Aufhellung in Kalilauge notwendig.

System:
Überfamilie **Pulicoidea** mit **Pulicidae;**
Überfamilie **Vermipsylloidea** mit **Vermipsyllidae;**
Überfamilie **Ceratophylloidea** mit **Ischnopsyllidae, Ceratophyllidae;**
Überfamilie **Hystrichopsylloidea** mit **Hystrichopsyllidae, Ctenophthalmidae.**

1. Mit Ctenidium am Pronotum, oft auch am Kopf [*3–11*] . . . **3**
— Ohne Ctenidium am Pronotum u. am Kopf, höchstens mit 1 Zähnchen an der Wange [*1a, 2*] **2**
2. Rückenschilder 2–7 des Abdomens mit 1 queren Borstenreihe [*1a*], vor jedem Auge 2 Borsten
Menschenfloh, **Pulex irritans** L. (zu **Pulicidae**)
Vor allem auf Fuchs u. Dachs, auch beim Menschen u. Schwein.
— Mindestens 2. Rückenschild des Abdomens mit 2 Borstenreihen, vor jedem Auge 4 Borsten [*2*] . **Vermipsyllidae** (zu **Ceratophylloidea**)
Dauernd auf dem Wirt. Nur 2; **Chaetopsylla** Koh., auf Fuchs, Dachs. **Ch. globiceps** (Tasch.) v. a. auf Fuchs, **Ch. trichosa** Koh. [*2*] v. a. auf Dachs.

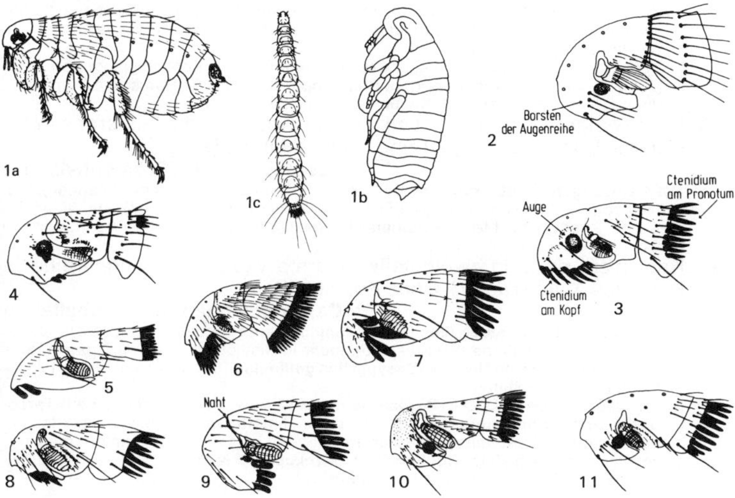

3. Hintercoxen (basale Beinglieder am Thorax) innen zur Spitze hin mit Gruppe kurzer Dörnchen. Rückenschilder des Abdomens mit 1 Borstenreihe . . . . **Pulicidae** (zu **Pulicoidea**)

a) Basalglied der Fühlerkeule symmetrisch: **Spilopsyllus cuniculi** (DALE), Kaninchenfloh (Ctenidium am Pronotum mit 12–17 Zähnen).

b) Basalglied der Fühlerkeule unsymmetrisch, an einer Seite blattartig erweitert [*3*]: 2; **Ctenocephalides** STILES ET COLL. (Ctenidium am Pronotum aus mindestens 12 Zähnen), **Ct. canis** (CURT.) [*3*] v.a. auf Hund, **Ct. felis** (BOUCHÉ) v.a. auf Katze. **Archaeopsylla erinacei** (BOUCHÉ), Igelfloh [*4*] (Ctenidium am Pronotum aus höchstens 8 Zähnen), auf Igel.

— Hintercoxen immer ohne derartige Dörnchen. Rückenschilder des Abdomens mit 2–3 Borstenreihen . . . . . **Ceratophylloidea** **4**

4. Kopf schlank. Ctenidium mit 2 breiten stumpfen Zähnen vorn am Winkel zwischen Stirn u. Mund [*5*]. Auf Fledermäusen **Ischnopsyllidae**

Dauernd auf dem Wirt. 6; **Ischnopsyllus** WESTW. (Abdomen mit Ctenidien an den Rükkenschildern 1–4 od. 1–6), z.B. **I. hexactenus** (KOL.) [*5*] (mit 4 Ctenidien am Abdomen). 4; **Nycteridopsylla** OUD. (Abdomen höchstens mit Ctenidien auf Rückenschildern 1–2; am 7. Rückenschild des Abdomens Reihe von Chitinzähnen = falsches Ctenidium), z.B. **N. eusarca** DAMPF. **Rhinolophopsylla unipectinata** (TASCH.) (Abdomen ohne Ctenidien), bei Hufeisennasen.

— Kopfctenidien anders od. fehlend; wenn 2 Zähne, diese weiter hinten unter dem Auge od. Fühleransatz **5**

5. Hinterrand des Thorax am Rückenschild mit Dörnchen . . . **6**

Bei manchen **Ceratophyllidae** undeutlich, dann große Augen u. keine Kopfctenidien.

— Hinterrand des Thorax am Rückenschild ohne Dörnchen **Hystrichopsyllidae** u. **Ctenophthalmidae**

Auf Kleinsäugern.

a) Kopf zweigeteilt durch Naht od. Furche zwischen den Fühleransätzen [*6*]: 2; **Hystrichopsylla** TASCH. (Kopfctenidium aus etwa 10 langen Zähnen; in Mitteleuropa größter Floh: 3,5–6 mm), z.B. **H. talpae** (CURT.) [*6*]. 3; **Palaeopsylla** WAGN. (Kopfctenidium: 4 Zähne, der oberste kurz dreieckig, der zweitoberste auffällig lang u. spitz [*7*]), häufig z.B. **P. soricis** (DALE) [*7*], auf Spitzmäusen. **Typhloceras poppei** WAGN. (Kopfctenidium: 4 stumpfe, gerade Zähne), v.a. auf Wühlmäusen. **Doratopsylla dasycnema** (ROTHSCHILD) (Kopfctenidium: 4 stumpfe Zähne, der oberste nach oben gebogen), auf Spitzmäusen.

b) Kopf nicht derartig zweigeteilt: 8; **Ctenophthalmus** KOL. (Kopfctenidium horizontal [*8*]), z.B. **Ct. agyrtes** HELLER [*8*]. 3; **Rhadinopsylla** JORDAN ET ROTHSCHILD (Kopfctenidium schief, ± vertikal), z.B. **Rh. pentacantha** (ROTHSCHILD).

6. Kopf zweigeteilt durch Naht od. Furche zwischen den Fühleransätzen. Oberste Borste der Augenreihe höher als Auge [*9*] **Leptopsyllinae (Ceratophyllidae)**

Auf Kleinsäugern. **Leptopsylla segnis** (SCHÖNH.) [*9*] (Kopfctenidium mit 4 Zähnen), v.a. auf Hausmaus. 3; **Peromyscopsylla** FOX (Kopfctenidium mit 2 Zähnen), auf Wühlmäusen, z.B. **P. silvatica** (MEIN.). **Amphipsylla rossica** WAGN. (ohne Kopfctenidium), im Osten.

— Kopf nicht derartig zweigeteilt. Oberste Borste der Augenreihe in Höhe des Auges [*10, 11*]. Ohne Kopfctenidium **Ceratophyllinae (Ceratophyllidae)**

a) Auf Vögeln: 13; **Ceratophyllus** CURT. (Ctenidium am Pronotum mit etwa 24 Zähnen [*10*]), häufig **C. gallinae** (SCHRANK) [*10*], mehr in Nisthöhlen, -kästen; **C. garei** ROTHSCHILD, mehr in freien Nestern. **Dasypsyllus gallinulae** (DALE) (Ctenidium am Pronotum mit etwa 30 Zähnen).

b) Auf Säugern. Beim Dachs: **Paraceras melis** (WALK.). Beim Eichhörnchen: **Tarsopsylla octodecimdentata** (KOL.) (1. Glied der Hintertarsen länger als die 3 folgenden zusammen); **Monopsyllus sciurorum** (SCHRANK) (1. Glied der Hintertarsen kürzer), auch bei Schläfern. Bei Schläfern: **Myoxopsylla laverani** (ROTHSCHILD), Rheinland. Bei Mäusen u. Ratten: 2; **Megabothris** (JORD.) (Stigma auf Rückenplatte des 8.

Abdominalsegments sehr breit), z. B. **M. turbidus** (Rothschild), v. a. auf Wühlmäusen; bei 2 weiteren Gattungen Stigma auf 8. Abdominalsegment klein), 2; **Malareus** Jord. vorwiegend auf Wühlmäusen, z. B. **M. penicilliger** (Grube), 3; **Nosopsyllus** Jord. mehr in Häusern, z. B. **N. fasciatus** (Bosc) [*11*], auf Ratte u. Hausmaus.

Literatur

Beaucournu, J.-C., Launay, H.: Les puces (Siphonaptera) de France et du Bassin méditerranéen occidental. Faune de France 76. Paris, 1990. – Smit, F. G. A. M.: Siphonaptera, in: Handbooks for the Identification of British Insects. I. Part 16. London, 1957. – Wagner, J.: Aphaniptera (Siphonaptera, Suctoria), in: Brohmer, Ehrmann, Ulmer, Tierwelt Mitteleuropas, Bd. 6, Lief. 2. Leipzig, 1936.

Ordnung: **Trichoptera,** Köcherfliegen

Insekten mit 4 häutigen Flügeln (Ausnahme: Weibchen von **Enoicyla** flügellos [*15*]). Körperlänge 1,5–30 mm, Flügelspanne 3–60 mm. Flügel mit braun-grauer, dunkler oder heller Färbung oder gefleckt, in Ruhe dachartig über den Körper gelegt. Habitus mottenartig, aber ± stark behaart, im Gegensatz zu Schmetterlingen, die beschuppt sind. Fühler fadenförmig, halb so lang bis über doppelt so lang wie die Flügellänge. Mundwerkzeuge der Imagines rückgebildet. Nahrungsaufnahme der Imagines leckend mittels eines aus dem Labium umgewandelten Saugkissens (Haustellum). Maxillen mit 2–5gliedrigen Palpen (Tastern); Zahl und Form ihrer Glieder wichtig zur Bestimmung [*6, 7*]. Flügel mit charakteristischer, ursprünglicher Aderung. Es gibt folgende Längsadern (abgekürzt Anfangsbuchstabe groß geschrieben): Costa (C), Subcosta (Sc), Radius (R) mit max. 5 Ästen ($R_1 \dots R_5$), Media (M) mit max. 4 Ästen ($M_1 \dots M_4$), Cubitus (Cu) mit 2 Ästen Cu_1 u. Cu_2 und Analadern 1A, 2A ... [*8*]. Zur Bestimmung sind folgende Flügelzellen wichtig: $1R_3$, R_4, $1M_2$ [*8*]. An der Basis der Zelle R_4 im Vorder- und Hinterflügel ein horniger Punkt. Tibien (Schienen) haben neben der Grundbehaarung oft auffallende Borsten (Sporne [*9*]), diese werden als „Spornzahlen" der an Vorder-, Mittel- und Hintertibien vorhandenen Sporne ausgedrückt, die Spornzahl 2,4,4 bedeutet z. B., daß an den Tibien der Vdbeine 2, an denen der Mt- u. Htbeine je 4 Sporne sitzen. Männchen mit Klammerorganen am Ende des Hinterleibs, Weibchen mit ± lappenartigen Anhängen. Im Gebiet etwa 290 Arten, von denen viele nur anhand ihrer Genitalmerkmale sicher zu bestimmen sind.

System:

Unterordnung **Annulipalpia: Rhyacophilidae, Glossosomatidae, Hydroptilidae, Philopotamidae, Hydropsychidae, Polycentropidae, Psychomyiidae, Ecnomidae**

Unterordnung **Integripalpia: Phryganeidae, Brachycentridae, Limnephilidae, Goeridae, Tremmatidae, Lepidostomatidae, Leptoceridae, Sericostomatidae, Beraeidae, Odontoceridae, Molannidae**

1. Fühler kurz und dick, höchstens halb so lang wie die Länge der Vorderflügel. Kleine Arten (3–9 mm Flügelspanne). Vorderflügel mit aufgerichteten, am Ende verdickten Haaren (keine Schuppen), Randhaare der Hinterflügel so lang oder viel länger als die Flügelbreite. Flügel schmal und zugespitzt [*1*]. Körperlänge bis 5 mm . **Hydroptilidae**
Mottenartige, oft bunt gezeichnete Tiere, dämmerungs- oder nachtaktiv. Etwa 30 schwer bestimmbare Arten in zehn Gattungen, z. B. **Hydroptila** DALM., **Agraylea** CURT.

— Fühler viel länger. Vorderflügel ohne verdickte Haare, Hinterflügel nicht mit so langen Randhaaren. Überwiegend größere Arten, Körperlänge über 5 mm **2**

2. Maxillarpalpen bei Männchen und Weibchen 5gliedrig [*6*] . . **3**

— Maxillarpalpen mit 3 bis 4 Gliedern [*7*] (nur Männchen) . . . **20**

3. Letztes Glied des Maxillarpalpus oft sekundär gegliedert, in sich biegsam, deutlich länger als die übrigen Gl [*6a, b*] **4**

— Letztes Glied des Maxillarpalpus nicht sekundär gegliedert, höchstens etwas länger als Glied 4 [*6c*] **8**

4. Ocellen zwischen den Augen vorhanden. Untergliederung des 5. Maxillarpalpusglieds erscheint eng . . . . . **Philopotamidae** S. 407

— Ocellen fehlen. Untergliederung des Maxillarpalpus locker . **5**

5. Glied 1 und 2 des Maxillarpalpus gleich lang, Glied 3 viel länger. Zelle $1R_3$ im Vorderflügel länglich, etwa so lang wie Zelle $1M_2$ [*8*]
Polycentropidae, S. 407

— Glied 2 des Maxillarpalpus fast so lang oder länger als 3, Glied 1 viel kürzer. Zelle $1R_3$ im Vorderflügel viel kürzer als $1M_2$ **6**

1

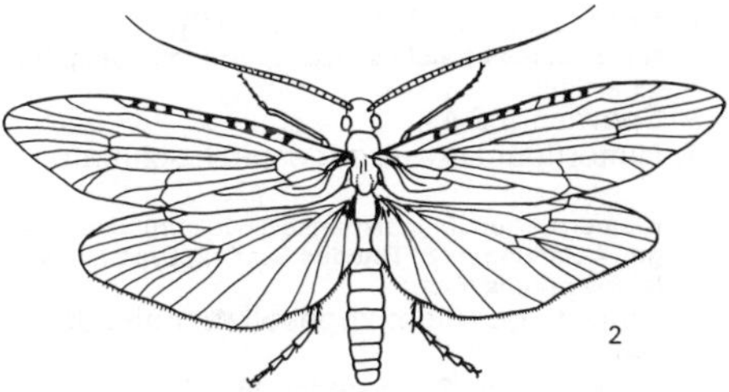
2

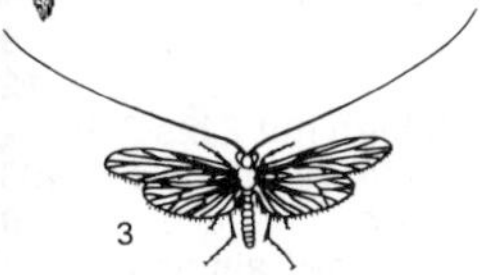
3

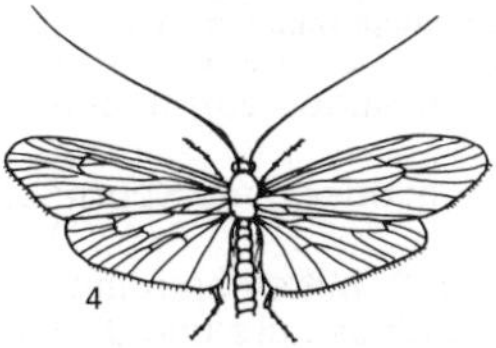
4

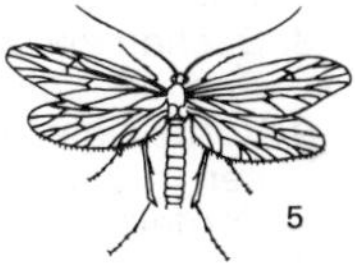
5

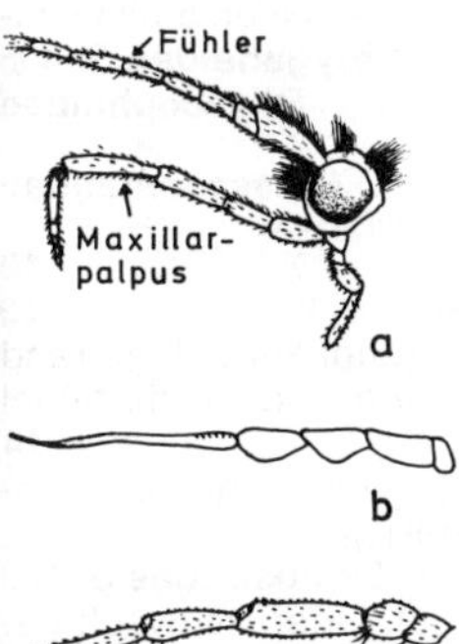

6

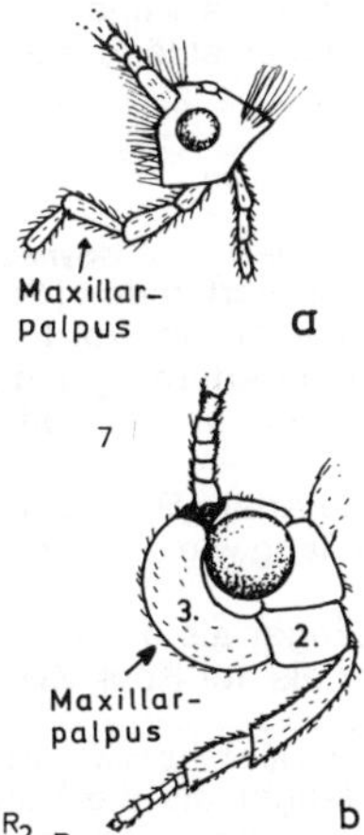

7

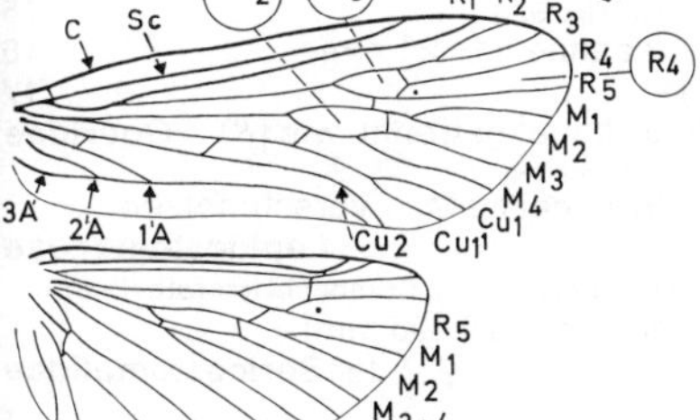

8

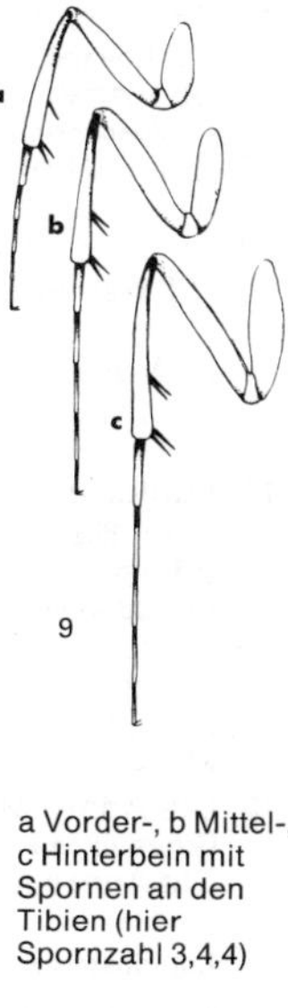

9

a Vorder-, b Mittel-, c Hinterbein mit Spornen an den Tibien (hier Spornzahl 3,4,4)

6. Spornzahl der Tibien 3,4,4 [*9*] . . . . **Ecnomidae**
Nur **Ecnomus tenellus** (RAMB.), 5–6 mm lang, Vorderflügel dunkelbraun und golden gepunktet.
— Spornzahl 2,4,4 . . . . **7**
7. Hinterflügel etwas zugespitzt, schmaler als die Vorderflügel **Psychomyiidae**
Kleinere Arten (Flügelspanne 8–18 mm). Fühler so lang oder kürzer als die Vorderflügel. 4 Gattungen: 8; **Tinodes** CURT., 2; **Lype** MCLACHLAN, **Psychomyia pusilla** (F.) u. **Metalype fragilis** (PICT.)
— Hinterflügel nicht zugespitzt, meist deutlich breiter als die Vorderflügel . . . . **Hydropsychidae**
Größere Arten (Flügelspanne 13–37 mm). Graubraun, Flügel schwach fleckig. Teils tag-, teils dämmerungsaktiv. **Diplectrona felix** MCLACHLAN (Fühler kürzer als Vorderflügel, innen gesägt). **Cheumatopsyche lepida** (PICT.) und 14; **Hydropsyche** PICT. (Fühler länger als Vorderflügel, vom 3. Glied an mit schwarzer spiraliger Linie).
8. Ocellen zwischen den Augen vorhanden **9**
— Ocellen fehlen **12**
9. Vordertibien mit einem oder ohne Sporn; Mitteltibien mit 2 bis 3 Spornen . . . . ♀♀ der **Limnephilidae** S. 408
— Vordertibien mit 2 bis 3, Mitteltibien mit 4 Spornen **10**
10. Glied 2 des Maxillarpalpus kurz und dick, kaum länger als das erste; Glied 3 länger und dünner als 1 und 2; Glied 5 zugespitzt . . **11**
— Glied 2 des Maxillarpalpus viel länger als das erste. Glied 5 nicht zugespitzt . . . . ♀♀ der **Phryganeidae** S. 408
11. Spornzahl 3,4,4 . . . . **Rhyacophilidae**
Nur **Rhyacophila** PICT. [*5*] mit 23 Arten.
— Spornzahl 2,4,4 . . . . **Glossosomatidae**
4; **Glossosoma** CURT., 5; **Agapetus** CURT. u. 3; **Synagapetus** MCLACHLAN.
12. Zelle $1R_3$ im Vorderflügel vorhanden [*8*] **13**
— Keine geschlossene Zelle $1R_3$ im Vorderflügel **19**
13. Im Vorderflügel laufen die Adern R_4 und R_5 getrennt zum Flügelrand [*8*]. Fühler etwa so lang oder um die Hälfte länger als die Vorderflügel **14**
— Im Vorderflügel sind die Adern R_4 und R_5 zu R_{4+5} verschmolzen. Fühler etwa 2 bis 2½mal so lang wie die Vorderflügel [*3*] **Leptoceridae** S. 409
14. Fühler um die Hälfte länger als die Vorderflügel, innen schwach gesägt, Basalglied länger als der Kopf. Zwischen R_1 u. R_2 jeweils Queradern . . . . **Odontoceridae**
Nur **Odontocerum griseum** LEACH, 11–18 mm lang [*4*].
— Fühler nicht auffällig länger als die Vorderflügel und nicht gesägt. Zwischen Sc, R_1 und R_2 keine Queradern **15**
15. Mitteltibia mit 4 Spornen. Flügelspanne 11–25 mm **16**
— Mitteltibia mit 2 oder 3 Spornen **17**
16. Die Adern M_1 und M_2 sind im Hinterflügel getrennt, wie [*8*] **Goeridae**
Goera pilosa (F.), 3; **Silo** CURT., 2; **Lithax** MCLACHLAN.
— Die Adern M_1 und M_2 sind im Hinterflügel zu M_{1+2} verschmolzen **Lepidostomatidae**
Lepidostoma hirtum (F.), **Lasiocephala basalis** (KOLEN.), **Crunoecia irrorata** (CURT.).
17. Hintertibien mit 4 Spornen (Flügelspanne 20–23 mm) ♀♀ der **Sericostomatidae**

3 Gattungen, die im Süden des Gebietes an Bächen und großen Seen vorkommen. 2; **Sericostoma** LATR., **Notidobia ciliaris** (L.), **Oecismus mucidus** McLACHLAN.

— Hintertibien mit 2 oder 3 Spornen **18**

18. Ocellen vorhanden. Flügel recht kurz und breit . . **Thremmatidae**

Nur **Thremma gallicum** McLACHLAN, Flügelspanne 12–13 mm. Vorderflügel etwas scheckig, golden behaart.

— Ocellen fehlen. Flügel schlanker . . . . **Brachycentridae**

Mittelgroße Arten (Flügelspanne 16–26 mm). 2; **Brachycentrus** CURT., 4; **Micrasema** McLACHLAN, **Oligoplectrum maculatum** (FOURCROY)

19. Spornzahl der Tibien 2,4,4 . . . . **Molannidae**

3; **Molanna** CURT. (Flügel schmal, Spannweite 19–31 mm), an Seeufern. **Molannodes tinctus** (ZETT.) (Flügelspanne 16–18 mm) an Gebirgsbächen.

— Spornzahl der Tibien 2,2,4 . . . . **Beraeidae**

2; **Beraeodes** EATON, 3–4 mm lang; Flügel zugespitzt. 2; **Beraea** STEPH. u. 2; **Ernodes** WALL., über 4 mm lang, Flügel abgerundet.

20. Maxillarpalpus 4gliedrig. Ocellen vorhanden

♂♂ der **Phryganeidae** S. 408

— Maxillarpalpus 2- oder 3gliedrig. Ocellen meist fehlend . . . **21**

21. Vordertibien mit 1 oder ohne Sporn. Maxillarpalpus fadenförmig, dem Gesicht nicht eng anliegend . . . ♂♂ der **Limnephilidae** S. 408

— Vordertibien mit 2 Spornen. Maxillarpalpus dem Gesicht eng anliegend . . . . ♂♂ der **Sericostomatidae** s. **17**

Familie: **Philopotamidae**

Arten mit Flügelspannen von 12–28 mm. Körper braun bis schwarz, Flügel gefleckt. Tagaktiv im Bereich der Ufervegetation von Fließgewässern.

1. Adern M_3 und M_4 laufen getrennt zum Flügelrand. Spornzahl 2,4,4. Glied 5 des Maxillarpalpus so lang wie Glied 3 und 4 zusammen

3; **Philopotamus** STEPHENS

— M_3 u. M_4 sind zu M_{3+4} verschmolzen. Spornzahl anders . . . **2**

2. Spornzahl 1,4,4. Glied 2 des Maxillarpalpus viel länger als Glied 1

Chimarra marginata (L.)

An Flüssen der Hoch- und Mittelgebirge, oft massenhaft.

— Spornzahl 2,4,4. Glied 2 des Maxillarpalpus so lang oder wenig länger als Glied 1 . . . . 6; **Wormaldia** McLACHLAN

An größeren Bächen und Flüssen weit verbreitet.

Familie: **Polycentropidae**

Arten mit 12–30 mm Flügelspanne. Fast alle Arten mit dunklen, golden gefleckten Vorderflügeln.

1. Im Vorderflügel sind R_2 und R_3 zu R_{2+3} verschmolzen

4; **Cyrnus** STEPH.

— R_2 und R_3 im Vorderflügel verlaufen getrennt zum Flügelrand **2**

2. M_1 und M_2 laufen im Hinterflügel getrennt zum Flügelrand. Vorderflügel mit 2 gelben Flecken, sonst graubraun

Neureclipsis bimaculata (L.)

— Im Hinterflügel sind M_1 und M_2 zu M_{1+2} verschmolzen

4; **Holocentropus** McLACHLAN,
3; **Plectrocnemia** STEPH. und 3; **Polycentropus** CURT.

Familie: **Phryganeidae**

Mittelgroße bis große Arten (Flügelspanne 25–60 mm). Zu ihnen gehören die größten und häufigsten Trichopteren unserer Fauna. Die Imagines halten sich am Tage meist versteckt in Büschen und höherer Vegetation in Ufernähe auf. Sie sind meist dämmerungs- und nachtaktiv, kommen ans Licht. Die Weibchen fliegen gelegentlich bei Sonnenschein über Wasserflächen.

1. Vorderflügel mit dichter, anliegender Behaarung
a) Sehr große Arten. Flügelspanne bis 60 mm: 2; **Phryganea** L.
Häufig **P. grandis** L., fliegt nachts ans Licht.
b) Kleinere Arten: 4; **Agrypnia** CURT.
— Vorderflügel kurz und fein behaart oder nackt. 4 Arten: **Oligotricha chloroneura** (RAMB.), **Oligostomis reticulata** (L.), **Trichostegia minor** (CURT.) und **Hagenella clathrata** (KOLEN.)

Familie: **Limnephilidae**

Gattungs- und artenreichste Familie. Weibchen legen Eier in Wassernähe ab. Die Larven wandern ins Wasser oder die Eier werden von Regen und Hochwasser hineingespült. **Enoicyla** ist rein terrestrisch geworden, die Weibchen sind flügellos [*15*].

1. Sc des Vorderflügels mündet in die Mitte einer senkrechten Querader, die C und R_1 verbindet [*10*] . . . . 4; **Apatania** KOLEN.
— Sc des Vorderflügels mündet in den Flügelrand bzw. in die obere Spitze der Querader am Flügelrand [*11*] **2**
2. Fläche des Hinterflügels nicht größer als die des Vorderflügels **3**
— Fläche des Hinterflügels größer als die des Vorderflügels . . **4**
3. Hinterflügel im Bereich der Analadern etwas verbreitert [*11*] ♂♂ von 2; **Enoicyla** RAMB.
Häufig **E. pusilla** (BURM.), Länge 5–7 mm. In Wäldern und an Wallhecken.
— Hinterflügel im Bereich der Analadern nicht verbreitert. Körperlänge 8–12 mm . . . . **Anomalopterygella chauviniana** (STEIN)
Männchen flugunfähig, da verkümmerte, zugespitzte Flügel. Am Rand von Flüssen, selten.
4. Unterseite der letzten Fußglieder der Hinterbeine mit dicken, schwarzen Dornen **5**
— Unterseite der letzten Fußglieder der Hinterbeine ohne auffallende Dornen. Hierher 8 Gattungen; bei vier von ihnen stehen auf den Adern der Vorderflügel reihenweise Warzen, aus denen Borsten entspringen . . . . z. B. 2; **Chaetopteryx** STEPH.
5. Im Hinterflügel ist R_5 schwarz gesäumt . 3; **Grammotaulius** KOLEN.
In moorigen Gebieten an Seen und Flüssen.
— Im Hinterflügel ist R_5 nicht dunkel gesäumt **6**
6. Vorderflügel am hinteren Außenrand konkav eingebuchtet [*12*]
Glyphotaelius pellucidus (RETZ.) (Körperlänge 12–18 mm)
u. **Nemotaulius punctatolineatus** (RETZ.) (Körperlänge 20–26 mm)
— Vorderflügel am hinteren Außenrand nicht eingebuchtet . . **7**
7. Vorderflügel am Außenrand nach hinten geradlinig schräg abgeschnitten [*13*] . . . . 32; **Limnephilus** LEACH
— Vorderflügel am Außenrand gleichmäßig gerundet [*14*] 14 Gattungen, darunter **Anabolia** STEPH., **Stenophylax** KOLEN., **Potamophylax** WALL. [*16*]

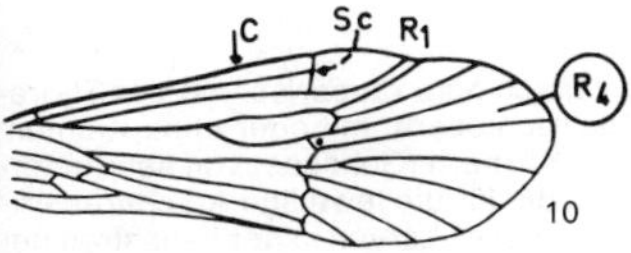

10

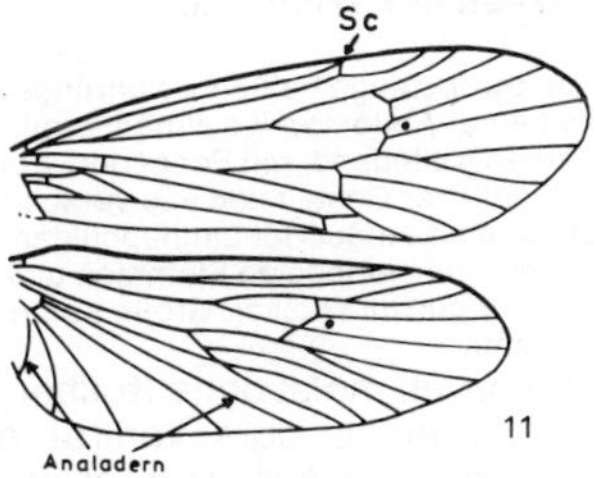

11

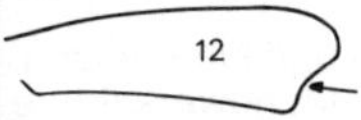
12

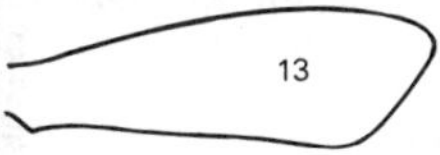
13

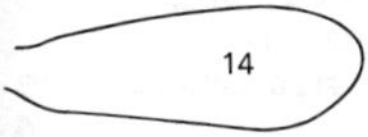
14

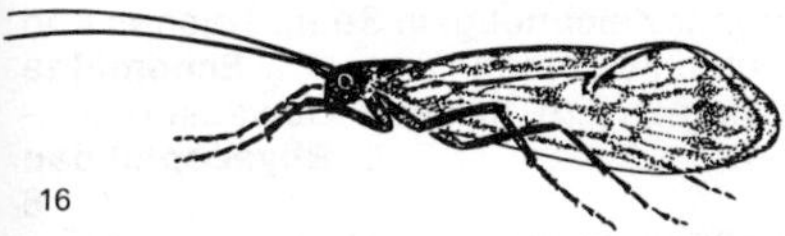
16

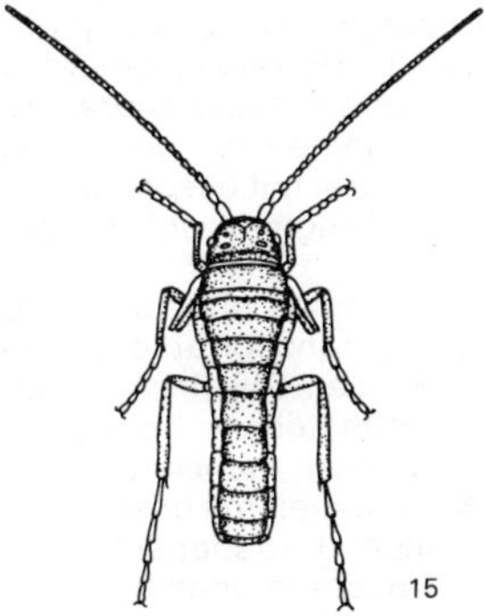
15

Familie: **Leptoceridae**

Arten mit Flügelspannen von 10–30 mm. Fühler 2–3mal so lang wie die Vorderflügel [*3*]. Beine lang und dünn. Die Arten schwärmen oft in Massen im Sonnenschein oder bei Beginn der Dämmerung, vor allem im Schilfgürtel der Seeufer.

1. Im Hinterflügel sind M_3 und M_4 getrennt vorhanden **2**

— Im Hinterflügel sind die beiden Adern zu M_{3+4} verschmolzen
4; **Triaenodes** McLachlan,
2; **Adicella** McLachlan, **Erotesis baltica** McLachlan.

2. Vorderrand der Vorderflügel im äußersten Drittel leicht eingekerbt. Maxillarpalpus dicht, fast federartig mit schwarzen Haaren besetzt
3; **Mystacides** Berth.

— Vorderrand der Vorderflügel nicht eingekerbt. Maxillarpalpus normal behaart **3**

3. Hinterflügel breiter als Vorderflügel
6; **Athripsodes** Billberg, 2; **Leptocerus** Leach

— Hinterflügel deutlich schmaler als Vorderflügel
6; **Oecetis** McLachlan, **Paroecetis struckii** (Klap.), 3; **Setodes** Ramb.

Larven der Trichoptera

Mundwerkzeuge beißend; Nahrungsaufnahme vegetarisch oder räuberisch; 3 Paar Thorakalbeine; Abdomen weichhäutig mit einem Paar Nachschiebern, mit oder ohne Kiemen. Larven freilebend, mit Fang- und Wohnnetzen oder in Köchern (Gehäuse) von sehr unterschiedlicher Gestalt und aus verschiedenem Material, die für die jeweilige Art charakteristisch sind. Außer der Limnephiliden-Gattung **Enoicyla,** deren Larven in der Laubstreu der Wälder, an bemoosten Stämmen und Steinen in Sandköchern leben [*26d*], entwickeln sich alle übrigen im Wasser. Große Köcherlarven werden von Anglern als „Sprockwürmer" bezeichnet.

1. Larven meist ohne Köcher, ganz frei oder mit Wohn- und Fangnetzen. Körper ± dorsoventral abgeflacht (campodeid). Mundwerkzeuge nach vorn gerichtet (prognath) [*18–24*] **2**

— Larven mit Köcher. Körper ± walzenförmig (eruciform). Mundwerkzeuge nach unten gerichtet (ortho- bis hypognath) [*25–33*] . **8**

2. Alle Thorakalsegmente oben sklerotisiert [*18, 19f*] **3**

— Nur das erste Thorakalsegment oben sklerotisiert **5**

3. Abdomen mit kleinen schwarzen Börstchen besetzt, dadurch rauh; ventral mit büschelförmigen Kiemen [*18*]. Larven spinnen engmaschige Fangnetze in nicht zu stark strömenden Fließgewässern **Hydropsychidae**

— Abdomen ohne solche Börstchen; Kiemen fehlen **4**

4. Mit transportablem, flachem Köcher [*19a–e*]. In stehenden und fließenden Gewässern. Larve [*19f*] . . . . **Hydroptilidae**

— Ohne Köcher. Kopf gelb, mit brauner Zeichnung. In Seen, Teichen und Gräben; manchmal in Süßwasserschwämmen . . . . **Ecnomidae**

5. Abdomen mit büschelförmigen Kiemen [*20*]. In kalten Gewässern freilebend, räuberisch . . . . **Rhyacophilidae**

— Abdomen ohne Kiemen **6**

6. Larven mit transportablem, halbelliptischem Köcher aus groben Sandkörnern [*21*]. In kalten Fließgewässern . . **Glossosomatidae**

— Larven freilebend oder in Gespinsten, die an festem Substrat angesponnen sind. Gespinste können als Fangnetze für Plankton dienen **7**

7. Oberlippe (Labrum) weiß, nicht sklerotisiert, zurückziehbar. Larven einzeln oder gesellig freilebend [*22*] . . . . **Philopotamidae**

— Oberlippe gelb oder braun, sklerotisiert: **1) Polycentropidae** [*23*] (Larven grünlich oder rötlich gefärbt, in Gespinsten oder Fangnetzen). **2) Psychomyiidae** [*24*] (in mit Sandkörnern beklebten Gespinströhren, die auf Steinen angesponnen sind, in stehenden und fließenden Gewässern). **3) Rhyacophilidae** (freilebend).

8. Larven vom Typ wie [*25*]. Halsschild (Pronotum) ganz sklerotisiert; Meso- und Metanotum weichhäutig und seitlich mit je einem Borstenfleck. Köcher aus Pflanzenteilen. Nur in stehenden Gewässern. [*17*, Larven-Köcher entfernt] . . . . **Phryganeidae**

— Larven vom Typ wie [*26–33*]. Pro- und meist auch Mesonotum stark sklerotisiert; letzteres kann auch nur mit kleinen Chitinschildchen bedeckt oder ganz weichhäutig sein **9**

9. Pro- und Mesonotum ganz sklerotisiert. Metanotum mit 3 Paar sklerotisierten Flecken. Sehr unterschiedliche Köcher aus Sandkörnern, pflanzlichen Teilen oder Molluskenschalen [*26a–d*]. In den verschie-

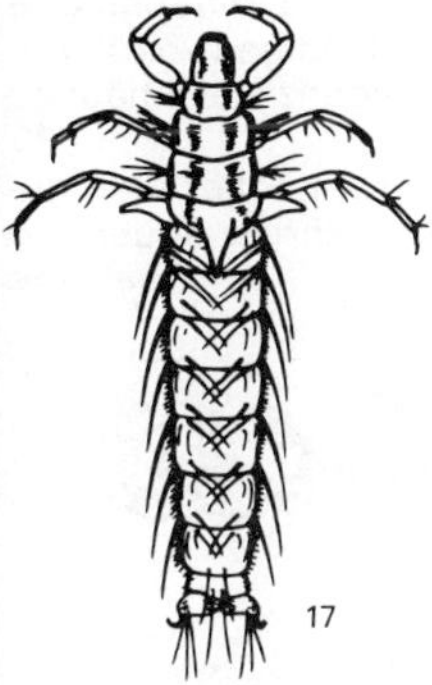

17

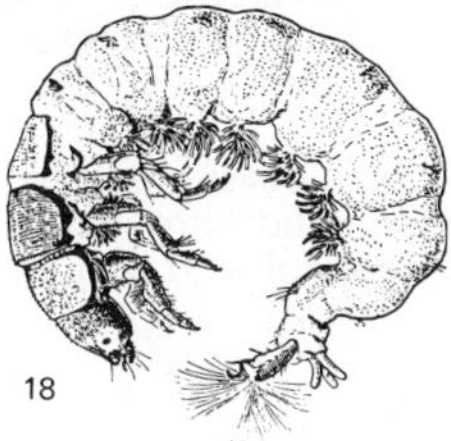

18

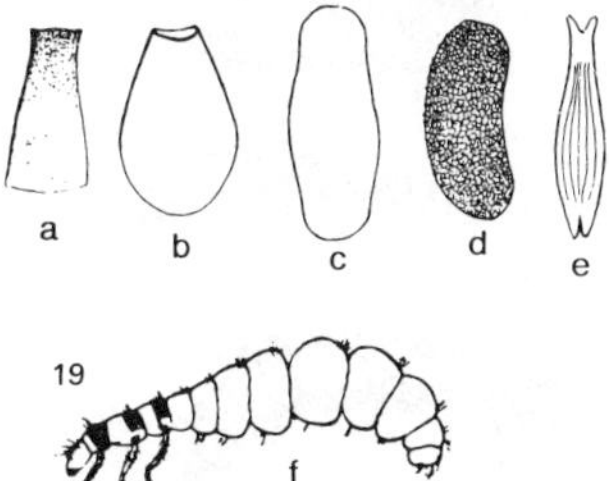

19

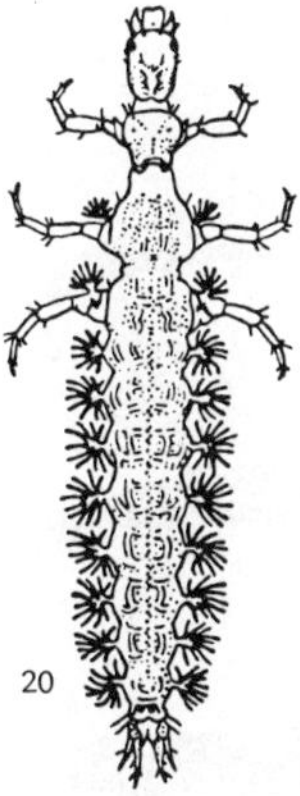

20

21

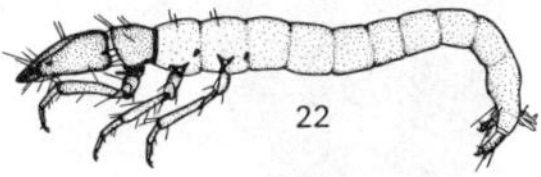

22

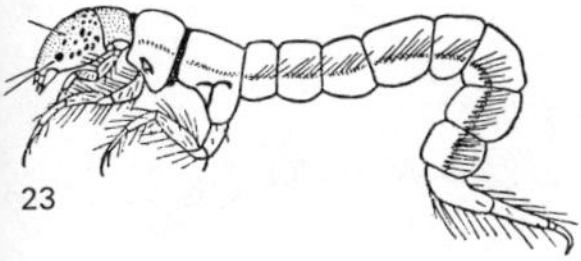

23

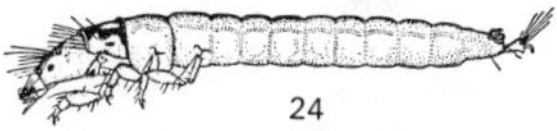

24

25

densten Gewässern (nur **Enoicyla** terrestrisch, Köcher meist aus feinen Sandkörnern [*26d*]) . . . . **Limnephilidae**

— Pronotum ganz sklerotisiert, Mesonotum oft nur mit einigen voneinander getrennten Chitinschildchen, Metanotum meist ganz weichhäutig **10**

10. Kopf in einen Ausschnitt des Pronotums einziehbar. Köcher eine gerade Sandröhre, in die seitlich einige gröbere Sandkörner flügelartig eingebaut sind [*27*]. In Bächen mit Sandgrund . . . . . **Goeridae**

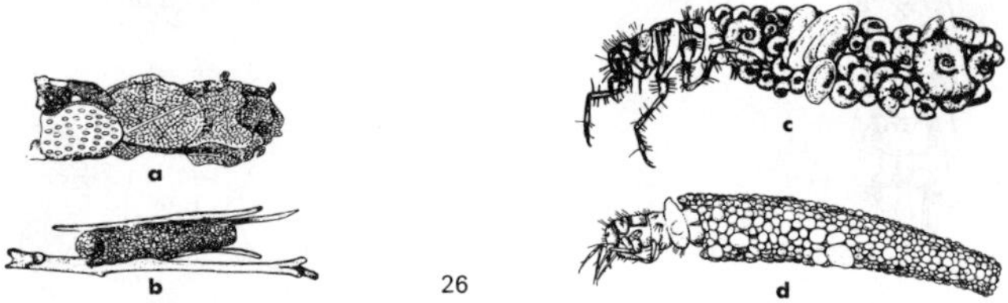

26

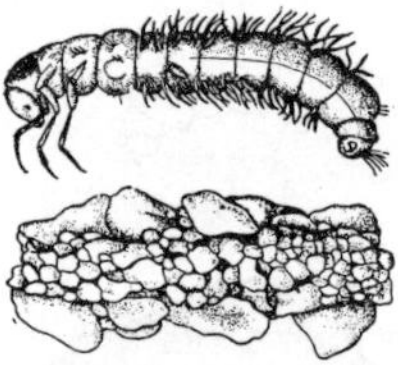
27

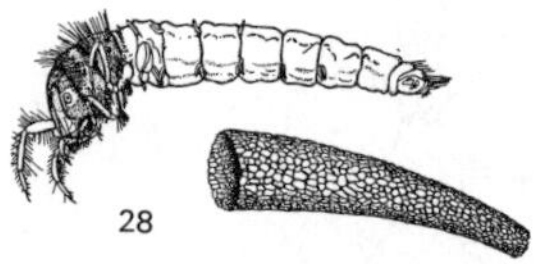
28

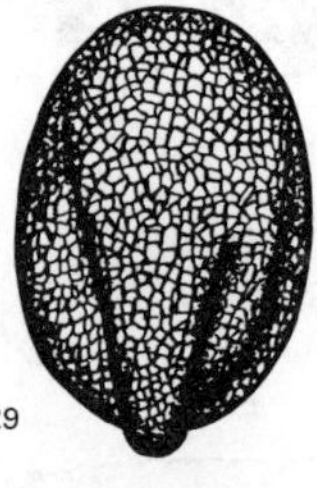
29

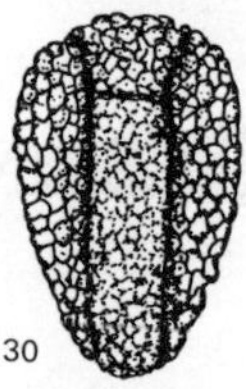
30

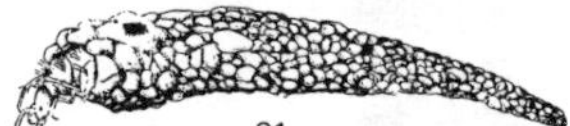
31

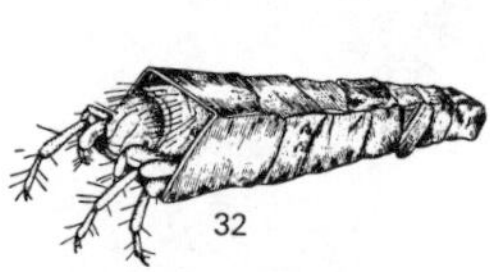
32

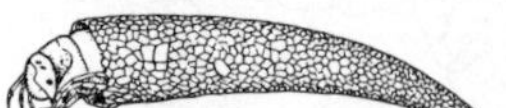
33

— Kopf nicht einziehbar, Pronotum vorn nicht ausgeschnitten. Köcher ohne solche flügelartigen Anhänge **11**

11. Am Hinterende des Abdomens Nachschieber mit 2 oder 3 großen übereinander stehenden Haken. Kopf sehr dunkel. Mesonotum weichhäutig mit einigen sklerotisierten Flecken oder am Vorderrand sklerotisiert. Metanotum ganz weichhäutig. Köcher eine glatte, gebogene Sandröhre mit membranösem Verschluß [*28*]. In Gebirgsbächen **Sericostomatidae**

— Krallen der Nachschieber klein. Andere Merkmale **12**

12. Köcher mützenartig [*29*]. Larven in klaren Bächen des Schwarzwaldes . . . . **Thremmatidae**

— Köcher röhrenförmig, vorn und seitlich mit schildförmiger Verbreiterung [*30*]. Sandige Seeufer und Gebirgsbäche . . . **Molannidae**

— Köcher anders **13**

13. Vorderbrust zwischen den Hüften der Vorderbeine mit stilettartigem „Horn". Köcher mit vierkantigem oder rundem Querschnitt [*32*]. In Quellen und Bergbächen . . . . **Lepidostomatidae**

— Vorderbrust (Prosternum) ohne solches „Horn" **14**

14. Erstes Abdominalsegment ohne Höcker. Köcher manchmal vierkantig, nie schildförmig. In stark strömenden Gewässern **Brachycentridae**

— Erstes Abdominalsegment mit 3 Höckern. Köcher konisch, gebogen, nie vierkantig **15**

15. Metanotum mit 2 großen quer hintereinander liegenden Chitinschildchen und seitlich über den Hüften (Coxen) mit je einem kleinen Chitinschildchen. Kopf vorn auf dem Kopfschild (Clypeus) mit x-förmigem Fleck. Larve groß und dick. Köcher aus Sand, glatt, nach hinten nicht stark verschmälert. In Bergbächen . . . . **Odontoceridae**

— Metanotum ganz weichhäutig. Clypeus ohne solchen Fleck. Larve schlank, Köcher nach hinten stark verschmälert **16**

16. 3. bis 8. Abdominalsegment mit einer Reihe seitlich angeordneter Chitinpunkte. Köcher aus Sand, glatt [*33*]. In Gebirgsbächen und sandigen Seeufern . . . . **Beraeidae**

— Höchstens auf dem 8. Abdominalsegment Chitinpunkte. Köcher aus Sand- oder Pflanzenteilen, länger als die Larve, aber eng an diese angepaßt [*31*]. In stehenden und fließenden Gewässern **Leptoceridae**

Literatur

Eddington, J. M., Hildrew, A. G.: A key to the caseless caddis larvae of the British Isles with notes on their ecology. Freshwater Biological Association, Scientific Publication 43. Ambleside, 1981. – Malicky, H.: Atlas of European Trichoptera = Atlas der europäischen Köcherfliegen = Atlas des Trichoptères d'Europe (Series entomologica, Vol. 24). The Hague, 1983. – Sedlak, E., Waringer, J.: Bestimmungsschlüssel für die mitteleuropäischen Köcherfliegenlarven (Insecta, Trichoptera). 2. Aufl. Wasser und Abwasser 29. Wien, 1987. – Tobias, W., Tobias, D.: Trichoptera Germanica. Bestimmungstafeln für die deutschen Köcherfliegen. Teil I: Imagines. Cour. Forsch.-Inst. Senckenberg, 49. Frankfurt, 1981. – Ulmer, G.: Köcherfliegen, in: Brohmer, Ehrmann, Ulmer, Die Tierwelt Mitteleuropas. Leipzig, 1927. – Wallace, I. D., Wallace, B., Phillipson, G. N.: A key to the case-bearing caddis larvae of Britain and Ireland. Freshwater Biological Association, Scientific Publication 51. Ambleside, 1990.

Ordnung: **Lepidoptera,** Schmetterlinge

Fluginsekten mit vollkommener Verwandlung.
Ei: Von verschiedener Gestalt, zylindrisch, kugelig, halbkugelig oder flach, Schale oft mit arteigenem Muster. Ablage einzeln oder in ± charakteristischem Gelege, meist an Nährpflanzen der Raupe, Ei manchmal ins Substrat eingesenkt oder mit Afterwolle des ♀ bedeckt.
Larve: Walzenförmige Raupe, nackt oder behaart, mit Kopf und 13 Rumpfsegmenten [*97–125*]. Thorax in der Regel mit gegliederten Brustbeinen, Segmente 6–9 mit je einem Paar ungegliederter Bauchbeine, 12 mit Nachschiebern. Bauchbeine, selten auch Brustbeine, können fehlen. Raupe meist phytophag, frei oder in Blattwickeln, Früchten, Holz, Minen, Gallen; manche Arten an Fellen, Pelzen, Wollstoffen.
Puppe: Meist Mumienpuppe (Pupa obtecta, [*42*], S. 196); selten Scheiden von Fühler, Rüssel, Beinen und Flügel frei. Hinterleibsringe starr od. beweglich, manchmal mit Hakenkränzen. Verpuppung oft im Boden oder an Nährpflanze, frei od. in Kokon.
Imago: Fühler verschiedenartig (fadenförmig, gesägt, kammzähnig, keulig). Augen groß, nackt, selten fein behaart. Oft ein Paar Nebenaugen (Ocellen) hinter Fühlerbasis, nahe Augenrand. Manchmal am Hinterrand des Kopfes ein paariges Chaetosema (JORDANsches Organ [*30, 33*]). Mundteile bei **Micropterix** kauend, sonst saugend. Saugrüssel (Rollzunge) lang (Windenschwärmer bis 8 cm), selten rückgebildet, nackt od. basal beschuppt. Kiefertaster (Maxillarpalpen) meist klein, selten fehlend (0–5 Glieder). Lippentaster (Labialpalpen) meist dreigliedrig. Beine normal gegliedert. Vorderschiene unterseits mit unpaarem Schienenblatt (Epiphysis); Mittelschiene mit 1, Hinterschiene mit 2 (selten 1) Spornpaaren. Vorderbeine manchmal krallenlose Putzpfoten; selten fehlen Hintertarsen (**Hepialus hecta** ♂) od. alle Beine sind spornlos **(Acentria ephemerella)**. Füße (Tarsen) meist bedornt, Endkrallen einfach od. gespalten. Zwei Paar Flügel, beschuppt, manchmal bei ♀ ± verkümmert. Geäder [*41, 42, 51, 52*] mit Subcosta (Sc), 5 Radialadern (R_1–R_5), 3 Medialadern (M_1–M_3), 2 Cubitaladern (Cu_1, Cu_2), Postcubitus (PCu), 2 Analadern (1A, 2A). Basalstamm der Media meist reduziert. Durch Querverbindung von Radius und Cubitus entsteht Medialzelle. PCu basal oft ± verloschen. 1A u. 2A oft unter Bildung von Wurzelschlinge verschmolzen. Htflügel meist mit weniger Adern als Vdflügel ($Sc+R_1$; Rs; M_1–M_3; Cu_1, Cu_2, PCu; 1A, 2A; manchmal weitere Adern verloren). Flügelbindung: Zipfel des Vdflügels (Jugum) greift unter Costa des Htflügels **(Micropterigidae, Eriocraniidae, Hepialidae)** od. 1 (♂) bis mehrere (♀) Haftborsten (Frenulum) greifen in Halterung (Retinaculum) unterseits des Vdflügels. Haftapparatur fehlt Tagfaltern und manchen Spinnern. Manchmal Gehörorgan (Tympanalorgan) an Metathorax od. Htleibsbasis.
Untersuchungsmethoden: Nur einwandfreie Tiere mit gebreiteten Flügeln verwenden! Für kleine Tiere ist ein stereoskopisches Mikroskop mit Vergrößerung bis 100× erforderlich. Beine: Sporne und Dornen mancher Arten sind in dichter Behaarung der Schiene verborgen. Im Zweifelsfall Behaarung entfernen. Flügelgeäder: Untersuchung von der Unterseite; Flügel vorsichtig mit Alkohol betupfen, eventuell teilweise entschuppen. Jugum und Haftborste: Flügelbasis von der Unterseite betrachten, notfalls Flügel an der Basis abbrechen.

Die Tabellen berücksichtigen alle in Deutschland vorhandenen Familien; Gattungen und Arten sind nur teilweise erfaßt. Im Gebiet etwa 3000 Arten.
Abkürzungen: Vd = Vorder-, Mt = Mittel-, Ht = Hinter-. Maße im Text geben die ungefähre Flügelspanne an.

System (Überfamilie mit Endung **-oidea**):
Unterordnung **Zeugloptera: Micropterigidae**
Unterordnung **Glossata**
- **Eriocranioidea: Eriocraniidae**
- **Hepialoidea: Hepialidae**
- **Nepticuloidea: Nepticulidae, Opostegidae, Tischeriidae**
- **Incurvarioidea: Incurvariidae, Adelidae, Heliozelidae**
- **Cossoidea: Cossidae, Limacodidae**
- **Tortricoidea: Tortricidae**
- **Tineoidea: Tineidae, Psychidae, Roeslerstammiidae, Lyonetiidae, Bucculatricidae, Gracillariidae**
- **Yponomeutoidea** (kleine, selten sehr kleine Falter (5–30 mm), meist mit rauhem Scheitel und glattem Gesicht, mit oder ohne Ocellen; Rüssel nackt; Labialpalpen oft aufge-

bogen, Maxillarpalpen deutlich oder verkümmert; Htschiene meist glatt, oberseits unbehaart): **Plutellidae, Yponomeutidae, Argyresthiidae, Ochsenheimeriidae, Douglasiidae, Acrolepiidae, Heliodinidae, Schreckensteiniidae, Orthotaeliidae**
Gelechioidea: Oecophoridae, Elachistidae, Coleophoridae, Blastobasidae, Gelechiidae, Momphidae, Cosmopterigidae, Scythrididae
Copromorphoidea: Alucitidae, Carposinidae, Epermeniidae, Glyphipterigidae
Sesioidea: Brachodidae, Sesiidae, Choreutidae
Zygaenoidea: Zygaenidae
Pyraloidea: Thyrididae, Pyralidae
Pterophoroidea: Pterophoridae
Papilionoidea („Tagfalter"; kleine bis große Falter (20–70 mm); Fühler keulenförmig [*6a, b*]; Flügel oberseits oft farbenprächtig, in Ruhe über dem Körper zusammengeklappt; tagaktive Blütenbesucher; Raupen meist frei, oft tags verborgen; Puppen frei am Htende aufgehängt (Stürzpuppe) oder mit Spinnfaden um Leibesmitte (Gürtelpuppe)): **Hesperiidae, Papilionidae, Pieridae, Lycaenidae, Nymphalidae**
Geometroidea (Htleibsbasis mit Tympanalorgan): **Geometridae, Thyatiridae, Drepanidae**
Bombycoidea (Spinner; große und sehr große Falter (35–85 mm); Mundteile oft verkümmert; Fühler des ♂ doppelt kammzähnig; ♀ meist kürzer gekämmt; Ocellen, Chaetosema, Haftborsten und Tympanalorgan fehlen; Leib dick, Flügel in Ruhe dachförmig; Raupen freilebend, oft behaart; Puppen in Kokon): **Lasiocampidae, Endromidae, Lemoniidae, Saturniidae**
Sphingoidea: Sphingidae
Noctuoidea (meist mittelgroße bis große Nachtfalter mit dickem Leib; Metathorax mit Tympanalorgan; Flügel in Ruhe dachförmig): **Notodontidae, Lymantriidae, Arctiidae, Noctuidae**

Im Gebiet der B. R. Deutschland besonders geschützt (folgende Übersicht nicht vollständig): viele **Geometridae** (z. B. **Arichanna melanaria, Lythria purpuraria**); viele **Noctuidae** (z. B. Ordensbänder, **Cucullia**); **Arctiidae** (außer **Spilosoma menthastri**) incl. **Ctenuchinae; Lymantriidae: Dasychira abietis; Notodontidae** (außer **Phalera, Ptilodon camelina, Notodonta dromedarius, N. ziczac**); **Zygaenidae; Sphingidae** (außer **Hyloicus**); **Saturniidae; Lemoniidae; Lasiocampidae** (außer **Dendrolimus, Eriogaster lanestris, Malacosoma neustria**); **Endromidae; Tagfalter** (außer meiste **Pieris**-Arten).

1. Alle Flügel voll ausgebildet. Falter flugfähig **2**
— Htflügel oder alle Flügel verkümmert oder fehlend
Flugunfähige ♀♀ **69**
2. Flügel in 2–6 Federn gespalten [*1, 2*] **3**
— Flügel ungespalten **4**
3. Vdflügel in 2, Htflügel in 3 Federn geteilt [*1*]
Federgeistchen, **Pterophoridae**

(4; **Agdistis** Hübner, Flügel ungeteilt). Kleine bis mittelgroße Falter (13–30 mm). Fühler kurz, Beine sehr lang, Leib lang und dünn. Flügel in Ruhe rechtwinklig zum Leib. Raupen meist an niedrigen Kräutern. Puppen frei, oft bunt und dicht behaart, nur am Ende festgesponnen. 15 Gattungen mit 55 Arten. Häufig **Emmelina monodactyla** (L.) (braun) und **Pterophorus pentadactyla** (L.) (weiß), Raupen an Winde.

— Jeder Flügel in 6 Federn geteilt [*2*] . . . Federmotten, **Alucitidae**

Kleine Falter (10–15 mm). Mit Ocellen. Kopf glatt, Labialpalpen vorgestreckt, Maxillarpalpen verkümmert. Raupen in Blüten und Stengelanschwellungen. Nur 6; **Alucita** L. Häufig Geißblattfedermotte, **A. hexadactyla** (L.).

4. Große Teile der Flügel schuppenfrei, glasklar [*4, 5*]. Bienen-Hummel-Habitus **5**
— Flügel vollständig beschuppt, nicht glasklar **6**
5. Ocellen groß, ohne Entschuppung des Kopfes sichtbar [*3*]
Glasflügler, **Sesiidae**

Mittelgroße Falter (15–45 mm) mit nacktem Rüssel und teilweise schuppenfreien, durchsichtigen Flügeln [*4*]. Tagaktiv, in Aussehen und Bewegung Hautflügler nachah-

1
Pterophoridae, Vdflügel.

2
Alucitidae, Vdflügel.

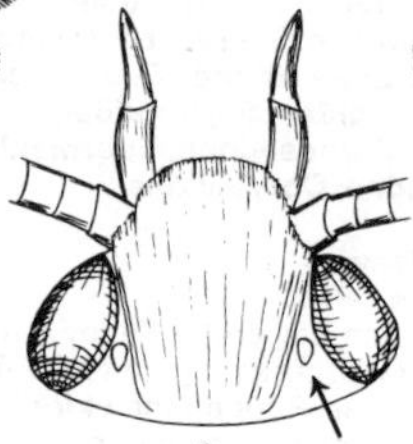
3
Sesiidae, Kopf mit Ocellen.

4
Sesiidae, Vdflügel.

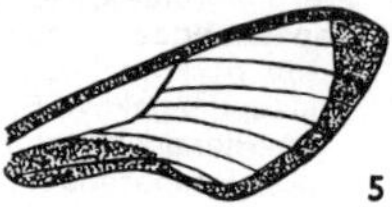
5
Sphingidae: Hemaris, Vdflügel.

mend. Raupen nackt, weißlich, bohren in Stengeln, Stämmen, Wurzeln. Puppen mit Hakenkränzen, schieben sich vor Schlüpfen des Falters teilweise aus dem Substrat. 7 Gattungen mit 30 Arten.

— Ocellen fehlen Hummelschwärmer, **Hemaris (Sphingidae)** S. 437

6. Fühler keulenartig verdickt [*6*] **7**

— Fühler nicht keulig, meist fadenförmig, manchmal gesägt oder kammzähnig **12**

7. Ocellen, Haftborste und Mtspore der Htschiene vorhanden. Vdflügel meist schwarz mit roten Flecken [*7*]. Flügel in Ruhe dachförmig Widderchen, Blutstropfen, **Zygaenidae**

Mittelgroße Falter (18–40 mm). Mit Ocellen und Chaetosema [*30*]. Rüssel nackt. Flügel in Ruhe dachförmig. Falter oft auf Blüten, fliegen im Sonnenschein.

a) Fühler stark (♂) oder schwach (♀) kammzähnig. Htschiene nur mit Endspornen [*31*]. Vdflügel leuchtend metallisch grün: Grünwidderchen, **Procridinae,** 3 Gattungen mit 9 Arten, z. B. **Adscita statices** (L.), häufig auf Wiesen.

b) Fühler keulig [*6c*]. Htschiene mit Mt- und Endspornen. Vdflügel schwarz mit roten Flecken [*7*], Htflügel rot, schwarz gerandet: Blutstropfen, **Zygaeninae,** 15; **Zygaena** F.

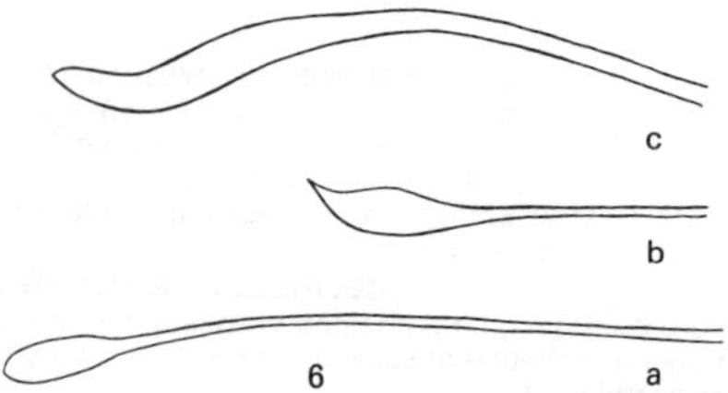

6
Keulig verdickte Fühler
a) Pieridae,
b) Hesperiidae,
c) Zygaenidae.

9
Hesperiidae, Kopf von oben.

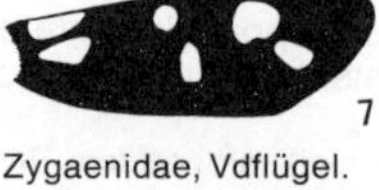
7
Zygaenidae, Vdflügel.

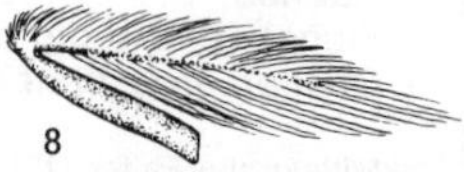
8
Nymphalidae, Putzpfote

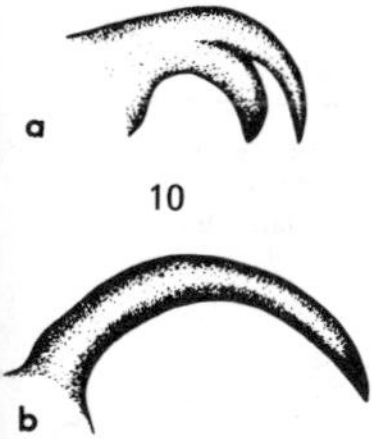

10

Fußkrallen,
a) Pieridae,
b) Nymphalidae.

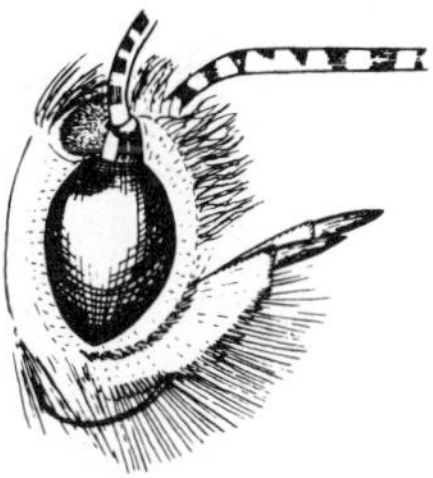

11

Lycaenidae,
Kopf seitlich.

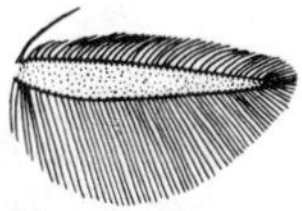

12

Elachistidae, Htflügel
mit langen Fransen.

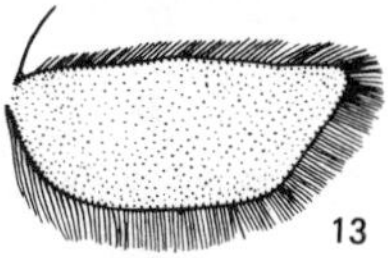

13

Tortricidae, Htflügel
mit kurzen Fransen.

— Ocellen und Haftborsten fehlen, oft auch Mtspore der Htschiene. Flügel in Ruhe über Rücken hochgeklappt . . . . . . Tagfalter **8**

8. Fühler um Augenbreite getrennt, Fühlerbasis mit abstehendem Haarpinsel [*9*]. Htschiene meist mit 2 Spornpaaren
Dickköpfe, **Hesperiidae** S. 430

— Fühler näher zusammenstehend, Fühlerbasis ohne auffallenden Haarpinsel. Htschiene nur mit Endspornen **9**

9. Vdbeine krallenlose Putzpfoten [*8*]
Fleckenfalter u. Augenfalter, **Nymphalidae** S. 433

— Vdbeine mit Fußkrallen (Bläulings-♂ nur 1 Kralle) **10**

10. Fußkrallen aller Beine gespalten [*10a*]
Weißlinge u. Gelblinge, **Pieridae** S. 431

— Fußkrallen stets ungespalten [*10b*] **11**

11. Gesicht am Augenrand mit weißen angedrückten Schuppen, mitten mit meist dunkler Haarbürste [*11*]
Zipfelfalter, Bläulinge u. Feuerfalter, **Lycaenidae** S. 432

— Gesicht auch am Augenrand abstehend behaart
Schwalbenschwänze u. Apollofalter, **Papilionidae** S. 430

12. Htflügel schmal, oft lanzettlich, Fransen deutlich länger als Htflügel breit [*12*]. Meist sehr kleine Falter **13**

— Htflügel breit, Fransen kurz, selten so lang wie Htflügel breit [*13*]. (Hierher alle Arten, bei denen man im Zweifel sein könnte.) . **30**

13. Kopf anliegend beschuppt [*14*] **14**

— Kopf ganz od. teilweise abstehend behaart oder beschuppt [*15*] **22**

14. Htschiene mit langen Stachelschuppen [*17*] **15**

— Htschiene anliegend beschuppt oder lang behaart, selten mit kurzen Stachelschuppen (höchstens so lang wie Schiene breit) [*16*] . **16**

15. Htschiene nur oberseits mit Reihe von Stachelschuppen [*17*]. Sehr kleine weiße Falter. Vdflügel ähnlich [*18*]
Gracillariidae: Phyllocnistinae 21

— Htschiene auch unterseits mit Stachelschuppen. Falter nicht weiß
Epermeniidae

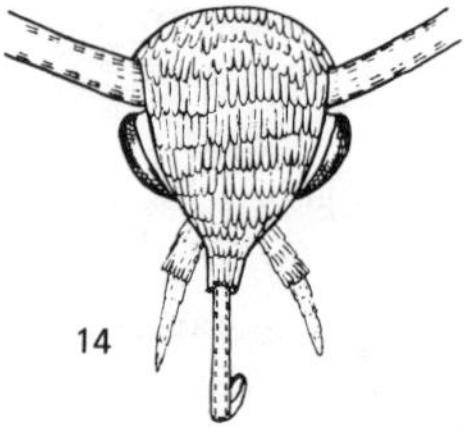

14

Heliozelidae: Antispila, Kopf.

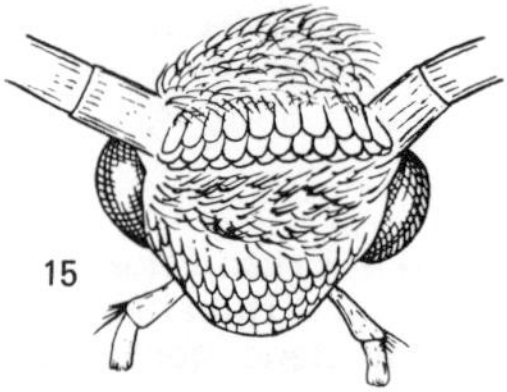

15

Tineidae: Oinophila v-flavum, Kopf.

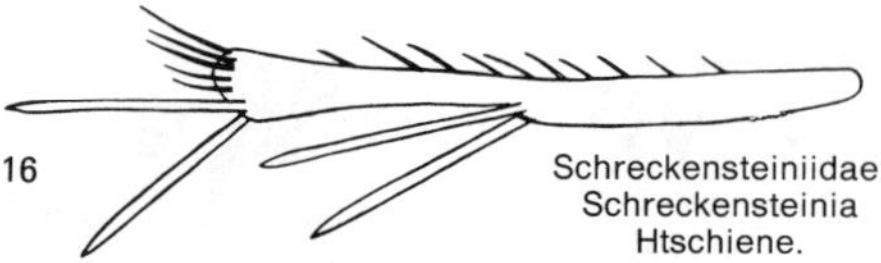

16

Schreckensteiniidae: Schreckensteinia Htschiene.

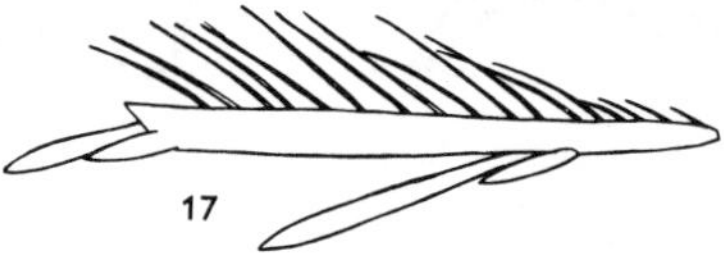

17

Gracillariidae: Phyllocnistis, Htschiene mit Stachelschuppen.

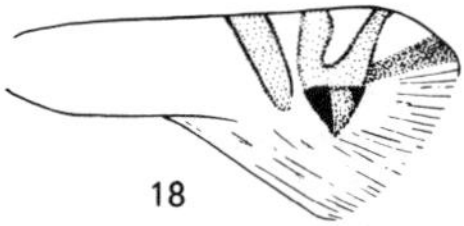

18

Lyonetiidae: Cemiostoma, Vdflügel.

Kleine Falter (7–16 mm). Ohne Ocellen. Fühlerbasis mit Schuppenkamm. Labialpalpen über Rüsselbasis gefaltet. Kopfschuppen schmal [*60a*]. Htschienen mit Stachelschuppen. Htflügel schmaler als Vdflügel, ± lanzettlich. 4 Gattungen mit 10 Arten.

16. Sehr kleine weiße Falter (5–10 mm). Vdflügel wie [*18*]. Rüssel nackt, Palpen verkümmert . . . . **Lyonetiidae: Cemiostomatinae** s. **26**

— Falter meist über 10 mm, Vdflügel nicht wie [*18*]. Rüssel nackt oder beschuppt, Palpen vorhanden **17**

17. Rüssel beschuppt . . . . **Gelechioidea** S. 428

— Rüssel nackt [*14*] **18**

18. Sporne der Htschiene gleich lang [*16*] . . . **Schreckensteiniidae**

Nur **Schreckensteinia festaliella** (Hübner) (mit glattem Kopf; ohne Ocellen und Maxillarpalpen; Htschienen oberseits kurz bedornt; Htbeine in Ruhestellung seitwärts gerichtet; 12 mm), Raupe macht Schabefraß an Brombeere.

— Innensporne der Htschiene stets länger als Außensporne [*17*] **19**

19. Ocellen groß, fern vom Augenrand (manchmal unter Schuppen verborgen) **20**

— Ocellen fehlen **21**

20. Vdflügel orange, mit Silberflecken. Htschiene oberseits glatt Sonnenmotten, **Heliodinidae**

Nur **Heliodines roesella** (L.), Spinatmotte (mit glattem Kopf; ohne Ocellen; Labialpalpen kurz, Maxillarpalpen verkümmert; 10 mm).

— Vdflügel ohne Silberflecke. Htschiene oberseits lang behaart **Douglasiidae**

Kleine Falter (8–10 mm). Kopf glatt. Ocellen fern vom Augenrand, oft verborgen. Labialpalpen kurz; Maxillarpalpen verkümmert. Sitzender Falter macht Wippbewegungen ähnlich **Glyphipterigidae.** 2 Gattungen mit 4 Arten.

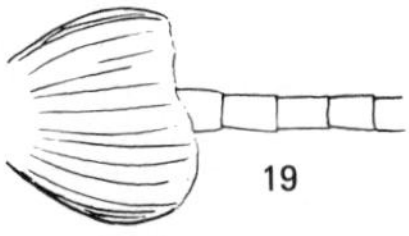

19

Nepticulidae, Fühlerbasis mit Augendeckel.

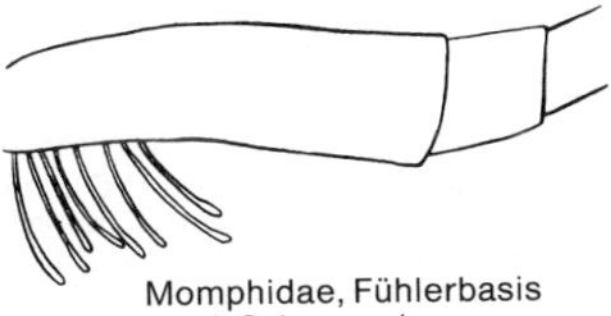

20

Momphidae, Fühlerbasis mit Schuppenkamm.

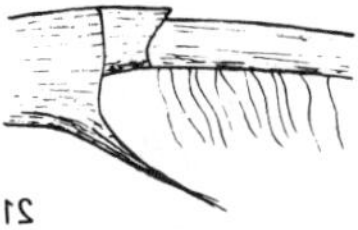

21

Tischeriidae, Fühlerbasis mit Schuppenzahn.

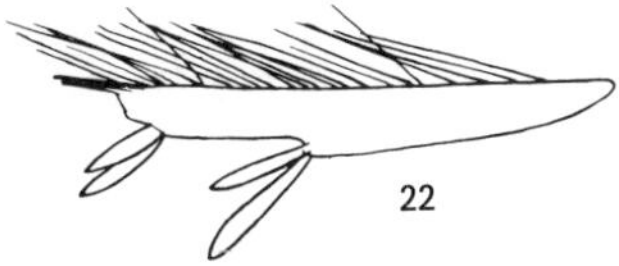

22

Scythrididae, Htschiene.

21. Fühler etwa so lang wie Vdflügel, Fühlerbasis manchmal mit Schuppenkamm [*20*]. Maxillarpalpen meist deutlich Miniermotten, **Gracillariidae**

Sehr kleine Falter (5–16 mm) ohne Ocellen und Augendeckel. Innerer Mittelsporn der Htschiene ⅔ Länge der Schiene. Htflügel lanzettlich. Falter sitzt vorn aufgerichtet. Raupen jung oder lebenslang minierend. 13 Gattungen mit 115 Arten.

a) **Gracillariinae** (Kopf glatt oder rauh behaart; Fühler mindestens so lang wie Vdflügel; Labial- und Maxillarpalpen lang, dünn, hängend oder ± aufgebogen; Htschiene oberseits glatt).
b) **Lithocolletinae** (Scheitel mit Haarbusch; Fühler kürzer als Vdflügel; Labialpalpen kurz, hängend, Maxillarpalpen verkümmert; Htschiene oberseits schwach behaart). **Phyllonorycter** HÜBNER mit vielen Arten, Vdflügel oft wie [*25*].
c) **Phyllocnistinae** (Kopf glatt; Fühler kürzer als Vdflügel; Labialpalpen lang, dünn, hängend, Maxillarpalpen verkümmert; Htschiene oberseits mit Stachelschuppen [*17*]; Vdflügel weiß mit brauner Zeichnung).

— Fühler viel kürzer als Vdflügel, Fühlerbasis ohne Schuppenkamm. Maxillarpalpen verkümmert . . . . Erzglanzmotten, **Heliozelidae**

Sehr kleine Falter (5–9 mm). Kopf glatt beschuppt, Rüssel nackt [*14*]. Vdflügel erzglänzend. Fliegen im Sonnenschein. 3; **Antispila** HÜBNER (mit Silberbinden), Raupen in Blasenminen. 4; **Heliozela** HERRICH-SCHÄFFER (zeichnungslos), Raupen in Gangminen. Verpuppung in Blattsack am Boden.

22. Fühlerbasis breit, mit Augendeckel [*19*]. Sehr kleine Falter **23**
— Fühlerbasis mit Schuppenkamm [*20*], -zahn [*21*] oder einfach **27**
23. Htschiene mit abstehenden Stachelschuppen [*17*] **24**
— Htschiene nicht stachelig, oberseits behaart [*22*] **25**
24. Falter weiß, Htschiene rundum lang bestachelt . . . **Opostegidae**

Sehr kleine Falter (7–12 mm). Fühlerbasis mit großem Augendeckel [*19*]. Vdflügel weiß oder blaßbraun. Raupen minieren. 5; **Opostega** ZELLER.

— Falter nie weiß, meist dunkel, metallisch glänzend, manchmal mit heller Querbinde. Htschiene schwach bestachelt Zwergmotten, **Nepticulidae**

Kleinste Falter (3–7 mm). Fühlerbasis mit Augendeckel [*19*]. Raupen minierend; Verpuppung außerhalb der Mitte in Kokon. Wenige Gattungen mit 150 Arten. 70; **Stigmella** SCHRANK (meist einfarbig erzglänzend, manchmal mit heller Querbinde oder Gegenflecken).

25. Ganzer Kopf rauh behaart . . . . **Nepticulidae** 24
— Nur Scheitel rauh behaart. Gesicht anliegend beschuppt . . 26
26. Mtsporne der Htschiene nahe Schienenbasis entspringend [*23*]. Vdflügel meist dunkel, nie rein weiß Zwergwickler, **Bucculatricidae**
Sehr kleine Falter (6–10 mm). Scheitel mit Haarbusch, ohne Ocellen. Fühler mit Augendeckel [*19*]. Palpen verkümmert. Htschienen oberseits lang behaart, innerer Mtsporn $^{2}/_{3}$ Länge der Htschiene. Htflügel lanzettlich. Raupen jung minierend, später frei. Puppe in geripptem Kokon. 20; **Bucculatrix** Zeller.

Bucculatricidae, Htschiene.
23

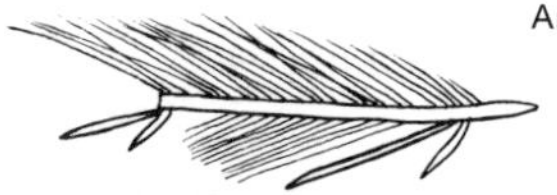

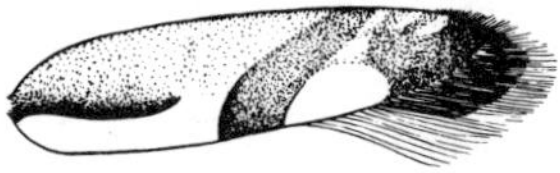

24
Argyresthiidae: Argyresthia, Vdflügel.

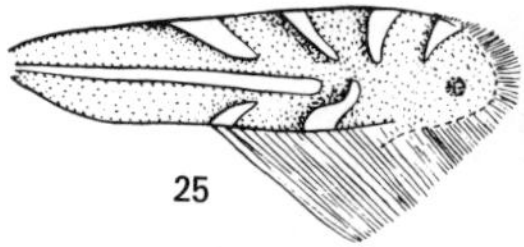

25
Gracillariidae: Phyllonorycter, Vdflügel.

— Mtsporne der Htschiene bei $^{1}/_{3}$ entspringend. Vdflügel meist weiß, oft wie [*18*] . . . . Langhorn-Blattminiermotten, **Lyonetiidae**
Sehr kleine Falter (5–10 mm). Scheitel mit Haarbusch, ohne Ocellen. Fühler so lang wie Vdflügel oder länger, Basis mit Augendeckel [*19*]. Labialpalpen dünn, Maxillarpalpen verkümmert. Htschiene oberseits schwach behaart, innerer Mtsporn $^{1}/_{2}$ Länge der Htschiene. Htflügel lanzettlich. Raupen meist minierend. 2 Gattungen mit 6 Arten.
27. Kopf mit 2 Zonen rauher Haare, Fühlerbasis einfach [*15*] **Oinophila** Stephens **(Tineidae)** s. **55**
— Kopf mit nur 1 Zone rauher Haare oder Schuppen. Fühlerbasis mit Schuppenkamm [*20*] oder -zahn [*21*] 28
28. Rüssel beschuppt. Fühlerbasis mit Schuppenzahn, Fühler oft lang bewimpert [*21*]. Vdflügel gelblich oder bräunlich, zeichnungslos Schopfstirnmotten, **Tischeriidae**
Sehr kleine Falter (6–11 mm). Raupen in Eiche, Kastanie, Rosengewächsen minierend; Puppe in der Mine. 7; **Tischeria** Zeller.
— Rüssel nackt. Fühlerbasis manchmal mit Schuppenkamm, Fühler nicht lang bewimpert. Vdflügel oft mit Zeichnung [*24, 25*] . . 29
29. Htschiene anliegend beschuppt. Vdflügel meist ähnlich [*24*], selten zeichnungslos . . . . **Argyresthiidae**
Sehr kleine oder kleine Falter (5–15 mm). Ohne Ocellen. Maxillarpalpen verkümmert. Vdflügel manchmal wie [*24*]. Körper und Htbeine in Ruhestellung nach oben gerichtet („Kopfstand"). Raupen minieren in Knospen, Früchten, Rinde verschiedener Laub- und Nadelgewächse. 2 Gattungen mit 30 Arten.
— Htschiene besonders unterseits lang behaart. Vdflügel meist ähnlich [*25*] . . . . **Gracillariidae: Lithocolletinae** s. **21**
30. Haftborsten stets fehlend 31
— Haftborsten an Htflügelbasis stets vorhanden [*12, 13, 40, 51–53*] 37
31. Vdflügelbasis mit Jugum [*26*], beide Flügelpaare mit vollständigem Geäder 32
— Vdflügelbasis ohne Jugum, Htflügel mit weniger Adern als Vdflügel 34

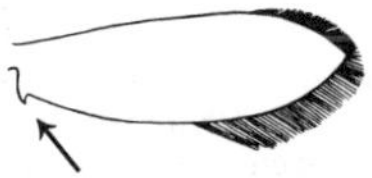

26

Eriocraniidae, Vdflügel mit Jugum.

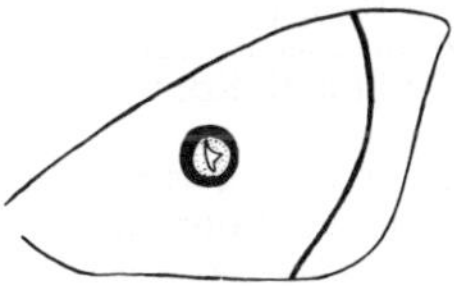

27

Saturniidae: Aglia tau, Vdflügel.

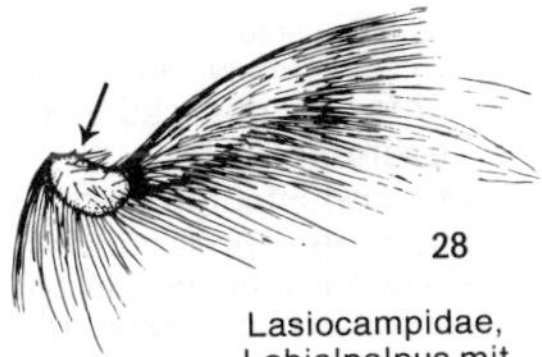

28

Lasiocampidae, Labialpalpus mit spärlich behaartem Basalglied.

32. Fühler sehr kurz, nur 1/5 Vdflügellänge. Keine Ocellen. Große Falter (25–50 mm) . . . . Wurzelbohrer, **Hepialidae**
Mundteile verkümmert. Vdflügel mit Jugum [*26*]. ♂ mit eigentümlichem Hochzeitsflug in der Abenddämmerung. Raupen in Wurzeln. Wenige Gattungen mit 7 Arten. Beispiel: **Hepialus humuli** (L.), Hopfenbohrer, manchmal schädlich an Hopfen.

— Fühler mindestens 1/2 Vdflügellänge. Ocellen vorhanden. Kleine Falter (5–16 mm) **33**

33. Htschiene oberseits lang behaart . . . Trugmotten, **Eriocraniidae**
Kleine Falter (9–16 mm). Mit Saugrüssel. Vdflügel mit Jugum [*26*]. März–Mai, im Sonnenschein, manchmal schwärmend. Raupen beinlos, im Blatt von Laubbäumen minierend. 8; **Eriocrania** Zeller.

— Htschiene oberseits glatt beschuppt . . Urmotten, **Micropterigidae**
Kleine Falter (5–12 mm). Mandibeln funktionsfähig. Vdflügel mit Jugum [*26*]. Mai–Juni, tags auf Blüten Pollen fressend. Raupen am Boden, fressen Pflanzenreste, überwintern. 10; **Micropterix** Hübner.

34. Flügel mit großem Augenfleck [*27*] Nachtpfauenaugen, **Saturniidae**
Sehr große Falter (50–80 mm). Jeder Flügel mit großem Augenfleck. **Aglia tau** (L.), Nagelfleck, Falter März–Mai in Buchenwäldern. ♂ fliegt tags. **Saturnia pavonia** (L.), Kleines Nachtpfauenauge, Falter März–Mai auf Heiden. ♂ fliegt tags. Im angrenzenden Gebiet auch **Saturnia spini** (Denis et Schiff.), Mittleres Nachtpfauenauge und **Saturnia pyri** (Denis et Schiff.), Großes oder Wiener Nachtpfauenauge. Verwildert stellenweise **Samia cynthia** (Drury) und **Antheraea yamamai** (Guérin-Menev.) aus Ostasien.

— Flügel ohne auffallende Augenflecke **35**

35. Augen behaart (manchmal nur fein). Basalglied des Labialpalpus spärlich behaart [*28*] . . . . . . Glucken, **Lasiocampidae** S. 436

— Augen nackt. Basalglied des Labialpalpus nicht weniger behaart als Endglieder **36**

36. Vdflügel oberseits am Zellende mit schwarzer Winkelzeichnung Birkenspinner, **Endromidae**
Nur **Endromis versicolora** (L.) (50–70 mm), im März–Mai in Birkengehölzen. ♂ fliegt im Sonnenschein.

— Zellende des Vdflügels ohne Winkelzeichnung Wiesenspinner, **Lemoniidae**
Nur 2; **Lemonia** Hübner (45–50 mm), tagfliegend. Raupen an Löwenzahn, Habichtskraut. Puppe im Boden.

37. Rüssel beschuppt **38**

— Rüssel nackt oder verkümmert **41**

38. Fühler länger als Vdflügel. Kopf und Palpen lang behaart Langhornmotten, **Adelidae**
Kleine Falter (8–23 mm). Fühler viel länger als Vdflügel, besonders beim ♂. Rüssel beschuppt. Vdflügel oft metallisch glänzend. Raupen jung minierend, später in fla-

chem Blattsack in Bodenstreu. 3 Gattungen mit 30 Arten. **Adela reaumurella** (L.) (Vdflügel grüngolden), ♂ im Mai um Laubbäume schwärmend.

— Fühler deutlich kürzer als Vdflügel. Kopf und Palpen meist anliegend beschuppt **39**

39. Mt- und Htschiene oberseits mitten und am Ende behaart [*29*]. Ocellen groß. Fühler schwarz und weiß geringelt . . . . **Choreutidae**

Kleine Falter (9–18 mm). Mit großen Ocellen. Kopf glatt, Rüssel beschuppt. Labialpalpen aufgebogen. Flügel breit. Tagaktiv. 5 Gattungen mit 9 Arten.

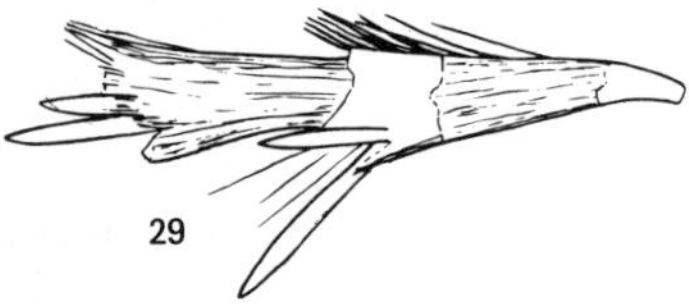

29

Choreutidae, Htschiene.

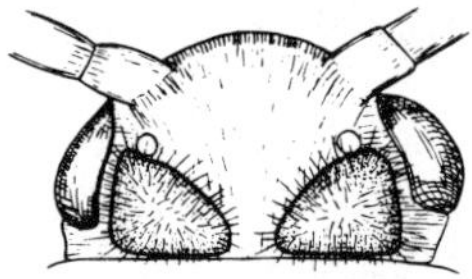

30

Zygaenidae: Adscita, Kopf mit großem Chaetosema.

— Mt- und Htschienen oberseits glatt oder gleichmäßig lang behaart [*22*] **40**

40. Htschiene oberseits glatt. Kopf oft mit Chaetosema. Maxillarpalpen groß, gerade (selten fehlend). Fühlerbasis ohne Schuppenkamm Zünsler, **Pyralidae** S. 429

— Htschiene oberseits ± lang behaart [*22*]. Kopf ohne Chaetosema, Maxillarpalpen klein, über Rüsselbasis gefaltet (selten ganz fehlend). Fühlerbasis manchmal mit Schuppenkamm [*20*] **Gelechioidea** S. 428

41. Chaetosema sehr groß [*30*]. Htschiene glatt, ohne Mtsporne [*31*] Grünwidderchen, **Procridinae (Zygaenidae)** s. **7**

— Chaetosema sehr klein oder fehlend. Htschiene meist mit Mt- und Endsporne **42**

42. Kopf mit Ocellen **43**

— Kopf ohne Ocellen **52**

43. Htleib rot oder gelb, oberseits mit dunkler Mtlinie oder Fleckenreihe [*32*]. Große Falter (20–80 mm) . . Bärenspinner, **Arctiidae** S. 440

— Htleib einfarbig, meist grau, ohne Mtlinie oder Fleckenreihe. Oft kleine Falter unter 20 mm **44**

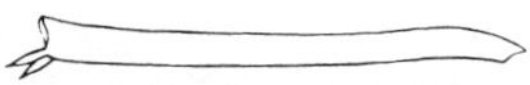

Zygaenidae: Adscita, Htschiene.

31

32

Arctiidae: Arctia Htleib.

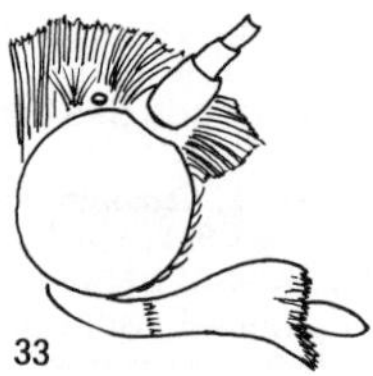

33

Tortricidae, Kopf mit Ocellus u. Chaetosema.

44. Chaetosema klein, direkt hinter Ocellus. Schuppen in unterer Gesichtshälfte aufwärts gerichtet (von Rüsselbasis weg) [*33*]
Wickler, **Tortricidae**

Kleine Falter (9–30 mm). Mit Ocellen und Chaetosema [*33*]. Flügel breit [*13*]. Raupen an lebenden Pflanzen, oft polyphag; in Blattwickeln, Trieben, Blüten, Früchten, manchmal Gallen. Puppen mit Hakenkränzen, beim Schlüpfakt halb aus dem Gespinst geschoben. 120 Gattungen mit über 500 Arten. Viele Schädlinge an Laub- und Nadelgewächsen: z. B. Trauben-, Erbsen-, Apfel-, Tannen-, Eichenwickler.

— Kopf ohne Chaetosema. Alle Gesichtsschuppen abwärts gerichtet (zur Rüsselbasis hin) **45**

45. Htschienen anliegend beschuppt oder ganz kurz behaart . . **46**

— Htschienen lang behaart **49**

46. Scheitel und Palpen auffallend struppig. Stirnbreite 3× Augendurchmesser . . . . Bohrmotten, **Ochsenheimeriidae**

Kleine Falter (10–14 mm). Augen klein, weit auseinanderliegend. Ocellen groß. Fühler manchmal durch Schuppen stark verdickt. Raupen bohren in Gräsern. 5; **Ochsenheimeria** Hübner; **O. taurella** (Denis et Schiff.) und **O. vacculella** Fischer von Rösl. manchmal schädlich in Roggen und Weizen.

— Scheitel und Palpen ± glatt beschuppt. Stirnbreite weniger als 2× Augendurchmesser **47**

47. Vdflügel meist wie [*35*], mit silberner Häkchenzeichnung. Fühlerbasis ohne Schuppenkamm . . . . Rundstirnmotten, **Glyphipterigidae**

Kleine Falter (6–15 mm). Mit Ocellen. Maxillarpalpen verkümmert. Vdflügel ähnlich [*35*]. Tagaktiv. Sitzender Falter mit charakteristischem Wippen. 8; **Glyphipterix** Hübner.

34

Noctuidae, bedorntes Tarsalglied.

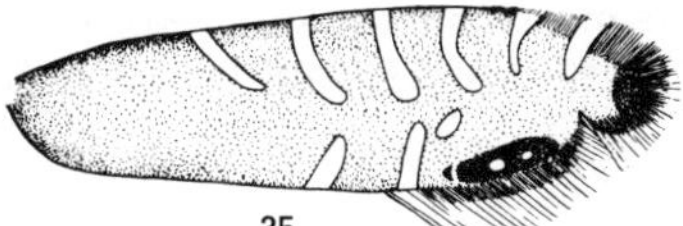

35

Glyphipterigidae: Glyphipterix, Vdflügel.

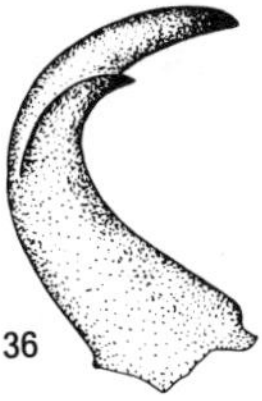

36

Noctuidae, Fußkralle mit Nebenkralle.

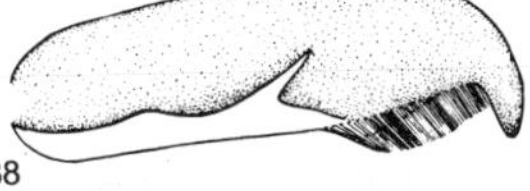

38

Plutellidae: Ypsolopha, Vdflügel.

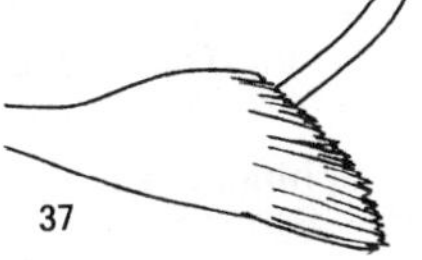

37

Plutellidae: Plutella, Labialpalpus.

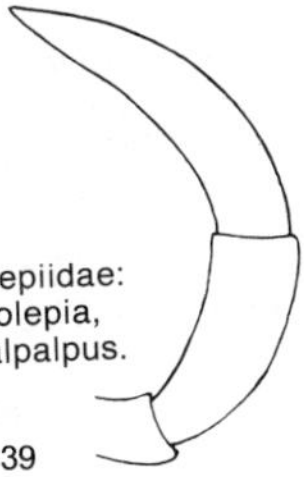

39

Acrolepiidae: Acrolepia, Labialpalpus.

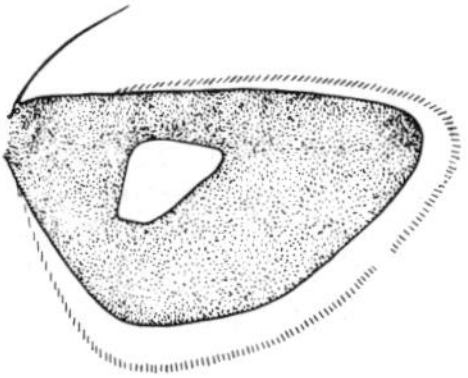

40

Brachodidae: Brachodes, Htflügel.

— Vdflügel anders gezeichnet. Fühlerbasis meist mit Schuppenkamm [*20*] **48**

48. Mtglied des Labialpalpus mit großer Bürste [*37*] . . . **Plutellidae**
Kleine Falter (12–30 mm). Mit Ocellen. Fühler in Ruhestellung nach vorn gerichtet. Labialpalpen vorn mit Schuppenbusch, Endglied aufgerichtet [*37*]. 5 Gattungen mit 25 Arten. **Plutella** Schrank an Kreuzblütlern; **P. xylostella** (L.), Kohlschabe, weltweit, Raupe oft schädlich an Kohl. 15; **Ypsolopha** Latr. (manchmal mit sichelförmiger Vdflügelspitze [*38*]).

— Mtglied des Labialpalpus einfach, ohne Bürste [*39*] **Acrolepiidae**
Kleine Falter (10–15 mm). Mit Ocellen. Labialpalpen dünn, aufgebogen [*39*]. Raupen minieren in Korbblütlern, Nachtschatten- und Liliengewächsen. 3 Gattungen mit 10 Arten. **Acrolepiopsis assectella** (Zeller), Zwiebelmotte, manchmal schädlich.

49. Ocellen um Fühlerbreite vom Augenrand entfernt **50**

— Ocellen direkt am Augenrand **51**

50. Htflügel schwarz mit weißen Fransen und Mtfleck [*40*] **Brachodidae**
Mittelgroße Falter (12–20 mm). Mit großen Ocellen. Kopf und Labialpalpen dicht behaart (♂) oder anliegend beschuppt (♀). Fühler des ♂ kammzähnig. Rüssel nackt. Htflügel breit [*40*]. 2; **Brachodes** Guenée, südlich verbreitet.

— Alle Flügel einfarbig, Vdflügel manchmal mit schwachem Gittermuster . . . . Sackträger, **Psychidae**
Kleine bis mittelgroße Falter (7–28 mm). Mundteile stark verkümmert. Flügel schwach beschuppt, schwärzlich oder grau. ♀ meist ungeflügelt, verbleibt im oder am Raupensack, wo Begattung und Eiablage erfolgen; manchmal parthenogenetisch. Raupen in arteigenem, mit Erd- oder Pflanzenteilchen bekleidetem Sack. 20 Gattungen mit 40 Arten.

51. Im Htflügel Sc etwa am Zellende stark Rs genähert [*42*]
Zahnspinner u. Prozessionsspinner, **Notodontidae** S. 438

— Im Htflügel Sc und Rs manchmal ein Stück verschmolzen, vom Trennungspunkt oder direkt von Basis divergierend [*41, 43*]
Eulen, **Noctuidae** S. 441

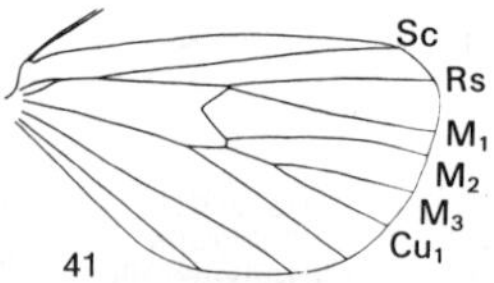

41

Noctuidae: Pseudoips, Htflügel Geäder.

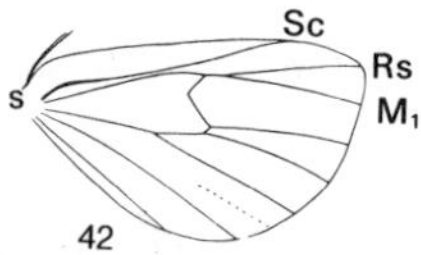

42

Notodontidae: Clostera, Htflügel Geäder.

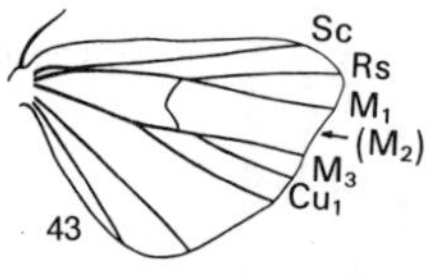

43

Noctuidae: Spodoptera, Htflügel Geäder.

52. 1. Tarsalglied der Mt- und Htbeine etwa so lang wie Schiene **53**

— 1. Tarsalglied der Htbeine höchstens ⅔ so lang wie Schiene **54**

53. Kleine Art (15 mm). Vdflügel wie [*44*] Fensterschwärmer, **Thyrididae**
Nur **Thyris fenestrella** (Scop.) (Flügel rotbraun mit milchigen Fensterflecken [*44*]). Raupe mit wanzenartigem Geruch, an Blättern der Waldrebe.

— Große Arten (über 40 mm) . . . . Schwärmer, **Sphingidae** S. 437

54. Labialpalpus mit einzeln abstehenden borstenartigen Schuppen [*46*] **55**

— Labialpalpus nie einzeln beborstet; meist anliegend, manchmal abstehend behaart oder beschuppt **56**

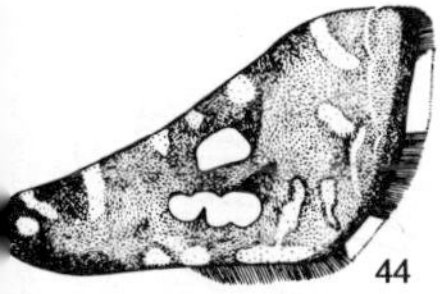
44

Thyrididae: Thyris fenestrella, Vdflügel

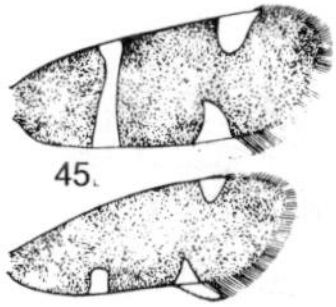
45

Incurvariidae: Lampronia, Vdflügel.

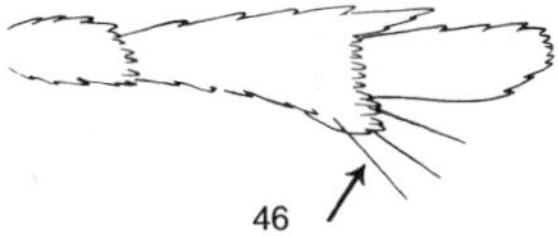
46

Incurvariidae, Labialpalpus mit abstehenden Schuppen.

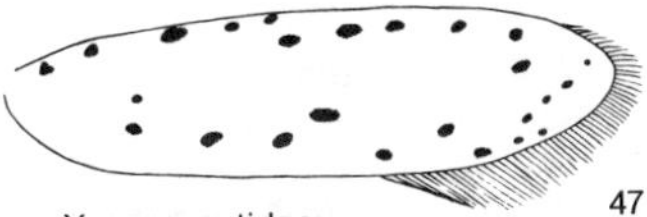
47

Yponomeutidae: Yponomeuta, Vdflügel.

55. Mtsporne der Htschiene hinter Schienenmitte [*22*]. Kopf gelb. Vdflügel meist wie [*45*] . . . . Miniersackmotten, **Incurvariidae**
Kleine Falter (7–18 mm). Fühlerbasis mit oder ohne Schuppenkamm [*20*], Fühler des ♂ zuweilen kammzähnig. Rüssel nackt. Labialpalpus mit einzelnen lang abstehenden Schuppen [*46*]. Vdflügel wie [*45*] oder zeichnungslos. Raupen jung minierend, später in flachem Blattsack in Bodenstreu; manchmal lebenslang minierend oder in Sprossen und Früchten bohrend. Wenige Gattungen mit 20 Arten.

— Mtsporne der Htschiene vor Schienenmitte [*17*]. Kopf selten gelb. Vdflügel nie wie [*45*] . . . . Echte Motten, **Tineidae**
Kleine Falter (8–45 mm), meist sehr beweglich. Kopf rauh behaart, Labialpalpus mit einzeln abstehenden Schuppen [*46*]. Raupen an Flechten, Pilzen, tierischen Produkten, manchmal in Vogelnestern; Vorrats- und Materialschädlinge. 25 Gattungen mit 60 Arten. Wichtig: **Nemapogon granellus** (L.), Kornmotte (Vdflügel braun und weiß gemischt). **Trichophaga tapetzella** (L.), Tapetenmotte (Vdflügel weiß, Wurzeldrittel schwarz). **Tineola bisselliella** (HUMMEL), Kleidermotte (Vdflügel glänzend ockergelb). **Tinea pellionella** L., Pelzmotte (Vdflügel graugelb), Raupe in Köcher. **Oinophila v-flavum** (HAWORTH), Weinkellermotte, manchmal schädlich an Flaschenkork.

56. Fühlerbasis mit Schuppenkamm [*20*] **57**

— Fühlerbasis ohne Schuppenkamm, höchstens unregelmäßig behaart **58**

57. Vdflügel grünlich, metallisch bronze oder kupferig. Scheitel gelb **Roeslerstammiidae**
Kleine Falter (12–15 mm). Scheitel rauh behaart. Ohne Ocellen. Fühlerbasis mit Schuppenkamm [*20*]. Labialpalpen dünn, Maxillarpalpen verkümmert. Htflügel oval. Raupen an Linde, jung minierend, später in unterseitigem Gespinst. 2; **Roeslerstammia** ZELLER.

— Vdflügel anders gefärbt, meist weißlich oder grau. Scheitel selten gelb . . . . Gespinstmotten, **Yponomeutidae**
Kleine Falter (9–25 mm). Ohne Ocellen. Labialpalpen kurz, gebogen; Maxillarpalpen rückgebildet. 11 Gattungen mit 23 Arten. 8; **Yponomeuta** LATR. (Vdflügel meist weiß mit schwarzen Flecken [*47*]), Raupen gesellig an Rosengewächsen, Weide, Pfaffenhütchen u. a.

58. Rüssel fehlend oder stark verkümmert und nicht sichtbar . . **59**

— Rüssel immer deutlich sichtbar **63**

59. Falter einfarbig, schwärzlich oder grau. Flügel dünn beschuppt, Schuppen haarartig. Kopf und Körper lang zottig behaart
Sackträger, **Psychidae** s. **50**

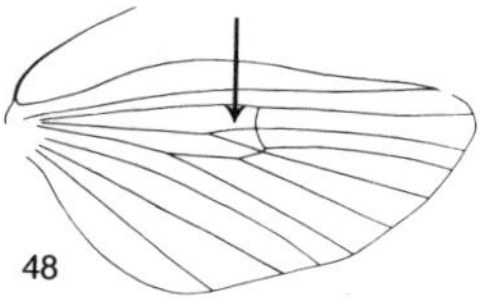

Cossidae: Phragmataecia, Htflügel Geäder.

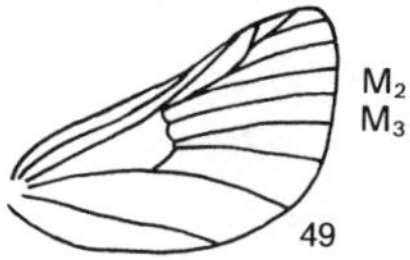

Notodontidae: Clostera, Vdflügel Geäder.

Lymantriidae: Elkneria, Vdflügel Geäder.

— Vdflügel meist mit deutlicher Zeichnung. Flügel meist dicht beschuppt; wenn dünn, dann breite Schuppen zwischen haarartigen Schuppen **60**

60. Htflügel mit Anhangszelle [*48*] . . . . . . Holzbohrer, **Cossidae**
Große bis sehr große Falter (30–95 mm). Mundteile verkümmert. Raupen in Holz bohrend. 5 Gattungen mit 6 Arten. **Cossus cossus** (L.), Weidenbohrer (Raupe dick, violett), in Weide, Obstbäumen. **Zeuzera pyrina** (L.), Blausieb (Vdflügel weiß mit blauen Flekken). **Parahypopta caestrum** (Hübner) manchmal schädlich in Spargelwurzeln.

— Htflügel ohne Anhangszelle **61**

61. Fühler fadenförmig. Falter 14 bis 30 mm Asselspinner, **Limacodidae**
Falter unscheinbar, gelb-braun. Raupen schneckenartig, ohne Bauchbeine und Nachschieber [*105*]. Puppenkokon eiförmig, öffnet sich wie Fliegentönnchen mit Deckel. 2 Arten, z. B. **Apoda limacodes** (Hufn.).

— Fühler mit langen (♂) oder kurzen (♀) Kammzähnen. Falter meist über 30 mm **62**

62. Im Vdflügel M_2 und M_3 parallel [*49*]
Zahnspinner u. Prozessionsspinner, **Notodontidae** S. 438

— Im Vdflügel M_2 basal stark an M_3 genähert [*50*]
Trägspinner, **Lymantriidae** S. 439

63. Kleine Falter (15 mm). Vdflügel mit Fleckchen aufgerichteter Schuppen . . . . **Carposinidae**
Ohne Ocellen. Fühler des ♂ lang bewimpert. Labialpalpen vorgestreckt, beim ♀ kürzer, Maxillarpalpen verkümmert. Vdflügel mit Schuppenhöckern; Htflügel breit, ähnlich [*13*]. Raupen in Früchten von Berberitze, Rose. Nur 2; **Carposina** Herrich-Schäffer.

— Größere Falter (über 20 mm) **64**

64. Kopf mit Chaetosema (meist anliegend beschuppt)
Spanner, **Geometridae** S. 435

— Kopf ohne Chaetosema (oft dicht behaart) **65**

65. Im Htflügel Sc und Rs von Basis leicht divergierend [*54*]
Schilfwickler, **Orthotaeliidae**
Nur **Orthotaelia sparganella** (Thunb.) (klein, 18–30 mm; ohne Ocellen; Labialpalpus lang aufgebogen; Vdflügel braun), Raupe in Wasserpflanzen.

— Im Htflügel Sc und Rs einander genähert oder miteinander verbunden [*41, 43, 51–53*] **66**

66. Im Htflügel Sc und Rs von Basis an verschmolzen, M_2 manchmal fehlend [*53*]. Flügel oft gelb . . . . . . **Arctiidae: Lithosiinae** S. 440

— Im Htflügel Sc und Rs zumindest basal getrennt, M_2 vorhanden [*41, 43, 51, 52*] **67**

67. Schienen dicht behaart . . . . Eulenspinner, **Thyatiridae**
Wenige Gattungen. **Thyatira batis** (L.), Roseneule (Vdflügel olivbraun mit 5 rosaroten Flecken).

— Mindestens Mt- und Htschienen anliegend beschuppt **68**

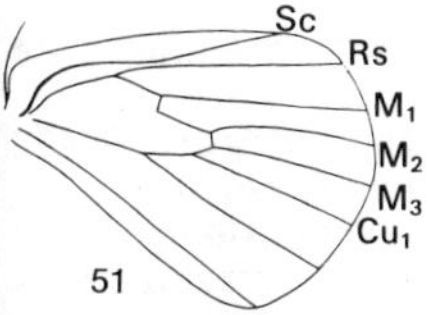

Drepanidae: Drepana, Htflügel Geäder.

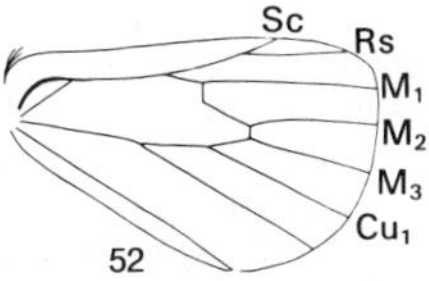

Drepanidae: Cilix, Htflügel Geäder.

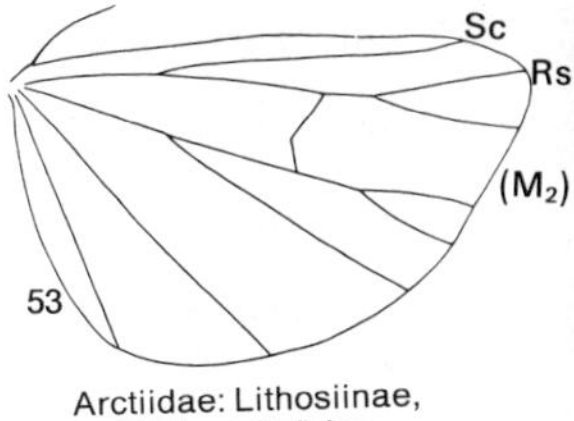

Arctiidae: Lithosiinae, Htflügel Geäder.

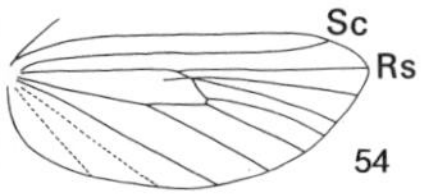

Orthotaeliidae: Orthotaelia sparganella, Htflügel Geäder.

Drepanidae: Drepana, Vdflügel.

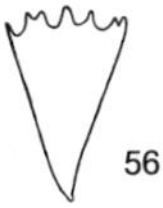

Geometridae: Lycia, Flügelschuppe des ♀.

68. Im Htflügel Rs–Cu_1 getrennt [*51, 53*]. Vdflügel oft wie [*55*] Sichelflügler, **Drepanidae**

Kleine bis mittelgroße Falter (20–40 mm). 6; **Drepana** SCHRANK (Vdflügelspitze vorgezogen [*55*]). **Cilix glaucata** (SCOP.) (Vdflügel weiß, Spitze gerundet), Raupe ohne Nachschieber, an Laubholz.

— Im Htflügel Rs und M_1 bzw. M_3 und Cu_1 aus einem Punkt oder gestielt [*41, 43*] . . . . Eulen, **Noctuidae** S. 441

69. Beine normal gegliedert. Tier Puppenhülle verlassend . . . **70**

— Beine, Fühler und Mundteile verkümmert. Tier raupenähnlich, Puppenhülle nicht verlassend, in ihr Eier ablegend. Puppe in festem, verschieden bekleidetem Sack . . . . **Psychidae** s. **50**

70. Flügel völlig fehlend **71**

— Wenigstens Reste des Vdflügels vorhanden **72**

71. Fühler höchstens ¼ Körperlänge. Körper unter 5 mm. Tier auf Puppenhülle sitzend . . . . **Psychidae** s. **50**

— Fühler über ½ Körperlänge, Körper etwa 10 mm. Tier frei laufend **72**

72. Alle Beine ohne Sporne
Acentria ephemerella (DENIS ET SCHIFF.) **(Pyralidae)** S. 429

— Wenigstens Endsporne an Mt- und Htschiene **73**

73. Htschiene ohne Mtsporne **74**

— Htschiene mit Mtspornen **76**

74. Flügel und Körper nur behaart. Fühler kurz kammzähnig. Beine sehr kurz **75**

— Flügel und Körper mit Haaren und breiten Schuppen [*56*]. Fühler lang, fadenförmig. Beine über ½ Körperlänge
Lycia HÜBNER, **Apocheima** HÜBNER **(Geometridae)** S. 435

75. Flügel ganz kurze Lappen . . **Orgyia** OCHS. **(Lymantriidae)** S. 440

— Flügel etwa ½ Körperlänge
Penthophera GERMAR **(Lymantriidae)** S. 440

76. Ocellen vorhanden **77**

— Ocellen fehlen **78**

77. Fühler kürzer als Flügel. Falter im Herbst
Exapate HÜBNER **(Tortricidae)** s. 44
— Fühler länger als Flügel. Falter im Frühjahr
Cheimophila HÜBNER **(Oecophoridae)** s. S. 428
78. Labialpalpen Kopf nach vorn überragend. Flügel länger als Körper
Diurnea HAWORTH **(Oecophoridae)** S. 428
— Labialpalpen kurz, unter Kopf verborgen. Flügel meist kürzer als Körper, manchmal fehlend. Falter in kalter Jahreszeit
Frostspanner **(Geometridae), Operophtera** HÜBNER, **Alsophila** HÜBNER, **Agriopis** HÜBNER, **Erannis** HÜBNER S. 435

Überfamilie: **Gelechioidea**

Meist kleine Falter (6–30 mm), oft sehr beweglich, schnell laufend. Kopf ± glatt beschuppt, meist ohne Ocellen. Fühlerbasis mit od. ohne Schuppenkamm [*20, 61*]. Rüssel beschuppt. Labialpalpen meist sichelartig aufgebogen, Maxillarpalpen klein, über Rüsselbasis gefaltet. Htschienen oberseits meist lang behaart. Vdflügel mit oder ohne CuP; Htflügel breit, manchmal mit vorgezogener Spitze [*59*], oder schmal, lanzettlich [*12*]. Raupen minierend, bohrend od. zwischen versponnenen Blättern und Trieben. Puppen ohne Hakenkränze, verbleiben beim Schlüpfen des Falters im Substrat.

1. Htleib oberseits mit schuppenfreien, fein bedornten Zonen [*57*] **2**
— Htleib voll beschuppt, nicht bedornt **3**
2. Htleibssegmente mit Paar bedornter Flecke [*57*]. Fühlerbasis häufig mit Schuppenzahn [*58*] . . . . Sackträgermotten, **Coleophoridae**
Kleine Falter (8–18 mm). Ohne Ocellen. Htflügel lanzettlich. Htleib oberseits mit kahlen, fein bedornten Flecken [*57*]. 4 Gattungen mit über 150 Arten. 150; **Coleophora** HÜBNER (Fühler in Ruhe nach vorn gerichtet, Fühlerbasis meist mit Schuppenzahn [*58*]). Raupen in arteigenen Säcken, minierend, oft monophag.
— Htrand der Htleibssegmente mit schmalem Band feiner Dornen. Fühlerbasis mit Schuppenkamm [*20*] . . . . **Blastobasidae**
Kleine Falter (10–15 mm). Ohne Ocellen. Fühlerbasis mit Schuppenkamm, beim ♂ oberseits mit Kerbe. Vdflügel grau; Htflügel schmal. Htleibssegmente mit schmalem Band feiner Dornen. 2 Gattungen mit 5 Arten.
3. Htflügel breit, Vdrand und Htrand parallel, manchmal Spitze vorgezogen [*59*] **4**
— Htflügel schmal, gleichmäßig zugespitzt, ähnlich [*12*] **5**
4. Fühlerbasis mit Schuppenkamm [*20*]. Vdflügel mit CuP; Htflügelspitze nicht vorgezogen . . . . **Oecophoridae**
Kleine Falter (10–30 mm). Selten mit Ocellen. Fühlerbasis oft mit Schuppenkamm. Vdflügel mit CuP; Htflügel breit, Spitze nicht vorgezogen, oder schmal. 30 Gattungen mit 130 Arten. **Hofmannophila pseudospretella** (STAINTON) (20 mm; braun) und **Endrosis sarcitrella** (L.), Kleistermotte (18 mm; graubraun, Kopf und Thorax weiß), häufig im Haus; Raupen in getrockneten Vorräten u. a.
— Fühlerbasis ohne Schuppenkamm. Vdflügel ohne CuP; Htflügelspitze oft vorgezogen [*59*] . . . . Palpenmotten, **Gelechiidae**
Kleine Falter (8–20 mm). Mit oder ohne Ocellen. Fühlerbasis meist ohne Schuppenkamm. Vdflügel ohne CuP; Htflügel breit, meist mit vorgezogener Spitze [*59*]. 70 Gattungen mit 250 Arten.
5. Kopf mit überwiegend breiten Schuppen [*60b*] **6**
— Kopf mit überwiegend schmalen Schuppen [*60a*] **7**
6. Fühlerbasis meist mit einzelner Schuppe [*61*] **Cosmopterigidae**

57 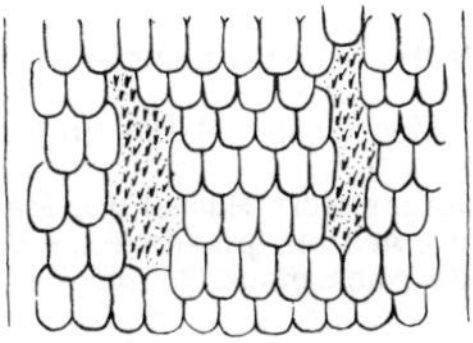

Colephoridae: Coleophora, Htleibssegment mit bedornten Flecken.

58 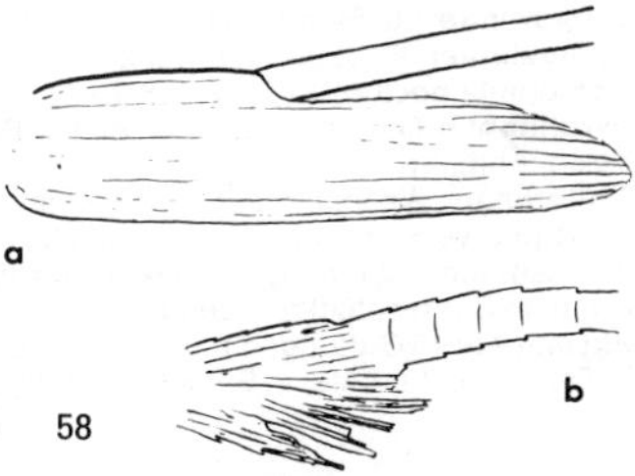

Coleophoridae: Coleophora, Fühlerbasis mit Schuppenzahn.

59 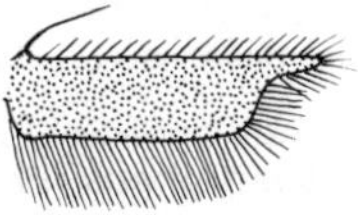

Gelechiidae, Htflügel mit vorgezogener Spitze.

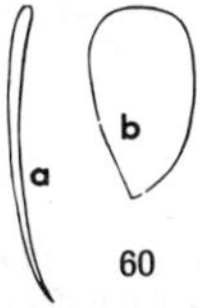

60

Kopfschuppen, a) Scythrididae, b) Cosmopterigidae.

61 

Cosmopterigidae: Cosmopterix, Fühlerbasis mit einzelner Schuppe.

Kleine Falter (9–20 mm). Ohne Ocellen. Fühlerbasis mit Schuppenkamm oder einzelner Schuppe [*20, 61*]. Htflügel lanzettlich, Fransen lang. Raupen meist minierend. 8 Gattungen mit 15 Arten.

— Fühlerbasis immer mit Schuppenkamm [*20*] Fransenmotten, **Momphidae**

Kleine Falter (10–20 mm). Ohne Ocellen. Fühlerbasis mit Schuppenkamm. Vdflügel mit Fleckchen aufgerichteter Schuppen; Htflügel lanzettlich, Fransen lang. Nur 15; **Mompha** HÜBNER, Raupen an Weidenröschen.

7. Mtsporne der Htschiene vor Schienenmitte **8**

— Mtsporne der Htschiene hinter Schienenmitte [*22*] **Scythrididae**

Kleine Falter (10–20 mm). Ohne Ocellen. Fühlerbasis mit oder ohne Schuppenkamm. Kopfschuppen schmal [*60a*]. Vdflügel oft erzgrün, glänzend; Htflügel schmal. Viele Gebirgsbewohner. Nur 40; **Scythris** HÜBNER.

8. Sehr kleine Falter (6–12 mm) . . Grasminiermotten, **Elachistidae**

Ohne Ocellen. Fühlerbasis mit Schuppenkamm. Maxillarpalpen verkümmert. Htflügel lanzettlich [*12*]. Raupen minieren in Gräsern. 6 Gattungen mit 65 Arten.

— Größere Falter, selten unter 12 mm . . . . . **Oecophoridae** S. **4**

Familie: **Pyralidae,** Zünsler

Kleine bis große Falter (10–35 mm). Mit oder ohne Ocellen. Meist mit Chaetosema. Rüssel beschuppt, selten verkümmert. Labialpalpen aufgebogen oder vorgestreckt, Maxillarpalpen meist deutlich. Htleibsbasis mit Tympanalorgan. 110 Gattungen mit 300 Arten. Wichtige Unterfamilien:

Crambinae (Vdflügel oft ähnlich [*62*]): häufig, Falter oft kopfabwärts an Gräsern ruhend.

Schoenobiinae (große Falter; Rüssel verkümmert): Raupen in Gräsern, Schilf. 3 Gattungen mit 4 Arten.

Acentropinae: Raupen aquatisch. 5 Gattungen mit 6 Arten. **Elaphila nymphaeata** (L.), Raupe jung minierend, später in Blattsack an Wasserpflanzen. **Acentria ephemerella** (DENIS ET SCHIFF.) manchmal mit kurzflügeligem ♀, Raupe in Wasserpest u. a.

Scopariinae: 20; **Scoparia** HAWORTH u. a., viele ähnliche Arten.
Pyraustinae: 28 Gattungen mit 90 Arten. **Ostrinia nubilalis** (HÜBNER), Maiszünsler. Häufig **Nomophila noctuella** (DENIS ET SCHIFF.).
Pyralinae: 6 Gattungen mit 11 Arten. **Pyralis farinalis** L., Mehlzünsler, Raupe an Mehl, Stroh, Abfällen.
Galleriinae, Wachsmotten (keine Ocellen; Labialpalpen vorgestreckt, Rüssel und Maxillarpalpen verkümmert): Raupen in Nestern von Hautflüglern. **Achroia grisella** (F.), Kleine Wachsmotte (20 mm; grau), **Galleria mellonella** (L.), Große Wachsmotte (30 mm; violettgrau), in Bienenstöcken schädlich.
Phycitinae: 45 Gattungen mit 80 Arten. 6; **Ephestia** GUENÉE, Vorratsschädlinge. **E. kuehniella** ZELLER, Mehlmotte, in Speichern, Bäckereien.

Familie: **Hesperiidae,** Dickköpfe

Mittelgroße Falter (20–30 mm). Mit großem Kopf. Fühlerbasis mit Haarpinsel [*9*]. Raupen meist nächtlich an Gräsern. Viele Gattungen mit 20 Arten.

1. Htflügel unterseits mit Spiegelflecken [*63*]. Vdschiene ohne Schienenblatt . . . . Spiegelchen, **Heteropterus morpheus** (PALLAS)
Nur stellenweise, in lichten Buchenwäldern.

— Htflügel unterseits ohne Spiegelflecke **2**

2. Flügel schwärzlich mit hellen Würfelflecken
Pyrgus HÜBNER u. verwandte Gattungen

— Flügel gelbbraun, meist ungefleckt
Thymelicus HÜBNER u. verwandte Gattungen
Z. B. **T. sylvestris** (PODA) (Vdflügel mit dünnem kommaartigem Duftfleck); **Hesperia comma** (L.), Kommafalter (mit dickem Duftfleck).

Familie: **Papilionidae,** Schwalbenschwänze u. Apollofalter

Große bis sehr große Falter.

1. Htflügel mit langem Schwänzchen [*65*] . Schwalbenschwänze **2**

— Htflügel rund, ohne Schwänzchen . . . . Apollofalter **3**

2. Adern im Vdflügel schwarz betont [*65*]
Schwalbenschwanz, **Papilio machaon** L.
Schwefelgelb mit schwarzer Zeichnung. Raupe an Schirmblütlern, manchmal in Gärten an Möhre.

— Adern im Vdflügel dunkel eingefaßt [*64*]
Segelfalter, **Iphiclides podalirius** (SCOP.)
Blaßgelb, Vdflügel mit schwarzer Querzeichnung. Raupe an Schlehe, Weißdorn, Pflaume, Kirsche.

3. Alle Flügel ohne rote Flecke
Schwarzer Apollo, **Parnassius mnemosyne** (L.)
Im Alpengebiet. Raupe an Lerchensporn.

— Wenigstens Htflügel mit roten Flecken **4**

4. Nur Htflügel mit roten Flecken Apollofalter, **Parnassius apollo** (L.)
In Mittelgebirgen u. Alpen. Raupe an Fetthenne.

— Vdflügel u. Htflügel mit roten Flecken
Alpenapollo, **Parnassius phoebus** (F.)
Hochalpen. Raupe an Steinbrech.

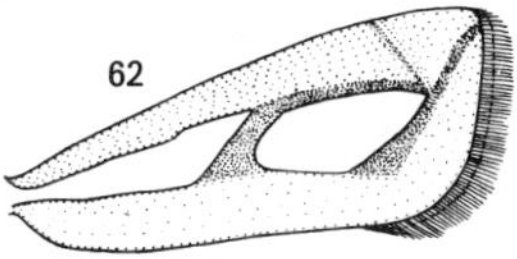
62

Pyralidae: Crambus, Vdflügel.

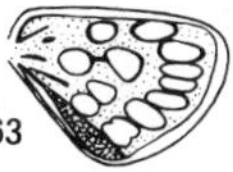
63

Hesperiidae: Heteropterus morpheus, Htflügel Unterseite.

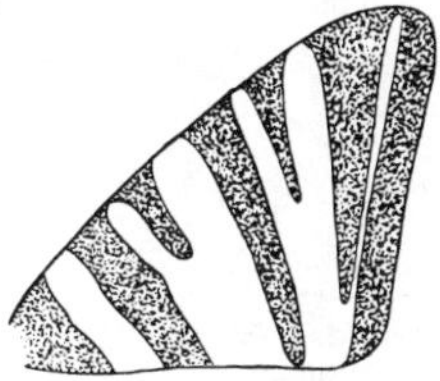
64

Papilionidae: Iphiclides podalirius, Vdflügel.

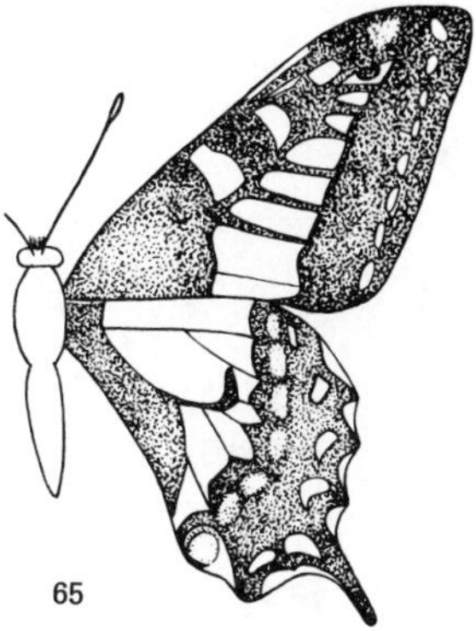
65

Papilionidae: Papilio machaon.

Familie: **Pieridae,** Weißlinge u. Gelblinge

Meist weiße od. gelbe, große Falter. Alle Beine mit gespaltenen Fußkrallen [*10a*]. Raupen kurz behaart, meist an Kreuzblütlern (Weißlinge) od. Schmetterlingsblütlern (Gelblinge). Gürtelpuppen.

1. Flügel mit scharfer Ecke [*66*], gelb (♂) od. grünlichweiß (♀), Flügelmitte mit orangefarbenem Fleck
Zitronenfalter, **Gonepteryx rhamni** (L.)
Raupe an Faulbaum.

— Flügelrand ohne scharfe Ecken [*68–73*] 2

2. Fühler u. Flügelfransen rot. Htflügel unterseits meist mit silbrigem 8-Fleck [*67*] . . . . Gelblinge, **Colias** F.
7 Arten, darunter **C. croceus** (Geoffroy), Posthörnchen (Flügel orange), Wanderfalter; **C. hyale** (L.), Goldene Acht (Flügel gelb od. weißlich).

— Fühler u. Flügelfransen nicht rot 3

3. Htflügel unterseits grün gesprenkelt 4

— Htflügel unterseits weiß od. gelblich, manchmal grau bestäubt 5

4. Vdflügelspitze gleichmäßig verdunkelt [*68*], beim ♂ leuchtend orangerot . . . . Aurorafalter, **Anthocharis cardamines** (L.)
April–Mai. Raupe an Wiesenschaumkraut.

— Verdunklung der Vdflügelspitze in Flecke aufgelöst [*69*]
Resedafalter, **Pontia daplidice** (L.)
Im Alpengebiet auch **P. callidice** Esper, Alpenweißling (mit schmalerem Zellendfleck).

5. Zelle des Vdflügels auffallend kurz [*70*]
Senfweißling, **Leptidea sinapis** (L.)
Zarter Falter, oft auf Waldwiesen.

— Zelle des Vdflügels von etwa halber Flügellänge 6

6. Flügel dünn beschuppt, pergamentartig, weiß mit schwarzen Adern
Baumweißling, **Aporia crataegi** (L.)
Raupe an Weißdorn, Obstbäumen.

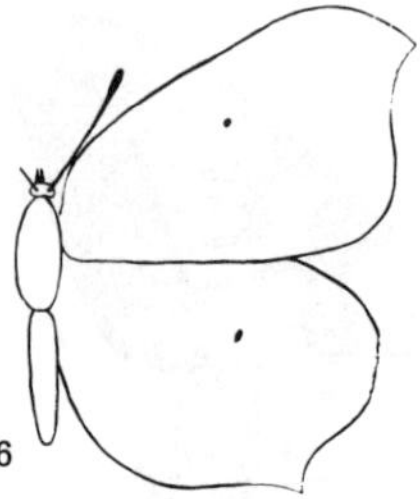

66

Pieridae: Gonepteryx rhamni.

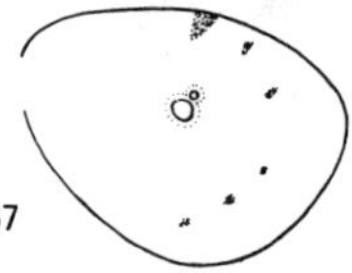

67

Pieridae: Colias, Htflügel Unterseite.

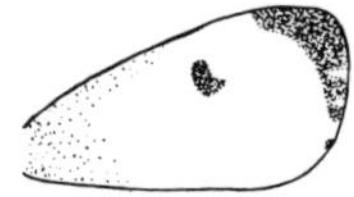

68

Pieridae: Anthocharis cardamines, ♀ Vdflügel.

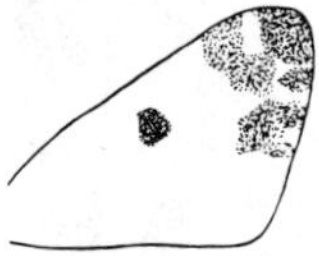

69

Pieridae: Pontia, Vdflügel.

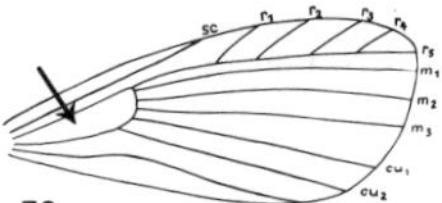

70

Pieridae: Leptidea sinapis, Vdflügel Geäder.

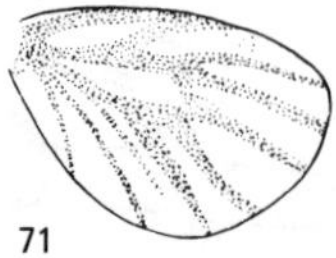

71

Pieridae: Pieris napi, Htflügel Unterseite.

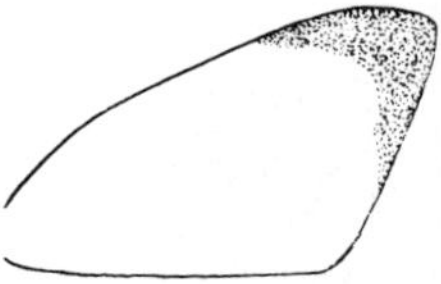

72

Pieridae: Pieris brassicae, ♂ Vdflügel.

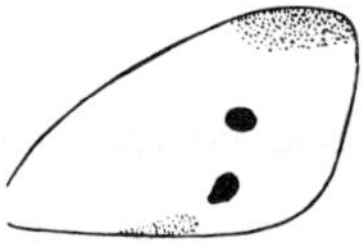

73

Pieridae: Pieris rapae, ♀ Vdflügel.

— Beschuppung normal, Adern nicht schwarz, Vdflügelspitze meist verdunkelt [*72, 73*] . . . . Weißlinge, **Pieris** SCHRANK

a) Htflügel unterseits längs der Adern grau bestäubt [*71*]: **P. napi** (L.), Rapsweißling. Im Alpengebiet auch der sehr ähnliche Bergweißling, **P. bryoniae** OCHS.

b) Htflügel unterseits einfarbig, Vdflügelspitze schwarz bis über Mitte des Außenrandes [*72*]: **P. brassicae** (L.), Großer Kohlweißling, Raupe an Kohlarten.

c) Htflügel unterseits einfarbig, Vdflügelspitze oft kaum schwarz [*73*], Schwärzung selten bis Mitte des Außenrandes reichend: **P. rapae** (L.), Rübenweißling, Kleiner Kohlweißling, Raupe grün, an Kohlarten, oft auch an Kapuzinerkresse.

Familie: **Lycaenidae,** Zipfelfalter, Bläulinge u. Feuerfalter

Kleine bis mittelgroße Falter (20–40 mm). Augen weiß umrandet [*11*]. ♂ u. ♀ oft unterschiedlich gefärbt. Raupen mit kleinem Kopf u. asselförmigem Körper [*117*], meist versteckt lebend, oft in Ameisensymbiose.

1. Beide Flügelpaare unterseits leuchtend grün
Brombeerzipfelfalter, **Callophrys rubi** (L.)

— Flügel unterseits nicht grün **2**

2. Htflügel mit feinem Schwänzchen [*74*] . . . . Zipfelfalter

4 Gattungen mit 7 Arten, darunter **Quercusia quercus** (L.), Eichenzipfelfalter (oberseits mit Blauschiller); **Thecla betulae** (L.), Nierenfleck (Vdflügel oberseits mit nierenförmigem orangefarbigem Fleck).

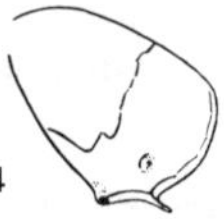
74

Lycaenidae: Zipfelfalter, Htflügel Unterseite.

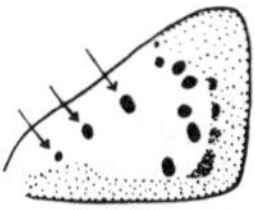
75

Lycaenidae: Feuerfalter, Vdflügel Unterseite.

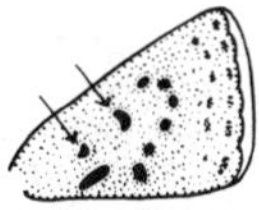
76

Lycaenidae: Bläuling, Vdflügel Unterseite.

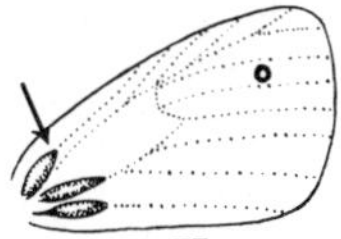
77

Nymphalidae: Satyrinae, Coenonympha, Vdflügel.

— Htflügel nicht geschwänzt 3

3. Flügel meist feuerrot mit schwarzen Punkten. Vdflügel unterseits nahe Basis mit 3 Punkten in Linie [*75*] . . . . Feuerfalter
4 Gattungen mit 7 Arten, Raupen an Ampfer. Überall häufig **Lycaena phlaeas** (L.), Kleiner Feuerfalter (25 mm); selten **L. virgaureae** (L.), Dukatenfalter (30 mm), auf Wiesen.

— Flügel blau od. braun, nie leuchtend feuerrot. Vdflügel unterseits nahe Basis mit nur 2 Punkten [*76*] . . . . Bläulinge
Viele Gattungen mit 35 Arten. Überall häufig **Polyommatus icarus** (Rott.), Hauhechelbläuling.

Familie: **Nymphalidae,** Fleckenfalter u. Augenfalter

Große Falter. Hierher die bekanntesten u. häufigsten Tagfalter. Vdbeine beider Geschlechter krallenlose Putzpfoten [*8*]; Falter sitzen auf nur 4 Beinen. Raupen glatt, nächtlich an Gräsern **(Satyrinae),** od. mit verzweigten Dornborsten od. Kopfhörnern **(Nymphalinae).** Stürzpuppen.

1. An Vdflügelbasis 1 od. mehrere Adern blasig aufgetrieben [*77*]
Augenfalter, **Satyrinae** 2

— Vdflügeladern basal nicht blasig. Flügel nur selten mit Augenflecken
Fleckenfalter, **Nymphalinae** 8

2. Augen behaart
3 Gattungen mit 5 Arten, darunter häufig **Lasiommata megera** (L.), Mauerfuchs, ruht gern an warmen Stellen auf Steinen, Sand. April–September.

— Augen unbehaart 3

3. Im Vdflügel 3 Adern basal blasig [*77*] . . 7; **Coenonympha** Hübner
Überall häufig **C. pamphilus** (L.), Kleiner Heufalter (Unterseite des Vdflügels ohne schwarze Augenflecke). Mai–September.

— Im Vdflügel 1 od. 2 Adern basal blasig 4

4. Flügel schwarz u. weiß gescheckt
Schachbrett, **Melanargia galathea** (L.)

— Zeichnung u. Färbung anders, meist düster, braun 5

5. Mtschiene etwa ½ so lang wie Schenkel, etwa so lang od. kürzer als Tarsus 1, oberseits mit dunklem Enddorn
5 Gattungen mit 8 Arten, häufig **Hipparchia semele** (L.), Samtfalter, auf Sandböden.

— Mtschiene fast so lang wie Schenkel, stets länger als Tarsus 1, oberseits ohne Enddorn 6

6. Im Vdflügel 1 Ader blasig . . . . 20; Mohrenfalter, **Erebia** Dalman
Flügel dunkel mit schwarzen, oft weiß gekernten Augenflecken in gelb- od. rostbrauner Binde. Meist Gebirgsbewohner. **Oeneis glacialis** (Moll), Gletscherfalter, nur in den Hochalpen.

— Im Vdflügel 2 Adern blasig **7**

7. Vdflügel unterseits gelbbraun bis zur Basis; Vdflügel u. Htflügel unterseits unterschiedlich gefärbt . . . . weitere Gattungen
Weit verbreitet u. häufig **Maniola jurtina** (L.), Kuhauge.

— Vdflügel u. Htflügel unterseits gleich gefärbt, graubraun
Brauner Waldvogel, **Aphantopus hyperantus** (L.)
An Waldrändern, gern an Brombeerblüten.

8. Augen behaart **9**

— Augen unbehaart **15**

9. Vdflügel u. Htflügel am Außenrand mit scharfem Zahn [*78–80*] **10**

— Wenigstens Vdflügel glattrandig, ohne scharfen Zahn **14**

10. Saum des Htflügels scharf gezackt, Unterseite mit weißem C [*78*]
C-Falter, **Polygonia c-album** (L.)

— Flügel nicht so auffällig gezackt **11**

11. Flügel oberseits mit buntem Augenfleck [*79*]
Tagpfauenauge, **Inachis io** (L.)
Raupe an Brennessel.

— Flügel ohne Augenfleck **12**

12. Beide Flügelpaare dunkel mit gelbweißem Saum [*80*]
Trauermantel, **Nymphalis antiopa** (L.)
Raupe an Birke.

— Saum nicht auffallend heller als Flügel **13**

13. Basale Hälfte des Htflügels oberseits schwärzlich
Kleiner Fuchs, **Aglais urticae** (L.)
Raupe an Brennessel.

— Basale Hälfte des Htflügels oberseits braun
Großer Fuchs, **Nymphalis polychloros** (L.)
Raupe an Ulme, Kirsche, Weide. Als seltener Zuwanderer auch **N. xanthomelas** (DENIS ET SCHIFF.).

14. Kleiner Falter, etwa 35 mm Landkärtchen, **Araschnia levana** (L.)
Frühjahrsform rotgelb mit schwarzen Flecken, Sommerform schwarzbraun mit hellen Flecken u. Binde. Raupe an Brennessel.

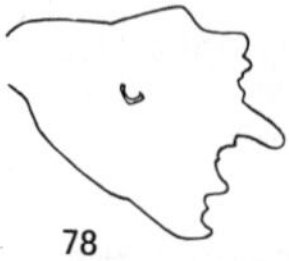

78

Nymphalidae: Polygonia c-album, Htflügel Unterseite.

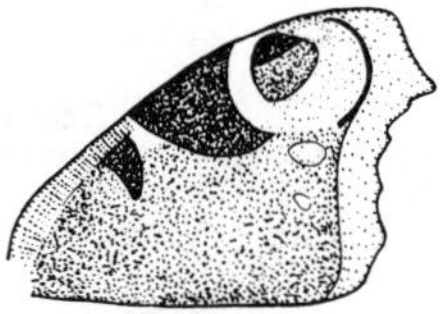

79

Nymphalidae: Inachis io, Vdflügel.

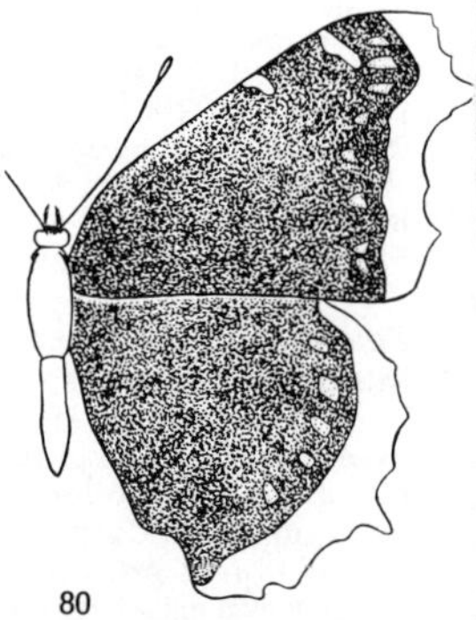

80

Nymphalidae: Nymphalis antiopa.

— Große Falter, etwa 50 mm. Regelmäßige Zuwanderer aus dem Süden **Vanessa** F.

a) Htflügel oberseits schwarz mit leuchtend orangerotem Saum: **V. atalanta** (L.), Admiral, Raupe an Brennessel.

b) Htflügel oberseits braun mit schwarzen Flecken: **V. cardui** (L.), Distelfalter, Raupe an Disteln, Brennesseln u. a.

15. Fühler allmählich verdickt, einfarbig schwarz **16**

— Fühlerkeule scharf abgesetzt [*6a*], Schaft meist fein hell geringt **17**

16. Htflügelbasis unterseits auffallend hell . . 3; Eisvögel, **Limenitis** F.

Raupen mit 2 kurzen Kopfspitzen u. 2 Reihen ästiger Rückendornen.

— Htflügelbasis unterseits nicht aufgehellt. Flügel des ♂ violett schillernd . . . . 2; Schillerfalter, **Apatura** F.

Raupen mit 2 langen Kopfhörnern u. Schwanzgabel.

17. Htflügel unterseits mit Silberflecken . . . . . . Perlmutterfalter

Mehrere Gattungen mit 16 Arten, darunter **Argynnis paphia** (L.), Kaisermantel (etwa 60 mm; Silberzeichnung in Streifen, nicht in Flecken aufgelöst); **A. lathonia** (L.), Kleiner Perlmutterfalter (35 mm; Htflügel unterseits mit großen tropfenartigen Silberflekken), Wanderfalter.

— Htflügel unterseits ohne Silberflecke
13; Scheckenfalter, **Melitaea** F. u. andere Gattungen

Familie: **Geometridae,** Spanner

Kleine bis große Falter (15–60 mm), meist zart mit dünnem Leib. Flügel in Ruhe meist flach, dreieckig. Dämmerungs- u. Nachtfalter. Raupen mit verminderter Bauchbeinzahl [*112*], daher spannender Gang.

1. Im Htflügel Sc frei od. an Rs angelegt, nicht damit verschmolzen **2**

— Im Htflügel Sc u. Rs ein Stück unter Bildung einer Wurzelschlinge verschmolzen **4**

2. Im Htflügel fehlt M_2 . . . . **Boarmiinae**

Oft größere Falter. Beispiele: **Abraxas grossulariata** (L.), Stachelbeerspanner (weiß/gelb, schwarz gefleckt). **Ourapteryx sambucaria** (L.), Nachtschwalbenschwanz (hellgelb, Htflügel geschwänzt [*81*]). **Apocheima pilosaria** (Denis et Schiff.) (grau, ♀ flügellos), Januar–April an Baumstämmen. **Biston betularia** (L.), Birkenspanner (weiß mit schwarzen Sprenkeln od. ganz schwarz). Als „Große Frostspanner" **Erannis defoliaria** (Clerck) und 5; **Agriopis** Hübner (♀ kurzflügelig od. flügellos), im Spätherbst od. Frühjahr. 15; **Boarmia** Treitschke u. verwandte Gattungen (graue, meist große Falter). **Bupalus piniarius** (L.), Kiefernspanner. Weitere Gattungen.

— Im Htflügel M_2 vorhanden **3**

3. Augen länglich . . . . **Archiearinae**

3; **Archiearis** Hübner, Falter im Frühjahr, tagaktiv. Raupen mit Resten der ersten Bauchbeine.

— Augen rund . . . . **Geometrinae**

Falter mancher Arten grün. Wenige Gattungen.

4. Im Htflügel Sc u. Rs nur ganz kurze Strecke verschmolzen **Sterrhinae**

Wenige Gattungen, darunter **Scopula** Schrank u. **Idaea** Treitschke artenreich.

— Im Htflügel Sc u. Rs längere Strecke verschmolzen (etwa halbe Länge der Zelle) . . . . **Larentiinae**

Larentia Treitschke, **Cidaria** Treitschke u. verwandte Gattungen mit zahlreichen Arten typischer Spanner. Darunter 2; **Operophtera** Hübner, Kleine Frostspanner, (♀ stummelflügelig), im Spätherbst; **Eupithecia** Curtis, Blütenspanner, zahlreiche kleine Arten, Raupen bunt, meist in Blüten.

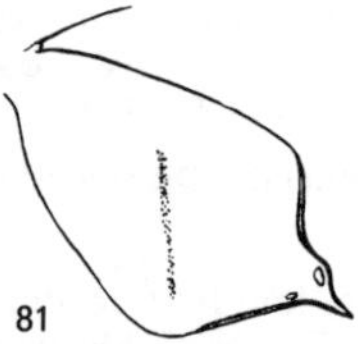

81

Geometridae: Ourapteryx sambucaria, Htflügel Unterseite.

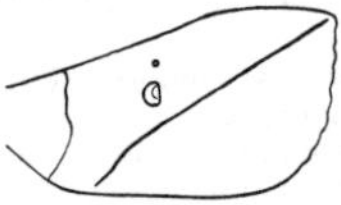

82

Lasiocampidae: Philudoria potatoria, Vdflügel.

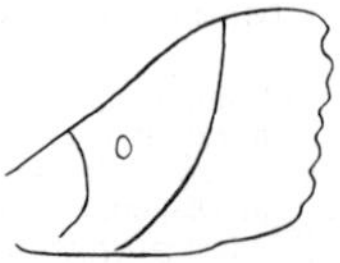

83

Lasiocampidae: Odonestis pruni, Vdflügel.

Familie: **Lasiocampidae,** Glucken

Große Falter (35–85 mm). In Ruhestellung Vdrand des Htflügels manchmal vor Vdrand des Vdflügel sichtbar. Nachtaktiv, selten ♂ tagaktiv.

1. Htschiene ohne Endsporne
2; **Trichiura** STEPHENS, 4; **Eriogaster** GERMAR

— Htschiene mit Endspornen **2**

2. Vdflügel mit hellem Fleck am Ende der Zelle [*82, 83*] **3**

— Vdflügel ohne Zellendfleck **8**

3. Fransen des Vdflügels schwarz u. weiß gescheckt
Cosmotriche lunigera (ESPER)

— Fransen des Vdflügels immer einfarbig **4**

4. Vdflügel mit diagonaler Teilungslinie zur Flügelspitze [*82*]
Grasglucke, **Philudoria potatoria** (L.)

Raupe gern am Wasser.

— Querlinien des Vdflügels nie direkt zur Flügelspitze **5**

5. Flügel leuchtend orangerot, Vdflügel wie [*83*]
Pflaumenglucke, **Odonestis pruni** (L.)

Raupe oft an Obstbäumen.

— Flügel nicht orangerot **6**

6. Vdschiene mit Endsporn
Kleespinner, **Pachygastria trifolii** (DENIS ET SCHIFF.)

— Vdschiene ohne Endsporn **7**

7. Vdflügel mit stark gezackten Querlinien, Htflügel einfarbig braun
Kiefernspinner, **Dendrolimus pini** (L.)

Manchmal schädlich in Kiefernwäldern.

— Vdflügel mit 1 ungezackten Querlinie, Htflügel basal meist dunkler als im Saumteil Eichenspinner, Quittenvogel, **Lasiocampa quercus** (L.)

8. Flügelsaum gewellt 2; **Epicnaptera** RAMBUR u. 2; **Gastropacha** OCHS.

Darunter **G. quercifolia** (L.), Kupferglucke, Raupe an Schlehe, manchmal schädlich an Obstbäumen.

— Flügelsaum nicht gewellt . . . . weitere Gattungen

Darunter **Macrotylatia rubi** (L.), Brombeerspinner, und **Malacosoma neustria** (L.), Ringelspinner, Obstbaumschädling, Eier in Ringen um Zweige.

Familie: **Sphingidae,** Schwärmer

Sehr große Falter (40–135 mm) mit elegantem Flügelschnitt [*5, 84–86*]. Gute Flieger, teils Wanderfalter. Oft dämmerungs-, seltener tagaktiv. Raupen nackt, mit Horn über After [*118*], freilebend. Puppen am Boden, überwinternd.

1. Beide Flügelpaare bis auf Saum schuppenfrei, glasklar [*5*]
2; Hummelschwärmer, **Hemaris** DALMAN

— Flügel vollständig beschuppt **2**

2. Außenrand des Vdflügels glatt [*86*] **6**

— Außenrand des Vdflügels unregelmäßig gezackt [*84, 85*] . . **3**

3. Htschienen mit 2 Paar Spornen **4**

— Htschienen nur mit Endspornen **5**

4. Dunkle Binde des Vdflügels durchgehend, mit schwarzem Fleck am Zellende [*84*]
Nachtkerzenschwärmer, **Proserpinus proserpina** (PALLAS)

— Dunkle Binde des Vdflügels meist unterbrochen, ohne dunklen Fleck am Zellende [*85*] . . . . . . Lindenschwärmer, **Mimas tiliae** (L.)
Raupe an Linde, Ulme.

5. Außenrand des Vdflügels stark gewellt
Pappelschwärmer, **Laothoe populi** (L.)
Raupe an Pappel, Weide.

— Außenrand des Vdflügels mit nur 1 Ausschnitt nahe Innenwinkel; Htflügel mit großem Augenfleck
Abendpfauenauge, **Smerinthus ocellata** (L.)
Raupe an Weide, Obstbäumen.

6. Htflügel mit roten od. rosa Regionen **11**

— Htflügel stets ohne rötliche Färbung **7**

7. Htflügel überwiegend gelb **8**

— Htflügel andersfarbig **9**

8. Thorax mit Totenkopfzeichnung
Totenkopfschwärmer, **Acherontia atropos** (L.)
Raupe an Kartoffelkraut.

— Thorax einfarbig grau
Taubenschwänzchen, **Macroglossum stellatarum** (L.)
Raupe an Labkraut.

9. Htleib oberseits rosa u. schwarz gebändert [*87*]
Windenschwärmer, **Agrius convolvuli** (L.)
Flugstarker Wanderfalter. Raupe an Winde.

84
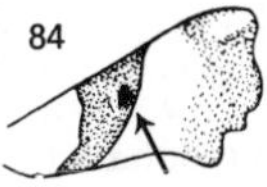
Sphingidae: Proserpinus proserpina, Vdflügel.

85
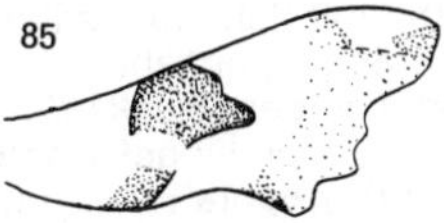
Sphingidae: Mimas tiliae, Vdflügel.

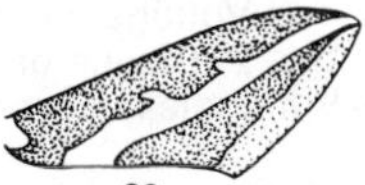
86
Sphingidae: Hyles gallii, Vdflügel.

87
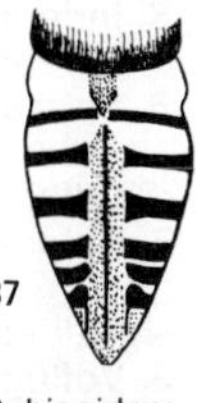
Sphingidae: Sphinx ligustri, Htleib.

— Htleib ohne rosa Bänderung 10
10. Htleib oberseits mit dunkler Längslinie, Flügel grau
Kiefernschwärmer, **Hyloicus pinastri** (L.)
Raupe an Nadelhölzern, meist Kiefer.
— Htleib oberseits ohne Längslinie, Flügel grünlich
Oleanderschwärmer, **Daphnis nerii** (L.)
Seltener Wanderfalter, Raupe an Oleander, Wein u. a.
11. Htleib oberseits rosa u. schwarz gebändert [*87*]
Ligusterschwärmer, **Sphinx ligustri** L.
Raupe in Gärten u. Anlagen an Ziersträuchern, meist Liguster.
— Htleib ohne rosa Bänderung 12
12. Flügel u. Htleib überwiegend weinrot
2; Weinschwärmer, **Deilephila** LASP.
Raupen an Labkraut, Weidenröschen.
— Vdflügel u. Htleib nicht rot, nur manchmal Basis des Htflügels 13
13. Basis des Htflügels schwarz . . . . 5; **Hyles** HÜBNER
Darunter **H. euphorbiae** (L.), Wolfsmilchschwärmer, u. **H. gallii** (ROTT.), Labkrautschwärmer [*86*].
— Basis des Htflügels rot
Großer Weinschwärmer, **Hippotion celerio** (L.)
Seltener Wanderfalter.

Familie: **Notodontidae,** Zahnspinner u. Prozessionsspinner

Mittelgroße Falter (25–70 mm). Innenrand des Vdflügels oft mit Schuppenzahn [*88*]. Raupen nackt, selten behaart, oft mit Höckern, manchmal ohne Nachschieber u. mit Schwanzgabel, meist an Laubbäumen.

1. Htschiene mit Mt- u. Endspornen 2
— Htschiene nur mit Endspornen 10
2. Augen behaart 3
— Augen unbehaart 5
3. Innenrand des Vdflügels mit Schuppenzahn [*88*] 4
— Innenrand des Vdflügels ohne Schuppenzahn
4; Erpelschwänze, **Clostera** SAM.
Häufig **C. pigra** (HUFN.), Raupe an Weide, Zitterpappel.
4. Htflügel unterseits mit dunklem Mondfleck am Zellende
5; **Notodonta** OCHS. u. andere Gattungen
— Zellende des Htflügels unterseits nicht verdunkelt 2; **Ptilodon** HÜBNER
Häufig **P. capucina** (L.), Kamelspinner, Raupe grün, hinten mit 2 roten Spitzen, an Laubbäumen.
5. Innenrand des Vdflügels mitten mit Schuppenzahn [*88*] . . . 7
— Innenrand des Vdflügels ohne Schuppenzahn 6
6. Spitze des Vdflügels mit großem gelbem Fleck [*89*]
Mondvogel, **Phalera bucephala** (L.)
— Vdflügel einfarbig grau . 4; **Drymonia** HÜBNER u. **Dicranura** REICH.
7. Palpen sehr lang vorgestreckt
Palpenspinner, **Pterostoma palpina** (CLERCK)
— Palpen den Kopf nicht überragend 8
8. Vdflügel mit Silberflecken . . **Spatalia argentina** (DENIS ET SCHIFF.)
— Vdflügel ohne Silberflecke 9

88

Notodontidae: Vdflügel mit Schuppenzahn.

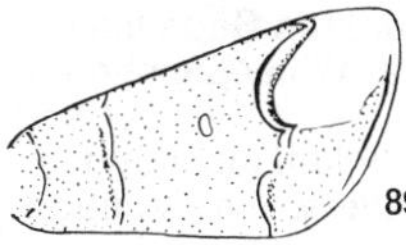

89

Notodontidae: Phalera bucephala, Vdflügel.

90

Lymantriidae: Arctornis l-nigrum, Vdflügel.

9. Vdflügel weiß mit orangen Flecken
Leucodonta bicoloria (DENIS ET SCHIFF.)
— Vdflügel nicht weiß . . . . weitere Gattungen
10. Innenrand des Vdflügels mit Schuppenzahn [*88*]. Fühler des ♂ stark gefiedert. Falter Oktober–Dezember
Ptilophora plumigera (DENIS ET SCHIFF.)
— Innenrand des Vdflügels ohne Schuppenzahn. Falter meist im Sommer **11**
11. Im Htflügel Rs u. M_1 lang gestielt; Stiel länger als freie Enden dieser Adern. Manchmal Rs u. M_1 zusammenfallend **12**
— Im Htflügel Stiel von Rs + M_1 stets kürzer als freie Enden dieser Adern [*42*] **14**
12. Htflügel weiß **13**
— Htflügel dunkelgrau . . . . **Gluphisia crenata** (ESPER)
13. Htflügel unterseits mit dunklem Zellendfleck. Saum mit dunklen Punkten . . . . 3; Kleine Gabelschwänze, **Furcula** LAMARCK
Raupen mit Schwanzgabel.
— Htflügel unterseits ohne dunklen Zellendfleck u. Saumpunkte
3; Prozessionsspinner, **Thaumetopoea** HÜBNER
Falter mit hornigem Stirnvorsprung. Raupen mit langen Borsten, die Hautentzündungen verursachen können.
14. Htflügel weißlich oder hellgrau, Adern deutlich **15**
— Htflügel einfarbig dunkelgrau, Adern nicht hervortretend
Buchenspinner, **Stauropus fagi** (L.)
Raupe sitzt mit erhobenen Enden, Vdbeine sehr lang.
15. Htflügel mit dickem schwarzem Fleck im Innenwinkel
Pergamentspinner, **Harpyia milhauseri** (F.)
Puppen in sehr festem Kokon an Baumstämmen.
— Htflügel ohne Fleck im Innenwinkel, oft mit dunklen Saumflecken
2; Großer Gabelschwanz u. Hermelinspinner, **Cerura** SCHRANK

Familie: **Lymantriidae,** Trägspinner

Mittelgroße Falter (35–70 mm) mit plumpem Leib. ♀ manchmal stummelflügelig, oft mit dichter Afterwolle. Raupen behaart, Haare oft in Büscheln od. auf Warzen [*121*].
1. Htschienen mit Mt- u. Endspornen **2**
— Htschienen nur mit Endspornen **7**
2. Htflügel oberseits weiß, zeichnungslos **3**

— Htflügel wenigstens mit dunklen Saumflecken, meist ganz dunkel **6**

3. Vdflügel weiß mit schwarzer Winkelzeichnung [*90*] **Arctornis l-nigrum** (MÜLLER)

— Vdflügel ohne schwarze Winkelzeichnung **4**

4. Htleib mit goldbrauner Afterwolle, Vdflügel rein weiß, manchmal schwarz gefleckt **5**

— Htleibsende nicht goldbraun, Vdflügel weiß (♀) od. bräunlich übergossen . . . . **Laelia coenosa** (HÜBNER)

5. Htflügel mit M_2 . . . . . . Goldafter, **Euproctis chrysorrhoea** (L.)
Raupe an Laubhölzern, jung in großen Nestern überwinternd. Raupenhaare verursachen Entzündungen.

— Htflügel ohne M_2. Häufig . . . Schwan, **Euproctis similis** (FUESSLY)

6. Im Htflügel M_2 u. M_3 basal stark genähert, Vdflügel mit gezackten Querlinien . . . . 2; **Lymantria** HÜBNER
a) Htleib rosa gefleckt. ♀ mit langer Legeröhre: **L. monacha** (L.), Nonne, Forstschädling.
b) Htleib bräunlich od. weißlich, beim ♀ plump gerundet: **L. dispar** (L.), Schwammspinner, manchmal schädlich an Laubbäumen.

— Im Htflügel M_2 u. M_3 etwa parallel. Falter schwärzlich od. bräunlich, Flügelbeschuppung dünn . . . . 2; **Ocneria** HÜBNER

7. Falter seidig weiß, zeichnungslos Atlasspinner, **Leucoma salicis** (L.)
Raupe an Pappel, Weide.

— Falter dunkel od. wenigstens mit dunkler Zeichnung **8**

8. Flügel schwärzlich, durchscheinend, Adern deutlich **Penthophera morio** (L.)
♀ stummelflügelig.

— Flügel nicht durchscheinend, Adern kaum sichtbar **9**

9. Vdflügel braun mit weißem Fleck im Innenwinkel 3; **Orgyia** OCHS.
♀ stummelflügelig. Häufig **O. antiqua** (L.), Bürstenbinder, Raupe polyphag.

— Vdflügel meist grau, ohne weißen Fleck im Innenwinkel 4; **Dasychira** HÜBNER
Häufig **D. pudibunda** (L.), Buchenrotschwänzchen.

Familie: **Arctiidae,** Bärenspinner

Kleine bis mittelgroße Falter (20–80 mm). Rüssel meist verkümmert. Fußkrallen meist mit Nebenkralle [*36*]. Raupen stark behaart, laufen schnell; polyphag an niedrigen Pflanzen.

1. Htleib oberseits einfarbig . . . . . Flechtenbärchen, **Lithosiinae**
Flügel meist gelblich, einfarbig, seltener Vdflügel schwarz gefleckt. Flügel in Ruhe flach oder um Leib gerollt. Außerdem **Dysauxes ancilla** (L.) **(Ctenuchinae)** (Vdflügel ockerbraun mit 3 weißen Flecken in der Spitze).

— Htleib oberseits mit dunkler Mtlinie oder Fleckenreihe [*32*] Bären, **Arctiinae**
Htflügel und Htleib oft rot oder gelb. Flügel in Ruhe dachförmig. Häufig **Arctia caja** (L.), Brauner Bär (Vdflügel braun und weiß, Htflügel und Htleib rot, dunkel gefleckt). 3; **Spilosoma** CURTIS (Vdflügel weiß oder gelblich, schwarz gefleckt, Htleib gelb, schwarz gefleckt). **Phragmatobia fuliginosa** (L.), Zimtbär (Vdflügel zimtbraun, Htflügel und Htleib rot, schwarz gefleckt).

— Falter schwarz, Htleib mit gelbem Ring, Flügel mit weißen Flecken **Ctenuchinae**
Nur **Syntomis phegea** (L.), Ringelwidderchen.
Außerdem 2 weitere Unterfamilien mit wenigen Arten.

Familie: **Noctuidae,** Eulen

Kleine bis sehr große Falter (15–100 mm), meist mit gut entwickeltem nacktem Rüssel. Tarsen, oft auch Schienen, dicht bedornt [*34*], Fußkrallen meist mit Nebenkralle [*36*]. Vdflügelzeichnung oft charakteristisch (Ringmakel, Nierenmakel, Zapfenmakel). Htleib meist kräftig. Falter nacht- u. dämmerungsaktiv. Flügel in Ruhe dachförmig. Wenige Arten tagaktiv. Raupen nackt, selten behaart, oft tags versteckt.

1. Im Htflügel M_2 fehlend od. schwach entwickelt [*43*] **Noctuidae Trifinae** **2**

— Im Htflügel M_2 stets stark entwickelt [*41*] **Noctuidae Quadrifinae** **7**

2. Augen fein behaart . . . . **Hadeninae**

Mittelgroße Falter. Schienen unbedornt. Raupen oft an niedrigen Pflanzen, Verpuppung meist im Boden. Viele wichtige Gattungen: Gemüseeulen (**Mamestra** Ochs., **Discestra** Hampson) mit Schädlingen; **Hadena** Schrank, Kapseleulen; **Orthosia** Ochs., Kätzcheneulen; **Mythimna** Ochs., Graseulen.

— Augen unbehaart **3**

3. Schiene u. Tarsen bedornt [*34*] . . . . . **Noctuinae, Heliothinae**

a) **Noctuinae,** Erdeulen: Mittelgroße Falter, meist unscheinbar braun oder grau, manchmal Htflügel gelb. Raupen unbehaart, an niedrigen Pflanzen, manchmal an Wurzeln von Gräsern u. a. Verpuppung im Boden. **Agrotis** Ochs. und viele andere Gattungen, darunter Schädlinge wie Getreide-, Weizen-, Saateule. In Häusern häufig Hausmutter, **Noctua pronuba** (L.) (mit gelbem Htflügel).

b) **Heliothinae:** Wenige mittelgroße Arten. 7; **Heliothis** Ochs., darunter Wanderfalter.

— Schiene unbedornt, Tarsen bedornt [*34*] **4**

4. Abdomen mit Rückenschöpfen [*91*] **5**

— Abdomen ohne Rückenschöpfe **6**

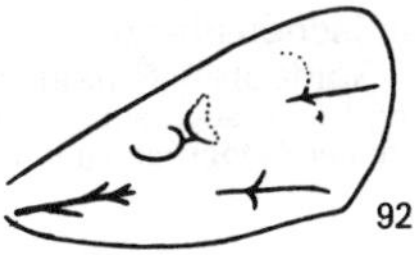
92
Noctuidae: Acronicta, Vdflügel.

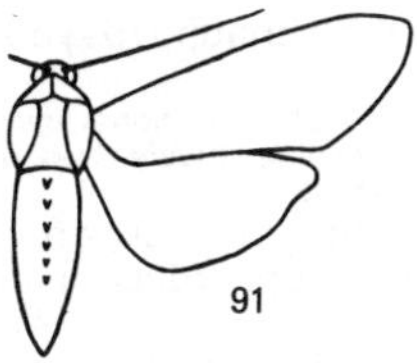
91
Noctuidae: Cucullia, mit Rückenschöpfen.

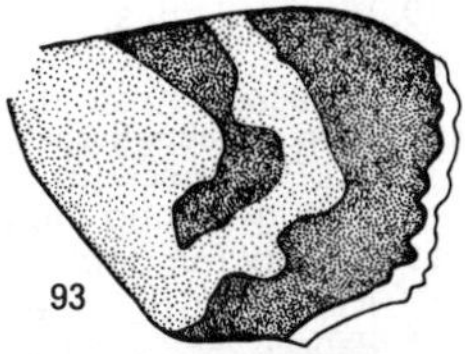
93
Noctuidae: Catocala, Htflügel.

94
Noctuidae: Autographa gamma, Vdflügel.

95
Noctuidae: Hypena, Kopf seitlich.

96
Noctuidae: Scoliopteryx libatrix, Vdflügelumriß.

5. Augenränder lang bewimpert . . . . **Cuculliinae**
Überwiegend mittelgroße Falter unterschiedlicher Färbung und Zeichnung. Raupen nackt, manchmal bunt, freilebend. Wichtige Gattungen: **Cucullia** SCHRANK, Mönche; **Conistra** HÜBNER, Herbsteulen; **Xanthia** OCHS., Gelbeulen.

— Augenränder nicht bewimpert . . . . **Amphipyrinae**
Zahlreiche sehr unterschiedliche Arten, darunter **Mesapamea secalis** (L.), Getreidewurzeleule; **Nonagria** OCHS. u. **Archanara** WALKER, Schilfeulen.

6. Vdflügel mit Pfeilzeichnungen [*92*] . . . . **Acronictinae**
Mittelgroße, meist graue Falter. Vdflügel mit Pfeilzeichnung [*92*]. Raupen behaart, meist bunt, oft mit auffälligem Haarpinsel oder Bürsten. 12; **Acronicta** OCHS., Pfeileulen, darunter **A. aceris** (L.), Ahorneule, Raupe an Ahorn, Kastanie.

— Vdflügel ohne Pfeilzeichnungen
weitere **Noctuidae Trifinae** (aus verschiedenen Unterfamilien)

7. Augen behaart . . . . **Pantheinae**
Wenige mittelgroße Arten.

— Augen unbehaart **8**

8. Vdflügel leuchtend grün, Htflügel seidig weiß
Kahnspinnereulen, **Chloephorinae**
Kleine bis mittelgroße Falter. Raupen an Laubhölzern, Verpuppung in bootsförmigem Kokon. Wenige Arten, darunter **Pseudoips fagana** (F.), Kahnspinner, Raupe an Buche.

— Vdflügel nicht grün **9**

9. Große Arten (40–100 mm). Htflügel rot (gelb, blau) mit dunkler Binde [*93*] . . . . **Catocalinae**
Meist große Falter. Vdflügel grau. Raupen an Laubhölzern. 6; **Catocala** SCHRANK, Ordensbänder, u. a.

— Mittelgroße od. kleine Arten (15–50 mm), Htflügel nicht bunt, meist unauffällig **10**

10. Vdflügel mit silberner Y-Zeichnung [*94*] od. metallischen Flecken
Goldeulen, **Plusiinae**
Mittelgroße Falter. Rückenschöpfe auf Thorax und basalen Körpersegmenten. Verpuppung meist in seidigem Gespinst. **Plusia** OCHS. u. a., darunter **Autographa gamma** (L.), Gammaeule [*94*], Wanderfalter.

— Vdflügel ohne metallische Zeichnungen **11**

11. Thorax mit deutlichem Schopf. Vdflügel mit aufgerichteten Schuppen. Kleine zarte Falter . . . . Wicklereulen, **Sarrothripinae**
Raupen versponnen zwischen Blättern von Laubhölzern, Verpuppung in bootsförmigem Kokon. Wenige Arten.

— Thorax ohne Schopf. Vdflügel glatt **12**

12. Palpen vorgestreckt od. aufgebogen, deutlich länger als Kopf [*95*]. Falter manchmal Spannern ähnlich . Schnauzeneulen, **Hypeninae**
Kleine bis mittelgroße, unauffällige Falter. Palpen auffallend lang [*95*]. Raupen manchmal an welken Pflanzen, manche an niedrigen Pflanzen, Büschen und Laubbäumen. Wenige Arten.

— Palpen kaum länger als Kopf
weitere **Noctuidae Quadrifinae** (aus verschiedenen Unterfamilien)
Darunter **Ophiderinae** mit **Scoliopteryx libatrix** (L.), Krebssuppe (auffälliger Flügelschnitt [*96*]), überwintert in Ställen und Häusern.

Larven der Lepidoptera

Walzenförmige Raupe. Im typischen Fall Kopf mit Adfrontalia und 6 Paar Stemmata [*98*]; Thorax mit 3 Brustbeinpaaren; Abdomen mit 4 Bauchbeinpaaren (Bauchfußpaaren) (Segmente 3–6) und 1 Paar Nachschiebern am Hinterende (Segment 10) [*97*]. Bauchbeinpaare entweder als „Kranzfüße" (mit geschlossenem Kranz von Chitinhaken, deren Zähne nach außen gerichtet sind [*99a*]) oder als „Klammerfüße" ausgebildet (mit nach innen zur Körpermitte gekrümmten Chitinhaken und lappenartiger Außensohle [*99b*]). Der Bestimmungsschlüssel ist stark vereinfacht und führt zu leichter erkennbaren Hauptgruppen. Die Abbildungen können nur Beispiele sein und für die betreffenden Familien nicht alle Habitustypen repräsentieren.

1. Mit 8 Bauchbeinpaaren. In der Bodenstreu . . . **Micropterigidae**
— Mit höchstens 4 Bauchbeinpaaren **2**

2. In transportablen Köchern
a) Vom Köcher aus Blätter minierend: artenreich **Coleophoridae,** z. B. **Coleophora laricella** (Hübner) [*101*].
b) In der Vegetationsschicht, Köcher oft grob mit trockenen Pflanzenteilchen bekleidet. Raupe nicht minierend: **Psychidae,** z. B. **Fumea casta** (Pallas) [*100*].
c) In der Bodenstreu, Köcher aus größeren Blattstückchen, schildkrötenartig. Raupe an welken Blättern fressend: **Adelidae** u. viele **Incurvariidae,** z. B. **Nemophora degeerella** (L.) [*102*], Jungraupe meist in Kräutern und Laubhölzern minierend.
d) In menschlichen Behausungen. Gespinstköcher an tierischen Fasern, Pelzen, Kleidung, Teppichen u. a.: manche **Tineidae,** z. B. **Tineola bisselliella** (Hummel), Kleidermotte [*103*].
e) Aquatisch; Raupe in schwimmendem Köcher an Wasserpflanzen: **Acentropinae** (= **Nymphulinae**), Wasserzünsler.

— Freilebend oder verborgen, nie mit transportabler Behausung **3**

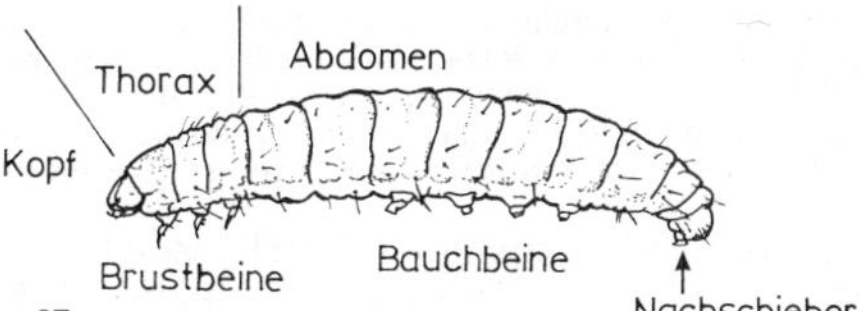

97

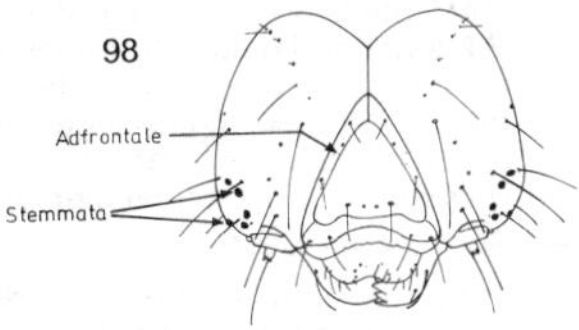

98

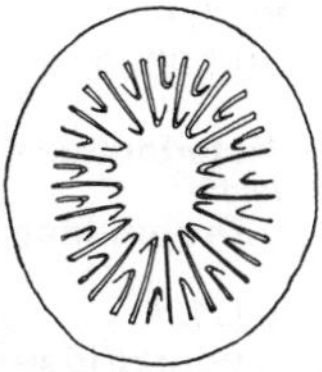
99a

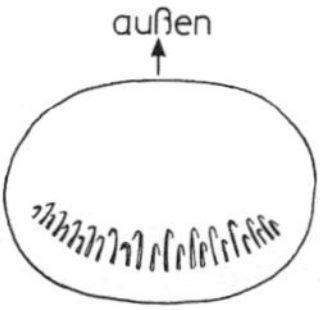

99b

101

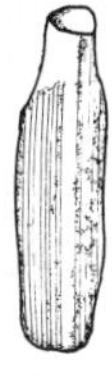

100

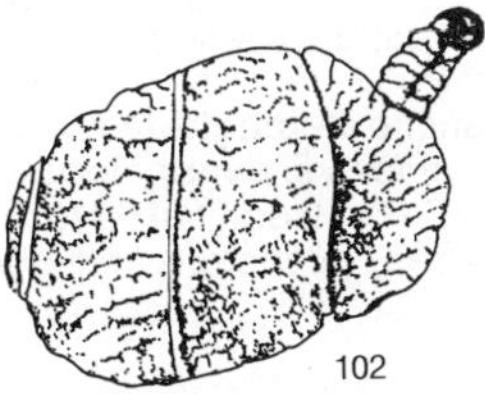
102

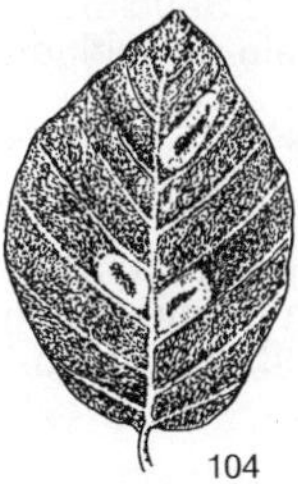
104

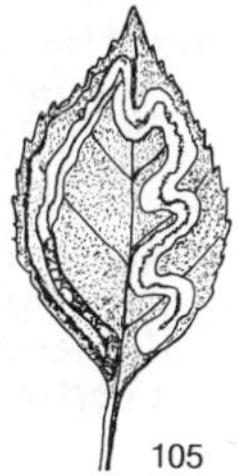
105

3. Im Innern pflanzlicher Gewebe

a) Minierer in Blättern, Stengeln, Rinde. Brust- u. Bauchbeine häufig reduziert: viele artenreiche Familien: **Nepticulidae,** z. B. **Stigmella anomalella** (GOEZE), Gangmine an Rose [*105*]; **Gracillariidae,** z. B. **Phyllonorycter** (= **Lithocolletis**) **maestingella** (MÜLLER), Faltenmine an Buche [*104*]; **Elachistidae,** in Gräsern; weitere Familien, z. B. **Eriocraniidae, Incurvariidae, Tischeriidae.**

b) Bohrer in Samen oder Früchten: manche **Argyresthiidae** und **Tortricidae,** z. B. **Cydia** (= **Carpocapsa**) **pomonella** (L.), Apfelwickler an Äpfeln.

c) Wurzelbohrer: **Hepialidae,** z. B. **Hepialus humuli** (L.), Hopfenwurzelbohrer, in verschiedenen Pflanzen, manchmal schädlich in Hopfen.

d) Holzbohrer: **Cossidae,** z. B. **Cossus cossus** (L.), Weidenbohrer [*106*] in verschiedenen Hölzern; **Sesiidae,** Glasflügler.

e) Galleninduzierer: manche **Tortricidae,** z. B. **Petrova resinella** (L.), Kiefernharzgallenwickler, mit Gallen an Kiefer [*107*].

— Freilebend oder in Nestern, Gespinströhren, Blattwickeln oder versponnenen Pflanzenteilen. Stets von der Oberfläche am Substrat fressend **4**

4. Bauchbeine und Nachschieber fehlen. Nacktschneckenartig **Limacodidae**

Z. B. **Apoda limacodes** (HUFNAGEL), Große Schildmotte [*108*], auf Laubbäumen.

— Mit Bauchbeinen (als „Kranzfüße" ausgebildet, [*99a*]). Raupen meist verborgen in Gespinsten, Blattwickeln etc., oft geschickt vor- und rückwärts laufend . . . . meiste „Kleinschmetterlinge"

Wichtige Familien: **Pyralidae** (z. B. **Ephestia kuehniella** (ZELLER), Mehlmotte [*97*], an Mehl und anderen Vorräten); **Tortricidae** und **Gelechiidae** oft zwischen versponnenen Blättern und Trieben; **Yponomeutidae** oft gesellig in Nestern an Weißdorn, Pfaffenhütchen u. a.; **Tineidae** an Häuten, Fellen, Pelzen, Teppichen u. a. Geweben, manche an Pilzen. „Großschmetterlinge": **Hesperiidae** (Kopf groß, mit schmalem, halsartig abgesetztem 1. Brustsegment; Körperbehaarung kurz, fein), meist an Gräsern, z. B. **Hesperia comma** (L.), Kommafalter [*109*].

— Mit Bauchbeinen (als „Klammerfüße" ausgebildet, [*99b*]). Meist freilebend, oft nur nachts fressend fast alle „Großschmetterlinge" **5**

5. Mit 4 Bauchbeinpaaren und den Nachschiebern **9**

— Mit 4 Bauchbeinpaaren, Nachschieber fehlend oder umgebildet **6**

— Mit weniger als 4 Bauchbeinpaaren, aber Nachschieber vorhanden **7**

6. Körper mit Endgabel [*110*] . . . . manche **Notodontidae**

Z. B. **Cerura vinula** (L.), Großer Gabelschwanz [*110*], an Pappel und Weide.

— Körper in einer Spitze endend [*111*] . . . . **Drepanidae**

Z. B. **Drepana falcataria** (L.), Sichelspinner [*111*], an Birke und Erle.

7. Mit nur 1 Bauchbeinpaar (dem 4.) und den Nachschiebern [*112*] **Geometridae**

Sehr artenreich. Manche Arten mimetisch, Zweigen oder Coniferennadeln ähnelnd.

— Mit mindestens 2 Bauchbeinpaaren **8**

8. Mit Haarbüscheln auf kleinen, leicht erhöhten Warzen. 1. Bauchbeinpaar fehlend . . . . **Nolinae** (zu **Arctiidae**)

Z. B. **Nola cucullatella** (L.), Kapuzenbärchen [*113*], an verschiedenen Holzgewächsen.

— Anders, auf jeder Warze nur 1 Haar manche **Geometridae** und **Noctuidae**

9. Körper mit längeren ausstülpbaren oder verzweigt dornartigen oder fleischigen (am Htende gelegenen) Fortsätzen [*114–116*] . . **10**

— Körper nicht mit derartigen Fortsätzen, höchstens mit Warzen oder 1 Fortsatz **12**

10. Mit Nackengabel, die bei Gefahr ausgestülpt wird . . **Papilionidae**
Z. B. **Papilio machaon** L., Schwalbenschwanz [*114*], auf Umbelliferen.

— Ohne derartige Nackengabel **11**

11. Körperende mit 2 Spitzen, keine weiteren Fortsätze oder Dornen [*115*]. An Gräsern . . . . **Satyrinae**
Z. B. **Melanargia galathea** (L.), Schachbrett [*115*].

— Körperende mit oder ohne Spitzen, Rücken mit verzweigten oder fleischigen Dornen [*116*], manchmal nur Kopf mit 2 Spitzen **Nymphalidae**
Z. B. **Inachis io** (L.), Tagpfauenauge [*116*], schwarz, gesellig an Brennessel.

12. Körper asselförmig, oberseits gewölbt, unterseits flach, vorn und hinten verjüngt. Kopf klein [*117*] . . . . **Lycaenidae**
Z. B. **Lycaena virgaureae** (L.), Dukatenfalter [*117*], an Sauerampfer.

— Körper nicht asselförmig **13**

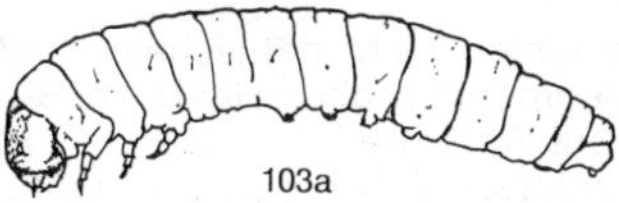
103a

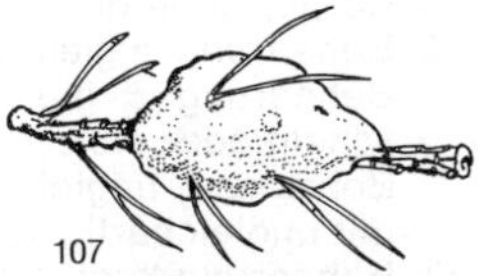
107

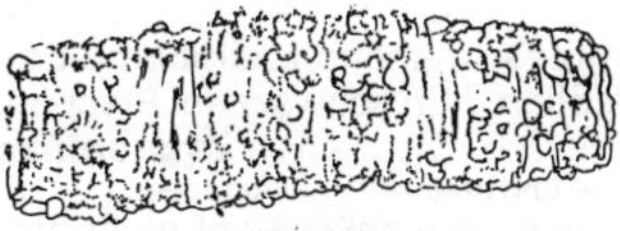
103b

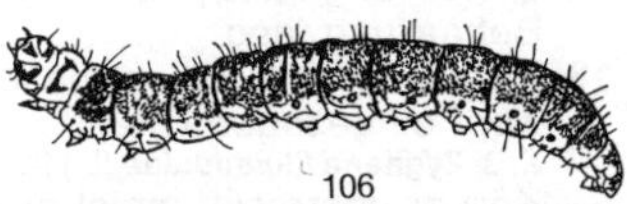
106

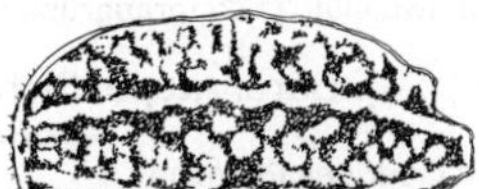
108

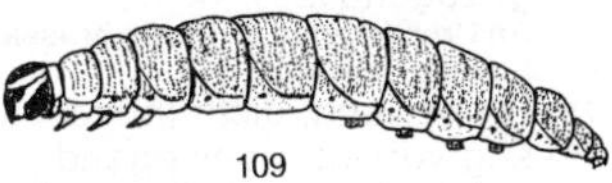
109

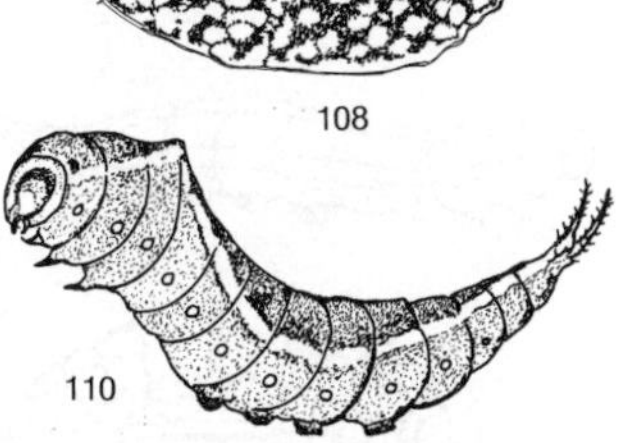
110

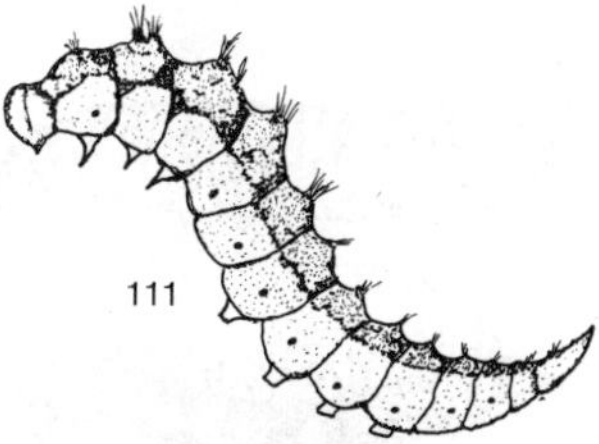
111

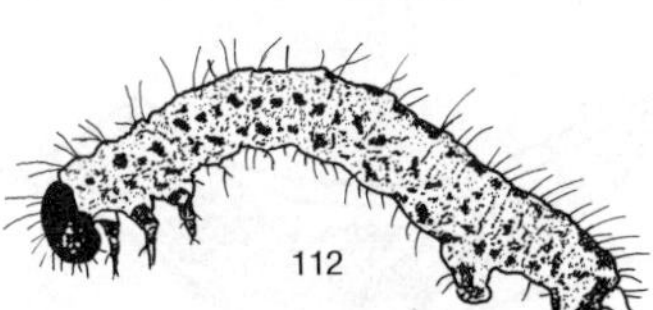
112

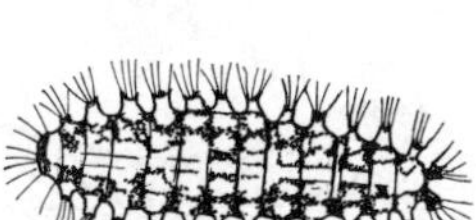
113

13. Körper stark behaart, mindestens stellenweise Warzen mit mehreren Haaren oder Borsten **15**
— Körper unbehaart oder Warzen mit höchstens 1 Borste . . . **14**
14. Körperende oben mit meist gebogenem Horn [*118*] . . **Sphingidae**
Z. B. **Sphinx ligustri** L., Ligusterschwärmer [*118*], an Liguster, Flieder u. a.
— Körperende mit pyramidenförmiger Erhebung [*119*] manche **Noctuidae** und **Notodontidae; Endromidae**
Unter **Endromidae** nur **Endromis versicolora** (L.), Birkenspinner [*119*], Birke, Erle u. a.
— Körperende ohne derartige Gebilde . . . . . . viele **Noctuidae**
Z. B. **Mythimna comma** (L.), Komma-Eule [*120*], an Gräsern. – Außerdem einige **Notodontidae** und **Thyatiridae;** auch **Saturniidae** (nur **Aglia tau** L., Nagelfleck, auf Buche u. a.).
15. 6. (und 7.) Abdominalsegment oben mit ausstülpbarer Trichterwarze [*121*] . . . . **Lymantriidae**
Z. B. **Lymantria dispar** (L.), Schwammspinner [*121*], auf Laubbäumen.
— Körper ohne derartige Trichterwarzen **16**
16. Behaarung ± gleichartig auf allen Segmenten, nicht in Büscheln **17**
— Behaarung ± gleichartig auf allen Segmenten, aber Haare in Büscheln oder sternförmig oder borstig auf Warzen **19**
— Behaarung ungleichartig, Segmente unterschiedlich behaart, häufig mit ungleichartig verteilten Höckern oder Wülsten **20**
17. Behaarung kurz [*122, 123*] **18**
— Behaarung lang . . . . . . **Lemoniidae,** manche **Lasiocampidae**
18. Körper gedrungen, grünlich oder gelblich mit schwarzen Flecken. Kopf eingezogen [*122*] . . . . **Zygaenidae**
Z. B. **Zygaena filipendulae** (L.) [*122*], auf Hornklee und anderen Papilionaceen.
— Körper gestreckt, meist grün, ohne schwarze Flecke. Kopf nicht eingezogen [*123*] . . . . **Pieridae**
An Cruciferen, z. B. **Pieris brassicae** (L.), Großer Kohlweißling [*123*] (graugrün), junge Stadien gesellig.
19. Haare lang, dicht (büschelig auf Warzen) [*124*]. Bärenraupe! Sich hastig vorwärts bewegend . . . . **Arctiidae**
Z. B. **Arctia caja** (L.), Brauner Bär [*124*], polyphag an niedrigen Pflanzen.

114

115

116

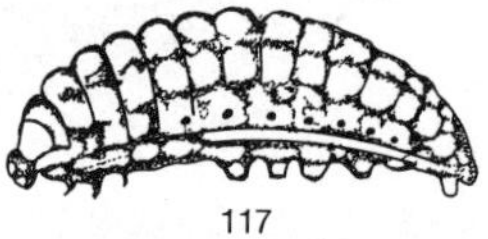
117

118

119

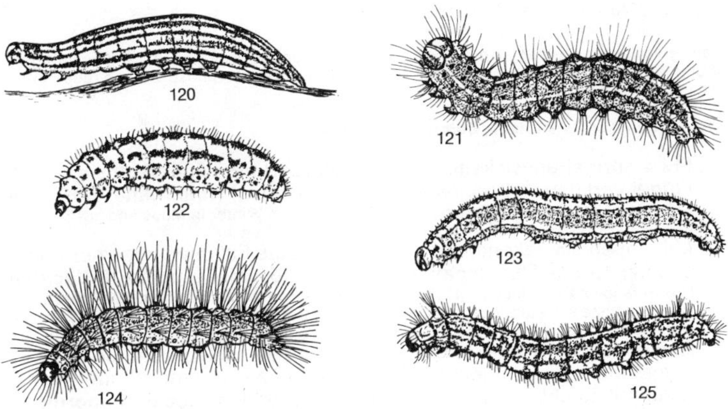
120 121 122 123 124 125

— Haare weniger dicht, weicher. Raupe sich langsamer bewegend manche **Noctuidae**

Hierher u. a. auch **Lithosiinae (Arctiidae),** an Flechten.

— Große Warzen auf schwarzem Grund, spärlich besetzt mit starken Borsten. Raupe bewegungsfaul . . . . **Saturniidae**

Z. B. **Saturnia pavonia** (L.), Kleines Nachtpfauenauge (grün mit gelben oder rosa Warzen auf schwarzen Flecken), oft auf Heiden an niedrigen Pflanzen.

20. Neben feiner und dichter Behaarung auch einzelne längere Haare. Wulst oder Haarbüschel auf 8. Abdominalsegment (nie auf 1. Abdominalsegment) [*125*] . . . . manche **Lasiocampidae**

Z. B. **Philudoria potatoria** (L.), Grasglucke [*125*], an Gräsern.

— Behaarung anders, oft 1. Abdominalsegment mit behaarter Erhöhung manche **Noctuidae** und **Notodontidae**

Literatur

Amsel, H. G., Gregor, F., Reisser, H.: Microlepidoptera Palaearctica. Bisher 8 Bände. Wien, Karlsruhe, 1965ff. – Carter, D. J., Hargreaves, B.: Raupen und Schmetterlinge Europas und ihre Futterpflanzen. Hamburg/Berlin, 1987. – de Freina, J. J., Witt, T. J.: Die Bombyces und Sphinges der Westpalaearktis. 2 Bände. München, 1987, 1970. – Fibiger, M.: Noctuidae Europaeae. Bisher 2 Bände. Soro, 1990ff. – Forster, W., Wohlfahrt, T. A.: Die Schmetterlinge Mitteleuropas. 5 Bände. Stuttgart, 1954–1981. – Ebert, G.: Die Schmetterlinge Baden-Württembergs. Tagfalter. 2 Bände. Stuttgart, 1991. – Gelbrecht, J., Hannemann, H.-J.: Lepidoptera – Schuppenflügler, Schmetterlinge. In: Stresemann, Exkursionsfauna von Deutschland, Wirbellose II/2. 7. Aufl. Berlin, 1990. – Hannemann, H.-J.: Kleinschmetterlinge oder Microlepidoptera. I. Die Wickler. In: Dahl, Tierwelt Deutschlands, Teil 48. Jena, 1961. II. Die Wickler (s. l.) (Cochylidae und Carposinidae). Die Zünslerartigen (Pyraloidea), Teil 50. Jena, 1964. III. Federmotten (Pterophoridae), Gespinstmotten (Yponomeutidae), Echte Motten (Tineidae), Teil 63. Jena, 1977. – Higgins, L. G., Riley, N. D.: Die Tagfalter Europas und Nordwestafrikas. 2. Aufl. Hamburg/Berlin, 1978. – Kaltenbach, T., Küppers, P. V.: Kleinschmetterlinge, JNN Naturführer. Melsungen, 1987. – Koch, M.: Wir bestimmen Schmetterlinge. 2. Aufl. bearbeitet von W. Heinicke. Leipzig/Radebeul, 1988. – Novak, I., Severa, F.: Der Kosmos Schmetterlingsführer. Stuttgart, 1983. – Phillips, R., Carter, D.: Das Kosmosbuch der Schmetterlinge. Stuttgart, 1983. – Spuler, A.: Die Schmetterlinge Europas. Kleinschmetterlinge. Stuttgart 1910 (unveränderter Nachdruck 1983).

Ordnung: **Mecoptera,** Schnabelfliegen

Insekten mit schnabelähnlichem Kopf, beißenden Mundwerkzeugen, mit 4 gleichartigen, häutigen Flügeln (od. flügellos) und mit vollkommener Metamorphose. Larven raupenähnlich mit vielen Beinstummeln [*2* u. *5*].

System: Familien **Panorpidae, Boreidae, Bittacidae.**

1. Mit 4 normal entwickelten Flügeln. Körperlänge über 5 mm . **2**

— Flügel verkümmert od. fehlend. Unter 5 mm Winterhafte, **Boreidae**
2; **Boreus** LATR., häufig **B. hyemalis** (L.) [*1*]. Adulte im Winter in Moos und auf Schnee, fressen tote Insekten. Larven [*2*] in erster Linie Moosfresser.

2. Mit langen schnakenartigen Beinen. Letztes Fußglied mit einer ungezähnten Kralle. Flügelspanne 37–40 mm [*3*] Mückenhafte, **Bittacidae**
Nur **Bittacus italicus** MÜLLER (Hüfte mit einigen schwarzen Borsten) u. **B. hageni** BRAUER (Hüfte ohne schwarze Borsten). Im südlichen Bereich, hängen mit Vorderbeinen im Gebüsch u. fangen mit langen Hinterbeinen vorbeifliegende Insekten [*3*].

— Beine nicht auffallend lang. Letztes Fußglied mit 2 gezähnten Krallen. Flügel mit braunen Flecken. Flügelspanne 20–35 mm. ♂ am Htleibsende mit stachelartiger Greifzange . Skorpionsfliegen, **Panorpidae**
Nur 5; **Panorpa** L., häufig **P. communis** L. [*4*]. Fressen geschwächte u. tote Insekten, Früchte usw. Larven [*5*] ernähren sich von abgestorbenen Pflanzen u. Kadavern.

Literatur

FRASER, F. C.: Mecoptera, Megaloptera, Neuroptera. Handbooks for the Identification of British Insect. Vol. I, Part 12,13. London, 1959. – STITZ, H.: Schnabelfliegen. In: Brohmer, Ehrmann, Ulmer, Tierwelt Mitteleuropas. Bd. VI, Lief. 1. Leipzig, 1927.

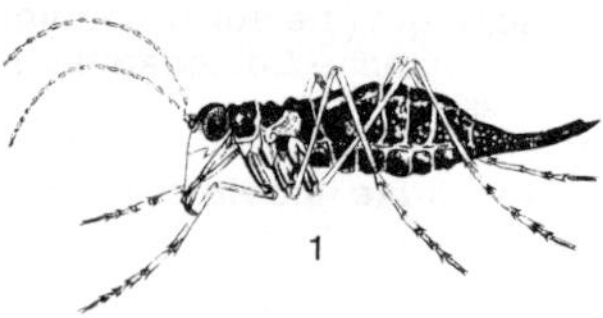

1

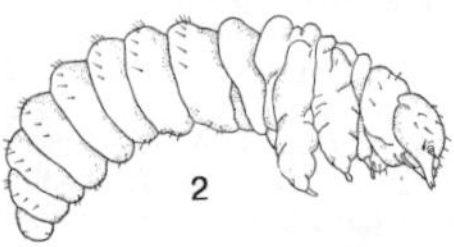

2

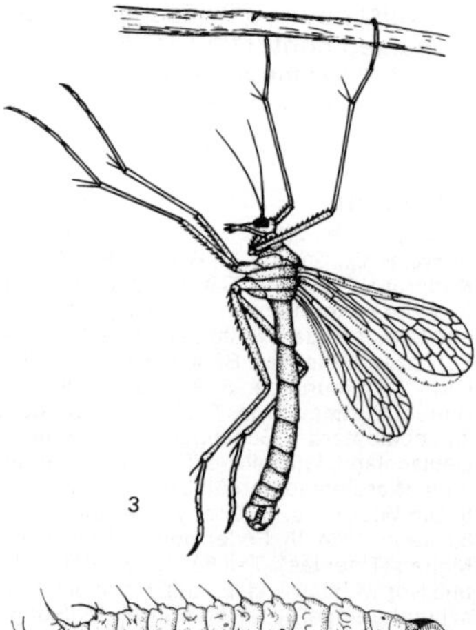

3

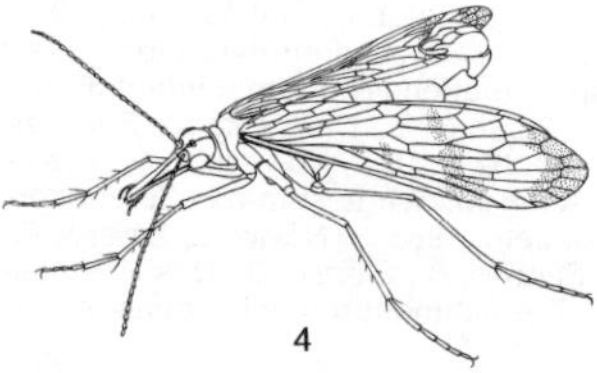

4

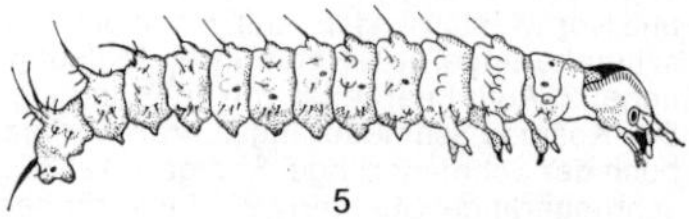

5

Ordnung: **Diptera,** Zweiflügler

In unserem Faunenbereich sind die Dipteren mit ca. 100 Familien vertreten. Imagines unterscheiden sich von allen übrigen geflügelten Insekten durch Umwandlung des hinteren Flügelpaares zu Schwingkölbchen (Halteren), diese bei einigen Arten völlig fehlend. Die Vorderflügel sind meist vollständig ausgebildet, gelegentlich auch reduziert oder völlig fehlend. Der Flügel zeigt mit seinen Adern u. Zellen wichtige Bestimmungsmerkmale [*1*]. Es gibt folgende Längsadern, die abgekürzt groß geschrieben werden: Costa (C); Subcosta (Sc) meist ein-, selten zweiästig (Sc_1 u. Sc_2 z. B. bei einigen Tipuliden); der Radius (R) gabelt sich in die Äste R_1 u. Radialsektor (Rs), dieser wiederum in die Radien R_2, R_3, R_4 u. R_5; die Media (M) in die Äste M_1, M_2, M_3 u. M_4; den Cubitus (Cu); den Postcubitus (PCu) meist nur als feine Falte; die Analis (1A und 2A). Queradern verbinden die Längsadern untereinander, sie werden klein abgekürzt: Humeralquerader (h) zwischen C u. Sc nahe der Flügelbasis; Querader r–m zwischen R_5 u. M_1; Querader m zwischen M_2 u. M_3; Querader m–cu zwischen M_4 u. Cu. Aderreduktion oder Aderverschmelzung kommen sehr häufig vor: z. B. verschmelzen R_2 u. R_3 zu R_{2+3}, R_4 u. R_5 zu R_{4+5}, M_1 u. M_2 zu M_{1+2} usw. [*62–66* u. a.]. Die Flügelzellen werden grundsätzlich nach den darüberliegenden Adern benannt. So liegt z. B. die Zelle R_1 zwischen R_1 und R_2; Ausnahmen lediglich die Benennung der Zelle $1M_2$, die auch Diskalzelle (D) u. der Zelle Cu, die auch Analzelle genannt werden. In der Zelle Cu (zwischen Cu u. 1A) verläuft die PCu meist als schwach ausgebildete Falte, sie wird nicht zur Zellenbenennung herangezogen. Die Fühler bestehen aus zwei Grundgliedern u. einer vielgliedrigen Geißel oder einem 3. Glied, das eine dorsale oder endständige Borste oder einen ± geringelten oder gegliederten Endgriffel aufweisen kann (Geißelrest). Mundwerkzeuge sind stechend- oder leckendsaugend, bisweilen reduziert, die Taster (Palpus maxillaris) 1–5gliedrig. Facettenaugen meist gut ausgebildet, auf dem Scheitel dazwischen häufig 3 Ocellen. Beine sind Schreitbeine, Tarsus mit 5 Gliedern; 1. Tarsenglied nach der Tibia = Metatarsus, letztes Tarsenglied mit 2 Krallen, 2 Haftlappen (Pulvillen) u. zwischen diesen 1 Empodium. Kopf, Thorax, Abdomen u. Beine oft stark behaart, beborstet oder beschuppt. Borsten wichtig für die Bestimmung. Thorax mit 2 Stigmenpaaren [S_1 u. S_2: *67a*] (S_2 = Metathorakalstigma). Abdomen je Segment mit 1 Stigmenpaar seitlich auf den Tergiträndern oder in den Konjunktiva zwischen Tergit (Rückenplatte) u. Sternit (Bauchplatte); bei einigen fehlen diese Stigmen. Abdomen am Ende oft mit kleinen Anhängen (Cerci). Lebensgewohnheiten der Imagines u. Larven s. bei den Familien. Zahl vor den Gattungsnamen bedeutet deren Artenzahl in Deutschland.
Abkürzungen: Vd = Vorder-, Mt = Mittel-, Ht- = -ht(-) = Hinter-, Gl = -gl = (-) Glied(er).

System:
Unterordnung **Nematocera,** Mücken (eine paraphyletische Gruppe)
Trichoceridae, Tipulidae [*13a*], **Blephariceridae, Ptychopteridae, Psychodidae** [*16*], **Dixidae, Chaoboridae, Culicidae** [*18a, b*], **Thaumaleidae, Simuliidae** [*29*], **Ceratopogonidae, Chironomidae** [*30, 101*], **Anisopodidae, Hesperinidae, Bibionidae** [*22*], **Scatopsidae** [*100*], **Synneuridae, Cecidomyiidae, Mycetophilidae** [*23, 26*], **Sciaridae.**
Unterordnung **Brachycera,** Fliegen
I. Orthorrhapha
Coenomyidae [*40*], **Xylophagidae** [*42*], **Xylomyidae, Stratiomyidae** [*36–39*], **Tabanidae** [*35*], **Athericidae, Rhagionidae** [*44*], **Therevidae** [*53*], **Acroceridae** [*43*], **Nemestrinidae, Bombyliidae** [*49, 50a*], **Scenopinidae** [*48*], **Asilidae** [*46, 107, 108*], **Empididae** [*51, 61*], **Dolichopodidae** [*60*].
II. Cyclorrhapha
Familienreihe **Aschiza: Lonchopteridae** [*58*], **Phoridae** [*31*], **Platypezidae** [*59*], **Pipunculidae** [*56*], **Syrphidae** [*54a*].
Familienreihe **Schizophora, Acalyptratae: Conopidae** [*55*], **Micropezidae, Tanypezidae, Psilidae, Megamerinidae, Pyrgotidae, Tephritidae, Platystomatidae, Ulidiidae, Otitidae, Sciomyzidae, Coelopidae** [*75*], **Dryomyzidae, Helcomyzidae, Sepsidae** [*73*], **Lauxaniidae, Chamaemyiidae, Lonchaeidae, Pallopteridae, Neottiophilidae, Piophilidae, Thyreophoridae, Periscelididae, Aulacigastridae, Asteiidae, Stenomicridae, Acartophthalmidae, Clusiidae, Chyromyidae, Opomyzidae, Anthomyzidae, Odiniidae, Agromyzidae, Milichiidae, Chloropidae, Diastatidae, Ephydridae, Camillidae, Curtonotidae, Drosophilidae, Heleomyzidae, Trixoscelidae, Canaceidae, Tethinidae, Cryptochetidae, Sphaeroceridae, Braulidae** [*102*].

Familienreihe **Schizophora, Calyptratae: Scatophagidae, Anthomyiidae, Muscidae, Fanniidae, Calliphoridae, Sarcophagidae, Tachinidae, Gasterophilidae, Oestridae, Hippoboscidae** [*103*], **Nycteribiidae** [*104*].

1. Flügel vollständig entwickelt, Tiere mit 1 Paar Flügeln u. 1 Paar Halteren **2**
— Flügel sind stummelförmig, reduziert, an der Basis abgebrochen oder fehlend. Halteren vorhanden oder fehlend . . . . S. 471
2. Fühler bestehen aus zwei Grundgliedern und einer Geißel mit mehreren bis vielen ± gleichartigen Gliedern [*2–4*]. Taster meist 3- bis 5gliedrig [*2, 3, 20a, b*], hängend. Zelle Cu [*1, 14* u. a.] zum Flügelrand hin nie stark verengt oder geschlossen, kann auch fehlen Mücken, **Nematocera** **3**
— Fühler meist 3gliedrig, das 3. Glied mit dorsaler [*5*] oder endständiger Borste oder Griffel. Borste u. Griffel können sich aus mehreren Gliedern zusammensetzen [*6–10*]. Hat der Fühler mehr als 3 Glieder (aber nie mehr als 10), so sind die Taster 1- bis 2gliedrig u. straff nach vorn gerichtet [*8*] u. Zelle Cu zum Flügelrand hin stark verengt oder geschlossen [*11*] . . . . Fliegen, **Brachycera** **24**
3. Flügel haben zwischen den normalen Adern netzartige Falten („Sekundärgeäder") [*12*]. 6–8 mm . . . . **Blephariceridae**
5; **Liponeura** Loew. Larven in rasch fließenden Gebirgsbächen.
— Flügel ohne netzartige Falten **4**
4. Zwei Analadern [1A u. 2A: *1*] erreichen den Htrand des Flügels. Auf dem Thorax fast immer U- oder V-förmige Quernaht [*13b*] . . **5**
— Höchstens eine Analader erreicht den Htrand des Flügels. Thorax meist ohne U- oder V-förmige Quernaht **6**
5. 2A schwach gebogen, mündet näher der 1A als der Flügelbasis [*1*]. Ocellen fehlen. Habitus [*13a*] . . . . Schnaken, **Tipulidae** S. 473
— 2A kurz u. stark gebogen, mündet nahe der Flügelbasis, weit von 1A entfernt in den Htrand des Flügels [*14*]. 2–3 Ocellen unmittelbar über der Fühlerwurzel. 5–9 mm . . . . Wintermücken, **Trichoceridae**
9; **Trichocera** Meig. (2A wie [*14*]; Augen kurz behaart). **Diazosma hirtipennis** (Siebke) (Augen nackt). Imagines winteraktiv.
6. Wenn Tiere über 7 mm lang, dann eine U- oder V-förmige Quernaht auf dem Thorax. Flügel mit einer Scheinader zwischen R_5 und M_1 [vena spuria: v.s.: *15a*]. An der Basis der Halteren eine Prähaltere, die nach vorn über das Metathorakalstigma ragt [*15b*] **Ptychopteridae**
8; **Ptychoptera** Meig., tipulidenähnlich. Larven im Schlamm mit langem Atemrohr.
— Tiere unter 7 mm lang oder auf dem Thorax keine U- oder V-förmige Quernaht. Keine Prähaltere vorhanden. Andersartig **7**
7. Flügel breit oval, zur Spitze hin zugespitzt; Sc kurz unscheinbar, R mit 5 Ästen, M mit 4 Ästen, Cu deutlich. Queradern undeutlich, nur an der Flügelbasis. Flügel oft lang u. dicht behaart, sie werden in Ruhe dachartig oder auf dem Körper zusammengelegt. 1–3 mm. Habitus wie [*16*] . . . . Schmetterlingsmücken, **Psychodidae**
Zahlreiche Gattungen, z. B. **Psychoda** Latr., **Pericoma** Walk. Imagines fliegen häufig ans Licht; **Psychoda** ist in großer Menge in der Kesselfallenblüte des Aronstabs (Arum maculatum) anzutreffen. Larven in faulender organischer Substanz.

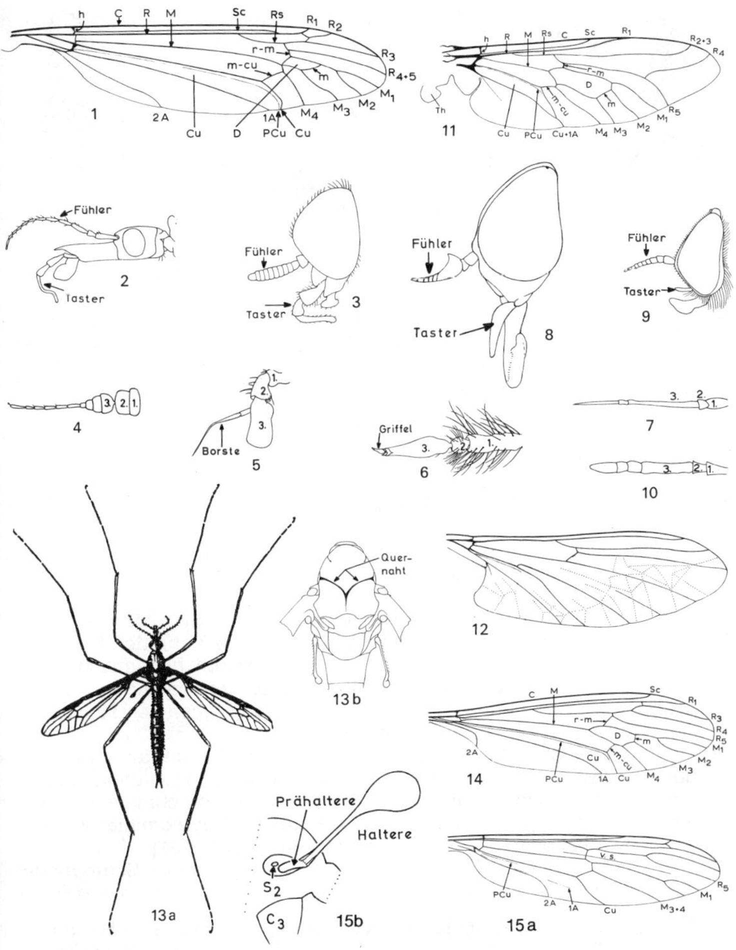

— Flügel schmaler, nicht zugespitzt, der Rand und oft auch die Adern mit schuppenartigen Haaren besetzt [*17*] **8**
— Flügel nicht zugespitzt, ohne schuppenartige Haare **9**
8. Rüssel lang. Taster gestreckt. Schuppen auf Adern u. Flügelrand. Habitus wie [*18a, b*] . . . . Stechmücken, **Culicidae** S. 473

16

17

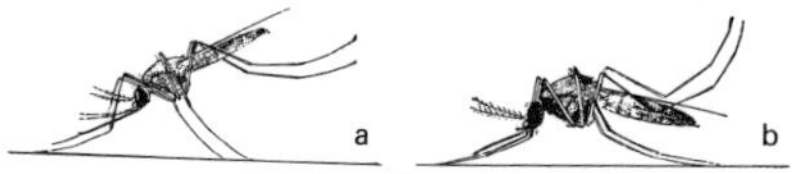

18

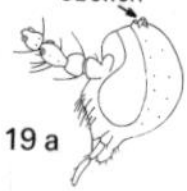

19 a

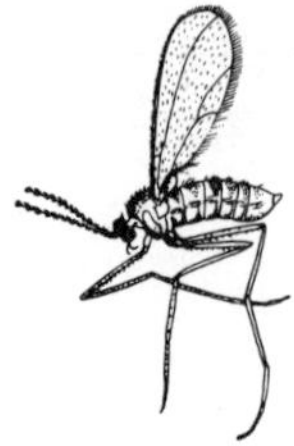

19 b

— Rüssel kurz (kürzer als Kopf). Taster gekrümmt. Weibchen ohne Stechrüssel. Schuppen fast nur am Flügelrand . . . **Chaoboridae**
Mochlonyx LOEW (Metatarsus viel kürzer als 2. Tarsengl). **Chaoborus** LICHT. (= **Corethra** MEIG.) (Metatarsus länger als 2. Tarsenglied). Larven im Wasser räuberisch von Plankton.

9. Diskalzelle (D) vorhanden. Mittelgroße Mücken mit gefleckten Flügeln (s. auch Nr. **18**) . . . . Fenstermücken, **Anisopodidae**
Sylvicola fenestralis (SCOP). Larven in verwesenden Pflanzenteilen.

— Zelle D fehlt **10**

10. Ocellen vorhanden [*19a, 20a, b*] **11**

— Ocellen fehlen **19**

11. Geäder reduziert, mit höchstens 6 ± deutlichen Adern, von denen höchstens 4 den Flügelrand erreichen. Tibien ohne Endsporne. Kleine Mücken **12**

— Geäder nicht so stark reduziert. Tibien meist mit Spornen . . **14**

12. Flügel unbehaart, von den Adern nur C, R_1 u. Rs nahe des Flügelvdrandes kräftig ausgebildet; die übrigen schwach und unscheinbar [*21*]. Fühler kurz, Gl schwer voneinander zu unterscheiden. Augenbrücke über den Fühlern nicht verschmälert, gelegentlich stoßen die Augen über den Fühlern nicht ganz zusammen **13**

— Flügel oft behaart, Adern am Vdrand nicht auffallend kräftiger als die übrigen. Fühler meist lang, die einzelnen Glieder deutlich voneinander getrennt. Augenbrücke über den Fühlern verschmälert, selten fehlend [*19a*] . . Gallmücken, **Lestremiinae, Cecidomyiidae** S. 475

13. 1A fehlt vollständig, der Radialsektor ist ungegabelt [*21*] Dungmücken, **Scatopsidae**
Viele Gattungen; häufigste Art: **Scatopse notata** (L.). Larven in faulender organischer Substanz.

— 1A vorhanden; Radialsektor in 2 Äste aufgegabelt oder Rs verschmilzt auf einer kurzen Strecke . . . . **Synneuridae**
Larven in sich zersetzender organischer Substanz wie z. B. Pilzen und Holz. **Synneuron** LUNDSTR.

14. Fühler entspringen unter den Augen, nahe dem Mundrand, etwa in der Höhe des unteren Augenrandes oder darunter **15**

— Fühler entspringen in Augenmitte oder oberhalb davon . . . **16**

15. Fühler kurz, drittes Glied nicht auffallend verlängert. Augen der Männchen sehr groß, stoßen auf der Stirn zusammen [*20a, b*]. Habitus [*22*] . . . . Haarmücken („Märzfliegen"), **Bibionidae**

22

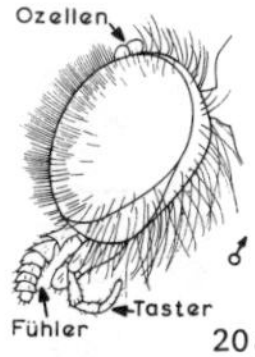

20 a

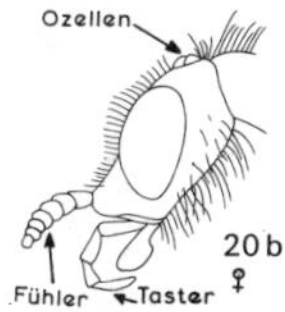

20 b

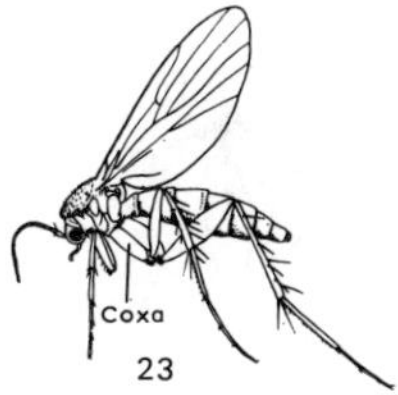

23

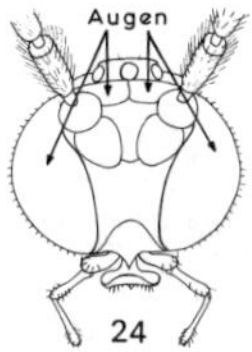

24

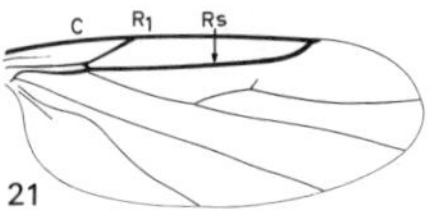

21

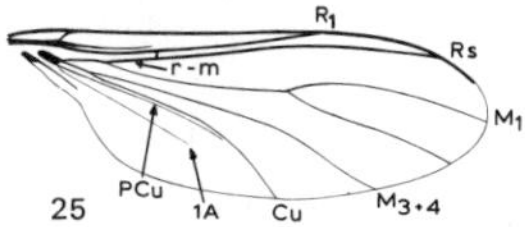

25

Penthetria MEIG. (Tibien ohne Enddorn). **Dilophus** MEIG. (Vdtibien mit einem Kranz von Dornen). **Bibio** GEOFFR. (Vdtibien mit einem kräftigen Enddorn). Imagines im Frühjahr gelegentlich in großen Schwärmen. Larven z. T. schädlich an Pflanzenwurzeln.

— Fühler lang, das 3. Glied so lang oder länger als die beiden folgenden. Augen der Männchen auf der Stirn getrennt . . . . **Hesperinidae**

Nur **Hesperinus imbecillus** LOEW. (6 mm lang).

16. Augen berühren sich über den Fühlern, bilden eine verschmälerte Augenbrücke [*24*]. Adern am Vdrand des Flügels auffallend stärker als die hinteren. m-cu fehlt immer, r-m mündet in Rs [*25*]. 1–7 mm Trauermücken, **Sciaridae**

Viele Gattungen, häufigste: **Sciara** MEIG., **Bradysia** WINN., **Corynoptera** WINN. Larven im Waldboden, unter der Rinde abgestorbener Bäume usw. Imagines in feuchten Wäldern, Gewächshäusern, in der Wohnung an Blumentöpfen, in Kellern.

— Augen berühren sich nicht über den Fühlern. Adern am Vdrand des Flügels nicht auffallend stärker als die übrigen **17**

17. Rs in R_{2+3} u. R_{4+5} gegabelt. R_{2+3} länger als ½ R_{4+5} **18**

— Rs nicht gegabelt, wenn doch, dann ist R_{2+3} deutlich kürzer als ½ R_{4+5} Pilzmücken, **Mycetophilidae** S. 474

18. Die Sc endet frei in der Flügelfläche (mündet nicht in der C). Die r-m Querader steht vor der Gabelstelle von R_1 und Rs. Pronotum mit einigen längeren Borsten . . . . **Mycetophilidae** S. 474

— Die Subcosta mündet in die C. Querader r-m steht unter der Gabelstelle von R_1 und Rs. Pronotum ohne Börstchen. (s. auch Nr. **9**) **Mycetobia** MEIG., **Anisopodidae**

19. Höchstens 4 Längsadern erreichen den Flügelrand. Habitus wie [*19b*] Gallmücken, **Cecidomyiidae** S. 475

— Es erreichen 6 u. mehr Längsadern den Flügelrand **20**

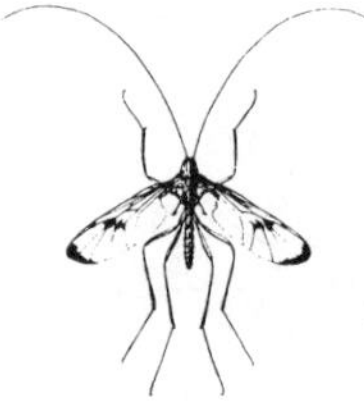

26

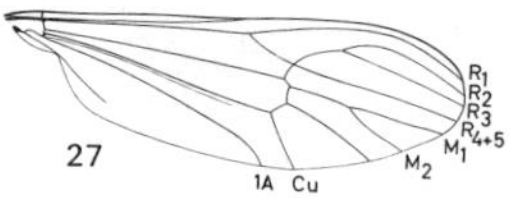

27

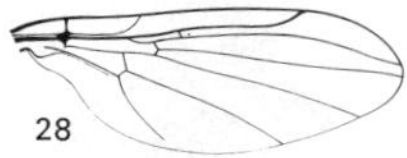

28

29

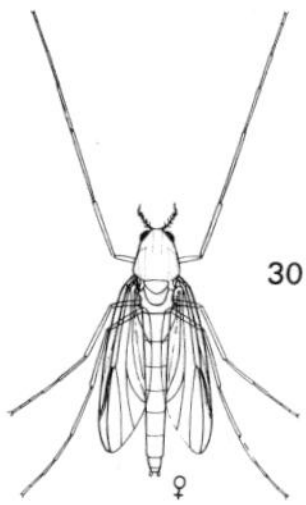

30 a

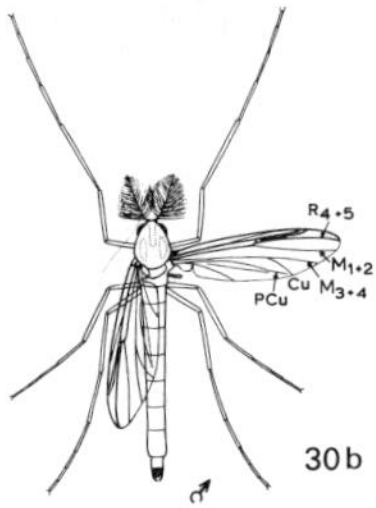

30b

20. R_1, R_2 und R_3 münden bogenförmig in den Flügelrand [*27*]. Fühler lang u. dünn, die einzelnen Gl schwer zu unterscheiden; Gl 2 kurz und auffallend dick. Kleine, langbeinige, tipulidenähnliche Mücken. Imagines 3–4 mm lang . . . . **Dixidae**

Nur **Dixa** Meig. Larven aquatisch. Imagines Blütenbesucher, an feuchten Stellen in der Nähe von Gewässern, führen gelegentlich Tanzflüge aus.

— Radialadern münden anders **21**

21. Fühler vom 3. Glied an ± gleichartig, wenn auch die einzelnen Gl nicht immer deutlich zu unterscheiden sind **22**

— 1. bis 5. oder 6. Fühlergl deutlich breiter als lang, vom 6. oder 7. Gl an deutlich länger als breit u. viel schmäler als die ersten [*4*]. C auch am Flügelhinterrand schwach ausgebildet [*28*]. 3–4 mm **Thaumaleidae**

Meist Gebirgstiere. Larven aquatisch an überrieselten Steinen. **Thaumalea** Ruthé.

22. Flügel sehr breit, Adern am Vdrand des Flügels auffallend stärker als auf der hinteren Fläche. Fühler kopflang, die Gl breit, eng aneinander geschlossen, nackt [*29*] . . . . Kriebelmücken, **Simuliidae**

Befallen die Weibchen in großer Zahl Vieh, so wird dieses stark beunruhigt und gefährdet; Stiche sind auch für Menschen lästig. Larven mit Htende an Steinen angeheftet, in fließenden Gewässern, filtern Nahrungspartikel. **Simulium** Latr., **Prosimulium** Roub. u. a.

— Flügel schmäler, Fühler so lang oder länger als der Thorax . **23**

23. M_{1+2} nicht in ihre Äste aufgegabelt. Flügel in Ruhelage nebeneinander gelegt. Kein Stechrüssel vorhanden. Körper 1–10 mm [*30*]
Zuckmücken, **Chironomidae**

Eine große Zahl von Gattungen, z. B. **Chironomus** Meig., **Tanytarsus** Wulp, **Tanypus** Meig. Männchen bilden wolkenartige Tanzschwärme. Imagines häufig am Licht. Die meisten Larven aquatisch (wichtige Fischnahrung), einige terrestrisch. Die „roten Mückenlarven" sind Indikatoren für O_2-armes Wasser.

31

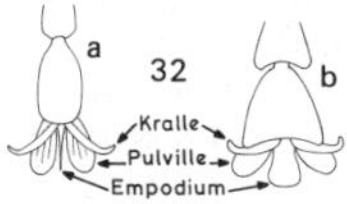

32

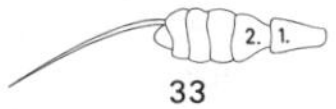

33

34

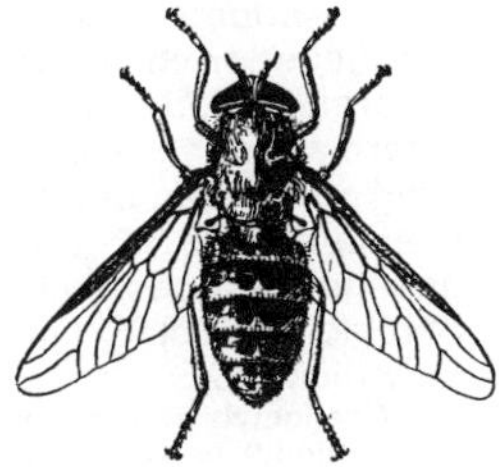
35

— M_{1+2} in die Äste M_1 und M_2 aufgegabelt. Flügel in Ruhelage übereinander gelegt. Mundteile in Stechrüssel umgewandelt, ca. halb so lang wie die Taster. Körper 1–3 mm lang . Gnitzen, **Ceratopogonidae**

Häufige Gattungen **Ceratopogon** MEIG., **Bezzia** KIEFF., **Culicoides** LATR. Weibchen saugen Blut an Menschen u. Vieh oder greifen Insekten an. Sie schwärmen gelegentlich in der Luft. Larven aquatisch oder in faulenden Pflanzenteilen.

24. Aderung stark abgewandelt. Am Vdrand des Flügels C, R_1 u. Rs besonders stark entwickelt, übrige Längsadern blaß u. dünn; ohne Queradern [*31*]. Schenkel verbreitert u. seitlich zusammengedrückt; Coxen der einzelnen Beinpaare stehen dicht nebeneinander. 3. Fühlerglied sehr groß u. kugelig, mit dorsaler Borste, die beiden anderen Gl klein u. unscheinbar. 1–5 mm . . Buckelfliegen, **Phoridae** S. 482

— Andere Merkmale **25**

25. Pulvillen u. Empodium gleich gestaltet, Tarsen daher mit 3 gleichartigen Haftlappen [*32b*]. Tiere mindestens 3 mm lang **26**

— Pulvillen vorhanden oder fehlend, Empodium fadenförmig oder fehlend [*32a*] **33**

26. Fühler besteht aus mehreren, deutlich sichtbaren Gliedern. Thorakalschüppchen nicht sehr auffällig vergrößert. Diskalzelle D vorhanden **27**

— Fühler besteht nur aus einem einzigen sichtbaren Glied; keine weiteren Fühlerglieder erkennbar. Thorakalschüppchen extrem vergrößert; Flügel ohne Diskalzelle (D). Habitus wie [*43*]

Kugelfliegen, **Acroceridae**

Acrocera MEIGEN (Fühler über den Augen, nahe den Ozellen eingefügt). **Ogcodes** LATREILLE (Fühler unter den Augen, nahe dem Mundrand eingefügt). Larven parasitisch in Spinnen.

27. 3. Fühlerglied deutlich geringelt oder aber noch mehrere zusätzliche (4–8) unterschiedlich große Glieder vorhanden **28**

— 3. Fühlerglied nicht geringelt, mit Rücken- oder Endborste oder einem Endgriffel **32**

28. Kopf von oben gesehen halbkugelig, Htkopf konkav eingebuchtet. Thorakalschüppchen (Th) groß u. deutlich. R_4 vor, R_5 hinter der Flügelspitze breit gegabelt mündend [*11*]. 9–20 mm, Habitus wie [*35*]

Bremsen, **Tabanidae** S. 476

— Kopf nicht halbkugelig, Thorakalschüppchen klein, anders . . **29**

29. Adern am Htrand des Flügels blaß, am Vdrand kräftig. Diskalzelle (D) so dicht oder dichter als ihr kleinster Durchmesser an die C herangerückt. Abdomen meist dorsoventral abgeplattet u. an den Seiten ± parallel oder von oben gesehen stark abgerundet oder zum Ende hin verbreitert. [*36–39*] . . . . . Waffenfliegen, **Stratiomyidae** S. 475

— Adern auf der Flügelfläche gleichmäßig kräftig. D doppelt so lang wie breit od. länger, deutlich weiter als ihr kleinster Durchmesser von der C entfernt [*40, 41, 42*]. Abdomen im Querschnitt rundlich, von dorsal gesehen langgestreckt, zum Ende hin sich allmählich verjüngend **30**

30. Schildchen [Scl: *67*] mit 2 Dornen. Thorax hoch gewölbt. Abdomen relativ dick [*40*] . . . . Stinkfliegen, **Coenomyiidae**

Nur **Coenomyia ferruginea** (Scop.) (16–18 mm; rot- bis schwarzbraun, stark nach Käse duftend). Larven in morschem Holz.

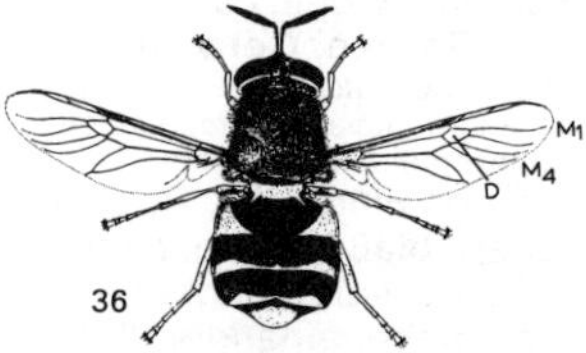

36

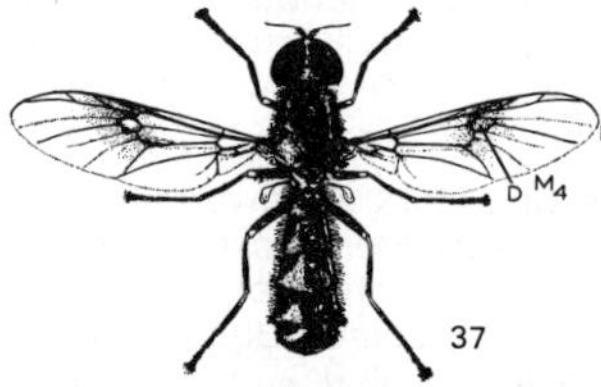

37

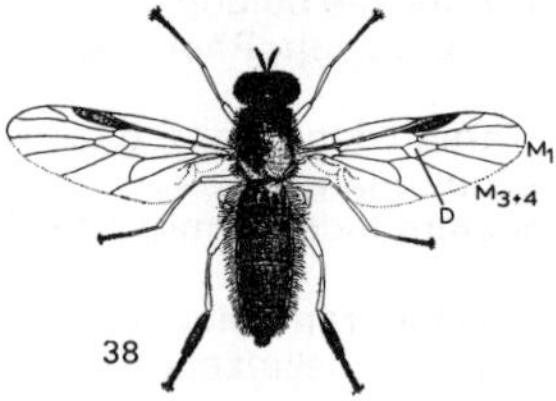

38

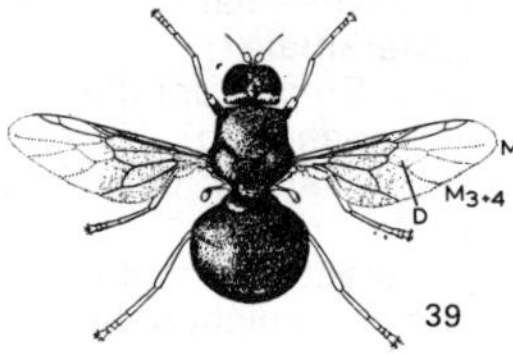

39

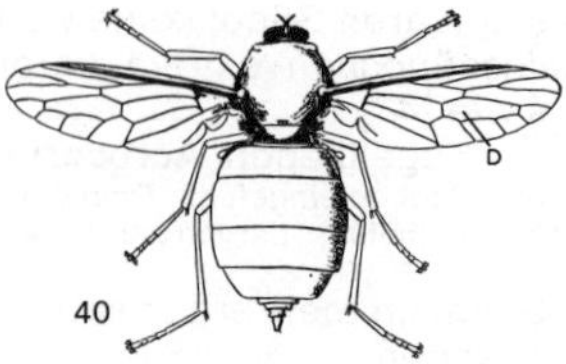

40

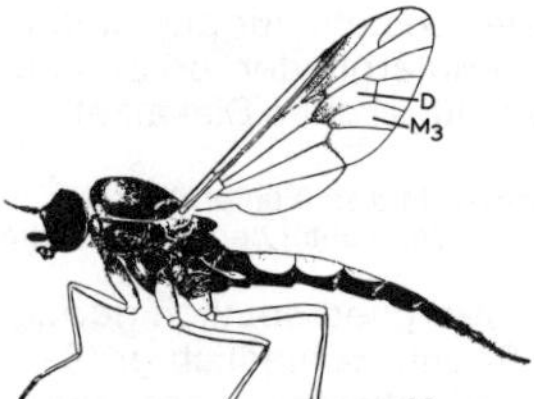

42

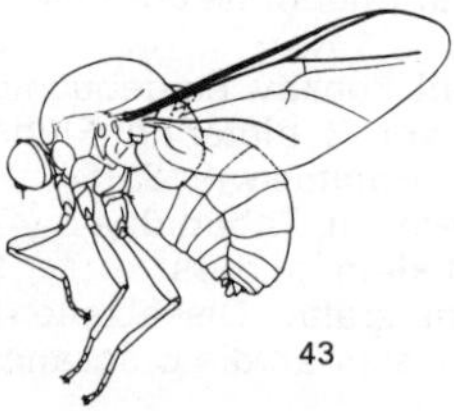
43

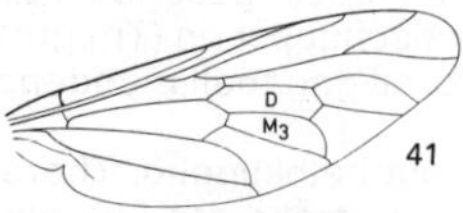

41

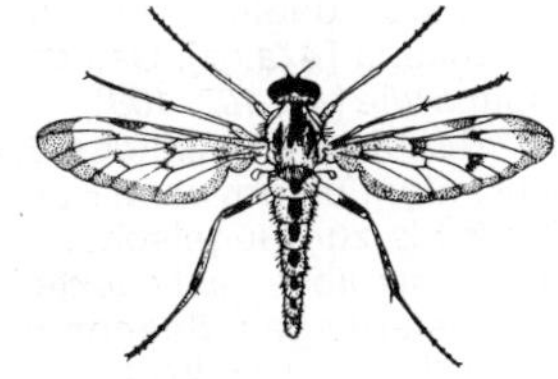

44

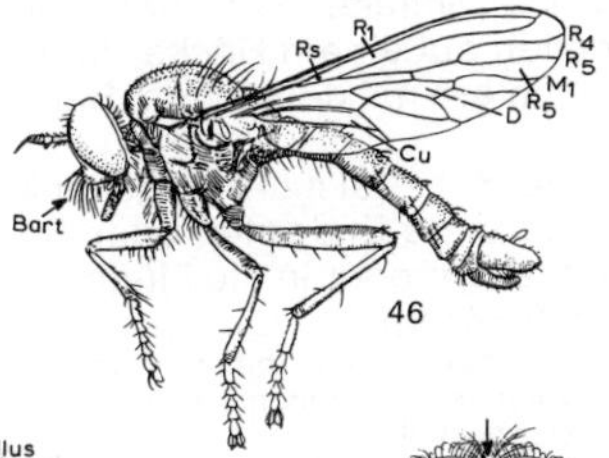

46

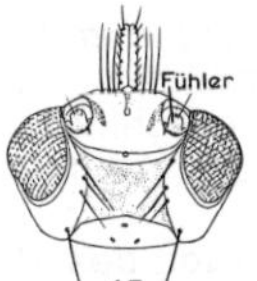

45

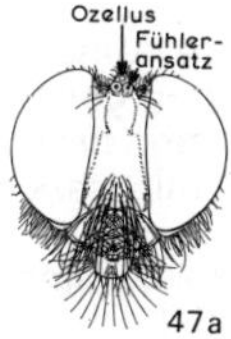

47a

47b

— Schildchen ohne Dornen. Thorax nicht stark gewölbt. Abdomen lang und schlank [*42*] **31**

31. Zelle M_3 zum Flügelrand hin geschlossen und kurz gestielt [*41*]. Fliegen um 10 mm lang . . . . **Xylomyidae**

3; **Xylomya** Rond. (schwarz-gelb gezeichnet, ichneumonidenähnlich), selten. Larven in mulmigen Baumhöhlen.

— Zelle M_3 zum Flügelrand hin offen oder gerade geschlossen, nie gestielt [*42*]. 8–15 mm . . . . Holzfliegen, **Xylophagidae**

4; **Xylophagus** Meig., selten. Larven räuberisch an Insektenlarven unter der Rinde abgestorbener Laub- und Nadelbäume.

32. Beine verhältnismäßig lang. Abdomen schlank und zum Ende hin allmählich konisch zugespitzt. Flügeladerung normal. Habitus wie [*44*]
Schnepfenfliegen, **Rhagionidae** u. **Athericidae** S. 477

— Beine normal lang. Abdomen ± parallelrandig, hinten abgerundet. Flügel in der Spitzenhälfte mit mehreren parallelen Adern und häufig mit sekundären Queradern. Rüssel lang . . . . . **Nemestrinidae**

Hirmoneura obscura Wied. (14 mm, bombyliidenähnlich), Blütenbesucher, selten. Larven parasitisch in Larven und Puppen von Blatthornkäfern (z. B. des Junikäfers, Amphimallon solstitialis).

33. Tiere meist nicht dorsoventral stark abgeplattet. Hüften jedes Beinpaares stehen dicht nebeneinander. Fühler deutlich sichtbar. Abdomen oberseits meist deutlich segmentiert **34**

— Tiere dorsoventral stark abgeplattet. Hüften jedes Beinpaares weit voneinander durch Sternite (Bauchplatten) getrennt. Fühler klein und unscheinbar, auf dem Kopf in Gruben eingesenkt [*45*]. Abdomen oberseits meist undeutlich segmentiert
Lausfliegen, **Hippoboscidae** S. 493

34. R_{4+5} ist in seine Äste R_4 u. R_5 aufgegabelt (Rs mit 3 Ästen) [*46, 48, 49, 51*], sie münden getrennt in den Flügelrand. Gelegentlich können R_5 u. M_1 verschmelzen u. gemeinsam in den Flügelrand münden **35**

— R_{4+5} nie aufgegabelt (Rs mit 2 Ästen). R_{4+5} kann mit M_{1+2} verschmelzen. [*54, 62–66*] **40**

35. Stirn u. Scheitel zwischen den Facettenaugen deutlich eingesenkt; Ocellen auf einem Höcker in dieser Einsenkung [*47a, b*]. Gesicht unter Fühlern mit deutlichem Bart [*46*]. Habitus wie [*46, 107, 108*] Raubfliegen, **Asilidae** S. 478

— Stirn u. Scheitel nicht eingesenkt. Gesicht unter Fühlern ohne Bart **36**

36. Fühler ohne Endgriffel oder Borste. C nur bis zur Flügelspitze. M_{1+2} mündet vor oder in die Flügelspitze [*48*]. Borstenlose, fast nackte Fliegen. 5–7 mm . . . . Fensterfliegen, **Scenopinidae**

Nur **Scenopinus** LATR. mit mehreren Arten, deren häufigste: **S. fenestralis** (L.). Imagines vorzugsweise innen an Fenstern alter Häuser. Larven räuberisch an Insekten, z. B. Dermestidenlarven.

— Fühler mit Griffel oder Borste. Mindestens M_1 mündet hinter der Flügelspitze; C läuft meist um den ganzen Flügel herum **37**

37. Zelle Cu offen oder nahe dem Htrand des Flügels geschlossen [*49, 52, 53*]. Tiere in der Regel mit stark behaartem oder beschupptem Körper **38**

— Zelle Cu nahe der Flügelbasis, immer weit vom Htrand des Flügels geschlossen oder fehlend [*51*] . . Tanzfliegen, **Empididae** S. 480

38. Diskalzelle (D) fehlt [*52*]. Kleine schwärzliche Fliegen, 3–5 mm. Selten . . . . **Hilarimorpha** SCHINER, **Bombyliidae** S. 479

— D vorhanden [*49, 50a, 53*]. Tiere ± pelzig behaart oder beschuppt **39**

39. Rüssel lang, gerade vorgestreckt [*49*]; wenn kurz, dann Augenhtrand mit einer Bucht, von deren Mitte aus eine kurze vertiefte Linie die Facettenaugen teilt [*50b*]. Media mit 2 Ästen (M_{1+2} und M_{3+4}) Hummelschweber, **Bombyliidae** S. 479

— Rüssel kurz; Htrand der Augen nie eingebuchtet. Media mit 3 Ästen. Habitus wie [*53*] . . . . Stilettfliegen, **Therevidae** S. 478

40. Zelle Cu lang, nahe dem Htrand des Flügels geschlossen oder offen wie [*54a, b*] **41**

— Zelle Cu kurz, nahe der Flügelbasis geschlossen, weit vom Htrand des Flügels entfernt oder fehlend [*59–66*] **43**

41. Zwischen R_{4+5} u. M_{1+2} verläuft eine Scheinader [vena spuria = v.s.: *54b*]; wenn diese nur als schwache Falte erkennbar, dann aber R_{4+5} stark bauchig in die Zelle R_5 eingebuchtet [*54a, b*] Schwebfliegen, **Syrphidae** S. 483

— Keine Scheinader zwischen R_{4+5} u. M_{1+2} **42**

42. Rüssel meist über Kopf lang, gekniet [*55*]. Kopf erscheint ± aufgeblasen. Augen nehmen nicht den größten Teil des Kopfes ein. Tiere oft mit bienen- oder wespenähnlicher Zeichnung [*55*]. Fühlerborste dorsal oder endständig . . . . . Dickkopffliegen, **Conopidae** S. 489

— Rüssel klein, kaum sichtbar, in Mundhöhle zurückgezogen. Kopf besteht zum größten Teil aus Facettenaugen. Abdomen meist einfarbig grau oder schwarz. Fühlerborste immer dorsal. Habitus wie [*56*] Augenfliegen, **Pipunculidae** S. 482

(Wenn Fühlerborste endständig u. Httibien u. Httarsen der Männchen verbreitert, dann **Platypezidae** (s. Nr. **45**).)

43. Eine deutliche Bogennaht über und auch seitlich der Fühlerbasis vorhanden [*57*] **47**

— Keine Bogennaht über der Fühlerbasis vorhanden (oder wenn doch eine sehr kurze u. undeutliche, ab Nr. **41** prüfen!) **44**

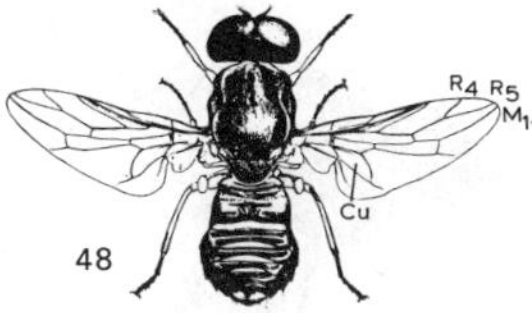

48

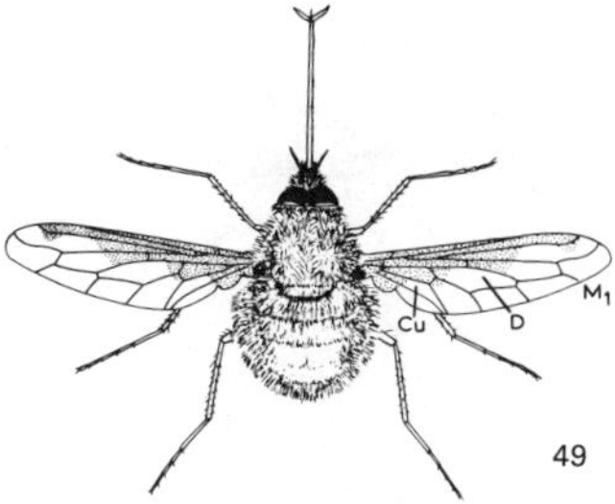

49

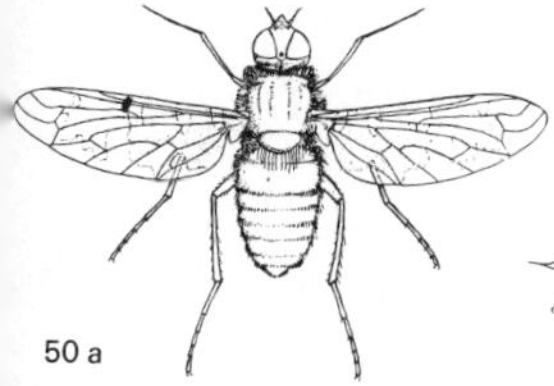

50 a

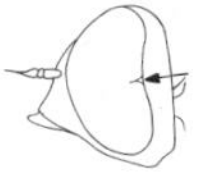

50 b

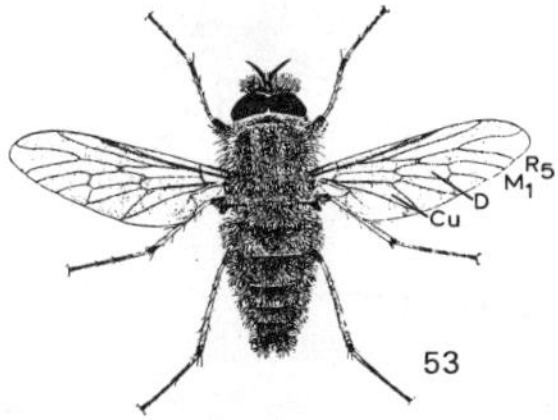

53

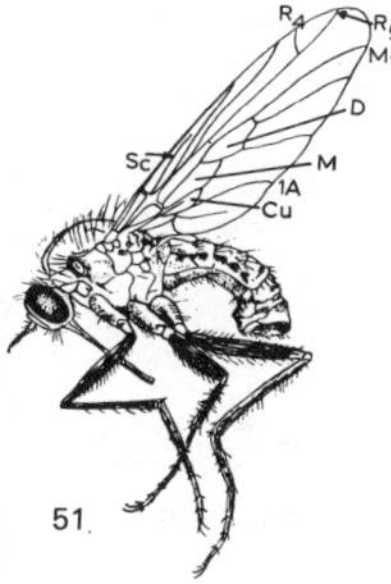

51

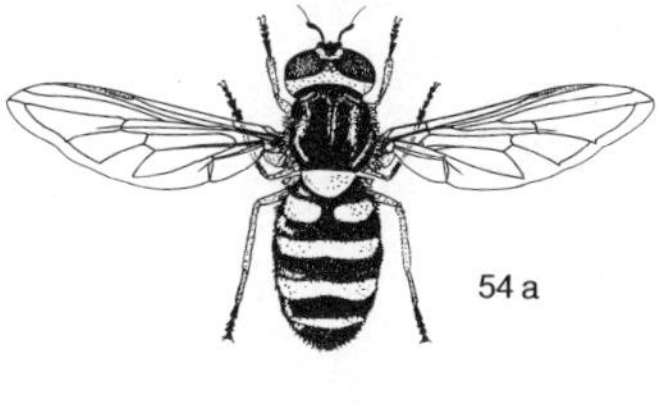

54 a

52

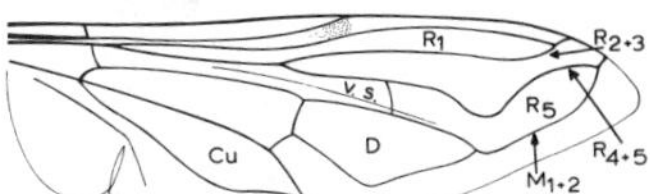

54 b

55

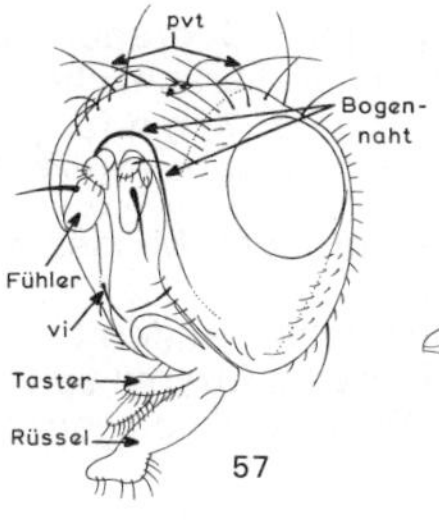

57

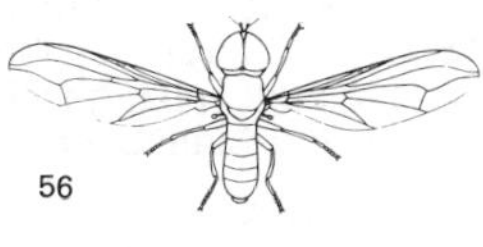

56

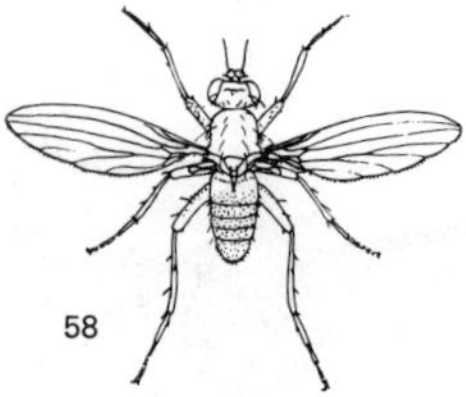
58

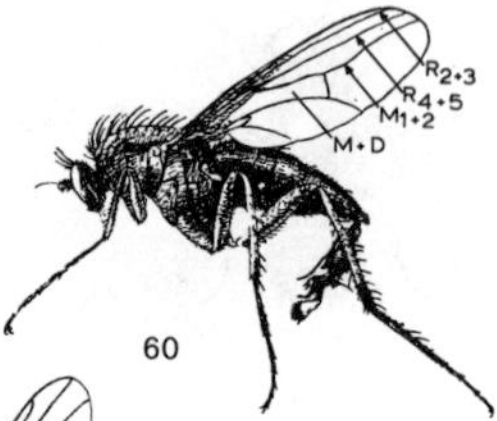

60

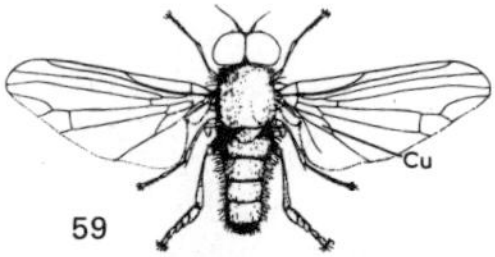

59

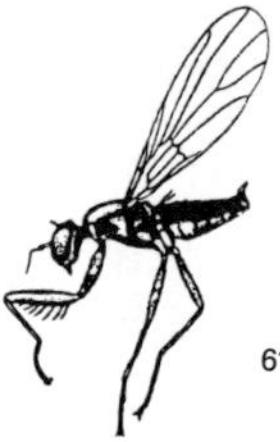
61

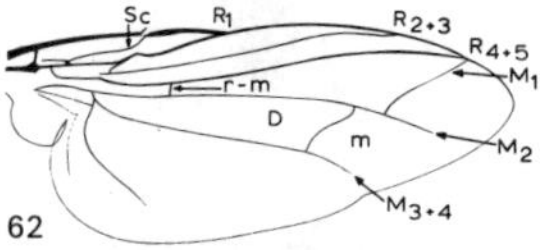

62

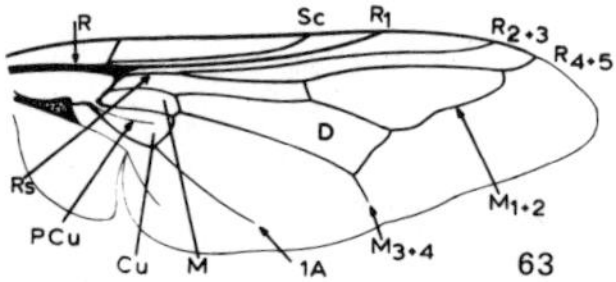

63

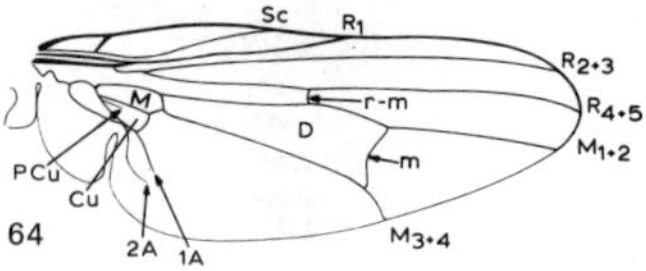

64

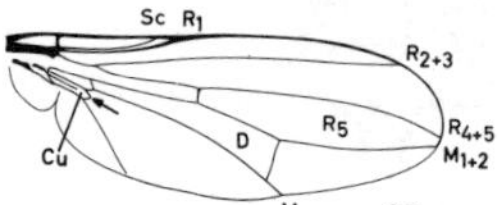

65

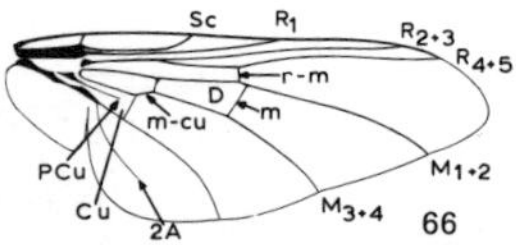

66

44. Flügel lanzettlich zugespitzt. Queradern nur an der Flügelbasis. Kleine, schlanke, gelbliche bis bräunliche Fliegen. Geschlechtsdimorphismus im Flügelgeäder. 2–4 mm [*58*] . . . . . **Lonchopteridae**

Lonchoptera MEIG. Imagines im Gras an feuchten Stellen. Larven in der Laubstreu saprophag.

— Flügel an der Spitze gerundet. Mindestens eine Querader auf oder hinter der Flügelmitte **45**

45. Zelle Cu von der Flügelbasis entfernt, nahe der Flügelmitte, keilförmig zugespitzt geschlossen. Cu trifft spitzwinklig auf 1A [*59*]. Die Augen der Männchen nehmen fast den ganzen Kopf ein. 1–3 mm **Platypezidae**

Mehrere sehr ähnliche Gattungen, z. B. **Platypeza** MEIG., **Platypezina** WAHLGR., **Opetia** MEIG. Imagines laufen sehr schnell und ruckweise oder schweben mit herabhängenden Beinen in der Luft. Larven entwickeln sich, soweit bekannt, in Pilzen.

— Zelle Cu meist kurz oder fehlend. Cu trifft recht- bis stumpfwinklig auf die 1A [*60, 61*] **46**

46. Diskalzelle D mit Zelle M verschmolzen. Rs gabelt sich nahe der Flügelbasis in R_{2+3} u. R_{4+5} [*60*] Langbeinfliegen, **Dolichopodidae** S. 481

— Zelle D von Zelle M getrennt; wenn fehlend, dann gabelt sich Rs nahe der Flügelmitte in R_{2+3} u. R_{4+5} [*61*]. Häufig mit längerem Rüssel [*51*] Tanzfliegen, **Empididae** S. 480

47. M_{1+2} am Ende deutlich winklig aufgebogen u. R_{4+5} genähert oder in R_{4+5} mündend [*62, 63*] **48**

— M_{1+2} ± gerade, zu R_{4+5} parallel oder schwach konvergent oder divergent [*64, 65, 66*] **53**

48. Hypopleuralborsten fehlen [Hy: *67a*]. Wenn 3 Sternopleuralborsten vorhanden, dann stehen immer 1 vorn und 2 hinten [St: *67a*] **Muscidae** S. 492

— Hypopleuralborsten vorhanden. Wenn 3 Sternopleuralborsten vorhanden, dann immer 2 vorne u. 1 hinten [*67a*] **49**

49. Mundteile stark reduziert. Mundöffnung sehr klein. Fühler in Gruben versenkt [*68*]. Fliegen groß, meist pelzig behaart Nasendasseln, Rachenbremsen, **Oestridae** S. 495

— Mundteile deutlich u. normal entwickelt. Fliegen meist ± stark beborstet, nicht pelzig behaart **50**

50. Postscutellum klein, wenig entwickelt, nicht konvex ausgebuchtet [Psl: *67a*] **51**

— Postscutellum stark nach außen gewölbt [Psl: *67b*] Raupenfliegen, Schmarotzerfliegen, **Tachinidae**

Imagines von sehr unterschiedlichem Habitus; auf Blüten und an sonnigen Stellen. Die Tachiniden sind Endoparasiten lebender Arthropoden, meist Insekten, wie Käfern, Schmetterlingen, Hymenopteren, Orthopteren u. a., aber auch in Spinnen usw. Die Weibchen legen ihre Eier auf die Haut des Wirtes, an Stellen, die von Wirtstieren häufig aufgesucht werden, oder verstreuen in großer Zahl die Eier über den Pflanzen, die vom Wirtstier gefressen werden. Innerhalb des Wirtes entwickeln sich die Larven. Meist sterben die Wirte nach der Entwicklung des Parasiten. Mehrere Unterfamilien mit zahlreichen schwer bestimmbaren Gattungen und Arten.

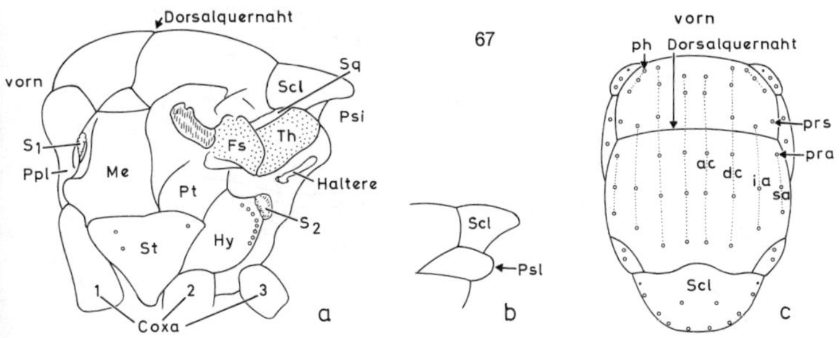

67

51. Körper meist metallisch glänzend (goldgrün bis metallisch blau). Hinterste Posthumeralborste gegenüber der Präsuturalborste tiefer angeordnet [prs u. ph: *67c*]. Fühlerborste meist auch hinter der Mitte gefiedert . . . . Schmeißfliegen, **Calliphoridae** S. 494

— Meist matt schwarzgraue Fliegen. Hinterste Posthumeralborste gleich hoch oder höher als die Präsuturalborste gestellt, d. h. weiter von den Seitenteilen entfernt. Fühler meist nur in der Basishälfte gefiedert **52**

52. Thorakalschüppchen groß, bis zum Schildchen reichend [Th, Scl: *67a*] Fleischfliegen, **Sarcophagidae**

Graue Fliegen, mit schachbrettartiger Zeichnung auf dem Abdomen; Thorax mit dunkler Längsstreifung. Viele Gattungen u. Arten. Larven der Gattung **Sarcophaga** MEIG. entwickeln sich in Aas oder zersetzender organischer Substanz; **S. carnaria** (L.) obligatorischer Parasit in Regenwürmern. **Brachicoma devia** (FALL.) entwickelt sich in Hummelnestern. Larven von **Miltogramma** MEIG., **Metopia** MEIG. u. a. parasitieren bei Hymenopteren.

— Thorakalschüppchen kleiner, vom Schildchen entfernt bleibend **Rhinophorinae, Tachinidae** s. Nr. **50**

53. Mundteile reduziert, in kleine Mundhöhle versenkt; Mundöffnung sehr klein. Um 12 mm, pelzig behaarte Fliegen, hummelähnlich. Fühler klein [*69*]. Flügel wie [*66*] . . . . Magendasseln, **Gasterophilidae**

Gasterophilus LEACH. Larven endoparasitisch im Magen u. Darm der Pferde.

— Mundteile normal ausgebildet. Habitus anders **54**

(Wenn Hypopleuralborsten vorhanden, dann bei Nr. **48** weiter!)

54. 2. Fühlergl mit einem deutlichen Längsspalt oder einer Naht oben außen über die gesamte Länge [Sp: *70*]. Thorakal- u. Flügelschüppchen groß, verdecken oft die Halteren [Th, Fs, Haltere: *67a*]. Dorsalquernaht auf dem Thorax nur oben kurz auf der Mitte unterbrochen oder ohne Unterbrechung [*67c*] **55**

— 2. Fühlergl oben außen ohne Längsspalt. Ein kurzer Einschnitt kann aber vorhanden sein. (Wenn doch ein längerer Einschnitt, dann aber Dorsalquernaht breit unterbrochen; trifft nur für einige **Psilidae** zu.) Dorsalquernaht nur seitlich am Thorax . . . **Acalyptratae** S. 463

55. Thorakalschüppchen kleiner als das Flügelschüppchen [*67a*]. Dorsalquernaht auf dem Thorax in der Mitte deutlich breiter als der Abstand

68

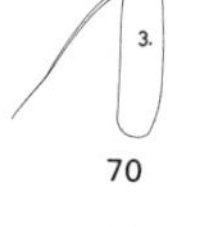

70

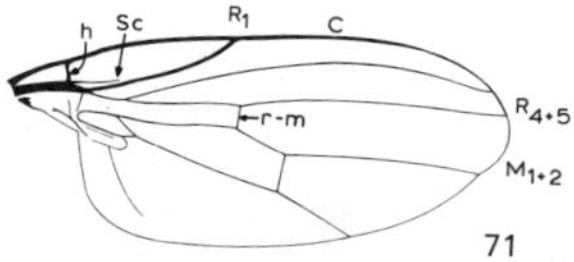

71

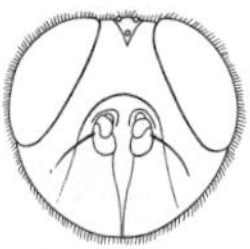

69

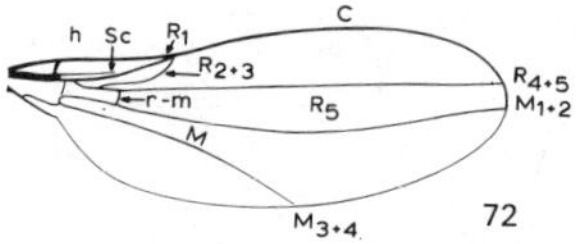

72

der Acrostichalborsten [ac: *67c*] unterbrochen. Stirn in beiden Geschlechtern breit getrennt. Htkopf mit dichter, feiner Behaarung. Abdomen mit 6 deutlichen prägenitalen Segmenten (1+2,3,4,5,6); Trennungsnaht zwischen 1. u. 2. Abdominaltergit deutlich sichtbar
Dungfliegen, **Scatophagidae**

Viele Gattungen. Imagines z. T. räuberisch, z. T. koprophag. Larven kopro- u. saprophag, z. B. **Scatophaga** Meig. (häufig **S. stercoraria** (L.)), oder phytophag (Minierer), z. B. **Norellia** Robineau-Desv., **Phrosia** Robineau-Desv.

— Thorakalschüppchen so groß od. größer als das Flügelschüppchen. Dorsalquernaht höchstens so breit wie der Abstand der Acrostichalborsten [ac: *67c*] unterbrochen od. ohne Unterbrechung. Htkopf ohne dichte, feine Behaarung, Börstchen können aber vorhanden sein. Trennungsnaht zwischen 1. u. 2. Abdominaltergit sehr undeutlich. Abdomen höchstens mit 5 prägenitalen Segmenten (1+2,3,4,5) . **56**

56. 1A erreicht den Htrand des Flügels
Blumenfliegen, **Anthomyiidae** S. 491

— 1A erreicht nicht den Hinterrand des Flügels **57**

57. Subcosta (Sc) hat nur nahe der Flügelbasis eine Biegung, von da an läuft sie fast geradlinig bis zum Flügelrand. 2A umgreift 1A bogig [*64*]
Fanniidae

Wichtigste Gattung: **Fannia** Robineau-Desv. mit vielen Arten; u. a. die Kleine Stubenfliege, **F. canicularis** (L.).

— Sc hat zwei Biegungen bis zum Flügelrand. 2A ± gerade, umgreift nicht 1A bogig . . . . **Muscidae** S. 492

(Sollte sich auf der Pteropleura [Pt: *67a*] eine kräftige Borste befinden, dann **Emmesomyia** Mall. (**Anthomyiidae** S. 491).)

Acalyptratae

Hierzu gehören auch die **Conopidae.**

1. Costa (C) weder in der Nähe von h, noch nahe der Mündung von Sc oder R_1 unterbrochen [*66, 71, 72, 74*] **2**

— C ist an einer oder an mehreren oben genannter Stellen unterbrochen [z. B. *80, 81, 95*] **18**

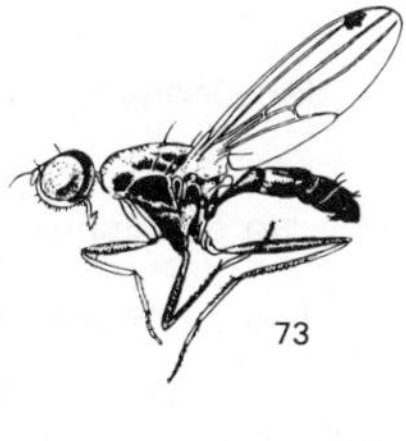
73

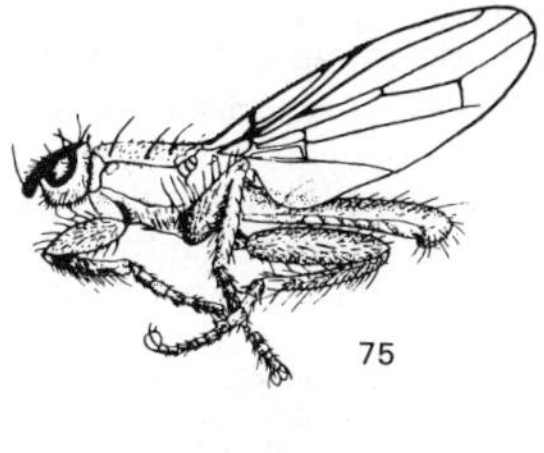
75

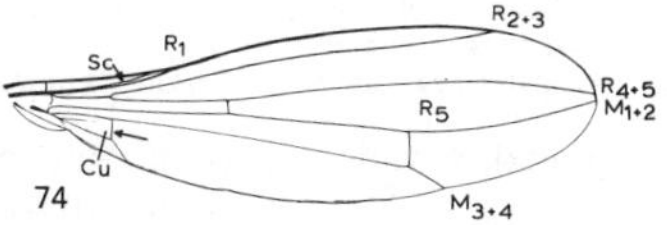

74

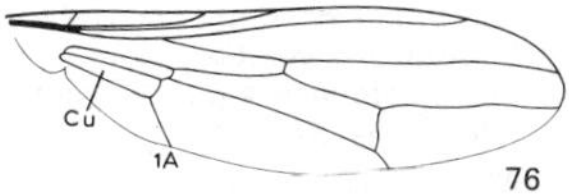

76

2. Sc nur im Basalteil sichtbar, mündet nicht in die C [*71, 72*] **3**
— Sc im ganzen Verlauf deutlich, mündet in die C [*65, 74*] . . . **4**
3. C endet bei R_{4+5}. M_{1+2} läuft parallel zu R_{4+5} [*71*]. Queradern auf u. nahe der Flügelmitte . . . . **Periscelididae**
5: **Periscelis** LOEW, an Bäumen mit Saftfluß, selten.
— C endet bei M_{1+2}. M_{1+2} nach R_{4+5} hin aufgebogen. Queradern nur an der Flügelbasis [*72*]. Vibrissen deutlich [vi: *57*] . . . . **Asteiidae**
Ca. 2 mm, selten. Larven, soweit bekannt, in faulenden Pflanzen. **Asteia** MEIG. (Fühlerborste gefiedert). **Leiomyza** MACQ. und **Astiosoma** DUDA (Fühlerborste pubeszent).
4. Vibrissen (ein Paar deutliche Borsten am vorderen Mundrand) vorhanden [vi: *57*] **5**
— Vibrissen fehlen (es können aber einige Börstchen am Mundrand vorhanden sein) **6**
5. Taster ± reduziert, klein. Am Unterrand des Metathorakalstigmas [S_2: *67a*] 1 bis mehrere längere Borsten. Abdomen an der Basis meist verengt. Habitus [*73*] . . . . Schwingfliegen, **Sepsidae**
Schlagen beim Laufen mit den Flügeln; häufig an tierischen u. menschlichen Exkrementen, am Rande schlammiger Gräben usw., aber auch auf Blüten. Larven in faulenden Substanzen. Mehrere Gattungen, z. B. **Sepsis** FALL. (Flügelspitze mit einem dunklen Punkt). **Saltella** ROBINEAU-DESV. (Zelle R u. M miteinander verschmolzen).
— Taster gut entwickelt. Am Metathorakalstigma keine größeren Borsten. 4–5 mm (s. auch Nr. **26**) . . . . **Neottiophilidae**
Actenoptera hilarella (ZETT.), selten.
6. Beine lang u. dünn, stelzenartig. R_{4+5} u. M_{1+2} zum Flügelrand hin stark genähert, dadurch Zelle R_5 fast geschlossen [*65, 74*] **7**
— Beine nicht stelzenartig verlängert. Zelle R_5 nie derartig verengt **8**
7. Zelle Cu an ihrer Spitze gerade begrenzt [*74*]
Stelzenfliegen, **Micropezidae**
Bevorzugen feuchte u. schattige Orte, sind auch auf Blüten anzutreffen. Mehrere Gattungen, z. B. **Micropeza** MEIG. und **Calobata** MEIG.
— Zelle Cu an ihrer Spitze bauchig erweitert [*65*] . . . **Tanypezidae**
Tanypeza longimana FALL. (6–8 mm), meist auf Pflanzen an feuchten Stellen.
8. Tibien ohne dorsale Praeapikalborsten oben vor der Spitze **14**
— Einige bis alle Tibien mit deutlichen Praeapikalborsten . . . **9**
9. Dorsoventral abgeflachte Fliegen [*75*]. Meist stark behaart oder beborstet. 2–10 mm . . . . Tangfliegen, **Coelopidae**
Am Strand, besonders am Anwurf. Bekannteste Gattung **Coelopa** MEIG., Larvenentwicklung in faulendem Tang.
— Fliegen nicht dorsoventral abgeflacht **10**
10. Postvertikalborsten (1 Paar Kopfborsten hinter den Ocellen, pvt [*57*]) gut entwickelt, konvergent oder gekreuzt **11**
— pvt parallel oder divergent, selten fehlend **12**
11. Meist größere Fliegen (bis 23 mm). Flügel netzartig gezeichnet. Mttibia an der Spitze mit einem Kranz Dornborsten
Netzfliegen, **Sciomyzidae**
Fliegen bräunlich oder grau gefärbt, am Kopf lebhafte Kontrastzeichnung. Flügel oft mit Flecken oder Gitterzeichnung. 2–12 mm. Vorzugsweise in der Nähe von Gewässern, auf feuchten Wiesen, an Gräben, im Ufergebüsch, auf Wasserpflanzen usw. Larven aquatisch, räuberisch oder parasitisch an Wasserschnecken.
Eine Anzahl von Gattungen, z. B. **Salticella** ROBINEAU-DESV., **Sciomyza** FALL., **Sepedon** LATR., **Tetanocera** DUM., **Trypetoptera** HENDEL.
— Kleinere Fliegen (2–5 mm). Flügel glasklar oder schwach getrübt. Mttibia nur mit 1–2 Endborsten . . . . **Lauxaniidae**

Eine größere Zahl von Gattungen, z. B. **Lauxania** LATR., **Sapromyza** FALL., **Minettia** ROBINEAU-DESV. Larven saprophag an faulenden pflanzlichen Stoffen. Imagines an feuchten, schattigen Stellen.

12. R_1 mündet in der Flügelmitte in die C. Schenkel mit Borste, eine am mittleren Schenkel nahe Mitte der Vdseite. Meist größere Fliegen, bis ca. 12 mm. Flügel oft mit netzartiger Zeichnung Netzfliegen, **Sciomyzidae** s. Nr. **11**

— R_1 mündet weiter zur Flügelspitze hin in die C. Keine Borsten in Schenkelmitte **13**

13. 3. Fühlerglied kugelig. Fühlerbasis durch einen Kiel getrennt. Taster an der Spitze mit Borsten. Mundrand steht nicht vor. 6–10 mm. Nur am Meeresstrand . . . . **Helcomyzidae**

Larven entwickeln sich in faulendem Tang. **Helcomyza ustulata** CURT. (Schildchen behaart, C beborstet). **Heterocheila buccata** (FALL.) (Schildchen nicht behaart, C ohne Borsten; Beine rotgelb).

— 3. Fühlergl länger als breit. Fühlerbasis nicht durch einen Kiel getrennt. Mundrand steht vor. 5–10 mm . . . . **Dryomyzidae**

Dryomyza FALL. mit mehreren Arten, häufig **D. anilis** FALL. (R_1 beborstet). Auf Blüten, Sträuchern, Pilzen u. Exkrementen, an schattigen u. feuchten Orten oder am Meeresstrand.

14. Htschenkel verdickt, unterseits mit zwei Reihen Dornborsten. Zelle Cu verhältnismäßig lang [*76*]. Schwarze Fliegen mit gelben Beinen. 8–9 mm . . . . **Megamerinidae**

Megamerina dolium (F.), an feuchten Stellen.

— Htschenkel nicht verdickt, unterseits nicht zweireihig bedornt **15**

15. Ocellen fehlen. Eine Ader zweigt meist in Höhe der Querader m senkrecht in die Zelle R_3 [*77*] . . . . **Pyrgotidae**

Imagines meist dämmerungs- oder nachtaktiv. Alle bekannten Larven Parasiten von Scarabaeiden. Bei uns nur **Adapsilia coarctata** WAGA (hellgelb, Flügel schwarzbraun gefleckt; 8–9 mm).

— Ocellen vorhanden **16**

16. R_1 verläuft flachwellig bis zur Mündung [*78*]. pvt Borsten (Stellung: [*57*]) konvergent oder fehlend. 1–4 mm. Taster von normaler Länge, deutlich entwickelt . . . . **Chamaemyiidae**

Larven leben räuberisch von Blattläusen. Mehrere Gattungen, z. B. **Chamaemyia** MEIG., **Leucopis** MEIG.

— R_1 verläuft anders. pvt Borsten divergent. Taster häufig klein u. unscheinbar **17**

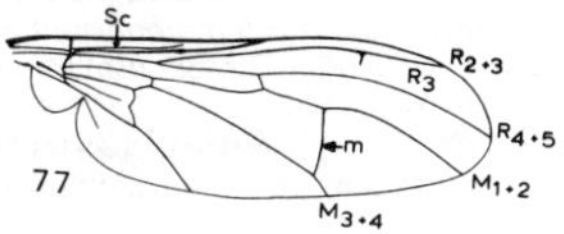

77

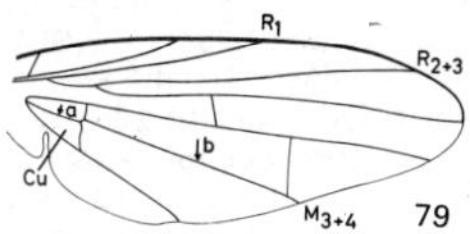

79

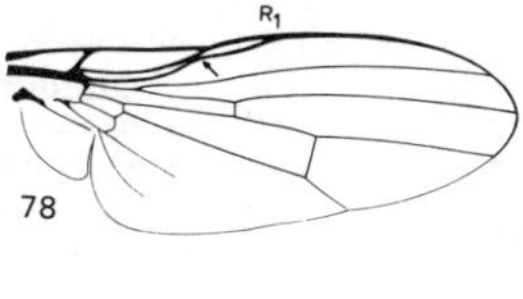

78

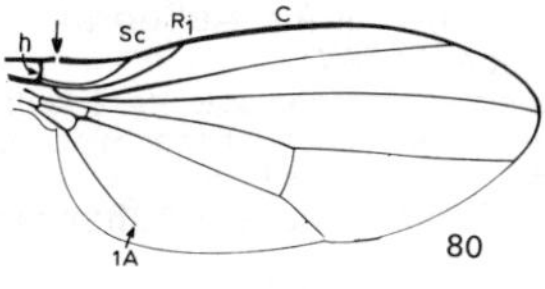

80

17. Zelle Cu kurz; Abschnitt b von M_{3+4} mehr als 3mal so lang wie Abschnitt a von Cu [*79*]. R_{4+5} mündet in oder hinter der Flügelspitze. 2–10 mm . . . . **Otitidae** S. 490

— Zelle Cu länger; Abschnitt b 2- bis 2,5mal so lang wie Abschnitt a. R_{4+5} mündet vor der Flügelspitze. 3–10 mm . . . . . **Platystomatidae**
Mit bunten Flügeln. Biologie unbekannt. **Platystoma** MEIG. (3. Fühlergl so lang wie breit). **Rivellia** ROBINEAU-DESV. (3. Fühlergl 4- bis 5mal so lang wie breit).

18. Costa (C) nur nahe der Humeralquerader (h) unterbrochen [*80*]. Augen fein behaart. 3. Fühlergl so lang wie breit. Fühlerborste wenig länger als der Fühler. Ca. 2 mm . . . . **Acartophthalmidae**
2; **Acartophthalmus** CZERNY. Imagines an Aas u. faulen Pilzen. (1A erreicht nicht den Flügelrand. Flügel nicht gemustert.) Wenn Flügel gemustert u. 1A bis zum Flügelrand, dann auf **Platystoma** MEIG., **Platystomatidae** Nr. **17** prüfen.

— Unterbrechung der C nahe Mündung der Sc, ± weit von der Mündung des R_1 entfernt. Es ist dabei gleichgültig, ob die Sc wirklich bis zum Flügelrand als Ader deutlich sichtbar ist, vorher abrupt endet od. schon weiter basal verschwindet u. nur als Falte ± sichtbar ist [z. B. *81, 82, 83*]. Eine 2. Unterbrechung nahe der h kann vorhanden sein . . **19**

— Unterbrechung der C nahe vor der Mündung von R_1, wo auch die Sc ± selbständig mündet oder als Falte hinführen kann [*95, 96, 97* u. a.]. Unterbrechung nahe der h kann vorhanden sein **35**
(Ist C nur geringfügig unterbrochen, Sc vollständig u. Ocellen fehlen, auf **Pyrgotidae** Nr. **15** prüfen.)

19. Sc mündet getrennt von R_1 in die C oder bricht kurz vor Erreichen der C stumpfwinklig ab [*81, 82*] **20**

— Sc nur an der Basis in unterschiedlicher Länge sichtbar, verliert sich bis zur C hin als Falte, ohne zu münden oder ist fast völlig reduziert [*90, 91*] **30**

20. Sc bricht abrupt vor ihrer Mündung ab u. mündet fast rechtwinklig als Falte aufgebogen in die Bruchstelle der C [*81*]. Zelle Cu meist in einen Zipfel auslaufend. Flügel oft mit auffälliger Bänder- oder Fleckenzeichnung. Weibchen mit chitinisiertem, nicht einziehbaren Ovipositor . Bohrfliegen, Fruchtfliegen, **Tephritidae (= Trypetidae)** S. 490

— Sc nie senkrecht als Falte, andere Merkmalskombinationen . **21**

21. Postvertikalborsten [pvt: *57*] divergent, parallel oder fehlend. Vibrissen vorhanden oder fehlend [vi: *57*] **22**

— pvt konvergent bis gekreuzt. Vibrissen vorhanden **28**

22. Vibrissen [vi: *57*] vorhanden **23**

— Vibrissen fehlen . . . . **Pallopteridae**
Larven phytophag, räuberisch u. saprophag. **Palloptera** FALL. (C nicht gedörnelt; nur 1–2 Sternopleuralborsten [St: *67a*]; Zellen M u. Cu klein, Cu ohne Zipfel). (Sollten diese Merkmalskombinationen nicht zutreffen, dann ab Nr. **15** prüfen!)

23. Zellen M u. D sind verschmolzen [*83*]. 2 mm . . **Aulacigastridae**
Aulacigaster leucopeza (MEIG.) (glänzend braun), Imago am, Larve im Saftfluß von Laubbäumen. **Stenomicra delicata** (COLLIN).

— Zelle M von D getrennt, wie in [*86*] **24**

24. 2. Fühlergl am Außenrand mit einem Zipfel, der einen Teil des 3. Gl bedeckt [*84*] . . . . **Clusiidae**
Einige Gattungen, z. B. **Paraclusia** CZERNY, **Clusiodes** COQUILLETT, **Clusia** HALIDAY, Larven unter abgestorbener Rinde u. in morschem Holz. Imagines an vermoderndem Holz, Aas, faulen Pilzen u. a.

— 2. Fühlerglied am Außenrand ohne Zipfel **25**

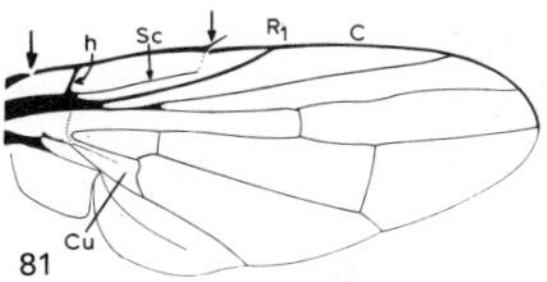

81

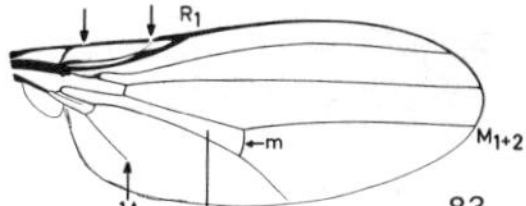

83

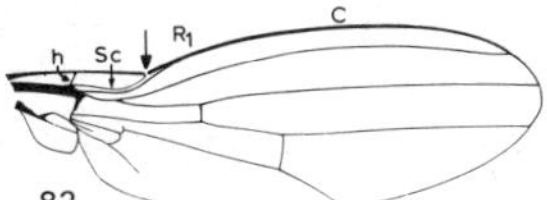

82

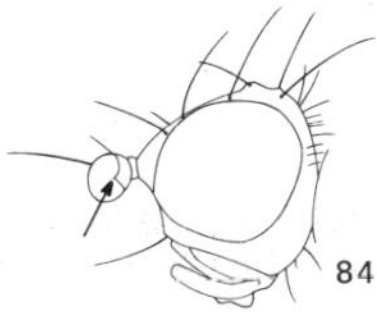
84

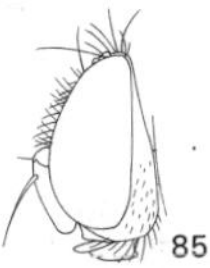
85

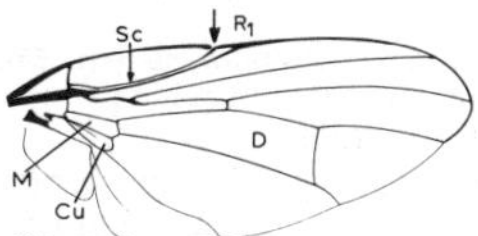

86

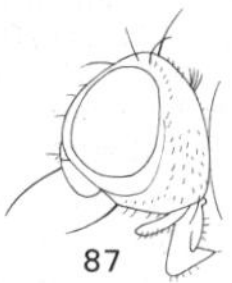
87

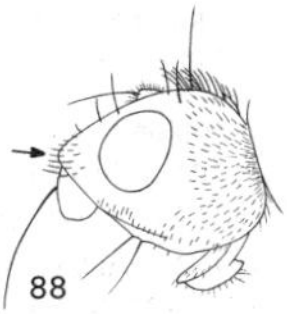
88

25. Kopf im Profil flach halbkugelig u. hinten abgeflacht. Augen von der Seite gesehen halbkreisförmig [*85*]. Stirn beim Männchen verschmälert, auf ¼ bis ⅕ der Kopfbreite verengt. Sc im ganzen Verlauf deutlich bis zur C [*86*]. Halteren schwarz oder schwarzbraun. 2–7 mm **Lonchaeidae**

Lonchaea Fall., **Dasiops** Rond. und **Earomyia** Zett. Imagines dunkel, schwarz oder blau ± glänzend, finden sich vorzugsweise im Wald. Larven sapro-, kopro- u. phytophag, unter Rinde abgestorbener Bäume; andere erzeugen Gallen.

— Kopf im Profil nicht halbkugelig. Augen von der Seite gesehen ± rund. Stirn der Männchen nicht verschmälert **26**

26. 1A erreicht den Htrand des Flügels. R_1 oberseits gedörnelt. Zelle Cu distal von der Cu bauchig begrenzt. Ocellendreieck (Dreieck, auf dem die Ocellen sitzen) fast bis zum Vdrand der Stirn. 8–9 mm (s. auch Nr. **5**) . . . . **Neottiophilidae**

Neottiophilum praeustum (Meig.), Larven leben ektoparasitisch (Blutsauger) an nestjungen Vögeln.

— 1A endet vor dem Htrand des Flügels. R_1 oberseits nackt . . **27**

27. Kopf im Profil wie [*87*]. Stirn oberhalb der Fühler nackt. Schildchen normal groß. 2–5 mm . . . . Käsefliegen, **Piophilidae**

Phiophila Fall. mit mehreren Arten. Meist metallisch blau oder schwarz, **P. casei** (L.) ist ein Kosmopolit. Larven in verschiedenen organischen Stoffen, in toten Tieren, sapro- u. koprophag. Larven können springen.

— Kopf im Profil wie [*88*]. Stirn oberhalb der Fühler mit einer Anzahl nach vorn gerichteter Borsten. Schildchen, besonders beim Männchen, auffallend verlängert [Scl: *67*] (s. auch Nr. **45**) **Thyreophoridae**

Seltene Arten der Gattungen **Thyreophora** Meig. u. **Centrophlebiomya** Hend., im Habitus Scatophagiden ähnliche Fliegen. 2–8 mm; stahlblau, schwarz oder blau. Larven an größeren toten Säugetieren (z. B. Pferd, Hund). (Vorkommen bei uns heute fraglich.)

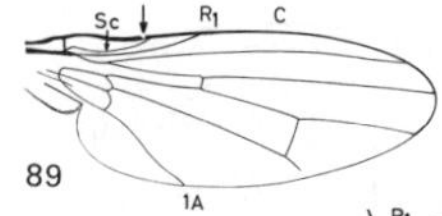

89

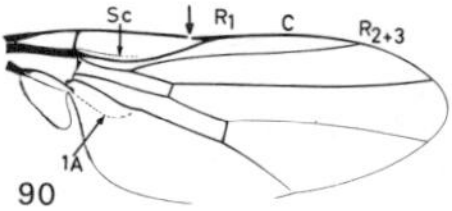

90

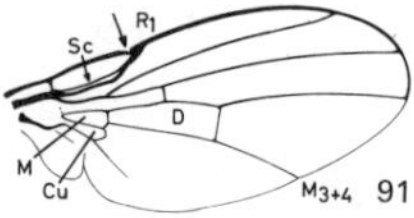

91

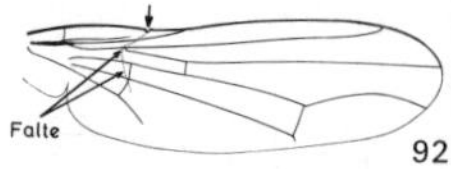

92

28. Sc im ganzen Verlauf so kräftig wie R_1; Sc u. R_1 zur C hin deutlich divergent; R_1 mündet nahe der Flügelmitte [*89*]

Scheufliegen, **Heleomyzidae**

a) 1A erreicht Htrand des Flügels: **Suilliinae** mit mehreren Gattungen, z. B. **Suillia** ROBINEAU-DESV., Larven soweit bekannt in Pilzen.

b) 1A endet vor dem Htrand des Flügels: **Heleomyzinae,** z. B. **Heleomyza** FALL. **Borboropsis** CZERNY, Larven in verfaulender pflanzlicher u. tierischer Substanz.

— Sc nicht so kräftig wie R_1, beide laufen fast parallel **29**

29. Taster normal lang, nur wenig kürzer als der Rüssel. Tibien mit dorsalen präapikalen Dornborsten. 1,5–3 mm . . . . . **Trixoscelidae**

Nur **Trixoscelis** ROND. Imagines an sandigen See- u. Meeresufern, auf Heiden mit Gras u. niedriger Vegetation. Häufigste Art **T. frontalis** (FALL.) (1,5 mm).

— Taster klein, viel kürzer als der Rüssel. Tibien ohne dorsale präapikale Dornborsten. Unter 1–4 mm . . . . **Chyromyidae**

Nur **Chyromya** ROBINEAU-DESV. u. **Aphaniosoma** BECK. Imagines an Fenstern in Wohnungen.

30. Zellen M u. Cu, Adern Cu u. 1A fehlen [*90*]. Sc nur basal als Falte angedeutet. 1–8 mm . . . . Halmfliegen, **Chloropidae** S. 491

— Zelle Cu u. Ader 1A vorhanden [*91*]. Flügeladern R_{4+5} und M_{1+2} ± parallel zum Flügelrand **31**

— Zelle Cu sehr klein oder fehlend, Ader 1A kurz, Flügeladern R_{4+5} und M_{1+2} verlaufen zum Flügelrand hin konvergent . . **Stenomicridae**

Nur **Stenomicra** COQUILLET.

31. Vibrissen deutlich [vi: *57*] **32**

— Vibrissen fehlen; wenn Borsten am Mundrand vi vortäuschen, dann nur 1 Paar hintere Orbitalborsten (ors). Alle ors immer nach vorn gebogen [Borsten: *94*] **33**

32. Vordere Orbitalborsten (ori) konvergent, Postvertikalborsten (pvt) divergent [ori, pvt: *94*]. Bis 5 mm . . . Minierfliegen, **Agromyzidae**

Larven aller Arten phytophag; sie minieren in Blättern, Stengeln u. Samen. Es ist leichter, die Fliegen nach der Minenart u. der Wirtspflanze als die Imago selbst zu bestimmen. Imagines 1–5 mm. Viele Gattungen mit zahlreichen Arten. An Getreide kommen Arten folgender Gattungen vor: **Agromyza** FALL., **Cerodontha** ROND., **Liriomyza** MIK, **Phytomyza** FALL., **Napomyza** WESTWOOD.

— ori fehlen, pvt konvergieren oder fehlen. 1–3 mm . **Anthomyzidae**

Die Fliegen halten sich meist in der Vegetation nahe von Gewässern auf. Larven in verschiedenen Pflanzen (Schilf, Binsen, Taubnesseln u. a.). **Stiphrosoma** CZERNY (Geäder unvollständig, Flügel oft stark reduziert, gedrungener Körperbau). **Anagnota** BECK. (Flügel normal, 2. Fühlergl übergreift das 1. kappenförmig). **Anthomyza** FALL. (Flügel normal, 2. Fühlergl übergreift nicht das 1.).

33. Flügel an der Basis mit einer Querfalte (eine aufgehellte Linie, die von der Costalunterbrechung durch einen Teil der Flügelbasis geht [*92*]). 3. Fühlergl oft sehr lang, sogar länger als die Fühlerborste. Sterno-

pleuralborsten fehlen [St: *67a*]. 3–15 mm
Nacktfliegen, **Psilidae** S. 490

— Flügel ohne solche Querfalte. St vorhanden **34**

34. C endet in der Nähe der Mündung von R_{4+5}, erreicht nie M_{1+2}. Bis 5 mm . . . . Minierfliegen, **Agromyzidae** s. Nr. **32**

— C endet bei M_{1+2} . . . . **Opomyzidae**

Larven minieren in Getreide u. Wildgräsern, gelegentlich schädlich. Bekannte Gattungen **Opomyza** FALL., **Geomyza** FALL.

35. Metatarsus (erstes Tarsalgl nach der Schiene) der Htbeine kurz, meist nicht länger als jedes der übrigen Tarsengl, ± stark angeschwollen. 1–4 mm. Fliegen schwarz oder braun
Dungfliegen, **Sphaeroceridae**

Hierher gehören auch die ungeflügelten Arten **Apterina pedestris** (MEIG.) u. **Aptilotus paradoxus** MIK. Eine Anzahl geflügelter Gattungen, z. B. **Copromyza** FALL., **Leptocera** OLIV. u. **Sphaerocera** LATR. Larven u. Imagines an Exkrementen, faulenden organischen Stoffen, Pilzen, Saftfluß von Bäumen.

— Metatarsus der Htbeine nicht geschwollen u. verdickt, oft länger als jedes der übrigen Tarsengl **36**

36. 3. Fühlergl auffallend groß, hängend, erreicht den Unterrand des Kopfes; Fühlerborste fehlt vollständig [*93*]. Augen verhältnismäßig groß. Thorax u. Abdomen glänzend blauschwarz. 1–2 mm **Cryptochetidae**

Cryptochetum buccatum HENDEL. Larven parasitieren in Schildläusen.

— 3. Fühlergl nicht derartig groß u. mit Fühlerborste **37**

37. Untere Orbitalborsten [ori: *94*] einwärts gebogen **38**

— Einwärts gebogene untere Orbitalborsten (ori) fehlen **40**

38. Costa (C) nur einmal vor der Mündung von R_1 unterbrochen [*95*]; Zellen M u. Cu sowie Analader (1A) deutlich **39**

— C zweimal unterbrochen, hinter h u. dicht vor R_1 [*96, 97*]; Zellen M u. Cu u. Ader 1A häufig reduziert. 1–5 mm . Nistfliegen, **Milichiidae**

Imagines an Exkrementen, verfaulenden pflanzlichen Stoffen usw. Larven saprophag, z. T. myrmecophil oder in Vogelnestern. Einige Gattungen, z. B. **Milichia** MEIG. und **Madiza** FALL.

39. Hintere Orbitalborsten [ors: *94*] vor oder auf der Mitte der Stirn. 1 Paar untere Orbitalborsten (ori) fast auf der Höhe Oberkante der Füh-

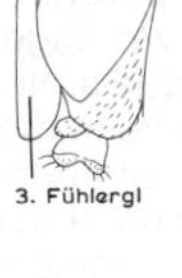

93

95

96

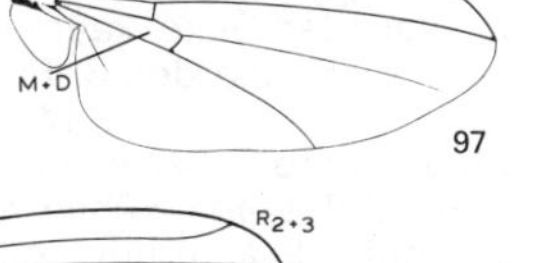

97

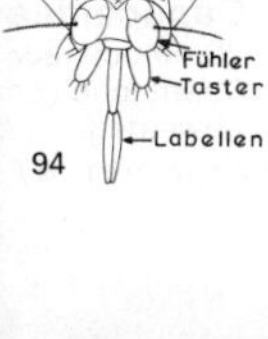

94

98

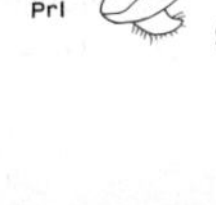

99

lerbasis. Tibien mit dorsalen Präapikalborsten oder Tibien der Mtbeine mit einem Kranz Endborsten. Abdomen mit 5 sichtbaren prägenitalen Segmenten. Ovipositor einziehbar. Thorakalschüppchen überragt Flügelschüppchen. 2–4 mm . . . . **Odiniidae**
Imagines am Saftfluß von Bäumen, an Baumpilzen u. vermoderndem Holz, z. B. **Odinia** ROBINEAU-DESV.

— ors auf oder hinter der Mitte der Stirn. Eine bis mehrere ori deutlich höher als die Fühlerbasis. Abdomen mit 6 sichtbaren prägenitalen Segmenten. Basalteil des Ovipositors nicht einziehbar. Tibien ohne präapikale Borsten . . . . Minierfliegen, **Agromyzidae** s. Nr. **32**

40. Zellen M u. Cu u. Analader (1A) fehlen **41**
— Cu u. 1A vorhanden **44**

41. Sc reduziert, höchstens an der Basis ganz schwach ausgebildet **42**
— Sc wenigstens basal deutlich ausgebildet **43**

42. Ocellendreieck auffallend groß. Costa (C) nur vor R_1 unterbrochen. Meist unbeborstete Fliegen. Kopfborsten fehlen oder nur als feine Haare ausgebildet . . . . Halmfliegen, **Chloropidae** S. 491

— Ocellendreieck normal. Kopf mit Borsten. C hinter h u. vor R_1 (2mal) unterbrochen. Fühlerborste oberseits lang, unterseits sehr kurz behaart. 1,5–2,5 mm . . . . **Camillidae**
Camilla HALIDAY, Imagines an schattigen Orten u. auf Wiesen im Gras.

43. C nur einmal vor R_1 unterbrochen. Untere Orbitalborsten (ori) fehlen. Obere Orbitalborsten (ors) rückwärts gebogen [*94*]
Milichiidae (s. auch Nr. **38**)
Pseudopomyza atrimana (MEIG.) (Körper glänzend schwarz, z. T. bläulich; Taster, Rüssel, Fühler u. Beine gelblich), selten. (Ist die Unterbrechung der C sehr undeutlich, konvergieren R_{4+5} u. M_{1+2} zur Flügelspitze hin, dann **Asteiidae** Nr. **3**).

— C 2mal, hinter h u. vor R_1 unterbrochen [*98*]. 1–5 mm **Ephydridae**
Eine große Zahl von Gattungen und Arten, z. B. **Ephydra** FALL., **Hydrellia** ROBINEAU-DESV., **Notiphila** FALL.; fliegen oft in großer Zahl auf oder an kleinen Gewässern, schlammigen Stellen usw.; räuberisch an kleinen Insekten. Larven aquatisch oder semiaquatisch, einige räuberisch, andere an faulenden Pflanzen und Exkrementen oder Pflanzenminierer: z. B. Gerstenminierfliege, **Hydrellia griseola** (FALL.), ein Getreideschädling.

44. Costa (C) zweimal, hinter h u. vor R_1 unterbrochen **45**
— C einmal nur vor der Mündung von R_1 unterbrochen. Hinter h ist höchstens eine Aderverdünnung **46**

45. Sc bis zur Mündung in die C als Ader deutlich entwickelt. pvt Borsten divergent. Schildchen, besonders bei Männchen, deutlich verlängert
Thyreophoridae s. Nr. **27**

— Sc endet schon weiter basal, sie mündet höchstens als Falte in die C. Schildchen nicht verlängert. Analader (1A) deutlich, erreicht aber nie den Htrand des Flügels. Zelle M nicht ganz geschlossen. Fühler in tiefen Gruben, von der Seite kaum sichtbar. Fühlerborste entspringt scheinbar an der Spitze des 3. Fühlergl. 4 mm. Hier Gattung **Selachops** WAHLB. . . . . Minierfliegen, **Agromyzidae** s. Nr. **32**

46. Postvertikalborsten [pvt: *94*], wenn vorhanden, divergent. Sternopleuralborsten [St: *67a*] fehlen. Fühler an der Basis weit voneinander getrennt, 3. Gl kugelig. Prälabrum groß [Prl: *99*]. 2–2,5 mm **Canaceidae**
Canace nasica HALIDAY (Mundrand steigt nicht zu den Fühlern auf) u. **Xanthocanace ranula** (LOEW) (Mundrand steigt zu den Fühlern auf), Imagines auf der Oberfläche von Salzwassertümpeln, die sie mit ihrem Rüssel nach kleinen Lebewesen abweiden.

— pvt konvergent bis gekreuzt. 1–3 Sternopleuralborsten vorhanden **47**

47. ors seitlich nach außen gebogen, nie nach vorn gerichtet [*94*]. Dorsozentralborsten (dc) auf dem Mesonotum reichen bis an die Dorsalquernaht [*67c*]. 1,5–5 mm . . . . **Tethinidae**
Tethina HALIDAY u. **Pelomyia** WILL. Nur am Meeresstrand und an salzhaltigen Stellen des Binnenlandes.

— Vorderste ors immer nach vorn in Richtung der Fühler gebogen. Mesonotum nur hinten vor dem Schildchen mit dc **48**

48. Sc schon weit vor der Mündung in die C mit R_1 verschmolzen. 1A nicht bis zum Htrand des Flügels. 2–3 Paar hintere Orbitalborsten (ors), die vordere nach vorn gebogen, weiter vom Augenrand entfernt als die übrigen. 1–5 mm . . . . Taufliegen, **Drosophilidae**
Larven entwickeln sich in faulenden und gärenden Früchten, Pilzen u. anderen pflanzlichen Stoffen; einige minieren in Blättern. Eine Anzahl Gattungen, z. B. **Drosophila** FALL., **Stegana** MEIG., **Scaptomyza** HARDY. Einige Arten mit reduzierten Flügeln.

— Sc völlig entwickelt oder verschmilzt erst kurz vor der Mündung in die C mit R_1. Mittlere ors nach vorn gerichtet. 2–3 mm . . **Diastatidae**
Vorzugsweise auf Wiesen. Einige Gattungen, z. B. **Diastata** MEIG. (Ist Zelle M mit Zelle D verschmolzen, dann **Curtonotidae.** Nur **Curtonotum anus** (MEIG.), kommt bei uns wohl nicht vor.)

Flügellose und stummelflügelige Dipteren

1. Fühler mit 6 oder mehr Gliedern; Taster mehrgliedrig . . . **2**

— Fühler mit höchstens 3 Gliedern; Taster eingliedrig **7**

2. 1. u. 2. Fühlergl normal, die übrigen 4 viel schmäler, stark verkürzt u. lang behaart. Abdomen viel breiter als der Thorax, dieser mit V-förmiger Quernaht [*13b*]. Weibchen mit stark chitinisiertem Ovipositor
Schnaken, **Tipulidae** S. 473
Z. B. **Chionea aranoides** DALM. (ca. 5 mm). Imagines im Winter auf Schnee oder hochalpin auf Gletschern.

— Fühler anders. Auf dem Thorax keine V-förmige Quernaht. Ovipositor nicht chitinisiert **3**

3. Augen berühren sich über den Fühlern (Augenbrücke) [*24*] . **4**

— Augen über den Fühlern breit getrennt **5**

4. Schildchen u. Halteren vorhanden. Augen dicht behaart. Beine kräftig. [*100*] (s. Nr. **13,** S. 452) . . . . Dungmücken, **Scatopsidae**
Nur **Thripomorpha** ENDERL. (2 mm), an sumpfigen Stellen.

— Schildchen u. Halteren fehlen. Augen nackt (s. Nr. **16,** S. 453)
Trauermücken, **Sciaridae**
Weibchen von **Epidapus** HALIDAY. Larven in vermoderndem Holz.

5. Tiere 5–6 mm lang (s. Nr. **15,** S. 452) . . Haarmücken, **Bibionidae**
Penthetria funebris MEIG.

— Tiere unter 3 mm **6**

6. Ocellen vorhanden . . . . . Gallmücken, **Cecidomyiidae** S. 475
Wasmanniella aptera KIEFF.

— Ocellen fehlen. Mesothorax groß u. bucklig, bildet eine Haube über Basis des Kopfes. Winzige, ca. 1,5 mm große Mücken (s. Nr. **23,** S. 454) . . . . Zuckmücken, **Chironomidae**
Clunio marinus HALIDAY, im Watt u. am Meeresstrand [*101*].

7. Die Hüften jedes Beinpaares weit voneinander durch Sternite getrennt. Abdomen meist undeutlich segmentiert **8**

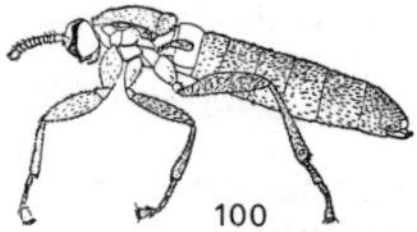
100

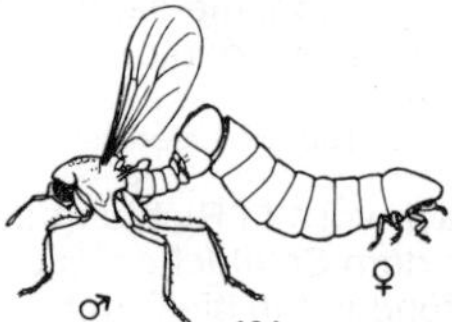

101

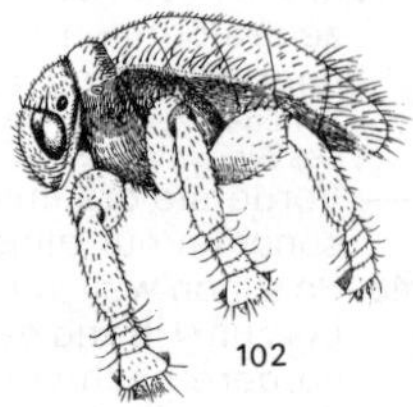
102

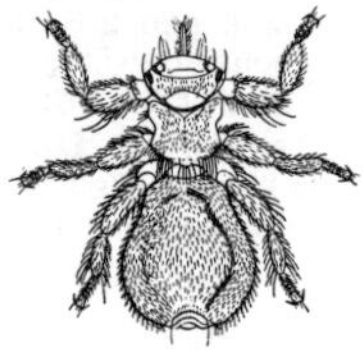
103

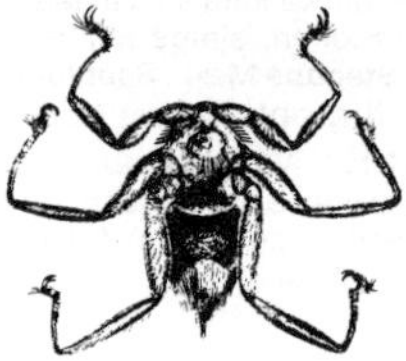
104

— Die Hüften jedes Beinpaares berühren sich auf der Innenseite. Abdomen ± deutlich segmentiert **10**

8. Schildchen am Htrand des Thorax fehlt. Thorakalsegmente denen des Abdomens ähnlich. Abdomen deutlich segmentiert. Facettenaugen klein, Ocellen fehlen. [*102*] . . . . Bienenläuse, **Braulidae**

Braula coeca Nitzsch (1–1,5 mm), kommensalenartige Ektoparasiten auf der Honigbiene. Larven minieren in Bienenwaben.

— Schildchen vorhanden. Thorax u. Abdomen durch tiefen Einschnitt deutlich getrennt. Abdomen undeutlich segmentiert **9**

9. Kopf groß, in Ruhelage nicht auf den Thorax zurückgelegt [*103*] Lausfliegen, **Hippoboscidae** S. 493

— Kopf klein, in Ruhelage in eine Grube auf den Thorax zurückgelegt. Lange Beine, dadurch spinnenartiger Habitus [*104*] Fledermausfliegen, **Nycteribiidae**

Imagines flügellos, ektoparasitisch an Fledermäusen. Kopf auf den Thorax zurückgelegt. Beine lang, spinnenartig. Larvalentwicklung im Abdomen der weiblichen Fliege, wo sie durch Drüsen ernährt werden. 2–5 mm, Habitus [*104*]. Einige Gattungen, z. B. **Nycteribia** Latr., **Penicillidia** Kolen., **Basilia** Mir. Rib.

10. Schenkel der Htbeine breit, seitlich deutlich abgeflacht. Fühler scheinbar 1gliedrig, etwas in Gruben eingesenkt. Körper kurz, breit, abgeflacht. Thorakal- u. Abdominalsegmente von ähnlicher Form. Asselähnlicher Habitus. 3 mm . . . . Buckelfliegen, **Phoridae** S. 482

Weibchen von **Aenigmatias** Meinert, parasitieren bei Ameisen.

— Htschenkel nicht seitlich abgeflacht. Fühler deutlich 2- bis 3gliedrig **11**

11. Stirn ohne Bogennaht. 3. Fühlergl mit Endborste. Ca. 1 mm Tanzfliegen, **Empididae** S. 480

Chersodromia Haliday, Fliegen am Meeresstrand.

— Stirn mit Bogennaht [*57*]. 3. Fühlergl mit Rückenborste. Eine Reihe schwer bestimmbarer Arten der **Acalyptratae** folgender Familien: **He-**

leomyzidae, Sphaeroceridae, Milichiidae, Drosophilidae, Chloropidae, Anthomyzidae, s. S. 463

Familie: **Tipulidae,** Schnaken

Kleine bis sehr große Mücken (bis ca. 30 mm) mit langen Beinen. Saugen kein Blut, sondern sind Blütenbesucher. Flug verhältnismäßig schwerfällig; kommen auch ans Licht. Larven aquatisch oder terrestrisch unter feuchtem Laub, in Erde, unter Moos u. in morschem Holz. Bei Massenauftreten der Larven einiger Arten (Wiesenschnaken) in Kulturböden (Grünland u. Felder) kommt es durch Benagen der Wurzeln zu schwerer Schädigung der Pflanzen.

1. Subcosta (Sc) mündet in R_1 [*1*]. Taster lang, fast so lang wie die Fühler [*2*] . . . . **Tipulinae** **2**
— Sc mündet in die Costa (C). Taster kurz **6**
2. Flügel ohne Diskalzelle (D) . . . . **Dolichopeza** CURTIS
— D vorhanden [*1*] **3**
3. Fühler mit wirtelig angeordneten Haaren **4**
— Fühler ohne wirtelig angeordnete Haare, ab Glied 3 oder 4 mit Anhängen **5**
4. Sc mündet weit hinter dem Gabelpunkt von R_1 u. Rs. Fühler immer 13gliedrig [*13a*] . . . . **Tipula** L.
— Sc mündet direkt hinter dem Gabelpunkt von R_1 u. Rs. Männchen mit 19, Weibchen mit 15 Fühlergliedern . . . . . **Nephrotoma** MEIG.
5. 3. Fühlergl ohne Anhänge oder Höcker . . . . **Ctenophora** MEIG.
— 3. Fühlergl mit Anhängen oder Höcker
Prionocera LOEW, **Dictenida** BRULLÉ, **Tanyptera** LATR.
6. Rs in R_{2+3} u. R_{4+5} gegabelt (Rs 2ästig). Tibien mit Spornen **Cylindrotominae**
Einige Gattungen, u. a. **Cylindrotoma** MACQUART.
— Rs in R_{2+3}, R_4 u. R_5 gegabelt (Rs 3ästig), wenn anders, dann Tibien ohne Sporne . . . . **Limoniinae**
Zahlreiche Gattungen. **Pedicia rivosa** (L.) mit ca. 30 mm größte Art, die übrigen viel kleiner.

Familie: **Culicidae,** Stechmücken

Diese Mücken werden in Süddeutschland u. im Rheinland auch „Schnaken“ genannt. Weibchen sind Blutsauger, Männchen Blütenbesucher. Larven aquatisch, entwickeln sich in Seen, Tümpeln, Wassergräben, Regentonnen usw.

1. Scutellum (Schildchen) am Htrand gleichmäßig gerundet, mit einer unterbrochenen Reihe von Borsten. Taster der Männchen u. Weibchen so lang oder länger als der Rüssel; Taster des Männchens mit verdickten Endgl . . . . **Anophelinae**
Körperhaltung gestreckt, an Wänden Abdomen schräg abstehend von der Unterlage, an Decken senkrecht hängend [*18a*]. Nur Fiebermücke, **Anopheles** MEIG. (mehrere Arten).
— Scutellum dreilappig, mit drei getrennten Gruppen von Borsten am Htrand. Taster der Männchen so lang oder länger als der Rüssel, Endgl nicht verdickt; Taster der Weibchen sehr viel kürzer als der Rüssel . . . . **Culicinae** **2**
Körperhaltung: Abdomen ± parallel oder schwach zur Unterlage hin geneigt [*18b*].

2. Vor dem vorderen Thorakalstigma [S_1: *67a*] stehen einige Borsten. Mehrere Arten . . . . . **Culiseta** FELT (= **Theobaldia** NEVEU-LEM.)
— Hinter dem vorderen Thorakalstigma stehen einige Borsten. Abdomen der Weibchen zugespitzt, mit deutlichen Cerci. Krallen der Vd- u. Mtbeine gezähnt. Zahlreiche Arten . . . . **Aedes** MEIG.
— Weder vor noch hinter dem vorderen Thorakalstigma Borsten **3**
3. Metatarsus (= 1. Tarsalglied nach der Tibia) der Vdbeine länger als die übrigen Tarsengl zusammen . . . . . **Orthopodomyia** THEOB.
— Metatarsus der Vdbeine kürzer als die übrigen Tarsengl zusammen **4**
4. Tarsen zwischen den Krallen mit breiten Haftlappen (Pulvillen) **Culex** L.
Häufig **C. pipiens** L.
— Pulvillen, wenn erkennbar, schmal u. fadenförmig **Mansonia** BLANCH.
Larven holen Atemluft durch Anstechen der Interzellularen von Wasserpflanzen.

Familie: **Mycetophilidae,** Pilzmücken

Meist in schattigen u. feuchten Wäldern. Larven ernähren sich vorwiegend von Pilzen. Imagines z. T. winteraktiv. Von einigen Autoren werden die Unterfamilien der **Mycetophilidae** als eigene Familien betrachtet.

1. Die Längsadern M und Cu sind nicht durch Querader m-cu miteinander verbunden **2**
— M und Cu durch m-cu miteinander verbunden **4**
2. Fühler sind auf der Kopfmitte eingelenkt. Gabelpunkt von M_1 und M_2 meist deutlich ausgebildet **3**
— Fühler über der Kopfmitte eingelenkt. Gabelpunkt von M_1 und M_2 nicht vorhanden. Nur **Manota** WILL., selten . . . . **Manotinae**
3. Sc ± lang. Die beiden vorderen Ocellen stehen deutlich vom Seitenrand der Facettenaugen entfernt . . . . **Sciophilinae**
Eine Anzahl von Gattungen, z. B. **Mycomyia** ROND., **Polylepta** WINNERTZ, **Sciophila** MEIG.
— Sc kurz, mündet frei in die Flügelfläche. Ocellen stehen am Rande der Facettenaugen . . . . **Mycetophilinae**
Eine große Zahl von Gattungen wie **Exechia** WINNERTZ, **Mycetophila** MEIG., **Allodia** WINNERTZ u. a.
4. Rs in R_{2+3} u. R_{4+5} gegabelt; R_{2+3} deutlich länger als ½ R_{4+5}. Sc ist kurz, mündet frei in der Flügelfläche (**Symmerus** WALK. u. **Ditomyia** WINNERTZ), **Ditomyiinae**
— Rs meist ungegabelt, sollten doch R_{2+3} und R_{4+5} vorhanden sein, so ist R_{2+3} deutlich kürzer als ½ R_{4+5}. Sc ± lang, mündet in die C . **5**
5. Querader m-cu steht weit vor der r-m. Die Media (M) ist auch an der Flügelbasis deutlich ausgebildet (**Bolitophila** MEIG. u. **Bolitophilella** LANDR.), **Bolitophilinae**
— m-cu und r-m stehen auf oder fast auf gleicher Höhe; fehlt r-m, so verschmelzen Rs und M_{1+2} über eine kurze Strecke miteinander **6**
6. Querader r-m deutlich vorhanden (**Diadocidia** RUTHÉ), **Diadocidiinae**
— r-m fehlt, da Rs und M_{1+2} auf kurzer Strecke miteinander verschmelzen **7**
7. Fühler so lang oder länger als der Körper (**Macrocera** MEIG.), **Macrocerinae**

— Fühler deutlich kürzer als der Körper . . . . **Keroplatinae**
Einige Gattungen, z. B. **Asindulum** LATR., **Keroplatus** BOSC, **Zelmira** MEIG.

Familie: **Cecidomyiidae,** Gallmücken

Weit über 100 Gattungen mit ca. 600 Arten. Imagines winzige, zarte Mücken (bis 5 mm). Meist mit langen Fühlern u. langen Beinen. Fühler oft perlschnurartig, jedes Gl mit charakteristischen Haarquirlen (starke Vergrößerung!). Flügel groß, häufig stark behaart, mit nur 3–5 Längsadern. Ovipositor bei vielen Arten sehr lang.

1. Ocellen vorhanden . . . . **Lestremiinae**
Z. B. **Lestremia** MACQUART, **Heteropeza** WINNERTZ, **Miastor** MEINERT (diese mit Paedogenese). Larven u. a. in verfallenden u. vermodernden Pflanzenteilen, dort hauptsächlich Pilzfresser.

— Ocellen fehlen . . . . **Cecidomyiinae**
Larven verursachen an Pflanzen Gallen, in denen sie sich entwickeln. Viele Larven sind wichtige Schädlinge in Land- u. Forstwirtschaft. Hier eine Auswahl: **Mayetiola destructor** (SAY), Hessenmücke, an Weizen, Gerste, Roggen. **Haplodiplosis equestris** (WAGN.), Sattelmücke, blutrote Larven in sattelförmigen Gallen unter der Blattscheide oberhalb des letzten Knotens an Weizen u. Wildgräsern. **Contarinia tritici** (KIRBY), Gelbe Weizengallmücke, u. **Sitodiplosis mosellana** (GÉHIN), Orangefarbene Weizengallmücke; Larven beider in Blüten von Weizen u. anderen Gräsern. **Contarinia nasturtii** (KIEFFER), Drehherzmücke, Fraß an Blättern des Kohls bewirkt Drehwuchs der Blätter. **Dasineura brassicae** (WINNERTZ), Kohlschotenmücke. **Mikiola fagi** (HARTIG) bewirkt zugespitzte Beutelgallen an den Blättern der Rotbuche. **Lasioptera rubi** HEEGER, Brombeergallmücke, Gallen an den Trieben der Himbeere u. Brombeere.

Familie: **Stratiomyidae,** Waffenfliegen

Auf Blüten und Blättern an Waldrändern, Seeufern, Wiesen speziell im Küstenbereich. Larven aquatisch oder terrestrisch, z. T. auch unter der Rinde abgestorbener Bäume. Kleine bis große Fliegen (3–20 mm), oft auffallend gezeichnet oder metallisch glänzend.

1. Schildchen am Htrand mit 4–8 Dornen. Abdomen mit 7 deutlichen Segmenten, das 7. zuweilen in das 6. hineingezogen u. viel kleiner als die vorhergehenden . . . . **Beridinae** **2**

— Schildchen mit 2 oder ohne Dornen. Abdomen mit höchstens 6 sichtbaren Segmenten **5**

2. Abdomen in Aufsicht kreisrund. Mttibia mit 2 Endspornen. 8–11 mm. In Gebirgsgegenden verbreitet . . . . . . **Exodonta dubia** (ZETT.)

— Abdomen in Aufsicht ± parallelrandig. Tibien ohne Sporne . **3**

3. Augen nackt. Tergite des Abdomens gelb mit braunen Säumen. Schildchen mit 4 gelben Dornen. 5 mm . **Chlorisops tibialis** (MEIG.)

— Augen behaart. Abdomen häufig einfarbig **4**

4. Von der Diskalzelle (D) gehen 3 Adern (M_1, M_2, M_{3+4}) zum Htrand des Flügels [*38*]. Taster kaum erkennbar. Augen stoßen beim Männchen zusammen. 6 mm . . . . 6; **Beris** LATR.

— Von D gehen 4 Adern aus. Taster auffallend groß. Augen beim Männchen getrennt. 4–5 mm . . . . **Actina nitens** (LATR.)

5. Schildchen ohne Dornen **6**

— Schildchen mit 2 Dornen **11**

6. 3 blasse Adern (M_1, M_2, M_{3+4}) gehen von der Zelle D zum Htrand des Flügels. Abdomen in Aufsicht rund. 3–3,5 mm. [*39*]
(5; **Pachygaster** MEIG.), **Pachygastrinae**

— D hat 4 Äste (M_1, M_2, M_3 u. M_4), die zum Htrand des Flügels gehen. Dabei braucht M_4 nicht aus der D zu entspringen [*37*] . . . **7**

7. Es gehen 4 Adern von D zum Flügelrand . . . **Clitellariinae 15**

— Es gehen nur 3 Mediaäste (M_1–M_3) von D aus; M_4 entspringt etwas unterhalb von D [*37*] . . . . **Sarginae 8**

8. Augen dicht behaart . . . . 2; **Chloromyia** DUNCAN

Häufig **C. formosa** (SCOP.)

— Augen kaum behaart bis nackt **9**

9. Höchstens 5 mm, erzgrün glänzend. Abdomen so lang wie der Thorax 2; **Microchrysa** LOEW

Häufig **M. polita** (L.), Larven im Kuhdung.

— Meist weit über 6 mm. Abdomen deutlich länger als der Thorax **10**

10. Mittlerer Ocellus von den beiden übrigen weiter entfernt als diese voneinander. Habitus wie [*37*] . . . . 6; **Sargus** F.

— Ocellen stehen in gleicher Entfernung voneinander **Chrysochroma bipunctatum** (SCOP.)

11. Von Zelle D gehen 4 Äste (M_1–M_4) aus . . . . **Clitellariinae 16**

— Von Zelle D gehen 3 Äste (M_1–M_3) aus, M_4 entspringt etwas unterhalb von D [*36*] . . . . **Stratiomyinae 12**

12. 1. Fühlergl mehr als 3mal so lang wie das 2. Körperlänge über 11 mm **13**

— 1. Fühlergl höchstens 2mal so lang wie das 2. Körper meist unter 9 mm **14**

13. Augen dicht behaart, Thorax auffallend stark behaart 2; **Hirtea** SCOP.

— Augen fast nackt. Thorax schwächer behaart 6; **Stratiomys** GEOFFR.

14. Zelle R_1 durch eine Ader quergeteilt . . . . 8; **Odontomyia** MEIG.

— Zelle R_1 ist nicht quergeteilt . . . . . . **Hoplodonta viridula** (F.)

15. Gesicht weit vor die Augen gezogen. 4–6 mm 8; **Nemotelus** GEOFFR.

— Gesicht unter den Fühlern nicht vorgezogen. 10–12 mm 2; **Lasiopa** BRULLÉ

Häufig **L. villosa** (F.).

16. Thorax über Flügelbasis jederseits mit einem Dorn. Fühler mit Endgriffel. 10–12 mm . . . . **Clitellaria ephippium** (F.)

— Thorax ohne Dorn über Flügelbasis. Fühler mit Endborste. Abdomen auffallend gelb gezeichnet. 3–9 mm. Artenreich . . **Oxycera** MEIG.

Familie: **Tabanidae,** Bremsen

Die Tabaniden sind z. T. sehr schnelle Flieger. Einige Arten gehören zu den größten Fliegen Deutschlands. Die Augen der Männchen stoßen meist zusammen. Augen der Weibchen stets breit getrennt. Augen oft, besonders im lebenden Zustand, mit auffallenden Binden u. Flecken. Ocellen können fehlen. Imagines im Sommer vorzugsweise auf Viehweiden, Landstraßen, breiten Waldwegen u. in Moorgebieten. Mundwerkzeuge stechend-saugend. Weibchen sind Blutsauger an Mensch, Vieh und Wild. Weibchen von **Pangonius** sind wie Männchen der übrigen Tabaniden Blütenbesucher. Lebensweise der Larven aquatisch in stehenden u. fließenden Gewässern oder terrestrisch an feuchten Stellen; einige wohl räuberisch.

1. Httibien mit 2 Endspornen **2**

— Httibien ohne Endsporne **4**

2. Flügel mit auffällig dunklen Binden oder dunkler Zeichnung, die fast ganzen Flügel einnehmen. 8–14 mm . . . . . 10; **Chrysops** Meig.
— Flügel ohne dunkle Zeichnung **3**
3. 3. Fühlergl 5ringelig. Rüssel von normaler Länge. 10–14 mm (Süddeutschland) . . . . Blindfliege, **Silvius alpinus** (Scop.)
— 3. Fühlergl 8ringelig. Rüssel fast körperlang. 16–22 mm (Süddeutschland) . . . . **Pangonius micans** Meig.
4. 3. Fühlergl schlank, zylindrisch, ohne Zahn an der Basis (z. B. [*10*]) **5**
— 3. Fühlergl mit deutlichem Höcker oder Zahn oder mit abgerundetem Vorsprung [*8*]. Habitus wie [*35*]. 10–24 mm . . . **Tabanus** L. (s. l.)
Ca. 40 Arten. Bekannteste wohl die Rinderbremse **T. bovinus** L.
5. Flügel mit weißen Flecken u. Bändern. Endgriffel des Fühlers deutlich dünner als das 3. Gl, mit undeutlicher Segmentierung. 6–13 mm 4; **Haematopota** Meig.
Häufigste Art: Regenbremse, **H. pluvialis** (L.).
— Flügel ohne jede Zeichnung. Endgriffel des Fühlers aus 3 fast gleichen Segmenten von gleicher Dicke wie das 3. Gl [*10*]; Fühler 6gliedrig. 12–14 mm . . . . **Heptatoma pellucens** (F.)

Familien: **Rhagionidae** und **Athericidae,** Schnepfenfliegen

Die Imagines lauern häufig an Waldrändern an Baumstämmen u. Zaunpfählen. Kleine bis große Fliegen mit langen Beinen. Ihr Flug ist ziemlich träge. Imagines ernähren sich räuberisch von kleinen Insekten. Larven räuberisch; aquatisch oder terrestrisch.

1. Hintertibien mit 2 Spornen **2**
— Hintertibien mit einem oder ohne Sporn . . . . **Rhagionidae** **3**
2. 3. Fühlerglied zwiebelförmig. Zelle Cu am Flügelrand etwas geöffnet. 7–14 mm. Habitus wie [*44*] . . . . . . **(Rhagionidae), Rhagio** F.
Ca. 14 Arten, häufigste **R. scolopacea** (L.).
— 3. Fühlergl nierenförmig (ähnlich [*105a*]). Zelle C geschlossen. 7–8 mm . . . . **(Athericidae),** 3; **Atherix** Meig.
3. 3. Fühlergl nierenförmig [*105a, b*] **4**
— 3. Fühlergl rund, oval oder konisch [*106a–c*] **5**
4. 1. Fühlergl dick, lang u. stark behaart [*105b*] **Parapheromyia crassicornis** (Panz.)
— 1. Fühlergl nicht verdickt, kurz, fast nackt [*105a*]. 4–5 mm 2; **Symphoromyia** Frauenf.
S. immaculata (Meig.) (Flügel hell, ungefärbt); **S. malaena** (Meig.) (Flügel dunkel, schwärzlich). (Falls größere Fliegen, dann auf **Atherix** Nr. **2** prüfen.)
5. 3. Fühlergl mit langer Endborste [*106a*]. 5–14 mm 12; **Chrysopilus** Macquart
— 3. Fühlergl mit kurzer Endborste. 4–5 mm **6**
6. Fühlerborste mittelständig [*106b*] . . . . 4; **Ptiolina** Zett.
— Fühlerborste seitenständig [*106c*] . . . . . . **Spania nigra** Meig.

105

106

Familie: **Therevidae,** Stilettfliegen

Vorzugsweise an trockenen, sandigen Stellen auf sonnenbeschienenen Steinen, auf Blüten usw. Ernährungsweise wahrscheinlich räuberisch. Larven meist räuberisch, einige phytophag; in Boden- und Streuschicht oder auch im Sand, bewegen sich schlängelnd.

1. Das 1. Fühlerglied stark verdickt, viel dicker als das 2. 7–12 mm **Dialineura** (= **Tabuda**) **anilis** (L.)

— Das 1. Fühlerglied schlank, zylindrisch, nicht wesentlich breiter als das 2. . . . . **2**

2. Gesicht unter den Fühlern kahl. 9–17 mm . 3; **Psilocephala** ZETT.

— Gesicht unter den Fühlern lang und abstehend behaart. 7–16 mm 20; **Thereva** LATR.

Familie: **Asilidae,** Raubfliegen

Räuberische Fliegen, erbeuten sogar Fliegen der eigenen Art. Sie lauern an Waldrändern, an Büschen, Pfählen, Baumstämmen, Steinen oder im Gras auf ihre Beute. Es sind mittelgroße bis sehr große Fliegen (4–27 mm), wobei Größenschwankungen von mehreren mm innerhalb einer Art häufig sind. Larven räuberisch oder saprophag, im Erdboden oder in morschen Baumstämmen.

1. 3. Fühlerglied mit ± langer Endborste. Taster 1gliedrig . . . **2**

— 3. Fühlerglied mit oder ohne Endgriffel. Taster 2gliedrig . . . **6**

2. Auffallend schlanke u. zarte Formen, wenig behaart. Tarsen ohne Pulvillen. Zelle R_1 zum Flügelrand hin offen. Habitus wie [*107*] 4; **Leptogaster** MEIG.

— Robustere Fliegen, ± dicht behaart u. beborstet. Tarsen zwischen den Krallen mit Pulvillen [*109*]. Zelle R_1 zum Flügelrand hin geschlossen u. gestielt [*46*] **3**

3. Abdominalsegmente vor dem Htrand ohne stärkere Borsten . **4**

— Abdominalsegmente vor dem Htrand mit kräftigen Borsten
Mehrere Gattungen, z. B. **Neoitamus** OSTEN SACKEN (Htkopf mit rechtwinklig nach vorn gebogenen Borsten). Ohne stark gebogene Borsten: **Philonicus albiceps** (MEIG.), **Cerdistus** LOEW, **Machimus** LOEW.

4. Gesicht unter den Fühlern glänzend schwarz, nicht bestäubt. 12–15 mm . . . . **Rhadiurgus variabilis** (ZETT.)

— Gesicht unter den Fühlern deutlich bestäubt. Über 17 mm . . **5**

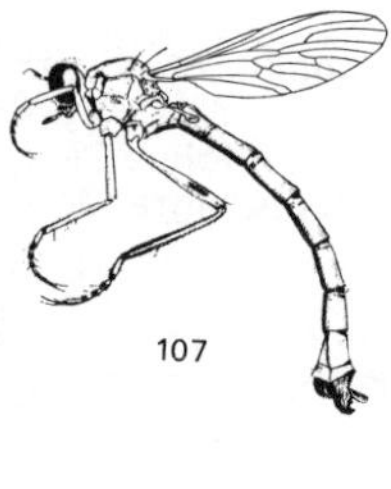

107

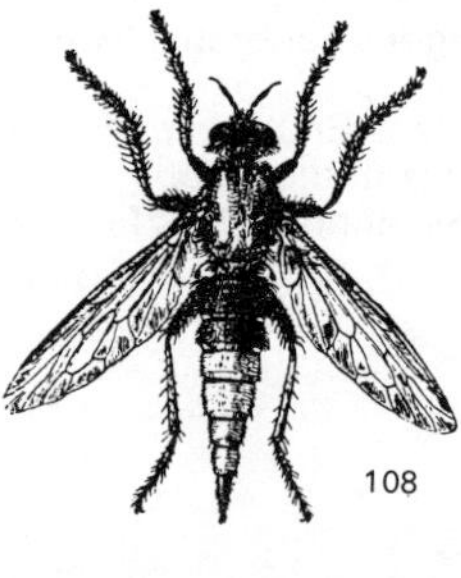

108

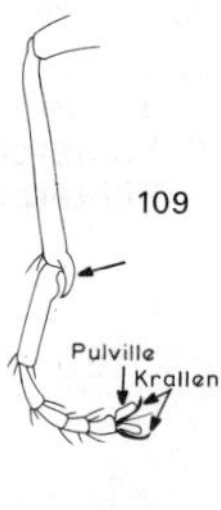

109

5. Auffallend schwefelgelb u. rostrot gezeichnet. Habitus wie [*108*]. 20–25 mm . . . . **Asilus crabroniformis** L.
— Einfarbig braun gefärbt. 18–21 mm . **Pamponerus germanicus** (L.)
6. Zelle R_1 geschlossen u. gestielt (ähnlich [*46*]). 3. Fühlergl ohne Endgriffel. Größere (10–24 mm), meist stark behaarte Fliegen . . **7**
— Zelle R_1 zum Flügelrand hin offen. 3. Fühlergl mit Endgriffel. Meist zartere, kaum behaarte Fliegen. 5–15 mm **8**
7. Zelle R_5 offen (wie in [*46*]). 3. Fühlergl wenig breiter als 1. u. 2. Rüssel seitlich zusammengedrückt, wenig zur Spitze hin verjüngt. 10–25 mm 10; **Laphria** MEIG.
— Zelle R_5 zum Flügelrand hin verengt oder geschlossen u. gestielt. 3. Fühlerglied fast doppelt so breit wie 1. u. 2. Rüssel dorsoventral abgeplattet, zur Spitze hin deutlich verjüngt. 10–20 mm 2; **Andrenosoma** ROND.
8. Tibien der Vdbeine mit einem spitzen, nagelartigen, gekrümmten Fortsatz [*109*] **9**
— Tibien der Vdbeine ohne solchen Fortsatz **10**
9. Spitze der Mittibien mit einem nach innen gekehrten Dorn. Endgriffel des 3. Fühlergliedes zweigliedrig. 9–12 mm . 2; **Leptarthrus** STEPH.
— Spitze der Mittibien ohne solchen Dorn. Endgriffel des 3. Fühlergliedes eingliedrig. 15–24 mm . . . . 2; **Dasypogon** MEIG.
10. Fühler länger als Höhe des Auges, stehen auf einem Höcker oberhalb der Augenmitte [*47a*]. 5–15 mm . . . . 19; **Dioctria** MEIG.
— Fühler kürzer als Höhe des Auges **11**
11. Gesicht unter den Fühlern mit einem deutlichen rundlichen Höcker, springt im Profil weiter vor als der Durchmesser des Rüssels. 7–14 mm . . . . 2; **Lasiopogon** LOEW, 6; **Cyrtopogon** LOEW
— Gesicht ohne Höcker, höchstens mit einer sanften Vorwölbung am Mundrand **12**
12. Schwarze, ± dicht behaarte Fliegen. 5–7 mm . 8; **Holopogon** LOEW
— Schwärzliche, fast nackte Arten. 4–8 mm . . 2; **Stichopogon** LOEW

Familie: **Bombyliidae,** Hummelschweber, Wollschweber

Imagines sind wollig dicht behaarte, oft mit Schuppen besetzte, bienen- oder hummelähnliche Blütenbesucher, die z.T. über Blüten rütteln ohne sich niederzulassen und dabei Nektar saugen. Sonnen sich an kahlen Stellen des Erdbodens, auf Steinen, an Stämmen. Larven parasitieren in Insekten.
Hierher gehört auch die Gattung **Hilarimorpha** SCHINER, die schon vorher im Schlüssel abgetrennt wurde.

1. Augenhtrand ohne tiefe Einbuchtung; wenn mit flacher Bucht, dann keine vertiefte, die Facetten des Htrandes teilende Linie. Meist mit langem, chitinösem Rüssel. [*49*] . . . . **Homoeophthalmae 2**
— Augenrand ± tief eingebuchtet, von dieser Bucht geht eine ± kurze vertiefte Linie aus, die die Facetten des hinteren Augenrandes teilt [*50b*]. Rüssel meist kurz u. fleischig [*50a*] . **Tomophthalmae 6**
2. Tibien nackt, höchstens behaart, wenn mit winzigen Börstchen, dann Taster 2gliedrig. 3–5 mm . . . . 3; **Phthiria** MEIG.
— Tibien mit kurzen Dornborsten, meist in 3 Reihen besetzt . . **3**

3. Zelle R_5 weit offen. Basis der Costa nicht behaart. 5–9 mm **Dischistus minimus** SCHRANK

— Zelle R_5 geschlossen. Basis der Costa ± lang behaart . . . **4**

4. Zelle R_1 länger als Zelle M_1. Die Htschenkel unterseits stets mit langen Dornborsten. Fühler an der Basis eng nebeneinander, mit schlankem 1. Gl. M_1 verläuft von r-m ab gerade. 4–12 mm. Habitus wie [*49*] 7; **Bombylius** L.

Häufig **B. major** L.

— Zelle R_1 so lang wie Zelle M_1 . . . . **5**

5. Gesicht springt vor u. ist mäßig behaart. 5–11 mm **Systoechus sulphureus** MIKAN

— Gesicht rundlich gewölbt, stark behaart. 8–14 mm **Anastoechus nitidulus** (F.)

6. Gabelpunkt von R_{2+3} u. R_{4+5} liegt auf gleicher Höhe wie r-m. R_{2+3} u. R_{4+5} gabeln sich fast rechtwinklig **7**

— Gabelpunkt von R_{2+3} u. R_{4+5} liegt weit vor r-m, näher der Flügelbasis, sie gabeln sich spitzwinklig. 6–10 mm . . **Lomatia lateralis** MEIG.

7. 1. Fühlergl kurz; Griffel am 3. Gl deutlich 2gliedrig u. am Ende mit einem Haarkranz. Flügelschüppchen u. Thorakalschüppchen am Rande mit Haaren. Pulvillen vorhanden. 7–13 mm [*50a*] 2; **Anthrax** SCOP.

— 1. Fühlergl lang; Griffel des 3. Gliedes 1gliedrig u. am Ende ohne Haarkranz. Flügelschüppchen u. Thorakalschüppchen am Rande mit Schuppen. Pulvillen meist fehlend **8**

8. Ocellenhügel weit vor dem Scheitel (einer gedachten Verbindungslinie der oberen Augenecken) gelegen. Krallen an der Basis mit langem, scharfem Zahn. 9–16 mm **Exoprosopa** MACQUART u. **Ligyra** NEWM.

— Ocellenhügel nahe dem Scheitel gelegen. Krallen ohne Zahn, höchstens mit stumpfem Höcker. 6–14 mm . . . . 8; **Villa** LIOY

Familie: **Empididae,** Tanzfliegen

Die meisten räuberisch, einige auch Blütenbesucher. Die Männchen verschiedener Arten führen Tanzflüge an Büschen, auf Waldwegen oder über Wasserflächen auf. Larven leben räuberisch in der Erde, unter der Ringe abgestorbener Bäume, im Moos, im Holzmulm usw.

1. Zelle D u. Zelle M verschmolzen. Zelle Cu, Analader (1A) u. Sc fehlen oder sind unvollständig. Geäder u. Zellen wie [*51*]. Habitus wie [*61*] **Tachydromiinae 2**

— Zelle D von Zelle M getrennt. Zelle Cu vorhanden, wenn unvollständig, dann Vdhüften stark verlängert u. so lang oder länger als die Vdschenkel. Sc meist vollständig. Rüssel ± stark verlängert . **3**

2. Thorax schlank, länger als breit. Beine unbeborstet **Tachypeza** MEIG., **Tachydromia** MEIG., **Tachempis** MELAND.

— Thorax breiter. Beine behaart, mit ± kräftigen Borsten **Chersodromia** HALIDAY (Meeresstrand), **Symballophthalmus** BECK., **Platypalpus** MACQUART

3. Vdhüften (Coxen der Vdbeine) immer länger als Hinterhüften **4**

— Vdhüften nicht auffällig verlängert **5**

4. Vdbeine dem Kopf genähert, von den übrigen Beinen abgerückt, als Raubbeine ausgebildet. Vdhüften stark verlängert. 2–5 mm **Hemerodromiinae**

Chelifera MACQUART, **Chelipoda** MACQUART, **Hemerodromia** MEIG.

— Vdbeine nicht von den übrigen Beinen abgerückt, schlank, nicht als Raubbeine ausgebildet . . . . **Clinocerinae**

Die Arten laufen auf stillen Wasserflächen. Mehrere Gattungen, z. B. **Trichopeza** ROND., **Dolichocephala** MACQUART.

5. Cu stark rücklaufend mit 1A verschmelzend, Zelle Cu ist daher an der Unterseite nur nahe der Basis von 1A begrenzt. Sc immer deutlich ausgebildet. Rüssel oft verlängert u. meist schräg nach unten, rückwärts gerichtet, selten vorgestreckt . . . . **Empidinae** 6

— Zelle Cu hat ihren spitzen Winkel an der 1A, Cu nicht rücklaufend; Zelle Cu wird auf der Unterseite nur von 1A begrenzt. Rüssel selten länger als der Kopf 9

6. C läuft um den ganzen Flügel herum. Kopf, Abdomen u. Beine schwach beborstet. Artenreich . . . . **Hilara** MEIG.

— C nur bis zur Flügelspitze deutlich. Meist stärker beborstet . 7

7. Rüssel steht senkrecht nach unten. Augen nackt 8

— Rüssel waagerecht oder schräg nach vorn stehend, selten senkrecht, dann aber Augen behaart

Eine Anzahl schwer bestimmbarer Gattungen.

8. R_{4+5} in R_4 u. R_5 gegabelt [*51*]. Artenreich . . . . **Empis** L.

— R_{4+5} nicht gegabelt. Artenreich . . . . . . **Rhamphomyia** MEIG.

9. Zelle Cu kürzer als Zelle M. C endet an M_1. Sc schwach ausgebildet u. R_1 genähert . . . . **Ocydromiinae**

Mehrere Gattungen, z. B. **Ocydromia** MEIG.

— Zelle Cu so lang wie Zelle M. Sc deutlich von R_1 entfernt . . 10

10. Von Zelle D verlaufen 2 Adern zum Flügelrand. C endet bei R_{4+5} oder M_1 . . . . **Hybotinae**

Einige Gattungen, z. B. **Hybos** MEIG. mit wenigen Arten.

— Die Zelle D entsendet 3 Adern zum Flügelrand. C läuft um den ganzen Flügel herum . . . . . . **Brachystoma** MEIG., **Brachystomatinae**

Familie: **Dolichopodidae,** Langbeinfliegen

Imagines häufig an oder auf Wasserflächen, auf Waldlichtungen, an Hecken, auf Wiesen usw. Räuberisch u. Blütenbesucher. Viele haben metallisch grüne Körperfarbe und sind seitlich etwas zusammengedrückt. Larven in der Erde in der Nähe von Gewässern, in faulenden Pflanzenteilen u. a., teils räuberisch, teils phytophag.

1. M_{1+2} deutlich in 2 Äste (M_1 u. M_2) aufgegabelt. Thorax kurz, Abdomen lang. Beine dünn u. lang . . . . **Sciapodinae**

Sciapus ZELL. (Tarsen der Männchen einfach), viele Arten. Tarsen der Männchen auffällig gestaltet: weitere Gattungen mit wenigen Arten.

— M_{1+2} nicht gegabelt, höchstens mit einer ± deutlichen Biegung [*60*] 2

2. 1. Fühlerglied oberseits behaart. Htkopf nach außen gewölbt. Abdomen der Männchen mit deutlichen Anhängen . . **Dolichopodinae**

Mehrere Gattungen mit zahlreichen Arten, z. B. **Dolichopus** LATR., **Poecilobothrus** MIK, **Tachytrechus** HALIDAY, **Hercostomus** LOEW.

— 1. Fühlergl oberseits nicht behaart; wenn doch, dann schmiegt sich der Htkopf dem Thorax konkav an oder Taster sind breit oder Abdomenspitze nicht auffällig ausgebildet 3

3. Fühlerborste sitzt an oder sehr kurz vor Spitze des 3. Fühlergliedes **4**

— Fühlerborste dorsal auf dem 3. Fühlerglied **5**

4. Hinterkopf schmiegt sich konkav dem Thorax an. Tibien des 2. und 3. Beinpaares an der Spitze ohne Borstenkranz. 3. Fühlergl ± kurz **Medeterinae**

Z. B. **Thrypticus** GERST., **Medetera** FISCHER V. WALDH., **Oligochaetus** MIK.

— Htkopf konvex, schmiegt sich nicht dem Thorax an. Tibien der Mtbeine an der Spitze mit einem Kranz von 5 Borsten. 3. Fühlerglied meist sehr stark verlängert . . . . **Rhaphiinae**

Mehrere Gattungen mit zahlreichen Arten, z. B. **Rhaphium** MEIG., **Syntormon** LOEW, **Systenus** LOEW.

5. Htkopf konkav. Die Fliegen schillern meist silbern . . **Diaphorinae**

Z. B. **Diaphorus** MEIG., **Asyndetus** LOEW, **Argyra** MACQU.

— Htkopf konvex. Fliegen ohne Silberglanz **6**

6. Thorax vor dem Schildchen nicht abgeplattet. Abdomen kürzer als die Flügel **7**

— Thorax vor dem Schildchen dorsal deutlich abgeplattet. Abdomen überragt die Flügel knapp . **Neurigoninae** (nur **Neurigona** ROND.)

7. Taster breit, spatelförmig, liegen dem Rüssel an. Querader m-cu im äußeren Flügeldrittel . . . . **Hydrophorinae**

Mehrere Gattungen, z. B. **Hydrophorus** FALL., **Thinophilus** WAHLB.

— Taster klein, unscheinbar. m-cu in Flügelmitte . . . **Sympycninae**

Mehrere Gattungen, wie **Sympycnus** LOEW, **Campsicnemus** HALIDAY, **Teuchophorus** LOEW.

Familie: **Phoridae,** Buckelfliegen

Kleine, 1–3 mm große, gedrungene, rasch u. ruckweise laufende Fliegen, mit charakteristischer Aderung der Flügel [*31*]. Larven leben hauptsächlich in verwesender tierischer Substanz, einige auch in faulenden Pflanzenteilen oder parasitisch.

1. Körper breit u. ± stark abgeflacht. Männchen geflügelt, Weibchen ungeflügelt. Kopf von oben gesehen fast so breit wie der Thorax u. an diesem eng ansitzend . . . . **Aenigmatiinae**

Z. B. **Aenigmatias** MEINERT, lebt bei Ameisen.

— Körper nicht dorsoventral abgeplattet. Kopf frei **2**

2. Zumindest an den Mttibien neben den Enddornen auch einige Einzelborsten . . . . **Phorinae**

Zahlreiche Gattungen, z. B. **Phora** LATR., **Diplonevra** LIOY, **Anevrina** LIOY.

— Neben den Enddornen an den Tibien keine weiteren Borsten, höchstens feine Härchen . . . . **Metopininae**

Zahlreiche Gattungen, z. B. **Metopina** MACQUART, **Megaselia** ROND., **Gymnocera** MACQUART.

Familie: **Pipunculidae,** Augenfliegen

Kleine, meist dunkle, schwach behaarte oder nackte Fliegen, mit auffallend halbkugeligem bis kugeligem Kopf, der zum größten Teil von den Facettenaugen eingenommen wird. Stirn zwischen den Augen beim Männchen schmaler als beim Weibchen. Ovipositor läuft in einen chitinösen, spitzen Legestachel aus. Man findet sie im langsamen Schwirrflug an Büschen u. in niedriger Vegetation. Die Larven entwickeln sich parasitisch in Zikaden.

1. Ocellarborsten vorhanden. Htkopf überragt nicht in Seitenansicht Augen nach hinten [*110a*]. Körper behaart; Schildchen u. Abdomen mit Borsten . . . . **Chalarinae** **2**
— Ocellarborsten fehlen. Hinterkopf überragt in Seitenansicht die Augen nach hinten deutlich [*111*] **3**

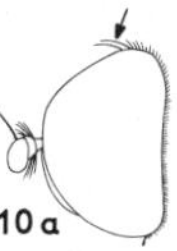
110 a

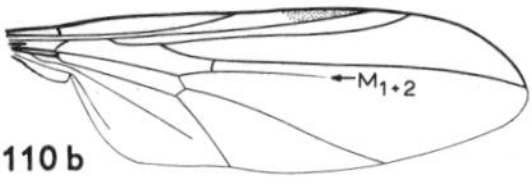

110 b

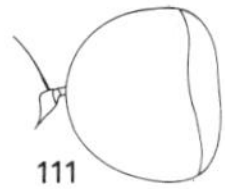
111

2. Diskalzelle (D) fehlt. M_{1+2} läuft nicht bis zum Flügelrand [*110b*]. 1,5–3 mm . . . . **Chalarus** WALK.
— D vorhanden. M_{1+2} läuft bis zum Flügelrand. 4–5 mm **Verrallia** MIK
3. 3. Fühlergl unten abgerundet ähnlich [*110a*]. Thorax mit starken Borsten. 6–10 mm . . . . . . **(Nephrocerinae), Nephrocerus** ZETT.
— 3. Fühlergl unten zugespitzt [*111*]. Thorax ohne starke Borsten. Viele kleine Arten, meist 2–4 mm, selten 1,5 oder 6 mm lang. Habitus [*56*]
(Pipunculinae) Pipunculus LATREILLE, **Eudorylas** ACZÉL, **Dorylomorpha** ACZÉL

Familie: **Syrphidae,** Schwebfliegen

Meist bunt gezeichnete Fliegen, einige von wespen-, bienen- oder hummelähnlichem Habitus, andere einfarbig dunkel. Flügel hat eine charakteristische Scheinader (vena spuria) ± deutlich zwischen R_{4+5} u. M_{1+2} z. B. [*54b*]. Ausgezeichnete Flieger, die lange auf einer Stelle in der Luft durch rasch vibrierenden Flügelschlag schweben können, daher der deutsche Name. Sie ernähren sich als Blütenbesucher, lecken an Baumsäften oder Honigtau. Larven saprophag (z. B. **Eristalis,** „Rattenschwanzlarve"), phytophag (z. B. **Eumerus** u. **Merodon**), als Kommensalen bei Bombus u. Vespa **(Volucella)** oder räuberisch, vor allem als Blattlausjäger **(Syrphus).** Systematisch werden die Syrphiden heute nur noch in 3 Unterfamilien unterteilt, die früheren Unterfamilien sind zu Triben umgewandelt, wobei die Stellung der Gattungen nicht immer in den entsprechenden Triben geblieben ist. Die Triben verteilen sich folgendermaßen auf die Unterfamilien: **Syrphinae (Bacchini, Melanostomatini, Paragini, Syrphini); Milesiinae (Callicerini, Cheilosiini, Chrysogasterini, Eristalini, Eumerini, Pipizini, Sericomyini, Volucellini, Xylotini), Ceriodini; Micodontinae (Microdontini).**

1. Querader r-m steht weit vor der Mitte der Zelle D [*112, 113*] . **2**
— r-m steht gering vor, auf oder hinter der Mitte von D [*114*] . . **11**

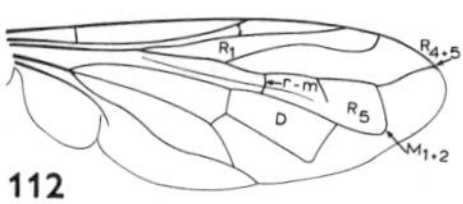

112

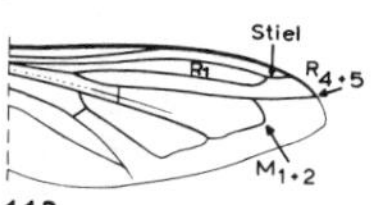

113

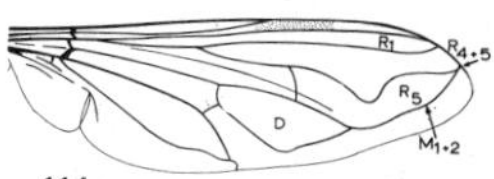

114

2. R_{4+5} mit einem Aderanhang in die Zelle R_5 [*112*]. Fühler lang nach vorn gerade vorgestreckt. 9–12 mm . . . . **Microdontini**

4; **Microdon** MEIG., Larven nacktschneckenähnlich, saprophag bei Ameisen.

— R_{4+5} ohne einen solchen Aderanhang **3**

3. Zelle R_1 geschlossen u. gestielt. M_{1+2} mündet in R_{4+5}, rücklaufend [*113*]. Fühlerborste lang gefiedert. 14–19 mm, große hummel- oder wespenähnliche Fliegen . . . . **Volucellini**

5; **Volucella** GEOFFR., Larven leben von Abfällen in Wespen- u. Hummelnestern.

— Zelle R_1 offen [*124*]; andersartig **4**

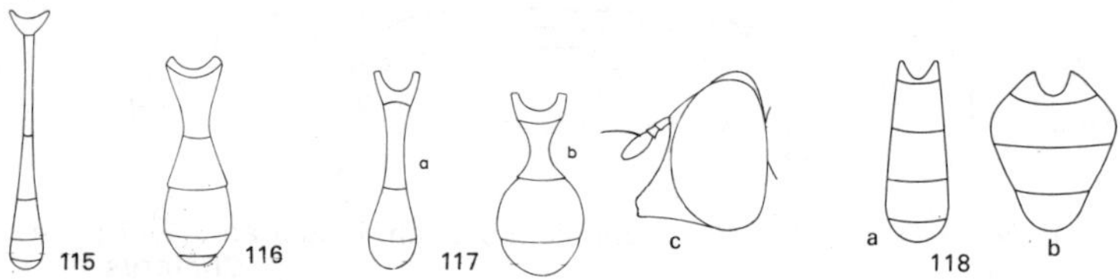

4. Abdomen in Aufsicht keulenförmig [*115, 116, 117a, b*] **5**

— Abdomen in Aufsicht andersartig [*118a, b*] **6**

5. Gesicht nach vorn schnabelartig vorgezogen [*117c*]. Abdomen wie [*117a, b*]. 5–7 mm . . . . **Chrysogasterini**

10; **Neoascia** WILL. (Fühlerborste kürzer als Fühler lang, nackt [*117c*]; M_{1+2} rechtwinklig nach R_{4+5} aufgebogen). 10; **Sphegina** MEIG. (Fühlerborste länger als der Fühler, behaart; M_{1+2} bogenförmig nach R_{4+5} aufgebogen.)

— Gesicht unter den Fühlern nicht vorgezogen. Größere Arten (7 mm oder länger). Abdomen wie [*115, 116*]

a) Abdomen sehr lang u. dünn [*115*]. 9 mm: **(Bacchini)** 2; **Baccha** F.

b) Abdomen nicht so stark verjüngt [*116*]: **(Syrphini)**

Doros profuges (HARRIS) (über 12 mm) und 2; **Spazigaster** ROND. (um 7 mm).

6. Ganz dunkle, schwarze oder metallisch schimmernde Arten. Treten am Abdomen helle Stellen auf, dann ist das Gesicht im Profil dem Augenrand parallel u. Augen u. Gesicht sind dicht behaart . . . **13**

— Arten mit heller Zeichnung an Kopf, Thorax u./o. Abdomen . **7**

7. Fühler länger als der Kopf, vorgestreckt [*119, 120*] **8**

— Fühler kürzer als der Kopf, nickend [*121, 122, 123*]. (Fehlen an M_{1+2} u. M_{3+4} Aufgabelungen [*124*], dann auf **Myolepta** (Nr. **53**) prüfen!) **9**

8. Fühler auf einem sehr langen Stirnfortsatz angesetzt [*120*]. Abdomen mit einer roten Binde. 8–9 mm . **(Psarini), Psarus abdominalis** F.

— Fühler stehen auf keinem Stirnfortsatz [*119*]. Abdomen mit mindestens 2 gelben oder roten Binden. 8–14 mm

(Chrysotoxini), Bogenfliegen, ca. 10; **Chrysotoxum** MEIG.

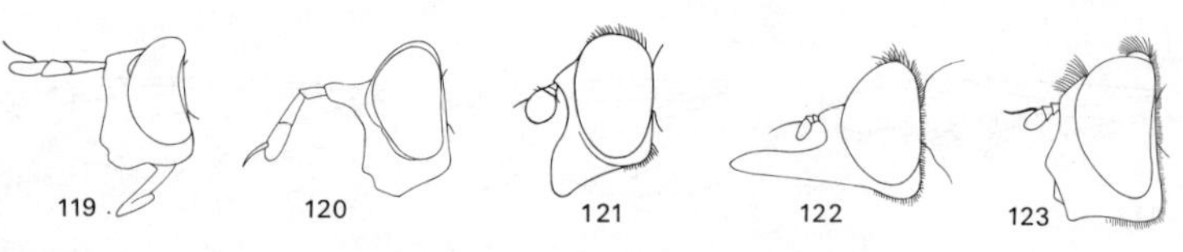

9. Gesicht am Mundrand auffällig stark nach vorn oder abwärts gezogen [*121, 122*] **10**
— Gesicht am Mundrand höchstens etwas vorgebuchtet, aber nie auffällig verlängert [*123*] **22**
10. Gesicht weit nach unten gezogen [*121*]. 3. Fühlergl auffallend gestaltet u. großer ± deutlich gegliederter Borste
a) 3. Fühlergl an der Vorderseite abgeflacht, im Profil fast 3eckig, an der oberen Ecke inseriert die Fühlerborste. 5–8 mm: **(Cheilosiini)** 2; **Pelecocera** MEIG.
b) 3. Fühlergl im Profil rundlich [*121*]. Fühlerborste steht deutlich dorsal. 5–6 mm: **(Cheilosiini) Chamaesyrphus scaevoides** (FALL.)
— Gesicht nach vorn gezogen [*122*]. 3. Fühlergl nicht auffällig gestaltet. Fühlerborste undeutlich 2gliedrig . . . . **Chrysogasterini**
a) Gesicht stark schnabelförmig nach vorn verlängert [*122*]. 7–9 mm: 3; **Rhingia** SCOP. (häufig **R. campestris** MEIG.)
b) Gesicht nicht so stark nach vorn verlängert, überragt nicht die Fühler. 6–10 mm: 5; **Brachyopa** MEIG.
11. R_{4+5} über Zelle R_5 ± tief eingebuchtet [*114*]. Fühler immer kürzer als der Kopf; 3. Gl mit Rückenborste **35**
— R_{4+5} mit einem Knick in die Zelle R_5 eingebuchtet [*125*]. Fühler länger als der Kopf, mit einem Endgriffel. 13 mm. Seltene Arten **(Ceriodini)** 2; **Ceriana** RAFINESQUE u. **Speximorpha subsesilis** (ILLIGER)
— R_{4+5} gerade [*124*] oder nur schwach über der Zelle R_5 geschwungen, viel schwächer als in [*114*]. Fühler kürzer als der Kopf, mit Rückenborste **12**
12. Fühlerborste lang gefiedert . . . . **Sericomyini**
a) Abdomen mit gelben Querbinden, fast nackte, wespenähnliche Fliegen. 13–16 mm: 2; **Sericomyia** MEIG.
b) Thorax u. Abdomen gleichmäßig dicht behaart; hummelähnlich. 15–17 mm: 2; **Arctophila** SCHINER.
— Fühlerborste nackt **44**
13. Fühler lang vorgestreckt, so lang wie der Kopf, 3. Gl mit einem Endgriffel. 11–13 mm . . . . **(Callicerini) Callicera aenea** (F.)
— 3. Fühlergl mit dorsal stehender Borste. Fühler kürzer als der Kopf **14**
14. Gesicht dem Augenrand in Seitenansicht ± parallel, ohne Höcker, ganz schwarz u. wie die Augen dicht behaart . . . **(Pipizini) 15**
— Gesicht dem Augenrand in Seitenansicht nicht parallel, mit einem Höcker am Mundrand oder in der Mitte oder am Mundrand auffällig vorgezogen **18**
15. Abdomen mit 3–4 von oben sichtbaren Segmenten, das 2. Segment ca. 3mal so lang wie das 1. 5–6 mm . . **Triglyphus primus** LOEW
— Abdomen mit 5 von oben sichtbaren Segmenten, das 2. Segment ca. 2mal so lang wie das 1. . . . . **16**
16. 3. Fühlergl etwa doppelt so lang wie breit, lang-oval. 5–7 mm **Heringia heringi** (ZETT.)

124

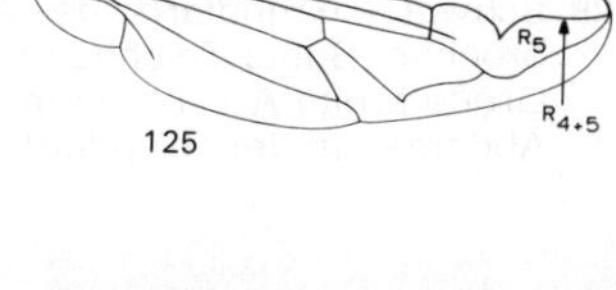

125

— 3. Fühlergl so lang wie breit, kurz-oval bis rund **17**
17. Abdomen breit elliptisch. 5–8 mm . . . . 10; **Pipiza** FALL.
— Abdomen schlank. 5–8 mm . . . . 9; **Neocnemodon** GOFFE
18. Gesicht im Profil ganz gerade, am Mundrand etwas vorgezogen u. mit einem Höcker kurz über dem Mundrand. 5–8 mm
(Eumerini) Psilota anthracina MEIG.
— Gesicht im Profil gekrümmt, mit einem Mittelhöcker oder unter den Fühlern konkav u. am Mundrand auffallend vorgezogen . . . **19**
19. Zelle D reicht fast bis oder zum Ende der Zelle R_5. 5–11 mm
(Cheilosiini) ca. 60; **Cheilosia** MEIG.
— Zelle D ist nur ⅔ so lang wie die Zelle R_5 . **(Chrysogastrini) 20**
20. 3. Fühlergl etwa doppelt so lang wie breit. 5–7 mm
5; **Orthonevra** MACQUART
— 3. Fühlergl fast so lang wie breit, ei- oder kreisförmig . . . **21**
21. Abdomen oberseits stark glänzend. 3. Fühlergl auffallend groß. 5–6 mm . . . . 2; **Lejogaster** ROND.
— Abdomen oberseits auf der Mitte matt, nur am Rand glänzend. 3. Fühlergl von normaler Größe. 5–8 mm . . . . 10; **Chrysogaster** MEIG.
22. Gesicht unter den Fühlern ausgehöhlt konkav [*123*], meist mit deutlichem Mittelhöcker **23**
— Gesicht deutlich vorgewölbt, nicht konkav. 3. Fühlerglied doppelt so lang wie breit. Abdomen nach unten gekrümmt. 5–6 mm
(Paragini) 6; **Paragus** LATR.
23. Gesichtgrundfarbe ganz metallisch schwarz, höchstens hell bestäubt **24**
— Gesicht zumindest teilweise, meist ganz gelb . . . **(Syrphini) 28**
24. Abdomen so lang oder länger als die Flügel, flachgedrückt, an der Basis deutlich schmäler als kurz vor dem Htende. 9 mm
(Melanostomatini) 2; **Pyrophaena** SCHINER
— Abdomen kürzer als die Flügel, parallelrandig, oval oder zum Htende zugespitzt, an der Basis nicht schmäler als kurz vor dem Htende **25**
25. Vdtarsen u. z. T. auch die Vdtibien beim Männchen auffällig verbreitert; beim Weibchen Tarsen normal. 6–10 mm
(Melanostomatini) 15; **Platycheirus** LEPELETIER ET SERV.
— Vdtarsen bei Männchen und Weibchen normal **26**
26. Abdomen schmal und schlank, beim Männchen ± parallelrandig **27**
— Abdomen breit-oval, flach. 9–11 mm
(Melanostomatini) Xanthandrus comtus (HARR.)
27. Augen fein behaart. 9 mm
(Syrphini) Melangyna quadrimaculata (VERRALL)
— Augen unbehaart. 7–9 mm
(Melanostomatini) 5; **Melanostoma** SCHINER
28. Thorax dorsal u. lateral ohne scharf begrenzte gelbe Linie u. Flekken **29**
— Thorax dorsal u. lateral mit scharf begrenzten gelben Linien u. Flekken **33**
29. Schwarze Grundfarbe des Abdomens nicht durch helle Stellen unterbrochen. Bunte Zeichnung auf dem Abdomen nur durch Behaarung. Große breite Art. 13–15 mm . . . . **Eriozona syrphoides** (FALL.)
— Abdomen in der Grundfarbe mit hellen Flecken oder Binden . **30**

30. Vorderste Binde auf dem Abdomen nimmt fast das ganze Segment ein; auf den folgenden Segmenten liegende Binden viel schmäler oder fehlend. 10–11 mm . . . . 4; **Leucozona** SCHINER

— Binden des Abdomens ± gleich breit **31**

31. Stirn erscheint aufgeblasen, wie die Augen dicht behaart, ein begrenzter Streifen in Augenmitte mit vergrößerten Fazetten. Abdomen mit 3 Paar hellen sichelförmigen Flecken. 12–15 mm 2; **Scaeva** F.

— Stirn erscheint nicht aufgeblasen, ist nicht auffällig behaart. Abdomen anders gezeichnet **32**

32. R_{4+5} über Zelle R_5 auffallend eingebuchtet (ähnlich, aber schwächer als in [*114*]). 10–12 mm . . . . 3; **Didea** MACQUART

— R_{4+5} über Zelle R_5 nicht auffällig geschwungen. 7–13 mm
Eine Anzahl sehr ähnlicher Gattungen, wie **Syrphus** F., **Epistrophe** WALK., **Episyrphus** MATS., **Metasyrphus** MATS., **Melangyna** VERRALL.

33. Sehr schlanke Arten, mit schmalem, ± parallelrandigem Abdomen. Flügel meist deutlich kürzer als Abdomen. 6–10 mm
10; **Sphaerophoria** ST. FARG. ET SERV.

— Breitere Arten, mit flachgedrücktem u. ovalem Abdomen . . **34**

34. Augen nackt. Leuchtend gelbe Binden auf dem Abdomen in der Mitte unterbrochen. 10–11 mm . . . . 3; **Xanthogramma** SCHINER

— Augen behaart. Nur 1. Binde des Abdomens unterbrochen, die übrigen nicht. 10 mm . . . . **Xanthogramma laeta** (F.)

35. Zelle R_1 geschlossen . . . . **(Eristalini) 36**

— Zelle R_1 am Flügelrand immer offen [*114*] **37**

36. Augen einfarbig, ungefleckt, höchstens durch Behaarung der Augen kleine Schatten. 19–25 mm . . . . 14; **Eristalis** LATR.

— Augen mit teilweise zusammenfließenden, dunklen Flecken oder kleinen isolierten, dunklen Punkten . . . . **Eristalinus** ROND.

a) 8–9 mm. Augen lang und dicht behaart, mit großen dunklen Flecken: **E. sepulcralis** (L.)

b) 11–12 mm. Augen sehr fein behaart, Augen mit kleinen isolierten Punkten: **E. aeneus** (SCOP.)

37. Htschenkel verdickt, unterseits vor der Spitze mit breitem, dreieckigem Zahn [*126*], dieser meist noch mit mehreren Dörnchen. Augen behaart. Pelzig behaarte Fliegen. 9–13 mm
(Eumerini) 5; **Merodon** MEIG.

Häufig **M. equestris** (F.), Larven in Zwiebelgewächsen.

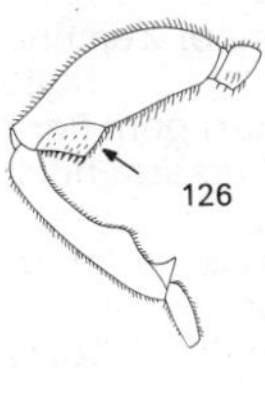

126

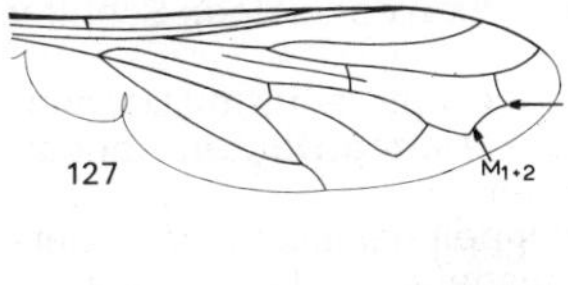

127

— Htschenkel oft verdickt, aber nie mit Zahn oder Höcker vor der Spitze
(Eristalini) 38

38. Thorax einfarbig dunkel. Pelzig behaarte, hummelähnliche Fliegen. 13–15 mm . . . . 3; **Mallota** MEIG.

— Thorax mit Längs- oder Querstreifen. Nicht stark behaarte bienenähnliche Fliegen **39**

39. Thorax mit Querbinden. Augen behaart. 10–13 mm **Myathropa florea** (L.)

— Thorax mit Längsstreifen. Augen nackt **40**

40. Abdomen auf der Mitte mit deutlichen paarigen Längsflecken. 12 mm **Lejops vittata** (MEIG.)

— Abdomen mit Querbinden oder Querflecken **41**

41. Gesicht mit glatter, glänzender, unbestäubter Mittelstrieme. 11–15 mm . . . . 3; **Helophilus** MEIG.

— Gesicht einschließlich Mittelstrieme bestäubt **42**

42. Gesicht in der unteren Hälfte stark schnabelförmig vorgezogen, am Ende zugespitzt. 9 mm . . . . 4; **Anasimyia** SCHINER

— Gesicht in der unteren Hälfte nicht vorgezogen **43**

43. Die Flecken auf dem 2. u. 3. Abdominaltergit (Rückenplatte) nehmen den größten Teil der Fläche ein. Augen des Männchens berühren sich. 9–12 mm . . . . **Mesembrinus peregrinus** (LOEW)

— 2. u. 3. Abdominaltergit mit kleinen Flecken. Augen der Männchen breit getrennt. 8–11 mm . . . . 3; **Parhelophilus** GIRSCHN.

44. Fühler länger als der Kopf, vorgestreckt. 3. Gl das kleinste, 2. Gl 3–4mal so lang wie 3. Gl. Gesicht kegelförmig unter die Augen herabgezogen. 12–13 mm . . . . . **(Xylotini) Sphecomyia vittata** (WIED.)

— Fühler kürzer als der Kopf. 3. Glied am längsten **45**

45. Stark, meist pelzig behaarte Arten . . . . **(Xylotini) 46**

— Nackte oder fast nackte Arten **49**

46. Hinterschenkel auf der Unterseite mit Dornen. Abdomen parallelrandig. 12–14 mm . . . . 5; **Brachypalpus** MACQUART

— Htschenkel unterseits nicht mit Dornen **47**

47. Gesicht unter die Augen herabgezogen u. zugespitzt **48**

— Gesicht im Profil nur wenig unter die Augen herabgezogen u. abgestutzt. 13 mm . . . . **Pocota personata** (HARR.)

48. Lang u. dicht behaart, hummelähnlich. Gesicht steht weiter vor als der Höcker, auf dem die Fühler sitzen. 10–16 mm . 6; **Criorhina** MEIG.

— Weniger dicht behaart. Gesicht steht nur so weit vor wie der Höcker, auf dem die Fühler sitzen. 10–11 mm . . . . . . **Blera fallax** (L.)

49. Thorax ohne deutliche gelbe Zeichnung, höchstens mit gelben Schultern **50**

— Thorax neben den gelben Schultern auch mit gelber Zeichnung **(Xylotini) 55**

50. Htschenkel unterseits mit Dornen oder mit zahnartigem Fortsatz **51**

— Htschenkel ohne Dornen oder zahnartigem Fortsatz, höchstens mit Dörnchen **54**

51. M_{1+2} doppelt geknickt u. rücklaufend [*127*]. Gesicht unter den Fühlern nicht ausgehöhlt. Habitus wie kleine Erdbienen. 6–9 mm (Larven in Zwiebelgewächsen) . . . . **(Eumerini) Eumerus** MEIG.

— M_{1+2} anders. Gesicht unter den Fühlern deutlich ausgehöhlt . **52**

52. Htschenkel unterseits an der Spitze beborstet u. mit einem kräftigen, zahnartigen Fortsatz. 8–10 mm . . . . **(Xylotini)** 2; **Tropidia** MEIG.

— Htschenkel unterseits an der Spitze höchstens beborstet, ohne Dorn **53**

53. Querader r-m steht vor der Mitte der Zelle D [*124*]. 9 mm **(Chrysogasterini)** 4; **Myolepta** NEWM.
— r-m steht auf oder hinter der Mitte von D. Htschenkel stark verdickt, in der Mitte fast ½ so dick wie der Schenkel lang. 9 mm. Sehr häufig **(Xylotini) Syritta pipiens** (L.)
— r-m steht hinter der Mitte von D. Htschenkel nicht so stark verdickt. Meist größere Arten, 8–16 mm . . . . **(Xylotini)** 12; **Xylota** MEIG.
54. Thoraxrücken an den Rändern ohne Borsten. Fühler auf auffälligem Höcker. 13–15 mm . . . . **(Xylotini) Caliprobola speciosa** (ROSSI)
— Thoraxrücken an den Rändern mit kräftigen Borsten. 7–11 mm **(Cheilosiini)** 3; **Ferdinandea** ROND.
55. r-m verbindet R_{4+5} u. M_{1+2} fast gerade u. senkrecht miteinander. Htschenkel ohne Zahn. 13–17 mm 3; **Temnostoma** LEPELETIER ET SERV.
T. vespiforme (L.) habituell auch im Flug einer Wespe äußerst ähnlich.
— r-m stark S-förmig geschwungen. Htschenkel unterseits vor der Spitze mit einem Zahn. Wespenähnlich. 13–15 mm . . 2; **Spilomyia** MEIG.

Familie: **Conopidae,** Dickkopffliegen, Blasenkopffliegen

Von sehr unterschiedlichem Habitus, z.T. wespen- oder bienenähnliche Fliegen, 3–20 mm. Alle Imagines sind Blütenbesucher. Larven parasitieren in Hymenopteren u. Orthopteren.

1. Fühler mit Endgriffel [*128*] . . . . **Conopinae** **2**
— Fühler mit Rückenborste [*129*] **4**

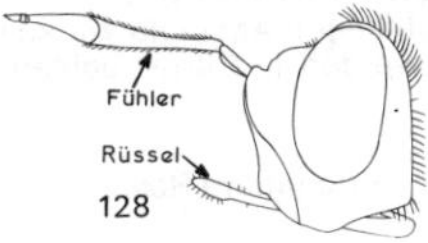

128

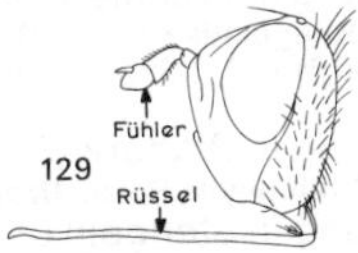

129

2. Rüssel kürzer als der Kopf, in der Mundhöhle verborgen, dick. 10–14 mm . . . . 6; **Leopoldius** ROND.
— Rüssel viel länger als der Kopf, ± vorstehend [*128*] **3**
3. Querader r-m hinter dem 2. Drittel von Zelle D. 2. Abdominalsegment viel länger als breit. 9–20 mm . . . . . 4; **Physocephala** SCHINER
— r-m etwas hinter der Mitte von Zelle D. 2. Abdominalsegment so lang wie breit. 9–18 mm. Habitus wie [*55*] . . . . . . 6; **Conops** L.
4. Zelle Cu kurz, gerade abgestutzt; Cubitus (Cu) bildet mit 1A einen rechten Winkel. Abdomen in Aufsicht rundlich. 3–6 mm **(Dalmanniinae)** 4; **Dalmannia** R.-D.
— Zelle Cu lang, schräg zugespitzt; Cu bildet mit 1A einen spitzen Winkel. Abdomen in Aufsicht keulig . . . . **Myopinae** **5**
5. Rüssel nur an der Basis geknickt. 4–9 mm . . . . 3; **Zodion** LATR.
— Rüssel an der Basis und in der Mitte geknickt **6**
6. Backen in Seitenansicht viel weniger hoch als ein Auge . . **7**
— Backen in Seitenansicht mindestens so hoch wie ein Auge. 3,5–15 mm . . . . 10; **Myopa** F.

7. Fühler länger als ihr Abstand vom Scheitel, meist kopflang. Kleinere (3,5–8 mm), schwärzliche Fliegen . . . . . 4; **Thecophora** ROND.

— Fühler viel kürzer als ihr Abstand vom Scheitel. 8–13 mm, rotbraun **Sicus ferrugineus** (L.)

Familie: **Otitidae**

1. Sc u. R_1 nackt. Zelle R_5 zum Flügelrand hin deutlich verengt. Flügel ohne Muster, durchscheinend. 4–6 mm . . Wippfliegen, **Ulidiinae**
(Ausnahme **Homalocephala** ZETT.). Z. B. **Ulidia** MEIG., **Homalocephala** ZETT., **Physiphora** FALL. Larven im Mist, unter Baumrinden usw. Larven von **Ph. demandata** (F.) haben Sprungvermögen wie **Piophila casei** (L.) **(Piophilidae).**

— Sc u. R_1 oberseits behaart oder beborstet. Zelle R_5 zum Flügelrand hin nicht deutlich verengt. Flügel oft auffällig gemustert. 2–10 mm Schmuckfliegen, **Otitinae**
Z. B. **Otites** LATR., **Herina** ROBINEAU-DESV., **Seioptera** KIRBY.

Familie: **Tephritidae (= Trypetidae),** Bohrfliegen, Fruchtfliegen

Mit auffällig gezeichneten Flügeln. Larven entwickeln sich ausschließlich in lebenden Pflanzenteilen. Sie sind Gallerreger oder Minierer. Die Larven lassen sich nach der Lebensweise in den Pflanzenteilen in 4 Gruppen einteilen; eine Bestimmung erfolgt am besten anhand der Wirtspflanze.

1. Entwicklung in Blütenköpfen meist von Kompositen
Beispiele: **Urophora** ROBINEAU-DESV., **Myopites** BRÉB., **Trypeta** MEIG., **Tephritis** LATR.

— Entwicklung in Früchten verschiedener Pflanzenfamilien
Beispiele: **Rhagoletis** LOEW (z. B. **R. cerasi** (L.), Kirschfliege); **Anomoia** WALK.; **Ceratitis capitata** (WIED.), Mittelmeerfruchtfliege, Larven werden in Citrusfrüchten eingeschleppt.

— Entwicklung in Blättern (Blattminierer)
Beispiele: **Philophylla** ROND., **Urophora** ROBINEAU-DESV., **Prionimera** ROND.

— Entwicklung in Stengeln u. Wurzeln
Außer in Spargel (**Platyparea poeciloptera** (SCHRANK)), Spargelfliege, nur in Kompositen. Beispiele: **Oxyna** ROBINEAU-DESV., **Spathulina** ROND., **Dithryca** ROND.

Familie: **Psilidae,** Nacktfliegen

Träge Fliegen, meist an schattigen Stellen. Imagines 3–15 mm. Larven entwickeln sich phytophag in Stengeln u. Wurzeln verschiedener Pflanzen. Als Schädling von Bedeutung: **Psila rosae** (F.) (Möhrenfliege).

1. 3. Fühlerglied viel länger als breit, langgestreckt, bandförmig, oft länger als die Fühlerborste **2**

— 3. Fühlerglied kurz, wenig länger als breit, rundlich; Fühlerborste länger als 3. Glied **3**

2. 3. Fühlergl viel länger als 1. u. 2. zusammen. 7–8 mm **Loxocera** MEIG.

— 3. Fühlergl so lang wie 1. u. 2. zusammen. 11–14 mm **Platystyla hoffmannseggi** (MEIG.)

3. Zelle Cu am Ende bauchig begrenzt . **Strongylophthalmyia** HELLER

— Zelle Cu gerade begrenzt **4**

4. Htkopf abgeflacht, Kopf im Profil halbkreisförmig . . **Chyliza** FALL.
— Htkopf nach außen gewölbt (konvex) 5
5. Htfemur beim Männchen verdickt u. gebogen. Weibchen mit chitinisiertem Ovipositor . . . . **Psilosoma** ZETT.
— Hinterfemur und Ovipositor normal . . . . **Psila** MEIG.

Familie: **Chloropidae,** Halmfliegen

Dunkelgrau bis schwarz gefärbt oder gelb, grün u. schwarz gepunktet oder gestreift. Imagines um 1–8 mm. Die meisten Larven phytophag in Schößlingen u. Samen von Gräsern; am bekanntesten **Oscinella frit** (L.) (Fritfliege) in Getreide; andere sind saprophag, einige karnivor oder parasitisch, z. B. in Spinnenkokons.

1. C bis R_{4+5} oder etwas darüber hinaus, geht aber nie zur Mündung von M_{1+2}. Körper oft gelb, grün u. schwarz gefleckt oder gestreift **Chloropinae** 2
— C bis zur Mündung von M_{1+2}. Meist dunkelgraue bis schwarze Fliegen **Oscinellinae**

a) Höchstens 3 mm: Mehrere Gattungen wie **Elachiptera** MACQUART, **Oscinella** BECK. Einige Arten mit Flügelreduktion.
b) Körper 4–8 mm: 4; **Lipara** MEIG., verursachen Gallen an Schilf.

2. Htschenkel verdickt, Httibien entsprechend gebogen 3
— Htschenkel nicht verdickt, Httibien nicht gebogen
Eine Anzahl Gattungen, z. B. **Chlorops** MEIG., **Thaumatomyia** ZENK.
3. Ocellendreieck nimmt fast die ganze Stirn ein, ist punktiert u. behaart. Stirn ragt weit vor die Augen. 3–8 mm . . . . **Platycephala** FALL.
Larven in Schilf.
— Ocellendreieck kleiner, weder punktiert noch behaart, glänzend. 2–4 mm . . . . **Meromyza** MEIG.

Familie: **Anthomyiidae,** Blumenfliegen

Blütenbesucher. Meist grau bestäubt, einige auffällig schwarz-grau gezeichnet oder mit gelben Beinen u. Abdomen. 3–12 mm.

1. Augen der Männchen u. Weibchen breit getrennt. Thorakalschüppchen (Th) immer kleiner als das Flügelschüppchen (Fs) [*67a*], beide klein . . . . Tangfliegen, **Fucelliinae**
Hierher u. a. die Gattung **Fucellia** ROBINEAU-DESV. Sie treten in Massen am Meeresstrand auf. Larven entwickeln sich im Strandanwurf.
— Augen der Männchen meist genähert. Thorakalschüppchen immer so groß oder größer als das Flügelschüppchen, beide groß Blumenfliegen, **Anthomyiinae**
Eine große Zahl schwer unterscheidbarer Gattungen u. Arten. Unter Ihnen einige landwirtschaftliche Schädlinge; Beispiele: **Delia radicum** (L.) (= **brassicae** (BOUCHÉ)), Kleine Kohlfliege; **D. floralis** (FALL.), Große Kohlfliege; **D. antiqua** (MEIG.), Zwiebelfliege; **Pegomya hyoscyami** (PANZ.), Rübenfliege; **D. (= Leptohylemya) coarctata** (FALL.), Getreidebrachfliege.

Familie: **Muscidae,** „Echte" Fliegen

Imagines Blütenbesucher, Räuber, Blutsauger oder sapro- u. koprophag. 2–18 mm. Meist stark bestäubte, graue Fliegen, einige gelb oder rot, andere goldgrün oder stahlblau, Larven meist sapro- oder koprophag, einige auch räuberisch.

1. Rüssel stark chitinisiert, hornig glatt, lang u. spitz, zu einem Stechrüssel umgewandelt . . . . Stechfliegen, **Stomoxyinae**

a) Taster kürzer als der Rüssel. 6–7 mm. [*22;* S. 192]: **Stomoxys calcitrans** (L.), Wadenstecher, Blutsauger bei Haustieren u. Mensch.

b) Taster so lang wie der Rüssel: **Haematobia irritans** (L.) (Fühlerborste nur oberseits gefiedert; 4 mm), auf Rindern Blut saugend; **Hamatobosca stimulans** (MEIG.) (Fühlerborste ober- u. unterseits gefiedert; 5–6 mm), auf Rindern u. Pferden Blut saugend.

— Rüssel nicht so ausgebildet **2**

2. Pteropleura [Pt: *67a*] behaart oder beborstet. Sollte sich auf der Pteropleura nur eine kräftige Borste befinden, gelegentlich auch nur einseitig, dann **Emmesomyia** MALL. **(Anthomyiidae)** **3**

— Pteropleura nackt **4**

3. Taster fadenförmig, am Ende nicht verbreitert . . . . . **Muscinae**

Hier eine Auswahl:

a) M_{1+2} bis zum Flügelrand gerade verlaufend: 2; **Polietes** ROND.

b) M_{1+2} bogenförmig zu R_{4+5} hin gekrümmt. Flügelwurzel u. Schüppchen [Th, Fs: *67a*] intensiv gelb. Körper lang u. dicht behaart. 10–18 mm: 2; **Mesembrina** MEIG.

c) M_{1+2} aufgebogen. Thorax u. Abdomen goldgrün metallisch glänzend: 2; **Orthellia** ROBINEAU-DESV.

d) M_{1+2} winkelförmig gebogen u. deutlich gekniet. Thorax matt bestäubt: 4; **Musca** L.

In Häusern häufig die Große Stubenfliege, **M. domestica** L.

— Taster am Ende löffelartig verbreitert **(Limnophorinae) Lispe** LATR.

4. R_1 oberseits mit schwarzen Borsten . . . . . . **Achanthipterinae**

Nur **Achanthiptera rhorelliformis** (ROBINEAU-DESV.), Körper gelb. Larven entwickeln sich in Wespennestern.

— R_1 oberseits nackt **5**

5. 3 Sternopleuralborsten [St: *67a*] stehen in einem gleichseitigen Dreieck . . . . **Coenosiinae**

Bekannteste Gattung: **Coenosia** MEIG. Imagines ernähren sich räuberisch von Insekten.

— Sternopleuralborsten anders angeordnet oder weniger als 3 . **6**

6. M_{1+2} zu R_{4+5} aufgebogen. Zelle R_5 zum Flügelrand hin verengt

a) Schildchen am Htrand rötlich. Augen nicht behaart. 7–9 mm: **(Phaoniinae)** 4; **Muscina** ROBINEAU-DESV.

b) Schildchen am Htrand nie rötlich. Augen dicht behaart

1) Abdomen kurz u. breit, hoch gewölbt, auf dem 2. u. 3. Tergit am Vdrand mit Mittelfleck. M_{1+2} bogenförmig nach unten gebogen, bevor sie sich aufwärts wendet. Vordere Sternopleuralborste fehlt: **(Mydaeinae) Graphomya maculata** (SCOP.)

2) Abdomen länglich. M_{1+2} biegt erst kurz vor dem Flügelrand direkt aufwärts: **(Mydaeinae) Myospila** ROND.

M. meditabunda (F.) (Abdomen mit 2 Paar braunen Flecken); **M. hennigi** GREGOR ET POV. (Abdomen ohne Flecken).

— M_{1+2} verläuft gerade bis zum Flügelrand **7**

7. Tibia des 3. Beinpaares außen hinten auf oder unter der Mitte meist mit einer bis mehreren Borsten . . . . **Phaoniinae**
Eine Auswahl der Gattungen: **Phaonia** ROBINEAU-DESV., **Ophyra** ROBINEAU-DESV., **Hydrotaea** ROBINEAU-DESV. (**H. irritans** (FALL.) belästigt im Sommer Vieh und Mensch).
— Tibia des 3. Beinpaares hinten auf oder unter der Mitte ohne Borsten **Mydaeinae** u. **Limnophorinae**
Zu den **Mydaeinae** gehören u. a. die Gattungen **Mydaea** ROBINEAU-DESV. u. **Helina** ROBINEAU-DESV.; zu den **Limnophorinae** u. a. **Limnophora** ROBINEAU-DESV.

Familie: **Hippoboscidae,** Lausfliegen

Die Fliegen leben ektoparasitisch auf Vögeln und Säugetieren, meist nur auf bestimmten Wirten. Die Larven entwickeln sich im Abdomen des Weibchens, wo sie durch Drüsen ernährt werden; sie werden erst kurz vor der Verpuppung geboren (Pupiparie).

1. Flügel u. Halteren fehlen völlig. Habitus wie [*103*]. Ca. 3 mm. Auf Schafen . . . . Schaflaus, **Melophagus ovinus** (L.)
— Flügel u. Halteren vorhanden, wenn auch oft reduziert . . . **2**
2. Kopf ± dreieckig, mit gerundetem Vdrand, tief in den Thorax eingefügt, kann daher nur wenig seitwärts bewegt werden. Flügel mit nur 3 Längsadern außer Sc und R_1; zwischen den übrigen Adern oft Falten. Flügel bricht nach Erreichen des Wirtstieres nahe der Basis ab. Körper um 3 mm, Flügel 4–6 mm . . . . **Lipoptena cervi** (L.)
Auf Reh, Rotwild, Wildschwein, Fuchs, fliegt auch Menschen ins Haar.
— Kopf gerundet, meist mit tief eingekerbtem Vdrand, frei beweglich. Flügel meist mit 6–7 Längsadern, normal entwickelt oder verkleinert u. funktionslos **3**
3. Fühlerborste aus mehreren Borsten. Fühler ohne Dornfortsatz; Fühlergrube geschlossen. Krallen einfach. Nur auf Säugetieren. 3–5 mm 2; **Hippobosca** L.
— Fühlerborste blattförmig offen. Krallen einfach oder doppelt. Nur auf Vögeln **4**
4. Flügel verkleinert, zum Fliegen nicht mehr geeignet **5**
— Flügel normal entwickelt, Imagines dauernd flugfähig **6**
5. Ocellen vorhanden. Flügel etwa 8mal so lang wie breit. Körper um 3, Flügel um 6 mm. Auf Schwalbe und Mauersegler **Stenepteryx hirundinis** (L.)
— Ocellen fehlen. Flügel etwa doppelt so lang wie breit. Körper um 3, Flügel um 6 mm. Auf Schwalbe und Mauersegler **Crataerina pallida** (LATR.)
6. Zelle Cu geschlossen **7**
— Zelle Cu offen **9**
7. Fühler berühren sich in einer gemeinsamen Grube auf der Mitte der Stirn. Krallen einfach. Auf Sing- und Raubvögeln. Körper um 2, Flügel 2–2,5 mm . . . . **Ornithoica turdi** (LATR.)
— Fühler in getrennten Gruben, mehr seitlich auf der Stirn. Krallen doppelt **8**
8. C ist vor R_1 unterbrochen. Auf Singvögeln. Körper um 3, Flügel um 4–5 mm . . . . **Ornithophila metallica** (SCHINER)
— C ist vor der Sc unterbrochen. Auf Sing- und Raubvögeln. Körper um 3, Flügel 5–7 mm . . . . **Ornithomyia avicularia** (L.)

9. Nur eine Querader (r-m) vorhanden. Schildchen [Scl: *67*] fast rechtekkig, am Htrand vor den Ecken mit mehreren behaarten fingerförmigen Fortsätzen. Ocellen fehlen. Körper um 3, Flügel 4–5 mm. Auf Tauben, Raubvögeln u.a. . . . . **Pseudolynchia canariensis** (Macq.)

— Queradern r-m und m-cu vorhanden: **Lynchia albipennis** (Say.) (Scl seitlich mit zwei langen Borsten; Körper 3, Flügel 6 mm; auf Rohrdommel und Purpurreiher) und **Olfersia fumipennis** (Sahlb.) (Scl ohne solche Borsten; Körper 4–5, Flügel 7–9 mm; auf Fisch-, Seeadler u.a. Raubvögeln).

Familie: **Calliphoridae,** Schmeißfliegen

Imagines auf Blüten, gärenden Früchten, Aas usw., an sonnigen Stellen. Larven (Maden) in sich zersetzender organischer Substanz, daher gelegentlich Wundschmarotzer, andere zum Parasitismus übergegangen.

1. Thorax neben normaler Beborstung mit langen, dünnen, gekräuselten gelben oder grauen Haaren. Propleura nackt [Ppl: *67a*] 8; **Pollenia** Robineau-Desv.

P. rudis (F.) Regenwurmparasit, überwintert als Imago in großer Zahl in Häusern.

— Thorax normal beborstet, ohne zusätzliche gekräuselte Haare. Ppl behaart **2**

2. Radius bis zum Gabelpunkt von R_1 und Rs oberseits kräftig behaart oder beborstet **3**

— Radius in diesem Bereich weder behaart noch beborstet . . **5**

3. Hinterkopf konkav. Fühlerborste nur oberseits lang behaart **Stomorhina lunata** (F.)

— Hinterkopf konvex. Fühlerborste beidseitig behaart **4**

4. Thorakalschüppchen [Th: *67a*] zur Spitze hin verbreitert: **Phormia terraenovae** Robineau-Desv. (Flügelschüppchen [Fs: *67a*] oberseits mit feinen schwarzen Härchen); **Phormia regina** (Meig.) (Flügelschüppchen oberseits weiß behaart).

— Thorakalschüppchen zur Spitze hin verschmälert 3; **Protocalliphora** Hough

Larven saugen Blut an nestjungen Vögeln. Befall kann tödlich sein; z.B. **P. azurea** (Fall.).

5. Suprasquamalsteg [Sq: *67a*] hinten mit einer Gruppe von Börstchen. Vorwiegend metallisch grün glänzend . Goldfliege, 9; **Lucilia** R.-D.

Larven in Kadavern. Häufig **L. caesar** (L.) und **L. sericata** (Meig.); **L. bufonivora** Mon. obligatorischer Parasit von Amphibien, Infektion meist tödlich.

— Suprasquamalsteg hinten nackt. Arten mit vorwiegend dunkelblauer Färbung, oft ohne metallischen Glanz **6**

6. Thorakalschüppchen [Th: *67a*] oberseits mindestens basal mit zahlreichen Börstchen **7**

— Thorakalschüppchen oberseits nackt (höchstens an der Basis 1–3 Härchen)

Hierher **Eggisops pecchioli** Rond. u. 2; **Melinda** Robineau-Desv., diese Schneckenparasiten, sowie **Pseudonesia puberula** (Zett.).

7. Thorakalschüppchen oberseits basal behaart, auf der Fläche nackt 2; **Onesia** Robineau-Desv. u. 3; **Bellardia** Robineau-Desv.

— Thorakalschüppchen oberseits auch auf der Fläche behaart. „Brummer" **8**

8. Abdomen ohne Bestäubung, glänzend stahlblau. Gesicht leuchtend gelb. Bis 18 mm . . . . . Totenfliege, **Cynomyia mortuorum** (L.)

— Abdomen blau, deutlich weißlich bestäubt. Gesicht nicht auffallend gelb. Bis 14 mm Blaue Fleischfliegen, 5; **Calliphora** ROBINEAU-DESV.
Häufig **C. vicina** ROBINEAU-DESV. (= **erythrocephala** (MEIG.)) (Backen gelbbraun oder rötlich) u. **C. vomitoria** (L.) (Backen schwarz).

Familie: **Oestridae,** Biesfliegen, Nasenbremsen, Dasseln

Larven der Oestriden sind Endoparasiten bei Säugetieren. Larven der **Oestrinae** u. **Cephenemyiinae** entwickeln sich in der Nasen- und Rachenhöhle, die der **Hypodermatinae** in den Dasselbeulen unter der Haut des Wirtstieres.

1. M_{1+2} trifft am Flügelrand nicht mit R_{4+5} zusammen, berühren sich höchstens, Zelle R_5 nicht gestielt **3**

— M_{1+2} trifft vor dem Flügelrand mit R_{4+5} zusammen, Zelle R_5 dadurch geschlossen und gestielt . . . . **Oestrinae 2**

2. Rudimentärer Rüssel fehlt. Abdomen oberseits glatt, mit wechselnd schimmernder Zeichnung. 10–12 mm Schafbremse, **Oestrus ovis** L.

— Rudimentärer Rüssel vorhanden. Abdomen mit schwarzen Warzen. 9–11 mm . . . . **Rhinoestrus purpureus** (BRAUER)
Wirt: Pferd und Esel.

3. M_{1+2} an ihrer Aufwärtsbiegung nicht gegabelt **Hypodermatinae 4**

— M_{1+2} an der Aufwärtsbiegung in M_1 und M_2 gegabelt **Cephenemyiinae 6**

4. Thorax und Abdomen mit Borsten. 11–13 mm **Oestromyia** BRAUER
Wirt: Nagetiere.

— Thorax und Abdomen nicht mit Borsten, nur ± stark behaart **5**

5. Thorax glänzend, mit deutlichen Längsstreifen. 2. Fühlerglied glänzend. Zelle R_5 am Flügelrand offen, selten geschlossen. 11–15 mm 4; **Hypoderma** LATR.
Wirte: Rind, Pferd, Schaf, Reh, Hirsch, Ziege, Mensch.

— Thorax matt, mit schwachen Längsstreifen. Körper schwach behaart. 2. Fühlerglied matt. Zelle R_5 am Rand immer geschlossen. 11 mm **Crivellia silenus** BRAUER
Wirte: Hausziege, selten Schaf und Mufflon.

6. Körper lang und dicht behaart. 14–18 mm . 2; **Cephenemyia** LATR.
Wirt: Hirsch und Reh.

— Körper kurz behaart, fast nackt. 13–14 mm **Pharyngomyia picta** (MEIG.)
Wirt: Hirsch und Elch.

Larven der Diptera

Gestalt sehr unterschiedlich, ähneln niemals der Imaginalform. Thorakalbeine fehlen stets, höchstens sekundäre prothorakale Fußstummel. Entweder mit einer vollständigen oder teilweise reduzierten Kopfkapsel (d. h. mit deutlichem Außenskelett) (eu- oder hemicephal), mit kauenden Mundwerkzeugen: die meisten **Nematocera** und **Brachycera Orthorrhapha;** oder Kopfkapsel völlig reduziert, ohne Außenskelett, Mundwerkzeuge zu Mundhaken (Cephalopharyngealskelett) abgewandelt (acephal): **Brachycera Cyclorrhapha.** Larven leben in unterschiedlichsten Lebensräumen. Larven einiger Familien nur im Wasser: **Dixidae, Chaoboridae, Culicidae, Simuliidae, Thaumaleidae, Blephariceridae.**

Von folgenden Familien leben bestimmte Arten nur im Wasser, andere auf dem Land: **Tipulidae, Ptychopteridae, Psychodidae, Chironomidae, Ceratopogonidae, Stratiomyidae, Tabanidae, Syrphidae.** Die Larven der übrigen Familien sind meist nur Landbewohner. Von diesen sind Minierer in Pflanzen: z. B. **Agromyzidae** [*1*] und **Anthomyiidae** [*2*]. Gallbildner an Pflanzen: z. B. **Cecidomyiidae** [*3*] und **Tephritidae** [*4*]. Parasiten in Wirbellosen: z. B. **Bombyliidae, Conopidae, Pipunculidae, Sciomyzidae, Tachinidae.** Parasiten in Wirbeltieren sind: **Gasterophilidae, Oestridae** und einige **Calliphoridae.**

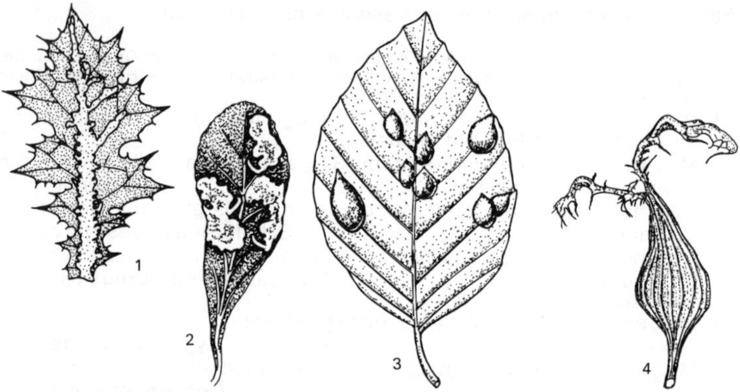

1. Kopfkapsel vollständig ausgebildet, mit Außenskelett (eucephal) und kräftigen Mundwerkzeugen. Mandibeln bewegen sich in einer ± horizontalen Ebene. 2 Ausnahmen: **Tipulidae** [*5*] mit etwas reduzierter Kopfkapsel (hemicephal), Kopf in den Thorax einziehbar; **Cecidomyiidae** ohne sklerotisierte Kopfkapsel (acephal), 2gliedrige Fühler vorhanden, die meisten Arten ventral am 1. Thorakalsegment mit Chitinplatte (Spatula) [*18*] . . . . Mücken, **Nematocera**
z. B. **Ptychopteridae** [*6*], **Trichoceridae** [*7*], **Psychodidae** [*8*], **Chaoboridae** [*9*], **Culicidae** [*10*], **Dixidae** [*11*], **Chironomidae** [*12*], **Ceratopogonidae** [*13*], **Simuliidae** [*14*], **Blephariceridae** [*15*], **Scatopsidae** [*16*], **Bibionidae** [*17*], **Sciaridae** [*19*], **Mycetophilidae** [*20*].

— Kopfkapsel teilweise oder vollständig reduziert (hemi- oder acephal), übrige Merkmale anders als bei **Tipulidae** und **Cecidomyiidae**
Fliegen, **Brachycera** **2**

2. Kopfkapsel nur teilweise reduziert (hemicephal), aber vor allem dorsal noch mit deutlichem Außenskelett. Mandibeln bewegen sich in ± vertikaler Ebene . . . . **Orthorrhapha**
z. B. **Stratiomyidae** [aquatisch *21*, terrestrisch *22*], **Xylophagidae** [*23*], **Therevidae** [*24*], **Empididae** [*25*], **Dolichopodidae** [*26*], **Tabanidae** [*27*].

— Kopfkapsel stark reduziert, ohne Außenskelett (acephal). Mundwerkzeuge zu einem Paar Mundhaken umgewandelt . . **Cyclorrhapha**
z. B. **Lonchopteridae** [*28*], **Platypezidae** [*29*], **Syrphidae** [**Eristalis** *30*, **Syrphus** *31*], **Anthomyiidae** [*32*], **Fanniidae** [*33*], **Gasterophilidae** [*34*].

5

7

6

8

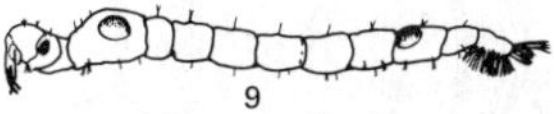
9

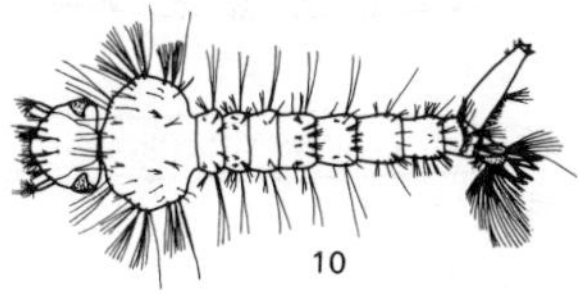
10

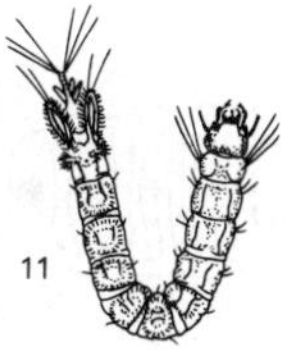
11

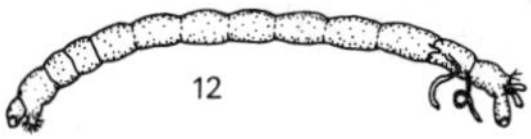
12

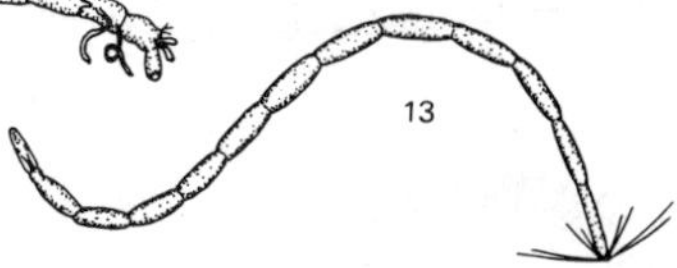
13

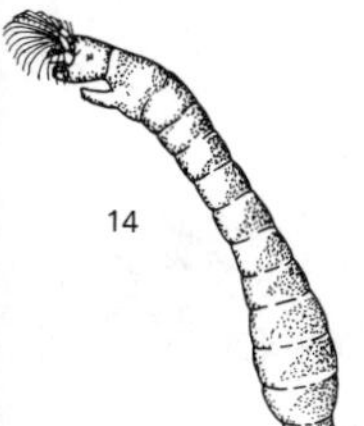
14

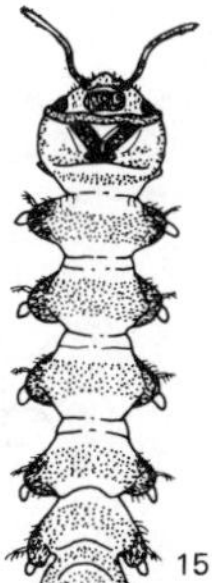
15

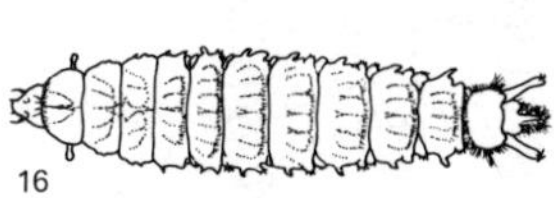
16

17

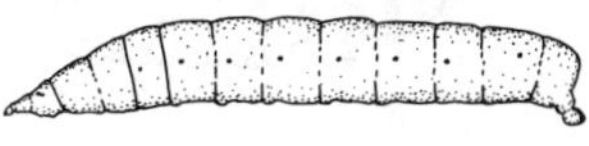
19

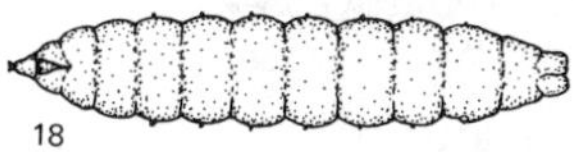
18

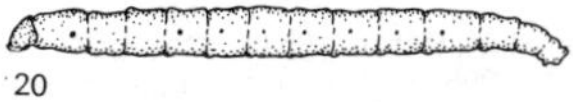
20

21

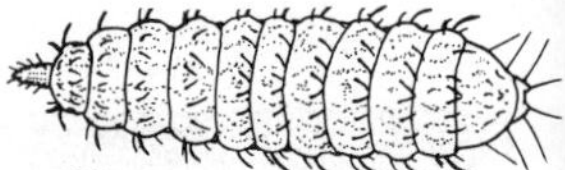
22

23

24

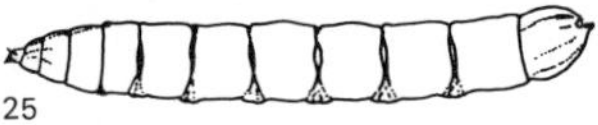
25

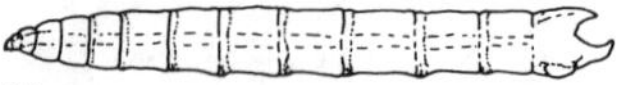
26

27

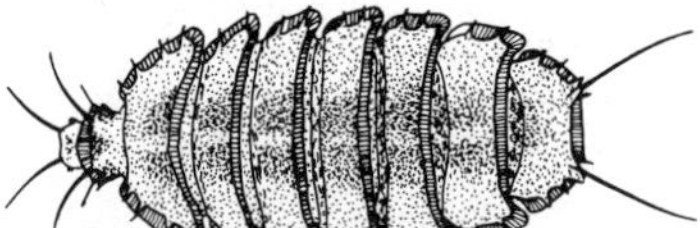
28

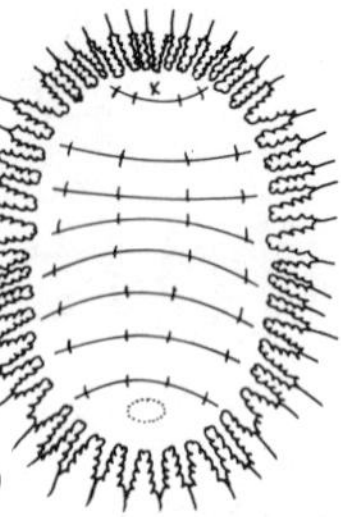
29

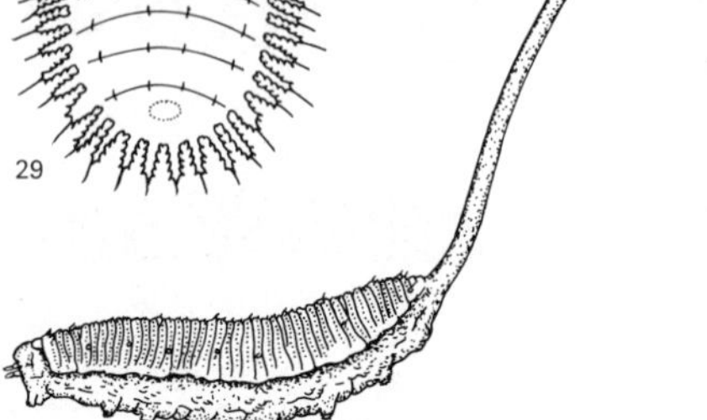
30

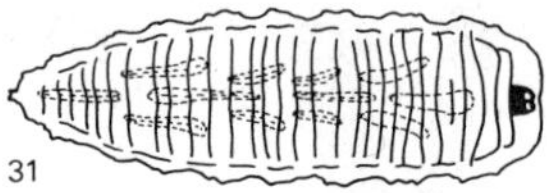
31

32

33

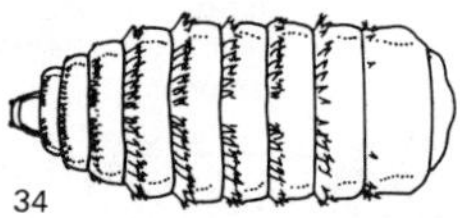
34

Literatur

BRAUNS, A.: Terricole Dipterenlarven. Göttingen, Frankfurt, Berlin, 1954. – COLYER, CH., HAMMOND, C.: Flies of the British Isles. London, New York, 1968. – MCALPINE, J. F., PETERSON, B. V., SHEWELL, G. E., TESKEY, H. J., VOCKEROTH, J. R., WOOD, D. M. (Koord.): Manual of Nearctic Diptera. Ottawa, Ontario, 1981 ff. – LINDNER, E. et al.: Die Fliegen der Palaearktischen Region. Stuttgart, 1923 ff. – OLDROYD, H.: Diptera. In Handbooks for the Identification of British Insects. V.IX, Part I, 3rd ed. London, 1970. – SAUER, F.: Fliegen und Mücken nach Farbfotos erkannt. Karlsfeld, 1987. – SMITH, K. G. V.: An introduction to the immature stages of British flies. Handbooks for the Identification of British Insects. Vol. X, Part 14. London, 1989.

Stamm: **Tentaculata,** Kranzfühler

Mit einem den Mund umgebenden Tentakelkranz; Tentakel bewimpert, strudeln Nahrungspartikel herbei.

1. Einzelnlebend (höchstens in Kolonien). Körper langgestreckt, schlauchförmig, Hinterabschnitt ± aufgetrieben. In einer losen Sekrethülle . . . . Klasse **Phoronidea**
Im Meer. Bei Helgoland. Nur 3; **Phoronis** WRIGHT, z. B. **P. muelleri** SELYS-LONGCH. (bis 80 mm).

— Tierstöcke. Weichhäutiger Vorderkörper in hintere, als feste Hülle ausgebildete Körperregion zurückziehbar
Klasse Moostierchen, **Bryozoa** S. 499

Klasse: **Bryozoa,** Moostierchen

Tierstöcke, festsitzend auf verschiedenen Substraten in Gewässern (Steinen, Holz, Pflanzen, Molluskenschalen); nur **Monobryozoon ambulans** REM. einzelnlebend, bei Helgoland. Einzeltiere (= Zooide) können den weichhäutigen Vorderkörper samt Tentakelkrone u. Darmschleife (= Polypid) in die hintere Körperregion (= Cystid) zurückziehen [*3*], die eine chitinöse Kutikula erzeugt (diese oft verkalkt od. gallertig). Strudler, fressen kleine Plankter. After liegt außerhalb der Tentakelkrone. Apertur = Öffnung auf Frontalseite des Cystids zum Durchtritt des Polypids [*9*], oft mit Deckel (Operculum). Abwandlungen der typischen Zooide: Avicularien = zangentragende Wehrtiere [*16, 17*]; Vibracularien = Tiere mit langer Borste auf Operculum [*16*]. Süßwasserarten bilden Dauerstadien (Statoblasten); sessile Statoblasten (ohne Schwimmring) bleiben in Kolonie, Schwimmstatoblasten mit Schwimmgürtel aus lufthaltigen Chitinzellen treiben nach Zerfall der Kolonie auf Wasseroberfläche. Im Gebiet etwa 80 Arten. Die den Bryozoa äußerlich ähnlichen **Kamptozoa** mit kelchförmigen Zooiden haben ihren After innerhalb der Tentakelkrone, diese nicht einziehbar. – Von Schwämmen sind massige Bryozoenkolonien – mit der Lupe – durch die regelmäßige Felderung (der Cystide od. Aperturen, z. B. [*9*]) unterschieden.

System:
Unterklasse **Phylactolaemata** limnisch **(Plumatellidae, Cristatellidae, Lophopodidae, Fredericellidae).**
Unterklasse **Gymnolaemata** meist marin
Ordnung **Ctenostomata (Alcyonidiidae, Flustrellidae, Vesiculariidae, Valkeriidae, Hypophorellidae, Victorellidae, Paludicellidae);**
Ordnung **Cheilostomata (**wichtige Familien **Membraniporidae, Electridae, Aeteidae, Scrupariidae, Scrupocellariidae, Bugulidae, Bicellariidae, Flustridae, Cribrilinidae);**
Ordnung **Stenostomata (= Cyclostomata) (Crisiidae, Tubuliporidae, Diastoporidae).**

1. Wand der Cystide unverkalkt, Kolonie chitinös od. gallertig. Im Süßwasser od. (selten) Brackwasser **2**
— Ebenso, aber marin (Nordsee, oft auch Ostsee) **Ctenostomata** **5**
— Wand der Cystide ± verkalkt. Marin (Nordsee, oft auch Ostsee) **8**

2. Zooide nicht od. unvollständig durch Scheidewände getrennt; wenn dies nicht zu erkennen, Kolonie massig (z. B. [*5*]). Tentakel hufeisenförmig angeordnet [*3*] . . . . **Phylactolaemata** **3**
— Zooide vollständig durch Scheidewände getrennt. Tentakel kreisförmig angeordnet [*1*]. Cystide durchsichtig bis bräunlich
Wenige **Ctenostomata.** Kolonie ohne Stamm.
a) Cystide zylindrisch, mit wurzelartigen Ausläufern. Kolonie feinen weißlichen Rasen bildend: **Victorellidae**, häufiger nur **Victorella pavida** SAV., Brackwasser.

b) Cystide keulig. Kolonie fein baumartig verzweigt: **Paludicellidae,** nur **Paludicella articulata** (EHR.), auch Brackwasser. Wenn Kolonie mit Stamm (z. B. [*10*]) od. Cystide kästchenförmig [*9*], s. **5.**

— Ebenso, aber Cystidröhren chitinös, dunkelbraun, mit Fremdkörpern inkrustiert. Kolonien hirschgeweihartig verzweigt [*1*] **Fredericellidae** (zu **Phylactolaemata**)

Nur **Fredericella sultana** (BLUMENBACH) [*1*], Statoblasten sitzend, nierenförmig [*2*].

3. Kolonien aus hirschgeweihartig verzweigten od. zu Klumpen verklebten Cystidröhren bestehend [*3, 5*], diese chitinös od. gallertig, bisweilen mit Fremdkörpern inkrustiert . . . . **Plumatellidae**

Statoblasten nicht nierenförmig.

a) Wand der Cystidröhren völlig hyalin, glasklar. Kolonie kriechend, ohne aufrechte Zweige. Statoblasten fast immer mit Schwimmring: **Hyaliniella punctata** (HANC.), verstreut.

b) Wand der Cystidröhren ± chitinös. Kolonie mindestens mit aufrechten Zweigenden [*3*]. Meist beide Statoblastenformen: 5; **Plumatella** LAM. Statoblasten kurzoval [*4*] (Länge: Breite etwa 1,3:1); **P. repens** (L.) (Kolonie hirschgeweihartig verzweigt, Cystide lang, ± frei) [*3*], sehr häufig; **P. fungosa** (PALL.) (ebenso, aber Kolonie massig [*5*], ohne freie Äste, bis 15 cm, Cystide zu Klumpen verklebt) [*5*], häufig. Bei 3 weiteren Arten Statoblasten etwa 2mal (bis 3mal) so lang wie breit, häufiger nur **P. emarginata** ALLM., vorwiegend in Fließgewässern.

— Kolonie sack- od. bandartig [*6*], gallertig. Polypide in gemeinsamen Hohlraum zurückziehbar **4**

4. Kolonie ungelappt, wurmförmig [*6*] (wie Schneckenlaich). Statoblasten mit 2 Reihen bedornter Fortsätze [*7*] . . . . . **Cristatellidae**

Nur **Cristatella mucedo** CUV. [*6*] (bis 10 cm). Junge Kolonien langsam kriechend.

— Kolonie gelappt od. sackartig. Statoblasten anders **Lophopodidae**

a) Kolonien rosettenförmig, zu vielen auf gemeinsamer Gallertausscheidung sitzend (bis kindskopfgroß). Statoblasten mit Schwimmring u. Fortsätzen mit Doppelhaken [*8*]: **Pectinatella magnifica** LEIDY, selten.

1

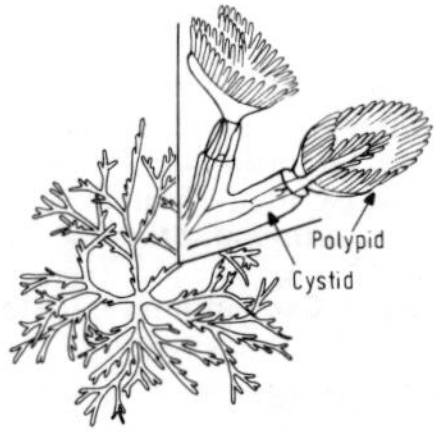

3

5

2

4

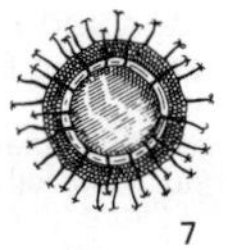
7

6

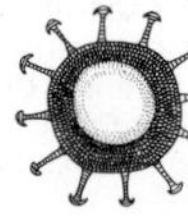
8

b) Kolonie aufrecht, sackartig bis fingerhandschuhähnlich gelappt. Statoblasten mit Schwimmring, beiderseits zugespitzt, ohne Fortsätze: **Lophopus crystallinus** (PALL.), selten.

5. Cystide kästchenförmig, fest miteinander verwachsen. Kolonie fleischig-chitinös (z. B. [*9*]) **6**

— Cystide zylindrisch bis birnförmig, frei, nur an der Basis mit anderen Cystiden od. Stamm verwachsen (z. B. [*10*]) **7**

6. Kolonie weißlich bis braungelb, ohne Borsten . . . **Alcyonidiidae**

Nur 4; **Alcyonidium** LAM.

a) Kolonie aufrecht, keulenförmig bis unregelmäßig gelappt [*9*], ohne Papillen: **A. gelatinosum** (L.) (bis 10 cm) [*9*].

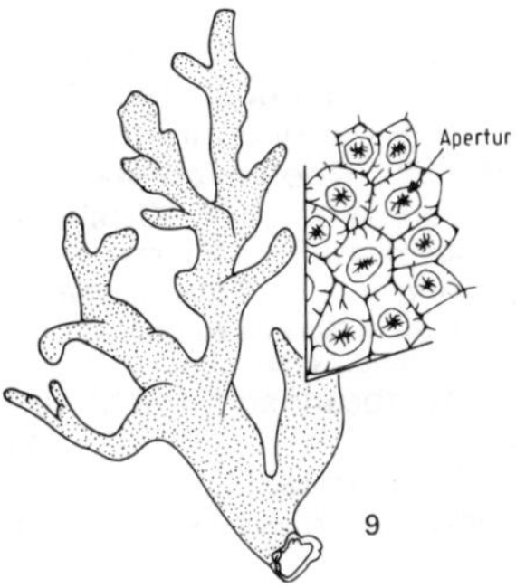

9

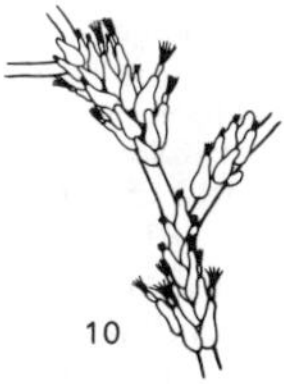

10

11

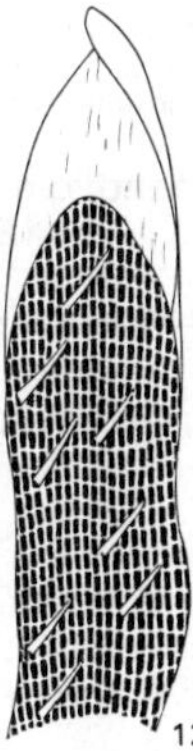

12

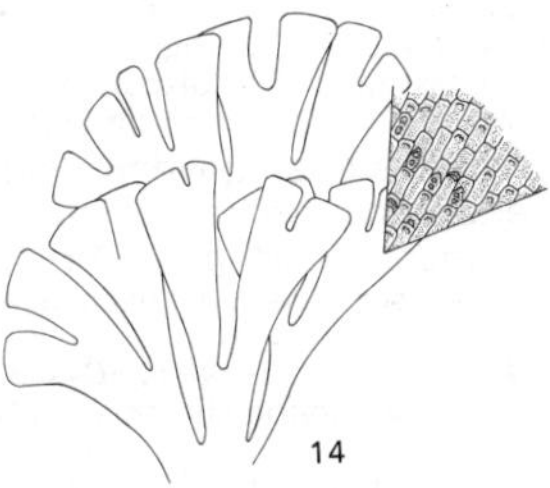

14

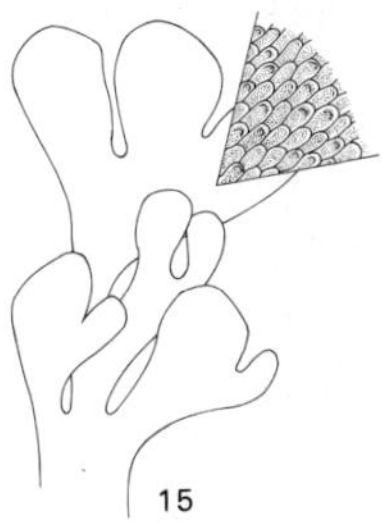

15

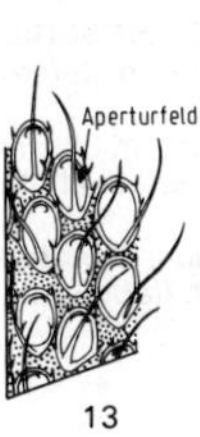

13

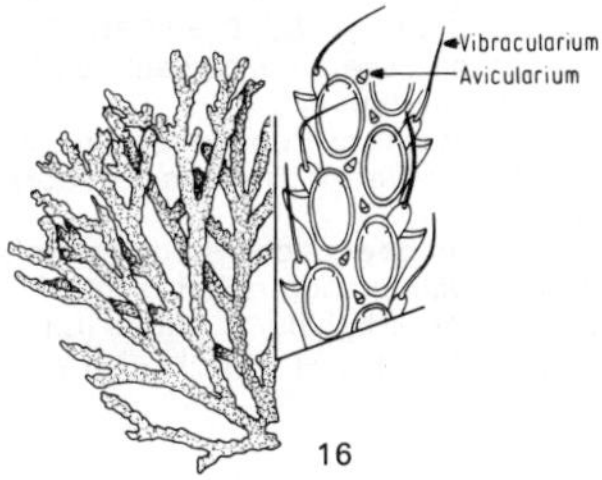

16

17

b) Kolonie krustenförmig od. nur teilweise aufrecht: **A. polyoum** (HASS.) (ohne Papillen); **A. hirsutum** (FLEM.) (mit dicht stehenden, kleinen, konischen Papillen); **A. parasiticum** (FLEM.) (mit fadenförmigen Papillen; mit Lehm inkrustiert).

— Kolonie rotbraun, Oberfläche mit chitinigen Borsten . **Flustrellidae**
Nur **Flustrella hispida** (F.) (bis 5 cm), häufig.

7. Stamm der Kolonie gleichmäßig dick, strauchartig od. netzig

a) Stamm strauchartig verzweigt. Meiste Zooide in Gruppen, zylindrisch od. schmal oval [*10*]: **Vesiculariidae,** nur 3; **Bowerbankia** FARRE, häufig nur **B. imbricata** (ADAMS) [*10*].

b) Stamm netzartig. Zooide einzeln, flaschenförmig, seitlich mit kleinen spitzen Fortsätzen: **Buskiidae,** nur **Buskia nitens** (ALDER).

— Stamm dünn, an Scheidewänden aufgetrieben; von dort 2 Zweige in rechtem Winkel entspringend . . . . **Valkeriidae**
Farrella repens (FARRE) (Zooide einzelnstehend, gestielt). **Valkeria uva** (L.) (Zooide in Gruppen, ungestielt). In den Wänden der Röhren von Lanice conchilega minierend: **Hypophorellidae** mit **Hypophorella expansa** EHL.

8. Cystide lang, schmal zylindrisch, basal zugespitzt. Apertur rund od. oval [*11*], ohne Operculum . . . . **Stenostomata 9**

— Cystide anders, fast immer kästchen-, füllhorn- od. eiförmig. Apertur quer spaltenförmig, mit Operculum [*13, 16, 17*] **Cheilostomata 10**

9. Kolonie von basalen Zooiden an aufrecht wachsend . . **Crisiidae**
Nur 2; **Crisia** LAM. (u. 2. weitere Gattungen), häufig **C. eburnea** (L.) (bis 1,5 cm) [*11*].

— Kolonie mindestens im basalen Teil kriechend . . **Tubuliporidae**
Nur 4; **Tubulipora** LAM., z. B. **T. liliacea** (PALL.). – Außerdem **Berenicea patina** (LAM.) **(Diastoporidae)** (Sondermerkmal: Kolonie abgeplattet, schneckenförmig).

10. Frontalwand der Cystide mit ± großem, membranösem (nicht verkalktem) „Aperturfeld" [*13, 16*] **11**

— Frontalwand der Cystide (außer Apertur) völlig verkalkt [*17*] . **13**

11. Kolonie krustenförmig auf Substrat ausgebreitet, teilweise in Zooidblöcke aufgelöst, selten z. T. aufrecht
Electridae und **Membraniporidae**

a) Cystide rechteckig [*12*]: **Membranipora membranacea** (L.), auf Algen, sehr häufig.

b) Cystide abgerundet [*13*]: Mehrere Gattungen, sehr häufig **Electra pilosa** (L.) (ohne Avicularien; Rand des Aperturfeldes mit 6–13 Kalkborsten [*13*]), **E. crustulenta** (PALLAS) (ohne Avicularien; Aperturfeld ohne Borsten), im Brackwasser.

— Kolonie aufrecht vom Substrat abstehend; wenn Äste kriechend, diese aus einfachen od. doppelten Zooidreihen bestehend . . . **12**

12. Kolonieäste aus Reihen von einzelnen od. paarigen Zooiden
Zooide an Basalseite zusammengewachsen (Aperturen nach entgegengesetzten Seiten gerichtet). Ohne Avicularien.

a) Kolonie 1reihig: **Aeteidae,** nur **Aetea truncata** (LANDSB.) (Cystide langgestreckt, zylindrisch, mit kriechendem Basalteil). **Scruparia chelata** (L.) **(Scrupariidae)** (Cystide füllhornartig).

b) Kolonie mit 2reihigen Ästen: **Eucratea loricata** (L.) **(Scrupariidae).**

— Kolonieäste 2reihig [*16*] bis (selten) 12reihig, einschichtig
Zooide an Seiten zusammengewachsen [*16*] (Aperturen derselben Richtung zugewandt). Mit Avicularien.

a) Avicularien sitzend: **Scrupocellariidae,** 3 Gattungen, im oberen Litoral nur 3; **Scrupocellaria** VAN BENEDEN (Borsten der Vibracularien ungezähnt), häufig z. B. **S. scruposa** (L.) [*16*].

b) Avicularien auf beweglichem Stiel, vogelkopfähnlich: **Bugulidae,** häufig nur 3; **Bugula** OKEN (Cystide abgerundet rechteckig), z. B. **B. flabellata** (GRAY); **Bicellariidae** (Cystide füllhornartig), nur **B. ciliata** (L.).

— Kolonie blattförmig, 1–2schichtig . . . . **Flustridae**

Ohne Avicularien.
a) Kolonie aus 1 Schicht von Zooiden bestehend: **Carbasea carbasea** (ELL. ET SOL.).
b) Kolonie 2schichtig: **Securiflustra securifrons** (PALL.) (Lappen der Kolonie schmal, am Ende abgestutzt [*14*]). **Flustra foliacea** L. (Lappen breit, am Ende abgerundet [*15*]), beide Arten häufig.

13. Kolonie krustenförmig auf Substrat ausgebreitet. Frontalwand der Cystide mit kalkigen, durch Querfalten od. Poren getrennten Rippen **Cribrilinidae**

a) Zwischen Rippen Querspalten: **Membraniporella nitida** (JOHNSTON) (Kolonien ± kreisförmig). **Aspidoelectra melolontha** (LANDSBOROUGH) (Kolonien unregelmäßig gelappt).
b) Zwischen Rippen Poren [*17*]: 2; **Cribrilina** GRAY, häufig **C. punctata** (HASS.) [*17*].

— Kolonie krustenförmig od. ± aufrecht. Cystide ohne Rippen Mehrere Familien

Etwa 10 Gattungen, oft in größerer Tiefe, im Flachwasser häufig z. B. **Lepralia (Cryptosula) pallasiana** (MOLL) **(Cryptosulidae)** (Cystide gerundet; Apertur länger als breit, etwas unterhalb der Mitte verengt).

Literatur

BORG, F.: Moostierchen oder Bryozoen (Ectoprocten), in: Dahl, Tierwelt Deutschlands, Teil 17. Jena, 1930. – KILIAS, R.: Tentaculata. In: E. Stresemann, H.-J. Hannemann, B. Klausnitzer, K. Senglaub, Exkursionsfauna von Deutschland. Band 1. 8. Aufl. Berlin, 1992. – MARCUS, E.: Bryozoa, in: Grimpe u. Wagler, Tierwelt der Nord- und Ostsee. Bd. VIIc. Leipzig, 1926. – PRENANT, M., BOBIN, G.: Bryozoaires. I. Entoproctes, Phylactolémes, Ctenostomes, in: Faune de France, 60. Paris, 1956. – RYLAND, J. S.: A key for the identification of British intertidal Bryozoa. Richmond, 1986. – RYLAND, J. S.: Lophophorate phyla. In: P. J. Hayward, J. S. Ryland, The marine fauna of the British Isles and North-West Europe. Vol. 2. Oxford, 1990. – RYLAND, J. S., HAYWARD, P. J.: British Anascan Bryozoans. British Ascophoran Bryozoans. Synopses of the British fauna 10, 14. London, 1977. 1979. – WIEBACH, F.: Bryozoa, in: Brohmer, Ehrmann, Ulmer, Tierwelt Mitteleuropas, Bd. I, Lief. 8. Leipzig, 1960.

Stamm: **Echinodermata,** Stachelhäuter

Skelett aus Kalkplatten. Charakteristisch ist das vorwiegend der Fortbewegung dienende Wassergefäßsystem. Rein marin. Bodenbewohner. Entwicklung über planktische Larven. Seegurken sind Detritusfresser, Seesterne Räuber oder Detritusfresser, Schlangensterne Räuber, Seeigel Räuber oder Pflanzenfesser. Im Gebiet etwa 20 Arten.

System: Klassen **Holothurioida, Echinoida, Asteroida, Ophiuroida.**

Im Gebiet der B. R. Deutschland besonders geschützt: Solaster papposus, Echinus esculentus.

1. Körper walzenförmig. Mund von Tentakelkranz umgeben ([*24*] S. 2)
Seegurken, **Holothurioida**
Skelettplatten zu isolierten Kalkkörperchen reduziert. Bis 4 cm. 4 Arten, z. B. **Thyone fusus** (Müller) [*24*] S. 2.
— Körper sternförmig. Ohne Tentakelkranz **2**
— Körper kugel- bis breit eiförmig. Ohne Tentakelkranz
Seeigel, **Echinoida** **9**
2. Arme schmal, scharf von der Mittelscheibe abgesetzt
Schlangensterne, **Ophiuroida** **6**
— Scheibe nicht scharf von den Armen abgegrenzt, diese vielmehr breit ansitzend . . . . Seesterne, **Asteroida** **3**
3. Körper ziemlich flach, mit stacheltragenden dorsalen Randplatten. Durchmesser bis 10 cm [*1*]
Kammstern, **Astropecten irregularis** (Penn.)
— Körper mehr gewölbt und ohne seitlichen Stachelkamm . . **4**
4. Mit 10–13 Arten. Durchmesser bis 20 cm [*2*]
Sonnenstern, **Solaster papposus** (L.)
— Mit 5 Armen **5**
5. Arme zur Basis etwas verengt. Saugfüßchen in Furchen der Unterseite der Arme in 4 Reihen. Durchmesser bis 30 cm [*3*]
Gemeiner Seestern, **Asterias rubens** L.
— Die schlankeren Arme nicht zur Basis verengt. Saugfüßchen in 2 Reihen. Durchmesser bis 20 cm . . . . **Henricia perforata** (Müller)
6. Arme mit langen, abstehenden Stacheln und etwa 5mal so lang wie Durchmesser der Scheibe [*4*]
Zerbrechlicher Schlangenstern, **Ophiothrix fragilis** (Abildg.)
— Arme mit kurzen, abstehenden oder mit ± anliegenden Stacheln **7**
7. Arme etwa 8mal so lang wie Durchmesser der Scheibe, mit kurzen, senkrecht abstehenden Stacheln. Auf Sandboden
2; **Amphiura** Forbes
Häufig **A. filiformis** (Müller).
— Arme höchstens 4mal so lang wie Scheibendurchmesser . . **8**
8. Arme mit kurzen, abstehenden Stacheln. Auf Hartsubstrat
Axiognathus squamatus (D. Chiaje)
— Arme mit kurzen, anliegenden Stacheln . . . . . 4; **Ophiura** Lam.
Auch in flacherem Wasser **O. albida** Forbes [*5*] (zwischen Bauchplatten der Arme keine Poren; Durchmesser der Scheibe 1,5 cm) und **O. ophiura** (L.) (größer, Durchmesser der Scheibe 3 cm; zwischen Bauchplatten der Arme mehrere Poren). Beide Arten auf Weichboden. – Außerdem **Ophiopolis aculeata** (L.) auf Felsuntergrund.
9. Körper rund, kugelförmig, mit langen harten Stacheln . . . **10**

1

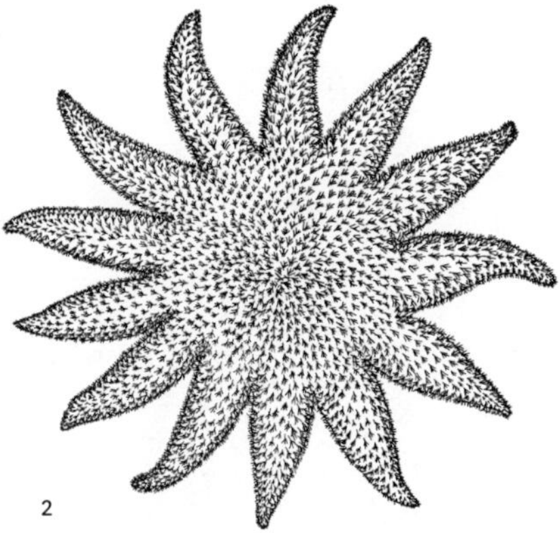

2

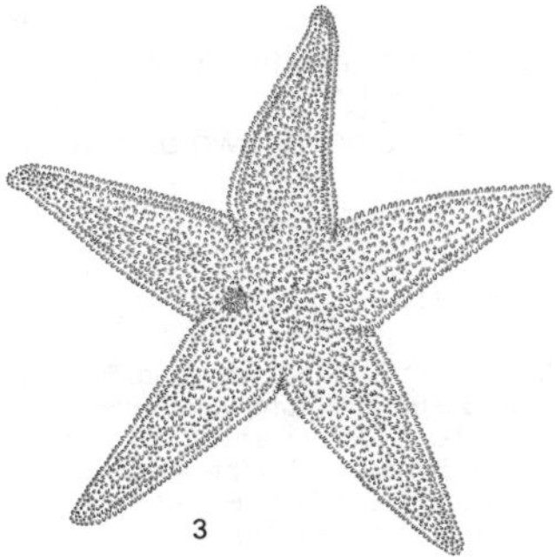

3

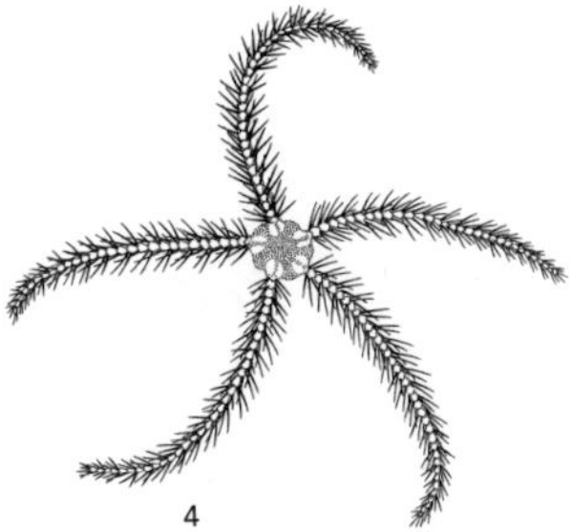

4

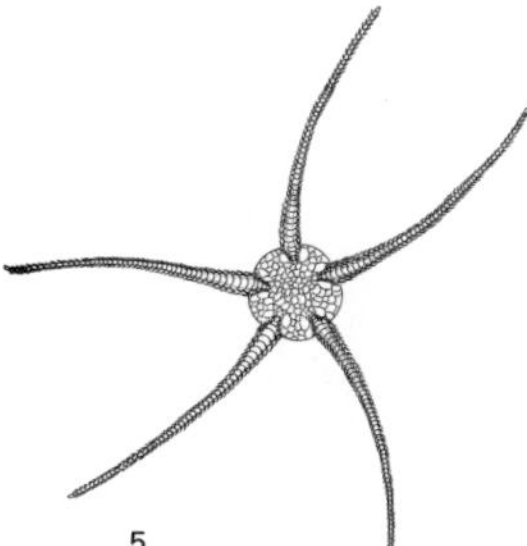

5

6

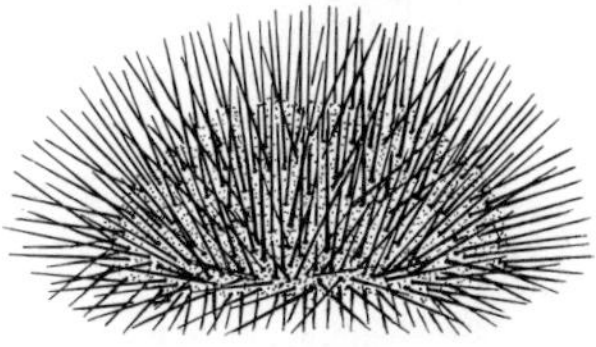

7

— Körper oval, eiförmig, mit feinen Stacheln [*6*]
Herzigel, **Echinocardium cordatum** (PENN.)

10. Schale relativ flach gewölbt, grünlich-schwarz. Durchmesser bis 3,5 cm [*7*] . . . . . Strandigel, **Psammechinus miliaris** (GMELIN)

— Schale hochgewölbt, rotviolett. Durchmesser bis 15 cm
Eßbarer Seeigel, **Echinus esculentus** L.

Literatur

GRUNER, H.: Echinodermata. In: E. Stresemann, H.-J. Hannemann, B. Klausnitzer, K. Senglaub, Exkursionsfauna von Deutschland. Bd. 1. 8. Aufl. Berlin, 1992. – LIEBERKIND, I.: Echinodermata. In: Dahl, Tierwelt Deutschlands. Teil 4. Jena, 1928. – MORTENSEN, T., LIEBERKIND, I.: Echinoderma. In: Grimpe, Wagler, Tierwelt der Nord- und Ostsee. Bd. VIII. Leipzig, 1928. – MOYSE, J., TYLER, P. A.: Echinodermata. In: P. J. Hayward, J. S. Ryland, The marine fauna of the British Isles and North-West Europe. Vol. 2. Oxford, 1990.

Unterstamm: **Tunicata,** Manteltiere

Zweiseitig symmetrische Tiere ohne Augen, mit wenigstens embryonal angelegtem Achsenstab (Chorda) und darüberliegendem Nervenohr. Vorderdarm als Kiemendarm ausgebildet. Marin. Strudler.

System: Klassen **Ascidia** (Seescheiden; im erwachsenen Stadium festsitzend), **Thaliacea** (Salpen; frei schwimmend, pelagisch lebend), **Appendicularia** (= **Larvacea;** mit Larvalmerkmalen; frei schwimmend, pelagisch).

Hier sind nur die **Ascidia** behandelt. Sie haben ± sackförmige Gestalt mit papillenartigen Ein- und Ausströmöffnungen (Siphonen).

Klasse: **Ascidia,** Seescheiden

1. Einzeltiere ganz in der gemeinsamen Mantelmasse versenkt. Färbung der Kolonie variabel (orange, gelb, rot, blau usw.)
Botryllus schlosseri (PALLAS) (Kolonien bilden gallertige Überzüge, deren Oberfläche durch die Anordnung der Einzeltiere sternartige Muster aufweist). **Botrylloides leachi** (SAV.) (Kolonien ähnlich, aber Einzeltiere bilden bandförmige Muster).
— Einzeltiere isoliert oder in Aggregationen **2**
2. Schlanke, durchsichtige Einzeltiere, bis 3 cm hoch, durch Wurzelgeflecht am Grunde verbunden [*1*] . **Clavellina lepadiformis** (MÜLLER)
— Einzeltiere isoliert (höchstens zuweilen mit breiter Basis verwachsen) **3**
3. Halbkugelig bis oval, 6–15 mm breit, mit rotem oder braunem Mantel [*2*]. Ein- u. Ausströmöffnung 4lappig. Auf festem Substrat
Dendrodoa grossularia (V. BENEDEN)
— Andere Merkmale **4**

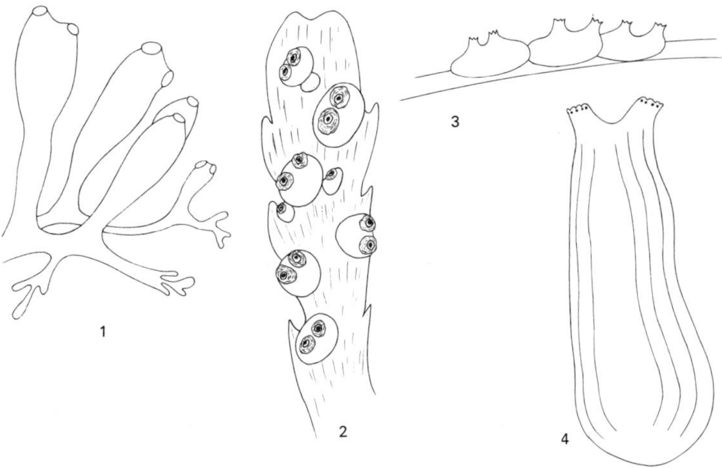

4. Einströmöffnung mit 6, Ausströmöffnung mit 4 Lappen

3; **Molgula** FORBES

M. citrina (ALDER ET HANCOCK) (etwa 1 cm breit, ziemlich rund [*3*]; grün bis gelblich); **M. occulta** KUPFER (2–3 cm breit, mehr oval; Körper außer den Siphonen ganz mit Sand bedeckt).

— Einströmöffnung mit 8, Ausströmöffnung mit 6 Lappen

Ciona intestinalis (L.) (bis über 10 cm hoch, zylindrisch, etwa 3mal so hoch wie breit [*4*]; zart, grüngelb). **Ascidiella aspersa** (MÜLLER) u. **A. scabra** (MÜLLER) (Körper gestauchter, etwa 2mal so hoch wie breit; Siphonen ⅓ bis ¼ der Körperlänge voneinander entfernt, infolge seitlicher Verlagerung des einen Siphons).

Literatur

GRUNER, H.: Tunicata. In: E. Stresemann, H.-J. Hannemann, B. Klausnitzer, K. Senglaub, Exkursionsfauna von Deutschland. Band 1. 8. Aufl. Berlin, 1992. – HUUS, J.: Ascidiacea. In: Grimpe, Wagler, Tierwelt der Nord- und Ostsee. Band XII a_3. Leipzig, 1933. – KNIGHT-JONES, E. W., RYLAND, J. S.: Hemichordata and Urochordata. In: P. J. Hayward, J. S. Ryland, The marine fauna of the British Isles and North-West Europe. Vol. 2. Oxford, 1990. – MICHAELSEN, W.: Manteltiere oder Tunicata. In: Dahl, Tierwelt Deutschlands, Teil 17. Jena, 1930.

Unterstamm: **Vertebrata,** Wirbeltiere

Mit Innenskelett, dessen Hauptbestandteil eine meist gegliederte Wirbelsäule (Rückgrat) ist.

System:
Agnatha: Klasse **Cyclostomata** (1),
Gnathostomata: Klassen **Chondrichthyes** (2), **Osteichthyes** (3), **Amphibia** (4), **Reptilia** (5), **Aves** (6), **Mammalia** (7).
Mehrere dieser Gruppen sind paraphyletisch (2, 4, 5). Höhere Taxa: **Tetrapoda** (4–7), **Amniota** (5–7), **Sauropsida** (5+6). (1) bis (3) werden häufig als Lebensform unter „Fische" **(Pisces)** zusammengefaßt. Dieser Begriff hat also keine taxonomische Bedeutung, wird hier aber aus praktischen Gründen verwendet. Die **Sauropsida** sind eine paraphyletische Gruppe.

1. Ohne Beine **2**
— Mit Beinen **4**
2. Im Wasser. Mit Flossen. Habitus wie Fische **3**
— Im Wasser. Körper ± keulenförmig: Rumpf eiförmig, mit deutlich abgesetztem Schwanz . . . . Larven der Lurche, **Amphibia** S. 549
— An Land. Körper mit Hornschuppen oder Hornschildern bedeckt einige Kriechtiere, **Reptilia** S. 557
3. Schwanzflosse senkrecht. Körper meist mit Schuppen bedeckt. Mit Kiemen, unter Kiemendeckel oder jederseits des Kopfes mit 5–7 Kiemenöffnungen . . . . Fische, **„Pisces"** S. 509
Hierzu gehören **Cyclostomata, Chondrichthyes** und **Osteichthyes.**
— Schwanzflosse waagerecht. Haut nackt. Atmung durch Lungen einige Säugetiere, **Mammalia** S. 624
4. Haut nackt . . . . Lurche, **Amphibia** S. 549
— Körper mit Hornschuppen oder Hornschildern bedeckt einige Kriechtiere, **Reptilia** S. 557
— Mit Federn. Vordergliedmaßen in Flügel umgewandelt Vögel, **Aves** S. 561
— Mit Haaren, meist als Fell ausgebildet Säugetiere, **Mammalia** S. 624

„Pisces", Fische

Wechselwarme, im Wasser lebende Wirbeltiere mit Kiemenatmung. Körperoberfläche nackt oder mit Knochenschildern (bei **Chondrostei**) oder mit Schuppen bedeckt. Mit Flossen. Skelett knorpelig (bei **Cyclostomata** und **Chondrichthyes**) oder knöchern (bei **Osteichthyes**). Für die Bestimmung wichtige morphologische Merkmale (vor allem der Knochenfische, **Teleostei**):
Gliederung des Körpers [*1*] in Kopf (mit Schnauze vor den Augen), Rumpf und Schwanz (mit Schwanzstiel zwischen AFl und SFl), jederseits mit Nasenloch, Auge, Kiemendeckel und Seitenliniensystem [*1*] (dieses ein Kanal mit Öffnungen auf den Schuppen als Ferntastsinnesorgan).
Mund oberständig [*2a*], endständig [*2b*] oder unterständig [*2c*], oft mit Barteln ([2c], Anhängen an den Kiefern). Kiefer [*3*] beweglich, mit Ober- und Unterkiefer, vor dem Kiefer der ± große Zwischenkiefer. Zähne ausgebildet als kleine zahlreiche „Hechelzähne" oder – in geringerer Zahl – als große „Hundszähne" (bei Raubfischen). Im Mundraum [*3*] können bezahnt sein: Unterkiefer, Oberkiefer, Zwischenkiefer, Gaumenbein, Pflugscharbein [*3, 30*] und Zunge. Bei **Cyprinidae** das 5. Kiemenbogenpaar mit „Schlundzähnen" [*34*].

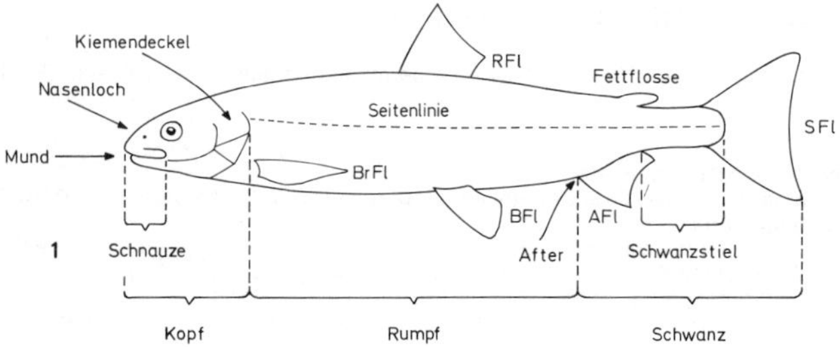

Kiemen mit Kiemendeckel [*2b*] – aus 3–4 Stücken – bedeckt: Deckel (Operculum), Unterdeckel (Suboperculum), Zwischendeckel (Interoperculum) und Vorderdeckel (Praeoperculum). Kiemen auf Kiemenbögen [*4*], diese an der Innenseite mit Reusenzähnen (Reusendornen). Knorpelfische ohne Kiemendeckel.
Flossen [*1*]: Brustflossen (paarig), Bauchflossen (paarig), Afterflosse (kann in 2 geteilt sein), Rückenflosse (kann in 2 oder 3 geteilt sein), Fettflosse (nur bei einigen Familien) und Schwanzflosse. Die Bauchflossen können hinter („bauchständig“), unter („brustständig“) oder vor („kehlständig“) den Brustflossen liegen [*5a–c*]. Flossen (mit Ausnahme der Fettflosse) durch Flossenstrahlen [*6a, b*] gestützt, diese entweder einfach, ungegliedert und hart (Hartstrahlen oder Stachelstrahlen) oder gegliedert und weich (Weichstrahlen oder Gliederstrahlen). Bezeichnung der Strahlenzahl einer Flosse: vor Schrägstrich Hartstrahlen, dahinter Weichstrahlen (Beispiel: RFl 3–4/17–22 bedeutet Rückenflosse mit 3–4 Hartstrahlen und 17–22 Weichstrahlen). (Die Strahlenzahlen der Flossen werden hier nur soweit angegeben, wie sie für die Diagnose hilfreich sind.)
Schuppen als Hautzähnchen (Plakoidschuppen [*7a*]) bei **Elasmobranchii,** bei **Teleostei** als Rundschuppen (Cycloidschuppen [*7b*]) mit konzentrischen, dazu auch oft radiären Furchen und als Kammschuppen (Ctenoidschuppen [*7c*]) mit feinen Zähnchen am Hinterrand. Zählung der Schuppen wie in [*8*]. Für Seitenlinie gilt: Zahl hinter „Slinie“ gibt die Zahl der auf ihr liegenden Schuppen an (z. B. Slinie 70–80 = 70–80 Schuppen).
Ablage von Eiern. Knorpelfische **(Chondrichthyes)** mit innerer Befruchtung, hier Eier hornig kapselförmig (z. B. [*17b, 18, 19*]). Manche Arten auch lebendgebärend. Laichzeit der Fische häufig im Frühjahr. Nahrung: Pflanzen, Plankton, Kleintiere bei Friedfischen oder größere Tiere bei Raubfischen. „Wanderfische“ wechseln zwischen Meer und Süßwasser. Anadrome Arten leben im Meer und suchen das Süßwasser zum Laichen auf (z. B. Stör, Lachs, Meerforelle, Maifisch); katadrome Arten verbringen den größten Teil ihres Lebens im Süßwasser und wandern zum Laichen ins Meer (z. B. Aal, Flunder).

Abkürzungen: BrFl = Brustflosse(n), BFl = Bauchflosse(n), AFl = Afterflosse, RFl = Rükkenflosse, SFl = Schwanzflosse, Slinie = Seitenlinie.
In Deutschland etwa 190 Arten. Einige südliche, gelegentlich in der Nordsee als Irrgäste vorkommende Arten hier nicht berücksichtigt.

Übersicht über das System der Fische (kombiniert nach verschiedenen Autoren, vor allem nach Nelson, 1976)
(Endung der Ordnung: **-formes**)
Überklasse **Agnatha** (werden nicht zu den eigentlichen Fischen gezählt)
  Klasse **Cyclostomata** (Rundmäuler)
    Petromyzoniformes (= Hyperoartii): Petromyzonidae
    Myxiniformes (= Hyperotreti): Myxinidae
Überklasse **Gnathostomata** (Fische im engeren Sinne und die Tetrapoden)
  Klasse **Chondrichthyes** (Knorpelfische)
    Unterklasse **Elasmobranchii**
      Hexanchiformes (= Notidanoidei): Hexanchidae
      Lamniformes (= Galeoidea): Lamnidae, Scyliorhinidae, Carcharhinidae
      Squaliformes (= Tectospondyli): Squalidae, Squatinidae
      Rajiformes: Rajidae, Dasyatidae, Myliobatidae

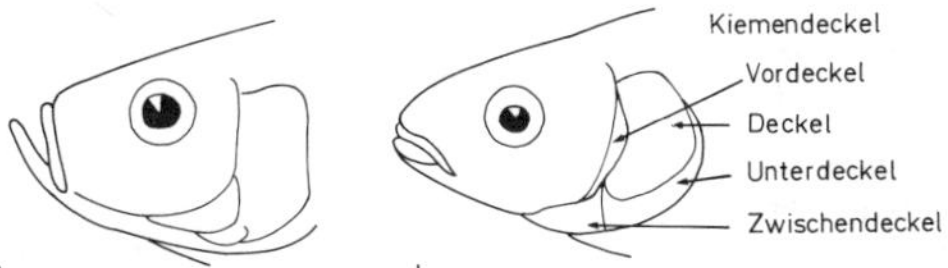

2 a Mund oberständig b endständig c unterständig

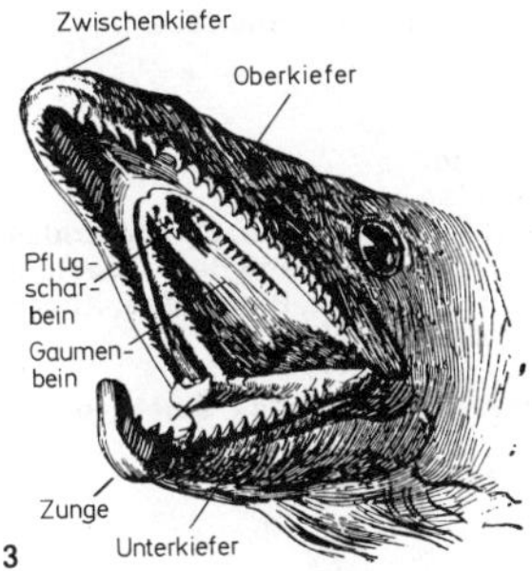

3

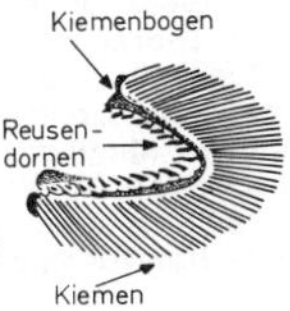

4

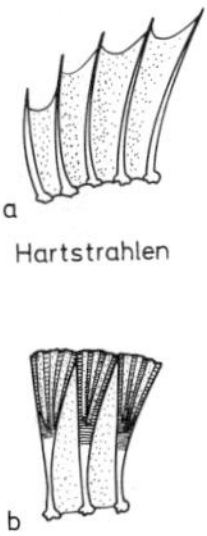

6 a Hartstrahlen b Weichstrahlen

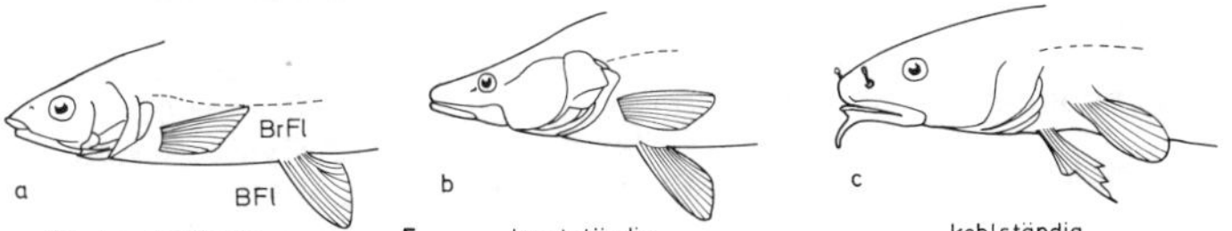

5 a BFl bauchständig b brustständig c kehlständig

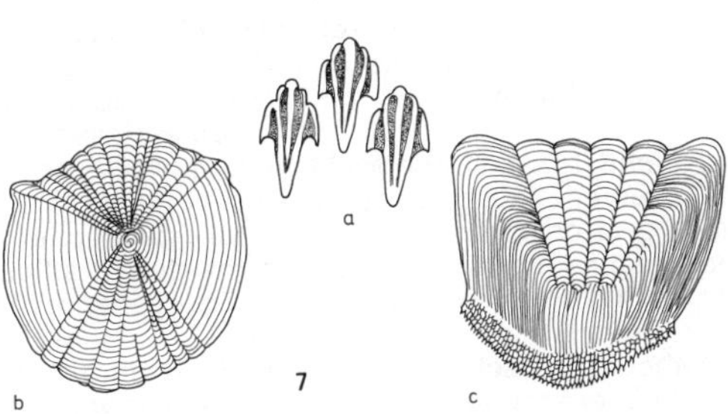

7 a b c

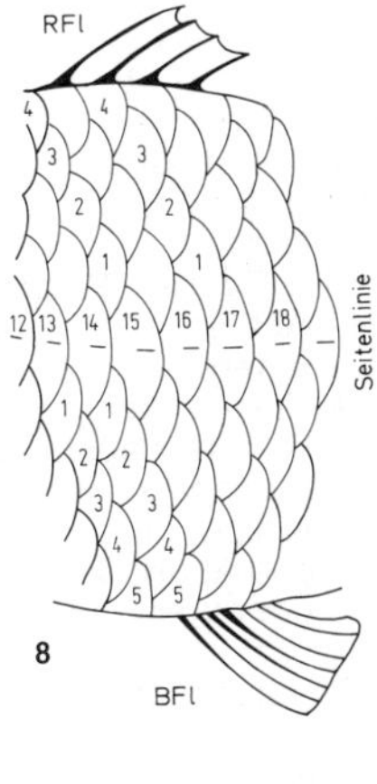

8

Unterklasse **Holocephali**
Chimaeriformes: Chimaeridae
Klasse **Osteichthyes** (Knochenfische)
Unterklasse **Actinopterygii**
Überordnung **Chondrostei**
Acipenseriformes: Acipenseridae
Überordnung: **Teleostei**
Clupeiformes: Clupeidae, Engraulidae
Anguilliformes: Anguillidae, Congridae
Salmoniformes: Esocidae, Umbridae, Salmonidae, Osmeridae
Cypriniformes: Cyprinidae, Cobitidae
Siluriformes (= Nematognathi): Ictaluridae (= Ameiuridae), Siluridae
Gadiformes: Gadidae, Zoarcidae
Lophiiformes (= Pediculati): Lophiidae
Atheriniformes: Belonidae, Atherinidae
Syngnathiformes (= Solenichthyes): Syngnathidae
Gasterosteiformes (= Thoracostei): Gasterosteidae
Scorpaeniformes: Scorpaenidae, Triglidae, Cottidae, Agonidae, Cyclopteridae
Perciformes: Serranidae, Centrarchidae, Percidae, Carangidae, Sparidae, Sciaenidae, Mullidae, Mugilidae, Labridae, Trachinidae, Blenniidae, Anarhichadidae, Ammodytidae, Gobiidae, Scombridae, Xiphiidae
Gobiesociformes: Callionymidae
Pleuronectiformes (= Heterosomata): Bothidae, Pleuronectidae, Soleidae

Im Gebiet der B.R. Deutschland besonders geschützt: Petromyzonidae.

1. Mit paarigen Flossen, wenigstens auf der Bauchseite. Mund mit Oberkiefer u. Unterkiefer **3**
— Ohne paarige Flossen. Mund ohne Kiefer, als runde Saugscheibe ausgebildet [*11, 12*]. Haut ohne Schuppen. Nasenöffnung unpaar
Klasse Rundmäuler, **Cyclostomata** **2**
2. Mit je 4 Barteln am Mund u. an der Nasenöffnung. Augen verkümmert. Marin . . . . Ingerartige, **Myxiniformes**
Nur **Myxinidae** mit **Myxine glutinosa** L., Inger
25–40 cm. Nur am Schwanz mit kleinem Flossensaum. Blaßrosa bis grau. Nahrung: Bodentiere u. tote Fische. Nur Nordsee, im Schlick unter 20 m.
— Ohne Barteln am Mund u. an der Nasenöffnung. Mit Augen (nicht bei den Larven!) . . . . Neunaugenartige, **Petromyzoniformes** S. 515
3. Kiemenspalten (jederzeit 5–6) ohne Deckel. Mund unterständig, quer gestellt (z.B. [*13, 15, 17a*]). Haut nackt od. mit Plakoidschuppen [*7a*]. Marin . . . . Unterklasse Haie u. Rochen, **Elasmobranchii** (Klasse **Chondrichthyes,** Knorpelfische) **4**
— Auf jeder Seite mit 1 Kiemenöffnung, diese mit Deckel [*1, 2b*]. Mund unterständig, endständig od. oberständig [*2*]. Ohne Plakoidschuppen **7**
4. Körper langgestreckt, spindelförmig, allmählich in den kräftigen Schwanz auslaufend. BrFl nicht in die Körperseiten übergehend. Kiemenspalten seitlich vor den BrFl (z.B. [*13, 15, 16*]) . . . Haie **5**
— Körper dorsoventral abgeflacht, scheibenförmig, seitlich ohne deutliche Abgrenzung in BrFl übergehend. Schwanz dünn, scharf vom Körper abgesetzt [*17a*]. Kiemenspalten auf der Unterseite
Rochenartige, **Rajiformes** S. 518
5. Jederseits mit 6 Kiemenspalten. Nur 1 RFl vorhanden, SFl fast so lang wie ⅓ des Körpers . . . . **Hexanchiformes**
Nur **Hexanchidae** mit **Hexanchus griseus** (BONNAT.), Grauhai

Bis 5 m. Rücken schwarzbraun. Räuber. Lebendgebärend. Vereinzelt in nördlicher Nordsee.

— Jederseits mit 5 Kiemenspalten. Mit 2 RFl **6**

6. AFl vorhanden . . . . **Lamniformes** S. 515

— AFl fehlend . . . . **Squaliformes** S. 517

7. Seitenliniensystem auf dem Kopf mit deutlichem Muster. Habitus [*9*]. Marin . . (Unterklasse **Holocephali**) Chimaeren, **Chimaeriformes**
Nur **Chimaeridae** mit **Chimaera monstrosa** L. [*9*], Seeratte, Spöke
Bis 100 cm. Schwanz lang fadenförmig auslaufend. 1 RFl mit kräftigem Stachel. Kiefer mit meißelartigen Zähnen. Nahrung: Bodentiere. Nördliche Nordsee.

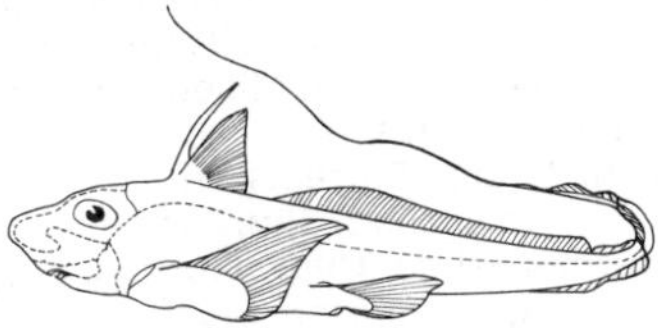

9

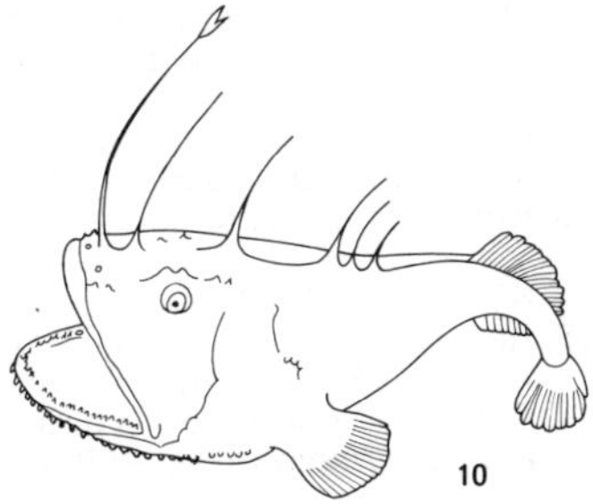

10

— Seitenlinie auf dem Kopf ohne derartiges Muster. Habitus anders
Klasse Knochenfische, **Osteichthyes** **8**

8. Mund unterständig. Kiemendeckel ungegliedert, Kiemen teilweise unbedeckt lassend. Haut nackt, nur mit 5 großen Knochenschilderreihen besetzt. Vorderrand der RFl, SFl u. AFl von rhombischen Schuppen eingefaßt. SFl oben größer als unten [*20*]
(Überordnung Knorpelganoide, **Chondrostei**), Störartige, **Acipenseriformes** S. 519

— Mund ± endständig, zumindest nicht so deutlich unterständig. Kiemendeckel gegliedert [*2b*], Kiemen vollständig bedeckend [*1, 2b*]. Haut meist mit Schuppen [*7b, c, 8*], ohne Knochenschilderreihen. Vorderrand der RFl, SFl u. AFl ohne rhombische Schuppen. SFl oben u. unten meist etwa gleich groß
Überordnung Höhere Knochenfische, **Teleostei** **9**

9. Körper seitlich stark abgeplattet, ± oval; Augen auf rechter od. linker Körperseite. Mit langen Flossensäumen [*99–104*]
Plattfische, **Pleuronectiformes** S. 545

— Körper bilateral-symmetrisch; Augen auf beiden Körperseiten **10**

10. Körper schlangenförmig [*24*]. RFl, SFl u. AFl saumartig zusammenhängend, BFl fehlend. Haut mit sehr kleinen, tiefliegenden Schuppen
Aalartige, **Anguilliformes** S. 520

— Anders **11**

11. BFl bauchständig, ohne vorderen Stachelstrahl. Mit 1 RFl . . **12**

— BFl brust- od. kehlständig od. fehlend od. als Saugscheibe ausgebildet (selten bauchständig, dann mit 2 Rückenflossen oder BFl nur aus

1 vorderen Stachelstrahl u. 2 Gliederstrahlen bestehend); BFl häufig mit 1 vorderem Stachelstrahl **16**

12. Oberkiefer u. Unterkiefer des Kopfes lang ausgezogen. RFl schwanzständig (der AFl gegenüberliegend) [*69*]. Marin
Hornhechtartige, **Atheriniformes (Belonidae)** S. 533

— Anders **13**

13. Mit Fettflosse auf dem Schwanzstiel [*1, 26*]; wenn ohne Fettflosse, dann RFl schwanzständig (gegenüber der AFl). Mund ohne Barteln
Lachsartige, **Salmoniformes** S. 521

— Ohne Fettflosse; wenn mit Fettflosse, dann Mund mit Barteln. RFl nicht schwanzständig **14**

14. Oberer Mundrand in der Mitte vom Zwischenkiefer, an den Seiten vom Oberkiefer gebildet [*3*]. Ohne Barteln. Mund mit ± kräftigen Zähnen. Meist marin . . . . . . Heringsartige, **Clupeiformes** S. 519

— Oberer Mundrand nur vom Zwischenkiefer gebildet. Mit od. ohne Barteln; wenn ohne Barteln, Mund zahnlos. Limnisch **15**

15. Körper ohne Schuppen. Kopf breit, mit langen Barteln [*58*]
Welsartige, **Siluriformes** S. 530

— Körper mit Schuppen . . . . Karpfenartige, **Cypriniformes** S. 524

16. Auf der Rückenlinie mit 2–mehreren gesonderten Stachelstrahlen vor der RFl [*72–74*] . . Stichlingsartige, **Gasterosteiformes** S. 534

— Auf dem Kopf u. dem Vorderkörper mit einzelnen, frei beweglichen Flossenstrahlen (der RFl), der vorderste mit blattförmigem Anhang [*10*]. Marin . . . . Anglerfischartige, **Lophiiformes**
Nur Anglerfische, **Lophiidae** mit **Lophius piscatorius** L. [*10*], Angler, Seeteufel

Bis 150 cm. Kiemenöffnung in der Achsel der BrFl. BrFl an der Basis stark muskulös, armartig verlängert. Kopf groß, mit weitem Rachen. Körper ohne Schuppen. Braunschwarz, Unterseite hell. Räuberischer Grundfisch, benutzt 1. Strahl der RFl als Angel. Nördliche Nordsee.

— Anders, ohne derartige Stachel- od. Flossenstrahlen **17**

17. Körper dünn, sehr langgestreckt. Schnauze röhrenförmig, mit kleiner endständiger, zahnloser Mundöffnung (z. B. [*70, 71*]). Marin
Büschelkiemenartige, **Syngnathiformes** S. 533

— Anders **18**

18. BFl kehlständig, ohne Stachelstrahl. RFl u. AFl lang od. in 2–3 Flossen geteilt [*60–63*], auch mit SFl verschmolzen [*59*]
Dorschartige, **Gadiformes** S. 530

— BFl brustständig, seltener kehlständig od. bauchständig, auch fehlend od. als Saugscheibe ausgebildet. BFl mit 1 Stachelstrahl . . **19**

19. BFl kehlständig. 1. u. 2. RFl mit verlängerten Stacheln. Augen auf Kopfoberseite einander genähert. Haut ohne Schuppen. Habitus [*98*]
Spinnenfischartige, **Gobiesociformes** S. 544

— Andere Merkmalskombination
Barschartige, **Perciformes** u. **Scorpaeniformes** S. 535

Ordnung: **Petromyzoniformes,** Neunaugenartige
Familie: **Petromyzonidae,** Neunaugen

Jederseits 7 Kiemenlöcher hinter dem Auge (wenn unpaare Nasenöffnung mitgezählt, „Neunauge"). Saugmund mit Hornzähnen [*11, 12b*]. Entwicklung über Larven (Querder, **Ammocoetes**), die mehrere Jahre am Boden der Laichbäche leben und sich als „Seiher" von Kleintieren ernähren.

1. Mundscheibe mit mehreren, ringförmig angeordneten Reihen kleiner Hornzähne besetzt [*11*]. Rückenseite marmoriert. Bis 100 cm lang
Meerneunauge, **Petromyzon marinus** L.
Obere Hornplatte über dem Mund etwa so hoch wie breit, mit 2 dicht beieinanderstehenden Hornzähnen [*11*]. Blutsauger an anderen Fischen u. Aasfresser. Nordsee, selten Ostsee, anadromer Wanderfisch, steigt im Frühjahr in die Flüsse zum Laichen auf.

— Mundscheibe am Rand mit 1 Reihe von Hornzähnen, daneben Zähne um den Mund [*12b*]. Rückenseite einfarbig . **Lampetra** GRAY **2**

2. Körper etwa so dick wie ein Daumen. 15–40 cm lang. Bezahnung kräftig [*12a, b*] . . . . . . Flußneunauge, **Lampetra fluviatilis** (L.)
Obere Hornplatte über dem Mund halbmondförmig, viel breiter als hoch, mit je 1 Zahn an den Enden, davor einzelne weitere Zähne [*12b*]. Rücken grünlich-schwarz, Bauch silbrig. Parasitisch an Fischen u. räuberisch. Nord- u. Ostsee, anadromer Wanderfisch, steigt im Herbst in die Flüsse zum Laichen auf.

— Kleiner, wurmförmig, Körper etwa bleistiftstark, selten über 16 cm lang. Bezahnung schwächer
Bachneunauge, **Lampetra planeri** (BLOCH)
Mundscheibe mit wenigen stumpfen Zähnen. Flußneunaugen in dieser Größe haben spitze Zähne. Rücken dunkelgrün, Bauch weißlich. Erwachsene Tiere nehmen keine Nahrung auf. Nur im Süßwasser, im Oberlauf von Fließgewässern. – Sehr selten in der Donau **Eudontomyzon vladykovi** OLIVA ET ZANANDREA (Zähne spitz; Körper bis 20 cm lang).

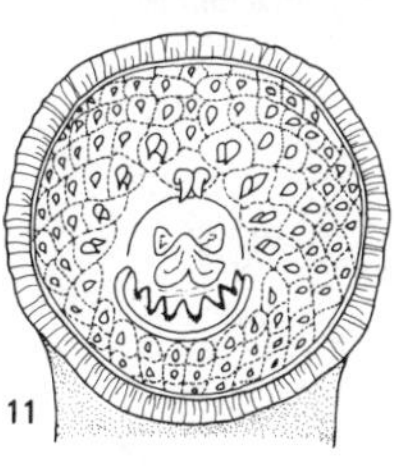
11

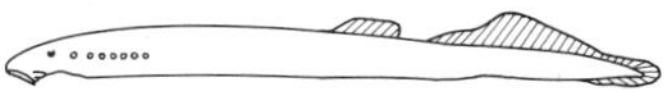
12a

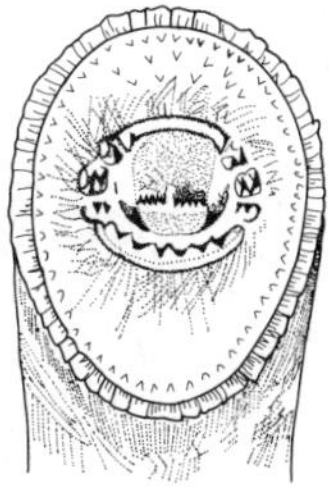
12b

Ordnung: **Lamniformes**

Marin. Viele Arten lebendgebärend. Meist räuberisch.

1. 1. RFl hinter od. über den BFl liegend
Katzenhaie, **Scyliorhinidae** S. 516

— 1. RFl etwa gegenüber der Mitte zwischen den BrFl u. BFl liegend **2**

2. Auge mit Nickhaut (Hautfalte am unteren Augenrand). Kiemenspalten klein [*15*] . . . . **Carcharhinidae** S. 517

— Auge ohne Nickhaut. Kiemenspalten groß, mindestens etwa bis Seitenmitte reichend [*13*] . . . . **Lamnidae** S. 516

Familie: **Lamnidae**

1. SFl sehr lang, oberer Lappen etwa so lang wie der übrige Körper. BrFl sehr groß. Bis 5 m . . . Fuchshai, **Alopias vulpinus** (Bonnat.)
1. RFl groß, 2. RFl u. AFl klein. Oberseite aschgrau bis fast schwarz. Lebendgebärend. Nahrung: pelagische Schwarmfische. Sehr selten in Nordsee.

— SFl wesentlich kleiner, BrFl kleiner [*13*] **2**

2. Kiemenspalten lang nach oben ausgezogen, bis auf den Rücken reichend. Zähne sehr klein, zahlreich. Bis 9 m
Riesenhai, **Cetorhinus maximus** (Gunn.)
Kiemenbögen mit langen, hornigen Fortsätzen, ein feines Filtersieb für die Aufnahme der Nahrung bildend. Blaugrau bis braun, auf Oberseite bisweilen dunkel. Lebendgebärend. Planktonfresser. Nicht selten in der Nordsee.

— Kiemenspalten kürzer, reichen nur bis zur Mitte der Körperseiten [*13*]. Zähne groß, schlank. Bis 3 m [*13*]
Heringshai, **Lamna nasus** (Bonnat.)
1. RFl groß, 2. RFl u. AFl klein. Blauschwarz bis grau, Bauchseite u. Hinterränder der RFl weiß. Lebendgebärend. Nahrung: Fische u. Cephalopoden. Häufiger in der Nordsee, bisweilen in Ostsee. Wichtiger Nutzfisch.

Familie: **Scyliorhinidae,** Katzenhaie

Eierlegend. Eier häufig mit langen Haftfäden [*14*].

1. Obere Kante des Schwanzes vorn mit Dornen. Bis 90 cm
Fleckhai, **Galeus melanostomus** Rafin.
Rötlich od. bräunlich, mit dunklen, hell umrandeten Flecken. Nahrung: Fische, Krebse. Nördliche Nordsee, in größerer Tiefe.

— Obere Kanten des Schwanzes ohne Dornen
Scyliorhinus Blainv. **2**

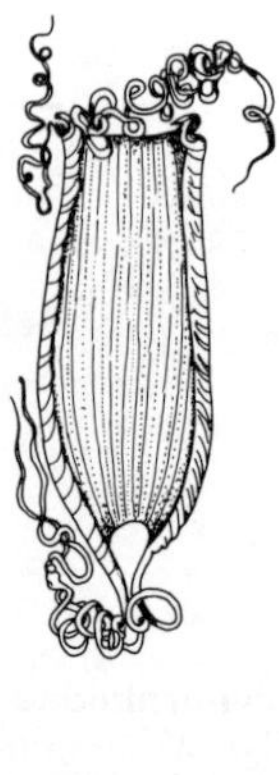
14

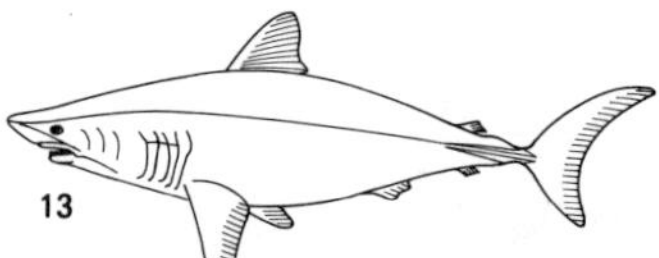
13

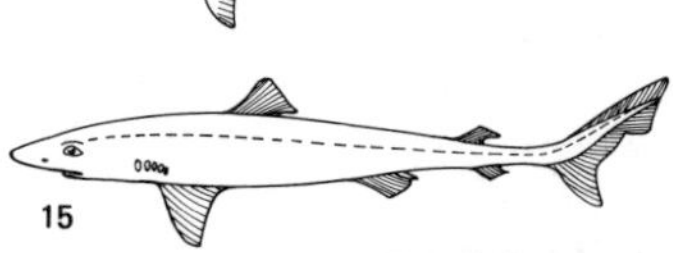
15

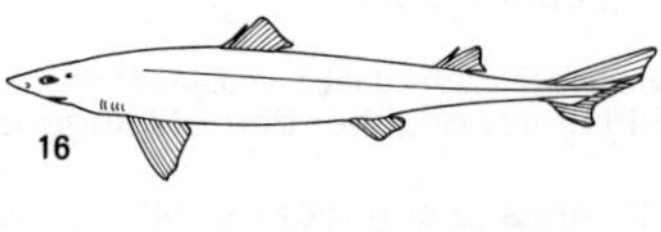
16

2. Hinterende der BFl zugespitzt. Oben graurot mit vielen, meist kleinen schwarzen Flecken
Kleinfleckiger Katzenhai, **Scyliorhinus canicula** (L.)

Bis 80 cm, selten 100 cm. Bauchseite gelblich-weiß. Nahrung: kleine Fische, Krebse, Mollusken. Vereinzelt in der Nordsee (Helgoland).

— Hinterende der BFl nicht zugespitzt. Oben mehr graubraun, mit großen dunklen u. hellen Flecken
Großfleckiger Katzenhai, **Scyliorhinus stellaris** (L.)

50–150 cm. Bauchseite weiß. Nahrung wie vorige Art. Vereinzelt in Nordsee.

Familie: **Carcharhinidae**

1. Beide RFl fast gleich groß. Zähne klein, nicht spitz, pflasterförmig
Glatthai, **Mustelus asterias** CLOQUET

Bis 180 cm. Grau mit weißlichen Punkten. Lebendgebärend. Nahrung: Bodentiere, auch Mollusken. Vereinzelt in südlicher Nordsee.

— 2. RFl deutlich kleiner als 1. RFl. Zähne spitz, scharfrandig . **2**

2. An der Wurzel der SFl oben u. unten eine querlaufende Vertiefung. 1. RFl den BFl näher als den BrFl. 3–4 m
Blauhai, Menschenhai, **Prionace glauca** (L.)

Oben dunkelblau bis schiefergrau, unten heller. Lebendgebärend. Nahrung: Fische. Sehr selten in der Nordsee. Für Menschen gefährlich.

— An der Wurzel der SFl keine querlaufende Vertiefung. 1. RFl den BrFl näher als den BFl. 1–2 m [*15*]
Hundshai, Biethai, **Galeorhinus galeus** (L.)

Dunkelgrau, Bauchseite weißlich. Lebendgebärend. Nahrung: Fische. Südliche Nordsee.

Ordnung: **Squaliformes**

Marin. Viele Arten lebendgebärend. Räuberisch.

1. Körper dorsoventral abgeflacht (im Unterschied zu Rochen jedoch BrFl nicht mit Körperseiten verwachsen). Beide RFl schwanzständig, hinter BFl. 1–2 m . . . . Engelfische, **Squatinidae**
Nur **Squatina squatina** (L.), Meerengel

Mund breit, endständig. BrFl u. BFl groß. Gelbbraun mit dunklen Flecken. Lebendgebärend. Grundfisch. Nahrung: Grundfische, Mollusken, Krebse. Vereinzelt in der Nordsee.

— Körper nicht dorsoventral abgeflacht. 1. RFl gegenüber der Mitte zwischen BrFl u. BFl . . . . **Squalidae** S. 517

Familie: **Squalidae**

1. Mit kräftigem Stachel vor jeder RFl. Bis 1 m [*16*]
Dornhai, **Squalus acanthias** L.

Oben blaugrau mit weißlichen Flecken. Lebendgebärend. Nahrung: Fische u. Wirbellose. Sehr häufig in der Nordsee. Wichtiger Nutzfisch. Fleisch als „Seeaal“, geräucherte Bauchlappen als „Schillerlocke“ im Handel.

— RFl ohne Stachel. Bis 5 m
Grönlandhai, Eishai, **Somniosus microcephalus** (BLOCH ET SCHNEIDER)

Alle Flossen klein. Dunkelgraubraun. Lebendgebärend. Nahrung: vor allem Fische, auch Aas. Regelmäßig in der Nordsee in größeren Tiefen, wird mit Grundangeln gefangen („Grundhai“).

Ordnung: **Rajiformes,** Rochenartige

Marin. Bodenbewohner, die sich mit den flügelartigen BrFl fortbewegen; selten pelagisch. Meiste Arten legen Eier, diese von großen Hornkapseln umhüllt [*17b, 18, 19*]. Nahrung: Fische, Krebse, Mollusken, die mit den Pflasterzähnen zertrümmert werden.

1. Körperoberseite bedornt. Schwanz mit mehreren Längsreihen von Dornen, schlank, meist mit 2 RFl u. jederseits einem häutigen Längssaum. SFl reduziert . . . . Rochen, **Rajidae** S. 518

— Körperoberfläche ohne Dornen. Schwanz sehr lang u. dünn, ohne seitlichen Flossensaum, mit 1–2 gesägten Stacheln **2**

2. RFl fehlend . . . . Stechrochen, **Dasyatidae**
Nur **Dasyatis pastinaca** (L.), Stechrochen
Körper rhombisch, breiter (bis 1,5 m) als lang (um 1 m). Grau. Lebendgebärend. Vereinzelt in der Nordsee, am Tage im Sand vergraben. Stich mit Giftstachel schmerzhaft.

— RFl vorhanden . . . . Adlerrochen, **Myliobatidae**
Nur **Myliobatis aquila** (L.), Adlerrochen
Körper breiter als lang (bis 1,5 m). Dunkel. Lebendgebärend. Pelagisch. Sehr selten in der Nordsee.

Familie: **Rajidae,** Rochen

Hier nicht alle Arten behandelt, weitere, z. T. schwer bestimmbare Arten der Gattung **Raja** in Fängen aus der nördlichen Nordsee, dem Nordmeer u. dem Englischen Kanal.

1. Körper vorn (von oben gesehen) stumpfwinklig [*17a*]. Abstand der 2 Nasenöffnungen mehr als 70% ihrer Entfernung von der Schnauzenspitze **2**

— Körper vorn spitzwinklig oder rechtwinklig. Abstand der Nasenöffnungen weniger als 70% ihrer Entfernung von der Schnauzenspitze
Glattrochen, **Raja batis** L.
Bis 2,50 m. Oberseite grünlich-braun, Bauchseite dunkelgrau mit dunkler Zeichnung. Nordsee. In der nördlichen Nordsee weitere, z. T. ähnliche **Raja**-Arten.

2. Basalplatte der großen Dornen des Rückens u. des Schwanzes glatt. Vorderrand u. Hinterrand der BrFl einen annähernd rechten Winkel bildend. Abstand der Schnauzenspitze von jedem Nasenloch höchstens 15% der Körperbreite (BrFl eingeschlossen). Bis 1,25 m [*17a*]
Nagelrochen, **Raja clavata** L.
Oberseite graubraun mit weißlichen od. dunklen Flecken. Eier [*17b*]. Nordsee u. westliche Ostsee.

— Basalplatte der Dornen mit radiär angeordneten Leisten (geriffelt). Abstand der Schnauzenspitze von jedem Nasenloch mindestens 16% der Körperbreite. Bis 70 cm **3**

3. Vorderrand des Körpers jederseits eine fast gerade Linie bildend. Dornen groß, davon höchstens 16 in der Körpermittellinie
Sternrochen, **Raja radiata** DONOVAN
Bis 60 cm. Braun, schwach mit weißgelb marmoriert. Eier [*18*]. Nordsee, westliche Ostsee.

— Vorderrand des Körpers jederseits ± deutlich nach außen gebuchtet. Dornen klein bis fehlend
Kuckucksrochen, **Raja naevus** MÜLLER ET HENLE
Bis 70 cm. Hellbraun bis graubraun, auf jeder BrFl in der Mitte mit einem scharf abgesetzten, gelb u. schwarz marmorierten „Augenfleck". Eier [*19*]. Nordsee. Weitere **Raja**-Arten ohne derartige Augenflecke.

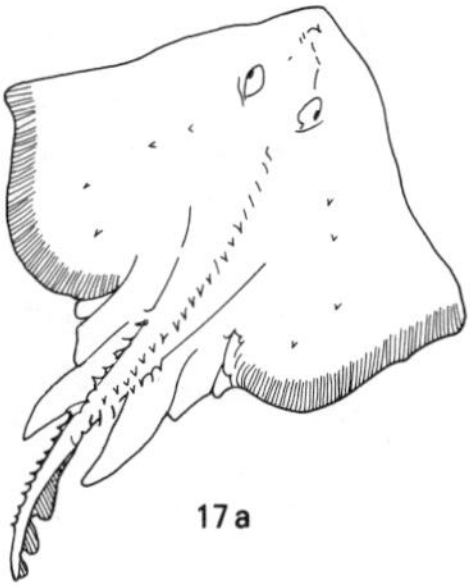
17a

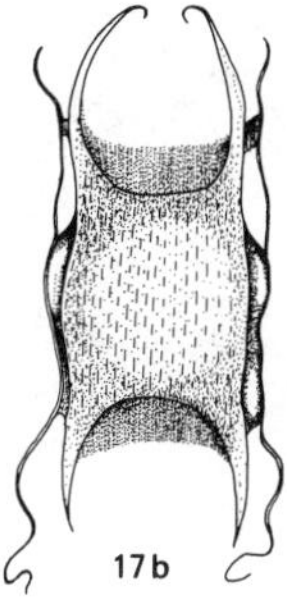
17b

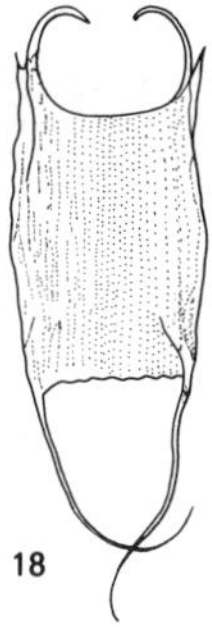
18

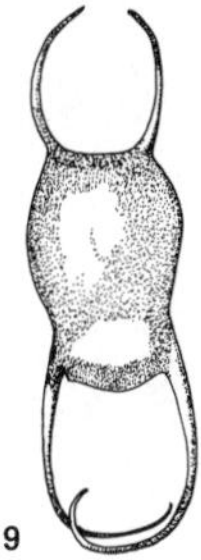
19

Ordnung: **Acipenseriformes,** Störartige

Skelett sekundär knorpelig. Haut nackt, mit 5 Längsreihen großer, mit Schmelz überzogener Knochenplatten.

Familie: **Acipenseridae,** Störe

Mund ohne Zähne. Limnisch u. marin. Grundfische, die Boden nach Wirbellosen u. Fischen durchwühlen. In Deutschland ausgestorben.

1. Mit 24–40 seitlichen Schildern. Barteln kurz, ohne Fransen. Schnauze stumpf. 2–4 m [*20*] . . . . Stör, **Acipenser sturio** L.
Oben blaugrau, Bauchseite weiß. Nord- u. Ostsee, heute selten. Anadromer Wanderfisch, zur Laichzeit im Frühjahr in den Unterläufen der Flüsse.

— Mit 60–70 seitlichen Schildern. Barteln lang, mit seitlichen Fransen. Schnauze lang u. spitz. 40–60 cm . Sterlett, **Acipenser ruthenus** L.
Oben graubraun. In der Donau, selten.

Ordnung: **Clupeiformes,** Heringsartige

Ohne Seitenlinie. Meist marin. Pelagische Schwarmfische. Eier planktisch (außer beim Hering). Nahrung: Kleinkrebse, hauptsächlich tierisches Plankton.

1. Oberkiefer vorragend, dadurch Mund deutlich unterständig. Bauchkante ohne Kielschuppen. Marin . . . . . Sardellen, **Engraulidae**
Nur **Engraulis encrasicolus** (L.) [*21*], Sardelle
Bis 20 cm. RFl 16–18, BrFl 15–17, BFl 7, AFl 17–18, SFl 19. Schuppen längs der Seite 44–50. Oben blaugrau, Bauch silberglänzend. Nordsee, westliche Ostsee.

— Oberkiefer nicht vorstehend, Mund endständig od. oberständig. Bauchkante mit 1 Reihe ± deutlicher, geflügelter Kielschuppen [*23b*]. Im Meer u. Süßwasser . . . . Heringe, **Clupeidae** S. 520

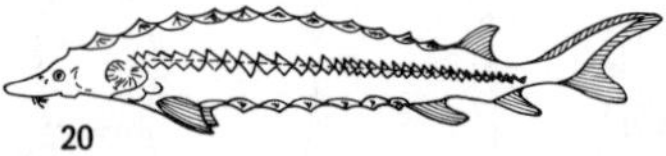
20

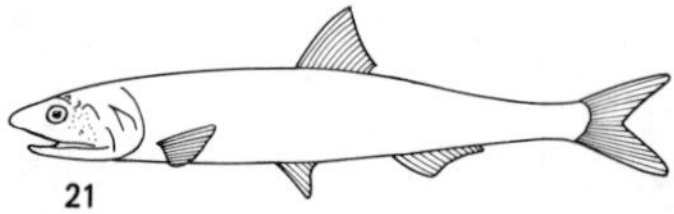
21

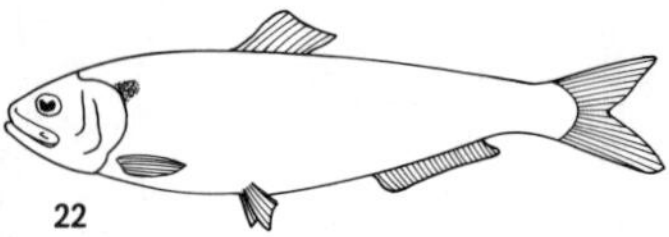
22

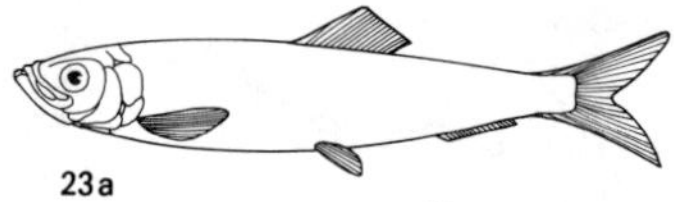
23a

23b

Familie: **Clupeidae,** Heringe

Augen, hinterer Teil des Kopfes u. Kiemendeckel von membranösem „Fettlid" bedeckt. Unternehmen Nahrungs- u. Laichwanderungen.

1. Oberer Mundrand in der Mitte mit einem Ausschnitt. Körperseiten häufig mit schwarzen Flecken
Alse, Maifisch, **Alosa alosa** (L.) u. Finte, **Alosa fallax** (LACÉP.)
RFl 18–21, BrFl 15–17, BFl 9, AFl 20–27. Oben blaugrün, Bauch silberglänzend. Steigen zum Frühjahr zum Laichen in die Flüsse. Die 2 Arten schwer unterscheidbar. **A. alosa** [*22*] (1. Kiemenbogen mit 60–120 od. mehr Kiemenreusenfortsätzen; hinter Kiemendeckel meist ein dunkler Fleck; Schuppen längs der Seite 70–86; bis 80 cm), Nordsee. **A. fallax** (1. Kiemenbogen mit 35–60 Kiemenreusenfortsätzen; an Körperseiten bis 7 dunkle Flecken; Schuppen längs der Seite 55–65; bis 50 cm), Nord- u. Ostsee.

— Oberer Mundrand ohne Ausschnitt **2**

2. Größer (12–34 cm), etwa 60 Schuppen längs der Seite. Ansatz der BFl hinter Ansatz der RFl [*23a*] . . . . . Hering, **Clupea harengus** L.
RFl 16–21, BrFl 14–21, BFl 8–10, AFl 14–19. Rücken blaugrün, Bauch silberglänzend. Laichwanderungen im Frühjahr u. Herbst. Nordsee u. Ostsee (in östlicher Ostsee Zwergform „Strömling"). Wichtiger Nutzfisch.

— Kleiner (bis 17 cm), etwa 50 Schuppen längs der Seite. Ansatz der BFl vor od. unter dem Anfang der RFl
Sprotte, Breitling, **Sprattus sprattus** (L.)
RFl 17–19, BrFl 16–17, BFl 7–8, AFl 18–20. Kielschuppen sehr scharfkantig. Rücken blaugrün, Bauch silberglänzend. Nordsee u. Ostsee. Nutzfisch.
Selten in südlicher Nordsee Sardine, **Sardina pilchardus** (WALB.) (Schuppen groß, etwa 30 längs der Seite; bis 30 cm). Nutzfisch.

Ordnung: **Anguilliformes,** Aalartige

1. Haut ohne Schuppen. Oberkiefer den Unterkiefer überragend. Anfang der RFl etwa in Höhe der Enden der BrFl. Marin Meeraale, **Congridae**
Nur **Conger conger** (L.), Meeraal
Bis 3 m. Oben blaßbraun, Bauchseite schmutzig-weiß. Nahrung: Fische u. Krebse. Vereinzelt in Nordsee, selten in Ostsee. Larven **(„Leptocephalus morrisi")** pelagisch.

— Mit kleinen, tief in der Haut liegenden Schuppen. Anfang der RFl weit hinter der BrFl. Unterkiefer den Oberkiefer überragend [*24*]
Aale, **Anguillidae**

Nur **Anguilla anguilla** (L.) [*24*], Flußaal

Bis 1,5 m. Oberseite dunkelgrünlich. 2 Ernährungsformen: „Breitkopf" (Raubfisch) u. „Spitzkopf" (Friedfisch). Bei Eintritt der Geschlechtsreife vergrößern sich Augen u. Bauchfärbung ändert sich von gelb („Gelbaal", „Freßaal") nach silberweiß („Blankaal", „Silberaal"). Im Süßwasser, tagsüber im Schlamm, nachts nach Nahrung suchend. Katadromer Wanderfisch: Blankaale wandern im Herbst zu ihren Laichplätzen in der Sargassosee in 300–400 m Tiefe. Nach 3jähriger Larvenzeit im Atlantik (**„Leptocephalus brevirostris"** = weidenblattförmige Larve) als „Glasaal" wieder an europäischen Küsten, wandert als „Steigaal" in die Flüsse ein. Wertvoller Speisefisch.

24
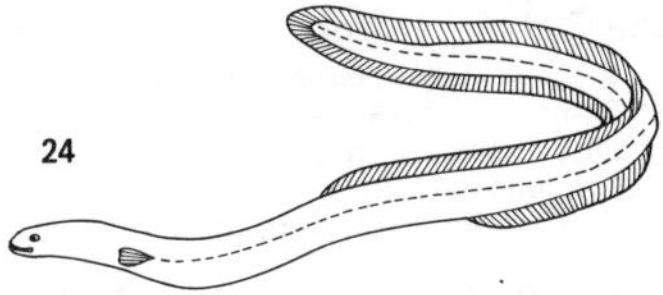

25
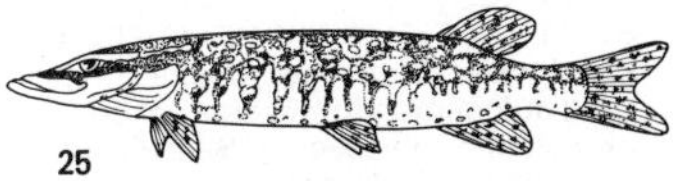

26
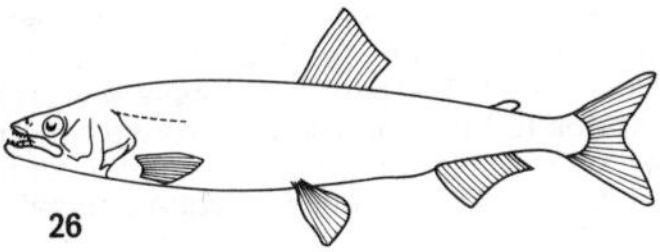

27
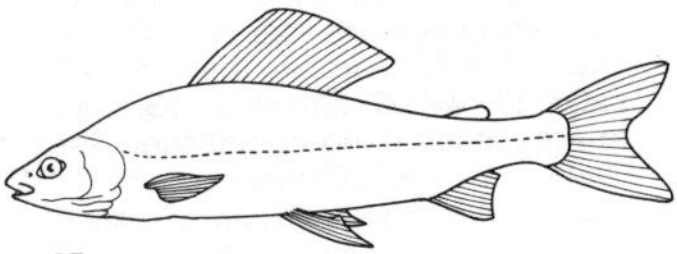

Ordnung: **Salmoniformes,** Lachsartige

Meist limnisch. Stellenweise als Fremdfisch (aus Nordamerika eingebürgert): **Umbra pygmaea** (De Kay) **(Umbridae)** (RFl schwanzständig; Mund nicht entenschnabelförmig; bis 10 cm).

1. RFl der AFl gegenüber, also schwanzständig [*25*] Hechte, **Esocidae**

Nur **Esox lucius** L. [*25*], Hecht

Langgestreckt, bis 1 m, selten größer. RFl 19–23, AFl 16–21. Mund breit, entenschnabelförmig abgeplattet, mit vielen Zähnen. Oben meist olivgrün, Bauch gelblich od. weißlich. Gefräßiger Raubfisch (Nahrung: Fische, Frösche, Kleinsäuger). In Binnengewässern, auch im Brackwasser der Ostsee. Wertvoller Speisefisch.

— RFl der BFl gegenüber stehend (rumpfständig) **2**

2. Seitenlinie unvollständig, nur über 8–10 Schuppen reichend [*26*]
Stinte, **Osmeridae**

Nur **Osmerus eperlanus** (L.) [*26*], Stint

10–30 cm. RFl 9–12, BrFl 10–11, BFl 9, AFl 13–17. Körper fast durchscheinend, mattsilbrig. Geruch nach frischen Gurken. Nahrung: Kleintiere, größere Individuen sind Raubfische. In Binnengewässern („Binnenstint", bis 15 cm) u. als anadromer „Seestint" in Küstengewässern der Nordsee u. Ostsee.

— Seitenlinie vollständig . . . . Lachse, **Salmonidae** S. 522

Familie: **Salmonidae,** Lachse

Für Bestimmung mancher Arten Pflugscharbein [*30a, b, c*] (vgl. [*3*]) wichtig. Meist limnisch. Einige Arten anadrome Wanderfische.

1. RFl groß, mit 17–24 Strahlen. Limnisch . . Äschen, **Thymallidae**
Nur **Thymallus thymallus** (L.) [*27*], Äsche
Bis 50 cm. RFl 17–24, BrFl 14–17, BFl 10–12, AFl 10–15. Slinie 74–93. Silbrig. Rücken ± grau. Riecht nach Thymian. Nahrung: Kleintiere. In klaren Fließgewässern („Äschenregion").

— RFl klein, höchstens mit 16 Strahlen **2**

2. Mund tief gespalten, bis unter die Augen reichend, mit kräftigen Zähnen. Zunge (Entoglossum; s. [*3*]) bezahnt. Körper im Querschnitt ± rund od. seitlich wenig abgeplattet **3**

— Mundspalte klein, nicht bis unter die Augen reichend. Mund höchstens schwach bezahnt. Zunge ohne Zähne. Körper seitlich abgeflacht [*28*] . . . . Maräne, **Coregonus** L.
RFl 11–16, BrFl 15–17, BFl 10–13, AFl 12–17. Slinie 70–100. Silberglänzend, am Rükken dunkler. Man unterscheidet planktonfressende „Schwebrenken" u. Bodentiernahrung aufnehmende „Bodenrenken". Meist in Seen, auch in Flüssen. Außerdem gibt es zwischen Süßwasser u. Salzwasser wandernde Formen („Wandermaränen"): „Ostseeschnäpel", „Nordseeschnäpel".
5 schwer unterscheidbare Arten: a) Kleine Maräne **C. albula** (L.) (10–35 cm; Zahl der Kiemenreusenfortsätze 36–52), norddeutsche Seen, v. a. östlich der Elbe, auch Ostsee. b) Große Maränen, Felchen (25–70 cm, auch kleiner; Zahl der Kiemenreusenfortsätze 17–44). **C. pidschian** (Gmelin) in Alpenseen, auch Bodensee; **C. nasus** (Pallas) in Alpenseen u. norddeutschen Seen; **C. lavaretus** (L.) in Alpenseen, norddeutschen Seen u. Ostsee („Ostseeschnäpel"); **C. oxyrhynchus** (L.) in Nordsee u. einmündenden Flüssen wie Rhein u. Elbe („Nordseeschnäpel"), auch Alpenseen. Wertvolle Speisefische.

3. Körperseiten nur mit heller, undeutlicher Punktierung. Vorderkante der BrFl, BFl u. AFl weiß gesäumt. Stiel des Pflugscharbeins zahnlos [*30a*]. Im Süßwasser . . . . . Saiblinge, **Salvelinus** Nilsson **4**

— Körperseiten mit dunkler (daneben auch zuweilen mit rötlicher) Punktierung. Vorderkante der BrFl, BFl u. AFl nicht weiß gesäumt **5**

4. Vorderkante der BrFl, BFl u. AFl nur weiß gesäumt. 15–75 cm
Seesaibling, **Salvelinus alpinus** (L.)
RFl 12–15, BrFl 13, BFl 9–10, AFl 10–13. Slinie 190–240. Platte des Pflugscharbeins vorn abgerundet. Zur Laichzeit Bauch des ♂ rot. Nach abnehmender Größe: Wildfangsaibling, Normalsaibling, Schwarzreuter, Tiefseesaibling. Räuber u. Planktonfresser. In Alpenseen.

— Vorderkante der BrFl, BFl u. AFl mit weißem Saum u. anschließendem schwarzem Streifen. Bis 40 cm [*29*]
Bachsaibling, **Salvelinus fontinalis** (Mitch.)
RFl 14, BrFl 11–12, BFl 9, AFl 12–14. Slinie 160–230. Platte des Pflugscharbeins vorn spitz. In Bächen. 1884 aus Nordamerika eingeführt, selten.

5. Körper im Querschnitt etwa drehrund. Kopf lang u. abgeflacht. Fettflosse groß. Stiel des Pflugscharbeins zahnlos [*30a*]
Huchen, **Hucho hucho** (L.)
60–120 cm. RFl 13–14, BrFl 15–16, BFl 9–10, AFl 12–14. Slinie 180–200. Körperseiten rötlich getönt, mit vielen schwarzen Flecken. Raubfisch. Nur Donau u. Nebenflüsse, selten.

— Körper im Querschnitt höher als breit. Kopf kleiner [*31–33*]. Stiel des Pflugscharbeins (mindestens in der Jugend) bezahnt [*30b, c*]
Salmo L. **6**

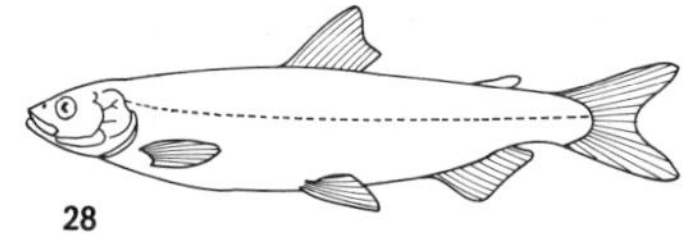
28

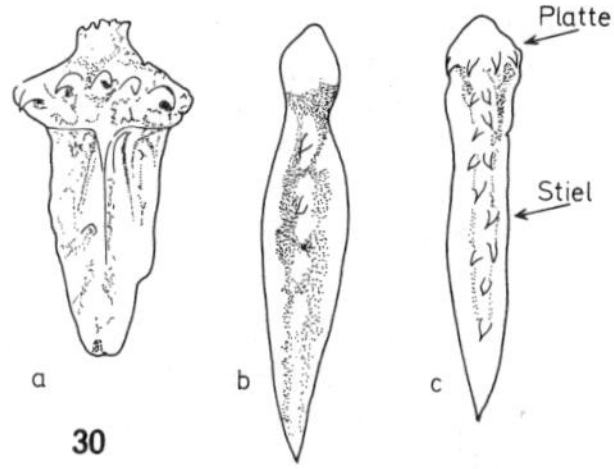

30

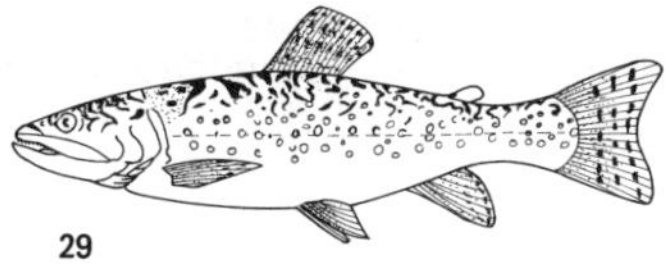
29

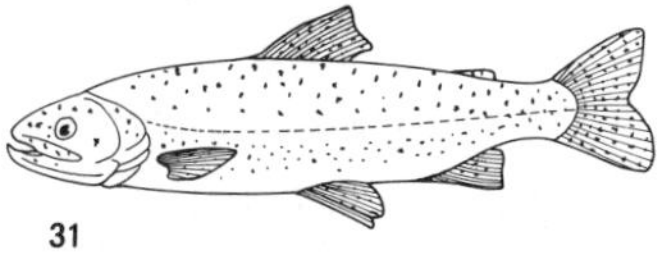
31

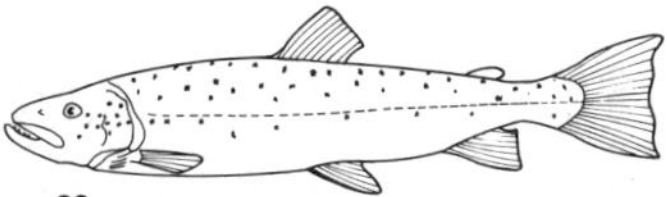
32

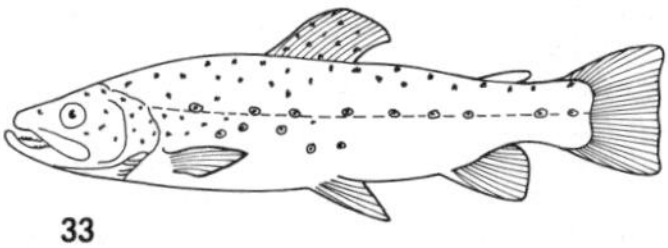
33

6. Körper an den Seiten mit rötlichem Längsband u. dichtstehenden kleinen schwarzen Flecken, diese auch auf RFl, SFl u. Fettflosse [*31*]
Regenbogenforelle, **Oncorhynchus mykiss** WALBAUM
(= **Salmo gairdneri** RICHARDSON)

25–50 cm. RFl 14, BrFl 13–14, BFl 9, AFl 13. Slinie 125–160. Bastard von **S. shasta** JORD. u. **S. gairdneri,** 1882 aus Nordamerika eingeführt. In Fischteichen; in Bächen ausgesetzt. Wichtiger Speisefisch.

— Körper seitlich ohne rotes Längsband. Mit schwarzen, oft auch roten Flecken. RFl u. SFl höchstens mit wenigen schwarzen Flecken **7**

7. Platte des Pflugscharbeins unbezahnt [*30b*]. Schwanzstiel langgestreckt, schlank, SFl ausgeschnitten. Kiemendeckelknochen (s. [*2b*]) stoßen meist nicht in einem Punkt zusammen. Jugendformen seitlich mit 7–9 Querbinden. Fettflosse rötlichgrau [*32*] Lachs, **Salmo salar** L.

50–120 cm. RFl 12–15, BrFl 11–16, BFl 8–10, AFl 10–14. Slinie 120–130. Bauch silbern, Rücken schiefergrau bis grünlich od. bläulich, mit schwarzen Flecken. Nahrung: Kleintiere; als Erwachsene Räuber. Anadromer Wanderfisch, Junglachse 1–3 Jahre im Süßwasser; in deutschen Flüssen selten geworden. Speisefisch.

— Platte (und Stiel) des Pflugscharbeins bezahnt [*30c*]. Schwanzstiel bei größeren Tieren gedrungener, SFl bei diesen fast gerade. Kiemendeckel: Deckel u. Unterdeckel am Vordeckel in einem Punkt zusammenstoßend. Jungfische meist mit 11–13 Querbinden. Fettflosse meist ± rot [*33*] . . . . Forelle, **Salmo trutta** L.

RFl 11–15, BrFl 11–16, BFl 7–10, AFl 9–14. Slinie 120–130. Nahrung: Kleintiere, ältere Individuen räuberisch. Wichtiger Speisefisch. Es werden 3 Formen (wohl umweltbedingte Modifikationen) unterschieden: a) Meerforelle, **S. trutta** forma **trutta** L. Bis 100 cm. Grundfarbe silbrig. Anadromer Wanderfisch, jedoch mehr in Küstennähe (Nord- u. Ostsee), Jungfische 1–2 Jahre im Süßwasser. b) Seeforelle, **S. trutta** forma **lacustris** L. Bis 80 cm. Mit dunklen u. roten Flecken; als junge, im freien Wasser lebende „Schwebforelle“ hell, als ältere, am Boden lebende „Grundforelle“ dunkel gefärbt.

In Voralpenseen. c) Bachforelle, **S. trutta** forma **fario** L. [*33*]. Bis 40 cm. Grünlich bis bräunlich, mit schwarzen u. roten Flecken (diese meist mit hellem Rand). In Oberläufen der Bäche („Forellenregion").

Ordnung: **Cypriniformes,** Karpfenartige

1. Mit 6 od. 10 Barteln. Körper niedrig u. langgestreckt. Schuppen schwer zu erkennen . . . . Schmerlen, **Cobitidae** S. 530
— Höchstens mit 4 Barteln. Körper ± hochrückig. Schuppen deutlich sichtbar . . . . Karpfenfische, **Cyprinidae** S. 524

Familie: **Cyprinidae,** Karpfenartige

Mund ohne Zähne. Am Eingang des Schlundes 2 bogenförmige Knochen („Schlundknochen"), die aus dem 5. Kiemenbogen hervorgegangen sind; ihre Bezahnung artspezifisch [*34a–c*]. Meist im Süßwasser. Nahrung: meist Kleintiere im Plankton od. Benthos, auch Wasserpflanzen.
Neuerdings in Teichwirtschaften gehalten od. ausgesetzt: Graskarpfen, **Ctenopharyngodon idella** (VALENC.) (bis 1 m; Körperform gestreckt), aus China. Silberkarpfen, **Hypophthalmichthys molitrix** (VALENC.) (bis 1 m; Mund oberständig; Augen in Höhe der Mundwinkel liegend; Bauchkante gekielt), aus China. – Neuerdings breitet sich **Pseudorasbora parva** (SCHLEGEL) (Maul klein, oberständig; AFl mit 5–7 Weichstrahlen; 10 cm) in Mitteleuropa aus.

1. RFl lang, mit 17–22 Weichstrahlen **2**
— RFl kurz, mit weniger als 12 Weichstrahlen **4**
2. Mit 2 Paar kurzen Barteln [*35*] . . . Karpfen, **Cyprinus carpio** L.
30–70 cm. RFl 3–4/17–22, BrFl 1/15–16, BFl 2/8–9, AFl 3/5–6. Slinie 35–39. Schlundzähne in 3 Reihen [*34a*]. Schuppen groß. Oberseite dunkel, Bauchseite hell. In Seen u. Teichen, wichtiger Fisch der Teichwirtschaft. 4 Zuchtformen: Schuppenkarpfen (voll beschuppt wie die in Deutschland nicht heimische Wildform), Spiegelkarpfen (als Hauptzuchtform, mit unregelmäßig angeordneten großen Spiegelschuppen), Zeilenkarpfen (als Abwandlung des Spiegelkarpfens mit 1 Reihe großer Schuppen in der Slinie), Lederkarpfen od. Nacktkarpfen (ohne od. nur mit einzelnen Schuppen).
— Ohne Barteln. Nur mit 1 Reihe Schlundzähne (vgl. [*34c*]) . . **3**
3. Rand der RFl leicht nach außen gebogen (konvex), Zähnelung des 3. Hartstrahls der RFl fein [*36*] . Karausche, **Carassius carassius** (L.)
15–30 cm. RFl 3/17–19, BrFl 1/12–15, BFl 2/7–8, AFl 3/7. Slinie 32–35. 22–33 Reusendornen auf dem 1. Kiemenbogen. Messingfarben, Bauch hell. An Basis der SFl fast immer schwarzer Fleck. Häufig in langsam fließenden u. stehenden Gewässern. Speisefisch.
— Rand der RFl leicht nach innen gebogen (konkav), Zähnelung des 3. Hartstrahls der RFl grob Giebel, **Carassius auratus gibelio** (BLOCH)
Körper etwas kleiner. RFl 3/17–19, BrFl 1/15–17, BFl 1–2/7–8, AFl 2/5–7. Slinie 27–31. 35–49 Reusendornen auf dem 1. Kiemenbogen. Rücken dunkelgrünbraun, Bauchseite hell. An Basis der SFl kein schwarzer Fleck. Am Ufer stehender u. langsam fließender Gewässer. Speisefisch.
Hierher auch als goldfarbige Variante der Goldfisch.
4. Mit 2 Paar Barteln [*37*] . . . . Barbe, **Barbus barbus** (L.)
30–70 cm. RFl 3/8–9, BrFl 1/15–17, BFl 2/8, AFl 3/5. Slinie 55–56. Körper langgestreckt, Bauch etwas abgeplattet. Rücken olivgrün, Seiten bronzefarben, Bauch heller. Im Mittellauf von Fließgewässern („Barbenregion").
— Mit 1 Paar Barteln **5**

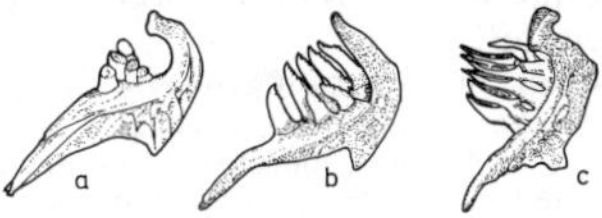

34 Schlundknochen mit 3 Zahnreihen, 2 Zahnreihen, 1 Zahnreihe

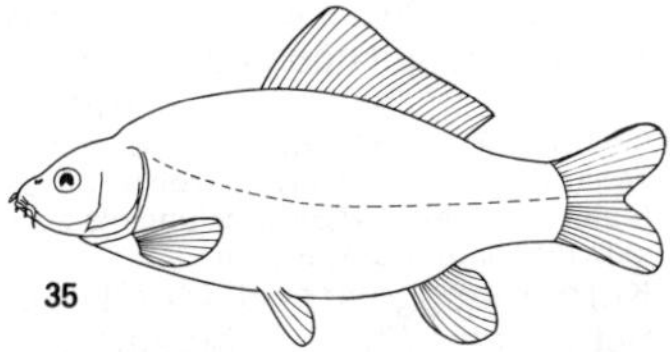

35

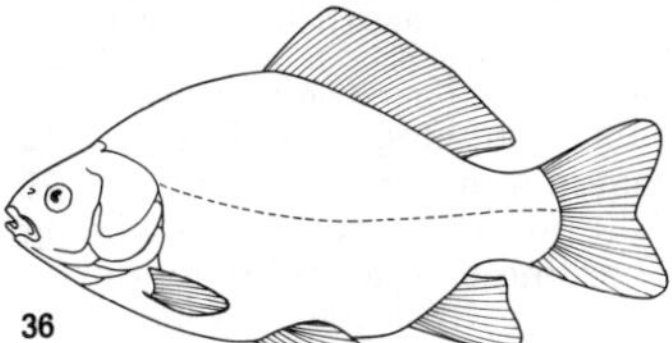

36

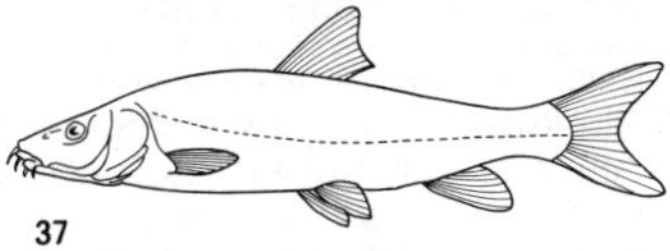

37

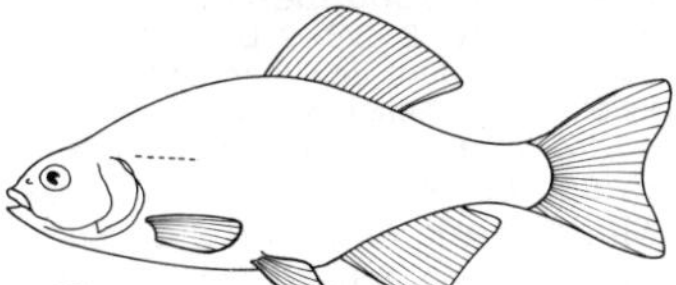

39

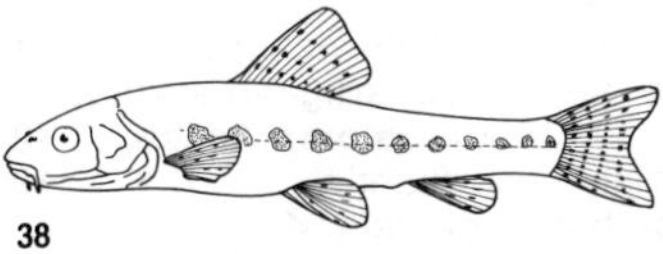

38

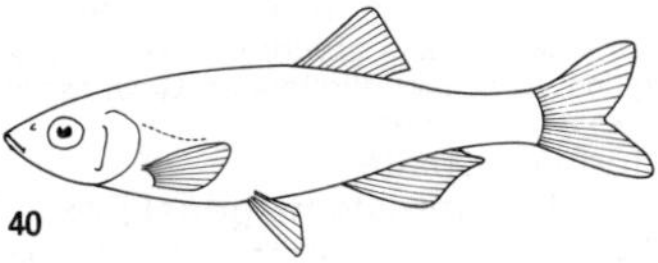

40

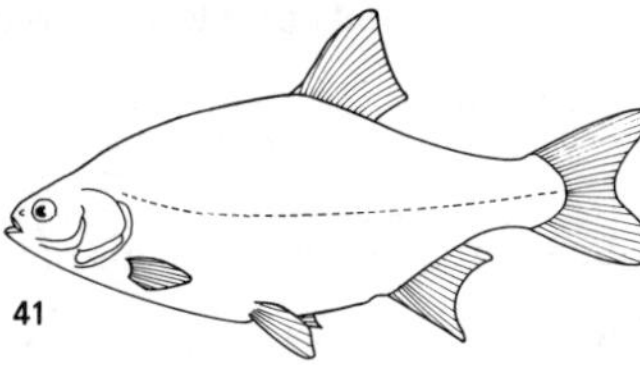

41

— Ohne Barteln **7**

5. Schuppen klein, in der Haut verborgen. Barteln sehr kurz. Mund endständig . . . . Schleie, **Tinca tinca** (L.)

20–50 cm. RFl 4/8–9, BrFl 1/15–17, BFl 2/8–9, AFl 3–4/6–7. Slinie 90–110. Körper langgestreckt. Flossen abgerundet. 2. Strahl der BFl beim ♂ verlängert, bis über After reichend. Olivgrün mit goldenem Schimmer, Bauchseite heller. Am Boden ruhiger, pflanzenreicher Gewässer, auch in Karpfenteichen, auch in östlicher Ostsee. Speisefisch.

— Schuppen groß, deutlich. Barteln länger . . . . **Gobio** Cuv. **6**

6. Barteln reichen (nach hinten ausgestreckt) nur bis unter die Augen [*38*] . . . . Gründling, **Gobio gobio** (L.)

10–17 cm. RFl 3/7, BrFl 1/14–15, BFl 2/8, AFl 3/6. Slinie 40–45. Körper spindelförmig, im Querschnitt rund. Graugrün, Bauchseite heller, Seiten mit Fleckung. Bildet Schwärme. Grundfisch in fließenden u. stehenden Gewässern, auch Brackwasser (Ostsee).

— Barteln länger, reichen bis hinter die Augen
Steingreßling, **Gobio uranoscopus** (Agassiz)

8–13 cm. RFl 2/7, BrFl 1/13, BFl 1/6, AFl 2/6. Slinie 40–42. Körper im Querschnitt rundlich-oval, mit dunklen Querbinden. In Nebenflüssen der Donau, nicht häufig.

7. Seitenlinie unvollständig, auf höchstens 12 Schuppen begrenzt **8**

— Seitenlinie vollständig **9**

8. Körper hochrückig, seitlich zusammengedrückt. Mund endständig. Seitenlinie auf höchstens 5–6 Schuppen [*39*]

Bitterling, **Rhodeus sericeus amarus** BLOCH

8–9 cm. RFl 3/9–10, BrFl 1/10, BFl 2/6, AFl 3/6. Rücken graugrün. Seiten silbrig, Flossen rötlich. ♂ zur Paarungszeit farbig schillernd. ♀ legt – mit Legeröhre – Eier in die Malermuschel, dort Entwicklung bis zu vollständigen Jungtieren. In stehenden u. langsam fließenden Gewässern.

— Körper langgestreckt. Mund oberständig. Seitenlinie auf höchstens 12 Schuppen [*40*] . . Moderlieschen, **Leucaspius delineatus** (HECKEL)

6–12 cm. RFl 3/8, BrFl 1/13, BFl 2/8, AFl 3/11–13. Mund steil nach oben gerichtet. Rükken olivgrün, Seiten mit stahlblauem Längsstreifen, Bauch silbrig, Flossen gelblichweiß. Schwarmfisch, in kleinen versumpften Gewässern, Torfgräben, flachen Seen.

9. AFl kurz, mit 7–13 Weichstrahlen, meist nicht länger als RFl **10**

— AFl lang, mit 14–45 Weichstrahlen, fast immer länger als RFl **20**

10. Mittellinie des Bauches zwischen BFl u. AFl mit einer Reihe winklig geknickter Schuppen [*41*] Rotfeder, **Scardinius erythrophthalmus** (L.)

20–30 cm. RFl 2–3/8–9, BrFl 1/15–16, BFl 2/8, AFl 3/9–12. Slinie 40–42. Vorderer Ansatz der RFl deutlich hinter der Basis der BFl. Schlundzähne in 2 Reihen. Rücken dunkelolivbraun, Seiten hell mit messingfarbenem Glanz, Iris goldfarben, BFl u. AFl blutrot. In Uferregion stehender u. langsam fließender Gewässer.

— Bauch ohne derartigen Kiel aus winklig geknickten Schuppen **11**

11. Mund stark unterständig, Schnauze also nasenartig vorspringend [*42*]. Lippen scharfkantig, verhornt . **Chondrostoma** AGASSIZ **12**

— Schnauze nicht nasenartig. Lippen nicht scharfkantig **13**

12. Schnauze weit überstehend. Mundspalte quergestellt [*42*]

Nase, **Chondrostoma nasus** (L.)

Bis zu 50 cm lang. RFl 3/9, BrFl 1/15–17, BFl 2/8–9, AFl 3/10–12. Slinie 56–66. Schlundzähne [*34c*]. Körper spindelförmig gestreckt. Rücken graugrün, Bauch gelblich-weiß, RFl grau, alle anderen Flossen rötlich. In schnell fließenden Gewässern (Äschen- u. Barbenregion) u. in einigen Seen des Alpenrandes.

— Schnauze kürzer. Mund als halbkreisförmige Spalte

Lau, **Chondrostoma genei** BONAP.

Bis 40 cm lang. RFl 3/8, BrFl 1/14–15, BFl 2/9, AFl 3/8–9. Slinie 52–56. Über Seitenlinie schwärzlicher Längsstrich. Im Rhein bei Basel, sehr selten, sonst weiter südlich.

13. RFl mit 2 Hartstrahlen, BrFl mit 13–14 Weichstrahlen

Strömer, **Leuciscus souffia agassizi** CUVIER ET VALENC.

14–20 cm. RFl 2/8, BrFl 1/13–14, BFl 2/8, AFl 3/8–9. Slinie 50–56. Körper spindelförmig, Mund etwas unterständig. Rücken graugrün, Bauch silberweiß, an Seiten mit dunklem Längsstreifen oberhalb Seitenlinie. Donau, Oberrhein u. Nebenflüsse.

— RFl mit 3 Hartstrahlen, BrFl mit 15–17 Weichstrahlen. Kein dunkler Längsstreifen an Körperseiten **14**

14. Schuppen sehr klein, kaum sichtbar, 90–110 in der Seitenlinie [*43*]

Elritze, **Phoxinus phoxinus** (L.)

Bis 14 cm. RFl 3/7, BrFl 1/15, BFl 2/8, AFl 3/7. Körper spindelförmig. Rücken olivgrün, Bauchseite hell, Rücken u. Seiten mit dunklen u. hellen Flecken. ♂ zur Laichzeit rötlich, mit hellem Fleck auf Kiemendeckel. Schwarmfisch. In schnell fließenden Gewässern u. in klaren Seen (Alpen, Voralpen).

— Schuppen größer, deutlich sichtbar, 40–70 in der Seitenlinie **15**

15. Mit 9 Schuppenreihen oberhalb der Seitenlinie bis zum Rücken (vgl. [*8*]) [*44*] . . . . Aland, **Leuciscus idus** (L.)

30–75 cm. RFl 3/8–9, BrFl 1/15–16, BFl 2/8, AFl 3/9–10. Slinie 55–60. Körper mittelhoch. Rücken dunkelblaugrün, mit Messingglanz, Bauch gelblich-weiß, Flossen außer RFl rot. Gelbrote Varietät: G o l d o r f e. In Fließgewässern, vor allem Barbenregion.

— Mit weniger als 9 Schuppen oberhalb der Seitenlinie **16**

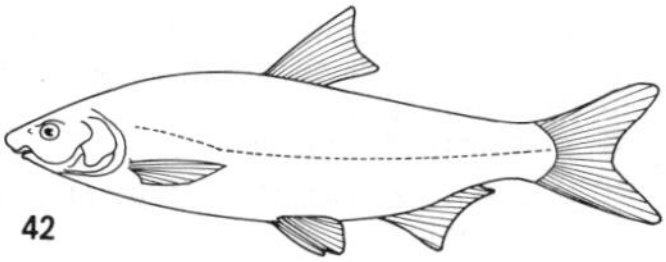
42

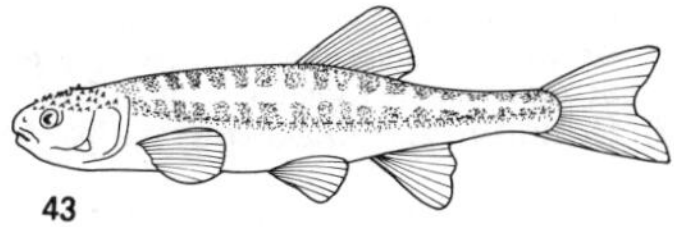
43

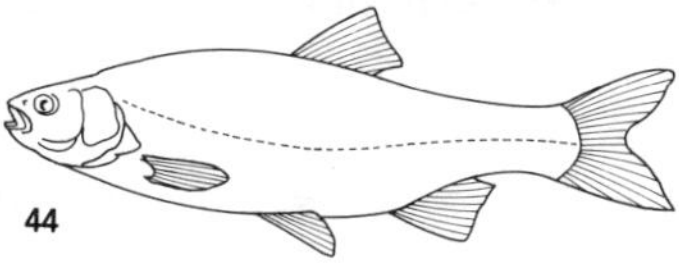
44

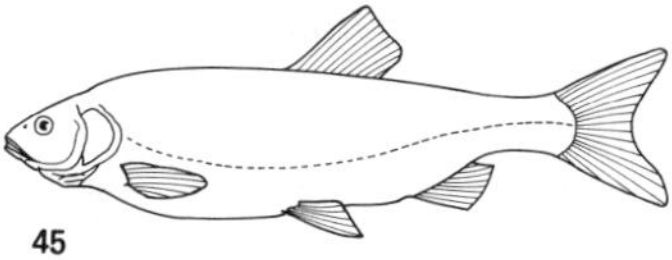
45

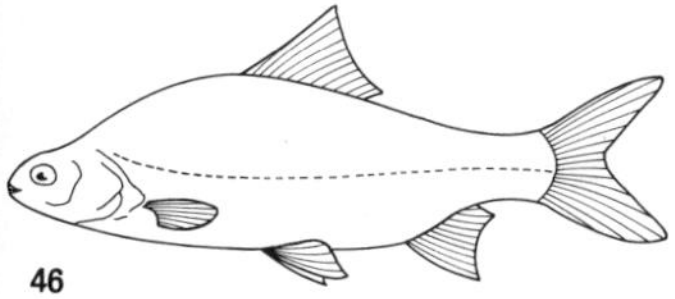
46

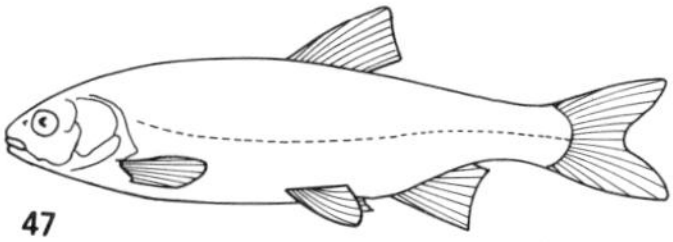
47

16. Unterrand der AFl leicht nach außen gebogen (konvex). Körper gestreckt, drehrund. Kopf dick, Mund tief gespalten [*45*]
Döbel, **Leuciscus cephalus** (L.)

30–60 cm. RFl 3/8–9, BrFl 1/16–17, BFl 2/8, AFl 3/7–9. Slinie 44–46. Schlundzähne [*34b*]. Rücken dunkelblaugrün, Bauch gelblich, Schuppen mit schwarzem Saum, BrFl gelb, andere Flossen rötlich. In langsam fließenden Gewässern u. in Seen, auch im Brackwasser.

— Unterrand der AFl leicht nach innen gebogen (konkav) od. gerade. Körper meist seitlich zusammengedrückt. Kopf schmal, Mund klein **17**

17. Mit 62–67 Schuppen in der Seitenlinie. Körper ± drehrund. Mund endständig . . . . . . Perlfisch, **Rutilus frisiimeidingeri** (HECKEL)

40–70 cm. RFl 3/8–9, BrFl 1/16–17, BFl 2/8–9, AFl 3/9–11. SFl tief ausgeschnitten. Rücken graugrün, seitlich silbern. In Voralpenseen (Chiemsee).

— Mit weniger als 55 Schuppen in der Seitenlinie **18**

18. BrFl mit 15 Weichstrahlen. Seitenlinie mit 41–46 Schuppen [*46*]
Plötze, Rotauge, **Rutilus rutilus** (L.)

12–50 cm, meist kleiner. RFl 3/9–11, BrFl 1/15, BFl 2/8, AFl 3/9–11. Vorderer Ansatz der RFl dicht über oder vor der Basis der BFl. Schlundzähne in 1 Reihe. Körper mittelhoch. Rücken dunkelolivgrün mit bläulichem Schimmer, Bauch silberweiß, Iris gelbrot, BFl u. AFl bräunlichrot. In Seen u. langsam fließenden Gewässern.

— BrFl mit 16–17 Weichstrahlen **19**

19. RFl mit 7–8 Weichstrahlen. Seitenlinie mit 48–54 Schuppen [*47*]
Hasel, **Leuciscus leuciscus** (L.)

Bis 25, selten 30 cm. RFl 3/7–8, BrFl 1/16–17, BFl 2/8, AFl 3/8–9. Schlundzähne in 2 Reihen. Körper gestreckt, seitlich etwas zusammengedrückt. Rücken stahlblau glänzend, Bauch gelblichweiß (ähnlich dem Döbel, aber Flossen u. Körper heller, SFl tiefer eingeschnitten). In fließenden Gewässern, auch Seen, Haffen, weit verbreitet.

— RFl mit mindestens 9 Weichstrahlen. Seitenlinie mit 44–49 Schuppen
Frauennerfling, **Rutilus pigusvirgo** (HECKEL)

Bis 40 cm. RFl 3/9–12, BrFl 1/16–17, BFl 2/8–9, AFl 3/9–11. Schlundzähne in 1 Reihe. Körper bläulichgrün, glänzend, Flossen gelblich bis bräunlich, Iris hellgelb mit schwärzlichen Punkten (ähnlich Plötze). In Donau u. Nebenflüssen.

20. Seitenlinie tiefliegend, wellenförmig. Körper messerartig [*48*]
Sichling, Ziege, **Pelecus cultratus** (L.)

25–40 cm. RFl 3/7–8, BrFl 1/15, BFl 2/7, AFl 3/26–29. Slinie 100–110. BrFl groß, spitz, RFl u. BFl klein, AFl schmal. Donau aufwärts bis Passau, Osteuropa, Haffe der Ostsee.

— Seitenlinie gerade od. schwach gebogen. Körper nicht messerartig **21**

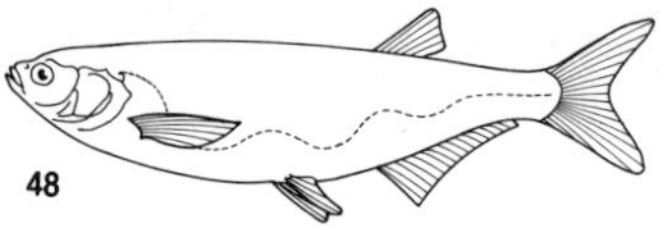

48

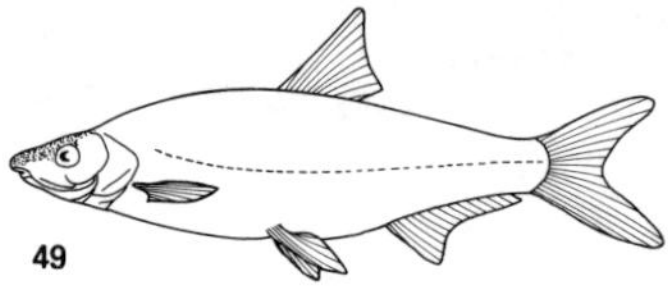

49

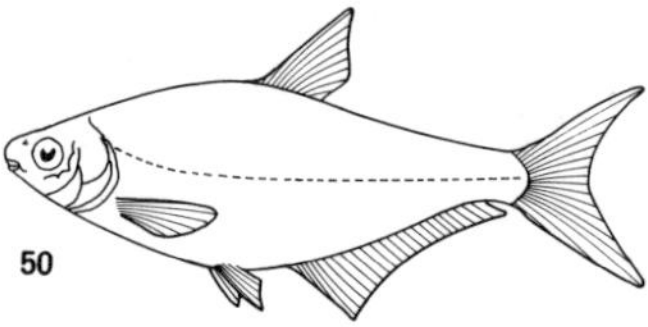

50

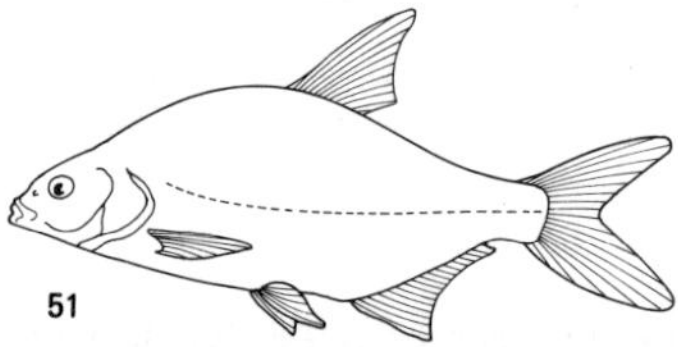

51

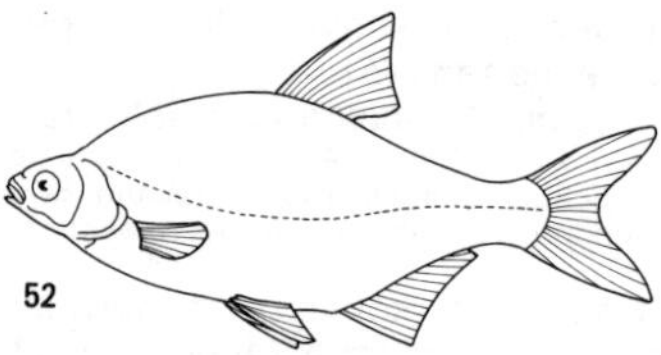

52

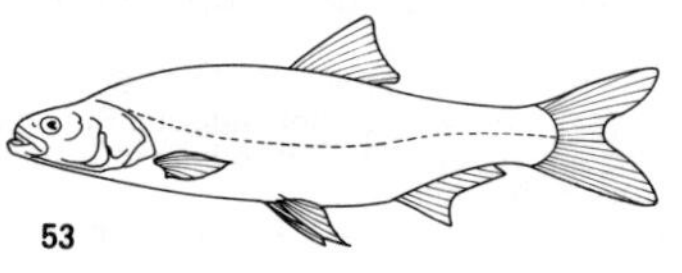

53

21. AFl mit über 17 Weichstrahlen. Unterkiefer in einen Ausschnitt der Oberlippe passend **22**

— AFl meist mit weniger als 17 Weichstrahlen. Oberlippe ohne Ausschnitt **26**

22. Mund deutlich unterständig [*49*] . . . . Zährte, **Vimba vimba** (L.)

20–30 (selten 50) cm. RFl 3/8, BrFl 1/15, BFl 2/9–10, AFl 3/17–20. Slinie 55–60. Schnauze vorragend, dunkel gefärbt („Rußnase"). Rücken graublau, während Laichzeit schwarz, Bauch silberweiß. Im Unterlauf größerer Flüsse, im Brackwasser der Ostsee.

Eine Varietät **V. v. elongata** (Valenc.), Seerüßling (mit kürzerer Schnauze) in süddeutschen Seen.

— Mund endständig od. oberständig **23**

23. AFl lang, mit wenigstens 37 Weichstrahlen (A 3/37–45) . . . **24**

— AFl kürzer, höchstens mit 28 Weichstrahlen **25**

24. Mit 66–73 Schuppen in der Seitenlinie Zope, **Abramis ballerus** (L.)

20–35 cm. RFl 3/8, BrFl 1/15, BFl 2/8, AFl 3/39. Körper hoch, seitlich zusammengedrückt. Rücken dunkel mit braunem, grünem od. blauem Ton, Bauch silberweiß, AFl u. SFl rötlich-braun, dunkel gesäumt. Im Mündungsgebiet größerer Flüsse, in Haffen der Ostsee.

— Mit 49–52 Schuppen in der Seitenlinie [*50*]
Zobel, **Abramis sapa** (Pallas)

20–30 cm. RFl 3/8, BrFl 1/15, BFl 2/8, AFl 3/37–45. Körper hoch, seitlich stark abgeflacht. Hell silbergrau, Rücken wenig dunkler. In Flüssen (Donau).

25. BrFl bis an Wurzel der BFl reichend, BrFl u. BFl graublau. Schlundzähne in 1 Reihe [*51*] . Brachsen, Brassen, Blei, **Abramis brama** (L.)

40–70 cm. RFl 3/9, BrFl 1/15, BFl 2/8, AFl 3/23–28. Slinie 51–56. Körper seitlich zusammengedrückt, hochrückig. Rücken dunkelgrau, Bauch weißlich, RFl, AFl u. SFl dunkelgrau. In Seen u. langsam fließenden Gewässern („Bleiregion"). Guter Speisefisch.

— BrFl nicht bis an die Wurzel der BFl reichend. Basis der BrFl u. BFl rötlich. Schlundzähne in 2 Reihen [*52*] Güster, **Blicca bjoerkna** (L.)

20–30 cm. RFl 3/8, BrFl 1/14–15, BFl 2/8, AFl 3/19–23. Slinie 45–50. In Seen u. langsam fließenden Gewässern.

26. Mundspalte groß, bis unter die Augenmitte reichend [*53*]
Rapfen, **Aspius aspius** (L.)

40–90 cm. RFl 3/8, BrFl 1/16, BFl 2/8–9, AFl 3/14. Slinie 65–73. Schuppen klein. Rükken olivgrün, Bauch silbrig, BrFl, BFl u. AFl rötlich. Raubfisch. In größeren Seen (Oberflächenfisch!), in Flüssen u. im Brackwasser (Ostsee).

— Mundspalte klein, nicht bis unter die Augen reichend **27**

27. Seitenlinie in der Mitte tief nach unten gebogen u. durch Doppelreihe schwarzer Punkte eingefaßt
Schneider, **Alburnoides bipunctatus** (Bloch)

9–16 cm. RFl 3/7–8, BrFl 1/14, BFl 2/7–8, AFl 3/15–17. Slinie 45–54. AFl beginnt etwas hinter der RFl. Besonders zur Laichzeit mit dunkler Längsbinde über der Slinie. Flossen an Basis leicht orange gefärbt. In klaren Fließgewässern.

— Seitenlinie nicht schwarz eingefaßt **28**

28. AFl mit 17–20 Weichstrahlen, unmittelbar unter der RFl beginnend [*54*] . . . . Uklei, Ukelei, **Alburnus alburnus** (L.)

10–20 cm. RFl 3/8, BrFl 1/15, BFl 2/8, AFl 3/17–20. Slinie 46–54. Rücken blaugrün, Bauch silbern. In fließenden u. stehenden Gewässern, auch Ostsee.

— AFl mit 14–16 Weichstrahlen, ein wenig hinter der RFl beginnend
Mairenke, **Chalcalburnus chalcoides mento** (Agassiz)

15–30 cm. RFl 3/8, BrFl 1/15, BFl 2/8, AFl 3/14–16. Slinie 65–67. Mund steil nach oben gerichtet. Rücken blaugrün, Bauch hell. In Seen u. deren Zu- u. Abflüssen, im Donaugebiet.

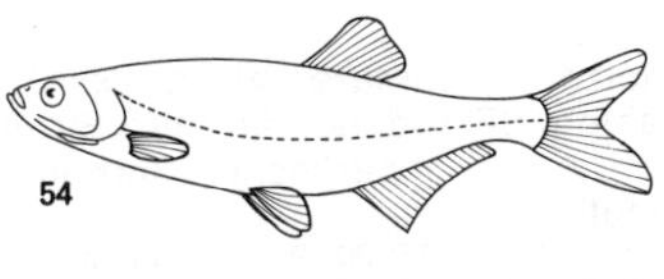
54

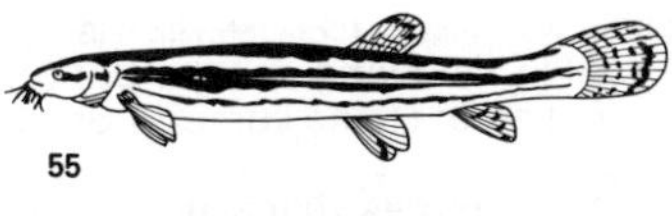
55

57

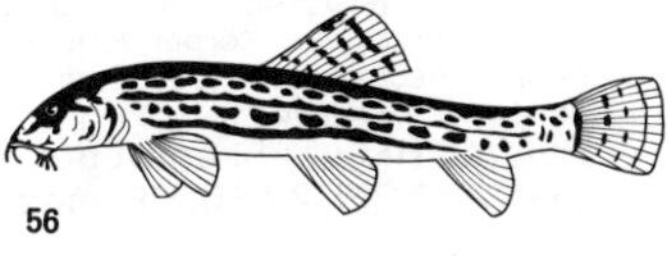
56

Familie: **Cobitidae,** Schmerlen

Mund ohne Zähne. Leben auf dem Boden von Süßgewässern. Darmatmer.

1. Mit 6 Barteln, nur am oberen Mundrand. Bis 15 cm **2**

— Mit 10 Barteln, davon 4 kürzere am unteren Mundrand. 20–30 cm [*55*] Schlammpeitzger, **Misgurnus fossilis** (L.)

RFl 3/5–6, BrFl 1/10, BFl 1/5–6, AFl 2–3/5. Körper im Querschnitt rund, hinten seitlich zusammengedrückt. Rotbraun, Bauch hell, jederseits mit 2 dunklen Längsstreifen. In schlammigem Grund stehender u. langsam fließender Gewässer, auch Ostsee.

2. Barteln kurz. Dicht unter Augen ein zweispitziger Dorn, nach vorn aufrichtbar [*56*] . . . . Steinbeißer, **Cobitis taenia** L.

8–12 cm. RFl 3/7, BrFl 1/6–8, BFl 1/5, AFl 3/5. Körper zusammengedrückt. Gelblich, mit mehreren Längsreihen dunkler Flecken an den Seiten. In stehenden u. fließenden Gewässern mit sandigem u. schlammigem Grund.

— Barteln lang, vor allem die in den Mundwinkeln. Kein derartiger Augenstachel [*57*]

Bartgrundel, Schmerle, **Noemacheilus barbatulus** (L.)

Bis 15 (selten bis 19) cm. RFl 3/7, BrFl 1/12, BFl 1/7, AFl 3/5. Körper drehrund. SFl gerade abgeschnitten, mit seichter Einbuchtung. Rücken u. Seiten graubraun, mit dunklen Flecken. In klaren fließenden u. stehenden Gewässern mit steinigem Grund, auch Ostsee.

Ordnung: **Siluriformes,** Welsartige

Grundfische in Süßgewässern. Räuber.

1. Ohne Fettflosse. Mit 6 Barteln . . . . Welse, **Siluridae**

Nur **Silurus glanis** L. [*58*], Wels

1–3 m. RFl 1/4, BrFl 1/14–17, BFl 11–13, AFl 90–92. Kopf breit u. platt, Mund mit zahlreichen Hechelzähnen. Oberlippe mit 2 langen Barteln, Unterlippe mit 4 kürzeren. Haut schuppenlos. Rücken dunkel, Seiten u. Bauch heller, marmoriert. Nahrung: Fische u. Wasservögel. In größeren Flüssen u. Seen.

— Mit Fettflosse. Mit 8 Barteln Zwergwelse, **Ictaluridae (= Ameiuridae)**

Nur **Ictalurus (= Ameiurus) nebulosus** (Le Sueur), Zwergwels

30–40 cm. RFl 1/6, BrFl 1/8, BFl 8, AFl 1/20–22. Rücken bläulich-oliv, Bauch gelblich. 1885 aus USA eingeführt. Zerstreut in stehenden u. langsam fließenden Gewässern.

Ordnung: **Gadiformes,** Dorschartige

Marin. Nur Quappe **(Lota lota)** im Süßwasser.

1. RFl u. AFl lang, mit der SFl verschmolzen, im hinteren Viertel der RFl mit einer Reihe kürzerer Stachelstrahlen. BFl rudimentär, mit 3 Strahlen . . . . Gebärfische, **Zoarcidae**

Nur **Zoarces viviparus** (L.) [*59*], Aalmutter

30–60 cm. RFl 72–85 + 5–9 Stachelstrahlen + 16–24, AFl 80–95. Kopf plump, mit weiter Mundspalte. Körper verjüngt sich nach hinten. Gelbbraun, mit 2 Längsreihen dunkler Flecken. Lebendgebärend. Nahrung: Kleintiere u. Fische. In der Küstenregion von Nord- u. Ostsee.

— SFl frei, RFl u. AFl entweder lange Säume od. in mehrere Flossen geteilt (2–3 RFl, 2 AFl). BFl meist mit 6 Strahlen. Meist mit 1 Kinnbartel Schellfische, **Gadidae** S. 531

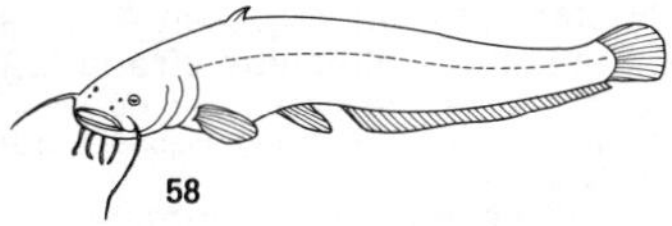
58

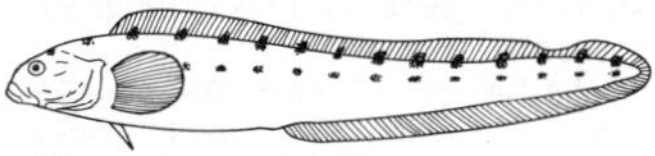
59

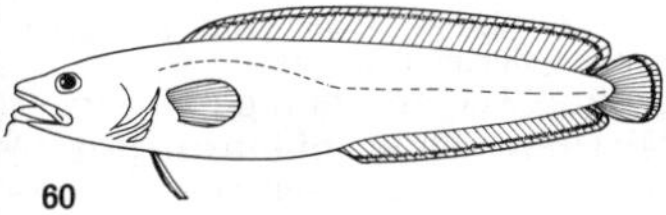
60

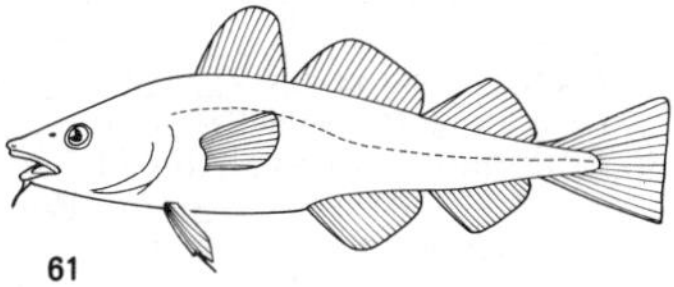
61

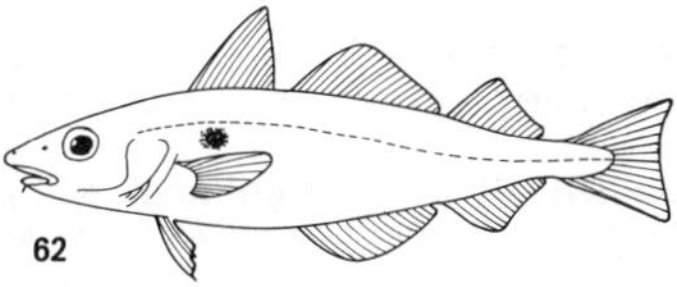
62

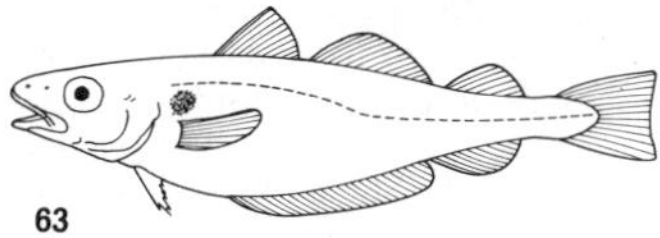
63

Familie: **Gadidae,** Schellfische

Grundfische. Meist gute Schwimmer. Eier frei schwebend.

1. Mit 3 getrennten RFl u. 2 getrennten AFl **2**

— Mit 2 getrennten RFl u. 1 AFl **8**

— Mit 1 RFl u. 1 AFl [*60*] . Brosme, Lumb, **Brosme brosme** (Ascan.)
Bis 1 m. RFl 93–101, AFl 62–75. Hellgrau bis bräunlich, Saum der unpaaren Flossen schwarzweiß gebändert. Bodentierfresser. Nordmeere. Nutzfisch.

2. Mit Bartel, diese groß [*61*] **3**

— Mit Bartel, diese klein od. sehr dünn [*62*] **4**

— Ohne Bartel. 1. AFl so lang od. länger als 1. RFl u. 2. RFl zusammen **6**

3. 1. RFl oben gerundet. 2. RFl, 3. RFl, 1. AFl u. 2. AFl alle etwa gleich lang. SFl hinten fast gerade [*61*] Kabeljau, Dorsch, **Gadus morhua** L.
Bis 150 cm. RFl 12–15 + 16–20 + 16–20, AFl 17–26 + 16–19. Oberkiefer überragt Unterkiefer. Seitenlinie unter 2. RFl nach unten gebogen. Rücken olivgrün od. braun, marmoriert, Bauch hell. Raubfisch. Nord- u. Ostsee. Wichtiger Nutzfisch.

— 1. RFl zugespitzt. 2. RFl u. 1. AFl etwa gleich lang, 3. RFl u. 2. AFl kürzer. SFl eingeschnitten . . Zwergdorsch, **Trisopterus minutus** (L.)
Bis 25 cm. RFl 12–15 + 19–25 + 19–24, AFl 25–31 + 20–22. Augen auffallend groß. Graubraun, Seiten silbergrau. Im flachen Wasser, Nordsee, westliche Ostsee.

— 1. RFl zugespitzt, 1. AFl länger als 2. RFl, 3. RFl u. 2. AFl kürzer als diese beiden Flossen Französischer Dorsch, **Trisopterus luscus** (L.)
Bis 30 cm. RFl 11–14 + 20–24 + 18–20, AFl 30–34 + 19–22. Dunkelgrau, Seiten silbern, mit 4 dunklen Querbinden, mit schwarzem Fleck an der Basis der BFl. Südwestliche Nordsee.

4. Oberkiefer überragt den Unterkiefer. Hinteres Ende der Kiefer unter dem vorderen Augenrand. Seitenlinie schwarz. Über den BrFl ein schwarzer Fleck [*62*] Schellfisch, **Melanogrammus aeglefinus** (L.)
Bis 90 cm. RFl 14–17 + 20–24 + 19–22, AFl 21–25 + 20–24. Rücken graubraun, Bauch hell. Nahrung: kleine Fische u. Wirbellose. Nord- u. Ostsee. Wichtiger Nutzfisch.

— Unterkiefer überragt den Oberkiefer **5**

5. 1. RFl gerundet. Hinteres Ende der Kiefer vor dem vorderen Augenrand . . . . Köhler, Seelachs, **Pollachius virens** (L.)
Bis 1 m. RFl 12–14 + 19–24 + 19–22, AFl 21–25 + 20–24. Seitenlinie gerade, weißlich. Dunkelgrün bis schwarz, Seiten u. Bauch grau bis weiß. Nahrung: Fische. Nordsee. Wichtiger Nutzfisch. Im Handel als „Seelachs".

— 1. RFl zugespitzt. Hinteres Ende der Kiefer bis unter Augenmitte reichend . . . . Stintdorsch, **Trisopterus esmarkii** (NILSSON)
Bis 24 cm. RFl 14–15 + 23–26 + 23–26, AFl 29–31 + 25–27. Augen groß. Schwarzer Fleck an der Basis der BrFl. Olivbraun, Seiten silberglänzend. Nordsee.

6. Seitenlinie gerade. Alle 3 RFl durch große Zwischenräume getrennt
Blauer Wittling, **Micromesistius poutassou** (RISSO)
Bis 40 cm. RFl 12–14 + 12–14 + 23–26, AFl 33–39 + 24–27. Unterkiefer etwas vorstehend. Augen groß. Mundhöhle u. Kiemendeckel innen schwarz. Blaugrau, Seiten silbern. Tiefenfisch. Nordsee.

— Seitenlinie gebogen. Alle RFl enger zusammen [*63*] **7**

7. Unterkiefer überragt Oberkiefer. Seitenlinie biegt zwischen 1. u. 2. RFl nach unten. SFl hinten gerade
Pollack, Heller Seelachs, **Pollachius pollachius** (L.)
60–100 cm. RFl 12–13 + 18–20 + 15–19, AFl 24–31 + 16–20. Rücken bräunlich-gelb, Bauch weißlich. Raubfisch. Nordsee, seltener Ostsee.

— Kiefer gleich lang. Seitenlinie biegt unter 2. RFl nach unten. SFl hinten leicht nach innen eingebuchtet. Unpaare Flossen niedrig [*63*]
Wittling, Merlan, **Merlangius merlangus** (L.)
Bis 50 cm. RFl 13–15 + 20–25 + 19–22, AFl 31–38 + 20–24. An Basis der BrFl schwarzer Fleck (ähnlich Schellfisch). Graugrün bis olivbraun, Seiten u. Bauch weißlich. Nordsee u. westliche Ostsee. Nutzfisch.

8. 1. RFl deutlich entwickelt [*65*] **9**

— 1. RFl in mehr als 3 freie, fadenförmige Strahlen aufgelöst [*68*] **11**

— 1. RFl reduziert, nur 3 Strahlen. BFl mit 2 langen, gebogenen, frei endenden Strahlen [*64*] . . . Froschquappe, **Raniceps raninus** (L.)
20–30 cm. RFl 3 + 61–67, AFl 55–61. Kopf breit, Körper keilförmig. Braunschwarz mit bläulichem Schimmer. Räuber. Nord- u. Ostsee.

9. Ohne Barteln. Hinterer Teil von 2. RFl u. AFl höher als vorderer [*65*]
Seehecht, Hechtdorsch, **Merluccius merluccius** (L.)
Bis 1 m. RFl 9–11 + 37–39, AFl 37–39. Kopf spitz, Mundspalte groß. Unterkiefer länger als Oberkiefer. Schwarzbraun, Seiten u. Bauch silberglänzend. Nahrung: Fische. Nordsee. Nutzfisch.

— Mit Barteln. 2. RFl u. AFl in ganzer Länge etwa gleich hoch . **10**

10. Mit langer Bartel am Unterkiefer u. je 1 kurzen Bartel vor den Nasenlöchern [*66*]. Im Süßwasser u. Brackwasser
Quappe, Rutte, **Lota lota** (L.)
Bis 70 cm. RFl 12–14 + 68–75, AFl 65–70. Kopf flach, mit großem Mund. Rücken dunkelbraun marmoriert, Bauch hell. Allesfresser. Am Boden vor allem langsam fließender Gewässer. Speisefisch.

— Nur mit langer Bartel am Unterkiefer [*67*] . Leng, **Molva molva** (L.)
Marin. Bis 180 cm. RFl 13–16 + 62–70, AFl 57–66. Oberkiefer überragt etwas den Unterkiefer. Bartel länger als Augendurchmesser. Unpaare Flossen weiß gesäumt. RFl u. AFl hinten mit schwarzem Fleck. Raubfisch. Bräunlich, unten heller. Nordsee. Ähnlich der Blauleng, **M. dipterygia** (PENN.), aber Augen größer u. Bartel kürzer; Kiefer gleichlang. Bis 1 m. Nördliche Nordsee.

11. Mit 5 Barteln, davon 4 am Oberkiefer, 1 am Unterkiefer [*68*]
Fünfbärtelige Seequappe, **Ciliata mustela** (L.)
Bis 30 cm. 2. RFl 50–55, AFl 40–41. Nahrung: kleine Fische u. Krebse. Nordsee.

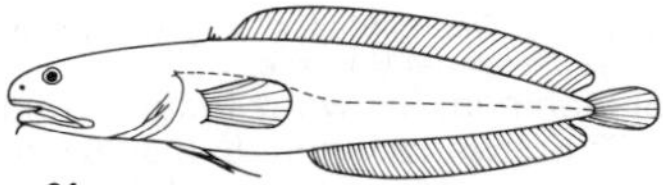

64

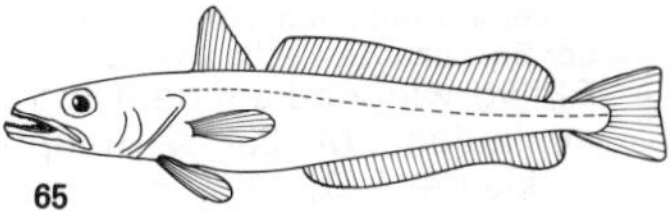

65

66

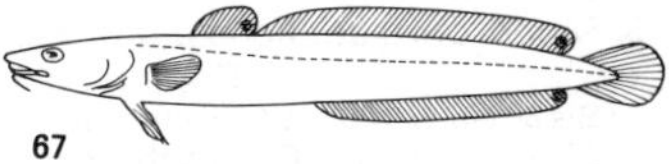

67

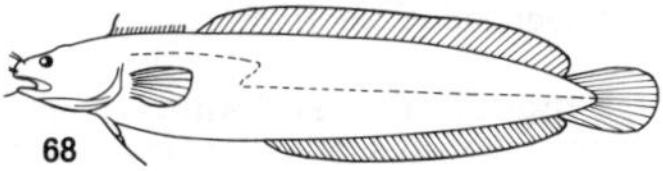

68

69

— Mit 4 Barteln, davon 3 am Oberkiefer . . . . Vierbärtelige Seequappe, **Rhinonemus (= Enchelyopus) cimbrius** (L.)
Bis 35 cm. 2. RFl 45–50, AFl 37–41. Schwarzbraun bis gelbgrau. Nahrung: Krebstiere. Nord- u. Ostsee.
— Mit 3 Barteln, davon 2 am Oberkiefer
Dreibärtelige Seequappe, **Gaidropsarus vulgaris** (CLOQUET)
Bis 60 cm. 2. RFl 56–64, AFl 46–52. Nahrung: Krebstiere u. kleine Fische. Nördliche Nordsee.

Ordnung: **Atheriniformes**

1. Kopf lang ausgezogen [*69*] . . . . **Belonidae**
Nur **Belone belone** (L.) [*69*], Hornhecht
Bis 90 cm. Rücken blaugrün, Bauch silbrig. Gräten nach dem Kochen grün! Räuber. Pelagisch, Nord- u. Ostsee, auch im Brackwasser der Flüsse.
— Kopf nicht lang ausgezogen . . . . . . Ährenfische, **Atherinidae**
Nur **Atherina presbyter** CUV., Ährenfisch
Bis 15 cm. RFl 7–8/0 + 1/13–14, AFl 1/14–16. Slinie 53–57. Graugrün, längs jeder Körperseite mit breitem Silberstreifen. Körper etwas durchscheinend. In Schwärmen. Nahrung: Plankton. Bisweilen in Nordsee.

Ordnung: **Syngnathiformes,** Büschelkiemenartige
Familie: **Syngnathidae,** Seenadeln

Körper langgestreckt, mit Hautschildern gepanzert (7 Längsreihen am Rumpf, 4 am Schwanz). Marin. ♂♂ tragen die Eier in Bruttasche (Brutpflege!). Planktonfresser, Nahrung wird durch röhrenförmigen Mund eingesogen. Im flachen Wasser zwischen Vegetation.

1. Nur RFl vorhanden, die anderen Flossen fehlen od. sind rudimentär (SFl) **2**
— RFl, BrFl u. AFl vollständig entwickelt **3**
2. RFl vorwiegend auf dem Rumpf vor dem After. SFl rudimentär. Mit 28–31 Rumpf- u. 60–69 Schwanzringen. ♀ bis 60, ♂ bis 40 cm
Große Schlangennadel, **Entelurus aequoreus** (L.)

Olivbraun, mit schmalen, silbrigen, dunkel gesäumten Querbinden. ♂ trägt Eier frei in der Bauchhaut zwischen Kehle u. After. Küstengewässer der Nordsee.

— RFl vorwiegend auf dem Schwanz. SFl fehlend, Schwanz fadenförmig auslaufend. Mit 28–32 Rumpf- u. 68–77 Schwanzringen. ♀ bis 26 cm, ♂ kleiner [*70*] . . Kleine Schlangennadel, **Nerophis ophidion** (L.)

Gelbgrün, mit vielen runden hellen Flecken. ♂ mit Eiern in der wabigen Bauchhaut. Westliche Ostsee.

3. Mundröhre seitlich zusammengedrückt. Mit 16–18 Rumpfringen [*71*] Schmalschnäuzige Seenadel, **Syngnathus typhle** L.

Bis 30 cm. Mit 33–39 Schwanzringen. Bräunlich od. grünlich. Ostsee, seltener Nordsee.

— Mundröhre im Querschnitt rund **4**

4. Mit 19–21 Rumpfringen . . Große Seenadel, **Syngnathus acus** L.

Bis 40 cm. Mit 43–46 Schwanzringen. Braun, mit Querbinden. Nur Nordsee.

— Mit 13–15 Rumpfringen Kleine Seenadel, **Syngnathus rostellatus** Nilsson

Bis 17 cm. Mit 37–42 Schwanzringen. Dunkelbraun, Bauch silbrig. Nordsee, selten Ostsee.

Ordnung: **Gasterosteiformes,** Stichlingsartige
Familie: **Gasterosteidae,** Stichlinge

Limnisch u. marin. ♂ treibt Brutpflege, baut Nester aus Pflanzenteilen. Nahrung: Kleintiere.

1. Mit 14–17 Rückenstacheln. Bis 17 cm. Körper langgestreckt, kantig. Nur marin [*72*] . . . . . . Seestichling, **Spinachia spinachia** (L.)

RFl 14–17/5–7, BrFl 0/10–11, BFl 1/2, AFl 1/5–7. Olivgrün bis bräunlich, Seiten goldglänzend. Nord- u. Ostsee, zwischen Seegras u. Tangen.

— Mit höchstens 12 Rückenstacheln. Bis 12 cm. Limnisch u. marin **2**

2. Mit 2–5 (meist 3) Rückenstacheln. Körperseiten mit Knochenschildern bedeckt [*73*] Dreistacheliger Stichling, **Gasterosteus aculeatus** L.

Bis 11 cm. RFl 3/10–12, BrFl 0/9–10, BFl 1/1, AFl 1/8. Grausilbrig, ♂ zur Laichzeit mit blaugrünem Rücken, roter Kehle u. Brust. Im Süßwasser (Seen, Teiche, Flüsse), Brack- u. Meerwasser, häufig. Marine Form zur Laichzeit im Süßwasser.

— Mit 9–11 (selten 7–13) Rückenstacheln. Körperseiten nackt, nur Schwanzstiel mit Schildern [*74*] Zwergstichling, **Pungitius pungitius** (L.)

Bis 6 cm. RFl 9–11/11, BrFl 0/9–10, BFl 1/1, AFl 1/9–11. Braungrau. In Flüssen, Seen, an Ostseeküste.

70

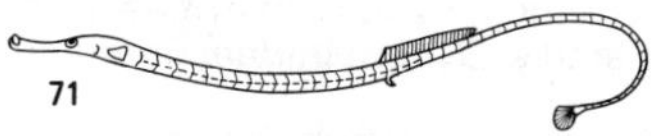
71

72

73

74

Ordnung: **Perciformes** u. **Scorpaeniformes,** Barschartige

Marin, nur **Centrarchidae, Percidae** u. einige **Cottidae** im Süßwasser.

1. BFl vorhanden **4**

— BFl als runde Saugscheibe zwischen den BrFl [*81*] **Cyclopteridae** S. 538

— BFl fehlen **2**

2. AFl lang, fast die gesamte Schwanzunterseite einnehmend [*93, 94*] **3**

— AFl kürzer. Kopf mit langem Fortsatz . . Schwertfische, **Xiphiidae**

Nur **Xiphias gladius** L., Schwertfisch

Bis 3,5 m. Fortsatz schwertförmig. 1. RFl groß, sichelförmig. Rücken dunkelblau od. -braun, Bauch hell. Räuber. In Nord- u. Ostsee, selten.

3. Bezahnung schwach od. fehlend. Körper schlank. Unterkiefer vorstehend [*94*] . . . . Sandaale, **Ammodytidae** S. 542

— Ober- u. Unterkiefer mit großen Zähnen, diese im vorderen Teil der Mundhöhle konisch, hinten flach Wolfsfische, **Anarhichadidae** S. 542

4. BFl brustständig **5**

— BFl bauch- od. kehlständig, bisweilen rudimentär **17**

5. Mit zahlreichen kleinen Flossen hinter der RFl u. AFl [*96*] Makrelen, **Scombridae** S. 544

— Ohne derartige kleine Flossen hinter RFl u. AFl **6**

6. AFl mit 1–4 Stachelstrahlen vor den Gliederstrahlen **7**

— AFl ausschließlich mit Gliederstrahlen **15**

7. BFl an den Innenrändern miteinander verwachsen Grundeln, Külinge, **Gobiidae** S. 543

— BFl getrennt **8**

8. Mit 2 langen Barteln am Kinn . . . . . . Meerbarben, **Mullidae**

Nur **Mullus surmuletus** L., Meerbarbe, Streifenbarbe

Bis 40 cm. RFl 7–8/0 + 0/9, AFl 2/6. Rot, zum Bauch silbern. Nahrung: Krebs- u. Weichtiere. Selten in Nord- u. Ostsee. Nutzfisch.

— Ohne Barteln **9**

9. Seitenlinie mit großen gekielten Schuppenschildern [*75*]. Die 2 Stachelstrahlen von übrigen AFl getrennt Stachelmakrelen, **Carangidae**

Nur **Trachurus trachurus** (L.) [*75*], Stöcker, Bastardmakrele

Bis 40 cm. RFl 8/0 + 1/30–34, AFl 2/27–34. Schuppen klein, leicht ausfallend. SFl tief gegabelt. Rücken dunkelgrün, Bauch hell, am Kiemendeckel mit dunklem Fleck. Nahrung: Fische, Krebse. Nordsee, im Herbst auch westliche Ostsee.

— Seitenlinie ohne Schilder. Stachelstrahlen der AFl durch Flossenhaut mit den Gliederstrahlen verbunden **10**

10. Vorderer Teil der RFl (mit Stachelstrahlen) wesentlich kürzer als der hintere (mit Gliederstrahlen) . . . . . Umberfische, **Sciaenidae**

Nur **Argyrosomus regius** (Asso) (= **Sciaena aquila** (Lacép.)), Adlerfisch

Bis 2 m. RFl 10/0 + 0/27–29, AFl 2/7. RFl können in Furche zurückgelegt werden. Rücken braun, Bauch hell. Raubfisch. Selten, Nord- u. Ostsee.

— Vorderer (stachelstrahliger) Teil der RFl länger od. kaum kürzer als hinterer (gliederstrahliger) Teil **11**

11. AFl mit 2 (od. nur 1) Stachelstrahlen. Im Süßwasser, auch Brackwasser . . . . Barsche, **Percidae** S. 539

— AFl mit 3 od. mehr Stachelstrahlen **12**

12. Mit Cycloidschuppen (vgl. [*7b*]) . . . Lippfische, **Labridae** S. 541

— Mit Ctenoidschuppen (vgl. [*7c*]) (Zähnchen können sehr fein sein) **13**

13. Vorderer (stachelstrahliger) Teil der RFl länger u. niedriger als hinterer (weichstrahliger) Teil [*76*]. BFl mit 1 gesondertem Stachelstrahl **Scorpaenidae**

Nur **Sebastes marinus** (L.) [*76*], Rotbarsch, Goldbarsch

Bis 80 cm. RFl 15/0 + 0/14–15, AFl 3/7–9. Kiemendeckel mit Stacheln. Rot. Lebendgebärend. Nordmeere, im tieferen Wasser. Wichtiger Nutzfisch.

— RFl u. BFl anders **14**

14. Mit 2 getrennten Rückenflossen . . . Zackenbarsche, **Serranidae**

Nur **Dicentrarchus labrax** (L.), Seebarsch, Wolfsbarsch

Bis 1 m. RFl 9/0 + 0/13, AFl 3/11. Kiemendeckel mit 2 Dornen. Zähne klein. Rücken u. unpaare Flossen dunkel, Bauch heller, Kiemendeckel mit dunklem Fleck. Räuber. Küstenfisch. Nordsee u. westliche Ostsee. Nutzfisch.

— Mit einheitlicher, hinten gerundeter RFl [*83*]. Im Süßwasser Sonnenbarsche, **Centrarchidae** S. 538

— Mit einheitlicher, hinten nicht gerundeter RFl. Im Meer **Sparidae** S. 540

15. BrFl mit 3 freien ventralen Strahlen, diese zu Schreit- u. Tastorganen umgewandelt [*78*] . . . . Knurrhähne, **Triglidae** S. 536

— BrFl ohne freie Strahlen **16**

16. Körper durch Reihen knöcherner Platten gepanzert. Unterkiefer mit zahlreichen Barteln [*77*] . . . . Panzergroppen, **Agonidae**

Nur **Agonus cataphractus** (L.) [*77*], Steinpicker

Bis 20 cm. RFl 4–6/0 + 0/6–8, AFl 0/5–7. Mund klein, unterständig. Schnauzenspitze mit 4 hornähnlichen Dornen. Braun, mit 4 dunklen Querbinden, Bauch hell. Nahrung: Kleintiere. Grundfisch, in Nordsee (Wattenmeer) u. Ostsee.

— Haut nackt. Unterkiefer ohne Barteln. Körper gedrungen, keulenförmig, mit breitem Kopf . . . . Groppen, **Cottidae** S. 537

17. BFl bauchständig, 1/5. Mit 2 kurzen, getrennten RFl **18**

— BFl kehlständig. RFl anders **19**

18. Mit silbernem Band längs jeder Körperseite Ährenfische, **Atherinidae** (zu **Atheriniformes**) S. 533

— Ohne derartiges silbernes Band . . Meeräschen, **Mugilidae** S. 540

19. BFL 1/5. 1. RFl kurz, 2. RFl u. AFl sehr lang [*90*] Drachenfische, **Trachinidae** S. 541

— BFl 1/1–3. Mit 1 langen RFl u. langen AFl [*91*] Schleimfische, **Blenniidae** S. 542

Familie: **Triglidae,** Knurrhähne

Marin. Erzeugen knurrende Töne durch Kontraktion der Schwimmblasenmuskulatur. ♂ zur Laichzeit lebhaft gefärbt. Räuber. Grundfische auf sandigem Boden, gute Schwimmer.

1. BrFl etwa so lang (von der Basis zur Spitze gemessen) wie BFl, höchstens bis Vorderende der AFl reichend [*78*] Grauer Knurrhahn, **Eutrigla gunardus** (L.)

Bis 40 cm. RFl 8–9/0 + 0/18–20, AFl 0/17–21. Rücken gelblich bis grau, Bauch weiß. Nordsee, selten westliche Ostsee. Nutzfisch.

— BrFl viel länger als BFl, bis über Anfang der AFl hinaus reichend Roter Knurrhahn, **Trigla lucerna** L.

Bis 60 cm. RFl 9–10/0 + 0/16–17, AFl 0/14–16. Rücken rot, Bauch rötlich, BrFl außen schwarzblau. Nordsee, selten westliche Ostsee.

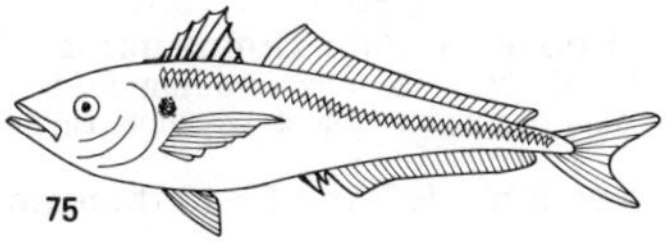

75

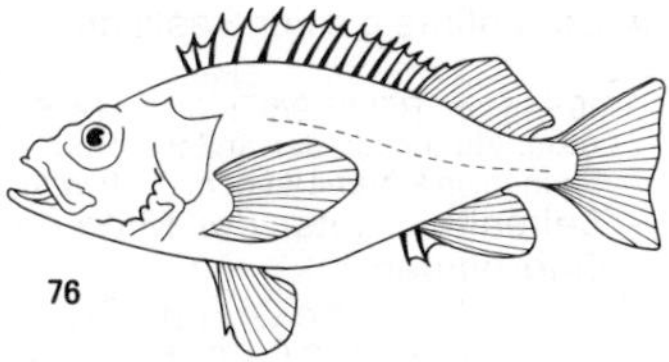

76

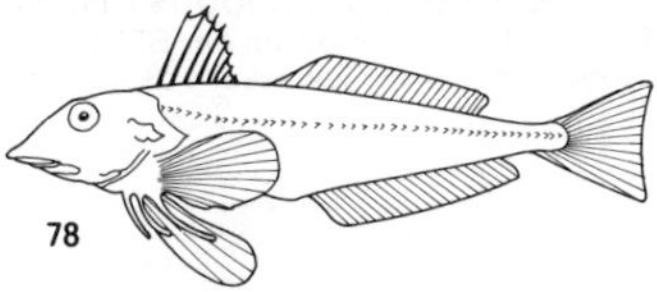

78

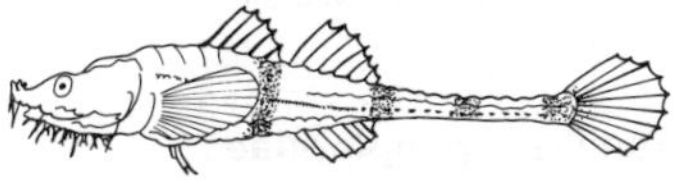

77

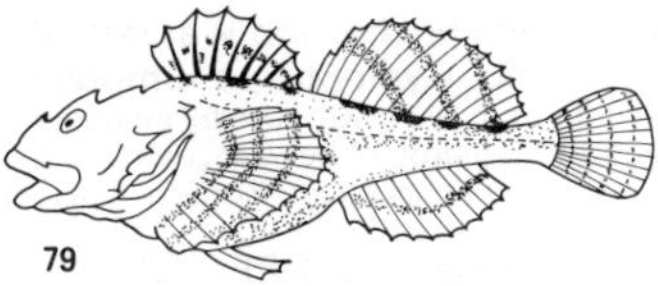

79

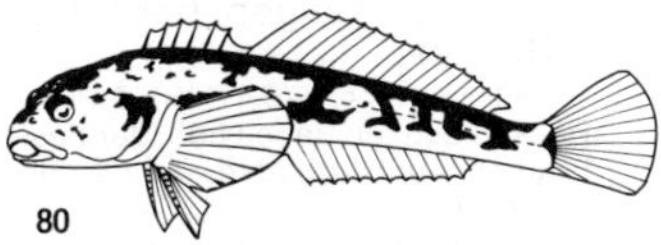

80

Familie: **Cottidae,** Groppen

Marin und limnisch. Erzeugen knurrende Töne mittels der Muskulatur des Kiemendeckelapparates. Eier am Boden in Klumpen, vom ♂ bewacht. Räuber. Grundfische.

1. Scheitel mit Höckern od. Längskielen. Schnauze oben mit 1 Paar Stacheln. BFl 1/3. Im Meer **2**

— Scheitel glatt. Schnauze ohne Stacheln. BFl 1/4. Limnisch **Cottus** L. **4**

2. Mit 1–2 kleinen Barteln in den Mundwinkeln. Seitenlinie mit 1 Reihe knöcherner Schuppen, diese mit Stacheln . . . . Langstacheliger Seeskorpion, Ulk, Seebulle, **Taurulus bubalis** (EUPHR.)

Bis 17 cm. RFl 7–10/0 + 0/10–14, BrFl 0/14–16, AFl 0/8–10. Hinterrand des Kiemenvordeckels mit 4, seltener 3 Stacheln. Braun, mit schwarzer Fleckung, Bauch hell, beim ♂ zur Laichzeit orangerot, bläulichweiß gefleckt. Auf steinigem Grund, westliche Ostsee.

— Ohne Barteln in den Mundwinkeln. Seitenlinie anders . . . **3**

3. Haut völlig nackt. Scheitelhöcker glatt, oft undeutlich [*79*] Seeskorpion, **Myoxocephalus (= Acanthocottus) scorpius** (L.)

Bis 30 cm. RFl 7–11/0 + 0/14–17, BrFl 0/14–16, AFl 0/10–14. Hinterrand des Kiemenvordeckels mit 3–4 (selten 2) Stacheln. Rücken dunkelbraun, Bauch rötlich-gelb, der des ♂ zur Laichzeit kupferrot mit hellen Flecken. Nord- u. Ostsee.

— Mindestens entlang der Seitenlinie, oft über ganze Körperseiten verstreut mit kleinen, rauhen Knochenplättchen. Auf dem Scheitel mit 4 warzigen Knochenhöckern . . . . . . Vierhörniger Seeskorpion, **Myoxocephalus (= Oncocottus) quadricornis** (L.)

Bis 30 cm. RFl 7–9/0 + 0/13–16, BrFl 0/16–17, AFl 0/14–16. Hinterrand des Kiemenvordeckels mit 4 Stacheln. Rücken dunkelbraun, Bauch hell. Östliche Ostsee.

4. Seitenlinie bis zur Basis der SFl reichend. BFl ungebändert [*80*]
Koppe, Groppe, **Cottus gobio** L.
10–18 cm. RFl 5–9/0 + 0/13–19, BrFl 0/12–16, AFl 0/10–15. Innerer Strahl der BFl kaum kürzer als der äußere. Rücken braun, gelb gescheckt, Bauch weißlich. Unter Steinen. In klaren Bächen, auch in Alpenseen.

— Seitenlinie unter der Mitte der 2. RFl endend. BFl mit 5–10 dunklen Querbinden
Sibirische Groppe, Buntflossenkoppe, **Cottus poecilopus** HECKEL
Bis 15 cm. RFl 8–9/0 + 0/16–20, BrFl 0/14, AFl 0/13–15. Innerer Strahl der BFl kürzer als die Hälfte des äußeren. Färbung ähnlich Koppe. In klaren Gewässern östlich der Elbe.

Familie: **Cyclopteridae**

Marin. BFl zu einer Haftscheibe verwachsen.

1. Körper gedrungen, hoch. Haut höckerig, mit knöchernen Warzen. Mit 2 RFl [*81*] . . . . Seehase, Lump, **Cyclopterus lumpus** L.
Bis 60 cm. RFl 4–8/0 + 1/10, BrFl 0/20–21, AFl 0/9–10. 1. RFl in Körperhaut eingehüllt. Rücken dunkel, Bauch hell, der des ♂ zur Laichzeit ziegelrot. ♂ bewacht das Gelege. Räuber. Auf Hartboden, oft mit Haftscheibe an Steinen festgesaugt. Nord- u. Ostsee. Nutzfisch.

— Körper gestreckter. Haut nackt. RFl u. AFl lang. Nur 1 RFl [*82*] **2**

2. Mit 2 Paar Nasenlöcher, 1. röhrenförmig, 2. schlitzförmig. RFl u. AFl mit SFl durch Flossenhaut verbunden [*82*]
Großer Scheibenbauch, **Liparis liparis** (L.)
10–20 cm. RFl 7–15/25–27, BrFl 0/32–42, AFl 0/26–38. Braungelb mit Fleckung od. Streifung. Räuber. Nordsee (im Wattenmeer) u. Ostsee.

— Mit 1 Paar schlitzförmiger Nasenlöcher. RFl u. AFl nicht mit SFl verbunden . . . Kleiner Scheibenbauch, **Liparis montagui** (DONOVAN)
Bis 8 cm. RFl 13–15/13–17, BrFl 0/27–30, AFl 0/22–25. Bräunlich, mit roter u. gelber Tönung, gefleckt. Nur Nordsee.

Familie: **Centrarchidae,** Sonnenbarsche

Im Süßwasser. Fremdfische aus Nordamerika („Amerikanische Barsche"), hier eingebürgert. Raubfische.

1. Körper hoch, etwa halb so hoch wie lang. Stacheliger Teil der RFl fast so hoch wie weichstrahliger. Mit 35–45 Schuppen in der Seitenlinie [*83*] . . . . Sonnenbarsch, **Lepomis gibbosus** (L.)
10–30 cm. RFl 10–11/10–12, BrFl 0/11–14, BFl 1/5, AFl 3/8–12. Bläulichgrün, Seiten mit orangefarbenen Flecken, Kiemendeckel mit schwarzem, oft dahinter auch rotem Fleck. 1887 aus östlichem Nordamerika eingeführt. Zerstreut.

— Körper gestreckter. Stachelstrahliger Teil der RFl wesentlich niedriger als weichstrahliger. Mit über 50 Schuppen in Seitenlinie . **2**

2. Mit 65–70 Schuppen in der Seitenlinie. Mundspalte bis hinter das Auge reichend . . Forellenbarsch, **Micropterus salmoides** LACÉP.
Bis 60 cm. RFl 10/13–14, BrFl 1/13–14, BFl 1/6–7, AFl 3/11–12. Ansätze der RFl u. AFl ebenfalls mit Schuppen. Rücken dunkelgrün, Bauch heller, Seiten mit 1 dunklerem Längsstreifen. 1883 aus Nordamerika eingeführt. Nebenfisch in Teichen, selten. Speisefisch.

— Mit 72–85 Schuppen in der Seitenlinie. Mundspalte nur bis unter das Auge reichend . . Schwarzbarsch, **Micropterus dolomieui** LACÉP.

Bis 50 cm. RFl 9–10/13–15, BrFl 1/16–17, BFl 1/6–7, AFl 3/10. Ansätze der RFl u. AFl ebenfalls mit Schuppen. Färbung dunkler als Forellenbarsch. 1883 aus Nordamerika eingeführt. Nebenfisch in Teichen, selten. Speisefisch.

Familie: **Percidae,** Barsche

Im Süßwasser. Raubfische.

1. Mit 1 RFl . . . . . **Gymnocephalus** Bloch (= **Acerina** Cuv.) **2**

— Mit 2 RFl **3**

2. RFl mit 12–16 Hartstrahlen. Schnauze stumpf [*84*]
Kaulbarsch, **Gymnocephalus cernua** (L.)

12–32 cm. RFl 12–16/11–15, BrFl 0/13–14, AFl 2/5–6. Slinie 35–40. Kiemendeckel mit starkem Stachel. Rücken olivgrau mit dunkler Fleckung, Bauch heller. In stehenden u. fließenden Binnengewässern, auch im Brackwasser.

— RFl mit 18–19 Hartstrahlen. Schnauze zugespitzt
Schrätzer, **Gymnocephalus schraetzer** (L.)

Bis 30 cm. RFl 18–19/12–13, BrFl 0/13–14, AFl 2/6–7. Slinie 50–55. Kiemendeckel mit scharfem Dorn. Rücken gelb mit 3–4 unterbrochenen dunklen Längsbinden. Bauch weiß, vorderer Teil der RFl mit Fleckenzeichnung in 3 Reihen. In Donau u. Nebenflüssen.

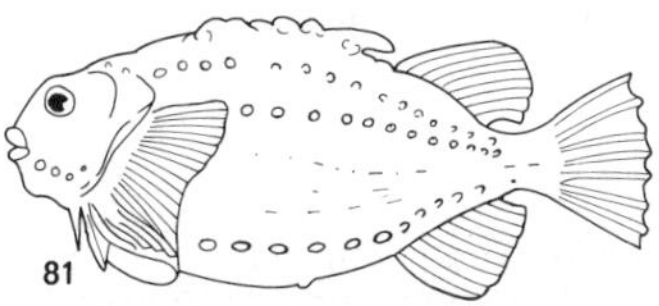
81

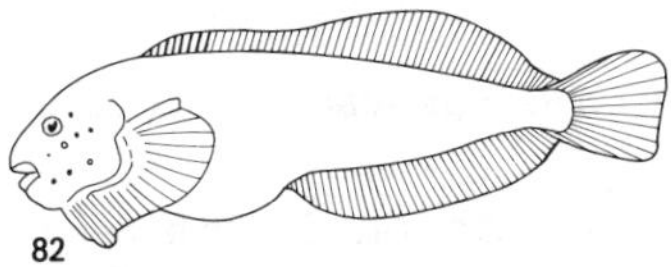
82

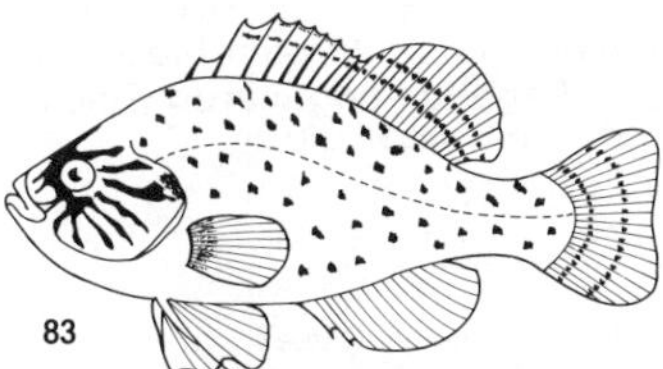
83

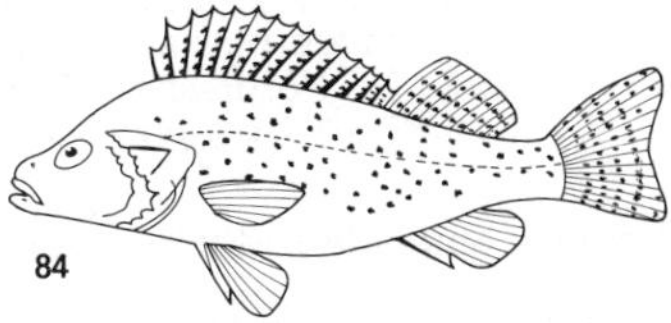
84

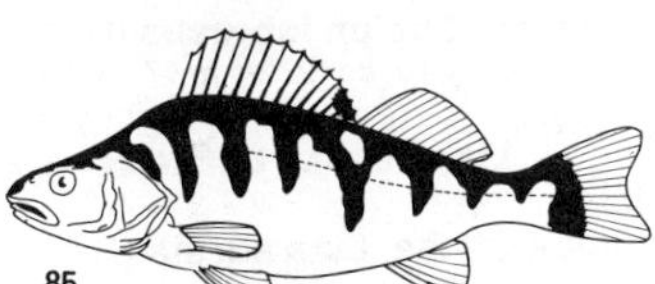
85

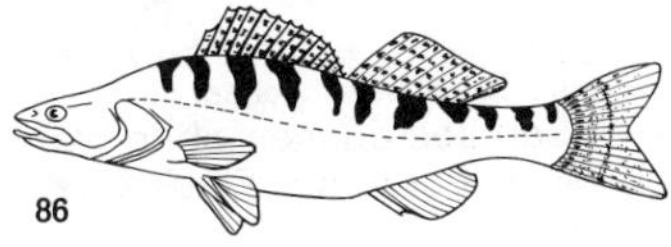
86

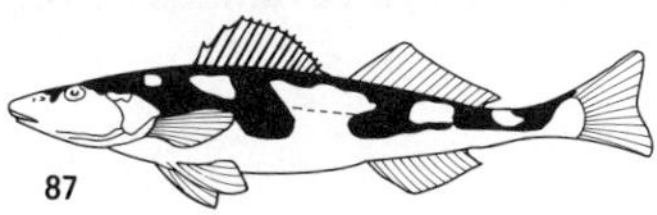
87

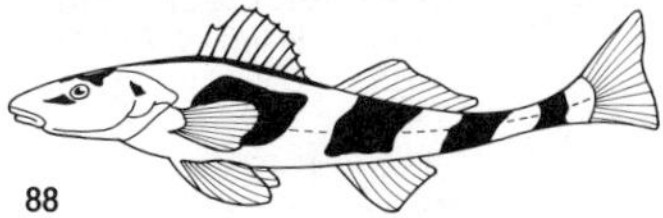
88

3. Maul groß, endständig, Kiefer reichen bis unter die Augen [*85, 86*] **4**
— Maul klein, unterständig, nicht bis unter die Augen reichend [*87, 88*]. Unterkiefer nur mit Bürstenzähnen . . . . . . **Zingel** Oken **5**
4. Ende der 1. RFl mit schwarzem Fleck. Slinie mit 58–68 Schuppen [*85*]
Flußbarsch, Barsch, **Perca fluviatilis** L.
15–45 cm. RFl 13–17/0 + 1/14–15, BrFl 0/14, AFl 2/8–9. Kiemendeckel hinten mit Spitze oder Stachel. Rücken olivgrün mit mehreren dunklen Querbinden, Seiten u. Bauch heller, 1. RFl hinten mit schwarzem Fleck, BrFl u. BFl oft gelblichrot. Eine gelbe Variante: Goldbarsch. In allen Binnengewässern u. im Brackwasser, häufig. Wertvoller Speisefisch.
— 1. RFl ohne schwarzen Fleck. Slinie mit 75–100 Schuppen [*86*]
Zander, **Stizostedion** (= **Lucioperca**) **lucioperca** (L.)
40–50(–100) cm. RFl 13–15/0 + 1–2/19–23, BrFl 0/15, AFl 2/11–12. Im Unterkiefer mit kleinen Bürstenzähnen („Hechelzähnen") u. großen, kegelförmigen Fangzähnen („Hundszähnen"). Körper langgestreckt. Rücken dunkeloliv, mit undeutlich begrenzten Querstreifen, Seiten heller, Bauch silbrig, RFl u. SFl mit Längsstreifen. In Flüssen u. Seen u. im Brackwasser. Wertvoller Speisefisch.
5. 1. RFl mit 13–15 Hartstrahlen. Querbinden des Körpers verwaschen [*87*] . . . . Zingel, **Zingel** (= **Aspro**) **zingel** (L.)
15–35 cm. RFl 13–15/0 + 1/18–20, BrFl 0/14, AFl 1/12–13. Slinie 83–92. Gelbbraun, Bauch hell. In Donau u. Nebenflüssen.
— 1. RFl mit 8–9 Hartstrahlen. Querbinden auf dem Körper scharf begrenzt [*88*] . . . . . Streber, **Zingel** (= **Aspro**) **streber** (Siebold)
14–18 cm. RFl 8–9/0 + 1/12–13, BrFl 0/14, AFl 1/12. Slinie 70–81. Körper spindelförmig, Schwanzstiel dünn u. rund. Gelbbraun, Bauch hell. In Donau u. Nebenflüssen.

Familie: **Sparidae,** Meerbrassen

Marin. Räuber.
1. Rücken grau, Seiten heller, mit 3–4 dunklen Längsstreifen
Streifenbrassen, **Spondyliosoma cantharus** (L.)
Bis 50 cm. RFl 11/12, BrFl 0/15–16, AFl 3/10. Nordsee, vereinzelt. Nutzfisch.
— Rücken orangerot, nach unten zu heller, mit dunklerem Fleck über den BrFl . Nordischer Meerbrassen, **Pagellus bogavareo** (Brünn.)
Bis 50 cm. RFl 12/12, BrFl 0/17, AFl 3/12. Nordsee, vereinzelt. Nutzfisch.

Familie: **Mugilidae,** Meeräschen

Marin. Räuber, machen Futterwanderungen in der Nordsee, selten Ostsee.
1. Oberlippe dick, polsterartig vorgewölbt, mit warzigen Verdickungen
Dicklippige Meeräsche, **Chelon labrosus** (Risso)
Bis 65 cm. RFl 4/0 + 0/9–10, AFl 3/8–9. Rücken schwarzgrau, an Seiten mit 7–8 dunklen Längsstreifen. Selten.
— Oberlippe dünner, ohne Warzen . . . . **Liza** Jordan et Swain **2**
2. Mit goldbraunem Fleck am Kiemendeckel
Goldmeeräsche, **Liza aurata** (Risso)
Bis 50 cm. RFl 4/0 + 0/8–9, AFl 3/9. Selten.
— Ohne derartigen Fleck Dünnlippige Meeräsche, **Liza ramada** (Risso)
Bis 70 cm. RFl 4/0 + 0/8–9, AFl 3/8–9. Selten.

Familie: **Labridae,** Lippfische

Marin. Bauen Nester aus Algen, Brutpflege. Nahrung: Mollusken, Krebse. In geringen Tiefen.

1. Seitenlinie mit weniger als 40 Schuppen. Vordeckel hinten gezähnt **2**

— Seitenlinie mit über 40 Schuppen. Vordeckel hinten nicht gezähnt
Gefleckter Lippfisch, **Labrus bergylta** Ascan.

Bis 30 (selten 50) cm. RFl 19–21/9–11, BrFl 2/13, AFl 3/9. Slinie 41–47. Schnauze vorgezogen, Mund klein, mit dicken Lippen. Färbung auf grünem Grundton variabel, Schuppen mit braunem od. orangefarbenem Saum. Nordsee, gelegentlich westliche Ostsee.

Ähnlich **Labrus bimaculatus** L., aber Slinie 46–47 u. Färbung typisch: ♀ u. Jungtiere mit 2–3 dunklen Flecken auf Rücken u. Schwanzstiel; ♂ mit lauschwarzen Längsstreifen.

2. Zähne in 1 Reihe. Vordeckel stark gezähnt
Schwarzäugiger Lippfisch, **Symphodes (= Crenilabrus) melops** (L.)

Bis 25 cm. RFl 15–17/8–10, BrFl 0/15, AFl 3/8–10. Slinie 32–36. Färbung variabel, blau, grün, gelbrot, Kopf gelb mit gekrümmten grünen Linien, hinter Auge u. vor Mitte der SFl je 1 schwarzer Fleck. Nordsee u. westliche Ostsee.

— Zähne in mehreren Reihen. Vordeckel schwächer gezähnt [*89*]
Klippenbarsch, **Ctenolabrus rupestris** (L.)

Bis 15 cm. RFl 17–18/8–10, BrFl 0/14–15, AFl 3–4/7–8. Slinie 36–38. Mund klein, Lippen schmal. Rücken bräunlich bis grün, Bauch heller, am Anfang der RFl u. oben vor der SFl je 1 schwarzer Fleck. Nord- u. Ostsee.

Familie: **Trachinidae,** Drachenfische

Marin. Mit Dornen auf Kiemendeckel u. der 1. RFl, die mit Giftdrüsen in Verbindung stehen. Verletzungen verursachen schmerzhafte Entzündungen. Räuber. Auf sandigem Grund, im Substrat vergraben.

1. AFl 2/30–34. Bis 40 cm. Am oberen Augenrand mit 2–3 kleinen Stacheln [*90*] . . . . Petermännchen, **Trachinus draco** L.

RFl 6–7/0 + 0/29–32. Auf grauem Grund blau u. gelb gestreift. Nordsee, selten Ostsee.

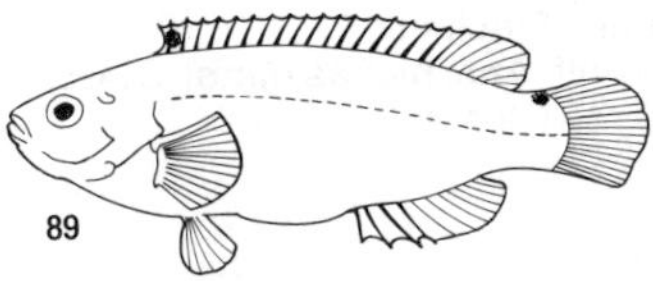
89

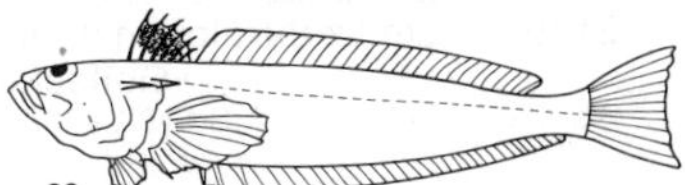
90

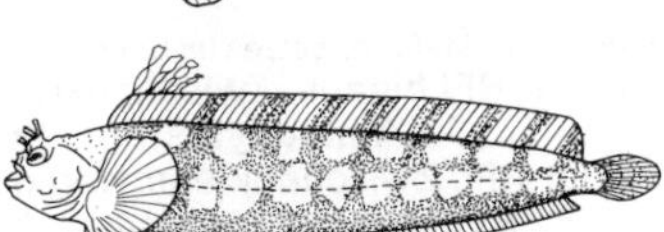
91

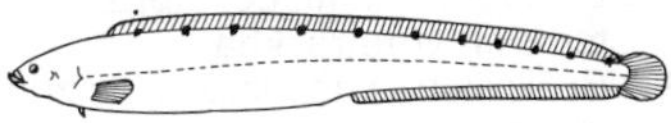
92

93

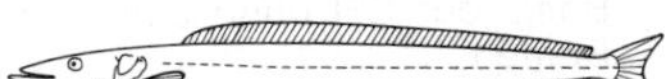
94

— AFl 1/24–25. Bis 15 cm. Am oberen Augenrand ohne Stacheln Kleines Petermännchen, Viperqueise, **Trachinus vipera** CUVIER ET VALENC.
RFl 5–7/0 + 0/21–24. Hellgraugelb. Nordsee.

Familie: **Blenniidae,** Schleimfische

Marin. Oft lebendgebärend. Nahrung: Kleintiere.

1. Mit 2 büschelförmigen Hautanhängen über jedem Auge. Körper mäßig gestreckt [*91*] . . . . **Chirolophis ascanii** (WALB.)
Bis 15 (selten 30) cm. RFl 50–53/0, AFl 1/35–40. Gelbbraun, meist mit dunklen Querbinden. Nordsee bei Helgoland, selten Ostsee.

— Ohne derartige Hautanhänge. Körper langgestreckt, bandförmig **2**

2. BFl rudimentär, 1/1. Längs der Basis der RFl mit 9–13 schwarzen, gelb umrandeten Flecken [*92*] Butterfisch, Messerfisch, **Pholis gunnellus** (L.)
Bis 20 cm. RFl 76–81/0, AFl 2/39–45. Kopf klein, Mund oberständig, schräg. Gelbbraun gefleckt. Auf steinigem Grund, Nord- u. Ostsee.

— BFl nicht rudimentär, 1/3. RFl ohne derartige schwarze Flecken Bandfisch, **Lumpenus lampretaeformis** (WALB.)
Um 40 cm. RFl 69–79/0, AFl 1/48–51. Körper sehr langgestreckt. Blaßbraun mit dunklen Flecken. In tieferem Wasser. Vereinzelt in Nordsee, häufig in Ostsee.

Familie: **Anarhichadidae,** Wolfsfische

Marin. Maul groß, mit kräftigem Gebiß zum Aufknacken hartschaliger Bodentiere (Mollusken, Krebse, Stachelhäuter). Grundfische.

1. Dunkelgrau, mit schwarzer Querbänderung aus dichtstehenden Flekken (selten undeutlich) [*93*] Steinbeißer, Seewolf, Kattfisch, **Anarhichas lupus** L.
Bis 1,20 m. RFl 69–77/0, BrFl 0/19–21, AFl 0/43–49. In nördlicher Nordsee häufig, in Ostsee selten. Nutzfisch.

— Graugelb, mit zahlreichen dunkelbraunen Flecken Gefleckter Seewolf, **Anarhichas minor** OLAFSEN
Bis 1,80 m. RFl 75–78/0, BrFl 0/21–22, AFl 0/45–47. Nordsee. Nutzfisch.

Familie: **Ammodytidae,** Sandaale

Marin. Räuber. Vergraben sich mit Hilfe eines hornigen Unterkieferfortsatzes im Sand.

1. BrFl reichen mit der Spitze über Ansatz der RFl hinaus. Zwischenkiefer weit vorstreckbar . . . . **Ammodytes** L. **2**

— BrFl reichen höchstens bis zum Ansatz der RFl. Zwischenkiefer wenig vorstreckbar . . . . **Hyperoplus** GÜNTHER **3**

2. Basis der SFl mit Schuppen. Bauchschuppen in winkelförmigem Muster [*94*] . Kleiner Sandaal, Sandspierling, **Ammodytes tobianus** L.
Bis 20 cm. RFl 50–56, AFl 25–31. Im Litoral. Nord- u. Ostsee.

— Basis der SFl ohne Schuppen. Bauchschuppen in unregelmäßigen Reihen . . . . **Ammodytes marinus** RAITT
Bis 20 cm. RFl 55–67, AFl 26–35. Hochseeart.

3. Mit schwarzem Fleck vor dem Auge
Großer Sandspierling, **Hyperoplus lanceolatus** (Le Sauv.)
Bis 30 cm. RFl 52–61, AFl 28–33. Rücken u. Seiten dunkelblaugrün. Nord- u. Ostsee.
— Ohne schwarzen Fleck vor dem Auge . . . . Ungefleckter Großer Sandspierling, **Hyperoplus immaculatus** (Corbin)
Bis 30 cm. RFl 59–61, AFl 31–34. Färbung ähnlich. Nordsee.

Familie: **Gobiidae,** Grundeln, Külinge

BFl bilden Trichter zum Ansaugen auf dem Untergrund. Marin. Eier festgeheftet, vom ♂ bewacht. Nahrung: Plankton. Grundfische der Küstenregion, oft in Massen.

1. Körper nicht durchscheinend. 1. RFl deutlich entwickelt [*95*]. Zähne in mehreren Reihen **2**
— Körper durchscheinend. 1. RFl sehr klein. Nur 1 Zahnreihe
Glasküling, **Aphia minuta** (Risso)
5–6 cm. RFl 5/0 + 1/11–14, BrFl 0/16, AFl 1/12–15. RFl weit voneinander getrennt. Pelagischer Schwarmfisch. Nord- u. Ostsee.

2. Schwanzstiel deutlich kürzer als die Basis der 2. RFl. 1. u. 2. RFl direkt aneinandergrenzend
Schwarzgrundel, Schwarzküling, **Gobius niger** L.
15–18 cm. RFl 6/0 + 1/11–13, BrFl 0/17–19, AFl 1/10–12. Bräunlich mit dunkler Fleckung. Auf Sandboden, zwischen Steinen u. Seegras. Nordsee, westliche Ostsee.
— Schwanzstiel ebenso lang wie Basis der 2. RFl. 1. u. 2. RFl durch Zwischenraum getrennt **3**

3. Seitenlinie mit 60–73 Schuppen. 1. RFl 6–7/0 [*95*]
Sandküling, **Pomatoschistus minutus** (Pallas)
Bis 11 cm. 2. RFl 1/10–11, BrFl 0/18–20, AFl 1/10–12. Trichtermembran am Rande deutlich gesägt. Rücken gelblichgrau, Bauch hell, mit 5 schwärzlichen Flecken längs der Seite. Nord- u. Ostsee, häufig.
— Mit weniger als 53 Schuppen in der Seitenlinie **4**

4. 1. RFl 7–8/0 (selten 6/0). An Basis der SFl deutlicher schwarzer Fleck
Schnappküling, **Gobiusculus (= Coryphopterus) flavescens** (F.)
Bis 6 cm. 2. RFl 1/9–11, BrFl 0/16–18, AFl 1/10–11. Rücken gelblich bis olivbraun, mit 5–6 Sattelflecken. Nur westliche Ostsee.

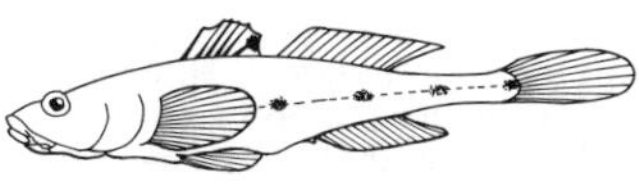
95

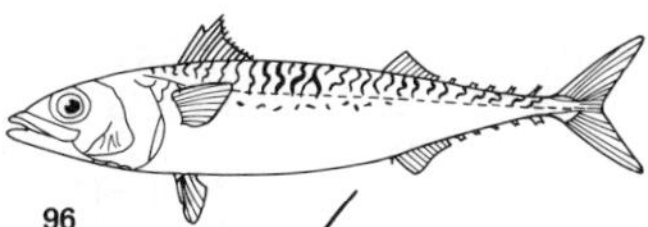
96

97

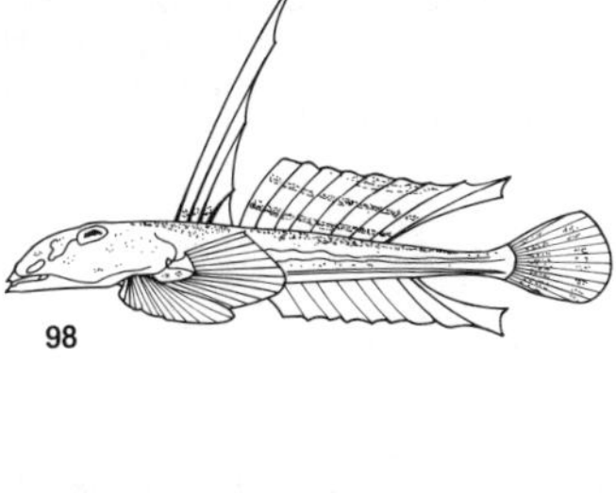
98

— 1. RFl 5–6/0 (selten 7/0). Fleck an Basis der SFl (wenn vorhanden) ± diffus **5**

5. RFl an Basis (auf Membran zwischen den Strahlen) mit Reihe schwarzer Punkte. Auf Körperseite mit 4–5, oft geteilten bräunlichen Flecken Fleckengrundel, **Pomatoschistus pictus** (MALM)

Bis 5 cm. 2. RFl 1/8–9, BrFl 0/18, AFl 1/8–9. Grundfärbung braun. Nordsee, nicht im Brackwasser (Ostsee).

— RFl mit undeutlichen Flecken, diese von Membran auf Strahlen übergreifend. Auf Körperseite mit 10–15 Flecken Strandküling, **Pomatoschistus microps** (KRØYER)

Bis 5 cm. 2. RFl 1/8–10, BrFl 0/18, AFl 1/8–10. Sandfarbig, Flecken an Körperseite klein, ± diffus, oft verschmolzen u. beim ♀ Streifen bildend. BrFl oben mit dunklem, schrägem Querband. Brackwasser, in Flußmündungen u. Marschgräben der Nordseeküste, am Strand der Ostsee. Zusammen mit Garnelen.

Familie: **Scombridae,** Makrelen

Marin. Zur Laichzeit Wanderungen in größeren Schwärmen. Räuber.

1. 1. RFl um mehr als ihre Länge von 2. RFl getrennt. Zwischen 2. RFl bzw. AFl u. SFl mit je 5 kleinen Flossen. Haut glatt, mit kleinen Schuppen gleichmäßig bedeckt. Bis 50 cm [*96*] Makrele, **Scomber scombrus** L.

RFl 11–14/0 + 0/11–13, BrFl 0/19, AFl 0/13. Körper gestreckt, SFl tief eingeschnitten. Rücken dunkel, bis zur Seitenlinie mit zahlreichen dunklen unregelmäßigen Querbinden, Seiten u. Bauch perlmutterglänzend. Pelagisch. Nord- u. Ostsee. Wertvoller Speisefisch.

— 1. RFl kurz vor 2. RFl endend. Zwischen 2. RFl bzw. AFl u. SFl mit 9 (8–10) kleinen Flossen. Schuppen der vorderen Körperhälfte zu Panzer verwachsen. 1–5 m [*97*] . . Thunfisch, **Thunnus thynnus** (L.)

RFl 13–14/0 + 0/14–15, BrFl 0/31–33, AFl 0/14. Körper hochrückiger. 2. RFl u. AFl schmal, sichelförmig. Rücken schwarzblau, Seiten grau, mit helleren Flecken, Bauch weiß, kleine Flossen gelb, mit schwarzem Rand. Pelagisch. Nordsee, unregelmäßig in Ostsee. Nutzfisch.

Ordnung: **Gobiesociformes,** Spinnenfischartige
Familie: **Callionymidae,** Spinnenfische

Marin. Mehr am Boden, graben sich in den Sand. Nahrung: kleine Krebse, Schnecken.

1. Schnauze 2–3mal so lang wie der Augendurchmesser. 1. RFl beim ♂ sehr hoch [*98*] . . . . Gestreifter Leierfisch, **Callionymus lyra** L.

♂ bis 30 cm, ♀ bis 25 cm. RFl 4/0 + 0/9, AFl 0/9. Färbung sehr lebhaft, beim ♂ zur Laichzeit blaue, grüne, violette u. goldene Streifen u. Flecken. Nordsee, selten Ostsee.

— Schnauze nicht länger (häufig kürzer) als der Augendurchmesser. 1. RFl beim ♂ nicht verlängert . . . . Kleiner Leierfisch, Gefleckter Leierfisch, **Callionymus maculatus** RAFINESQUE-SCHMALTZ

Bis 14 cm. RFl 4/0 + 0/9–10, AFl 0/9. Färbung ähnlich. Nur Nordsee, selten.

Ordnung: **Pleuronectiformes,** Plattfische

Körper seitlich stark abgeflacht, hoch, asymmetrisch. Tiere liegen auf der Seite (Blindseite), Augen auf der anderen Seite (Augenseite), diese dunkel gefärbt, Blindseite meist weißlich. Durch Farbwechsel dem Untergrund angepaßt. Marin, nur **Platichthys flesus** auch im Unterlauf der Flüsse. Am Boden lebend, Eier pelagisch. Raubfische. Nahrung: Bodentiere. Meist (z. T. wichtige) Nutzfische.

1. Augen auf der linken Körperseite. Basis der BFl breit. Schnauze spitz. Mund endständig [*99*] . . . . Butte, **Bothidae** S. 546

— Augen auf der rechten Körperseite. Basis der BFl schmal . . **2**

2. Schnauze abgerundet. Mund unterständig, klein, Mundspalte zur morphologischen Bauchseite gebogen. Oberes Auge vor dem unteren liegend [*104*] . . . . Seezungen, **Soleidae** S. 547

— Schnauze ± spitz, Mund endständig. Vorderrand des oberen Auges hinter dem Vorderrand des unteren [*100–103*]
Schollen, **Pleuronectidae** S. 546

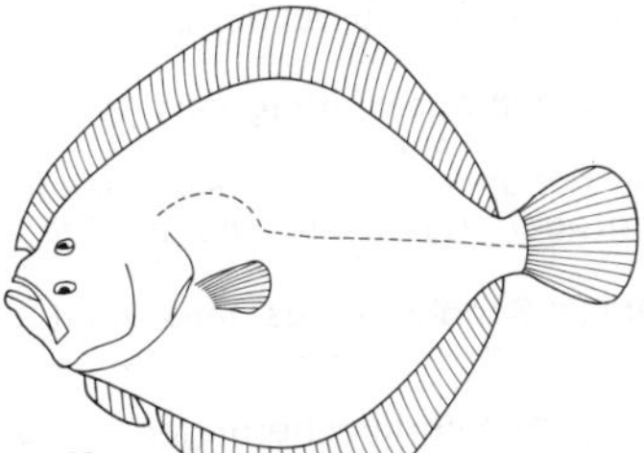

99

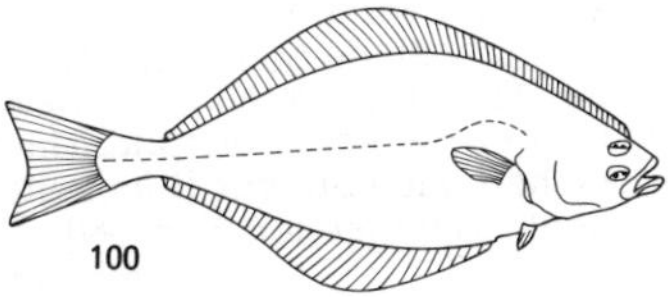

100

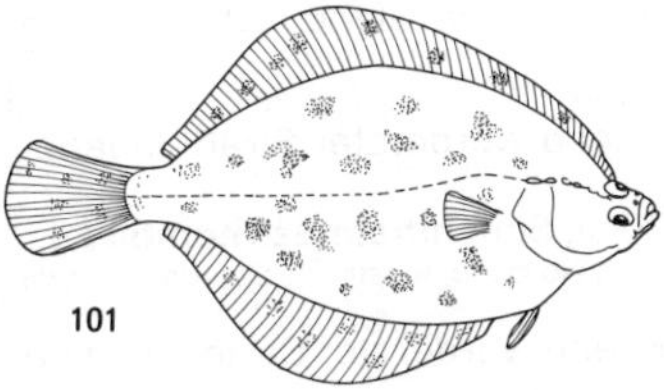

101

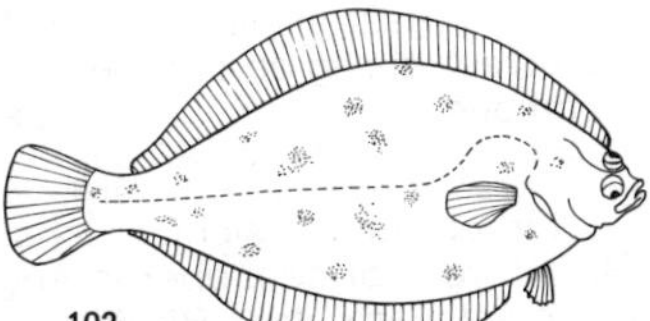

102

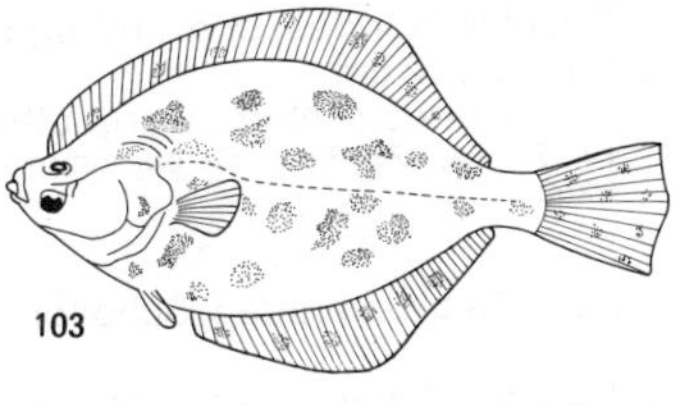

103

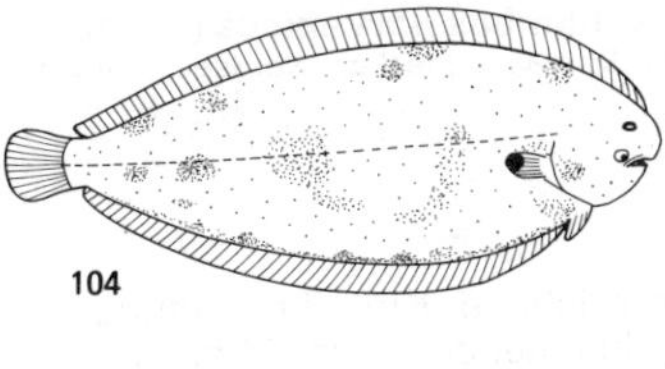

104

Familie: **Bothidae,** Butte

1. Mundspalte eng, nicht bis unter die Augen reichend **Platichthys flesus** (zu **Pleuronectidae**) S. 547

— Mundspalte weit, bis unter die Augen reichend, schräg aufwärts gerichtet **2**

2. Hintere Enden der RFl u. AFl auf die Blindseite des Schwanzstiels übergreifend **3**

— Hintere Enden der RFl u. AFl nicht auf die Blindseite des Schwanzstiels übergreifend **4**

3. BFl u. AFl verwachsen. SFl hinten abgerundet. Erste 3 Strahlen der RFl durch Zwischenhäute verbunden

Müllers Zwergbutt, Haarbutt, **Zeugopterus punctatus** (BLOCH)

Bis 25 cm. RFl 87–101, AFl 65–89. Schuppen der Augenseite mit feinen, borstenähnlichen Haaren. Bräunlich mit dunklen Flecken. Auf algenbewachsenem, felsigem Grund. Nordsee bei Helgoland, Ostsee sehr selten.

— BFl u. AFl nicht verwachsen. SFl nicht gleichmäßig abgerundet, in der Mitte mit leichter Spitze. Erste 3 Strahlen der RFl nur an der Basis miteinander verbunden

Flügelbutt, Scheefsnut, **Lepidorhombus whiffiagonus** (WALB.)

Bis 60 cm. RFl 85–96, AFl 67–75. Gelbbraun. Nördliche Nordsee.

4. Körper nahezu kreisrund. Haut ohne Schuppen, auf der Augenseite (selten auch auf der Blindseite) mit groben Verknöcherungen („Steinen"). Bis 1 (selten 2) m [*99*]

Steinbutt, **Psetta (= Scophthalmus) maxima** (L.)

RFl 57–64, AFl 42–47. Gelblich bis dunkelbraun, marmoriert. Nord- u. Ostsee. Wertvoller Nutzfisch.

— Körper gestreckter. Haut mit Schuppen, ohne Verknöcherungen **5**

5. Körper glasig durchscheinend. Schuppen groß, rhombisch, leicht abfallend . . . . Lammzunge, **Arnoglossus laterna** (WALB.)

Bis 19 cm. RFl 87–93, AFl 65–74. Braungrau, mit Reihen kleiner, schwarzbrauner Flecken. Nordsee bei Helgoland.

— Körper undurchsichtig. Schuppen kleiner **6**

6. RFl weit vor dem oberen Auge beginnend, vorderster Strahl in lappige Ästchen geteilt. Bis 65 cm

Glattbutt, Tarbutt, Kleist, **Scophthalmus rhombus** (L.)

RFl 73–83, AFl 54–63. Schwarzweiß marmoriert. Nordsee, westliche Ostsee. Wertvoller Nutzfisch.

— RFl dicht vor dem oberen Auge beginnend, vorderster Strahl nicht geteilt. Bis 12 cm

Norwegischer Zwergbutt, **Phrynorhombus norvegicus** (GÜNTHER)

RFl 74–84, AFl 58–68. Gelbbraun mit dunklen Binden u. Flecken. Nordsee, ziemlich häufig.

Familie: **Pleuronectidae,** Schollen

1. Mundspalte weit, bis unter das Auge reichend. Kieferbezahnung auf Augen- u. Blindseite gleich. SFl eingebuchtet od. in der Mitte stumpfwinklig ausgezogen. Körper gestreckt **2**

— Mundspalte eng, nicht bis unter die Augen reichend. Kieferbezahnung auf Blindseite viel stärker als auf Augenseite. SFl hinten ± gerundet **4**

2. SFl hinten in der Mitte stumpfwinklig nach außen vorgezogen. Haut rauh (Ctenoidschuppen). Seitenlinie vorn leicht nach oben verlaufend Doggerscharbe, **Hippoglossoides platessoides limandoides** (BLOCH)
Bis 30 cm. RFl 76–93 (101), AFl 64–73. Rötlich-graubraun, dunkel gefleckt. Nordsee, vereinzelt westliche Ostsee.

— SFl hinten leicht eingebuchtet. Haut glatt **3**

3. Seitenlinie über der BrFl stark gebogen. Graubraun, Blindseite weiß [*100*] . . . . Heilbutt, **Hippoglossus hippoglossus** (L.)
Bis über 2 m. RFl 96–108, AFl 71–85. Nordsee, vereinzelt westliche Ostsee. Wertvoller Nutzfisch.

— Seitenlinie vorn leicht nach oben verlaufend. Schwarzbraun, Blindseite grau Schwarzer Heilbutt, **Reinhardtius hippoglossoides** (WALB.)
Bis 1 m. RFl 92–102, AFl 71–76. Weniger asymmetrisch als die übrigen Plattfische, linkes Auge auf der Stirn. Nördliche Nordsee.

4. RFl mit weniger als 80, AFl mit weniger als 65 Strahlen . . . **5**

— RFl 85–89, AFl 70–76. Schwanzstiel kurz. Haut glatt
Rotzunge, **Microstomus kitt** (WALB.)
Bis 50 cm. Seitenlinie fast gerade. Rot- bis gelbbraun, dunkler u. heller marmoriert. Nordsee, westliche Ostsee.

— RFl 100–120, AFl 78–102. Schwanzstiel lang. Haut rauh
Hundszunge, Rotzunge, **Glyptocephalus cynoglossus** (L.)
Bis 50 cm. Körper schlank, etwa 3–4mal so lang wie hoch. Seitenlinie fast gerade. Graubraun bis rötlich, BrFl fast schwarz. Nordsee, vereinzelt westliche Ostsee.

5. Haut glatt. Auf dem Kopf in der Mitte mit Kamm aus 4–7 Knochenhökkern [*101*] . . . . . . Scholle, Goldbutt, **Pleuronectes platessa** L.
Bis 60 (selten 90) cm. RFl 63–77, AFl 52–57. Seitenlinie fast gerade. Graubraun mit rötlichen Flecken, diese auch auf den Flossen. Nord- u. Ostsee.

— Haut ganz od. teilweise rauh. Kopf ohne derartigen Kamm . **6**

6. Haut am ganzen Körper rauh (Ctenoidschuppen! In Richtung Kopf streichen!). Seitenlinie über der BrFl stark gebogen [*102*]
Kliesche, Scharbe, Plate, **Limanda limanda** (L.)
Bis 40 cm. RFl 65–80, AFl 51–62. Bräunlich bis grünlich, mit dunkleren Flecken. Nord- u. Ostsee.

— Haut nur an Kopf, Basis der Flossensäume u. längs der Seitenlinie rauh, an diesen Stellen mit Dornschuppen. Seitenlinie fast gerade [*103*] . . . . Flunder, Butt, Struffbutt, **Platichthys flesus** (L.)
Bis 50 cm. RFl 53–62, AFl 37–42 (48). Teil der Individuen (bis 30%) linksäugig („Linksflundern"). Bräunlich bis grüngrau, mit gelb- bis orangefarbenen Flecken. Nord- u. Ostsee, auch im Unterlauf der Flüsse.

Familie: **Soleidae,** Seezungen

1. BrFl normal entwickelt, länger als der Mundspalt, in Endhälfte mit großem schwarzem Fleck. Flossensäume ± einfarbig. Bis 50 cm [*104*]
Seezunge, **Solea vulgaris** QUENSEL (= **solea** (L.))
RFl 73–86, AFl 61–74. Grau bis graubraun, oft mit dunklen Flecken. Nordsee, selten westliche Ostsee.

— BrFl sehr klein. Auf RFl u. AFl jeder 6. od. 7. Strahl schwarz. Bis 12 cm
Zwergzunge, **Buglossidium luteum** (RISSO)
RFl 69–77, AFl 53–63. Grau bis graubraun, mit kleinen dunklen Flecken. Nordsee.

Literatur

ARNOLD, A.: Eingebürgerte Fischarten. Neue Brehm-Bücherei 602. Wittenberg, 1990. – BLANC, M., BANARESCU, P., GAUDET, J.-L., HUREAU, J.-C.: European inland water fish. A multilingual catalogue. London, 1971. – BRUNKEN, H., FRICKE, R.: Deutsche Süßwasserfische. DJN-Führer. Hamburg, 1985. – DECKERT, K.: Fische. In: E. Stresemann, K. Senglaub, H.-J. Hannemann, Exkursionsfauna – Wirbeltiere. 11. Aufl. Berlin, 1989. – DUNCKER, G., EHRENBAUM, E., KYLE, H. M., MOHR, E. W., SCHNAKENBECK, W.: Pisces. In: Grimpe, Wagler, Tierwelt der Nord- und Ostsee. Bd. XII c–h. Leipzig, 1927. – DUNCKER, G., LADIGES, W.: Die Fische der Nordmark. Hamburg, 1960. – FIEDLER, K.: Fische. Lehrbuch der Speziellen Zoologie (begr. von A. Kaestner), Band II, Wirbeltiere. Teil 2. Jena, 1991. – FRICKE, R.: Deutsche Meeresfische. DJN-Führer. Hamburg, 1987. – HUREAU, J.-C., MONOD, T.: Check-list of the fishes of the north-eastern Atlantic and of the Mediterranean. Vol. I, II. Paris, 1973. – LADIGES, W., VOGT, D.: Die Süßwasserfische Europas. 2. Aufl. Hamburg, 1979. – LINDBERG, G. U.: Fishes of the world. Jerusalem, 1974. – MUUS, B. J., DAHLSTRÖM, P.: Süßwasserfische. München, 1968. – MUUS, B. J., DAHLSTRÖM, P.: Meeresfische. München, 1968. – NELSON, J. S.: Fishes of the world. 2nd ed. New York, 1984. – RYLAND, J. S.: Cephalochordata and Euchordata. In: P. J. Hayward, J. S. Ryland, The marine fauna of the British Isles and North-West Europe. Vol. 2. Oxford, 1990. – SCHIEMENZ, P.: Fische. In: Brohmer, Ehrmann, Ulmer, Die Tierwelt Mitteleuropas. Bd. VII. Leipzig, 1929. – SPILLMANN, C. J.: Poissons d'eau douce. Faune de France 65. Paris, 1961. – The Freshwater Fishes of Europe. Band 1/I. Wiesbaden, 1986; Band 1/II. Wiesbaden, 1989; Band 2. Wiesbaden, 1991. – WHEELER, A.: The fishes of the British Isles and North-west Europe. London, 1969.

Klasse: **Amphibia,** Lurche

Wechselwarme Wirbeltiere mit drüsenreicher, nackter Haut; diese glatt, körnig od. warzig. Drüsenausscheidungen giftig. Mit 4 Fingern u. 5 Zehen, ohne Krallen. Paarung fast stets im Wasser, in das auch die Eier abgelegt werden (Salamander lebendgebärend). Laich als einfache Eier (Triturus), in Schnüren (Bufo, Pelobates) od. in Ballen (Bombina, Hyla, Rana). Mit Metamorphose. Jugendstadien (Larven) im Wasser (Alpensalamander hat keine freilebenden Larvenstadien), mit Kiemenatmung. Nahrung: Kleintiere (Würmer, Schnecken, Arthropoden), bei jungen Anurenlarven auch Algen u. ä. In Deutschland 20 Arten. Längenangaben für Entfernung Schnauze–Schwanzende (Urodela, Kaulquappen) oder Schnauze–Rumpfende (adulte Anura).

System:
Ordnung **Caudata** mit **Salamandridae (Salamandra, Triturus),**
Ordnung **Anura** mit **Discoglossidae (Bombina, Alytes), Pelobatidae (Pelobates), Bufonidae (Bufo), Hylidae (Hyla), Ranidae (Rana).**

Im Gebiet der B. R. Deutschland sind alle Amphibien besonders geschützt.

1. Mit Schwanz (z. B. [*1, 6*]) **2**
— Ohne Schwanz, gedrungen [*15*]. Hinterbeine (= Sprungbeine) deutlich länger als Vorderbeine
Ordnung Froschlurche, **Anura (Ecaudata, Salientia)** S. 551
2. Am Kopf außen jederseits mit federartigen Kiemenästen [*7*]. Vorderbeine entwickeln sich vor Hinterbeinen Larven der **Caudata** S. 551
— Ohne äußere Kiemen (od. mit andersartigen Kiemen) . . . **3**
3. Schwanz länger als eigentlicher Körper [*26*]. Hinterbeine entwickeln sich vor Vorderbeinen Larven (= Kaulquappen) der **Anura** S. 554
— Körper mindestens etwa so lang wie Schwanz, mit 4 Extremitäten [*1*]. Hinterbeine wenig länger als Vorderbeine
Ordnung Schwanzlurche, **Caudata (Urodela)** S. 549

Ordnung: **Caudata (Urodela),** Schwanzlurche

1. Schwanz drehrund, ohne Flossensaum. Seitlich am Kopf mit je 1 Drüsenwulst. Landbewohner . Salamander, **Salamandra** LAURENTI **2**
— Schwanz seitlich zusammengedrückt, oben u. unten mit Flossensaum [*1*] (dieser selten undeutlich). Kopf ohne Drüsenwülste. Mindestens zur Paarungszeit im Wasser Wassermolch, **Triturus** RAFINESQUE **3**
2. Körper schwarz, mit gelben (selten rötlichen) Flecken od. Längsreihen . . . . . . Feuersalamander, **Salamandra salamandra** (L.)
Bis 24 cm. Selten ganz schwarz, aber breiter als Alpensalamander. Paarung an Land, ♀ gebiert (bis 70) Larven. Fortpflanzung v. a. im Frühjahr (April, Mai) im flachen Wasser (Quellen, Bäche). Nachtaktiv. Unter Baumstubben u. in Erdlöchern. Meist feuchte Wälder im Hügelland u. Mittelgebirge.
— Körper schwarz . . Alpensalamander, **Salamandra atra** LAURENTI
Bis 16 cm. Schlanker als Feuersalamander. ♀ gebiert an Land 2 fast völlig entwickelte Junge. Nachtaktiv. An Waldbächen in Erdlöchern, unter Steinen. Im Gebirge (700–3000 m), Süddeutschland, Alpen.
3. Bauch und Kehle mit deutlichen dunklen Flecken **4**
— Bauch und Kehle ungefleckt, seltener Kehle gefleckt **5**

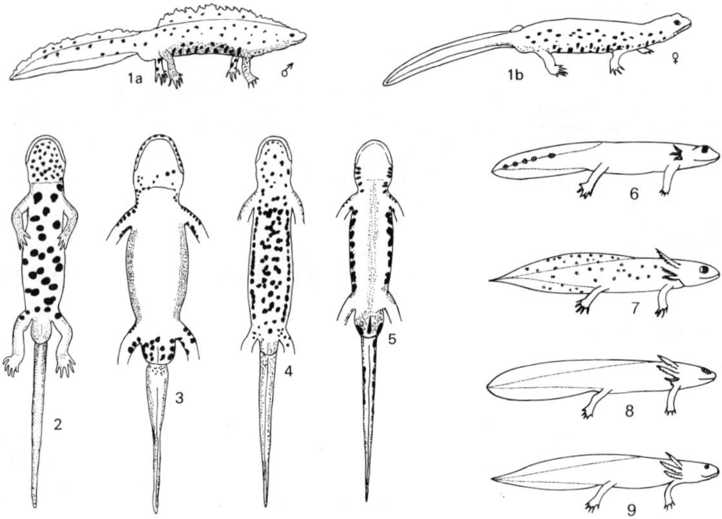

4. Flecken auf der Bauchseite größer als auf der Kehle [*2*]. Rücken des ♂ grau-blau mit hohem Rückenkamm [*1a*]

Kammolch, **Triturus cristatus** (LAURENTI)

13–18 cm. Oberseite oliv bräunlich bis schwarz, mit od. ohne schwarze Flecken. Flanken mit zahlreichen weißen Punkten. Kehle dicht hell u. dunkel gesprenkelt [*2*]. Finger u. Zehen dunkel gebändert. ♂ am Schwanz mit zentralem perlmuttweißen, sich zur Spitze verjüngenden Farbkeil. ♂ (nicht ♀ [*1b*]) zur Paarungszeit mit hohem, gezackten Rückenkamm, vor Schwanzsaum mit tiefem Einschnitt [*1a*]. Laichzeit: Mitte März bis Sommer. In stehenden vegetationsreicheren Gewässern, im Tiefland häufig.

— Flecken auf dem Bauch und auf der Kehle etwa gleich groß [*4*]. Rükken des ♂ meist hell, mit Rückenkamm

Teichmolch, **Triturus vulgaris** (L.)

8–11 cm. Oberseite schwärzlich bis hell, mit dunklen Flecken od. jederseits mit dunkler Längsbinde. ♂ (nicht ♀) am Kopf mit 5–7 dunklen Längsbinden, zur Paarungszeit mit hohem welligem Rückenkamm, dieser geht ohne Unterbrechung in Schwanz über, Hinterfüße mit Schwimmhäuten. Laichzeit: Mitte März bis Sommer. Neotenie kommt vor. In stehenden u. langsam fließenden Gewässern, häufig (bis etwa 1000 m), nicht im Südosten.

5. Oberseite blau bis grauschwarz. Bauch des ♀ orange, ungefleckt, Kehle mitunter gefleckt [*3*]. ♂ ohne Schwanzfaden

Bergmolch, **Triturus alpestris** (LAURENTI)

8–11 cm. Oberseite meist graublau bis schwarz, selten bräunlich, ± dunkel marmoriert. Flanken und Kopfseiten mit dunklen Flecken, Kehle gelb bis orange, seltener gefleckt [*3*]. ♂ zur Paarungszeit mit niedrigem, hell-dunkel quergebändertem Rückenkamm. Laichzeit: Mitte März bis Juli. Neotenie kommt vor. In stehenden u. langsam fließenden Gewässern; verbreitet im Bergland u. in Alpen (bis 3000 m), auch im Tiefland.

— Oberseite gelb bis bräunlich-oliv. Bauch gelb bis schwach orange, ungefleckt, höchstens mit einzelnen dunklen Tupfen, Kehle ungefleckt

[*5*]. ♂ mit Schwanzfaden

Fadenmolch, **Triturus helveticus** (RAZOUMOWSKY)

7–9 cm. Oberseite olivfarben bis bräunlich, meist mit dunklen Tupfen. Kopf mit 1 durch das Auge führenden Längsbinde. ♂ (nicht ♀) zur Paarungszeit mit niedrigem Rückenkamm u. höherem Schwanzsaum, hinten meist mit deutlichem Endfaden. Hinterfüße mit Schwimmhäuten. Laichzeit: März bis Sommer. In stehenden u. langsam fließenden Gewässern, meist im bewaldeten Bergland, mehr im Süden, reliktartige Vorkommen im Norden.

Larven der Caudata

Schlüssel gilt für ältere Larven.

1. Schwanzflosse hinten breit abgerundet [*6*]. Mit je 1 gelblichen Fleck an Wurzel der Beine. Bis 7 cm [*6*] . . . **Salamandra salamandra**

— Schwanzflosse hinten ± zugespitzt. Ohne derartige helle Flecke **2**

2. Schwanzflosse hinten allmählich in lange fadenförmige Spitze auslaufend [*7*]. Finger u. Zehen lang. Bis 8 cm . . **Triturus cristatus**

Körper und Flossensaum mit dunklen Flecken.

— Schwanzflosse hinten anders. Finger u. Zehen kürzer . . . **3**

3. Schwanzflosse hinten abgerundet, mit kurzer stachelförmiger Spitze. Auge klein, sein Längsdurchmesser etwa gleich dem Abstand der Nasenlöcher. Bis 4 cm [*8*] . . . . **Triturus alpestris**

— Schwanzflosse spitz, aber ohne stachelförmigen Anhang. Auge in Längsdurchmesser größer als Abstand der Nasenlöcher. Bis 3,5 cm **Triturus vulgaris** [*9*] u. **T. helveticus** (schwer unterscheidbar)

Ordnung: **Anura (Ecaudata),** Froschlurche

1. Unterseite graublau bis dunkel, mit gelben od. roten Flecken

Unken, **Bombina** OKEN **2**

— Unterseite hell, nicht gelb od. rot gefleckt **3**

2. Unterseite mit gelben (bis orangefarbigen) Flecken, höchstens mit wenigen weißen Punkten

Gelbbauchunke, Bergunke, **Bombina variegata** (L.)

Bis 5 cm. Oberseite mit kräftigen spitzen Warzen. Meist mit gelben Finger- u. Zehenspitzen. Mehrmalige Laichzeit zwischen Mai u. August. Laich in kleinen Klumpen von 2(od. 1)–30 graubraunen Eiern. Ruf: ung, ung, ... (Pause), ung, ... In vegetationsreichen Kleingewässern. Mehr im Gebirge (bis 1800 m).

— Unterseite mit roten (auch orangeroten) Flecken u. weißen Punkten

Rotbauchunke, Tieflandunke, **Bombina bombina** (L.)

Bis 4,5 cm. Oberseite mit runden, glatten Warzen od. kleinen Hornhöckerchen. Mit schwarzen Finger- u. Zehenspitzen. Laichzeit, Laich, Ruf u. Lebensraum wie B. variegata. Art des Tieflands.

3. Spitzen der Finger u. Zehen zu runden Haftscheiben erweitert [*10*]

Laubfrosch, **Hyla arborea** (L.)

Bis 5 cm. Oberseite glatt, meist grün, seltener dunkel od. gelblich. Unterseite körnig, weiß. An Seiten dunkler Streifen, meist mit „Hüftschlinge". ♂ mit unpaarer Schallblase. Laichzeit Ende April bis Mitte Juni. Laich in kleinen Klumpen mit gelben Eiern. Ruf: krak, krak, ... in schneller Folge. Meist auf Vegetation in Gewässernähe. Art des Tieflands (selten über 500 m).

— Spitzen der Finger u. Zehen ohne Haftscheiben **4**

4. Pupille der Augen senkrecht [*11a*] **5**

— Pupille der Augen waagerecht [*11b*] **6**

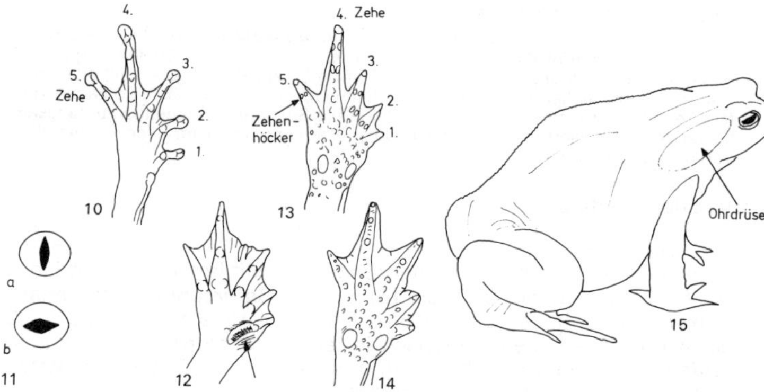

5. Hinterfüße mit großen Schwimmhäuten bis fast zu Zehenspitzen. Innerer Fersenhöcker mit horniger Grabschaufel [*12*]

Knoblauchkröte, **Pelobates fuscus** (LAURENTI)

Bis 8 cm. Haut fast glatt. Oberseite hellgrau od. braun mit dunklen (meist olivfarbigen) Flecken, oft auch roten Punkten. Unterseite hell, ± gefleckt. Laichzeit April, Mai. Laich in Schnüren, diese kurz (bis 50 cm) u. dick (bis 15 mm), vielreihig, Eier dunkelbraun, mit weißlichem Fleck. Ruf: leises dumpfes Schnalzen, Rufe unter Wasser. Nachtaktiv. Außerhalb der Paarungszeit an Land, mehr auf sandigem Boden u. Ackerböden, gräbt sich gern ein. Meist im Tiefland.

— Hinterfüße mit kleinen Schwimmhäuten bis kaum zur halben Zehenlänge. Innerer Fersenhöcker ohne Grabschaufel

Geburtshelferkröte, **Alytes obstetricans** (LAURENTI)

Bis 5 cm. Haut warzig, mit Warzenlängsreihe an Körperseiten, grau, ± einfarbig. Unterseite weißlich. Paarung (v. a. im Mai, Juni) auf Land. ♀ trägt die Laichschnüre um die Hinterbeine geschlungen u. setzt später die Larven im Wasser ab. Ruf: kurze melodische Pfiffe. Nachtaktiv. In Steinhaufen, Felsspalten, zwischen Baumwurzeln, häufig in Abgrabungen. Im Hügel- u. Bergland, nicht im Südosten.

6. Haut glatt. Am Kopf ohne große Ohrdrüsen. Rücken seitlich mit Drüsenleiste [*25*] . . . . Frösche, **Rana** L. **9**

— Haut warzig. Kopf mit großen Ohrdrüsen [*15*]. Rücken ohne seitliche Drüsenleiste . . . . Kröten, **Bufo** LAURENTI **7**

7. Oberseite in der Mitte mit hellgelber Längslinie (ohne Warzen). Hinterbeine kurz, ihre Schwimmhäute kurz, nicht bis zur Hälfte der längsten (4.) Zehe reichend [*13*]. Höcker auf Unterseite der Zehen paarig

Kreuzkröte, **Bufo calamita** (LAURENTI)

Bis 8 cm. Oberseite grünlich bis bräunlich, mit dunklen Flecken. Unterseite weißlich, gefleckt. Laichzeit April bis Juli. Laich in Schnüren, 1–2reihig, bis 1 m lang u. 6 mm dick, Eier schwarz mit grauem Fleck. Ruf: lautes ra, ra, ra, ... Mehr auf sandigem Boden, auch in Dünen, häufiger in Westdeutschland u. an Nordseeküste.

— Oberseite ohne gelbe Mittellinie. Hinterbeine länger, wenigstens mit halben Schwimmhäuten **8**

8. Oberseite hell mit grünen Flecken. Zehen unterseits mit einfachen Höckern [*14*] . . . . Wechselkröte, **Bufo viridis** LAURENTI

Bis 8 cm. Unterseite hell, oft gefleckt. Laichzeit April bis Juni. Laich in Schnüren (1–5 m lang), Eier 2–4reihig, bräunlich, etwa 0,5 mm groß. Ruf: helles Trillern ürrrrr, ürrrrr,

. . .; ähnelt dem Ruf der Maulwurfsgrille. Besonders in offenen Lebensräumen der Ebene u. des Hügellandes, nicht im Westen.

— Oberseite braun, einfarbig od. dunkel (nie grün) gefleckt. Zehen auf Unterseite mit paarigen Höckern (wie [*13*]) Erdkröte, **Bufo bufo** (L.)
Bis 15 cm [*15*]. Unterseite hell, oft gefleckt. Laichzeit März, April. Laich in Schnüren (1,5 m lang), 2–4reihig, Eier schwarz, etwa 1 mm groß. Ruf: Metallisches, leises ök, ök, . . . in größeren Abständen. Nachtaktiv. Verbreitet u. häufig; meist in Wäldern.

9. Schwimmhäute nicht bis zur Spitze der längsten (4.) Zehe reichend [*20, 21*]. Oberseite ± bräunlich, meist mit dunklem, annähernd dreieckigen „Schläfenfleck" vom Auge zum Ansatz der Vorderbeine. Augen weit getrennt [*16*] „Braunfrösche" (schwer unterscheidbar) **10**

— Schwimmhäute länger, bis zur Spitze der längsten Zehe reichend [*22, 23*]. Oberseite ± grünlich (seltener bräunlich). Ohne dunklen Schläfenfleck. Augen näher beieinander [*17*] . . „Wasserfrösche" **12**

10. Fersengelenk (Gelenk zwischen Unterschenkel u. Fuß [*18*]) reicht über Schnauzenspitze hinaus [*18*] (bei jüngeren Exemplaren nur bis Schnauzenspitze). Trommelfell etwa so groß wie Auge. Höcker auf Unterseite des Hinterfußes vor innerer (1. = kleinster) Zehe groß, vorspringend, etwa ⅓ bis ½ so lang wie die Zehe
Springfrosch, **Rana dalmatina** BONAPARTE
Bis 8 cm. Mit spitzer Schnauze, Körper schlank, Beine lang. Zehenhöcker (vgl. [*13*]) auffallend groß. Oberseite hell- bis schokoladenbraun, ohne od. mit wenigen dunklen

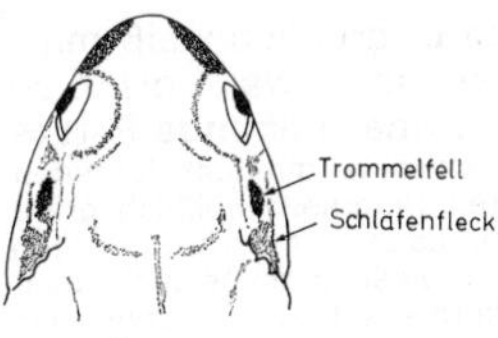

16

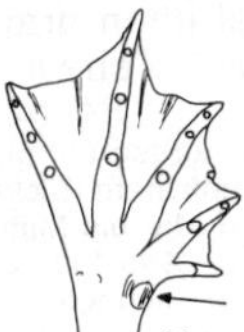
21

22

24

17

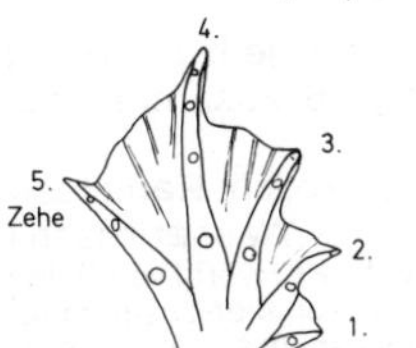

20

23

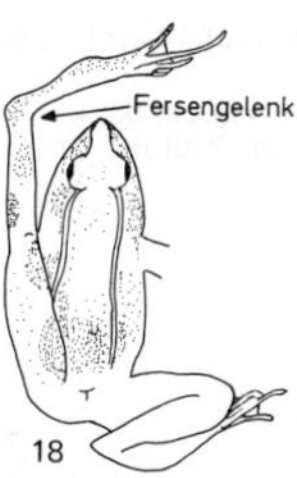

18

19

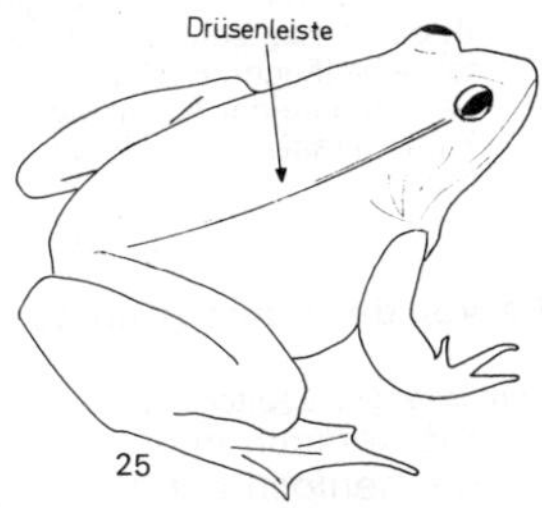

25

Flecken, hinter Auge größerer schwarzbrauner Fleck. Unterseite hell, meist ungefleckt. Laichzeit März, April. Laich in kleinen Klumpen, nicht aufsteigend, mit etwa 600–1200 Eiern, diese oben tiefschwarz, unten weiß, scharf abgesetzt. Ruf: schnelles ogk, ogk, ogk, ... In Gebieten mit reicher Vegetation (Laubwälder).

— Fersengelenk erreicht höchstens Schnauzenspitze [*19*]. Auge meist größer als Trommelfell **11**

11. Schnauze zugespitzt [*19*]. Höcker vor 1. Zehe groß, zusammengedrückt, etwa ⅔ so lang wie 1. Zehe [*20*]. Fersengelenk reicht meist etwa bis Schnauzenspitze . . . Moorfrosch, **Rana arvalis** Nilsson

Bis 7 cm. Oberseite hell- bis dunkelbraun, ungefleckt od. mit Flecken besonders auf den Flanken; häufig mit hellem Mittelstreif auf Oberseite. ♂ zur Paarungszeit blau bereift. Hinter Auge großer schwarz-brauner Fleck. Unterseite hell, oft ohne Zeichnung. Laichzeit März, April. Laich in großen Klumpen, nicht aufsteigend, mit 1000–2000 Eiern, diese unten weißlich, oben bräunlich, wenig scharf abgesetzt. Ruf: dumpf ueg, ueg, ... in schneller Folge. Auf meist sumpfigen Wiesen, häufig in Gewässernähe, mehr im Flachland.

— Schnauze stumpf [*16*]. Höcker vor 1. Zehe klein, rundlich, oval, ⅓ bis höchstens ½ so lang wie 1. Zehe [*21*]. Fersengelenk selten bis Schnauzenspitze reichend . . . Grasfrosch, **Rana temporaria** L.

Bis 10 cm. Oberseite einfarbig gelbrot bis braun, meist dunkel gefleckt, selten mit hellem Rückenstreif bis zum Nacken. Fast immer mit Schläfenfleck. Unterseite hell, oft grau bis rötlich marmoriert. Laichzeit März bis April. Laich in großen Klumpen, oft an Gewässeroberfläche aufsteigend, mit etwa 1000–4000 Eiern, diese oben dunkel, unten weißlich, etwa 2–3 mm groß. Ruf: dumpfes Knurren u. Grunzen. Häufig, weit verbreitet, auch entfernt vom Wasser.

12. Hinterseite der Oberschenkel oben graugrün u. grünlich-weiß marmoriert (nie gelb). Höcker vor 1. Zehe klein, stumpf, etwa ¼ bis ⅖ so lang wie 1. Zehe [*22*] . . . . . Seefrosch, **Rana ridibunda** Pallas

Bis 17 cm. Oberseite ± olivgrün (nie grasgrün) bis bräunlich, oft mit dunkelbraunen od. olivgrünen Flecken, auch mit grünlichem Rückenstreif. Unterseite weißlich, grau/schwarz marmoriert. Laichzeit Mitte Mai bis Mitte Juni. Laich in mehreren kleinen Klumpen, meist angeheftet, im Ballen etwa 150–400 Eier; diese unten gelblich, oben braun, 1–1,7 mm groß. Ruf: kräftiges, schnelles Meckern krä, krä, ..., dazwischen Quaktöne. Meist in Flußniederungen, in vegetationsreichen Gewässern (Altarme, Kiesgruben, Teiche), mehr im Tiefland.

— Hinterseite der Oberschenkel oben gelb bis orange u. schwärzlich marmoriert. Höcker vor 1. Zehe groß, zusammengedrückt, etwa ⅓ bis ⅔ so lang wie 1. Zehe [*23*]

Kleiner Grünfrosch, **Rana lessonae** Camerano u.
Wasserfrosch **Rana esculenta** L.

Arten schwer unterscheidbar. **R. esculenta** als Hybrid von **R. lessonae** u. **R. ridibunda** entstanden. Auch in ihrer Biologie ähnlich, kommen zusammen vor.

R. lessonae: Bis 9 (meist unter 5) cm. Höcker vor 1. Zehe groß, etwa bis ⅔ so lang wie 1. Zehe [*23*]. Hinterbein kurz [*24*]. Oberseite grasgrün, gelbgrün bis braun, oft mit heller Rückenmittellinie. Unterseite weißlich, meist ungefleckt.

R. esculenta: sehr ähnlich, Körper im Durchschnitt größer (bis maximal 12 cm), Hinterbeine länger, Höcker vor 1. Zehe kürzer, ⅓–½ so lang wie 1. Zehe.

Laichzeit beider Arten: Mai bis Juni (später als Seefrosch). Ruf: lautes öock, öock, ..., kraak, kraak, ... In kleineren Gewässern. Wasserfrosch häufiger als Kleiner Grünfrosch.

Larven der Anura (Kaulquappen)

Schlüssel gilt für ältere Larven.

1. Kiemenloch in der Mitte des Bauches **2**

— Kiemenloch auf der linken Seite des Körpers [*31*] **4**

2. Kiemenloch dem Vorderende des Körpers näher als dem Hinterende. Hautsaum des Schwanzes ohne Netzwerk dunkler Linien. Bis 80 mm [*26*]. Mundfeld [*27*] . . . . **Alytes obstetricans**

— Kiemenloch dem Hinterende näher als dem Vorderende. Hautsaum des Schwanzes oft mit feinem Netzwerk dunkler Linien **Bombina 3**

3. Mundfeld (bei geschlossenem Mund) dreieckig [*29*]. Bis 50 mm [*28*]. Schwimmen frei im Wasser . . . . **Bombina bombina**

— Mundfeld quer elliptisch [*30*]. Bis 56 mm . . . **Bombina variegata**

4. Afterröhre in der Mittellinie des Körpers **5**

— Afterröhre nach rechts gerichtet **8**

5. Kiemenloch nach hinten-aufwärts gerichtet. Schwanz am Ende zugespitzt [*31*]. Rand des Mundfeldes mit Wärzchen (außer einer schmalen oberen Lücke) [*32*]. Untere Lippenzähne in 4–5 oft unterbrochenen Reihen. Schnabel kräftig. Bis 180 mm. Einzeln lebend, können frei schweben . . . . **Pelobates fuscus**

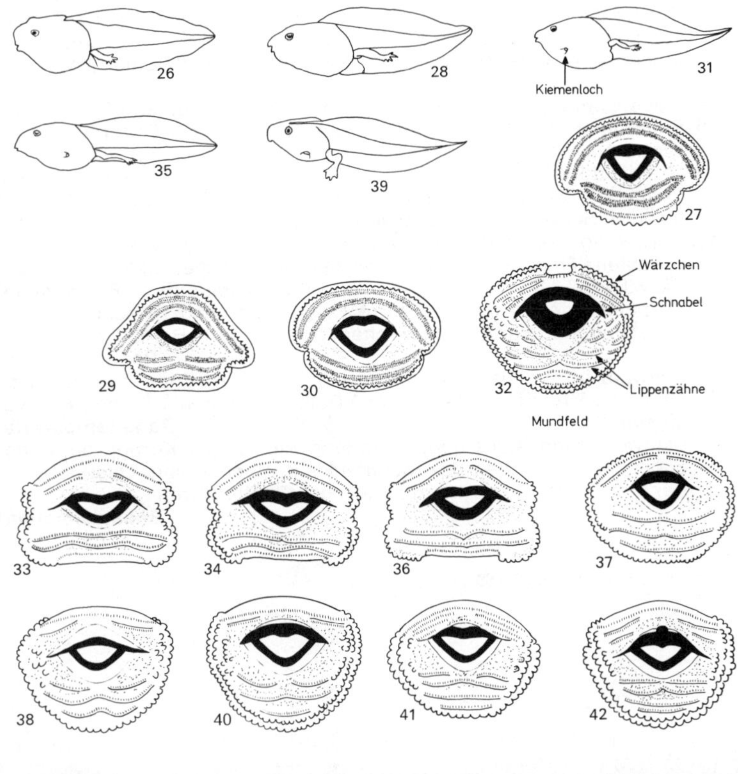

— Kiemenloch gerade nach hinten gerichtet [*35*]. Schwanz hinten abgerundet [*35*]. Mundfeld nur an Seiten mit Wärzchen. Untere Lippenzähne in 3 Reihen, obere in 2 Reihen [*33, 34, 36*] . . . . . **Bufo 6**

6. Untere Reihe der oberen Lippenzähne in der Mitte weit unterbrochen [*33*]. Mund viel schmaler als Entfernung zwischen den Augen (vom Innenrand gemessen). Bis 30 mm. Keine Schwärme . **Bufo calamita**

— Untere Reihe der oberen Lippenzähne mit schmaler Unterbrechung [*34, 36*]. Mund mindestens fast so breit wie Entfernung der Augen **7**

7. Oberseite schwarz, Unterseite grau. Entfernung zwischen Augen etwa doppelt so groß wie zwischen Nasenlöchern. Mundfeld [*34*]. Bis 32 mm. Oft in großen Schwärmen schwimmend . . . . **Bufo bufo**

— Oberseite grau, Unterseite weiß. Entfernung zwischen Augen etwa 1½mal so groß wie zwischen den Nasenlöchern. Mundfeld [*36*]. Bis 45 mm [*35*]. Nicht in Schwärmen . . . . **Bufo viridis**

8. Oberer Schwanzsaum vorn fast zwischen die Augen reichend, diese von oben u. unten sichtbar. Körperumriß von oben ± rechteckig. Wärzchenreihe um Mundfeld oben unterbrochen [*37*]. Bis 50 mm. Einzeln lebend . . . . **Hyla arborea**

— Oberer Schwanzsaum vorn bis etwa zur Körpermitte reichend, Augen von unten nicht sichtbar. Körperumriß anders . . . . **Rana 9**

9. Lippenzähne unter Mund in 3 Reihen, oben in 2 od. 3 Reihen [*38, 40*] **10**

— Lippenzähne unten in 4 Reihen, oben in 3 od. 4 Reihen [*41, 42*] **12**

10. Entfernung zwischen Augen nur wenig größer als Entfernung zwischen Nasenlöchern. Schwanz etwa 1½mal so lang wie Körper. Mundfeld [*38*]. Bis 45 mm . . . . **Rana arvalis**

— Entfernung zwischen Augen etwa 2mal so groß wie zwischen Nasenlöchern. Schwanz etwa 2mal so lang wie Körper **11**

11. Körper von oben gesehen elliptisch. Entfernung zwischen Augen höchstens 2mal so groß wie zwischen Nasenlöchern. Mundfeld [*40*]. Bis 80 mm [*39*] . . . . **Rana esculenta** u. **R. lessonae**

— Körper von oben gesehen birnförmig. Entfernung zwischen Augen meist doppelt so groß wie zwischen Nasenlöchern. Bis 120 mm **Rana ridibunda**

12. Schwanz höchstens 2mal so lang wie Körper, am Ende stumpf. Wärzchen des Mundfeldes seitlich in 3 Reihen, unten in 1 Reihe [*41*]. Bis 45 mm . . . . **Rana temporaria**

— Schwanz mindestens doppelt so lang wie übriger Körper, am Ende zugespitzt. Wärzchen des Mundfeldes in Doppelreihe, Oberkiefer in der Mitte meist mit schwarzem Höcker [*42*]. Bis 60 mm **Rana dalmatina**

Literatur bei Reptilien, S. 560.

Klasse: **Reptilia,** Kriechtiere

Wechselwarme Wirbeltiere mit trockener, drüsenarmer Haut, diese mit Schuppen u. Schildern bedeckt. Vorder- u. Hinterfüße – wenn vorhanden – 5zehig, Zehen mit Krallen. Lungenatmend. Ablage von Eiern od. lebendgebärend. Nahrung: Tiere, seltener pflanzliche Kost. In Mitteleuropa 15 Arten.

System (Reptilien sind eine paraphyletische Gruppe):
Ordnung **Chelonia (Testudines)** mit **Emydidae.**
Ordnung **Squamata**
Unterordnung **Sauria** mit **Anguidae, Lacertidae,**
Unterordnung **Ophidia (Serpentes)** mit **Colubridae, Viperidae.**

Im Gebiet der B. R. Deutschland sind alle Reptilien besonders geschützt.

1. Körper (ohne Kopf, Extremitäten u. Schwanz) in einen knöchernen Panzer eingeschlossen
Ordnung Schildkröten, **Chelonia (Testudines)**
Nur Sumpfschildkröten **Emydidae** mit **Emys orbicularis** (L.), Europäische Sumpfschildkröte (Zehen durch Schwimmhäute verbunden; Oberseite dunkel mit gelber Zeichnung, Unterseite einfarbig hell; Panzer bis 25 cm). Im Süßwasser. Selten, im Osten. – Außerdem als Irrgäste auch Meeresschildkröten.

— Körper ohne Panzer, nur mit hornigen Schuppen u. Schildern bedeckt
Ordnung Schuppenkriechtiere, **Squamata** S. 557

Ordnung: **Squamata,** Schuppenkriechtiere

1. Augenlider getrennt, frei beweglich (Augen können sich schließen). Unterseite mit mehreren Längsreihen von Schuppen od. Schildern [*1*, *2*]. Meist mit Extremitäten . . Unterordnung Echsen, **Sauria** 2

— Augenlider verwachsen, das untere über das Auge gezogen, unbeweglich. Unterseite mit 1 Längsreihe breiter Schilder. Ohne Extremitäten . . . . Unterordnung Schlangen, **Ophidia (Serpentes)** 6

2. Ohne Extremitäten . . . . Schleichen, **Anguidae**
Nur **Anguis fragilis** L., Blindschleiche (Schuppen groß, gleichartig; Oberseite grau od. braun, oft mit dunklem Mittelstreif; Unterseite dunkel; bis 50 cm). Lebendgebärend. An nicht zu trockenen Stellen, meist in Wäldern, häufig.

— Mit Extremitäten . . . . Eidechsen, **Lacertidae** 3

3. Halsband (vergrößerte Schuppen auf Unterseite vor Vorderbeinen) hinten ganzrandig [*1*]. Rückenschuppen rundlich, an Flanken nicht größer als in Rückenmitte. Kopf [*3*]
Mauereidechse, **Podarcis** (= **Lacerta**) **muralis** (LAURENTI)
Bis 20 cm. Schlank, mit langem Schwanz. Oberseite braun mit schwarzer Fleckung od. Netzzeichnung (♂) od. mit je 1 seitlichen dunklen, hell gesäumten Längsband (♀). Unterseite hell, beim ♂ oft orange bis rot mit dunklen Flecken. Seiten beim ♂ meist mit blauen Punkten. An besonnten Stellen im Süden u. Südwesten.

— Halsband hinten gezackt [*2*]. Rückenschuppen in Mittellinie des Körpers meist länglich [*4*, *5*]; wenn nicht schmaler als Randschuppen, Körper groß u. grün gefärbt . . . . **Lacerta** L. 4

4. Auf Mitte der Oberseite breiter Streifen von etwa 10 Reihen verschmälerter Schuppen [*4*]. Kopf [*6*] Zauneidechse, **Lacerta agilis** L.

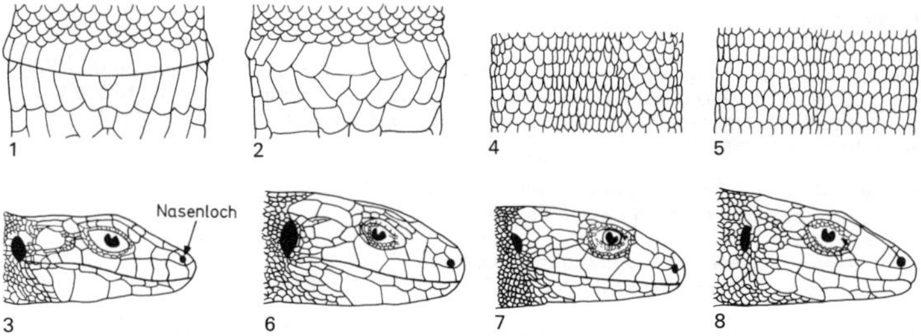

Bis über 20 cm. Körper gedrungen, Schwanz kürzer. Oberseite braun mit dunklem Rückenstreifen u. hellen, dunkel gerandeten Flecken. Unterseite grünlich (♂) od. gelblich (♀). ♂ während Paarungszeit unten u. an Seiten leuchtend grün. In offenem, trockenem, sonnigem Gelände, nicht in höheren Gebirgslagen, verbreitet.

— Oben höchstens mit 2 Reihen verschmälerter Schuppen [*5*] . **5**

5. Oberseite grün, mit dunklen Punkten (♂) od. Flecken (♀). Bis 40 cm. Kopf [*7*] . . . . . . Smaragdeidechse, **Lacerta viridis** (LAURENTI)

Schlank, mit langem Schwanz. Rückenschuppen längs der Mitte nicht deutlich verschmälert. ♀ oft mit 2–4 schmalen hellen Streifen. ♂ zur Paarungszeit mit blauer Kehle. Unterseite weißlich od. gelblich. In sonnigem Gelände, selten, im Süden.

— Oberseite braun, meist mit dunklen Längsbändern. Bis 18 cm. Kopf [*8*] . . . . Waldeidechse, Bergeidechse, **Lacerta vivipara** JACQUIN

Schwanz kurz. In der Rückenmitte 2 Reihen deutlich verschmälerter Schuppen. Oberseite mit dunklen u. hellen Punkten. Unterseite orange mit schwarzen Punkten (♂) od. gelblich-grau (♀). Lebendgebärend. Überall häufig, auch im Gebirge (bis 3000 m), in offenem Gelände, wie Waldrändern, Wiesen, Mooren, Sümpfen, Küstendünen.

6. Oberseite des Kopfes mit wenigen großen, symmetrisch angeordneten Schildern (z. B. [*10*]). Zwischen Auge u. Oberlippenschildern keine Schildchenreihe [*9*]. Pupille rundlich (nur in grellem Licht zu sehen!). Kopf allmählich in Körper übergehend Nattern, **Colubridae** **7**

— Oberseite des Kopfes mit vielen kleinen Schildern [*14, 16*]. Auge von Oberlippenschildern durch Schildchen getrennt [*13, 15*]. Pupille senkrecht. Kopf ± vom Rumpf abgesetzt. Oberkiefer mit 2 langen Giftzähnen (Biß für Menschen gefährlich giftig) . . Ottern, **Viperidae** **11**

7. Rückenschuppen deutlich gekielt [*10*] Wassernattern, **Natrix** LAURENTI **8**

— Rückenschuppen glatt (höchstens schwach gekielt) **9**

8. Hinter dem Kopf jederseits mit einem hellen (meist gelben) halbmondförmigen Fleck. Mit 1 Schild vor dem Auge [*9*] Ringelnatter, **Natrix natrix** (L.)

Bis 1,5 m. Oberseite grau bis dunkel mit kleinen schwarzen Flecken. Unterseite weißlich, dunkel gefleckt. Kann schwimmen. An u. in Gewässern, stellenweise häufig.

— Hinter dem Kopf kein derartiger Fleck. Mit 2 übereinander angeordneten Schildern vor dem Auge Würfelnatter, **Natrix tessellata** (LAURENTI)

Bis 1 m. Oberseite grau bis braun mit viereckigen, z. T. zusammenfließenden Flecken. Unterseite hell bis rötlich, ähnlich gefleckt. Stark an Wasser gebunden. Sehr wärmeliebend, selten, Westdeutschland, Österreich, Schweiz.

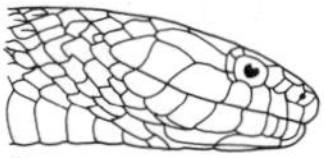
9
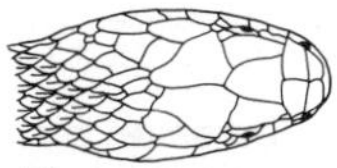
10
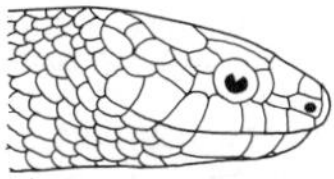
11
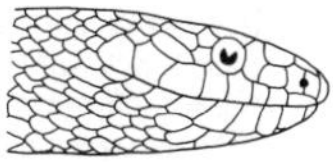
12
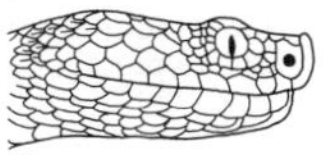
13
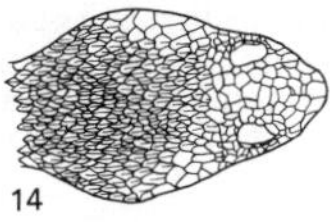
14
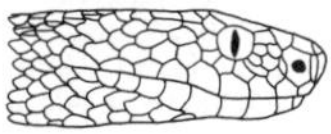
15
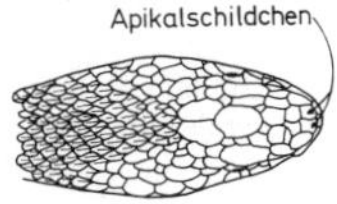

16

9. Oberseite (auch Kopf) schwarz, oft grünlich-gelb gesprenkelt, auf Vorderkörper als Querstreifung, am Hinterkörper Längslinien. Unterseite meist gelblich-weiß

Gelbgrüne Zornnatter, **Hierophis** (= **Coluber**) **viridiflavus** LACÉPÈDE

Bis 1,5 m (auch 2 m). Südschweiz (Tessin, Graubünden).

— Färbung anders **10**

10. Oben mit dunklem Nackenfleck, Kopf seitlich mit dunklem Streifen vom Nacken zum Auge, meist auch weiter zum Nasenloch. Unterseite bräunlich (♂) od. grau (♀). Nasenloch innerhalb eines Schildchens [*11*] . . . Glattnatter, Schlingnatter, **Coronella austriaca** LAURENTI

Bis 75 cm. Oberseite braun (♂) od. grau (♀), mit dunklen Flecken. Lebendgebärend. An trockenen, sonnigen, meist steinigen Stellen, verbreitet.

— Kopf oben nicht dunkel. Hinter dem Kopf seitlich je 1 blaßgelber unscharfer Fleck. Unterseite hell, weißlich. Nasenloch zwischen 2 Schildchen [*12*] . . Äskulapnatter, **Elaphe longissima** (LAURENTI)

Bis fast 2 m. Oberseite braun, nach hinten dunkler werdend (Jungtiere gefleckt), viele Schuppen teilweise mit weißem Rand. Wärmeliebend, selten, im Süden (auch im Taunus, Südodenwald, Südschwarzwald, bei Passau).

11. Schnauzenspitze mit Horn

Hornotter, Sandotter, **Vipera ammodytes** (L.)

Bis 90 cm. Oberseite meist grau, mit dunklerem, oft welligem Zickzack-Band. Unterseite gelblich, grau od. schwärzlich getüpfelt. Lebendgebärend. An steinigen Orten, nur Kärnten, Südsteiermark.

— Schnauze ohne Horn, höchstens aufgebogen scharfkantig [*13*] **12**

12. Schnauzenspitze nach oben aufgebogen, scharfkantig [*13*] (selten undeutlich). Kopf oben ohne große Schilder [*14*]

Juraviper, **Vipera aspis** (L.)

Bis 60 cm. Oberseite grau bis braun, mit schwarzer Zeichnung (Längsreihen aus abwechselnd schmalen Querbändern u. rechteckigen Flecken od. teilweise Verschmelzung zu Zickzack-Band). Unterseite dunkel, mit od. ohne Fleckenzeichnung. Lebendgebärend. Auf felsigem, besonntem Untergrund. Im Süden, in Deutschland nur Südschwarzwald.

— Schnauzenspitze nicht nach oben gebogen [*15*]. Kopf oben mit mindestens 3 großen Schildern [*16*] **13**

13. Schnauze (von oben gesehen) ziemlich breit, auf Oberseite mit mindestens 13 Schildern, vorn mit 2 „apikalen“ Schildchen [*16*]. Nasenloch groß, im Zentrum eines großen Schildchens [*15*]. Verbreitet

Kreuzotter, **Vipera berus** (L.)

Bis 75 cm. Oberseite braun, grau od. schwarz, mit dunklem Zickzack-Band u. V-förmigem Fleck auf Hinterkopf. Unterseite dunkel, ± hell gefleckt. Lebendgebärend. In sonnigem, offenem Gelände.

— Schnauze etwas zugespitzt, auf Oberseite meist mit höchstens 12 Schildern, vorn mit unpaarem Apikalschild. Nasenloch klein, im unteren Bereich eines Schildchens. In Österreich

Spitzkopfotter, Wiesenotter, **Vipera ursinii** (BONAPARTE)

Bis 50 cm. Oberseite grau od. braun, meist mit hellem Längsband, auf diesem ein oft wellenförmiges Zickzack-Band. Unterseite grau, ± weiß marmoriert. Lebendgebärend. Im Grasland, bis 2400 m. In Niederösterreich u. im Burgenland.

Literatur

ARNOLD, E., BURTON, J.: Pareys Reptilien- und Amphibienführer Europas. 2. Aufl. Hamburg, Berlin, 1984. – BÖHME, W.: Handbuch der Reptilien und Amphibien Europas. Band 1. Wiesbaden, 1981; Band 2/1. Wiesbaden, 1984; Band 2/2. Wiesbaden, 1984; Band 3/1. Wiesbaden, 1993. – ENGELMANN, W.-E., FRITZSCHE, J., GÜNTHER, R., OBST, F. J.: Lurche und Kriechtiere Europas. Radebeul, 1993. – FREYTAG, G. E.: Lurche. In: E. Stresemann, K. Senglaub, H.-J. Hannemann, Exkursionsfauna von Deutschland. Band 3 (Wirbeltiere). 11. Aufl. Berlin, 1989. – MERTENS, R.: Kriechtiere und Lurche. Stuttgart, 1960. – MERTENS, R., WERMUTH, H.: Die Amphibien und Reptilien Europas. Frankfurt, 1960. – NÖLLERT, A. und C.: Die Amphibien Europas. Kosmos-Naturführer. Stuttgart, 1992. – PETERS, G.: Kriechtiere. In: E. Stresemann, H.-J. Hannemann, K. Senglaub, Exkursionsfauna von Deutschland. Band 3 (Wirbeltiere). 11. Aufl. Berlin, 1989. – TRUTNAU, L.: Europäische Amphibien und Reptilien. Stuttgart, 1975.

Klasse: **Aves,** Vögel

Gleichwarme Wirbeltiere. Haut mit Federn bedeckt; Bein meist mit Hornschuppen. Atmung mit Lungen. Schädel durch 1 Gelenkhöcker mit dem 1. Halswirbel (Atlas) verbunden. Fußwurzelknochen teils mit dem Schienbein, teils mit dem Mittelfuß verschmolzen. Mit Reptilien zu **Sauropsida** zusammengefaßt. Äußere Morphologie, Gefieder u. Färbungsmerkmale s. [*1, 2*]. Beine meist mit 3 Vorderzehen u. 1 Hinterzehe [*7*]. Flügel [*3*]. Legen Eier, diese von fester Kalkschale umhüllt.
Bei manchen Arten gibt es eine zweimalige Mauser im Jahr mit „Brutkleid" (= „Sommerkleid") vom Frühjahr bis zum Ende der Brutperiode u. „Ruhekleid" (= „Winterkleid") während der übrigen Jahreszeit. „Standvögel" bleiben das ganze Jahr im Bereich des Brutgebiets (im Text nicht besonders als solche bezeichnet), „Strichvögel" („Teilzieher") verlassen es zur Nahrungssuche nach der Brutzeit, und „Zugvögel" überwintern in anderen Regionen. **Abkürzung: L = Länge.** Länge von Schnabelspitze bis Schwanzspitze gemessen. Länge des Schnabels von der Stirn bis zur Spitze gemessen. **Größenvergleich: Mäusebussard um 53 cm, Haustaube um 33 cm, Amsel um 25 cm, Sperling 15 cm.**
Die Tabellen sind als Ergänzung zu den Bildführern (s. Literatur) gedacht und sind unter anderem auch für das Ansprechen toter Vögel konzipiert.

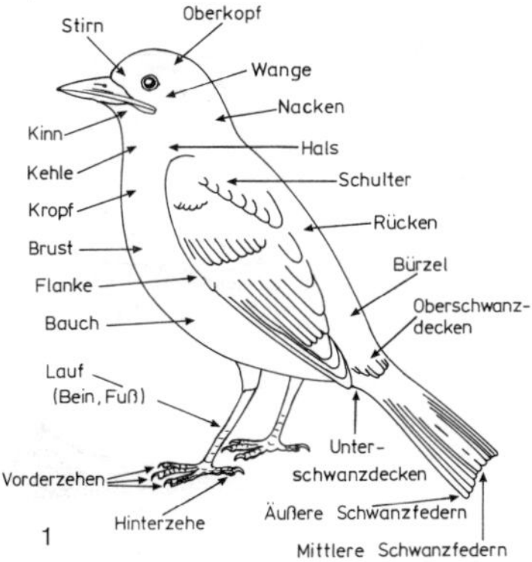

1

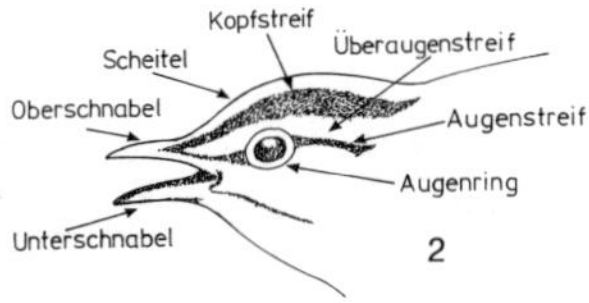

2

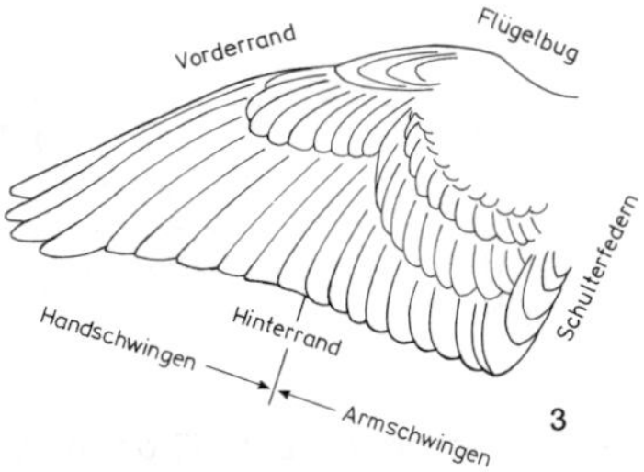

3

System (Endung der Ordnung: **-formes**):

Gaviiformes: Gaviidae
Podicipediformes: Podicipedidae
Procellariiformes: Procellariidae, Hydrobatidae
Pelecaniformes: Sulidae, Phalacrocoracidae, Pelicanidae
Ciconiiformes: Ardeidae, Ciconiidae, Threskiornithidae
Phoenicopteriformes: Phoenicopteridae
Anseriformes: Anatidae
Falconiformes: Accipitridae, Pandionidae, Falconidae
Galliformes: Tetraonidae, Phasianidae
Gruiformes: Gruidae, Otitidae, Rallidae
Charadriiformes: Haematopodidae, Charadriidae, Scolopacidae, Recurvirostridae, Phalaropodidae, Burhinidae, Glareolidae, Stercorariidae, Laridae, Alcidae

Columbiformes: Columbidae
Cuculiformes: Cuculidae
Strigiformes: Tytonidae, Strigidae
Caprimulgiformes: Caprimulgidae
Apodiformes: Apodidae
Coraciiformes: Alcedinidae, Meropidae, Coraciidae, Upupidae
Piciformes: Picidae
Passeriformes: Alaudidae, Hirundinidae, Oriolidae, Corvidae, Paridae, Remizidae, Aegithalidae, Certhiidae, Sittidae, Timaliidae, Cinclidae, Troglodytidae, Turdidae, Sylviidae, Muscicapidae, Prunellidae, Motacillidae, Bombycillidae, Laniidae, Sturnidae, Fringillidae, Emberizidae, Ploceidae

Im Gebiet der B. R. Deutschland sind alle Vögel besonders geschützt (soweit sie nicht dem Jagdrecht unterliegen).

1. Zehen durch Schwimmhäute verbunden [*4, 5*] **2**
— Jede Zehe mit nicht unterteilter Lappenhaut [*6*]. Habitus [*23*]
Lappentaucher, **Podicipediformes** S. 566

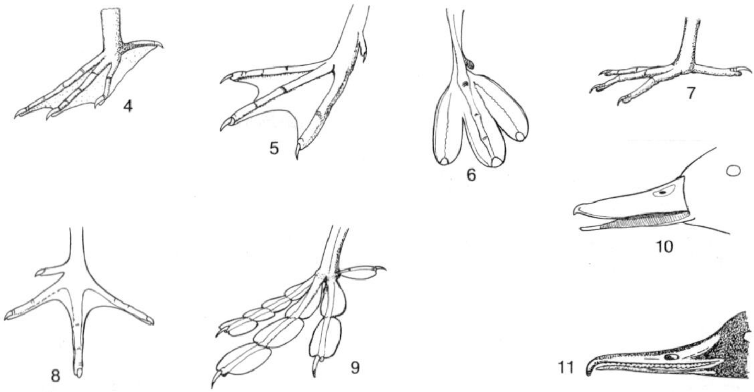

— Zehen ohne Haut [*7*] od. höchstens am Grunde mit Haut [*8*] od. mit unterteilten Lappen [*9*] **8**
2. Alle Zehen, auch die Hinterzehe, durch Schwimmhäute verbunden [*4*]. Habitus z.B. [*28*] . . . . Ruderfüßer, **Pelecaniformes** S. 567
— Nur die 3 Vorderzehen durch Schwimmhäute verbunden [*5*] **3**
3. Hinterzehe fehlend od. höchstens als Warze vorhanden. Flügel in Ruhelage nicht bis zum Schwanzende reichend. Habitus [*103*]
Alken, **Alcidae** (zu **Charadriiformes**) S. 594
Hierher auch Dreizehenmöve, **Rissa tridactyla** (L.), aber Flügel in Ruhelage das Schwanzende überragend, s. S. 593.
— Hinterzehe vorhanden, manchmal klein **4**
4. Beine über 20 cm lang . . . . . Flamingos, **Phoenicopteriformes**
Nur **Phoenicopteridae** mit **Phoenicopterus ruber** (L.), Flamingo, L 125 cm. Hals lang. Gefieder rosa, Flügel schwarz u. rot. Seltener Irrgast aus Südeuropa.
— Beine unter 20 cm lang **5**

5. Ränder des Schnabels mit hornigen Lamellen [*10*] od. mit Hornzähnen [*11*] besetzt, an der Spitze mit ± breiter horniger Platte („Nagel"). Habitus z. B. [*32a, 35, 36a, 45–61*] Entenvögel, **Anseriformes** S. 570

— Schnabelränder glatt, ohne Lamellen od. Zähne **6**

6. Nasenlöcher am Ende von 1 od. 2 Hornröhren auf dem Schnabel liegend [*12*]. Habitus [*27*] . . . Sturmvögel, **Procellariiformes** S. 566

— Nasenlöcher nicht am Ende von Hornröhren liegend **7**

7. Beine weit an das hintere Körperende verlagert, im Querschnitt seitlich zusammengedrückt. Habitus [*22*] Seetaucher, **Gaviiformes** S. 565

— Beine mehr in Körpermitte, nicht seitlich zusammengedrückt. Habitus [*100, 102*] . . . . Möwen, **Laridae** u. Raubmöwen, **Stercorariidae** (zu **Charadriiformes**) S. 591

Hierher auch Säbelschnäbler, **Recurvirostra avosetta** L., Sondermerkmal: Schnabel dünn u. lang, an der Spitze nach oben gebogen, s. S. 590.

8. Oberschnabel stark gebogen, ragt mit seiner Spitze über das Ende des Unterschnabels senkrecht nach unten vor (Raubvogelschnabel) [*13*] **9**

— Oberschnabel anders **10**

9. Augen ± seitlich gerichtet. Habitus [*68, 71, 72*] Greifvögel, **Falconiformes** S. 577

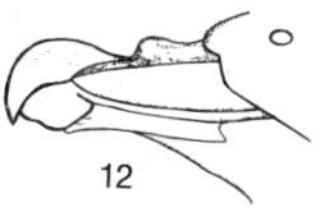
12

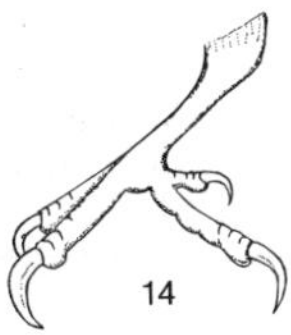
14

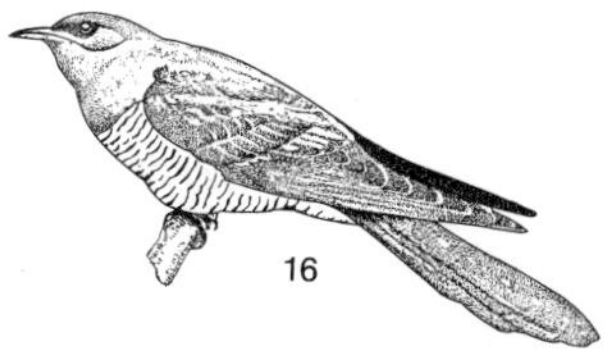
16

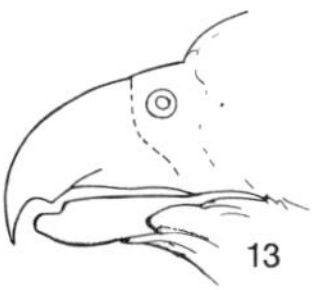
13

15

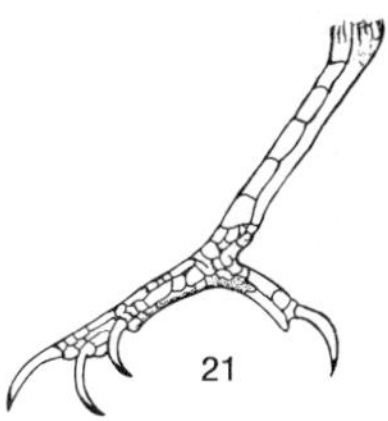
21

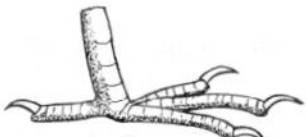
17

18

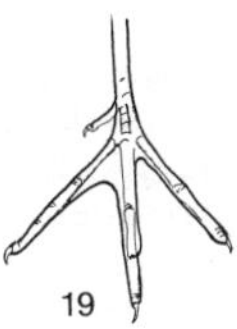
19

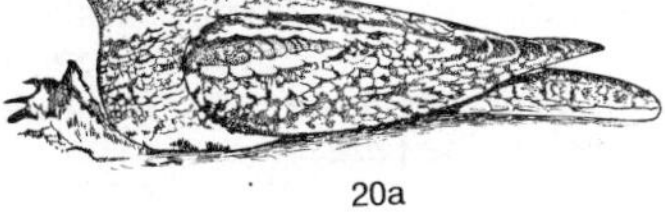
20a

20b

Einige Finken, **Fringillidae,** mit Haken- od. Kreuzschnabel [*177, 178*]. Körper bis 20 cm, s. S. 620.

— Augen nach vorn gerichtet. Habitus [*105–116*]
Eulen, **Strigiformes** S. 596

10. Zwei Zehen nach vorn, zwei (selten nur eine) nach hinten gerichtet [*14*] **11**

— Drei Zehen nach vorn, eine Zehe nach hinten gerichtet [*7*], letztere selten fehlend **12**

— Alle vier Zehen nach vorn gerichtet [*15*]. Habitus [*117*]
Seglerartige, **Apodiformes** S. 599

11. Schnabel von der Seite gesehen oben gebogen
Kuckucksvögel, **Cuculiformes**

Nur **Cuculidae** mit **Cuculus canorus** L., Kuckuck [*16*]

L 33 cm. Flügel spitz, Schwanz lang. Flugbild sperberartig. Blaugrau, Bauch sperberartig gebändert. Nahrung: Insekten, auch behaarte Raupen. Stimme: ♂ hohl „guguck", ♀ gellend „quickwickwick". Brutparasit bei Singvögeln, Eier sind vielfach denen ihrer Wirte angepaßt. Nesthocker. Zugvogel.

— Schnabel von der Seite gesehen oben gerade. Habitus [*126*]
Spechtartige, **Piciformes** S. 600

12. Vordere Zehen an der Basis ± stark verwachsen (Sitzfuß) [*17*]. Habitus [*118–121*] . . . . Rackenvögel, **Coraciiformes** S. 599

— Zehen nicht verwachsen **13**

13. Mit ± sehr langen Beinen (Stelzbeinen) u. ± langem Hals [*29–31, 78b*] **14**

— Anders **15**

14. Schnabel langgestreckt. Habitus [*29–31*]
Schreitvögel, **Ciconiiformes** S. 568

— Schnabel kürzer [*78a*]. Habitus [*78b*]
Kraniche, **Gruidae** (zu **Gruiformes**) S. 582

15. Mit längeren Beinen (± hühnerartig) [*75–77, 79–81, 87, 90, 94–103*] **16**

— Mit kürzeren Beinen [*104, 129ff.*] **19**

16. Beine u. Füße kräftig, derb (Lauf- u. Scharrbeine) [*18*]. Vögel meist auf trockenem, festem Untergrund lebend **17**

— Beine u. Füße zart, zierlich, vielfach mit langen Zehen [*19*]; selten derb, dann mit Lappen an den Zehen (vgl. [*9*]). Vögel meist an Gewässern od. in sumpfigem Gelände **18**

17. Mit 4 Zehen, außerdem meist mit Spornen (hornigen Fortsätzen am Lauf). Bein derb beschildert [*18*]. Habitus [*75–77*]
Hühnervögel, **Galliformes** S. 581

— Mit 3 Zehen. Bein mit kleinen Schildchen. Habitus [*79*]
Trappen, **Otididae** (zu **Gruiformes**) S. 583

18. Körper mehr hühnerartig [*80, 81*]
Rallen, **Rallidae** (zu **Gruiformes**) S. 583

— Körper schlanker [*87, 90, 94–103*]
Regenpfeiferartige, **Charadriiformes** S. 584

19. Mittlere Vorderzehe lang, mit gezähnter Kralle, Hinterzehe klein („Haftfuß") [*20b*] . . . . Schwalmvögel, **Caprimulgiformes**

Nur Nachtschwalben, **Caprimulgidae** mit **Caprimulgus europaeus** L., Ziegenmelker, Nachtschwalbe [*20a*]

L 27 cm. Flügel u. Schwanz lang. Dunkelbraun, rindenfarbig. Dämmerungsvogel mit großen Augen. Stimme: an- u. abschwellendes Schnurren „errr ... örrr ... errr ...". Nestflüchter. Lichte Wälder. Zugvogel.

— Zehen anders **20**

20. Beschilderung der Vorderseite von Lauf u. Zehen ± gleichartig. Krallen der Zehen etwa gleich groß . . Tauben, **Columbiformes** S. 595

— Beschilderung von Lauf u. Zehen uneinheitlich, im Extrem zu geschlossener Schiene verschmolzen. Kralle der Hinterzehe deutlich größer als die übrigen Krallen [*21*]
Sperlingsvögel, **Passeriformes** S. 602

Ordnung: **Gaviiformes,** Seetaucher
Familie: **Gaviidae,** Seetaucher

Schwimmvögel, flach u. tief im Wasser liegend. Mit Schwimmhäuten zwischen den Vorderzehen. Flugbild: buckelig, Kopf u. Hals werden tiefer gehalten als übriger Körper. Nahrung: Fische. Zur Brutzeit an Binnengewässern, sonst auf dem Meer. Nestflüchter. Zugvögel, im Winter auf eisfreien Flüssen u. an Meeresküsten.

1. Schnabel aufwärts gebogen. Brutkleid: Kehle rotbraun. L um 60 cm [*22*] . . . . Sterntaucher, **Gavia stellata** (PONT.)
Ruhekleid: Kehle hell. Oberseite graubraun, mit zahlreichen weißen Flecken, Unterseite hell. Im Winter an der Küste, seltener im Binnenland.

— Schnabel aufwärts gebogen. Brutkleid: Kehle schwarz. L 70–80 cm
Gelbschnabel-Eistaucher, **Gavia adamsii** (GRAY)
Schnabel gelblich. Brutkleid ähnlich Eistaucher. Seltener Wintergast.

— Schnabel gerade. Brutkleid: Kehle schwarz **2**

2. Groß: L 69–81 cm. Brutkleid: Kopf schwarz. Rücken schachbrettartig gemustert . . . . Eistaucher, **Gavia immer** (BRÜNN.)
Brutkleid: Halsseiten mit weißen Längsflecken. Ruhekleid: Oberseite dunkel graubraun, Unterseite hell. Seltener Wintergast an der Küste, vereinzelt im Binnenland.

— Kleiner: L 58–59 cm. Brutkleid: Kopf grau. Rücken mit hellen Querbinden . . . . Prachttaucher, **Gavia arctica** (L.)
Brutkleid: Halsseiten mit weißen Längsflecken. Ruhekleid: Oberseite dunkelbraun (manchmal mit helleren Federrändern), Unterseite hell. Regelmäßiger, seltener Wintergast, vor allem an der Küste.

22

23

24

25

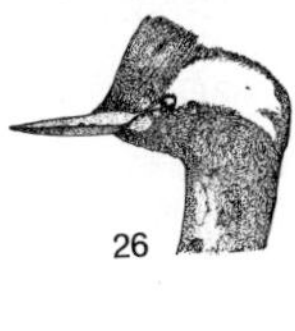
26

Ordnung: **Podicipediformes,** Lappentaucher
Familie: **Podicipedidae,** Lappentaucher

Schwimmvögel. Zehen ohne Schwimmhäute, beiderseits mit breiten Lappen. Tauchen u. Auftauchen gleitend. Nahrung: kleine Fische, Insekten. Meist Schwimmnester. Nestflüchter. (Tabelle gilt für Vögel im Brutkleid; für Vögel im Ruhekleid vergleiche übrige Merkmale.)

1. Groß: L 48–50 cm. Kopf mit großen Federohren u. rostfarbener, dunkel gesäumter Halskrause, Hals u. Brust weiß. Schnabel rot [*23*] Haubentaucher, **Podiceps cristatus** (L.)
Im Ruhekleid Krause fehlend, Federohren kürzer. Stimme: „gräck gräck". Strichvogel.

— Kleiner: L 27–43 cm. Kopf anders. Schnabel nicht rot **2**

2. Mit auffallenden Ohrbüscheln. L 30–34 cm **3**

— Ohne auffallende Ohrbüschel. L 43 cm od. 27 cm. Hals rotbraun **4**

3. Hals schwarz. Mit kleinen rotbraunen Ohrbüscheln. Kopfkappe groß, schwarz. Schnabel an der Spitze leicht nach oben gebogen [*26*] Schwarzhalstaucher, **Podiceps nigricollis** Brehm
L 30 cm. Ruhekleid: Rücken schwärzlich. Kopfkappe dunkel, bis seitlich unter die Augen, Hals hell. Stimme: schnelles „bibibibi". Auf vegetationsreichen Gewässern. Strichvogel.

— Hals rotbraun. Mit großen, goldgelben Ohrbüscheln. Kopfkappe klein, schwarz. Schnabel gerade [*25*] Ohrentaucher, **Podiceps auritus** (L.)
L 33–34 cm. Ruhekleid: Rücken schwärzlich. Dunkle Kopfkappe kleiner, Hals hell. Stimme: langer, tiefer Triller. Seltener Wintergast, vor allem an den Küsten.

4. Groß: L 43 cm. Stirn u. Kopf oben (mit kurzen Ohrbüscheln) schwarz [*24*] . . . . Rothalstaucher, **Podiceps griseigena** (Bodd.)
Schnabel von der Basis bis zur Mitte gelb. Ruhekleid: Rücken grau. Hals grau. Stimme: hohes „keck". Als Brutvogel selten, als Gast häufig. Strichvogel.

— Klein: L 27 cm. Stirn u. Kopf oben schwarzbraun, gänzlich ohne Ohrbüschel . . . . Zwergtaucher, **Podiceps ruficollis** (Pall.)
Schnabel schwarz mit weißlicher Spitze. Ruhekleid: Rücken bräunlich, Hals braungelblich. Stimme: lautes, helles Trillern. Häufig. Strichvogel.

Ordnung: **Procellariiformes,** Röhrennasen

Schnabel in Platten aufgeteilt u. mit röhrenförmigen Nasenlöchern (Staudruck-Rezeptionsorgan) [*12*]. Nahrung: Plankton. Hochseevögel, als Irrgäste im Gebiet. Koloniebrüter. Brut- u. Nestlingsdauer lang.

1. Größer: L 35–53 cm. Möwenähnlich
Sturmvögel, **Procellariidae** S. 566

— Kleiner: L 15–21 cm. Schwalbenähnlich
Sturmschwalben, **Hydrobatidae** S. 567

Familie: **Procellariidae,** Sturmvögel, Sturmtaucher

Ausdauernde Segelflieger.

1. Groß: L 47–53 cm. Schnabel plump [*12*]. Flugbild [*27*]
Eissturmvogel, **Fulmarus glacialis** (L.)
2 Farbphasen: dunkle Phase überwiegend graubraun, helle Phase weiß, oben hellgrau.

— Klein: L 36–46. Schnabel dünn. Irrgäste
Sturmtaucher, **Puffinus** Briss. u. **Calonectris** Math. et Ired.

Oberseite dunkel. Körper plump, Flügel sichelförmig. **P. griseus** (GM.), Dunkler St. (L 35,5 cm; tiefbraun); **P. puffinus** (BRÜNN.), Schwarzschnabel-St. (L 35 cm; Oberseite dunkel, Unterseite weiß); **P. gravis** (O'REILLY), Großer St. (L 45–46 cm; schwarze Kopfkappe, weiße Schwanzwurzel); **C. diomedea** (SCOP.), Gelbschnabel-St. (L 46 cm; Kopf grau, Kinn schmutzigweiß, Schnabel hell; ohne Bürzelfleck); **P. assimilis** GOULD, Kleiner St. (L 20–30 cm; Unterseite weiß, Oberseite schwarz).

27

28

Familie: **Hydrobatidae,** Sturmschwalben

Flug weniger segelnd, mehr flatternd.

1. Schwanz gegabelt Wellenläufer, **Oceanodroma leucorrhoa** (VIEILLOT)
L 20–21 cm. Dunkelgraubraun, Bürzel weiß. Selten.

— Schwanz gerade abgeschnitten
Sturmschwalbe, **Hydrobates pelagicus** (L.)
L 15 cm. Rußbraun, Bürzel weiß. Bei Nahrungssuche fledermausartig über Wasser fliegend.

Ordnung: **Pelecaniformes,** Ruderfüßer

Wasservögel mit Schwimmhäuten zwischen allen Zehen („Ruderfuß") [*4*]. Brüten in Kolonien. Nesthocker. Nahrung: Fische.

1. Sehr groß (größer als Schwan). Mit langem, gelblichem Schnabel mit Kehlsack . . . . Pelikane, **Pelecanidae** S. 568

— Mittelgroß (wie Gans). Schnabel lang, spitz, ohne Kehlsack
Tölpel, **Sulidae**

Nur **Sula bassana** (L.), Baßtölpel
L 91 cm. Schwanz lang, keilförmig. Weiß, am Hinterhals gelblich, Kehle u. Handschwingen schwarz. Irrgast.

— Meist kleiner (wie Ente). Schnabel lang, am Ende hakig gekrümmt, mit kleinem Kehlsack [*28*] . . Kormorane, **Phalacrocoracidae** S. 568

Familie: **Phalacrocoracidae,** Kormorane

Schwimmen tief im Wasser liegend, Hals gerade, Kopf leicht angehoben. Im Flug Hals vorgestreckt, schneller Flügelschlag.

1. L 91–92 cm. Schwarz, mit weißer Kehle; zur Brutzeit mit weißem Fleck an der Flanke [*28*] Großer Kormoran, **Phalacrocorax carbo** (L.)
Mit metallischem Gefiederglanz. Seltener Brutvogel (Mecklenburg), sonst als Gast an größeren Gewässern.

— L 75 cm. Schwarz, ohne weiße Abzeichen. Zur Brutzeit mit kleiner Kopfhaube . . . . Krähenscharbe, **Phalacrocorax aristotelis** (L.)
Kopf u. Hals mit erzgrünem Schimmer. Irrgast, an der Küste.

— L 48 cm. Schwarz, mit Erzglanz. Kopf u. Hals dunkelrotbraun. Im Brutkleid fein weißlich gefleckt
Zwergscharbe, **Phalacrocorax pygmeus** (PALL.)
Irrgast, mehr im Binnenland.

Familie: **Pelecanidae,** Pelikane

Im Flug Kopf eingezogen. Schöpfen Fische mit großem Kehlsack aus dem Wasser. Seltene Irrgäste aus dem Süden.

1. L 150 cm. Weiß mit leicht rosa Anflug. Im Flug schwarz-weiß
Rosa-Pelikan, **Pelecanus onocrotalus** L.

— L 170 cm. Weißgrau. Im Flug ganz weiß
Krauskopf-Pelikan, **Pelecanus crispus** BRUCH

Ordnung: **Ciconiiformes,** Schreitvögel

Stelzvögel, Schnabel, Hals u. Beine lang. Viele Arten koloniebrütend. Nahrung: Tiere. Nesthocker.

1. Schnabel gerade, mit scharfer Spitze [*29, 30, 31*] **2**

— Schnabel an der Spitze löffelartig verbreitert od. Schnabel sichelförmig nach unten gebogen, stumpf
Löffler u. Sichler, **Threskiornithidae** S. 570

2. Schnabel (bei alten Vögeln) rot. Im Flug Hals ausgestreckt [*31b*]
Störche, **Ciconiidae** S. 570

— Schnabel (bei alten Vögeln) gelblich od. grünlich. Im Flug Hals S-förmig gekrümmt [*29*] . . . . Reiher, **Ardeidae** S. 568

Familie: **Ardeidae,** Reiher

Langsame Ruderflieger. Ziehen beim Fliegen den Hals S-förmig ein [*29b*]. Nahrung meist Wassertiere, vor allem Fische. An stehenden Binnengewässern.

1. Gefieder ± bräunlich. Beine relativ kurz [*30*]
Rohrdommeln, **Botaurinae** **2**

— Gefieder weiß od. ± grau od. rötlichbraun. Beine lang
Reiher, **Ardeinae** **3**

2. L 76 cm. Oberseite schwarz u. braun gestreift, mit schwarzer Kopfplatte [*30*] . . . . . . Große Rohrdommel, **Botaurus stellaris** (L.)

Richtet sich bei Gefahr steil auf (Pfahlstellung). Balzruf des ♂ weit hörbares tiefes „wump". In Rohr- u. Schilfbeständen. Strichvogel.

— L 36 cm. Oberkopf, Rücken, Flügelenden u. Schwanz schwarz bis braun, sonst ± bräunlichweiß

Kleine Rohrdommel, **Ixobrychus minutus** (L.)

Bei Gefahr Pfahlstellung. Balzruf des ♂ kurz „wrou". In Rohrbeständen. Zugvogel.

3. Gefieder weiß **4**

— Gefieder mindestens teilweise ± grau **5**

4. L 89 cm . . . . Silberreiher, **Casmerodius albus** (L.)

Zur Brutzeit mit stark verlängerten, zerschlissenen Schulterfedern. Neusiedlersee, sonst Irrgast.

— L 56 cm . . . . Seidenreiher, **Egretta garzetta** (L.)

Zur Brutzeit mit 2 verlängerten Nackenfedern. Irrgast.

5. Mit langen Beinen [*29a*]. L über 79 cm . . . . . . **Ardea** L. **6**

— Mit kürzeren Beinen. L um 60 cm

Nachtreiher, **Nycticorax nycticorax** (L.)

Oberkopf u. Rücken schwarz bis dunkelgrau, Flügel grau, Hals u. Unterseite weiß. Selten.

29a

29b

30

31a

31b

6. Hals weiß bis grau. L 91 cm [*29a, 29b*] Fischreiher, **Ardea cinerea** L.
Gefieder vorwiegend grau, mit schwarzem Streif über den Augen. Nackenfedern verlängert. Stimme: krächzend „gra", „gräik". Nistet gesellig auf Bäumen. Strichvogel.

— Hals braun, dunkel längs gestreift. L 79 cm Purpurreiher, **Ardea purpurea** L.
Gefieder oben vorwiegend dunkelschiefergrau, Brust kastanienbraun. Neusiedlersee, sonst Irrgast.

Familie: **Ciconiidae,** Störche

Fliegen mit ausgestrecktem Hals [*31b*]. Nahrung: Frösche, Fische, kleinere Säugetiere, Insekten.

1. Gefieder weiß mit schwarzen Schwingen [*31a, 31b*] Weißstorch, **Ciconia ciconia** (L.)
L 102 cm. Beine u. Schnabel rot (bei Jungvögeln schwarz). Stimme: Zischen u. Schnabelklappern. In freiem Wiesengelände u. Auen, Kulturfolger. Zugvogel.

— Gefieder schwarz, purpurn u. grün schillernd, Bauch weiß Schwarzstorch, **Ciconia nigra** (L.)
L 96 cm. Beine u. Schnabel rot, außerhalb Brutzeit bräunlich (bei Jungvögeln graugrünlich). Stimme: Fauchen u. Schnabelklappern. Nasse Waldgebiete. Zugvogel.

Familie: **Threskiornithidae,** Löffler u. Sichler

Fliegen mit ausgestrecktem Hals. Nahrung: kleinere Wassertiere.

1. Gefieder ± weiß. Schnabel am Ende löffelartig verbreitert **Plataleinae,** Löffler, nur Löffler, **Platalea leucorodia** L.
L 86 cm. Neusiedlersee, sonst Irrgast.

— Gefieder schwärzlich rotbraun. Schnabel lang, abwärts gebogen **Ibidinae,** Ibisse, nur Brauner Sichler, **Plegadis falcinellus** (L.)
L 56 cm. Flügel mit Erzglanz. Irrgast aus dem Süden.

Ordnung: **Anseriformes,** Entenvögel
Familie: **Anatidae,** Entenvögel

Schwimmvögel. Vorderzehen durch Schwimmhäute verbunden [*5*]. Schnabel meist breit, weichhäutig, mit fester Hornplatte („Nagel" [*10, 11*]) an der Spitze. ♂♂ der Enten u. Säger haben ein auffälliges Brutkleid (vom Herbst od. Winter bis zur Brutzeit), im Ruhekleid meist ± den ♀♀ ähnlich. Nestflüchter.
Systematische Gruppen:
Anserinae mit (a) Schwänen **(Cygnus),** Nahrung: Pflanzen am Boden flacher Gewässer; (b) Gänsen **(Anser, Branta),** Nahrung: Gras; **Anatinae** mit (c) Gründel- od. Schwimmenten **(Anas)** u. Sitzenten **(Aix),** gründeln an der Oberfläche von Gewässern, versenken Vorderkörper u. fressen an Wasserpflanzen; (d) Brandenten **(Tadorna),** Nahrung: Tiere, Gräser; (e) Tauchenten **(Netta, Aythya, Bucephala)** u. Meeresenten **(Clangula, Melanitta, Somateria)** holen die Nahrung (Wasserpflanzen, Kleintiere) tauchend vom Gewässergrund; (f) Sägern **(Mergus),** Nahrung: Fische.

1. Sehr groß: L über 116 cm. Hals lang [*32a*] Schwäne, **Cygnus** Bechst. **2**

— Kleiner, unter 83 cm. Hals kürzer **4**

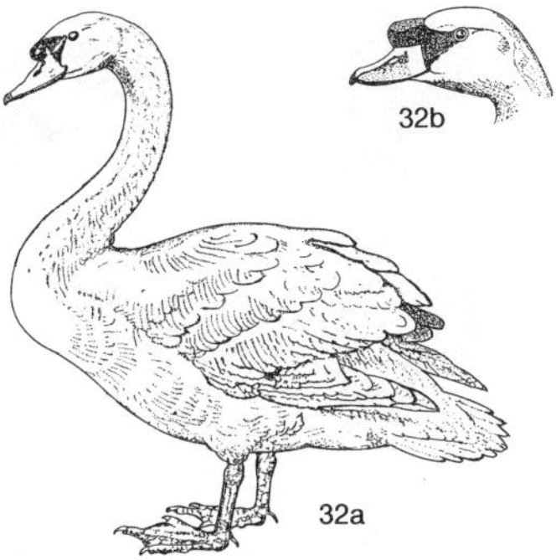
32a
32b

33

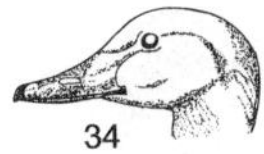
34

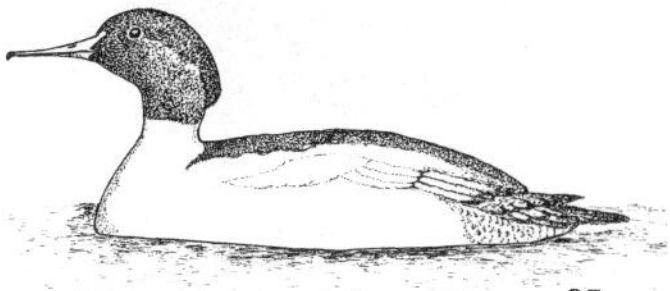
35

2. Schnabel orangerot, mit schwarzem Höcker an der Basis [*32b*]. Hals ± S-förmig gebogen. Habitus [*32a*]
Höckerschwan, **Cygnus olor** (GMELIN)
L um 155 cm. Gefieder schneeweiß. Flügelschlag laut singend. Auf Seen in Norddeutschland, auch domestiziert auf Parkteichen. Strichvogel.

— Schnabel gelb u. schwarz. Hals ± gerade. Wintergäste . . . **3**

3. L um 150 cm. Schnabel wie [*33*] Singschwan, **Cygnus cygnus** (L.)
Gefieder schneeweiß. Regelmäßiger Wintergast vor allem im Küstengebiet.

— L um 120 cm. Schnabel wie [*34*]
Zwergschwan, **Cygnus columbianus** ORD
Gefieder schneeweiß. Wintergast vor allem im Küstengebiet.

4. Schnabel lang u. schmal, mit kräftiger Zähnelung an den Rändern u. hakenförmigem Nagel (Fangschnabel [*11*]) Säger, **Mergus** L. **5**

— Schnabel breiter, mit seitlichen Lamellen (Weide- u. Seihschnabel [*10*]) **7**

5. Klein: 40–45 cm. Schnabel ± grau Zwergsäger, **Mergus albellus** L.
♂ weiß, schwarz gezeichnet. ♀ Kopf oben braun, Wangen weiß, Rücken dunkel. Wintergast.

— Größer, über 58 cm. Schnabel rot **6**

6. L um 66 cm. ♂ wie [*35*] . . . Gänsesäger, **Mergus merganser** L.
♂: Kopf schwarzgrün, schwach behaubt, Unterseite weiß, lachsfarben überhaucht, Rücken schwarz. ♀: Kopf braun, mit weißem Kehlfleck, Oberseite u. Flanken blaugrau. An Seen u. Flüssen. Stand- u. Strichvogel.

— L um 58 cm. ♂ mit weißem Halsband Mittelsäger, **Mergus serrator** L.
♂: Kopf schwarzgrün mit fedrigem Nackenschopf, mit rotbraunem Brustband, Rücken schwarz, Flanken grau. ♀: wie Gänsesäger, aber Oberseite mehr bräunlich. Küstengebiet der Ostsee.

7. Hals ± gerade getragen [*36a*]. Groß: L über 52 cm Gänse **8**

— Hals meist S-förmig gekrümmt getragen. Meist kleiner. Mit Watschelgang . . . . Enten **13**

8. Gefieder teilweise schwarz. Schnabel schwarz
Bunte Meergänse, **Branta** SCOP. **9**

— Gefieder ± graubraun (z. B. [*36a*]). Schnabel höchstens teilweise schwarz . . . . Graugänse, **Anser** BRISS. **10**

9. Kopf einfarbig schwarz [*37*] . . . Ringelgans, **Branta bernicla** (L.)
L 56–59 cm. Hals u. Vorderbrust schwarz, häufig mit kleinen weißen Flecken. Wintergast an der Küste.

— Kopf schwarz, mit weißem Kinnband [*38*]
Kanadagans, **Branta canadensis** (L.)
L 94–99 cm. Hals schwarz. In Europa eingebürgert, vor allem Wintergast an der Küste.

— Kopf schwarz, Stirn, Wangen u. Kehle rahmgelb [*39*]
Weißwangengans, Nonnengans, **Branta leucopsis** (Bechst.)
L 60–65 cm. Hals schwarz. Wintergast an der Küste.

— Kopf schwarz, weiß u. rotbraun [*40*]
Rothalsgans, **Branta ruficollis** (Pall.)
L 53–56 cm. Vorderhals u. Brust kastanienbraun, Hinterhals Rücken schwarz. Irrgast.

10. Stirn weiß bis zur Kopfmitte [*41*] Zwerggans, **Anser erythropus** (L.)
L um 55 cm. Mit zitronengelbem Augenring. Durchzügler u. Wintergast, selten.

— Stirn weiß, nicht bis Kopfmitte reichend [*42*]
Bläßgans, **Anser albifrons** (Scop.)
L um 70 cm. Beine orangefarbig. Wintergast.

— Stirn nicht weiß **11**

11. Schnabel fleischfarben bis orangerot, Nagel weiß [*36b*]
Graugans, **Anser anser** (L.)
L um 80 cm. [*36a*]. Füße fleischfarben. Teilzieher. Stammform der Hausgans.

— Schnabel orangegelb od. hellrot, Nagel u. Basis ± breit schwarz **12**

12. Beine blaß rosenrot
Kurzschnabelgans, **Anser brachyrhynchos** Baill.
L 70 cm. Kopf [*43*]. Schnabel schwarz u. hellrot. Wintergast an der Küste.

— Beine orange . . . . Saatgans, **Anser fabalis** (Lath.)
L um 80 cm. Kopf [*44*]. Schnabel schwarz u. orangegelb. Wintergast, vor allem an der Küste.

13. ♂♂ im Brutkleid **14**

— ♀♀ (u. z.T. ♂♂ im Ruhekleid) **29**

14. Gefieder schwarz od. fast schwarz . . . . . **Melanitta** Boie **15**

— Gefieder nicht überwiegend schwarz **16**

15. Gefieder ganz schwarz [*45*] . . . Trauerente, **Melanitta nigra** (L.)
L 48 cm. ♀braun, Wangen u. Hals weißlichbraun. Wintergast vor allem an der Küste.

45

46

47

48

49

50

51

52

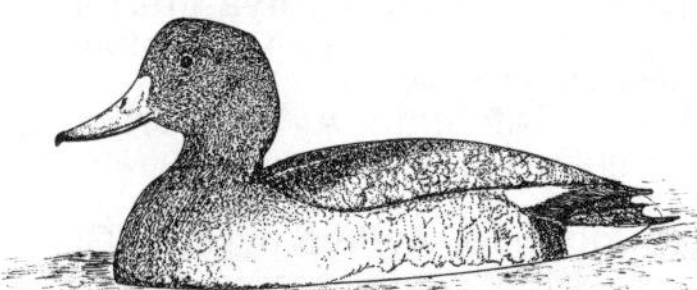

53

54

— Gefieder mit weißem Flügelspiegel u. weißem Fleck unter dem Auge [*46*] . . . . Samtente, **Melanitta fusca** (L.)
L 56 cm. ♀ braun, seitlich am Kopf mit je 2 hellen Flecken. Wintergast vor allem an der Küste.
Irrgast: Brillenente, **Melanitta perspicillata** (L.) (weiße Flecke an Stirn u. Nacken).

16. Gefieder überwiegend rostbraun
Rostgans, **Tadorna ferruginea** (PALL.)
L 64 cm. ♂ u. ♀ mit schwarzem Schwanz u. grünem Flügelspiegel. ♂ mit schwarzem Halsring. Irrgast.

— Gefieder überwiegend dunkelblau, mit weißen Abzeichen. Flanken rostfarben . . . . . . Kragenente, **Histrionicus histrionicus** (L.)
L 43 cm. ♀ graubraun mit hellem großem Fleck am Schnabelgrund u. je 1 kleinerem vor dem Auge u. in Ohrgegend. Irrgast.

— Gefieder anders **17**

17. Schnabel rot **18**

— Schnabel nicht rot, meist ± dunkel **19**

18. Weiß, Kopf u. Hals schwarz, grünschillernd, Vorderkörper mit rostrotem Band . . . . . Brandente, Brandgans, **Tadorna tadorna** (L.)
L um 60 cm. ♂ u. ♀: Schulter u. Handschwingen schwarz. ♂ mit Basalhöcker am Schnabel. Dünengelände an Meeresküste. Teilzieher.

— Kopf rostfarben, Hals u. Vorderbrust schwarz, Flanken weiß [*47*]
Kolbenente, **Netta rufina** (PALL.)
L 56 cm. ♀ hellbraungrau, Wangen weiß, mit rotem Schnabelfleck. An größeren Binnengewässern. Selten. Teilzieher.

— Kopf oben dunkel, mit weißem Augenstreif u. braunrotem Wangenfächer . . . . Mandarinente, **Aix galericulata** (L.)
L 43 cm. ♂ mit aufgerichtetem, orangefarbenem „Segel“ auf den Flügeln, ♀ überwiegend graubraun. Aus Ostasien als Ziervogel eingeführt.

19. Kopf schwarz, mit weißem Fleck. Körperunterseite weiß [*48*]
Schellente, **Bucephala clangula** (L.)
L 46 cm. ♀ grau, mit braunem Kopf u. weißem Halsring. An stehenden Gewässern, Wintergast an der Küste. Teilzieher. Als Irrgast auch die ähnliche Spatelente, **Bucephala islandica** (GMELIN) (L 53 cm; ♂ mit weißem, halbmondförmigem Fleck am Schnabelgrund).

— Kopf weiß, mit braunem Abzeichen [*49*]
Eisente, **Clangula hyemalis** (L.)
L 56 cm. Schwarz-weiß gezeichnet, mit langem Schwanzspieß. ♀ bräunlich-grau mit hellerem Bauch u. weißem Kopf mit Fleck unter dem Auge. Häufiger Wintergast, vor allem an der Küste.

— Kopf anders gefärbt **20**

20. Kopf u. Hals einfarbig schwarz od. rotbraun . . **Aythya** BOIE **21**

— Kopf u. Hals anders gefärbt **22**

21. Kopf schwarz, mit Federschopf [*50*] Reiherente, **Aythya fuligula** (L.)
L 43 cm. Rücken schwarz. ♀ erdbraun, mit kürzerem Schopf u. kleinem weißen Fleck am Schnabelgrund. Auf Binnengewässern. Auch Wintergast. Teilzieher.

— Kopf schwarz, ohne Federschopf [*51*] Bergente, **Aythya marila** (L.)
L 48 cm. Rücken grau (schwarz-weiß quergewellt). ♀ graubraun mit großem weißem Fleck am Schnabelgrund. Wintergast, vor allem an der Küste.

— Kopf rotbraun. Brust schwarz [*52*] . . Tafelente, **Aythya ferina** (L.)
L 46 cm. Rücken hellgrau. ♀ überwiegend graubraun. An stehenden Gewässern. Teilzieher.

— Kopf u. Brust rotbraun [*53*] . . . Moorente, **Aythya nyroca** (GÜLD.)
L 41 cm. Rücken dunkelbraun. ♀ ähnlich, blasser. An stehenden Gewässern. Teilzieher.

22. Bauch schwarz, Rücken weiß [*54*]

Eiderente, **Somateria mollissima** (L.)

L 58 cm. ♀ überwiegend braun u. dunkel gebändert. An Meeresküste u. auf Inseln. Auch Wintergast. Teilzieher.
Außerdem als Irrgast Prachteiderente, **Somateria spectabilis** (L.) (Sondermerkmal: orangefarbiger, dunkel gesäumter Schnabelhöcker).

— Bauch rostgelb, Rücken schwarz

Scheckente, **Polysticta stelleri** (EYTON)

L 46 cm. Kopf weiß mit schwarzem Halsring. ♀ dunkel graubraun. Irrgast.

— Färbung anders . . . . **Anas** L. **23**

23. Klein: L 36–38 cm [*55, 56*] **24**

— Größer: L 46–58 cm [*57–61*] **25**

24. Kopf kastanienbraun mit grünem Band vom Auge zum Hinterkopf. Flanken grau. Über Flügel weißer Streif [*55*]

Krickente, **Anas crecca** L.

L 36 cm. ♀ dunkelbraungrau. ♂ u. ♀: Spiegel mit beiderseitiger weißer Einfassung. An kleinen, vegetationsreichen Gewässern. Teilzieher.

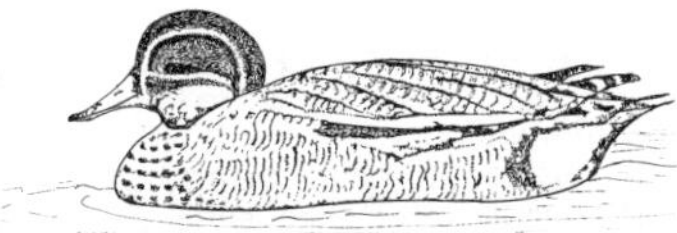
55

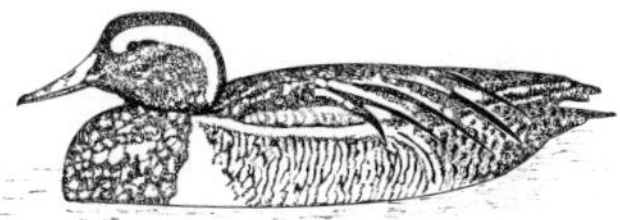
56

57

58

59

60

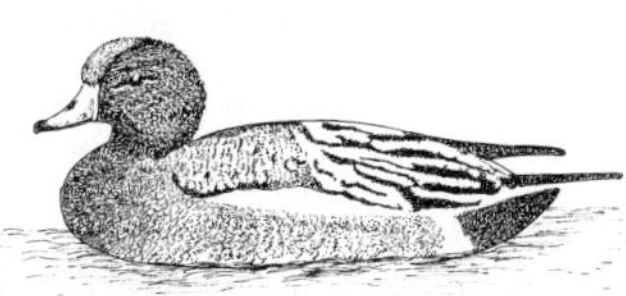
61

— Oberkopf schwarzbraun, mit weißem Streif über dem Auge. Sonst braun. Schulter blau [*56*] . . . . Knäkente, **Anas querquedula** L.
L 38 cm. ♀ ähnlich, aber heller. ♂ u. ♀ Spiegel mattgrün, vorn u. hinten weiß eingefaßt. An kleinen, vegetationsreichen Gewässern. Zugvogel.

25. Schwanzfedern deutlich verlängert [*57*] Spießente, **Anas acuta** L.
L ♂ 70 cm, ♀ 58 cm. Kopf dunkelbraun, Hals weiß, Flügeldecken stahlgrün, Rücken u. Flanken grau. ♂ u. ♀: Spiegel bräunlich, mit weißer Endbinde. ♀ wie Stockente. An Gewässern. Selten. Zugvogel.

— Schwanzfedern nicht derartig verlängert **26**

26. Schnabel breit, löffelförmig [*58*] . . Löffelente, **Anas clypeata** (L.)
L 51 cm. Kopf grün, Flanken dunkelbraun, Schultern weiß. ♀ Schultern blau, sonst wie Stockente. ♂ u. ♀: Spiegel schwärzlich-grün. An vegetationsreichen Gewässern. Nicht häufig. Teilzieher.

— Schnabel nicht löffelförmig [*59–61*] **27**

27. Kopf grün, Hals mit weißem Ring [*59*]
Stockente, **Anas platyrhynchos** L.
L 58 cm. Brust kastanienbraun, Flanken grau. ♀ graubraun gefleckt. ♂ u. ♀: Spiegel blau, beiderseits durch weißen Streifen begrenzt. An Gewässern häufig. Teilzieher. Stammform der Hausente, in Stadt-Populationen auch Kreuzungen zwischen Wild- u. Hausente.

— Kopf braun, ohne weißen Halsring **28**

28. Kopf einfarbig dunkelbraun [*60*] Schnatterente, **Anas strepera** L.
L um 51 cm. Grau, Hinterende schwarz, Schultern braun. ♀ wie Stockente. ♂ u. ♀: Spiegel weiß. An vegetationsreichen Gewässern. Zugvogel.

— Kopf rotbraun mit hellem Scheitel [*61*] Pfeifente, **Anas penelope** L.
L 46 cm. Schulter weiß, Brust zart weinrötlich, Brust, Schulter, Flanke fein grauweiß gewellt, Unterschwanzdecken schwarz. ♀ mehr einheitlich bräunlich mit hellen Schultern. An Gewässern, in Norddeutschland. Auch Wintergast. Teilzieher.

29. Schnabel rot . . . . **Tadorna tadorna** s. **18**

— Schnabel dunkel, teilweise rot . . . . **Netta rufina** s. **18**

— Schnabel nicht rot **30**

30. Gefieder rostrot . . . . **Tadorna ferruginea** s. **16**

— Gefieder dunkelbraun, an jeder Seite 2 weiße Flecke: **Melanitta fusca** u. **M. perspicillata** (Schnabel bei letzterer Art höher, Stirnprofil flacher) od. 1 heller Wangenfleck: **M. nigra,** s. **15**

— Gefieder nicht ± einfarbig rostrot od. dunkelbraun **31**

31. Kopf braun, mit weißem Halsband: **Bucephala clangula** (L 46 cm) u. **B. islandica** (L 53 cm) s. **19.**

— Kopf weiß, mit dunklem Fleck unter dem Auge
Clangula hyemalis s. **19**

— Kopf graubraun, mit weißem Augenring, davon ein weißer Streif bis zum Hinterkopf ziehend . . . . **Aix galericulata** s. **18**

— Kopf graubraun, jederseits mit 3 hellen Flecken
Histrionicus histrionicus s. **16**

— Kopf anders gefärbt **32**

32. Körperhaltung auf dem Land waagerecht, im Wasser mit Schwanz nach oben. An Seiten meist mit metallisch buntem Flügelspiegel
a) Klein, L 36–38 cm: **Anas querquedula** (Spiegel lebhaft grün schillernd), **A. crecca** (Spiegel höchstens mattgrün schillernd) s. **24.**
b) Größer, L 46–48 cm: **A. clypeata** (Schnabel löffelartig) s. **26; A. acuta** (Hals schlank, Schwanz spitz) s. **25; A. platyrhynchos** (Spiegel blau) s. **27; A. strepera** (Spiegel schwarzgrau u. weiß; Bauch braun-

gefleckt) s. **28; A. penelope** (Spiegel schwärzlich, von weißen Binden begrenzt; Bauch hell) s. **28.**

— Körperhaltung auf dem Land schräg aufrecht, im Wasser Schwanz waagerecht od. eintauchend **33**

33. Gefieder braun, Brust dunkel quergebändert: **Somateria mollissima** u. **S. spectabilis** (bei dieser Art Kopfprofil steiler) s. **22.** Hierher auch **Polysticta stelleri** (mit blauem Spiegel) s. **22.**

— Gefieder ± braun, Brust nicht quergebändert: **Aythya** s. **21**
a) Spiegel u. Flügeldecken grau: **A. ferina.**
b) Anders, Unterschwanzdecken weiß: **A. nyroca;** Unterschwanzdekken nicht weiß: **A. marila** (mit deutlichem weißem Ring um die Schnabelbasis); **A. fuligula** (mit kleinem weißem Fleck jederseits an Schnabelbasis).

Ordnung: **Falconiformes,** Greifvögel

Meist tagaktiv. Schlagen lebende Beute, manche auch Aasfresser. Nesthocker. Meist Zugvögel.

1. Oberschnabel mit scharfem Zahn [*62*]. Flügel schmal, spitz zulaufend, Schwanz schlank [*63*] . . . . . . Falken, **Falconidae** S. 580

— Oberschnabel ohne scharfen Zahn [*64*]. Flügel breiter (z.B. [*65, 67, 69, 70*]) Habichtartige, **Accipitridae** u. Fischadler, **Pandionidae** S. 577

Familien: **Accipitridae,** Habichtartige u. **Pandionidae,** Fischadler

Pandionidae durch eine nach hinten wendbare Außenzehe (= „Wendezehe") [*66*] charakterisiert. Nahrung: vor allem Wirbeltiere.

1. Schwanz ± ausgeprägt gegabelt [*67*] Milane, **Milvus** Lacépède **2**

— Schwanz nicht gegabelt **3**

2. Schwanz tief gegabelt [*67*] . . . . Roter Milan, **Milvus milvus** (L.)
L um 61 cm. Überwiegend rötlichbraun, Kopf heller. Flugbild: Handschwingen unterseits weißlich-grau. Stimme: jammerndes „wiäh-wihe-wihe-wihe". Laubwälder, offenes Gelände. Teilzieher.

— Schwanz weniger stark gegabelt
Schwarzer Milan, **Milvus migrans** (Bodd.)
L um 57 cm. Mehr braun bis rostgrau, Kopf grauweiß. Flugbild: von unten fast ganz dunkel wirkend. Stimme: wiehernd, wimmernd „hühühhüüüü". Wälder an Gewässern. Zugvogel.

3. Unterseite hell, mit deutlicher Sperberzeichnung [*68*]. Schwanz schlank (Flugbild [*69*]) . . . . **Accipiter** Briss. **4**

— Unterseite ohne deutliche Sperberzeichnung **5**

4. Groß: L 48–58 cm . . . . . Hühnerhabicht, **Accipiter gentilis** (L.)
Oberseite dunkelgrau, Schwanz unten mit 4–5 dunklen Querbinden. Stimme: dem Bussard ähnliches „hiäh", am Brutplatz „gigigigig". Kreisen selten, schlagen Beute (Vögel) im Überraschungsangriff. In Wäldern u. waldreichem offenem Gelände.

— Klein: L 28–38 cm [*68*] . . . . . . Sperber, **Accipiter nisus** (L.)
Färbung ähnlich Habicht. Stimme: Am Brutplatz „gigigigi". In Wäldern.

5. Schwanz lang, schmal. Flügel spitz ([*70*], Flugbild), im Flug stark gewinkelt, V-förmig . . . . Weihen, **Circus** Lacépède **6**

— Schwanz kürzer, ± keilförmig bis gerade abgeschnitten. Flügel nicht spitz **10**

62

63

65

64

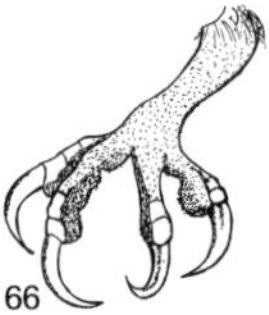
66

67

69

70

68

71

72

6. Gefieder größtenteils blaugrau **7**

— Gefieder ± braun **9**

7. Flügel dunkelgrau mit schwarzer Binde. Brust weiß mit rotbrauner Längsfleckung . . . . ♂ der Wiesenweihe, **Circus pygargus** (L.)
L 43 cm. ♀ Grundfarbe braun, Bürzel weiß, Schwanz graubraun, dunkel gebändert. In offener Landschaft, im Norden. Zugvogel.

— Flügel hellgrau, ohne schwarze Binde. Brust hell, ungefleckt **8**

8. Kehle u. Kropf aschgrau, übrige Unterseite weiß. Oberschwanzdekken reinweiß . . . . . . ♂ der Kornweihe, **Circus cyaneus** (L.)
L 47 cm. ♀ ähnlich Wiesenweihe. Offenes Gelände. Nicht häufig. Teilzieher.

— Kehle u. gesamte Unterseite weiß. Oberschwanzdecken weiß mit Fleckung . . . ♂ der Steppenweihe, **Circus macrourus** (GMELIN)
L 46 cm. ♀ ähnlich Wiesenweihe. Steppenartiges Gelände. Selten. Regelmäßiger Durchzügler. Teilzieher.

9. Oberkopf u. Nacken gelblichweiß. Bürzel nicht weiß. L um 50 cm Rohrweihe, **Circus aeruginosus** (L.)

♂ Armschwingen grau, Flügelspitzen schwarz. Schwanz bei ♂ u. ♀ ungebändert. In Schilfgebieten. Vereinzelt. Teilzieher.

— Oberkopf u. Nacken dunkler. Bürzel weiß. Schwanz dunkel gebändert. L 43–47 cm . . . . Schwer unterscheidbare ♀♀ von Wiesenweihe, Kornweihe, Steppenweihe

10. Schwanz relativ schmal, unten mit 3 dunklen Binden (2 an Schwanzwurzel, 1 an Spitze). L 55 cm Wespenbussard, **Pernis apivorus** (L.)

Im Vergleich zum Mäusebussard Flügel schmaler u. Schwanz länger. Oberseite meist dunkelbraun, Unterseite kaffeebraun mit schwarzen Schaftstrichen od. weiß mit dunklen Flecken. Stimme: „püiihe", „plilihe". Nahrung: Larven von Wespen, Hummeln. In lichten Wäldern. Nicht häufig. Zugvogel.

— Schwanz breiter, ± keilförmig [*65*], anders gezeichnet . . . **11**

11. Sehr groß. L über 100 cm. Seltene Irrgäste im Gebirge Altweltgeier

Aasfresser. **Gypaetus barbatus** (L.), Bartgeier (L 110 cm; mit langem, keilförmigem Schwanz; mit schwarzem Kinnbart; Oberseite dunkel). **Gyps fulvus** (HABL.), Gänsegeier (L um 100 cm; Schwanz kurz; mit weißer Halskrause; Gefieder sandfarbig). **Aegypius monachus** (L.), Mönchsgeier (L um 105 cm; Schwanz kurz; mit dunkler Halskrause; Gefieder dunkel bis schwarz).

— Kleiner, L bis 90 cm **12**

12. Körperunterseite weiß, Flügel unten ganz weiß, Spitzen schwarz. L um 65 cm . . . . . . Schlangenadler, **Circaetus gallicus** (GMELIN)

Kopf eulenartig, mit großen gelben Augen. Schwanz mit 3–4 Querbinden u. schwarzem Endband. Beine bläulich. Nahrung: vor allem Schlangen, Eidechsen. Waldgelände. Brutvogel in der Schorfheide (Brandenburg)? Sehr seltener Gast. Zugvogel.

— Körperunterseite weiß, Flügel unten weiß, dunkel längs gebändert, häufig beim Flug ± geknickt, am Knick mit dunklem Fleck. L um 55 cm Fischadler, **Pandion haliaetus** (L.)

Kopf u. Kehle weiß, mit braunem Streifen vom Auge zur Schulter. Beine bläulich, mit Wendezehe [*66*]. Nahrung: Fische. Stimme: helles „kjü-kjü". In wald- u. wasserreichen Gegenden. Nur Mecklenburg u. Brandenburg, sonst Durchzügler. Zugvogel.

— Körperunterseite ± dunkel od. seltener weiß, Flügel unten zum großen Teil dunkel **13**

13. L um 90 cm . . . . Seeadler, **Haliaetus albicilla** (L.)

Flügel breit brettartig. Gefieder schwarzbraun, Kopf u. Hals heller. Schwanz weiß. Nahrung: Fische, Wasservögel. An großen Gewässern u. an der Küste. Seltener Brutvogel (Brandenburg, Mecklenburg, Oberlausitz). Auch Wintergast.

— Kleiner . . **Buteo** LACÉPÈDE, **Aquila** BRISS., **Hieraaetus** BRISS. **14**

14. L um 80 cm . . . . Steinadler, **Aquila chrysaetos** (L.)

Braun, Scheitel u. Nacken goldgelb. Horst an Felswänden. Alpen. Sehr selten. Als Irrgast Kaiseradler, **Aquila heliaca** SAV. (Schultern mit weißem Fleck).

— L um 70 cm . . . . weitere Adler als Irrgäste

Aquila rapax orientalis CAB., Steppenadler (dunkelbraun); **Aquila clanga** PALL., Schelladler (dunkelbraun, Bürzel ± hell). **Hieraaetus fasciatus** (VIEILLOT), Habichtsadler (Körperunterseite u. Flügel-Vorderkante weiß).

— L um 50–60 cm **15**

15. Oberseite meist einfarbig, dunkelbraun bis hell. Unterseite mit dunkler Längsfleckung od. Querwellen. Schwanz eng dunkel quergebändert. Beine unbefiedert gelb. L 53 cm [*71*] Mäusebussard, **Buteo buteo** (L.)

Kopf [*64*] (Adler haben einen relativ größeren Schnabel). Flugbild [*65*]. Färbung sehr variabel. Stimme: gedehntes „hiäh". In offenem Gelände. Häufig.

— Färbung anders. Beine befiedert **16**

16. L um 56 cm (Bussardgröße). Unterseite hell mit dunklem Bauch, Schwanz hell mit breiter dunkler Endbinde

Rauhfußbussard, **Buteo lagopus** Brünn.

Schnabel wie [*64*]. Flügel unterseits vorn in der Mitte mit dunklem Fleck. Regelmäßiger Wintergast.

— Größer: L um 63 cm. Dunkel . Schreiadler, **Aquila pomarina** Brehm

Adlerschnabel (langgestreckter, Oberschnabel stärker hakig). Vereinzelt Brutvogel (Brandenburg, Mecklenburg), selten als Durchzügler.

— Kleiner: um 50 cm. Schwanz ungebändert

Zwergadler, **Hieraaetus pennatus** (Gmelin)

Mit weißen Schulterflecken. Adlerschnabel. Irrgast.

Familie: **Falconidae,** Falken

Gewandte Flieger, können Beute (Vögel, Insekten) im Fluge ergreifen.

1. Groß: um 45 cm. Mit deutlichem Backenstreif (wie [*72*])

Wanderfalke, **Falco peregrinus** Tunst.

Oberseite vorn dunkelblaugrau, Unterseite weißlich, mit schwarzer Querfleckung. Stimme: „giggiggiggig". Offenes Gelände, lichte Wälder, Felsen. Selten. Teilzieher. Seltene Irrgäste: **Falco cherrug** Gray, Würgfalke aus SO-Europa (Oberseite bräunlich; Backenstreif undeutlich; L um 50 cm); **Falco rusticolus** L., Gerfalke aus N-Europa (hell; ohne Backenstreif; L um 53 cm).

— Kleiner: höchstens 33 cm 2

2. Mit deutlichem Backenstreif [*72*] . . Baumfalke, **Falco subbuteo** L.

L um 33 cm. Oberseite dunkelschiefergrau, Unterseite weißlich, mit dunkler Längsstreifung, mit rostfarbenen „Hosen" u. Unterschwanzdecken. Stimme: „gick, gick" u. „kikikiki...". In offenem Gelände, an Waldrändern. Zugvogel.

— Ohne deutlichen od. mit kleinerem Backenstreif 3

3. Beine rot . . . . Rotfußfalke, **Falco vespertinus** L.

L um 30 cm. ♂ dunkelschiefergrau mit roten Hosen, ♀ oben hellschiefergrau, unten sandfarben, mit Fleckung. In steppenartigem Gelände. Seltener Brutvogel, unregelmäßiger Durchzügler.

— Beine gelb 4

4. Oberseite rotbraun 5

— Oberseite dunkelbraun od. schiefergrau

Merlin, **Falco columbarius** L.

L um 30 cm. ♂: Oberseite schiefergrau, Unterseite hell rostfarben, dunkel längsgefleckt, Schwanz grau mit breiter schwarzer Endbinde; ♀: Oberseite braun, Unterseite bräunlichweiß, dunkel längsgefleckt. Stimme: wie Turmfalk. In Mooren u. Tundren. Durchzügler u. Wintergast.

5. L um 34 cm. Krallen schwarz. ♂ oben dunkel gefleckt

Turmfalk, **Falco tinnunculus** L.

♂: Kopf u. Schwanz blaugrau, Schwanz mit breiter schwarzer Endbinde, Unterseite rostgelblich, dunkel gefleckt; ♀: oberseits ganz rotbraun, dunkel gefleckt. Stimme: hell „kvikkvikkvik" u. „krii, krii, ...". In offenem Gelände. Häufig rüttelnd in der Luft. Verbreitet, auch Kulturfolger. Teilzieher.

— L um 30 cm. Krallen weiß. ♂ oben ungefleckt

Rötelfalk, **Falco naumanni** Fleisch.

Dem Turmfalken sehr ähnlich. Irrgast, gelegentlich im Süden.

73

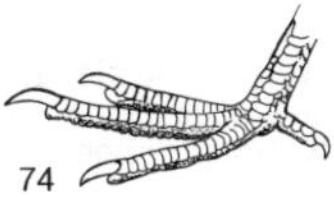
74

75

77

76

Ordnung: **Galliformes,** Hühnervögel

Plumpe Bodenvögel mit robusten Scharrbeinen [*73, 74*]; Beine häufig mit hornigem Fortsatz („Sporn"). Fliegen mit schnellen Flügelschlägen. Mit kräftigem (Hack-)schnabel. Suchen Nahrung auf dem Boden. Nestflüchter.

1. Läufe befiedert [*73*] . . . . . Rauhfußhühner, **Tetraonidae** S. 581

— Läufe unbefiedert, ♂♂ meist, ♀♀ zuweilen mit Spornen [*18, 74*] Echte Hühner, **Phasianidae** S. 582

Familie: **Tetraonidae,** Rauhfußhühner

Mit auffallendem Geschlechtsdimorphismus. Nahrung: Samen u. anderes Pflanzenmaterial, Insekten u. Würmer.

1. Flügel weiß. Zehen unbefiedert
Alpenschneehuhn, **Lagopus mutus** (MONT.)

L um 35 cm. Im Sommer ♂ graubraun, ♀ rotbraun, im Winter weiß, mit schwarzem Augenstreif u. schwarzen Steuerfedern. Alpen über der Waldgrenze.
In der Eifel eingeführt: **Lagopus lagopus scoticus** (LATH.), Schottisches Moorschneehuhn (L 38–41 cm; Flügel ohne Weiß).

— Flügel nicht weiß. Auch Zehen befiedert . . . . Waldhühner **2**

2. Groß: L ♂ 94 cm, ♀ 67 cm. Schwanz abgerundet
Auerhuhn, **Tetrao urogallus** L.

♂ mit Kinnbart, schwarz, zum Teil schillernd, mit grünem Brustfleck, Flügel dunkelbraun; ♀ braun, dunkel gebändert, mit rotbraunem Halsfleck. In unterholzreichen Nadel- u. Mischwäldern. Selten.

— Mittelgroß: L ♂ 53 cm, ♀ 41 cm. Schwanz beim ♂ leierförmig [*75*], beim ♀ hinten schwach eingebuchtet Birkhuhn, **Lyrurus tetrix** (L.)
♂ [*75*]. ♂ glänzend blauschwarz, Flügelbinde u. Unterschwanzdecken weiß, mit sehr kräftigen roten „Rosen" über dem Auge; ♀ braun gebändert, mit weißer Flügelbinde. In Torfmooren, Heiden u. lichten Wäldern.
Als Artbastarde häufiger **L. tetrix** ♂ × **T. urogallus** ♀: Rackelhuhn, „**T. medius** (MEYER)" (Brustschild violett).

— Klein: L um 36 cm. Schwanz abgerundet
Haselhuhn, **Bonasa (Tetrastes) bonasia** (L.)
♂ mit kleiner Kopfhaube, Kinn und Kehle schwarz, scharf weiß gegen übriges braunes oder graues Gefieder abgesetzt. Schwanz abgerundet, mit schwarzer Endbinde; ♀ ähnlich, aber mit heller Kehle. In unterholzreichen Wäldern.

Familie: **Phasianidae,** Echte Hühner

In ± offenem Gelände. Nahrung: Samen u. anderes Pflanzenmaterial, auch tierische Kost. Hierher auch Hausgeflügel: **Gallus gallus gallus** L., Haushuhn; **Pavo cristatus** L. aberr. **domestica** u. **nigripennis,** Pfau; **Numida mitrata** aberr. **domestica,** Hausperlhuhn; **Meleagris gallopavo** L. aberr. **domestica,** Hausputer.

1. Schwanz kurz. Habitus [*77*] . . . . Feldhühner **2**

— Schwanz auffallend lang. Habitus [*76*]
Fasan, **Phasianus colchicus** (L.)
L ♂ um 80 cm, ♀ um 60 cm. ♂: [*76*] Gefieder braun metallisch glänzend, Kopf schwarz u. grün schillernd, Schwanz braun mit schwarzen Bändern; ♀ hell sandbräunlich, dunkel gebändert, Schwanz kürzer. Stimme: lautes „gögög". In offenem Gelände, als Jagdwild aus Kaukasien bei uns eingebürgert.
Es sind stellenweise weitere Fasanen-Arten eingebürgert.

2. Klein: L um 18 cm . . . . Wachtel, **Coturnix coturnix** (L.)
Sandbraun, dunkel gestreift, mit weißem Überaugenstreif. ♂ mit schwarzer bis brauner Kehle. Stimme: 2–3mal „pickberwick". Auf Feldern, Wiesen. Zugvogel.

— Größer: L über 30 cm **3**

3. Kehle rötlichbraun. L um 30 cm [*77*] . Rebhuhn, **Perdix perdix** (L.)
Gefieder ± graubraun, am Bauch mit dunkelbraunem Brustschild [*78*] (beim ♀ schwächer od. fehlend). Stimme: „tschirr-rep". Auf Feldern, Wiesen, im Familienverband („Gesperr").

— Kehle weiß. L um 35 cm. Alpen Steinhuhn, **Alectoris graeca** (MEISN.)
Gefieder grau bis braun, Kehle schwarz eingefaßt, Flanken grau u. schwarz gebändert. Alpen oberhalb der Baumgrenze. Selten.

Ordnung: **Gruiformes,** Kranichvögel

Nahrung: Pflanzenmaterial, aber auch kleine Tiere. Nestflüchter.

1. Sehr groß: L 115 cm. Hals u. Beine lang . . . Kraniche, **Gruidae**
Nur **Grus grus** (L.), Kranich
Hellgrau, Kopf [*78a*] u. Hals schwarzweiß, am Hinterkopf mit rotem Fleck. Flügelspitzen schwarz. Im Flug Hals u. Beine gestreckt [*78b*], ähnlich Storch, aber Schwanz stumpf, kurz. Fliegen in Keilform od. Linie. Stimme: lautes „krurr, krürr". In Sumpfgebieten. Als Brutvogel selten, häufiger Durchzügler.

— Mittelgroß (wie Huhn bis Puter): L über 43 cm. Habitus [*79*]. Hochbeinig, ohne Hinterzehe. In Kultursteppe . . Trappen, **Otididae** S. 583

— Kleiner: L bis 38 cm. Habitus z.B. [*80, 81*]. Beine mit Hinterzehe. An Gewässern . . . . Rallen, **Rallidae** S. 583

78a

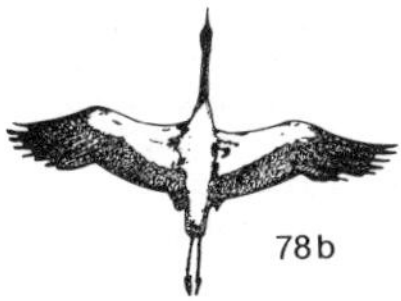

78b

80

79

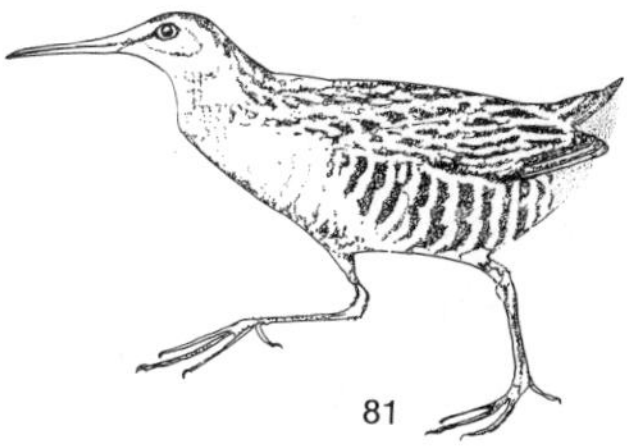

81

Familie: **Otididae,** Trappen

1. L ♂ 102 cm, ♀ 80 cm [*79*] . . . . . . Großtrappe, **Otis tarda** L.
Kopf u. Hals grau, Oberseite hell-braunrot, schwarz gebändert, Unterseite weiß. ♂ mit weißem borstigem Backenbart [*79*]. In steppenartigem Gelände, in Trupps. Seltener Brutvogel im Osten.

— Viel kleiner, L 43 cm . . . . Zwergtrappe, **Tetrax tetrax** L.
♂ mit kontrastreicher schwarz-weißer Halszeichnung. Seltener Irrgast.

Familie: **Rallidae,** Rallen

Körper seitlich zusammengedrückt. Zehen lang, schlank, nur Bläßralle mit Schwimmlappen [*9*]. Sumpfvögel, meist an vegetationsreichen Gewässern, sich behende in dichtem Pflanzenbewuchs bewegend (Vegetationsschlüpfer). Nestflüchter.

1. Zehen gelappt [*9*]. L 38 cm. Schwarz, nur Schnabel und Stirnschild weiß [*80*] . . . . Bläßralle, Bläßhuhn, **Fulica atra** L.
Beine blaugrün. Stimme: bellend „kröw, kröw" oder hart „pix, pix". Beim Schwimmen nickend. Taucht mit Sprung und kommt wie ein Kork wieder hoch, vor Abflug Anlauf. Sehr häufig.

— Zehen schlank, ungelappt. Körperfärbung anders. L unter 33 cm **2**

2. Schnabel gelb mit breiter roter Basis und Stirnplatte. L 33 cm
Grünfüßiges Teichhuhn, **Gallinula chloropus** (L.)
Schwarz mit weißem Flankenstreif u. weißen Unterschwanzdecken. Beine grün. Stimme: lautes „kjürrk" u. scharfes „kickeck". Häufig, aber verborgen.

— Ohne rote Stirnplatte. L unter 28 cm **3**

3. Schnabel länger als der Kopf, rot. L 28 cm [*81*]
Wasserralle, **Rallus aquaticus** L.

Schwanz kurz, Körper gedrungen. Oberseite dunkelbraun, schwarz gestreift, Brust grau, Flanken kontrastreich schwarzweiß gebändert, Unterschwanzdecken weiß. Beine fleischfarben bis rötlichbraun. Stimme: grunzende u. quiekende Laute.

— Schnabel kürzer als der Kopf, bräunlich od. hellgelbgrünlich, höchstens mit rotem Fleck an der Wurzel 4

4. L um 27 cm. Gefieder ± bräunlich. Mittelzehe kürzer als der Lauf Wiesenralle, Wachtelkönig, **Crex crex** (L.)

Beine fleischfarben bis grau. Oberseite gelblichbraun mit dunklen Längsstreifen, Hals u. Kropfgegend grau, übrige Unterseite bräunlichgelb, rostrot gebändert. Stimme: knarrendes, anhaltendes „rerrp-rerrp“. Auf Wiesen. Zugvogel.

— L 19–23 cm. Gefieder mehr grau od. hellbraun. Mittelzehe mindestens so lang wie der Lauf . . Sumpfhuhn, **Porzana** VIEILLOT 5

5. An Seiten von Hals u. Brust weiß getüpfelt. L 23 cm Tüpfelralle, Tüpfelsumpfhuhn, **Porzana porzana** (L.)

Beine grünlich. An Schnabelwurzel roter Fleck. Oberseite braun, hell gefleckt, Unterseite grau. Stimme: wie Gertenhiebe „huid“. Teilzieher.

— Seiten von Hals u. Brust ohne weiße Tüpfelung. L 18–19 cm . 6

6. Schnabelwurzel mit rotem Fleck. Flanken nicht schwarz-hell gebändert . . Kleine Ralle, Kleines Sumpfhuhn, **Porzana parva** (SCOP.)

L 19 cm. Beine grünlich. Oberseite dunkel olivbraun, ♂: Unterseite aschgrau, mit feiner weißer Bänderung, ♀: Unterseite rostbräunlich. Stimme: quirlend „bäk, bäk“. Zugvogel.

— Schnabelwurzel ohne roten Fleck. Flanken schwarz-hell gebändert Zwergralle, Zwergsumpfhuhn, **Porzana pusilla** (PALL.)

L 18 cm. Beine fleischfarben. Oberseite rotbraun, weiß gefleckt. Unterseite blaugrau. Stimme: schnurrend an- u. abschwellend „ter-rer-rer“. Seltener Brutvogel, auch Durchzügler.

Ordnung: **Charadriiformes,** Watvögel u. Möwenartige

Fast alle Arten an das Wasser gebunden.

1. Mit langen Beinen, ohne Schwimmhäute. Habitus [*82–84, 87, 90, 94–98*] 2

— Mit kürzeren Beinen, mit Schwimmhäuten [*5*]. Habitus [*100–103*] 6

2. Kopf dick, mit großen gelben Augen u. kurzem, kräftigem Schnabel. Beine dick, gelb, ohne Hinterzehe. Habitus [*82*] Triele, **Burhinidae**

Nur **Burhinus oedicnemus** (L.), Triel [*82*]

L 40 cm. Schnabel gelb mit schwarzem Ende, Beine gelb. Gefieder grausandfarben, dunkel längsgestreift, mit heller Flügelbinde, im Flug eine 2. sichtbar. Stimme: „kirrüh, kirrüh, ...“. Dämmerungsvogel. Nahrung: kleine Wirbeltiere, Insekten. In offenem, trockenem Gelände. Selten. Teilzieher.

— Kopf dick, mit geradem, rotem, seitlich zusammengedrückten Schnabel. Beine dick, rot, ohne Hinterzehe. Habitus [*83*] Austernfischer, **Haematopodidae**

Nur **Haematopus ostralegus** L., Austernfischer [*83*]

L 43 cm. Oberseite schwarz, Unterseite weiß. Stimme: schrill „toolüt ... quiwiieh...“ Nahrung: Kleintiere. Häufig an der Küste, vor allem Nordsee. Teilzieher.

— Kopf schlank mit kurzem, rotem, abwärts gebogenem Schnabel. Schwanz gegabelt. Habitus [*84*] . . Brachschwalben, **Glareolidae**

Nur **Glareola pratincola** (L.), Brachschwalbe [*84*]

L 25 cm. Grundfärbung braun, mit sandfarbener, dunkel eingefaßter Kehle. Irrgast.

— Anders 3

3. Zehen gelappt [*9*]. Hals lang. Schnabel zierlich. Körper klein: L 18–20 cm. Habitus [*99*] . . . . Wassertreter, **Phalaropodidae** S. 591

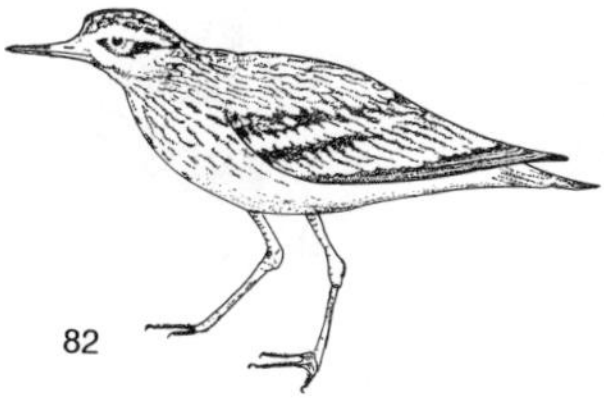
82

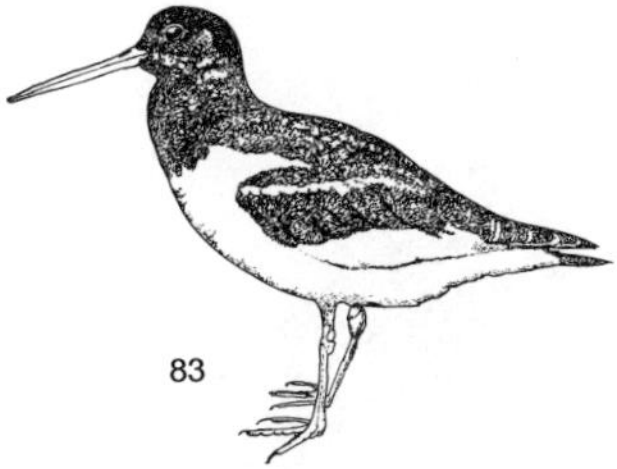
83

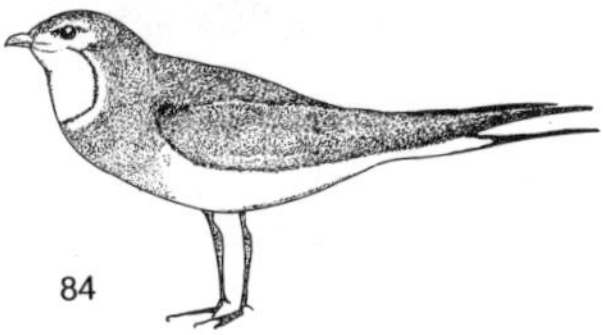
84

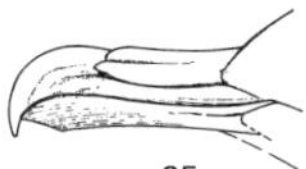
85

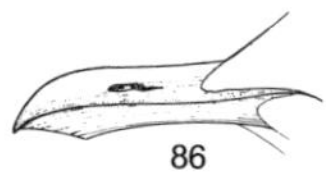
86

— Zehen nicht gelappt. L 14–58 cm 4

4. Beine sehr lang [*98*], blaugrau od. rot. Schnabel schwarz, lang, gerade od. aufgebogen. Körper 38–43 cm lang. Habitus z. B. [*98*]
Säbelschnäbler u. Stelzenläufer, **Recurvirostridae** S. 590

— Anders 5

5. Schnabel hart, spitz, kurz, nie länger als der Kopf [*87–93*]
Regenpfeifer, **Charadriidae** S. 585

— Schnabel weich, gestreckt, meist länger als der Kopf (z. B. [*94–97*])
Schnepfenvögel, **Scolopacidae** S. 587

Wenn Schnabel kürzer als der Kopf (einige **Calidris**-Arten), diese von **Charadrius (Charadriidae)** durch das Fehlen des Brustbandes [*89*], das Fehlen von schwarz-weißer Zeichnung u. den dünneren Schnabel zu unterscheiden.

6. Beine kurz, mehr am Körperende. Flügel schmal, kurz. Habitus [*103*]
Alken, **Alcidae** S. 594

— Beine mehr in Körpermitte. Flügel lang. Habitus [*100–102*] 7

7. Oberschnabel vierteilig, Vorderteil als starker, spitzer Haken [*85*]. Gefieder braun od. überwiegend braun. Mittlere Schwanzfedern ± verlängert . . . . Raubmöwen, **Stercorariidae** S. 591

— Oberschnabel ungeteilt, nicht als Hakenschnabel [*86*]. Gefieder weiß od. grau, oben auch schwarz. Mittlere Schwanzfedern nicht verlängert . . . . Möwen u. Seeschwalben, **Laridae** S. 591

Familie: **Charadriidae,** Regenpfeifer

Nahrung: vor allem Tiere im Boden, Sand od. Schlick. In offenem Gelände. Nester am Boden. Nestflüchter.

1. Kopf oben mit Federschopf. Flügel breit, abgerundet. L um 32 cm [*87*]
Kiebitz, **Vanellus vanellus** (L.)

Oberseite grünschwarz. Stimme: gellendes „kiäwitt". Auf Sumpfwiesen. Teilzieher.

— Kopf ohne Federschopf. Flügel spitz 2

87

88

89

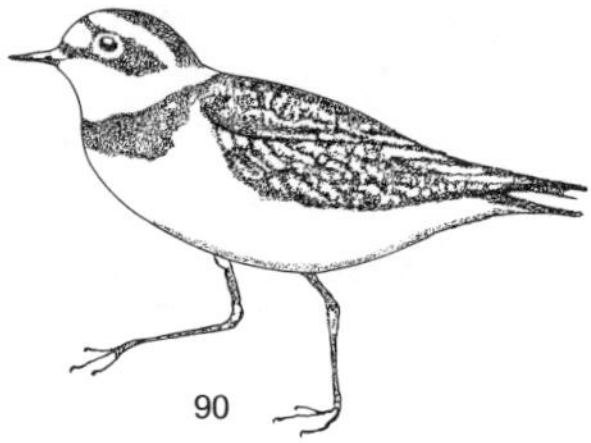
90

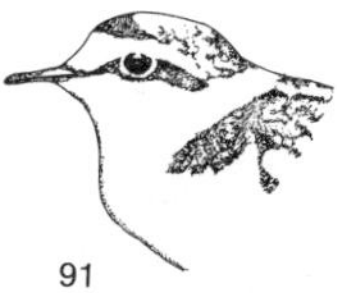
91

92

93

2. Kopf, Hals u. Brust schwarzweiß gescheckt, Oberseite (zur Brutzeit) rotbraun. Schnabel spitz, leicht aufgebogen u. seitlich etwas abgeplattet [*88*] . . . . Steinwälzer, **Arenaria interpres** (L.)
L 23 cm. Ruhekleid: Brust und Oberseite schwarzbraun. Flugbild: 2 weiße Bänder auf Flügel, Rücken und Schwanz. Stimme: „tücke-tücke-tücke". Wintergast an der Nordsee.

— Färbung anders, wenn Vorderkörper mit schwarzer Zeichnung, diese als Augenstreif, Brustring od. Brustfleck. Vorderteil des Schnabels verdickt, nicht zusammengedrückt. Nasenlöcher in tiefer Rinne **3**

3. Klein: L 16–19 cm. Mit ± breitem, schwarzem Augenstreif. Kehle u. Stirn weiß, darüber mit schwarzem Stirnband . **Charadrius** L. **4**

— Größer: L über 20–28 cm. Ohne deutlichen schwarzen Augenstreif **5**

4. L 19 cm. Beine orange. Schnabel gelblich, mit schwarzer Spitze. Kopf-Färbung [*89*], mit schwarzem Brustband
Sandregenpfeifer, **Charadrius hiaticula** L.
Oberseite olivbraun. Flugbild: Flügel oben mit weißem Längsstreif, Schwanz rings weiß gesäumt. Stimme: melodisches „tlüih". An sandigen Küsten. Zugvogel.

— L fast 16 cm. Beine gelblich. Schnabel zierlich, dunkel, nur am Grund unten gelb. Kopf [*90*], mit schwarzem Brustband
Flußregenpfeifer, **Charadrius dubius** Scop.
Oberseite olivbraun. Flugbild: Flügel oben ohne weißen Streif. Stimme: hoch pfeifendes „tiüh". An Sand- u. Kiesufern von Binnengewässern. Zugvogel.

— L 16 cm. Beine u. Schnabel schwarz. Kopf [*91*], mit unvollständigem Brustband . . . . . Seeregenpfeifer, **Charadrius alexandrinus** L.

Beim ♀ „schwarze“ Zeichnung braun. Oberseite olivbraun. Flugbild: Flügel oben mit weißem Streif. Stimme: ähnlich Sandregenpfeifer. Häufig vor allem an der Nordseeküste. Zugvogel.

5. L 28 cm. Bauch schwarz (Brutkleid) od. weiß (Ruhekleid) **Pluvialis** Briss. **6**

— L um 22 cm. Im Brutkleid Brust grau, Bauch rostbraun, dazwischen helle Binde [*92*] . Mornellregenpfeifer, **Eudromias morinellus** (L.)
Im Ruhekleid überwiegend graubraun mit undeutlichem, weißem Kropfband. Stimme: weiche, trillernde Laute. Selten in O-Alpen, sonst Durchzügler.

6. Flügelunterseite nahe der Basis mit schwarzem Fleck. Im Brutkleid oberseits schwarz u. weiß gefleckt Kiebitzregenpfeifer, **Pluvialis squatarola** (L.)
Stimme: klagender Pfiff. Als Durchzügler an der Küste, auch im Binnenland.

— Flügelunterseite nahe der Basis hell. Im Brutkleid oberseits schwarz u. goldgelblich gefleckt . Goldregenpfeifer, **Pluvialis apricaria** (L.)
[*93*]. Stimme: flötendes „tlüh“. Seltener Brutvogel in Mooren Norddeutschlands, sonst Durchzügler.

Familie: **Scolopacidae,** Schnepfenvögel

Nahrung: wirbellose Tiere, aber zum Teil auch pflanzliches Material. Meist in offenem Gelände. Nester fast stets am Boden. Nestflüchter. Meist Zugvögel.

1. Schnabel lang, deutlich abwärts gebogen [*94*]. L über 40 cm **Numenius** Briss. **2**

— Schnabel anders, wenn abwärts gebogen, Körper kleiner . . **3**

2. L um 55 cm. Kopf oben ohne hellen Mittelstreif. Schnabel sehr lang [*94*] . . . . Großer Brachvogel, **Numenius arquata** (L.)
Gefieder bräunlich, dicht längsgestreift. Stimme: flötendes „tlaüh“. In feuchten Wiesen, Mooren. Teilzieher.

— L um 41 cm. Kopf oben mit hellem Mittelstreif. Schnabel kürzer Regenbrachvogel, **Numenius phaeopus** (L.)
Gefieder bräunlich, dicht längsgestreift. Stimme: klangvolle Reihen „tütji...“. Durchzügler, vor allem an den Meeresküsten.
Als Irrgast Dünnschnabelbrachvogel, **Numenius tenuirostris** Vieillot (L 41 cm; Kopf ungestreift).

3. Groß: L über 37 cm. Schnabel lang, leicht aufwärts gebogen **Limosa** Briss. **4**

— Kleiner: L unter 34 cm. Schnabel nicht aufwärts gebogen . . **5**

4. Schwanz weiß, Ende schwarz, Flugbild: oben mit weißer Flügelbinde. L 41 cm . . . . Uferschnepfe, **Limosa limosa** (L.)
Brutkleid: Kopf, Hals u. Brust rotbraun, Bauch weiß, Flanken gebändert; Ruhekleid: grau. In feuchten Wiesen u. Mooren. Auch Wintergast. Teilzieher.

— Schwanz hell-dunkel gebändert. Flugbild: ohne weißen Flügelstreif. L 38 cm . . . . Pfuhlschnepfe, **Limosa lapponica** (L.)
Brutkleid: Kopf, Hals, ganze Unterseite rotbraun; Ruhekleid: graubraun. Wintergast vor allem im Wattenmeer, auch Durchzügler.

5. Plump, mit kurzen Beinen (Habitus z. B. wie [*95*]). L 19–34 cm. Schnabel kräftig, gerade **6**

— Schlanker, meist mit deutlich längeren Beinen (Habitus z. B. [*96, 97*]). L 14–30 cm. Schnabel weniger kräftig **8**

6. L 34 cm. Scheitel mit rotbrauner Querbänderung, Körperunterseite kräftig quergewellt [*95*] . . . Waldschnepfe, **Scolopax rusticola** L.

Oberseite (herbstlaubartig) braun, schwarz u. hell gemustert. Beine grau, gelblich od. fleischfarben. Augen groß, hochliegend. Dämmerungsvogel mit eulenartigem Flug. Stimme: beim Balzflug dumpf „quorr", scharf „quitz". In Laub- u. Mischwäldern. Teilzieher.

— L 27–28 cm. Scheitel dunkel, mit hellem Mittelstreif, Gefieder hellbraun mit schwarzbrauner Zeichnung, auf dem Rücken mit hellen Streifen. Schnabel sehr lang . . . . **Gallinago** Briss. **7**

— L 19 cm. Scheitel dunkel, ohne hellen Mittelstreif. Rücken mit 2 hellen Längsstreifen . . Zwergschnepfe, **Lymnocryptes minimus** (Brünn.)
Gefieder ± braun, Oberseite metallisch-grün glänzend. Fliegt lautlos. Seltener Durchzügler.

7. Schwanz an den Kanten mit wenig Weiß. L 27 cm
Bekassine, **Gallinago gallinago** (L.)
Kopf, Oberseite, Hals u. Brust braun, dunkel gezeichnet, auf dem Rücken mit 2–4 hellen rostbraunen Streifen. Fliegt zickzack. Stimme: uhrwerkartig „tücke-tücke-tükke...", beim Auffliegen „ätsch", „Meckern" („dududu...") beim Balzflug. In Sumpfwiesen, Mooren. Teilzieher.

— Schwanz an den Kanten weiß. L um 29 cm
Doppelschnepfe, **Gallinago media** (L.)
Färbung ähnlich Bekassine. Fliegt lautlos u. nicht im Zickzack. Selten als Brutvogel u. Durchzügler.

8. Mit relativ langen Beinen [*96*]. Bürzel weiß od. weiß eingefaßt **9**

— Mit relativ kurzen Beinen [*97*]. Bürzel höchstens in der Mitte weiß, selten ganz weiß **13**

9. Größer: L 28–30,5 cm **10**

— Kleiner: L 20–23 cm **16**

10. Beine ± rot **11**

— Beine nicht rot **12**

11. Flügel oben hinten mit weißer Binde. Schnabel kürzer, unter 45 mm. L 28 cm [*96*] . . . . Rotschenkel, **Tringa totanus** L.
Schnabel dunkel, basale Hälfte rot. Gefieder graubraun, dunkel gestreift. Stimme: flötendes „djüdüdü". Auf feuchten Wiesen, Strandwiesen an der Küste. Teilzieher.

— Flügel ohne weiße Binde. Schnabel lang, über 50 mm. L 30,5 cm
Dunkler Wasserläufer, **Tringa erythropus** (Pall.)
Schnabel dunkel, Unterschnabelbasis rot. Gefieder im Brutkleid dunkel schwarzgrau, im Ruhekleid graubraun. Durchzügler.

12. Schwanz oben dunkel, mit je 1 großen weißen Fleck an der Seite. ♂ im Brutkleid mit auffallend gefärbter Halskrause. Beine grün, gelb, orange od. fleischfarben. Schnabel kurz
Kampfläufer, **Philomachus pugnax** (L.)
♂ 29 cm, ♀ um 23 cm. Im Flug oben mit hellem Flügelstreif. ♀ im Brutkleid: Oberseite dunkelbraun mit helleren Federsäumen, Unterseite hell, an Hals u. Flanken dunkel quergebändert. ♂ u. ♀ im Ruhekleid unten hell, nicht quergebändert. Auf feuchten Wiesen, in Mooren. Vor allem Norddeutschland.

— Schwanz hell. ♂ ohne Halskrause. Beine grün. Schnabel lang, über 50 mm . . . . Grünschenkel, **Tringa nebularia** (Gunnerus)
L um 30 cm. Schnabelwurzel grün, Oberseite graubraun, Unterseite hell, Hals u. Kropf dunkel gefleckt. Flugbild: Flügel dunkel, ohne jede helle Zeichnung. Stimme: „tjütjütjü...". Durchzügler.

13. Schnabel gerade, dicker (wie [*96*]) **14**

— Schnabel gerade, sehr dünn
Teichwasserläufer, **Tringa stagnatilis** (Bechst.)
L 23 cm. Beine grün, lang, über 4,5 cm. Irrgast.

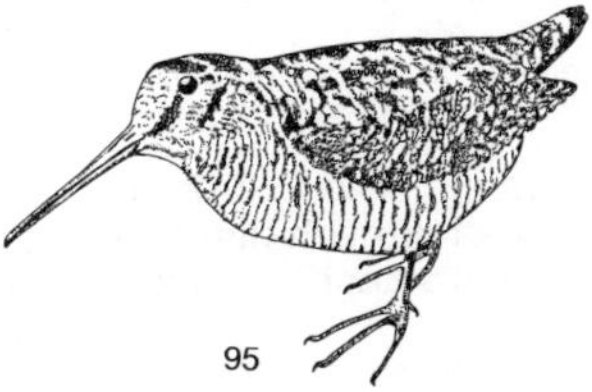

95

94

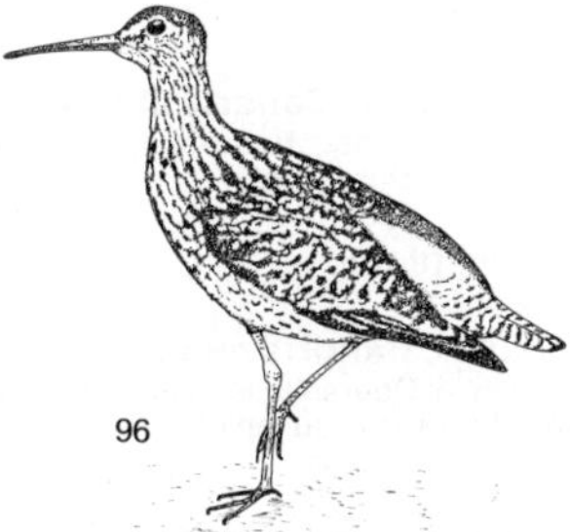

97

96

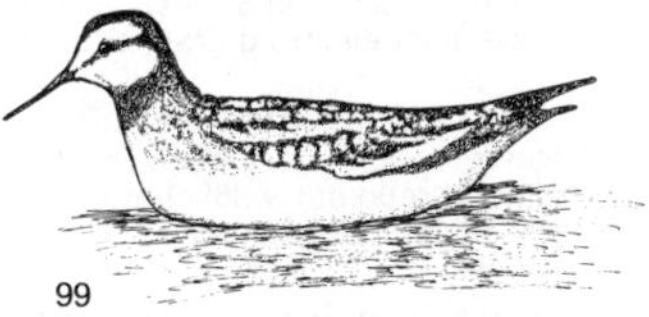

99

98

— Schnabel aufgebogen
Terek-Wasserläufer, **Xenus (= Tringa) cinereus** (GÜLD.)
L 23 cm. Oberseite hellbräunlichgrau, Unterseite weiß, Beine lebhaft gelb. Irrgast.

14. Oberseite olivbraun, nicht hell gefleckt. Im Flug Flügel mit weißem Band. L 20 cm . Flußuferläufer, **Actitis (= Tringa) hypoleucos** (L.)
Unterseite hell, mit unvollständigem, vorn offenem, schmutzig braunem Brustband. Stimme: durchdringend „hididih". An Ufern von Binnengewässern. Teilzieher.

— Oberseite dunkelgraubraun, mit feiner heller Fleckung . . . **15**

15. Flügel unten hell. Schwanz hell, eng dunkel gebändert. L 20 cm
Bruchwasserläufer, **Tringa glareola** L.
Unterseite hell, vorn graubraun gefleckt. Beine grüngelblich. Stimme: schrill „giffgiff-giff" beim Auffliegen. In feuchten Wiesen, an Ufern. Zugvogel.

— Flügel unten schwärzlich. Schwanz hell, weit dunkel gebändert. L 23 cm . . . . Waldwasserläufer, **Tringa ochropus** L.
Unterseite hell, vorn graubraun gefleckt. Beine grünlich. Stimme: flötend „tit-lüit" beim Auffliegen. An Waldgewässern. Seltener Brutvogel in Norddeutschland. Teilzieher.

16. Schnabel gerade, kurz (etwa so lang wie der Kopf) **19**

— Schnabel ± nach unten gebogen, länger als der Kopf [*97*] . **17**

17. Schnabel stark nach unten gebogen
Sichelstrandläufer, **Calidris ferruginea** (PONT.)
L 19 cm. Bürzel weiß. Brutkleid: überwiegend rotbraun, oben mit dunkler Fleckung; Ruhekleid: hell, oben graubraun. Stimme: helles „tschirrip". Durchzügler.

— Schnabel wenig nach unten gebogen [*97*] **18**

18. L 16,5 cm. Über jedem Auge mit doppeltem hellem Streif
Sumpfläufer, **Limicola falcinellus** (PONT.)
Schnepfenähnliche Gestalt. Oberseite braun. Stimme: ähnlich Alpenstrandläufer. Durchzügler.

— L 18 cm. Mit einfachem hellem Augenstreif [*97*]
Alpenstrandläufer, **Calidris alpina** (L.)
Brutkleid: Rücken rotbraun, schwarz gefleckt, Bauch schwarz; Ruhekleid: überwiegend graubraun, Bauch hell. Stimme: nasales „trirr-trirr". Durchzügler.

19. Klein: L 13,5–14 cm **20**

— Groß: L 20–25,5 cm. Habitus gedrungen, oft plump **21**

20. Beine dunkel. Äußere Schwanzfedern grau
Zwergstrandläufer, **Calidris minuta** (LEISL.)
L 13,5 cm. Im Flug oben mit heller Flügelbinde. Brutkleid: Oberseite lebhaft rostbraun, mit weißen Längsstreifen. Bauch weiß; Ruhekleid: Oberseite grau mit hellem, V-förmigem Streifen, Brust weiß. Stimme: klirrendes „trrit". Durchzügler.

— Beine hell, grünlich. Äußere Schwanzfedern weiß
Temminckstrandläufer, **Calidris temmincki** (LEISL.)
L 14 cm. Im Flug mit heller Flügelbinde. Oberseite ohne V-förmigen Streifen. Brutkleid: Oberseite stumpf rotbraun; Ruhekleid: oberseits ziemlich einfarbig grau, Brust hell. Stimme: schwirrendes „tirr". Durchzügler.

21. L 25,5 cm . . . . Knutt, **Calidris canutus** (L.)
Beine grünlich, Schnabel schwarz. Brutkleid: Unterseite rostrot, Oberseite rostbraun mit schwarzer Fleckung; Ruhekleid: überwiegend graubraun mit weißlicher Unterseite. Stimme: pfeifend „wit-wit", tief „wut". Wintergast an der Meeresküste.

— Kleiner: L 20–21 cm **22**

22. Flügel (in Ruhehaltung) mit deutlichem weißem Band. Schnabel u. Beine schwarz . . . . Sanderling, **Calidris alba** (PALL.)
L 20 cm. Heller, sehr lebhafter Strandrenner. Brutkleid: Oberseite u. Brustband rostbraun, dunkel gefleckt, Unterseite weiß; Ruhekleid: überwiegend hell, Flügel mit auffallendem dunklem Fleck am Flügelbug. Stimme: kurzes „wick". Durchzügler.

— Flügel ohne weißes Band. Schnabelbasis u. Beine gelb
Meeresstrandläufer, **Calidris maritima** (BRÜNN.)
L 21 cm. Gedrungen. Brutkleid graubraun mit rostfarbigen Federrändern; Ruhekleid: Kopf, Brust u. Oberseite sehr dunkel, Bauch weißlich. Stimme: zartes Pfeifen. Wintergast.

Familie: **Recurvirostridae,** Säbelschnäbler

Mit sehr langen Beinen. Gesellig lebend. Nahrung: Wirbellose u. kleinere Wirbeltiere.

1. L 43 cm. Schnabel aufgebogen. Beine blaugrau. Gefieder schwarz u. weiß [*98*] . . . . . . Säbelschnäbler, **Recurvirostra avosetta** L.

Uferzone von Brackwassern, Meeresküste. Selten an Nord- u. Ostsee. Teilzieher.

— L 38 cm. Schnabel gerade. Beine rötlich. Gefieder weiß; mit schwarzer Zeichnung . . . . Stelzenläufer, **Himantopus himantopus** (L.)
An Gewässerufern. Irrgast.

Familie: **Phalaropodidae,** Wassertreter

Mit Lappen an den Zehen [*8*]. Gute, auf dem Wasser kreiselnde Schwimmer; dabei auf die Wasseroberfläche pickend. Nahrung: Kleintiere, auch pflanzliche Kost. Nester am Boden.

1. Schnabel kurz u. breit, vor der Mitte abgeflacht, gelb mit schwarzer Spitze. Im Brutkleid Unterseite rostrot, Kopfseiten weiß
Rostroter Wassertreter, Thorshühnchen, **Phalaropus fulicarius** (L.)
L 20 cm. Ruhekleid: oberseits grau, unterseits weiß. Durchzügler.

— Schnabel dünner, schwarz. Brutkleid: Hals rostrot, Kehle weiß [*99*]
Halsbandwassertreter, Odinshühnchen, **Phalaropus lobatus** (L.)
L 18 cm. Ruhekleid: oberseits dunkel, hell gestreift, unterseits weiß. Durchzügler.

Familie: **Stercorariidae,** Raubmöwen

Dunkle Möwen mit verlängerten mittleren Schwanzfedern („Schwanzspieß"). Meist mit hellem Fleck an den Handschwingen. Meeresvögel. Stoßen auf andere Meeresvögel, um ihnen die Beute abzunehmen. Brüten an nordischen Küsten. Durchzügler u. Wintergäste an Nord- u. Ostsee, selten im Binnenland. Längenangaben mit Schwanzspieß.

1. Groß: L 58 cm (wie Silbermöwe). Schwanzspieß den übrigen Schwanz wenig überragend . Große Raubmöwe, **Stercorarius skua** (Brünn.)

— Kleiner: L 53–46 cm. Mittlere Steuerfedern länger **2**

2. L 53 cm. Schwanzspieß um 20 cm (Größe wie Lachmöwe) . Kleine Raubmöwe, Falkenraubmöwe, **Stercorarius longicaudus** Vieillot

— L 51 cm. Schwanzspieß um 9 cm, Federn spitz zulaufend (Größe wie Lachmöwe) [*100*]
Schmarotzerraubmöwe, **Stercorarius parasiticus** (L.)

— L 46 cm. Schwanzspieß um 10 cm, Federn breit abgerundet, meist schraubig gedreht (Größe wie Sturmmöwe) . Mittlere Raubmöwe, Spatelraubmöwe, **Stercorarius pomarinus** (Temm.)

Familie: **Laridae,** Möwen u. Seeschwalben

An freiem Wasser, besonders an Meeresküsten. Gute Segelflieger. Nahrung: Kleintiere, auch Abfälle; Nahrungserwerb bei Seeschwalben im Fluge (Stoßtauchen). Nester meist am Boden. Junge sind unvollkommene Nestflüchter („Platzhocker"), sie müssen noch eine Zeitlang von den Eltern gefüttert werden.
Jungvögel meist dunkler gefärbt, in der Tabelle nicht berücksichtigt.

1. Schnabel kräftig, vorn hakenartig gebogen. Schwanz ungegabelt [*101*] . . . . Echte Möwen, **Larinae** **2**

— Schnabel schlank, spitz. Schwanz gegabelt [*102*]
Seeschwalben, **Sterninae** **7**

2. Sehr groß: L um 66 cm. Oberseite u. Flügel schieferschwarz
Mantelmöwe, **Larus marinus** L.
Schnabel gelb mit rotem Fleck. Beine fleischfarben. Ruhekleid: graue Flecken am Kopf. Stimme: tief u. rauh „gouk ... gak". Gast an Nord- u. Ostsee.

100

101

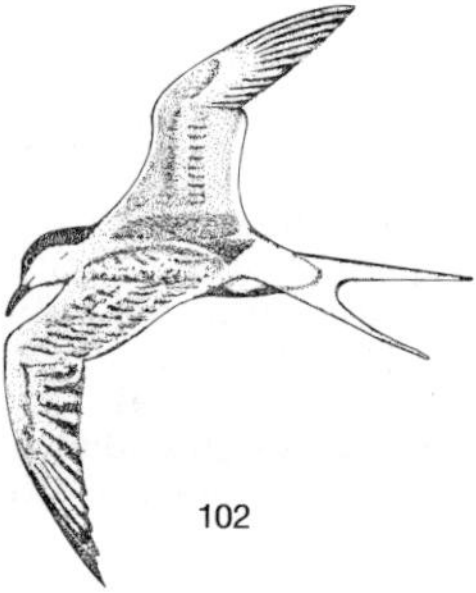

102

103

— Sehr groß: um 70 cm. Oberseite u. Flügel hellgrau
Eismöwe, **Larus hyperboreus** GUNN.

Schnabel gelb mit rotem Fleck. Beine fleischfarben. Ruhekleid: Kopf u. Hals undeutlich grau gefleckt. Stimme: ähnlich Silbermöwe. Seltener Wintergast an der Küste.

— Kleiner: L unter 60 cm (etwa wie Silbermöwe u. kleiner) . . **3**

3. Oberseite u. Flügel schwarzbraun oder schwarz. L 53 cm
Heringsmöwe, **Larus fuscus** L.

Schnabel gelb mit rotem Fleck, Beine gelb. Ruhekleid: graue Flecken am Kopf. Stimme: ähnlich Silbermöwe. An der Küste, häufiger Wintergast.

— Oberseite ganz hellgrau od. weiß (höchstens Kopf schwarz) . **4**

— Oberseite hell (Kopf hell od. schwarz), Flügelenden ± schwarz **5**

4. Klein: L um 28 cm. Kopf schwarz Zwergmöwe, **Larus minutus** PALL.

Flügelunterseite dunkel. Schnabel dunkel, Beine rot. Stimme: halblaut „gägäg..." Vereinzelt Brutvogel an Binnengewässern, häufiger Gast.

Sehr seltener Irrgast, Rosenmöwe, **Rhodostethia rosea** (MACGILL.) (L 32 cm; Unterseite rosa, Kopf hell, um Hals schwarzer Ring; Schwanz keilförmig).

— Mittelgroß: L um 40 cm. Kopf schwarz
Schwarzkopfmöwe, **Larus melanocephalus** TEMM.

Schnabel u. Beine rot. Ruhekleid: ähnlich Lachmöwe. Stimme: nasales „kiau". Seltener Brutvogel an Gewässern, seltener Gast.
Sehr seltener Irrgast Elfenbeinmöwe, **Pagophila eburnea** (PHIPPS) (L 45 cm; Gefieder reinweiß; Beine schwarz).

— Groß: L um 60 cm. Kopf weiß Polarmöwe, **Larus glaucoides** MEYER
Schnabel gelb mit rotem Fleck, Beine fleischfarben. Stimme: ähnlich Silbermöwe. Seltener Wintergast.

5. Kopf schwarz (im Ruhekleid nur dunkler Fleck in Ohrgegend). L um 38 cm. Schnabel u. Beine rot [*101*] Lachmöwe, **Larus ridibundus** L.
Flügelenden weiß mit schwarzem Hinterrand. Stimme: kreischend „krijäh". Häufig, vor allem an Binnengewässern. Teilzieher.
Seltener Irrgast Schwalbenmöwe, **Larus (= Xema) sabini** SAB. (L 33 cm; Schwanz gabelig ausgeschnitten; Schnabel bis auf gelbe Spitze u. Beine dunkel).

— Kopf weiß. L 40–56 cm. Beine u. Schnabel nicht rot **6**

6. L 40 cm. Schnabel grünlich-gelb, Beine schwarz, mit 3 Zehen (Hinterzehe kurz stummelförmig) . Dreizehenmöwe, **Rissa tridactyla** (L.)
Flügelspitzen (wie in Tusche getunkt) schwarz, ohne weiß. Ruhekleid: Oberkopf bis Hinterhals graublau. Stimme: durchdringend „gägägä-kiij". Brutvogel auf Helgoland. Wintergast an der Küste.

— L 45 cm. Schnabel u. Beine grüngelb Sturmmöwe, **Larus canus** L.
Beine mit 4 Zehen. Flügelspitzen schwarz mit weißen Flecken. Ruhekleid: Oberkopf u. Nacken graubraun gestrichelt. Stimme: kreischend „guija" u. gackernde Laute. Brutvogel, vor allem an der Küste, häufiger Wintergast.

— L um 56 cm. Schnabel gelb mit rotem Fleck vorn unten, Beine gelb
Silbermöwe, **Larus argentatus** PONT.
Beine mit 4 Zehen. Flügelspitzen schwarz mit weißen Flecken. Ruhekleid: Oberkopf u. Nacken grau gestrichelt. Stimme: tief „gau ... gau", dann lang „kjau-kjau-kjau-kjakkjakja". Sehr häufiger Brutvogel an der Küste, sehr häufiger Gast.

7. Groß: um 51 cm. Schnabel rot, Beine schwarz
Raubseeschwalbe, **Hydroprogne caspia** (PALL.)
Oberkopf im Brutkleid schwarz, im Ruhekleid hell-dunkel gestreift. Stimme: tief „kräik". An Gewässern, seltener Brutvogel u. Gast.

— Kleiner: bis 40 cm. Nicht zugleich Schnabel rot, Beine schwarz **8**

8. Mittelgroß: L 35–40 cm. Kopf im Brutkleid mit schwarzer Kopfplatte. Gefieder unterseits weiß . . . . **Sterna** L. **11**
Wenn mit Möwenschnabel [*86*] u. ganzer Kopf im Brutkleid dunkel-schiefergrau. L 33 cm . . . . Schwalbenmöwe, **Larus sabini** SAB. s. **5**

— Klein: L 23–25 cm. Schwanz nur leicht ausgeschnitten . . . **9**

9. Gefieder (im Brutkleid) unterseits ± schieferschwarz. Schnabel u. Beine nicht gelb. An Binnengewässern **Chlidonias** RAFINESQUE **10**

— Gefieder unterseits weiß. Schnabel gelb mit schwarzer Spitze, Beine gelb . . . . Zwergseeschwalbe, **Sterna albifrons** PALL.
L 20 cm. Oberkopf im Brutkleid schwarz mit weißer Stirn, im Ruhekleid mit dunkler Binde von Augen über das Genick. Stimme: scharf „kitt-kitt" od. schnatternd „kirri-kirri-kit". Seltenerer Brutvogel an der Küste, Durchzügler.

10. Kopf im Brutkleid oben schwarz, Wangen weiß. Schnabel u. Beine rötlich . . . . . . Weißbartseeschwalbe, **Chlidonias hybrida** (PALL.)
L 25 cm. Ruhekleid: Unterseite hell, Kopf oben mit dunkelgrauer Zone von Augen über den Hinterkopf. Stimme: kreischend „schriäh", hart „kät-kät". Selten als Brutvogel u. Gast.

— Kopf im Brutkleid einheitlich schwarz. Bürzel u. Schwanz schwarzgrau. Schnabel u. Beine schwarz
Trauerseeschwalbe, **Chlidonias nigra** (L.)
L 24 cm. Ruhekleid: Unterseite hell, Kopf oben mit weißer Stirn u. schwärzlicher Kappe, am Hals jederseits dunkler Fleck. Stimme: kreischend „klink". Häufig. Zugvogel.

— Kopf im Brutkleid einheitlich schwarz. Bürzel u. Schwanz weiß. Schnabel u. Beine rötlich
Weißflügelseeschwalbe, **Chlidonias leucopterus** (TEMM.)
L 24 cm. Brutkleid: Flügelvorderrand oben weiß, Flügelunterseite schwarz. Ruhekleid: ähnlich Trauerseeschwalbe, aber ohne Halsflecken. Seltener Brutvogel u. Gast.

11. Schwanz schwach ausgeschnitten, kürzer als die halbe Flügellänge. Schnabel kurz u. hoch, schwarz. L 38 cm
Lachseeschwalbe, **Sterna (= Gelochelidon) nilotica** GMELIN
Ruhekleid: Kopf oben reinweiß, Umgebung des Auges dunkel. Stimme: lachendes „hähähäg". An Gewässern, seltener Brutvogel u. Gast.

— Schwanz ± stark gabelförmig [*102*], länger als halbe Flügellänge. Schnabel schlank, spitz zulaufend **12**

12. Schnabel schwarz, mit gelber Spitze. Kopf oben hinten mit verlängerten, struppig wirkenden, schwarzen Federn. Beine schwarz. L 40 cm
Brandseeschwalbe, **Sterna sandvicensis** LATH.
Ruhekleid: mit weißer Stirn u. dunkel gestreiften Hinterkopffedern. Stimme: „kirrick". Brutvogel an der Meeresküste, häufiger Gast. Zugvogel.

— Schnabel schwarz u./od. rot. Kopf ohne Nackenfedern. Beine im Brutkleid rot **13**

13. Schwanz kürzer [*102*], Schwanzspieße beim Sitzen Flügelspitzen nicht überragend. Im Brutkleid Schnabel rot mit schwarzer Spitze. L um 35 cm [*102*] . . . . . . Flußseeschwalbe, **Sterna hirundo** L.
Ruhekleid: ähnlich Brutkleid, aber mit weißlicher Stirn, Schnabel an Basis rot. Stimme: klirrend „kirri-kirri...krriää". An Gewässern. Häufiger Brutvogel an der Küste. Zugvogel.

— Schwanz etwas länger, Schwanzspieße beim Sitzen Flügelspitzen deutlich überragend. Im Brutkleid Schnabel ganz rot. L 38 cm
Küstenseeschwalbe, **Sterna paradisaea** PONT.
Ruhekleid: Stirn u. Oberkopf ganz weiß. Beine schwärzlich. Stimme: ähnlich Flußseeschwalbe. An Meeresküste. Häufiger Brutvogel. Zugvogel.

— Schwanz lang, Schwanzspieße beim Sitzen Flügelspitzen um 4–7 cm überragend. Im Brutkleid Schnabel schwarz, an Basis rot. L 38 cm
Rosenseeschwalbe, **Sterna dougallii** MONT.
Ruhekleid: Stirn weißlich, Schnabel schwarz. Beine rot. Stimme: ähnlich Flußseeschwalbe. Seltener Gast an der Küste.

Familie: **Alcidae,** Alken

Meeresvögel mit kurzen Schwänzen u. Beinen u. Flügeln. Beim Schwimmen unter Wasser werden Flügel benutzt. Nahrung: vor allem Fische. Brüten in Kolonien an Felsküsten. Werden als „Platzhocker" einige Zeit von den Eltern gefüttert.

1. Schnabel sehr hoch, seitlich zusammengedrückt, bunt (rot-blau-gelb) gefärbt. L 30 cm . . . . . Papageitaucher, **Fratercula arctica** (L.)
Oberseite schwarz, Unterseite weiß. Beine rot. Seltener Gast an der Küste.

— Schnabel viel niedriger [*103*], schwarz **2**

2. Klein: L 20 cm. Schnabel sehr kurz
Krabbentaucher, **Alle (= Plautus) alle** (L.)
Oberseite schwarz, Unterseite weiß. Seltener Gast an der Küste.

— Größer: L 33–42 cm. Schnabel länger (z.B. [*103*]) **3**

3. Schnabel hoch, seitlich zusammengedrückt, vorn schwarz, hinten weiß quergestreift. L 40 cm . . . . Tordalk, **Alca torda** L.
Oberseite schwarz, Unterseite weiß. Brutvogel auf Helgoland, Wintergast, selten.

— Schnabel schlank, gleichmäßig spitz zulaufend 4

4. Mit weißem Flügelfeld. L 33 cm . . Gryllteiste **Cepphus grylle** (L.)
Brutkleid: überwiegend schwarz; Ruhekleid: hell, Oberseite gefleckt, Flügel schwärzlich. Beine rot. Seltener Gast vor der Küste (vor allem Ostsee).

— Ohne weißes Feld auf den Flügeln. L 42 cm Lummen, **Uria** BRISS. 5

5. Schnabel dünner, ohne weiße Zeichnung [*103*]
Trottellumme, **Uria aalge** (PONT.)
Oberseite schwarz, Unterseite weiß. Brutvogel auf Helgoland, regelmäßiger Gast vor der Küste.

— Schnabel dicker, mit weißlichem Streif auf der hinteren Hälfte des Oberschnabelrandes . . . . Dickschnabellumme, **Uria lomvia** (L.)
Unregelmäßiger Gast vor der Küste.

Ordnung: **Columbiformes,** Taubenvögel
Familie: **Columbidae,** Tauben

Gute Flieger mit gleichmäßigem Flügelschlag. Nahrung: Körner u. anderes Pflanzenmaterial. Nester offen, locker gebaut, seltener in Baumhöhlen. Nesthocker.

1. Größer: L 33–40 cm. Grundfärbung oben grau . **Columba** L. 2

— Kleiner: L 27–30 cm. Grundfärbung oben braun
Streptopelia BONAPARTE 4

2. L 40 cm. Mit weißem seitlichem Halsfleck u. weißer Flügelbinde [*104*]
Ringeltaube, **Columba palumbus** L.
Schwanz dunkel, unten mit hellem Mittelstreif vor scharf abgesetzter schwarzer Schwanzbinde. Stimme: „grugrúhgrugru“. In Wäldern u. Parks. Häufig. Teilzieher.

— L 33 cm. Ohne weiße Abzeichen (Halsfleck, Flügelbinde, Schwanzbinde) 3

3. Bürzel grau. Beim Fliegen Flügel oben höchstens mit undeutlichen dunklen Querbinden . . . . Hohltaube, **Columba oenas** L.
Stimme: hohles „húhwup“. In Wäldern u. Parkanlagen. Höhlenbrüter. Teilzieher.

— Bürzel weiß. Beim Fliegen Flügel oben hinten mit 2 dunklen Binden
Felsentaube, **Columba livia** GMELIN
Stammform der Haustaube (**„Columba livia domestica“** L.), Heimat: Mittelmeergebiet. Haustauben sehr variabel. Stimme: Gurren. Stadt-Populationen durch Verschmutzung u. Verätzung an Gebäuden lästig.

4. Nacken mit schwarzer, halbmondförmiger Binde. Oberseite ungefleckt. L 28 cm . . . . Türkentaube, **Streptopelia decaocto** (FRIV.)
Stimme: hohles „hu-húh-hu“. In Parks u. Gartengelände. Aus SO-Europa eingewandert.

— Am Hals jederseits mit 3 schwärzlichen, weiß begrenzten Querstreifen. Oberseite braun, schwarz gefleckt. L 27 cm
Turteltaube, **Streptopelia turtur** (L.)
Stimme: anhaltendes Gurren „turr-turr-...“. In lichten Wäldern, offenem Gelände. Zugvogel.

Ordnung: **Strigiformes,** Eulen

Augen nach vorn gerichtet, von einem Federkranz („Schleier“) umgeben, darin der hakige Schnabel gewöhnlich teilweise verborgen. Gefieder in der Grundfarbe meist bräunlich, mit dunkler Zeichnung. Meist in der Nacht jagende Vögel, daran angepaßt durch große Augen, hochentwickeltes Gehör u. geräuschlosen Flug. Nahrung: Säuger, Vögel, auch andere Tiere; Nahrungsreste als „Gewölle" ausgewürgt. Nester in Höhlen, in verlassenen Nestern anderer Vögel od. auf dem Erdboden. Nesthocker.

1. Schleier vollständig, dreieckig-herzförmig, weiß. Gefieder hell. Ohne Ohrbüschel. Beine lang [*105*]. L 34 cm . Schleiereulen, **Tytonidae**
Nur **Tyto alba** Scop., Schleiereule [*105*]
Oberseite ± grau, zart schwarz-weiß punktiert, Unterseite gelblich bis weiß, mit feiner Tropfenfleckung. Stimme: heiser kreischend „chrüüüh", im Sitzen schnarchende Laute. Vor allem in offenem Gelände mit Gebäuden. Brütet häufig auf Dachböden.

— Schleier vollständig od. unvollständig, von anderer Form [*106–116*]. Gefieder häufig dunkel. Beine kürzer . . . Eulen, **Strigidae** S. 596

Familie: **Strigidae,** Eulen

1. Sehr groß: L um 70 cm. Mit großen Federohren [*106*]
Uhu, **Bubo bubo** (L.)
Tiefbraun, Unterseite heller, dunkel längsgestreift u. gebändert, mit weißlichem Kehlfleck. Stimme: „bubo" u. dumpf „huhuu". Wälder mit Felshängen. Selten.

— Kleiner: L bis 57 cm 2

2. Mit ± großen Federohren [*107–109*] 3

— Ohne Federohren [*110–116*] 5

3. Groß: L 34–37 cm . . . . **Asio** Briss. 4

— Klein: L 19 cm [*107*] . . . . Zwergohreule, **Otus scops** (L.)
Rindenfarbig: graubraun, hell und dunkel gefleckt. Augen gelb. Stimme: monoton „kju ... kju". Seltener Brutvogel im Süden. Gelegentlich Irrgast.

4. Gefieder rostgelb, unterseits grob längsgestreift, fein quergestreift. Federohren groß [*108*] . . . . Waldohreule, **Asio otus** (L.)
Augen orange. Stimme: monoton „huh". In Wäldern, Feldgehölzen. Brütet vor allem in Krähen- u. Elsternestern.

— Gefieder gelbbraun, unterseits kräftig längsgefleckt, ohne Querzeichnung. Federohren klein [*109*] Sumpfohreule, **Asio flammeus** (Pont.)
Augen gelb. Stimme: dumpfes, leicht ansteigendes „bubububu". Vorwiegend tagaktiv. In offenem Gelände. Brütet am Boden. Seltener, auch Wintergast. Teilzieher.

5. Schneeweiß, etwas dunkel gebändert. L 57 cm [*110*]
Schnee-Eule, **Nyctea scandiaca** (L.)
Kopf groß, rund. Bewohner der Tundren. Seltener Irrgast.

— Oberseite schwarzbraun mit weißer Fleckung, Unterseite hell, schwarzbraun sperberartig gezeichnet. L 40 cm [*111*]
Sperbereule, **Surnia ulula** (L.)
Schleier weiß, schwarz eingefaßt. Augen gelb. Zuckt im Sitzen mit dem langen Schwanz. Stimme: gellend „kikikikiki ...". Tagaktiv. In Wäldern Nordeuropas. Seltener Wintergast.

— In der Grundfärbung braun, Unterseite ohne derartige Querwellung 6

6. Klein: L um 17 cm [*112*] Sperlingskauz, **Glaucidium passerinum** (L.)
Oberseite dunkelbraun mit weißer Fleckung, Schwanz deutlich weißgebändert, wird häufig ruckartig wippend bewegt. Augen gelb. Stimme: monotone Folge von „üh". In Wäldern. Brütet in Baumhöhlen. Im Gebirge, seltener.
Wenn Schwanz ohne weiße Querbinden, L 19 cm: Zwergohreule, **Otus scops** s. 3.

— Größer: L 23–25 cm 7

— Mittelgroß: L über 38 cm . . . . **Strix** Briss. 8

7. L 23 cm. Kopf flach, mit niedriger Stirn. Oberseite dunkelbraun mit weißer Fleckung, Unterseite hell, mit dunklen Längsstreifen. Schleier

104

105

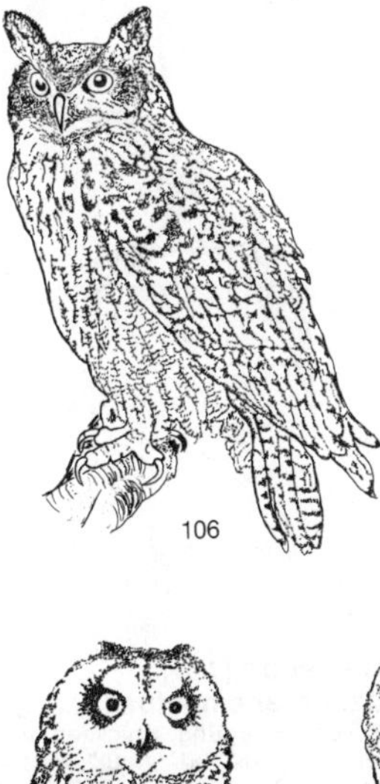

106

107

108

109

110

111

112

113

114

115

116

117

undeutlich begrenzt. Zehen wenig dicht weiß befiedert [*113*]

Steinkauz, **Athene noctua** (Scop.)

Augen gelb. Bewegungen ruckartig, Flug in Wellen, bei Erregung Knicksen u. Schwanzschlagen nach der Seite. Stimme: monoton gereiht „ghuk“ od. „huui“, auch „kuiwitt“ (= komm mit). In offenem Gelände mit Gehölzen, auch in Siedlungen. Brütet in Höhlungen. Häufig.

— L 25 cm. Kopf groß, rund, mit hoher Stirn. Gefieder in der Grundfärbung dunkler braun, Unterseite wenig markant längsgestreift. Schleier deutlich, schwarzbraun begrenzt. Zehen dicht weiß befiedert [*114*]

Rauhfußkauz, **Aegolius funereus** (L.)

Augen gelb. Stimme: anschwellendes „bubububububu“, auch „kuwäck“. In Wäldern. Brütet in Baumhöhlen. Im Gebirge, seltener.

8. L 38 cm [*115*] . . . . Waldkauz, **Strix aluco** (L.)

Kopf groß, rund. Augen groß, dunkel. Grundfarbe grau od. braun, dunkel längsgestreift u. gebändert, Unterseite mit pfeilförmigen Flecken. Stimme: heulendes „huuh“, dann kurzes „hu“ u. tremolierendes „huuuh“, außerdem „kjuwitt“. In Wäldern u. Parks, auch in Siedlungen. Brütet in Baumhöhlen. Häufig.

Wenn Gestalt gestreckter, Augen gelb, Gefieder wie [*109*] Sumpfohreule, **Asio flammeus** s. **4.**

— L um 60 cm [*116*] . . . . . . Habichtskauz, **Strix uralensis** Pall.
Augen dunkel. Gefieder braun, kräftig dunkel längsgestreift. Schleier zart radialgestreift. Stimme: „hau hau" wie Hundegebell. In Wäldern. Brütet in Baumhöhlen od. Greifvogelhorsten. Selten.

— L knapp 70 cm . . . . Bartkauz, **Strix nebulosa** Forst.
Augen gelb. Gefieder düster grau, dunkel längsgestreift, Schleier zart ringgebändert, mit dunklem Bartfleck. Stimme: brummend „hohoho". In Wäldern N-Europas. Sehr selten. Irrgast.

Ordnung: **Apodiformes,** Seglerartige
Familie: **Apodidae,** Segler

Gestalt ähnlich Schwalben, aber Flügel lang u. sichelförmig [*117*]. Schwanz kurz, leicht gegabelt. Mit Klammerfuß [*15*]. Nahrung: Insekten, die in reißendem Flug erbeutet werden. Zugvögel.

1. Kleiner: L 16–17 cm. Gefieder rußig braunschwarz, Kinn weißlich [*117*] . . . . Mauersegler, **Apus apus** (L.)
Stimme: durchdringend „srih-srih". Gesellig. In Städten u. felsigem Gelände. Nistet in Spalten u. Höhlungen.

— Größer: L 21 cm. Gefieder fahlbraun bis grau, Unterseite weiß, mit breitem dunklem Brustband . . . . Alpensegler, **Apus melba** (L.)
Stimme: mehr trillernd. Im Süden, Alpen (Schweiz, Österreich), sonst Irrgast.

Ordnung: **Coraciiformes,** Rackenvögel

Mit „Sitzfuß" [*17*]: Glieder der 2.–4. Zehe teilweise verwachsen. Nahrung: vor allem Insekten.

1. Körper rötlich-rostgelb, Rücken u. Flügel leuchtend schwarz-weiß gestreift. Kopf mit aufrichtbarer Federhaube [*118*] . Hopfe, **Upupidae**
Nur **Upupa epops** L., Wiedehopf [*118*]
L 28 cm. Stimme: hohles „hub-bub-bub...". In offenem Gelände. Brütet in Baumhöhlen. Zugvogel.

— Färbung anders **2**

2. Schnabel kräftig, hakig. Gefieder grünlich-blau, mit kastanienbraunem Rücken. L 30 cm . . . . Racken, **Coraciidae**
Nur **Coracias garrulus** L., Blauracke [*119*]
Armschwingen unterseits dunkelblau. Stimme: „racke-racke...". In offener Landschaft. Brütet in Baumhöhlen. Im Osten, selten.

118

119

— Schnabel lang, zugespitzt [*120, 121*]. Gefieder anders, bunt . **3**

3. Schnabel gerade. L 16 cm [*120*] . . . . . . Eisvögel, **Alcedinidae**
Nur **Alcedo atthis** L., Eisvogel [*120*]
Kopf relativ groß, Schwanz kurz, Beine klein, rot. Oberseite türkisblau, Unterseite kastanienbraun. Nahrung: erbeutet durch „Stoßtauchen" kleine Fische u. andere Wassertiere. Stimme: hell „tiht-tiht-tiht...". An Fließgewässern mit Steilufern, brütet in Erdhöhlen. Teilzieher, auch Wintergast.

— Schnabel gebogen. L 28 cm [*121*] . . . Bienenfresser, **Meropidae**
Nur **Merops apiaster** L., [*121*] Bienenfresser
Oberseite rotbraun, Kehle gelb, Unterseite türkisfarben. Stimme: rollend „prürr". In offenem Gelände. Brütet in Erdhöhlen. Irrgast aus Südeuropa.

120

121

Ordnung: **Piciformes,** Spechtartige
Familie: **Picidae,** Spechte

An das Baumleben angepaßt: langer Meißelschnabel, Stützschwanz, Kletterfüße (2 Zehen nach vorn, 2 Zehen nach hinten gerichtet [*14*]). Flug wellenförmig. Nahrung: Insekten, die mit einer langen Zunge aus Höhlungen herausgeholt werden. In baumbestandenem Gelände. Trommelwirbel an Holz od. anderem resonanzfähigem Material dient Revieranzeige u. dem Finden der Geschlechter. Brüten in selbstgezimmerten Baumhöhlen. Nesthokker. Fast durchweg Standvögel.

1. Rindenfarbig, dunkel gemustert, mit dunklem Augenstreif. L 16 cm
(Jynginae), Wendehals, **Jynx torquilla** L.
Unterseite weißlich, Kehle, Brust u. Flanken dunkel quergebändert. Sucht Nahrung (Ameisen) am Boden. Stimme: nasales „wiewiewie...". In lichten Wäldern, Parks, Obstgärten. Fertigt Bruthöhle nicht selbst. Zugvogel.

— Färbung anders. L 15–45 cm . . . . Echte Spechte, **Picinae** **2**

2. Gefieder schwarz, nur am Kopf rot. Schnabel gelblich. L 45 cm
Schwarzspecht, **Dryocopus martius** (L.)
♂ mit ganz rotem Oberkopf, ♀ nur am Hinterkopf rot. Stimme: gedehnt „kliöh", trommelt häufig. In ausgedehnten Waldungen.

— Gefieder überwiegend grün od. graugrün . . . Grünspechte **3**

— Gefieder oben großenteils schwarz, weiß gezeichnet, unten ± hell
Buntspechte **4**

3. Oberkopf ganz rot. L 32 cm . . . . . Grünspecht, **Picus viridis** L.
Mit ausgedehntem Schwarz um die Augen u. breitem schwarzem Bartstreif (beim ♂ mit roten Federn durchsetzt), Rücken lebhaft grün, Unterseite hellgrün, Flanken quergestreift. Stimme: helles lautes Lachen wie „glügglügglüg...". Trommelt gern. In offener Landschaft.

— Oberkopf grau (♀) od. grau mit roter Stirn (♂). L 26 cm
Grauspecht, **Picus canus** GMELIN

Augenumgebung nur mit wenig Schwarz, schwarzer Bartstreif schmal. Rücken mehr grau-olivgrün, Flanken ungestreift. Stimme: weniger laut, langsamere, gegen Ende absinkende Tonfolge. Trommelt nicht selten. Mehr in Wäldern.

4. Wangen schwarz. Eine hintere Zehe fehlend. L 22 cm [*122*]
Dreizehenspecht, **Picoides tridactylus** (L.)

Schwarz-weiß, ohne Rot. Beim ♂ Scheitel gelb, beim ♀ silbergrau. Zeichnung wie [*122*]. Rücken u. Bürzel weiß. Flanken kräftig dunkel quergebändert. Stimme: ähnlich Buntspecht, aber weicher. Trommelt gern. Nadelwald, im höheren Gebirge.

— Wangen weiß (Gesicht hell, bunt umrahmt) [*124–128*]
Dendrocopos Koch (= **Dryobates** Lac.) **5**

5. Klein: L um 15 cm. Bauch u. Unterschwanzdecken ohne Rot [*123*]
Kleinspecht, **Dendrocopos minor** (L.)

Scheitel rot (♂), weißgelb (♀). Oberseite schwarz, weiß quergebändert, ohne weißes Flügelfeld, Unterseite mit dunklen Längsstrichen. Stimme: helles „kikikiki". Trommelt gern. In lichten, parkartigen Waldbeständen.

— Größer: 21–25 cm. Bauch u. Unterschwanzdecken rot, selten rosa **6**

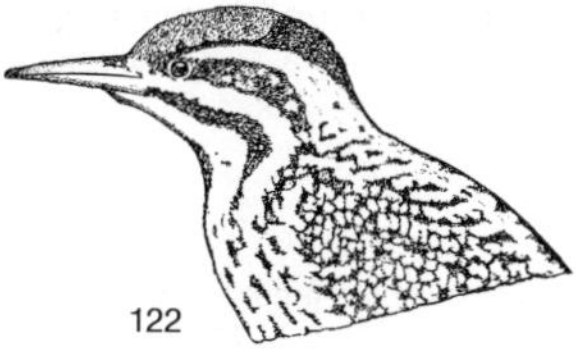
122

123

124

125

126

127

6. Hinterrücken leuchtend weiß, Schulter ganz schwarz, ohne weiße Flecke. L 25 cm [*124*]

Weißrückenspecht, **Dendrocopos leucotos** (BECHST.)

Flanken längsgefleckt. Stimme: weich „kjück". In Wäldern, im höheren Gebirge.

— Hinterrücken schwarz, Schulter schwarz mit weißen Schulterflecken **7**

7. Kopf oben ganz rot, ohne schwarze Begrenzung zu den weißen Kopfseiten. L 21 cm [*125*] . . . Mittelspecht, **Dendrocopos medius** (L.)

Unterseite schwärzlich längsgestrichelt. Stimme: „gig" u. „gäih-gäih-gäih", trommelt selten. In lichten Wäldern. Mehr im Tiefland.

— Scheitel schwarz (Adulte) od. rot mit schwarzer Einfassung (Jungvögel). Unterseite nicht längsgestrichelt. L 23 cm **8**

8. Mit schwarzem Querband auf den Wangen. Unterschwanzdecken leuchtend rot, scharf abgesetzt [*126*]

Großer Buntspecht, **Dendrocopos major** (L.)

Stimme: „picks-picks-picks-...", trommelt gern. In Parks u. Wäldern. Häufig.

— Ohne derartiges schwarzes Wangenband. Unterschwanzdecken blaßrot, wenig abgesetzt [*127*]

Blutspecht, **Dendrocopos syriacus** (HEMPR. ET EHR.)

Stimme: ähnlich Buntspecht, aber weicher. Im Süden (Österreich), sonst seltener Irrgast.

Ordnung: **Passeriformes,** Sperlingsvögel

Mit Hüpffuß: Hinterzehe u. deren Kralle gut entwickelt (zum Umklammern von Zweigen). Lautäußerungen: Lock-, Warn- od. Schrecklaute; Gesang als sexuelles Ausdrucksmittel für Revierbehauptung, Geschlechterfindung u. Balz. Nesthocker.

1. Groß: L über 32 cm. Schnabel kräftig [*147–151*]. Habitus z. B. [*147, 149*] . . . . Rabenvögel, **Corvidae** S. 607

— Kleiner: L unter 30 cm **2**

2. Bein auf Rückseite gerundet, mit Schildern. Gefieder erdfarbig. Habitus [*141*] . . . . Lerchen, **Alaudidae** S. 606

— Bein auf Rückseite scharf gekielt, nicht beschildert **3**

3. Schnabel klein, kürzer als an der Basis breit, breit dreieckig [*128*]. Flügel lang (längste Handschwingen 2mal so lang wie Armschwingen). Schwanz ± tief gegabelt. Habitus [*144–146*]

Schwalben, **Hirundinidae** S. 607

— Schnabel so lang wie an der Basis breit, Oberschnabel an der Spitze hakig, davor ein Ausschnitt. Kopf mit Federhaube [*129*]

Seidenschwänze, **Bombycillidae**

Nur **Bombycilla garrulus** (L.), Seidenschwanz [*129*]

L 18 cm. Rötlichgrau, Oberseite dunkler, mit schwarzer Kehle u. Augenstreif, Flügel schwarz mit weißer, gelber u. roter Zeichnung, Schwanz schwarz, hinten gelb. Nahrung: Früchte, Insekten. Gesellig. Wintergast.

— Schnabel länger als an der Basis breit **4**

4. Schnabel kräftig, seitlich zusammengedrückt, höher als breit, vor der Spitze mit kräftigem Zahn, mit Borsten an der Basis [*130*]. Habitus z. B. [*174*] . . . . Würger, **Laniidae** S. 619

— Schnabel kurz, weniger als doppelt so lang wie am Grunde hoch (Kegelschnabel, z. B. [*131, 181–183, 185*], auch gekreuzt [*178, 179*] **5**

Bei einigen „Meisen" länger [*152–157*], dann aber Kopf mit dunkler Kappe [*152–157*] (Meisen) od. Kopf mit schwarzer Gesichtsmaske [*133*] (Beutelmeisen) od. Schwanz länger als übriger Körper u. Gestalt wie [*134, 135*] (Schwanzmeisen, Bartmeisen).

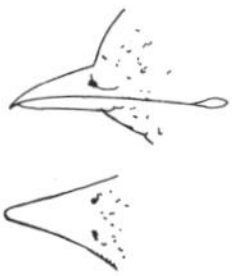
128

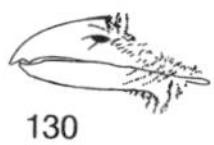
130

131

132

129

133

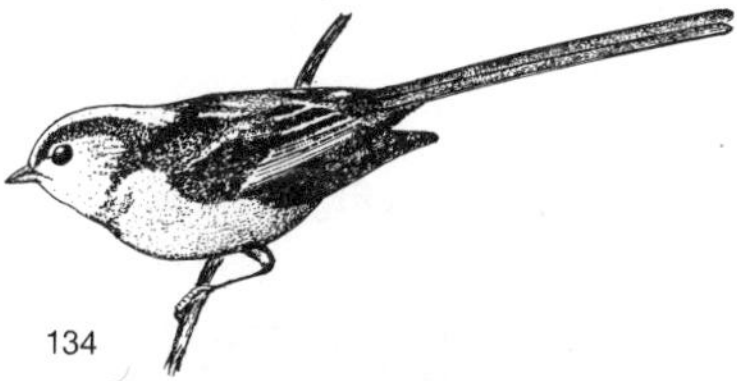
134

135

136

— Schnabel länger, mindestens doppelt so lang wie am Grunde hoch [*132*] **11**
Habitus anders als der der erwähnten Meisen.

5. Schnabel klein, am Grunde nur 4–5 mm hoch **6**
— Schnabel größer, am Grunde 6–17 mm **9**
6. Schwanz kürzer als übriger Körper **7**
— Schwanz länger als übriger Körper **8**
7. Kopf mit dunkler Kappe [*152–157*] . . . . Meisen, **Paridae** S. 609
— Kopf ohne dunkle Kappe, aschgrau, mit schwarzer Gesichtsmaske [*133*] . . . . Beutelmeisen, **Remizidae**

Nur **Remiz pendulinus** (L.), Beutelmeise [*133*]
L 11 cm. Kopf und Nacken hellgrau, Rücken rotbraun, Unterseite heller rötlichbraun. Nahrung: Insekten, auch Samen. Lockruf: langgezogenes „siüh". Nest: aus Wolle u. Flechten gewebtes, an Zweigspitze aufgehängtes Kugelnest mit Einschlupfröhre. In vegetationsreichen Randzonen von Gewässern. Vereinzelt. Teilzieher.

8. Kleiner: L 14 cm (davon Schwanz 8 cm). Habitus [*134*]
Schwanzmeisen, **Aegithalidae**

Nur **Aegithalos caudatus** (L.), Schwanzmeise [*134*]

Kopf weiß mit ± schwarzen Seiten, Rücken schwarz, Schultern rötlichbraun, Unterseite weiß, Schwanz schwarz-weiß gestreift. Nahrung: Insekten. Lockruf: „si-si"; Warnruf: „trerr-tserr"; Gesang: leise klirrend „sisississiu". Nest: Kugelbau aus feinverflochtenem Material mit seitlichem Eingang. In Wäldern, Gärten, Parks.

— Größer: L 16,5 cm (davon Schwanz 8,5 cm). Habitus [*135*]
Bartmeisen, **Timaliidae**

Nur **Panurus biarmicus** (L.), Bartmeise [*135*]

Oberseite zimtbraun, Unterseite rötlichgrau, ♂: Kopf grau, mit breitem, schwarzem Bartstreif. Nahrung: Insekten, auch Samen. Lockruf: nasal „ping-ping", scharf „ziss" od. schnurrend „tschirrr"; Gesang: leise zwitschernd mit diesen Lauten. Nest: offener Napf dicht über der Erde. In großen Rohr- u. Schilfbeständen. Vereinzelt, auch Durchzügler od. Wintergast.

9. Schwanz ± gegabelt: mittlere Schwanzfedern kürzer als äußere [*175, 180*] **10**

— Schwanz ± gerade abgeschnitten, seitlich leicht abgerundet [*184*]
Webervögel, **Ploceidae** S. 623

10. Oberschnabel ± schwächer als Unterschnabel, an den Kanten nach oben ausgeschweift [*181–183*]. Habitus [*180*]
Ammern, **Emberizidae** S. 622

— Oberschnabel so groß od. stärker als Unterschnabel. Habitus [*175*]
Finkenvögel, **Fringillidae** S. 620

11. Größer: L 20–27 cm **12**

— Kleiner: L 9–18 cm **13**

12. Gefieder schwarz od. bräunlich; wenn Unterseite hell, diese gefleckt. Schwanz länger. Habitus [*161–163*] . . Drosseln, **Turdidae** S. 611

— Gefieder schwarz, purpurn od. grünlich schillernd, im Ruhekleid weiß getüpfelt. Schwanz kurz [*136*] . . . . Stare, **Sturnidae**

Nur **Sturnus vulgaris** L., Star [*136*]

L 22–23 cm. Nach der Herbstmauser am ganzen Körper weißgefleckt („Perlstar"). Nahrung tierisch u. pflanzlich. Lock- u. Warnruf: „stoär" u. „spett"; Gesang: pfeifendes Schnurren u. Schnalzen unter Flügelschlagen, oft spottend. Nest: in Höhlen. Gesellig. In Gärten, Parks, Wäldern. Teilzieher.

Hierher auch Rosenstar, **Sturnus roseus** L. (Gefieder rosa u. schwarz), Irrgast.

— Gefieder ± gelb. Habitus [*137*] . . . . Pirole, **Oriolidae**

Nur **Oriolus oriolus** (L.), Pirol [*137*]

L 24 cm. ♂ leuchtend-gelb u. schwarz [*137*], ♀ oberseits grünlich-gelb, unterseits weißlich mit dunkler Längsstreifung. Nahrung: Insekten, Früchte. Stimme: flötendes „düdelödüo", außerdem krächzend „räj-räj ...". Nest hängt in Astgabeln. Meist nur in den Wipfeln hoher Laubbäume. In Parks u. lichten Wäldern. Zugvogel.

13. Schnabel dünn, gebogen [*158a, 159a*]. L 12,5 cm. Stützschwanz mit steifen, hinten zugespitzten Federn Baumläufer, **Certhiidae** S. 610

— Schnabel dünn, gebogen. L 16,5 cm
Mauerläufer, **Tichodroma (Sittidae)** S. 611

— Schnabel nicht derartig gebogen **14**

14. Spechtähnlich, Schnabel lang, zugespitzt. An Bäumen kletternd. L 14 cm [*160*] . . . . Kleiber, **Sittidae** S. 611

— Körper gedrungen, Schwanz kurz. 18 cm. Habitus [*138*]
Wasseramseln, **Cinclidae**

Nur **Cinclus cinclus** (L.), Wasseramsel [*138*]

Dunkelbraun mit schneeweißer Kehle u. Brust. Nahrung: Gliederfüßer u. kleinste Fische. Lockruf: „zerp-zerp" od. scharf „zitt"; Gesang: plätscherndes Zwitschern. Vor allem an Gebirgsbächen. Dort tauchend und unter Wasser am Boden laufend. Nest kugelförmig, an Böschungen.

137

138

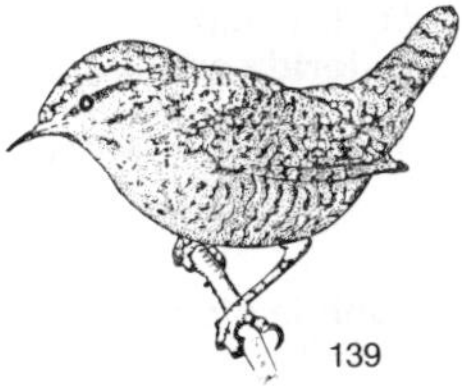

139

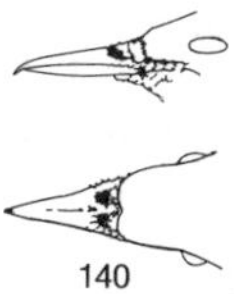

140

— Klein, Schwanz kurz. 9,5 cm. Habitus [*139*]
Zaunkönige, **Troglodytidae**

Nur **Troglodytes troglodytes** (L.), Zaunkönig [*139*]

Braun, Unterseite heller, am gesamten Gefieder dunkel gewellt. Schwanz meist steil aufgerichtet. Nahrung: Insekten. Warn- u. Lockton: schnarrend „zerr-zerr", hartes „zick-zick"; Gesang: laut schmetternd, mit schnurrendem Roller u. hohem Endjauchzer. Im Unterholz mäuseartig schlüpfend. In Wäldern, gern an Gewässern. Nest kugelförmig mit seitlichem Eingang.

— Gestalt anders **15**

15. Schwanz sehr lang, mindestens so lang wie Körper [*175*]
Stelzen, **Motacillinae (Motacillidae)** S. 618

— Schwanz nicht länger als der Körper **16**

16. Schnabel breit u. flach, am Grunde mit Borsten [*140*]
Fliegenschnäpper, **Muscicapidae** S. 616

— Schnabel gestreckt, fein pfriemförmig **17**

17. Bürzel längsgestreift. Habitus [*171a*]. Hinterzehen lang, schwach gebogen [*171b, 172*] . . . . . Pieper, **Anthinae (Motacillidae)** S. 618

— Bürzel ungestreift **18**

18. Schwanz hinten abgerundet od. gestuft (Keilschwanz). Habitus [*166–168*] . . . . Grasmücken, **Sylviidae** S. 613

— Schwanz ± gerade abgeschnitten od. eingeschnitten **19**

19. Gefieder oberseits grünlich od. ± olivgrün. L 9–13 cm
weitere **Sylviidae** S. 613

— Gefieder oberseits schwarz, grau, bräunlich od. grünlich. L über 13 cm **20**

20. Schwanz oder Bürzel zum Teil weiß Schmätzer, **Saxicolinae** S. 611

— Schwanz ohne weiß **21**

21. Brust od. Schwanz ± rot bis rotbraun. Habitus [*162*]
Erdsänger, **Erithacinae (Turdidae)** S. 611

— Brust u. Schwanz anders gefärbt **22**

22. L 15–18 cm. Brust bleigrau, Kehle bleigrau od. weiß mit schwarzer Querfleckung. Habitus [*170*] . . . Braunellen, **Prunellidae** S. 617
— L 13,5–15 cm. Brust hell, nicht bleigrau gefärbt
einige Grasmücken, **Sylviidae** S. 613

Familie: **Alaudidae,** Lerchen

Gefieder ± braun. Kralle der Hinterzehe lang, gerade („Lerchensporn" [*142*]). Am Boden lebend. Fortbewegung laufend, nicht hüpfend. Nahrung: Insekten, pflanzliche Stoffe. Singen häufig im Flug. Nester am Boden.

1. Kopf mit spitzem Federschopf („Federhaube") [*143*]. L 17 cm
Haubenlerche, **Galerida cristata** (L.)
Sand- bis graubraun, mit dunkler Fleckung, Schwanz mit hellbräunlichen Kanten. Lockruf: „düdidriä"; Gesang ähnlich Feldlerche. In offenem, baumlosem Gelände, gern in Ortschaften.
— Kopf ohne od. mit undeutlicher Federhaube **2**
2. Stirn u. Kehle gelb. L um 17 cm
Ohrenlerche, **Eremophila alpestris** (L.)
Oberseite rötlichbraun, Unterseite grauweiß; ♂ mit schwarzer Zeichnung (Halsband, Stirnband, Wangen, Federöhrchen); beim ♀ blasser. Lockruf: „dididüh". Durchzügler, Wintergast. Selten.
— Kehle u. Stirn nicht gelblich **3**
3. L 17–18 cm. Schwanz mit weißen Außenkanten [*141*]
Feldlerche, **Alauda arvensis** L.
Erdbraun mit dunkler Längsfleckung, unterseits heller. Lockruf: „trrlit"; Gesang: Variation über „türili-türili...", spiralig aufsteigend im Rüttelflug vorgetragen. Auf Feldern u. Wiesen. Teilzieher, zur Zugzeit in größeren Flügen.

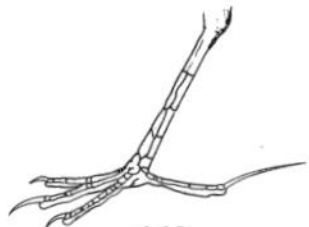
142

143

141

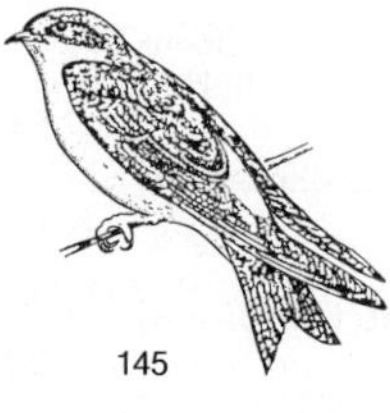
145

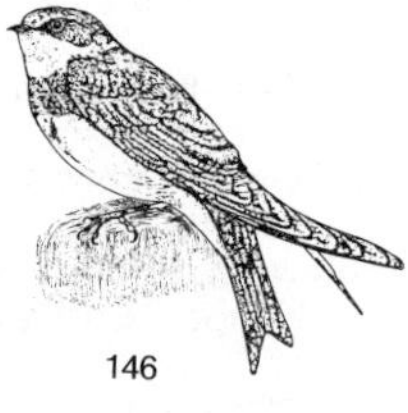
146

144

— L 15 cm. Schwanz ohne weiße Kanten Heidelerche, **Lullula arborea** (L.)
Schwanz kurz. Erdbraun, dunkel gemustert, unterseits heller, mit deutlichem weißem Überaugenstreif, Ohrgegend dunkel. Lockruf: „düdloi"; Gesang: flötend „düdl-düdl-dülülülülül". In trockenem Gelände. Zugvogel.

Familie: **Hirundinidae,** Schwalben

Schlank, Flügel lang u. spitz (aber nicht sichelförmig wie Segler, **Apodidae**), Schnabel kurz, Beine kurz, Schwanz ± tief gegabelt. Gute Flieger. Erbeuten Insekten im Fluge. Brüten gesellig, bauen meist Lehmnester. Zugvögel.

1. Groß: L 19 cm. Schwanz mit langen Spießen. Mit brauner Kehle u. schwarzem Brustband [*144*] . Rauchschwalbe, **Hirundo rustica** L.
Oberseite schwärzlich-blau, Unterseite weißlich. Lockruf: „witt-ziwitt"; Warnruf: „biewit-biewit"; Gesang: zwitschernd-schnurrend „witschw-witsche-wiie". Nest tassenförmig, vor allem in Gebäuden. In Siedlungen.

— Kleiner: 12–15 cm. Schwanz weniger stark gegabelt [*145, 146*] **2**

2. Bürzel u. ganze Unterseite weiß. Oberseite blau-schwärzlich. Beine befiedert. L 13 cm [*145*] . . . Mehlschwalbe, **Delichon urbica** (L.)
Lockruf: „schrrip-schrrip"; Gesang: leise schwatzendes Zwitschern. Nester als aus Erde gemauerte Halbkugel mit seitlichem Eingang unter Vorsprüngen (wie Dachrändern), Koloniebrüter. Vor allem in Ortschaften.

— Färbung anders, ohne weißen Bürzel. Beine unbefiedert . . **3**

3. Unterseite weiß mit braunem Brustband. Schwanz schwach gegabelt. L 12 cm [*146*] . . . . Uferschwalbe, **Riparia riparia** (L.)
Oberseits braun. Lockruf „dschr"; Gesang: zwitschernd. Koloniebrüter an Steilwänden (Ufer, Sandgruben) in selbstgegrabenen Erdhöhlen. In offener Landschaft in der Nähe von Gewässern.

— Unterseite hell grau-braun, ohne Brustband. Schwanz ± gerade abgeschnitten. L 15 cm Felsenschwalbe, **Ptyonoprogne rupestris** (SCOP.)
In felsigem Gelände. Alpen. Irrgast aus Südeuropa.

Familie: **Corvidae,** Rabenvögel

Mit kräftigem Schnabel. Allesfresser. Einige Arten gesellig u. Koloniebrüter. Nester bei meisten Arten auf Bäumen. Meist Standvögel.

1. Gefieder einfarbig schwarz od. schwarz u. grau **2**

— Gefieder anders gefärbt **6**

2. Schnabel kräftig, gerade, schwarz [*147, 148*] . . . **Corvus** L. **3**

— Schnabel dünner, ± gebogen, rot od. gelb. In Alpen **Pyrrhocorax** VIEILLOT **5**

3. Groß: L um 63 cm. Schwarz . . . . . Kolkrabe, **Corvus corax** L.
Gefieder mit leichtem Metallglanz. Schnabel klobig. Schwanz (Flugbild!) keilförmig, raubvogelartiger Ruderflug. Stimme: tief „korrr" od. „krack". An Felswänden, in offenem Gelände mit Wald.

— Mittelgroß: L 46–47 cm. Gefieder schwarz **4**

— Mittelgroß: L 47 cm. Schwarz, Rücken u. Unterseite grau Nebelkrähe, **Corvus corone cornix** L.
Nahe verwandt mit Rabenkrähe. Östliche Unterart von **Corvus corone** L.

— Kleiner: L 33 cm. Schwarz u. grau . . Dohle, **Corvus monedula** L.
Schwarz, Halsseiten, Ohrgegend u. Nacken schiefergrau, Unterseite düster grau. Augen weißlich. Stimme: hell „kjak-kjak". Gesellig. Nest in Gebäuden od. hohlen Bäumen. In Ortschaften, Parks, lichten Wäldern, felsigem Gelände. Auch Wintergast.

4. Schnabel kräftig, an der Spitze stärker gebogen, dunkel, am Grunde stets befiedert. Ohne „Hosen"bildung [*147*]
Rabenkrähe, **Corvus corone corone** L.
Gefieder nur schwach glänzend. Stimme: „krääh" od. „arrk". In offenem Gelände. Westform von **Corvus corone** L., an Grenze zu Nebelkrähe (Schleswig, Mecklenburg, Elbe) Mischlinge.

147

148

150

149

151

— Schnabel schlanker, bei Altvögeln am Grunde weiß, unbefiedert [*148*]. An Schenkeln mit struppigen Hosen Saatkrähe, **Corvus frugilegus** L.
Gefieder ± blauviolett, stark glänzend. Stimme: tief „grag" u. „kroah". Gesellig, nistet in Brutkolonien. In offenem Gelände, auch in Ortschaften. Auch Wintergast.

5. Schnabel rot, groß (länger als der Kopf), stark gebogen. L 40 cm
Alpenkrähe, **Pyrrhocorax pyrrhocorax** (L.)
An Felswänden, Alpen (Schweiz), sonst Irrgast.

— Schnabel gelb, kürzer als der Kopf, weniger gebogen. L 38 cm
Alpendohle, **Pyrrhocorax graculus** (L.)
Stimme: hell trillernd „brrüib". Felsbewohner, (auch deutsche) Alpen.

6. Schwanz länger als übriger Körper. Gefieder schwarz-weiß [*149*]. L 46 cm (davon Schwanz 24 cm) . . . . Elster, **Pica pica** (L.)
Schultern, Flanken u. Bauch rein weiß, übriges Gefieder mit grünblauem Metallglanz. Ungeschickt paddelnder Flatterflug. Stimme: laut „schack-schack-...". Nest auf Bäumen, überdacht. In offenem Gelände.

— Schwanz kürzer als übriger Körper. Gefieder nicht schwarz-weiß **7**

7. Gefieder ± rötlichbraun, Bürzel weiß, Schwanz schwarz. Schnabel kürzer [*150*]. L 34 cm . . . Eichelhäher, **Garrulus glandarius** (L.)
Bunt, Flügel mit weißem Fleck u. blau-schwarzweiß gebändert, Scheitel hell-längsgestreift. Flug schwerfällig. Stimme: u. a. Warnruf „rätsch-rätsch". In Wäldern.

— Gefieder schwarzbraun, tropfenförmig weiß gefleckt. Schnabel langgestreckt [*151*] . . . . Tannenhäher, **Nucifraga caryocatactes** (L.)
Unterschwanzdecken u. Schwanzende weiß. Flug eichelhäherartig. Stimme: schnarrend „krröh-krröh-...". In Nadelwäldern. Im Mittelgebirge, in den Alpen.

Familie: **Paridae,** Meisen

Schnabel kurz, klettern bei Nahrungssuche (Insekten, pflanzliches Material) geschickt im Gezweig. Höhlenbrüter. In Wäldern, Parks u. Gärten. Standvögel.

1. Rücken grünlich, Unterseite überwiegend gelb **2**
— Rücken braun od. grau, Unterseite weißlich bis grau **3**

2. Kopfkappe blau. L 11–12 cm [*152*] Blaumeise, **Parus caeruleus** L.
Kopf mit weißer Stirn, weißen Wangen u. schwarzem Kehlfleck. Flügel u. Schwanz blau, Unterseite ohne schwarzes Längsband. Lockruf: leises „sit"; Warnruf: „zizidettdett-dett"; Gesang: schwirrend „zizizihirrp".
— Kopfkappe schwarz. L 14 cm [*153*] . . Kohlmeise, **Parus major** L.
Kopf außer weißen Wangen schwarz, Bauch mit schwarzem Längsband in der Mitte (bei ♀ matter). Lockruf: „pink"; Warnruf: „trärretetetet"; Gesang: hell „dididäh-dididäh" („sitz ich da...").

3. Kopfkappe schwarz-weiß, in spitzer Haube endend. Kopf schwarzweiß gezeichnet. L 11,5 cm [*154*] Haubenmeise, **Parus cristatus** L.
Überwiegend graubraun; das Weiß der schwarz umrandeten Wange durch schwarzen Bogen unterteilt. Lockruf: „zizigürrrr"; Gesang: leises Zwitschern. Vor allem in Nadelwäldern.
— Kopf mit gleichmäßig schwarzer Kappe **4**

152

153

154

156 a

157 a

155

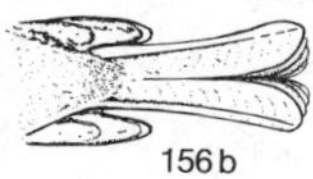
156 b

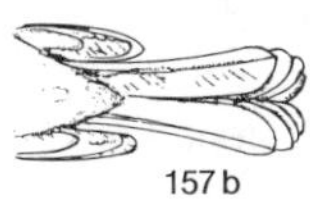
157 b

4. Kopf schwarz, Wangen weiß, vollständig schwarz umrandet, Hinterkopf mit weißem Nackenfleck. L 11 cm [*155*]
Tannenmeise, **Parus ater** L.
Oberseite graublau, Kinn bis Brust schwarz. Lockruf: hoch „sissi"; Gesang: rhythmisches „sífi-sífi-sífi-...". In Nadelwäldern.

— Wangen weiß, nicht vollständig schwarz umrandet, ohne weißen Nackenfleck. Gefieder ± graubraun . . . . Graumeisen **5**

5. Kopfkappe matt glänzend schwarz. Mit kleinerem schwarzem Kehlfleck [*156a*]. Schwanzende kaum gestuft [*156b*]. Flügel ohne helle Zone. L 11,5 cm . . . . Sumpfmeise, **Parus palustris** L.
Lockruf, Warnruf: „zipjä" u. „zjädettdettdettdett"; Gesang: schnell „jifft-jifft-jifft".

— Kopfkappe ohne deutlichen Glanz. Mit größerem schwarzem Kehlfleck [*157a*]. Schwanzende gestuft [*157b*]. Flügel meist mit hellerer Zone. L 11,5 cm . . . . . Weidenmeise, **Parus montanus** (Bald.)
Lockruf, Warnruf: „sisi-däh-däh"; Gesang: Reihe aus flötenden „tjih"-Rufen.

Familie: **Certhiidae,** Baumläufer

Kurzbeinige Klettervögel, laufen ruckartig an Baumstämmen in die Höhe u. suchen mit dem pfriemförmigen Schnabel nach Nahrung (Insekten). Nest in Höhlungen, hinter Rinde. In Wäldern u. Parks. Standvögel. Die 2 Arten im Freien nicht sicher unterscheidbar.

1. Oberseite in Grundfärbung dunkel-graubraun, Stirn undeutlich gefleckt, Unterseite weiß, mit ± graubraun verwaschenen Flanken [*158a*]. Hinterzehenkralle kurz, stark gekrümmt [*158b*]
Gartenbaumläufer, **Certhia brachydactyla** Brehm
Lockruf: pfeifend „tit"; Gesang: abgehackt „dit-dit-dit-didelit-dit". Mehr in offener Landschaft, mehr in tieferen Lagen.

— Oberseite in der Grundfärbung tabakbraun, Stirn deutlich gefleckt, Unterseite reinweiß [*159a*]. Hinterzehenkralle lang, wenig gekrümmt [*159b*] . . . . Waldbaumläufer, **Certhia familiaris** L.
Lockruf: zart „srih"; Gesang: zwitschernd, ähnlich Blaumeise, Zaunkönig, mit Triller endend. Mehr in geschlossenen Wäldern, mehr im Gebirge.

158 b

159 a

158 a

160

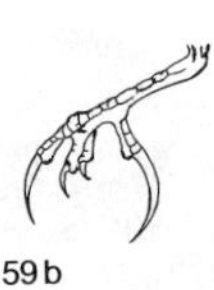

159 b

Familie: **Sittidae,** Kleiber

Kurzschwänzige, spechtähnliche Klettervögel mit kräftigem Schnabel. Nahrung: Insekten. Standvögel.

1. Oberseite graublau, mit kräftigem schwarzem Augenstreif. Schnabel gerade, kürzer. L 14 cm [*160*] . . . . . Kleiber, **Sitta europaea** L.
Kehle weiß, Unterseite weißlich, Flanken kastanienbraun. Lockruf: „sit" od. „tuit-tuit-tuit"; Gesang: trillernd „trürr" u. pfeifend „wíhe-wíhe-...". Nester in Baumhöhlen, Eingang meist durch Lehmwand verkleinert. An Baumstämmen kletternd. In lichten Wäldern, Parks.

— Oberseite mausgrau, Flügel schwarzbraun u. rot. Schnabel gebogen, länger. L 16,5 cm . . . . . Mauerläufer, **Tichodroma muraria** (L.)
Unterseite grau, Kehle schwarz (Brutkleid) od. weiß (Ruhekleid). Nest in Felsspalten. An steilen Felswänden (Alpen), sonst Irrgast.

Familie: **Turdidae,** Drosselähnliche Vögel

Relativ langbeinig, am Boden od. im Gezweig. Nahrung: tierisch u./od. pflanzlich. Nester am Boden od. in der Vegetation. Meist Zugvögel.

System:
Turdinae, Drosseln mit **Turdus;**
Saxicolinae, Schmätzer mit **Oenanthe, Saxicola, Monticola;**
Erithacinae, Erdsänger mit **Phoenicurus, Luscinia, Erithacus.**

1. Größer: L 20–27 cm **2**
— Kleiner: L 13–16,5 cm **8**

2. Schwanz relativ kurz, orangefarbig. L 20 cm
Steinrötel, **Monticola saxatilis** (L.)
♂ im Brutkleid mit blauem Kopf, orangeroter Brust, Bürzel weiß. ♂ u. ♀ im Ruhekleid mehr bräunlich. In felsigem Gelände (Österreich). Seltener Irrgast im Südwesten.

— Schwanz länger, nicht orangefarbig. L 21–27 cm . **Turdus** L. **3**
Außer den hier behandelten Arten weitere Drosseln als Irrgäste.

3. Unterseite u. Oberseite schwarz (♂) od. ± einfarbig braun (♀)
Amsel, **Turdus merula** L.
L 25,5 cm. Schnabel gelb (♂) od. hornfarben (♀). Lockruf: „tack-tack"; Warnruf: laut scheltend „gaigigigigg-ticks-ticks"; Gesang: feierlich flötend. In Wäldern u. in der Kulturlandschaft. Standvogel.

— Unterseite nicht einfarbig, meist hell, dunkel gefleckt **4**

4. Oberseite zum Teil (Kopf, Nacken, Bürzel) grau, Rücken kastanienbraun . . . . Wacholderdrossel, **Turdus pilaris** L.
L 25,5 cm. Schwanz fast schwarz, Kehle u. Brust rostgelb, dunkel gefleckt, Unterleib u. Unterflügel (Flugbild!) weiß. Lockruf: schackernd „tschak-tschak-tschak" u. „zieh"; Gesang: gepreßtes Zwitschern. Brütet in Kolonien. In offenem Gelände mit Bäumen od. Feldgehölzen. Teilzieher.

— Oberseite anders gefärbt **5**

5. Dunkel mit hellem, halbmondförmigem Brustfleck
Ringdrossel, **Turdus torquatus** L.
L 24 cm. ♂ schwarz, Brustfleck weiß; ♀ braun, Brustfleck weißlich, braun getönt. Lockruf: „tock-tock"; Gesang: ähnlich Singdrossel. In Nadelwäldern der Mittelgebirge, Alpen (**T. torquatus alpestris** Brehm), auch Durchzügler aus dem Norden (**T. torquatus torquatus** L.).

— Unterseite ohne hellen Brustfleck **6**

6. Mit deutlichem, weißem Überaugenstreif. L 21 cm
Rotdrossel, **Turdus iliacus** L.

Oberseite ± einfarbig braun, Unterseite hell, dunkel längsgefleckt, Flanken u. Unterflügel kastanienbraun. Lockruf: dünnes „zieh"; Gesang: leise schwätzend. Häufiger Wintergast aus Nordeuropa.

— Ohne deutlichen hellen Überaugenstreif [*161*] **7**

7. L 27 cm. Unterflügel weiß . . Misteldrossel, **Turdus viscivorus** L.

Oberseite graubraun, Unterseite rahmweiß mit grober schwarzer Fleckung. Lockruf: „schnärrr"; Gesang: ähnlich Amsel, aber Strophen kürzer. In Wäldern, Parks. Teilzieher.

— L 23 cm. Unterflügel ockergelb [*161*]
Singdrossel, **Turdus philomelos** BREHM

Oberseite olivbraun, Unterseite weißlich mit schwarzbrauner Fleckung. Lockruf: weich „zipp" u. „dak"; Gesang: laute flötende u. zwitschernde Laute, jeweils 2–5mal wiederholt. In Wäldern, Parks, Gärten. Teilzieher.

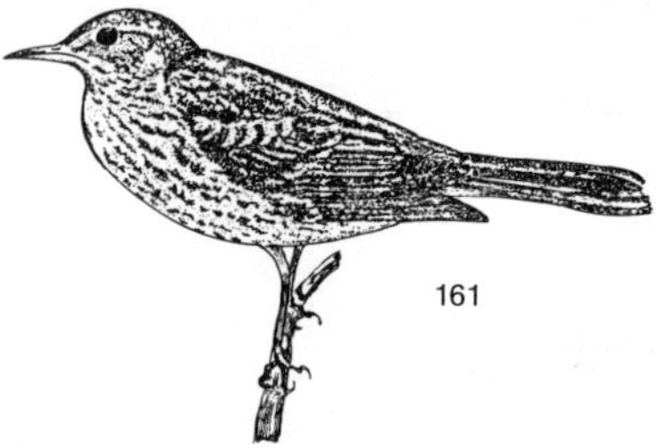
161

162

163

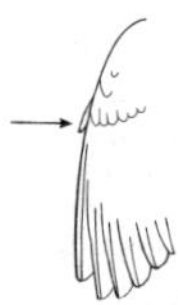
164 a

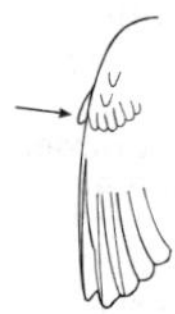
164 b

8. Stirn, Kehle u. Vorderbrust rot, blaßgrau eingefaßt. L 14 cm [*162*]
Rotkehlchen, **Erithacus rubecula** (L.)

Bauch hell. Augen groß. „Dickichtvogel", huscht im Gebüsch. Erdbrüter. Lockruf: Schnickern; Warnruf: „zieh"; Gesang: hoch flötend, dazu „perlende" Strophen. In unterholzreichen Wäldern, Parks. Teilzieher.

— Bürzel u. Schwanz größtenteils rot . . . **Phoenicurus** FORST. **9**

— Gefieder ohne od. mit andersartiger roter Zeichnung **10**

9. Brust schwarz, Rücken schwarzgrau (♂); od. Gefieder insgesamt ± grau (♀) . . . . Hausrotschwanz, **Phoenicurus ochruros** (GMELIN)

L 14 cm. ♂: Flügel mit weißem Spiegel. Knickst oft mit Wippen des Schwanzes. Lockruf: „hit-teck-teck"; Gesang: Beginn gepreßt kratzend „tztztzdidididididi" von erhöhter Warte. Nest in Höhlungen. An Gebäuden u. Felsen. Zugvogel.

— Kehle schwarz, Brust gelblich-rotbraun, Stirn weiß, Oberseite grau (♂); od. Gefieder oben graubraun, unten rötlichgrau (♀)
Gartenrotschwanz, **Phoenicurus phoenicurus** (L.)

L 14 cm. Lockruf: „hüit-tick-tick"; Gesang: beginnt mit 1 langen u. 2 kurzen Flötentönen, mit seufzendem Triller am Ende. In lichten Wäldern, Gärten. Zugvogel.

10. Bürzel u. äußere Schwanzfedern in der basalen Hälfte überwiegend weiß [*163*]. L 15 cm . . . Steinschmätzer, **Oenanthe oenanthe** (L.)

♂ oben hellgrau, mit schwarzem Augenstreif, Flügel u. Schwanzende [*163*]; ♀ weniger kontrastreich, bräunlicher. Lockruf: „giw-töck-töck"; Gesang: Locktöne mit schnalzenden Lauten vermischt, kurzer Singflug. Nest unter Steinen, in Erdlöchern. In offenem, sandigem od. steinigem Gelände. Zugvogel.

— Nicht gleichzeitig Bürzel u. Basis der äußeren Schwanzfedern weiß **11**

11. Kehle schwarz, schwarzbraun od. rostbraun. L 13 cm **Saxicola** BECHST. **12**

— Kehle blau od. ± weiß. L 14 od. 17 cm . . . **Luscinia** FORST. **13**

12. Basis der äußeren Schwanzfedern weiß. Mit weißlichem Überaugenstreif . . . . Braunkehlchen, **Saxicola rubetra** (L.)

L 13 cm. Oberseite braun mit dunklen Längsstreifen, rahmfarben. ♂ mit dunklem Wangenfleck, Flügel dunkel-weiß gezeichnet. Lockruf: „djü-teck-teck"; Gesang: ähnlich Gartenrotschwanz. Nest am Boden. Auf Wiesen. Zugvogel.

— Schwanz insgesamt dunkel. Kopf dunkel, ohne hellen Überaugenstreif . . . . Schwarzkehlchen, **Saxicola torquata** (L.)

L 13 cm. ♂ oben dunkel, mit schwarzer Kehle, an Halsseite mit weißem Fleck, Bürzel grauweiß, Unterseite hell bis braun; ♀ unscheinbarer gefärbt. Lockruf: „fid-teck-teck"; Gesang: melodisches, mit Kratzen durchsetztes Geplauder. Nest am Boden. Auf offenem Gelände. Nicht im Nordosten. Zugvogel.

13. L 14 cm. Schwanz braun, äußere Federn an der Basis rostrot. Kehle blau od. weißlich . . . . . . Blaukehlchen, **Luscinia svecica** (L.)

♂ mit blauer Kehle, dahinter mit schwarzem u. kastanienbraunem Brustband, übrige Unterseite weißlich, Oberseite braun; ♀ ohne blaue Kehle. Lockruf: hart „tack" u. weich „fied"; Gesang: schnurrend, mannigfaltig. Nest am Boden. In Buschwerk in Wassernähe. – Blaue Kehle mit weißem Fleck: **L. svecica cyanecula** (WOLF), in Mitteleuropa, Zugvogel; blaue Kehle mit rostfarbenem Fleck: **L. svecica svecica** (L.), in Skandinavien, Durchzügler.

— L 17 cm. Schwanz einfarbig braunrot, Körperoberseite braun, Unterseite insgesamt bräunlich-cremefarben **14**

14. Brust ohne Wölkung. Äußerste Handschwinge lang [*164a*] Nachtigall, **Luscinia megarhynchos** BREHM

Lockruf: „jühd"; Warnruf: „krrähk"; Gesang: mit schmetternden Strophen u. gezogenen, anschwellenden Flötentönen. Nest dicht über dem Boden. In Gebüsch, gern in feuchten Wäldern. Zugvogel.

— Brust dunkel gewölkt. Äußerste Handschwinge kurz [*164b*] Sprosser, **Luscinia luscinia** (L.)

Ähnlich Nachtigall, Gesang: ohne die gezogenen Flötentöne, dafür mit schnurrenden Folgen. Im Osten: Ostholstein, Nordmecklenburg.

Familie: **Sylviidae,** Grasmückenartige

In dichter Vegetation, mit versteckter Lebensweise. Mit dünnem Schnabel. Nahrung: Insekten. Nester meist dicht am od. über dem Boden. Meist Zugvögel. Wegen häufig ähnlicher Färbung zum Teil schwierige Unterscheidung im Felde. Stimme u. Biotop beachten!

1. L 9 cm. Kopf mit ± gelbem Scheitel Goldhähnchen, **Regulus** CUV. **2**

— Größer: 10–19 cm. Kopf anders **3**

2. Mit kräftigem, weißem Überaugenstreif u. schwärzlichem Augenstreif [*165*] . . . . Sommergoldhähnchen, **Regulus ignicapillus** (TEMM.)

Gelber Scheitelstreif beim ♂ in der Mitte orangerötlich. Lockruf: „sri-sri-sri"; Gesang: hohes, anschwellendes „sisisi...", mit „sia" endend. In Nadel- u. Mischwäldern. Mehr im Westen u. Süden. Selten. Zugvogel.

165

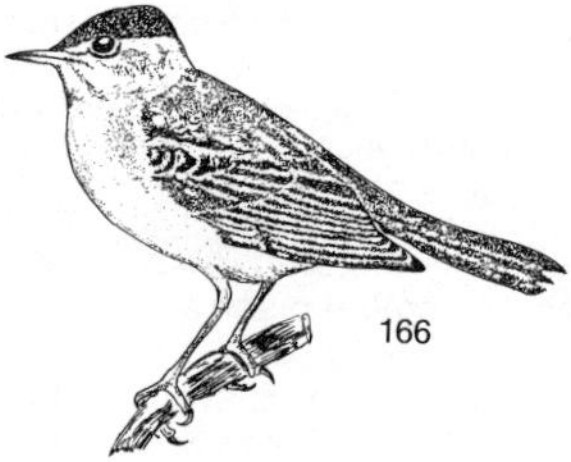
166

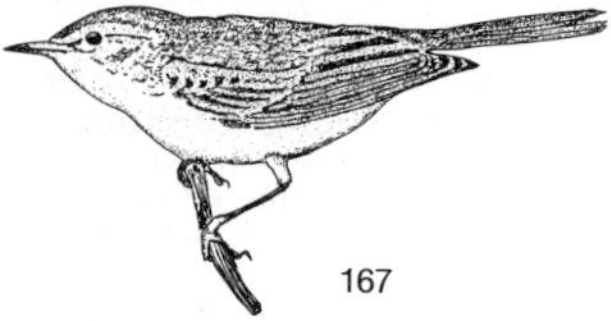
167

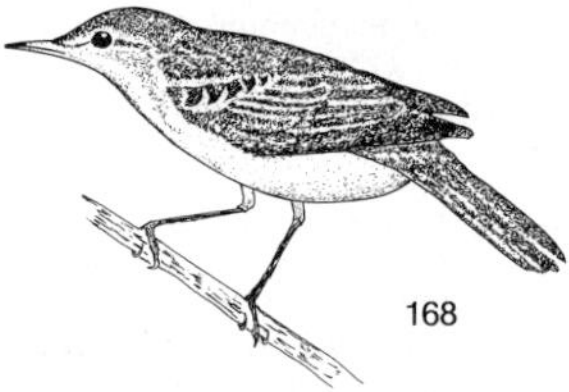
168

— Mit schwarzem Überaugenstreif, ohne Augenstreif
Wintergoldhähnchen, **Regulus regulus** (L.)
Scheitel insgesamt blasser. Lockruf: feines „srisrisri"; Gesang: hohes „sisisih-sisisih-sisisiseretet". Nest in Nadelbäumen. In Nadelwäldern. Teilzieher, auch Wintergast.

3. Schwanz hinten ± gerade abgeschnitten. Oberseite gelblich-olivgrün, Unterseite gelblich . . . Gelbspötter, **Hippolais icterina** (VIEILLOT)
L 13 cm. Mit gelbem Überaugenstreif. Schnabelinneres orangerot. Lockruf: „diederid"; Warnruf: „däck-däck-däck"; Gesang: rhythmisch; hastige, vielseitig abgewandelte, wohlklingende, melodische u. gequetscht klingende Laute; guter Spötter. In Gärten, Parks. Zugvogel.

— Schwanz hinten ± gerade abgeschnitten. Oberseite grau od. bräunlich, auch olivbraun, Unterseite weiß-grau od. weiß-rötlich. L 13,5–15 cm . . . . Grasmücken, **Sylvia** SCOP. **4**

— Schwanz hinten abgerundet od. gestuft **7**

4. Unterseite mit dunklen Querbinden (gesperbert). Auge hellgelb. L 15 cm . . . . Sperbergrasmücke, **Sylvia nisoria** (BECHST.)
Lock- und Warnruf: hart „tzeck"; Gesang: ähnlich Gartengrasmücke, doch kürzer, schnarrend. Offenes Buschland. Mehr im Osten. Zugvogel.

— Unterseite nicht gesperbert. Auge dunkler. L 13,5–14 cm . . **5**

5. Kopf oben mit schwarzer (♂) od. brauner (♀) Kappe. Schwanz einfarbig dunkel [*166*] . . . . Mönchsgrasmücke, **Sylvia atricapilla** (L.)
L 14 cm. Lockruf: „täck"; Gesang: abwechslungsreich zwitschernd, dann lauter, flötender „Überschlag" am Ende. In unterholzreichen Wäldern, Parks, Gebüsch. Zugvogel.

— Kopf oben ohne dunkle Kappe, Körperoberseite olivgrün bis grau, Schwanz ohne Weiß . . . Gartengrasmücke, **Sylvia borin** (BODD.)
L 14 cm. Lockruf: „täck"; Warnruf: „wäd-wäd"; Gesang: wohltönendes flötendes „Geplauder". In unterholzreichen Wäldern, buschreichem Gelände. Zugvogel.

— Kopf oben ohne dunkle Kappe, Körperoberseite stärker braun od. grau. Seitliche Schwanzfedern weiß **6**

6. Flügel zum Teil rötlichbraun. Körperoberseite bräunlich-grau. L 14 cm . . . . Dorngrasmücke, **Sylvia communis** LATH.
Unterseite zart hellrötlich angehaucht. Lockruf: „wäd-wäd"; Warnruf: „tschäk-tschäk"; Gesang: kurzes, eiliges rauh klingendes Zwitschern, laut schließend, oft im kurzen Singflug vorgetragen. In Gebüsch. Zugvogel.

— Flügel ohne Rotbraun. Körperoberseite grau. L 13,5 cm
Klappergrasmücke, Zaungrasmücke, Müllerchen, **Sylvia curruca** (L.)
Lockruf: leise schnalzend „tzeck"; Gesang: leise zwitschernd „zizizi...", dann eilig klappernd „didldidldidl...". Zugvogel.

7. Oberseite olivbraun bis olivgrün. Schnabel an der Wurzel nicht breit u. flach. L 10–13 cm . . . . Laubsänger, **Phylloscopus** BOIE **8**

— Oberseite ± braun. Schnabel an der Wurzel breit u. flach. L 13–19 cm. Häufig an Gewässer gebunden **11**

8. Kehle u. Brust licht grüngelb, Bauch reinweiß. L 13 cm
Waldlaubsänger, **Phylloscopus sibilatrix** (BECHST.)
Lockruf: weiches „huid"; Gesang: schwirrend „sipp-sipp-sipp-sipsip-sirrrr" im gleitenden Singflug. In lichten Laub-(Buchen)wäldern. Zugvogel.

— Unterseite reinweiß bis grauweiß, Oberseite grünlich, Bürzel gelbgrün. L 11,5 cm . Berglaubsänger, **Phylloscopus bonelli** (VIEILLOT)
Lockruf: zweisilbig „dö-id"; Gesang: blechernes kurzes Schwirren. In lichten Wäldern, im Bergland Süddeutschlands. Zugvogel.

— Unterseite nicht einheitlich weiß, aber ohne grüngelbe Kehle u. Brust. Oberseite ± grünlich-grau, ohne gelbgrünen Bürzel. L 10–11 cm **9**

9. Flügel ohne Binden. L 11 cm **10**

— Flügel mit 1 gelblichen Binde. L 11 cm
Grüner Laubsänger, **Phylloscopus trochiloides** (SUND.)
Seltener Irrgast in NO-Deutschland.

— Flügel mit 2 grünlichen Binden. L 10 cm
Gelbbrauen-Laubsänger, **Phylloscopus inornatus** (BLYTH)
Irrgast aus Ostasien.

10. Beine hellbraun [*167*]
Fitislaubsänger, Fitis, **Phylloscopus trochilus** (L.)
Mit deutlichem, hellem Überaugenstreif. 1.–5. Handschwinge am Vorderrand verengt. Lockruf: klagend „huid"; Gesang: abfallende Folge aus weichen Lauten. In lichten, unterholzreichen Wäldern, Parks. Zugvogel.

— Beine dunkel
Weidenlaubsänger, Zilpzalp, **Phylloscopus collybita** (VIEILLOT)
Überaugenstreif matter. 1.–6. Handschwinge am Vorderrand verengt. Lockruf: weich „hüid"; Gesang: monoton „zilp-zalp-zilp-zalp-...". In Parks, Gärten, unterholzreichen Wäldern. Zugvogel.

11. Schwanz stark stufig gerundet: äußerste Schwanzfedern nur etwa ¾ so lang wie mittlere. Unterschwanzdecken fast so lang wie die mittelste Schwanzfeder. Gesang schwirrend
Schwirle, **Locustella** KAUP **12**

— Schwanz weniger stark stufig gerundet: äußerste Schwanzfedern über ¾ so lang wie mittlere. Unterschwanzdecken kürzer als mittelste Schwanzfeder. Gesang silbig Rohrsänger, **Acrocephalus** NAUM. **14**

12. Oberseite olivbraun, dunkel längsgestreift, Schwanz fein quergestreift. L 12,5 cm . . . . . Feldschwirl, **Locustella naevia** (BODD.)
Lockruf: „tick"; Gesang: langanhaltendes, heuschreckenartiges „sirrrrrr". Nest am Boden. In feuchten Wiesen, auch auf Kulturfeldern. Zugvogel.

— Oberseite braun bis olivbraun, nicht dunkel gestreift **13**

13. Unterseite schmutzig bräunlich-weiß. L 14 cm
Rohrschwirl, **Locustella luscinioides** (SAVI)
Lockruf: „teck-teck“; Gesang: wie Feldschwirl, aber tiefer u. nicht so lang anhaltend. In Schilf- u. Rohrkolbenbeständen. Selten. Zugvogel.

— Unterseite schmutzig-weiß, mit dunkler Längsstrichelung an Kehle u. Kropf. L 12,5 cm . . . Schlagschwirl, **Locustella fluviatilis** (WOLF)
Gesang: wetzend wie „wesewesewese...“. In Sumpfwäldern mit Unterwuchs. Selten, mehr im Osten. Zugvogel.

14. Groß: L 19 cm Drosselrohrsänger, **Acrocephalus arundinaceus** (L.)
Oberseite hell olivbraun, Unterseite hell sandfarben. Lockruf: „karr“; Gesang: „karre-karre-kied-kied-kied karre-...“. Nest zwischen Halmen. In Schilf u. Rohr über dem Wasser. Zugvogel.

— Kleiner: 12,5 cm **15**

15. Oberseite graubräunlich, dunkel gestreift **16**

— Oberseite gleichmäßig bräunlich, ungestreift **17**

16. Kopf oben nur dunkel gestreift. Bürzel ungestreift
Schilfrohrsänger, **Acrocephalus schoenobaenus** (L.)
Unterseite rahmfarben, Kehle weißlich. Lock- u. Warnruf: „räck“; Gesang: knarrend, mit „woid-woid-woid“-Motiven. In Röhricht im Uferbereich, auch auf Wiesen, Getreidefeldern. Zugvogel.

— Kopf oben mit einem von 2 dunklen breiten Streifen eingefaßten hellgelblichen Mittelstreif. Bürzel (wie übrige Oberseite) gestreift
Seggenrohrsänger, **Acrocephalus paludicola** (VIEILLOT)
Unterseite ungefleckt rahmfarben, undeutlich längsgefleckt. Lockruf: „tack“ od. „trrr“; Gesang: rhythmisch „errr-dididi-errr-düdüdü-...“. In Seggenbeständen. Sehr selten. Zugvogel.

17. Oberseite ± rötlichbraun. Verengung der 2. Handschwinge vor dem Niveau der 8. Handschwinge beginnend. [*168*]
Teichrohrsänger, **Acrocephalus scirpaceus** (HERM.)
Lockruf: „tschätsch“ u. „tscharr“; Gesang: „tiri tiri tiri ... zäck zäck zäck-tiri-scherk...“. Nest an Halmen. Im Schilf über Wasser. Zugvogel.

— Oberseite mehr olivbraun. Verengung der 2. Handschwinge hinter dem Niveau der 8. Handschwinge beginnend
Sumpfrohrsänger, **Acrocephalus palustris** (BECHST.)
Lockruf: „tschätsch“ u. „kärr“; Gesang: abwechslungsreich mit vielen Imitationen anderer Vogelstimmen (auch anderer Laute), vorzüglicher Spötter, singt auch nachts. In dichter Vegetation an Gewässern, auch auf Kulturfeldern. Zugvogel.

Familie: **Muscicapidae,** Fliegenschnäpper

Machen häufig von einer Warte aus Jagd auf Insekten, die im Flug durch Schnappen mit dem breiten Schnabel erbeutet werden; Hinflug steil, kurz, flatternd, Rückflug zur Warte gleitend. Nest in Höhlen od. Halbhöhlen. Zugvögel.

1. Ober- u. Unterseite graubraun, Stirn, Kehle u. Brust mit dunkler Längsstreifung. L 14 cm [*169*]
Grauschnäpper, Grauer Fliegenschnäpper, **Muscicapa striata** (PALL.)
Lockruf: Heiser „pst“; Warnruf: „teck“; Gesang: Reihung solcher Rufe. In Waldungen, Gärten.

— Oberseite größtenteils bräunlich od. schwarz, Unterseite weißlich. L 11,5–13 cm . . . . **Ficedula** L. **2**

2. Schwanz an der Basis jederseits auf 2 Federn mit weißem Fleck. L 11,5 cm . . . . Zwergfliegenschnäpper, **Ficedula parva** (BECHST.)

Brust gelblich-braun, ♂ im Brutkleid mit rostfarbener Kehle. Lockruf: „dirr"; Warnruf: „trrt"; Gesang: „tink-tink-aida-aida-aida-wid-wid...". In unterholzreichen Wäldern. Mehr im Osten.

— Schwanz jederseits ohne od. höchstens auf 1 Feder mit weißem Fleck. Flügel mit weißer Zeichnung. L 13 cm **3**

3. Oberseite vorwiegend schwarz od. schwarzbraun (♂♂) . . **4**

— Oberseite bräunlich ♀♀ von **Ficedula hypoleuca** u. **albicollis** vgl. **4**

4. Hals mit durchgehendem weißem Nackenband
Halsbandfliegenschnäpper, **Ficedula albicollis** TEMM.

2. Handschwinge länger als die 5. Lockruf: „siebs siebs"; Gesang: „zit-zit-zit-sitju-si". In Parks u. lichten Wäldern. Im Süden.

— Hals hinten dunkel . Trauerschnäpper, **Ficedula hypoleuca** (PALL.)

2. Handschwinge kürzer als die 5. Lockruf: „bitt bitt"; Gesang: „wuti-wuti-wuti-wu". In Parks u. lichten Wäldern. Nicht im Südwesten.

169

170

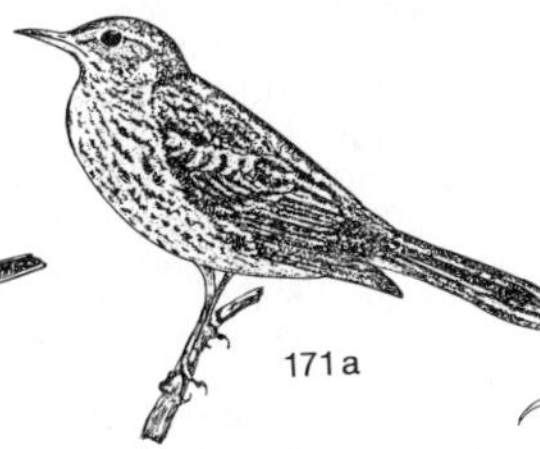
171 a

173

171 b

172

Familie: **Prunellidae,** Braunellen

Sperlingsähnlich, aber mit dünnem Schnabel. Halten sich vor allem am Boden auf. Nahrung: Pflanzensamen, Insekten. Nest in Bodennähe od. in Felsspalten. Teilzieher.

1. L 18 cm. Kehle weiß mit schwarzer Querfleckung. Flanken rotbraun gefleckt . . . . Alpenbraunelle, **Prunella collaris** (SCOP.)

Oberseite graubraun, dunkel längsgestreift. Lockruf: „trrlitt" u. „trrrüi"; Gesang: lerchenartig. Felshänge der Alpen.

— L 14,5 cm. Kehle (wie ganze Unterseite) grau. Flanken nicht rotbraun gefleckt [*170*] . . . . . Heckenbraunelle, **Prunella modularis** (L.)

Oberseite graubraun, dunkel gestreift. Lockruf: „siet" u. „bibbibbib"; Gesang: ähnlich Zaunkönig, aber leiser, kürzer. In Wäldern, Parkanlagen.

Familie: **Motacillidae,** Pieper u. Stelzen

Schlanke, sich trippelnd am Boden fortbewegende Vögel, suchen Nahrung (Insekten) vor allem am Boden. Nest am Boden od. in Halbhöhlen.

1. Oberseite in der Grundfärbung ± braun, dunkel gefleckt. Schwanz kurz (kürzer als Flügel) [*171a*] . . . Pieper, **Anthus** BECHST. **2**

— Oberseite olivgrün, grau od. schwarz, nicht gefleckt. Schwanz lang (mindestens so lang wie Flügel) [*173*] . Stelzen, **Motacilla** L. **6**

2. Unterseite ungefleckt rahmfarbig. L 16,5 cm Brachpieper, **Anthus campestris** (L.)

Oberseite ± sandfarben. Lockruf: hoch „ziep", „ziäh"; Gesang: im Singflug wiederholtes „zirluih". In sandigem, offenem Gelände. Zugvogel.

— Unterseite ungefleckt rötlich ♂, ♀ (Brutkleid) von **Anthus spinoletta spinoletta** (L.) **4**

— Unterseite hell, dunkel gefleckt **3**

3. Groß: 18 cm. Beine u. Schwanz relativ lang Spornpieper, **Anthus richardi** VIEILLOT

Lockruf: rauh „rrihp". Irrgast vor allem an der Küste.

— Kleiner: 14,5–16,5 cm. Beine kürzer **4**

4. Beine schwärzlich. L 16,5 cm Wasserpieper, **Anthus spinoletta** (L.)

Im Brutkleid Brust ungefleckt, rosa überhaucht, im Ruhekleid Unterseite hell, kräftig längsgestreift. Lockruf: hohes „psi"; Warnruf: hartes „bick"; Gesang: ähnlich Wiesenpieper, im Balzruf vorgetragen. Teilzieher.

Im Gebirge oberhalb der Baumgrenze: **Anthus spinoletta spinoletta** (L.); als Wintergast aus dem Norden, vor allem an der Küste: Strandpieper, **Anthus spinoletta littoralis** BREHM; als Irrgast: **Anthus spinoletta petrosus** (MONT.).

— Beine heller: bräunlich bis fleischfarben. L 14,5–15 cm . . . **5**

5. Oberseite olivbraun, Unterseite rahmfarben-weiß, Brust mit zahlreichen kleinen dunklen Streifen. Beine bräunlich (Stimme! Biotop!) Wiesenpieper, **Anthus pratensis** (L.)

Kralle der Hinterzehe lang, wenig gebogen [*172*]. Lockruf: kurz „ist"; Warnruf: schnell gereihtes „zip"; Gesang: dünnes Pfeifen „sisisi...", in wohltönendem Triller endend, im kurzen Singflug u. fallschirmartigen Niedergleiten. Auf Mooren, feuchten Wiesen, Dünen, Ödland. Teilzieher.

— Oberseite mehr graubraun, Unterseite gelblich-rahmfarben, Brust gelblich, gröber längsgestreift. Beine rötlich-fleischfarben [*171a*] (Stimme! Biotop!) . . . . Baumpieper, **Anthus trivialis** (L.)

Kralle der Hinterzehe kurz, stärker gebogen [*171b*]. Lockruf: „psib"; Warnruf: wiederholt „sib"; Gesang: im Singflug von Baumwarte aufsteigend trillernd und pfeifend, im Abschweben zurück zur Warte laut „zia-zia-zia". In lichten Waldungen, Feldgehölzen, Obstgärten, Waldblößen, Buschland. Zugvogel.

— Oberseite dunkler braun, Bürzel kräftiger gestreift, im Brutkleid Kehle ziegelrot, im Ruhekleid kontrastreiche Fleckung auf der Brust. Seltener Durchzügler . . . . . Rotkehlpieper, **Anthus cervinus** (PALL.)

Kralle der Hinterzehe lang, wenig gebogen [*172*]. Lockruf: heiseres „szieh". In Tundra.

6. Oberseite olivgrün od. grau, Unterseite gelb **7**

— Oberseite schwarz od. grau, Unterseite weiß. 18 cm [*173*] Bachstelze, Weiße Bachstelze, **Motacilla alba** L.

Im Brutkleid Hinterkopf u. Kehle schwarz, im Ruhekleid Kehle weiß, dahinter schwarzes Kropfband. Lockruf: lebhaft „zilitt"; Warnruf: scharf „zusiss"; Gesang: aus ähnlichen Lauten bestehendes Zwitschern. In offenem Gelände, vor allem an Gewässern. Teilzieher.

Als Durchzügler die auf den Britischen Inseln lebende Trauerbachstelze **Motacilla alba yarrelli** GOULD (Oberseite schwarz bis schwarzgrau).

7. Rücken grau. Schwanz sehr lang. ♂ im Brutkleid mit schwarzer Kehle. L 18 cm . . . . . Gebirgsbachstelze, **Motacilla cinerea** TUNST.

Lockruf: „zickick“; Warnruf: schrill „ziss-ziiss“; Gesang: wie Bachstelze, aber melodischer. An Gebirgsbächen, auch im Flachland, in Siedlungen. Teilzieher.

— Rücken dunkel olivgrün. Schwanz kürzer. ♂ ohne schwarze Kehle. L 16,5 cm . . . . Schafstelze, **Motacilla flava** (L.)

Lockruf: „psüip“ od. „zier“; Gesang: einfaches „zip-zip-zipsi“. Auf feuchten Wiesen, an Gewässerufern. Zugvogel.

Neben dieser mitteleuropäischen Unterart, **Motacilla flava flava** (L.) (♂: Kopf aschgrau, Überaugenstreif weiß, Kehle gelb), als Durchzügler od. Irrgäste weitere geographische Formen, z. B. **Motacilla flava beema** SYKES (♂: Kopf hellgrau, Kehle weiß) aus SO-Rußland; **Motacilla flava thunbergi** BILLBERG, Nordische Schafstelze aus Nordeuropa (♂: Kopf dunkelgrau, Augenumgebung schwarz, kein Überaugenstreif); **Motacilla flava feldegg** MICH., Maskenstelze aus dem Balkan (♂: Kopf schwarz); **Motacilla flava flavissima** BLYTH, Englische Schafstelze aus Großbritannien u. angrenzenden Küstengebieten des Festlandes (♂: Kopf oliv überhaucht, Überaugenstreif gelb).

Familie: **Laniidae,** Würger

Oberschnabel hakig gebogen mit Zahn vor der Spitze [*174*]. Nahrung: Insekten, Mäuse, junge Vögel; Beute wird zum Teil auf Dornen aufgespießt. Sitzen auf einer Warte, nach Beute spähend. Nest auf Bäumen, im Gebüsch. In offenem, buschreichem Gelände. Fast durchweg Zugvögel.

1. Hinterkopf, Nacken, Rücken u. Bürzel grau. L 20–24 cm . . . **2**

— Hinterkopf u. Nacken rotbraun, Rücken schwarz (♂) od. graubraun (♀), mit weißen Schulterflecken, Bürzel weißgrau. L 17 cm Rotkopfwürger, **Lanius senator** L.

Unterseite weiß. Lockruf u. Gesang ähnlich Neuntöter. Im Süden. Selten.

— ♂: Hinterkopf u. Nacken grau, Rücken rotbraun, Bürzel grau [*174*]; ♀: gesamte Oberseite rötlichbraun. L 17 cm Neuntöter, Rotrückiger Würger, **Lanius collurio** L.

♂: Unterseite zart rosa überhaucht; ♀: Unterseite hell, dunkel quer gewellt. Lockruf u. Warnruf: rauh „gäck“, auch gereiht; Gesang: halblautes Zwitschern mit Imitationen anderer Vogelstimmen.

174

175

177

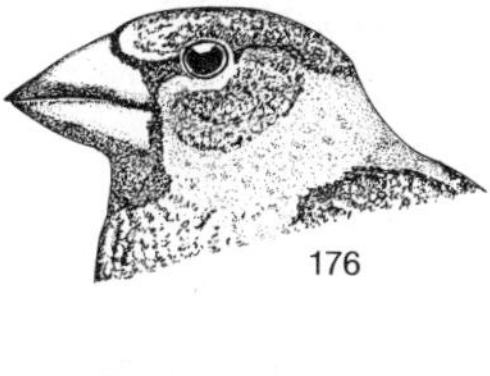
176

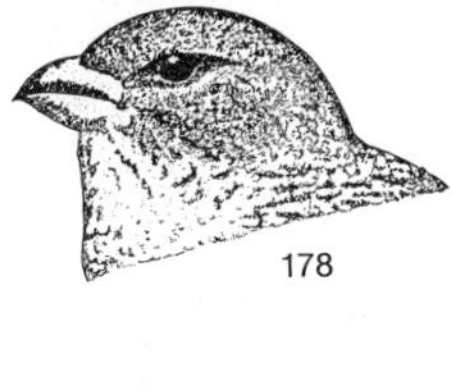
178

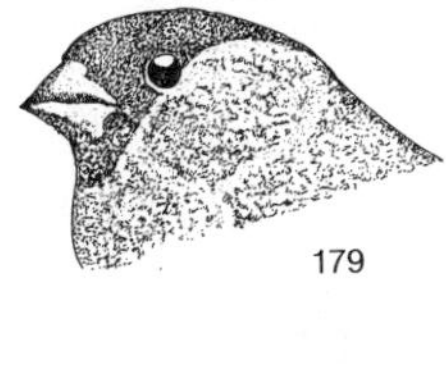
179

2. L 24 cm. Stirn grau, Augenstreif schwarz, mit weißem Überaugenstreif . . . . Raubwürger, **Lanius excubitor** L.
Flügel schwarz, mit weißer Binde, Schwanz schwarz-weiß; Unterseite weiß. Lockruf: „scheck-scheck"; Warnruf: „äk-äk"; Gesang: schwätzend, Mischung von rauhen u. zarten Tönen, auch spottend. Teilzieher.

— L 20 cm. Stirn schwarz, mit schwarzem Augenstreif, ohne weißen Überaugenstreif . . . . Schwarzstirnwürger, **Lanius minor** GMELIN
Flügel schwarz, mit weißer Binde, Schwanz schwarz-weiß; Unterseite weißlich, rosa überhaucht. Stimme: ähnlich Raubwürger.

Familie: **Fringillidae,** Finkenvögel

Schnabel kurz, kegelförmig, kräftig. Nahrung: Sämereien, auch Insekten. Nester auf Bäumen, im Gebüsch.

1. Schnabel groß, Spitzen überkreuzt [*177*] Kreuzschnäbel, **Loxia** L. **2**

— Schnabel groß, klobig [*176*]. L 16,5 cm
Kernbeißer, **Coccothraustes coccothraustes** (L.)
Gefieder vorwiegend braun, Kehle schwarz, Flügel mit weißer Binde, Schwanzende weiß. Lockruf: „zicks"; Gesang: leises Gezwitscher. In Wäldern, Parks. Nicht häufig. Teilzieher.

— Schnabel sehr kurz, klobig, Oberschnabel hakig über Unterschnabel greifend [*178, 179*] . . . . „Gimpel" **4**

— Schnabel anders [*175*]
Fringilla L., **Carduelis** BRISS., **Serinus** KOCH, **Acanthis** BORKH. **6**

2. Flügel mit 2 weißen Binden
Bindenkreuzschnabel, **Loxia leucoptera** GMELIN
15 cm. Färbung wie Fichtenkreuzschnabel. Unregelmäßiger Wintergast.

— Flügel ohne weiße Binden **3**

3. Schnabel kleiner, wie [*177*]
Fichtenkreuzschnabel, **Loxia curvirostra** L.
L 16,5 cm. Flügel schwarz, ♂ matt rot, ♀ olivgrün. Lockruf: lautes „gipp-gipp-gipp"; Gesang: zwitschernd u. flötend. Meist in größeren Verbänden in Nadelwäldern (vor allem Fichte).

— Schnabel kräftiger, höher
Kiefernkreuzschnabel, **Loxia pytyopsittacus** BORKH.
L 17 cm. Ähnlich Fichtenkreuzschnabel. Mehr in Kiefernwäldern. Wintergast.

4. Groß: L 20 cm [*178*] . . . . Hakengimpel, **Pinicola enucleator** (L.)
Flügel dunkel mit 2 schmalen, weißen Binden; ♂ überwiegend rötlich, ♀ grünlich-goldbraun. Seltener Wintergast.

— Kleiner: L 15 cm (selten 17 cm) **5**

5. Kopf, Kinn, Flügel u. Schwanz schwarz, Flügel mit weißer Binde, Bürzel weiß [*179*] . . . . . Dompfaff, Gimpel, **Pyrrhula pyrrhula** (L.)
♂: Rücken grau, Unterseite zinnoberrot; ♀: Rücken u. Unterseite rötlichgrau. Lockruf: sanft pfeifend „diü"; Gesang: leise. In Wäldern, auch Gärten.
Neben dieser mitteleuropäischen Form **Pyrrhula pyrrhula europaea** VIEILLOT eine größere (17 cm) nordeuropäische: **Pyrrhula pyrrhula pyrrhula** (L.), Wintergast.

— Grundfärbung braungrau, ♂: Kopf, Brust u. Bürzel lebhaft karminfarbig . . . . Karmingimpel, **Carpodacus erythrinus** (PALL.)
Lockruf: „twie twie"; Gesang: melodisch, gedämpft. In unterholzreichen, lichten Wäldern. Im Osten. Zugvogel.

6. Bürzel ± grün **7**

— Bürzel weiß, grauweißlich od. graurötlich **9**

7. Größer: L 15 cm. Flügel mit 2 kräftigen weißen Binden [*175*]
Buchfink, **Fringilla coelebs** L.
♂: Kopf u. Nacken zart blaugrau, Brust braunrötlich; ♀ mehr einfarbig olivgraugrün. Lockruf: „pink, pink", vor Regen „truif, truif"; Gesang: „tititititi- würzgebier" („Finkenschlag"). In Wäldern, Gärten, Parks. Häufig. Teilzieher.

— Größer: L 15 cm. Grundfarbe ± grün. Flügel ohne weiße Binden
Grünling, **Carduelis chloris** (L.)
Flügel außen u. Seiten der Schwanzbasis leuchtend gelbgrün, sonst mattgrün (♂) od. mehr grau (♀). Lockruf: unter anderem „gügügü", auch „ihtsch"; Gesang: aus Strophen wie „jjuldjuldjul", „gigigigig" u. „girr". In lichten Wäldern, Parks. Häufig. Teilzieher.

— Kleiner: L 11,5–12 cm. Grundfärbung gelb bis gelbgrau . . . **8**

8. Schwanz dunkel, an der Basis jederseits gelb. ♂: Scheitel u. Kinn schwarz. L 12 cm . . . Zeisig, Erlenzeisig, **Carduelis spinus** (L.)
Schnabel spitz (Länge 9 mm, Höhe 6,5 mm). ♀ matter gezeichnet u. Brust längsgestreift. Lockruf: „ssü" u. hart „tetetetet"; Gesang: mit langgezogenen Kreischtönen, meist „didldidldähtsch" endend. In Wäldern, vor allem Fichtenwäldern. Teilzieher.

— Schwanz ganz dunkel. ♂: Stirn u. Kinn gelb. L 11,5 cm
Girlitz, **Serinus serinus** (L.)
Schnabel sehr klein (Länge 7 mm, Höhe 6 mm). Rücken u. Körperseiten mit kräftigen dunklen Streifen. Lockruf: klirrend „girlitt"; Warnruf: „zuit"; Gesang: anhaltendes gleichmäßiges klirrendes Trillern, von Warte od. in fledermausartigem Balzflug. In offenem Gelände. Teilzieher.
Wenn Scheitel u. Rücken ungefleckt: **Serinus citrinella** (PALL.), Zitronengirlitz, sehr selten.

9. Bürzel weiß, Flügel dunkel mit 2 weißen Binden. Kopf, Rücken u. Schwanz dunkel. L 15 cm . . . Bergfink, **Fringilla montifringilla** L.
Kehle u. Brust rötlichgelb. Lockruf: „quäik"; Gesang: gedehntes wiederholtes „schräng". Häufiger Durchzügler u. Wintergast.

— Bürzel weiß, Flügel schwarz, mit breiter gelber Binde. Kopf schwarzweiß, mit roter Gesichtsmaske. L 12 cm
Distelfink, Stieglitz, **Carduelis carduelis** (L.)
Rücken bräunlich, Unterbauch weiß. Lockruf: „didelitt"; Warnruf: „ma-i"; Gesang: zwitschernd, die Locktöne verarbeitend. In offenem Gelände. Meist Standvogel, auch Wintergast.

— Bürzel nicht reinweiß, Flügel anders . . . . **Acanthis** BORKH. **10**

10. Stirn rot, Kinn schwarz . . . Birkenzeisig, **Acanthis flammea** (L.)
L 13 cm. ♂ mit rosa Brust, graubraun gestreift. Lockruf: „dschädschädschäd"; Warnruf: „zuit"; Gesang: tonloses Trillern, Zwitschern. Wintergast aus dem Norden u. Osten.

— Kinn nicht schwarz **11**

11. ♂: Stirn u. Brust rot. Gefieder ± bräunlich, Flügel u. Schwanz am Rand weiß gesäumt Hänfling, Bluthänfling, **Acanthis cannabina** (L.)
L 13 cm. Schnabel im Winter dunkel. Lockruf: „gägägägägäg"; Gesang: abwechslungsreiches Zwitschern, mit eingestreuten gäckernden Lauten. In offenem Gelände mit Gebüsch. Teilzieher.

— ♂ ohne Rot. Flügel u. Schwanz ohne Weiß. Schnabel gelb. L 12,5 cm
Berghänfling, **Acanthis flavirostris** (L.)
Wintergast, vor allem an der Nordseeküste.

Familie: **Emberizidae,** Ammern

Vor allem am Boden lebend. Nahrung: Körner, auch Insekten. Nester am od. dicht über dem Boden. Vor allem in offenem Gelände.

1. Groß: L 18–19 cm. Gefieder eintönig grau, dunkel längsgestreift u. gefleckt . . . . Grauammer, **Emberiza calandra** L.
Lockruf: „zick"; Gesang: klirrendes, schnelles „zickzickzickzirrrp". In offenem Gelände, auch auf Feldern. Teilzieher.

— Kleiner: L um 14–17 cm. Färbung anders **2**

2. Grundfarbe gelblich bis graugrün **3**

— Grundfarbe braun, zum Teil mit schwarz u. weiß **5**

— Grundfarbe weiß, ♂ im Brutkleid: Rücken u. Flügelspitzen schwarz. L 16–17 cm . . . . . . Schneeammer, **Plectrophenax nivalis** (L.)
♂ im Ruhekleid, ♀: Kopf u. Rücken zart bräunlich angehaucht. Wintergast, vor allem Küste.

3. Kopf, Brust u. Bauch gelb, Bürzel rotbraun. L 16–17 cm [*180*]
Goldammer, **Emberiza citrinella** L.
Lockruf: „ziss"; Gesang: „didididididididi-dih" („wie-wie-wie hab ich dich so lieb"). In offener Landschaft mit Gebüsch. Teilzieher.

— Mit geringerer gelblicher Zeichnung od. Kopf mit viel Schwarz, Bürzel olivbraun bis graubraun **4**

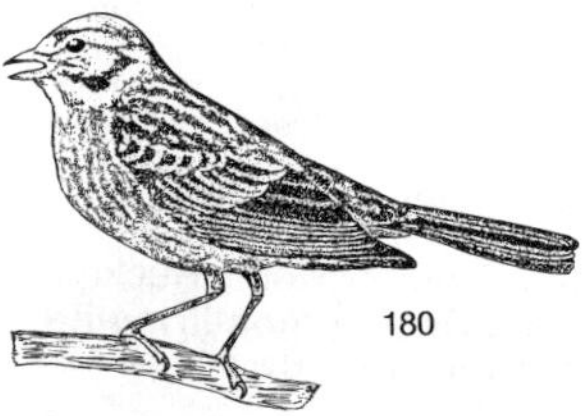
180

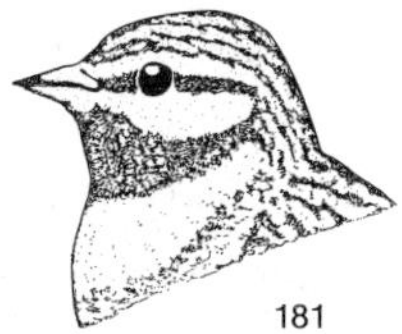
181

182

183

184

185

4. ♂: dunkle Zeichnung wie [*181*], Körperunterseite gelb; ♀ Kopf u. Brust gelblich, stärker dunkel gestreift
Zaunammer, **Emberiza cirlus** L.
L 16 cm. ♂ unten mit grauem Brustband. Lockruf: gedehnt „sieh"; Gesang: scheppernd „drililililili . . .". In offenem Gelände. Im Süden.
Als Irrgast aus dem Süden **Emberiza melanocephala** Scop., Kappenammer (♂: Kopf ganz schwarz, ♀: wenig gestreift).

— Kopf u. Vorderbrust gelblich-oliv bis grau, Kehle gelb, Unterseite nicht dunkel gestreift . . Ortolan, Gartenammer, **Emberiza hortulana** L.
L 16 cm. Lockruf: „zück"; Gesang: „dididididi-dieh" („ich bin kein – Goldammer"). In offenem Gelände. Zugvogel.

5. Kopfzeichnung wie [*182*] . . . . . . Zippammer, **Emberiza cia** L.
L 16 cm. Kopf, Kehle u. Vorderbrust grau, Bürzel kastanienbraun. Lockruf: „zip"; Gesang: ähnlich Heckenbraunelle od. auch Rohrammer. An sonnigen, felsigen Hängen. In SW-Deutschland. Teilzieher.

— Kopfzeichnung anders **6**

6. Nacken weiß od. bräunlich. Kopf des ♂ schwarz, Zeichnung wie [*183*]
Rohrammer, **Emberiza schoeniclus** (L.)

L 15 cm. Kopf des ♀ bräunlich, Kehle weiß, beiderseits schwarz eingefaßt, dunkler Ohrfleck hell umrandet. Unterseite weiß, seitlich dunkel längsgefleckt. Lockruf: gedehnt „zieh"; Gesang: „zja tit tai zississ", Beginn langsam, zum Schluß eilig. Im Röhricht, an Teichen und Seen. Teilzieher.

— Nacken rotbraun od. rostfarben. Kopf des ♂ schwarz, mit weißem Überaugenstreif . . . . . Spornammer, **Calcarius lapponicus** (L.)

L 15 cm. ♀ ähnl. Rohrammer. Regelmäßiger Wintergast aus dem Norden, v. a. Küste.

Familie: **Ploceidae,** Webervögel

Leben mehr am Boden. Nahrung: v. a. Körner, auch anderes pflanzl. Material, Insekten.

1. Flügel mit großem weißem Feld, Schwanz außen weiß. L 18 cm
Schneefink, Schneesperling, **Montifrigilla nivalis** (L.)

Kopf grau, Kehle beim ♂ schwärzlich. Alpen oberhalb der Baumgrenze. Höhlenbrüter.

— Flügel höchstens mit schmalen hellen Binden, Schwanz dunkel **2**

2. Kopf oben einfarbig braun od. grau . . . . . **Passer** Briss. **3**

— Kopf oben mit 2 dunklen Streifen. Unterseite mit wenig auffälligem gelbem Kehlfleck . . . . . . Steinsperling, **Petronia petronia** (L.)

L 14 cm. Oberseite braun, Unterseite grau. In felsigem Gelände. Sehr selten (noch Brutvogel?).

3. Kopf oben rötlichbraun. Wangen weiß mit schwarzem Fleck [*185*]. Flügel mit 2 weißen Binden . . . Feldsperling, **Passer montanus** (L.)

L 14 cm. Lockruf: im Fluge „teck"; Gesang: höher u. kürzer als beim Haussperling. Nest in Baumhöhlen. In lichten Wäldern. Teilzieher.

— Kopf oben grau od. graubraun. Wangen weiß ohne schwarzen Fleck. Flügel mit 1 weißen Binde [*184*]
Haussperling, **Passer domesticus** (L.)

L 15 cm. ♂ mit, ♀ ohne schwarze Kehle. Gesang: „schilp-schilp", dazu zwitschernde u. kratzende Laute. Nest in Höhlungen od. an Gebäuden. Fast nur im Siedlungsbereich. Sehr häufig.

Literatur

Bildführer: Bruun, B., Singer, A., König, C.: Der Kosmos-Vogelführer. 9. Aufl. Stuttgart, 1991. – Harris, A., Tucker, L., Vinicombe, K.: Vogelbestimmung für Fortgeschrittene. Stuttgart, 1991. – Heinzel, H., Fitter, R., Parslow, J.: Pareys Vogelbuch. 6. Aufl. Hamburg, Berlin, 1992. – Jonsson, L.: Die Vögel Europas und des Mittelmeerraumes. Stuttgart, 1992. – Perrins, C.: Pareys Naturführer Plus – Vögel. Hamburg, Berlin, 1987. – Peterson, R., Mountfort, G., Hollom, P. A. D.: Die Vögel Europas. 14. Aufl. Hamburg, Berlin, 1985.

Vogelstimmen: Bergmann, H. H., Helb, H.-W.: Die Stimmen der Vögel Europas. München, 1982. – Roche, J. C.: Die Stimmen der Vögel Mitteleuropas. Stuttgart, 1990.

Nester, Eier, Jungvögel: Harrison, C.: Jungvögel, Eier und Nester aller Vögel Europas, Nordafrikas und des Mittleren Ostens. Hamburg, Berlin, 1975. – Schönwetter, M. (Hrsg. W. Meise): Handbuch der Oologie. Bd. 1–4. Berlin, 1960–1992.

Weitere Literatur: Bergmann, H. H.: Die Biologie des Vogels. Wiesbaden, 1987. – Berndt, R., Meise, W.: Naturgeschichte der Vögel. Bd. 1–3. Stuttgart, 1959–1966. – Bezzel, E.: Kompendium der Vögel Mitteleuropas. Nonpasseriformes. Passeriformes. Wiesbaden, 1985, 1993. – Bezzel, E., Prinzinger, R.: Ornithologie. Stuttgart, 1990. – Cramp, S.: Handbook of the birds of Europe, the Middle East and North Africa. Vol. 1–5. Oxford, 1977–1988. – Glutz von Blotzheim, U. N., Bauer, K. M.: Handbuch der Vögel Mitteleuropas. Bd. 1–13. Wiesbaden, 1966–1993. – Makatsch, W.: Vögel. In: E. Stresemann, K. Senglaub, H.-J. Hannemann, Exkursionsfauna von Deutschland – Band 3 (Wirbeltiere). 11. Aufl. Berlin, 1989.

Klasse: **Mammalia,** Säugetiere

Warmblütige Wirbeltiere mit Haarkleid, das nur bei den Walen rückgebildet ist. 2 Gliedmaßenpaare, das hintere bei den Walen fehlend. Alle einheimischen Arten lebendgebärend, Jungtiere werden mit dem Sekret der Milchdrüsen ernährt. Unterkiefer besteht nur aus dem Zahnbein (Dentale), das mit dem Schuppenbein am Schädel (Squamosum) das Kiefergelenk bildet. Schädel durch zwei Gelenkhöcker mit dem 1. Halswirbel (Atlas) verbunden. In Deutschland 89 Arten.

System:
(Ordnung) **Insectivora:** (Familien) **Erinaceidae, Talpidae, Soricidae**
Chiroptera: Rhinolophidae, Vespertilionidae
Lagomorpha: Leporidae
Rodentia: Capromyidae, Castoridae, Sciuridae, Zapodidae, Gliridae, Muridae, Cricetidae, Arvicolidae
Carnivora: Canidae, Procyonidae, Mustelidae, Felidae, Phocidae
Artiodactyla: Suidae, Bovidae, Cervidae
Perissodactyla: Equidae
Cetacea: Delphinidae

Im Gebiet der B.R. Deutschland sind alle Säugetiere besonders geschützt (soweit sie nicht dem Jagdrecht unterliegen), außer Schermaus, Rötelmaus, Erdmaus, Feldmaus, Hausmaus, Nutria, Marderhund, Bisam, Waschbär, Wanderratte.

A. Bestimmung nach äußeren Merkmalen S. 624
B. Bestimmung nach Schädelmerkmalen S. 639
C. Bestimmungsschlüssel für Kleinsäugerschädel aus Gewöllen S. 653

A. Bestimmung nach äußeren Merkmalen

Abkürzungen: G = Gewicht; KR = Kopf-Rumpf-Länge; Schw = Schwanz; HF = Hinterfuß; O = Ohr; SchH = Schulterhöhe; UA = Unterarm; FSp = Flügelspannweite. Gewichts- und Längenangaben erfolgen, soweit nicht anders vermerkt, in Gramm und Millimetern.

1. Körper von Fischgestalt, Vordergliedmaßen zu Flossen umgestaltet, Hintergliedmaßen fehlen, Schwanz eine horizontal gestellte Flosse. Meeresbewohner, ständig im Wasser Ordnung Wale, **Cetacea** S. 639
— Körper nicht fischförmig, Vorder- u. Hintergliedmaßen stets voll ausgebildet **2**
2. Mit Flughäuten . . . . Ordnung Fledermäuse, **Chiroptera** S. 627
— Ohne Flughäute **3**
3. Zehen mit Hufen. Große Tiere **4**
— Zehen mit Krallen **5**
4. Füße mit je 4 Zehen, die beiden inneren wesentlich größer als die beiden äußeren . . . . Ordnung Paarhufer, **Artiodactyla** S. 637
— Füße mit nur einer huftragenden Zehe
Ordnung Unpaarhufer, **Perissodactyla** S. 638
5. Eckzähne fehlen, zwischen Schneide- (Nage-) u. Backenzähnen eine große Lücke **6**
— Eckzähne vorhanden, keine große Lücke in der Zahnreihe . **7**
6. Oben u. unten je 2 Schneidezähne (Nagezähne). Ohr kürzer als 40 mm . . . . Ordnung Nagetiere, **Rodentia** S. 631

— Oben u. unten je 2 Nagezähne, hinter den oberen je ein kleiner Stiftzahn. Ohr länger als 60 mm
Ordnung Hasenartige, **Lagomorpha** S. 631

7. Schnauze rüsselartig verlängert. Eckzähne klein (Ausnahme Maulwurf), mittlere Schneidezähne stark vergrößert (Ausnahme Maulwurf)
Ordnung Insektenfresser, **Insectivora** S. 625

— Schnauze nicht rüsselartig verlängert. Eckzähne groß (diese nicht mit Reißzähnen, d.h. den großen Backenzähnen, verwechseln), mittlere Schneidezähne kleiner als die folgenden
Ordnung Raubtiere, **Carnivora** S. 635

Ordnung: **Insectivora,** Insektenfresser

1. Rücken mit zu Stacheln umgebildeten Haaren. KR größer als 200 mm
Igel, **Erinaceidae**

Nur **Erinaceus europaeus** L., Braunbrustigel, Westigel
(Haare der Unterseite hellgrau bis dunkelbraun). Östlich einer Linie Unterlauf Oder – Fichtelgebirge der Weißbrustigel, Ostigel, **E. concolor** Martin (Brustfleck oder auch die ganze Unterseite weiß). Für Deutschland nach 1945 nicht mehr nachgewiesen. G 600–1200, KR 200–300, Schw 20–45, HF 40–47. Waldränder, Hecken, Gärten, oft in der Nähe menschlicher Siedlungen. Winterschläfer.

— Rücken nicht mit zu Stacheln umgebildeten Haaren. KR kleiner als 200 mm 2

2. Vorderfüße zu Grabschaufeln umgestaltet. KR größer als 110 mm, Schw kürzer als ¼ KR . . . . Maulwürfe, **Talpidae**

Nur **Talpa europaea** L., Europäischer Maulwurf
G 60–130, KR 120–150, Schw 23–30, HF 17–20. Im ganzen Gebiet. Wiese, Feld, Waldrand, Laubwald.

— Vorderfüße nicht zu Grabschaufeln umgestaltet. KR kleiner als 100 mm. Mäuseähnlich mit langem Schwanz
Spitzmäuse, **Soricidae** S. 625

Familie: **Soricidae,** Spitzmäuse

1. Schw seitlich mit einzelnen langen Haaren, die die übrigen Haare weit überragen (Wimperhaare). Zahnspitzen weiß
Weißzahn- od. Wimperspitzmäuse, **Crocidura** Wagler 6

— Schw ohne solche Haare. Zahnspitzen rot 2

2. Zehen u. Fuß seitlich mit einem Saum dichtstehender steifer Haare (Schwimmborsten) . . . . Wasserspitzmäuse, **Neomys** Kaup 5

— Keine solchen Schwimmborsten . . . Spitzmäuse, **Sorex** L. 3

3. Unterseite deutlich heller als Oberseite. Schw kürzer als Körper 4

— Fast einfarbig schwarz-grau. Schw körperlang
Alpenspitzmaus, **Sorex alpinus** Schinz
G 6–10, KR 62–75, Schw 60–75, HF 14–16. Gebirgstier; Alpen, Schwarzwald, Schwäbische Alb, Rhön, Bayerischer Wald, Fichtelgebirge, Harz, Zittauer Gebirge. Schattiger Wald, Bachufer, Felsspalten.

4. KR in der Regel über 65 mm. Fell meist dreifarbig, oben dunkel- bis schwarzbraun, scharf gegen die helleren Seiten abgesetzt, Unterseite grau . . . . Waldspitzmaus, **Sorex araneus** L.

G 6–15, KR 65–85, Schw 30–50, HF 11–15. Im ganzen Gebiet; häufigste Spitzmaus. Bevorzugt feuchte Lebensräume, aber auch im Trockenen. Eine nahe verwandte, geringfügig kleinere Art, die Schabrackenspitzmaus, **Sorex coronatus** MILLET, ist äußerlich von der Waldspitzmaus schwer zu unterscheiden. Rheinland, Hessen, Thüringen, Sachsen.

— KR in der Regel unter 65 mm. Fell nie dreifarbig, Oberseite braun, ohne scharfe Grenze in die graue Unterseite übergehend
Zwergspitzmaus, **Sorex minutus** L.

G 2,5–6, KR 45–65, Schw 31–46, HF 9–12. Im ganzen Gebiet. Lebensraum wie Waldspitzmaus. Kleinstes deutsches Säugetier.

5. Schw in der Regel unten mit einem Saum dichtstehender steifer Haare (Borstenkiel) . . Wasserspitzmaus, **Neomys fodiens** (PENNANT)

G 10–20, KR 72–96, Schw 50–77, HF 17–20. Im ganzen Gebiet; stark an Wasser gebunden. Schwimmt und taucht gut.

— Schw in der Regel ohne deutlichen Borstenkiel
Sumpfspitzmaus, **Neomys anomalus** CABRERA

G 6–16, KR 60–88, Schw 45–60, HF 14–17. Mittelgebirge und Alpen, nördlichste Fundorte Eifel, Westerwald, Harz, Erzgebirge. Seltener als vorige. Weniger stark an Wasser gebunden.

6. Färbung von Ober- u. Unterseite nicht scharf getrennt . . . **7**

— Färbung der Oberseite (schiefergrau bis dunkelbraun) scharf von der Unterseite (gelblichweiß bis weißlichgrau) abgesetzt
Feldspitzmaus, **Crocidura leucodon** (HERMANN)

G 7–15, KR 65–90, Schw 30–40, HF 11–14. Im ganzen Gebiet südlich der Linie Oldenburg (O) – Bremen – Salzwedel – Potsdam – Berlin, fehlt linksrheinisch nördlich der Mosel. Vereinzelt auch Schleswig-Holstein (Rendsburg). Felder, Hecken, Gärten, Waldränder, Gebüsch, im Winter auch in Gebäuden.

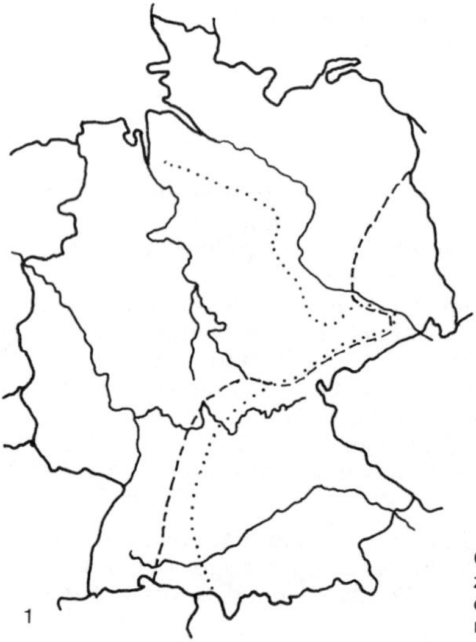

1

Gestrichelt = westliche Verbreitungsgrenze von Crocidura suaveolens; gepunktet = östliche Verbreitungsgrenze von Crocidura russula.

7. Die beiden folgenden Arten sind nach äußeren Merkmalen schwer zu bestimmen. Sichere Trennung nur nach Schädelmerkmalen (S. 642). Als Anhalt kann die Körpergröße dienen:
In der Regel über 7 g Hausspitzmaus, **Crocidura russula** (HERMANN)
G 7–15, KR 65–90, Schw 30–45, HF 11–14. Verbreitung s. Karte [*1*]. Kulturfolger, bevorzugt innerhalb von Ortschaften, im Winter auch in Gebäuden.

— In der Regel unter 7 g
Gartenspitzmaus, **Crocidura suaveolens** (PALLAS)
G 3–7, KR 55–80, Schw 27–43, HF 10–12. Verbreitung s. Karte [*1*]. Wie vorige in der Nähe menschlicher Siedlungen, im Winter auch in Gebäuden.

Ordnung: **Chiroptera,** Fledermäuse

1. Mit häutigem Nasenaufsatz, ohne Tragus (Ohrdeckel) [*2a*]
Hufeisennasen, **Rhinolophidae** **2**

— Ohne Nasenaufsatz, mit Tragus [*2c*]
Glattnasen, **Vespertilionidae** **3**

2. UA kürzer als 43 mm
Kleine Hufeisennase, **Rhinolophus hipposideros** (BECHSTEIN)
G 3,5–10, KR 37–45, Schw 24–31, UA 34–42, FSp um 200, Ohr [*2b*]. Nördliche Verbreitungsgrenze ist die Linie Oldenburg (O) – Harz – Osterzgebirge – Elbsandsteingebirge. Häufig bis selten. Strauchregionen in Wald und bewachsener Landschaft. Überwintert in Höhlen und Stollen. Flug langsam mit schnellen Flügelschlägen.

— UA über 50 mm
Große Hufeisennase, **Rhinolophus ferrumequinum** (SCHREBER)
G 17–28, KR 56–70, Schw 30–43, UA 51–65, FSp um 370, Ohr [*2a*]. Südliches Rheintal und Bayern. Selten. Strauchregionen in Wald und bewachsener Landschaft. Überwintert in Höhlen, Kellern, Stollen. Flug langsam, gaukelnd.

3. Ohren am Grunde miteinander verwachsen **4**

— Ohren nicht miteinander verwachsen **6**

4. O über 30 mm . . . Langohrfledermäuse, **Plecotus** GEOFFROY **5**

— O unter 30 mm
Mopsfledermaus, **Barbastella barbastellus** (SCHREBER)
G 6–9, KR 44–58, Schw 41–54, UA 35–41, FSp um 260, Ohr [*2q*]. Im ganzen Gebiet, in der Ebene nicht häufig. In der Strauchregion und unteren Kronenregion der Bäume, auch in Nähe menschlicher Siedlungen. Überwintert in Felshöhlen, Kellern, Stollen. Flug flatternd, schwerfällig.

5. Daumenlänge über 6 mm. Oben hell- bis dunkelbraun, unten bräunlichweiß . . . . Braunes Langohr, **Plecotus auritus** (L.)
G 5–10, KR 41–52, Schw 34–51, UA 35–42, FSp um 240, Ohr [*2k*]. Im ganzen Gebiet, häufig. Vorwiegend Baumkronenregion, häufig in menschlichen Siedlungen. Überwintert in Höhlen, Stollen, Kellern. Flug langsam, flatternd.

— Daumenlänge unter 6 mm. Oben grau, unten weißlich
Graues Langohr, **Plecotus austriacus** FISCHER
G 5–10, KR 50–60, Schw 40–50, UA 36–42, FSp um 280. Genaue Verbreitung in Deutschland noch unbekannt. Bisher gefunden in Nordbayern, Sachsen, Magdeburger Börde, Brandenburg. Vorzugsweise in Siedlungen. Überwintert ähnlich wie vorige.

6. Hinterfußsporn ohne äußeren Hautlappen (Epiblema). Ohren länger als breit u. häutig dünn. Tragus langgestreckt, nach oben allmählich schmäler werdend [*2c*] . . . . **Myotis** KAUP **7**

— Hinterfußsporn mit deutlichem Hautlappen. Ohren breit u. ledrig dick. Tragus relativ kurz u. breit [*2m*] **14**

7. UA über 50 mm . . Großes Mausohr, **Myotis myotis** (Borkhausen)
G 20–40, KR 60–80, Schw 45 60, UA 55–68, FSp um 380–400, Ohr [*2g*] . Im ganzen Gebiet, stellenweise die häufigste Art. Flughöhe unterhalb 10 m. Vorwiegend menschliche Siedlungen. Überwintert in Höhlen, Stollen, Kellern. Flug langsam, gradlinig.

— UA unter 50 mm **8**

8. O unter 20 mm **9**

— O über 20 mm . . Bechstein-Fledermaus, **Myotis bechsteini** (Kuhl)
G 7–12, KR 45–55, Schw 34–44, UA 39–45, FSp um 250, Ohr [*2f*]. Im ganzen Gebiet, nicht häufig. Strauchregion in bewaldetem Gelände. Überwintert in Bäumen, Höhlen, Stollen. Flug langsam, etwas schwerfällig.

9. Schwanzflughautrand nicht runzelig, ohne starre Härchen **10**

— Schwanzflughautrand runzelig, mit starren, etwas bauchwärts gekrümmten Härchen besetzt
Fransenfledermaus, **Myotis nattereri** (Kuhl)
G 5–10, KR 40–50, Schw 32–45, UA 35–42, FSp um 250, Ohr [*2e*]. Im ganzen Gebiet, nicht häufig. Strauchregion in Wäldern, an Waldrändern, in Siedlungen. Überwintert in Höhlen, Stollen, Kellern, auch in Baumhöhlen. Flug mäßig schnell.

10. Hinterfußsporn nimmt etwa die Hälfte des Schwanzflughautrandes ein **11**

— Hinterfußsporn nimmt ⅔ oder mehr des Schwanzflughautrandes ein **13**

11. Tragus überragt die Einbuchtung des Ohrhinterrandes. UA unter 38 mm. Schwanzflughauthinterrand ohne Haare **12**

— Tragus überragt die Einbuchtung des Ohrhinterrandes nicht, Einbuchtung stark ausgeprägt, fast rechtwinklig. UA über 36 mm. Schwanzflughautrand mit weichen geraden Wimperhaaren
Wimperfledermaus, **Myotis emarginatus** (Geoffroy)
G 7–10, KR 42–50, Schw 38–46, UA 36–42, FSp um 230, Ohr [*2d*]. Vereinzelt in West- und Süddeutschland. Bewaldetes Gelände. Überwintert in Höhlen, Stollen, Kellern.

12. Rückenfarbe braun, oft mit goldgelben Haarspitzen, Ohren hellbraun, dünnhäutig. Basis des Ohrvorderrandes und des Tragus fleischfarben
Große Bartfledermaus, **Myotis brandti** (Eversmann)
G 5–10, KR 39–50, Schw 32–44, UA 33–38, FSp um 240. Im ganzen Gebiet, Lebensweise im wesentlichen wie Kleine Bartfledermaus.

— Rücken dunkler schwarzbraun, ohne goldgelbe Haarspitzen. Ohren dickhäutiger . . Kleine Bartfledermaus, **Myotis mystacinus** (Kuhl)
G 4,5–6, KR 35–50, Schw 30–40, UA 30–37, FSp um 220, Ohr [*2c*]. Im ganzen Gebiet, nicht häufig. Obere Strauchregion in Parklandschaften, oft über Gewässern. Überwintert in Höhlen, Stollen, Kellern. Gewandter Flug.

13. UA unter 41 mm. Tragus etwa halb so lang wie Ohr
Wasserfledermaus, **Myotis daubentoni** (Kuhl)
G 7–10, KR 40–51, Schw 30–43, UA 33–41, FSp um 240, Ohr [*2h*]. Im ganzen Gebiet, an Gewässern häufig. Niedrig über Wasseroberfläche. Überwintert in Höhlen, Stollen, Kellern. Schneller Flug.

— UA über 41 mm. Tragus kürzer als halbe Ohrlänge
Teichfledermaus, **Myotis dasycneme** (Boie)
G 15–19, KR 57–61, Schw 45–51, UA 43–47, FSp um 270, Ohr [*2i*]. Im ganzen Gebiet, vorwiegend im Tiefland. In der Nähe von Gewässern, selten. Niedrig über Wasseroberfläche. Überwintert in Höhlen, Stollen, Gebäuden. Flug wie vorige.

14. Tragus verbreitert sich ab der Mitte auf das Doppelte („pilzförmig“)
Nyctalus Bowdich **15**

— Tragus verbreitert sich nach oben nicht oder nur allmählich . **16**

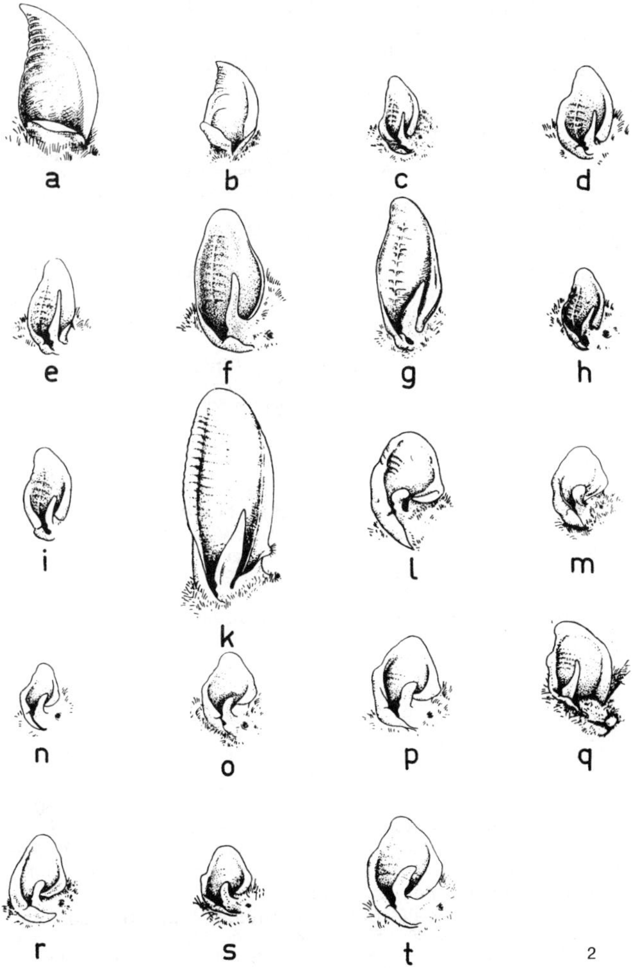

2

Rechte Ohren der Fledermäuse. a Rhinolophus ferrumequinum, b R. hipposideros, c Myotis mystacinus, d M. emarginatus, e M. nattereri, f M. bechsteini, g M. myotis, h M. daubentoni, i M. dasycneme, k Plecotus auritus, l Nyctalus noctula, m N. leisleri, n Pipistrellus pipistrellus, o P. nathusii, p P. savii, q Barbastella barbastellus, r Vespertilio discolor, s Eptesicus nilssoni, t E. serotinus.

15. UA unter 46 mm. Rückenhaare deutlich zweifarbig: unterer Teil dunkelbraun, oberer Teil hellbraun

Kleiner Abendsegler, **Nyctalus leisleri** (KUHL)

G 14–20, KR 54–64, Schw 39–44, UA 35–46, FSp um 280, Ohr [*2m*]. Im ganzen Gebiet, nicht häufig. Wälder und Parklandschaften, hoch bis mittelhoch. Überwintert in hohlen Bäumen. Flug gewandt.

— UA über 46 mm. Rückenhaare einfarbig, rötlich-braun

Abendsegler, **Nyctalus noctula** (SCHREBER)

G 20–40, KR 60–80, Schw 42–59, UA 45–58, FSp um 350, Ohr [*2l*]. Im ganzen Gebiet, stellenweise häufig. Wälder, Parklandschaften. Überwintert in Baumhöhlen, Gebäuden. Flug schnell, gradlinig, hoch.

16. Größte Breite des Tragus geringer als die Höhe seines Vorderrandes **17**

— Tragus breit und kurz, Höhe seines Vorderrandes fast gleich seiner größten Breite, Hinterrand mit einem großen, darüber einem kleinen Zahn. Rückenhaare mit hellen Spitzen. (Sichere Unterscheidung von den beiden folgenden Arten nur am Gebiß.)

Alpenfledermaus, **Pipistrellus savii** (BONAPARTE)

KR 43–52, Schw 34–40, UA 31–38, FSp um 220, Ohr [*2p*]. In Deutschland nur 3 Nachweise: Böhmischer Wald, Oberbayern, Fränkische Schweiz. Häufiger in der Schweiz und südlich der Alpen.

17. UA unter 37 mm **18**

— UA über 37 mm **19**

18. Daumen kürzer als die Breite des Handgelenks. Diese Art meist kleiner als die folgende, Unterscheidung der beiden Arten jedoch schwierig . . . . Zwergfledermaus, **Pipistrellus pipistrellus** (SCHREBER)

G 3–8, KR 33–45, Schw 26–36, UA 27–34, FSp um 200, Ohr [*2n*]. Im ganzen Gebiet, häufig. In menschlichen Siedlungen und parkähnlichen Landschaften. Überwintert in Höhlen, Stollen, Dachböden. Flug schnell und hoch.

— Daumen länger als die Breite des Handgelenks. Diese Art ist meist größer als die vorige

Rauhhautfledermaus, **Pipistrellus nathusii** (KEYSERLING ET BLASIUS)

G 6–9, KR 45–51, Schw 33–40, UA 32–36, FSp um 240, Ohr [*2o*]. Im ganzen Gebiet, selten, in NW-Deutschland sporadisch. In menschlichen Siedlungen und parkähnlichen Landschaften. Überwintert in Baumhöhlen, Felsspalten, Gebäuden. Flug schnell und hoch.

19. Hinterer Ohrrand läuft höchstens bis auf die Höhe des Mundspalts herab und endet nicht direkt am Mundwinkel

Eptesicus RAFINESQUE **20**

— Hinterer Ohrrand verläuft in einem Bogen bis unter die Linie des Mundspalts, steigt wieder an und endet am Mundwinkel. Rückenhaare dunkel, mit weißlichen Spitzen („schimmelig"); helle Unterseite scharf von der Oberseite abgesetzt

Zweifarbige Fledermaus, **Vespertilio discolor** KUHL

G 12–14, KR 48–63, Schw 40–44, UA 40–47, FSp um 270, Ohr [*2r*]. Im ganzen Gebiet selten, fehlt in NW-Deutschland. Gebirge und Ortschaften. Überwintert in Kellern, Stollen, Höhlen. Flug hoch und gewandt.

20. UA länger als 48 mm

Breitflügelfledermaus, **Eptesicus serotinus** (SCHREBER)

G 17–30, KR 62–80, Schw 45–60, UA 48–57, FSp um 350, Ohr [*2t*]. Im ganzen Gebiet, besonders häufig in der Ebene. Ortschaften und Parklandschaften. Überwintert in Gebäuden und Baumhöhlen. Flug schwerfällig, langsame Flügelschläge.

— UA kürzer als 43 mm
Nordische Fledermaus, **Eptesicus nilssoni** (KEYSERLING ET BLASIUS)
G 8–13, KR 48–54, Schw 38–47, UA 34–42, FSp um 260, Ohr [*2s*]. In Deutschland selten, nachgewiesen nur in den Alpen, im Harz, einmal auf Hiddensee. Waldränder, menschliche Siedlungen. Überwintert in hölzernen Gebäuden, auch in Höhlen. Flug schnell und gewandt.

Ordnung: **Lagomorpha,** Hasenartige

1. O über 90 mm, erreicht nach vorn umgelegt mindestens die Schnauzenspitze. Ohrspitzen schwarz. HF über 100 mm . . **Lepus** L. **2**
— O unter 80 mm, erreicht nach vorn umgelegt die Schnauzenspitze nicht. Ohrspitzen nicht schwarz. HF unter 100 mm
Wildkaninchen, **Oryctolagus cuniculus** (L.)
G 1200–2200, KR 340–500, Schw 40–75, HF 75–95, O 65–80. Im ganzen Gebiet, selten über 500 m NN. Bevorzugt trockenen Boden. Waldränder, Heide, Sandgruben, Bahndämme, Gärten u. ä. In selbstgegrabenen Wohnröhren. Stammform des Hauskaninchens, **O. cuniculus** f. **domestica.**
2. Schw zweifarbig, oben schwarz, unten weiß
Feldhase, **Lepus europaeus** PALLAS
G 2500–6500, KR 500–700, Sch 70–120, HF 135–158, O 110–150. Im ganzen Gebiet, in den Alpen bis 1600 m NN. Vorwiegend Kultursteppe, lichter Wald, Dünen.
— Schw einfarbig weiß, Winterhaar weiß (bis auf Ohrspitzen). Nur in den Alpen über 1300 m NN . . . Alpenschneehase, **Lepus timidus** L.
G 2000–2500, KR 570–630, Schw 53–65, HF 138–148, O 98–106. In den Alpen von 1300–2400 m NN. Im Winter in tieferen Lagen (bis 600 m NN).

Ordnung: **Rodentia,** Nagetiere

1. HF mit Schwimmhäuten **2**
— HF ohne Schwimmhäute **3**
2. Schw drehrund. KR unter 700 mm . . Ferkelratten, **Capromyidae**
Nur **Myocastor coypus** (MOLINA), Sumpfbiber, Nutria
G 6000–10000, KR 400–600, Schw 300–450, HF 115–140, O 25–30. Als Pelztier aus Südamerika eingeführt. Aus Farmen entkommene Tiere stellenweise freilebend. An pflanzenreichen Gewässern.
— Schw dorsoventral abgeplattet, breit. KR über 700 mm
Biber, **Castoridae**
Nur **Castor fiber** L., Biber
G 20000–35000, KR 800–1000, Schw 300–350, HF 160–210, O 30–45. In Deutschland nur noch ein geringer ursprünglicher Bestand zwischen Magdeburg und Torgau an der Elbe und ihren Nebenflüssen. Von hier aus in neuerer Zeit Ausbreitung, außerdem Wiedereinbürgerungen an verschiedenen Stellen, z. B. unterer Inn, Müritzsee, untere Peene. Größtes europäisches Nagetier. Auwälder an Gewässern.
3. Schw mit buschiger Behaarung **4**
— Schw nur kurz behaart oder fast nackt **5**
4. KR unter 180 mm . . . . Schläfer, **Gliridae** S. 632
— KR über 180 mm . . . . Hörnchen, **Sciuridae** S. 632
5. Schw fast körperlang od. länger. O ragen deutlich aus dem Fell **6**
— Schw deutlich kürzer als Körper. O ragen nicht od. nur wenig aus dem Fell **7**

6. Schw das 1½fache der Körperlänge. Oberlippe nicht gespalten Hüpfmäuse, **Zapodidae**

Nur **Sicista betulina** (PALLAS), Waldbirkenmaus

G 5–11, KR 50–74, Schw 76–108, HF 15–18, O 10–15. Im Gebiet sehr selten. Einzelfunde im Bayerischen Wald. Letzter Nachweis in Schleswig-Holstein 1936. Bevorzugt feuchte bis sumpfige Biotope in Waldgebieten. Winterschläfer.

— Schw kürzer. Oberlippe gespalten („Hasenscharte") Echte Mäuse, **Muridae** S. 633

7. Schw sehr kurz, etwa so lang wie Hinterfuß . Hamster, **Cricetidae**

Nur **Cricetus cricetus** (L.), Hamster

G 200–600, KR 215–340, Schw 30–60, HF 30–40, O 23–32. Häufig östliches Niedersachsen, Sachsen-Anhalt, Mecklenburg, Brandenburg, Thüringen, Sachsen; vereinzelt Rheinland, Württemberg, Bayern. Steppe u. Kultursteppe der Ebene, nur auf Lößu. Lehmböden. Winterschläfer. – Nahe verwandt der als Labortier gehaltene Syrische Goldhamster, **Mesocricetus auratus** WATERHOUSE (kleiner u. mit heller, nicht schwarzer Unterseite).

— Schw länger . . . . Wühlmäuse, **Arvicolidae** S. 634

Familie: **Sciuridae,** Hörnchen

1. KR unter 300 mm. Schwanz fast körperlang Eichhörnchen, **Sciurus vulgaris** L.

G 230–400, KR 200–240, Schw 160–200, HF 52–62, O 27–34. Im ganzen Gebiet, häufig. Wälder, Parkanlagen, Gärten. Färbung rotbraun, zuweilen schwarzbraun.

— KR über 500 mm. Schwanz etwa ⅓ Körperlänge Alpenmurmeltier, **Marmota marmota** (L.)

G 4000–8000, KR 500–570, Schw 130–160, HF 85–95, O 25–30. Nur in den Alpen zwischen 1000 und 3000 m. Offene, sonnige Hochgebirgshänge, Geröllfelder. Winterschläfer. Hoher pfeifender Schrei als Warnlaut.

Ziesel, **Citellus citellus** (L.) (KR 180–220; Schw etwa ⅓ Körperlänge) in Deutschland ausgestorben. Nächste Vorkommen Polen, Tschechische Republik, Österreich.

Familie: **Gliridae,** Schläfer

1. Kopfseiten mit schwarzen Augenstreifen bis an oder hinter das Ohr **2**

— Kopfseiten ohne solche Zeichnung, höchstens ein dunkler Augenring **3**

2. O über 20 mm. Schw nur am Ende buschig behaart, Endhälfte oben schwarz, unten und Endpinsel weiß Gartenschläfer, **Eliomys quercinus** (L.)

G 60–140, KR 110–150, Schw 90–120, HF 22–31, O 22–26. Fehlt in der Norddeutschen Tiefebene, sonst ungleichmäßig verbreitet. Wälder, Obstgärten, auch in menschlichen Siedlungen. Winterschläfer.

— O unter 16 mm. Schw gleichmäßig buschig behaart, ohne schwarze Färbung . . . . Baumschläfer, **Dryomys nitedula** (PALLAS)

G 17–35, KR 82–120, Schw 60–110, HF 18–24, O 10–15. Sehr selten; Fichtelgebirge, Bayerischer Wald, Alpen. Laub- und Mischwälder mit Unterholz, Obstgärten. Winterschläfer.

3. KR über 100 mm. Schw lang behaart, buschig. Oberseite einfarbig grau . . . . Siebenschläfer, **Glis glis** (L.)

G 70–210, KR 120–190, Schw 110–160, HF 22–32, O 14–23. In der Norddeutschen Tiefebene nur vereinzelte Funde, sonst häufiger. Laubwälder, Parks, Obstgärten. Winterschläfer.

— KR unter 95 mm. Schw dicht, aber kurz behaart. Oberseite einfarbig gelbbraun . . . . . . Haselmaus, **Muscardinus avellanarius** (L.)
G 15–30, KR 60–88, Schw 55–80, HF 15–18, O 10–14. Im ganzen Gebiet; in der Norddeutschen Tiefebene nur lückenhaft verbreitet. Buschreicher Laub-, Misch- und Fichtenwald, Parks, Obstgärten, Feldgehölze. Winterschläfer.

Familie: **Muridae,** Echte Mäuse

1. KR über 150 mm, HF über 30 mm . . Ratten, **Rattus** FITZINGER 2
— KR unter 130 mm, HF unter 28 mm 3
2. Schw kürzer als KR. O erreicht nach vorn gebogen nicht das Auge
Wanderratte, **Rattus norvegicus** (BERKENHOUT)
G 200–500, KR 180–280, Schw 130–230, HF 36–45, O 18–23. Im ganzen Gebiet. Meist in oder bei menschlichen Siedlungen. Auch ganzjährig freilebend. Die Wanderratte ist die Stammform der Laborratte.
— Schw länger als KR. O erreicht nach vorn gebogen das Auge
Hausratte, **Rattus rattus** (L.)
G 145–250, KR 160–240, Schw 180–250, HF 30–40, O 22–26. Inselartig verbreitet, gebietsweise fehlend. Meist seltener als vorige Art. Im Rückgang begriffen. Nur in Gebäuden, bevorzugt trockene Räume.
3. Ohne schwarzen Rückenstreifen 4
— Schwarzer Rückenstreifen vorhanden
Brandmaus, **Apodemus agrarius** (PALLAS)
G 15–30, KR 80–125, Schw 65–90, HF 17–21, O 11–14. Vom östlichen Westfalen u. östlichen Hessen nach Osten verbreitet; fehlt südlich des Mains und in NW-Deutschland (nördlich des Teutoburger Waldes westlich der Weser). Feuchte Wiesen, Röhricht, Waldränder, Hecken, Äcker, Parkanlagen.
4. Obere Schneidezähne hinten ohne Einkerbung [*3*]. Kein Körpergeruch 5

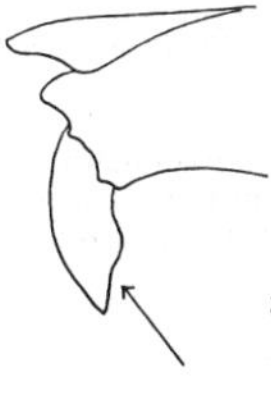

3

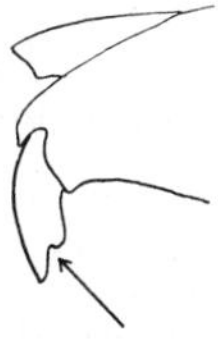

4

— Obere Schneidezähne hinten mit kleiner Einkerbung [*4*]. Muffiger Körpergeruch (Mäusegeruch) . . . Hausmaus, **Mus musculus** L.
G 12–30, KR 70–110, Schw 60–105, HF 14–20, O 11–15. Im ganzen Gebiet. Östlich der Linie Ostholstein – Elbe – Dessau – Zwickauer Mulde – Nürnberg – Regensburg – München – Isar: Östliche Hausmaus, **M. m. musculus** L. (Oberseite graubraun, deutlich von hellerer Unterseite getrennt), vorwiegend im Freien, im Winter auch in Gebäuden. Westlich der genannten Linie: Westliche Hausmaus, **M. m. domesticus** RUTTY (oben grau, unten nur wenig heller, ohne deutliche Trennungslinie), ganzjährig in Gebäuden, im Sommer auch im Freien. Auf Helgoland **M. m. helgolandicus** ZIMMERMANN. Die Hausmaus ist die Stammform der Labormaus.

5. KR über 80 mm. HF über 17 mm. O über 13 mm **6**
— KR unter 80 mm. HF unter 16 mm. O unter 12 mm
Zwergmaus, **Micromys minutus** (PALLAS)
G 5–12, KR 50–79, Schw 50–75, HF 12–16, O 7–11. Im ganzen Gebiet. Schilf- und Rohrgürtel, Waldränder, auch Getreidefelder. Halmkletterer mit Greifschwanz. Kugelnester aus Gras zwischen Halmen.

6. Unterseite weiß, deutlich gegen Körperseite abgesetzt. Gelbliche Brustzeichnung, meist zu einem durchgehenden Querband ausgezogen, zuweilen nur Mittelfleck, selten ganz fehlend. HF in der Regel über 23 mm . . . Gelbhalsmaus, **Apodemus flavicollis** (MELCHIOR)
G 20–55, KR 90–130, Schw 90–135, HF 23–27, O 15–20. Im ganzen Gebiet, fehlt in NW-Niedersachsen. Waldtier, außerhalb von Wäldern nur im dichten Gebüsch.
— Unterseite grauweiß, weniger scharf gegen die Oberseite abgesetzt. Brustzeichnung oft fehlend, wenn vorhanden, nur aus einem Mittelfleck oder Mittelstrich bestehend, der gelegentlich weit nach hinten reicht. HF in der Regel unter 23 mm
Waldmaus, **Apodemus sylvaticus** (L.)
G 15–30, KR 75–110, Schw 70–100, HF 20–24, O 14–18. Im ganzen Gebiet häufig. Feldgehölz, Gebüsch, Wald, trockene Wiesen, Dünen, im NO vorwiegend Ackerbewohner.

Familie: **Arvicolidae,** Wühlmäuse

1. KR unter 200 mm. Schw rund **2**
— KR über 250 mm. Schw seitlich abgeflacht
Bisam, **Ondatra zibethicus** (L.)
G 800–1600 (bis 2300), KR 260–400, Schw 190–290, HF 60–80. Im ganzen Gebiet. An pflanzenreichen Gewässern. Heimat Nordamerika, 1905 bei Prag ausgesetzt, seitdem in ständiger Ausbreitung.

2. HF unter 23 mm **3**
— HF über 23 mm . . . . Schermaus, **Arvicola terrestris** (L.)
G 80–200, KR 120–200, Schw 60–140, HF 23–35, O 11–16. Im ganzen Gebiet. Bewachsene Gewässerufer, aber auch weitab vom Wasser, vor allem in Obstgärten, Gärten, hier schädlich. In der Norddeutschen Tiefebene eine große, dunkelbraune bis braunschwarze Unterart, **A.t. terrestris;** im Mittelgebirge und in den Alpen eine kleinere und hellere Form, **A.t. scherman** (SHAW).

3. Fell silbergrau, heller als die folgenden Arten. Nur Alpen
Schneemaus, **Microtus nivalis** (MARTINS)
G 35–65, KR 115–143, Schw 50–75, HF 19–22, O 14–18. Alpen oberhalb 1000 m. Alpine Matten mit Felsblöcken und Geröllhalden.
— Fell dunkler **4**

4. Rücken fuchsrot bis braunrot
Rötelmaus, **Clethrionomys glareolus** (SCHREBER)
G 15–35, KR 80–125, Schw 35–65, HF 15–20, O 11–15. Im ganzen Gebiet, häufig. Hecken, Waldränder, Wälder mit Unterholz, Gebüsch, Feldgehölze. Schattentier.
— Rücken grau, graubraun bis braun. (Sichere Trennung der 5 folgenden Arten nur dem Geübten möglich, Bestimmung nach Schädelmerkmalen leichter, S. 650) **5**

5. Augen nicht besonders klein. O über 9 mm **6**
— Augen auffallend klein. O sehr kurz, nicht über 10 mm
Kleinäugige Wühlmaus, **Microtus subterraneus** (DE SELYS-LONGCHAMPS)

G 13–23, KR 75–106, Schw 24–32, HF 14–16, O 8–10. Im ganzen Gebiet südlich der Linie Frankfurt/Oder – Wittenberg – Wolfsburg – Hameln – Münster. Nördlich davon vereinzelt nachgewiesen. Feuchte Wiesen, Waldränder, Gemüsegärten. 1962 wurde die Bayerische Kurzohrmaus, **Microtus bavaricus** (König) als neue Art beschrieben, Garmisch-Partenkirchen.

6. Schw meist unter 45 mm **7**

— Schw meist über 45 mm
Nordische Wühlmaus, **Microtus oeconomus** (Pallas)

G 25–60, KR 100–135, Schw 43–62, HF 18–21, O 11–14. In Deutschland nur östlich der Linie Wismar – Schwerin – Havelberg – Luckenwalde – Herzberg – Calau – Spremberg. Isolierte Vorkommen in Österreich und den Niederlanden. Moorwiesen, Sümpfe, Bruchwälder, bewachsene Gewässerränder.

7. O innen dicht und kurz behaart. Färbung oben gelblichbraun bis graubraun. Angstschrei ein helles, hohes Quieken
Feldmaus, **Microtus arvalis** (Pallas)

G 20–50, KR 80–120, Schw 30–45, HF 15–18, O 9–12. Im ganzen Gebiet. Äcker, Wiesen, Weiden, Ödland, Schonungen.

— O innen schütter und relativ lang behaart. Färbung oben dunkelbraun. Angstschrei mehrsilbiges Zetern . Erdmaus, **Microtus agrestis** (L.)

G 20–55, KR 90–130, Schw 30–46, HF 17–20, O 11–13. Im ganzen Gebiet. Feuchte Standorte mit dichter Vegetation. Waldränder und Lichtungen, Gebüsch, Hecken, Wiesen, Sümpfe, Moore.

Ordnung: **Carnivora,** Raubtiere

1. Körper von spindelförmiger Gestalt; Gliedmaßen verkürzt, flossenartig. Meeresbewohner, nur an den Küsten, selten in Flußmündungen
Hundsrobben, **Phocidae** S. 637

— Körper anders gestaltet; Gliedmaßen nicht zu Flossen umgebildet. Landbewohner, nur gelegentlich im Wasser **2**

2. An den Hinterpfoten je 4 Zehen **3**

— An den Hinterpfoten je 5 Zehen **4**

3. Kopf langgestreckt, Schnauze spitz. Stumpfe, nicht zurückziehbare Krallen . . . . Hunde, **Canidae** S. 635

— Kopf rund, Schnauze stumpf. Scharfe, zurückziehbare Krallen
Katzen, **Felidae** S. 637

4. Schw mit schwarzer Ringelzeichnung . . Kleinbären, **Procyonidae**
Nur **Procyon lotor** (L.), Waschbär

G 5–8 kg, KR 50–70 cm, Schw 20–30 cm, HF 9–13 cm. Heimat Nordamerika. In Deutschland aus Farmen entwichen, inzwischen im ganzen Gebiet, in ständiger Ausbreitung begriffen. Wald- und Parklandschaften.

— Schw ohne Ringelzeichnung . . . . . Marder, **Mustelidae** S. 636

Familie: **Canidae,** Hunde

1. Wangen, Kinn und Brust schwarz. Schw unter 25 cm. Körper und Schwanz langbuschig behaart, langer Backenbart
Marderhund, **Nyctereutes procyonoides** (Gray)

G 4–10 kg, KR 60–80 cm, Schw 15–25 cm. Heimat Ostasien, eingeführt nach dem europäischen Teil der UdSSR, von dort Ausbreitung nach Westen und Norden. Heute im ganzen Gebiet vereinzelt verbreitet. Bevorzugt in feuchten bis sumpfigen Laubwäldern der Niederungen.

— Fell anders gefärbt. Schw über 25 cm **2**

2. KR über 90 cm. HF über 25 cm. Hochbeinig, schäferhundähnlich Wolf, **Canis lupus** L.

G 25–60 kg, KR 100–140 cm, Schw 30–50 cm, HF 25–30 cm, O 10–13 cm. In Deutschland ausgerottet; Einzeltiere dringen gelegentlich aus dem Osten in unser Gebiet vor. Der Wolf ist der Stammvater des Haushundes, **C. lupus f. familiaris** L.

— KR unter 90 cm. HF unter 20 cm . . . Rotfuchs, **Vulpes vulpes** (L.)

G bis 10 kg, KR 60–80 cm, Schw 30–50 cm, HF 14–16 cm, O 8–11 cm. Im ganzen Gebiet. Wald, Feldgehölze, bevorzugt trockenes Gelände.

Familie: **Mustelidae,** Marder

1. KR über 60 cm **2**

— KR unter 60 cm **3**

2. Zwischen Vorder- und Hinterzehen Schwimmhäute. Schw über 30 cm Fischotter, **Lutra lutra** (L.)

G 6–15 kg, KR 60–100 cm, Schw 35–50 cm, HF 11–13,5 cm. Im Gebiet in Mecklenburg-Vorpommern, Brandenburg, östliches Sachsen; sonst nur noch vereinzelt in Schleswig-Holstein, Niedersachsen, Sachsen-Anhalt, Bayerischer Wald. An stehenden und fließenden Gewässern.

— Keine Schwimmhäute. Schw unter 25 cm. Kopf schwarz-weiß gestreift, Bauchseite schwarz . . . . . . Dachs, **Meles meles** (L.)

G 10–20 kg, KR 60–80 cm, Schw 15–20 cm, HF 9–11 cm. Im ganzen Gebiet. Wald.

3. KR über 300 mm. Unterseite nicht weiß **4**

— KR unter 300 mm. Unterseite weiß **6**

4. Schw über 200 mm. HF über 75 mm. Unterseite braun, heller Kehlfleck **5**

— Schw unter 200 mm. HF unter 70 mm. Unterseite dunkel- bis schwarzbraun . . . . Iltis (Waldiltis), **Mustela putorius** L.

G 500–2000, KR 320–450, Schw 125–190, HF 50–65. Im ganzen Gebiet. In deckungsreicher Landschaft, bevorzugt in Wassernähe, auch bei und in menschlichen Siedlungen. Der Waldiltis ist die Stammform des Frettchens, **M. putorius f. furo** L. In Deutschland ausgestorben ist der Nerz, **M. lutreola** L. Neuerdings im Norden und Osten verbreitet Populationen des Nordamerikanischen Nerzes oder Minks, **M. vison** Schreber. Stammen von entwichenen Farmtieren ab. Vom Iltis durch fehlende Gesichtsmaske und Einfarbigkeit unterschieden.

5. Kehlfleck meist gelb, nicht oder kaum gegabelt, reicht nicht bis auf die Innenseite der Vorderbeine . . Baummarder, **Martes martes** (L.)

G 800–1800, KR 400–530, Schw 220–280, HF 80–100. Im ganzen Gebiet. In geschlossenen Waldungen, besonders Misch- und Nadelwald.

— Kehlfleck meist weiß, Hinterrand meist gegabelt, reicht bis auf die Innenseite der Vorderbeine . . . Steinmarder, **Martes foina** (Erxl.)

G 1100–2300, KR 400–500, Schw 210–270, HF 80–110. Im ganzen Gebiet. Nicht waldgebunden, oft in oder bei menschlichen Siedlungen.

6. Schwanzspitze schwarz. Schw über 75 mm Hermelin, **Mustela erminea** L.

G 150–350, KR 215–290, Schw 80–110, HF 35–50. Im ganzen Gebiet. Lebensraum sehr verschiedenartig. Im Winter bis auf Schwanzspitze weiß.

— Schwanzspitze nicht schwarz. Schw unter 75 mm Mauswiesel, **Mustela nivalis** L.

Auffallender Geschlechtsdimorphismus. G ♂♂ 75–130, ♀♀ 30–75, KR ♂♂ 130–240, ♀♀ 110–225, Schw ♂♂ 40–70, ♀♀ 25–50, HF ♂♂ 25–34, ♀♀ 18–25. Im ganzen Gebiet. Lebensraum sehr verschiedenartig.

Familie: **Felidae,** Katzen

1. Schw etwa so lang wie der Kopf. Ohrspitzen mit Haarpinseln
Luchs, **Lynx lynx** (L.)
G 15–30 kg, KR 80–110 cm, Schw 10–25 cm, HF 19–26 cm. In Deutschland ausgerottet, vereinzelt Irrgäste. Wald.
— Schw bedeutend länger als Kopf. Ohren ohne Haarpinsel
Wildkatze, **Felis silvestris** SCHREBER
G 5–12 kg, KR 50–75 cm, Schw 25–40 cm, HF 12–14,5 cm. In den Mittelgebirgen. Bestände haben in der Nachkriegszeit zugenommen. Geschlossene Waldgebiete. Von der ägyptischen Unterart der Wildkatze, **F. silvestris lybica** FORSTER, stammt die Hauskatze, **F. silvestris f. catus** L., ab. Verwilderte wildfarbene Hauskatzen schwer von Wildkatzen zu unterscheiden.

Familie: **Phocidae,** Hundsrobben

1. Gesamtlänge gewöhnlich unter 200 cm. Kopf kurz und rundlich **2**
— Gesamtlänge gewöhnlich über 200 cm. Schnauze gestreckt, kegelförmig . . . . Kegelrobbe, **Halichoerus grypus** (F.)
♂♂ bis 290 kg, Gesamtlänge bis 300 cm. Selten an der deutschen Nordseeküste, in der Ostsee häufiger.
2. Oberseite mit kleinen dunklen Flecken auf hellem Grund
Seehund, **Phoca vitulina** L.
♂♂ bis 115 kg, Gesamtlänge bis 190 cm. An der Nordseeküste verbreitet, seltener in der westlichen Ostsee.
— Oberseite mit hellen, runden oder langgezogenen Ringen auf dunklem Grund . . . . Ringelrobbe, **Phoca hispida** SCHREBER
♂♂ bis 90 kg, Gesamtlänge bis 185 cm. Selten an deutschen Küsten.

Ordnung: **Artiodactyla,** Paarhufer

1. Im Oberkiefer Schneidezähne. Mit keinem anderen Paarhufer im Körperbau zu verwechseln . . . . Schweine, **Suidae**
Nur **Sus scrofa** L., Wildschwein
G bis 200 kg, KR bis 180 cm, SchH bis 100 cm. Im ganzen Gebiet, an größere Waldungen gebunden. Wälder mit Dickungen und Sümpfen. Das Wildschwein ist die Stammform des Hausschweins, **S. scrofa f. domestica** L.
— Im Oberkiefer keine Schneidezähne **2**
2. In der Regel in beiden Geschlechtern stets unverzweigte Hörner (Hornscheide über knöchernem Stirnzapfen)
Rinderartige, **Bovidae** S. 637
— Nur die ♂♂ mit meist verzweigtem, knöchernem Geweih, das jährlich abgeworfen wird . . . . Hirsche, **Cervidae** S. 638

Familie: **Bovidae,** Rinderartige

1. SchH unter 100 cm. Schw kurz. Oberlippe behaart, geteilt . . **2**
— SchH über 110 cm. Schw lang. Oberlippe nackt, ungeteilt
Hausrind, **Bos primigenius f. taurus** L.

Stammvater des Hausrindes ist der Ur oder Auerochse, **B. primigenius** BOJANUS, der seit über 300 Jahren ausgestorben ist.

2. Hörner im Querschnitt rund, gerade, am Ende hakenförmig nach hinten gebogen . . . . Gemse, **Rupicapra rupicapra** (L.)
G bis 50 kg, SchH 70–80 cm. In den Alpen, eingeführt im Schwarzwald und Elbsandsteingebirge. Vorzugsweise obere Grenze der Waldregion.

— Hörner anders gestaltet **3**

3. Mit Kinnbart. Hörner der ♂♂ lang, säbelförmig nach hinten gekrümmt, mit starken Querwülsten . Alpensteinbock, **Capra ibex** L.
G bis 120 kg, SchH 70–100 cm. In den Alpen oberhalb der Waldgrenze. Manche Autoren vereinigen die Bezoarziege, **C. aegagrus** ERXLEBEN, die Stammform unserer Hausziege, **C. aegagrus f. hircus** L., mit dem Alpensteinbock in einer Art.

— Ohne Kinnbart. Hörner der ♂♂ dick, schneckenförmig gedreht, mit Querringelung . . . . Mufflon, **Ovis ammon** L.
G bis 50 kg, SchH 65–88 cm. In Deutschland an verschiedenen Stellen eingebürgert. Waldgebiete des Mittelgebirges und der Ebene. Stammform des Hausschafs, **O. ammon f. aries** L.

Familie: **Cervidae,** Hirsche

1. Nasenkuppe nackt, Muffel nicht überhängend. SchH unter 150 cm **2**

— Nasenkuppe bis auf eine kleine Stelle zwischen den Nasenlöchern behaart, Muffel lang, überhängend. SchH über 150 cm. Im Gebiet nur als Irrgast . . . . Elch, **Alces alces** (L.)
G bis 500 kg, SchH bis 210 cm.

2. Schw immer gut sichtbar. SchH über 80 cm . . . **Cervus** L. **3**

— Schw kurz, äußerlich nicht sichtbar. SchH unter 80 cm
Reh, **Capreolus capreolus** (L.)
G bis 33 kg, SchH bis 75 cm. Im ganzen Gebiet. Lebensraum vielgestaltig. Wald, Parklandschaft, Äcker, Wiesen, Weiden, Moore u. a.

3. Spiegel (helle Zeichnung zu beiden Seiten des Schwanzes auf den Hinterschenkeln) rein weiß, schwarz umrandet. SchH unter 120 cm. Erwachsene Tiere in der Regel im Sommer gefleckt **4**

— Spiegel nicht rein weiß, nicht schwarz eingefaßt. SchH über 120 cm. Erwachsene Tiere ungefleckt . . . Rothirsch, **Cervus elaphus** L.
G bis 200 kg, SchH bis 150 cm. Im ganzen Gebiet in großen Waldungen, bevorzugt Laub- und Mischwald.

4. Schw oben mit schwarzem Mittelstreif, 16–20 cm lang, wird lebhaft bewegt . . . . Damhirsch, **Cervus dama** L.
G bis 120 kg, SchH bis 110 cm. Heimat Mittelmeerländer und Kleinasien. In Deutschland seit dem Mittelalter eingeführt, heute weit verbreitet, besonders in Norddeutschland. Mischwälder und Parklandschaften der Ebene und des Mittelgebirges.

— Schw weiß, kürzer . . . . . Sikahirsch, **Cervus nippon** TEMMINCK
G bis 70 kg, SchH bis 90 cm. Heimat Ostasien. Seit Ende des vorigen Jahrhunderts in Deutschland eingebürgert. Heute Bestände in Schleswig-Holstein, im Sauerland, im Hegau. Mischwald.

Ordnung: **Perissodactyla,** Unpaarhufer

1. Schw von der Wurzel an langhaarig. An den Vorder- und Hinterfüßen haarlose Stellen (Kastanien)
Hauspferd, **Equus przewalskii f. caballus** L.

Stammform des Hauspferdes ist das Wildpferd, **E. przewalskii** POLJAKOV; freilebend nur noch ein sehr kleiner Bestand in der Mongolei. Sonst nur in zoologischen Gärten. Alle anderen sog. Wildpferde sind Zuchtformen des Hauspferds.

— Schw nur am Ende langhaarig. Nur an den Vorderfüßen Kastanien
Hausesel, **Equus africanus f. asinus** L.

Stammform des Hausesels ist der afrikanische Wildesel, **E. africanus** FITZINGER. Kreuzungen: Eselhengst × Pferdestute = Maultier, Pferdehengst × Eselstute = Maulesel.

Ordnung: **Cetacea,** Wale

1. Gesamtlänge unter 200 cm. Kopf stumpfendig mit abgerundeter Schnauze Schweinswal oder Braunfisch, **Phocoena phocoena** (L.)

Gesamtlänge 130–180 cm. Küsten der Nord- und Ostsee.

— Gesamtlänge über 250 cm. Kopf mit deutlich abgesetzter Schnauze (Schnabel) . . . Großer Tümmler, **Tursiops truncatus** (MONTAGU)

Gesamtlänge 280–330 cm, auch größer. Nordseeküste, selten Ostsee.
Außer diesen gelegentlich auch andere Walarten an der Nordseeküste.

B. Bestimmung nach Schädelmerkmalen

Abkürzungen: OK = Oberkiefer; UK = Unterkiefer; CB = Condylobasal-Länge (Abstand zwischen Vorderrand des Zwischenkieferbeins und Hinterrand der Hinterhauptsgelenkhöcker); **I = Schneidezahn (Incisiv); C = Eckzahn (Caninus); P = Vorbackenzahn (Praemolar); M = Backenzahn (Molar); BZ = Vorbacken- + Backenzähne (P+M).**
Zahnformel: In der Zahnformel wird über dem Bruchstrich die Zahl der Zähne einer Oberkieferhälfte, unter dem Bruchstrich einer Unterkieferhälfte angegeben. Die Zähne werden in der Reihenfolge I, C, P und M aufgeführt.

$$\text{Beispiel: } \frac{3I\ 1C\ 4P\ 3M}{3I\ 1C\ 4P\ 3M} = \frac{3143}{3143}$$

1. In jeder Kieferhälfte mindestens 20 gleichförmige Zähne
Ordnung Wale, **Cetacea** S. 653

— Weniger, verschiedenartig gestaltete Zähne **2**

2. OK ohne Schneidezähne . Ordnung Paarhufer, **Artiodactyla** S. 652

— OK mit Schneidezähnen **3**

3. OK und UK mit je einem Paar zu Nagezähnen umgebildeten Schneidezähnen. Nagezähne von den Backenzähnen durch eine weite Lücke (Diastema) getrennt **4**

— Schneidezähne nicht zu Nagezähnen umgebildet **5**

4. Hinter den oberen Nagezähnen steht ein Paar kleiner Stiftzähne;
Zahnformel $\frac{2033}{1023} = 28$. Ordnung Hasenartige, **Lagomorpha** S. 645

— Schädel ohne solche Stiftzähne Ordnung Nagetiere, **Rodentia** S. 646

5. Stirnbein und Jochbogen hinter der Augenhöhle durch eine breite Knochenbrücke miteinander verbunden. In jeder Kieferhälfte 6 schmelzfaltige BZ mit breiter Kaufläche
Ordnung Unpaarhufer, **Perissodactyla**

Die Schädel von Pferd und Esel sind nur durch besondere Maßkombinationen sicher zu unterscheiden.

— Keine oder nur ganz dünne Knochenbrücke zwischen Stirnbein und Jochbogen **6**

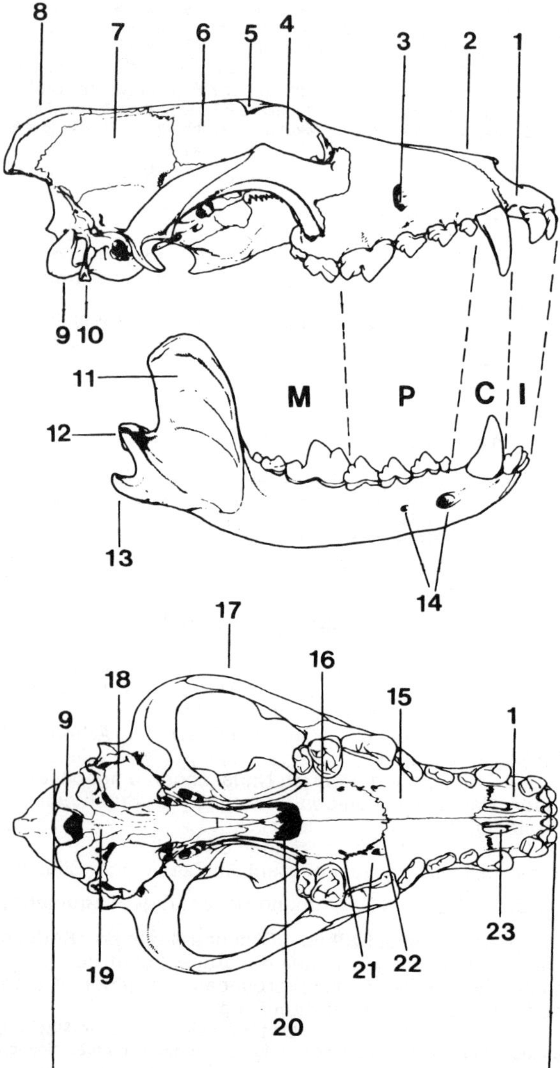

5

6. Schädel vorn mit einer breiten, tiefen Einbuchtung zwischen den Schneidezähnen [*6*] oder mit zwei schmalen, tiefen Einschnitten zwischen Schneide- und Eckzähnen [*7*]. CB stets unter 25 mm
Ordnung Fledermäuse, **Chiroptera** S. 644

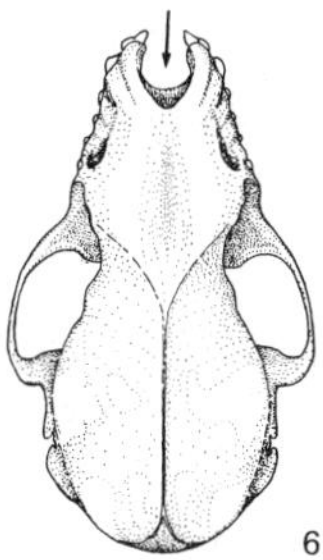

6

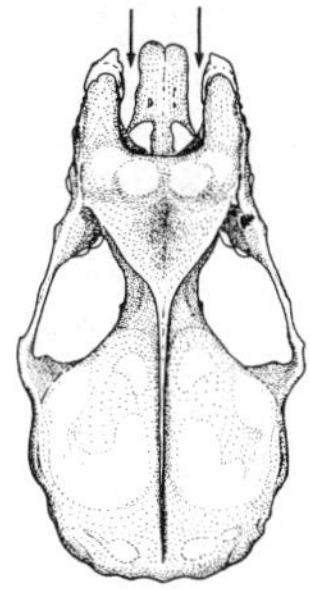

7

— Schädel anders gestaltet **7**

7. Eckzähne im Querschnitt dreieckig, die des OK nach oben und außen gebogen. Processus paracondylaris sehr lang. CB über 250 mm
Ordnung Paarhufer, **Artiodactyla** S. 652

— Eckzähne im Querschnitt ± rund. Proc. paracondylaris fehlt oder nur kurz **8**

8. Mittlere Schneidezähne im OK kleiner als die seitlichen, Eckzähne groß, größer als die benachbarten Zähne
Ordnung Raubtiere, **Carnivora** S. 650

— Mittlere Schneidezähne im OK ebenso groß oder größer als die seitlichen, Eckzähne nicht vergrößert (Ausnahme Maulwurf)
Ordnung Insektenfresser, **Insectivora** S. 641

Ordnung: **Insectivora,** Insektenfresser

1. Jochbögen vorhanden. CB über 28 mm. 36 oder mehr Zähne **2**

— Jochbögen fehlen. CB unter 25 mm. Höchstens 32 Zähne
Spitzmäuse, **Soricidae** **3**

◀ Hundeschädel. – I Schneidezähne, C Eckzähne, P Vorbackenzähne, M Backenzähne, CB = Abstand zwischen Vorderrand des Zwischenkieferbeins und Hinterrand des Hinterhauptsgelenkhöckers, 1 Zwischenkieferbein, 2 Nasenbein, 3 Foramen infraorbitale, 4 Augenhöhle, 5 Postorbitalfortsatz, 6 Stirnbein, 7 Scheitelbein, 8 Zwischenscheitelbein, 9 Hinterhauptsgelenkhöcker, 10 Processus paracondylaris, 11 Processus coronoideus, 12 Processus condylaris, 13 Processus angularis, 14 Foramina mentalia, 15 Oberkieferbein, 16 Gaumenbein, 17 Jochbogen, 18 Gehörblase, 19 Basioccipitale, 20 Choane, 21 Foramina palatina, 22 Gaumenquernaht, 23 Gaumenspalten.

2. CB über 40 mm. Der erste I wesentlich größer als die folgenden, C nicht besonders hervortretend,

Zahnformel $\frac{3133}{2123} = 36$

Igel, **Erinaceidae** mit **Erinaceus europaeus,** Braunbrustigel

— CB unter 40 mm. Der erste I nur wenig größer als die folgenden. C im OK stark hervortretend;

Zahnformel $\frac{3143}{3143} = 44$

Maulwürfe, **Talpidae** mit **Talpa europaea,** Europäischer Maulwurf

3. Zahnspitzen weiß;

Zahnformel $\frac{3113}{1113} = 28$ . . . . **Crocidura** 4

— Zahnspitzen rot, 30 oder 32 Zähne 6

4. CB unter 18 mm, größte Gesichtsschädelbreite (Jochbreite) meist unter 5,7 mm . . . . Gartenspitzmaus, **Crocidura suaveolens**

— CB über 18 mm, größte Gesichtsschädelbreite (Jochbreite) meist über 5,7 mm 5

5. Im OK Abstand hinterer Alveolenrand I1 bis vorderer Alveolenrand P1 (E) etwa 1½mal so lang wie die Schädelhöhe über C (F) [*8b*]; letzter einspitziger Zahn im OK (C) meist ebenso hoch oder höher als die erste Spitze am Vorderrand von P1 [*8b*]. Jochbogenfortsatz des Maxillare schwachzipfelig ausgebildet [*10b*]. Proc. angularis des UK [*9b*]

Hausspitzmaus, **Crocidura russula**

— Im OK Abstand hinterer Alveolenrand I1 bis vorderer Alveolenrand P1 (E) etwa gleich oder nur geringfügig länger als Schädelhöhe über C (F) [*8a*]; letzter einspitziger Zahn im OK (C) meist niedriger als die erste Spitze am Vorderrand von P1 [*8a*]. Jochbogenfortsatz des Maxillare nicht zipfelig ausgebildet [*10a*]. Proc. angularis des UK [*9a*]

Feldspitzmaus, **Crocidura leucodon**

6. Zahnformel $\frac{3123}{1113} = 30$. Im OK jederseits 4 einspitzige Zähne [*11a*], I1 im UK mit einem flachen Höcker [*12a*]. Vorderrand der Nasalia gerade . . . . **Neomys** 7

— Zahnformel $\frac{3133}{1113} = 32$. Im OK jederseits 5 einspitzige Zähne [*11b, c*], I1 im UK mit mehreren Höckern [*12b*]. Vorderrand der Nasalia zu einer kleinen Spitze ausgezogen . . . . **Sorex** 8

7. Höhe des UK-Astes [*13*] über 4,4 mm

Wasserspitzmaus, **Neomys fodiens**

— Höhe des UK-Astes unter 4,4 mm

Sumpfspitzmaus, **Neomys anomalus**

8. CB unter 17 mm. Dritter einspitziger Zahn im OK ebenso groß wie zweiter [*11c*]. Zweiter Zahn im UK einspitzig, Höhe des UK-Astes unter 4 mm . . . . Zwergspitzmaus, **Sorex minutus**

— CB über 17 mm. Dritter einspitziger Zahn im OK kleiner als zweiter [*11b*], Höhe des UK-Astes über 4 mm 9

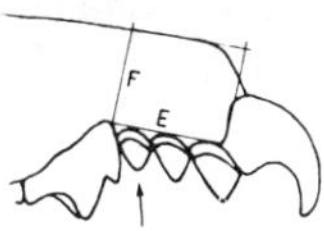

8a

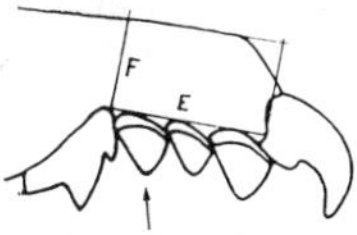

8b

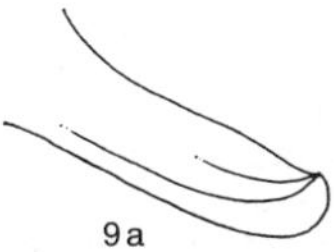

9a

9b

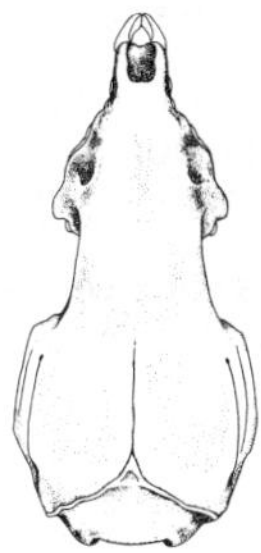

10a

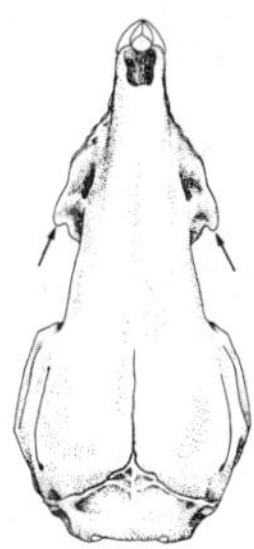

10b

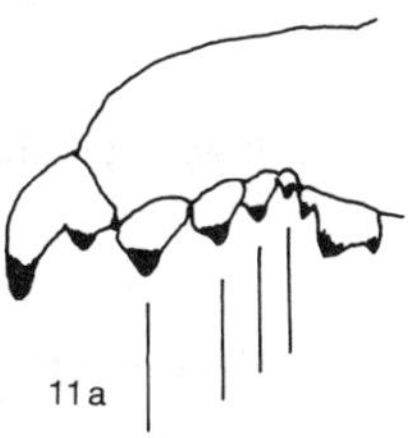

11a

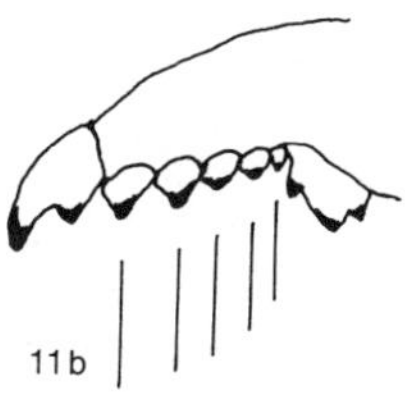

11b

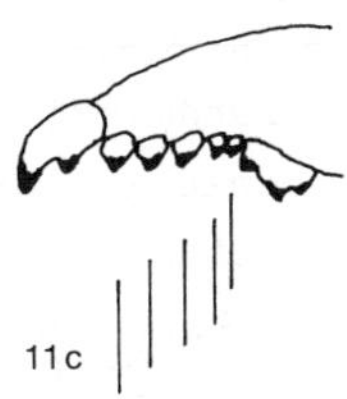

11c

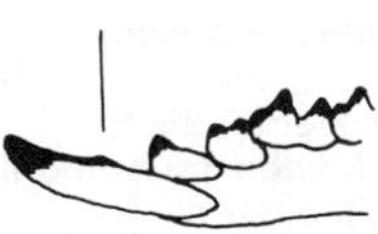

12a

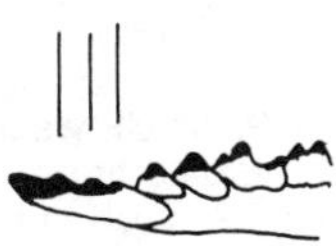

12b

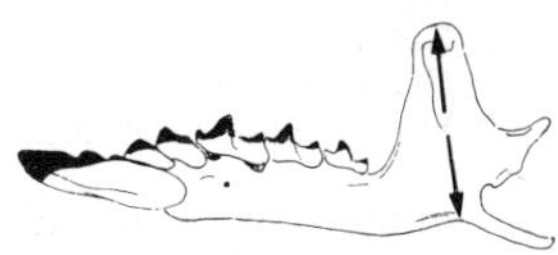

13

9. Letzter einspitziger Zahn im OK sehr klein, viel kleiner als der vierte [*11b*]. Zweiter Zahn im UK einspitzig [*12b*]

Waldspitzmaus, **Sorex araneus**
und Schabrackenspitzmaus, **Sorex coronatus**

Beide Arten nach Schädelmerkmalen nur mit Hilfe von Maßkombinationen zu unterscheiden. Bei **S. coronatus** UK-Ast in der Regel deutlich nach vorn geneigt, bei **S. araneus** gerade oder schwach nach vorn geneigt.

— Letzter einspitziger Zahn im OK nicht so auffallend klein. Zweiter Zahn im UK zweispitzig . . . . . Alpenspitzmaus, **Sorex alpinus**

Ordnung: **Chiroptera,** Fledermäuse

1. Nasenbeine blasenförmig aufgetrieben [*14*]. Im OK jederseits ein, im UK jederseits zwei I. Zwischenkieferbeine nicht fest mit dem Oberkieferbein verbunden, daher bei präparierten Schädeln oft fehlend
Hufeisennasen, **Rhinolophidae** **2**

— Nasenbeine nicht aufgetrieben. Im OK jederseits zwei, im UK jederseits drei I. Zwischenkieferbeine voneinander getrennt, mit Oberkieferbein verwachsen . . . . . . Glattnasen, **Vespertilionidae** **3**

2. CB bis 16 mm . . Kleine Hufeisennase, **Rhinolophus hipposideros**

— CB über 20 mm Große Hufeisennase, **Rhinolophus ferrumequinum**

3. Im OK jederseits 6 BZ;
Zahnformel $\frac{2133}{3133} = 38$ . . . . **Myotis** **6**

— Weniger Zähne **4**

4. Im OK jederseits 5 BZ **5**

— Im OK jederseits 4 BZ;
Zahnformel $\frac{2113}{3123} = 32$ **13**

5. Im UK jederseits 6 BZ;
Zahnformel $\frac{2123}{3133} = 36$ . . . . **Plecotus** **15**

— Im UK jederseits 5 BZ;
Zahnformel $\frac{2123}{3123} = 34$ **16**

6. CB über 22 mm . . . . Großes Mausohr, **Myotis myotis**

— CB unter 20 mm **7**

7. Obere M in der Mitte des Vorderrandes mit einem kleinen Höcker **8**

— Obere M in der Mitte des Vorderrandes ohne Höcker **10**

8. CB über 15 mm . . . . . . Teichfledermaus, **Myotis dasycneme**

— CB unter 15 mm **9**

9. Interorbitalbreite über 3,9 mm, P2 im UK wesentlich kleiner als P1
Wasserfledermaus, **Myotis daubentoni**

— Interorbitalbreite unter 3,9 mm, P2 im UK nur wenig kleiner als P1
Große Bartfledermaus, **Myotis brandti**

10. CB über 16 mm . . . . . Bechsteinfledermaus, **Myotis bechsteini**

— CB unter 16 mm **11**

11. CB unter 14 mm . . . . . . Bartfledermaus, **Myotis mystacinus**

— CB über 14 mm **12**

12. Im OK P2 sehr klein, etwa halb so hoch wie P1, von außen kaum sichtbar . . . . Wimperfledermaus, **Myotis emarginatus**

— Im OK P2 fast so hoch wie P1 Fransenfledermaus, **Myotis nattereri**

13. Schneiden der unteren I stehen quer zur Richtung des UK; Schnauzenteil hinter der Nasenöffnung oben nicht konkav **Eptesicus** **14**

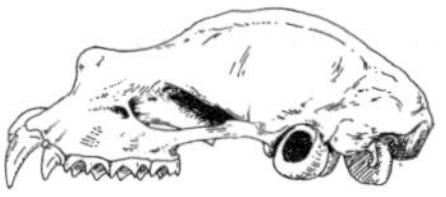
14

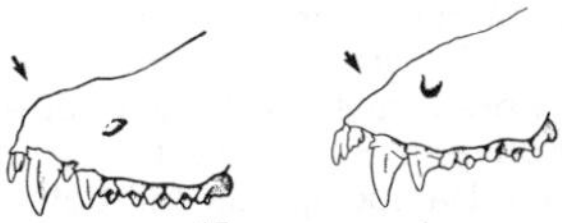
15

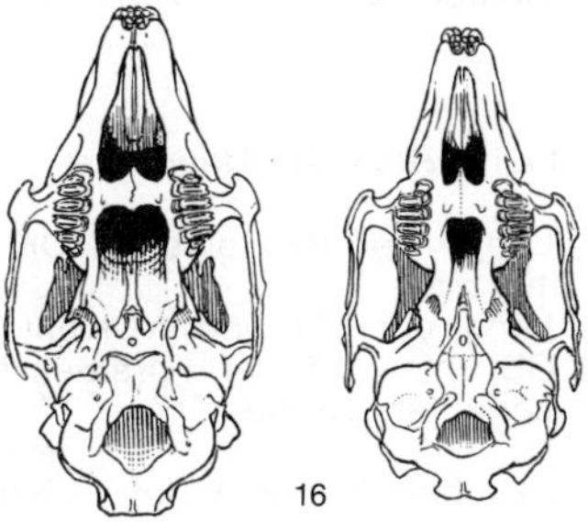
16

— Schneiden der unteren I stehen in der Richtung des UK; Schnauzenteil hinter der Nasenöffnung oben konkav
Zweifarbige Fledermaus, **Vespertilio discolor**

14. CB unter 16 mm . . . Nordische Fledermaus, **Eptesicus nilssoni**
— CB über 19 mm . . . Breitflügelfledermaus, **Eptesicus serotinus**

15. CB bis 15,7 mm, kleinster Abstand zwischen den Gehörblasen größer als die halbe Choanenbreite . Braunes Langohr, **Plecotus auritus**
— CB über 15,7 mm, kleinster Abstand zwischen den Gehörblasen kleiner als die halbe Choanenbreite
Graues Langohr, **Plecotus austriacus**

16. CB über 15 mm . . . . **Nyctalus 17**
— CB unter 14 mm **18**

17. CB über 17 mm . . . . Abendsegler, **Nyctalus noctula**
— CB unter 16 mm . . . . . Kleiner Abendsegler, **Nyctalus leisleri**

18. Vorderes Schnauzenprofil gewölbt [*15 links*] . . **Pipistrellus 19**
— Vorderes Schnauzenprofil flach [*15 rechts*]
Mopsfledermaus, **Barbastella barbastellus**

19. Im OK P1 winzig, von außen nicht sichtbar, C und P2 berühren sich an der Basis . . . . Alpenfledermaus, **Pipistrellus savii**
— Im OK P1 von außen sichtbar **20**

20. CB über 12 mm . . . . Rauhhautfledermaus, **Pipistrellus nathusii**
— CB bis 12 mm . . . . Zwergfledermaus, **Pipistrellus pipistrellus**

Ordnung: **Lagomorpha,** Hasenartige

1. Choanenöffnung etwa doppelt so breit wie die Breite der BZ [*16 links*]. Zwischenscheitelbein mit den umgebenden Knochen verwachsen
Lepus 2
— Choanenöffnung etwa so breit wie die Breite der BZ [*16 rechts*]. Zwischenscheitelbein nicht mit den umgebenden Knochen verwachsen
(Haus- und) Wildkaninchen, **Oryctolagus cuniculus**

2. CB unter 84 mm. Wurzelkanal der oberen Nagezähne reicht bis zur Naht zwischen Zwischenkiefer- und Oberkieferbein oder darüber hinaus . . . . Alpenschneehase, **Lepus timidus**

— CB über 85 mm. Wurzelkanal erreicht diese Naht nicht
Feldhase, **Lepus europaeus**

Ordnung: **Rodentia,** Nagetiere

1. Länge der BZ-Reihe im OK über 25 mm. CB in der Regel über 100 mm **2**
— Länge der BZ-Reihe im OK unter 25 mm. CB immer unter 100 mm **3**
2. CB unter 125 mm, Foramen infraorbitale sehr groß, Basioccipitale ohne tiefe Grube . . . . Ferkelratten, **Capromyidae**
mit **Myocastor coypus,** Sumpfbiber, Nutria
— CB über 125 mm, F. infraorbitale sehr klein, Basioccipitale mit tiefer Grube . . . . Biber, **Castoridae** mit **Castor fiber,** Biber
3. Postorbitalfortsätze gut entwickelt;
Zahnformel $\frac{1023}{1013}$ = 22; (P1 im OK manchmal fehlend). BZ-Reihe im OK über 8 mm . . . . Hörnchen, **Sciuridae** **8**
— Ohne Postorbitalfortsätze; weniger Zähne **4**
4. Zahnformel $\frac{1013}{1013}$ = 20; BZ-Reihe im OK zwischen 4 und 8 mm
Schläfer, **Gliridae** **9**
— Weniger Zähne **5**
5. Zahnformel $\frac{1013}{1003}$ = 18; BZ-Reihe im OK unter 4 mm
Hüpfmäuse, **Zapodidae** mit **Sicista betulina,** Waldbirkenmaus
— Zahnformel $\frac{1003}{1003}$ = 16 . . . . **6**
6. BZ mit schlingenförmigen Schmelzfalten [*32, 33*], Kaufläche plan [*31*]
Wühlmäuse, **Arvicolidae** **17**
— BZ mit Schmelzhöckern [*17, 18*], Kaufläche höckerig, im Alter flacher werdend **7**
7. Gaumenspalten reichen nicht bis in Höhe des Vorderrandes des M1. Schmelzhöcker der BZ im OK in zwei Längsreihen angeordnet, Zahnkrone längs der Mitte vertieft [*18*]
Hamster, **Cricetidae** mit **Cricetus cricetus,** Hamster
Außerdem als Haustier Goldhamster (s. S. 632) (CB-Länge unter 40 mm); beim Hamster dagegen CB-Länge über 40 mm, Tiere freilebend.
— Gaumenspalten reichen bis in Höhe des M1 oder darüber hinaus [*28, 29*]. BZ im OK mit 3 Längsreihen von Schmelzhöckern, die mittlere am höchsten [*17*] . . . . Echte Mäuse, **Muridae** **12**
8. CB unter 60 mm. P1 im OK sehr klein, gelegentlich fehlend, stiftartig; Nagezähne seitlich zusammengedrückt, im Querschnitt etwa doppelt so lang wie breit . . . . Eichhörnchen, **Sciurus vulgaris**
— CB über 70 mm. P1 im OK größer, etwa halb so stark wie P2; Nagezähne im Querschnitt etwa quadratisch
Alpenmurmeltier, **Marmota marmota**
9. P relativ klein, erreicht etwa ¼ der Länge des M1 [*19*]
Haselmaus, **Muscardinus avellanarius**

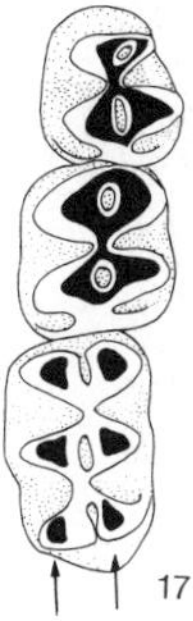

17

18

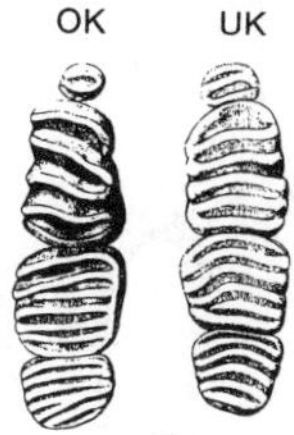

19

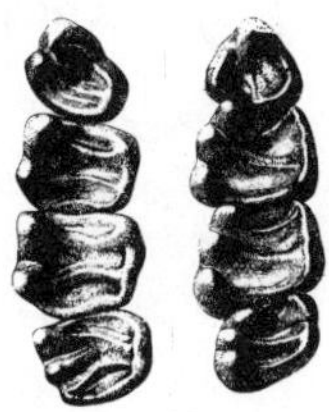

21

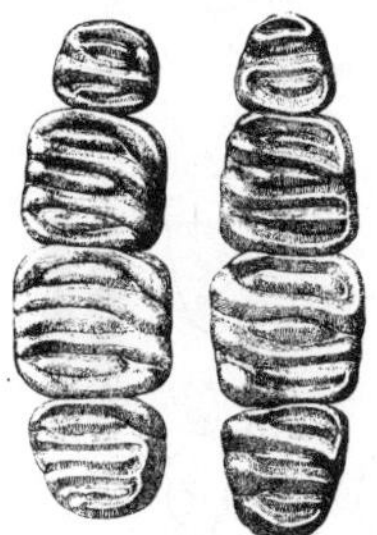

20

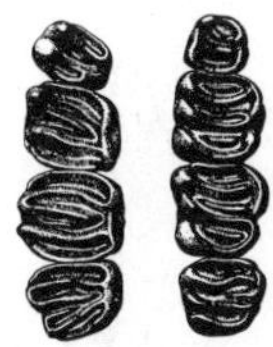

22

— P größer, erreicht etwa ½ der Länge des M1 [*20, 21, 22*] . . **10**

10. CB in der Regel unter 33 mm; BZ-Reihe im OK unter 6 mm . **11**

— CB in der Regel über 34 mm; BZ-Reihe im OK über 6 mm. BZ [*20*] Siebenschläfer, **Glis glis**

11. CB über 30 mm; BZ-Reihe im OK über 4,8 mm. BZ [*21*] Gartenschläfer, **Eliomys quercinus**

— CB unter 28 mm; BZ-Reihe im OK unter 4,2 mm. BZ [*22*] Baumschläfer, **Dryomys nitedula**

12. CB über 30 mm; BZ-Reihe im OK über 6 mm . . . . **Rattus 13**

— CB unter 30 mm; BZ-Reihe im OK unter 5 mm **14**

13. Knochenleisten auf dem Schädeldach (Scheitelbeine) parallel verlaufend [*23*], Zwischenscheitelbein ± rechteckig [*23*] Wanderratte, **Rattus norvegicus**

— Knochenleisten bogenförmig verlaufend [*24*], Zwischenscheitelbein ± oval [*24*] . . . . Hausratte, **Rattus rattus**

14. Obere Nagezähne hinten mit kleiner Einkerbung [*4*]; Scheitelbeine am seitlichen Vorderrand pfeilspitzartig nach vorn vorspringend [*25*]; Gaumenspalten reichen etwa bis zur Mitte des M1; M1 3wurzelig [*28*] Hausmaus, **Mus musculus**

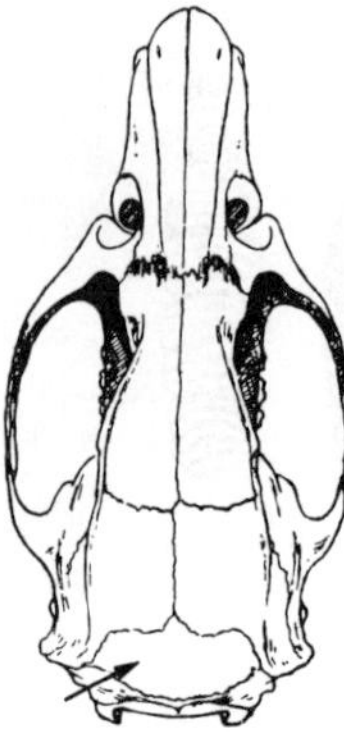

23

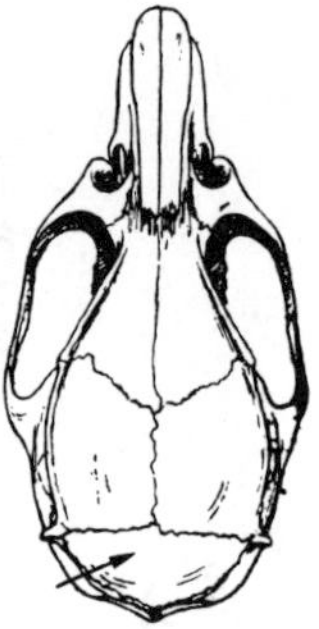

24

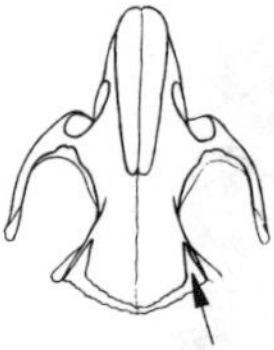

25

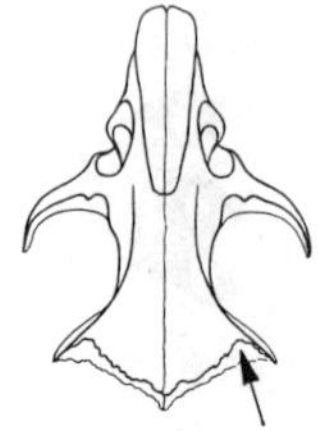

26

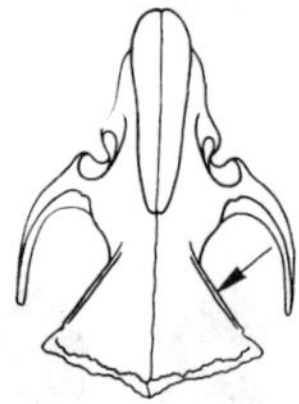

27

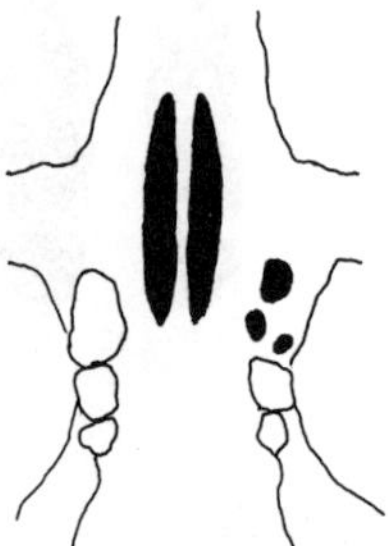

28

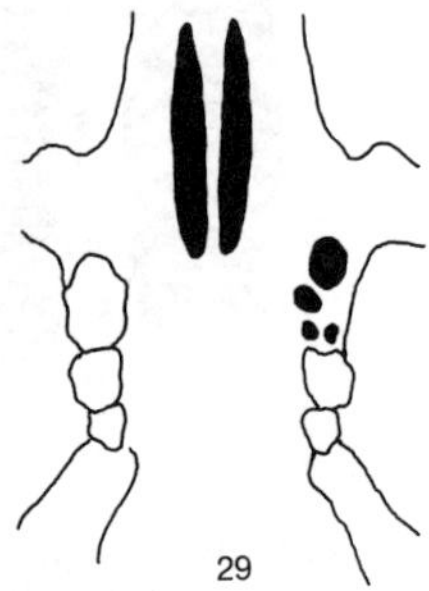

29

— Obere Nagezähne ohne solche Einkerbung [*3*]; Scheitelbeine nicht so vorspringend [*26*]; Gaumenspalten reichen höchstens bis zum vorderen Rand von M1; M1 4–5wurzelig [*29*] **15**

15. CB kürzer als 19 mm; BZ-Reihe im OK bis 3 mm, M1 im OK 5wurzelig, im UK 3wurzelig . . . . Zwergmaus, **Micromys minutus**

— CB über 20 mm; BZ-Reihe im OK über 3,5 mm, M1 im OK 4wurzelig, im UK 2wurzelig . . . . **Apodemus 16**

16. Stirnbein über den Augenhöhlen mit einer schwachen Knochenleiste [*27*] . . . . Brandmaus, **Apodemus agrarius**

— Schädel ohne solche Leiste
Waldmaus, **Apodemus sylvaticus** u. Gelbhalsmaus, **A. flavicollis**

(Diese beiden Arten sind nach Schädelmerkmalen schwer zu trennen. BZ-Reihe im OK über 4 mm, in der Regel **A. flavicollis,** unter 4 mm in der Regel **A. sylvaticus**.)

17. CB länger als 50 mm; BZ-Reihe im OK über 12 mm
Bisam, **Ondatra zibethicus**

— CB unter 45 mm; BZ-Reihe im OK unter 11 mm **18**

18. Choane [*5*: 20] breit, reicht seitlich bis an die Zahnreihen heran [*30 links*]; Schmelzschlingen der BZ, besonders im UK, ± abgerundet, Vorderteil des M1 im UK nicht gegliedert, flach [*32*]; BZ im Alter mit geschlossenen Wurzeln, Altersstadien [*31*]
Rötelmaus, **Clethrionomys glareolus**

— Choane schmal, reicht seitlich nicht an die BZ heran [*30 rechts*]; Schmelzschlingen der BZ ± spitzwinkelig, Vorderteil des M1 im UK gegliedert, ± lang [*33–37*]; BZ auch im Alter mit offener Wurzel, wie [*31 links*] **19**

19. CB länger als 32 mm; BZ-Reihe im OK in der Regel über 8 mm
Schermaus, **Arvicola terrestris**

— CB kürzer als 32 mm; BZ-Reihe im OK unter 7,5 mm **20**

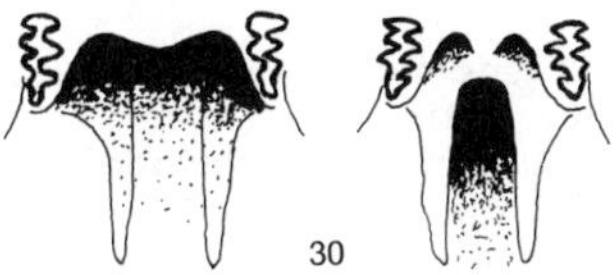

30

31

32

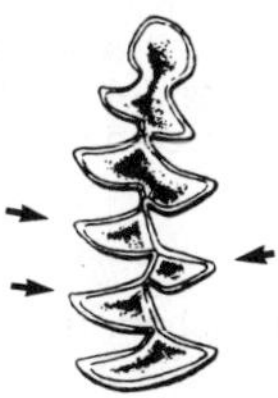

33

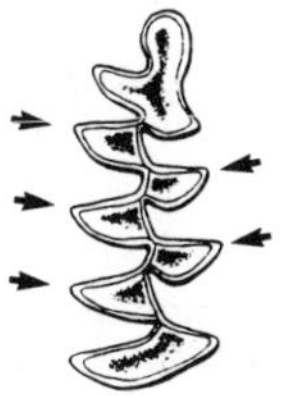

34

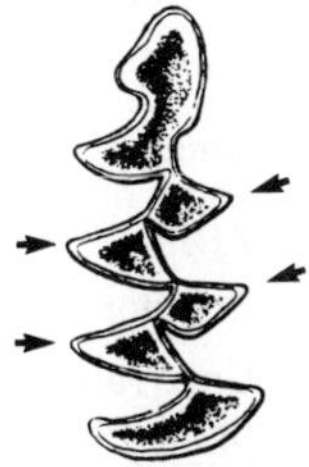

35

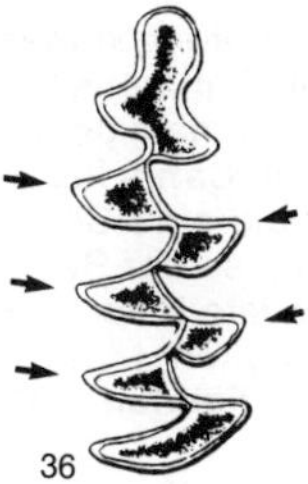

36

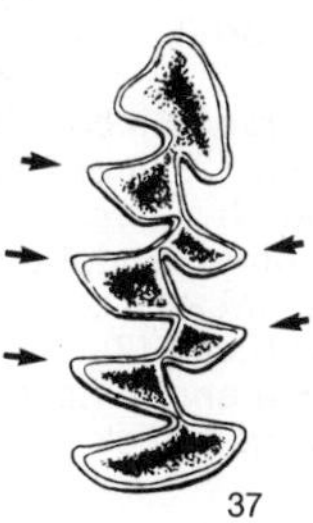

37

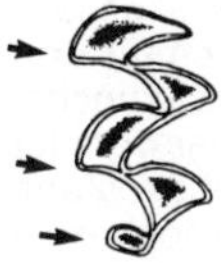

38

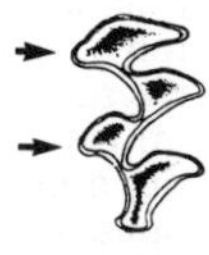

39

20. M2 im OK innen mit 3 Schmelzzacken, die 3. sehr klein [*38*], Schmelzschlingenmuster des M1 im UK [*36*] . Erdmaus, **Microtus agrestis**
— M2 im OK innen mit 2 Schmelzzacken [*39*] **21**
21. M1 im UK mit 3 geschlossenen Schmelzdreiecken (innen 2, außen 1) [*33*] . . . . . . Kleinäugige Wühlmaus, **Microtus subterraneus**
— M1 im UK mit mehr als 3 geschlossenen Schmelzdreiecken . **22**
22. M1 im UK mit insgesamt 4 geschlossenen Schmelzdreiecken (innen 2, außen 2) [*35*] . . . . Nordische Wühlmaus, **Microtus oeconomus**
— M1 im UK mit insgesamt 5 geschlossenen Dreiecken (innen 3, außen 2) [*34, 37*] **23**
23. CB unter 27 mm; Schmelzschlingenmuster des M1 im UK [*34*] Feldmaus, **Microtus arvalis**
— CB über 27 mm; Schmelzschlingenmuster des M1 im UK [*37*] Schneemaus, **Microtus nivalis**

Ordnung: **Carnivora,** Raubtiere

1. BZ verschieden gestaltet; im OK und UK jederseits 3 I . . . **2**
— BZ alle gleich gestaltet; jederseits im OK 3, im UK 2 I Hundsrobben, **Phocidae** **14**
2. Im OK jederseits 6 BZ **3**
— Im OK jederseits höchstens 5 BZ **6**
3. Knöcherner Gaumen endet etwa eine Choanenbreite hinter dem letzten BZ; im UK jederseits 6 BZ;
Zahnformel $\frac{3142}{3142}$ . . . . Kleinbären, **Procyonidae** mit **Procyon lotor,** Waschbär
— Knöcherner Gaumen wesentlich kürzer, endet in Höhe oder höchstens eine Backenzahnbreite hinter dem letzten BZ; im UK jederseits 7 BZ;
Zahnformel $\frac{3142}{3143}$ . . . . Hunde, **Canidae** **4**
4. Unterrand des UK hinten mit einem deutlichen, beinahe rechtwinkligen Einschnitt; knöcherner Gaumen endet eine M2-Länge hinter dem letzten BZ (M2) . . . . . Marderhund, **Nyctereutes procyonoides**
— Unterrand des UK ohne solchen Einschnitt; knöcherner Gaumen endet am letzten BZ **5**
5. Postorbitalfortsätze auf der Oberseite deutlich eingedellt; Gaumenspalten etwa 4–5mal so lang wie breit; CB unter 180 mm Rotfuchs, **Vulpes vulpes**
— Postorbitalfortsätze auf der Oberseite nicht eingedellt; Gaumenspalten etwa 2–3mal so lang wie breit; CB über 200 mm (Merkmale gelten bis auf CB auch für den Haushund) . . . . . . Wolf, **Canis lupus**
6. Im UK 4–6 BZ; knöcherner Gaumen endet um mehr als eine Choanenbreite hinter dem letzten BZ [*40, 41*]; I2 im UK tritt an seiner Basis auffallend aus der Zahnreihe zurück [*42*] Marder, **Mustelidae** **7**
— Im UK 3 BZ; knöcherner Gaumen endet nicht so weit hinten; I im UK stehen in einer Reihe, I2 tritt nicht zurück . . Katzen, **Felidae** **13**

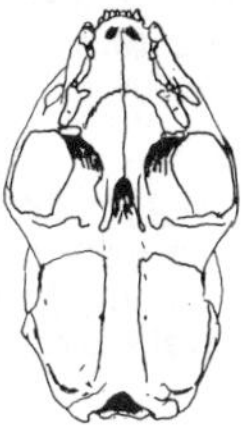
40

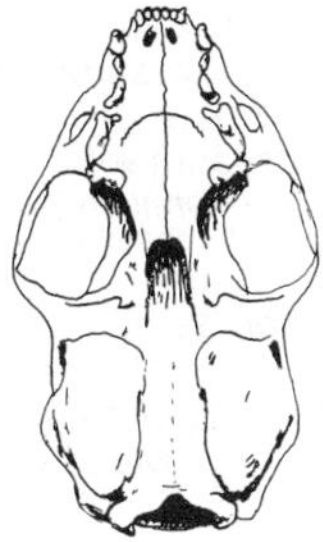
41

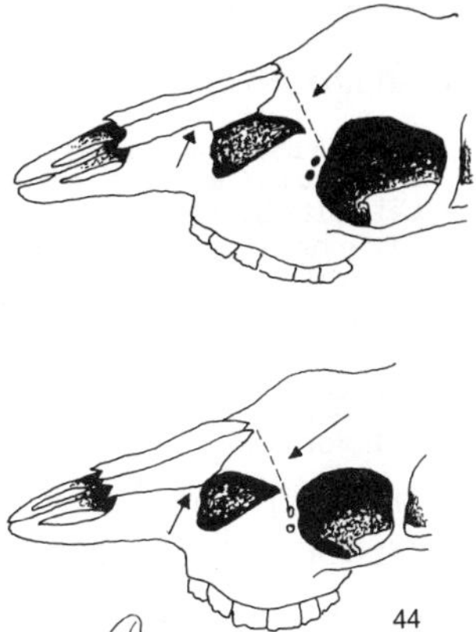
44

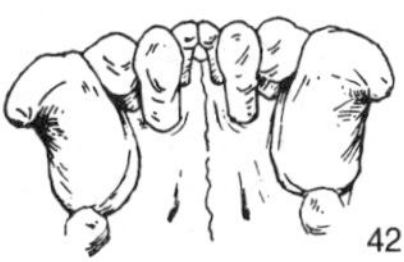
42

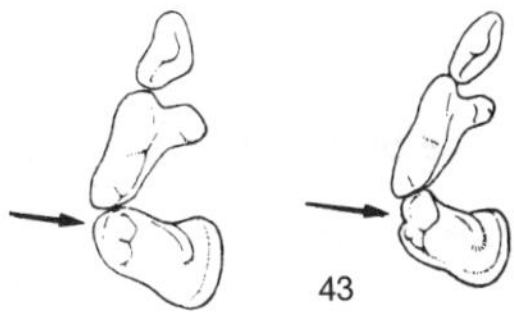
43

7. CB über 95 mm **8**
— CB unter 95 mm **9**
8. Letzter oberer BZ viel größer als der vorhergehende, länger als breit; im UK 6 BZ; 1. BZ im OK und UK sehr klein, manchmal fehlend; hoher Scheitelkamm (Crista sagittalis);
Zahnformel $\frac{3141}{3142} = 38$ . . . . Dachs, **Meles meles**
— Letzter BZ im OK nicht größer als der vorhergehende, breiter als lang; im UK 5 BZ; 1. BZ im OK steht an der Innenseite des C; Schädelmitte stark eingeschnürt;
Zahnformel $\frac{3141}{3132} = 36$ . . . . Fischotter, **Lutra lutra**
9. CB über 75 mm; im OK 5 BZ; im UK 6 BZ;
Zahnformel $\frac{3141}{3142} = 38$ . . . . **Martes 10**
— CB unter 75 mm; im OK 4 BZ; im UK 5 BZ;
Zahnformel $\frac{3131}{3132} = 34$ . . . . **Mustela 11**
10. Außenrand des letzten M im OK (M1) eingebuchtet [*43 rechts*]; Nasenöffnung rundlich, Foramina mentalia stehen enger zusammen, hinteres Foramen unter Mitte von P3 . . . Steinmarder, **Martes foina**
— Außenrand des letzten M im OK (M1) nicht eingebuchtet [*43 links*]; Nasenöffnung länglich-oval, F. mentalia stehen weiter auseinander,

hinteres Foramen unter hinterer Wurzel von P3
Baummarder, **Martes martes**

11. CB über 55 mm . . . . Iltis, **Mustela putorius** und Nordamerikanischer Nerz, **M. vison**

Unterscheidung nach Schädelmerkmalen schwierig; größte Schädelverengung beim Iltis ± in der Mitte, beim Nerz vor der Mitte der Schädellängsachse.

— CB unter 55 mm **12**

12. CB in der Regel über 42 mm; hinterer Gaumenrand flachbogig bis ekkig [*41*] . . . . Hermelin, **Mustela erminea**

— CB in der Regel unter 42 mm; hinterer Gaumenrand ± spitzbogig [*40*]
Mauswiesel, **Mustela nivalis**

13. CB über 120 mm;
Zahnformel $\frac{3121}{3121} = 28$ . . . . Luchs, **Lynx lynx**

— CB unter 110 mm;
Zahnformel $\frac{3131}{3121} = 30$ . . . . Katze, **Felis silvestris**

14. BZ mit 3–5 Zacken **15**

— BZ mit kegelförmiger Spitze . . Kegelrobbe, **Halichoerus grypus**

15. Mittlere BZ im OK stehen schräg zur Kieferlängsrichtung; Nasenbein etwa 3mal so lang wie breit; Innenseite des UK zwischen den mittleren BZ konvex . . . . Seehund, **Phoca vitulina**

— BZ im OK stehen in Richtung des Kiefers; Nasenbein etwa 4–5mal so lang wie breit; Innenseite des UK zwischen den mittleren BZ konkav
Ringelrobbe, **Phoca hispida**

Ordnung: **Artiodactyla,** Paarhufer

1. Keine I im OK **2**

— Im OK sind I vorhanden;
Zahnformel $\frac{3143}{3143} = 44$ . . . . Schweine, **Suidae** mit **Sus scrofa,** (Haus- und) Wildschwein

2. Vor den Augenhöhlen zwischen Stirn-, Nasen-, Tränen- und Oberkieferbein eine große, ± dreieckige Öffnung (Ethmoidallücke) [*44*]; Tränenbein am Augenhöhlenrand mit 2 Tränenlöchern
Hirsche, **Cervidae** **6**

— Keine Ethmoidallücke oder nur eine kleine schlitzförmige; Tränenbein an der Innenseite des Augenhöhlenrandes mit 1 Tränenloch;
Zahnformel $\frac{0033}{3133} = 32$ . . . . Rinderartige, **Bovidae** **3**

3. CB über 350 mm; Gaumenquernaht liegt vor den Gefäßlöchern (Foramina palatina) des Gaumens Hausrind, **Bos primigenius f. taurus**

— CB unter 300 mm; Gaumenquernaht berührt die Gefäßlöcher des Gaumens **4**

4. Hörner im Querschnitt rund, gerade, an den Enden hakenförmig nach hinten gebogen; CB unter 210 mm . Gemse, **Rupicapra rupicapra**

— Hörner anders gestaltet oder bei ♀♀ fehlend **5**

5. Vor den Augenhöhlen eine flache, rundliche Tränenbeingrube (Hausschaf und) Mufflon, **Ovis ammon**
— Ohne Tränenbeingrube (Hausziege und) Alpensteinbock, **Capra ibex**
6. CB über 450 mm; Nasenbeine kurz, reichen nach vorn nicht über die BZ hinaus; I1 nur wenig breiter als die anderen I Elch, **Alces alces**
— CB unter 400 mm; Nasenbeine länger; I1 schaufelartig erweitert, breiter als die anderen **7**
7. Tränenbeingrube flach; CB bis 210 mm Reh, **Capreolus capreolus**
— Tränenbeingrube länglich tief; CB über 200 mm **8**
8. C im OK fehlen; Nasenbeine reichen bis zur Höhe des Vorderrandes der Augenhöhle oder darüber hinaus; Nasenbeine am Vorderrand der Ethmoidallücke mit einem deutlichen Einschnitt, in den das Oberkieferbein hineinragt [*44 oben*] . . . . . Damhirsch, **Cervus dama**
— C in der Regel im OK vorhanden; Nasenbeine reichen nicht bis zur Höhe des Vorderrandes der Augenhöhle; Nasenbeine ohne solchen Einschnitt [*44 unten*] **9**
9. CB über 300 mm . . . . Rothirsch, **Cervus elaphus**
— CB unter 300 mm . . . . Sikahirsch, **Cervus nippon**

Ordnung: **Cetacea,** Wale

1. CB unter 350 mm; Zahnkronen seitlich abgeflacht, spatelförmig Schweinswal oder Braunfisch, **Phocoena phocoena**
— CB über 400 mm; Zahnkronen kegelförmig Großer Tümmler, **Tursiops truncatus**

C. Bestimmungsschlüssel für Kleinsäuger-Schädel aus Gewöllen

Oberkiefer

1. Schädel mit kurzen Postorbitalfortsätzen; Gehörkapsel langoval, etwa ⅓ der Schädellänge . . . . . Ordnung Raubtiere, **Carnivora 2**
— Schädel ohne solche Fortsätze und solche Gehörkapsel . . **3**
2. Größter BZ (Reißzahn) 3,1–4,2 mm . Mauswiesel, **Mustela nivalis**
— Größter BZ 4,3–5,5 mm . . . . . . Hermelin, **Mustela erminea**
3. Kiefer mit spitzen Backenzähnen **4**
— Kiefer ohne solche Backenzähne, I zu Nagezähnen umgebildet, von den BZ durch breite Lücke getrennt Ordnung Nagetiere, **Rodentia** S. 646
4. Kiefer vorn mit tiefem Einschnitt [*6, 7*] Ordnung Fledermäuse, **Chiroptera** S. 644
— Kiefer ohne solchen Einschnitt Ordnung Insektenfresser, **Insectivora** S. 641

Unterkiefer

1. UK mit vollständigem Gebiß (I, C, P, M); I nicht zu Nagezähnen umgebildet **2**
— UK mit Nagezähnen, C nicht vorhanden, zwischen I und Backenzähnen große Lücke . . . . . . Ordnung Nagetiere, **Rodentia 14**

2. UK groß, Zahnreihe über 23 mm lang, Höhe des aufsteigenden Astes über 20 mm, Höhe des zahntragenden Kiefers über 6 mm
Igel, **Erinaceus europaeus**
— UK kleiner, Zahnreihe unter 20 mm lang **3**
3. Größter Backenzahn (Reißzahn, M1) wesentlich größer als andere Backenzähne, Molaren höchstens 3höckerig **4**
— M1 nicht besonders groß, Molaren mehr als 3höckerig . . . **5**
4. M1 über 5 mm lang . . . . Hermelin, **Mustela erminea**
— M1 unter 5 mm lang . . . . Mauswiesel, **Mustela nivalis**
5. I1 groß, nach vorn aus dem Kiefer waagerecht herausragend
Spitzmäuse, **Soricidae** **7**
— I1 anders gestaltet **6**
6. UK-Länge (Kiefervorderrand bis Gelenkhöcker) über 20 mm, Zahnreihenlänge über 13 mm . . Europäischer Maulwurf, **Talpa europaea**
— UK kürzer . . . . Fledermäuse, **Chiroptera**
7. Zahnspitzen rot; UK mit geteiltem Gelenkkopf **8**
— Zahnspitzen ohne rote Färbung; UK mit nicht geteiltem Gelenkkopf
Crocidura **12**
8. I1 auf Oberseite mit 3 kleinen Höckern [*12b*] . . . . . **Sorex** **10**
— I1 auf Oberseite mit 1 flachen Höcker [*12a*] . . . . **Neomys** **9**
9. Höhe des aufsteigenden Astes [*13*] über 4,5 mm
Wasserspitzmaus, **Neomys fodiens**
— Höhe des aufsteigenden Astes unter 4,4 mm
Sumpfspitzmaus, **Neomys anomalus**
10. I2 zweihöckerig . . . . Alpenspitzmaus, **Sorex alpinus**
— I2 einhöckerig **11**
11. Höhe des aufsteigenden Astes über 4 mm
Waldspitzmaus, **Sorex araneus,**
Schabrackenspitzmaus, **S. coronatus**
— Höhe des aufsteigenden Astes unter 4 mm
Zwergspitzmaus, **Sorex minutus**
12. Höhe des aufsteigenden Astes unter 4,2 mm
Gartenspitzmaus, **Crocidura suaveolens**
— Höhe des aufsteigenden Astes über 4,2 mm **13**
13. Processus angularis am Ende verbreitert mit diagonalem Grat [*9b*]
Hausspitzmaus, **Crocidura russula**
— Processus angularis am Ende schlanker, ohne solchen Grat [*9a*]
Feldspitzmaus, **Crocidura leucodon**
14. BZ mit Schmelzhöckern [*17, 18*] (bei sehr alten Tieren abgeschliffen) **15**
— Kaufläche der BZ plan; hochkronig; schlingenförmige Schmelzfalten, umfassen alternierend angeordnete ± dreieckige Dentinfelder [*32–37*] . . . . Wühlmäuse, **Arvicolidae** **19**
15. BZ-Reihe über 7,5 mm. Coronoidfortsatz reicht nach hinten bis in Höhe des Gelenkkopfes; Processus angularis am Ende ventral schaufelartig verbreitert . . . . Hamster, **Cricetus cricetus**
— BZ-Reihe unter 7,5 mm. Coronoidfortsatz reicht nicht so weit nach hinten; Processus angularis nicht so ausgebildet
Echte Mäuse, **Muridae** **16**

16. UK immer über 25 mm; BZ-Reihe immer über 6 mm
Wander- und Hausratte, **Rattus norvegicus** und **R. rattus**
— UK immer unter 20 mm; BZ-Reihe immer unter 5,5 mm **17**
17. Einschnitt zwischen Processus condylaris und Processus angularis kreisförmig . . . . Hausmaus, **Mus musculus**
— Einschnitt zwischen Processus condylaris und Processus angularis elliptisch **18**
18. UK sehr klein, meist unter 10 mm; BZ-Reihe meist unter 3 mm, M1 3-wurzelig . . . . Zwergmaus, **Micromys minutus**
— UK größer; M1 2wurzelig . . . . Wald-, Gelbhals- und Brandmaus, **Apodemus sylvaticus, A. flavicollis, A. agrarius**
19. UK groß, immer über 22 mm; BZ-Reihe immer über 8 mm
Schermaus, **Arvicola terrestris**
— UK kürzer **20**
20. BZ bei älteren Tieren mit geschlossenen Wurzeln [*31*]. UK mit einzelnen Alveolen, Schmelzschlingen ± abgerundet; Kopfteil des M1 nicht gegliedert, flach [*32*] . . . . Rötelmaus, **Clethrionomys glareolus**
— BZ nie mit geschlossenen Wurzeln. UK mit einer großen Wurzelhöhle, Kopfteil des M1 anders gestaltet **21**
21. M1 außen mit einem, innen mit zwei geschlossenen Schmelzdreiekken [*33*] . . . . . Kleinäugige Wühlmaus, **Microtus subterraneus**
— M1 mit insgesamt mindestens vier geschlossenen Schmelzdreiecken **22**
22. M1 außen und innen mit je zwei geschlossenen Schmelzdreiecken [*35*] . . . . Nordische Wühlmaus, **Microtus oeconomus**
— M1 außen mit zwei, innen mit drei geschlossenen Schmelzdreiecken [*34, 36, 37*] **23**
23. Kopfteil des M1 halbmondförmig oder pfeilspitzartig [*37*]
Schneemaus, **Microtus nivalis**
— Kopfteil des M1 gegliedert mit ± starker Einschnürung [*34, 36*] **24**
24. Foramen mandibulae (Öffnung auf der Mandibelinnenseite) meist auf dem Zahnkanalwulst des Nagezahnes liegend
Erdmaus, **Microtus agrestis**
— Foramen mandibulae meist vor dem Zahnkanalwulst liegend
Feldmaus, **Microtus arvalis**

Literatur und Abbildungsnachweise

a) Die Abbildungen wurden, z. T. verändert, entnommen aus: Bobrinski, N. A. u. a.: Bestimmungsschlüssel der Säugetiere der USSR. Moskau, 1965. – Chaline, J.: Les Proies des Rapaces. Paris, 1974. – Corbet, G. B.: The Identification of British Mammals. London, 1964. – Gaffrey, G.: Die Schädel der mitteleuropäischen Säugetiere. Leipzig, 1953. – Gaffrey, G.: Merkmale wildlebender Säugetiere Mitteleuropas. Leipzig, 1961. – Görner, M., Hackethal, H.: Säugetiere Europas. Stuttgart, 1988. – Husson, A. M.: Zool. Bijdragen, 1962, Nr. 5. – Miller, G. S.: Catalogue of the Mammals of Western Europe. London, 1912. – Pucek, Z.: Keys to the Vertebrates of Poland. Mammals. Warszawa, 1981. – Richter, H.: Säugetierkdl. Mitt. 9, 1961. (22, 24). – Richter, H.: Zool. Abh. Ber. Mus. Tierk. Dresden 26, Nr. 7, 1963. – Richter, H.: Zool. Abh. Ber. Mus. Tierk. Dresden 26, Nr. 10, 1963. – Richter, H.: Zt. Säugetierkd, 29, 1964. – Southern, H. N.: The Handbook of British Mammals. London, 1964. – Zimmermann, K.: Säugetiere. In: Stresemann, Exkursionsfauna von Deutschland. Berlin, 1955. – Abb. *44* Original W. Böhme.

b) Weitere Literatur: ANGERMANN, R., HACKETHAL, H.: Säugetiere. In: E. Stresemann, K. Senglaub, H.-J. Hannemann, Exkursionsfauna von Deutschland. Band 3 (Wirbeltiere). 11. Aufl. Berlin, 1989. – BAUMANN, F.: Die Säugetiere der Schweiz. Bern, 1949. – BRINK, F. H. VAN DEN: Die Säugetiere Mitteleuropas. Hamburg–Berlin, 1957. – BÜHLER, P., KÖNIG, C.: Die Fledermäuse Mitteleuropas. Veröff. Landesst. Natursch. Landschaftspfl., Baden-Württemberg, Heft 32, 1964. – CORBET, G., OVENDEN, D.: Pareys Buch der Säugetiere. Hamburg, Berlin, 1982. – MOHR, E.: Die freilebenden Nagetiere Deutschlands. Jena, 1954. – NATUSCHKE, G.: Heimische Fledermäuse. Neue Brehm-Bücherei. Wittenberg-Lutherstadt, 1960. – NIETHAMMER, J., KRAPP, F.: Handbuch der Säugetiere Europas, Band 1 Wiesbaden, 1978; Band 2/I Wiesbaden, 1982; Band 2/II Wiesbaden, 1986; Band 3/I Wiesbaden, 1990; Band 5/I und 5/II Wiesbaden, 1993. – ZIMMERMANN, K.: Taschenbuch unserer wildlebenden Säugetiere. Hannover, 1967. – Säugetierkundliche Zeitschriften (Z. f. Säugetierkunde, Hamburg, Säugetierkundliche Mitteilungen, München, und Säugetierkundliche Informationen, Jena).

Fährten und Spuren
1. Eichhörnchen, 2. Hase, 3. Fuchs, 4. Dachs, 5. Katze, 6. Iltis, 7. Hund, 8. Igel, 9. Reh, 10. Rothirsch, 11. Gemse. ▶

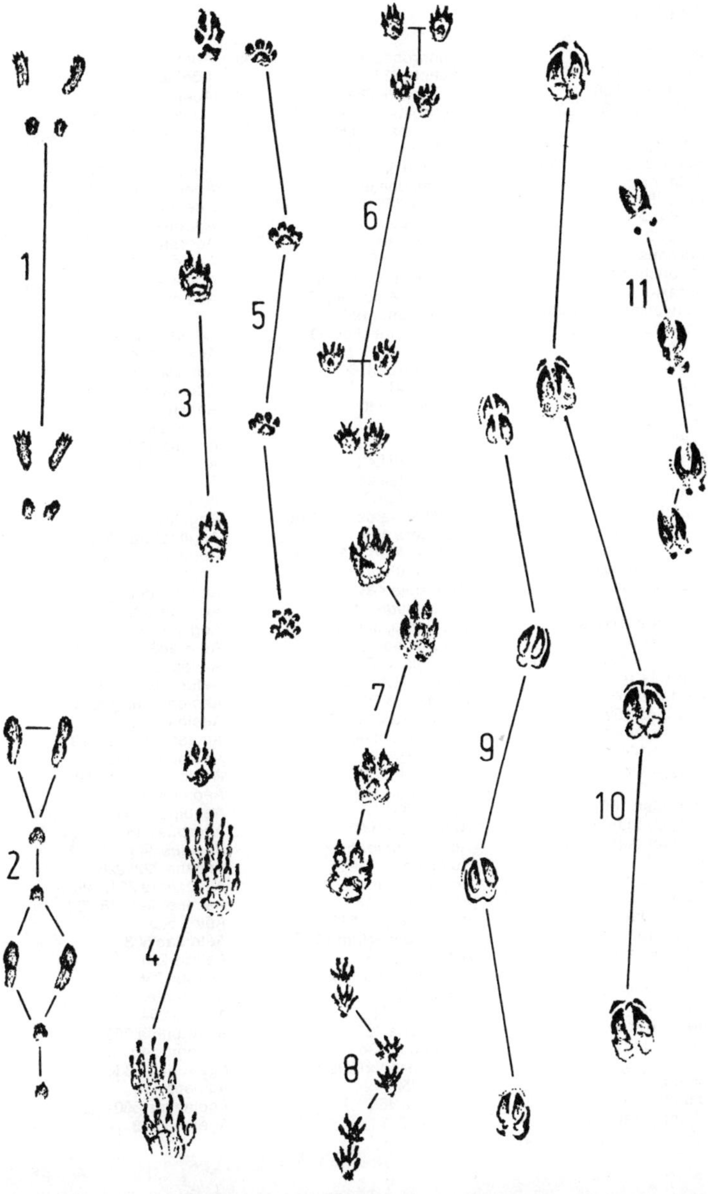
1
2
3
4
5
6
7
8
9
10
11

Register

Aal 521
Aalartige 521
Aalmutter 530
Aaskäfer 336
Abax 332
Abendpfauenauge 437
Abendsegler 630, 645
Ablattaria 336
Abia 382
Abida 74
Abra 92
Abramis 528, 529
Abranchus 104
Abraxas 435
Acalyptratae 449, 463
Acantharea 20
Acanthinula 66
Acanthis 620, 621
Acanthocardia 89
Acanthocephala 57
Acanthocephalus 57
Acanthochermes 298
Acanthochiasma 20
Acanthocinus 355
Acanthocottus 537
Acanthocystis 19
Acanthoderes 355
Acantholeberis 162
Acantholycosa 130
Acantholyda 381
Acanthometra 20
Acanthoscelides 319
Acanthosoma 281
Acanthosomatidae 281
Acarapis 149
Acaridae 153
Acaridida 152
Acariformes 144
Acarina 144
Acarpomyxea 12
Acartia 166
Acartiidae 166
Acartophthalmidae 366
Acartophthalmus 366
Acarus 152
Acaudinum 304
Accipiter 577
Accipitridae 577
Acentria 429
Acentropinae 429, 443
Acerentomon 202
Acerentulus 202
Aceria 146
Acericerus 293
Acerina 539
Acetropis 273
Achaearanea 130
Achaeta 101
Achanthiptera 492
Acherontia 437
Acheta 237
Achorotile 289
Achroia 430
Achromadora 59
Achtheres 167
Acicula 68
Aciculidae 68
Acilius 335
Acineta 30
Acinetidae 30
Acipenser 519
Acipenseridae 519
Acipenseriformes 512, 519
Ackerhummel 398
Ackerschnecken 69
Acmaea 80
Acmaeops 356
Acoela 41
Acompus 280
Acrania 1
Acrasea 12
Acrididae 243
Acridoidea 241
Acrobeles 60
Acrocephalus 615, 616
Acrocera 455
Acroceridae 455
Acrognathus 341
Acrolepia 423
Acrolepiidae 424
Acrolepiopsis 424
Acroloxidae 64
Acroloxus 75
Acronicta 441, 442
Acroperus 163
Acrothoracica 157
Actenoptera 464
Actina 475
Actinarctus 107
Actinedida 148
Actinia 35
Actinobolina 22
Actinobolinidae 22
Actinocephalus 30
Actinolophus 18
Actinophrys 18
Actinopterygii 512
Actinosphaerium 18
Actinothoe 35
Actinotrichida 144
Actitis 589
Aculeata 374
Aculepeira 127
Acupalpus 334
Acyrthosiphon 306
Adalia 352
Adapsilia 465
Adarrus 295
Adela 422
Adelges 298
Adelgidae 298
Adelgoidea 298
Adelidae 421, 443
Adelocera 347
Adelphocoris 273
Adenophorea 59
Adephaga 316, 368
Aderidae 321
Aderus 321
Adicella 409
Adineta 53
Adinetidae 53
Adler 579
Adlerfisch 535
Adlerrochen 518
Admiral 435
Adonia 352
Adoxus 360
Adrastus 347
Adscita 416, 422
Aedes 474
Aega 172
Aegialia 344
Aegidae 172
Aegithalidae 603
Aegithalus 603
Aegolius 598
Aegopinella 70
Aegopis 66, 70
Aegypius 579
Aelia 283
Aellopos 278
Aelurillus 138, 139
Aenigmatias 472, 482
Aeolosoma 99
Aeolosomatidae 99
Aeolothripidae 259
Aeolothripidea 259
Aeolothrips 259
Aequipecten 88
Aeropus 245
Aesalus 343
Aeshna 222, 226
Aeshnidae 221, 226
Aeshnoidea 218, 225
Aetea 503
Aeteidae 503
Aethus 284
Agabus 335
Agalenatea 127
Agallia 294
Agapanthia 355
Agapetus 406
Agathidium 336
Agdistis 415
Agelastica 360
Agelena 132

Agelenidae 132
Aglais 434
Aglaostigma 384
Aglia 421, 446
Agnatha 509, 510
Agnocoris 272
Agonidae 536
Agonum 333
Agonus 536
Agraecina 134
Agraylea 404
Agrenia 208
Agrilus 346
Agriopis 428, 435
Agriotes 347
Agriotypidae 385
Agriotypus 385
Agrius 437
Agroeca 134
Agromyza 468
Agromyzidae 468
Agrotis 441
Agrypininae 347
Agrypnia 408
Agyrtes 336
Ahlenläufer 330
Ahornblattroller 362
Ahorneule 442
Ährenfisch 533
Aiolopus 244
Aix 574, 576
Akera 80
Aland 526
Alaria 44
Alastor 392
Alauda 606
Alaudidae 606
Alburnoides 529
Alburnus 529
Alca 594
Alcedinidae 600
Alcedo 600
Alces 638, 653
Alcidae 594
Alcyonaria 34
Alcyonidiidae 501
Alcyonidium 501
Alcyonium 35
Alderia 79
Alebra 291
Alectoris 582
Aleochara 342
Aleurochiton 285
Aleyrodes 285
Aleyrodidae 285
Aleyrodina 285
Alken 594
Allacma 29
Allajulus 184
Allantus 384
Alle 594
Alleculidae 353, 372
Allochernes 112
Allocreadiidae 45
Allodia 474
Alloeotomus 270
Allogromiidae 18
Allolobophora 102-104
Allopauropus 179
Allothrombium 148
Alloxysta 387
Allygus 296
Alnetoidea 291
Alona 164
Alonella 164
Alonopsis 164
Alopecosa 132
Alopias 516
Alosa 520
Alpenapollo 430
Alpenbock 357
Alpenbraunelle 617
Alpendohle 608
Alpenfledermaus 630, 645
Alpenkrähe 608
Alpenmurmeltier 632, 646
Alpensalamander 549
Alpenschneehase 631, 645
Alpenschneehuhn 581
Alpensegler 599
Alpenspitzmaus 625, 644, 654
Alpensteinbock 638, 653
Alpenstrandläufer 590
Alpenweißling 431
Alpheidae 168
Alphitobius 353
Alse 520
Alsophila 428
Altella 123
Altweltgeier 579
Alucita 415
Alucitidae 415, 416
Alydidae 280
Alydus 281
Alysia 385
Alysson 394
Alytes 552, 555
Amara 332
Amasis 382
Amaurobiidae 122
Amaurobius 122
Amauronematus 383
Amblycera 255
Amblyteles 386
Ameisen 390
Ameisenbuntkäfer 350
Ameisenfischchen 211
Ameisengrillen 236
Ameisenjungfern 312
Ameisenlöwen 312
Ameiuridae 530
Ameiurus 530
Ameletus 215
Ametastegia 384
Amilenus 141
Amischa 342
Ammern 623
Ammiaphis 306
Ammobates 397
Ammobatoides 397
Ammocoetes 515
Ammodytes 542
Ammodytidae 542
Ammonia 18
Ammophila 394
Ammoplanus 393
Amniota 509
Amoeba 14
Amöben 13, 14
Amoebidae 14
Amoebina 13
Ampedus 348
Ampharete 98
Ampharetidae 98
Amphibia 549
Amphichaeta 100
Amphigerontia 253
Amphileptidae 23
Amphileptus 23
Amphilina 46
Amphilinidae 46
Amphilochidae 177
Amphimallon 345
Amphimonadidae 9
Amphinemura 231
Amphineura 63
Amphinomida 94
Amphinomidae 94
Amphipoda 175
Amphiporidae 49
Amphiporus 49
Amphipsocidae 251
Amphipsylla 402
Amphipyrinae 442
Amphitoe 178
Amphitoidae 178
Amphitrema 15
Amphitremidae 15
Amphityches 46
Amphiura 504
Amphorophora 304
Ampulex 393
Amsel 611
Amyotinae 282
Anabolia 408
Anacridium 243
Anactinotrichida 144
Anagnota 468
Anaitides 96
Anakelisia 288
Analges 152
Analgidae 152

Anaphothrips 261
Anarhichadidae 542
Anarhichas 542
Anas 575, 576
Anasimyia 488
Anaspis 353
Anastoechus 480
Anatidae 570
Anatis 352
Anatoecus 256
Anax 221, 226
Anchistropus 164
Ancistrocerus 392
Ancylidae 64
Ancylus 75
Ancyrosoma 282
Andrena 396, 397
Andrenidae 395
Andrenosoma 479
Andricus 387
Androniscus 173
Anechura 232
Anelasmocephalus 140
Anelosimus 130
Anemadus 337
Anergates 390
Aneuridae 267
Aneurus 267
Anevrina 482
Angler 514
Anglerfische 514
Anguidae 557
Anguilla 521
Anguillidae 521
Anguilliformes 512, 520
Anguina 59
Anguis 557
Angulus 92
Anisandrus 368
Anisodactylus 334
Anisolabis 232
Anisonema 11
Anisonemidae 11
Anisoplia 345
Anisopodidae 452
Anisoptera 219, 225
Anisosticta 352
Anisotoma 336
Anisus 77
Annelida 94
Annulipalpia 404
Anobiidae 324, 370
Anobium 324
Anodonta 84
Anoecia 299
Anoeciidae 299
Anoetidae 152
Anoetus 152
Anomala 345
Anomalinae 385
Anomalopterygella 408
Anomia 89
Anomiidae 89
Anomoia 490
Anomopoda 160
Anomotaenia 48
Anomura 167
Anopheles 473
Anopla 49
Anoplius 380
Anoplocephala 47
Anoplocephalidae 47
Anoplura 255
Anoscopus 294
Anostraca 159
Anoxia 345
Anser 571, 572
Anseriformes 570
Antennata 109
Antennophoridae 147
Antennophorina 147
Antennophorus 147
Anthaxia 346
Antheraea 421
Anthicidae 354
Anthicus 354
Anthidium 397
Anthobium 341
Anthocharis 431, 432
Anthocomus 351
Anthocoridae 275
Anthocoris 275
Anthomedusae 34
Anthomyiidae 491
Anthomyza 468
Anthomyzidae 468
Anthonomus 367
Anthophora 396
Anthophoridae 395
Anthophysa 9
Anthozoa 34, 35
Anthrax 480
Anthrenus 349
Anthribidae 319, 370
Anthribus 319
Anthuridae 172
Anthuridea 172
Anthus 618
Antispila 418, 419
Antistea 119
Anura 549, 551, 554
Anuraea 54
Anuraeopsis 54
Anuraphis 304
Anurida 206
Anurophorus 207
Anyphaena 121
Anyphaenidae 121
Anystidae 149
Anystis 149
Aoridae 178
Apanteles 385
Apatania 408
Apatura 435
Apfelblütenstecher 367
Apfelgraslaus 307
Apfellaus 304, 307
Apfelsägewespe 384
Apfelwickler 423, 444
Aphaenogaster 390
Aphalara 310
Aphalaridae 310
Aphaniosoma 468
Aphaniptera 401
Aphanisticus 346
Aphantopus 434
Aphanus 276
Aphelenchoidea 60
Aphelenchoides 60
Aphelinidae 387
Aphelinus 387
Aphelochiridae 265
Aphelochirus 265
Aphia 543
Aphidecta 352
Aphididae 302
Aphidiidae 385
Aphidina 297
Aphidius 385
Aphidoidea 298
Aphis 307
Aphodius 344
Aphrodes 294
Aphrodite 95
Aphroditidae 95
Aphrophora 290
Aphrophoridae 289
Apicomplexa 30
Apidae 395
Apion 362
Apis 395
Apistobranchidae 94
Aplexa 76
Aploderus 341
Aploparaksis 48
Apocheima 427, 435
Apocheiridium 112
Apochela 108
Apocrita 374, 399
Apoda 426, 444
Apodemus 633, 634, 648, 655
Apoderus 362
Apodidae 599
Apodiformes 599
Apoidea 374
Apollofalter 430
Aporia 431
Aporidea 47
Aporrectodea 102, 103
Aporrhaidae 64
Aporrhais 80, 82
Apostenus 135
Appendicularia 507

Aprosthema 374
Apterina 469
Apterygida 232
Apterygota 202
Aptilotus 469
Aptinothrips 260
Apus 599
Aquila 579, 580
Arachnida 111
Arachnomorphae 115
Aradidae 267
Aradus 267
Araeopidae 287
Araneida 114
Araneidae 124
Araneus 127
Araniella 127
Araschnia 434
Arcella 16
Arcellidae 16
Archaeognatha 210
Archaeopsylla 402
Archanara 442
Archechiniscus 107
Archiacanthocephala 57
Archiannelida 94
Archiearis 435
Archigetes 47
Archisotoma 208
Arctia 422, 440, 446
Arctica 90
Arcticacea 64
Arctiidae 440, 444, 447
Arctocorisa 270
Arctophila 485
Arctornis 439, 440
Arctosa 131
Arcturidae 172
Arcynopteryx 230
Arcyptera 244
Ardea 569, 570
Ardeicola 257
Ardeidae 568
Arenaria 586
Arenicola 96
Arenicolidae 96
Arenocoridae 280
Arenocoris 281
Arenomya 88
Arenonemertes 49
Argas 148
Argasidae 148
Arge 374
Argenna 123
Argidae 374, 400
Argiope 124
Argiopidae 124
Argogorytes 394
Argulidae 157
Argulus 157
Argynnis 435
Argyra 482
Argyresthia 420
Argyresthiidae 420, 444
Argyroneta 119
Argyronetidae 119
Argyrosomus 535
Arianta 72
Arichanna 415
Arion 68
Arionidae 68
Arma 283
Armadillidiidae 174
Armadillidium 174
Armiger 77
Arnoglossus 546
Arocatus 277
Arocephalus 295
Aromia 357
Arrenurus 150
Arrhopalites 209
Artemia 159
Artemiidae 159
Arthaldeus 294
Artheneinae 277
Arthropleona 204
Arthropoda 109
Arthrotardigrada 107
Artianus 294
Articulata 1
Artiodactyla 637, 652
Artodiscus 19
Arundognatha 124
Arvicola 634, 649, 655
Arvicolidae 634, 646, 654
Arytaina 310
Asaphidion 330
Ascalaphidae 312, 315
Ascalaphus 312
Ascaridida 60, 61
Ascaridoidea 61
Ascaris 60
Ascetospora 7
Äsche 522
Aschelminthes 51
Aschiza 449
Ascidia 507
Ascidiella 508
Ascomorpha 54
Ascomorphella 54
Asellidae 173
Asellota 172
Asellus 173
Asemum 357
Asilidae 478
Asilus 479
Asindulum 475
Asio 596
Asiphum 301
Asiraca 287
Äskulapnatter 559
Aspidaphis 306
Aspidisca 28
Aspidiscidae 28
Aspidoelectra 503
Aspidogaster 43
Aspidogastrea 43
Aspidogastridae 43
Aspilota 385
Aspius 529
Asplanchna 54
Asplanchnidae 54, 57
Asplanchnopus 57
Aspro 540
Asseln 171
Asselspinnen 109
Asselspinner 426
Assiminea 79, 84
Assulina 15
Astacidae 169
Astacilla 172
Astacotrema 44, 45
Astacura 167
Astacus 169
Astarte 91
Astartidae 91
Astasia 11
Astasiidae 11
Astata 394
Asteia 364
Asteiidae 364
Asterias 504
Asteroida 504
Asterolecaniidae 308
Asterodiaspis 308
Astigmata 152
Astiosoma 464
Astrobunus 141
Astrodisculus 18
Astropecten 504
Astrorhiza 18
Astylozoidae 24
Astylozoon 24
Asymphlodora 45
Asyndetus 482
Atea 127
Atelura 211
Atemeles 341
Athalia 384
Athanas 168
Athecatae 34, 35
Athene 598
Athericidae 477
Atherina 533
Atherinidae 533
Atheriniformes 512, 533
Atherix 477
Atheroides 302
Atheta 342
Athous 348
Athripsodes 409
Athysanus 296
Atlasspinner 440

Atomaria 328
Atractides 152
Atractotomus 274
Atrochidae 52
Atrochus 52
Attagenus 350
Attelabus 362
Attulus 138
Aturus 150
Atyaephyra 168
Atyidae 168
Atypidae 115
Atypus 115
Auchenorrhyncha 285
Auerhuhn 581
Auerochse 638
Augenfalter 433
Augenfliegen 482
Aulacidae 377
Aulacigaster 366
Aulacigastridae 366
Aulacorthum 305
Aulacus 377
Aulonia 131
Aulonogyrus 322
Aulophorus 99
Aurelia 35
Aurorafalter 431
Auster 89
Austernfischer 584
Austropotamobius 169
Autographa 441, 442
Autolytus 96
Aves 561
Axiognathus 504
Aythya 574, 577
Azeca 68
Azygia 45
Azygiidae 45

Baccha 484
Bachforelle 524
Bachhafte 312
Bachläufer 265
Bachmuschel 86
Bachneunauge 515
Bachsaibling 522
Bachstelze 618
Badister 331
Badonellia 250
Baetidae 214, 216
Baetis 214
Bagous 366
Balanidae 157
Balantidiidae 21
Balantidium 21
Balanus 157
Balclutha 295
Baldachinspinnen 128
Balea 67
Balkenschröter 343
Ballus 138
Banchinae 386
Bandfisch 542
Bandfüßer 181
Bandwürmer 45
Baptolinus 338
Bär, Brauner 440, 446
Barbastella 627, 645
Barbe 524
Barbitistes 238
Barbus 524
Bärenspinner 440
Baris 366
Barnea 87
Barschartige 535
Barsche 540
Bartfledermaus 628, 644
Bartgeier 579
Bartgrundel 530
Bärtierchen 107
Bartkauz 599
Bartmeise 604
Barynotus 363
Barypeithes 364
Basilia 472
Basommatophora 64
Baßtölpel 567
Bastardmakrele 535
Bathynella 158
Bathynellacea 158
Bathynellidae 158
Bathyomphalus 77
Bathyphantes 128
Bathyplectes 385
Bathyporeia 176
Bathysolen 281
Batillipes 107
Batracobdella 105
Batracomorphus 293
Bauchhärlinge 51
Baumfalke 580
Baumläufer 610
Baumläuse 307
Baummarder 636, 652
Baumpieper 618
Baumschläfer 632, 647
Baumschröter 343
Baumweißling 431
Bdella 150
Bdellidae 150
Bdellocephala 41
Bdelloida 53
Beauchampia 53
Becherquallen 35
Bechstein-Fledermaus 628, 644
Beintaster 202
Beißschrecken 240
Bekassine 588
Bela 82
Belba 154
Belbidae 154
Bellardia 494
Belone 533
Belonidae 533
Belonocystis 19
Belyta 388
Bembecinus 394
Bembidion 330
Bembix 394
Beosus 278
Beraea 407
Beraeidae 407, 413
Beraeodes 407
Berenicea 502
Bergeidechse 558
Bergente 574
Bergfink 621
Berghänfling 621
Berglaubsänger 615
Bergmolch 550
Bergunke 551
Bergweißling 432
Beris 475
Berlandina 136
Bernsteinschnecken 67
Beroe 34
Berosus 343
Berytidae 276
Berytinus 276
Besdolus 231
Bethylidae 378, 380
Bettwanzen 267
Betulaphis 302
Beutelmeise 603
Bezoarziege 638
Bezzia 455
Bianor 138
Biareolana 397
Biastes 397
Biber 631, 646
Biberlaus 317
Bibio 453
Bibionidae 452, 471, 496
Bicellariidae 502
Bicoeca 8
Bicoecidae 8
Bienen 395
Bienenameisen 389
Bienenfresser 600
Bienenläuse 472
Bienenmilbe 149
Bienenwolf (Käfer) 350
Bienenwolf (Wespe) 394
Biesfliegen 495
Biethai 517
Bimastos 102, 103
Bindenkreuzschnabel 620
Biorhiza 387
Bipalium 41
Birkenblattroller 362
Birkenspanner 435

Birkenspinner 446
Birkenzeisig 621
Birkhuhn 582
Birnenblattlaus 304
Birnenknospenstecher 367
Bisamratte 634, 648
Biston 435
Bithynia 77
Bittacidae 448
Bittacus 448
Bitterling 526
Bittium 80
Bivalvia 64
Blacus 385
Blaniulidae 182
Blaniulus 182
Blaps 353
Blasenfüße 259
Blasenkopffliegen 489
Blasenläuse 301
Blasenwurm 47
Bläßgans 572
Bläßhuhn 583
Bläßralle 583
Blaste 253
Blasticotoma 374
Blasticotomidae 374, 400
Blastobasidae 428
Blastophagus 367
Blastothrix 386
Blatta 234
Blattella 234
Blattellidae 233
Blattflöhe 310
Blatthornkäfer 343
Blattidae 233
Blattkäfer 358
Blattläuse 297
Blattlauslöwen 312
Blattodea 233
Blattopteriformia 188
Blattrandrüßler 363
Blattschaber 366
Blattschneiderbiene 398
Blattwespen 383
Blauhai 517
Blaukehlchen 613
Blauleng 532
Bläulinge 432, 433
Blaumeise 609
Blauracke 599
Blausieb 426
Bledius 341
Blei 529
Blenniidae 542
Blennocampinae 384
Blephariceridae 450, 496
Blepharidopterus 275
Blera 488
Blethisa 328
Blicca 529
Blindfliege 477
Blindschleiche 557
Blindschnecke 68
Blissinae 277
Blitophaga 336
Blumenfliegen 491
Blumenkäfer 354
Blumenkohlqualle 34
Blumenwanzen 275
Blutegel 104
Blütenböcke 356
Blütengrillen 237
Blütenspanner 435
Bluthänfling 621
Blutlaus 301
Blutspecht 602
Blutstropfen 416
Blutzikaden 289
Boarmia 435
Bockkäfer 355
Bodenrenken 522
Bodo 11
Bodonidae 11, 12
Bodotria 159
Bodotriidae 159
Boettgerilla 65
Boettgerillidae 65
Bohnenlaus 307
Bohnenwurzellaus 301
Bohrassel 172
Bohrfliegen 490
Bohrmotten 423
Bohrmuscheln 87
Bohrschwamm 32
Bolbelasmus 344
Bolitobius 340
Bolitophila 474
Bolitophilella 474
Bombardierkäfer 331
Bombina 551, 555
Bombus 398
Bombycilla 602
Bombycillidae 602
Bombycoidea 415
Bombyliidae 479
Bombylius 480
Bonasa 582
Borboropsis 468
Boreidae 448
Boreobdella 105
Boreoiulus 182
Boreus 448
Borkenkäfer 367
Borstenläuse 302
Borstenwürmer 94
Bos 637, 652
Bosmina 161
Bosminidae 161
Bostrychidae 320, 370
Bostrychoidea 317
Bostrychus 320
Botaurus 568
Bothidae 546
Bothrioplana 43
Bothriopsides 30
Bothromesostoma 43
Bothynoderes 364
Bothynotus 270
Botrylloides 507
Botryllus 507
Bougainvillia 38
Bougainvilliidae 38
Bourletiella 209
Bovicola 256
Bovidae 637, 652
Bowerbankia 502
Brachicoma 462
Brachinus 331
Brachionidae 56
Brachionus 56
Brachkäfer 345
Brachodes 423, 424
Brachodidae 424
Brachpieper 618
Brachschwalbe 584
Brachsen 529
Brachvogel 587
Brachycarenus 280
Brachycaudina 304
Brachycaudus 304
Brachycentridae 407, 413
Brachycentrus 407
Brachycera 449, 450, 496
Brachycercus 214
Brachycoelium 45
Brachycolus 306
Brachyderes 364
Brachygaster 377
Brachygeophilus 187
Brachyiulus 184
Brachylaemidae 45
Brachylaemus 45
Brachymeria 386
Brachyopa 485
Brachypalpus 488
Brachypauropodidae 179
Brachypelta 284
Brachypoda 152
Brachyptera 230
Brachysomus 364
Brachystoma 481
Brachystomella 206
Brachytarsus 319
Brachytron 222, 226
Brachyura 167
Brackwespen 385
Bracon 385
Braconidae 385
Bradybaena 70, 73
Bradybaenidae 70
Bradycellus 334
Bradyscela 53

Bradysia 453
Branchellion 104
Branchiobdella 99
Branchiobdellidae 99
Branchiopoda 155
Branchiostoma 1
Branchipodidae 159
Branchipus 159
Branchiura (Krebse) 157
Branchiura (Wurm) 94, 99
Brandente 574
Brandesia 45
Brandgans 574
Brandmaus 633, 648, 655
Brandseeschwalbe 594
Branta 571, 572
Brassen 529
Braula 472
Braulidae 472
Braunbrustigel 625, 642
Braunellen 617
Braunfisch 639, 653
Braunfrösche 553
Braunkehlchen 613
Breitflügelfledermaus 630, 645
Breitling 520
Breitrüßler 319
Bremsen 476
Brettkanker 140
Brevicoryne 306
Brillenente 574
Brombeergallmücke 475
Brombeerspinner 436
Brombeerzipfelfalter 432
Brommella 123
Broscus 329
Brosme 531
Brotkäfer 324
Bruchidae 319, 370
Bruchidius 319
Bruchus 319
Bruchwasserläufer 589
Brumus 351
Bryobia 149
Bryocamptus 167
Bryocharis 340
Bryocoris 270
Bryodema 244
Bryoporus 340
Bryozoa 499
Bubo 596
Buccinacea 64
Buccinum 82
Bucculatricidae 420
Bucculatrix 420
Bucephala 574, 576
Bucephalidae 44
Bucephalus 44
Buchdrucker 368
Buchenblattlaus 302
Buchenrotschwänzchen 440
Buchenspinner 439
Buchenspringrüßler 365
Buchenwerftkäfer 324
Bücherlaus 250
Bücherskorpion 112
Buchfink 621
Buchholzia 101
Buckelfliegen 482
Buckelzirpen 287
Buetschlia 21
Buetschliidae 21
Bufo 552, 553, 556
Bufonidae 549
Buglossidium 547
Bugula 502
Bugulidae 502
Bulimina 18
Bunodera 45
Bunoderidae 45
Bunonema 60
Buntflossenkoppe 538
Buntkäfer 350
Buntspechte 600, 602
Bupalus 435
Buprestidae 346, 370
Buprestis 347
Buprestoidea 316
Burhinidae 584
Burhinus 584
Bursaria 28
Bürstenbinder 440
Büschelkiemenartige 533
Buschhornblattwespen 375
Buschschrecken 240
Buskia 502
Buskiidae 502
Bussarde 579, 580
Buteo 579, 580
Butte 546
Butterfisch 542
Byctiscus 362
Byrrhidae 326, 370
Byrrhus 326
Bythinella 77
Bythiospeum 77
Bythotrephes 164
Byturidae 327, 370
Byturus 327

Caccobius 344
Cacopsylla 310
Caeciliidae 252
Caecilius 251, 252
Caeculidae 148
Caelifera 241
Caenestheriidae 155
Caenidae 214, 216
Caenis 214
Caenomorpha 28
Cafius 339
Calameuta 382
Calanidae 166
Calanoida 166
Calanus 166
Calathus 333
Calcarea 32
Calcarius 623
Calidris 590
Caligus 167
Caliprobola 489
Caliroa 384
Callaphididae 302
Callaphis 302
Callianassa 169
Callianassidae 169
Callicera 485
Callicorixa 270
Callidium 357
Calligypona 289
Callilepis 136
Calliobdella 104
Callionymidae 544
Callionymus 544
Calliopiidae 177
Calliopius 177
Calliostoma 83
Calliphora 495
Calliphoridae 494
Calliptamus 243
Callistus 333
Callobius 122
Callophrys 432
Calobata 464
Calocoris 272
Calohypsibiidae 108
Calohypsibius 108
Calonectris 566
Calopterygidae 219, 225
Calopteryx 219, 225
Calosoma 329
Calvia 253
Calyptraeidae 64
Calyptratae 450
Camallanoidea 60
Camallanus 60
Cambarus 169
Camilla 470
Camillidae 470
Camisia 154
Camisiidae 154
Campanularia 38
Campanulariidae 38
Campanulinidae 38
Campascus 16
Campodea 202
Campodeidae 202
Camponotus 391
Campopleginae 385
Campsicnemus 482
Camptocercus 163
Camptotelus 277

Camptozygum 272
Campylomma 275
Campyloneura 271
Canace 470
Canaceidae 470
Cancer 170
Cancridae 170
Candidula 71
Candona 165
Canestriniidae 152
Canidae 635, 650
Canis 636, 650
Cantharidae 349
Cantharis 349, 372
Cantharoidea 316, 348, 372
Canthocamptus 167
Capillaria 60
Capitella 96
Capitellida 95
Capitellidae 96
Capitophorus 303, 305
Capnia 228
Capniidae 228, 231
Capnioneura 228
Capnopsis 228
Capra 638, 653
Caprella 176
Caprellidae 176
Caprellidea 176
Capreolus 638, 653
Caprimulgidae 564
Caprimulgiformes 564
Caprimulgus 564
Capromyidae 631, 646
Capsodes 271
Capsus 271
Carabidae 328, 368
Carabodes 154
Carabodidae 154
Carabus 329
Carangidae 535
Carassius 524
Carbasea 503
Carcharhinidae 517
Carchesium 25
Carcinus 170
Cardiacea 64
Cardiidae 89
Cardiophorus 348
Cardium 89
Carduelis 620, 621
Caridea 167
Carinia 49
Carnivora 635, 650
Carphoborus 367
Carpocapsa 444
Carpocoris 284
Carpodacus 620
Carpoglyphidae 152
Carpoglyphus 152
Carposina 426
Carposinidae 426
Carrhotus 138
Carteria 10
Carteriidae 10
Carychium 68
Caryophyllaeidae 47
Caryophyllaeus 47
Casmerodius 569
Cassida 358
Cassidinae 370
Castor 631, 646
Castoridae 631, 646
Castrada 43
Castrella 42
Catantopidae 243
Catatropis 44
Catenula 42
Catenulida 42
Catocala 441, 442
Catopidae 336, 337
Catops 337
Caudata 549, 551
Causa 71
Cavariella 306
Cecidomyiidae 475, 496
Cecilioides 68
Celes 244
Celonites 378
Cemiostoma 418
Cemiostomatinae 418
Cenocoelius 385
Centrarchidae 538
Centrobia 386
Centromerus 128
Centropages 166
Centropagidae 166
Centrophlebiomya 467
Centroptilum 215
Centropyxidae 16
Centropyxis 16
Centrorhynchus 58
Centrotus 287
Cepaea 72
Cepedea 6
Cephalcia 381
Cephalobus 60
Cephalochordata 1
Cephalodella 56, 57
Cephalonomia 378
Cephalopoda 64
Cephalosiphon 53
Cephalothricidae 49
Cephalothrix 49
Cephenemyia 495
Cephidae 382, 400
Cephoidea 373
Cephus 382
Cepphus 595
Ceraleptus 281
Cerambycidae 355, 370
Cerambyx 357
Ceraphron 388
Ceraphronidae 388
Ceraphronoidea 374, 387, 388
Cerastobyssus 89
Cerastoderma 89
Ceratina 396
Ceratitis 490
Ceratium 7
Ceratocombus 266
Ceratophyllidae 402
Ceratophylloidea 401, 402
Ceratophyllus 402
Ceratopogon 455
Ceratopogonidae 455, 496
Cerceris 394
Cercidia 125
Cercion 221
Cercomonadidae 11
Cercomonas 11
Cercopidae 289
Cercopis 289
Cercyon 343
Cerdistus 478
Ceresa 287
Cereus 35
Ceriagrion 220
Ceriana 485
Ceriantharia 34
Cerianthus 35
Ceriodaphnia 162
Cerioides 360
Cerithiacea 63
Cernosvitoviella 101
Cernuella 72
Cerobasis 250
Cerodontha 468
Ceropales 380
Ceropalidae 380
Cerophytidae 324
Certhia 610
Certhiidae 610
Ceruchus 343
Cerura 439, 444
Ceruraphis 304
Cervicola 256
Cervidae 638, 652
Cervophthirius 257
Cervus 638, 653
Cestoda 45
Cestodaria 46
Cetacea 639, 653
Ceto 134
Cetonia 346
Cetorhinus 516
Ceutorhynchus 366
C-Falter 434
Chaetocnema 359
Chaetogaster 100
Chaetognatha 3
Chaetonotida 51

Chaetonotus 51
Chaetopsylla 401
Chaetopteridae 95
Chaetopteryx 408
Chaitophoridae 302
Chaitophorus 302
Chalarus 483
Chalcalburnus 529
Chalcididae 386
Chalcidoidea 374, 386
Chalcis 386
Chalcoides 359
Chalcolestes 220, 225
Chalcophora 346
Chalcoscirtus 139
Chalicodoma 398
Challengeron 20
Chamaemyia 365
Chamaemyiidae 365
Chamaesyrphus 485
Chamelea 89
Chaoboridae 452, 496
Chaoborus 452
Chaos 14
Charadriidae 585
Charadriiformes 584
Charadrius 586
Charagochilus 272
Charipidae 387
Charips 387
Chartoscirta 276
Cheilosia 486
Cheilostomata 499, 502
Cheimophila 428
Cheiracanthium 134
Cheiridiidae 112
Cheiridium 112
Chelicerata 109
Chelidurella 232
Chelifer 112
Chelifera 481
Cheliferidae 112
Chelipoda 481
Chelon 540
Chelonia 557
Chelonus 385
Chelostoma 398
Chelura 177
Cheluridae 177
Chermesidae 298
Chernes 112
Chernetidae 112
Chersodromia 472, 480
Cheumatopsyche 406
Cheyletidae 149
Cheyletus 149
Chilacis 277
Chilenophilidae 187
Chilocorus 351
Chilodonella 24
Chilomastigidae 12
Chilomastix 12
Chilomonas 11
Chilopoda 185
Chilostoma 72
Chilotoma 358
Chiloxanthus 276
Chimaera 513
Chimaeridae 513
Chimaeriformes 512, 513
Chimarrha 407
Chionaspis 308
Chione 89
Chionea 471
Chirocephalidae 159
Chirocephalus 160
Chirolophis 542
Chironomidae 454, 471, 496
Chironomus 454
Chiroptera 627, 644, 654
Chirothrips 260
Chlaenius 334
Chlamydatus 274
Chlamydodontidae 24
Chlamydomonadidae 11
Chlamydomonas 11
Chlamydophrys 17
Chlamygaster 18
Chlamys 88
Chlidonias 593, 594
Chloephorinae 442
Chloriona 288
Chlorisops 475
Chlorochroa 284
Chlorogonium 11
Chlorohydra 34
Chloromonadida 7, 11
Chloromonadophyceae 7
Chloromyia 476
Chloroperla 230
Chloroperlidae 230, 231
Chlorophanus 362
Chlorophyceae 7
Chloropidae 491
Chlorops 491
Choanoflagellida 7, 8
Choanotaenia 48
Choleva 337
Chondrichthyes 510, 512
Chondrina 74
Chondrinidae 74
Chondrostei 512, 513
Chondrostoma 526
Chondrula 68
Choneiulus 182
Chonotrichida 21
Chordata 1
Chordeuma 182
Chordeumatida 181
Chordeumatidae 182
Choreutidae 422
Chorosoma 280
Choroterpes 214
Chorthippus 246
Chromadorida 58, 59
Chromadorina 59
Chromadoroidea 59
Chromatoiulus 184
Chromulina 11
Chromulinidae 9, 11
Chrysanthia 354
Chrysaora 34
Chrysididae 388
Chrysidoidea 374
Chrysis 388
Chrysobothris 346
Chrysochloa 360
Chrysochraon 245
Chrysochroma 476
Chrysococcus 9
Chrysogaster 486
Chrysomela 360
Chrysomelidae 358, 370, 372
Chrysomeloidea 317
Chrysomonadida 6–9, 11
Chrysopa 313
Chrysoperla 313
Chrysophyceae 7
Chrysopidae 312, 314
Chrysopilus 477
Chrysops 477
Chrysotoxum 484
Chthamalidae 157
Chthoniidae 113
Chthonius 113
Chydoridae 163
Chydorus 164
Chyliza 491
Chyromya 468
Chyromyidae 468
Cibicides 18
Cicadella 292
Cicadellidae 290
Cicadetta 287
Cicadidae 286
Cicadina 285
Cicadomorpha 285
Cicadula 296
Cicindela 323
Cicindelidae 323, 368
Ciconia 570
Ciconiidae 570
Ciconiiformes 568
Cicurina 133
Cidaria 435
Cidnopus 348
Cidnorhinus 366
Ciliata 532
Ciliophora 21
Cilix 427
Cimbex 382
Cimbicidae 382, 400
Cimicidae 267

Cimicomorpha 263
Cimex 267
Cinara 307
Cinclidae 604
Cinclus 604
Cinetus 388
Cingula 83
Ciona 508
Cionus 366
Circaetus 579
Circus 577, 578, 579
Cirolana 172
Cirolanidae 172
Cirratulidae 96
Cirratulus 96
Cirripedia 155
Cisidae 327
Citellus 632
Cittotaenia 47
Cixiidae 287
Cixius 287
Cladius 383
Cladocera 160
Cladotaenia 47
Clambidae 326
Clangula 574, 576
Clathrulina 18
Clausilia 67
Clausiliidae 67
Clava 35
Clavellina 507
Clavicornia 317, 370
Clavidae 35
Claviger 317
Cleonus 364
Cleopus 366
Cleptes 378
Cleptidae 378
Cleridae 350, 370
Cleroidea 317, 350
Clerus 350
Clethrionomys 634, 649, 655
Clinocerinae 481
Clinopodes 187
Cliona 32
Clitellaria 476
Clitellata 94
Clivina 329
Cloeon 215
Clostera 424, 426, 438
Clubiona 134
Clubionidae 134
Clunio 471
Clupea 520
Clupeidae 520
Clupeiformes 512, 519
Clusia 366
Clusiidae 366
Clusiodes 366
Clypeolina 17
Clytra 359
Clytus 357
Cneorrhinus 364
Cnidaria 34
Cobitidae 530
Cobitis 530
Coccidae 309
Coccidia 30, 31
Coccidula 351
Coccina 308
Coccinella 352
Coccinellidae 351, 370
Coccinula 352
Coccolithophorina 8
Coccothraustes 620
Cochlicopa 68
Cochlicopidae 68
Cochliopodiidae 15
Cochliopodium 15
Cochlodina 67
Cochlostoma 67
Codonosigidae 8
Codosiga 8
Coelenterata 34
Coelioxys 397
Coelopa 464
Coelopidae 464
Coelostoma 342
Coelotes 132
Coenagrion 221
Coenagrionidae 220, 225
Coenomyia 456
Coenomyiidae 456
Coenonympha 433
Coenorhinus 362
Coenosia 492
Cognettia 101
Colaphellus 361
Coleophora 428, 429, 443, 444
Coleophoridae 428, 443, 444
Coleoptera 316, 368
Coleorhynchus 30
Colepidae 22
Coleps 22
Colias 431, 432
Colladonus 296
Collembola 203
Colletes 396
Colletidae 395
Collotheca 52, 55
Collothecidae 52
Collozoum 20
Collyriclum 44
Colon 337
Colonidae 336, 337
Coloradoa 306
Colpidium 24
Colpocephalum 256
Colpoda 24
Colpodidae 24
Coluber 559
Colubridae 558
Columba 595
Columbidae 595
Columbiformes 595
Columella 74, 75
Colurella 55
Colurellidae 55
Colydiidae 328
Colymbetes 335
Conchifera 63
Conchostraca 155
Condylostoma 28
Condylostomatidae 28
Conger 520
Congeria 84, 86
Congridae 520
Coniocleonus 364
Coniopterygidae 312, 314
Coniopteryx 312
Conistra 442
Conocephalidae 238
Conocephalus 238
Conochilidae 52
Conochilus 52, 55
Conomelus 289
Conopidae 489
Conops 489
Conosoma 340
Conostigmus 388
Contarinia 475
Conwentzia 312
Copelatus 335
Copepoda 165
Copostigma 253
Copris 344
Copromorphoidea 415
Copromyza 469
Coprophilus 341
Coptocephala 359
Coptosoma 266
Coracias 599
Coraciidae 599
Coraciiformes 599
Coranus 275
Corbicula 84
Corbiculidae 84
Corbula 90
Cordulegaster 220, 226
Cordulegastridae 219, 226
Cordulia 223, 226
Corduliidae 222, 226
Cordylophora 34, 35
Coregonus 522
Coreidae 280
Coreoidea 280
Corethra 452
Coreus 280, 281
Coriarachne 137
Corimelaena 284
Corimelaenidae 284
Coriomeris 281

Corixa 269
Corixidae 269
Corizus 280
Coroebus 346
Coronella 559
Corophiidae 178
Corophium 178
Corticaria 318
Corvidae 607
Corvus 607, 608
Corylobium 305
Corymbites 348
Corymorpha 35
Coryne 35
Corynidae 35
Corynoptera 453
Corynis 382
Coryphaelus 296
Coryphopterus 543
Corystes 170
Corystidae 170
Cosmopterigidae 428
Cosmopterix 428, 429
Cosmotriche 436
Cossidae 426, 444
Cossoidea 414
Cossonus 366
Cossus 426, 444
Costia 12
Cothonaspis 387
Cothurnia 24
Cottidae 537
Cottus 537, 538
Coturnix 582
Crabro 393
Crambinae 429
Crambus 431
Crangon 168
Crangonidae 168
Craspedolepta 310
Craspedomonadina 7
Craspedorrhynchus 256
Craspedosoma 181
Craspedosomatidae 181
Crassatellacea 64
Crataerina 493
Craterolophus 35
Crematogaster 390
Cremnocephalus 270
Crenilabrus 541
Crenobia 42
Creophilus 338
Crepidula 80
Crex 584
Cribellatae 115
Cribrilina 503
Cribrilinidae 503
Cribononion 18
Cricetidae 632, 646
Cricetus 632, 646
Criconema 59
Criconemoides 59
Criocephalus 357
Crioceris 358
Criodrilidae 100
Criodrilus 100
Criomorphus 289
Criorhina 488
Crisia 502
Crisiidae 502
Cristatella 500
Cristatellidae 500
Crivellia 495
Crocidura 625, 626, 642, 654
Crocothemis 223, 226
Crossocerus 393
Crunoecia 406
Crustacea 155
Crustulina 129
Cryphoeca 133
Cryptaphis 305
Crypticus 353
Cryptocephalus 359
Cryptochetidae 469
Cryptochetum 469
Cryptococcidae 309
Cryptococcus 309
Cryptomonadidae 10
Cryptomonadida 7, 10, 11
Cryptomonas 11
Cryptomyzus 303
Cryptophagidae 328
Cryptophyceae 7
Cryptoplerum 343
Cryptops 186
Cryptopygus 208
Cryptorhynchus 365
Cryptosiphum 304
Cryptostigmata 153
Cryptosula 503
Ctenicera 348
Cteniopus 353
Cteniscus 386
Ctenocallis 302
Ctenocephalides 402
Ctenodrilida 95
Ctenolabrus 541
Ctenolepisma 211
Ctenopelmatinae 386
Ctenopharyngodon 524
Ctenophora (Mücken) 473
Ctenophora (Rippenquallen) 34
Ctenophthalmidae 402
Ctenophthalmus 402
Ctenopoda 160
Ctenostomata 499
Ctenuchinae 440
Cucujidae 328
Cucujiformia 317
Cuculidae 564
Cuculiformes 564
Cucullanoidea 61
Cucullanus 61
Cucullia 441, 442
Cuculus 564
Cucurbitella 16
Culex 474
Culicidae 473, 496
Culicoides 455
Culiseta 474
Cumacea 159
Cumopsis 159
Cunaxidae 150
Cuneopalpus 253
Cupelopagis 52
Curculio 367
Curculionidae 361, 370
Curculionoidea 317
Curtonotidae 471
Curtonotum 471
Cyanea 35
Cyathocephalidae 47
Cyathocephalus 47
Cyathura 172
Cybaeus 132
Cybister 335
Cychrus 329
Cyclogyra 18
Cyclophoracea 63
Cyclophyllidea 47
Cyclopidae 167
Cyclopina 167
Cyclopinidae 167
Cyclopoidea 167
Cycloposthiidae 26
Cycloposthium 26
Cyclopteridae 538
Cyclopterus 538
Cyclorrhapha 449, 496
Cyclosa 124
Cyclostomata (Bryozoen) 499
Cyclostomata (Fische) 510, 512
Cydia 444
Cydnidae 284
Cydnus 284
Cygnus 570, 571
Cylichna 80
Cylindroiulus 184
Cylindromorphus 346
Cylindrotoma 473
Cylisticidae 174
Cylisticus 174
Cyllecoris 274
Cymatia 269
Cymbasoma 165
Cymindis 331
Cymus 277
Cynegetes 351
Cynipidae 387
Cynipoidea 374, 387

Cynips 387
Cynomya 495
Cyphoderia 16
Cyphoderidae 205
Cyphoderiidae 16
Cyphoderus 205
Cyphon 325
Cyphostethus 282
Cypria 165
Cyprididae 165
Cypridopsis 165
Cyprina 90
Cyprinidae 524
Cypriniformes 512, 524
Cyprinus 524
Cypris 165
Cyrnus 407
Cyrtopogon 479
Cystobranchus 104
Cytheridae 165
Cytilus 326
Cyzicus 155

Dachs 636, 651
Dacnitis 61
Dacnusa 385
Dactylochelifer 112
Dactynotus 305
Dalmannia 489
Dalopius 348
Dalyellia 42
Dalyellioida 42
Damaeus 154
Damaeidae 154
Damhirsch 638, 653
Dammläufer 329
Daphnia 161
Daphniidae 161
Daphnis 438
Darwinula 165
Darwinulidae 165
Dascillidae 325, 372
Dascilloidea 316, 325
Dascillus 325, 372
Dasineura 475
Dasiops 467
Dasselfliegen 495
Dasyatidae 518
Dasyatis 518
Dasychira 440
Dasylabris 389
Dasypoda 397
Dasypogon 479
Dasypsyllus 402
Dasytes 350
Daudebardia 66, 70
Davainea 47
Davaineidae 47
Decapauropus 179
Decapoda 167
Deckelschildläuse 308
Decticus 240
Degeeriella 257
Deilephila 438
Deleaster 341
Delia 491
Delichon 607
Delphacidae 287
Delphacinus 289
Delphacodes 288
Delphax 288
Delphiniobium 304
Deltocephalus 296
Demetrias 331
Demodicidae 149
Demodex 149
Demospongiae 32
Dendrobaena 103, 104
Dendrocerus 388
Dendrochernes 112
Dendrocoelidae 41
Dendrocoelum 41
Dendrocometes 29
Dendrocometidae 29
Dendrocopos 601, 602
Dendroctonus 367
Dendrodoa 507
Dendrodrilus 103, 104
Dendrolimus 436
Dendrosoma 29
Dendrosomatidae 29
Dendryphantes 139
Dentalium 64
Denticollis 347
Deporaus 362
Deraeocoris 271
Dermacentor 148
Dermanyssidae 147
Dermanyssus 147
Dermaptera 232
Dermestes 349
Dermestidae 349, 370
Dermestoidea 317
Dermoglyphidae 152
Dermoglyphus 152
Dero 99
Deroceras 69
Derodontidae 327
Derodontus 327
Desmoscolex 58
Desmoscoloidea 58
Deuterosminthurus 209
Dexamine 176
Dexaminidae 176
Diachromus 334
Diadocidia 474
Diaea 137
Dialineura 478
Diaphanosoma 160
Diaphorus 482
Diapria 388
Diapriidae 388
Diaptomidae 166
Diaspididae 308
Diastata 471
Diastatidae 471
Diastoporidae 502
Diastylidae 159
Diastylis 159
Diazosma 450
Dicentrarchus 536
Dicerca 347
Dicheirotrichus 334
Dichrooscytus 272
Dickfüße 479
Dickköpfe 430
Dickkopffliegen 489
Dickschnabellumme 595
Dicondylia 188
Dicranocephalus 280
Dicranopalpus 142
Dicranophoridae 56
Dicranophorus 56
Dicranopis 289
Dicranura 438
Dicrocoeliidae 45
Dicrocoelium 45
Dictenida 473
Dictyla 267
Dictyna 123
Dictynidae 123
Dictyocha 9
Dictyogenus 231
Dictyophara 286
Dictyopharidae 286
Dicyphus 271
Dicyrtoma 205
Dicyrtomidae 205
Dicyrtomina 205
Didea 487
Didiniidae 22
Didinium 22
Didymophyes 30
Diebsameise 390
Diebskäfer 325
Difflugia 16
Difflugiidae 16
Digenea 43
Dignathodontidae 186
Dikraneura 291
Dilepididae 48
Dilepis 48
Dilophus 453
Dilta 210
Dimorphopterus 277
Dina 105
Dinetus 394
Dinobryon 8
Dinocharis 55
Dinocheirus 112
Dinocras 229
Dinoflagellida 7
Dinophilidae 94

Dinophilus 94
Dinophyceae 7
Dioctophyma 61
Dioctophymatida 61
Dioctophymatoidea 61
Dioctria 479
Diodontus 393
Diospilus 385
Dioxys 397
Diphyllidea 47
Diphyllobothriidae 47
Diphyllobothrium 47
Diplazoninae 386
Diplectrona 406
Dipljapyx 202
Diplocephalus 128
Diplochlamys 16
Diplocolenus 295
Diplodinium 25
Diplodiscus 45
Diplogaster 60
Diplois 56
Diplolepis 387
Diplomonadida 7, 10, 12
Diplonevra 482
Diplophrys 15
Diplopoda 180
Diplosomatidae 44
Diplostraca 155
Diplozoon 44
Diplura 202
Dipoena 129
Diprion 375
Diprionidae 375, 400
Dipsocoridae 266
Dipsocoromorpha 263
Diptera 449, 495
Dipylidium 48
Discestra 441
Dischistus 480
Discocoelius 392
Discocotylidae 44
Discoglossidae 549, 554
Discomorphella 26
Discomorphidae 26
Discus 66
Disparalonella 164
Dissotrocha 54
Distelfalter 435
Distelfink 621
Distephanus 9
Distomatidae 12
Distyla 56
Dithryca 490
Ditoma 328
Ditomyia 474
Ditropis 289
Ditropsis 288
Ditylenchus 59
Diura 231
Diuraphis 306
Diurnea 428
Dixa 454
Dixidae 454, 496
Dlochrysa 360
Döbel 527
Doggerscharbe 547
Dohle 608
Dolerus 383
Dolichocephala 481
Dolichoderus 390
Dolichopeza 473
Dolichopodidae 481, 496
Dolichopus 481
Dolichosoma 350
Dolichovespula 392
Dolichurus 394
Dolichus 333
Dolomedes 118
Dolycoris 283
Dompfaff 620
Donacia 358
Donaciinae 370
Donax 88
Doppelfüßer 180
Doppelschnepfe 588
Doppelschwänze 202
Doratopsylla 402
Doratura 294
Dorcadion 355
Dorcus 343
Dorngrasmücke 615
Dornhai 517
Dornschrecken 242
Doros 484
Dorsch 531
Dorschartige 530
Dorvilleidae 96
Dorycephalinae 292
Dorylaimida 59
Dorylaimoidea 59
Dorylaimus 59
Dorylomorpha 483
Dorypteryx 250
Dorytomus 367
Dosinia 91
Douglasienlaus 298
Douglasiidae 418
Drachenfische 541
Dracunculoidea 60
Drahtwürmer 347
Drapetes 324
Drassodes 136
Drassodidae 135
Drehherzmücke 475
Dreiecksmuschel 88
Dreiecksspinne 116
Dreikantmuschel 84
Dreissena 84
Dreizehenmöwe 593
Dreizehenspecht 601
Drepana 427, 444
Drepanidae 427, 444
Drepanopteryx 313
Drepanosiphidae 302
Drepanosiphum 302
Drepanothrips 261
Dreyfusia 298
Drilidae 349
Drilus 349
Dromius 331
Drosophila 471
Drosophilidae 471
Drosselähnliche Vögel 611
Drosseln 611, 612
Drosselrohrsänger 616
Drusilla 342
Dryinidae 378, 380
Drymonia 438
Drymus 279
Dryobates 601
Dryocopus 600
Dryomys 632, 647
Dryomyza 465
Dryomyzidae 465
Dryophilocoris 273
Dryopidae 325, 372
Dryopoidea 316
Dryops 326
Dufourea 397
Dugesia 41
Dugesiidae 41
Dukatenfalter 433, 445
Dungfliegen 463, 469
Dungmücken 452, 471
Dunhevedia 163
Dünnschnabelbrachvogel 587
Düsterkäfer 321
Dysaphis 304
Dysauxes 440
Dyschirius 329
Dysdera 123
Dysderidae 123
Dysteria 23
Dysteriidae 23
Dytiscidae 334, 368
Dytiscus 334

Earomyia 467
Ebalia 170
Ebria 9
Ecaudata 551
Ecdyonurus 215
Echemus 136
Echiniscoidea 107
Echiniscoides 107
Echiniscus 107
Echinobothrium 47
Echinocardium 506
Echinochasmus 44
Echinococcus 47
Echinoderes 51

Echinodermata 504
Echinoida 504
Echinomma 20
Echinophthiriidae 258
Echinophthirius 258
Echinorhynchidae 57
Echinorhynchus 57
Echinostoma 44
Echinostomatidae 44
Echinus 506
Echiurida 3
Echiurus 3
Echsen 557
Ecnomidae 406, 410
Ecnomus 406
Eribellatae 115
Ectemnius 393
Ectobiidae 233
Ectobius 233
Ectognatha 188, 202
Ectopsocus 251
Ectotropha 188
Edelkrebs 169
Edwardsiana 292
Egel 104
Egelschnecken 69
Eggerellum 18
Eggisops 494
Egretta 569
Eichelbohrer 366
Eichelhäher 608
Eichenbock 357
Eichennapfläuse 309
Eichenschrecken 236
Eichenspinner 436
Eichenspringrüßler 365
Eichenwickler 423
Eichenzipfelfalter 432
Eichhörnchen 632, 646
Eidechsen 558
Eiderente 575
Eilkäfer 329
Eimeria 30
Einsiedlerkrebs 168
Eintagsfliegen 212
Eisenia 102, 103
Eiseniella 102
Eisenoides 103
Eisente 574
Eishai 517
Eismöwe 592
Eissturmvogel 566
Eistaucher 565
Eisvogel 600
Eisvögel (Schmetterlinge) 435
Elachiptera 491
Elachistidae 417, 429
Elaeorhanis 20
Elampus 388
Elaphe 559
Elaphila 429
Elaphrus 328
Elasmidae 387
Elasmobranchii 510, 512
Elasmostethus 282
Elasmucha 282
Elasmus 387
Elater 348
Elateridae 347, 370
Elateriformia 316
Elateroidea 316
Elatobium 307
Elch, Elen 638, 653
Electra 502
Electridae 502
Elenchidae 196
Elenchus 196
Elfenbeinmöwe 593
Eliomys 632, 647
Elipsocidae 252
Elipsocus 253
Elkneria 426
Ellipura 188, 202
Ellobiidae 64
Elminae 372
Elosa 54
Elphidium 18
Elritze 526
Elster 608
Elymana 296
Embata 54
Emberiza 622, 623
Emberizidae 621
Emblethis 278
Embolemidae 378, 380
Embolemus 378
Emmelina 415
Emmesomyia 463, 492
Emphytus 384
Empicoris 275
Empididae 480, 496
Empis 481
Empoasca 291
Empria 384
Emus 338
Emydidae 557
Emys 557
Ena 68
Enallagma 221
Enantiocephalus 294
Enantiulus 184
Encentrum 56
Enchelyidae 22
Enchelyopus 533
Enchytraeidae 101
Enchytraeina 101
Enchytraeoides 101
Enchytraeus 101
Encyrtidae 386
Endamoeba 13
Enderleinella 252
Enderleinellus 252
Endomychidae 318
Endomychus 318
Endromidae 421, 446
Endromis 421, 446
Endrosis 428
Engdeckenflügler 354
Engelfische 517
Engraulidae 519
Engraulis 519
Enicmus 318
Enidae 67
Enochrus 343
Enodontidae 64
Enoicyla 408, 412
Enopla 49
Enoplida 59
Enoploidea 59
Enoplognatha 130
Enoplos 281
Ensifera 235
Ensis 87
Entamoeba 13
Entamoebidae 13
Entelegynae 116
Entelurus 533
Enten 571
Entenegel 105
Entenmuscheln 157
Entenvögel 570
Enterobius 61
Entodiniomorpha 25
Entodinium 25
Entognatha 188, 202
Entomobrya 208
Entomobryidae 208
Entomobryomorpha 204
Entomoscelis 361
Entoprocta 5
Entosiphon 11
Entotropha 188
Eoacanthocephala 57
Eosentomidae 202
Eosentomon 202
Eosphora 57
Epacromius 244
Epalxella 26
Epalxidae 26
Epeoloides 396
Epeolus 396
Epeorus 215
Epermeniidae 417
Ephelota 29
Ephelotidae 29
Ephemera 213
Ephemerella 214
Ephemerellidae 214, 216
Ephemeridae 213, 216
Ephemeroptera 212, 215
Ephestia 430, 444
Ephialtes 386

Ephippiger 236
Ephippigeridae 236
Ephoron 212
Ephydatia 32
Ephydra 470
Ephydridae 470
Epicaridea 171
Epicnaptera 436
Epidapus 471
Epidermoptidae 152
Epimyrma 390
Epiphanes 56
Epiphanidae 56, 57
Epipsocidae 251
Epipsocus 251
Episinus 128
Epistrophe 487
Epistylidae 25
Epistylis 25
Episyrphus 487
Epitheca 222, 226
Epitonium 80
Eptesicus 630, 631, 644, 645
Equus 638, 639
Erannis 428, 435
Erbsenkäfer 319
Erbsenmuscheln 84
Erbsenwickler 423
Erdbeerblattkäfer 360
Erdbeerblütenstecher 367
Erdbeerknotenhaarlaus 305
Erdbeerstengelstecher 362
Erdbock 355
Erdeulen 441
Erdflöhe 359
Erdhummel 398
Erdkröte 553
Erdläufer 186
Erdmaus 635, 650, 655
Erdwanzen 284
Erebia 433
Erebomastridae 140
Eremaeidae 154
Eremocoris 279
Eremophila 606
Eresidae 116
Eresus 116
Ergasilidae 167
Ergasilus 167
Ergates 356
Ericaphis 307
Erichsonius 339
Erigone 128
Erigonidae 128
Erinaceidae 625, 642, 654
Erinaceus 625, 642
Eriocampa 384
Eriocheir 170
Eriococcidae 309
Eriocrania 421
Eriocraniidae 421, 444
Eriocranioidea 414
Eriogaster 436
Eriophyes 146
Eriophyidae 146
Eriophyoidea 146
Eriosoma 301
Eriosomatidae 301
Eriozona 486
Eristalinus 487
Eristalis 487, 496
Erithacus 612
Erlenblattkäfer 360
Erlenrüßler 365
Erlenschaumzikade 290
Erlenzeisig 621
Ernodes 407
Erntemilbe 148
Ero 119
Erotesis 409
Erotettix 296
Erotylidae 328
Erpelschwänze 438
Erpobdella 105
Erpobdellidae 105
Errastunus 295
Errhomenus 293
Erythmelus 386
Erythraeidae 148
Erythraeus 148
Erythria 291
Erythromma 221
Erzglanzmotten 419
Erzwespen 386
Esel 639
Eschenbastkäfer 368
Esocidae 521
Esox 521
Essigälchen 60
Esthiopterum 257
Eteone 96
Euaesthetus 338
Eualus 168
Euarthropoda 109
Eubria 325, 372
Eucallipterus 302
Eucera 397
Euceraphis 302
Eucestoda 46
Euchlanidae 56
Euchlanis 56
Eucinetes 325
Eucinetidae 325
Eucnemidae 324, 370
Eucladocera 160
Eucobresia 66
Eucoila 387
Eucoilidae 387
Euconomelus 289
Euconulidae 66
Euconulus 66
Eucratea 502
Eucta 124
Eucyclops 167
Eucypris 165
Eudendriidae 38
Eudendrium 38
Eudiaptomus 166
Eudontomyzon 515
Eudorina 10
Eudorylaimus 59
Eudorylas 483
Eudromias 587
Eugamasus 147
Euglena 11
Euglenida 7–11
Euglenidae 8, 9, 11
Euglenoidina 7
Euglenophyceae 7
Euglypha 15
Euglyphidae 15
Eugnatha 124
Eugregarinida 30
Euides 288
Eukoenenia 111
Eulalia 95
Eulamellibranchiata 64
Eulecanium 309
Eulen (Schmetterlinge) 441
Eulen (Vögel) 596
Eulenspinner 426
Eulophidae 387
Eulophus 387
Eumenes 392
Eumenidae 392
Eumerus 488
Eumida 95
Eumolpinae 360
Eunicida 94
Euomphalia 74
Eumycetozoa 12
Euophrys 139
Eupauropodidae 179
Eupelix 292
Euphausiacea 159
Euphorus 385
Eupithecia 435
Euplectus 317
Euplotes 28
Eupodes 150
Eupodidae 149
Eupolybothrus 186
Euproctis 440
Eupteryx 292
Euroleon 312
Eurothemis 223
Eurybregma 289
Eurycaenis 214
Eurycercus 163
Eurydema 283
Eurydice 172
Eurygaster 282
Euryopis 129

Eurypauropodidae 179
Eurysa 288
Eurysula 288
Eurythyrea 347
Eurytoma 386
Eurytomidae 386
Eusarcoris 283
Euscelis 296
Euscorpius 111
Eusomus 364
Eusphalerum 341
Eutardigrada 107
Euthyas 152
Euthystira 246
Eutrigla 536
Euura 383
Evacanthus 293
Evadne 164
Evania 377
Evaniidae 377
Evanioidea 374, 376
Evarcha 138
Eylais 150
Exapate 428
Exechia 474
Exenterus 386
Exetastes 386
Exochomus 351
Exodonta 475
Exoprosopa 480

Fabricia 98
Fächerflügler 196
Fadenkanker 141
Fadenmolch 551
Fadenwürmer 58
Fagocyba 291
Falco 580
Falconidae 580
Falconiformes 577
Falken 580
Falkenraubmöwe 591
Fanghafte 312
Fangschrecken 190
Fannia 463
Fanniidae 463, 496
Farrella 502
Fasan 582
Fasciola 45
Fasciolidae 45
Faulholzrüßler 366
Favella 26
Federgeistchen 415
Federlibelle 219
Federlinge 255
Federmotten 415
Felchen 522
Feldgrille 237
Feldhase 631, 646
Feldheuschrecken 241, 243
Feldhühner 582
Feldlerche 606
Feldmaikäfer 345
Feldmaus 635, 650, 655
Feldschwirl 615
Feldsperling 623
Feldspitzmaus 626, 642, 654
Feldwespen 391
Felicola 256
Felidae 637, 650
Felis 637, 652
Fellkäfer 350
Felsenschnecken 72
Felsenschwalbe 607
Felsenspringer 210
Felsentaube 595
Feltria 150
Fensterfliegen 458
Fenstermücken 452
Fensterschwärmer 424
Fenusa 384
Ferdinandea 489
Ferkelratten 631, 646
Ferussaciidae 64
Feuchtkäfer 323
Feuerfalter 432, 433
Feuerkäfer 321
Feuersalamander 549
Feuerwanzen 268
Ficedula 616, 617
Fichtenbastkäfer 367
Fichtengallenlaus 298
Fichtenkreuzschnabel 620
Fichtenläuse 298
Fichtenquirlschildlaus 309
Fichtenrüßler 365
Fieberiella 295
Fiebermücke 473
Figites 387
Figitidae 387
Filarioidea 60
Filicollis 58
Filinia 54
Filiniidae 54
Filosea 14
Filzlaus 257
Fingerkäfer 329
Finken 621
Finkenvögel 620
Finsterspinnen 122
Finte 520
Fischadler 577, 579
Fischbandwurm 47
Fischchen 211
Fische 509
Fischegel 104
Fischotter 636
Fischreiher 570
Fitislaubsänger 615
Fitzingeria 103
Flabellifera 172
Flabelligerida 95
Flabelligeridae 96
Flachstrecker 136
Flagellata 7
Flamingo 562
Flammigeroidea 291
Flechtenbärchen 440
Fleckenfalter 433, 434
Fleckengrundel 544
Fleckhai 516
Fledermaus, Nordische 631, 645
Fledermaus, Zweifarbige 630, 645
Fledermäuse 627, 644, 654
Fleischfliegen 462, 472, 495
Fliegen 449, 450, 492, 496
Fliegenschnäpper 616
Flinkkäfer 330
Flöhe 401
Flohkrebse 175
Florfliegen 312
Floscularia 52
Flosculariidae 52
Flügelbutt 546
Flunder 547
Flußaal 521
Flußbarsch 540
Flußkrebse 169
Flußmuscheln 85
Flußnapfschnecke 75
Flußneunauge 515
Flußperlmuschel 85
Flußregenpfeifer 586
Flußseeschwalbe 594
Flußuferläufer 589
Flustra 503
Flustrella 502
Flustrellidae 502
Flustridae 502
Folliculina 28
Folliculinidae 28
Folsomia 208
Folsomides 208
Fonticola 41
Foraminiferen 17
Foraminiferida 17
Forcipata 291
Forda 301
Forelia 150
Forelle 523
Forellenbarsch 538
Forficula 232
Forficulidae 232
Formica 391
Formicidae 390
Formicoidea 374
Formicoxenus 390
Foucartia 364
Frankliniella 261
Fransenfledermaus 628, 644
Fransenflügler 259

Fransenmotten 429
Fratercula 594
Frauennerfling 527
Fredericella 500
Fredericellidae 500
Frettchen 636
Fridericia 101
Friesea 205
Fringilla 620, 621
Fringillidae 620
Fritfliege 491
Frontipoda 151
Frontonia 24
Frontoniidae 24
Frosch 552
Froschlurche 551
Froschquappe 532
Frostspanner 435
Fruchtfliegen 491
Fucellia 491
Fuchs (Raubtier) 636
Fuchs (Schmetterling) 434
Fuchsbandwurm 47
Fuchshai 516
Fulgora 286
Fulgoridae 286
Fulgoromorpha 285
Fulica 583
Fulmarus 566
Fumea 443
Furchenbiene 397
Furchenschwimmer 335
Furcula 439
Fursenkoina 18

Gabelschwänze 439, 444
Gabrius 339
Gadidae 531
Gadiformes 512, 530
Gadus 531
Gaidropsarus 533
Galathea 169
Galatheidae 169
Galba 79
Galeoidea 510
Galeorhinus 517
Galerida 606
Galeruca 360
Galerucella 360
Galeus 516
Galiobium 307
Galleria 430
Gallertschwamm 32
Galliformes 581
Gallinago 588
Gallinula 583
Gallmilben 146
Gallmücken 475
Gallus 582
Gallwespen 387
Galumna 153
Galumnidae 153
Gamasida 146
Gamasina 147
Gammaeule 442
Gammarellus 177
Gammaridae 176
Gammaridea 176
Gammarus 177
Gampsocleis 238
Gampsocoris 276
Gänse 571
Gänsegeier 579
Gänsesäger 571
Gargara 287
Garnelen 167
Garrulus 608
Gartenammer 622
Gartenbaumläufer 610
Gartengrasmücke 614
Gartenlaubkäfer 345
Gartenrotschwanz 612
Gartenschläfer 632, 647
Gartenschnecke 69
Gartenspitzmaus 627, 642, 654
Gasterophilidae 462, 496
Gasterophilus 462
Gasterosteidae 534
Gasterosteiformes 512, 534
Gasterosteus 534
Gasteruption 377
Gasteruptionidae 377
Gastrodes 279
Gastroidea 361
Gastropacha 436
Gastropoda 63, 64
Gastropodidae 54, 55
Gastropus 55, 56
Gastrosaccus 170
Gastrostyla 28
Gastrotricha 51
Gattyana 95
Gavia 565
Gaviidae 565
Gaviiformes 565
Geadephaga 316
Gebärfische 530
Gebirgsbachstelze 619
Geburtshelferkröte 552
Gebüschohrwurm 232
Geier 579
Geißblattfedermotte 415
Geißeltierchen 7
Gelbbauchunke 551
Gelbbrauenlaubsänger 615
Gelbeulen 442
Gelbfußtermite 200
Gelbhalsmaus 634, 648, 655
Gelblinge 431
Gelbrand 335
Gelbschnabel-Eistaucher 565
Gelbspötter 614
Gelechiidae 428, 429, 444
Gelechioidea 415, 428
Gelis 386
Gelochelidon 594
Gemse 638, 652
Gemüseeulen 441
Geocentrophora 41, 42
Geocoris 277
Geoglomeris 181
Geometridae 435, 444
Geometroidea 415
Geomyza 469
Geophilidae 187
Geophilomorpha 186
Geophilus 187
Georyssidae 319
Georyssus 319
Geotomus 284
Geotrupes 344
Gephyrocapsa 9
Gerfalke 580
Gerridae 265
Gerris 265
Gerromorpha 263
Gerstenminierfliege 470
Gervaisia 181
Gespenstkrebs 175
Gespinstblattwespen 381
Gespinstmotten 425
Getreidebrachfliege 491
Getreideerdfloh 359
Getreideeule 441
Getreidehähnchen 358
Getreidelaubkäfer 345
Getreidelaufkäfer 334
Getreidelaus 205, 206
Getreidewurzeleule 442
Gewächshauslaus 305
Gewächshausschrecke 235
Gibbaranea 127
Gibbium 325
Gibbula 83
Giebel 524
Giganthorhynchidae 57
Giganthorhynchus 57
Gilletteella 298
Gilpinia 375
Gimpel 620
Girlitz 621
Gitana 177
Gitterwanzen 267
Glaenocorisa 270
Glanzkäfer 327
Glanzschnecken 70
Glareola 584
Glareolidae 584
Glasaal 521
Glasflügler 415, 444
Glasküling 543
Glasschnecken 66

Glattbauchspinnen 135
Glattbutt 546
Glatthai 517
Glattkäfer 327
Glattnasen 627, 644
Glattnatter 559
Glattrochen 518
Glaucidium 596
Glaucoma 24
Gleichflügler 285
Gletscherfalter 433
Gliederfüßer 109
Gliricola 255
Gliridae 632, 646
Glis 632, 647
Glischrochilus 327
Globiceps 273, 274
Globigerina 18
Globodera 59
Glomerida 180
Glomeridae 181
Glomeridella 181
Glomeridellidae 181
Glomeris 181
Glossata 414
Glossiphonia 105
Glossiphoniidae 105
Glossoscolecidae 100
Glossosoma 406
Glossosomatidae 406, 410
Glucken 436
Glugea 7
Glühwürmchen 348
Gluphisia 439
Glycera 95
Glyceridae 95
Glycyphagidae 152
Glycyphagus 152
Glyphina 299
Glyphipterigidae 423
Glyphipterix 423
Glyphotaelius 408
Glypta 386
Glyptocephalus 547
Gnaphosa 135
Gnaphosidae 135
Gnathobdelliformes 104
Gnathocerus 353
Gnathostomata 509, 510
Gnathostomulida 4
Gnesiotrocha 52, 53, 54
Gnitzen 455
Gnorimus 346
Gobiesociformes 512, 544
Gobiidae 543
Gobio 525
Gobius 543
Gobiusculus 543
Gocevia 15
Goera 406
Goeridae 406, 413
Goldafter 440
Goldammer 622
Goldbarsch 536
Goldbutt 547
Goldene Acht 431
Goldeulen 442
Goldfisch 524
Goldfliege 494
Goldhähnchen 613
Goldhamster 632, 646
Goldmeeräsche 540
Goldregenpfeifer 587
Goldschmied 330
Goldschrecken 245
Goldwespen 388
Gomphidae 222, 225
Gomphocerus 245
Gomphus 222, 226
Gonepteryx 431, 432
Gongylonema 60
Goniada 96
Goniadidae 96
Goniagnathus 296
Gonianotus 278
Goniocotes 256
Goniodes 256
Gonium 9
Gonocerus 281
Gordiida 52
Gordionus 52
Gordius 52
Gorgodera 45
Gorgoderidae 45
Gorytes 394
Gossyparia 309
Gottesanbeterin 190
Grabfüßer 64
Grabwespen 392
Gracilia 357
Gracillariidae 419, 444
Grammotaulius 408
Granaria 74
Granuloreticulosa 15, 17
Graphocephala 292
Graphocraerus 294
Graphoderes 335
Graphomya 492
Graphopsocus 251
Graphosoma 282
Grapsidae 170
Graptoleberis 163
Graseulen 441
Grasfrosch 554
Grasglucke 436, 447
Graskarpfen 524
Grasminiermotten 429
Grasmücken 614
Grasmückenartige 413
Grauammer 622
Graugänse 571, 572
Grauhai 512
Graumeisen 610
Grauschnäpper 616
Grauspecht 600
Gregarina 30
Gregarinia 30
Greifvögel 577
Grillen 235, 237
Gromia 17
Gromiidae 17
Grönlandhai 517
Groppen 537, 538
Großlibellen 219
Großschmetterlinge 445
Großtrappe 583
Grubenhalskäfer 331
Gruidae 582
Gruiformes 582
Grundeln 543
Grundhai 517
Gründling 525
Grünfrösche 553, 554
Grünling 621
Grünschenkel 588
Grünspechte 600
Grünwidderchen 416
Grus 582
Gryllacridoidea 235
Gryllidae 237
Grylloidea 235
Gryllotalpa 236
Gryllotalpidae 236
Gryllteiste 595
Gryllus 237
Grypotes 296
Grypus 367
Guestphalinus 101
Güster 529
Gyas 141, 142
Gymnamoebia 10, 13
Gymnetron 366
Gymnocephalus 539
Gymnocera 482
Gymnodiniidae 8
Gymnodinium 8
Gymnolaelaps 147
Gymnolaemata 499
Gymnosphaera 19
Gymnostomatida 21, 22
Gypaetus 579
Gyps 579
Gyratrix 41, 43
Gyraulus 77, 78
Gyrinidae 322, 368
Gyrinus 322
Gyrocotylidae 46
Gyrodactylidae 44
Gyrodactylus 44
Gyrohypnus 338
Gyrophaena 341
Gyropidae 255
Gyropus 255

Haarbalgmilbe 149
Haarbutt 546
Haarlinge 255
Haarmücken 452, 471
Haarwürmer 60
Haaseidae 181
Habichtartige 577
Habichte 577
Habichtsadler 579
Habichtskauz 599
Habrocerus 340
Habroleptoides 214
Habroloma 346
Habrophlebia 214
Habrotrocha 53
Habrotrochidae 53
Hadena 441
Hadrodemus 272
Haemaphysalis 148
Haematobia 492
Haematobosca 492
Haematococcus 11
Haematoloma 289
Haematopinidae 257
Haematopinus 257
Haematopodidae 584
Haematopota 477
Haematopus 584
Haementeria 105
Haemodipsus 258
Haemogamasus 147
Haemonais 100
Haemopidae 104
Haemopis 104
Hagenella 408
Hahnia 119
Hahniidae 119
Haie 512
Hakengimpel 620
Hakenkäfer 325
Halacaridae 144
Halacaroidea 114
Halacarus 144
Haleciidae 38
Haliaeetus 579
Halichoerus 637, 652
Halichondria 33
Haliclona 32
Haliclystus 35
Halicryptus 51
Halictidae 395
Halictoxenos 196
Halictus 396, 397
Halipegidae 45
Halipegus 45
Haliplidae 322, 368
Haliplus 322
Halisarca 32
Hallodapus 270
Halmerdfloh 359
Halmfliegen 491
Halmwespen 382
Halosalda 276
Halsbandfliegenschnäpper 617
Halsbandwassertreter 591
Halteria 28
Halteriidae 28
Haltica 359
Halticinae 359
Halticus 274
Halyzia 352
Hamster 632, 654
Handkäfer 329
Hänfling 621
Haplodiplosis 475
Haplodrassus 136
Haplogynae 116
Haplometra 45
Haplophilus 186
Haplophthalmus 173
Haplopoda 160
Haploprocta 281
Haplotaxidae 100
Haplotaxis 100
Haplothrips 261
Haptomonadida 7
Haptophyceae 7
Harminius 348
Harmonia 352
Harmothoe 95
Harpactea 123
Harpacticoida 167
Harpagoxenus 390
Harpalus 334
Harpatus 394
Harpocera 274
Harpyia 439
Hartigia 382
Hartmannellidae 13, 14
Hase 631, 646
Hasel 527
Haselhuhn 582
Haselmaus 633, 647
Haselnußbohrer 367
Hasenartige 631, 645
Haubenlerche 606
Haubenmeise 609
Haubennetzspinnen 128
Haubentaucher 566
Hauhechelbläuling 433
Hausbock 357
Hausente 576
Hausesel 639
Hausgans 572
Haushuhn 582
Haushund 636
Hauskaninchen 631, 645
Hauskatze 637
Hausmaus 633, 647, 655
Hausmutter 441
Hausperlhuhn 582
Hauspferd 638
Hausputer 582
Hausratte 633, 647, 655
Hausrind 637, 652
Hausrotschwanz 612
Hausschaf 638, 653
Hausschwein 637, 652
Haussperling 623
Hausspitzmaus 627, 642, 654
Haustaube 595
Haustoriidae 176
Haustorius 176
Hausziege 638, 653
Hautflügler 373
Hayhurstia 306
Hebridae 266
Hebrus 266
Hecht 521
Hechtdorsch 532
Heckenbraunelle 617
Hediste 95
Hedriocystis 18
Hedychridium 388
Hedychrum 389
Heidelerche 607
Heidelibellen 223
Heideschrecke 238
Heilbutt 547
Heimchen 237
Helcion 80
Helcomyza 465
Helcomyzidae 465
Helcon 385
Heleomyza 468
Heleomyzidae 468
Helicacea 70
Helicella 71
Helicidae 70
Helicigona 72
Helicodonta 71
Helicostomella 26
Helina 493
Heliodines 418
Heliodinidae 418
Heliophanus 139
Heliophrya 29
Heliophryidae 29
Heliothis 441
Heliothrips 259
Heliozela 419
Heliozelidae 418, 419
Heliozoea 18
Helix 72
Helobdella 105
Helodidae 325, 372
Helodrilus 102
Helophilus 488
Helophorus 342
Heloridae 388
Helorus 388

Hemaris 416, 437
Hemerobiidae 312, 314
Hemerobius 314
Hemerodromia 481
Hemiclepsis 105
Hemineura 252, 253
Hemiptera 263
Hemiteles 386
Hemiuridae 45
Hemiurus 45
Henicopidae 185
Henestaris 277
Henlea 101
Henneguya 7
Henosepilachna 351
Henricia 504
Hepialidae 421, 444
Hepialoidea 414
Hepialus 421, 444
Heptagenia 215
Heptageniidae 215, 216
Heptatoma 477
Heptaulacus 344
Herbsteulen 442
Herbstspinnen 125
Hercinothrips 259
Hercostomus 481
Heriades 398
Heriaeus 137
Herina 490
Hering 520
Heringia 485
Heringsartige 519
Heringshai 516
Heringsmöwe 592
Hermannia 154
Hermanniidae 154
Hermelin 636, 652-654
Hermelinspinner 439
Hertwigia 54
Herzigel 506
Herzmuscheln 89
Hesionidae 98
Hesionides 98
Hesperia 430, 444
Hesperiidae 416, 430, 444
Hesperinidae 453
Hesperinus 453
Hesperocorixa 270
Hesperus 339
Hessenmücke 475
Heterarthrus 384
Heteroanomia 89
Heteroceridae 319, 372
Heterocerus 319
Heterocheila 465
Heterochlorida 7, 10
Heterocope 166
Heterocordylus 274
Heterocypris 165
Heterodera 59
Heterogaster 277
Heteromastus 96
Heteromera 317, 372
Heteromeyenia 32
Heteromurus 209
Heteropanope 170
Heteropeza 475
Heterophrys 19
Heteropodidae 120
Heteroptera 263,
Heteropterus 430, 431
Heterosomata 512
Heterotanais 158
Heterotardigrada 107
Heterothops 338
Heterotoma 273
Heterotrichida 26, 28
Heufalter 433
Heupferd 238
Heuschrecken 235, 241
Hexacorallia 34
Hexamita 12
Hexanchidae 512
Hexanchiformes 510, 512
Hexanchus 512
Hexapoda 188
Hexarthra 54
Hexarthridae 54
Hiatella 88
Hiatellacea 64
Hieraaetus 579, 580
Hierophis 559
Hilara 481
Hilarimorpha 458
Himantariidae 186
Himantopus 591
Himbeerblütenstecher 367
Himbeerkäfer 327
Hinia 82
Hinterkiemer 64
Hipparchia 433
Hippeutis 77
Hippobosca 493
Hippoboscidae 493
Hippodamia 352
Hippoglossoides 547
Hippoglossus 547
Hippoglais 614
Hippolyte 168
Hippolytidae 168
Hippotion 438
Hirmoneura 457
Hirsche 638, 652
Hirschkäfer 343
Hirtea 476
Hirudinea 104
Hirudinidae 104
Hirudo 104
Hirundinidae 607
Hirundo 607
Hispella 358
Hister 326
Histeridae 326, 370
Histeroidea 316
Histopona 133
Histricostoma 141
Histrionicus 574, 576
Höckerschrecken 244
Höckerschwan 571
Hoffmannophila 428
Höhlenschildläuse 308
Hohltaube 595
Hohltiere 34
Holcostethus 284
Holocentropus 407
Holocephali 512, 513
Holocoela 40
Holocranum 277
Hololampra 233
Holometabola 190
Holopediidae 160
Holopedium 160
Holophryidae 22
Holopogon 479
Holopyga 388
Holoscotolemon 140
Holothurioida 504
Holotrichia 21
Holunderlaus 307
Holzbiene 395
Holzbock 148
Holzbohrer 426
Holzfliegen 457
Holzwespen 375, 381
Holzwurm 324
Homalocephala 490
Homaloplia 345
Homarus 169
Homoeophthalmae 479
Homoptera 285
Homorocoryphus 238
Honigbiene 395
Hopfe 599
Hopfenblattlaus 305
Hopfenbohrer 421
Hopfenerdfloh 359
Hopfenwurzelbohrer 444
Hoplia 345
Hoplocampa 384
Hoplodonta 476
Hoplopleura 258
Hoplopleuridae 257
Hormaphididae 298
Hormaphis 298
Hörnchen 632, 646
Hornhecht 533
Hornisse 391
Hornmilben 153
Hornotter 559
Hornschwämme 32
Hosenbiene 397
Huchen 522

Hucho 522
Hufeisennasen 627
Hühner 582
Hühnerhabicht 577
Hühnervögel 581
Hummel 398
Hummelschwärmer 437
Hummelschweber 479
Hummer 169
Hunde 635, 650
Hundebandwurm 47
Hundeegel 105
Hundertfüßer 185
Hundshai 517
Hundsrobben 637,650
Hundszunge 547
Hüpfmäuse 632, 646
Hyadaphis 303, 306
Hyale 177
Hyalesthes 287
Hyaliniella 500
Hyalodiscidae 14
Hyalodiscus 14
Hyalopsocus 253
Hyalopteroides 306
Hyalopterus 306
Hyalosphenia 17
Hyas 170
Hybos 481
Hyctia 138
Hydaphias 306
Hydaticus 335
Hydra 34
Hydrachna 150
Hydrachnellae 150
Hydractinia 38
Hydradephaga 316
Hydraena 342
Hydraenidae 342, 370
Hydrellia 470
Hydridae 34
Hydrobates 567
Hydrobatidae 567
Hydrobia 77, 84
Hydrobiidae 76, 84
Hydrobius 343
Hydrochus 342
Hydrodroma 150
Hydroidea 34
Hydroidpolypen 34
Hydromedusen 34
Hydrometra 265
Hydrometridae 265
Hydrophilidae 342, 370, 372
Hydrophiloidea 316, 342
Hydrophilus 343
Hydrophorus 482
Hydroporus 334
Hydroprogne 593
Hydropsyche 406
Hydropsychidae 406, 410
Hydroptila 404
Hydroptilidae 404, 410
Hydrotaea 493
Hydrothassa 361
Hydrous 343
Hydrovolzia 150
Hydrozetes 146, 154
Hydrozetidae 154
Hydrozoa 34, 35
Hydryphantes 152
Hygrobates 152
Hygrobia 323
Hygrobiidae 323, 368
Hygrolycosa 131
Hyla 551, 556
Hylaeus 397
Hylastes 368
Hylastines 368
Hylecoetus 324, 370
Hyledelphax 289
Hyles 437, 438
Hylesinus 368
Hylidae 549
Hylobius 365
Hyloicus 438
Hyloniscus 173
Hylotrupes 357
Hylurgops 368
Hylurgus 367
Hymenolepididae 48
Hymenolepis 48
Hymenomonas 9
Hymenostomatida 21, 22
Hymenoptera 373, 399
Hypena 441
Hypeninae 442
Hypera 365
Hyperaspis 351
Hyperia 176
Hyperiidae 176
Hyperiidea 176
Hypermastigida 7, 12
Hypermastigidae 12
Hyperoartii 510
Hyperomyzus 303
Hyperoplus 542, 543
Hyperotreti 510
Hyphydrus 334
Hypnoidus 348
Hypochrysa 313
Hypochthoniidae 154
Hypochthonius 154
Hypoderma 495
Hypogastrura 206
Hypogastruridae 205
Hypophorella 502
Hypophorellidae 502
Hypophthalmichthys 524
Hyposinga 126
Hypotricha 27
Hypsibiidae 108
Hypsibius 108
Hyptiotes 116
Hystrichopsylla 402
Hystrichopsyllidae 402
Hystrichopsylloidea 401
Hystricosoma 99

Iassus 293
Ibalia 387
Ibaliidae 387
Ibidinae 570
Ibisse 570
Ichneumon 386
Ichneumonidae 385
Ichneumonoidea 374, 377, 380
Ichthyobdellidae 104
Ichthyobodo 12
Ichthyophthiriidae 21
Ichthyophthirius 21
Ictaluridae 530
Ictalurus 530
Idaea 435
Idiocerus 293
Idiodonus 296
Idiopterus 305
Idolothripinae 261
Idotea 172
Idoteidae 172
Idya 167
Igel 625, 642, 654
Igelfloh 402
Igelwürmer 3
Iltis 636, 652
Ilybius 335
Ilyocoris 265
Ilyocryptus 162
Ilyocypris 165
Ilyodrilus 101
Inachis 434, 445
Incidifrons 256
Incurvariidae 425, 443
Incurvarioidea 414
Inger 512
Ingerartige 512
Inocellia 194
Inocelliidae 194
Insecta 188
Insectivora 625, 641
Insekten 188
Insektenfresser 625, 641
Integripalpia 404
Iphiclides 430, 431
Iphinoe 159
Ips 368
Isaeidae 178
Ischnocera 255
Ischnocoris 280
Ischnodemus 277
Ischnopsyllidae 402
Ischnopsyllus 402

Ischnorhynchus 277
Ischnura 221
Ischyroceridae 178
Ischyropsalididae 140
Ischyropsalis 140
Isobates 182
Isognomostoma 71
Isometopodidae 268
Isometopus 268
Isomira 353
Isonychia 215
Isonychiidae 215, 216
Isoperla 231
Isophya 238
Isopoda 171
Isoptena 231
Isoptera 200
Isotoma 208
Isotomidae 207
Isotomiella 208
Isotomina 208
Isotomodes 208
Isotomurus 208
Issidae 286
Issus 286
Itoplectis 386
Itura 57
Ituridae 57
Ixobrychus 569
Ixodes 148
Ixodida 148
Ixodidae 148
Iziphya 302

Jaera 173
Jagdspinnen 118
Jalla 282
Jaminia 68
Janira 173
Janiridae 173
Janus 382
Japygidae 202
Jassa 178
Jassargus 295
Jassidae 290
Jassidaeus 288
Javesella 289
Johannisbeerblasenlaus 303
Judolia 357
Jugaria 98
Julida 181
Julidae 182
Julikäfer 345
Julus 183
Junikäfer 345
Juraviper 559
Jynx 600

Kabeljau 531
Käfer 316
Käfermilbe 147
Käferschnecken 64
Kahnfüßer 64
Kahnspinnereulen 442
Kaiseradler 579
Kaisermantel 435
Kakerlak 234
Kakothrips 261
Kalkschwämme 32
Kalmar 64
Kalyptorhynchia 41, 43
Kamelhalsfliegen 194
Kamelspinner 438
Kamm-Molch 550
Kamm-Muscheln 88
Kammstern 504
Kampfläufer 588
Kamptozoa 5
Kanadagans 572
Kaninchen 631, 645
Kaninchenfloh 402
Kappenammer 622
Kapseleulen 441
Kapuzenbärchen 444
Kapuzenkäfer 320
Karausche 524
Karmingimpel 620
Karpfen 524
Karpfenartige 524
Karpfenläuse 157
Kartoffelerdfloh 359
Kartoffelkäfer 360
Kartoffellaus 305
Käsefliegen 467
Käsemilbe 152
Kattfisch 542
Kätzcheneulen 441
Katzen 637, 650, 652
Katzenhai 516
Kaulbarsch 539
Kaulquappen 554
Käuze 598
Kegelbiene 397
Kegelrobbe 637, 652
Kelchtiere 5
Kelisia 288
Kellerassel 175
Kellerblattlaus 303
Kellerlaus 303
Kellicottia 54
Keratella 54
Keratellidae 54
Kermes 309
Kermesidae 309
Kermidae 309
Kernbeißer 620
Kernholzkäfer 320
Kerona 28
Keroplatus 475
Keulenkäfer 317
Keulhornbiene 396
Keulhornblattwespen 382
Khaprakäfer 350
Kiebitz 585
Kiebitzregenpfeifer 587
Kieferegel 104
Kiefernharzgallenwickler 444
Kiefernkreuzschnabel 620
Kiefernrüßler 366
Kiefernschwärmer 438
Kiefernspanner 435
Kiefernspinner 436
Kieferspinnen 123
Kielnacktschnecken 65
Kiemenfüße 159
Kiemenschwänze 157
Kieselschwämme 32
Kinetoplastida 7, 11
Kinorhyncha 51
Kirschenlaus 304
Kirschfliege 490
Kirschfruchtstecher 362
Klaffmuscheln 88
Klappergrasmücke 615
Kleespinner 436
Kleewurzelrüßler 368
Kleiber 611
Kleiderlaus 257
Kleidermotte 425, 443
Kleidocerys 277
Kleinbären 635, 650
Kleinlibellen 218
Kleinschmetterlinge 445
Kleinspecht 601
Kleinsporentiere 7
Kleist 546
Kleistermotte 428
Kliesche 547
Klippenbarsch 541
Knäkente 576
Knarrschrecken 243
Knemidocoptes 152
Knemidocoptidae 152
Knoblauchkröte 552
Knochenfische 512, 513
Knorpelfische 510, 512
Knorpelganoide 513
Knurrhähne 536
Knutt 590
Köcherfliegen 404
Köcherwurm 98
Kohlblattlaus 306
Köhler 532
Kohlerdflöhe 359
Kohlfliege 491
Kohlgallenrüßler 366
Kohlmeise 609
Kohlschabe 424
Kohlschotenmücke 475
Kohltriebrüßler 366
Kohlwanze 283
Kohlweißling 432, 446

Kolbea 251, 252
Kolbenente 574
Kolbenwasserkäfer 343
Kolkrabe 607
Kommaeule 446
Kommafalter 430, 444
Kommaschildlaus 308
Kompaßqualle 35
Königslibellen 221
Kopflaus 257
Koppe 538
Korbmuschel 90
Korkschwamm 32
Kormoran 568
Kornkäfer 364
Kornmotte 425
Kornweihe 578, 579
Korynetes 350
Krabben 167
Krabbenspinnen 137
Krabbentaucher 594
Kragenente 574
Krähenscharbe 568
Kranich 582
Kranichvögel 582
Kranzfühler 499
Kratzer 57
Krätzmilbe 153
Kräuselradnetzspinnen 116
Kräuselspinnen 123
Krauskopfpelikan 568
Kräuterdieb 325
Krebssuppe 442
Krebstiere 155
Kreiselschnecken 83
Kreiselwespe 394
Kreuzkröte 552
Kreuzotter 559
Kreuzschnabel 620
Kreuzspinne 127
Krickente 575
Kriebelmücken 454
Kriechtiere 557
Kröten 552
Kryphoiulus 184
Küchenschabe 234
Kuckuck 564
Kuckucksrochen 518
Kuckucksvögel 564
Kugelfliegen 455
Kugelspinnen 128
Kuhauge 434
Külinge 543
Kupferglucke 436
Kupferstecher 368
Kurzflügler 337
Kurzia 164
Kurzohrmaus 635
Kurzschnabelgans 572
Küstenseeschwalbe 594
Kybos 291
Labia 232
Labidostomis 358
Labidura 232
Labiduridae 232
Labiidae 232
Labkrautschwärmer 437
Labridae 541
Labrus 541
Labyrinthomorpha 6
Lacerta 557, 558
Lacertidae 557
Lachesilla 251
Lachesillidae 251
Lachmöwe 593
Lachnidae 307
Lachniella 307
Lachnus 308
Lachs 522, 523
Lachsartige 522
Lachseeschwalbe 594
Lacinius 142
Lacinularia 52, 53
Lacon 347
Lacrymaria 23
Lacuna 83
Ladona 223, 226
Laelapidae 147
Laelaps 147
Laelia 440
Laemobothriidae 256
Laemobothrion 256
Lagena 18
Lagenophryidae 25
Lagenophrys 25
Lagis 98
Lagomorpha 631, 645
Lagopus 581
Lagria 321
Lagriidae 321, 372
Lamachus 386
Lamblia 12
Lamia 355
Lammzunge 546
Lamna 516
Lamnidae 516
Lamniformes 510, 515
Lampetra 515
Lampra 347
Lamprochernes 112
Lamprohiza 348
Lampronia 425
Lampropidae 159
Lamprops 159
Lamprosoma 360
Lampyridae 348
Lampyris 348
Lamyctes 185
Landkärtchen 434
Landlungenschnecken 64
Landschnecken 65
Landwanzen 264
Langbeinfliegen 481
Langhornbiene 397
Langhorn-Blattminiermotten 420
Langhornmotten 421
Langohr 627, 645
Langohrfledermäuse 627
Langtaster 342
Langwanzen 276
Lanice 98
Laniidae 619
Lanius 619, 620
Lanzettfischchen 1
Laodelphax 289
Laomedea 38
Laothoe 437
Laphria 479
Lappentaucher 566
Larentia 435
Laricobius 327
Laridae 591
Larinioides 127
Larinus 365
Lartetia 77
Larus 591-593
Larvacea 507
Lasiocampa 436
Lasiocampidae 421, 436, 446, 447
Lasiocephala 406
Lasiochernes 112
Lasioglossum 396, 397
Lasiommata 433
Lasiopa 476
Lasiopogon 479
Lasioptera 475
Lasiosomus 280
Lasiotrechus 330
Lasius 391
Laternenträger 286
Lathonura 162
Lathridiidae 318
Lathrimaeum 341
Lathrobium 339
Lathys 123
Latona 160
Lau 526
Laubfrosch 551
Laubheuschrecken 235
Laubkäfer 343
Laubsänger 615
Lauchschrecke 244
Laufkäfer 328
Laufspinnen 136
Lauria 75
Läuse 255
Lausfliegen 493
Lauskerfe, Läuslinge 255
Lauxania 465
Lauxaniidae 464
Leander 168

Leberegel 45
Leberegelschnecke 79
Lebertia 151, 152
Lebia 331
Lecane 55
Lecanidae 56
Lecaniidae 309
Lecithodendriidae 45
Lecithoepitheliata 42
Lederkoralle 35
Lederwanzen 280
Lederzecken 148
Ledra 290
Legnotus 284
Lehmannia 69
Leierfisch 544
Leiobunum 141
Leiomyza 464
Leistus 329
Lejogaster 486
Lejops 488
Lema 358
Lembadion 24
Lemonia 421
Lemoniidae 421, 446
Lengfisch 532
Leopoldius 489
Lepadella 55
Lepadidae 157
Lepas 157
Leperisinus 368
Lepidochiton 64
Lepidocyrtus 209
Lepidoniscus 174
Lepidonotus 95
Lepidoptera 414, 442
Lepidorhombus 546
Lepidosaphes 308
Lepidostoma 406
Lepidostomatidae 406, 413
Lepidurus 156
Lepinotus 250
Lepisma 211
Lepismatidae 211
Lepismachilis 210
Lepomis 538
Lepralia 503
Leptacis 387
Leptarthrus 479
Leptestheria 155
Leptestheriidae 155
Lepthyphantes 128
Leptidea 431, 432
Leptinidae 317, 325
Leptinotarsa 360
Leptinus 325
Leptocephalus 520, 521
Leptocera 469
Leptoceridae 409, 413
Leptocerus 409
Leptocheirus 178
Leptochilus 392
Leptodora 161
Leptodoridae 161
Leptogaster 478
Leptohylemya 491
Leptoiulus 183
Leptomedusae 34
Leptomonas 12
Leptomysis 171
Leptophallus 45
Leptophlebia 214
Leptophlebiidae 214, 216
Leptophyes 238
Leptopiinae 363
Leptopodidae 269
Leptopodomorpha 263
Leptopsylla 402
Leptopterna 273
Leptopus 269
Leptorchestes 137
Leptothorax 391
Leptura 357
Leptus 148
Lepus 631, 645, 646
Lepyronia 290
Lepyrus 365
Lerchen 606
Lernaea 167
Lernaeocera 167
Lesquereusia 15
Lestes 220, 225
Lesteva 341
Lestidae 220, 225
Lestremia 475
Leucaspius 526
Leuchtkäfer 348
Leuciscus 526, 527
Leucochloridiidae 45
Leucochloridium 45
Leucodonta 439
Leucoma 440
Leucoparyphus 340
Leucopis 465
Leucorrhinia 224, 226
Leucosiidae 170
Leucosolenia 32
Leucospididae 386
Leucospis 386
Leucozona 487
Leuctra 228
Leuctridae 228, 231
Leydigia 164
Libellen 218
Libelloides 312
Libellula 223, 226
Libellulidae 222, 226
Libelluloidea 218, 225
Licinus 331
Ligia 173
Ligidium 173
Ligiidae 173
Ligula 47
Ligusterschwärmer 438, 446
Ligyra 480
Ligyrocoris 278
Lilienhähnchen 358
Lilioceris 358
Limacidae 69
Limacodidae 426, 444
Limanda 547
Limapontia 79
Limax 69
Limenitis 435
Limicola 590
Limnadia 155
Limnadiidae 155
Limnebius 342
Limnephilidae 408, 412
Limnephilus 408
Limnesia 152
Limnias 52
Limnobaris 366
Limnochares 150
Limnocythere 165
Limnodrilus 101
Limnohalacarus 144
Limnophora 493
Limnoria 172
Limnoxenus 343
Limnoriidae 172
Limoniinae 473
Limoniscus 348
Limonius 348
Limosa 587
Limotettix 296
Limothrips 260
Limulus 109
Lindenschwärmer 437
Lindiidae 57
Lineidae 49
Lineus 49
Linguatula 3
Linnavuoriana 292
Linognathidae 257
Linognathus 257
Linopodes 150
Linsenkäfer 319
Linyphia 128
Linyphiidae 128
Liocarcinus 170
Liocola 346
Liocoris 272
Liocranidae 134
Liocranum 135
Liodes 336
Liodidae 336
Lionychus 331
Liophloeus 363
Liosomaphis 304
Lipaphis 307
Lipara 491
Liparis 538

Liparus 365
Lipeurus 257
Lipocystis 31
Liponeura 450
Lipoptena 493
Liposcelidae 250
Liposcelis 250
Lippfische 541
Liriomyza 468
Lispe 492
Lissonota 386
Listrophoridae 152
Listrophorus 152
Listspinne 118
Lithax 406
Lithobiidae 186
Lithobiomorpha 185
Lithobius 186
Lithocolla 20
Lithocolletinae 419
Lithocolletis 444
Lithoglyphus 77
Lithomelissa 20
Lithosiinae 427, 440, 447
Littorina 83
Littorinacea 63
Livia 310
Liviidae 310
Livilla 310
Lixus 365
Liza 540
Lobosea 14
Lochmaea 360
Locusta 244
Locustella 615, 616
Loderus 383
Loensia 253
Löffelente 576
Löffler 570
Loligo 64
Lomatia 480
Lomechusa 341
Lonchaea 467
Lonchaeidae 467
Lonchoptera 460
Lonchopteridae 460, 496
Longicaudus 306
Longitarsus 359
Lophiidae 514
Lophiiformes 512, 514
Lophius 514
Lophocharis 56
Lophomonas 12
Lophopilio 142
Lophopodidae 500
Lophopus 501
Loricera 328
Loricula 269
Loriculidae 269
Lota 532
Loxia 620
Loxocera 490
Loxodes 23
Loxodidae 23
Lucanidae 343, 370
Lucanus 343
Lucernaria 35
Luchs 637, 652
Lucilia 494
Lucioperca 540
Lullula 607
Lumb 531
Lumbricidae 102
Lumbricillus 101
Lumbriculidae 100
Lumbriculus 101
Lumbricus 102
Lumbrineridae 96
Lumbrineris 96
Lummen 595
Lump 538
Lumpenus 542
Lunatia 83
Lungenschnecken 64
Lungenwürmer 61
Luperus 360
Lurche 549
Luscinia 613
Lutra 636, 651
Luzernefloh 209
Lycaena 433, 445
Lycaenidae 417, 432, 433, 445
Lycia 427
Lycidae 349
Lycosidae 130
Lyctidae 328, 370
Lyctocoris 275
Lyctus 328
Lygaeidae 276
Lygaeus 277
Lygistopterus 349
Lygocoris 272
Lygus 272
Lymantria 440, 446
Lymantriidae 439, 446
Lymexylon 324
Lymexylidae 324, 370
Lymexylidea 317
Lymnaea 78
Lymnaeidae 78
Lymnocryptes 588
Lynceidae 155
Lynceus 155
Lynchia 494
Lynx 637, 652
Lyonetiidae 420
Lype 406
Lyrurus 582
Lythria 415
Lytta 354
Machilidae 210
Machilis 210
Machimus 478
Macoma 92
Macracanthorhynchus 57
Macrobiotidae 108
Macrobiotus 108
Macrocera 474
Macrochaetus 55
Macrocheles 147
Macrochelidae 147
Macrodasyida 51
Macrodasys 51
Macrodema 280
Macrodera 45
Macrogastra 67
Macroglossum 437
Macrolophus 271
Macrophya 384
Macropipus 170
Macropis 397
Macroplax 278
Macroplea 358
Macropodia 170
Macropsis 293
Macrosiphoniella 305
Macrosiphum 306
Macrosteles 295, 296
Macrosternodesmidae 181
Macrosternodesmus 181
Macrostomida 41, 42
Macrostomum 41, 42
Macrothricidae 162
Macrothrix 162
Macrotrachela 54
Macrotylatia 436
Macrotylus 274
Mactra 92
Mactracea 64
Maculolachnus 308
Macustus 296
Madenwurm 61
Madiza 469
Magdalis 366
Magelonidae 95
Magendasselfliegen 462
Magenwürmer 61
Maifisch 520
Maikäfer 345
Mairenke 529
Maiszünsler 430
Maiwurm 354
Majidae 170
Makrelen 544
Malachius 351
Malacobdella 49
Malacobdellidae 49
Malacocoris 274
Malacolimax 69
Malacosoma 436
Malacostraca 158

Maladera 345
Malareus 403
Malermuschel 86
Mallomonas 9
Mallophaga 255
Mallota 487
Malthinus 349
Malthodes 349
Mamestra 441
Mammalia 624
Mandarinente 574
Mandibulata 109
Mangora 125
Manica 390
Maniola 434
Manota 474
Mansonia 474
Mantelmöwe 591
Mantelschnecke 78
Manteltiere 507
Mantidae 190
Mantis 190
Mantispa 312
Mantispidae 312, 314
Mantodea 190
Maräne 522
Marder 636, 650
Marderhund 635, 650
Margaritifera 85
Margaritiferidae 84
Margarodidae 308
Marienkäfer 351
Marmota 632, 646
Marpissa 139
Marstoniopsis 77
Martes 636, 651, 652
Marthamea 229
Maryna 24
Marynidae 24
Märzfliegen 452
Masaridae 378
Maskenbiene 397
Maskenkrabbe 170
Maskenläuse 249
Masonaphis 304
Maskenstelze 619
Mastigamoeba 11
Mastigamoebidae 11
Mastigophora 7
Mastigophorophyllidae 181
Matsucoccus 308
Mauerassel 174
Mauerbiene 398
Mauereidechse 557
Mauerfuchs 433
Mauerläufer 611
Mauersegler 599
Maulesel 639
Maultier 639
Maulwurf 625, 642, 654
Maulwurfsgrille 236
Mäuse 633, 646, 654
Mäusebussard 579
Mäusefloh 325
Mausohr 628, 644
Mauswiesel 636, 652, 653, 654
Mauszahnrüßler 366
Mayetiola 475
Mayorella 14
Mayorellidae 14
Mecinus 366
Mecomma 274
Meconema 236
Meconematidae 236
Mecoptera 448
Mecopteroidea 190
Mecostethus 244
Mecynostomum 41
Mecynotarsus 354
Medetera 482
Mediorhynchus 57
Meeraal 520
Meeräschen 540
Meerbarbe 535
Meerbrassen 540
Meerbrot 33
Meerengel 517
Meeresmilben 144
Meeresmuscheln 86
Meeresschnecken 79
Meeresstrandläufer 590
Meerforelle 523
Meergänse 571
Meerneunauge 515
Meerrettichkäfer 361
Megabothris 402
Megachile 398
Megachilidae 395
Megacoelum 273
Megaloceraea 273
Megalocoleus 275
Megalodontes 376
Megalodontidae 375, 399
Megalodontoidea 373
Megalomus 313
Megalonotus 279
Megaloptera 194
Megelothorax 205
Megalothrips 261
Megalotrocha 53
Megamelodes 288
Megamelus 288
Megamerina 465
Megamerinidae 465
Megaphyllum 184
Megarthrus 341
Megaselia 482
Megaspilidae 388
Megasternum 343
Megastigmus 386
Megathrips 261
Megatoma 350
Megophthalmus 292
Megopis 356
Megoura 303
Mehlkäfer 353
Mehlmilbe 152
Mehlmotte 430, 444
Mehlschwalbe 607
Mehlwürmer 353, 372
Mehlzünsler 430
Meioneta 128
Meisen 609
Melanaphis 306
Melanargia 433, 445
Melandrya 321
Melangyna 486, 487
Melanitta 572–574, 576
Melanocoryphus 277
Melanogrammus 531
Melanophila 347
Melanostoma 486
Melanotus 348
Melanthrips 259
Melasis 324
Melasoma 361
Meldenwanzen 267
Meleagris 582
Melecta 396
Meles 636, 651
Melicerta 52
Meligethes 327
Melinda 494
Melisandra 383
Melitaea 435
Melitta 396, 397
Melittidae 395
Melitturga 395
Mellinus 394
Meloe 354
Melogona 182
Meloidae 354, 368
Melolontha 345
Melonenqualle 34
Melophagus 493
Melyridae 350, 370
Membracidae 287
Membranipora 502
Membraniporella 503
Membraniporidae 502
Menacanthus 256
Menaccarus 283
Menopon 256
Menoponidae 256
Menoponoidea 255
Menschenfloh 401
Menschenhai 517
Menschenlaus 257
Mergus 571
Merlan 532
Merlangius 532
Merlin 580

Merluccius 532
Mermis 58
Mermithida 58, 60
Mermithoidea 58
Merodon 487
Meromyza 491
Meropidae 600
Merops 600
Merostomata 109
Mesapamea 442
Mesembrina 492
Mesembrinus 488
Mesenchytraeus 101
Mesidotea 172
Mesocerus 280
Mesocestoides 47
Mesochelifer 112
Mesocricetus 632
Mesodopsis 171
Mesoleius 386
Mesoniscidae 173
Mesoniscus 173
Mesopsocidae 252
Mesopsocus 252
Mesostigmata 146
Mesostoma 43
Mesovelia 268
Mesoveliidae 268
Messerfisch 542
Messor 390
Meta 125
Metacineta 30
Metacypris 165
Metacystidae 22
Metajapyx 202
Metaleptophyllum 184
Metalimnus 294
Metalype 406
Metastigmata 148
Metastrongyloidea 61
Metastrongylus 61
Metasyrphus 487
Metatetranychus 149
Metatropis 276
Metellina 125
Meteorus 385
Methocha 389
Metidae 124, 125
Metoecus 320
Metopia 462
Metopeurum 305
Metopidae 28
Metopidia 55
Metopina 482
Metopolophium 305
Metoponorthus 175
Metopoplax 278
Metreletus 215
Metridium 35
Metrioptera 240
Metylophorus 253
Miarus 366
Miastor 475
Micaria 135
Micariolepis 135
Micracanthia 276
Micranurida 206
Micrasema 407
Microbisium 113
Microcaeculus 148
Microchordeuma 182
Microchrysa 476
Microcodinidae 55
Microcodon 55
Microcometes 15
Microcometesidae 15
Microcoryciidae 16
Microdalyellia 42
Microdentopus 178
Microdon 484
Microgaster 385
Microgromia 18
Microgromiidae 18
Microgynina 147
Microhydra 34
Microiulus 183
Microlaimus 59
Microlestes 331
Microlinyphia 128
Micromesistius 532
Micrommata 120
Micromus 313
Micromys 634, 648, 655
Micronecta 269
Micropeplus 337
Micropeza 464
Micropezidae 464
Microphysidae 269
Microplitis 385
Microprotopus 178
Micropterigidae 421, 443
Micropterix 421
Micropterus 538
Microsiphum 305
Microspora 7
Microstomum 42
Microstomus 547
Microthoracidae 25
Microthorax 25
Microtrombidium 148
Microtus 634, 635, 650, 655
Microvelia 265
Micryphantidae 128
Mideopsis 152
Miesmuschel 86
Mietenlaus 303
Mikiola 475
Milacidae 65
Milane 577
Milax 66
Milben 144
Milichia 469
Milichiidae 469, 470
Milnesiidae 108
Milnesium 108
Miltogramma 462
Miltotrogus 345
Milvus 577
Mimas 437
Mimesa 394
Mimetidae 119
Mindaridae 299
Mindarus 299
Minettia 465
Minierfliegen 468
Miniermotten 419
Miniersackmotten 425
Mink 636
Miramella 243
Miridae 270
Miridius 272
Miris 272
Miscophus 393
Misgurnus 530
Misteldrossel 612
Mistkäfer 343, 344
Misumena 137
Misumenops 137
Mitopus 142
Mitostoma 141
Mittelmeerfruchtfliege 490
Mittelsäger 571
Mittelspecht 602
Mixodiaptomus 166
Mniobia 54
Mochlonyx 452
Mocuellus 295
Mocydia 295
Mocydiopsis 295
Moderkäfer 318
Moderlieschen 526
Modicogryllus 237
Modiolus 87
Mohnkapselrüßler 366
Mohnwurzelrüßler 366
Mohrenfalter 433
Möhrenfliege 490
Moina 162
Molanna 407
Molannidae 407, 413
Molannodes 407
Molch 549
Molgula 508
Mollusca 63
Molops 332
Molva 532
Mompha 429
Momphidae 419, 429
Monacha 72
Monadidae 12
Monalocoris 270
Monanthia 267
Monas 10

Mönche 442
Mönchsgeier 579
Mönchsgrasmücke 614
Mondhornkäfer 344
Mondvogel 438
Monhystera 59
Monhysteroidea 59
Monia 89
Moniezia 47
Moniliformidae 57
Moniliformis 57
Monobryozoon 499
Monocelis 41
Monochamus 355
Monoctenus 375
Monocystis 31
Monogenea 43
Monommata 57
Monomorium 390
Mononchus 59
Monopsyllus 402
Monorchiidae 45
Monospilus 164
Monostyla 56
Monstrilloida 166
Monticola 611
Montifringilla 623
Moorente 574
Moorfrosch 554
Moorschneehuhn 581
Moostierchen 499
Mopsfledermaus 627, 645
Mordella 354
Mordellidae 353
Mordellistena 353
Mornellregenpfeifer 587
Moschusbock 357
Motacilla 618, 619
Motacillidae 618
Motten, Echte 425
Mottenläuse 285
Möwen 591
Möwenartige 584
Mücken 449, 450, 496
Mückenhafte 448
Muellerianella 289
Mufflon 638, 653
Mugilidae 540
Müllerchen 615
Mullidae 535
Mullus 535
Mulmbock 356
Mulmkäfer 321
Murchieona 102, 103
Muricidae 64
Muridae 633, 646, 654
Murmeltier 632, 646
Mus 633, 647, 655
Musca 492
Muscardinus 633, 646
Muschelkrebse 165
Muscheln 64
Muschelwächter 170
Muscicapa 616
Muscicapidae 616
Muscidae 492
Muscina 492
Musculus 87
Museumskäfer 349
Mustela 636, 651-654
Mustelidae 636, 650
Mustelus 517
Mutilla 389
Mutillidae 389
Mya 88
Myacea 64
Myathropa 488
Mycetobia 453
Mycetophagidae 328
Mycetophila 474
Mycetophilidae 474, 496
Mycetoporus 340
Mycogona 182
Mycomyia 474
Mydaea 493
Mygalomorphae 115
Myliobatidae 518
Myliobatis 518
Mymaridae 386
Myndus 287
Myobia 150
Myobiidae 150
Myocastor 631, 646
Myocoptes 152
Myocoptidae 152
Myolepta 489
Myopa 489
Myopites 490
Myopsocnema 250
Myospila 492
Myostenostomum 42
Myotis 627, 628, 644
Myoxocephalus 537
Myoxopsylla 402
Myriapoda 179
Myrmarachne 137
Myrmecina 390
Myrmecophila 237
Myrmecophilidae 236
Myrmecoris 270
Myrmedobia 269
Myrmeleon 312
Myrmeleontidae 312, 315
Myrmeleotettix 245, 248
Myrmica 390, 391
Myrmilla 389
Myrmosa 389
Myrmus 280
Mysidacea 170
Mysidae 170
Mysis 171
Mysmena 122
Mysmenidae 122
Mystacides 409
Mythimna 441, 446
Mytilidae 64
Mytilina 56
Mytilinidae 56
Mytilus 86
Myxas 78
Myxine 512
Myxinidae 512
Myxiniformes 510, 512
Myxobolus 7
Myxosoma 7
Myxozoa 7
Myzaphis 307
Myzine 389
Myzocallis 302
Myzus 304, 305

Nabelschnecken 83
Nabidae 267
Nabis 267
Nacerda 354
Nachtigall 613
Nachtkerzenschwärmer 437
Nachtpfauenaugen 421, 447
Nachtreiher 569
Nachtschwalbe 564
Nachtschwalbenschwanz 435
Nacktfliegen 490
Nacktschnecken 65
Naegleria 14
Nagelfleck 421, 446
Nagelrochen 518
Nagetiere 631, 646, 653
Naididae 99
Nais 100
Nanhermannia 154
Nanhermanniidae 154
Nannopterochilus 392
Napfschildläuse 309
Napfschnecken 80
Napomyza 468
Narbenkäfer 328
Nargus 337
Nase 526
Nasenbremsen 495
Nashornkäfer 344
Nasonia 386
Nasonovia 305
Nassarius 82
Nassula 23
Nassulidae 23
Natantia 167
Natatolana 172
Naticacea 64
Naticidae 83
Natrix 558
Nattern 558
Naucoridae 265

Neanura 205
Neanuridae 205
Neanthes 95
Nebela 17
Nebelidae 15, 17
Nebelkrähe 607
Nebria 329
Necrobia 350
Necrodes 336
Necrophilus 336
Necrophloeophagus 187
Necrophorus 336
Necydalis 356
Neelidae 205
Neelus 205
Negastrius 348
Nehalennia 220
Neides 276
Neididae 276
Nelima 141
Nemadus 337
Nemapogon 425
Nemasoma 182
Nemastoma 141
Nemastomatidae 141
Nemathelminthes 51
Nematocera 449, 450, 496
Nematoda 58
Nematognathi 512
Nematomorpha 52
Nematoparataenia 47
Nematoparataeniidae 47
Nematotaenia 47
Nematotaeniidae 47
Nematus 383
Nemeritis 385
Nemertellopsis 49
Nemertinella 49
Nemertini 49
Nemertodermatida 41
Nemestrinidae 457
Nemobius 237
Nemocoris 281
Nemophora 443
Nemotaulius 408
Nemotelus 476
Nemoura 231
Nemouridae 231
Nemouroidea 227
Nemurella 231
Neoaliturus 296
Neoascia 484
Neobisiidae 113
Neobisium 113
Neobisnius 339
Neocnemodon 486
Neocolpocephalum 256
Neoechinorhynchidae 57
Neoechinorhynchus 57
Neogonatopus 378
Neogregarinida 30
Neohaematopinus 258
Neoheegeria 261
Neoitamus 478
Neomys 626, 642, 654
Neomysia 352
Neomysis 171
Neon 139
Neophilaenus 290
Neopsocus 251, 253
Neoptera 188
Neoscona 127
Neottiglossa 283
Neotrama 307
Neotrombicula 148
Neottiophilidae 464, 467
Neottiophilum 467
Nepa 264
Nephrocerus 483
Nephropidae 169
Nephrotoma 473
Nephthyidae 95
Nephthys 95
Nepidae 264
Nepomorpha 263
Nepticulidae 419, 444
Nepticuloidea 414
Neptunea 82
Nereididae 95
Nereimyra 96
Nereis 95
Neriene 128
Nerilla 94
Nerillidae 94
Neritidae 63
Nerophis 534
Nerz 636, 652
Nesovitrea 70
Nesselquallen 35
Nesseltiere 34
Nesticidae 122
Nesticus 122
Netta 574, 576
Netzfliegen 464
Netzflügler 312
Netzreusenschnecken 82
Neumania 150
Neunaugen 515
Neunaugenartige 515
Neuntöter 619
Neureclipsis 407
Neurigona 482
Neuropteroidea 190, 194
Neuroterus 387
Neurotoma 381
Newsteadia 308
Nicania 91
Nierenfleck 432
Nigma 123
Niphargus 176
Niptus 325
Nistfliegen 469
Nitela 393
Nithecus 277
Nitidulidae 327, 370
Noctiluca 8
Noctua 441
Noctuidae 423, 441, 444-447
Noctuoidea 415
Noemacheilus 530
Nola 444
Nomada 395, 397
Nomia 395
Nomioides 395
Nomophila 430
Nonagria 442
Nonion 18
Nonne 440
Nonnengans 572
Nopoiulus 182
Nordseegarnele 168
Nordseeschnäpel 522
Norellia 463
Nosema 7
Nosodendridae 326
Nosodendron 326
Nosopsyllus 403
Notaris 367
Notholca 54
Notidanoidei 510
Notidobia 407
Notiphila 470
Notiophilus 329
Notochrysa 313
Notocotylidae 44
Notodonta 438
Notodontidae 438, 439, 444–446
Notodromas 165
Notommata 57
Notommatidae 56, 57
Notonecta 265
Notonectidae 265
Notophyllum 95
Notostigmophora 185
Notostira 273
Notostraca 156
Notoxus 354
Notozus 388
Notus 291
Novius 352
Nucella 82
Nucifraga 609
Nuclearia 18
Nuctenea 127
Nucula 86
Nuculidae 64
Numenius 587
Numida 582
Nußmuscheln 86
Nutria 631, 646
Nybelinia 46
Nyctalus 628, 630, 645

Nyctea 596
Nyctereutes 635, 650
Nycteribia 472
Nycteribiidae 472
Nycteridopsylla 402
Nycticorax 569
Nyctotheridae 26
Nyctotherus 26
Nymphalidae 416, 417, 433, 445
Nymphalis 434
Nymphon 109
Nymphonidae 109
Nymphulinae 443
Nysius 277
Nysson 394

Oberea 355
Obstbaumtriebstecher 362
Obstfruchtstecher 362
Oceanobdella 104
Oceanodroma 567
Ochetostethus 284
Ochromonadidae 8, 9, 10
Ochromonas 10
Ochsenheimeria 423
Ochsenheimeriidae 423
Ochthebius 342
Ocneria 440
Octocorallia 34
Octolasion 103
Octomitus 12
Ocydromia 481
Ocypus 339
Odacantha 331
Odiellus 142
Odinia 470
Odiniidae 470
Odinshühnchen 591
Ödlandschrecke 244
Odonata 218, 224
Odonestis 436
Odontaeus 344
Odontella 206
Odontoceridae 406, 413
Odontocerum 406
Odontomyia 476
Odontoscelis 282
Odontostomatida 26
Odontotarsus 282
Odontothrips 261
Odynerus 392
Oecanthidae 237
Oecanthus 237
Oeceoptoma 336
Oecetis 409
Oeciacus 267
Oecismus 407
Oecistes 53
Oecophoridae 428
Oedemera 354
Oedemeridae 354
Oedipoda 244
Oedostethus 348
Oedothorax 128
Oenanthe 613
Oeneis 433
Oenopota 82
Oestridae 495
Oestromyia 495
Oestrus 495
Ogcodes 455
Ohrenlerche 606
Ohrenqualle 35
Ohrentaucher 566
Ohrenzikade 290
Ohrwürmer 232
Oicomonas 11
Oinophila 418
Oleanderschwärmer 438
Olfersia 494
Oliarus 287
Oligacanthorhynchidae 57
Oligochaeta 98
Oligochaetus 482
Oligolophus 142
Oligoneuriella 213
Oligoneuriidae 213, 216
Oligoplectrum 407
Oligostomis 408
Oligota 341
Oligotricha 408
Oligotrichida 27
Olisthopus 333
Ölkäfer 354
Omalium 341
Omalogyra 83
Omalus 388
Ommatidiotus 286
Ommatoiulus 182
Omocestus 248
Omophlus 353
Omophron 328
Omphale 387
Omphalonotus 270
Oncholaimus 59
Oncocottus 537
Oncopodura 205
Oncopsis 293
Oncorhynchus 523
Oncotylus 274, 275
Ondatra 634, 648
Onesia 494
Oniscidae 174
Oniscidea 172
Oniscus 174
Ontholestes 339
Onthophagus 344
Onuphidae 96
Onuphis 96
Onychiuridae 206
Onychiurus 206
Onychogomphus 222, 226
Onychopoda 160
Onychura 155
Oodes 333
Oonopidae 117
Oonops 117
Opalina 6
Opalinida 6
Opaliniata 6
Opatrum 353
Operophtera 428, 435
Opetia 461
Ophelia 96
Opheliida 95
Opheliidae 96
Ophiderinae 442
Ophidia 557
Ophidonais 100
Ophiodesmus 181
Ophiogomphus 222, 226
Ophion 385
Ophiopolis 504
Ophiothrix 504
Ophiura 504
Ophiuroida 504
Ophlodesmus 181
Ophrydiidae 25
Ophrydium 25
Ophryodendridae 29
Ophryodendron 29
Ophryoscolecidae 25
Ophryoscolex 25
Ophyiulus 183
Ophyra 493
Opius 385
Opilio 143
Opilionida 140
Opilo 350
Opisthioglyphe 45
Opisthobranchia 64
Opisthogoneata 179
Opisthopora 99
Opisthorchiidae 45
Opisthorchis 45
Opistomum 43
Opomyza 469
Opomyzidae 469
Opostega 419
Opostegidae 419
Oppia 154
Oppiidae 154
Opsius 296
Orbiniida 94
Orbiniidae 96
Orchesella 209
Orchestia 177
Orconectes 169
Orcula 74
Orculidae 74
Ordensbänder 442
Orectochilus 322

Oreella 107
Orgyia 440
Oribatida 153
Oribatula 154
Oribatulidae 154
Oriolidae 604
Oriolus 604
Orius 275
Ormyridae 386
Ormyrus 386
Ornithoica 493
Ornithomyia 493
Ornithophila 493
Orsodacne 358
Orthellia 492
Orthetrum 223, 226
Orthezia 308
Ortheziidae 308
Orthocephalus 274
Orthochordeuma 182
Orthochordeumella 182
Ortholomus 277
Orthomorpha 181
Orthonevra 486
Orthoperidae 316, 370, 372
Orthopodomyia 474
Orthops 272
Orthopteroidea 188
Orthorrhapha 449, 496
Orthosia 441
Orthotaelia 426, 427
Orthotaeliidae 426
Orthotylus 275
Ortolan 622
Orussidae 374, 399
Orussoidea 373
Orussus 374
Oryctes 344
Oryctolagus 631, 645
Oryzaephilus 328
Oscinella 491
Osmeridae 521
Osmerus 521
Osmia 398
Osmoderma 346
Osmylidae 312, 314
Osmylus 312
Osoriinae 337
Osteichthyes 512, 513
Ostomidae 327
Ostracoda 165
Ostrea 89
Ostreidae 89
Ostrinia 430
Ostseegarnele 168
Ostseeschnäpel 522
Othius 338
Otididae 583
Otiorhynchus 363
Otis 583
Otites 490
Otitidae 490
Otomesostoma 43
Ototyphlonemertes 49
Ototyphlonemertidae 49
Ottern 558
Ottonia 104
Otus 596
Oulema 358
Ourapteryx 435, 436
Ovatella 83
Ovatus 305
Ovis 638, 653
Oxidus 181
Oxus 151
Oxybelus 393
Oxycarenus 278
Oxycera 476
Oxychilus 70
Oxygastra 223
Oxymonadida 7, 12
Oxyna 490
Oxyomus 344
Oxyopes 117
Oxyopidae 117
Oxypoda 342
Oxyporus 340
Oxyptila 137
Oxytelus 341
Oxythyrea 346
Oxytonostoma 104
Oxytorinae 386
Oxytricha 28
Oxytrichidae 28
Oxyurella 164
Oxyuroidea 61

Paarhufer 637, 652
Pachybrachius 278
Pachybrachys 359
Pachygaster 475
Pachygastria 436
Pachygnatha 123
Pachylaelapidae 147
Pachymerium 187
Pachypappa 301
Pachypodoiulus 183
Pachyprotasis 384
Paederus 339
Pagellus 540
Pagodulina 74
Pagophila 593
Paguridae 168
Pagurus 168
Palaemon 168
Palaemonetes 168
Palaemonidae 168
Palaeoacanthocephala 57
Palaeopsylla 402
Palaeoptera 188
Palaeotaxodonta 64
Palingenia 212
Palingeniidae 212, 215
Pallasiola 177
Palloptera 466
Pallopteridae 466
Palomena 284
Palpenmotten 428
Palpenspinner 438
Palpigradida 111
Paluda 295
Paludicella 500
Paludicellidae 500
Pamphiliidae 381, 399
Pamphilius 381
Pamponerus 479
Panagaeus 331
Panchaetotrichinae 259
Pandalidae 168
Pandalus 168
Pandion 579
Pandionidae 577
Pandorina 10
Pangonius 477
Panonychus 149
Panorpa 448
Panorpidae 448
Pantheinae 442
Pantilius 272
Pantoffelschnecke 80
Pantoffeltierchen 24
Pantopoda 109
Panurginus 397
Panurgus 397
Panurus 604
Panzergroppen 536
Papageitaucher 594
Papilio 430, 445
Papilionidae 430, 445
Papilionoidea 415
Pappelblattkäfer 361
Pappelbock 355
Pappelschwärmer 437
Parabemus 339
Paracardiophorus 348
Paraceras 402
Parachela 108
Paraclusia 466
Paradoxosomatidae 181
Paragus 486
Parahypopta 426
Paraleptophlebia 214
Paralimnus 294
Parameciidae 24
Paramecium 24
Paramesus 294
Paramoeba 14
Paramoebidae 14
Paramphistomidae 45
Paramphistomum 45
Paramyzus 304
Paranais 100
Parandra 356

Paranemastoma 141
Paraneoptera 188
Paraonidae 94
Parapheromyia 477
Parapleurus 244
Paraquadrula 16
Parasitica 374
Parasitidae 147
Parasitiformes 144
Parasitus 147
Paratanaidae 158
Paravespula 392
Pardosa 130, 131
Parechiniscus 107
Parergodrilidae 96
Parergodrilus 96
Parhelophilus 488
Paridae 609
Parnassius 430
Parnopes 388
Paroecetis 409
Paroerstedia 49
Paroligolophus 142
Parthenolecanium 309
Parthenothrips 259
Parus 609, 610
Parvicardium 89
Passaloecus 393
Passer 623
Passeriformes 602
Patellacea 80
Patrobus 331
Paulinella 15
Paulinellidae 15
Paurometabola 188
Pauropoda 179
Pauropodidae 179
Pauropus 179
Paururus 381
Pavo 582
Paxylommatinae 385
Pectinaria 98
Pectinariidae 98
Pectinatella 500
Pectinidae 88
Pedalia 54
Pedicellina 5
Pedicia 473
Pediculati 512
Pediculidae 257
Pediculus 257
Pediopsis 293
Pegomya 491
Peitschenwürmer 60
Pelecanidae 568
Pelecaniformes 567
Pelecanus 568
Pelecocera 485
Pelecus 528
Pelikane 568
Pelikanfuß 80
Pellenes 138
Pelmatohydra 34
Pelobates 552, 555
Pelobatidae 549
Pelomyia 471
Pelomyxa 14
Pelomyxidae 14
Peloscolex 99
Peltogaster 157
Pelzbiene 396
Pelzkäfer 350
Pelzmotte 425
Pemphigidae 301
Pemphigus 301
Pemphredon 393
Penicillidia 472
Penicillata 180
Pentastiridius 287
Pentastomida 3
Pentatoma 283
Pentatomidae 282
Pentatomorpha 263
Pentatrichopus 305
Pentazonia 180
Penthetria 453, 471
Penthimia 292
Penthophera 440
Peracantha 163
Peranema 11
Perca 540
Percidae 539
Perciformes 512, 535
Perdix 582
Perforatella 71, 73, 74
Pergamasus 147
Pergamentspinner 439
Pericoma 450
Peridiniidae 7
Peridinium 7
Perigonimus 38
Perilissus 386
Perilitus 385
Periphyllus 302
Periplaneta 234
Peripsocidae 251
Peripsocus 251
Periscelididae 364
Periscelis 364
Perissodactyla 638, 639
Peritelus 363
Peritrechus 279
Peritrichia 24
Peritromidae 28
Peritromus 28
Perkinsea 30
Perla 229
Perlfisch 527
Perlidae 229, 231
Perlmutterfalter 435
Perlodes 231
Perlodidae 230, 231
Pernis 579
Peromyscopsylla 402
Petermännchen 541
Petricola 87
Petrobius 210
Petromyzon 515
Petromyzonidae 515
Petromyzoniformes 510, 515
Petronia 623
Petrova 444
Pfau 582
Pfeffermuscheln 92
Pfeifente 576
Pfeileulen 442
Pfeilschwänze 109
Pfeilwürmer 3
Pferd 638
Pferdebohnenkäfer 319
Pferdeegel 104
Pfirsichblattlaus 304
Pflanzenkäfer 353
Pflanzenläuse 285
Pflanzensauger 285
Pflanzenwespen 374, 399
Pflaumenblattlaus 304
Pflaumenglucke 436
Pflaumenlaus 306
Pflaumensägewespe 384
Pflaumenstecher 362
Pfuhlschnepfe 587
Phacus 11
Phaedon 361
Phaenocora 42
Phaenops 347
Phaenoserphus 388
Phaeocedus 136
Phaeodarea 20
Phaeogenes 386
Phagocata 41
Phalacridae 327
Phalacrocoracidae 568
Phalacrocorax 568
Phalacrus 327
Phalangiidae 141
Phalangium 143
Phalansteriidae 8
Phalansterium 8
Phalaropodidae 591
Phalaropus 591
Phalera 438, 439
Phaleria 353
Phaneroptera 237
Phaneropteridae 237
Phaonia 493
Pharyngobdelliformes 104
Pharyngomyia 495
Phasianidae 582
Phasianus 582
Phausis 348
Phaxas 87
Phenacoccus 309

Pherusa 96
Philaenus 290
Philaeus 138
Philanthus 394
Philodina 54
Philodinavidae 53
Philodinavus 53
Philodinidae 53
Philodromidae 136
Philodromus 136
Philomachus 588
Philometra 60
Philonicus 478
Philonthus 339
Philopedon 364
Philophylla 490
Philopotamidae 407, 410
Philopotamus 407
Philopteridae 256
Philopterus 256
Philoscia 174
Philosciidae 174
Philotarsidae 252
Philotarsus 252
Philudoria 436, 447
Phimodera 282
Phlaeothripidae 261
Phlegra 138
Phloeomyzidae 299
Phloeomyzus 299
Phloeophthorus 367
Phloeosinus 367
Phoca 637, 652
Phocidae 637, 650
Phocoena 639, 653
Phoenicopteridae 562
Phoenicopteriformes 562
Phoenicopterus 562
Phoenicurus 612
Pholadacea 64
Pholadidae 87
Pholas 87
Pholcidae 119
Pholcomma 128
Pholcus 119
Pholidoptera 240
Pholis 542
Pholoe 95
Phora 482
Phoridae 482
Phormia 494
Phorodon 305
Phoronidea 499
Phoronis 499
Phosphaenus 348
Phosphuga 336
Photia 152
Phoxinus 526
Phoxocephalidae 176
Phoxocephalus 176
Phragmataecia 426
Phragmatobia 440
Phreoryctes 100
Phreoryctidae 100
Phrosia 463
Phrurolithus 134
Phryganea 408
Phryganeidae 408, 410
Phryganella 16
Phrynorhombus 546
Phthiracaridae 153
Phthiracarus 153
Phthiraptera 255
Phthiria 479
Phthirus 257
Phthorophloeus 367
Phycitinae 430
Phygadeuon 386
Phylactolaemata 499
Phylan 353
Phyllaphis 302
Phyllobius 363
Phyllobrotica 360
Phyllocnistis 418
Phyllocnistinae 419
Phyllodecta 361
Phyllodistomum 45
Phyllodocida 94
Phyllodocidae 95
Phyllodromica 233
Phyllonorycter 419, 420, 444
Phyllopertha 345
Phyllopoda 155
Phylloscopus 615
Phyllotoma 384
Phyllotreta 359
Phylloxera 298
Phylloxeridae 298
Phylloxerina 298
Phylus 274, 275
Phymata 267
Phymatidae 267
Phymatodes 357
Physa 76
Physella 76
Physidae 76
Physiphora 490
Physocephala 489
Physokermes 309
Phytobius 366
Phytocoris 272
Phytodecta 361
Phytomastigophora 7
Phytomonadida 7
Phytomyza 468
Phytoseiidae 147
Pica 608
Picidae 600
Piciformes 600
Picoides 601
Picromerus 283
Picus 600
Pieper 618
Pieridae 416, 417, 431, 446
Pieris 432, 446
Piesma 267
Piesmatidae 267
Piezodorus 284
Pilargiidae 95
Pillendreher 344
Pillenkäfer 326
Pilophorus 274
Pilumnus 170
Pilzfresser 318
Pilzmücken 474
Pimpla 386
Pinaciophora 19
Pineus 298
Pinicola 620
Pinnotheres 170
Pinnotheridae 170
Pinselfüßer 180
Pinselkäfer 346
Pinthaeus 283
Piona 150
Pionosomus 279
Piophila 467
Piophilidae 467
Pipistrellus 630, 645
Pipiza 486
Pipunculidae 482
Pipunculus 483
Pirata 131
Pirimela 170
Pirimelidae 170
Pirol 604
Pisaura 118
Pisauridae 118
Pisces 509
Piscicola 104
Piscicolidae 104
Pisidia 170
Pisidium 84
Pisione 96
Pisionidae 96
Pissodes 366
Pistius 137
Pitedia 284
Pithanus 270
Pityogenes 368
Placophora 64
Plagiodera 361
Plagiognathus 275
Plagiolepis 391
Plagionotus 357
Plagiopyla 24
Plagiopylidae 24
Plagiopyxis 16
Plagiorchiidae 45
Plagiostomum 42
Planaphrodes 294
Planaria 41, 42
Planariidae 41, 42

Planipennia 312, 314
Planorbarius 77
Planorbidae 77
Planorbis 77
Planorbulina 18
Plasmodiophorea 12
Plasmodium 30
Platalea 570
Platambus 335
Plataspidae 266
Plate 547
Platetrum 223, 226
Plateumaris 358
Plathelminthes 40
Platichthys 547
Plattbauch 223
Plattfische 545
Plattmuscheln 92
Plattwürmer 40
Platyarthridae 174
Platyarthrus 174
Platybdella 104
Platybunus 143
Platycephala 491
Platycerus 343
Platycheirus 486
Platycleis 240
Platycnemididae 219, 225
Platycnemis 219, 225
Platycola 24
Platydracus 339
Platygaster 387
Platygasteridae 387
Platyias 56
Platymetopius 294
Platynaspis 351
Platynereis 95
Platynus 333
Platypalpus 480
Platyparea 490
Platypeza 461
Platypezidae 460, 496
Platypezina 461
Platyplax 277
Platypodidae 320, 370
Platypsyllus 317
Platypus 320
Platysoma 326
Platystethus 341
Platystoma 366
Platystomatidae 366
Platystyla 490
Plautus 594
Plea 265
Plecoptera 227, 231
Plecotus 627, 644, 645
Plectiscidea 386
Plectoidea 59
Plectrocnemia 407
Plectrophenax 622
Plectus 59
Plegadis 570
Pleidae 265
Pleocyemata 167
Pleopis 164
Pleotrichophorus 305
Plesiocoris 272
Plesiocypridopsis 165
Plesiopora 99
Pleuretra 54
Pleurobrachia 34
Pleuronectes 547
Pleuronectidae 546
Pleuronectiformes 512, 545
Pleuronema 24
Pleuronematidae 24
Pleurostigmophora 185
Pleuroxus 164
Plinthisus 279
Plocamaphis 302
Ploceidae 623
Ploesoma 56
Ploimida 52, 53
Plötze 527
Plumatella 500
Plumatellidae 500
Plumularia 38
Plumulariidae 38
Plusia 442
Plutella 423, 424
Plutellidae 424
Pluvialis 587
Pochkäfer 324
Pockenläuse 308
Pocota 488
Podabrus 349
Podalonia 394
Podarcis 557
Podiceps 566
Podicipedidae 566
Podicipediformes 566
Poduromorpha 204
Podisma 243
Podocotyle 45
Podon 164
Podonta 353
Podophrya 29
Podophryidae 29, 30
Podops 282
Podura 204
Poduridae 204
Poecilobothrus 481
Poecilochaetidae 95
Poecilochroa 135
Poecilonota 347
Poeciloscytus 272
Poecilostomatida 167
Poecilus 332
Pogonus 330
Polarmöwe 593
Polietes 492
Polistes 391
Pollachius 532
Pollack 532
Pollenia 494
Polyarthra 54
Polyblastus 386
Polycelis 42
Polycentropidae 407, 410
Polycentropus 407
Polychaeta 94
Polychaos 14
Polycladida 41
Polycystinea 20
Polydesmida 181
Polydesmidae 181
Polydesmus 181
Polydora 96
Polydrusus 364
Polyergus 391
Polygonia 434
Polygordiidae 94
Polygordius 94
Polygraphus 367
Polylepta 474
Polymastigina 7, 12
Polymerus 272
Polymitarcidae 212, 216
Polymorphidae 58
Polymorphus 58
Polynoidae 95
Polyommatus 433
Polyphaga 316, 368
Polyphemidae 164
Polyphemoidea 160
Polyphemus 164
Polyphylla 345
Polyphysia 96
Polyplax 258
Polysarcus 237
Polysticta 575, 577
Polystoma 44
Polystomatidae 44
Polytoma 11
Polyxenida 180
Polyxenidae 180
Polyxenus 180
Polyzoniida 181
Polyzoniidae 181
Polyzonium 181
Pomatias 67
Pomatoceros 98
Pomatoschistus 543, 544
Pompholyx 54
Pompholyxophrys 19
Pomphorhynchus 57
Pompilidae 380
Pompiloidea 374, 379
Pompilus 380
Ponera 390
Pontania 383
Pontia 431, 432
Pontigulasia 16

Pontobdella 104
Pontophilus 168
Pontoporeia 176
Pontosphaera 9
Populicerus 293
Porcellanidae 170
Porcellio 175
Porcellionidae 175
Porcellium 175
Porentierchen 17
Porifera 32
Porolohmannella 144
Porphyrophora 308
Portumnus 170
Portunidae 170
Portunus 170
Porzana 584
Posthörnchen 431
Posthornschnecke 77
Postiodrilus 99
Potamanthidae 213, 215
Potamanthus 213
Potamophylax 408
Potamopyrgus 77, 84
Potosia 346
Prachteiderente 575
Prachtkäfer 346
Prachttaucher 565
Praia 382
Praon 385
Prasinomonadida 7, 10
Prasinophyceae 7
Prasocuris 361
Pratylenchus 59
Praunus 171
Priapulida 51
Priapulus 51
Priocnemis 380
Prionace 517
Prionimera 490
Prionocera 473
Prionus 356
Pristaulacus 377
Pristina 99
Pristiphora 383
Pristonychus 333
Proales 57
Proalidae 57
Proasellus 173
Procarinia 49
Procellariidae 566
Procellariiformes 566
Procephalothrix 49
Procerodes 41
Processa 168
Processidae 168
Prociphilus 301
Procloeon 215
Procridinae 416
Proctotrupes 388
Proctotrupidae 388
Proctotrupoidea 374, 387
Procyon 635, 650
Procyonidae 635, 650
Progoneata 179
Proisotoma 208
Prolecithophora 42
Promesostoma 41
Propappus 101
Propylea 352
Prorhynchus 42
Prorodon 22
Proseriata 41, 42
Proserpinus 437
Prosimulium 454
Prosobranchia 63
Prosopis 397
Prosopora 99
Prosorhochmidae 49
Prosotocus 45
Prostemma 267
Prosternon 348
Prosthogonimus 45
Prostigmata 148
Prostoma 49
Prostomatella 49
Proteinus 341
Protentomon 202
Proteroiulus 182
Proteromonadida 7, 11
Proteromonas 12
Protocalliphora 494
Protoclepsis 105
Protococcidia 31
Protocystis 20
Protodorvillea 96
Protodrilus 94
Protolachnus 307
Protonemura 231
Protozoa 6
Protracheoniscus 175
Protrama 307
Protura 202
Proturentomon 202
Protzia 150
Provortex 41
Prozessionsspinner 438, 439
Prunella 617
Prunellidae 617
Prunkkäfer 331
Prymnesiida 7, 9, 10
Prymnesium 10
Psacasta 282
Psallus 274
Psammechinus 506
Psammobius 344
Psammophila 394
Psammotettix 295
Psarus 484
Psectra 313
Pselaphidae 317, 370, 372
Pselaphochernes 112
Pselaphus 317
Psen 394
Psenulus 394
Psetta 546
Pseudachorutella 206
Pseudachorutus 206
Pseudanodonta 84
Pseudapis 396
Pseudathous 384
Pseudechiniscus 107
Pseudicius 139
Pseudocalanidae 166
Pseudocalanus 166
Pseudocentroptilum 215
Pseudochermes 309
Pseudochlamys 16
Pseudochydorus 164
Pseudoclavellaria 382
Pseudococcidae 309
Pseudocuma 159
Pseudocumidae 159
Pseudodifflugia 17
Pseudogonales 376
Pseudoips 424, 442
Pseudolynchia 494
Pseudomalus 388
Pseudomenopon 256
Pseudonesia 494
Pseudophyllidea 47
Pseudopomyza 470
Pseudopsis 337
Pseudopsocus 252, 253
Pseudorasbora 524
Pseudoscorpionida 111
Pseudosinella 209
Pseudoskorpione 111
Pseudospinolia 388
Pseudovespula 392
Psila 490, 491
Psilidae 490
Psilocephala 478
Psilosoma 491
Psilota 486
Psilothrix 350
Psithyrus 396
Psocidae 253
Psococerastis 253
Psocomorpha 250
Psocoptera 250
Psoculus 251
Psocus 253
Psophus 243
Psoroptes 153
Psoroptidae 153
Psychidae 424, 443
Psychoda 450
Psychodidae 450, 496
Psychomyia 406
Psychomyiidae 406, 410
Psylla 310

Psyllidae 310
Psyllina 310
Psylliodes 359
Psyllipsocidae 250
Psyllipsocus 250
Psyllopsis 310
Pteriomorpha 64
Pterocallis 302
Pterocheilus 392
Pterocomma 302
Pteroloma 336
Pteromalidae 386
Pteromalus 386
Pteronemobius 237
Pteronidea 383
Pterophoridae 415, 416
Pterophoroidea 415
Pterophorus 415
Pterostichus 332
Pterostoma 438
Pterotmetus 276
Pterygota 188
Ptiliidae 316
Ptilodon 438
Ptilophora 439
Ptinidae 325, 370
Ptinus 325
Ptiolina 477
Ptomaphagus 337
Ptychoptera 450
Ptychopteridae 450, 496
Ptygura 53
Ptyonoprogne 607
Puffinus 566
Pulex 401
Pulicidae 401, 402
Pulicoidea 401, 402
Pulmonata 64
Pulvinaria 309
Punctum 66
Pungitius 534
Pupilla 74, 75
Pupillacea 74
Pupillidae 74
Puppenräuber 329
Purpuricenus 317
Purpurreiher 570
Purpurschnecke 82
Puter 582
Pyemotes 149
Pyemotidae 149
Pygolampis 275
Pygospio 96
Pyralidae 429, 444
Pyralis 430
Pyraloidea 415
Pyramimonas 10
Pyramidula 66
Pyramidulidae 66
Pyraustinae 430
Pyrgotidae 465
Pyrgus 430
Pyrochroa 321
Pyrochroidae 321, 372
Pyrophaena 486
Pyrrhalta 360
Pyrrhocorax 607, 608
Pyrrhocoridae 268
Pyrrhocoris 268
Pyrrhosoma 220
Pyrrhula 620
Pythidae 322
Pytho 322
Pyxicola 24

Quadraspidiotus 308
Quadrula 16
Quadrulella 16
Quallen 34
Quappe (Fisch) 532
Quappe (Wurm) 3
Quasimus 348
Quedius 338
Quercusia 432
Querder 515
Quinqueloculina 18
Quittenvogel 436

Rabdiophrys 19
Rabenkrähe 608
Rabenvögel 607
Rackelhuhn 582
Racken 599
Rackenvögel 599
Rädertiere 52
Radiolaria 20
Radix 78
Radnetzspinnen 124
Raillietina 47
Raja 518
Rajidae 518
Rajiformes 510, 518
Rallen 583
Rallidae 583
Rallidentidae 215
Rallus 583
Rana 552–554, 556
Ranatra 264
Randwanzen 280
Raniceps 532
Ranidae 549
Rapfen 529
Raphidia 194
Raphidiidae 194
Raphidioptera 194
Raphidiophrys 19
Raphidocystis 19
Raphidophoridae 235
Raphidophyceae 7
Rapserdfloh 359
Rapsglanzkäfer 327
Rapsschotenrüßler 366
Rapsweißling 432
Ratten 633
Rattus 633, 647, 655
Raubfliegen 478
Raubmöwen 591
Raubseeschwalbe 593
Raubspinnen 118
Raubtiere 635, 650
Raubwanzen 275
Raubwürger 619
Rauchschwalbe 607
Rauhfußbussard 580
Rauhfußhühner 581
Rauhfußkauz 598
Rauhhautfledermaus 630, 645
Raupenfliegen 461
Rebhuhn 582
Reblaus 298
Rebstichler 362
Recilia 295
Recurvirostra 590
Recurvirostridae 590
Reduviidae 275
Reduvius 275
Regenbogenforelle 523
Regenbrachvogel 587
Regenbremse 477
Regenpfeifer 585
Regenwürmer 102
Regulus 613
Reh 638, 653
Rehschröter 343
Reighardia 3
Reiher 568
Reiherente 574
Reinhardtius 547
Reiskäfer 364
Reismehlkäfer 353
Remiz 603
Remizidae 603
Reophax 18
Renken 522
Reptantia 167
Reptilia 557
Resedafalter 431
Resticula 57
Reticulitermes 200
Retortamonadida 7, 12
Retusa 80
Reuterella 251
Reuterellidae 251
Rhabdiasida 61
Rhabdiasidae 61
Rhabdiasidoidea 61
Rhabdiopteryx 230
Rhabditida 60
Rhabditis 60
Rhabditoidea 60
Rhabdocoela 41, 42, 43
Rhabdopedilon 256

Rhabdophrya 29
Rhabdophryidae 29
Rhacognathus 282
Rhadinopsylla 402
Rhadiurgus 478
Rhagidia 149
Rhagidiidae 149
Rhagio 477
Rhagionidae 477
Rhagium 356
Rhagoletis 490
Rhagonycha 349
Rhamnusium 356
Rhamphomyia 481
Rhantus 335
Rhaphigaster 284
Rhaphium 482
Rhingia 485
Rhinocola 310
Rhinocoris 275
Rhinoestrus 495
Rhinoglena 57
Rhinolophidae 627, 644
Rhinolophopsylla 402
Rhinolophus 627, 644
Rhinomacerinae 362
Rhinoncus 366
Rhinonemus 533
Rhinophorinae 462
Rhipidodendron 9
Rhipidothrips 259
Rhipiphoridae 320
Rhithrogena 215
Rhithropanopeus 170
Rhizocephala 157
Rhizochrysis 6
Rhizoglyphus 152
Rhizopertha 320
Rhizophagidae 327
Rhizophagus 327
Rhizopoda 12
Rhizostoma 34
Rhizostomeae 34
Rhizotrogus 345
Rhodeus 526
Rhodites 387
Rhodostethia 592
Rhogogaster 384
Rhombognathus 144
Rhopalidae 280
Rhopalomyzus 304
Rhopalosiphum 307
Rhopalosiphoninus 303
Rhopalus 280
Rhophites 397
Rhophitoides 397
Rhyacodrilus 100, 101
Rhyacophila 406
Rhyacophilidae 406, 410
Rhymogona 181
Rhynchaenus 365
Rhynchelmis 101
Rhynchites 362
Rhynchobdelliformes 104
Rhynchodemus 41
Rhynchomesostoma 43
Rhynchophorinae 364
Rhynchoscolex 42
Rhynchota 263
Rhynchotalona 164
Rhyncolus 366
Rhyparochromus 278
Rhyssa 386
Rhytidodus 293
Rhytistylus 295
Rhyzobius 351
Ribautiana 292
Ribautodelphax 289
Ricinidae 256
Ricinus 256
Riemenwurm 47
Riesenbastkäfer 367
Riesenhai 516
Riesenholzameise 391
Riesenkrabbenspinnen 120
Riesenkratzer 57
Riesenläufer 186
Riesenpalisadenwurm 61
Rilaena 143
Rindenkäfer 328
Rindenläuse 250
Rindenwanzen 267
Rinderartige 637, 652
Rinderbandwurm 47
Rinderbremse 477
Ringdrossel 611
Ringelgans 572
Ringelnatter 558
Ringelrobbe 637, 652
Ringelspinner 436
Ringeltaube 595
Ringelwidderchen 440
Ringelwürmer 94
Riparia 607
Ripistes 100
Rippenquallen 34
Rissa 593
Rissoa 83
Rissoacea 63
Rissoidae 83
Rivellia 466
Robertus 129
Rochen 512, 518
Rochenartige 518
Rochenegel 104
Rodentia 631, 646, 653
Roepkea 304
Roeslerstammia 425
Roeslerstammiidae 425
Rohrammer 623
Rohrdommeln 568, 569
Röhrenläuse 302, 308
Röhrennasen 566
Röhrenspinnen 116
Rohrsänger 615, 616
Rohrschwirl 616
Rohrweihe 579
Rollasseln 174
Rolltausendfüßer 180
Rosalia 357
Rosa-Pelikan 568
Rosenblattlaus 306
Roseneule 426
Rosenkäfer 346
Rosenmöwe 592
Rosenseeschwalbe 584
Rosenstar 604
Rostgans 574
Rotaria 54
Rotatoria 52
Rotauge 527
Rotbarsch 536
Rotbauchunke 551
Rotdeckenkäfer 349
Rotdrossel 611
Rötelfalke 580
Rötelmaus 634, 649, 655
Rotfeder 526
Rotfuchs 636, 650
Rotfußfalke 580
Rothalsgans 572
Rothalstaucher 566
Rothirsch 638, 653
Rotkehlchen 612
Rotkehlpieper 618
Rotkopfwürger 619
Rotschenkel 588
Rotwurm 61
Rotzunge 547
Rübenaaskäfer 336
Rübenderbrüßler 364
Rübenerdfloh 359
Rübenfliege 491
Rübenschildkäfer 358
Rübenwanze 267
Rübenweißling 432
Rubiconia 283
Rückenschwimmer 265
Ruderfüßer (Krebse) 165
Ruderfüßer (Vögel) 567
Ruderwanzen 269
Rundmäuler 510, 512
Rundstirnmotten 423
Rupicapra 638, 652
Ruspolia 238
Rüsselegel 104
Rüsselkäfer 361
Rutilus 527
Rutte 532
Rygchium 392

Saateule 441
Saatgans 572

Saatkrähe 608
Sabella 98
Sabellaria 97
Sabellariidae 97
Sabellida 95
Sabellidae 98
Säbelschnäbler 590
Säbelschrecke 238
Sacchiphantes 298
Saccoglossa 64
Sacculina 157
Sackspinnen 134
Sackträger 424
Sackträgermotten 428
Saduria 172
Saemundssonia 256
Saga 236
Sagartia 35
Sagatus 296
Sägebock 356
Sägekäfer 319
Säger 571
Sägeschrecken 236
Sagidae 236
Sagitta 3
Saiblinge 522
Saitenwürmer 52
Salamander, Salamandra 549, 551
Salamandridae 549
Salatwurzellaus 301
Salda 276
Saldidae 276
Saldula 276
Salientia 549
Salinenkrebs 159
Salmo 522
Salmonidae 522
Salmoniformes 512, 521
Salpen 507
Salpingoeca 8
Saltatoria 235, 241
Saltella 464
Salticella 464
Salticidae 137
Salticus 138
Salvelinus 522
Samenfüßer 181
Samenkäfer 319
Samia 421
Sammetmilbe 148
Samtente 574
Samtfalter 433
Sandaale 542
Sandbiene 396
Sanderling 590
Sandküling 543
Sandlaufkäfer 323
Sandohrwurm 323
Sandotter 559
Sandregenpfeifer 586
Sandschrecke 244
Sandspierling 542, 543
San-José-Schildlaus 308
Saperda 355
Saprinus 326
Saprodinium 26
Sapromyza 465
Sapyga 380
Sapygidae 380
Sapygina 380
Sarcodina 12
Sarcomastigophora 7
Sarcophaga 462
Sarcophagidae 462
Sarcoptes 153
Sarcoptidae 153
Sarcoptiformes 144
Sardelle 519
Sardina, Sardine 520
Sargus 476
Sarrothripinae 442
Satchellius 103
Sattelmücke 475
Sattelmuscheln 89
Sattelschrecke 236
Saturnia 421, 447
Saturniidae 421, 446, 447
Satyrinae 433, 445
Säugetiere 624
Saugfüßer 181
Sauginfusorien 29
Saugwürmer 43
Sauria 557
Sauropsida 509
Saxicava 88
Saxicola 613
Scaeva 487
Scala 80
Scalibregmidae 96
Scaphidiidae 326
Scapholeberis 161
Scaphopoda 64
Scaptomyza 471
Scarabaeidae 343, 370
Scarabaeoidea 316, 343
Scardinius 526
Scaridium 56
Scatophaga 463
Scatophagidae 463
Scatopse 452
Scatopsidae 452, 471, 496
Scelio 388
Scelionidae 388
Scenopinidae 458
Scenopinus 458
Schaben 233
Schabrackenspitzmaus 626, 643, 654
Schachbrett 433, 445
Schädellose 1
Schaefferia 206
Schaf 638, 653
Schafbremse 495
Schaflaus 493
Schafstelze 619
Scharbe 547
Scharfaugenspinnen 117
Schaumzikaden 289
Scheckenfalter 435
Scheckente 575
Scheefsbutt 546
Scheibenbauch 538
Scheidenmuscheln 87
Scheinrüßler 322
Scheinsporentiere 7
Schelladler 579
Schellente 574
Schellfische 531
Schendyla 187
Schendylidae 187
Scherenasseln 158
Schermaus 634, 649, 655
Scheufliegen 468
Schiffsbohrwurm 86
Schiffswerftkäfer 324
Schildkäfer 358
Schildkröten 557
Schildläuse 308
Schildmotte 444
Schildwanzen 282
Schilfeulen 442
Schilfkäfer 358
Schilfradspinne 127
Schilfrohrsänger 616
Schilfwickler 426
Schillerfalter 435
Schimmelkäfer 328
Schinkenkäfer 350
Schistocephalus 47
Schistomysis 171
Schizaphis 307
Schizodryobius 308
Schizolachnus 307
Schizoneura 301
Schizophora 449
Schizophthirus 258
Schizophyllum 182
Schizotus 321
Schläfer 632, 646
Schlagschwirl 616
Schlammfliegen 194
Schlammpeitzger 530
Schlammschnecken 78
Schlangen 557
Schlangenadler 579
Schlangennadel 534
Schlangensterne 504
Schlauchwürmer 51
Schleichen 557
Schleie 525
Schleiereulen 596
Schleimfische 542

Schlingnatter 559
Schlundegel 104
Schlupfwespen 385
Schmalkäfer 328
Schmarotzerfliegen 461
Schmarotzerhummel 396
Schmarotzerraubmöwe 591
Schmätzer 613
Schmeißfliegen 494
Schmerle 530
Schmetterlinge 414
Schmetterlingshafte 312
Schmetterlingsmücken 450
Schmierläuse 309
Schmuckfliegen 490
Schnabelfliegen 448
Schnabelkerfe 263
Schnaken 473
Schnäpel 522
Schnappküling 543
Schnarrschrecke 243
Schnatterente 576
Schnauzeneulen 442
Schnecken 64
Schneckenkanker 140
Schneeammer 622
Schneeballblattkäfer 360
Schnee-Eule 596
Schneefink 623
Schneemaus 634, 650, 655
Schneesperling 623
Schneider (Fisch) 529
Schneider (Wanzen) 265
Schnellkäfer 347
Schnepfen 587, 588
Schnepfenfliegen 477
Schnepfenvögel 587
Schnirkelschnecken 72
Schnurfüßer 181
Schnurwürmer 49
Schoenobiinae 429
Schollen 546, 547
Schönschrecke 243
Schopfstirnmotten 420
Schrätzer 539
Schreckensteinia 418
Schreckensteiniidae 418
Schreiadler 580
Schreitvögel 568
Schuppenkriechtiere 557
Schwalben 607
Schwalbenmöwe 593
Schwalbenschwänze 430, 445
Schwalbenwanze 267
Schwalmvögel 564
Schwämme 32
Schwammfliegen 312
Schwammkugelkäfer 336
Schwammspinner 440, 446
Schwan (Schmetterling) 440, 446
Schwäne 570
Schwanzlurche 549
Schwanzmeise 603
Schwärmer 437
Schwarzbarsch 538
Schwarzgrundel 543
Schwarzhalstaucher 566
Schwarzkäfer 353
Schwarzkehlchen 613
Schwarzkopfmöwe 592
Schwarzküling 543
Schwarzreuter 522
Schwarzspecht 600
Schwarzstirnwürger 620
Schwarzstorch 570
Schwebfliegen 483
Schwebrenken 522
Schwefelkäfer 353
Schweine 637, 652
Schweinebandwurm 48
Schweinswal 639, 653
Schwertfisch 535
Schwertschrecken 238
Schwimmkäfer 334
Schwimmkrabben 170
Schwimmwanzen 265
Schwingfliegen 464
Schwirle 615, 616
Sciaena 535
Sciaenidae 535
Sciaphilus 364
Sciapodinae 481
Sciapus 481
Sciara 453
Sciaridae 453, 471, 496
Sciocoris 283
Sciodrepoides 337
Sciomyza 464
Sciomyzidae 464
Sciophila 474
Sciuridae 632, 646
Sciurus 632, 646
Scleropauropodidae 179
Sclerophaedon 361
Scleroracus 296
Sclerosomatinae 141
Scolia 378
Scoliidae 378
Scolioidea 374, 379
Scolioplanidae 186
Scoliopteryx 441, 442
Scolopacidae 587
Scolopax 587
Scolopendrellidae 179
Scolopendromorpha 186
Scoloplos 96
Scolopostethus 279
Scolytidae 367, 370
Scolytus 367
Scomber 544
Scombridae 544
Scoparia 430
Scophthalmus 546
Scopula 435
Scorpaenidae 536
Scorpaeniformes 512, 535
Scorpionida 111
Scotina 134
Scotophaeus 135
Scraptia 321
Scraptiidae 321
Scrobicularia 92
Scruparia 502
Scrupariidae 502
Scrupocellaria 502
Scrupocellariidae 502
Scutacaridae 149
Scutelleridae 282
Scutigera 185
Scutigerella 179
Scutigerellidae 179
Scutigeridae 185
Scutigeromorpha 185
Scydmaenidae 326, 370, 372
Scyliorhinidae 516
Scyliorhinus 516
Scymnus 351
Scyphidia 25
Scyphidiidae 25
Scyphozoa 34, 35
Scythrididae 419, 429
Scythris 429
Scythropus 364
Scytodes 116
Scytodidae 116
Sebastes 536
Secernentea 58
Sechsaugenspinnen 117, 123
Securiflustra 503
Seeadler 579
Seebarsch 536
Seebulle 537
Seeforelle 523
Seefrosch 554
Seegurken 504
Seehase 538
Seehecht 532
Seehund 637, 652
Seeigel 504
Seelachs 532
Seemaus 95
Seemoos 95
Seenadeln 533, 534
Seenelke 35
Seepocken 157
Seequappe 532, 533
Seeratte 513
Seeregenpfeifer 586
Seerosen 35

Seerüßling 528
Seesaibling 522
Seescheiden 507
Seeschwalben 591
Seeskorpion 537
Seespinne 170
Seestachelbeere 34
Seesterne 504
Seestichling 535
Seetaucher 565
Seeteufel 514
Seewolf 542
Seezungen 547
Segelfalter 430
Segestria 117
Segestriidae 117
Seggenrohrsänger 616
Segler 599
Seglerartige 599
Segmentina 77
Sehirus 284
Seidenbiene 396
Seidenkäfer 321
Seidenreiher 569
Seidenschwanz 602
Seioptera 490
Seira 209
Seison 52
Seisonida 52
Sejina 147
Selachops 470
Selandria 383
Selatosomus 348
Semaeostomeae 34
Semiadalia 352
Semiaphis 306
Semibalanus 157
Senfkäfer 361
Senfweißling 431
Sepedon 464
Sepia 64
Sepsidae 464
Sepsis 464
Serica 345
Sericomyia 485
Sericostoma 407
Sericostomatidae 406, 413
Sericus 348
Serinus 620, 621
Sermylassa 360
Serpentes 557
Serpulidae 98
Serranidae 536
Serropalpidae 321
Sertularia 38
Sertulariidae 38
Sesiidae 415, 416, 444
Sesioidea 415
Setaria 60
Setodes 409
Sexangularia 16
Sialidae 194
Sialis 194
Sichelflügler 427
Sichelschrecken 237
Sichelspinner 444
Sichelstrandläufer 590
Sichelwanzen 267
Sichler 570
Sichling 528
Sicista 632, 646
Sicus 490
Sida 160
Sididae 160
Sidoidea 160
Siebenpunkt 352
Siebenschläfer 632, 647
Sigalionidae 95
Sigara 270
Sikahirsch 638, 653
Silberfischchen 211
Silberkarpfen 524
Silbermöwe 593
Silberreiher 569
Silicoflagellida 7, 8
Silo 406
Silpha 336
Silphidae 336, 370
Silphidea 336
Siluridae 530
Siluriformes 512, 530
Silurus 530
Silvius 477
Simocephalus 162
Simplocaria 326
Simuliidae 454, 496
Simulium 454
Sinantherina 53
Singa 126
Singdrossel 612
Singschrecken 238
Singschwan 571
Singzikaden 286
Sinodendron 343
Sipha 302
Siphlonuridae 215, 216
Siphlonurus 215
Siphonaptera 401
Siphonoperla 230
Siphonophanes 160
Siphonostomatida 167
Sipunculida 3
Sipunculus 3
Sirex 381
Siricidae 381, 400
Siricoidea 373
Siriella 171
Siro 140
Sironidae 140
Sisyphus 344
Sisyra 312
Sisyridae 312, 314
Siteroptes 149
Sitodiplosis 475
Sitodrepa 324
Sitona 363
Sitophilus 364
Sitta 611
Sitticulus 138
Sitticus 139
Sittidae 611
Skorpionsfliegen 448
Slavina 100
Smaragdeidechse 558
Smerinthus 437
Smicromyrme 389
Sminthuridae 209
Sminthurides 209
Sminthurinus 209
Sminthurus 209
Smynthurodes 301
Solaster 504
Solea 547
Soleidae 547
Solenacea 64
Solenichthyes 512
Solenidae 87
Solenopotes 257
Solenopsis 390
Somateria 575, 577
Somatochlora 223, 226
Sommergoldhähnchen 613
Somniosus 517
Sonnenbarsche 538
Sonnenmotten 418
Sonnenstern 504
Sonnentierchen 18
Sorex 625, 626, 642, 643, 654
Soricidae 625, 641, 654
Spania 477
Spanische Fliege 354
Spanner 435
Spargelfliege 490
Sparidae 540
Spatalia 438
Spatelente 574
Spatelraubmöwe 591
Spathidiidae 22
Spathidium 22
Spathius 385
Spathocera 281
Spathulina 490
Spatulophorus 307
Spazigaster 484
Spechte 600
Spechtartige 600
Speckkäfer 349, 350
Speisebohnenkäfer 319
Speispinnen 116
Sperber 577
Sperbereule 596
Sperbergrasmücke 614
Spercheidae 342, 372

Spercheus 342
Sperchon 152
Sperlinge 623
Sperlingskauz 596
Sperlingsvögel 602
Spermodea 66
Speudotettix 296
Speximorpha 485
Sphaeriacea 64
Sphaeridiinae 370
Sphaeridium 342
Sphaeriidae 84
Sphaeriiformia 316
Sphaerites 326
Sphaeritidae 326
Sphaerium 84
Sphaerocera 469
Sphaeroceridae 469
Sphaerodoridae 95
Sphaerodoridium 95
Sphaerodorum 95
Sphaeroeca 8
Sphaeroma 172
Sphaeromatidae 172
Sphaerophoria 487
Sphaerophrya 29
Sphaeropsocidae 250
Sphaerostoma 45
Sphaerularia 60
Sphecidae 392
Sphecodes 396, 397
Sphecoidea 374
Sphecomyia 488
Sphegina 484
Sphenophorus 364
Sphex 393
Sphingidae 437, 446
Sphingoidea 415
Sphingonotus 244
Sphinx 437, 438, 446
Sphodrus 332
Sphragisticus 278
Sphyradium 74
Spiegelchen 430
Spießente 576
Spilomena 393
Spilomyia 489
Spilopsyllus 402
Spilosoma 440
Spinachia 534
Spinatmotte 418
Spindelschnecke 82
Spinnen 114
Spinne, Rote 149
Spinnenasseln 185
Spinnenfischartige 544
Spinnenfische 544
Spinnentiere 111
Spinner 415
Spinnmilben 149
Spinolia 388
Spinther 95
Spintheridae 95
Spinturnicidae 148
Spionida 94
Spionidae 96
Spiridion 101
Spirochona 21
Spirochonidae 21
Spirontocaris 168
Spirorbidae 98
Spirorbis 98
Spirosperma 99
Spirostomidae 28
Spirostomum 28
Spirotrichia 25, 26
Spirurida 60
Spiruroidea 60
Spisula 92
Spitzkopfotter 560
Spitzmäuschen 362
Spitzmäuse 625, 641, 654
Splintkäfer 328
Spodoptera 424
Spöke 513
Spondyliosoma 540
Spondylis 356
Spongilla 32
Sporentierchen 30
Spornammer 623
Spornpieper 618
Sporozoea 30
Sprattus 520
Springfrosch 553
Springschwänze 203
Springspinnen 137
Springwanzen 276
Spritzwürmer 3
Sprosser 613
Sprotte 520
Spulwurm 61
Spumella 10
Squalidae 517
Squaliformes 510, 517
Squalus 517
Squamata 557
Squatina 517
Squatinella 55
Squatinidae 517
Stachelbeerspanner 435
Stachelhäuter 504
Stachelkäfer 353
Stachelmakrelen 535
Stachelspinnen 119
Stachelwanzen 281
Stachiella 256
Staegeriella 306
Stagonomus 283
Staphylinidae 337, 370
Staphyliniformia 316
Staphylinoidea 316, 370
Staphylinus 339
Star 604
Staria 283
Staubhafte 312
Staubkäfer 353
Staubläuse 250
Stauroderus 246
Stauromedusida 34, 35
Stauropus 439
Steatoda 130
Stechfliegen 492
Stechmücken 473
Stechrochen 518
Stegana 471
Stegobium 324
Steinadler 579
Steinbeißer 530, 542
Steinbutt 546
Steinfliegen 227
Steingreßling 525
Steinhuhn 582
Steinhummel 399
Steinkauz 598
Steinkrebs 169
Steinläufer 186
Steinmarder 636, 651
Steinpicker 536
Steinrötel 611
Steinschmätzer 613
Steinsperling 623
Steinwälzer 586
Stelis 397
Stelzen 618
Stelzenfliegen 464
Stelzenläufer 590
Stelzenwanzen 276
Stenagostus 348
Stenamma 391
Stenepteryx 493
Stengelälchen 59
Stenobothrus 248
Stenocarus 366
Stenocephalidae 280
Stenocranus 288
Stenodema 273
Stenolophus 334
Stenomicra 468
Stenomicridae 468
Stenophora 30
Stenophylax 408
Stenopsocidae 251
Stenopsocus 251
Stenopterus 356
Stenosemella 26
Stenostomata 499, 502
Stenostomum 42
Stenotarsonemus 149
Stenothoidae 177
Stenothrips 261
Stenotus 272
Stentor 28
Stentoridae 28

Stenula 177
Stenus 337
Stephanidae 376
Stephanitis 267
Stephanoceros 52
Stephanoidea 374
Stephanus 376
Steppenadler 579
Steppenweihe 578, 579
Stercorariidae 591
Stercorarius 591
Stercutus 101
Sterlett 519
Sterna 593, 594
Sternorrhyncha 285
Sternrochen 518
Sterntaucher 565
Sterrhinae 435
Stichling 534
Stichlingsartige 534
Stichopogon 479
Stichostemma 49
Stictocephala 287
Stictocoris 296
Stictopleurus 280
Stieglitz 621
Stierkäfer 344
Stigmella 419, 444
Stigmus 393
Stilettfliegen 478
Stilicus 339
Stinkfliegen 456
Stint 521
Stintdorsch 532
Stiphrosoma 468
Stirnhornkäfer 344
Stiroma 289
Stizostedion 540
Stizus 394
Stockente 576
Stöcker 535
Stomaphis 308
Stomis 332
Stomorhina 494
Stomoxys 492
Stör 519
Störartige 519
Störche 570
Strahlentierchen 20
Strandfloh 177
Strandigel 506
Strandkrabbe 170
Strandküling 544
Strandläufer 590
Strandpieper 618
Strandschnecken 83
Strandschrecke 244
Strangalia 356
Stratiomyidae 475, 496
Stratiomys 476
Streber 540
Streifenbarbe 535
Streifenbrassen 540
Strepsiptera 196
Streptanus 296
Streptocephalidae 159
Streptocephalus 159
Streptopelia 595
Strigamia 186
Strigea 44
Strigeidae 44
Strigidae 596
Strigiformes 595
Strix 596, 599
Stroggylocephalus 294
Strombidium 28
Strömer 526
Strömling 520
Strongylida 61
Strongylocoris 274
Strongylogaster 383
Strongylognathus 390
Strongyloidea 61
Strongyloides 61
Strongyloididae 61
Strongylophthalmyia 490
Strongylosoma 181
Strophingia 310
Strophosoma 364
Strudelwürmer 40
Struffbutt 547
Stubenfliege 492
Sturmmöwe 593
Sturmschwalben 567
Sturmtaucher 566
Sturmvögel 566
Sturnidae 604
Sturnus 604
Stutzkäfer 326
Stygnocoris 280
Stygobromus 177
Stylaria 99
Stylocometes 29
Stylodrilus 101
Stylommatophora 64
Stylonychia 28
Stylopauropus 179
Stylopidae 196
Stylops 196
Stylurus 222, 226
Subcoccinella 351
Suberites 32
Subulipalpia 227
Succinea 67
Succineidae 67
Suctoria 29
Suctorida 21
Suidae 637, 652
Suillia 468
Sula 567
Sulidae 567
Sumpfbiber 631, 646
Sumpfdeckelschnecken 76
Sumpfgrille 327
Sumpfhuhn 584
Sumpfkäfer 325
Sumpfkrebs 169
Sumpfläufer 590
Sumpfmeise 610
Sumpfohreule 596
Sumpfpflanzenlaus 307
Sumpfrohrsänger 616
Sumpfschildkröte 557
Sumpfschrecke 244
Sumpfspitzmaus 626, 642, 654
Supella 234
Surnia 596
Sus 637, 652
Süßwassermilben 150
Süßwassermuscheln 84
Süßwasserschnecken 75
Sycon 32
Syllidae 95, 96
Sylvia 614, 615
Sylvicola 452
Sylviidae 613
Symballophthalmus 480
Symmerus 474
Symmorphus 392
Sympecma 220, 225
Sympetrum 223, 224, 226
Sympherobius 313, 314
Symphodes 541
Symphoromyia 477
Symphyla 179
Symphylella 179
Symphypleona 204
Symphyta 373, 374, 399
Sympycnus 482
Synagapetus 406
Synageles 137
Synama 137
Synaptus 347
Synchaeta 56
Synchaetidae 54, 56
Syncryptidae 9
Synelmis 95
Synergus 387
Syngamus 61
Syngnathidae 533
Syngnathiformes 512, 533
Syngnathus 534
Synharmonia 352
Synneuridae 452
Synneuron 452
Syntomis 440
Syntomium 341
Syntomus 331
Syntormon 482
Synuchus 333
Synura 9
Syritta 489

Syromastes 280
Syrphidae 483, 496
Syrphoctonus 386
Syrphus 487, 496
Systellonotus 270
Systenus 482
Systoechus 480
Systropha 396

Tabanidae 476, 496
Tabanus 477
Tabuda 478
Tachempis 480
Tachinidae 461
Tachinus 340
Tachycines 235
Tachycixius 287
Tachydromia 480
Tachypeza 480
Tachypodoiulus 182
Tachyporus 340
Tachys 330
Tachysphex 394
Tachyta 330
Tachytes 394
Tachytrechus 481
Tadorna 574, 576
Taenia 46, 47
Taeniidae 47
Taeniopterygidae 230, 231
Taeniopteryx 231
Taeniorhynchus 47
Tafelente 574
Tagfalter 415
Tagpfauenauge 434, 445
Talitridae 177
Talitrus 177
Talorchestia 177
Talpa 625, 642, 654
Talpidae 625, 642
Tanaidacea 158
Tandonia 65
Tangfliegen 464, 491
Tannengalläuse 298
Tannenhäher 609
Tannenmeise 610
Tannenwickler 423
Tanymastix 159
Tanymecus 362
Tanypeza 464
Tanypezidae 464
Tanyptera 473
Tanypus 454
Tanytarsus 454
Tanzfliegen 480
Tapetenmotte 425
Tapezierspinnen 115
Taphropeltus 279
Tapinoma 390
Tarbutt 546
Tardigrada 107
Tarentula 132
Tarnetrum 223, 226
Tarsonemina 149
Tarsonemidae 149
Tarsonemus 149
Tarsopsylla 402
Taschenkrebs 170
Tauben 595
Taubenschwänzchen 437
Taubenvögel 595
Taubenzecke 148
Taucher 566
Taufliegen 471
Taumelkäfer 322
Taurulus 537
Tausendfüßer 179
Tectibranchia 64
Tectospondyli 510
Tegenaria 133
Teichfledermaus 628, 644
Teichhuhn 583
Teichläufer 265
Teichmolch 550
Teichmuscheln 84
Teichnapfschnecke 75
Teichrohrsänger 616
Teichwasserläufer 588
Teleostei 512, 513
Tellerschnecken 77
Tellina 92
Tellinacea 64
Telorchis 45
Temminck-Strandläufer 590
Temnostoma 489
Temoridae 166
Tenebrio 353
Tenebrionidae 353, 372
Tentaculariidae 46
Tentaculata 499
Tenthredinidae 383, 400
Tenthredinoidea 373
Tenthredo 384
Tenthredopsis 384
Tephritidae 490
Tephritis 490
Teppichmuschel 91
Teratocephalus 60
Teratocoris 273
Terebellida 95
Terebellidae 98
Terebellides 98
Terebrantes 374
Teredo 86
Terek-Wasserläufer 589
Termiten 200
Testacea 15
Testacealobosia 14
Testudinella 54
Testudinellidae 54
Testudines 557
Tetanocera 464
Tethinidae 471
Tethina 471
Tetrabothridea 47
Tetrabothriidae 47
Tetrabothrius 47
Tetracampidae 387
Tetracanthella 207
Tetragnatha 124
Tetragnathidae 123
Tetrahymenidae 24
Tetralonia 396
Tetramitidae 10
Tetramitus 10
Tetramorium 390
Tetraneura 301
Tetranychidae 149
Tetranychus 149
Tetrao 581
Tetraonidae 581
Tetrapoda 509
Tetrapodilina 146
Tetrarhynchidea 46
Tetrastemma 49
Tetrastemmatidae 49
Tetrastes 582
Tetrastichus 387
Tetrax 583
Tetrigidae 242
Tetrix 242
Tetrodontophora 206
Tetropium 357
Tetrops 355
Tettigometra 286
Tettigometridae 286
Tettigonia 239
Tettigoniidae 239
Tettigonioidea 235
Teuchophorus 482
Textrix 118, 132
Thalassinura 167
Thaliacea 507
Thamnotettix 296
Thanasimus 350
Thanatophilus 336
Thanatus 136
Thaumalea 454
Thaumaleidae 454
Thaumatomyia 491
Thaumetopoea 439
Thea 352
Thecamoeba 14
Thecamoebidae 14
Thecatae 34
Thecla 432
Thecophora 490
Thekamöben 14
Thelaxes 299
Thelaxidae 299
Theobaldia 474
Theodoxus 75
Theonoe 128

Thereva 478
Therevidae 478, 496
Theridiidae 128
Theridion 130
Theridiosoma 125
Theridiosomatidae 124, 125
Therioaphis 302
Theristus 59
Thermobia 211
Theromyzon 105
Thia 170
Thiidae 170
Thinophilus 482
Thomisidae 137
Thomisus 137
Thoracica 157
Thoracophorus 337
Thoracostei 512
Thorshühnchen 591
Thremma 407
Thremmatidae 407, 413
Threskiornithidae 570
Thripidae 259
Thripidea 259
Thripomorpha 471
Thrips 261
Thripsaphis 302
Thripse 259
Throscidae 324, 370
Throscus 324
Thrypticus 482
Thunfisch 544
Thunnus 544
Thyas 152
Thyatira 426
Thyatiridae 426, 446
Thymallidae 522
Thymallus 522
Thymelicus 430
Thyone 504
Thyreophora 367
Thyreophoridae 367
Thyreus 396
Thyrididae 424, 425
Thyris 424, 425
Thysanoptera 259
Thysanura 194, 202
Tibellus 136
Tibicen 286
Tichodroma 611
Tieflandsunke 551
Tierläuse 255
Tierstämme 1
Tilloidea 350
Tillus 350
Timaliidae 604
Timarcha 360
Tinca 525
Tinea 425
Tineidae 425, 443, 444
Tineoidea 414
Tineola 425, 443
Tingidae 267
Tingis 267
Tinocallis 302
Tinodes 406
Tintenfische 64
Tintinnida 26
Tintinnidium 26
Tintinnopsis 26
Tiphia 389
Tiphiidae 389
Tiphys 152
Tipula 473
Tipulidae 473, 496
Tisbe 167
Tischeria 420
Tischeriidae 419, 420, 444
Titanoeca 122
Titanoecidae 122
Titanosiphon 305
Tmarus 137
Tobrilus 59
Tokophrya 29
Tölpel 567
Tomoceridae 204
Tomocerus 204
Tomophthalmae 479
Tomopteridae 96
Tomopteris 96
Tomoxia 354
Tönnchenschnecken 74
Tordalk 594
Torleya 214
Torrenticola 152
Tortricidae 417, 422, 423, 444, 445
Tortricoidea 414
Torymidae 386
Torymus 386
Totenfliege 495
Totenkäfer 353
Totenkopfschwärmer 437
Totenuhr 324
Toxochernes 112
Toxoplasma 30
Toxotus 356
Tracheata 109
Trachelipidae 175
Trachelipus 175
Tracheliidae 23
Trachelius 23
Trachelomonas 8, 9
Trachelus 382
Trachinidae 541
Trachinus 541, 542
Trachurus 535
Trachusa 398
Trachylina 34
Trachyphloeus 363
Trachys 346
Trachysphaera 181
Trachysphaeridae 181
Tragosoma 356
Trägspinner 439
Trama 307
Trapezonotus 278
Trappen 583
Traubenkirschlaus 307
Traubenwickler 423
Trauerbachstelze 618
Trauerente 573
Trauerfliegenschnäpper 617
Trauermantel 434
Trauermücken 453, 471
Trauerseeschwalbe 593
Trechoblemus 330
Trechus 330
Trematoda 40, 43
Tremex 381
Treppenschnecke 82
Tretocephala 164
Triaenodes 409
Trialeurodes 285
Triarthra 54
Tribolium 353
Tricca 131
Trichadenotecnum 254
Trichamoeba 14
Trichia 73, 74
Trichine 60
Trichinella 60
Trichiosoma 382
Trichiura 436
Trichius 346
Trichobranchidae 98
Trichocellus 334
Trichocera 450
Trichocerca 55, 56
Trichocercidae 54, 55
Trichoceridae 450, 496
Trichochermes 310
Trichodectes 256
Trichodectidae 256
Trichoderma 339
Trichodes 350
Trichodina 24
Trichodrilus 101
Trichogramma 386
Trichogrammatidae 386
Trichomonadida 7, 12
Trichomonadidae 12
Trichomonas 12
Trichoniscidae 173
Trichoniscoides 173
Trichoniscus 173
Trichopeza 481
Trichophaga 425
Trichophryidae 29
Trichopsocidae 252
Trichopsocus 252
Trichoptera 404, 410

Trichostegia 408
Trichostomatida 21, 22
Trichostrongyloidea 61
Trichostrongylus 61
Trichosyringida 60
Trichotria 55
Trichotriidae 55
Trichouropoda 146
Trichternetzspinnen 132
Trichuris 60
Trichuroidea 60
Tricladida 41
Tridactylidae 241
Tridactyloidea 241
Tridactylus 241
Triebrüßler 366
Triel 584
Trigla 536
Triglidae 536
Triglyphus 485
Trigonalidae 376
Trigonalis 376
Trigonaloidea 374
Trigoniophthalmus 210
Trigonomonas 10
Trigonopyxis 16
Trigonotylus 273
Trilobaphis 307
Trimenopon 255
Trimenoponidae 255
Trimyema 24
Trimyemidae 24
Trinema 15
Tringa 588
Triops 156
Triopsidae 156
Trioza 310
Triozidae 310
Triphora 80
Triplax 328
Tripyla 59
Tripyloidea 59
Trisopterus 531, 532
Tritrichomonas 12
Triturus 549–551
Trixoscelidae 468
Trixoscelis 468
Trochidae 83
Trochochaetidae 95
Trochosa 131
Trochospongilla 32
Troctomorpha 250
Trogiidae 250
Trogiomorpha 250
Trogium 250
Troglodytes 605
Troglodytidae 605
Troglotrematidae 44
Trogmuscheln 92
Trogoderma 350
Troglophilus 235
Trogulidae 140
Trogulus 140
Troilus 283
Trombicula 148
Trombiculidae 148
Trombidiformes 144
Trombidiidae 148
Trombidium 148
Tropidia 488
Tropidothorax 277
Tropinota 346
Tropiphorus 363
Tropistethus 279
Trottellumme 595
Trox 344
Trugmotten 421
Truncatellina 75
Trypanoplasma 12
Trypanosoma 12
Trypanosomatidae 11
Trypeta 490
Trypetesa 157
Trypetidae 490
Trypetoptera 464
Tryphon 386
Trypoxylon 392
Tuberculatus 302
Tuberolachnus 308
Tuberta 133
Tubifex 100, 101
Tubificidae 99, 101
Tubulanidae 49
Tubularia 35
Tubulariidae 35
Tubulipora 502
Tubuliporidae 502
Tullbergia 206
Tümmler 639, 653
Tunicata 507
Tüpfelralle 584
Tüpfelsumpfhuhn 584
Turbatrix 60
Turbellaria 40
Turdidae 611
Turdus 611, 612
Türkentaube 595
Turmfalk 580
Turmschnecke 80
Turridae 64
Turritella 80
Turrutus 294
Tursiops 639, 653
Turteltaube 595
Tychius 367
Tylenchida 59
Tylenchoidea 59
Tylencholaimus 59
Tylenchus 59
Typhaea 328
Typhloceras 402
Typhlocyba 292
Typhlodromus 147
Typhloplana 43
Typhloplanoida 41, 43
Typhoeus 344
Tyroglyphus 152
Tyrophagus 152
Tyrphodelphax 289
Tyto 596
Tytonidae 596
Tytthaspis 352

Uferfliegen 227
Uferläufer 328
Uferschnepfe 587
Uferschwalbe 607
Uhu 596
Uklei, Ukelei 529
Ulidia 490
Ulk 537
Ulmensplintkäfer 367
Ulmicola 281
Uloboridae 116
Uloborus 116
Ulopa 290
Umberfische 535
Umbra 521
Umbridae 521
Unciger 183
Uncinais 100
Unio 85
Unionacea 64
Unionicola 150
Unionidae 84
Unke 551
Unpaarhufer 638, 639
Upogebia 169
Upupa 599
Upupidae 599
Ur 638
Urcellariidae 24
Urceolus 11
Uria 595
Urinsekten 202
Urmotten 421
Urocentridae 24
Urocentrum 24
Urocerus 381
Urodela 549
Uroglena 9
Uroleptus 28
Uronema 24
Urophora 490
Uropodidae 146
Uropodina 146, 147
Urostyla 28
Urotricha 22
Urticina 35
Urtiere 6

Vacuolaria 11
Vaginicola 24

Vaginicolidae 24
Vahlkampfia 14
Vahlkampfiidae 13, 14
Valgus 345
Valkeria 502
Valkeriidae 502
Vallonia 66
Valloniidae 64
Valvata 76
Valvatidae 63
Valvifera 171
Vanellus 585
Vanessa 435
Varroa 147
Vasicola 22
Veigeiidae 147
Vejdovskyella 100
Velia 266
Veliidae 265
Velleius 338
Velutina 82
Veneracea 64
Venerupis 91
Venus 90
Venusmuscheln 89
Vermipsyllidae 401
Vermipsylloidea 401
Verrallia 483
Verruca 157
Verrucidae 157
Vertebrata 509
Verticillina 38
Vertiginidae 74
Vertigo 75
Vesiculariidae 502
Vespa 391
Vespertilio 630, 645
Vespertilionidae 627, 644
Vespidae 391, 399
Vespoidea 374, 378
Vespula 392
Victorella 499
Victorellidae 499
Vielborster 94
Vierfleck 223
Villa 480
Vimba 528
Viper, Vipera 559, 560
Viperidae 558
Viperqueise 542
Viteus 298
Vitrea 70
Vitrina 66
Vitrinidae 66
Viviparus 76
Vögel 561
Vogelmilbe 147
Vogelspinnen 115
Volucella 484
Volutaphis 303
Volvocida 7–11
Volvocidae 9
Volvox 9
Vorderkiemer 63
Vorticella 25
Vorticellidae 25
Vulpes 636, 650

Wachholderdrossel 611
Wachsmotten 430
Wachtel 582
Wachtelkönig 584
Wadenstecher 492
Waffenfliegen 475
Waldameise, Rote 391
Waldbaumläufer 610
Waldbirkenmaus 632, 646
Waldeidechse 558
Waldgärtner 367
Waldgrille 237
Waldiltis 636
Waldkauz 598
Waldlaubsänger 615
Waldmaikäfer 345
Waldmaus 634, 648, 655
Waldohreule 596
Waldohrwurm 232
Waldschnepfe 587
Waldspitzmaus 625, 643, 654
Waldvogel 434
Waldwasserläufer 590
Wale 639, 653
Walker 345
Wanderfalke 580
Wanderheuschrecke 244
Wandermaräne 522
Wanderratte 633, 647, 655
Wanstschrecke 237
Wanzen 263
Warzenbeißer 240
Waschbär 635, 650
Wasmanniella 471
Wasseramsel 604
Wasserassel 173
Wasserfledermaus 628, 644
Wasserflöhe 160
Wasserfreunde 342
Wasserfrosch 554
Wasserläufer (Vögel) 588
Wasserläufer (Wanzen) 264
Wasserlungenschnecken 64
Wassermolch 549
Wassernatter 558
Wasserpieper 618
Wasserralle 583
Wasserreiter 265
Wasserskorpione 264
Wasserspinnen 119
Wasserspitzmäuse 625, 626, 642, 654
Wassertreter (Käfer) 322
Wassertreter (Vögel) 591
Wasserwanzen 264
Wattwurm 96
Watvögel 584
Weberbock 355
Weberknechte 140
Webervögel 623
Wechselkröte 552
Wegschnecken 68
Wegwespen 380
Weichkäfer 349
Weichtiere 63
Weichwanzen 270
Weidenblattkäfer 360
Weidenbohrer 426, 444
Weidenlaubsänger 615
Weidenmeise 610
Weidenrindenlaus 308
Weidenschaumzikade 290
Weidenspringrüßler 365
Weihen 577
Weinbergschnecke 72
Weinhähnchen 237
Weinkellermotte 425
Weinlaubkäfer 360
Weinschwärmer 438
Weißbartseeschwalbe 593
Weißbrustigel 625
Weißflügelseeschwalbe 594
Weißlinge 431, 432
Weißrückenspecht 602
Weißstorch 570
Weißwangengans 572
Weißzahnspitzmäuse 625
Weizenälchen 59
Weizeneule 441
Weizengallmücken 475
Wellenläufer 567
Wellhornschnecke 82
Wels 530
Welsartige 530
Wendehals 600
Wenigborster 98
Wenigfüßer 179
Werftkäfer 324
Wesmaelius 314
Wespen 391
Wespenbiene 396
Wespenbock 356
Wespenbussard 579
Wespenspinne 124
Wickler 423
Wicklereulen 442
Widderböcke 357
Widderchen 416
Wiedehopf 599
Wiesel 636
Wiesenotter 560
Wiesenpieper 618
Wiesenralle 584
Wiesenschaumzikade 290

Wiesenspinner 421
Wiesenweihe 578, 579
Wildesel 639
Wildkaninchen 631, 645
Wildkatze 637
Wildpferd 639
Wildschwein 637, 652
Willemia 206
Willowsia 208
Wilsonema 59
Wimperfledermaus 628, 644
Wimperspitzmäuse 625
Wimpertierchen 21
Windenschwärmer 437
Wintergoldhähnchen 613
Winterhafte 448
Wintermücken 450
Wippfliegen 490
Wirbeltiere 509
Withius 112
Wittling 532
Wolf 636, 650
Wolfsbarsch 536
Wolfsfische 542
Wolfsmilchschwärmer 438
Wolfsspinnen 130
Wollbiene 397
Wollhandkrabbe 170
Wollkäfer 321
Woll-Läuse 309
Wollschweber 479
Wormaldia 407
Wühlmäuse 634, 646, 650, 654, 655
Würfelnatter 558
Würger 619, 620
Würgfalke 580
Wurmnacktschnecken 65
Wurzelbohrer 421
Wurzelfüßer 12

Xanthandrus 486
Xanthia 442
Xanthidae 170
Xanthocanace 470
Xanthodelphax 289
Xanthogramma 487
Xantholinus 338
Xanthoperla 230
Xanthophyceae 7
Xema 593
Xeninae 196
Xenos 196
Xenus 589
Xenylla 206
Xenyllodes 206
Xeris 381
Xerobdella 104
Xerobdellidae 104
Xerolycosa 132
Xestobium 324
Xestoiulus 183
Xiphias 535
Xiphiidae 535
Xiphosura 109
Xiphydria 375
Xiphydriidae 375, 400
Xya 241
Xyela 374
Xyelidae 374, 399
Xyeloidea 374
Xyleborus 368
Xylocopa 395
Xylocoris 275
Xylodrepa 336
Xylomya 457
Xylomyidae 457
Xylophagidae 457, 490
Xylophagus 457
Xylota 489
Xyloterus 368
Xysticus 137

Yllenus 138
Yponomeuta 425
Yponomeutidae 425, 444
Yponomeutoidea 414
Ypsolopha 423, 424

Zabrus 334
Zackenbarsche 536
Zahnspinner 438
Zährte 528
Zander 540
Zangenbock 356
Zapodidae 632, 646
Zaraea 382
Zartschrecken 238
Zartspinnen 121
Zaunammer 622
Zauneidechse 557
Zaungrasmücke 615
Zaunkönig 605
Zebrina 68
Zecken 148
Zehnfüßer 167
Zehrwespen 387
Zeisig 621
Zelmira 475
Zelotes 136
Zeugloptera 414
Zeugophora 358
Zeugopterus 546
Zeuzera 426
Zicrona 282
Ziege (Fisch) 528
Ziege (Säugetier) 638, 653
Ziegenmelker 564
Zierläuse 302
Ziesel 632
Zikaden 285
Zilla 127
Zilpzalp 615
Zimmermannsbock 355
Zimtbär 440
Zingel 540
Zipfelfalter 432, 433
Zipfelkäfer 350
Zippammer 622
Zirfea 87
Zitronenfalter 431
Zitronengirlitz 621
Zitterspinnen 119
Zoarces 530
Zoarcidae 530
Zobel (Fisch) 529
Zodariidae 118
Zodarion 118
Zodion 489
Zonitidae 66, 70
Zonitoides 70
Zoomastigophora 7
Zoothamniidae 25
Zoothamnium 25
Zope 528
Zora 118
Zoridae 118
Zornnatter 559
Zuckergast 211
Zuckermücken 454, 471
Zungenwürmer 1
Zünsler 429
Zweiflügler 449
Zwergadler 580
Zwergbutt 546
Zwergdorsch 531
Zwergfledermaus 630, 645
Zwergfliegenschnäpper 616
Zwergfüßer 179
Zwerggans 572
Zwergkäfer 317
Zwergläuse 298
Zwergmaus 634, 648, 655
Zwergmotten 419
Zwergmöwe 592
Zwergohreule 596
Zwergralle 584
Zwergsäger 571
Zwergscharbe 568
Zwergschnepfe 588
Zwergschwan 571
Zwergseeschwalbe 593
Zwergspinnen 128
Zwergspitzmaus 626, 642, 654
Zwergstichling 534
Zwergstrandläufer 590
Zwergsumpfhuhn 584
Zwergtaucher 566
Zwergtrappe 583
Zwergwels 530
Zwergwickler 420
Zwergzikaden 290

Zwergzunge 547
Zwiebelfliege 491
Zwiebellaus 304
Zwiebelmotte 424
Zygaena 416, 446
Zygaenidae 416, 446
Zygaenoidea 415
Zygentoma 211
Zygiella 125
Zygina 291
Zygoptera 218, 224
Zylinderrose 35
Zyras 342
Zystenälchen 59